環境・エネルギー問題レファレンスブック

日外アソシエーツ

Reference Books
of
Environmental and Energy Issues

Compiled by

Nichigai Associates, Inc.

©2012 by Nichigai Associates, Inc.

Printed in Japan

本書はデジタルデータでご利用いただくことができます。詳細はお問い合わせください。

●編集担当● 吉本 哲子
装 丁：赤田 麻衣子

刊行にあたって

　本書は最近20年間に日本国内で刊行された「環境」「エネルギー」に関する辞書、事典、書誌、索引、年鑑、年表、便覧などの参考図書をまとめたレファレンスブックである。2011年の東日本大震災発生以来、原発事故による放射能汚染、電力確保を巡る原発の再稼働など、環境とエネルギーに関する問題は国民の強い関心を集めている。

　小社では、辞書・事典などの「参考図書」を分野別に調べられるツールとして、『福祉・介護 レファレンスブック』『「食」と農業 レファレンスブック』（2010年刊）、『動植物・ペット・園芸 レファレンスブック』（2011年10月刊）、『児童書 レファレンスブック』（2011年11月刊）を刊行したが、本書はそれに続く第5冊となる。全体を、環境とエネルギー問題の両方に関係する図書、環境問題に関する図書、エネルギー問題に関する図書に分け、それぞれを参考図書のテーマに沿った分類別にわかりやすく排列し、さらに事典、年表、図鑑、地図帳、年鑑など参考図書の形式ごとに分けて収録した。また、すべての参考図書に内容解説または目次のデータを付記し、どのような調べ方ができるのかわかるようにした。巻末の索引では、書名、著編者名、主題（キーワード）から検索することができる。

　インターネットの検索で必要最小限の情報をすぐに得られるようになった現代だが、専門の年鑑や統計集、事典に掲載されている詳細な内容から得られる情報が高い信頼性を持っていることは言うまでもない。本書が、環境およびエネルギー問題のための参考図書を調べるツールとして、既刊と同様にレファレンスの現場で大いに利用されることを願っている。

　　2012年6月

　　　　　　　　　　　　　　　　　　　　　　　　日外アソシエーツ

凡　例

1．本書の内容

　　本書は、環境・エネルギー問題に関する書誌、事典、ハンドブック、法令集、年鑑、統計集などの参考図書の目録である。いずれの図書にも、内容解説あるいは目次を付記し、どのような参考図書なのかがわかるようにした。

2．収録の対象

　　1990年（平成2年）から2010年（平成22年）までの間に日本国内で発売された、環境・エネルギー問題に関する参考図書計2,273点を収録した。

3．見出し

　(1) 全体を「環境・エネルギー問題」「環境問題」「エネルギー問題」に大別し、大見出しを立てた。

　(2) 上記の区分の下に、各参考図書の主題によって分類し、108の中見出し・小見出しを立てた。

　(3) 同一主題の下では、参考図書の形式別に「書誌」「年表」「事典」「辞典」「索引」「名簿」「ハンドブック」「法令集」「図鑑」「カタログ」「年鑑・白書」「統計集」の小見出しを立てた。

4．図書の排列

　　同一主題・同一形式の見出しの下では、書名の五十音順に排列した。

5．図書の記述

　　記述の内容および記載の順序は以下の通りである。

　　　書名／副書名／巻次／各巻書名／版表示／著者表示／出版地（東京以外を表示）／出版者／出版年月／ページ数または冊数／大き

さ／叢書名／叢書番号／注記／定価（刊行時）／ISBN（Ⓘで表示）／NDC（Ⓝで表示）／目次／内容

6．索引
 (1) 書名索引
　　各図書を書名の五十音順に排列し、所在を掲載ページで示した。
 (2) 著編者名索引
　　各図書の著者・編者を姓の五十音順、名の五十音順に排列し、その下に書名と掲載ページを示した。機関・団体名は全体を姓とみなして排列した。
 (3) 事項名索引
　　本文の各見出しに関連するテーマなどを五十音順に排列し、その見出しと掲載ページを示した。

7．典拠・参考資料
　　各図書の書誌事項は、データベース「BOOKPLUS」およびJAPAN/MARC に拠った。内容解説はできるだけ原物を参照して作成した。

目　　次

環境・エネルギー問題

環境・エネルギー問題全般 …………… 1
環境・エネルギー関連機関 …………… 23

環境問題

環境問題全般 …………………………… 25
地球環境 ………………………………… 46
　気候・気象 …………………………… 53
　森林 …………………………………… 58
　海洋 …………………………………… 60
　河川・湖沼 …………………………… 61
　沙漠 …………………………………… 71
　風 ……………………………………… 71
　生物多様性 …………………………… 71
地球温暖化 ……………………………… 72
　CO2排出 ……………………………… 74
　　排出権取引 ………………………… 74
酸性雨 …………………………………… 74
環境汚染 ………………………………… 74
　環境測定 ……………………………… 74
　　環境測定（規格）………………… 75
　大気汚染 ……………………………… 76
　　ダイオキシン ……………………… 78
　水質汚濁 ……………………………… 78
　海洋汚染 ……………………………… 79
　　海事政策 …………………………… 82
　土壌・地下水汚染 …………………… 84
　化学物質 ……………………………… 85
水 ………………………………………… 87
　水道 …………………………………… 93
　下水道 ………………………………… 96
廃棄物 …………………………………… 105
　一般廃棄物 …………………………… 112
　産業廃棄物 …………………………… 113

廃棄物処理法 …………………………… 115
不法投棄 ………………………………… 119
公害 ……………………………………… 120
　公害（規格）………………………… 124
　悪臭 …………………………………… 125
　騒音 …………………………………… 125
農林水産 ………………………………… 126
　農業 …………………………………… 129
　　環境保全型農業 …………………… 136
　　農薬・肥料 ………………………… 138
　林業 …………………………………… 145
　漁業 …………………………………… 151
　食糧問題 ……………………………… 153
　　食品循環資源 ……………………… 156
物流・包装 ……………………………… 157
　物流・包装（規格）………………… 165
建設 ……………………………………… 165
　建設リサイクル ……………………… 167
建築 ……………………………………… 168
　シックハウス（規格）……………… 172
　浄化槽 ………………………………… 172
　アスベスト …………………………… 172
環境政策 ………………………………… 173
　環境法 ………………………………… 177
環境アセスメント ……………………… 183
環境保全 ………………………………… 184
　自然保護 ……………………………… 185
　環境工学 ……………………………… 187
　環境経営 ……………………………… 188
　　環境技術 …………………………… 190
　　環境対策 …………………………… 191
　　環境ビジネス ……………………… 194
　　環境配慮型製品 …………………… 195
　環境計画 ……………………………… 197
　緑化 …………………………………… 200

(6)

港湾	202	バイオエネルギー	279
環境教育	206	バイオマス	279
循環型社会	207	ヒートポンプ	280
リサイクル	208	省エネルギー	281
リサイクル（規格）	211	書名索引	287

エネルギー問題

エネルギー問題全般	212
エネルギー経済	216
物流エネルギー	219
エネルギー	219
石炭	227
石油	228
石油（規格）	234
石油産業	234
石油タンク	235
ガス	235
LPガス	235
天然ガス	237
電気	238
電気（規格）	250
電気設備（規格）	251
電気事業法	251
電化住宅	254
発電	255
火力発電	256
ダム	256
原子力発電	257
原子力政策	268
放射線防護	271
放射線計測	273
放射線（規格）	274
送電	274
エネルギー技術	275
電池	276
太陽電池	276
エネルギー政策	277
新エネルギー	277
新エネルギー（規格）	278
石油代替エネルギー	278

書名索引	287
著編者名索引	317
事項名索引	363

(7)

環境・エネルギー問題

環境・エネルギー問題全般

<事典>

安全の百科事典 田村昌三編 丸善 2002.3 871p 21cm 20000円 ①4-621-04958-5 Ⓝ519.9

(目次)総論(安全とは，物質の安全，リスクと安全，システムと安全，安全教育，日常生活における安全，職場における安全，教育現場における安全，エネルギーと安全，環境安全，安全関連法規，災害と安全対策)，各論

(内容)日常生活・職場の安全、環境の安全に関する情報事典。総論と各論で構成。総論では、安全の基本、物質の安全、リスクと安全、システムと安全、安全教育等、安全に関わる基本的な知識をまとめている。各論では、食品・医療・日常品・建築・交通・動植物等、日常生活や職場・教育現場における安全、またエネルギーや環境の安全に関わる事項を五十音順に解説する。巻末に日本・世界の主な事故等の資料と、和文・英文索引を付す。

エネルギー・環境キーワード辞典 分野別用語一覧付 日本エネルギー学会編 コロナ社 2005.6 480p 19cm 8000円 ①4-339-06608-7

(内容)エネルギー・環境に関するキーワード約2700語を収録し、解説する。本文は五十音順に排列。写真・図解も掲載。巻末に索引付き。分野別用語一覧を収録。

資源・素材・環境技術用語集 和英・英和 資源・素材学会編 日刊工業新聞社 1996.1 211p 21cm 5000円 ①4-526-03802-4

(内容)資源・素材・環境技術に関する用語8000の和英・英和対訳辞典。和英の部では一部の用語に簡単な解説を付す。英和の部は、和英の部の索引としても利用できる。

新エネルギー・環境用語辞典 環境エネルギーを知るための辞典 田中忠良編 パワー社 2003.4 178p 19cm (サイエンス・シリーズ) 1600円 ①4-8277-2281-1

(内容)新エネルギー、環境に関する用語を解説した用語辞典。配列は見出し語の五十音順、見出し語の英語名、分類、解説で構成。用語分類は太陽光エネルギー、太陽熱、風力エネルギー、海洋エネルギー、地熱エネルギー、水力エネルギー、バイオマスエネルギー、燃料電池、エネルギー貯蔵、環境、その他の分類で区分している。

<索引>

環境記事索引 '92年版 地球環境情報センター編 メディア・インターフェイス，現代書館〔発売〕 1992.3 231p 26cm 〈「週刊地球環境情報」別冊〉 3502円

(目次)1 総論，2 大気と気象，3 生態系，4 水問題，5 資源・エネルギー，6 健康と公害・食品，7 廃棄物とリサイクル，8 開発，9 環境関連市場，10 その他

(内容)本書は「週刊地球環境情報」の記事索引である。'91年4月の創刊から12月までに発行された号(1号~36号)の記事を収録した。「総合版」「エコビジネス」「ゴミとリサイクル」「水質汚染と水処理」のすべての版に掲載された記事を対象としている。記事の日付は'91年3月末から12月下旬まで及んでいる。

環境記事索引 '93年版 地球環境情報センター編 メディア・インターフェイス，現代書館〔発売〕 1993.4 293p 26cm 〈「週刊地球環境情報」別冊〉 4120円 ①4-7684-8862-5

(目次)1 総論，2 大気と気象，3 生態系，4 水問題，5 資源・エネルギー，6 健康と公害・食品，7 廃棄物とリサイクル，8 開発，9 環境関連市場，10 その他，特集(地球サミット，長良川河口堰問題，核廃棄物問題，新サンシャイン計画)

(内容)1992年中に主要な新聞に掲載された環境問題関係の記事を網羅的に収録した記事索引。対象紙は、朝日新聞、毎日新聞、読売新聞、日刊工業新聞、流通サービス新聞で、それぞれの地方版の記事も収録している。収録件数は、およそ9600件。

環境記事索引 '94年版 地球環境情報センター編 メディア・インターフェイス，現代書館〔発売〕 1994.8 326p 26cm 4120円 ①4-7684-8863-3

(目次)大気と気象，生態系，水問題，資源・エネルギー，健康と公害・食品，廃棄物とリサイクル，開発，環境関連市場，特集 タンカー事故と海洋汚染、オゾン層の破壊状況、環境税導入を巡る議論、捕鯨問題、ラムサール条約釧路会

議，特集 リゾート法と環境問題〔ほか〕

⑩1993年中に主要な新聞に掲載された環境問題関係の記事を網羅的に収録した記事索引。収録件数は約11000件。

環境記事索引　'95年版　地球環境情報センター編　メディア・インターフェイス，現代書館〔発売〕　1995.7　349p　26cm　〔週刊地球環境情報〕　4635円　①4-7684-8864-1

⑩1994年1年間に主要な新聞・雑誌に掲載された環境問題関係の記事を集めた索引。タイトル、発行日、掲載紙誌名、掲載頁、オンラインデータベースの記事コードを掲載する。雑誌記事には記事内容を示すキーワードを付す。新聞記事の収録件数は1万2000件で、地球環境情報センター発行の索引誌『週刊地球環境情報』シリーズの記事総索引を兼ねる。雑誌記事は一般雑誌29誌から470記事を収録。索引項目は「週刊地球環境情報・総合版」の章立てに拠る。

国際比較統計索引　日外アソシエーツ株式会社編　日外アソシエーツ　2010.1　922p　27cm　25000円　①978-4-8169-2226-8　Ⓝ350.31

⑪国名索引（アジア，中東，ヨーロッパ，NIS諸国，アフリカ，北米，中南米，オセアニア），事項名索引

⑩最新の国際統計集・白書に収載された統計表やグラフ2581点を収録。必要な統計資料が載っている統計集・白書名と掲載頁が一目でわかる。201項目の国名見出しと「人口」「国民経済計算」「国際協力・政府開発援助」「農林水産業」「エネルギー」「環境」など17種のテーマ見出しの下に図表タイトルを一覧できる。事項名索引付きでキーワードからも引ける。

<ハンドブック>

エネルギーと環境総覧　第9・10・11巻　環境・経済・エネルギーのデータ読本
エネルギージャーナル社　1994.8　3冊（セット）　21cm　43000円　①4-900246-10-7

⑪第1章 地球サミット以降の環境・エネルギー政策の展開（国内編），第2章 地球サミット後の持続可能な社会を目指した国際的な動き，第3章 地球サミットの全貌と地球サミットに向けた内外の動き，公害・環境年表（1987年1月～1993年3月末まで）

⑩1989～1994の5年間の「エネルギーと環境」の縮刷版（第9巻）と「環境・経済・エネルギーのデータ読本」（第10・11巻）からなる資料集。「エネルギーと公害総覧」の第1、2、3巻（1978年6月刊）、第4、5巻（1983年12月刊）および第6、7、8巻（1989年6月刊）の続編にあたる。

OECD環境データ要覧　2004　経済協力開発機構編，福士正博監訳　柊風舎　2006.12　323p　26cm　〈原書名：OECD Environmental Data: Compendium 2004〉　18000円　①4-903530-05-1

⑪第1部 環境の現状（圧力と状況）（大気，内陸水，土地，森林，野生生物，災害，廃棄物），第2部 重要環境指標の部門別趨勢（エネルギー，運輸，工業，農業），第3部 環境管理（環境支出と課税，多国間協定，一般的データ）

⑩汚染と天然資源を、エネルギー、運輸、工業、農業などの経済諸部門の活動と結びつけるデータを提供。大気、内陸水、野生生物などの状況を示し、また、いくつかの分野での政府と企業の対応を記述。

資源エネルギーデータ集　1993年版　資源エネルギー庁監修　電力新報社　1993.2　159p　19×26cm　2000円　①4-88555-164-1

⑪第1章 世界のエネルギー情勢，第2章 国際石油情勢，第3章 地球環境問題，第4章 我が国のエネルギー事情，第5章 省エネルギー，第6章 石油，第7章 電力，第8章 原子力，第9章 石炭・コークス，第10章 都市ガス・天然ガス，第11章 水力、地熱及び新エネルギー・ローカルエネルギー，第12章 鉱業，第13章 深海底鉱物資源

⑩資源・エネルギー関係の統計とエネルギー関係の主要資料を編集収録したデータブック。

資源エネルギーデータ集　1994年版　電力新報社　1994.2　158p　19×26cm　〈監修：資源エネルギー庁〉　1942円　①4-88555-177-3

⑩資源・エネルギー関係の統計とエネルギー関係の主要資料を編集収録したデータブック。

資源エネルギーデータ集　1996年版　資源エネルギー庁監修　電力新報社　1996.4　162p　26cm　2000円　①4-88555-200-1

⑩本書は、最新の資源エネルギー関係統計データやエネルギー関係の主要資料を網羅したものである。

世界の資源と環境　世界146か国の最新データ　1990-91　世界資源研究所編　ダイヤモンド社　1991.6　383p　30cm　〈原書名：WORLD RESOURCES, 1990-91〉　18000円　①4-478-87013-6

⑪第1部 環境問題概観，第2部 世界の課題，第3部 現状と動向，第4部 統計資料

⑩地球環境のすべてを、この一冊に収録。世界資源研究所（WRI）が、国連環境計画（UNEP）と国連開発計画（UNDP）の全面的協力のもと、総力をあげて編纂、地球の現状に関するもっとも包括的なデータ集。環境をめぐるあらゆる議論の基礎を提供する。

環境・エネルギー問題全般

世界の資源と環境　1992-93　地球の現状に関する完全データ　世界資源研究所編　ダイヤモンド社　1992.11　406p　30cm　〈原書名：WORLD RESOURCES 1992-93〉　16000円　Ⓘ4-478-87025-X

(目次)第1部 持続可能な開発(先進工業諸国，貧困諸国，急進工業諸国)，第2部 地域特集(中央ヨーロッパ)，第3部 現状と動向(人口と人的開発，食糧と農業，森林と放牧地，野生生物と生息地，エネルギー，淡水，海洋と沿岸，大気と気候，政策と組織)，第4部 統計と資料

(内容)世界資源研究所が，国連環境計画と国連開発計画の全面的協力のもと，総力をあげて編纂，地球の現状に関するもっとも包括的なデータ集。環境をめぐるあらゆる議論の基礎を提供する。

世界の資源と環境　世界152か国の最新データ　1994-95　世界資源研究所編　中央法規出版　1994.12　408p　30cm　9000円　Ⓘ4-8058-1296-6

(目次)第1部 人間と環境，第2部 地域特集，第3部 現状と動向，第4部 統計資料

(内容)世界152か国の地球環境と開発に関する科学的データを広く収集，分析したもので，1986年の発刊以来隔年刊の6冊目に当る。今回は特に人々と環境に焦点を当てており，人間と環境，地域特集(中国・インド)，現状と動向，統計資料の4部からなる。巻末に索引を付す。―世界152か国の最新データ，世界で最も活用されている環境問題の隔年刊報告書。

世界の資源と環境　1996-97　世界152か国の最新データ　世界資源研究所，国連環境計画，国連開発計画，世界銀行共編，石弘之日本語版監修　環境情報普及センター日本語版製作協力　中央法規出版　1996.12　318p　30cm　8755円　Ⓘ4-8058-1521-3

(目次)第1部 都市環境(都市と環境，都市環境と人の健康，自然資源に対する都市の影響，都市の交通，都市における優先すべき行動，都市と地域社会―環境の持続可能性を目指して)，第2部 世界の現状と動向，データ表(基礎的経済指標，人口と人間開発，森林と土地被覆，食糧と農業，生物の多様性，エネルギーと資源，水と漁業，大気と気候)

世界の資源と環境　1998-99　世界資源研究所，国連環境計画，国連開発計画，世界銀行共編，石弘之日本語版監修　中央法規出版　1998.11　371p　30cm　8000円　Ⓘ4-8058-1758-5

(目次)第1部 環境の変化と人間の健康(環境と健康のつながり，環境の変化，人の健康の変化，健康の向上は環境対策から)，第2部 地球規模の環境動向(重要な動向―人口と人々の福利厚生，重要な動向―世界を養う食糧，重要な動向―生産と消費，重要な動向―グローバル・コモンズ(地球公共財)，重要な動向―資源の危機，一目でわかる地域別動向)，第3部 データ表(経済指標，人口と人間開発，健康，経済活動，食糧と農業，森林と土地被覆，淡水，海洋と漁業，生物の多様性，エネルギーと資源，大気と気候)

(内容)世界の自然環境と地球環境の動向に関する隔年報告書。今回の特集は「環境の変化と人間の健康」。

都市ライフラインハンドブック　上下水道・都市ガス・電力・情報通信施設とその共同溝の設計・施工・保全・環境・防災技術　土木学会編　丸善　2010.1　803p　27cm　〈文献あり〉　65000円　Ⓘ978-4-621-08130-3　Ⓝ518.036

(内容)市民生活を保障するライフラインシステムの設計・施工，維持・管理，防災対策および環境対策に関する技術開発と知見をまとめたハンドブック。各種のライフライン施設の設計・施工，維持管理，防災対策，環境対策，災害発生時の応急・復旧対策，まちづくり，LCC等の幅広い視点から解説する。

＜図　鑑＞

見えない所がよくわかる断面図鑑　7　浄水場・清掃工場　伊藤徹絵　ポプラ社　1991.4　30p　29cm　2136円　Ⓘ4-591-03827-0　ⓃK031

(目次)はたらく人にささえられる快適な生活，6000Vの電圧を家庭用の電圧にかえるトランス，発電の中心的役割をになう火力発電所，ウランの力で電気をつくる原子力発電所，山奥のダムで毎日つくられている電気，水を何回も利用する水力発電，きれいで安心な水をつくる浄水場，水資源を再利用する下水処理場，バキュームカーと家庭用浄化槽，衛生的な生活にかかせないし尿処理場，し尿をきれいな水にかえる化学の力，家庭や町を清潔にする清掃車，大量のごみを衛生的に処理する清掃工場，くらしのエネルギーをつくるガス工場，はやく，確実に郵便物をとどける郵便局

(内容)快適な生活を支えているいろいろな設備や施設を図解する。火力・原子力・水力等の発電所，浄水場，下水処理場，家庭用浄水槽，清掃車と清掃工場，ガス工場，郵便局の様子を図解。

＜年鑑・白書＞

アジアの持続的成長は可能か　アジア各国の人口，食糧，エネルギー、環境の現状と展開方向　大蔵省財政金融研究所「アジ

アの持続的成長を考える研究グループ」編 大蔵省印刷局 1998.6 369p 26cm 1800円 ①4-17-101504-9

(目次)第1編 総論，第2編 各論(人口，エネルギー，環境)

子ども地球白書　1992-93　レスター・R.ブラウン編著，松村郡守編訳　リブリオ出版　1993.3 169p 26cm 〈原書名：STATE OF THE WORLD 1992：CHILDREN VERSION〉　3296円　①4-89784-331-6

(目次)第1章 この10年に何が必要か，第2章 生物の多様性を守ろう，第3章 クリーンなエネルギーを使う時代へ，第4章 放射能におおわれる世界，第5章 肉中心の食生活の見直し，第6章 むしばまれる母体の健康，第7章 鉱物がもたらす破壊，第8章 地球にやさしい都市づくり，第9章 森林かフクロウか，第10章 国際協力の高まり，第11章 はじまった環境革命，第12章 地球サミットから何を学ぶか，環境と開発に関するリオ宣言，アジェンダ21

こども地球白書　1999-2000　レスター・R.ブラウン編著，林良博監修　朔北社　1999.12 203p 21cm 2400円 ①4-931284-52-3

(目次)第1章 21世紀は環境の世紀，第2章 新しいエネルギー・システムへ，第3章 私たちは原料を大量に消費している，第4章 森林を守るために私たちができること，第5章 海の環境はここまで悪化している，第6章 植物の多様性がもたらすめぐみ，第7章 90億人をどうやって養うか，第8章 新しい都市のあり方をさぐる，第9章 次の世代に世界を残していくために

こども地球白書　2000-2001　レスター・R.ブラウン編著，林良博監修，高畠純イラスト，加島葵編訳　朔北社　2000.10 196p 21cm 〈原書名：STATE OF THE WORLD 2000〉　2400円　①4-931284-61-2　ⓃK519

(目次)第1章 21世紀に取り組まなければならないこと，第2章 予期しなかった環境の変化が起こる，第3章 灌漑農業の今後，第4章 栄養のかたよった世界，第5章 残留性有機汚染物質（POPs）とたたかう，第6章 紙についてもっと知ろう，第7章 環境のための情報技術（IT）の活用，第8章 未来をになう小規模発電，第9章 環境を守る取り組みが雇用を生む，第10章 グローバル化する環境問題

(内容)地球環境問題の現況について図表を交えて児童向けに解説したもの。今版が第2版にあたる。

こども地球白書　2001-2002　レスター・R.ブラウン編著，林良博監修，高畠純イラスト，加島葵編訳　朔北社　2001.10 211p 21cm 2400円 ①4-931284-77-9 ⓃK519

(目次)第1章 調和のとれた発展をめざして，第2章 地下水が汚染されている，第3章 地球から飢えをなくす，第4章 両生類からの警告，第5章 水素エネルギー経済へ，第6章 よりよい交通手段をえらぶ，第7章 人間の活動が災害の規模を大きくしている，第8章 借金に苦しむ途上国を救う，第9章 国際的な環境犯罪，第10章 持続可能な社会を早く実現するには

(内容)地球環境問題の現況について図表を交えて児童向けに解説したもの。

こども地球白書　2003-2004　クリストファー・フレイヴィン編著，林良博監修，高畠純イラスト，加島葵編訳　朔北社　2003.11 204p 21cm 〈原書名：STATE OF THE WORLD 2003〉 2400円 ①4-86085-004-1

(目次)第1章 まず，わたしたちが変わる，第2章 鳥からの警告，第3章 女性の地位向上が生物多様性をまもる，第4章 マラリアとたたかう，第5章 新しいエネルギーの時代に向けて，第6章 鉱物資源をこれ以上ほりださないために，第7章 都市の貧しい地域を改善する，第8章 環境保護に宗教がはたす役割

(内容)身近で起きている環境問題を地球レベルで考えるための本。近年の目まぐるしい地球上の変化を毎年様々な角度から見つめる。イラストや図・表，さらに環境に関するコラムも満載。

こども地球白書　2004-2005　クリストファー・フレイヴィン編著，林良博監修，高畠純イラスト，加島葵編訳　朔北社　2004.12 223p 21cm 〈原書名：STATE OF THE WORLD 2004〉 2400円 ①4-86085-020-3

(目次)第1章 世界の消費の現状を見てみよう，第2章 エネルギーの使い方を考える，第3章 水を有効につかって生態系をまもる，第4章 わたしたちの「食」は今どうなっているか，第5章 大量消費社会からぬけだす，第6章 環境を大切にしている製品を買おう，第7章 消費と生産のよい関係を実現しよう，第8章 「質の高い生活」についてもう一度考えてみよう

こども地球白書　2006-07　クリストファー・フレイヴィン原本編著，林良博監修　ワールドウォッチジャパン　2006.12 221p 21cm 〈原書名：STATE OF THE WORLD2006〉 2400円 ①4-948754-26-9，ISSN1881-4077

(目次)第1章 中国とインド―世界に大きな影響をあたえる新たな大国，第2章 工場式畜産―わたしたちが食べる肉について考えてみよう，第3章 川と湖―生態系を守ることが水を守る，第4章 バイオ燃料―石油に替わる再生可能エネルギー

を開発する，第5章 ナノテクノロジー―夢の技術の開発は市民に認められてから，第6章 水銀―地球規模の汚染を防ぐために，第7章 災害―不幸なでき事を平和を築くきっかけにする，第8章 世界貿易機関―貿易と持続可能な発展を調和させるため改革を，第9章 中国―環境NGOを中心に市民社会を育てる，第10章 企業―二一世紀に求められる新しい社会的使命

㊤内容㊦大人のために英語を日本語に訳した『地球白書』の二〇〇六‐〇七年版を，小学生の高学年から読めるように，やさしく書き改めたもの。

資源の未来　21世紀の日本の資源に関する調査報告
科学技術庁資源調査会編　大蔵省印刷局　1998.9　193p　30cm　2500円　①4-17-210255-7

㊤目次㊦第1編 資源全般をめぐる情勢と課題（資源をめぐる内外の情勢，21世紀資源政策の重要性の高まり，調査の目的），第2編 ハード資源の展望（総論，現状と趨勢の概観，資源問題への今後の対応），第3編 ソフト資源の展望（総論，各種ソフト資源，資源問題への今後の対応）

ジュニア地球白書　ワールドウォッチ研究所　2007‐08　持続可能な都市をめざして
クリストファー・フレイヴィン原本編著，林良博監修　ワールドウォッチジャパン　2008.7　221p　21cm　〈原書名：STATE OF THE WORLD 2007〉　2500円　①978-4-948754-30-0, ISSN1882-9948　Ⓝ519

㊤目次㊦第1章 持続可能な都市―いよいよ世界の人口の半分が都市に住む，第2章 衛生を改善する都市―水道とトイレがある生活を実現する，第3章 農業を生かす都市―食料と環境と生きがいのために，第4章 公共交通を生かす都市―歩行者と自転車を大切に，第5章 再生可能エネルギーを生かす都市―会社や家庭で省エネに取り組む，第6章 自然災害に強い都市―人の命と財産を守る都市づくり，第7章 人間にふさわしい都市―安全で健康に暮らせる緑の空間に，第8章「地域の経済」を強くする都市―持続可能な生活をめざして，第9章 すべての人に「公平な都市」―差別のない社会，差別のない環境

ジュニア地球白書　ワールドウォッチ研究所　2008‐09　持続可能な社会経済をめざして
クリストファー・フレイヴィン原本編著，林良博監修　ワールドウォッチジャパン　2009.9　223p　21cm　〈原書名：STATE OF THE WORLD 2008〉　2500円　①978-4-948754-33-1　Ⓝ519

㊤内容㊦環境の世紀にふさわしい社会経済，「真の進歩」をめざす社会経済，エコな生産方法へ転換する社会経済，生活の豊かさを見直す社会経済，「肉と魚と環境」を理解する社会経済，温暖防止に取り組む社会経済，排出量取引市場を活かす社会経済，水資源を大切に使う社会経済，生物多様性を生息地ごと守る社会経済，コモンズの復活に取り組む社会経済，コミュニティを尊重する社会経済，貧しさが発展のバネになる社会経済，持続可能性に投資が向かう社会経済，人類文明の未来と世界貿易機関

地球環境データブック　ワールドウォッチ研究所
レスター・ブラウン，マイケル・レナー，ブライアン・ハルウェイル編著，福岡克也訳　家の光協会　2000.9　251p　21cm　〈原書名：VITAL SIGNS 2000〉　2500円　①4-259-54590-6　Ⓝ519

㊤目次㊦第1部 主要基礎データ（食糧の動向，農業生産資源の動向，エネルギーの動向，大気の動向，経済の動向，運輸の動向，通信手段の動向，社会の動向，軍事の動向），第2部 特別分析（環境分野，経済分野，社会分野）

㊤内容㊦地球環境問題のデータを収録した資料集。主要基礎データと48項目による特別分析で構成する。特別分析では新しいテーマとして化学肥料使用量，地下水の汚染，環境ホルモンなどについて収録する。

地球環境データブック　ワールドウォッチ研究所　2001‐02
クリストファー・フレイヴィン編著，福岡克也訳，環境文化創造研究所日本語版編集協力　家の光協会　2001.9　260p　21cm　〈原書名：Vital signs：The Trends That Are Shaping Our Future〉　2500円　①4-259-54599-X　Ⓝ519

㊤目次㊦第1部 主要基礎データ（食料と農業の動向，エネルギーの動向，大気の動向，経済の動向，運輸の動向 ほか），第2部 特別分析（環境分野，経済金融分野，資源経済分野，交通分野，保健分野 ほか）

㊤内容㊦地球環境問題のデータを収録した資料集。食料と農業，エネルギー，大気，経済，運輸，社会と公衆衛生，軍事の7つの動向の主要基礎データと，環境，経済金融，資源経済，交通，保険，社会の9つの分野の特別分析で構成する。

地球環境データブック　2003‐04
クリストファー・フレイヴィン監訳，福岡克也監訳，環境文化創造研究所日本語版編集協力　家の光協会　2003.9　276p　21cm　〈原書名：VITAL SIGNS：The Trends That Are Shaping Our Future〉　2500円　①4-259-54643-0

㊤目次㊦第1部 主要基礎データ（食料と農業の動向，エネルギーと大気の動向，経済の動向 ほか），第2部 特別分析（環境分野，経済金融分野，資源経済分野 ほか），第3部 ワールドウォッチ（赤い過去から緑の未来へ，ウクライナと旧共産諸国の持続可能な発展，食の民主主義のために地域の"食と農"を支援する食堂，自然と人間とで

地球環境データブック 2004-05
福岡克也監修 ワールドウォッチジャパン 2004.12 310p 21cm 2500円 ①4-948754-18-8

[目次]第1部 主要基礎データ(食料と農業の動向,エネルギーと大気の動向,経済の動向 ほか),第2部 特別分析(BSEとvCJD(変異型ヤコブ病),高病原性鳥インフルエンザ,SARS ほか),第3部 ワールドウォッチ(安くておいしい養殖サケの安全性と環境評価,アメリカのレタスは国防優先でロケット燃料まみれ,「沈黙の冬」をもたらすかも知れない遺伝子組み換えイネ ほか)

[内容]グローバル・セキュリティを探る。

地球環境データブック ワールドウォッチ研究所 2005-06
クリストファー・フレイヴィン編著,福岡克也監訳,環境文化創造研究所日本語版編集協力 ワールドウォッチジャパン 2005.11 284p 21cm 〈原書名:VITAL SIGNS 2005〉 2500円 ①4-948754-19-6

[目次]第1部 主要基礎データ(食料の動向,エネルギーと大気の動向,経済の動向,運輸の動向,社会と公衆衛生の動向,軍事の動向),第2部 特別分析(環境分野,経済・社会分野,ガヴァナンス分野),第3部 ワールドウォッチ(イスラエル・パレスチナ・ヨルダンの死海をめぐる,「水と平和」,「国境なき世界」,WTO体制は誰のためなのか),第4部 特別寄稿 BRICs+トルコ

地球環境データブック ワールドウォッチ研究所 2007-08
クリストファー・フレイヴィン編著,福岡克也監訳 ワールドウォッチジャパン 2007.12 252p 21cm 2600円 ①978-4-948754-29-4

[目次]第1部 主要基礎データ(食料と農業と水産業の動向,エネルギーと環境の動向,社会と経済の動向,運輸と通信の動向,軍事の動向),第2部 特別分析(食料・農業分野,環境分野,社会・経済分野,保健衛生分野),第3部 特別記事(中国のバイオ燃料と食糧)

地球データブック 人類の明日を決めるバイタル・サイン 1998〜99
ワールドウォッチ研究所編著,山藤泰監訳 ダイヤモンド社 1998.7 251p 21cm 〈原書名:VITAL SIGNS 1998〉 2500円 ①4-478-87074-8

[目次]第1部 主要な指標(食糧の動向,農業資源の動向,エネルギーの動向,大気の動向,経済の動向,輸送手段の動向,通信手段の動向,社会の動向,軍事の動向),第2部 際立った特徴(環境の特徴,経済の特徴,社会の特徴,軍事の特徴)

地球データブック 1999-2000
ワールドウォッチ研究所編著,山藤泰監訳 ダイヤモンド社 1999.7 252p 21cm 2500円 ①4-478-87081-0

[目次]第1部 主要な指標(食糧の動向,農業資源の動向,エネルギーの動向,大気の動向,経済の動向,輸送手段の動向,通信手段の動向,社会の動向,軍事の動向),第2部 際立った特徴(環境の特徴,経済の特徴,社会の特徴,軍事の特徴)

地球白書 '90 - '91
レスター・R ブラウン編著,北濃秋子訳,松下和夫監訳 ダイヤモンド社 1990.9 362p 21cm 2800円 ①4-478-87010-1

[目次]第1章 成長の幻想—環境が経済を規定する,第2章 地球温暖化—いかにして炭素排出を削減するか,第3章 農業用水—基本的資源の希少化に備える,第4章 食糧供給—世界人口を養うために,第5章 海面上昇—陸地面積の縮小に対応する,第6章 大気汚染—クリーンな空気を取り戻す,第7章 自転車—小さな惑星の乗り物,第8章 貧困撲滅—環境危機を克服するために,第9章 経済転換—剣を鋤に打ち直す,第10章 持続可能な社会—2030年に向かって

地球白書 1992 - 93 いまこそ環境革命を
レスター・R.ブラウン編著,加藤三郎監訳 ダイヤモンド社 1992.6 410p 21cm 〈原書名:STATE OF THE WORLD 1992〉 2300円 ①4-478-87022-5

[目次]第1章 地球の未来を決める10年,第2章 生物学的多様性を守る,第3章 持続可能なエネルギー・システムの創造,第4章 核廃棄物問題に直面する世界,第5章 畜産業と環境の調和を取りもどす,第6章 女性の生殖行動にともなう健康問題,第7章 鉱業が地球を掘り起こす,第8章 環境と人間にやさしい都市づくり,第9章 持続可能な雇用を創出する,第10章 地球管理システムを強化する,第11章 いまこそ環境革命を

地球白書 1993-94 持続可能な経済への挑戦
レスター・R.ブラウン編著,加藤三郎監訳 ダイヤモンド社 1993.7 418p 21cm 〈原書名:State of the World〉 2300円 ①4-478-87028-4

[目次]「地球白書」と地球の一〇年—序にかえて,第1章 地球新時代の幕開け,第2章 世界を襲う水不足,第3章 サンゴ礁の再生,第4章 女性と開発,第5章 先住民を支援する,第6章 発展途上国にエネルギーを供給する,第7章 鉄道を再発見する,第8章 平和の準備をする,第9章 貿易と環境を調和させる,第10章 新しい産業革命をめざして

[内容]米国のワールドウォッチ研究所による地球環境についての現状と提言をまとめた年次報告の日本語版。今版のテーマは,環境を攻撃する

経済から環境を保全する経済へ。産業と企業が自己変革するための方法。

地球白書　1994-95　迫りくる地球の限界
レスター・R.ブラウン編著，沢村宏監訳　ダイヤモンド社　1994.6　410p　21cm　〈原書名：STATE OF THE WORLD 1994〉　2500円　①4-478-87033-0

(目次)第1章 迫りくる地球の限界，第2章 森林経済の再設計，第3章 海とその資源を守る，第4章 電力産業再編の時代，第5章 交通問題の新しい解決策，第6章 コンピュータは地球を救うか，第7章 脅かされる人間の健康，第8章 軍拡競争の後始末，第9章 世界銀行改造計画，第10章 地球規模の食糧危機

地球白書　1995～96　レスター・R.ブラウン編著　ダイヤモンド社　1995.4　402p　21cm　〈原書名：STATE OF THE WORLD 1995〉　2500円　①4-478-87041-1

(目次)第1章 自然の限界が世界を襲う，第2章 海洋漁業と雇用，第3章 山に住む人々と環境，第4章 太陽と風のエネルギー，第5章 持続可能なマテリアル経済，第6章 ビルと住宅の効率向上，第7章 中国の経済発展と地球環境，第8章 難民と移民であふれる世界，第9章 世界平和のための資金調達，第10章 新しいグローバル・パートナーシップ

地球白書　ワールドウォッチ　1996～97
レスター・R.ブラウン編著　ダイヤモンド社　1996.3　393p　21cm　〈原書名：STATE OF THE WORLD 1996〉　2500円　①4-478-87051-9

(目次)第1章 加速する歴史，第2章 気候変動問題の新展開，第3章 持続可能な水戦略，第4章 河川と湖の生態系を守る，第5章 世界食糧危機に備える農業戦略，第6章 生物侵入の脅威，第7章 立ちはだかる伝染病，第8章 人権と環境の公正，第9章 持続可能性を目指す産業，第10章 環境のための市場メカニズム

(内容)米国のワールドウォッチ研究所による，地球環境についての現状と提言をまとめたもの。「加速する歴史」「気候変動問題の新展開」「持続可能な水戦略」「河川と湖の生態系を守る」「世界食糧危機に備える農業戦略」等，テーマ別に10章から成る。巻末に五十音順の人名索引，国名・地名索引，事項索引がある。「State of the World 1996」(W.W.Norton&Company, 1996)の日本版。

地球白書　ワールドウォッチ　1998-99
レスター・R.ブラウン編著，浜中裕徳監訳　ダイヤモンド社　1998.3　421p　21cm　〈原書名：STATE OF THE WORLD 1998〉　2500円　①4-478-87072-1

(目次)第1章 経済成長と地球の未来，第2章 持続可能な森林管理をめざして，第3章 失われる生命のつながり，第4章 持続可能な漁業の促進，第5章 穀物増産のための闘い，第6章 有機廃棄物のリサイクル，第7章 気候変動の脅威に対応，第8章 銃のない世界をめざす，第9章 民間投資と発展途上国の環境，第10章 新しい経済を構築する

地球白書　1999-2000　レスター・R.ブラウン編著，浜中裕徳監訳　ダイヤモンド社　1999.3　23, 421p　21cm　2500円　①4-478-87078-0

(目次)第1章 環境の世紀をめざして，第2章 エネルギー・システムの再構築，第3章 持続可能なマテリアル経済，第4章 森林経済の新しい方向，第5章 海洋保護の新航路，第6章 生物の多様性がもたらす恵み，第7章 90億人を養えるか，第8章 新しい都市のビジョン，第9章 武力紛争を終わらせる，第10章 持続可能な世界を建設する

地球白書　ワールドウォッチ　2000-01
レスター・R.ブラウン編著，浜中裕徳監訳　ダイヤモンド社　2000.3　421p　21cm　〈原書名：STATE OF THE WORLD 2000〉　2600円　①4-478-87086-1　Ⓝ361.7

(目次)第1章 新世紀の課題，第2章 予期せぬ環境異変に備える，第3章 灌漑農業の再構築，第4章 飢餓と過食に取り組む，第5章 残留性有機汚染物質と闘う，第6章 紙経済の改革，第7章 環境のために情報技術を活かす，第8章 マイクロ発電とエネルギーの未来，第9章 環境保全が雇用を創出する，第10章 環境グローバリゼーションにどう対処するか

(内容)米国のワールドウォッチ研究所による，地球環境についての現状と提言をまとめたもの。「新世紀の課題」「予期せぬ環境異変に備える」「灌漑農業の再構築」「飢餓と過食に取り組む」「残留性有機汚染物質と闘う」「紙経済の改革」「環境のために情報技術を活かす」「マイクロ発電とエネルギーの未来」「環境保全が雇用を創出する」「環境グローバリゼーションにどう対処するか」等，テーマ別に10章から成る。巻末に五十音順の人名索引，国名・地名索引，事項索引がある。「State of the World 1996」(W.W.Norton&Company, 2000)の日本版。

地球白書　ワールドウォッチ研究所　2001-02　レスター・ブラウン編著，エコ・フォーラム21世紀日本語版監修　家の光協会　2001.4　422p　21cm　〈原書名：State of the world 2001〉　2600円　①4-259-54592-2　Ⓝ361.7

(目次)第1章 豊かさを貧困の解消に役立てる，第2章 しのび寄る地下水汚染を防ぐ，第3章 飢餓の根絶をめざして，第4章 衰退する両生類か

らの警告，第5章 水素エネルギー経済への挑戦，第6章 持続可能な交通手段を選択する，第7章 自然災害の大規模化を回避する，第8章 途上国を重債務から解放する，第9章 国際環境犯罪を取り締まる，第10章 持続可能な社会へのシフトを加速する

内容 米国のワールドウォッチ研究所による，地球環境についての現状と提言をまとめたもの。巻末に五十音順の人名索引，国名・地名索引，事項索引がある。「State of the World 2001」の日本語版。

地球白書　ワールドウォッチ研究所　2002-03

クリストファー・フレイヴィン編著，エコ・フォーラム21世紀監修，地球環境財団環境文化創造研究所編集協力　家の光協会　2002.4　416p　21cm　〈原書名：State of the world 2002〉　2600円　①4-259-54612-0　Ⓝ361.7

目次 第1章 ヨハネスブルク・サミットの課題──より安全な世界をつくり出す，第2章 温暖化防止への取り組みを地球規模で前進させる，第3章 農業のもつ社会的役割を評価する，第4章 有害化学物質を減らして，汚染から解放される，第5章 増大する国際旅行の持続可能性を高める，第6章 人口政策を見直し，女性の地位を改善する，第7章 途上国の長期化する資源紛争の構造，第8章 グローバル・ガバナンスを再構築する

内容 米国のワールドウォッチ研究所による，地球環境についての現状と提言をまとめたもの。「State of the World 2002-03」の日本語版。2002-03年版の全8章は，これからの革新に関するビジョンを提示し，社会および環境面で飛躍する新たな10年間を始めるにあたって，地球サミットの行われたヨハネスブルグで実行可能な具体的なステップについての提言を述べている。巻末に五十音順の人名索引，国名・地名索引，事項索引がある。

地球白書　ワールドウォッチ研究所　2003-04

クリストファー・フレイヴィン編著，エコ・フォーラム21世紀日本語版監修，地球環境財団，環境文化創造研究所日本語版編集協力　家の光協会　2003.4　402p　21cm　〈原書名：STATE OF THE WORLD 2003〉　2600円　①4-259-54629-5

目次 第1章 石器革命から環境革命へ，人類の進化を果たす，第2章 自然と人間とを結び付ける鳥類を守る，第3章 途上国で生態系と共生する女性のエンパワーメント，第4章 三〇秒ごとに子どもの命を奪うマラリアを撲滅する，第5章 政治の意思として新エネルギー革命を支援する，第6章 環境の21世紀，錬金術は金属リサイクル，第7章 スラム住民による，スラム住民のための改革，第8章 大きなチャレンジ──宗教界と環境団体との協働

地球白書　ワールドウォッチ研究所　2004-05

クリストファー・フレイヴィン編著，エコ・フォーラム21世紀日本語版監修　家の光協会　2004.5　401p　21cm　〈原書名：STATE OF THE WORLD 2004〉　2600円　①4-259-54651-1

目次 第1章「幸福感」より「不安」が高まる大量消費社会，第2章 エネルギー源を賢く選んで，できるだけ使わない，第3章 水の利用効率を高め，生態系と分かつ，第4章 まともな食べ物を，ほどほどに食べる権利と義務，第5章 人類のために，そして地球のためにグリーン購入をする，第6章 ジハードでもマックワールドでもない，グローバル社会を，第7章 大量消費社会からウェルビーイングな社会へ，第8章「質の高い生活」を実現するために

内容 地球環境と企業の社会的責任。

地球白書　ワールドウォッチ研究所　2005-06

クリストファー・フレイヴィン編著，エコ・フォーラム21世紀日本語版監修　家の光協会　2005.5　397p　21cm　2600円　①4-259-54674-0

目次 第1章 グローバル・セキュリティーを脅かしているのは何か，第2章 増加する人口、失業、エイズ、資源戦争、環境難民，第3章 感染症を封じ込めてマイクロ・セキュリティーへ，第4章 BSEを発生させたセンスとフード・セキュリティー，第5章 水不足がもたらすグローバル・インセキュリティー，第6章 あまりにリスキーな中東石油への依存症，第7章 地雷との訣別，しかしながら先進国も途上国も核への固執，第8章 環境協力を通してヒューマン・セキュリティーを確立する，第9章 グローバル・セキュリティーをめざしての挑戦

地球白書　ワールドウォッチ研究所　2006-07

クリストファー・フレイヴィン著，エコ・フォーラム21世紀日本語版監修，日本環境財団環境文化創造研究所日本語版編集協力　ワールドウォッチジャパン　2006.6　406p　21cm　〈原書名：STATE OF THE WORLD2006〉　2600円　①4-948754-23-4

目次 第1章 中国・インド──地球の未来を握る新超大国，第2章 BSE・鳥インフルエンザ──工場式畜産の実態，第3章 川と湖──生態系を守ることが水を守る，第4章 バイオ燃料──再生可能な石油代替エネルギーを開発する，第5章 ナノテクノロジー──夢の技術の開発は市民権を得てから，第6章 水銀──地球規模の拡散を防ぐための提案，第7章 災害──不幸なインパクトを和平交渉の好機に変える，第8章 WTO──貿易と持続可能な開発を調和させるための改革，第9章 中国──NGOを中心に環境市民社会を育成する，第10章 CSR・NGO・SRI──環境の世紀にふさわしい企業を目指して

〔内容〕2030年を読むキーワードは「中国とインド」「石油高騰」「ピークオイル」「バイオ燃料」「水不足と食糧不足」である。

地球白書 ワールドウォッチ研究所 2007-08 クリストファー・フレイヴィン編著, エコ・フォーラム21世紀日本語版監修 ワールドウォッチジャパン 2007.11 422p 21cm 〈原書名：STATE OF THE WORLD 2007〉 2600円 ①978-4-948754-28-7, ISSN1882-2517

〔目次〕第1章 持続可能な都市をつくる―二一世紀の人類の試練, 第2章 衛生革命―きれいな水と女性が安心できるトイレを, 第3章 都市農業―食料と環境と生きがいのために, 第4章 公共交通都市―クルマ依存から「歩きやすい街へ」, 第5章 エネルギー自給都市―再生可能への転換と効率改善, 第6章 防災都市―人命と財産を守る都市づくり, 第7章 公衆衛生都市―安全で健康に暮らせる緑の空間を, 第8章 地域経済主義―グローバル化から経済を取り戻す, 第9章 貧困や環境的差別との闘い―都市空間を公平にする

〔内容〕世界に広がる格差社会。

地球白書 ワールドウォッチ研究所 2008-09 クリストファー・フレイヴィン編著, エコ・フォーラム21世紀日本語版監修 ワールドウォッチジャパン 2008.12 407p 21cm 〈原書名：STATE OF THE WORLD 2008〉 2800円 ①978-4-948754-32-4, ISSN1882-2517 Ⓝ361.7

〔目次〕持続可能な経済を育てる,「真の進歩」のための新たなボトムライン, 生産を見直し, 資源効率を高める, 持続可能なライフスタイルに転換する, 肉と魚ももっとも環境への負荷の大きい食材, 低炭素経済を構築する, 排出量取引市場を発展させる, 持続可能な経済における水資源, 生物多様性バンキングシステムを構築する, コモンズのパラレルエコノミー, コミュニティを活かして持続可能な世界を目指す, 人々の意志と行動力を活かす, 持続可能な経済の確率に向けて投資する, 貿易ガヴァナンスへの新たなアプローチ

〔内容〕世界の最富裕層500人の合計所得は最貧層4億1600万人の合計所得にほぼ等しい。世界の25億人は1日2ドル以下で暮らしている。格差を拡大した市場原理主義はソーシャル・キャピタルをも侵食し, 人々の絆を断つ。アメリカ社会では親友喪失シンドロームにより, 国民のおよそ4人にひとりは親友と呼べる人をもたない。持続可能な社会とは, 何よりも人々が安心して暮らせる社会である。

地球白書 ワールドウォッチ研究所 2009-10 クリストファー・フレイヴィン編著, エコ・フォーラム21世紀日本語版監修, 環境文化創造研究所日本語版編集協力 ワールドウォッチジャパン 2009.12 391p 21cm 〈原書名：STATE OF THE WORLD 2009〉 2850円 ①978-4-948754-35-5, ISSN1882-2517 Ⓝ361.7

〔目次〕第1章 人類文明の存続に「不都合な真実：温暖化」, 第2章 温暖化を「安全な」レベルに抑制する, 第3章 農林業を環境保全型に転換して「地球を冷やす」, 第4章 再生可能エネルギーへの確固たる変換, 第5章 生態系と世界の人々の暮らしを守る対応策, 第6章 敵国のない「世界気候戦争」における協闘体制, 温暖化対策：論壇と取り組み事例

地球白書 2010-11 特集 持続可能な文化 ワールドウォッチ研究所企画・編, エコ・フォーラム21世紀日本語版監修, 環境文化創造研究所日本語版編集協力 ワールドウォッチジャパン 2010.12 388p 21cm 〈原書名：STATE OF THE WORLD 2010〉 2850円 ①978-4-948754-39-3, ISSN1882-2517 Ⓝ361.7

〔目次〕序章「大量消費の文化」を変革する, 第1章 伝統を再評価して「持続可能性」の構築に活かす, 第2章 教育に期待される「持続可能性」への貢献, 第3章「持続可能性」を目指す社会経済の優先順位, 第4章「持続可能性」の構築における政府の役割, 第5章「持続可能性」の構築におけるメディアの役割, 第6章 市民運動の力で「持続可能性の文化」を確立する

2030年の科学技術 第7回文部科学省技術予測調査 文部科学省科学技術政策研究所, 未来工学研究所編 未来工学研究所 2001.8 2冊セット 30cm 〈付属資料CD-ROM1枚〉 17619円 ④-944008-05-8 Ⓝ502.1

〔目次〕第1編 調査の概要（調査の目的, 調査の実施体制, 調査の実施概要 ほか）, 第2編 調査結果（総論）（我が国の重点科学技術分野, 予測課題の調査結果, 分野間の同一・類似課題 ほか）, 第3編 調査結果（分野別の各論）（社会・経済ニーズの視点からの概観,「情報・通信」分野の調査結果,「エレクトロニクス」分野の調査結果 ほか）

〔内容〕科学技術分野の1065の課題の未来予測をまとめた資料集。ゲノム科学, 再生医療, 脳科学, バイオインフォマティクス, ネットワーク, コンピュータ, 次世代情報通信, 循環型社会, 地球温暖化対策, ナノ加工・ナノ計測, ナノ材料, 環境エネルギー材料, エネルギー供給, 先進的ものづくり, 社会基盤, フロンティアなど, 生活から宇宙まで科学技術にわたる分野について, 実現予測時期, 重要度, 期待される効果, 第一線にある国, 政府がとるべき有効な手段, 懸念される問題点, 前回の予測調査との比較等などを掲載する。

環境・エネルギー問題全般　　環境・エネルギー問題

<統計集>

グローバル統計地図　世界の中の日本がわかる　ダニエル・ドーリング，マーク・ニューマン，アンナ・バーフォード著，広井洋子訳，猪口孝日本版監修　東洋書林　2009.10　400p　24×28cm　〈原書名：The atlas of the real world.〉　8000円　①978-4-88721-766-9　Ⓝ350.9

(目次)資源から見た世界，貿易から見た世界，経済から見た世界，社会から見た世界，危険から見た世界，環境から見た世界

(内容)世界の統計データを地図上に表した統計地図集。テーマ別に構成する。世界12地域、200カ国の統計から、366種の統計地図を掲載する。各地図には解説と、上位・下位各10カ国の表を併記する。

世界国勢図会　1992-93年版　第4版　矢野恒太記念会編　国勢社　1991.12　510p　21cm　2100円　①4-87549-411-4　Ⓝ350.9

(目次)第1章 世界の国々，第2章 軍備・軍縮，第3章 人口の増大と食糧問題，第4章 労働力とその産業別構成，第5章 経済成長と国民所得，第6章 資源とエネルギー，第7章 世界の農業，第8章 世界の工業，第9章 貿易と国際収支，第10章 財政・金融・物価，第11章 運輸と通信，第12章 諸国民の生活

世界国勢図会　1994-95年版　矢野恒太記念会編　国勢社　1993.12　510p　21cm　2330円　①4-87549-413-0

(内容)世界の政治・経済情勢を表やグラフとともに解説した基本統計集。人口・資源・産業等テーマごとにデータを収録し、関連事項や用語を解説する。巻末に参考資料一覧がある。

世界国勢図会　世界がわかるデータブック　'96-97　第7版　矢野恒太記念会編　国勢社　1996.9　526p　21cm　2500円　①4-87549-417-3

(目次)第1章 世界の国々，第2章 人口と都市，第3章 労働力とその産業別構成，第4章 経済成長と国民経済計算，第5章 資源とエネルギー，第6章 世界の農業，第7章 世界の工業，第8章 貿易と国際収支，第9章 財政・金融・物価，第10章 運輸と通信，第11章 諸国民の生活，第12章 軍備・軍縮

(内容)世界の政治・経済情勢を表やグラフとともに解説したデータ集。人口と都市・資源とエネルギー・軍備等テーマごとにデータを収録し、関連事項や用語を解説する。本年版は「世界の女性の地位」と「地球の環境問題」を巻頭で特集する。

世界国勢図会　世界がわかるデータブック
'97-98　第8版　矢野恒太記念会編　国勢社　1997.9　526p　21cm　2427円　①4-87549-418-1

(目次)特集 世界の食糧問題，第1章 世界の国々，第2章 人口と都市，第3章 労働，第4章 経済成長と国民経済計算，第5章 資源とエネルギー，第6章 世界の農業，第7章 世界の工業，第8章 貿易と国際収支，第9章 財政・金融・物価，第10章 運輸と通信，第11章 諸国民の生活，第12章 軍備・軍縮

世界国勢図会　'98-99　世界がわかるデータブック　第9版　矢野恒太記念会編　国勢社　1998.9　526p　21cm　2524円　①4-87549-420-3

(目次)第1章 世界の国々，第2章 人口と都市，第3章 労働，第4章 経済成長と国民経済計算，第5章 資源とエネルギー，第6章 世界の農業，第7章 世界の工業，第8章 貿易と国際収支，第9章 財政・金融・物価，第10章 運輸と通信，第11章 諸国民の生活，第12章 軍備・軍縮

(内容)世界の政治・経済情勢を表やグラフとともに解説したデータ集。人口と都市・資源とエネルギー・軍備等テーマごとにデータを収録し、関連事項や用語を解説する。索引付き。

世界国勢図会　世界がわかるデータブック　1999-2000年版　第10版　矢野恒太記念会編　国勢社　1999.9　526p　21cm　2524円　①4-87549-422-X

(目次)第1章 世界の国々，第2章 人口と都市，第3章 労働，第4章 経済成長と国民経済計算，第5章 資源とエネルギー，第6章 世界の農業，第7章 世界の工業，第8章 貿易と国際収支，第9章 財政・金融・物価，第10章 運輸と通信，第11章 諸国民の生活，第12章 軍備・軍縮

(内容)世界の政治・経済情勢を表やグラフとともに解説したデータ集。人口と都市・資源とエネルギー・軍備等テーマごとにデータを収録し、関連事項や用語を解説する。索引付き。

世界国勢図会　2000／2001年版　第11版　矢野恒太記念会編　国勢社　2000.9　526p　21cm　2524円　①4-87549-424-6　Ⓝ350.9

(目次)世界の国々，人口と都市，労働，経済成長と国民経済計算，資源とエネルギー，世界の農業，世界の工業，貿易と国際収支，財政・金融・物価，運輸と通信，諸国民の生活，軍備・軍縮

(内容)国際統計のデータブック。世界の社会・経済情勢を表とグラフでわかりやすく解説、世界の現状を経済・社会の分野別に明らかにして世界の中の日本の地位を示した。統計は世界の国々、人口と都市、労働、経済成長と国民経済計算など12章で構成、各種の統計とともに国際情勢及び各国の状況について解説する。巻末に五十音

環境・エネルギー問題　　環境・エネルギー問題全般

順の事項索引を付す。

世界国勢図会　世界がわかるデータブック　2001／2002年版　第12版　矢野恒太記念会編　矢野恒太記念会　2001.9　526p　21cm　2524円　Ⓘ4-87549-427-0　Ⓝ350.9
〔目次〕世界の国々，人口と都市，労働，経済成長と国民経済計算，資源とエネルギー，世界の農業，世界の工業，貿易と国際収支，財政・金融・物価，運輸と通信，諸国民の生活，軍備・軍縮
〔内容〕国際統計のデータブック。世界の社会・経済情勢を表とグラフで解説、世界の現状を経済・社会の分野別に明らかにして世界の中の日本の地位を示すことをねらいとする。各種の統計とともに国際情勢及び各国の状況について解説する。巻末に五十音順の事項索引を付す。

世界国勢図会　2002／03年版　第13版　矢野恒太記念会編　矢野恒太記念会　2002.9　526p　21cm　2524円　Ⓘ4-87549-429-7　Ⓝ350.9
〔目次〕第1章 世界の国々，第2章 人口と都市，第3章 労働，第4章 経済成長と国民経済計算，第5章 資源とエネルギー，第6章 世界の農業，第7章 世界の工業，第8章 貿易と国際収支，第9章 財政・金融・物価，第10章 運輸と通信，第11章 諸国民の生活，第12章 軍備・軍縮
〔内容〕国際統計のデータブック。世界の社会・経済情勢を表とグラフで解説。世界の現状を経済・社会の分野別に明らかにして世界の中の日本の地位を示すことをねらいとする。各種の統計とともに国際情勢及び各国の状況についても解説する。巻末に五十音順の事項索引を付す。

世界国勢図会　世界がわかるデータブック　2005／06　第16版　矢野恒太記念会編　矢野恒太記念会　2005.9　526p　21cm　2524円　Ⓘ4-87549-435-1
〔目次〕世界の国々，人口と都市，労働，経済成長と国民経済計算，資源とエネルギー，世界の農業，世界の工業，貿易と国際収支，財政・金融・物価，運輸と通信，諸国民の生活，軍備・軍縮
〔内容〕世界の社会・経済情勢を表とグラフでわかりやすく解説したデータブック。世界の現状を経済・社会の分野別に明らかにした。世界の中の日本の地位が示されている。

世界国勢図会　世界がわかるデータブック　2007／08年版　第18版　矢野恒太記念会編　矢野恒太記念会　2007.9　510p　21cm　2571円　Ⓘ978-4-87549-439-3
〔目次〕世界の国々，人口と都市，労働，経済成長と国民経済計算，資源とエネルギー，世界の農業，世界の工業，貿易と国際収支，財政・金

融・物価，運輸と通信，諸国民の生活，軍備・軍縮
〔内容〕最新の社会・経済統計をもとに、世界の現状を表とグラフで明らかにした学校・職場・図書館・家庭必備のベストセラー。

世界国勢図会　2008／09年版　第19版　矢野恒太記念会編　矢野恒太記念会　2008.9　510p　21cm　（世界がわかるデータブック）　2571円　Ⓘ978-4-87549-441-6　Ⓝ350.9
〔目次〕主要国の基礎データ，第1章 世界の国々，第2章 人口と都市，第3章 労働，第4章 経済成長と国民経済計算，第5章 資源とエネルギー，第6章 世界の農業，第7章 世界の工業，第8章 貿易と国際収支，第9章 財政・金融・物価，第10章 運輸と通信，第11章 諸国民の生活，第12章 軍備・軍縮
〔内容〕最新の社会・経済統計をもとに、世界の現状を表とグラフで明らかにした、学ぶ、調べるデータブックのスタンダード。

世界国勢図会　2009／10年版　矢野恒太記念会編　矢野恒太記念会　2009.9　502p　21cm　2571円　Ⓘ978-4-87549-442-3
〔目次〕世界の国々，人口と都市，労働，経済成長と国民経済計算，資源とエネルギー，世界の農林水産業，世界の工業・小売業，貿易と国際収支，財政・金融・物価，運輸と通信，諸国民の生活，軍備・軍縮
〔内容〕最新の社会・経済統計をもとに、世界の現状を表とグラフで明らかにした、学ぶ、調べるデータブックのスタンダード。レイアウトの変更でわかりやすくなった改訂版。新たに小売業関連データを追加して内容充実。

世界国勢図会　2010／11年版　第21版　矢野恒太記念会編　矢野恒太記念会　2010.9　494p　21cm　2571円　Ⓘ978-4-87549-443-0　Ⓝ350.9
〔目次〕世界の国々，人口と都市，労働，経済成長と国民経済計算，資源とエネルギー，世界の農林水産業，世界の工業・小売業，貿易と国際収支，財政・金融・物価，運輸と通信，諸国民の生活，軍備・軍縮

世界統計白書　2006年版　特集 中国情勢　木本書店・編集部編　木本書店　2006.6　511p　21cm　3800円　Ⓘ4-905689-84-8
〔目次〕特集 中国情勢，人口・民族，国民経済，環境，金融，貿易，農業，工業，鉱業，林業，水産業，資源・エネルギー，運輸，政治・外交，軍事，治安・事故，法律，教育，生活，社会保障，医療，災害，情報・技術，旅行・観光，文化・宗教・スポーツ
〔内容〕日本と世界各国が置かれている現状を知

環境・エネルギー問題全般　　環境・エネルギー問題

るための最新統計を網羅。

世界統計白書　2007年版　木本書店・編集部編　木本書店　2007.6　567p　21cm　3800円　ⓘ978-4-905689-01-0

(目次)巻頭論説 日本の外交，人口・民族，国民経済，環境，金融，財政，貿易，労働，工業，農業，林業，水産業，資源・エネルギー，運輸，政治・外交，軍事，治安・事故，法律，教育，生活，社会保障，医療，災害，情報・技術，旅行・観光，文化・宗教

(内容)国際比較に役立つ最新データ約500種を収録。

世界統計白書　データで見える世界の動き　2008年版　木本書店・編集部編　木本書店　2008.6　614p　21cm　3800円　ⓘ978-4-905689-03-4　Ⓝ350.9

(目次)人口・民族，国民経済，環境，金融，財政，貿易，労働，工業，農業，林業，水産業，資源・エネルギー，運輸，政治・外交，軍事，治安・事故，法律，教育，生活，社会保障，医療，災害，情報・技術，旅行・観光，文化・宗教・スポーツ〕

(内容)国際比較に役立つ最新データ約500種を収録。

世界統計白書　2009年版　木本書店・編集部編　木本書店　2009.6　638p　21cm　3800円　ⓘ978-4-905689-94-2　Ⓝ350.9

(目次)人口・面積，経済・金融・財政，環境，貿易，労働，工業，農林水産業，資源・エネルギー，運輸，政治・外交，軍事，治安・事故，災害，法律，教育，生活，医療・社会保障，情報・技術，旅行・観光，文化・宗教・スポーツ

(内容)データで見える世界の動き。国際比較に役立つ最新データ約500種を収録。

世界統計白書　2010年版　木本書店・編集部編　木本書店　2010.6　654p　21cm　3800円　ⓘ978-4-905689-99-7　Ⓝ350.9

(目次)人口・面積，経済・金融・財政，環境，貿易，労働，工業，農林水産業，資源・エネルギー，運輸，政治・外交，軍事，治安・事故，災害，法律，教育，生活，医療・社会保障，情報・技術，旅行・観光，文化・宗教・スポーツ

(内容)国際比較に役立つ最新データ約600種を収録。

世界の統計　国際統計要覧　1994　総務庁統計局編　大蔵省印刷局　1994.3　340p　21cm　1800円　ⓘ4-17-230694-2

(目次)第1章 地理・気象，第2章 人口，第3章 労働・賃金，第4章 国民経済計算，第5章 農林水産業，第6章 鉱工業，第7章 エネルギー，第8章 運輸・通信，第9章 貿易，第10章 国際収支・金融・財政，第11章 国際協力，第12章 物価，第13章 社会・国民生活，第14章 環境

世界の統計　1995　総務庁統計局編　大蔵省印刷局，日本統計協会　1995.4　351p　21cm　1800円　ⓘ4-17-230695-0

(目次)地理・気象，人口，労働・賃金，国民経済計算，農林水産業，鉱工業，エネルギー，運輸・通信，貿易，国際収支・金融・財政〔ほか〕

世界の統計　1996　総務庁統計局編　大蔵省印刷局，日本統計協会　1996.3　355p　21cm　1800円　ⓘ4-17-230696-9

(目次)地理・気象，人口，労働・賃金，国民経済計算，農林水産業，鉱工業，エネルギー，運輸・通信，貿易，国際収支・金融・財政〔ほか〕

世界の統計　1997　総務庁統計局編　大蔵省印刷局，日本統計協会　1997.4　358p　21cm　1740円　ⓘ4-17-230697-7

(目次)地理・気象，人口，労働・賃金，国民経済計算，農林水産業，鉱工業，エネルギー，運輸・通信，貿易，国際収支・金融・財政，国際協力，物価，社会・国民生活，環境，社会保障，教育，科学技術・文化

世界の統計　1998　総務庁統計局編　大蔵省印刷局，日本統計協会　1998.4　353p　21cm　1760円　ⓘ4-17-230698-5

(目次)地理・気象，人口，労働・賃金，国民経済計算，農林水産業，鉱工業，エネルギー，運輸・通信，貿易，国際収支・金融・財政，国際協力，物価，社会・国民生活，環境，社会保障，教育，科学技術・文化

(内容)世界の国々の人口，経済，社会，文化などの実情や，世界における日本の位置づけなどに関するさまざまな国際統計を編集したもの。

世界の統計　1999　総務庁統計局編　大蔵省印刷局，日本統計協会　1999.4　353p　21cm　1760円　ⓘ4-17-230699-3

(目次)地理・気象，人口，労働・賃金，国民経済計算，農林水産業，鉱工業，エネルギー，運輸・通信，貿易，国際収支・金融・財政，国際協力，物価・家計，社会・国民生活，環境，社会保障，教育，科学技術・文化，付録(主要国の時系列統計，資料一覧)，索引

(内容)世界の国々の人口，経済，社会，文化などの実情や，世界における日本の位置づけなどに関するさまざまな国際統計を編集したもの。

世界の統計　2000年版　総務庁統計局編　大蔵省印刷局，日本統計協会　2000.3　357p　21cm　1760円　ⓘ4-17-230700-0　Ⓝ350.9

(目次)第1章 地理・気象，第2章 人口，第3章 労働・賃金，第4章 国民経済計算，第5章 農林水産業，第6章 鉱工業，第7章 エネルギー，第8章

環境・エネルギー問題　環境・エネルギー問題全般

運輸・通信，第9章 貿易，第10章 国際収支・金融・財政，第11章 国際協力，第12章 物価・家計，第13章 社会・国民生活，第14章 環境，第15章 社会保障，第16章 教育，第17章 科学技術・文化

世界の統計　2001年版　総務省統計局・統計研修所編　財務省印刷局　2001.3　365p　21cm　〈共同刊行：日本統計協会 2000年版までの出版者：大蔵省印刷局　文献あり　索引あり〉　1760円　Ⓘ4-17-230701-9　Ⓝ350.9

(目次)地理・気象，人口，労働・賃金，国民経済計算，農林水産業，鉱工業，エネルギー，運輸・通信，貿易，国際収支・金融・財政，国際協力，物価・家計，社会・国民生活，環境，社会保障，教育，科学技術・文化

世界の統計　2002年版　総務省統計局・統計研修所編　財務省印刷局，日本統計協会　2002.3　389p　19cm　1760円　Ⓘ4-17-230702-7　Ⓝ350.9

(目次)地理・気象，人口，労働・賃金，国民経済計算，農林水産業，鉱工業，エネルギー，運輸・通信，貿易，国際収支・金融・財政，国際開発援助，物価・家計，社会・国民生活，環境，社会保障，教育，科学技術・文化

世界の統計　2003年版　総務省統計局・統計研修所編　財務省印刷局，日本統計協会　2003.3　398p　21cm　1760円　Ⓘ4-17-230703-5

(目次)地理・気象，人口，労働・賃金，国民経済計算，農林水産業，鉱工業，エネルギー，運輸・情報通信，貿易，国際収支・金融・財政，国際開発援助，物価・家計，社会・国民生活，環境，社会保障，教育

世界の統計　2004年版　総務省統計研修所編　国立印刷局　2004.3　396p　21cm　1760円　Ⓘ4-17-230704-3

(目次)地理・気象，人口，国民経済計算，農林水産業，鉱工業，エネルギー，科学技術・情報通信，運輸，貿易，国際収支・金融・財政，国際開発援助，労働・賃金，物価・家計，社会保障，社会・国民生活，教育・文化，環境

世界の統計　2005年版　総務省統計研修所編　国立印刷局，日本統計協会　2005.3　403p　21cm　1760円　Ⓘ4-17-230705-1

(目次)地理・気象，人口，国民経済計算，農林水産業，鉱工業，エネルギー，科学技術・情報通信，運輸，貿易，国際収支・金融・財政〔ほか〕

世界の統計　2006年版　総務省統計研修所編　日本統計協会　2006.3　407p　21cm　1760円　Ⓘ4-8223-3056-7

(目次)地理・気象，人口，国民経済計算，農林水産業，鉱工業，エネルギー，科学技術・情報通信，運輸，貿易，国際収支・金融・財政，国際開発援助，労働・賃金，物価・家計，国民生活・社会保障，教育・文化

世界の統計　2007年版　総務省統計研修所編　日本統計協会　2007.3　398p　21cm　1800円　Ⓘ978-4-8223-3231-0

(目次)地理・気象，人口，国民経済計算，農林水産業，鉱工業，エネルギー，科学技術・情報通信，運輸，貿易，国際収支・金融・財政，国際開発援助，労働・賃金，物価・家計，国民生活・社会保障，教育・文化

世界の統計　2008年版　総務省統計局，総務省統計研修所編　日本統計協会　2008.3　398p　21cm　1800円　Ⓘ978-4-8223-3485-7　Ⓝ350.9

(目次)地理・気象，人口，国民経済計算，農林水産業，鉱工業，エネルギー，科学技術・情報通信，運諭，貿易，国際収支・金融・財政，国際開発援助，労働・賃金，物価・家計，国民生活・社会保障，教育・文化，環境

世界の統計　2009年版　総務省統計研修所編　日本統計協会　2009.3　404p　21cm　1800円　Ⓘ978-4-8223-3586-1　Ⓝ350.9

(目次)地理・気象，人口，国民経済計算，農林水産業，鉱工業，エネルギー，科学技術・情報通信，運輸，貿易，国際収支・金融・財政，国際開発援助，労働・賃金，物価・家計，国民生活・社会保障，教育・文化，環境

世界の統計　2010年版　総務省統計研修所編　日本統計協会　2010.3　398p　21cm　1800円　Ⓘ978-4-8223-3665-3　Ⓝ350.9

(目次)地理・気象，人口，国民経済計算，農林水産業，鉱工業，エネルギー，科学技術・情報通信，運輸，貿易，国際収支・金融・財政，国際開発援助，労働・賃金，物価・家計，国民生活・社会保障，教育・文化，環境，付録

地域統計要覧　1990年版　地域振興整備公団企画調査部調査課編　ぎょうせい　1990.3　555p　21cm　3920円　Ⓝ351

(目次)地域開発，土地利用，住宅宅地開発，工業団地開発，人口，水資源，エネルギー・資源，環境，社会資本，産業・就業，経済，海外，参考 地域振興整備公団のあらまし

地域統計要覧　1991年版　地域振興整備公団企画調査部調査課編　ぎょうせい　1991.3　600p　22cm　3806円　Ⓘ4-324-02792-7　Ⓝ351

(内容)地域総合開発の基礎資料を中心に，産業・環境等の関連資料も収録し，体系的に整理したもの。1975年の発刊以来第16版を迎える。

地域統計要覧　1992年版　地域振興整備公団編　ぎょうせい　1992.3　593p　21cm　4300円　⓪4-324-03327-7

(目次)1 地域開発, 2 土地利用, 3 住宅宅地開発, 4 工業団地開発, 5 人口, 6 水資源, 7 エネルギー・資源, 8 環境, 9 社会資本, 10 産業・就業, 11 経済, 12 海外, 参考 地域振興整備公団のあらまし

(内容)本書は, 地域開発関係資料を中心に, 環境, 産業等の関連資料を幅広く収集し, 体系的に整理することを意図するとともに, 地域開発関係業務に携わる国, 地方公共団体, 民間企業等の皆様にも広くご利用いだだくことにも留意して取りまとめたものであります。

地域統計要覧　1993年版　地域振興整備公団編　ぎょうせい　1993.3　605p　21cm　4300円　⓪4-324-03737-X

(目次)1 地域開発, 2 土地利用, 3 住宅宅地開発, 4 工業団地開発, 5 人口, 6 水資源, 7 エネルギー・資源, 8 環境, 9 社会資本, 10 産業・就業, 11 経済, 12 海外

(内容)地域開発のほか環境, 産業等の関連分野を含めた統計を体系的に編集収録した統計集。発刊は1975年。

地域統計要覧　1994年版　地域振興整備公団企画調査部調査課編　ぎょうせい　1994.3　625p　22cm　4369円　⓪4-324-04087-7

(目次)1 地域開発, 2 土地利用, 3 住宅宅地開発, 4 工業団地開発, 5 人口, 6 水資源, 7 エネルギー・資源, 8 環境, 9 社会資本, 10 産業・就業, 11 経済, 12 海外

(内容)地域開発のほか環境, 産業等の関連分野を含めた統計を体系的に編集収録した統計集。発刊は1975年。

地域統計要覧　1995年版　地域振興整備公団編　ぎょうせい　1995.3　642p　21cm　4500円　⓪4-324-04554-2

(目次)1 地域開発, 2 土地利用, 3 住宅宅地開発, 4 工業団地開発, 5 人口, 6 水資源, 7 エネルギー・資源, 8 環境, 9 社会資本, 10 産業・就業, 11 経済, 12 海外, 「参考」地域振興整備公団のあらまし

地域統計要覧　1997年版　地域振興整備公団企画調査部調査課編　ぎょうせい　1997.4　663p　21cm　4800円　⓪4-324-05183-6

(目次)1 地域開発, 2 土地利用, 3 住宅宅地開発, 4 工業立地・工業用地, 5 人口, 6 水資源, 7 エネルギー・資源, 8 環境, 9 社会資本, 10 産業・就業, 11 経済, 12 海外

地域統計要覧　1999年版　地域振興整備公団編　ぎょうせい　1999.3　678p　21cm　4900円　⓪4-324-05851-2

(目次)1 地域開発, 2 土地利用, 3 住宅宅地開発, 4 工業立地・工業用地, 5 人口, 6 水資源, 7 エネルギー・資源, 8 環境, 9 社会資本, 10 産業・就業, 11 経済, 12 海外, 参考 地域振興整備公団のあらまし

地域統計要覧　2000年版　地域振興整備公団編　ぎょうせい　2000.8　747p　21cm　4900円　⓪4-324-06228-5　Ⓝ351

(目次)1 地域開発, 2 土地利用, 3 住宅宅地開発, 4 工業立地・工業用地, 5 人口, 6 水資源, 7 エネルギー・資源, 8 環境, 9 社会資本, 10 産業・就業, 11 経済, 12 海外, 参考・地域振興整備公団のあらまし, 附録・都道府県・市町村行政区別白地図

(内容)地域振興整備公団による地域統計要覧。地方都市開発整備等業務, 工業再配置業務など地域開発等の地域開発業務に関連し, その基礎となる地域開発関係資料を中心に環境, 産業等の関連資料を収載。資料は地域開発土地利用, 住宅宅地開発, 工業立地・工業用地, 人口, 水資源, エネルギー・資源, 環境, 社会資本, 産業・就業, 経済, 海外の各項目により掲載。ほかに参考資料として地域振興整備公団のあらまし, 都道府県・市町村行政区別白地図を収録する。

地域統計要覧　2001年版　地域振興整備公団企画調査部調査課編　ぎょうせい　2001.7　745p　21cm　5000円　⓪4-324-06634-5　Ⓝ351

(目次)地域開発, 土地利用, 住宅宅地開発, 工業立地・工業用地, 人口, 水資源, エネルギー・資源, 環境, 社会資本, 産業・就業, 経済, 海外, 地域振興整備公団のあらまし

(内容)地域開発関係資料を中心に, 環境, 産業等の関連資料を幅広く収集し, 体系的に整理することを意図して取りまとめた統計集。

地域統計要覧　2003年版　地域振興整備公団編　ぎょうせい　2003.3　613p　21cm　5000円　⓪4-324-07032-6

(目次)1 地域開発, 2 土地利用, 3 住宅宅地開発, 4 工業立地・工業用地, 5 人口, 6 エネルギー・資源, 7 環境, 8 社会資本, 9 産業・就業, 10 経済, 11 その他

(内容)地域振興整備公団は、地方都市開発整備等業務、工業再配置業務、産炭地域振興業務、地方拠点振興業務、地域産業集積活性化業務、中心市街地活性化業務及び新事業創出基盤整備促進業務を積極的に推進し、地域開発の一翼を担っている。本書は、これらの業務を進めるに当たり、その基礎となる地域開発関係資料を中心に、環境、産業等の関連資料を幅広く収集し、体系的に整理することを意図するとともに、地

環境・エネルギー問題全般

域開発関係業務に携わる国、地方公共団体、関係機関の皆様にも広くご利用いただくことにも留意して取りまとめたものである。

統計ガイドブック 社会・経済 木下滋, 土居英二, 森博美編 大月書店 1992.9 493p 21cm 4100円 ①4-272-11070-5

(目次)1 人口, 2 土地, 3 労働, 4 生活, 5 社会保障, 6 物価指数, 7 環境, 8 企業・経営, 9 産業, 10 財政, 11 金融, 12 国民経済, 13 地域, 14 貿易・世界経済

(内容)社会・経済・経営の14分野・70ジャンルの統計資料を徹底ガイド。関連統計が一目でわかる「統計体系図」をもとに、統計利用法を解説。約1000項目にのぼる「調べたい項目別データ案内」で即座にできる統計検索。約150テーマの「研究と話題」欄で、現在のホットな社会・経済問題を中心にさらに突っ込んだ統計ガイド。最新の統計データを親しみやすい図表で満載。約2500項目の統計検索を可能にする充実した「索引」。情報源として活用できる「統計書一覧」「発行所一覧」「統計関係機関一覧」を付録に収録。

日本国勢図会 1990 矢野恒太記念会編 国勢社 1990.6 606p 21cm 2060円 ①4-87549-110-7 Ⓝ351

(目次)SI単位について, 各国通貨の名称と為替相場, 世界と日本, 経済の歩み, 世界の国々, 気候, 国土利用と国土開発, 人口の動き, 府県と都市, 労働, 国民所得, わが国の資源, 鉱業, エネルギー, 石炭, 石油・天然ガス, 原子力, 電力, 都市ガス, 農業, 農作物, 畜産業, 林業, 水産業, 工業, 金属工業, 機械工業, 化学工業, 食料品工業, 繊維工業, 窯業, パルプ・紙, ゴム, 建設業, サービス産業, 商業, 会社・企業, わが国の貿易, 世界の貿易, 国際収支, 物価, 通貨, 財政, 金融, 株式, 保険, 運輸, 通信, マスコミと広告, 国民の生活, レジャー, 教育, 社会保障, 保健・衛生, 公害, 災害と事故, 犯罪, 国防と自衛隊,(臨時掲載)国政選挙, おもな統計調査, 索引, 主要参考資料, 付録(主要長期統計, 府県別主要統計, 府県別生産統計)

日本国勢図会 1991 矢野恒太記念会編 国勢社 1991.6 606p 21cm 2060円 ①4-87549-111-5 Ⓝ351

(目次)SI単位について, 各国通貨の名称と為替相場, 世界と日本, 経済の歩み, 世界の国々, 気候, 国土利用と国土開発, 人口の動き, 府県と都市, 労働, 国民所得, わが国の資源, 鉱業, エネルギー, 石炭, 石油・天然ガス, 原子力, 電力, 都市ガス, 農業, 農作物, 畜産業, 林業, 水産業, 工業, 金属工業, 機械工業, 化学工業, 食料品工業, 繊維工業, 窯業, パルプ・紙, ゴム, 建設業, サービス産業, 商業, 会社・企業, わが国の貿易, 世界の貿易, 国際収支, 物価, 通貨, 財政, 金融, 株式, 保険, 運輸, 通信, マスコミと広告, 国民の生活, レジャー, 教育, 社会保障, 保健・衛生, 公害, 災害と事故, 犯罪, 国防と自衛隊, おもな統計調査, 索引, 主要参考資料, 付録(主要長期統計, 府県別主要統計, 府県別生産統計)

日本国勢図会 1992年版 矢野恒太記念会編 国勢社 1992.6 606p 21cm 2060円 ①4-87549-112-3

(目次)SI単位について, 各国通貨の名称と為替相場, 世界と日本, 経済の歩み, 世界の国々, 気候, 国土利用と国土開発, 人口の動き, 府県と都市, 労働, 国民所得, わが国の資源, 鉱業, エネルギー, 石炭, 石油・天然ガス, 原子力, 電力, 都市ガス, 農業, 農作物, 畜産業, 林業, 水産業, 工業, 金属工業, 機械工業, 化学工業, 食料品工業, 繊維工業, 窯業, パルプ・紙, ゴム, 建設業, サービス産業, 商業, 会社・企業, わが国の貿易, 世界の貿易, 国際収支, 物価, 通貨, 財政, 金融, 株式, 保険, 運輸, 通信, マスコミと広告, 国民の生活, レジャー, 教育, 社会保障, 保健・衛生, 公害, 災害と事故, 犯罪, 国防と自衛隊,(臨時掲載)廃棄物

日本国勢図会 1993 矢野恒太記念会編 国勢社 1993.6 606p 21cm 2400円 ①4-87549-113-1

(目次)世界と日本, 経済の歩み, 世界の国々, 気候, 国土利用と国土開発, 人口の動き, 府県と都市, 労働, 国民所得, わが国の資源, 鉱業, エネルギー, 石炭, 石油・天然ガス, 原子力, 電力, 都市ガス, 農業, 農作物, 畜産業, 林業, 水産業, 工業, 金属工業, 機械工業, 化学工業, 食料品工業, 繊維工業, 窯業, パルプ・紙, ゴム, 建設業, サービス産業, 商業, 会社・企業, わが国の貿易, 世界の貿易, 国際収支, 物価, 通貨, 財政, 金融, 株式, 保険, 運輸, 通信, マスコミと広告, 国民の生活, レジャー, 教育, 社会保障, 保健・衛生, 公害, 災害と事故, 犯罪, 国防と自衛隊, 廃棄物, 参議院選挙

日本国勢図会 1994／95年版 矢野恒太記念会編 国勢社 1994.6 614p 21cm 〈監修：矢野一郎〉 2330円 ①4-87549-114-X

(内容)日本の社会・経済情勢をわかりやすく解説することを主眼にまとめられた統計集。テーマ、産業別に分類構成する。

日本国勢図会 '95-96 矢野恒太記念会編 国勢社 1995.6 574p 21cm 2400円 ①4-87549-115-8

(内容)日本の社会・経済情勢をわかりやすく解説した統計集。テーマ、産業別に55章で構成される。

日本国勢図会 日本がわかるデータブック

'96 - 97　〔第54版〕　矢野恒太記念会編
国勢社　1996.6　558p　21cm　2500円
①4-87549-116-6
(目次)各国通貨の名称と為替相場，1995年の10大ニュース，戦後50年，国政選挙，日本の経済，日本の国々，気候，国土利用と国土開発，人口の動き，府県と都市，労働〔ほか〕
(内容)日本の社会・経済情勢をわかりやすく解説した統計集。テーマ，産業別に53章で構成される。─日本が分かるデータブック。創刊以来69年の伝統と権威。産業経済の最良の案内書。

日本国勢図会　日本がわかるデータブック
1999 - 2000　第57版　矢野恒太記念会編
国勢社　1999.6　542p　21cm　〈附属資料：CD-ROM1〉　2524円　①4-87549-122-0
(目次)世界の国々，日本の経済，気候，国土利用と国土開発，人口の動き，府県と都市，労働，国民所得，資源・エネルギー，石炭・石油・天然ガス〔ほか〕
(内容)日本の社会・経済情勢をわかりやすく解説した統計集。テーマ，産業別に52章で構成される。付録として，主要長期統計，府県別主要統計，府県別生産統計，索引，主要参考資料を付す。

日本国勢図会　2000・2001年版　第58版
矢野恒太記念会編　国勢社　2000.6　542p　21cm　2524円　①4-87549-124-7　Ⓝ351
(目次)世界の国々，日本の経済，気候，国土利用と国土開発，人口の動き，府県と都市，労働，国民所得，資源・エネルギー，石炭・石油・天然ガス，原子力，電力，都市ガス，農業，農作物，畜産業，林業，水産業，工業，金属工業，機械工業，化学工業，食料品工業，繊維工業，窯業，パルプ・紙，ゴム，建設業，サービス産業，商業，会社・企業，わが国の貿易，世界の貿易，国際収支，物価，財政，株式，保険，運輸，通信，マスコミと広告，国民の生活，レジャー，教育，社会保障，社会福祉，保健・衛生，環境問題，災害と事故，犯罪，国防と自衛隊
(内容)日本の社会・経済情勢を表とグラフで解説したデータブック。世界の国々，日本の経済，気候，各種産業，その他社会問題等についてジャンルごとに表とグラフを用いて解説。巻末に付録として主要長期統計，府県別主要統計，府県別生産統計を収録。巻末に統計，図表およびトピックの事項索引を付す。

日本国勢図会　日本がわかるデータブック
2001-02　第59版　矢野恒太記念会編　国勢社　2001.6　542p　21cm　2524円　①4-87549-126-3　Ⓝ351
(目次)世界の国々，日本の経済，気候，国土利用と国土開発，人口の動き，府県と都市，労働，国民所得，資源・エネルギー，石炭・石油・天然ガス〔ほか〕
(内容)日本の社会・経済情勢を表とグラフで解説したデータブック。世界の国々，日本の経済，気候，各種産業，その他社会問題等について52のジャンルごとに表とグラフを用いて解説。付録として主要長期統計，府県別主要統計，府県別生産統計を収録。巻末に統計，図表およびトピックの事項索引を付す。

日本国勢図会　2002／03年版　第60版　矢野恒太記念会編　矢野恒太記念会　2002.6　541p　21cm　2524円　①4-87549-128-X　Ⓝ351
(目次)世界の国々，気候，国土利用と国土開発，人口の動き，府県と都市，労働，国民所得，資源・エネルギー，石炭・石油・天然ガス，原子力，電力，都市ガス，農業，農作物，畜産業，林業，水産業，工業，金属工業，機械工業，化学工業，食料品工業，繊維工業，窯業，パルプ・紙，ゴム，建設業，サービス産業，商業，会社・企業，わが国の貿易，世界の貿易，国際収支，物価，財政，通貨・金融，情報通信，マスコミと広告，国民の生活，レジャー，教育，社会保障，社会福祉，保健・衛生，環境問題，災害と事故，犯罪，国防と自衛隊
(内容)最新のデータをもとに、日本の社会・経済情勢を表とグラフで解説したデータブック。巻末に五十音順索引，主要参考資料，付録として主要長期統計，府県別主要統計，府県別生産統計がある。

日本国勢図会　日本がわかるデータブック
2003／04　第61版　矢野恒太記念会編
矢野恒太記念会　2003.6　542p　21cm　2524円　①4-87549-130-1
(目次)世界の国々，気候，国土利用と国土開発，人口の動き，府県と都市，労働，国民所得，資源・エネルギー，石炭・石油・天然ガス，原子力〔ほか〕
(内容)厳選した最新のデータをもとに、日本の社会・経済情勢を表とグラフでわかりやすく解説したデータブック。

日本国勢図会　2004／05年版　第62版　矢野恒太記念会編　矢野恒太記念会　2004.6　542p　21cm　2524円　①4-87549-132-8
(目次)世界の国々，気候，国土利用と国土開発，人口の動き，府県と都市，労働，国民所得，資源・エネルギー，石炭・石油・天然ガス，原子力，電力，都市ガス，農業，農作物，畜産業，林業，水産業，工業，金属工業，機械工業，化学工業，食料品工業，繊維工業，窯業，パルプ・紙，ゴム，建設業，サービス産業，商業，会社・企業，わが国の貿易，世界の貿易，国際収支，物価，通貨・金融，株式，保険，運輸，情報通

信，マスコミと広告，国民の生活，レジャー，教育，社会保障，社会福祉，保健・衛生，環境問題，災害と事故，犯罪，国防と自衛隊
(内容)厳選した最新のデータをもとに、日本の社会・経済情勢を表とグラフでわかりやすく解説したデータブック。

日本国勢図会　日本がわかるデータブック　2005／06年版　第63版　矢野恒太記念会編　矢野恒太記念会　2005.6　542p　21cm　2524円　①4-87549-134-4
(目次)世界の国々，気候，国土利用と国土開発，人口の動き，府県と都市，労働，国民所得，資源・エネルギー，石炭・石油・天然ガス，原子力，電力，都市ガス，農業，農作物，畜産業，林業，水産業，工業，金属工業，機械工業，化学工業，食料品工業，繊維工業，窯業，パルプ・紙，ゴム，建設業，サービス産業，商業，会社・企業，わが国の貿易，世界の貿易，国際収支，物価，財政，通貨・金融，株式，保険，運輸，情報通信，国民の生活，レジャー，教育，社会保障，社会福祉，保健・衛生，環境問題，災害と事故，犯罪，国防と自衛隊
(内容)厳選した最新のデータをもとに、日本の社会・経済情勢を表とグラフでわかりやすく解説したデータブック。

日本国勢図会　日本がわかるデータブック　2006／07　第64版　矢野恒太記念会編　矢野恒太記念会　2006.6　542p　21cm　2571円　①4-87549-136-0
(目次)世界の国々，国土と国土利用，気候，人口の動き，府県と都市，労働，国民所得，資源・エネルギー，石炭・石油・天然ガス，原子力，電力，都市ガス，農業，農作物，畜産業，林業，水産業，工業，金属工業，機械工業，化学工業，食料品工業，繊維工業，窯業，パルプ・紙，ゴム，建設業，サービス産業，商業，会社・企業，わが国の貿易，世界の貿易，国際収支，物価，財政，通貨・金融，株式，保険，運輸，情報通信，国民の生活，レジャー，教育，社会保障，社会福祉，保健・衛生，環境問題，災害と事故，犯罪，国防と自衛隊
(内容)厳選した最新のデータをもとに、日本の社会・経済情勢を表とグラフでわかりやすく解説したデータブック。

日本国勢図会　日本がわかるデータブック　2007／08年版　第65版　矢野恒太記念会編　矢野恒太記念会　2007.6　542p　21cm　2571円　①978-4-87549-138-5
(目次)世界の国々，国土と国土利用，気候，人口の動き，府県と都市，労働，国民所得，資源・エネルギー，石炭・石油・天然ガス，原子力，電力，都市ガス，農業，農作物，畜産業，林業，水産業，工業，金属工業，機械工業，化学工業，食料品工業，繊維工業，窯業，パルプ・紙，ゴム，建設業，サービス産業，商業，会社・企業，わが国の貿易，世界の貿易，国際収支，物価，財政，通貨・金融，株式，保険，運輸，情報通信，国民の生活，レジャー，教育，社会保障，保健・衛生，環境問題，災害と事故，犯罪，国防と自衛隊
(内容)厳選した最新のデータをもとに、日本の社会・経済情勢を表とグラフでわかりやすく解説したデータブック。

日本国勢図会　2008／09年版　第66版　矢野恒太記念会編　矢野恒太記念会　2008.6　542p　21cm　2571円　①978-4-87549-139-2　Ⓝ351
(目次)世界の国々，国土と国土利用，気候，人口の動き，府県と都市，労働，国民所得，資源・エネルギー，石炭・石油・天然ガス，原子力，電力，都市ガス，農業，農作物，畜産業，林業，水産業，工業，金属工業，機械工業，化学工業，食料品工業，繊維工業，窯業，パルプ・紙，ゴム，建設業，サービス産業，商業，会社・企業，わが国の貿易，世界の貿易，国際収支，物価，財政，通貨・金融，株式，保険，運輸，情報通信，国民の生活，レジャー，教育，社会保障，社会福祉，保健・衛生，環境問題，災害と事故，犯罪，国防と自衛隊
(内容)厳選した最新のデータをもとに、日本の社会・経済情勢を表とグラフでわかりやすく解説したデータブック。

日本国勢図会　2009－10年版　第67版　矢野恒太記念会編　矢野恒太記念会　2009.6　542p　21cm　2571円　①978-4-87549-140-8　Ⓝ351
(目次)世界の国々，国土と気候，人口，府県と都市，労働，国民所得，資源・エネルギー，石炭・石油・天然ガス・原子力，電力・都市ガス，農業・農作物，畜産業，林業，水産業，興行，金属工業，機械工業，化学工業，食料品工業，その他の工業，建設業，サービス産業，商業，会社・企業，日本の貿易，世界の貿易，国際収支・ODA，物価・地価，財政，通貨・金融・株式・保険，運輸，郵便，情報通信・科学技術，国民の生活，教育，社会保障，社会福祉，保健・衛生，環境問題，災害と事故，犯罪・司法，国防と自衛隊
(内容)厳選した最新のデータをもとに、日本の社会・経済情勢を表とグラフでわかりやすく解説。

日本国勢図会　2010／11年版　第68版　矢野恒太記念会編　矢野恒太記念会　2010.6　542p　21cm　2571円　①978-4-87549-141-5　Ⓝ351
(目次)世界の国々，国土と気候，人口，府県と都市，労働，国民所得，資源・エネルギー，石

炭・石油・天然ガス・原子力, 電力・都市ガス, 農業・農作物, 畜産業, 林業, 水産業, 工業, 金属工業, 機械工業, 化学工業, 食料品工業, その他の工業, 建設業, サービス産業, 商業, 会社・企業, 日本の貿易, 世界の貿易, 国際収支・ODA, 物価・地価, 財政, 通貨・金融・株式・保険, 運輸・郵便, 情報通信・科学技術, 国民の生活, 教育, 社会保障・社会福祉, 保健・衛生, 環境問題, 災害と事故, 犯罪・司法, 国防と自衛隊
(内容)厳選した最新のデータをもとに、日本の社会・経済情勢を表とグラフでわかりやすく解説したデータブック。

日本統計年鑑 第40回 (1990) 総務庁統計局編 日本統計協会, 毎日新聞社〔発売〕 1990.11 842p 26cm 13000円 ①4-8223-1168-6 Ⓝ351
(内容)わが国の国土・社会・経済・文化・国民生活などの全分野にわたる基本的統計を収録した総合統計書。明治5年以降の各年の人口統計をはじめとする主要統計についての長期系列と、各種社会・経済統計の最近年の都道府県別統計など豊富な内容。

日本統計年鑑 第41回 (1991) 総務庁統計局編 日本統計協会, 毎日新聞社〔発売〕 1991.10 842p 26cm 13500円 ①4-620-85001-2 Ⓝ351
(内容)本書は、我が国の国土、人口、経済、社会、文化などあらゆる分野にわたる基本的な統計を、総合的かつ体系的に収録したものである。

日本統計年鑑 第42回 (平成4年) 総務庁統計局編 毎日新聞社 1992.12 840p 27cm 〈共同刊行：日本統計協会〉 14078円 ①4-8223-1390-5
(内容)わが国の国土・社会・経済・文化・国民生活などの全分野にわたる基本的統計を集成した総合統計書。明治5年以降の各年の人口統計をはじめとする主要統計についての長期系列と各種社会・経済統計の最近年の都道府県別統計などを掲載。

日本統計年鑑 第43回 (1993-94) 総務庁統計局編 日本統計協会 1993.12 871p 26cm 14500円 ①4-8223-1582-7
(目次)主要指標, 国土・気象, 人口・世帯, 労働・賃金, 国民経済計算, 企業活動, 農林水産業, 鉱工業・建設業, エネルギー・水, 運輸・通信, 商業・サービス業, 貿易・国際収支・国際協力, 金融・保険, 財政, 物価・地価, 家計, 住宅, 社会保障, 保健衛生, 教育, 科学技術・文化, 公務員・選挙, 司法・警察, 災害・事故, 国際統計
(内容)わが国の人口、経済、社会等あらゆる分野にわたる基本的統計を網羅収録する総合統計書。

日本統計年鑑 第44回 (平成7年) 総務庁統計局編 日本統計協会 1994.12 873p 28×20cm 14500円 ①4-8223-1720-X
(目次)国土・気象, 人口・世帯, 労働・賃金, 国民経済計算, 企業活動, 農林水産業, 鉱工業・建設業, 建築業, エネルギー・水, 運輸・通信, 商業・サービス業, 貿易・国際収支・国際協力, 金融・保険, 財政, 物価・地価, 家計, 住宅〔ほか〕

日本統計年鑑 平成9年 総務庁統計局編 日本統計協会, 毎日新聞社 1996.10 914p 26cm 14500円 ①4-620-85006-3
(目次)国土・気象, 人口・世帯, 労働・賃金, 国民経済計算, 企業活動, 農林水産業, 鉱工業, 建設業, エネルギー・水, 運輸・通信, 商業・サービス業, 貿易・国際収支・国際協力, 金融・保険, 財政, 物価・地価, 家計, 住宅・土地, 社会保障, 保健衛生, 教育, 科学技術・文化, 公務員・選挙, 司法・警察, 災害・事故, 国際統計

日本統計年鑑 第47回 総務庁統計局編 日本統計協会, 毎日新聞社 1997.10 918p 26cm 14000円 ①4-620-85007-1
(目次)国土・気象, 人口・世帯, 労働・賃金, 国民経済計算, 企業活動, 農林水産業, 鉱工業, 建設業, エネルギー・水, 運輸・通信, 商業・サービス業, 貿易・国際収支・国際協力, 金融・保険, 財政, 物価・地価, 家計, 住宅・土地, 社会保障, 保健衛生, 教育, 科学技術・文化, 公務員・選挙, 司法・警察, 災害・事故, 国際統計
(内容)日本の国土、人口、経済、社会などあらゆる分野にわたる基本的な統計を網羅した平成10年版の総合統計書。巻末に資料統計案内、「日本統計年鑑」と「日本長期統計総覧」の対応表、事項索引が付く。

日本統計年鑑 平成11年 総務庁統計局編 日本統計協会, 毎日新聞社 1998.10 914p 26cm 14000円 ①4-620-85008-X
(目次)国土・気象, 人口・世帯, 労働・賃金, 国民経済計算, 企業活動, 農林水産業, 鉱工業, 建設業, エネルギー・水, 運輸・通信, 商業・サービス業, 貿易・国際収支・国際協力, 金融・保険, 財政, 物価・地価, 家計, 住宅・土地, 社会保障, 保健衛生, 教育, 科学技術・文化, 公務員・選挙, 司法・警察, 災害・事故, 国際統計, 統計資料案内, 「日本統計年鑑」と「日本長期統計総覧」の対応表, 事項索引
(内容)日本の国土、人口、経済、社会などあらゆる分野にわたる基本的な統計を収録した総合統計書。巻末に統計資料案内、「日本統計年鑑」と「日本長期統計総覧」の対応表、事項索引が

日本統計年鑑　第49回（平成12年）　総務庁統計局編　日本統計協会，毎日新聞社　1999.11　909p　26cm　12000円　Ⓘ4-620-85009-8

(目次)国土・気象，人口・世帯，労働・賃金，国民経済計算，企業活動，農林水産業，鉱工業，建設業，エネルギー・水，運輸・通信，商業・サービス業，貿易・国際収支・国際協力，金融・保険，財政，物価・地価，家計，住宅・土地，社会保障，保健衛生，教育，科学技術・文化，公務員・選挙，司法・警察，災害・事故，国際統計，統計資料案内，「日本統計年鑑」と「日本長期統計総覧」の対応表，事項索引

(内容)日本の国土，人口，経済，社会などあらゆる分野にわたる基本的な統計を収録した総合統計書。巻末に統計資料案内，「日本統計年鑑」と「日本長期統計総覧」の対応表，事項索引が付く。

日本統計年鑑　平成13年　総務庁統計局編　日本統計協会，毎日新聞社　2000.10　913p　26cm　12000円　Ⓘ4-620-85010-1　Ⓝ351

(目次)国土・気象，人口・世帯，労働・賃金，国民経済計算，企業活動，農林水産業，鉱工業，建設業，エネルギー・水，運輸・通信，商業・サービス，貿易・国際収支・国際協力，金融・保険，財政，物価・地価，家計，住宅・土地，社会保障，保健衛生，教育，化学技術・文化，公務員・選挙，司法・警察，災害・事故，国際統計

(内容)日本の国土、人口、経済、産業、技術、社会、文化などあらゆる分野にわたる基本的な統計を、網羅的・体系的に収録した統計書。統計資料案内が付録にあるほか、事項索引がある。

日本統計年鑑　平成14年　総務省統計局・統計研修所編　日本統計協会，毎日新聞社　2001.11　921p　26cm　〈付属資料：CD-ROM1〉　14000円　Ⓘ4-620-85011-X　Ⓝ351

(目次)国土・気象，人口・世帯，労働・賃金，国民経済計算，企業活動，農林水産業，鉱工業，建設業，エネルギー・水，運輸・通信，商業・サービス，貿易・国際収支・国際協力，金融・保険，財政，物価・地価，家計，住宅・土地，社会保障，保健衛生，教育，科学技術・文化，公務員・選挙，司法・警察，災害・事故，国際統計

日本統計年鑑　第52回（平成15年）　総務省統計局・統計研修所編　日本統計協会，毎日新聞社　2002.10　920p　26cm　〈本文：日英両文，付属資料：CD-ROM1〉　14000円　Ⓘ4-620-85012-8　Ⓝ351

(目次)国土・気象，人口・世帯，労働・賃金，国民経済計算，企業活動，農林水産業，鉱工業，エネルギー・水，運輸・通信，商業・サービス業，貿易・国際収支・国際協力，金融・保険，財政，物価・地価，家計，住宅・土地，社会保障，保健衛生，教育，科学技術・文化，公務員・選挙，司法・警察，災害・事故，国際統計，付1「IT関連統計」，付2 統計資料案内，付3「日本統計年鑑」と「日本長期統計総覧」の対応表

(内容)日本の統計を網羅的・体系的に収録した総合統計書。国土、人口、経済、社会、文化などの広範な分野の統計を分野別の25章に分けて収録する。巻末に付録、事項索引があり、CD-ROMが付く。1949年の発刊以来今版が52回目になる。

日本統計年鑑　平成16年　総務省統計局編　日本統計協会，毎日新聞社　2003.10　951p　26cm　14000円　Ⓘ4-8223-2906-2

(目次)国土・気象，人口・世帯，国民経済計算，通貨・資金循環，財政，企業活動，農林水産業，鉱工業，建設業，エネルギー・水，情報通信・科学技術，運輸，商業・サービス業，金融・保険，貿易・国際収支・国際協力，労働・金銀，物価・地価，住宅・土地，家計，社会保障，保健衛生，教育，文化，公務員・選挙，司法・警察，環境・災害・事故，国際統計

日本統計年鑑　2005　総務省統計局編　日本統計協会　2004.11　931p　26cm　14000円　Ⓘ4-8223-2959-3

(目次)国土・気象，人口・世帯，国民経済計算，通貨・資金循環，財政，企業活動，農林水産業，鉱工業，建設業，エネルギー・水，情報通信・科学技術，運輸，商業・サービス業，金融・保険，貿易・国際収支・国際協力，労働・賃金，物価・地価，住宅・土地，家計，社会保障，保健衛生，教育，文化，公務員・選挙，司法・警察，環境・災害・事故，国際統計，統計資料案内，都道府県別統計表及び男女別統計表索引

日本統計年鑑　平成18年　総務省統計研修所編　日本統計協会，毎日新聞社　2005.11　935p　26cm　〈付属資料：CD-ROM1，本文：日英両文〉　14000円　Ⓘ4-620-85015-2

(目次)国土・気象，人口・世帯，国民経済計算，通貨・資金循環，財政，企業活動，農林水産業，鉱工業，建設業，エネルギー・水，情報通信・科学技術，運輸，商業・サービス業，金融・保険，貿易・国際収支・国際協力，労働・賃金，物価・地価，住宅・土地，家計，社会保障，保健衛生，教育，文化，公務員・選挙，司法・警察，環境・災害・事故，国際統計，付1 統計資料案内，付2 都道府県別統計表及び男女別統計表索引

(内容)本書は、我が国の国土、人口、経済、社

会，文化などの広範な分野にわたる基本的な統計を，網羅的かつ体系的に収録した総合統計書である。今回の刊行では，「日本の長期統計系列」に収録されているデータの中から基本的な項目を選び，「主要指標」に追加して掲載するほか，一部の統計表の収録内容の変更等を行うなど，内容の一層の充実を図った。

日本統計年鑑　第58回（平成21年）　総務省統計局編　日本統計協会　2008.11　940p　26cm　13000円　Ⓘ978-4-8223-3563-2　Ⓝ351

(目次)国土・気象，人口・世帯，国民経済計算，通貨・資金循環，財政，企業活動，農林水産業，鉱工業，建設業，エネルギー・水，情報通信・科学技術，運輸，商業・サービス業，金融・保険，貿易・国際収支・国際協力，労働・賃金，物価・地価，住宅・土地，家計，社会保障，保健衛生，教育，文化，公務員・選挙，司法・警察，環境・災害・事故，国際統計，付1 統計資料案内，付2 都道府県別統計表及び男女別統計表索引

日本統計年鑑　第59回（平成22年）　総務省統計局，総務省統計研修所編　日本統計協会，毎日新聞社　2009.11　942p　26cm　〈付属資料：CD-ROM1〉　13000円　Ⓘ978-4-620-85019-1　Ⓝ351

(目次)国土・気象，人口・世帯，国民経済計算，通貨・資金循環，財政，企業活動，農林水産業，鉱工業，建設業，エネルギー・水，情報通信・科学技術，運輸，商業・サービス業，金融・保険，貿易・国際収支・国際協力，労働・賃金，物価・地価，住宅・土地，家計，社会保障，保健衛生，教育，文化，公務員・選挙，司法・警察，環境・災害・事故，国際統計

日本統計年鑑　第60回（平成23年）　総務省統計局編　日本統計協会　2010.11　942p　26cm　〈付属資料：CD-ROM1〉　13000円　Ⓘ978-4-620-85020-7　Ⓝ351

(目次)国土・気象，人口・世帯，国民経済計算，通貨・資金循環，財政，企業活動，農林水産業，鉱工業，建設業，エネルギー・水，情報通信・科学技術，運輸，商業・サービス業，金融・保険，貿易・国際収支・国際協力，労働・賃金，物価・地価，住宅・土地，家計，社会保障，保健衛生，教育，文化，公務員・選挙，司法・警察，環境・災害・事故，国際統計，付1 統計資料案内，付2 都道府県別統計表及び男女別統計表索引

(内容)日本の国土，人口，経済，社会，文化など広範な分野にわたる基本的な統計を体系的に収録した総合統計書。

日本の統計　平成元年　総務庁統計局編　大蔵省印刷局　1990.2　314p　21cm　〈発売：東京官書普及〉　1398円　Ⓘ4-17-310364-6　Ⓝ351

(内容)日本の現状を理解する上で重要な基本的統計を集成。人口・世帯，労働・賃金，農林水産業，エネルギー，商業，通貨・金融・保険，住居・家計，社会保障，教育等の23章で構成。

日本の統計　平成2年　総務庁統計局編　大蔵省印刷局　1991.2　321p　21cm　1440円　Ⓘ4-17-310365-4，ISSN0286-1402　Ⓝ351

(目次)土地・気象，人口，労働・賃金，事業所，農林水産業，鉱工・建設業，エネルギー，運輸・通信，商業，貿易・国際協力，企業経営，通貨・金融・保険，財政，物価，住居・家計，国民経済計算，社会保障，保健衛生，教育，科学技術・文化，公務員・選挙，司法・警察，災害・事故，省庁等別資料一覧，県庁所在都市及び人口50万以上都市一覧

日本の統計　平成3年　総務庁統計局編　大蔵省印刷局　1992.3　325p　21cm　〈東京官書普及〉　1456円　Ⓘ4-17-310366-2

(内容)人口・世帯，農林水産業，エネルギー，運輸・通信，通貨・金融・保険，財政，住居・家計，社会保障，教育，等23章に分け，我が国の現状を知る上で重要な基本的統計資料を選んで掲載。

日本の統計　1992-93　総務庁統計局編　大蔵省印刷局　1993.3　325p　21cm　1500円　Ⓘ4-17-310367-0

(目次)土地・気象，人口，労働・賃金，事業所，農林水産業，鉱工・建設業，エネルギー，運輸・通信，商業，貿易・国際協力，企業経営，通貨・金融・保険，財政，物価，住居・家計，国民経済計算，社会保障，保健衛生，教育，科学技術・文化，公務員・選挙，司法・警察，災害・事故，省庁等別資料一覧，県庁所在都市及び人口50万以上都市一覧

日本の統計　1994　総務庁統計局編　大蔵省印刷局　1994.6　339p　21cm　1800円　Ⓘ4-17-310369-7

(内容)日本の国土・人口・経済・社会・文化の基本統計を体系的に編集収録したもの。1994版では第43回統計年鑑の見直しに合わせ章の構成などを変更している。省庁等別資料一覧を付す。

日本の統計　1995　総務庁統計局編　大蔵省印刷局　1995.4　339P　21cm　1800円　Ⓘ4-17-310370-0

(目次)第1章 国土・気象，第2章 人口・世帯，第3章 労働・賃金，第4章 国民経済計算，第5章 企業活動，第6章 農林水産業，第7章 鉱工業，第8章 建設業，第9章 エネルギー・水，第10章 運輸・通信，第11章 商業・サービス業，第12章 貿易・国際収支・国際協力〔ほか〕

日本の統計　1996　総務庁統計局編　大蔵省印刷局　1996.3　349p　21cm　1800円　⑪4-17-310371-9

(目次)国土・気象，人口・世帯，労働・賃金，国民経済計算，企業活動，農林水産業，鉱工業，建設業，エネルギー・水，運輸・通信〔ほか〕

日本の統計　1997　総務庁統計局編　大蔵省印刷局，日本統計協会　1997.3　349p　21cm　1748円　⑪4-17-310372-7

(目次)国土・気象，人口・世帯，労働・賃金，国民経済計算，企業活動，農林水産業，鉱工業，建設業，エネルギー・水，運輸・通信，商業・サービス業，貿易・国際収支・国際協力，金融・保険，財政，物価・地価，家計，住宅・土地，社会保障，保健衛生，教育，科学技術・文化，公務員・選挙，司法・警察，災害・事故

日本の統計　1998　総務庁統計局編　大蔵省印刷局　1998.3　349p　21cm　1760円　⑪4-17-310373-5

(目次)国土・気象，人口・世帯，労働・賃金，国民経済計算，企業活動，農林水産業，鉱工業，建設業，エネルギー・水，運輸・通信，商業・サービス業，貿易・国際収支・国際協力，金融・保険，財政，物価・地価，家計，住宅・土地，社会保障，保健衛生，教育，科学技術・文化，公務員・選挙，司法・警察，災害・事故

日本の統計　1999　総務庁統計局編　大蔵省印刷局，日本統計協会　1999.3　347p　21cm　1760円　⑪4-17-310374-3

(目次)国土・気象，人口・世帯，労働・賃金，国民経済計算，企業活動，農林水産業，鉱工業，建設業，エネルギー・水，運輸・通信，商業・サービス業，貿易・国債収支・国際協力，金融・保険，財政，物価・地価，家計，住宅・土地，社会保障，保健衛生，教育，科学技術・文化，公務員・選挙，司法・警察，災害・事故

日本の統計　2000年版　総務庁統計局編　大蔵省印刷局　2000.3　347p　21cm　1750円　⑪4-17-310375-1　Ⓝ351

(目次)国土・気象，人口・世帯，労働・賃金，国民経済計算，企業活動，農林水産業，鉱工業，建設業，エネルギー・水，運輸・通信，商業・サービス業，貿易・国際収支・国際協力，金融・保険，財政，物価・地価，家計，住宅・土地，社会保障，保健衛生，教育，科学技術・文化，公務員・選挙，司法・警察，災害・事故

(内容)日本の国土・人口・経済・社会・文化の基本統計を体系的に編集収録したもの。巻頭に統計表の主要改正点一覧，巻末付録に省庁当別資料一覧がある。

日本の統計　2001　総務省統計局編　財務省印刷局　2001.3　355p　21cm　1760円　⑪4-17-310376-X　Ⓝ351

(目次)国土・気象，人口・世帯，労働・賃金，国民経済計算，企業活動，農林水産業，鉱工業，建設業，エネルギー・水，運輸・通信，商業・サービス業，貿易・国際収支・国際協力，金融・保険，財政，物価・地価，家計，住宅・土地，社会保障，保健衛生，教育，科学技術・文化，公務員・選挙，司法・警察，災害・事故

日本の統計　2002　総務省統計局・統計研修所編　財務省印刷局　2002.3　355p　21cm　1760円　⑪4-17-310377-8　Ⓝ351

(目次)国土・気象，人口・世帯，労働・賃金，国民経済計算，企業活動，農林水産業，鉱工業，建設業，エネルギー・水，運輸・通信，商業・サービス業，貿易・国際収支・国際協力，金融・保険，財政，物価・地価，家計，住宅・土地，社会保障，教育，科学技術・文化，公務員・選挙，司法・警察，災害・事故

日本の統計　2003年版　総務省統計局・統計研修所編　財務省印刷局　2003.3　358p　21cm　1760円　⑪4-17-310378-6

(目次)国土・気象，人口・世帯，労働・賃金，国民経済計算，企業活動，農林水産業，鉱工業，建設業，エネルギー・水，運輸・通信，商業・サービス業，貿易・国際収支・国際協力，金融・保険，財政，物価・地価，家計，住宅・土地，社会保障，保健衛生，教育，公務員・選挙，司法・警察，災害・事故

(内容)本書は日本の国土、人口、経済、社会、文化などの広範な分野において、よく利用される基本的な統計を選んで体系的に編成し、ハンディで見やすい形に取りまとめたもので、昭和31年に創刊し、39冊からは毎年刊行している。今回は、近年国民の環境への関心が高まっていることから「環境関連統計」を付表として掲載するとともに、「IT関連統計」についても統計表を充実して前回に引き続き掲載した。

日本の統計　2004年版　総務省統計研修所編　国立印刷局　2004.3　366p　21cm　1760円　⑪4-17-310379-4

(目次)グラフで見る日本の統計，統計表(国土・気象，人口・世帯，国民経済計算，通貨・資金循環，財政，企業活動，農林水産業，鉱工業，建設業，エネルギー・水，情報通信・科学技術，運輸，商業・サービス業，金融・保険，貿易・国際収支・国際協力，労働・賃金，物価・地価，住宅・土地，家計，社会保障，保健衛生，教育，文化，公務員・選挙，司法・警察，環境・災害・事故)

日本の統計　2005年　総務省統計研修所編　国立印刷局　2005.3　368p　21cm　1760円　⑪4-17-310380-8

環境・エネルギー問題全般　　環境・エネルギー問題

⦅目次⦆グラフで見る日本の統計，統計表(国土・気象，人口・世帯，国民経済計算，通貨・資金循環，財政，企業活動，農林水産業，鉱工業，建設業，エネルギー・水 ほか)

日本の統計　2006年版　総務省統計研修所編　日本統計協会　2006.3　368p　21cm　1760円　①4-8223-3055-9

⦅目次⦆グラフでみる日本の統計，統計表(国土・気象，人口・世帯，国民経済計算，通貨・資金循環，財政，企業活動，農林水産業，鉱工業，建設業，エネルギー・水，情報通信・科学技術，運輸，商業・サービス業，金融・保険，貿易，国際収支・国際協力，労働・賃金，物価・地価，住宅・土地，家計，社会保障，保健衛生，教育，文化，公務員・選挙，司法・警察，環境・災害・事故)

日本の統計　2007年版　総務省統計局，総務省統計研修所編　日本統計協会　2007.3　372p　21cm　〈付属資料：CD-ROM1〉　1800円　①978-4-8223-3226-6

⦅目次⦆グラフでみる日本の統計(国土の利用状況，我が国の民有地の使用状況，総人口の推移，我が国の人口ピラミッド ほか)，統計表(国土・気象，人口・世帯，国民経済計算，通貨・資金循環 ほか)

⦅内容⦆我が国の国土，人口，経済，社会，文化などの広範な分野に関して，よく利用される基本的な統計を選んで体系的に編成。今回，一部の統計表の収録内容の変更等を行うなど，内容の一層の充実を図った。

日本の統計　2008　総務省統計研修所編　日本統計協会　2008.3　372p　21cm　1800円　①978-4-8223-3484-0　Ⓝ351

⦅目次⦆グラフでみる日本の統計，統計表(国土・気象，人口・世帯，国民経済計算，通貨・資金循環，財政，企業活動，農林水産業，鉱工業，建設業，エネルギー・水，情報通信・科学技術，運輸，商業・サービス業，金融・保険，貿易，国際収支・国際協力，労働・賃金，物価・地価，住宅・土地，家計，社会保障，保健衛生，教育，文化，公務員・選挙，司法・警察，環境・災害・事故)

日本の統計　2009年版　総務省統計研修所編　日本統計協会　2009.3　374p　21cm　1800円　①978-4-8223-3578-6　Ⓝ351

⦅目次⦆グラフでみる日本の統計，国土・気象，人口・世帯，国民経済計算，通貨・資金循環，財政，企業活動，農林水産業，鉱工業，建設業，エネルギー・水，情報通信・科学技術，運輸，商業・サービス業，貿易，国際収支・国際協力，労働・賃金，物価・地価，住宅・土地，家計，社会保障，保健衛生，教育，分化，公務員・選挙，司法・警察，環境・災害・事故

⦅内容⦆我が国の国土、人口、経済、社会、文化などの広範な分野に関して、よく利用される基本的な統計を選んで体系的に編成し、ハンディで見やすい形に取りまとめた。

日本の統計　2010年版　総務省統計研修所編　日本統計協会　2010.3　374p　21cm　1800円　①978-4-8223-3659-2　Ⓝ351

⦅目次⦆グラフでみる日本の統計，統計表(国土・気象，人口・世帯，国民経済計算，通貨・資金循環，財政，企業活動，農林水産業，鉱工業，建設業，エネルギー・水，情報通信・科学技術，運輸，商業・サービス業，金融・保険，貿易，国際収支・国際協力，労働・賃金，物価・地価，住宅・土地，家計，社会保障，保健衛生，教育，文化，公務員・選挙，司法・警察，環境・災害・事故)

ポケット社会統計　2009　統計情報で見る世界と日本　日本文教出版　2009.4　207p　18×11cm　540円　①978-4-536-60018-7　Ⓝ350

⦅目次⦆世界の自然，世界の人口，エネルギー資源と環境，農林水産業，鉱工業，貿易，交通・運輸，商業・企業，国民所得，物価・家計，労働，教育・文化，社会保障・福祉・保健衛生，国・地方の政治，国際連合と国際協力

ミニ統計ハンドブック　平成2年　総務庁統計局編　日本統計協会　1990.7　208p　19cm　1080円　①4-8223-1157-0　Ⓝ351

⦅目次⦆第1章 土地・気象，第2章 人口・世帯，第3章 労働・賃金，第4章 事業所，第5章 農林水産業，第6章 鉱工・建設業，第7章 エネルギー・水，第8章 運輸・通信，第9章 商業，第10章 貿易・国際協力，第11章 通貨・金融・保険，第12章 財政，第13章 物価・家計，第14章 住居，第15章 国民経済計算，第16章 社会保障，第17章 保健衛生，第18章 教育，第19章 公務員・選挙，第20章 司法・警察，第21章 災害・事故，第22章 国際統計，付表(全国都道府県市区町村人口・世帯数)，統計機構，統計関係法令

ミニ統計ハンドブック　平成3年　総務庁統計局編　日本統計協会　1991.5　216p　19cm　1080円　①4-8223-1191-0　Ⓝ351

⦅目次⦆第1章 土地・気象，第2章 人口・世帯，第3章 労働・賃金，第4章 事業所，第5章 農林水産業，第6章 鉱工・建設業，第7章 エネルギー・水，第8章 運輸・通信，第9章 商業・サービス業，第10章 貿易・国際協力，第11章 通貨・金融・保険，第12章 財政，第13章 物価・家計，第14章 住居，第15章 国民経済計算，第16章 社会保障，第17章 保健衛生，第18章 教育，第19章 公務員・選挙，第20章 司法・警察，第21章 災

害・事故, 第22章 国際統計, 付表, 統計機構, 統計関係法令

ミニ統計ハンドブック　平成4年　地域編
　　総務庁統計局編　日本統計協会　1992.6
　　218p　19cm　1100円　Ⓢ4-8223-1331-X

⟨目次⟩第1章 土地・気象, 第2章 人口・世帯, 第3章 労働・賃金, 第4章 事業所, 第5章 農林水産業, 第6章 鉱工・建設業, 第7章 エネルギー・水, 第8章 運輸・通信, 第9章 商業, 第10章 貿易・国際協力, 第11章 通貨・金融・保険, 第12章 財政, 第13章 物価・家計, 第14章 住居, 第15章 国民経済計算, 第16章 社会保障, 第17章 保健衛生, 第18章 教育, 第19章 公務員・選挙, 第20章 司法・警察, 第21章 災害・事故, 第22章 国際統計, 付表(全国都道府県市区町村人口・世帯数), 統計機構, 統計関係法令

ワールドバンクアトラス　世界200ヶ国の経済・社会・環境指標　1998　シュプリンガー・フェアラーク東京　1998.10　63p　22×29cm　⟨本文：日英中⟩　2000円　Ⓢ4-431-70794-8

⟨目次⟩世界の展望(国際的な開発の目標, 貧困, 開発, 人々, 一人あたりGNPでみた世界), 人々(出生時平均余命(1996), 女性の初等教育就学率(1990-95), 一人あたり民間消費成長率(1990-96), 保健へのアクセス(1993), 社会指標), 環境(森林の分布(1995), 年間の森林伐採(1990-95), エネルギー効率(1995), 一人あたりエネルギー使用量(1995), 年間の一人あたり水使用量(1980-96), 一人あたり二酸化炭素排出量(1995), 環境指標), 経済(一人あたりGNP(1996), 一人あたりGNP成長率(1990-96), GNPに占める農業の割合(1996), GNPに占める投資の割合(1996), 経済指標), 国家と市場(GNPに占める国防費の割合(1995), 舗装道路の割合(1996), 人口1000人あたりの電話普及(1996), 人口1000人あたりのパソコン普及(1996), 国家と市場指標), グローバル・リンク(一人あたり純民間資本フロー(1996), 一人あたり純援助フロー(1996), グローバル・リンク指標)

ワールドバンクアトラス　'99　世界200ヶ国の経済・社会・環境指標　シュプリンガー・フェアラーク東京　1999.7　63p　22×28cm　2000円　Ⓢ4-431-70835-9

⟨目次⟩世界の展望(国際的な開発の目標, 金融危機(1998), 一人あたりGNPによる経済順位), 人々(出生時平均余命(1997), 乳児死亡率(1997), 子供の栄養失調(1992-67), 安全な水へのアクセス(1995), 一人あたり民間消費成長率(1990-97), 女性の初等教育就学率(1996), 社会指標), 環境(森林の分布(1995), 年間の森林伐採(1990-95), 年間の一人あたり淡水使用量(1997), 一人あたり二酸化炭素排出量(1996), エネルギー効率(1996), 一人あたりエネルギー使用量(1996), 環境指標), 経済(一人あたりGNP(1997), 一人あたりGNP成長率(1990-97), GDPに占める農業の割合(1997), GDPに占める投資の割合(1997), 経済指標), 国家と市場(GNPに占める国防費の割合(1995), 舗装道路の割合(1997), 人口1000人あたりの電話普及(1997), 人口1000人あたりのパソコン普及(1997), 国家と市場指標), グローバル・リンク(一人あたり純民間資本フロー(1997), 一人あたり純援助フロー(1997), グローバル・リンク指標)

ワールドバンクアトラス　2000　シュプリンガー・フェアラーク東京　2000.11　63p　22×28cm　1500円　Ⓢ4-431-70898-7　Ⓝ350.9

⟨目次⟩世界の展望, 人々, 環境, 経済, 国家と市場, グローバル・リンク

⟨内容⟩世界銀行から刊行された"World Bank Atlas 2000"の非公式翻訳版。現在の世界の経済・環境・社会指標をカラー地図と表・グラフで掲載する。データの解説を巻末のテクニカルノートに収める。

環境・エネルギー関連機関

〈事　典〉

21世紀をつくる国際組織事典　5　環境にかかわる国際組織　大芝亮監修, こどもくらぶ編・著　岩崎書店　2003.3　55p　30cm　3500円　Ⓢ4-265-04475-1

⟨目次⟩国連環境計画(UNEP), 世界気象機関(WMO), 地球サミット(Earth Summit)／持続可能な開発委員会(CSD), 気候変動にかんする政府間パネル(IPCC), 地球温暖化と京都議定書, 国際熱帯木材機関(ITTO), 生物多様性とワシントン条約, 国際捕鯨委員会(IWC), 自然保護とラムサール条約, 酸性雨・砂漠化と国際条約〔ほか〕

21世紀をつくる国際組織事典　6　科学・技術にかかわる国際組織　大芝亮監修, こどもくらぶ編・著　岩崎書店　2003.3　55p　30cm　3500円　Ⓢ4-265-04476-X

⟨目次⟩国際電気通信連合(ITU), 万国郵便連合(UPU), 国際民間航空機関(ICAO), 国際海事機関(IMO), 国際標準化機構(ISO), 世界知的所有権機関(WIPO), インターネットにかかわる国際的な民間団体, 国際原子力機関(IAEA), 朝鮮半島エネルギー開発機構(KEDO), 代替エネルギーに取りくむ国際組織〔ほか〕

＜名 簿＞

環境NGO総覧 全国民間環境保全活動団体の概要 平成13年版 環境事業団編 日本環境協会 2003.6 1575p 21cm 4905円

(目次)北海道，青森県，岩手県，宮城県，秋田県，山形県，福島県，茨城県，栃木県，群馬県〔ほか〕

環境行政・研究機関要覧 '96 公害対策技術同友会編 公害対策技術同友会 1996.10 173p 26cm 5300円 ①4-87489-124-1

(目次)1 環境庁，2 環境庁の出先機関等，3 環境庁関連試験・研究機関，4 都道府県・政令指定都市行政機関，5 市・特別区行政機関，6 都道府県試験・研究機関，7 特殊法人等，8 公益法人

関西環境ボランティアガイド 関西環境情報ステーションPico編 （大阪）関西環境情報ステーションPico，（大阪）ビレッジプレス〔発売〕 2000.4 175p 21cm 1200円 ①4-907825-01-3 Ⓝ519.8

(目次)滋賀，大阪，兵庫，奈良・和歌山・岡山
(内容)関西の環境ボランティア団体および活動のガイドブック。滋賀，大阪，兵庫，奈良・和歌山・岡山の県別に団体を紹介。各団体の掲載データは所在地および連絡先、スタッフ・会員数、会費、設立年度と目的および趣旨、具体的活動、成果あるいは実績など。巻末に付録として世界で指摘されている生物界の主な異常、団体電話帳を収録。

環境問題

環境問題全般

<書誌>

環境ニュースファイル　新聞記事データベース　2000 No.2　地球環境情報センター編　メディア・インターフェイス，星雲社〔発売〕　2000.3　262p　26cm　2500円
①4-434-00194-9　Ⓝ519

〔目次〕1章 環境行政，2章 企業の環境対策，3章 市民の環境活動，4章 気候変動，5章 自然環境と生態系，6章 開発事業と自然，7章 運輸と輸送，8章 エネルギー，9章 原子力エネルギー，10章 都市・住環境，11章 廃棄物処理，12章 循環型社会の構築，13章 有害化学物質，14章 海外情報，15章 環境ニュース，16章 その他

〔内容〕環境問題についての新聞記事情報をまとめた資料集。16の分野に分けて掲載。掲載事項は，記事番号，記事タイトル，年月日，新聞または通信社名，掲載頁，記事全文。巻頭にトレンドインデックス，巻末にタイトルインデックス（記事タイトル一覧）を付す。

環境ニュースファイル　新聞記事データベース　2000 No.3　地球環境情報センター編　メディア・インターフェイス，星雲社〔発売〕　2000.4　247p　26cm　2500円
①4-434-00226-0　Ⓝ519

〔目次〕環境行政，企業の環境対策，市民の環境活動，気候変動，自然環境と生態系，開発事業と自然，運輸と輸送，エネルギー，原子力エネルギー，都市・住環境，廃棄物処理，循環型社会の構築，有害化学物質，海外情報，環境ニュース，その他

〔内容〕環境問題の新聞記事索引。環境行政，企業の環境対策など16章に分類して新聞記事の要約で構成。各項目ごとの新聞記事はタイトル，掲載日，掲載誌と概要，掲載頁を収録。ほかに資料と各章ごとのタイトルインデックスを付す。

環境ニュースファイル　新聞記事データベース　2000 No.5　地球環境情報センター編　メディア・インターフェイス，星雲社〔発売〕　2000.6　275p　26cm　2500円
①4-434-00351-8　Ⓝ519

〔目次〕環境行政，企業の環境対策，市民の環境活動，気候変動，自然環境と生態系，開発事業と自然，運輸と輸送，エネルギー，原子力エネルギー，都市・住環境，廃棄物処理，循環型社会の構築，有害化学物質，海外情報，環境ニュース，その他

〔内容〕環境問題に関する新聞記事の目録。環境行政，企業の環境対策，市民の環境活動など全16章の環境に関する問題について配列。記事はタイトルと掲載日時，新聞名，掲載ページと記事の要約を収載。巻末にタイトルインデックスを付す。

環境ニュースファイル　新聞記事データベース　2000 No.6　地球環境情報センター編　メディアインターフェイス，星雲社〔発売〕　2000.7　263p　26cm　2500円
①4-434-00421-2　Ⓝ519

〔目次〕環境行政，企業の環境管理，市民の環境活動，気候変動，自然環境と生態系，開発事業と自然，運輸と輸送，エネルギー，原子力エネルギー，都市・住環境〔ほか〕

環境ニュースファイル　新聞記事データベース　2000 No.9　地球環境情報センター編　メディア・インターフェイス，星雲社〔発売〕　2000.10　250p　26cm　2500円
①4-434-00620-7　Ⓝ519

〔目次〕環境行政，企業の環境管理，市民の環境活動，気候変動，自然環境と生態系，開発事業と自然，運輸と輸送，エネルギー，原子力エネルギー，都市・住環境，循環型社会の構築，有害化学物質，海外情報，環境ニース，その他

〔内容〕環境問題についての新聞記事情報をまとめた資料集。16の分野に分けて掲載。掲載事項は，記事番号，記事タイトル，年月日，新聞または通信社名，掲載頁，記事全文。巻頭にトレンドインデックス，巻末の資料には環境影響評価技術検討会中間報告，CFC回収等に関する調査結果，自動車排出ガスの量の許容限度の一部改正についての3種の資料がある。巻末にタイトルインデックス（記事タイトル一覧）を付す。

環境問題文献目録　2000-2002　日外アソシエーツ編　日外アソシエーツ，紀伊国屋書店〔発売〕　2003.7　818p　26cm　23500円
①4-8169-1794-2

〔目次〕環境問題一般，地球温暖化，オゾン層破壊，酸性雨，大気汚染，水質汚染，土壌・地下水汚染，人口問題，開発問題，農業問題，砂漠

化，森林破壊，生物多様性，公害，健康問題，ゴミ問題，都市問題，運輸・交通問題，資源・エネルギー問題，軍事・戦争，環境保全，文化

(内容)環境問題に関する図書5171点と、一般誌、人文・社会科学専門誌、一般研究誌に掲載された記事・論文16809点を収録した文献目録。地球温暖化、オゾン層破壊、酸性雨、環境ホルモン、ゴミ・リサイクル問題、原子力発電など928件のテーマに分類体系化した。「著者名索引」「事項名索引」付き。

環境問題文献目録　2003-2005
日外アソシエーツ編　日外アソシエーツ，紀伊国屋書店〔発売〕　2006.5　795p　26cm　23500円　④4-8169-1976-7

(目次)環境問題一般，地球温暖化，オゾン層破壊，酸性雨，大気汚染，水質汚染，土壌・地下水汚染，人口問題，開発問題，農業問題，砂漠化，森林破壊，生物多様性，公害，健康問題，ゴミ問題，都市問題，運輸・交通問題，資源・エネルギー問題，軍事・戦争，環境保全，文化

(内容)最近3年間の環境問題に関する図書4463点と、一般誌、人文・社会科学専門誌、一般研究誌に掲載された雑誌記事・論文15854点を収録。地球温暖化、京都議定書、トレーサビリティ、大気汚染、アスベスト、廃棄物処理、環境教育など963のテーマで分類。巻末に便利な著者名索引、事項名索引付き。

環境問題文献目録　2006-2008
日外アソシエーツ株式会社編　日外アソシエーツ　2009.5　851p　27cm　〈索引あり〉　24500円　①978-4-8169-2186-5　⑧519.031

(目次)環境問題一般，地球温暖化，オゾン層破壊，酸性雨，大気汚染，水質汚染，土壌・地下水汚染，開発問題，農業問題，砂漠化，森林破壊，生物多様性，公害，健康問題，ゴミ問題，都市問題，運輸・交通問題，資源・エネルギー問題，軍事・戦争，環境保全，文化

(内容)環境問題に関する図書・雑誌論文21997点を一望。最近3年間の環境問題に関する図書3762点と、一般誌、人文・社会科学専門誌、一般研究誌に掲載された雑誌記事・論文18235点を収録。地球温暖化、森林破壊、世界自然遺産、ゴミ・リサイクル問題、環境ホルモン、バイオマス・エネルギー、省エネルギーなど888のテーマで分類。巻末に著者名索引、事項名索引付き。

最新文献ガイド　食の安全性　O157・遺伝子組み換えから異物混入・食中毒事件まで
日外アソシエーツ編　日外アソシエーツ，紀伊国屋書店〔発売〕　2001.5　236p　21cm　5300円　①4-8169-1664-4　⑧498.54

(目次)食の安全性、安全・品質管理、食と環境問題、食糧生産と安全性、食中毒

(内容)食品の安全性に関連する問題についての書誌。1996年以降に発行された雑誌記事・論文3957点、図書706点を収録。構成は文献のテーマ別で、雑誌記事、図書の順に発行年月により排列。雑誌記事は記事タイトル、著者名、「掲載誌名」、巻号・通号、発行年月、掲載頁を記載し、図書は書名、著者名、版表示、出版地、出版者、発行年月、頁数・冊数、大きさ、叢書名・叢書番号、注記、定価、ISBN、NDC分類、内容を記載する。巻末に五十音順の事項名索引付き。

地球環境情報　新聞記事データベース　1990
メディア・インターフェイス編　ダイヤモンド社　1990.10　478p　26cm　5500円　①4-478-87012-8

(目次)第1部 地球環境のいま（温暖化、オゾン破壊、酸性雨、熱帯雨林、都市ゴミとリサイクル、ゴルフ場、環境事故）、第2部 自然の環境（気候、大気、水系、森林、野生生物、農林水産業、開発）、第3部 産業と環境（エネルギー、有害物質、公害訴訟、自動車、交通騒音、地盤沈下）、第4部 人間と環境（食品汚染、健康、住環境、生活公害、ライフスタイル）、第5部 社会環境（市民運動、環境行政、各界の動き、企業、世論調査、環境教育）、第6部 国際社会（国際協力と紛争、南北問題、国際機関と行動、海外諸国）

(内容)環境問題に関する膨大な量の新聞報道をオンライン・データベースで検索、厳選、分類した。調査研究、企画、行動のための貴重な情報資料集。地球温暖化の国際会議から環境ビジネスまで、公害防止の先端技術からコミュニティのリサイクル運動まで、「地球環境」をめぐる社会の動きを幅広く収録。本書に収録されたデータベースは1987年1月〜1990年6月の期間である。

地球環境情報　新聞記事データベース　1992
メディア・インターフェイス編　ダイヤモンド社　1992.3　370p　26cm　5000円　①4-478-87021-7

(目次)第1部 地球環境のいま、第2部 自然の環境、第3部 産業と環境、第4部 人間と環境、第5部 社会と環境

(内容)90年7月〜91年12月の環境問題に関する膨大な量の新聞報道をデータベースから検索。調査研究・企画・行動のための貴重な情報資料集。

地球環境情報　新聞記事データベース　1994
メディア・インターフェイス編　ダイヤモンド社　1994.3　404p　26cm　5000円　①4-478-87031-4

(目次)第1部 地球環境のいま、第2部 地球環境とひと、第3部 環境汚染、第4部 産業と環境、第5部 社会と環境、第6部 国際社会と環境

(内容)環境問題に関する新聞報道をデータベースから検索、抄録を掲載したもの。対象期間は

1992年1月～1993年12月.

地球環境情報　新聞記事データベース　1996　メディア・インターフェイス編　ダイヤモンド社　1996.3　404p　26cm　5000円　①4-478-87049-7

〔目次〕第1部　戦後五十年，第2部　地球環境と生態系，第3部　環境汚染，第4部　産業と環境，第5部　社会と環境，第6部　国際社会と環境

〔内容〕1994年1月～95年12月の新聞記事データベースをもとに、環境問題に関する記事をまとめたもの。テーマ別の6部構成で、さらに章、節に分類して収録。記事見出し、記事の掲載年月日、掲載紙、掲載頁、掲載面および記事の全文あるいは一部を掲載する。巻頭に環境総合年表、章ごとにテーマ年表を付す。巻末に記事中の人名、物質名、団体・組織名、地名、事件等が引ける五十音順の索引がある。戦後50年の節目に現れた環境問題の諸相。調査研究・企画・行動のための情報資料集。

地球環境情報　新聞記事データベース　1998　メディア・インターフェイス編　ダイヤモンド社　1998.3　404p　26cm　5700円　①4-478-87070-5

〔目次〕第1部　地球環境（地球温暖化と京都会議、オゾン層破壊），第2部　エネルギーと環境（石油代替エネルギー，原子力），第3部　開発と生態系（（開発，森林と砂漠化，野生生物と生物多様化），第4部　環境汚染（大気汚染，水質汚染，有害物質，公害），第5部　社会と環境（ゴミとリサイクル，廃棄物問題と地域社会，循環型社会とライフスタイル），第6部　地球サミット5周年（地球サミット総点検，アジアの環境問題）

〔内容〕国内主要8紙（朝日新聞、読売新聞、毎日新聞、日本経済新聞、日経産業新聞、日刊工業新聞、流通サービス新聞、日本工業新聞）と共同通信の記事情報から地球環境に関する記事を収録した情報資料集。収録期間は1996年1月から1997年12月までの2年間、1000件の記事を収録。巻末に事項名の索引が付く。

地球と未来にやさしい本と雑誌　91年度版　ほんコミニケート編集室編　（武蔵野）ほんコミニケート社　1990.12　97p　30cm　〈「ほん・コミニケート」臨時増刊〉　824円

〔目次〕ジャンル別ブックガイド（暮しと環境を考える，のびやかに暮らすために，子どもとおとな，科学技術の絶望と希望，世の中どうなっちゃうの！，こころを耕す，ことがらの核心に迫る，エラそうな人には気をつけよう，激動する世界を知るために，読むことの歓び，見ることの歓び，生きることは楽しむこと，行動する人のために），雑誌（定期刊行物）バックナンバーの案内，出版社別ブックリスト，地球汚染／脱原発ブックリスト，ミニ書店・共同購入グループの紹介

〔内容〕本当に読みたい本がみつからない、新聞等で紹介されるのは大手出版社の本ばかり…、そんな不満を持つ人のために、街の本屋さんで手に入りにくい小出版社の出版物、市民団体が発行しているパンフ・自主メディアの情報を多数掲載している。

必読！環境本100　石弘之，東京大学大学院新領域創成科学研究科石弘之環境ゼミ編著　平凡社　2001.3　299p　21cm　1500円　①4-582-74207-6　Ⓝ519.031

〔目次〕総論，人口問題・消費問題，地球温暖化・オゾン層の破壊，環境汚染，生物多様性・森林，土壌劣化・砂漠化，化学物質・環境ホルモン，廃棄物，環境経済・環境税・環境と企業，環境政治・環境法，環境と市民社会，環境史・環境倫理，地域環境，環境と開発，環境とエネルギー，環境社会，技術，事典，その他

〔内容〕環境に関する図書を紹介したブックガイド。1992年の地球サミット以後2001年までに刊行された100冊を選定・収録する。本文は分野別に構成、書誌データと表紙写真、編著者紹介、目次の紹介、解説を掲載する。巻末に「環境関連サイト」がある。

<年　表>

環境史事典　トピックス　1927-2006　日外アソシエーツ編　日外アソシエーツ，紀伊国屋書店〔発売〕　2007.6　639p　21cm　13800円　①978-4-8169-2033-2

〔内容〕80年間にわたる環境問題の変遷を辿る。昭和初頭から2006年まで、5000件のトピックを年月日順に掲載。環境問題の主要100キーワードから引ける「キーワード索引」と、都道府県、国・地域別にひける「地域別」付き。

環境史年表　明治・大正編（1868-1926）　下川耿史編　河出書房新社　2003.11　445p　21cm　6500円　①4-309-22407-5

〔目次〕戊辰戦争で江戸、宇都宮など焼け野原、横浜に清掃業者誕生。橋、道路も清掃、ハクサイ、タマネギ、オクラが日本にお目見え、東京に開墾役所、下総（千葉県）開拓に着手、蝦夷を北海道と改称、各藩の開発始まる、ドイツで「エコロジー」という言葉誕生、大阪で農民が下肥え汲み取りの大騒動、信濃川の大工事、大津分水工事始まる、甲府、福井など地方にも西洋式病院が開院、治水条例で河川巡視の"水役人"が置かれる〔ほか〕

〔内容〕「家庭史年表」の視点をふまえ、環境問題と日常生活をとらえる。明治元年の清掃業者誕生から、大正15年の初の公営筋骨アパートまで、食生活、健康、自然保護、公害問題などを取り上げる。巻末に資料・図版出典一覧と、索引を収録。

環境問題全般　　　　　　　　　　環境問題

環境史年表　昭和・平成編（1926-2000）
下川耿史編　河出書房新社　2004.1　613p
22cm　8500円　①4-309-22408-3
(内容)環境問題と日常生活をとらえる、ヴィジュアル版・総合環境史年表。「明治・大正編」の続編。自然破壊、町並保存、食品公害、薬害、ゴミ問題などを取り上げる。写真、図版、データ700点を収録。

環境総合年表　日本と世界　環境総合年表編集委員会編　すいれん舎　2010.11　805p　27cm　〈他言語標題：An environmental chronology〉　18000円　①978-4-86369-121-6　Ⓝ519.2
(内容)環境問題の歴史的な経緯に関する基本情報を体系的・包括的にまとめた年表。1945年～2005年の重要事項統合年表、日本国内トピック別年表、世界各国・地域年表を収録。詳細な地名・人名・事項索引付き。

環境年表　'96・'97　オーム社　1995.10
548p　21cm　4944円　①4-274-02298-6
(目次)第1部 環境科学における物理・化学の基礎データ編，第2部 気圏データ編，第3部 陸水圏・沿岸海域データ編，第4部 海洋データ編，第5部 地圏データ編，第6部 生物圏データ編，第7部 農林・水産業データ編，第8部 人間活動圏データ編，第9部 資源とリサイクル編，第10部 環境問題に対する国の取り組み編，第11部 資料編
(内容)環境問題に関するデータを集めたもの。「気圏データ編」「農林・水産業データ編」等11のテーマ別に構成され、編ごとに科学的な基礎事項、観測データ等を収録する。ほかに略語一覧、環境関連団体の名簿等を資料として掲載。巻末に五十音順の事項索引がある。

環境年表　'98・'99　茅陽一監修，オーム社編　オーム社　1997.11　556p　21cm　3800円　①4-274-02359-1
(目次)第1部 環境科学における物理・化学の基礎データ編（単位と基礎データ），第2部 気圏データ編（大気環境，気象），第3部 陸水圏・沿岸海域データ編（国内における河川・湖と流域データ，国外における河川・湖と流域データ），第4部 海洋データ編（海の構造，海の特徴，海洋汚染），第5部 地圏データ編（歴史的にみた地球環境の変遷，地圏環境の現状），第6部 生物圏データ編（生物・生態に関するデータ，酸性降下物，地球温暖化，オゾン層破壊，熱帯林，砂漠化，野生生物および自然環境，海洋汚染，放射性物質，サンゴ礁），第7部 農林・水産業データ編（土壌，土地利用，砂漠化，肥料の使用量，農薬の使用量，穀物生産，食肉生産，水産業，林業，食糧），第8部 人間活動圏データ編（人口・経済・産業活動，エネルギーの需給，原子力と

放射能，環境と人体・健康影響），第9部 資源とリサイクル編（鉄資源とリサイクル，缶材のリサイクル，プラスチックとリサイクル，紙とリサイクル，ガラスびんとリサイクル，都市ごみからの資源・エネルギーの回収，産業廃棄物の排出と処理），第10部 環境問題に対する国の取組み編（地球環境問題全般に関する国際的議論と国の取組み，個別問題と国の取組み，地球環境に関する国の取組み，環境関連の資格，資料），第11部 資料編（データベース，略語一覧，環境関連団体連絡先）
(内容)環境に関する研究結果や観測結果をとりまとめたデータ集。数値データの更新やダイオキシン等に関するデータも追加されている。

環境年表　2000-2001　茅陽一監修，オーム社編　オーム社　1999.12　570p　21cm　3900円　①4-274-02418-0
(目次)第1部 環境科学における物理・化学の基礎データ編，第2部 気圏データ編，第3部 陸水圏・沿岸海域データ編，第4部 海洋データ編，第5部 地圏データ編，第6部 生物圏データ編，第7部 農林・水産業データ編，第8部 人間活動圏データ編，第9部 資源とリサイクル編，第10部 環境問題に対する国の取組み編，第11部 資料編
(内容)環境に関する研究結果や観測結果をとりまとめたデータ集。巻末に索引がある。

環境年表　2002／2003　茅陽一監修，オーム社編　オーム社　2002.1　546p　21cm　3800円　①4-274-02465-2　Ⓝ519.036
(目次)第1部 環境科学における物理・化学の基礎データ編，第2部 気圏データ編，第3部 陸水圏・沿岸海域データ編，第4部 海洋データ編，第5部 地圏データ編，第6部 生物圏データ編，第7部 農林・水産業データ編，第8部 人間活動圏データ編，第9部 資源とリサイクル編，第10部 環境問題に対する国の取組み編，第11部 資料編
(内容)環境問題全般の解説と最新の公的主要データをまとめたもの。資料編には、データベース、略語一覧、環境関連団体連絡先を掲載する。巻末に五十音順索引を付す。2002／2003年版では、2001年4月公表のIPCCの第三次評価報告書の知見と、インターネットによる環境情報源を追加する。

環境年表　2004／2005　茅陽一監修，オーム社編　オーム社　2003.11　569p　21cm　〈付属資料：CD-ROM1〉　4000円　①4-274-19712-3
(目次)第1部 環境科学における物理・化学の基礎データ編，第2部 気圏データ編，第3部 陸水圏・沿岸海域データ編，第4部 海洋データ編，第5部 地圏データ編，第6部 生物圏データ編，

第7部 農林・水産業データ編, 第8部 人間活動圏データ編, 第9部 資源とリサイクル編, 第10部 環境問題に対する国の取組み編, 第11部 資料編

(内容)最新の環境データで環境問題がわかる。書籍に掲載できなかったデータや各種宣言・条約・報告書を収録したCD-ROM付き。

環境年表 第1冊(平成21・22年) 国立天文台編 丸善 2009.2 398p 21cm (理科年表シリーズ) 〈『理科年表 環境編』第2版(2006年刊)の改訂 索引あり〉 2000円 ①978-4-621-08068-9 ⓝ519.036

(目次)1 地球環境変動の外部要因, 2 気候変動・地球温暖化, 3 オゾン層, 4 大気汚染, 5 水循環, 6 淡水・海洋環境, 7 陸域環境, 8 物質循環, 9 産業・生活環境, 10 環境保全に関する国際条約・国際会議

<事 典>

エコロジー・環境用語辞典 暮らしに役立つ・わかりやすい 天笠啓祐監修 同文書院 2000.6 207p 18cm 951円 ①4-8103-0028-5 ⓝ519

(目次)1 地球環境・環境汚染全般に関する用語180, 2 エネルギーに関する用語84, 3 環境ホルモン・添加物など化学物質に関する用語102, 4 ゴミ・リサイクルに関する用語64, 5 エコ関連の新製品や新技術などに関する用語81

(内容)環境問題に関する用語辞典。エコロジー・環境に関する用語511語を収録、内容は2000年4月現在。用語は全5章に分類して排列。巻末に主なエコロジー関連団体リストを収録。五十音順の索引を付す。

沿岸域環境事典 日本沿岸域学会編 共立出版 2004.7 265p 21cm 3900円 ①4-320-07414-9

(目次)1 環境・生態, 2 地理・地質, 3 防災・土木, 4 港湾・交通, 5 船舶, 6 水産, 7 都市・建築, 8 造園, 9 観光・レクリエーション, 10 歴史・文化, 11 産業・政策

環境ecoポケット用語集 電気新聞編 日本電気協会新聞部 2007.3 223p 15×19cm 800円 ①978-4-902553-45-1

(内容)環境問題を理解するのに最低限必要な環境基本用語を約300語ピックアップし、平易な表現で解説。用語を50音順に掲載しポケットサイズにした。

環境基本用語事典 井上嘉則著 オーム社 2001.4 222p 21cm 2000円 ①4-274-94874-9 ⓝ519.033

(内容)身近な環境用語、略語を解説した用語事典。排列は見出し語の五十音順で、ヨミ、英語表記、用語解説からなる。略語は略語編にまとめられている。

環境ことば事典 1 地球と自然現象 七尾純著 大日本図書 2001.12 63p 26cm 2800円 ①4-477-01224-1 ⓝK519

(目次)たった一つの地球―地球は生きている, 地球のことば, 火山や地震のことば, 気象のことば, 天気予報のことば, さくいん

(内容)言葉の解説により環境問題に対する理解を深めるための、子ども向けの用語事典。見出し語はテーマ別に排列、解説の他には解説中の重要語の解説、関連するトピックの紹介などがある。巻末に全巻を対象にした総合的な索引を付す。全4巻で、第2巻は地球と自然現象に関する言葉を扱う。

環境ことば事典 2 環境破壊と保護 七尾純著 大日本図書 2001.12 63p 26cm 2800円 ①4-477-01225-X ⓝK519

(目次)かけがえのない地球 地球が病んでいる, 環境破壊のことば―環境を破壊したのはだれなのか?, 環境と生物とのかかわり―生物はどんな環境で生きているのだろう?, 環境のものさし―環境と生物に、どんな約束があるのだろう?, 生物保護のことば―どんなとりくみをしているのだろう?

(内容)言葉の解説により環境問題に対する理解を深めるための、子ども向けの用語事典。見出し語はテーマ別に排列、解説の他には解説中の重要語の解説、関連するトピックの紹介などがある。巻末に全巻を対象にした総合的な索引を付す。全4巻で、第2巻は特に環境破壊と保護に関する言葉を扱う。

環境・災害・事故の事典 平野敏右編集代表, 黒田勲, 小林恭一, 駒宮功額ほか編 丸善 2001.3 994p 26cm 25000円 ①4-621-04872-4 ⓝ519.9

(目次)環境問題, 宇宙開発関係事故, 航空機事故, 鉄道事故, 船舶事故, 産業災害, 火災, 地震・津波災害, 火山噴火災害, 風水害, 寒波・雪害, 熱波・干ばつ

(内容)過去に起きた環境破壊や事故、災害についてまとめた事典。本文は事故・災害を11種に分類してまず年表をまとめ、関連する用語を解説、国内外の事例を年代順に紹介・解説する。巻末に索引がある。

環境思想キーワード 尾関周二, 亀山純生, 武田一博編著 青木書店 2005.5 213p 21cm 2000円 ①4-250-20512-6

(目次)大項目(エコ社会主義(ソーシャリスト・エコロジー), エコフェミニズム, エコマネー, エコロジー, エコロジーとファシズム(エコファ

シズム）ほか），小項目（アトミズム（原子論），アナーキズム，アニミズム，アリストテレス，安藤昌益 ほか）

〔内容〕「環境思想」を読み解くために必要な用語・人物など約150項目をコンパクトに概説。もっと知りたい人のための文献案内付。

環境事典　日本科学者会議編　旬報社
2008.11　1173p　27cm　〈他言語標題：Encyclopedia of environment　年表あり〉
34000円　Ⓒ978-4-8451-1072-8　Ⓝ519.033

〔内容〕最新の学術的知見とデータに基づいた総合的な環境事典。一般的に用いられる環境用語を見出し語とし，3600項目を解説。写真・図表150点のほか，体系的な分野別目次，和文索引・欧文索引を収録。

環境大事典　吉田邦夫監修　工業調査会
1998.12　1090p　21cm　35000円　Ⓒ4-7693-7067-9

〔目次〕経済・経営編（経済活動と環境問題，環境問題と経済理論，環境政策手段と経済メカニズム），行政編（日本での取組み，海外の環境政策，国際的取組み，その他），理・工学編（地球環境問題全般，環境資源の枯渇，エネルギー資源，オゾン層破壊，酸性雨，地球温暖化，廃棄物），資料編（主要な関係条約，主要な関係法令および告示）

〔内容〕経済・経営，行政，理・工学分野ごとに必須用語を収録した地球環境事典。和文索引，欧文索引付き。

環境大事典　吉村進編著　日刊工業新聞社
2003.2　849p　21cm　14000円　Ⓒ4-526-05057-1

〔内容〕公害事件，国際法・条例，環境法，環境関連組織，環境社会学，環境技術，環境マネジメントシステムの分野から用語，1250項目を収録した環境事典。配列は見出し語の五十音順，巻末に英語索引，日本語索引が付く。

環境と健康の事典　牧野国義，佐野武仁，篠原厚子，中井里史，原沢英夫著　朝倉書店
2008.5　556p　21cm　14000円　Ⓒ978-4-254-18030-5　Ⓝ498.4

〔目次〕第1編 地球環境（地球温暖化，オゾン層破壊，砂漠化，森林減少，酸性雨，気象・異常気象），第2編 国内環境（大気環境，水環境・水資源，廃棄物，音と振動，ダイオキシン・内分泌攪乱化学物質，環境アセスメント，リスクアセスメントとリスクコミュニケーション），第3編 室内環境（化学物質，アスベスト，微生物─化学物質といたちごっこ，電磁波，温熱条件，換気・空気調和，採光・照明，色彩）

環境と生態　図説 科学の百科事典〈2〉　サリー・モーガン，マイク・アラビー著，ピーター・ムーア，ジェームズ・C.トレーガー監修，太田次郎監訳，薮忠綱訳　朝倉書店
2007.2　172p　30×23cm　〈図説 科学の百科事典 2〉　〈原書第2版　原書名：The New Encyclopedia of Science second edition, Volume 6.Ecology and Environment〉
6500円　Ⓒ978-4-254-10622-0

〔目次〕1 生物が住む惑星，2 鎖と網，3 循環とエネルギー，4 自然環境，5 個体群研究，6 農業とその代償，7 人為的な影響

環境百科　危機のエンサイクロペディア
駿河台出版社　1992.11　398p　21cm　2800円　Ⓒ4-411-00288-4

〔目次〕第1章 炸裂する都市・膨張する人口，第2章 自然の逆襲，第3章 生態系の崩壊・遺伝情報の狂い，第4章 危機のエネルギー，第5章 日本の環境問題

〔内容〕地球と人類を救うエコロジー百科。地球環境を考える256項目を収録。今，問題の「環境」を読む。

環境問題情報事典　日外アソシエーツ編　日外アソシエーツ，紀伊國屋書店〔発売〕
1992.7　416p　19cm　4800円　Ⓒ4-8169-1129-4　Ⓝ519.03

〔内容〕本書は，オゾン層破壊，砂漠化など，地球レベルの環境問題に関する用語から，大気汚染，水質汚濁，廃棄物，各種公害など，国内の環境問題に関する用語，および関連の機関・団体名，会議・条約名まで870語の環境問題関連用語について，簡明な文章と5500点の参考文献とで解説する新機軸の情報事典である。ある著者が発言している関連の問題やテーマが一覧でき，参考文献著者索引，2252語のキーワードで引ける事項索引付き。

環境問題情報事典　第2版　日外アソシエーツ株式会社編　日外アソシエーツ，紀伊國屋書店〔発売〕　2001.3　477p　19cm　〈索引あり〉　6000円　Ⓒ4-8169-1654-7　Ⓝ519.033

〔内容〕環境問題に関連する用語1007語についての簡略な解説とその参考文献あわせて5817点で構成する事典。参考文献については図書及び雑誌記事のほか，新聞記事も収録する。見出し語となる用語は五十音順に排列。各用語の下に参考文献を刊行順に並べ，書誌事項を記載する。巻末に参考文献著者索引と事項索引がある。

環境問題資料事典　1　深刻な環境問題
古川清行編著　東洋館出版社　1999.5　145p　26cm　2900円　Ⓒ4-491-01500-7

〔目次〕1 人間の歴史と環境（オゾン層と地球上の生物，世界の古代文明のおこり，ブナの森の恵み ほか），2 私たちの暮らしと環境（「水の惑星」

地球，日本列島と米づくり，地下水とその恵みほか），3 環境汚染・環境破壊の実態（地球の危機・世界各国からの報告，失われる世界の森林，減っていく熱帯雨林 ほか）

環境問題資料事典　2　環境問題と産業界の取り組み　古川清行編著　東洋館出版社　1999.5　133p　26cm　2900円　Ⓘ4-491-01501-5

(目次)1 公害・環境問題の歴史（公害・環境問題年表，足尾銅山鉱毒事件，イタイイタイ病 ほか），2 第1次産業と環境（見直そう・水田の役割，新しい生産方法—野菜工場，農薬と化学肥料 ほか），3 第二次産業と環境（工場の施設・設備の改善，新しい自動車の開発，自動車生産の工夫 ほか）

環境問題資料事典　3　環境問題と国や私たちの取り組み　古川清行編著　東洋館出版社　1999.5　148p　26cm　2900円　Ⓘ4-491-01502-3

(目次)1 国・自治体の取り組み（環境を守るための法律，環境基本法の制定 ほか），2 自治体・住民の協力（資源活用・再利用の基本，古紙利用の問題点 ほか），3 世界の国々の協力（地球サミットの開催，温暖化防止のための条約 ほか），4 私たちの挑戦（家庭生活を工夫しよう，私たちも温暖化防止 ほか）

環境用語辞典　インタープレス版　新装版　アイピーシー　1994.12　457p　21cm　5150円　Ⓘ4-87198-230-0

(内容)地球の陸地表面と隣接する大洋部分，ならびに大気の環境の研究または技術に関する用語を集めた辞典。収録語数2800，見出し語は英語でアルファベット順に排列する。各語について対訳，日本語による定義など引用文献などを記述。英和・和英索引，参考文献を付す。1986年発行の新装版。—技術環境としての地球を定義する。

環境用語事典　横山長之，市川惇信共編　オーム社　1997.5　452p　21cm　4500円　Ⓘ4-274-02346-X

(目次)1 環境一般，2 大気，3 水・土壌，4 有害物質・廃棄物，5 都市システム，6 地球温暖化，7 オゾン層，8 酸性雨，9 自然と生物，10 放射能，11 観測，12 気象，13 人体・健康影響，14 食品・農薬

環境用語辞典　ハンディー版　上田豊甫，赤間美文編　共立出版　2000.6　332p　19cm　3000円　Ⓘ4-320-00899-5　Ⓝ519.033

(内容)環境問題の用語辞典。環境作用・環境形成作用について，自然環境，社会環境，経済環境などの基本的な事柄からも用語を収録。約1450語を収録し五十音順に排列，各項目は項目見出しに対する英語と解説を収録する。巻末に関係付表を収録。アルファベット順の英語索引を付す。

環境用語辞典　ハンディー版　第2版　上田豊甫，赤間美文編　共立出版　2005.4　390p　19cm　3200円　Ⓘ4-320-00567-8

(内容)環境に関する用語を収録し，簡潔に解説。本文は五十音順に排列。巻末に海水中の主要成分および微量元素の濃度，水道水水質基準，検査方法略号などを収録。英語索引付き。巻頭に環境年表，随所に図版・表なども掲載。2000年刊の第2版。

環境用語辞典　ハンディー版　第3版　上田豊甫，赤間美文編　共立出版　2010.4　420p　19cm　〈年表あり　索引あり〉　3500円　Ⓘ978-4-320-00581-5　Ⓝ519

(内容)環境に関する用語をやさしく解説した2000年刊行の『ハンディー版 環境用語辞典』の第3版。新たに200余の項目を追加。

空気マイナスイオン応用事典　琉子友男編，佐々木久夫編著，日本住宅環境医学会監修　人間と歴史社　2002.4　716p　30cm　40000円　Ⓘ4-89007-127-X　Ⓝ498.41

(目次)第1章 マイナスイオン研究史，第2章 空気イオンの基礎，第3章 細菌・微生物に対する生物学的作用，第4章 植物に対する生物学的作用，第5章 動物に対する生物学的作用，第6章 ヒトに対する生物学的作用，第7章 環境・気象と空気イオン，第8章 マイナスイオンの作用機序，第9章 マイナスイオン療法，第10章 空気の質と健康

(内容)空気イオン及びマイナスイオンに関する研究情報ガイドブック。10章から構成，1930年代に空気イオンが発見されてから2001年に到るまでの様々な研究について紹介する。空気イオン研究の歴史と基礎概念についてまとめ，生物に及ぼす作用，環境・気象との関連，空気イオン療法等，各研究分野別にレビュー，事例，関連資料，関連論文を掲載する。室内環境汚染の問題についても紹介。巻末に関連文献一覧，索引を付す。

国際環境科学用語集　和英英和　環境庁地球環境部監修，北九州国際技術協力協会KITA環境協力センター編　日刊工業新聞社　1995.3　422p　21cm　4700円　Ⓘ4-526-03672-2

(内容)環境分野における国際技術協力の実施現場で使用されている用語について，和英・英和の対訳を示した用語集。公害，地球環境，環境社会などに関連する用語約2万語を収録。和英は五十音順，英和はアルファベット順に排列。主要語には解説を付す。

最新　エコロジーがわかる地球環境用語事

環境問題全般　　　　　　　　　　環境問題

典　学研・UTAN編集部編　学習研究社　1992.11　488p　18cm　1700円　①4-05-106248-1
(目次)1 大気・気象, 2 河川・海洋/水, 3 自然・生態系, 4 エネルギー, 5 ごみ・リサイクル, 6 食・農業, 7 生活環境, 8 地球環境, 環境関連団体連絡先

最新 環境キーワード　環境庁長官官房総務課編　経済調査会　1992.6　202p　21cm　1700円　①4-87437-239-2
(目次)第1章 環境保全一般, 第2章 公害健康被害, 第3章 地球環境, 第4章 自然環境, 第5章 大気汚染, 第6章 騒音・振動, 第7章 水質・土壌汚濁, 第8章 先端技術・物質, 第9章 廃棄物

事典東南アジア 風土・生態・環境　京都大学東南アジア研究センター, 古川久雄, 海田能宏, 山田勇, 高谷好一編　弘文堂　1997.3　617p　26cm　20000円　①4-335-05008-9
(目次)1 生態(地形と地質, 気候, 土壌, 植生, 動物, 海, 自然災害, 人間環境), 2 生活環境(野の幸, 海の幸, 山の幸, 川の幸, 食, 衣, 住, 体, 生産技術), 3 風土を編むもの(人の心, 外文明の伝播, 交易と集落, 権力, 海のシルクロード), 4 風土とその変貌(生態的風土の区分, 熱帯多雨林の風土, 海域の風土, 大陸山地の風土, 平原の風土, デルタの風土, 火山島の風土, ウォーレシアの風土, イリアンジャヤの風土), 5 開発に揺れる風土(豊かさの功罪, 開発の思想, 都市文明, 世界システムの中の東南アジア, もうひとつの豊かさを求めて)

新・環境小事典　「新・環境小事典」編集委員会編　産業環境管理協会, 丸善〔発売〕　1996.5　250p　21cm　2060円　①4-914953-35-8
(目次)法令編, 技術編(大気関係, 水質関係, 騒音関係, 振動関係, 廃棄物関係, 悪臭関係, 土壌汚染関係, 地球環境関係, 環境管理規格関係)
(内容)環境情報関係のデータ集。「法令編」「技術編」「資料編」の3編から成り、「技術編」は「大気関係」「水質関係」等9部門に分類して各部門の重要事項を一覧図表の形式で収録し,「資料編」では公害年表や環境関連組織・団体一覧等を掲載する。

新・環境小事典　2訂版　産業環境管理協会, 丸善〔発売〕　2001.3　373p　21cm　2800円　①4-914953-58-7　Ⓝ519.036
(目次)法令編(環境基本法の下での個別の措置の例, 環境関係法の大要, 特定工場における公害防止組織の整備に関する法律 ほか), 技術編(大気関係, 水質関係, 騒音関係 ほか), 資料編(公害年表, 主要元素記号, ギリシャ文字 ほか)
(内容)環境情報から重要事項を精選して編集

したデータ集。本文は3編で構成, 技術編は11部門に分類し, 各部門の重要事項を一覧図表形式で収録し。1996年刊の「新・環境小事典」を, 法令やJISの改正・諸対策の進展などに基づいて全面改定したもの。

生物による環境調査事典　内山裕之, 栃本武良編著　東京書籍　2003.8　291p　21cm　2600円　①4-487-79852-3
(目次)第1章 動物による環境調査・観察(環境ホルモンの影響を調べる, 水辺を調べる, 海岸の自然度を調べる ほか), 第2章 植物による環境調査・観察(水辺を調べる, 海岸の自然度を調べる, 人里の自然度を調べる ほか), 第3章 ビオトープづくり(ビオトープとは, ビオトープ池をつくろう, トカゲのビオトープをつくろう ほか)
(内容)環境教育に携わる全ての人へ。環境ホルモン調査, 自然度調査, ビオトープづくりなど, 生物に関わる実験・実践を満載。

世界の先住民環境問題事典　ブルース・E.ジョハンセン著, 平松紘監訳　明石書店　2010.11　450p　22cm　〈訳〉石山徳子ほか　文献あり　索引あり　原書名：Indigenous peoples and environmental issues：an encyclopedia.〉　9500円　①978-4-7503-3306-9　Ⓝ361.7
(目次)アルゼンチン, オーストラリア先住民アボリジニ, バングラデシュ, ベリーズ, 生物多様性と先住民の環境主義, ボリビア, ボツワナ, ブラジル, ビルマ(ミャンマー), カンボジア〔ほか〕
(内容)ヨーロッパの一部と南極をのぞく全ての大陸の先住民が標的とされる環境破壊問題。環境問題への先住民の闘いの記録。

地理・地図・環境のことば　江川清監修　偕成社　2008.3　143p　22cm　(ことば絵事典 探検・発見授業で活躍する日本語 9)　2000円　①978-4-03-541390-5　Ⓝ814
(目次)日本の地理のことば, 世界の地理のことば, 地形のことば(1) 海域の地形, 地形のことば(2) 陸上の地形, 地図のことば, 地球と環境のことば
(内容)日本人が培ってきたことばから, 進歩し続けている科学の新しいことばまで, 広い分野にわたる日本語を集成, 絵と文章でわかりやすく説明した日本語絵事典。

地理・地名事典　旺文社編　旺文社　1992.9　429p　19cm　1500円　①4-01-077976-4
(内容)激動しているソ連・東欧の変革, 地球温暖化・オゾン層の破壊・熱帯林の破壊・酸性雨などの地球環境問題。さらに人口・都市問題や日本の市場開放など国際化に関する問題など, 新しい世界, 新しい時代に対応し, あわせて入

試頻出の項目も掲載。

都市環境学事典　吉野正敏, 山下脩二編　朝倉書店　1998.10　435p　21cm　14000円　Ⓘ4-254-18001-2

㈲1 都市の気候環境, 2 都市の大気質環境, 3 都市と水環境, 4 建築と気候, 5 都市の生態, 6 都市活動と環境問題, 7 都市気候の制御, 8 都市と地球環境問題, 9 アメニティ都市の創造, 10 都市気候の変化の時代区分について, 11 都市気候と都市気候学の発展

人間と自然の事典　半谷高久〔ほか〕編　（京都）化学同人　1991.12　348p　21cm　3914円

㈲環境問題の克服に視点を据え、自然科学・社会科学・人文科学の諸分野からの各項目の執筆者が、独自の見解と説明をまとめた事典。本編は16章で構成。前付頁に、キーワードと主要語句を五十音順に排列。巻末に、関連略語、環境に関する年表を付す。

リスク学事典　日本リスク研究学会編　ティビーエス・ブリタニカ　2000.9　375p　26cm　8500円　Ⓘ4-484-00407-0　Ⓝ369.3

㈲第1章 リスク学の領域と方法, 第2章 健康被害と環境リスクへの対応, 第3章 自然災害と都市災害への対応, 第4章 高度技術リスクと技術文明への対応, 第5章 社会経済的リスクとリスク対応社会, 第6章 リスク評価の科学と方法, 第7章 リスクの認知とコミュニケーション, 第8章 リスクマネジメントとリスク政策

㈲防災科学、公衆衛生、環境医学等をふまえて総合的政策科学としてのリスク学を解説する事典。リスク学の領域は8章に分け、章ごとのはじめに概説を配し、章全体が見渡せるように記述する。概説に続く中項目は117項目を採録し各章15前後で構成し、原則見開き2頁で解説する。巻末に専門用語・特定用語を解説する用語集（小項目）を掲載。索引用語には英文を併記した。付録としてリスク研究関連ホームページ一覧を掲載する。

リスク学事典　増補改訂版　日本リスク研究学会編　阪急コミュニケーションズ　2006.7　10, 423p　26cm　9000円　Ⓘ4-484-06211-9

㈲第1章 リスク学の領域と方法, 第2章 健康被害と環境リスクへの対応, 第3章 自然災害と都市災害への対応, 第4章 高度技術リスクと技術文明への対応, 第5章 社会経済的リスクとリスク対応社会, 第6章 リスク評価の科学と方法, 第7章 リスクの認知とコミュニケーション, 第8章 リスクマネジメントとリスク政策, 第9章 リスク対応の新潮流

㈲鳥インフルエンザ、エイズ、牛海綿状脳症（BSE）、ダイオキシン、産業廃棄物、土壌・水質汚染、食品添加物、モラル・ハザード、地震、地球温暖化、遺伝子組換え、環境ホルモン、医療上リスク、金融リスクなど―さまざまな危険現象を取り上げ、その最新の研究成果と対応策を解説。

＜辞典＞

英語論文表現例集with CD-ROM　すぐに使える5,800の例文　佐藤元志著, 田中宏明, 古米弘明, 鈴木穰監修　技報堂出版　2009.4　756p　22cm　〈他言語標題：Handbook for scientific English writing〉　16000円　Ⓘ978-4-7655-3014-9　Ⓝ519.07

㈲2006年刊行の「英語論文表現例集」にパソコンで利用可能なデータベースのソフトを添付したCD-ROM付属版。環境科学や環境工学を中心とした実際の論文で使われた文章表現例5800を紹介。

英和環境用語辞典　羽生直之著　工業調査会　2001.4　406, 5p　18cm　3800円　Ⓘ4-7693-7096-2　Ⓝ519.033

㈲環境・エコロジー関連に特化した英和用語辞典。汚水処理、大気汚染防止、土壌・地下水汚染、廃棄物処理、地球温暖化、有害廃棄物、生態系を環境の範囲とし、汎用の辞書には掲載されていない用語および掲載はされているが意味がわかりにくい用語約3500語を収録。本文はアルファベット順に排列、見出し語に続いてその用語の代表的な日本語訳を示し、その語義あるいは関連する解説を付す。巻末に五十音順の和文索引がある。

英和・和英エコロジー用語辞典　瀬川至朗執筆・監修, 研究社辞書編集部編　研究社　2010.9　569p　19cm　〈他言語標題：Kenkyusha English and Japanese Dictionary of Ecology〉　3500円　Ⓘ978-4-7674-3468-1　Ⓝ519.033

㈲マスコミ、ネットに頻出する現代のエコロジー用語を集めた英和・和英辞典。英和篇はcarbon neutral, COP, ecological footprint, cap and trade, greenwash, three R's, Sea Shepherd, green tagといった英語圏でよく使われるエコロジー関連用語を集め、環境ジャーナリズムの専門家である著者が解説。和英篇は「生物多様性」「循環型社会」「温暖化ガス」など環境問題の専門用語のほか、「資源ごみを分別する」「エコカー減税」「マイバッグ持参」「生産者の顔が見える」など、日常生活でも使われる身近なエコライフ用語の英訳に役立つ多数の用例・語句を掲載。

和英・英和 国際総合環境用語集　みなまた環境テクノセンター編, 環境省地球環境局監

環境・エネルギー問題 レファレンスブック

| 環境問題全般 | 環境問題 |

修　日刊工業新聞社　2004.3　683p　21cm
5600円　Ⓘ4-526-05255-8
(内容)公害、地球環境問題、環境測定、環境経済、環境生物、環境社会、環境行政、環境工学、資源・エネルギー、化学物質などの分野から環境に関わる国際用語を収録した環境用語集。和英編は見出し語五十音順の配列で、見出し語、英語、解説文からなる。和英編は数字・アルファベット順の配列で英語索引を兼ねている。

<索引>

環境問題記事索引　1988-1997　日外アソシエーツ編集部編　日外アソシエーツ, 紀伊国屋書店〔発売〕　1999.7　436p　26cm
16800円　Ⓘ4-8169-1559-1
(目次)環境問題一般、オゾン層破壊、酸性雨、大気汚染、水質汚染、土壌汚染、人口問題、開発問題、農業問題、砂漠化、森林破壊、生物多様性、公害、健康問題、ゴミ問題、都市問題、交通問題、エネルギー問題、軍事・戦争、環境保全
(内容)1988年から1997年までの10年間に日本国内で発行された総合雑誌、経済専門誌など約170誌の中から、環境問題に関して報道・論評している主なもの134誌を選び、関連記事12335点を収録し、体系化した文献目録。記載事項は、記事タイトル、著者名、掲載誌名、巻号・通号、刊行年月日、掲載頁など。事項名索引、著者名索引がある。

環境問題記事索引　1998　日外アソシエーツ編集部編　日外アソシエーツ, 紀伊国屋書店〔発売〕　2000.1　554p　26cm　19000円　Ⓘ4-8169-1588-5　Ⓝ519.031
(目次)環境問題一般、地球温暖化、オゾン層破壊、大気汚染、水質汚染、土壌汚染、人口問題、開発問題、農業問題、砂漠化、森林破壊、生物多様性、公害、健康問題、ゴミ問題、都市問題、交通問題、資源・エネルギー問題、軍事・戦争、環境保全、文化
(内容)環境問題に関する記事・論文の目録。1998年に日本で発行された雑誌1194誌と論文集30冊に掲載された環境問題に関する記事・論文13484点を収録。分類943テーマの分類見出しの下、掲載誌・書名の五十音順に排列する。巻頭に「文献から見た環境問題1998」、巻末に事項名索引と著者名索引付き。

環境問題記事索引　1999　日外アソシエーツ編集部編　日外アソシエーツ, 紀伊国屋書店〔発売〕　2000.9　694p　26cm　19000円　Ⓘ4-8169-1624-5　Ⓝ519.031
(目次)環境問題一般、地球温暖化、オゾン層破壊、酸性雨、大気汚染、水質汚染、土壌汚染、人口問題、開発問題、農業問題、砂漠化、森林破壊、生物多様性、公害、健康問題、ゴミ問題、都市問題、運輸・交通問題、資源・エネルギー問題、軍事・戦争、環境保全、文化
(内容)環境問題に関する記事・論文の目録。1999年に日本で発行された雑誌1339誌と論文集30冊に掲載された環境問題に関する記事・論文16994点を収録。22の大区分、895件のテーマに分類し掲載誌・書名の五十音順に排列する。巻頭に「文献から見た環境問題1998」、巻末に五十音順の事項名索引と著者名索引付き。

<ハンドブック>

アジア・太平洋の環境　日・英・中キーワードハンドブック　鵜野公郎著　(名古屋)風媒社　2010.9　203p　21cm　〈他言語標題：Asia-Pacific Environment　索引あり〉　2000円　Ⓘ978-4-8331-4081-2　Ⓝ519.22
(目次)1 持続可能性の理念、2 地球環境ガバナンス、3 地球環境システム、4 アジア・太平洋の人と環境、5 生物多様性、6 地球温暖化、7 環境モニタリング、環境指標、シュミレーション・モデル

インターネットで探す環境データ情報源　エコビジネスネットワーク編　日本実業出版社　2000.5　349p　19cm　〈付属資料：CD-ROM1〉　3200円　Ⓘ4-534-03082-7　Ⓝ519.035
(目次)環境政策関連サイト、環境地方条例・要綱関連サイト、環境関連総合サイト、公害防止関連サイト、廃棄物・リサイクル関連サイト、エネルギー関連サイト、化学物質関連サイト、建設・建築関連サイト、農業関連サイト、中・下水道関連サイト、汚染浄化・環境修復関連サイト、環境経営関連サイト、環境経済関連サイト、中小企業の環境対策サイト、環境配慮型製品・えこしょっぷ関連サイト、環境教育・環境学習関連サイト、環境ニュース・メディアサイト、学生団体サイト、環境NGOサイト、環境関連機関・国際条約の環境関連サイト、世界各国の環境関連省庁・機関サイト
(内容)環境関連のインターネットWebサイトの要覧。環境ビジネスや環境経営のための情報・データを掲載したサイトを対象とし、2000年4月中旬現在で公開が確認された約290のサイトを収録。カテゴリごとに分類し、サイト名、設置体、サイトの特徴・機能、サービスと情報の中心となるコーナーの概要、同様の情報を扱っているサイトなどを記載する。巻末に付録として地方自治体の環境関連サイト、環境報告書が読める企業サイト、環境を学べる大学・大学院、専門学校および通信プログラムを掲載。

地球の危機　人類生存のための青地図。そ

の管理と可能性　普及版　ノーマン・マイヤーズ監修，竹田悦子，中村浩美，半田幸子訳　産調出版　2002.2　272p　30cm　（ガイアブックス）　6800円　①4-88282-292-X　Ⓝ361.7

(目次)地球の管理に携わる人々，序論，大地，海洋，資源，進化，人類，文明，地球の管理

(内容)地球の自然環境の危機管理についてのデータマップ。大地，海洋，資源，進化，人類，文明，地球の管理の7章に分けて，それぞれについて，地球の資源・生物の潜在的な能力とその未来への可能性，人類の自然破壊や戦争等によって生じた危機，現在の破壊を止め自然環境を保全するための方策を，各国事例を挙げ，写真や統計地図等のデータを示しながら解説している。改訂版では1990年代に起こった変化，事件についての解説を追加，2000年以降の行動計画指針を提示している。巻頭にOxfamによる序章を，各章の冒頭には世界的有識者の序文をそれぞれ掲載。巻末に執筆者紹介，参考文献，参考資料，索引を付す。

環境ハンドブック　茅陽一監修，石谷久編　産業環境管理協会　2002.10　1238p　26cm　24000円　①4-914953-74-9　Ⓝ519.036

(目次)第1部 総論，第2部 地域環境，第3部 地球環境，第4部 持続可能な開発と循環型経済社会，第5部 環境マネジメント，第6部 環境政策と環境法体系，第7部 各主体の取組み，第8部 国際的取組み

(内容)環境問題を多面的に解説したハンドブック。8部から構成され，第1部の総論では，環境問題を鳥瞰するとともに，主要産業13業種の環境実務リーダーが環境問題を総括・展望し，第2部以降はそれぞれの項目について専門家が解説する。各部は，冒頭に要約を置き，問題の原因，問題の現状，問題のメカニズム，対策・解決の方法，取組みといった基本構成でまとめられる。巻末に略号表，五十音順とアルファベット順の索引がある。

環境リスクマネジメントハンドブック　中西準子，蒲生昌志，岸本充生，宮本健一編　朝倉書店　2003.6　579p　21cm　18000円　①4-254-18014-5

(目次)第1部 リスクを見つける（影響を見つける，暴露を見つける，毒性を見つける），第2部 リスクを測る（暴露量を見積もる，用量反応関係を知る，リスクを計算する ほか），第3部 リスクを管理する（リスク管理の考え方，技術的アプローチ，政策的アプローチ ほか）

(内容)今日の自然と人間社会がさらされている環境リスクをいかにして発見し，測定し，管理するか――多様なアプローチから最新の手法を用いて解説。巻末に，化学物質安全情報やリスク評価用ソフトウェア関連情報などを収載した付録と，キーワード索引を収録。

国際環境を読む50のキーワード　里深文彦著　東京書籍　2004.5　229p　19cm　1600円　①4-487-79972-4

(目次)序章 国際環境政策の現在――スウェーデンと日本を結ぶ目線から，1 国際環境政策入門（地球温暖化，生物多様性，人間中心システム ほか），2 世界の環境政策――歴史と現在（国連人間環境会議と国連環境計画，環境と開発に関する世界委員会とグローバル・コモンズ，国連環境開発会議（地球サミット） ほか），3 日本の環境政策―現在と未来（環境省，環境基本法，循環型社会形成推進基本法 ほか）

(内容)国際社会は環境問題にどう取り組んできたか？わたしたちに何ができるのか？ゼロ・エミッションからISOまで，50のキーワードで地球環境問題の過去・現在・未来がわかる。

図説環境問題データブック　奥真美，参議院環境委員会調査室編　学陽書房　2009.3　309p　21cm　3000円　①978-4-313-29011-2　Ⓝ519

(目次)第1章 環境問題全般に関わる基本的な事項，第2章 地球環境問題，第3章 廃棄物・リサイクル問題，第4章 健康被害・化学物質問題，第5章 大気・水・土壌環境問題，第6章 自然環境問題

(内容)環境行政の取組を網羅。国・自治体の政策がわかる！環境法・環境政策の基本から地球環境温暖化，廃棄物・リサイクル対策，化学物質，自然環境まで「課題と現状」を整理して解説。

世界地図で読む環境破壊と再生　伊藤正直編　旬報社　2004.11　119p　21cm　1200円　①4-8451-0901-8

(目次)1 グローバル化と環境問題（人口増加と環境――地球の人口許容量は，地球温暖化――経済優先がもたらすもの，異常気象と自然災害――温暖化がもたらすもの ほか），2 環境問題の現状と産業経済（都市化と都市公害――悪化する都市の生活環境，農業と農村――自然破壊と農産物汚染，エネルギー――求められる新エネルギー ほか），3 環境の再生をめざして（環境政策――国家レベル・国際レベルの取り組み，環境問題への企業の取り組み――環境マネジメント，エコビジネス――環境問題を市場にどう埋め込むか ほか）

(内容)激増する異常気象，猛威を振るう自然災害，破壊される自然，砂漠化する大地，投棄される有害廃棄物…。環境と経済は両立できるのか？23の世界地図で描く地球環境の現在。

ネットで探す 最新環境データ情報源　エコビジネスネットワーク編　日本実業出版社　2004.7　366p　19cm　3200円　①4-534-

03770-8

⦅目次⦆環境データ必須サイト，環境政策・施策関連サイト，地方の環境行政サイト，環境ビジネス関連総合サイト，地球環境関連サイト，公害防止関連サイト，廃棄物処理・リサイクル関連サイト，エネルギー関連サイト，化学物質関連サイト，建設・建築関連サイト，中・下水道関連サイト，汚染浄化・環境修復関連サイト，持続可能な農業関連サイト，食の安全・安心，環境経営関連サイト，環境配慮型製品・サービス関連サイト，世界の環境関連機関・各国の関連省庁サイト

⦅内容⦆日本を中心に膨大な環境関連サイトの中から有益な420サイトを厳選。どんなコンテンツが載っているのか，データベースが使えるのか，ファイルをダウンロードできるのか等，コンパクトかつ丁寧に解説。巻末に「都道府県別地方自治体環境関連サイト」と「環境を学べる大学・大学院サイト」を収録。

<年鑑・白書>

アジア環境白書　1997‐98　日本環境会議「アジア環境白書」編集委員会編　東洋経済新報社　1997.12　381p　21cm　2800円　Ⓘ4-492-44215-4

⦅目次⦆第1部　テーマ編（圧縮型工業化と爆発的都市化，加速するモータリゼーション，広がる環境汚染と健康被害，問われる生物多様性の保全と利用），第2部　各国編（日本，韓国，タイ，マレーシア，インドネシア，中国，台湾），第3部　データ解説編

アジア環境白書　2000／01　日本環境会議「アジア環境白書」編集委員会，淡路剛久，寺西俊一，宮本憲一，原田正純ほか編　東洋経済新報社　2000.11　397p　21cm　2800円　Ⓘ4-492-44264-2　Ⓝ519.22

⦅目次⦆第1部　テーマ編（問われるエネルギー政策の選択，進む鉱山開発と繰り返される鉱害，さまよう廃棄物　ほか），第2部　各国・地域編（フィリピン，ベトナム，インド　ほか），第3部　データ解説編（所得格差と消費の拡大，労働安全衛生，保健・教育　ほか）

⦅内容⦆アジアの環境について国際共同研究によりまとめられたNGO版の白書。テーマ編では海洋環境の破壊と保全，環境保全と地方自治などのアジア全体に関わるテーマを収録。各国・地域編ではフィリピン・ベトナム・インド・日本・韓国・タイ・マレーシア・インドネシア・中国・台湾での動向を収録。データ解説編では木材の生産と貿易，森林資源の態様，保護地域の現状，原発拡散と核兵器，アジアにおける環境政策など23のトピックをとりあげ，その背景や今後の行方を記述する。

アジア環境白書　2003／04　日本環境会議「アジア環境白書」編集委員会編，井上真，小島道一，大島堅一，山下英俊責任編集，淡路剛久，寺西俊一監修　東洋経済新報社　2003.10　446p　21cm　2800円　Ⓘ4-492-44306-1

⦅目次⦆序文　アジアから地球環境「協治」の時代を切り拓く！：「かかわり主義」で公平性の確保を，第1部　テーマ編（軍事活動と環境問題：「平和と環境保全の世紀」をめざして，環境と貿易：環境保全につながる貿易に向けて，農業・食糧と環境：持続可能な農業発展の行方，森林と水田の生物多様性：住民参加に基づく総合的管理の実現を），第2部　地域・各国編（環日本海地域：環境協力型地域構築への現状と課題，メコン地域：地域全体の市民社会の声を反映する仕組みを，アジア内陸地域：生態環境保全と社会経済発展の両立に向けて，フォローアップ編），第3部　データ解説編

⦅内容⦆国際共同研究によるNGO版『アジア環境白書』シリーズの第3弾。これからの21世紀におけるアジアの環境問題を考えていくうえで避けては通れない重要テーマを意識的に取り上げ，やや大胆に，かつ先取り的な問題提起を行い，一国単位を超えた「リージョン」（region）という独自な視点にもとづく問題整理と課題提起を新たに試みている。さらに，できる限り具体的な提言や今後に向けての具体的な行動提起をとりまとめている。

アジア環境白書　2006／07　日本環境会議「アジア環境白書」編集委員会編　東洋経済新報社　2006.11　317p　21cm　2800円　Ⓘ4-492-44328-2

⦅目次⦆第1部　テーマ編（環境社会配慮と環境ODAはどこまで進んだのか，公害被害者の救済をめざして，急がれるe-wasteの適正処理），第2部　各国・地域編（シンガポール―政府主導型環境政策からの転換，バングラデシュ―進化する環境問題とNGOの成長，極東ロシア―危機に瀕するタイガの生態系，朝鮮民主主義人民共和国―知られized環境面の実態），第3部　データ解説編（保健・教育・労働，依然続く軍事環境問題，改善が遅れる水の衛生問題　ほか）

アジア環境白書　2010／2011　日本環境会議「アジア環境白書」編集委員会編　東洋経済新報社　2010.12　361p　21cm　〈他言語標題：The State of the Environment in Asia〉　2900円　Ⓘ978-4-492-44370-5　Ⓝ519.22

⦅目次⦆第1部　テーマ編（地球温暖化対策の鍵を握るアジアの新興成長国，拡大するアジアの消費と環境負荷の高まり，人類は教訓を生かせるのか―世界からアジアに集中するアスベスト　ほか），第2部　各国・地域編（パキスタン　環境政策

の変遷とその行方，フォローアップ編)，第3部 データ解説編(アジアの経済動向—経済統合の進展と危機への対応，保健・教育・労働における政策課題，アジアにみる貧困—経済発展と生活の質 ほか)

[内容]経済危機と環境危機の難局にどう立ち向かうべきか?国・地域別，分野別のトピックをコンパクトに収録した国際共同研究によるNGO版白書の第五弾。

OECD環境白書 OECD環境委員会編，環境庁地球環境部監訳　中央法規出版　1992.2　348p　26cm　5000円　①4-8058-0868-3

[目次]第1部 環境の状況—成果と問題(地球規模の大気問題，大気，内陸水，海洋環境，土地，森林，野生生物，廃棄物，騒音)，第2部 変化する経済的背景(農業，工業，運輸，エネルギー，社会人口学的変化)，第3部 環境を管理する—持続可能な開発に向けて(経済的対応，国際的対応，環境の状況についての結論)

[内容]公害，自然破壊から地球環境問題まで，深刻さを増す世界の環境の現状を，欧米諸国，日本などOECD加盟24か国が総力をあげて詳細に報告。先進国の環境政策の方向を探る。

OECD世界環境白書　2020年の展望
OECD環境局著，環境省地球環境局監訳　中央経済社　2002.8　521p　21cm　7500円　①4-502-64670-9

[目次]第1部 エグゼクティブ・サマリー，本報告書の背景と構成，第2部 環境変化の経済的，社会的，技術的要因，第3部 第1次産業部門と自然資源，第4部 エネルギー，気候変動，輸送，大気の質，第5部 家庭，主要工業，廃棄物，第6部 主要な分野横断的問題，第7部 環境問題に取り組むための制度的枠組みと政策パッケージ

[内容]OECDが環境変化の予測と分析を行った報告書。OECD(経済協力開発機構)による広範なデータや研究を利用して，経済，社会，技術の各分野における環境への負荷とその結果を2020年までに起こりうる環境変化を予測し分析している。原著名は，Environm-ental Outlook。

大阪府環境白書　平成6年版(1994年)
(大阪)大阪府環境保健部環境局環境政策課，(大阪)かんぽう〔発売〕　1994.11　462p　30cm　2100円

[目次]第1部 環境の状況，第2部 豊かな環境の保全及び創造に関して講じた施策(基本的施策，生活環境の保全等に関する施策，自然環境の保全及び創造に関する施策，都市環境の保全及び創造に関する施策，地球環境の保全に資する施策)

大阪府環境白書　平成10年版　大阪府環境農林水産部環境管理課編　(大阪)大阪府環境農林水産部環境管理課，(大阪)かんぽう〔発売〕　1998.10　398p　30cm　2000円

[目次]第1部 環境の状況(生活環境，自然環境，都市環境 ほか)，第2部 豊かな環境の保全及び創造に関して講じた施策(豊かな環境の保全と創造に関する基本的施策の推進，府民が健康で豊かな生活を享受できる社会の実現，自然と共生する豊かな環境の創造 ほか)，第3部 今後の課題と方向(豊かな環境の保全と創造に関する基本的施策の推進，府民が健康で豊かな生活を享受できる社会の実現，自然と共生する豊かな環境の創造 ほか)

大阪府環境白書　平成12年版(2000年)
大阪府環境農林水産部環境管理課編　(大阪)大阪府環境農林水産部環境管理課，(大阪)かんぽう〔発売〕　2000.10　361p　30cm　2000円　Ⓝ519

[目次]第1部 環境の状況(概況，生活環境，自然環境 ほか)，第2部 豊かな環境の保全及び創造に関して講じた施策(豊かな環境の保全と創造に関する基本的施策の推進，府民が健康で豊かな生活を享受できる社会の実現，自然と共生する豊かな環境の創造，文化と伝統の香り高い環境の創造，地球環境保全に資する環境に優しい社会の創造，大阪府環境総合計画の目標と進捗状況)，第3部 今後の課題と方向，第4部 図表索引，巻末資料

[内容]大阪府が議会に提出した「平成11年度における環境の状況並びに豊かな環境の保全及び創造に関して講じた施策に関する報告」を中心にまとめた資料集。大阪府における環境問題の動向と関連する施策について記述する。

大阪府環境白書　平成13年版(2001年)
大阪府環境農林水産部環境管理課編　(大阪)大阪府環境農林水産部環境管理課，(大阪)かんぽう〔発売〕　2001.10　350p　30cm　2000円　Ⓝ519

[目次]第1部 環境の状況，第2部 豊かな環境の保全及び創造に関して講じた施策(豊かな環境の保全と創造に関する基本的施策の推進，府民が健康で豊かな生活を享受できる社会の実現，自然と共生する豊かな環境の創造，文化と伝統の香り高い環境の創造，地球環境保全に資する環境に優しい社会の創造，大阪府環境総合計画の目標と進捗状況)，第3部 課題と今後の方向

大阪府環境白書　平成20年版(2008年)
大阪府環境農林水産総合研究所編　(大阪)大阪府環境農林水産総合研究所，(大阪)かんぽう(発売)　2008.12　235p　30cm　2100円　Ⓝ519

[目次]第1章 計画的な環境政策の推進，第2章 環境の状況及び講じた施策(廃棄物対策とリサイクルの推進，温暖化に対する取組み，自動車公

環境問題全般　　　　　　　　　　環境問題

害の防止，水環境の保全等，環境リスクの低減・管理，自然との共生 ほか），第3章 施策の進捗状況の評価と今後の方向性，第4章 環境事象のデータ集

(内容)大阪府議会に提出した「平成19年度における環境の状況並びに豊かな環境の保全及び創造に関して講じた施策に関する報告」に各種関係資料を加え，平成20年版環境白書としてとりまとめたもの。

環境総覧　1994　通商産業省環境立地局監修　通産資料調査会　1993.11　877p　26cm　29000円　①4-88528-145-8

(目次)第1部 環境問題の所在，第2部 環境問題の国際的展開，第3部 地球環境問題の現状と対策，第4部 廃棄物処理・再資源化問題の現状と対策，第5部 従来型産業公害問題の現状と対策，第6部 その他の環境関連施策の展開，第7部 環境保全技術と業界動向，付録（環境関連年表，平成5年度環境保全経費の概要，公害防止設備投資動向調査）

環境総覧　1996　通商産業省環境立地局監修　通産資料調査会　1996.2　1223p　26cm　29800円　①4-88528-204-7

(目次)第1部 環境問題の所在，第2部 環境問題の国際的展開，第3部 地球環境問題の現状と対策，第4部 廃棄物処理・再資源化問題の現状と対策，第5部 従来型産業公害問題の現状と対策，第6部 企業の自主的・積極的取組の促進，第7部 その他の環境関連施策の展開，第8部 環境保全技術と業界動向

環境総覧　1999　通商産業省環境立地局監修　通産資料調査会　1998.9　1207p　26cm　28500円　①4-88528-257-8

(目次)第1部 環境問題の所在，第2部 環境問題の国際的展開，第3部 地球環境問題の現状と対策，第4部 廃棄物処理・再資源化問題の現状と対策，第5部 従来型産業公害問題の現状と対策，第6部 企業の自主的・積極的取組の促進，第7部 その他の環境関連施策の展開，第8部 環境保全技術と業界動向

(内容)産業公害，地球環境問題，都市型・生活型環境問題の現状を踏まえ，これら環境問題に関する状況，施策，法令，技術，国際的な取組などについて解説したもの。

環境総覧　2001　経済産業省産業技術環境局監修　通産資料調査会　2001.2　819p　26cm　28400円　①4-88528-295-0　Ⓝ519.1

(目次)第1部 環境問題の所在，第2部 環境問題の国際的展開，第3部 地球環境問題の現状と対策，第4部 循環型社会の構築，第5部 産業公害問題の現状と対策，第6部 環境関連施策の展開，第7部 環境保全技術動向

(内容)従来からの産業公害問題に限らず，近年顕在化している地球環境問題，都市型・生活型環境問題等の現状を的確に捉え，施策及び制度等の取組の現状及び今後の展開について体系的に取りまとめたもの。

環境総覧　2004-2005　環境総覧編集委員会編　通産資料出版会　2004.9　1114p　26cm　35000円　①4-901864-04-1

(目次)第1部 総説，第2部 環境問題をめぐる世界の状況及び今後の展開，第3部 地球環境問題の現状と対策，第4部 循環型社会の構築，第5部 環境立国に向けて，第6部 環境経営の手法，第7部 産業公害防止規制と対策，第8部 環境保全技術開発の動向，第9部 省庁横断の政策における環境対策への活用

環境総覧　2007-2008　環境総覧編集委員会編　通産資料出版会　2006.11　873p　26cm　35000円　①4-901864-08-4

(目次)第1編 総説：環境・経済・社会の統合（注目されるトピックス：環境3C，企業の環境保全対策の歴史的経緯，長期的な見通し），第2編 企業の環境対応と支援策（環境ビジネスとその支援政策，環境経営等，環境施策及び研究開発），第3編 環境対策の基礎知識（地球環境問題の国際的な動向，地球環境問題の現状と対策，注目されている課題への対応），第4編 産業公害防止規制と対策（産業立地・公害防止組織，典型公害対策）

環境総覧　2009‐2010　環境総覧編集委員会編　通産資料出版会　2009.5　947p　26cm　36000円　①978-4-901864-11-4　Ⓝ519.5

(目次)第1編 総説—アウトルック（環境問題の基本認識，詳論1：地球温暖化—これまでの15年、これからの15年，詳論2：生物多様性—名古屋COP10に向けて高まる関心，詳論3：エコ偽装—古紙パルプ配合率偽装を中心に），第2編 データで見る環境問題—ファクト（データで見る環境問題，データで見る日本の環境問題，届出・報告制度に基づく排出量（温室効果ガス・PRTR）），第3編 注目課題の最新動向—トレンド（気候変動（地球温暖化）問題，化学物質，バイオマス），第4編 環境問題—アクション（国際協力，我が国の環境政策・予算，地域活性化，環境経営，環境教育，研究開発，助成），環境法令—コンプライアンス（環境基本法，公害防止関連法，循環・廃棄物処理関連法，化学物質関連法，地球環境保全関係法，省エネ・新エネ関連法，社会制度関連法，生物多様性・立地環境関連法，環境安全関連法，補償・救済関連法，処罰・紛争処理関連法）

環境白書　平成2年版 総説　環境庁編　大蔵省印刷局　1990　222p　21cm　777円

38　環境・エネルギー問題 レファレンスブック

Ⓝ498.4
⦗内容⦘第1部総説として「平成元年度公害の状況に関する年次報告」を収める。環境の現状、環境政策の進展、地球化時代の環境問題（地球環境問題、エネルギー・森林資源等）、地球にやさしい足元からの行動に向けて、の4章からなる。

環境白書　平成2年版　各論　環境庁編　大蔵省印刷局　1990　335p　21cm　971円
Ⓝ498.4
⦗内容⦘第2部として年次報告「公害の状況及び公害の防止に関して講じた施策」を収め、「平成2年度において講じようとする公害の防止に関する施策」を付す。図・表多数掲載。

環境白書　平成3年版　総説　環境庁編　大蔵省印刷局　1991.4　242p　21cm　800円　Ⓘ4-17-155402-0
⦗目次⦘平成2年度公害の状況に関する年次報告——第1部　総説（環境の現状、地球とともに生きる人類社会、環境にやさしい経済社会への変革）

環境白書　平成3年版　各論　環境庁編　大蔵省印刷局　1991.4　353p　21cm　1000円　Ⓘ4-17-155403-9
⦗目次⦘平成2年度公害の状況に関する年次報告——第2部　公害の状況及び公害の防止に関して講じた施策（環境行政の総合的推進、大気汚染・騒音・振動・悪臭の現況と対策、水質汚濁の現況と対策、その他の公害の現況と対策、環境保健施策の推進、公害紛争の処理及び公害事犯の取締り、自然環境の保全、環境保全に関する国際的取組の推進、その他の環境行政の推進）、平成3年度において講じようとする公害の防止に関する施策（環境保全政策の方向、大気汚染・騒音・振動・悪臭対策、水質汚濁防止対策及びその他の環境保全対策、環境保全関係公共事業の拡充、公害防止事業の助成、環境保健施策の推進、自然環境保全対策の充実、地球環境問題への取組、環境保全に関する調査研究等の推進、その他の環境行政の推進）

環境白書　平成4年版　総説　環境庁編　大蔵省印刷局　1992.5　394p　21cm　1150円　Ⓘ4-17-155404-7
⦗目次⦘平成3年度公害の状況に関する年次報告——第1部　総説（環境の現状、持続可能な社会に向けたこれまでの歩み、最近の経済社会動向と持続可能性、持続可能性を高めるための新たな取組）

環境白書　平成4年版　各論　環境庁編　大蔵省印刷局　1992.5　387p　21cm　1100円　Ⓘ4-17-155405-5
⦗目次⦘平成3年度公害の状況に関する年次報告——第2部　公害の状況及び公害の防止に関して講じた施策（環境行政の総合的推進、大気汚染・騒音・振動・悪臭の現況と対策、水質汚濁の現況と対策、その他の公害の現況と対策、環境保健施策の推進、公害紛争の処理及び公害事犯の取締り、自然環境の保全、環境保全に関する国際的取組の推進、環境保全に関する調査研究、その他の環境行政の推進）、平成4年度において講じようとする公害の防止に関する施策（環境保全政策の方向、大気汚染・騒音・振動・悪臭対策、水質汚濁防止対策及びその他の環境保全対策、環境保全関係公共事業の拡充、公害防止事業の助成、環境保全施策の推進、自然環境保全対策の充実、地球環境問題への取組、環境保全に関する調査研究等の推進、その他の環境行政の推進）、平成3年度の主な環境問題

環境白書　平成5年版　総説　環境と共に生きるための新しい責任と協力　環境庁編　大蔵省印刷局　1993.6　414p　21cm　1150円　Ⓘ4-17-155406-3
⦗目次⦘第1部　総説（環境の現状、社会・経済と環境との密接な関係、環境と共に生きるための新しい理念、新しい責任、環境と共に生きるための新しい役割分担と協力）

環境白書　平成5年版　各論　環境庁編　大蔵省印刷局　1993.6　415p　21cm　1100円　Ⓘ4-17-155407-1
⦗目次⦘公害の状況及び公害の防止に関して講じた施策（環境行政の総合的推進、大気汚染・騒音・振動・悪臭の現況と対策、水質汚濁の現況と対策、その他の公害の現況と対策、環境保健施策の推進、公害紛争の処理及び公害事犯の取締り、自然環境の保全、地球環境保全等に関する国際的取組等、環境保全に関する調査研究、その他の環境行政の推進）

環境白書　平成6年版　総説　環境庁編　大蔵省印刷局　1994.6　426p　21cm　1150円　Ⓘ4-17-155408-X
⦗目次⦘序章　人口・社会経済活動の趨勢と物質・エネルギー循環等に見る環境、第1章　環境にやさしい生活文化への模索、第2章　健全な経済社会の発展を支える環境保全、第3章　持続可能な経済社会の構築に向けた日本の挑戦、第4章　環境の現状

環境白書　平成6年版　各論　環境庁編　大蔵省印刷局　1994.6　421p　21cm　1100円　Ⓘ4-17-155409-8
⦗目次⦘環境行政の総合的推進、大気汚染・騒音・振動・悪臭の現況と対策、水質汚濁の現況と対策、その他の公害の現況と対策、環境保健施策の推進、公害紛争の処理及び環境事犯の取締り、自然環境の保全〔ほか〕

環境白書　豊かで美しい地球文明を　平成

環境問題全般　　　　　　　環境問題

7年版　総説　環境庁編　大蔵省印刷局
1995.6　460p　21cm　1200円　①4-17-155410-1
(目次)第1章 文明の発展と地球環境問題, 第2章 アジア・太平洋地域の持続可能な発展, 第3章 次世代から見た日本の環境ストック, 第4章 持続可能な未来につなぐ効果の高い環境対策の展開, 第5章 環境の現状

環境白書　平成7年版　各論　環境庁編　大蔵省印刷局　1995.6　446p　21cm　1150円　①4-17-155411-X
(目次)環境行政の総合的推進, 大気汚染・騒音・振動・悪臭の現況と対策, 水質汚濁の現況と対策, 第4章 その他の公害と現況と対策, 環境保健施策と推進, 公害紛争の処理及び環境事犯の取締り, 自然環境の保全, 地球環境保全等に関する国際的取組等, 環境保全に関する調査研究, その他の環境行政の推進〔ほか〕

環境白書　平成8年版　総説　環境庁編　大蔵省印刷局　1996.6　515p　21cm　1200円　①4-17-155412-8
(目次)序説 持続可能な未来から見た今日の環境, 第1章 環境の恵みを受けて成り立つ豊かな人間生活, 第2章 生物多様性と環境効率性の視点から考える環境保全, 第3章 パートナーシップがつくる持続可能な未来, 第4章 環境の現状

環境白書　平成8年版　各論　環境庁編　大蔵省印刷局　1996.6　485p　21cm　1200円　①4-17-155413-6
(目次)環境の状況及び環境の保全に関して講じた施策(環境への負荷が少ない循環を基調とする経済社会システムの実現, 自然と人間との共生の確保, 公平な役割分担の下でのすべての主体の参加の実現, 環境保全に係る共通的基盤的施策の推進, 国際的取組の推進, 環境基本計画の効果的実施), 平成8年度において講じようとする環境の保全に関する施策

環境白書　平成9年版　総説　環境庁編　大蔵省印刷局　1997.6　477p　21cm　2000円　①4-17-155414-4
(目次)序説 環境危機の構図, 第1章 地球温暖化問題にどう取り組むか, 第2章 環境とのかかわりの中でどのようにモノを利用していくか, 第3章 足下からの取組の推進, 第4章 環境の現状

環境白書　21世紀に向けた循環型社会の構築のために　平成10年版　総説　環境庁編　大蔵省印刷局　1998.6　519p　21cm　2100円　①4-17-155416-0
(目次)平成9年度環境の状況に関する年次報告第1部 総説(京都会議から見据えた21世紀の地球, 循環型経済社会への動き, 国土空間からみた循環と共生の地域づくり, ライフスタイルを変えていくために, 環境の現状)
(内容)環境基本法第12条の規定に基づき政府が第142回国会に提出した「平成9年度環境の状況に関する年次報告」及び「平成10年度において講じようとする環境の保全に関する施策」を収録した環境白書の総説編。図表索引, 囲み索引付き。

環境白書　平成10年版　各論　環境庁編　大蔵省印刷局　1998.6　522p　21cm　2100円　①4-17-155417-9
(目次)平成9年度環境の状況に関する年次報告第2部 環境の状況及び環境の保全に関して講じた施策(環境への負荷が少ない循環を基調とする経済社会システムの実現, 自然と人間との共生の確保, 公平な役割分担の下ですべての主体の参加の実現, 環境保全に係る共通的基盤的施策の推進, 国際的取組の推進, 環境基本計画の効果的実施), 平成10年度において講じようとする環境の保全に関する施策(環境への負荷が少ない循環を基調とする経済社会システムの実現, 自然と人間との共生の確保, 公平な役割分担の下ですべての主体の参加の実現, 環境保全に係る共通的基盤的施策の推進, 国際的取組の推進, 環境基本計画の効果的実施), 平成9年度における主な環境問題の動き
(内容)環境基本法第12条の規定に基づき政府が第142回国会に提出した「平成9年度環境の状況に関する年次報告」及び「平成10年度において講じようとする環境の保全に関する施策」である環境白書の各論編。各論の執筆に当たった省庁は, 総理府, 公害等調整委員会, 警察庁, 環境庁, 国土庁, 法務省, 文部省, 厚生省, 農林水産省, 通商産業省, 運輸省, 郵政省, 建設省及び自治省であり, 環境庁がその取りまとめに当たった。図表索引付き。

環境白書　21世紀の持続的発展に向けた環境メッセージ　平成11年版　総説　環境庁編　大蔵省印刷局　1999.6　498p　21cm　2100円　①4-17-155418-7
(目次)平成10年度環境の状況に関する年次報告(総説(20世紀の環境問題から得た教訓は何か, 経済社会の中に環境保全をどう組み込んでいくのか, 環境に配慮した生活行動をどう進めていくのか, 途上国のかかえる環境問題にどう関わるべきか, 環境の現状))

環境白書　平成11年版　各論　環境庁編　大蔵省印刷局　1999.6　513p　21cm　2100円　①4-17-155419-5
(目次)平成10年度環境の状況に関する年次報告(環境の状況及び環境の保全に関して講じた施策(環境への負荷が少ない循環を基調とする経済社会システムの実現, 自然と人間との共生の確保, 公平な役割分担の下でのすべての主体の

参加の実現,環境保全に係る共通的基盤的施策の推進,国際的取組の推進,環境基本計画の効果的実施)),平成11年度において講じようとする環境の保全に関する施策(環境への負荷が少ない循環を基調とする経済社会システムの実現,自然と人間との共生の確保,公平な役割分担の下でのすべての主体の参加の実現,環境保全に係る共通的基盤的施策の推進,国際的取組の推進,環境基本計画の効果的実施),平成10年度における主な環境問題の動き

環境白書 平成12年版 総説 「環境の世紀」に向けた足元からの変革を目指して 環境庁企画調整局調査企画室編集 ぎょうせい 2000.6 306p 27cm 〈平成11年版までの出版者:大蔵省印刷局〉 1524円 ①4-324-06235-8 Ⓝ498.4

(目次)序章 21世紀の人類社会が直面する地球環境問題,第1章 環境の世紀に向けた世界の潮流と日本の政策展開,第2章 「持続可能な社会」の構築に向けた国民一人一人の取組,第3章 わが国の環境の現状

(内容)環境基本法に基づき政府が国会に提出した「平成11年度 環境の状況に関する年次報告」及び「平成12年度において講じようとする環境の保全に関する施策」を収録した白書。総説と各論の2分冊構成。今版では「『環境の世紀』に向けた足元からの変革を目指して」をテーマに,21世紀を「環境の世紀」とするための政府と国民の変革のあり方を展望する。

環境白書 平成12年版 各論 環境庁企画調整局調査企画室編集 ぎょうせい 2000.6 404p 27cm 〈平成11年版までの出版者:大蔵省印刷局〉 1619円 ①4-324-06236-6 Ⓝ498.4

(目次)環境の状況及び環境の保全に関し講じた施策(第1章 環境への負荷が少ない循環を基調とする経済社会システムの実現,第2章 自然と人間との共生の確保,第3章 公平な役割分担の下でのすべての主体の参加の実現,第4章 環境保全に係る共通的基盤的施策の推進,第5章 国際的取組の推進,第6章 環境基本計画の効果的実施),平成12年度において講じようとする環境の保全に関する施策(環境への負荷が少ない循環を基調とする経済社会システムの実現,第2章 自然と人間との共生の確保,第3章 公平な役割分担の下でのすべての主体の参加の実現,第4章 環境保全に係る共通的基盤的施策の推進,第5章 国際的取組の推進,第6章 環境基本計画の効果的実施),平成11年度における主な環境問題の動き

環境白書 平成13年版 地球と共生する「環の国」日本を目指して 環境省総合環境政策局環境計画課編集 ぎょうせい 2001.5 460p 30cm 1905円 ①4-324-06590-X Ⓝ498.4

(目次)序説 地球と共生する「環の国」日本を目指して,第1章 21世紀社会の環境政策に与えられた課題とその基本戦略,第2章 地球と共生する社会経済活動のあり方を求めて,第3章 環境コミュニケーションで創造する持続可能な社会

(内容)環境基本法に基づき政府が国会に提出した「平成12年度 環境の状況に関する年次報告」及び「平成13年度において講じようとする環境の保全に関する施策」を収録した白書。

環境白書 動き始めた持続可能な社会づくり 平成14年版 環境省編 ぎょうせい 2002.5 415p 30cm 1800円 ①4-324-06867-4 Ⓝ519.1

(目次)第1部 総説・動き始めた持続可能な社会づくり(社会経済システムと環境問題のかかわり,環境負荷の少ない社会経済システム構築に向けた各主体の取組,持続可能な発展をもたらす社会経済システムを目指して),第2部 環境問題の現状と政府が環境の保全に関して講じた施策(環境への負荷が少ない循環を基調とする社会経済システムの実現,各種施策の基盤及び各主体の参加に係る施策,国際的取組に係る施策 ほか),平成14年度において講じようとする環境の保全に関する施策(環境への負荷が少ない循環を基調とする社会経済システムの実現,各種施策の基盤及び各主体の参加に係る施策,国際的取組に係る施策 ほか)

(内容)環境基本法に基づき政府が国会に提出した「平成13年度 環境の状況に関する年次報告」及び「平成14年度において講じようとする環境の保全に関する施策」を収録した白書。平成14年版は「動き始めた持続可能な社会づくり」をテーマに,持続可能な社会経済システムへの変革のための具体的取組とその背景にある新しい考え方を紹介。巻末に環境省関連ホームページと索引がある。

環境白書 地域社会から始まる持続可能な社会への変革 平成15年版 環境省編 ぎょうせい 2003.6 384p 30×21cm 1800円 ①4-324-07127-6

(目次)第1部 総説・地域社会から始まる持続可能な社会への変革(地球環境の現状と足元からの取組の展開,持続可能な社会の構築に向けた一人ひとりの取組,地域行動から持続可能な社会を目指して),第2部 環境問題の現状と政府が環境の保全に関して講じた施策(環境への負荷が少ない循環を基調とする経済社会システムの実現,各種施策の基盤及び各主体の参加に係る施策,国際的取組に係る施策 ほか),平成15年度において講じようとする環境の保全に関する施策(環境への負荷が少ない循環を基調とす

環境問題全般　　　　　　　　　環境問題

る社会経済システムの実現，各種施策の基盤及び各主体の参加に係る施策，国際的取組に係る施策 ほか）
(内容)本書は，「地域社会から始まる持続可能な社会への変革」をテーマとし，日常生活や地域社会における足元からの自発的な取組が持続可能な社会への変革の第一歩となることを紹介している。

環境白書　"人"と"しくみ"づくりで築く新時代　平成17年版　脱温暖化　環境省編　ぎょうせい　2005.6　280p　30cm　1429円　①4-324-07667-7

(目次)第1部 総説脱温暖化―"人"と"しくみ"づくりで築く新時代（京都議定書で地球の未来を拓く，社会に広がる環境の国づくり，新時代を築く「人」と「しくみ」づくり―そして「環」づくりへ），第2部 環境問題の現状と政府が環境の保全に関して講じた施策（地球規模の大気環境の保全，大気環境の保全（地球規模の大気環境を除く），水環境，土壌環境，地盤環境の保全 ほか），平成17年度環境の保全に関する施策（地球規模の大気環境の保全，大気環境の保全（地球規模の大気環境を除く），水環境，土壌環境，地盤環境の保全 ほか）

環境白書　平成18年版　環境省編　ぎょうせい　2006.5　280p　30cm　1429円　①4-324-07988-9

(目次)第1部 総説（人口減少と環境，環境問題の原点・水俣病の50年），第2部 環境問題の現状と政府が環境の保全に関して講じた施策（地球温暖化防止・オゾン層保護，大気環境の保全，水環境，土壌環境，地盤環境の保全，廃棄物・リサイクル対策などの物質循環に係る施策，化学物質対策，自然環境の保全と自然とのふれあいの推進，各種施策の基盤，各主体の参加及び国際協力に係る施策），平成18年度環境の保全に関する施策（地球温暖化防止・オゾン層保護，大気環境の保全，水環境，土壌環境，地盤環境の保全，廃棄物・リサイクル対策などの物質循環に係る施策，化学物質対策，自然環境の保全と自然とのふれあいの推進，各種施策の基盤，各主体の参加及び国際協力に係る施策）

環境白書　循環型社会白書／生物多様性白書　平成21年版　地球環境の健全な一部となる経済への転換　環境省編　日経印刷，全国官報販売協同組合（発売）　2009.6　400p　30cm　2572円　①978-4-904260-19-7　Ⓝ519

(目次)第2部 各分野の施策等に関する報告（低炭素社会の構築，地球環境，大気環境，水環境，土壌環境，地盤環境の保全，循環型社会の形成―循環型社会の構築を通じた経済発展の実現に向けて，化学物質の環境リスクの評価・管理，生物多様性の保全及び持続可能な利用―私たちのいのちと暮らしを支える生物多様性，各種施策の基盤，各主体の参加及び国際協力に係る施策），平成21年度環境の保全に関する施策，平成21年度循環型社会の形成に関する施策，平成21年度生物の多様性の保全及び持続可能な利用に関する施策（低炭素社会の構築，地球環境，大気環境，水環境，土壌環境，地盤環境の保全，循環型社会の形成，化学物質の環境リスクの評価・管理，生物多様性の保全及び持続可能な利用，各種施策の基盤，各主体の参加及び国際協力に係る施策）〔ほか〕

環境白書　循環型社会白書／生物多様性白書　平成22年版　地球を守る私たちの責任と約束　チャレンジ25　環境省編　日経印刷，全国官報販売協同組合（発売）　2010.6　1冊　30cm　2381円　①978-4-904260-52-4　Ⓝ519

(目次)第1部 総合的な施策等に関する報告（地球の行方―世界はどこに向かっているのか，日本はどういう状況か，地球とわが国の環境の現状，地球温暖化にいち早く対応する現在世代の責任―チャレンジ25，生物多様性の危機と私たちの暮らし―未来につなぐ地球のいのち，環境産業が牽引する新しい経済社会―グリーン・イノベーションによる新たな成長），第2部 各分野の施策等に関する報告（低炭素社会の構築，地球環境，大気環境，水環境，土壌環境，地盤環境の保全，循環型社会の形成―ビジネス・ライフスタイルの変革を通じた循環型社会への道すべ，化学物質の環境リスクの評価・管理，生物多様性の保全及び持続可能な利用 ほか）

環境白書のあらまし　平成5年版　大蔵省印刷局編　大蔵省印刷局　1993.9　88p　18cm　（白書のあらまし 10）　300円　①4-17-351710-6

(目次)第1部 総説（環境の現状，社会・経済と環境との密接な関係，環境と共に生きるための新しい理念，新しい責任，環境と共に生きるための新しい役割分担と協力），第2部 公害の状況及び公害の防止に関して講じた施策

環境白書のあらまし　平成6年版　大蔵省印刷局　1994.8　69p　18cm　（白書のあらまし 10）　300円　①4-17-351810-2

(目次)序章 人口・社会経済活動の趨勢と物質・エネルギー循環等に見る環境，第1章 環境にやさしい生活文化への摸索，第2章 健全な経済社会の発展を支える環境保全，第3章 持続可能な経済社会の構築に向けた日本の挑戦，第4章 環境の現状，第2部，環境の状況及び環境の保全に関して講じた施策

(内容)環境白書の概要を解説，官報資料版に掲載された「白書のあらまし」を1冊にまとめた

42　環境・エネルギー問題 レファレンスブック

もの。

環境白書のあらまし　平成7年版　大蔵省印刷局　1995.8　75p　17cm　〈白書のあらまし 10〉　320円　①4-17-351910-9

(目次)第1部 総説(文明の発展と地球環境問題, アジア・太平洋地域の持続可能な発展, 次世代から見た日本の環境ストック, 持続可能な未来につなぐ効果の高い環境対策の展開, 環境の現状), 第2部 環境の状況及び環境の保全に関して講じた施策

環境白書のあらまし　平成8年版　大蔵省印刷局　1996.9　57p　18cm　〈白書のあらまし 10〉　320円　①4-17-352110-3

(目次)第1部 総説(持続可能な未来から見た今日の環境, 環境の恵みを受けて成り立つ豊かな人間生活, 生物多様性と環境効率性の視点から考える環境保全, パートナーシップがつくる持続可能な未来, 環境の現状), 第2部 環境の状況及び環境の保全に関して講じた施策

環境白書のあらまし　平成9年版　大蔵省印刷局編　大蔵省印刷局　1997.7　43p　18cm　〈白書のあらまし 10〉　320円　①4-17-352210-X

(目次)第1部 総説(環境危機の構図, 地球温暖化問題にどう取り組むか, 環境とのかかわりの中でどのようにモノを利用していくか, 足下からの取組の推進, 環境の現状)

環境白書のあらまし　平成10年版　平成9年度環境の状況に関する年次報告　大蔵省印刷局編　大蔵省印刷局　1998.9　47p　18cm　〈白書のあらまし 10〉　320円　①4-17-352310-6

(目次)序章 京都会議から見据えた21世紀の地球, 第1章 循環型経済社会への動き, 第2章 国土空間からみた循環と共生の地域づくり, 第3章 ライフスタイルを変えていくために, 第4章 環境の現状

現代ソ連白書　民族・環境・共和国　中村泰三著　古今書院　1991.5　268p　21cm　3000円　①4-7722-1616-2

(目次)第1部 ソ連の概観(ソ連の国土と人口・民族の動向, ソ連経済の抱える問題点, ソ連の環境問題と生活), 第2部 ソ連の諸地域(中央アジア, カフカス, ウクライナ, モルドバ〈モルダビア〉, バルト三国, ベロルシア, ヨーロッパロシア, ヴォルガ流域とウラル, シベリア)

国民衛生の動向　1990年　厚生統計協会編　厚生統計協会　1990.8　504p　26cm　〈「厚生の指標」臨時増刊(第37巻第9号)〉　1800円

(目次)第1編 社会経済状況の変化と衛生行政, 第2編 衛生の主要指標, 第3編 保健, 第4編 医療, 第5編 薬事, 第6編 生活環境, 第7編 環境保全, 第8編 学校保健, 第9編 労働衛生

日本環境年鑑　2001年版　創土社年鑑編集室編　創土社　2001.11　308p　26cm　4800円　①4-7893-0110-9　Ⓝ519

(目次)視点(水俣からの報告, 住民運動とジャーナリズムの役割), 動向(水循環, 山, 里, 海, 野生生物, 開発, 交通, 自然エネルギー, 原子力発電, 廃棄物, 有害物質, 遺伝子組み換え, 地域社会, 地球との共生)

(内容)国内における環境問題全体の最新の動きや問題点を解説する年鑑。巻頭にアルファベットまたは五十音順の索引と「環境日誌2000」, 巻末に関連官庁名簿がある。

日本環境年鑑　2002年版　創土社編　創土社　2002.10　360p　26cm　6600円　①4-7893-0122-2　Ⓝ519.059

(目次)視点(水俣からの報告2, 歴史的環境の保存と再生, 里山から持続可能な社会を展望する, 甦れ!宝の海, 干潟の保全と再生), 動向(水循環, 山, 里, 海, 野生生物, 開発, 交通, 自然エネルギー, 電子力発電, 廃棄物 ほか)

(内容)環境問題全体の最新の動きや問題点を市民サイドに立って編集した年鑑。巻末に事項索引あり。

日本環境年鑑　2004年版　創土社年鑑編集室編　創土社　2006.1　266p　26cm　6500円　①4-7893-0046-3

(目次)視点, 動向, 水循環, 山, 里山, 海, 野生生物, 開発, 交通, 自然エネルギー, 原子力発電, 廃棄物, 有害物質, 遺伝子組み換え作物, 地域通貨, 地球温暖化

マンガで見る環境白書　3　恵み豊かな環境を未来につなぐパートナーシップ　環境庁企画調整局調査企画室監修　大蔵省印刷局　1996.9　50p　26cm　300円　①4-17-400020-4

(目次)プロローグ 森の異変, 1 トマトと転校生と変なやつ, 2 環境と食生活, 3 遊びと自然, 4 文化遺産があぶない, 5 みんな川でつながっている, 6 生物多様性ってなに?, 7 集まれ仲間たち, 8 リサイクルで行こう, 9 やったぜパートナーシップ, エピローグ 大きな成長

マンガで見る環境白書　環境への負荷の少ない社会経済活動に向けて　環境庁企画調整局調査企画室監修, 大蔵省印刷局, いなばてつのすけ脚本・作画　大蔵省印刷局　1998.2　50p　19cm　291円　①4-17-400013-1

(目次)わたしたちの近くで今…, 環境は今, こうなってるんだよ, 大気(CO_2/NO_x), 水, 廃

棄物，レジャー，その他の問題，そして未来へ，今，私たちがやること
内容 平成6年版環境白書（総説）の序章と第1章を中心に，これからの地球環境とわたしたちの生活文化のかかわりについて，わかりやすく解説したもの。

<統計集>

環境 原嶋洋平，島崎洋一著，渡辺利夫監修，拓殖大学アジア情報センター編 勁草書房 2002.11 215p 26cm （東アジア長期経済統計 別巻3） 14000円 Ⓘ4-326-54799-5 Ⓝ330.59
目次 分析（環境の状況，環境と成長，環境政策，環境協力，要約と展望），統計（二酸化炭素（CO2）排出量，二酸化硫黄（SO2）排出量，エネルギー消費，水質と肥料，土地利用と都市化，天然資源，統計表のデータ収集方法）
内容 東アジアにおける環境統計を収録する資料集。『東アジア長期経済統計』シリーズの別巻。東アジア各国政府，各国際機関，諸研究所などの公表した環境統計をベースに，その欠落を推計し，相互に比較可能な形にまとめたもの。分析と統計の2部構成。統計は二酸化炭素（CO2）排出量，二酸化硫黄（SO2）排出量，エネルギー消費，水質と肥料などを掲載する。巻末に文献および索引が付く。

環境統計集　平成18年版　環境省編　ぎょうせい　2006.3　298p　30cm　2095円　Ⓘ4-324-07917-X
目次 1章 経済社会一般，2章 地球温暖化，3章 物質循環，4章 大気環境，5章 水環境，6章 化学物質，7章 自然環境，8章 地球環境，9章 環境対策全般，付録

環境統計集　平成19年版　環境省総合環境政策局環境計画課編　日本統計協会　2007.3　310p　30cm　2095円　Ⓘ978-4-8223-3233-4
目次 グラフ，1章 社会経済一般，2章 地球環境，3章 物質循環，4章 大気環境，5章 水環境，6章 化学物質，7章 自然環境，8章 環境対策全般，付録

環境統計集　平成20年版　環境省総合環境政策局編　日本統計協会　2008.3　312p　30cm　2095円　Ⓘ978-4-8223-3487-1　Ⓝ519
目次 グラフ，1章 社会経済一般，2章 地球環境，3章 物質循環，4章 大気環境，5章 水環境，6章 化学物質，7章 自然環境，8章 環境対策全般，付録

環境統計集　平成21年版　環境省編　（竜ヶ崎）エムア　2009.3　325p　30cm　2095円　Ⓘ978-4-9904174-6-8　Ⓝ519

目次 グラフ・環境指標，1章 社会経済一般，2章 地球環境，3章 物質環境，4章 大気循環，5章 水環境，6章 化学物質，7章 自然環境，8章 環境対策全般，付録

環境統計集　平成22年版　環境省総合環境政策局編　総北海　2010.3　353p　30cm　2095円　Ⓘ978-4-915478-72-7　Ⓝ519
目次 グラフ・環境指標，1章 社会経済一般，2章 地球環境，3章 物質環境，4章 大気循環，5章 水環境，6章 化学物質，7章 自然環境，8章 環境対策全般，付録

環境問題総合データブック　2001年版　食品流通情報センター編　食品流通情報センター　2001.4　652p　26cm　（情報センターBOOKs）　14800円　Ⓘ4-915776-50-6　Ⓝ519.059
目次 第1章 海洋・水質・大気汚染，第2章 自然地球環境・温暖化，第3章 ゴミ，第4章 リサイクル，第5章 環境問題への関心，第6章 クルマ，第7章 企業への環境対応
内容 環境問題に関するあらゆる分野の最新データを収録したデータブック。企業活動での環境対策，環境にやさしいビジネスの企画立案，各種の調査研究用に編集のねらいとする。森林・海洋・大気・土壌汚染に関するデータ，自動車公害に関するデータ，リサイクルに関するデータ，ごみ・廃棄物に関するデータ，生活環境に関するデータ，環境保全に関するデータなど，環境問題に関する各分野のデータを収録・掲載する。

環境問題総合データブック　2002年版　生活情報センター編　生活情報センター　2002.12　507p　26cm　（情報センターBOOKs）　14800円　Ⓘ4-915776-78-6　Ⓝ519.059
目次 第1章 海洋・水質の大気汚染に関するデータ，第2章 自然地球環境・温暖化に関するデータ，第3章 ゴミに関するデータ，第4章 リサイクルに関するデータ，第5章 環境問題への関心に関するデータ，第6章 クルマに関するデータ，第7章 企業への環境対策に関するデータ
内容 環境問題に関する最新データを編集収録したデータブック。企業活動での環境対策，環境にやさしいビジネスの企画立案，各種の調査研究用に編集のねらいとする。全体を7章に分類し，出典となる資料名と調査機関ごとにまとめて主要指標を掲載する。今版の収録データは，買い物の際の環境意識，土壌汚染の発生源別苦情，ディーゼル車規制の認知度，主要河川のBOD負荷量など。

環境問題総合データブック　2006　生活情報センター編集部編　生活情報センター　2006.6　334p　30cm　14800円　Ⓘ4-86126-235-6

(目次)第1章 海洋・水質・大気汚染に関するデータ, 第2章 自然地球環境・温暖化に関するデータ, 第3章 ゴミに関するデータ, 第4章 リサイクルに関するデータ, 第5章 環境問題への関心に関するデータ, 第6章 企業・自治体の環境対策に関するデータ

(内容)環境問題に関する様々な分野の最新データを収録。企業活動での環境対策の基礎資料, 環境に関するビジネスの企画立案, 各種の調査研究に。

環境要覧 図説 日本・世界の環境データ '92 地球・人間環境フォーラム編 富士総合研究所, 古今書院〔発売〕 1992.10 577p 30cm 9600円 ⓘ4-7722-1627-8

(目次)1 地球環境総論, 2 環境データ, 3 世論調査データにみる環境問題意識と実態, 4 地球環境キーワード, 5 基礎データ(付録資料)

(内容)本書には, 約200項目にわたる日本, 世界の環境データおよび人間活動に係わる基礎データを収録しました。また, 関連資料として, 国内で実施された環境問題の意識に関わる22件の調査結果を総括的に再分析し, 得られた興味深い結果も収録しております。

環境要覧 '93-'94 地球・人間環境フォーラム, 古今書院〔発売〕 1993.12 208p 21cm 3200円 ⓘ4-7722-1639-1

(目次)第1章 地球環境, 第2章 生活環境(大気環境, 水質環境, 廃棄物環境), 第3章 自然環境(自然公園など, 自然環境), 第4章 環境政策, 第5章 基礎データ

環境要覧 1995-1996 地球・人間環境フォーラム, 古今書院〔発売〕 1995.9 243p 21cm 3914円 ⓘ4-7722-1657-X

(目次)第1章 地球環境(地球温暖化, オゾン層破壊 ほか), 第2章 国内環境(大気環境, 水質環境 ほか), 第3章 環境保全への各分野の行動(行政の取り組み, 市民とNGOの取り組み ほか), 第4章 基礎データ(国内基礎データ, 国際基礎データ)

(内容)環境問題関連の国内・海外の主要な統計データ集。「地球環境」「国内環境」「環境保全への各分野の行動」「基礎データ」の4章で構成される。巻末に付録として明治初頭から現代までの環境問題の動きをまとめた近代環境史年表を付す。

環境要覧 1997-1998 地球・人間環境フォーラム, 古今書院〔発売〕 1997.10 232p 21cm 3800円 ⓘ4-7722-1673-1

(目次)第1章 地球環境(地球温暖化, オゾン層破壊, 酸性雨, 有害廃棄物の越境移動, 生物の多様性, 森林減少, 砂漠化, 開発途上国の環境問題), 第2章 国内環境(大気環境, 水質環境, 廃棄物, 自然環境), 第3章 環境保全への各分野の行動(「行政の取り組み」, 「市民とNGOの取り組み」, 「企業の取り組み」), 第4章 基礎データ(「国内基礎データ」, 「国際基礎データ」), ドイツ環境事情

(内容)環境に関する内外の主要な統計データをまとめたもの。地球環境, 国内環境, 環境保全への各分野の行動, 基礎データの4章で構成されている。巻末にはドイツの様々な環境問題に関する動向をレポートしたドイツ環境事情が付く。

環境要覧 2000・2001 地球・人間環境フォーラム, 古今書院〔発売〕 2000.6 280p 21cm 3800円 ⓘ4-7722-3006-8 Ⓝ519.059

(目次)第1章 地球環境(地球温暖化, オゾン層破壊 ほか), 第2章 国内環境(大気環境, 水質環境 ほか), 第3章 環境保全への各分野の行動(行政の取り組み, 市民の取り組み ほか), 第4章 基礎データ(国内基礎データ, 国際基礎データ), 第5章 中国の環境問題

(内容)環境およびそれに関連する内外の主要なデータをまとめた統計集。本文は地球環境, 国内環境, 環境保全への各分野の行動, 基礎データ, 中国の環境問題で構成。地球環境, 国内環境では大気環境, 水質環境など環境問題ごとにデータを排列。環境保全への各分野の行動では行動主体により分類, 基礎データは国内データと国際データを収録する。

環境要覧 2002／2003 地球・人間環境フォーラム, 古今書院〔発売〕 2002.8 304p 21cm 2800円 ⓘ4-7722-3022-X Ⓝ519.059

(目次)第1章 地球環境(地球温暖化, オゾン層破壊 ほか), 第2章 国内環境(大気環境, 水環境 ほか), 第3章 環境保全への各分野の行動(行政の取り組み, 市民の取り組み ほか), 第4章 基礎データ(国内基礎データ, 国際基礎データ), 第5章 持続可能な社会へ

(内容)環境およびそれに関連する内外の主要なデータをまとめた統計集。本文は地球環境, 国内環境など5章で構成。地球環境, 国内環境では地球温暖化, 大気環境など環境問題ごとにデータを構成する。環境保全への各分野の行動では行動主体により分類, 基礎データは国内データと国外データを収録する。第7版では, 国内データに食料資源関連データを, 国外データに水資源関連データをあらたに収録し, 持続可能な社会に向けたキーワードの解説を掲載した新章を追加する。

環境要覧 2005／2006 地球・人間環境フォーラム, 古今書院〔発売〕 2005.11 272p 21cm 3200円 ⓘ4-7722-3050-5

(目次)地球環境を読み解く10のキーワード, 解

説編，第1章 地球環境，第2章 国内環境，第3章 環境保全への各分野の行動，第4章 基礎データ，第5章 地球温暖化と住宅の省エネ
(内容)環境問題に関連する内外の主要な統計データや資料をコンパクトに収録。環境問題をさまざまな角度から考えるための基礎的資料として活用されることを目的としている。

図表でみる世界の主要統計 OECDファクトブック 経済、環境、社会に関する統計資料 2007年版 経済協力開発機構編著，トリフォリオ訳 明石書店 2008.2 273p 26cm 〈文献あり 原書名：OECD factbook 2007. Panorama des statistiques de l'OCDE 2007.〉 6800円 ⓘ978-4-7503-2723-5 Ⓝ350.9
(目次)人口，マクロ経済動向，グローバル経済，価格，エネルギー，労働市場，科学技術，環境，教育，財政，生活の質，移民
(内容)OECD発表の統計を包括的にまとめた年報。幅広い政策分野にわたる100を超える指標を掲載。その範囲は、経済を始め、農業、教育、エネルギー、環境、海外援助、健康と生活の質、産業、情報通信、人口と労働力、貿易と投資、税、公的支出と債務、研究開発など多岐にわたる。データは、OECD全加盟国の他、いくつかの非加盟国も含む。各指標は見開き2ページ構成。左ページには指標の紹介、詳細な定義、国際比較についての留意点、その指標に関する長期傾向の評価、参考文献を掲載。右ページには、表とグラフを掲載。

図表でみる世界の主要統計 OECDファクトブック 経済、環境、社会に関する統計資料 2008年版 経済協力開発機構（OECD）編著，トリフォリオ訳・製作 明石書店 2009.3 294p 26cm 〈索引あり 原書名：OECD factbook.〉 7600円 ⓘ978-4-7503-2947-5 Ⓝ350.9
(目次)人口と移住，マクロ経済動向，グローバル経済，価格，エネルギー，労働，科学技術，環境，教育，財政，生活の質，生産性
(内容)OECD発表の統計を包括的にまとめた年報。幅広い政策分野を網羅する100を超える指標を掲載。2008年版では、生産性を特集する。データは、全てのOECD加盟国といくつかの非加盟国・地域を対象としている。

図表でみる世界の主要統計 OECDファクトブック 経済、環境、社会に関する統計資料 2009年版 経済協力開発機構（OECD）編著，トリフォリオ訳・製作 明石書店 2010.3 303p 26cm 〈原書名：OECD factbook.〉 7600円 ⓘ978-4-7503-3162-1 Ⓝ350.9
(目次)人口と移住，マクロ経済動向，グローバ

ル経済，価格，エネルギー，労働，科学技術，環境，教育，財政，生活の質，特集 不平等

図表でみる世界の主要統計OECDファクトブック 経済、環境、社会に関する統計資料 2006年版 経済協力開発機構（OECD）編著，テクノ訳 テクノ，明石書店〔発売〕 2007.2 266p 26cm 〈原書名：OECD Factbook 2006：Economic, Environmental and Social Statistics〉 6800円 ⓘ978-4-7503-2484-5
(目次)人口と移民，マクロ経済動向，価格，エネルギー，労働市場，科学技術，環境と天然資源，教育，財政，生活の質，特集 グローバル経済
(内容)OECDファクトブック（2006年版）は、OECD発表の統計を包括的かつダイナミックにまとめた年報。幅広い政策分野を網羅する100を超える指標を掲載しており、経済を始め、農業、教育、エネルギー、環境、海外援助、健康と生活の質、産業、情報通信、人口と労働力、貿易と投資、税、公的支出と債務、研究開発など多岐にわたる。データは、OECD全加盟国の他、いくつかの非加盟国も含まれている。それぞれの指標は、分かりやすい見開き構成になっている。左ページには指標の紹介、詳細な定義、国際比較についての留意点、その指標に関する長期傾向の評価、さらに詳細な情報を得られる参考文献などが掲載。

地球環境

<書 誌>

地球環境を考える 全国学校図書館協議会ブック・リスト委員会編 全国学校図書館協議会 1992.9 86p 21cm （未来を生きるためのブック・リスト1） 800円 ⓘ4-7933-2230-1
(目次)未来の地球を考えるために，1 水質汚濁・海洋汚染・食，2 森林・熱帯雨林，野生生物，3 大気汚染・酸性雨・温暖化・オゾン層，4 資源・エネルギー，5 ごみ・リサイクル・廃棄物，6 総論・理念・運動，7 資料・事典・白書

地球・自然環境の本全情報 45-92 日外アソシエーツ編 日外アソシエーツ，紀伊国屋書店〔発売〕 1994.2 739p 21cm 32000円 ⓘ4-8169-1215-0
(内容)地球・自然環境に関する図書目録。1945年～1992年に刊行された1万4千点を分類体系順に収録する。収録テーマは、地球科学、自然保護、気象、海洋、水、地震、火山、化石、鉱物資源など。事項名索引を付す。

地球・自然環境の本全情報 93／98 日外アソシエーツ編 日外アソシエーツ，紀伊国

屋書店〔発売〕 1999.7 678p 21cm 28000円 ①4-8169-1557-5

(目次)地球全般，自然環境全般，自然環境汚染，自然保護，自然エネルギー，自然学・博物学，自然誌，気象，海洋，陸水，地震・火山，地形・地質，古生物学・化石，鉱物

(内容)地球・自然環境に関する図書を網羅的に集め，主題別に排列した図書目録。1993年（平成5年）から1998年（平成10年）までの6年間に日本国内で刊行された商業出版物，政府刊行物，私家版など8011点を収録。各図書を「地球全般」「自然環境全般」「自然環境汚染」「自然保護」「自然エネルギー」「自然学・博物学」「自然誌」「気象」「海洋」「陸水」「地震・火山」「地形・地質」「古生物学・化石」「鉱物」の14分野に区分した。図書の記述は，書名，副書名，巻次，各巻書名，著者表示，版表示，出版地，出版者，出版年月，ページ数または冊数，大きさ，叢書名，叢書番号，注記，定価，ISBN，NDC，内容など。書名索引，事項名索引付き。

地球・自然環境の本全情報 1999-2003
日外アソシエーツ編 日外アソシエーツ，紀伊國屋書店〔発売〕 2004.8 673p 21cm 28000円 ①4-8169-1860-4

(目次)地球全般，自然環境全般，自然環境汚染，自然保護，自然エネルギー，自然学・博物学，自然誌，気象，海洋，陸水，地震・火山，地形・地質，古生物学・化石，鉱物

(内容)地球・自然環境に関する図書を網羅的に集め，主題別に排列した図書目録。1999年（平成11年）から2003年（平成15年）までの5年間に日本国内で刊行された商業出版物，政府刊行物，私家版など7456点を収録。巻末に書名索引，事項名索引が付く。

<年 表>

地球環境年表 地球の未来を考える 2003 インデックス編 （横浜）インデックス，丸善〔発売〕 2002.11 1035p 21cm 2400円 ①4-901091-19-0 Ⓝ450.36

(目次)1 日本の気象，2 平年値，3 気象災害，4 高層気象観測，5 オゾン層，6 地震・火山，7 世界の気象，8 大気環境データ（2000年度・市区町村単位），9 環境データ

(内容)主に気象に関するデータを収録するデータブック。日本の気象，平年値，気象災害，高層気象観測，オゾン層，地震・火山，世界の気象，大気環境データ，環境データの9分野に分類し構成。

<事 典>

地球環境学事典 総合地球環境学研究所編 弘文堂 2010.10 651p 27cm 〈文献あり索引あり〉 25000円 ①978-4-335-75013-7 Ⓝ519.036

(内容)地球環境問題が総合的に理解できる事典。最重要論点258を「循環」「多様性」「資源」「文明環境史」「地球地域学」の項目にわけて，全項目見開き2ページオールカラーで解説。グロッサリー，文献一覧，各種索引なども掲載。

地球環境カラーイラスト百科 森林・海・大気・河川・都市環境の基礎知識 Rosa Costa-Pau，木村規子，中村浩美，林知世，炭田真由美，近藤千賀子訳 産調出版 1997.5 149p 27×21cm 3300円 ①4-88282-156-7

(目次)私たちの森と林，私たちの川と湖，海の自然保護，きれいな空気を守る，都市生活の影響

地球環境キーワード事典 環境庁長官官房総務課編 中央法規出版 1990.2 155p 21cm 1300円 ①4-8058-0699-0

(目次)テーマ篇（地球環境問題の見取り図，オゾン層の破壊，地球の温暖化，酸性雨，海洋汚染，有害廃棄物の越境移動，熱帯林の減少，野生生物種の減少，砂漠化，開発途上国の公害），用語篇（考え方，理念，出来事，国際条約，宣言，国際的行動計画，国際機関，国内関係機関，民間団体及び地方自治体，国際会議，出版物）

(内容)オゾン層破壊，地球温暖化，酸性雨，熱帯林，野生生物種の減少，砂漠化…etc。テーマ別解説＋用語解説＋年表で立体的に構成する。

地球環境キーワード事典 改訂版 環境庁地球環境部編 中央法規出版 1993.4 175p 21cm 1300円 ①4-8058-1068-8

(目次)テーマ篇（地球環境問題の見取り図，地球サミットからの出発，地球の温暖化，オゾン層の破壊，酸性雨，海洋汚染，有害廃棄物の越境移動，生物の多様性の減少，森林の減少，砂漠化，開発途上国等の公害），用語篇（考え方，理念，出来事，国際条約，宣言，国際的行動計画，国際機関，国内関係機関，民間団体及び地方自治体，国際会議，出版物）

(内容)地球環境問題をテーマ別解説・用語解説・年表の構成でまとめたハンドブック。

地球環境キーワード事典 三訂版 環境庁地球環境部編 中央法規出版 1997.11 183p 21cm 1400円 ①4-8058-1656-2

(目次)テーマ篇（地球環境問題の見取り図，地球サミットからの出発，地球の温暖化，オゾン層の破壊，酸性雨，海洋汚染，有害廃棄物の越境移動，生物の多様性の減少，森林の減少，砂漠化，開発途上国等の公害，その他），用語篇（考え方，理念，出来事，国際条約，宣言，国際的行動・研究計画，国際機関，国内関係機関，民

間団体（NGO），国際会議，出版物）

地球環境キーワード事典 四訂版 地球環境研究会編 中央法規出版 2003.5 223p 21cm 1500円 ⓘ4-8058-4468-X

(目次)テーマ篇（地球環境問題の見取り図，地球サミットからヨハネスブルグサミットへ，地球の温暖化，オゾン層の破壊，酸性雨，海洋汚染，有害廃棄物の越境移動，生物の多様性の減少，森林の減少，砂漠化 ほか），用語篇

(内容)6年ぶりの改訂で京都会議からヨハネスブルグサミットまでの進展を盛り込み，テーマ別解説＋用語解説＋年表に加えて「コラム」を新設するなど大幅拡充。巻末に用語集，年表を収録。

地球環境キーワード事典 5訂 地球環境研究会編 中央法規出版 2008.3 159p 21cm 〈年表あり〉 1500円 ⓘ978-4-8058-4796-1 Ⓝ519

(目次)第1章 地球環境問題の見取り図，第2章 地球の温暖化，第3章 オゾン層の破壊，第4章 酸性雨，第5章 海洋汚染，第6章 有害廃棄物の越境移動，第7章 生物の多様性の減少，第8章 森林の減少，第9章 砂漠化，第10章 開発途上国等における環境問題，第11章 その他（南極，世界遺産，黄砂，漂流・漂着ゴミ，地球環境研究）

(内容)温暖化進行，生物多様性減少…人類は危機を乗り越えられるか。テーマ別解説をオールカラー化。地球環境問題が読んで，見て，さらによく分かる。

地球環境辞典 丹下博文編 中央経済社 2003.7 239p 19cm 2600円 ⓘ4-502-64980-5

(目次)アースデイ，ISO14000シリーズ，ISO14001認証取得，愛・地球博，愛知万博，アイドリング，アオコ，青潮，赤潮，悪臭〔ほか〕

(内容)厳選された最新の基本用語600語を収録。環境問題に関心のある学習者や環境実務の初心者を対象に，読み物としても楽しめるようわかりやすく解説された地球環境時代の画期的な入門辞典。

地球環境辞典 第2版 丹下博文編 中央経済社 2007.10 297p 19cm 2800円 ⓘ978-4-502-65960-7

(内容)入門から中級レベルの用語までカバーした第2版。基本用語600語に加え，新たに90用語を追加。最新情報をフォローした環境年表を巻末に収録。

地球環境大事典 今「地球」を救う本 〔特装版〕 ウータン編集部編 学習研究社 1992.3 382p 26cm 4800円 ⓘ4-05-106128-0

(目次)1 大気汚染・異常気象，2 水質汚濁，3 生態系の破壊，4 エネルギー・廃棄物，5 食の危機，6 生活公害，7 地震・火山，8 地球環境

(内容)本書は，現在の地球の問題点をレポートし，マスコミなどに頻繁に登場する用語の解説をします。また，具体的にどこからスタートすべきかというヒントも提案します。

地球環境の事典 三省堂 1992.9 390p 21cm 2300円 ⓘ4-385-15357-4

(内容)知りたい言葉から最新情報まで1700のキーワードがすぐひける。巻頭に92年ブラジル地球サミットの成果や今後の課題，また国内外の最新の環境問題について解説。生活や家庭など身近な環境用語を満載。政治・経済，社会システムと環境のかかわりについても収録。巻末には参考文献と環境年表，そしてわかりやすい索引。

地球環境用語辞典 J.ラブロックほか著，E.ゴールドスミス編 東京書籍 1990.7 353p 21cm 〈原書名：THE EARTH REPORT：MONITORING THE BATTLE FOR OUR ENVIRONMENT〉 3800円 ⓘ4-487-76073-9 Ⓝ519.033

(目次)人類と自然の秩序，食糧援助，チェルノブイリ以後の核エネルギー，人類とガイア説，酸性雨と森林の衰亡，水は飲むのに適しているか？

(内容)地球温暖化，森林破壊，各種の汚染，エネルギー問題，開発・援助と第3世界ほか，環境問題は全地球規模に広がり，またその原因と結果がそれぞれ直接我々の日常生活に結びついている。その危機的な状況を正しく認識し，地球と人類とが今後も共存していくための指針を示した。地球環境報告。

地球環境用語大事典 山口太一漫画 学習研究社 1991.10 216p 21cm （学研まんが事典シリーズ） 980円 ⓘ4-05-105549-3

(目次)第1章 地球環境にかんする用語，第2章 地域環境にかんする用語，第3章 環境問題へのとりくみにかんする用語

(内容)世界的な大問題である環境破壊について，関係する重要な用語をとりあげ，説明。各ページに，まめちしきとして，環境問題に関連する重要な用語を入れている。上の欄には，大事な事柄の説明や，グラフ，地図などを記載。巻末には，重要な用語を集めた五十音順のさくいんがある。

地質学用語集 和英・英和 日本地質学会編 共立出版 2004.9 440p 19cm 4000円 ⓘ4-320-04643-9

(内容)地質学のほぼ全分野である，層序学，堆積学，海洋地質学，岩石学，鉱物学，鉱床学，火山地質学，構造地質学，古生物学，応用地質学，第四紀地質学，環境地質学，情報地質学などのほか，地形学，地球化学，地球物理学，生物学，

測量学などからも収録した地質学用語集。収録語数は、「和英の部」約8900語、「英和の部」約8500語、「略語の部」約110語を収録。

陸水の事典　日本陸水学会編　講談社
2006.3　578p　21cm　10000円　Ⓘ4-06-155221-X
(内容)湖沼、河川、地下水など陸水域の物理学、化学、生物学、地球科学、環境科学ならびに関連応用科学にわたる広範囲な分野の用語の概念と簡潔かつ詳細な解説を世のニーズに応えて提供する。日本陸水学会が総力を結集してまとめた集大成。項目数約5000を五十音で配列。巻末には日本の湖、ダム湖、河川、外国の湖（ダム湖を含む）、河川のリストを掲載。欧文索引からの検索も可能にした。関連分野待望の事典。

<ハンドブック>

尾瀬自然ハンドブック　河内輝明編　自由国民社　1992.4　238p　18cm　1300円　Ⓘ4-426-85802-X
(目次)1 尾瀬の自然（尾瀬の自然の特徴、尾瀬の生い立ち、尾瀬の気象、尾瀬の湿原）、2 尾瀬を守る（尾瀬は国立公園、尾瀬の問題点、真の自然保護を）、3 尾瀬を歩く（尾瀬を歩く準備、尾瀬への交通、尾瀬を歩く、尾瀬の自然観察のモデルコース）、4 便利資料集

尾瀬自然ハンドブック　保護と適切な利用のために　改訂新版　河内輝明編　自由国民社　1993.4　246p　18cm　1300円　Ⓘ4-426-85803-8
(目次)1 尾瀬の自然（尾瀬の自然の特徴、尾瀬の生い立ち、尾瀬の気象、尾瀬の湿原、尾瀬の森林、尾瀬の山岳、尾瀬の湖沼、尾瀬の植物、尾瀬の動物）、2 尾瀬を守る（尾瀬は国立公園、尾瀬の問題点、真の自然保護を）、3 尾瀬を歩く（尾瀬を歩く準備、尾瀬への交通、尾瀬を歩く、尾瀬の自然観察のモデルコース）、4 便利資料集

自然環境データブック　2001　自然保護年鑑編集委員会編　インタラクション　2000.10　403p　30cm　（自然保護年鑑 5）　8000円　Ⓘ4-900979-14-7　Ⓝ519.81
(目次)1 自然環境を総括（"環境庁"から"環境省"へ、世界の自然保護地域、国の15年の出来事）、2 国の施策（総説、生物多様性の確保、多様な自然の体系的保全 ほか）、3 地方公共団体の施策（自然環境データ、自然環境データの比較、北海道 ほか）、4 民間団体の組織と活動（全国規模の自然保護団体、自然環境保全活動などに対する助成事業）、企画（座談会「自然公園整備・造園工事業からの提言」）、資料（自然保護関係用語の解説、自然保護関係・税の減免措置、国設鳥獣保護区 ほか）

新・地球環境百科　鈴木孝弘著　駿河台出版社　2009.6　203p　22cm　〈他言語標題：New encyclopedia of global environmental problems　索引あり〉　2800円　Ⓘ978-4-411-00388-1　Ⓝ519
(目次)第1章 人と環境の関わりをみる、第2章 自然と生態系を考える、第3章 温暖化と向き合う、第4章 身近な環境問題をみる、第5章 化学物質のリスクに配慮する、第6章 循環型社会をつくる
(内容)本書は環境問題を学ぶ中・高校生から、一般社会人まで、なるべく多くの読者の方々に、現代の環境問題を理解するために手軽に引ける便利な用語辞典として活用されることを意図して編集・執筆した。

新データガイド地球環境　本間慎編著　青木書店　2008.6　256p　21cm　2900円　Ⓘ978-4-250-20810-2　Ⓝ519
(目次)第1部 どうなる地球の未来（地球史の現在、止められないのか気候変動／地球温暖化、オゾン層破壊、深刻化する熱帯雨林破壊、止まらない土壌流出と砂漠化、失われゆく野生動物、国境を越え降り注ぐ酸性雨、広がる海洋汚染）、第2部 人類の環境はどこへ（限りある資源、地球環境とエネルギー、増えつづける人口と食糧問題、世界の水問題、開発途上国の公害・環境問題、環境事故は避けられない、軍事とともに、放射線ろ原子力利用）、第3部 足元から進む環境破壊（公害は過去のものか、汚れている大気、水の利用と汚染、土壌はよみがえるか、生活環境ストレス、廃棄物と循環型社会、失われる自然環境、都市のヒートアイランド現象、健康と有害物質）、第4部 環境への模索（環境保全のための国際制度、環境保全のための国内制度、環境保全への自治体の取り組み、環境アセスメント、国際経済と環境問題、企業の環境への取り組み、環境問題と市民・NGOの役割、身近な環境教育）
(内容)私たちがつくる地球の未来。温暖化など32のトピックスから、最新データで見る地球環境の今。

立山自然ハンドブック　原生のままの自然を楽しむ　石坂久忠編　自由国民社　1992.7　231p　18cm　1300円　Ⓘ4-426-86001-6
(目次)第1章 立山の歴史、第2章 立山の自然、第3章 立山の生物、第4章 立山・剣岳を歩く、第5章 立山を守る、第6章 立山信仰、別章 安全に登るために

立山自然ハンドブック　原生のままの自然を楽しむ　改訂版　石坂久忠編　自由国民社　1996.6　246p　18cm　1300円　Ⓘ4-426-86004-0
(目次)第1章 立山の歴史、第2章 立山の自然、第

地球環境　　　　　　　　　　　　環境問題

3章 立山の生物，第4章 立山・剣岳を歩く，第5章 立山を守る，第6章 立山信仰，別章 安全に登るために

田んぼまわりの生きもの 栃木県版　メダカ里親の会編　（宇都宮）下野新聞社　2006.8　140p　21cm　1600円　ⓘ4-88286-307-3

（目次）田んぼまわりの景観と生きもの，水生植物，陸上植物，水生動物，陸上動物，同定のポイント，田んぼまわりの環境健全度

（内容）水田，水路（小川），ため池，畦（あぜ），それらと接する林縁部に生活の場をもつ植物と動物を掲載。栃木県を中心としながら，関東地方から東北地方南部の田んぼまわりでよく見られる種を収録。

地球　図説アースサイエンス　産業技術総合研究所地質標本館編　誠文堂新光社　2006.9　175p　30cm　2600円　ⓘ4-416-20622-4

（目次）第1部 地球の歴史となりたち（地球の誕生と進化，岩石と鉱物，生物の進化を化石にたどる，地質と地形），第2部 地球と人間のかかわり（生活と地下資源・水資源，自然の恵みと災害），付録 地質標本館について

（内容）日本で唯一の地球科学の専門博物館である地質標本館の展示物を材料として，一般市民向けに編集された，固体地球科学の入門書。博物館図録と地学教科書の中間的な性格を持っている。手軽に利用できるサイズに作り上げることを眼目とし，展示物についても，地球科学のトピックスについても網羅性に完璧を期するよりは，ストーリー性をもたせた構成とした。

地球カルテ　新世紀への精密検査　地球カルテ制作委員会編　青春出版社　2000.7　205p　26cm　1400円　ⓘ4-413-00613-5　Ⓝ304

（目次）1 環境（大気—ダイオキシン，オゾン層破壊，大気汚染，気温—地球温暖化，温室効果ガス，水—水不足，酸性雨，水質汚染 ほか），2 社会（国家—国家数，国家形態，国境，国土，人口，戦争—民族紛争，国際機関，軍縮，国際テロ，経済—グローバル化，資本流動，経済危機 ほか），3 人類（人口—人口爆発，都市のスラム化，食糧—飢餓状況，食糧汚染問題，出生—出生率低下，少子化進行 ほか）

（内容）地球が抱える諸問題について解説したハンドブック。環境，社会，人類の3パートで構成。環境では，大気，海，土壌など12のポイントから地球環境を検証。社会では戦争，経済など人間社会の現状を地球レベルで考える。人類では人口問題，少子高齢化問題など人類の21世紀の課題を取り上げている。

地球環境ハンドブック　不破敬一郎編著　朝倉書店　1994.5　634p　21cm　18540円　ⓘ4-254-16028-3

（目次）序論 環境基本法の成立，地球環境問題，地球，資源・食糧・人類，地球の温暖化，オゾン層の破壊，酸性雨，海洋汚染—地球環境の安定化機能としての海洋資源，熱帯林の減少，生物多様性の減少，砂漠化〔ほか〕

地球環境ハンドブック　第2版　不破敬一郎，森田昌敏編著　朝倉書店　2002.10　1129p　21cm　35000円　ⓘ4-254-18007-1　Ⓝ519.036

（目次）序論，地球環境問題，地球，資源・食糧・人類，地球の温暖化，オゾン層の破壊，酸性雨，海洋とその汚染，熱帯林の減少，生物多様性の減少，砂漠化，有害廃棄物の越境移動，開発途上国の環境問題，化学物質の管理，その他の環境問題，地球環境モニタリング，年表，国際・国内関係団体および国際条約

（内容）地球環境問題について解説したガイドブック。付録に，2002年の持続可能な開発に関する世界首脳会議に関する動向，略語一覧（おもな国際団体・法律など）を収録する。巻末に五十音順索引を付す。

データガイド 地球環境　新版　本間慎編著　青木書店　1995.6　356p　21cm　3296円　ⓘ4-250-95014-X

（目次）第1部 どうなる地球の未来，第2部 人類の環境はどこへ，第3部 足元から進む環境破壊，第4部 環境への模索

（内容）環境問題関連の諸課題をデータと図版で解説したもの。課題別にデータの解説と関連する図表を見開きで掲載する。収録データ、図版数は各200余。

ひと目でわかる地球環境データブック　地球環境データブック編集委員会編　オーム社　1993.5　460p　26cm　8500円　ⓘ4-274-02244-7

（目次）第1部 基礎科学編（環境科学における物理・化学の基礎データ，生物・生態に関するデータ），第2部 気圏データ編（大気環境，気象），第3部 陸水圏データ編（国内におけるデータ，国外におけるデータ），第4部 海洋データ編（海の概要，海水の性質，海の生物，海洋汚染），第5部 地圏データ編（歴史的にみた地球環境の変遷，地圏環境の現状），第6部 生物圏データ編（酸性降下物，地球温暖化，オゾン層破壊，熱帯林の減少，砂漠化，野生生物の減少，海洋汚染，放射性物質，人口増加，サンゴ礁），第7部 農業・林業データ編（農業，林業），第8部 人間活動圏データ編（エネルギーと経済，資源とリサイクル，原子力と放射能），第9部 データベース編（データベース，略語一覧，環境関連団体連絡先 国内版），第10部 地球環境問題年表，第11部 地球環境問題に対する国の取組み（地球環境問

題全般に関する国際的議論と国の取組み，個別問題と国の取組み，資料）
(内容)地球・地域環境に関わる国内・国外のデータをまとめたデータブック。データと図表を主体とした解説を掲載している。

防災学ハンドブック 京都大学防災研究所編　朝倉書店　2001.4　724p　26cm　32000円　①4-254-26012-1　Ⓝ519.9
(目次)第1部 総論（災害と防災，自然災害の変遷，総合防災的視点），第2部 自然災害誘因とその予知・予測（異常気象，地震，火山噴火，地表変動），第3部 災害の制御と軽減（洪水災害，海象災害，渇水災害と水資源計画・管理，土砂災害，地震動災害，強風災害，市街地火災，林野火災，環境災害），第4部 防災の計画と管理（地域防災計画，都市の災害リスクマネジメント都市基盤施設および構造物の防災診断，災害情報と伝達，災害からの復興とこころのケア）
(内容)災害をもたらす自然現象のメカニズム，建物や道路など構造物の脆弱性と耐災性，防災法制や防災システム，情報伝達や避難誘導体制などの，防災学に関する最新の研究成果をまとめたもの。災害の防止・軽減，災害からの復興についての総合情報を掲載。付録として，災害史年表がある。

理科年表　平成17年 国立天文台編　丸善　2004.11　1015p　15cm　1400円　①4-621-07487-3
(目次)暦部，天文部，気象部，物理／化学部（単位，元素，機械的物性，熱と温度，電気的・磁気的性質，音，光と電磁波，光学的性質，原子，原子核，素粒子，構造化学・分子分光学的性質，熱化学，電気化学・溶液化学，化学式および反応，生体物質，生理活性物質），地学部（地理，地質および鉱物，火山，地震，地磁気および重力，電離圏），生物部（生物のかたちと系統，生殖・発生・成長，細胞・組織・器官，遺伝・免疫，生理，代謝・生合成系），環境部（気候変動・地球温暖化，オゾン層，大気汚染，水循環，水域環境，陸域環境，物質循環，化学物質・放射線），附録
(内容)「環境部」を新設。地球環境，自然科学データがさらに充実。

理科年表　平成18年 国立天文台編　丸善　2005.11　1022p　15cm　1400円　①4-621-07637-X
(目次)暦部，天文部，気象部，物理／化学部，地学部，生物部，環境部，附録

理科年表　平成19年 国立天文台編　丸善　2006.11　1030p　15cm　1400円　①4-621-07763-5
(目次)暦部，天文部，気象部，物理／化学部，地学部，生物部，環境部，附録

理科年表　平成21年 国立天文台編　丸善　2008.11　1038p　15cm　1400円　①978-4-621-08046-7　Ⓝ400
(目次)暦部，天文部，気象部，物理／化学部，地学部，生物部，環境部，附録

理科年表　平成22年 国立天文台編　丸善　2009.11　1041p　15cm　1400円　①978-4-621-08190-7　Ⓝ400
(目次)暦部，天文部，気象部，物理／化学部，地学部，生物部，環境部，附録
(内容)すばる望遠鏡10周年!10年の成果を解説。地球温暖化，異常気象，大地震，…いま地球で起こっていることが理科年表からわかる。

理科年表　平成23年 国立天文台編　丸善　2010.11　1054p　15cm　1400円　①978-4-621-08292-8　Ⓝ400
(目次)暦部，天文部，気象部，物理／化学部，地学部，生物部，環境部
(内容)大正14年から毎年発行され続ける，科学の全分野を網羅するデータブック。暦部，天文部，気象部，物理／化学部，地学部，生物部，環境部，附録で構成。

理科年表 環境編 大島康行，浅島誠，高橋正征，原沢英夫，松本忠夫編　丸善　2003.11　307p　19cm　1600円　①4-621-07335-4
(目次)1章 大気環境，2章 水環境，3章 循環・廃棄物，4章 有害化学物質，5章 自然環境の現状，6章 環境保全に係る国際条約・国際会議
(内容)大気環境，水環境，循環，廃棄物，有機化学物質，自然環境の現状，環境保全に係る国際条約を網羅。

理科年表 環境編　第2版 国立天文台編　丸善　2006.1　373p　19cm　1600円　①4-621-07641-8
(目次)1 地球環境変動の外部要因，2 気候変動・地球温暖化，3 オゾン層，4 大気汚染，5 水循環，6 淡水・海洋環境，7 陸域環境，8 物質循環，9 産業・生活環境，10 環境保全に関する国際条約・国際会議
(内容)地球規模でのさまざまな「環境」変化がこの1冊でわかる。待望の，全面大改訂。外部要因による地球環境変動，気候変動・地球温暖化，オゾン層，大気汚染，水域・陸域環境，物質循環，産業・生活環境，環境保全に関する国際条約を網羅，環境データの集大成。

65億人の地球環境　過去・現在・未来の人間と地球の環境が見える世界地図　改訂版 ノーマン・マイヤーズ，ジェニファー・ケント監修・執筆，竹田悦子，藤本知代子，桑平幸子訳　産調出版　2006.9　304p　33

×24cm　14000円　①4-88282-492-2
(目次)序論　こわれやすい奇跡・地球，地球の大地，地球の海洋，地球の資源，地球の進化，地球の人類，地球の文明，地球の管理，エピローグ
(内容)全生物の生命維持システム(ガイア)を潜在的資源，地球の危機，代替的管理法の3つの視点から検証。

＜図　鑑＞

地球　改訂版　旺文社　1998.4　175p　19cm　(野外観察図鑑7)　743円　①4-01-072427-7
(目次)地球のたんじょうとおいたち，地球のすがた，生きている地球，地表のようす，地かくのなりたち，エネルギー資源，海のようす，大気のようす，地球のよごれと将来，地球ミニ科学史，気象の観測，天気図と天気予報，岩石鉱物の採取と調べかた，川原の石の観察，地層の観察，地球ミニ百科

地球　改訂版　力武常次，丸山茂徳，斎藤靖二監修　学習研究社　1998.10　184p　26cm　(学研の図鑑)　1460円　①4-05-201001-9
(目次)第1部　生きている地球(地球ってどんな星?，地球内部の活動，地球の歴史，地球環境)，第2部　大地のようすと岩石・鉱物(水や熱や生物が変えていく大地，岩石と鉱物)

地球・宇宙の図詳図鑑　学習研究社　1994.7　160p　30cm　(大自然のふしぎ)　3200円　①4-05-500075-8
(目次)太陽系のふしぎ(誕生，天体の特徴，探査と開発)，地球のふしぎ(地殻変動，海と大気，環境)，宇宙のふしぎ(星，銀河系，銀河，宇宙の進化，観測，ET)，資料編(太陽系の惑星と衛星のデータ表，地球の歴史はどのようにして知るのか，光学望遠鏡の400年史，地球・宇宙用語集，全国のおもな天文台とプラネタリウム)
(内容)最新の地球と宇宙の表情を特撮写真・精密イラストで示す図鑑。

ちきゅうかんきょう　フレーベル館　1994.3　116p　30×23cm　(ふしぎがわかるしぜん図鑑)　2000円　①4-577-00059-8
(目次)天気と気しょう，日本のかんきょうとくらし，せかいのかんきょうとくらし
(内容)地球の自然を写真、イラストで説明する図鑑。

ちきゅうかんきょう　フレーベル館の図鑑ナチュラ〈10〉　無藤隆総監修，高橋日出男監修　フレーベル館　2005.11　128p　30×23cm　(フレーベル館の図鑑ナチュラ10)　1900円　①4-577-02846-8
(目次)生きている地球(地球のすがた，へんかする地球，地球をつつむ大気　ほか)，世界のしぜんと日本のしぜん(世界の気こう，日本の気こう)，かんきょうもんだい，もっと知りたい!地球環境
(内容)親子のコミュニケーションを育む、巻頭特集。4画面分の大パノラマページ。美しい撮りおろし標本写真の図鑑ページ。自然体験・観察活動に役立つ特集やコラム。幼稚園・保育園の体験活動、小学校の生活科、総合学習に最適。

地球環境図鑑　わたしたちの星の過去・現在・未来　デヴィッド・デ・ロスチャイルド総監修，枝広淳子監訳　ポプラ社　2009.9　256p　29cm　〈索引あり　原書名：Earth matters.〉　4750円　①978-4-591-11028-7　Ⓝ519.8
(目次)生命の星のすがた，極地，亜寒帯・温帯林，砂漠，草原，熱帯林，山，淡水，海洋，地球を救おう
(内容)地球の環境問題を基礎から理解できる、画期的な環境図鑑。美しい写真とわかりやすい解説で、環境問題を地球の生命全体の問題として学び、考えることができる、グローバルな視点の環境図鑑。

地球・気象　猪郷久義，饒村曜監修・執筆　学習研究社　2001.12　168p　30×23cm　(ニューワイド学研の図鑑14)　2000円　①4-05-500422-2　ⓃK450.38
(目次)地球の歴史，地球の構造，大地と海のすがた，地球をおおう大気，地球をめぐる大気，地球をめぐる水，地球環境，地球・気象情報館
(内容)子供向けの地球・気象について知る図鑑。巻末に五十音順の項目名索引がある。

地球・気象　増補改訂　学習研究社　2008.12　176p　30cm　(ニューワイド学研の図鑑)　2000円　①978-4-05-202997-4　ⓃE440
(目次)地球の誕生と構造，地球の活動，地球の歴史，大地と海のすがた，地球をおおう大気，地球をめぐる大気，地球をめぐる水，地球環境，地球・気象情報館
(内容)火山活動、地震、大陸移動などを起こすプレートの活動をわかりやすく解説。雨、雪、雷、低気圧、高気圧、前線などのしくみやでき方をわかりやすく解説。

地球と気象　地震・火山・異常気象　実業之日本社　1994.5　168p　19cm　(ジュニア自然図鑑9)　1300円　①4-408-36149-6
(目次)地球のつくり，地震，火山，地球は動いている，過去の地球の動きを探る，地表の変化，海洋，大気のつくりとはたらき，雲のつくりとはたらき，大気中のめずらしい現象，風はどうしてふくのか，台風，気団と天気，天気予報，日本の気象の特徴，異常気象

地球の環境 学習研究社 2009.3 144p 27cm （ジュニア学研の図鑑）〈索引あり〉 1500円 ①978-4-05-202976-9 Ⓝ519

(目次)地球と地球環境を考えるはじめの一歩，第1章 地球温暖化が人類をほろぼす!?，第2章 46億年かけてつくられた地球環境，第3章 地球温暖化以外にも問題がいっぱい!，第4章 くらしの中で向き合う環境問題，第5章 やればできる!地球環境は守れる!，地球環境用語事典

(内容)地球を知り、地球の環境問題がよくわかる図鑑。

ビジュアル地球大図鑑 マイケル・アラビー著，関利枝子，武田正紀訳 日経ナショナルジオグラフィック社，日経BP出版センター（発売）2009.1 256p 31cm （National Geographic）〈原書名：Encyclopedia of earth.〉6476円 ①978-4-86313-049-4 Ⓝ450

(目次)宇宙のなかの地球，地球の生命，地球のなりたち，生きている地球，海洋，陸地，気象，資源・エネルギー

(内容)「宇宙のなかの地球」から地中の組成まであらゆる角度から地球を解剖。地球のなりたちや、活動のしくみを全ページのカラーイラストで詳しく解説。生命の誕生から私たちの時代まで38億年の進化の歴史をたどる。

ポケット版 学研の図鑑 6 地球・宇宙 天野一男，村山貢司，吉川真監修 学習研究社 2002.4 192, 16p 19cm 960円 ①4-05-201490-1 Ⓝ450

(目次)わたしたちの地球，地球のすがた，生きている地球，地表のすがた，地殻のなりたち，エネルギー資源，地球のおいたち，大気のはたらき，気象観測，地球の将来〔ほか〕

(内容)子ども向けの地球・宇宙に関する図鑑。地球に関しては、地球のすがた、生きている地球、地表のすがた、地殻のなりたち、エネルギー資源、大気のはたらき、気象観測など。宇宙に関しては、月のすがお、太陽のすがた、太陽系のすがた、星座をさがそうなど、テーマごとに分類していて、それぞれ写真や図を用いて分かりやすく解説している。巻末に索引が付く。

<統計集>

緑の国勢調査 自然環境保全基礎調査の概要 1993 環境庁自然保護局編 自然環境研究センター 1993.12 69p 30cm 3605円 ①4-915959-08-2

(目次)1 陸域に関する調査，2 陸水域に関する調査，3 海域に関する調査，4 生態系に関する調査

◆気候・気象

<事典>

気象科学事典 日本気象学会編 東京書籍 1998.10 637p 21cm 11429円 ①4-487-73137-2

(内容)身近な気象から地球環境まで、1700項目を収録した気象科学事典。邦文索引、欧文索引付き。

気象がわかる絵事典 天気の「なぜ?」にこたえる 環境問題の理解に役立つ ワン・ステップ編，日本気象協会監修 PHP研究所 2007.2 159p 29×22cm 2800円 ①978-4-569-68643-1

(目次)第1章 気象の基本を知ろう!（大気―空の高さは、どれくらい?，気温―なぜ、空気はあたたかいの?，気温―なぜ、気温は変化するの? ほか），第2章 天気予報って、なんだろう?（気象予報士―どんな仕事をしているの?，気象観測―どこでおこなわれているの?，天気予報―どうやってつくられるの? ほか），第3章 気象・気候と地球の環境問題（世界の気候と海流，世界の気候の特色，日本の気候とその特色 ほか）

(内容)たくさんの説明図、グラフ、イラスト、写真などを使って、気象のことをわかりやすく解説。

キーワード 気象の事典 新田尚，伊藤朋之，木村竜治，住明正，安成哲三編 朝倉書店 2002.1 520p 21cm 17000円 ①4-254-16115-8 Ⓝ451.036

(目次)第1編 地球環境と環境問題（総論，太陽系と地球，大気の構造 ほか），第2編 大気の力学（総論，大気中の放射過程，大気の熱力学 ほか），第3編 気象の観測と予報（総論，観測，気象観測システム ほか），第4編 気候と気候変動（総論，気候の形成，過去の気候変化 ほか），第5編 気象情報の利用（総論，防災，エネルギー利用 ほか）

(内容)気象についてほぼ全分野をカバーする総合的な事典。キーワードとなる70項目を5つの分野に振り分けて構成する。巻末付録に気象学単位・換算表・換算式、気象定数・常用値および気象学的諸量計算式など。五十音順索引あり。

WMO気候の事典 世界気象機関編，近藤洋輝訳 丸善 2004.6 243p 26cm 〈原書名：Climate Into the 21st Century〉15000円 ①4-621-07442-3

(目次)第1章 気候に対する認識，第2章 気候システム，第3章 変化する気候の影響，第4章 よりよい社会と気候，第5章 21世紀の気候，付録（用語集，頭字語および略語，天気図，化学記号，変換係数，単位）

地球環境　　　　　　　　　　環境問題

<ハンドブック>

海のお天気ハンドブック　読んでわかる見てわかる!!　ヨット乗りの気象予報士が教える天気予報を100％活用するカギ　馬場正彦著　舵社　2009.3　127p　21cm　〈文献あり〉　1400円　①978-4-8072-1516-4　Ⓝ451.24
(目次)1 天気予報─利用する前に知っておきたいこと(天気予報の歴史,天気予報の進化 ほか),2 気象の基礎知識─天気予報を理解するために(太陽からの熱エネルギー,熱エネルギーの運搬 ほか),3 実践的天気予報─自分自身で天気を予測する(天気予報の利用,局地気象 ほか),4 異常気象─地球温暖化がもたらすもの(地球温暖化,気象レジームシフト ほか)

NHK気象・災害ハンドブック　NHK放送文化研究所編　日本放送出版協会　2005.11　300p　21cm　2300円　①4-14-011215-8
(目次)第1部 気象編(日本のお天気,天気予報,生活と気象,地球環境と気候変動),第2部 災害編(地震と火山,河川,気象のことば集)
(内容)気象と災害のすべてをわかりやすく解説。報道・防災にかかわる人,必携の書。

気象ハンドブック　第3版　新田尚,野瀬純一,伊藤朋之,住明正編　朝倉書店　2005.9　1010p　26cm　38000円　①4-254-16116-6
(目次)第1編 気象学,第2編 気象現象,第3編 気象技術,第4編 応用気象,第5編 気象・気候情報,第6編 現代気象問題,第7編 気象資料(形式と所在)
(内容)『新版気象ハンドブック』(1995年刊)以降の新規の内容や更新すべき事項を中心に構成。「現代気象問題」に特に力を注ぎ,地域環境問題,炭素および物質循環,防災問題,宇宙に準拠した地球観測,気候変動,気象と経済,気象と人工制御といった各テーマについて,分野横断的に取り上げた。

<法令集>

気象・防災六法　平成10年版　天気予報から地震・火山業務まで　気象庁監修　ぎょうせい　1998.9　473p　21cm　4667円　①4-324-05525-4
(目次)1 気象業務法関係,2 防災関係,3 交通安全関係,4 気候変動・地球環境関係,5 行政手続関係,6 組織法関係,7 参考資料
(内容)災害の予防,交通の安全の確保から産業の興隆,国民生活の利便の向上等に至るまでの気象庁に係わる行政分野を収録した法令集。

気象・防災六法　天気予報から地震・火山業務まで　平成15年版　気象庁監修　ぎょうせい　2003.2　487p　21cm　4667円　①4-324-07016-4
(目次)1 気象業務法関係,2 防災関係,3 交通安全関係,4 気候変動・地球環境関係,5 行政手続関係,6 組織法関係,7 参考資料

<図　鑑>

気象　ダイナミック地球図鑑　ブルース・バックリー,エドワード・J.ホプキンス,リチャード・ウィッテカー著,高崎さきの監訳　新樹社　2006.8　303p　24×24cm　〈ダイナミック地球図鑑〉　〈原書名：WEATHER〉　4800円　①4-7875-8550-9
(目次)気象のダイナミズム,気象のメカニズム,激しい気象,気象を観測する,世界の気候,変化する気候,データ集,用語集
(内容)気象は,地球最後の未踏の領域である。予測することはできても,制御することはできない。気象は,文化,経済,生活に深くかかわる,もっとも身近な現象でもある。本書は,気象全般にかかわるビジュアルガイドである。気象衛星やスペースシャトルの画像をふくむ豊富な図版と,簡潔な説明で,地球規模の気象のメカニズムを概観し,熱帯低気圧,竜巻,洪水,干ばつなどのしくみについても解説する。各地の気候や人類との長い関わり,さらには,地球温暖化などの気候変動についての最新の研究の成果も紹介する。訳出にあたっては,日本の事情も考慮し,高校,中学の理科や地理の学習過程にも配慮した。

気象　ジョン・ウッドワード著,吉田旬子,スマーテック訳,藤谷徳之助監修　ランダムハウス講談社　2009.7　96p　29cm　〈見て読んで調べるビジュアル&アクセス大図鑑シリーズ 7〉　〈年表あり 索引あり　原書名：E.explore weather.〉　2400円　①978-4-270-00482-1　Ⓝ451
(目次)特設ウェブサイトの使い方,気象と気候,宇宙の中の地球,大気圏,太陽エネルギー,地球を暖める熱,季節,暖気と寒気,コリオリ効果,卓越風,海洋と大陸,気団,前線,高気圧と低気圧,風の力,ジェット気流,水蒸気,雲の形成,上層雲,中層雲,下層雲,靄と霧,雨,雪,空に輝く光,移動する気象システム,嵐雲と雹,雷鳴と稲妻,竜巻,ハリケーン,モンスーン,局地風,洪水と干ばつ,氷,エルニーニョ現象,大気汚染とスモッグ,酸性雨とオゾン層破壊,気候変化,地球温暖化,気候の未来,気象観測,天気予報
(内容)気象について知るべきことを41の項目に分け,すべて見開きで図説した分かりやすい構成。気象に関する「年表」と「用語解説」も付

環境問題　　　　　　　　　　　　　　　　　　　　地球環境

気象大図鑑　ストーム・ダンロップ著，山岸米二郎監修，乙須敏紀訳　産調出版　2007.3　287p　35×26cm　〈原書名：WEATHER〉　7800円　①978-4-88282-605-7

⦗目次⦘1 雲起青天，2 驟雨の合間の陽光，3 視界をさえぎるものたち，4 氷の世界，5 気象警報，6 大気光学現象，7 全球観測，8 世界の気候，9 気候変動

⦗内容⦘台風，竜巻，氷冠，砂漠，大気光学現象，降雨・降雪の仕組み，暴風雨，視程（霧，もや等），気候変動，気象予測等々，その科学的方法の解説と，そして世界の稀少な気象現象の迫力ある画像の集大成。

ビジュアル博物館　第28巻　気象　（京都）　同朋舎出版　1992.4　62p　29×23cm　3500円　①4-8104-1022-6

⦗目次⦘大気は常に動いている，自然の予兆，天気の科学，気象観測，天気予報，太陽の力，晴れた日，霜と氷，空気中の水，雲の誕生，曇った日，いろいろな雲，雨の日，前線と低気圧，雷と電光（稲妻），モンスーン（季節風），雪の日，風，台風，竜巻き，霧ともや，1日の天気，山の天気，平原の天気，海辺の天気，空の色，気象の変化，家庭気象観測所

⦗内容⦘頭上に広がる空へ読者を導くオリジナルで心のときめく新しい博物図鑑。あらゆる種類の気象条件をとらえたすばらしい空のカラー写真と，特製立体模型によって，穏やかな夏の日から激しい冬の嵐まで，天気のしくみをはっきりと視覚的にとらえることができます。

ビジュアル博物館　第81巻　台風と竜巻　なだれからエルニーニョ現象まで異常気象を一望する　ジャック・シャロナー著，平沼洋司日本語版監修　同朋舎，角川書店〔発売〕　2000.11　58p　29cm　〈索引あり〉　3400円　①4-8104-2651-3　Ⓝ403.8

⦗目次⦘昔の人びとと天気への関心，初期の天気予報，異常気象とは？，異常気象の原因，暴風，雷雨，うねる竜巻，トルネードの威力，稲妻，ひょう〔ほか〕

見えない所がよくわかる断面図鑑　6　気象観測　中西章絵　ポプラ社　1991.4　31p　29cm　2136円　①4-591-03826-2　ⓃK031

⦗内容⦘地球の大気の循環や台風，気象を観測する衛星，「H-1ロケット・ひまわり」，水の循環，いろいろな観測装置と気象庁，富士山測候所のレーダー観測，地震観測所等を図を中心に説明。

＜年鑑・白書＞

気候変動監視レポート　1999　気象庁編　大蔵省印刷局　2000.4　55p　30cm　2060円　①4-17-160299-8　Ⓝ451.8

⦗目次⦘第1章 世界の気候変動（1999年の世界の天候，地上気温と降水量の経年変化 ほか），第2章 日本の気候変動（1999年の日本の天候，1999年の主な日本の気象災害 ほか），第3章 温室効果ガスおよびオゾン層破壊物質等の動向（大気中の温室効果ガス，海洋の二酸化炭素 ほか），第4章 オゾン層および紫外域日射の動向（オゾン層の状況，紫外域日射の動向），用語一覧，話題（海洋化学物質循環モデルを用いた人為起源・二酸化炭素の海洋への吸収と蓄積の見積もり，1997年インドネシア森林火災で発生した煙霧の光学特性と雲粒子形成への影響）

気候変動監視レポート　2001　気象庁編　財務省印刷局　2002.4　78p　30cm　1900円　①4-17-160301-3　Ⓝ451.8

⦗目次⦘第1章 世界の気候変動（2001年の世界の天候，地上気温と降水量 ほか），第2章 日本の気候変動（2001年の日本の天候，2001年の主な日本の気象災害 ほか），第3章 温室効果ガス及びオゾン層破壊物質等の状況（大気中の温室効果ガス，海洋の二酸化炭素 ほか），第4章 オゾン層及び紫外域日射の状況（オゾン層，紫外域日射）

気象年鑑　1990年版　日本気象協会編，気象庁監修　大蔵省印刷局　1990.8　212p　26cm　2200円　①4-17-160190-8　Ⓝ451.059

⦗目次⦘季節暦（1990年4月〜1991年3月），気象記録1989年（365日の連続天気図，世界の天候，日本の天候，大雨，台風，農作物と天候，生物季節，大気汚染，天気と社会・経済，統計値からみた日本の天候，'89年主要都市の気象記録，寒候期現象，真冬日・真夏日・熱帯夜），地象・海象記録1989年（内外の地震活動，内外の火山活動，海況，潮位，海氷，気候変動に係る最近の動向，オゾン層保護への取組り組みとオゾン層解析室の開設ほか），資料（天候ダイヤグラム，気象庁のうごき，日本気象協会のうごき，台風発生・上陸数，特別名称のついた気象災害ほか），付録（季節ダイヤル・生物季節ダイヤル，'89年台風経路図・台風一覧・台風の概要，「天気図日記」索引）

気象年鑑　1991年版　日本気象協会編，気象庁監修　大蔵省印刷局　1991.7　219p　26cm　2500円　①4-17-160191-6　Ⓝ451.059

⦗目次⦘季節暦（1991年4月〜1992年3月），気象記録1990年（世界の天候，日本の天候，大雨，台風，農作物と気象，生物季節，大気汚染，統計値からみた日本の天候，オゾン層の状況，天候と社会・経済，'90年主要地の気象記録，寒候期現象，真冬日・真夏日・熱帯夜），地象・海象記録1990年（内外の地震活動，内外の火山活動，

環境・エネルギー問題 レファレンスブック　55

地球環境　　　　　　　　　　　環境問題

海況，潮位，海氷，1990年トピックス），資料（天候ダイヤグラム，特別名称のついた気象災害，各地の梅雨期間と梅雨期間の降水量 ほか），付録(季節ダイヤル・生物季節ダイヤル，'90年台風経路図・台風一覧表・台風の概要，「天気図日記」策引)

気象年鑑　1992年版　日本気象協会編，気象庁監修　大蔵省印刷局　1992.9　238p　26cm　2800円　①4-17-160192-4

(目次)季節暦，気象記録1991年（365日の連続天気図，世界の天候，日本の天候，大雨，台風，農作物と気象，生物季節，大気汚染，統計値からみた日本の天候，オゾン層の状況，天候と社会・経済，気候変動に関する世界の動き，'91年主要地の気象記録，寒候期現象，真冬日・真夏日・熱帯夜），地象・海象記録1991年，資料

気象年鑑　1993年版　日本気象協会編，気象庁監修　大蔵省印刷局　1993.9　254p　26cm　3100円　①4-17-160193-2

(目次)季節暦，気象記録（366日の連続天気図，世界の天候，日本の天候，大雨，台風，農作物と気象，生物季節，大気汚染，統計値からみた日本の天候，オゾン層の状況，天候と社会・経済，気候変動に関する世界の動き，'92年主要地の気象記録，寒候期現象，真冬日・真夏日・熱帯夜），地象・海象記録1992年（内外の地震活動，内外の火山活動，海況，潮位，海氷，1992年トピックス），資料，付録

気象年鑑　1994年版　日本気象協会編　大蔵省印刷局　1994.8　277p　26cm　3100円　①4-17-160194-0

(目次)季節暦—1994年4月〜1995年3月，気象記録—1993年（平成5年），地象・海象記録—1993年（平成5年），資料，付録
(内容)1993年1年間の記録の記録・話題・各種資料をまとめた年鑑。1994年4月〜1995年3月の季節暦，日本を中心とした1993年の気象記録，地象・海象記録，過去の記録を含めた資料，生物季節ダイヤルなどの付録の全5部で構成する。

気象年鑑　1995年版　気象庁監修，日本気象協会編　大蔵省印刷局　1995.8　274p　26cm　3100円　①4-17-160195-9

(目次)季節暦1995年4月〜1996年3月，気象記録1994年，地象・海象記録1994年，資料，付録

気象年鑑　1996年版　気象庁監修，日本気象協会編　大蔵省印刷局　1996.8　265p　26cm　3100円　①4-17-160196-7

(目次)季節暦（1996年4月〜1997年3月），気象記録1995年（平成7年），地象・海象記録1995年（平成7年）

気象年鑑　1997年版　気象庁監修，日本気象協会編　大蔵省印刷局　1997.8　273p　26cm　3000円　①4-17-160197-5

(目次)季節暦—1997年4月〜1998年3月，気象記録—1996年（366日の連続天気図，世界の天候，日本の天候，大雨，台風，大気汚染，農作物と気象，生物季節，統計値からみた日本の天候，天候と社会・経済，オゾン層の状況，気候変動に関する世界の動き，96年主要地の気象記録，寒候期現象，真冬日・真夏日・熱帯夜），地象・海象記録—1996年（内外の地震活動，内外の火山活動，海況，海氷，潮位，1996年トピックス），資料（天候ダイヤグラム，気象庁の動き，日本気象協会の動き ほか）

気象年鑑　1998年版　気象庁監修，日本気象協会編　大蔵省印刷局　1998.8　270p　26cm　3280円　①4-17-160198-3

(目次)季節暦—1998年4月〜1999年3月，気象記録—1997年（365日の連続天気図（天気図日記），世界の天候，日本の天候，大雨，台風，大気汚染，農作物と天候，生物季節，統計値からみた日本の天候，天候と社会・経済，オゾン層の状況，気候変動に関する世界の動き，'97年主要地の気象記録，寒候期現象（雪・霜・氷・初冠雪），真冬日・真夏日・熱帯夜），地象・海象記録—1997年（内外の地震活動，内外の火山活動，海況，海氷，潮位，1997年トピックス），資料（天候ダイヤグラム，気象庁の動き，日本気象協会の動き，台風発生・上陸数（1951〜1997），日本各地の極値表（気温・湿度・風速・降水量・雪・霜など），日本と外国の気象記録，災害年表（気象・地震・噴火），特別名称のついた気象・地震災害等，気象官署一覧）

気象年鑑　1999年版　気象庁監修，日本気象協会編　大蔵省印刷局　1999.8　277p　26cm　3280円　①4-17-160199-1

(目次)季節暦（1999年4月〜2000年3月），気象記録1998年（平成10年）（365日の連続天気図（天気図日記），世界の天候，日本の天候，大雨，台風，大気汚染，農作物と天候，生物季節，統計値からみた日本の天候，天候と社会・経済，オゾン層の状況，気候変動に関する世界の動き，'98年主要地の気象記録，寒候期現象（雪・霜・氷・初冠雪），真冬日・真夏日・熱帯夜），地象・海象記録—1998年（内外の地震活動，内外の火山活動，海況，海氷，潮位，1998年トピックス），資料（天候ダイヤグラム，気象庁の動き，日本気象協会の動き，台風発生・上陸数（1951〜1997），日本各地の極値表（気温・湿度・風速・降水量・雪・霜など），各地の梅雨の時期と降水量，気象要素別ランキング20（日本各地の気温・降水量・風速など），日本と外国の気象記録，災害年表（気象・地震・噴火），特別名称のついた気象・地震災害等，気象官署一覧）

気象年鑑　2000年版　気象庁監修，日本気象協会編　大蔵省印刷局　2000.8　281p　26cm　3280円　Ⓘ4-17-160200-9　Ⓝ451.059

(目次)季節暦(2000年4月～2001年3月)，気象記録1999年(平成11年)，地象・海象記録1999年(平成11年)，資料，付録

(内容)1999年の気象記録および地象・海象記録と2000年の季節暦を掲載した年鑑。季節暦は2000年の季節上の暦を月別に掲載。1999年の記録は，365日の連続天気図，世界および日本の天候，気象上の災害・現象，作物・生物などの関連事項と主要地の気象記録，内外の地震および火山活動，海象，1999年のトピックスについて掲載。ほかに資料として天候ダイヤグラム，気象庁の動き，日本気象協会の動き，台風発生・上陸数，日本各地の極値表，各地の梅雨の時期と降水量，気象要素別ランキングなどを収録。巻末に付録として季節ダイヤル・生物季節ダイヤル，'99年台風経路図・台風一覧表・台風の概要，「天気図日記」索引を付す。

気象年鑑　2001年版　気象庁監修，日本気象協会編　財務省印刷局　2001.8　302p　26cm　〈2000年版までの出版者：大蔵省印刷局　年表あり〉　3500円　Ⓘ4-17-160201-7　Ⓝ451.059

(目次)季節暦(2001年4月～2002年3月)，気象記録2000年(平成12年)，地象・海象記録2000年(平成12年)，資料，付録

(内容)2000年の気象記録および地象・海象記録と2001年の季節暦を掲載した年鑑。季節暦は2001年の季節上の暦を月別に掲載。2000年の記録は，365日の連続天気図，世界および日本の天候，気象上の災害・現象，作物・生物などの関連事項と主要地の気象記録，内外の地震および火山活動，海象，2000年のトピックスについて掲載する。

気象年鑑　2002年版　気象庁監修，日本気象協会編　財務省印刷局　2002.8　314p　26cm　4000円　Ⓘ4-17-160202-5　Ⓝ451.059

(目次)季節暦(2002年4月～2003年3月)，気象記録(2001年(平成13年))，地象・海象記録(2001年(平成13年))，資料，付録

気象年鑑　2003年版　気象庁監修　気象業務支援センター　2003.8　265p　26cm　4000円　Ⓘ4-87757-000-4

(目次)1 2002(平成14)年の気象記録，2 2002(平成14)年の地象・海象記録，3 気象界の動向，4 参考資料

気象年鑑　2004年版　気象庁監修　気象業務支援センター　2004.8　273p　26cm　3600円　Ⓘ4-87757-001-2

(目次)1 2003(平成15)年の気象記録(日々の天気図(09時の地上天気図)，日別地上気象観測値 ほか)，2 2003(平成15)年の地象・海象記録(日本及び世界の地震活動，日本及び世界の火山活動 ほか)，3 気象界の動向(トピックス・東海地震に関する新しい情報発表について，トピックス・2003年に実施した台風情報の改善 ほか)，4 参考資料(季節暦，気象災害年表 ほか)

気象年鑑　2005年版　気象庁監修　気象業務支援センター　2005.8　270p　26cm　3600円　Ⓘ4-87757-002-0

(目次)1 2004(平成16)年の気象記録(日々の天気図(09時の地上天気図)，日別地上気象観測値 ほか)，2 2004(平成16)年の気象・海象記録(日本及び世界の地震活動，日本及び世界の火山活動 ほか)，3 気象界の動向(トピックス・2100年頃の日本における気候について，トピックス・関東地方におけるヒートアイランド現象の監視 ほか)，4 参考資料(季節暦，気象災害年表 ほか)

気象年鑑　2006年版　気象庁監修　気象業務支援センター　2006.7　257p　26cm　3600円　Ⓘ4-87757-003-9

(目次)1 2005(平成17)年の気象記録(日々の天気図(09時の地上天気図)，日別地上気象観測値 ほか)，2 2005(平成17)年の地象・海象記録(日本及び世界の地震活動，日本及び世界の火山活動 ほか)，3 気象界の動向(その他の気象庁の動き，気候変動に関する世界の動き)，4 参考資料(平成17(2005)年の全台風の経路図，気象災害年表 ほか)

気象年鑑　2007年版　気象庁監修　気象業務支援センター　2007.7　261p　26cm　3600円　Ⓘ978-4-87757-004-0

気象年鑑　2008年版　気象業務支援センター編，気象庁監修　気象業務支援センター　2008.7　255p　26cm　3600円　Ⓘ978-4-87757-005-7　Ⓝ451.059

(目次)1 2007(平成19)年の気象記録(日々の天気図，日別地上気象観測値(2007年)，地上気象観測値の統計，主要な大気現象，日本及び世界の天候，予報精度の評価)，2 2007(平成19)年の地象・海象記録，3 気象界の動向，4 参考資料，折り込み資料

気象年鑑　2009年版　気象業務支援センター編，気象庁監修　気象業務支援センター　2009.7　259p　26cm　3600円　Ⓘ978-4-87757-006-4　Ⓝ451.059

(目次)1 2008(平成20)年の気象記録(日々の天気図，日別地上気象観測値，地上気象観測値の統計，主要な大気現象，日本及び世界の天候，予報精度の評価)，2 2008(平成20)年の地震・火山の記録，3 2008(平成20)年の地球環境の記録，4 内外の気象界の動向，5 参考資料，折り

地球環境　　　　　　　　　　環境問題

込み資料

気象年鑑　2010年版　気象業務支援センター編, 気象庁監修　気象業務支援センター　2010.8　253p　26cm　3600円　①978-4-87757-007-1　Ⓝ451.059

(目次) 1 2009（平成21）年の気象の記録, 2 2009（平成21）年の地震・火山の記録, 3 2009（平成21）年の地球環境の記録, 4 内外の気象界の動向, 5 参考資料, 折り込み資料

今日の気象業務　気象白書　平成10年版　大地の鼓動・大気の躍動・大洋の脈動　気象庁編　大蔵省印刷局　1998.6　240p　30cm　2660円　①4-17-197098-9

(目次) トピックス, 第1部 異常気象と気候情報—頻発する異常気象と高まる気候情報充実への期待（エルニーニョ現象（1997～98年）と異常気象, 社会・経済活動における気候情報への高まる期待, 気候の監視と気候予報の現状, 気候情報の充実に向けた今後の取り組み）, 第2部 気象業務の現状と新たな展開（地震・火山の監視と津波予報・警報, 気象の監視と予報・警報, 交通の安全を支援する気象情報, 防災機関との提携, 気象業務からの地球環境問題への貢献, 気象情報の流れと利用の促進, 次世代の技術をめざして, 重要性を増す国際的な連携・協力）, 第3部 最近の気象、海洋、地震、火山、気候変動及び地球環境の状況（気象と海洋, 地震・津波及び火山, 気候変動及び地球環境）

今日の気象業務　平成11年版　気象庁編　大蔵省印刷局　1999.6　181p　30cm　1900円　①4-17-197099-7

(目次) トピックス, 第1部 台風・集中豪雨、地震・火山等による災害を防ぐために（異常気象等に伴う自然災害の続発と重要性を増す自然災害防止軽減への取組み, 大雨などによる気象災害を防ぐために, 地震・津波及び火山による災害を防ぐために, 防災機関との連携と協力—新たな防災ネットワークの構築に向けて—）, 第2部 社会を支える気象情報とその高度化を目指して（生活・産業・交通安全等を支える気象情報, 広範な気象情報の利用促進を目指して, 情報の高度化を支える技術開発, 国際協調による気象業務の推進と地球環境問題への貢献）, 第3部 最近の気象、地震、火山、気候、海洋等の状況（気象, 地震, 津波及び火山, 気候, 海洋, 地球環境）, 参考資料（主な出来事, 予報関係資料, 近年の日本及び世界の天候, 地震・津波, 火山関係資料, 気象, 地震, 火山等の記録, 気象情報の提供, 主な気象官署, 略語集）

世界開発報告　2010　開発と気候変動　世界銀行編著, 田村勝省, 小松由紀子訳　一灯舎, オーム社（発売）　2010.8　420p　26cm 〈原書名：World Development Report 2010：Development and Climate Change〉 3800円　①978-4-903532-56-1　Ⓝ333.6

(目次) 概観—経済開発のために気候を変える, 1 気候変動と経済開発との結び付きを理解する, 2 人間の脆弱性を軽減する：人々の自助努力を支える, 3 90億人を養い、自然のシステムを保護するために土地と水を管理する, 4 気候変動対策を犠牲にすることなく経済開発を促進する, 5 経済開発を世界的な気候レジームに統合する, 6 緩和と適応に必要な資金を調達する, 7 革新と技術の普及を加速化する, 8 行動様式や制度がもつ慣性を克服する, 用語解説, 主要指標, 主要世界開発指標

◆森林

<事典>

森林大百科事典　森林総合研究所編　朝倉書店　2009.8　626p　27cm 〈索引あり〉 25000円　①978-4-254-47046-8　Ⓝ650.36

(目次) 森林と樹木, 森林の成り立ち, 森林を支える土壌, 水と土の保全, 森林と気象, 森林における微生物の働き, 森林の昆虫類, 野生動物の保全と共存, 遺伝的多様性, 樹木のバイオテクノロジー, きのことその有効活用, 森林の造成, 林業の機械化, 林業経営と木材需要, 木材の性質, 木材の加工, 木材の利用, 森林バイオマスの利用, 森林の管理計画と空間利用, 地球環境問題と世界の森林

(内容) 森林がもつ数多くの重要な機能を解明、森林に関するすべてを網羅した事典。

<ハンドブック>

すぐわかる森と木のデータブック　2002　日本林業調査会編　日本林業調査会　2002.4　111p　18cm　1000円　①4-88965-137-3　Ⓝ650

(目次) データ＆解説（森林, 林業, 木材, 林政）, 最新の話題（温暖化問題で「森林吸収源」対策に焦点, 違法伐採問題の実態解明と対応策が急務, 世界規模で広がる森林認証・ラベリング制度, 林産物の貿易自由化問題、セーフガードとWTO, 「世界の水」問題で森林の役割に注目 ほか）

(内容) 森林、林業、木材についてのデータブック。森林・林業・木材・林政の4部門に分けて、それぞれの現状・問題点等の45テーマについて、グラフや図表等のデータを掲載、詳しい解説を加える。また、温暖化問題、違法伐採問題等の最近の話題16テーマについてもピックアップして紹介する。巻末に都道府県別森林・林業関係統計表等の資料を掲載、用語説明を付す。

<年鑑・白書>

世界森林白書　1997年　国際連合食糧農業機関（FAO）編，国際食糧農業協会訳　国際食糧農業協会　1998.3　230p　30cm　5000円

(目次)第1部 要約，第2部 本文（森林の保全・開発の現状と動向，政策，計画及び組織体制，地域別のハイライト）

世界森林白書　1999年　国際連合食糧農業機関編，国際食糧農業協会訳　国際食糧農業協会　2000.5　274p　21cm　〈資料 第388号〉〈原書名：State of the world's forests（SOFO）1999〉　4000円　Ⓝ652

(目次)第1部 森林の保全及び発展の現状と見通し（森林資源の現状，森林管理の現状と傾向，森林の環境的・社会的サービス，林産物の世界的動向），第2部 政策，計画立案及び制度（国の森林に関する計画，政策及び立法における問題点，制度的枠組みの発展），第3部 森林に関する国際的な対話及び取組み（UNCEDのフォローアップ：IPF／IFF過程の現況，持続可能な森林経営を支援する他の世界的及び地域的取組み，持続可能な森林経営を支援する国際的措置の問題点及び選択肢），第4部 地域的経済グループにおける林業（欧州連合，独立国家共同体，西アフリカ諸国経済共同体，東南アフリカ共同市場，アラブ連盟，南アジア地域協力連合，東南アジア諸国連合，南太平洋フォーラム，中南米経済システム，カリブ共同体共通市場，北米自由貿易協定）

(内容)世界の森林の現況，最近の主な政策及び制度の発展，林業の将来方向などをまとめた資料集。テーマ別の4部で構成。巻末に付録として略称，用語の定義，付表を収録する。

世界森林白書　2002年版　国連食糧農業機関（FAO）編，FAO協会訳　国際食糧農業協会，農山漁村文化協会〔発売〕　2002.11　311p　21cm　4000円　Ⓘ4-540-02131-1　Ⓝ652

(目次)第1部 森林セクターの状況と最近の進展（最近の進展），第2部 今日の森林セクターの主要課題（森林の状況，世界森林資源評価2000，気候変動と森林，地球の炭素貯留に森林の果たす役割　ほか），第3部 森林に関する国際対話と取組（国際対話と地球，地域，国家レベルの取組），第4部 地域別経済グループの林業（東南アジア諸国連合，カリブ海共同市場，独立国家共同体　ほか）

(内容)世界の森林と森林部門についてのFAO隔年報告の第4版。主として過去2年間に焦点をあて、これらの進展を考察している。森林セクターの状況と最近の進展，今日の森林セクターの主

要課題，森林に関する国際対話と取組，地域別経済グループの林業の4部構成。10年に1回行われる世界森林資源評価2000の要約結果の大要，世界の森林の現状2001に基づく世界森林地図，森林部門の新しい展開と森林に関連する重要な課題などが収録されている。

<統計集>

巨樹・巨木林フォローアップ調査報告書　第6回自然環境保全基礎調査　環境省自然環境局生物多様性センター編　財務省印刷局　2002.8　125p　30cm　1300円　Ⓘ4-17-319210-X　Ⓝ653.21

(目次)1 巨樹・巨木林フォローアップ調査業務の概要，2 巨樹・巨木林調査（前回調査）の概要，3 本編（本調査の位置づけ，項目別集計結果，項目間集計結果，解析結果，総括），付表，資料

(内容)昭和63年に始まる巨樹・巨木林調査のフォローアップ調査統計書。昭和63年度に第4回自然環境保全基礎調査の一環として，初の巨樹・巨木林調査を実施した。ここでは前回調査以降の変化状況を含めた巨木の現況を，平成11・12年度に巨樹・巨木林フォローアップを行い調査結果をまとめたもの。

日本の巨樹・巨木林　第4回自然環境保全基礎調査　甲信越・北陸版　環境庁編　大蔵省印刷局　1991.5　1冊　30cm　3400円　Ⓘ4-17-319204-5

(内容)自然環境保全基礎調査は、自然環境全般に亘る調査であり、第4回基礎調査では、その一環として、我が国における巨樹及び巨木林の現況等を把握することを目的として、「巨樹・巨木林調査」を実施した。本報告書は、昭和63年度に、各都道府県に委託して実施され、平成元年度において集計整理された、第4回自然環境保全基礎調査「巨樹・巨木林調査」の結果を各都道府県別に取りまとめたもので、巨樹・巨木林を対象とし、それらの位置、生育状況、生育環境、人々との関わり、保護の現状等についての調査結果を収録している。

日本の巨樹・巨木林　第4回自然環境保全基礎調査　九州・沖縄版　環境庁編　大蔵省印刷局　1991.5　1冊　30cm　3400円　Ⓘ4-17-319208-8

(内容)昭和63年度に、各都道府県に委託して実施され、平成元年度において集計整理された、第4回自然環境保全基礎調査「巨授・巨木林調査」の結果を各都道府県別にとりまとめたもの。巨樹・巨木林を対象とし、それらの位置、生育状況、生育環境、人々との関わり、保護の現状等についての調査結果が収録されている。

日本の巨樹・巨木林　第4回自然環境保全

基礎調査　中国・四国版　環境庁編　大蔵省印刷局　1991.5　1冊　30cm　3600円
Ⓘ4-17-319207-X
(内容)昭和63年度に、各都道府県に委託して実施され、平成元年度において集計整理された、第4回自然環境保全基礎調査「巨樹・巨木林調査」の結果を各都道府県別に取りまとめたもので、我が国の森林、樹木の象徴的存在であり、良好な景観や野生動物の生息環境を形成し、人々の心のよりどころとなるなど、生活と自然を豊かにする上でかけがえのない価値を有する巨樹・巨木林を対象として、それらの位置、生育状況、生育環境、人々との関わり、保護の現状等についての調査結果を収録している。

日本の巨樹・巨木林　第4回自然環境保全基礎調査　全国版　環境庁編　大蔵省印刷局　1991.12　235p　30cm　2500円　Ⓘ4-17-319209-6
(目次)1 巨樹・巨木林調査の概要、2 巨樹・巨木材調査情報処理業務の概要、3 本編、付図及び付表、資料(第4回自然環境保全基礎調査検討会及び分科会、第4回自然環境保全基礎調査要綱巨樹・巨木林調査)

◆海洋

＜事　典＞

海の百科事典　永田豊, 岩渕義郎, 近藤健雄, 酒匂敏次, 日比谷紀之編　丸善　2003.3　632p　21cm　17000円　Ⓘ4-621-07171-8
(目次)赤潮、アクアポリス、アクセスディンギー、アシカとアザラシ、新しい形式の海上空港、アニマル・アシステッド・セラピー、アホウドリ、ARGOS(アルゴス)システム、アンコウのつるし切り、アンデス文明をチチカカ湖底に求めて[ほか]
(内容)海洋・水産・マリンレジャーなど、さまざまな分野で海に関係する専門家の総力を結集、日本人にとって身近な「海」について、幅広く多面的に解説した事典。多彩な写真・イラストを大きく掲載。巻頭に索引、巻末に海に関する資料を収録。

テーマで読み解く海の百科事典　ビジュアル版　ドリク・ストウ著、天野一男、森野浩訳　柊風舎　2008.5　256p　31cm　〈原書名：Encyclopedia of the oceans.〉　13000円
Ⓘ978-4-903530-13-0　Ⓝ452.036
(目次)海洋のしくみ(運動するプレート、パターンとサイクル、塩、太陽、海水準、静かに、すみやかに、そして強く、海洋に秘められた富)、海洋における生命(進化と絶滅、生命の網目、海洋における生活様式、複雑な群集、脆弱な環境)
(内容)35億年以上前に海の中で生まれた、地球上の生命の源である魅惑に満ちた海の世界を、「海底のグランドキャニオン」「衝突する大陸」「恐竜の死滅」「ラッコの生態的役割」など、海に関する多様なテーマごとに、詳細な海底地形図や用語解説、豊富な図版とともに紹介する『読む百科事典』。

＜図　鑑＞

海獣図鑑　アシカセイウチアザラシ　荒井一利文、田中豊美画　文渓堂　2010.2　63p　31cm　〈文献あり　索引あり〉　2500円
Ⓘ978-4-89423-659-2　Ⓝ489.59
(目次)鰭脚類ってどんな動物?、水中生活に適した体、鰭脚類のくらし、海にくらすほ乳類、鰭脚類の仲間たち、野生のアシカやアザラシにであえるところ、海獣たちにせまる危機、海獣たちの保護活動
(内容)「鰭脚類」とよばれるアシカの仲間、セイウチ、アザラシの仲間を全種(35種類)とりあげ、それぞれの見分け方や生態、形態などを、詳しく解説。100点を超える写真と、精緻なイラストが満載。すべてオールカラーでの紹介。地球温暖化や異常気象、海洋汚染によって、生存をおびやかされている海獣たち─彼らがおかれている現状についても伝えている。

ビジュアル博物館　第62巻　海洋　ミランダ・マッキュイティ著、フランク・グリーンナウェイ写真、毛利匡明日本語版監修　(京都)同朋舎出版　1997.2　63p　29×23cm　2718円　Ⓘ4-8104-2248-8
(目次)昔の海、現代の海、海の生物、波と天候、砂と泥の海底、やわらかい砂の海底、岩場の海底、岩の上での生活、サンゴの王国、サンゴ礁で生きる、資源豊かな海、食うものと、食われるもの、マイホームと隠れ家、攻めたり守ったり、ジェット推進で泳ぐ、海中を進む、海を旅する、薄暗い世界で生きる、暗黒の深海で生きる、海底で生きる、熱い水の噴出、潜水装置の発達、潜水機械、海を探る、海底の沈没船、魚をとる、海の産物、石油と天然ガスの探査、危機にさらされる海

海洋　ダイナミック地球図鑑　ステファン・ハチンソン、ローレンス・E.ホーキンス著、出田興生、丸武志、武舎広幸訳　新樹社　2007.9　303p　24×24cm　〈ダイナミック地球図鑑〉　〈原書名：OCEAN〉　4800円
Ⓘ978-4-7875-8563-9
(目次)青い惑星、海の探検、海の生命、深海へ、海の縁、人間の影響
(内容)海の中には多雨林と沙漠の違いほども異

なった生息環境が存在する。海岸線から最深の海溝にいたるまで、きわめて多くの海の生き物がいる。珍しい生き物もいれば、奇怪なものもあり、中には驚くほど美しいものもある。こうした生きものは、並外れた、過酷な状況に適応しているのである。海についての科学である海洋学は、たかだか100年の歴史しかないが、この間にも、宇宙から海洋を調べる手段を発達させて、海水温や海流についての理解を深めてきた。また、潜水艇で潜水下降し、海底の地質を調査することもできる。この本は、海洋の成り立ちや海が育んでいる生き物、人間にとっての海洋の価値、さらには海洋が直面している脅威などを紹介し、海洋の図解案内書となっている。

海洋 ジョン・ウッドワード著，小島世津子訳，スマーテック訳，宮崎信之監修　ランダムハウス講談社　2009.7　96p　29cm　〈見て読んで調べるビジュアル&アクセス大図鑑シリーズ 8〉〈年表あり　索引あり　原書名：E.explore ocean.〉　2400円　①978-4-270-00483-8　Ⓝ452

(目次)特設ウェブサイトの使い方，海の惑星，海の開拓者たち，海洋学，深海探査，海底，海洋と大陸，中央海嶺，ホットスポットと海山，海溝，津波，海岸浸食，深海平原，変動する平均海面，海水，熱と光，サイクロンとハリケーン，風と波，潮汐と潮汐波，表層流，季節変動，深層流，栄養塩類と生命，海洋食物網，水中の生活，浅海の生物，潮間帯の生物，氷の海の生物，サンゴ礁と環礁，外洋，深海，熱水噴出孔，海の鉱物資源，海からのエネルギー，漁業と海洋養殖，乱獲と混獲，海洋貿易と観光事業，生息地の破壊，気候変動，海洋環境保全

(内容)海洋について知るべきことを41の項目に分け、すべて見開きで図説した分かりやすい構成。海洋に関する「年表」と「用語解説」も付与した便利な1冊。

鯨類学 村山司編著　(秦野)東海大学出版会　2008.5　402p　図版14枚　22cm　〈東海大学自然科学叢書 3〉〈折り込み1枚　文献あり〉　6800円　①978-4-486-01733-2　Ⓝ489.6

(目次)進化と適応，クジラの形態，聴覚，視覚，その他の感覚，移動，日本近海における鯨類の餌生物，社会，認知，海洋汚染と鯨類，ホエールウォッチング，海獣類における環境エンリッチメント，鯨類資源のモニタリング

(内容)イルカ・クジラの生物学、世界の鯨類図鑑。鯨類の姿かたち、暮らしの知見を紹介する。

ビジュアル博物館　第10巻　海辺の動植物　スティーブ・パーカー著，リリーフ・システムズ訳　(京都)同朋舎出版　1990.10　61p　24×19cm　3500円　①4-8104-0898-1　Ⓝ403.8

(目次)海辺の世界，海岸線をつくる，海岸の概観，陸地の端に生きる，海の植物，緑藻類，褐藻類，紅藻類，海藻をすみかとする，海辺の貝殻，岩にしっかりとしがみつく，潮だまりの中，潮だまりの魚，花のような動物，触手と針，海の星，穴を掘るもの，巣をつくるもの，硬い殻，興味深い協力関係，身を隠す，岩棚の生物たち，海でえものをとる，海辺にやってくる動物たち，海辺の宝探し，海辺を守る

(内容)海辺の動植物を紹介する博物図鑑。カニ、ロブスター、磯の潮だまりの生物、魚、アザラシなどの生きている姿の写真によって、海辺の生物たちを紹介するガイドブック。

ビジュアル博物館　第46巻　鯨　フランク・グリーナウェイ著，リリーフ・システムズ訳　(京都)同朋舎出版　1994.5　63p　29×23cm　2800円　①4-8104-1838-3

(目次)海の哺乳類，クジラの進化，大小さまざまなクジラ，クジラの体内，アザラシとアシカ，海の生活に適応して，海の巨獣，エサを捕える鋭い歯，濾すためのくじらひげ，クジラの歌，求愛と出産，社会生活，イルカとその仲間，"殺し屋"シャチ，不思議なイッカク，マッコウクジラ，ゾウアザラシ，セイウチの素顔，海の牛，巨大なクジラ狩り，20世紀の捕鯨，油，ブラシ，コルセット，肉，アザラシ狩り，神話と伝説，陸に乗り上げるクジラとホエールウォッチング，漁業と汚染，海の哺乳類の研究，クジラを救おう!

(内容)大英博物館・大英自然史博物館の監修のもと、同館収蔵品をカラー写真で紹介する図鑑。第46巻ではクジラをテーマとし、クジラ、アザラシ、シャチ、マナティーなど海の哺乳類の生態を紹介する。

<年鑑・白書>

神秘の海を解き明かせ　子ども科学技術白書〈6〉　まんが・未来をひらく夢への挑戦　子ども科学技術白書編集委員会編，文部科学省科学技術・学術政策局調査調整課監修　国立印刷局　2005.3　72p　21cm　〈子ども科学技術白書 6〉〈付属資料：CD-ROM1〉　477円　①4-17-196402-4

(目次)第1章 海の誕生，第2章 地球環境と海の役割，第3章 深海，第4章 これからの地球

◆河川・湖沼

<書誌>

水・河川・湖沼関係文献集　古賀邦雄編　水文献研究会　1996.8　430p　30cm　5000円

(内容)明治15年から平成6年までの水・河川および湖沼関係の単行本を収録した文献集。発行年

別に整理し独自の分類に分けたことにより時代ごとの社会的な傾向も読みとることができる。

<事典>

図説 江戸・東京の川と水辺の事典　鈴木理生編著　柏書房　2003.5　445p　26cm　12000円　①4-7601-2352-0

(目次)第1章 川は沈む―都市河川、第2章「都市河川」の誕生、第3章 中世の江戸水系と湊、第4章 江戸・東京の水系、第5章 江戸の水系、第6章 利根川東遷物語、第7章 水運手段の近代化、江戸・東京全河川解説

(内容)江戸・東京研究の第一人者が描き出す、知的刺激に満ちた「川と都市」研究の集大成。環境、土木、都市計画、産業、交通、文化…あらゆる側面から、川と人と都市の関係を読み解く。

利根川荒川事典　利根川文化研究会編　国書刊行会　2004.6　462p　23×16cm　5800円　①4-336-04604-2

(内容)利根川水系の利根川本流に、荒川、渡良瀬川、鬼怒川、小貝川、江戸川、中川などの本支流と、手賀沼、印旛沼、霞ヶ浦・北浦などを含めた全域の「自然・歴史・民俗・文化」を約2100項目の解説と図版・写真、年表・文献などで網羅。本文は五十音順に排列。巻頭にカラー図版、巻末に「近世・近現代の主な水害一覧(年表)」「利根川・荒川流域河岸一覧」「利根川荒川事典参考図書目録」などを収録。

<ハンドブック>

河川技術ハンドブック　総合河川学から見た治水・環境　末次忠司著　鹿島出版会　2010.9　500p　27cm 〈年表あり 索引あり〉　7500円　①978-4-306-02422-9　Ⓝ517.036

(目次)基盤地形の形成要因、基盤地形の形成とその影響、河川地形の形成と河道特性、水循環・物質動態とその予測、洪水状況、水害被害と対策、河道・堤防整備、河川計画と施設設計、河道災害と対策、氾濫水理と氾濫対策、施設の維持管理、ダム整備とその効果・影響、河川利用と水環境、生態系の環境構造、個別生態系の特徴、河川環境の再生・調査、河川に関する事柄

(内容)河川の治水・利水・環境に関係する項目を網羅した実用的なハンドブック。地形・河道特性から見た治水・環境について、これまでの河川技術のノウハウと知見を総合的に解説。実務面でも参考になる図表や資料を多数掲載し編集された内容。

河川便覧　平成2年版　日本河川協会編　国土開発調査会　1990.9　391p　22cm 〈発売：東京官書普及〉　3204円　Ⓝ517.21

(内容)河川・水資源開発・砂防・地下水等の基礎データを集成したデータブック。

河川便覧　1992　国土開発調査会編　国土開発調査会　1992.10　411p　21cm　3480円

(目次)1 一般指標、2 河川、3 水資源開発、4 砂防、5 地すべり、6 急傾斜地崩壊対策、7 雪崩対策、8 海岸、9 海洋開発、10 災害復旧、11 水防、12 利水、13 地下水、14 水質、15 外国

河川便覧　1994(平成6年版)　国土開発調査会　1994.10　438p　21cm　3700円

(目次)1 一般指標、2 河川、3 水資源開発、4 砂防、5 地すべり、6 急傾斜地崩壊対策、7 雪崩対策、8 海岸、9 海洋開発、10 災害復旧、11 水防、12 利水、13 地下水、14 水質、15 外国

河川便覧　1996　国土開発調査会編、日本河川協会監修　国土開発調査会　1996.10　413p　21cm　3700円

(目次)1 一般指標、2 河川、3 水資源開発、4 砂防、5 地すべり、6 急傾斜地崩壊対策、7 雪崩対策、8 海岸、9 海洋開発、10 災害復旧、11 水防、12 利水、13 地下水、14 水質、15 外国

河川便覧　2000　国土開発調査会編、日本河川協会監修　国土開発調査会　2000.10　427p　21cm　3524円　Ⓝ517.21

(目次)1 一般指標、2 河川、3 水資源開発、4 砂防、5 地すべり、6 急傾斜地崩壊対策、7 雪崩対策、8 海岸、9 海洋開発、10 災害復旧、11 水防、12 利水、13 地下水、14 水質、15 外国

(内容)日本の河川事業の統計・施策資料などをまとめた実務便覧。巻末には外国の主要な資料も掲載する。

河川便覧　2004　国土開発調査会編、日本河川協会監修　国土開発調査会　2004.10　443p　21cm　3524円

(目次)一般指標、河川、水資源開発、砂防、地すべり、急傾斜地崩壊対策、雪崩対策、海岸、海洋開発、災害復旧〔ほか〕

河川便覧　2006　国土開発調査会編、日本河川協会監修　(茅ヶ崎)国土開発調査会　2006.10　452p　21cm　3700円

(目次)一般指標、河川、水資源開発、砂防、地すべり、急傾斜地崩壊対策、雪崩対策、総合流域防災事業、海岸、海洋開発、災害復旧、水防、利水、地下水、水質、外国

国土交通省河川砂防技術基準 同解説・計画編　国土交通省河川局監修、日本河川協会編　日本河川協会、山海堂〔発売〕　2005.11　230p　31×22cm　4000円　①4-381-01714-5

(目次)基本計画編(基本方針、河川計画、砂防(土砂災害等対策)計画、海岸保全計画、情報の

共有と流域との連携 ほか），施設配置等計画編（河川環境等の整備と保全及び総合的な土砂管理，河川施設配置計画，砂防等施設配置計画，海岸保全施設配置計画，情報施設配置計画）

長良川河口堰が自然環境に与えた影響　長良川河口堰事業モニタリング調査グループ，長良川研究フォーラム，日本自然保護協会編　日本自然保護協会　1999.7　149p　30cm
（日本自然保護協会報告書　第85号）　3000円
⊙目次⊙ 1 水質および底質，2 動物プランクトン，3 底生生物，4 魚類，5 植物，6 野鳥

＜法令集＞

河川関係基本法令集　河川法研究会編　大成出版社　2008.7　494p　21cm　3200円
①978-4-8028-2836-9 Ⓝ517.091
⊙目次⊙ 河川法，河川法施行令，河川法施行規則，河川法第四条第一項の水系を指定する政令，河川管理施設等構造令，河川管理施設等構造令施行規則，河川法の施行について，河川敷地の占用許可について，工作物設置許可基準について，河川における船舶の通航方法の指定等についての準則について〔ほか〕

河川六法　平成2年版　建設省河川局監修
大成出版社　1990.2　1455p　19cm　4500円
①4-8028-7734-X
⊙目次⊙ 第1編 河川，第2編 ダム・水資源開発，第3編 砂利採取，第4編 砂防，第5編 海岸，第6編 治山治水緊急措置，第7編 水防，第8編 災害，第9編 公有水面埋立て，第10編 運河，第11編 環境保全・公害対策，第12編 参考法令
⊙内容⊙ 河川行政に関連するすべての法令・重要通達を体系的に収録し，根拠法令については詳細な注釈をくわえた最新内容の実務六法。

河川六法　平成3年版　建設省河川局監修
大成出版社　1991.3　1461p　19cm　4500円
①4-8028-7807-9
⊙目次⊙ 第1編 河川，第2編 ダム・水資源開発，第3編 砂利採取，第4編 砂防，第5編 海岸，第6編 治山治水緊急措置，第7編 水防，第8編 災害，第9編 公有水面埋立て，第10編 運河，第11編 環境保全・公害対策，第12編 参考法令
⊙内容⊙ 河川行政に関連するすべての法令・重要通達を体系的に収録し，根拠法令については詳細な注釈をくわえた最新内容の実務六法。

河川六法　平成4年版　建設省河川局監修
大成出版社　1992.3　1492p　19cm　4500円
①4-8028-7842-7
⊙目次⊙ 第1編 河川，第2編 ダム・水資源開発，第3編 砂利採取，第4編 砂防，第5編 海岸，第6編 治山治水緊急措置，第7編 水防，第8編 災害，第9編 公有水面埋立て，第10編 運河，第11編 環境保全・公害対策，第12編 参考法令

河川六法　平成5年版　建設省河川局監修
大成出版社　1993.3　1569p　19cm　4600円
①4-8028-7894-X
⊙目次⊙ 第1編 河川，第2編 ダム・水資源開発，第3編 砂利採取，第4編 砂防，第5編 海岸，第6編 治山治水緊急措置，第7編 水防，第8編 災害，第9編 公有水面埋立て，第10編 運河，第11編 環境保全・公害対策，第12編 参考法令
⊙内容⊙ 河川行政事務の遂行に必要な法令・重要通達を収録した法令集。体系的に12編に分類収録し，根拠法令については詳細な注釈をくわえている。巻頭に五十音順の法令名索引がある。

河川六法　平成6年版　建設省河川局監修
大成出版社　1994.3　1593p　19cm〈付（15p 19cm）：追補〉　4600円　①4-8028-7947-4
⊙目次⊙ 第1編 河川，第2編 ダム・水質資源開発，第3編 砂利採取，第4章 砂防，第5編 海岸，第6編 治山治水緊急措置，第7編 水防，第8編 災害，第9編 公有水面埋立て，第10編 運河，第11編 環境保全・公害対策，第12編 参考法令
⊙内容⊙ 河川行政に関わる法令・重要通達を体系的に収録した法令集。根拠法令については詳細な注釈を記載する。

河川六法　平成7年版　建設省河川局監修
大成出版社　1995.7　1695p　19cm　4600円
①4-8028-8014-6
⊙内容⊙ 河川行政関連の法令集。収録件数は法令185件，告示19件，例規134件，判例2件。内容は1995年4月5日現在。巻頭に法令名索引がある。

河川六法　平成8年版　建設省河川局監修
大成出版社　1996.6　1709p　19cm　4700円
①4-8028-8068-5
⊙目次⊙ 第1編 河川，第2編 ダム・水資源開発，第3編 砂利採取，第4編 水道原水，第5編 砂防，第6編 海岸，第7編 治山治水緊急措置，第8編 水防，第9編 災害，第10編 公有水面埋立て，第11編 運河，第12編 行政手続，第13編 環境保全・公害対策，第14編 参考法令
⊙内容⊙ 河川行政事務の遂行に必要な法令・告示・例規・判例を収録したもの。収録件数は河川法・特定多目的ダム法・砂利採取法などの法令183件，告示19件，例規147件，判例2件。内容は1996年3月19日現在。巻頭に五十音順の法令名索引がある。

河川六法　平成10年版　建設省河川局監修
大成出版社　1998.10　1956p　19cm　4667円　①4-8028-8274-2
⊙目次⊙ 第1編 河川，第2編 ダム・水資源開発，第

3編 砂利採取, 第4編 水道原水, 第5編 砂防, 第6編 海岸, 第7編 治山治水緊急措置, 第8編 水防, 第9編 災害, 第10編 公有水面埋立て, 第11編 運河, 第12編 行政手続, 第13編 環境保全・公害対策, 第14編 参考法令
(内容)河川行政事務の遂行に必要な法令・告示・例規・判例を収録した法令集。収録件数は法令194件, 告示21件, 例規161件, 判例2件。内容は1998年7月31日現在。法令名索引付き。

河川六法　平成11年版　建設省河川局監修
　大成出版社　1999.12　2083p　19cm　4667円　Ⓘ4-8028-8389-7
(目次)河川, ダム・水資源開発, 砂利採取, 水道原水, 砂防, 海岸, 治山治水緊急措置, 水防, 災害, 公有水面埋立て, 運河, 行政手続, 環境保全・公害対策, 参考法令
(内容)河川行政事務の遂行に必要な法令・告示・例規・判例を収録した法令集。収録件数は法令181件, 告示22件, 例規194件, 判例2件。内容は1999年8月5日現在。法令名索引付き。

河川六法　平成12年版　建設省河川局監修
　大成出版社　2000.12　2116p　19cm　4667円　Ⓘ4-8028-8507-5　Ⓝ517.091
(目次)第1編 河川, 第2編 ダム・水資源開発, 第3編 砂利採取, 第4編 水道原水, 第5編 砂防, 第6編 海岸, 第7編 治山治水緊急措置, 第8編 水防, 第9編 災害, 第10編 公有水面埋立て, 第11編 運河, 第12編 行政手続, 第13編 環境保全・公害対策, 第14編 参考法令
(内容)河川行政の遂行に必要な法令・告示・例規・判例を収録する法令集。収録件数は法令206件, 告示22件, 例規158件, 判例2件。内容は平成12年6月7日現在。

河川六法　平成13年版　国土交通省河川局監修　大成出版社　2001.12　2170p　19cm　4724円　Ⓘ4-8028-8715-9　Ⓝ517.091
(目次)河川, ダム・水資源開発, 砂利採取, 水道原水, 砂防, 海岸, 治山治水緊急措置, 水防, 災害, 公有水面埋立て, 運河, 行政手続, 環境保全・公害対策, 参考法令
(内容)河川・ダム関係の法令集。平成13年版には平成13年8月31日現在の法令203件, 告示23件, 例規166件, 判例2件を収録している。五十音順の法令名索引あり。

河川六法　平成14年版　国土交通省河川局監修　大成出版社　2002.12　2182p　19cm　4724円　Ⓘ4-8028-8815-5　Ⓝ517.091
(目次)河川, ダム・水資源開発, 砂利採取, 水道原水, 砂防, 海岸, 治山治水緊急措置, 水防, 災害, 公有水面埋立て, 運河, 行政手続, 環境保全・公害対策, 参考法令
(内容)河川行政の実務者向けの法令集。平成14年8月31日現在で河川法をはじめとする法令202件, 告示23件, 例規163件, 判例2件を収録, 部門別に掲載する。巻頭に法令名索引を付す。

河川六法　平成16年版　国土交通省河川局監修　大成出版社　2004.12　2422p　19cm　5300円　Ⓘ4-8028-9126-1
(内容)法令220件, 告示26件, 例規176件, 判例2件を収録。平成16年10月15日現在。

河川六法　平成18年版　国土交通省河川局監修　大成出版社　2005.12　2290p　19×14cm　5300円　Ⓘ4-8028-9243-8
(目次)河川, ダム・水資源開発, 砂利採取, 水道原水, 砂防, 海岸, 社会資本整備重点計画, 治水, 水防, 都市水害, 災害, 公有水面埋立て, 運河, 行政手続, 環境保全・公害対策, 参考法令
(内容)平成一七年一〇月一五日現在で収録。収録件数―法令二二〇件, 告示二六件, 例規一七二件, 判例二件。

河川六法　平成20年版　河川法研究会編　大成出版社　2007.12　2150p　19cm　5500円　Ⓘ978-4-8028-2800-0
(目次)河川, ダム・水資源開発, 砂利採取, 水道原水, 砂防, 海岸, 社会資本整備重点計画, 特別会計, 水防, 都市水害, 災害, 公有水面埋立て, 運河, 行政手続, 環境保全・公害対策, 参考法令
(内容)原則として, 平成一九年一一月一日現在で収録。収録件数―法令二〇〇件, 告示二五件, 例規一七三件, 判例二件。

河川六法　平成21年版　河川法研究会編　大成出版社　2009.1　2142p　19cm　〈索引あり〉　5500円　Ⓘ978-4-8028-2862-8　Ⓝ517.091
(目次)河川, ダム・水資源開発, 砂利採取, 水道原水, 砂防, 海岸, 社会資本整備重点計画, 特別会計, 水防, 都市水害, 災害, 公有水面埋立て, 運河, 行政手続, 環境保全・公害対策, 参考法令
(内容)法令二〇〇件, 告示二五件, 例規一七三件, 判例二件を, 原則として, 平成二〇年一一月二五日現在で収録した。

河川六法　平成22年版　河川法研究会編　大成出版社　2010.6　2156p　19cm　〈索引あり〉　6000円　Ⓘ978-4-8028-2949-6　Ⓝ517.091
(目次)河川, ダム・水資源開発, 砂利採取, 水道原水, 砂防, 海岸, 社会資本整備重点計画, 特別会計, 水防, 都市水害, 災害, 公有水面埋立て, 運河, 行政手続, 環境保全・公害対策, 参考法令

<図鑑>

ビジュアル博物館　6　池と川の動植物
スティーブ・パーカー著，リリーフ・システムズ訳　（京都）同朋舎出版　1990.7　63p　29×23cm　3500円　Ⓘ4-8104-0894-9

(目次)春の植物，春の動物，初夏の植物，初夏の動物，真夏の植物，真夏の動物，秋の池，冬の池，淡水の魚，マス，水鳥，水辺の鳥，イグサとアシ，アシ原，水辺の哺乳類，カエルとイモリ，水辺のハンターたち，池の水面の花，水に浮かぶ植物，水中の水草，トンボ，水中の昆虫，淡水の貝，川の上流，川岸の生物たち，河口，塩水の沼沢地，研究と自然保護

(内容)池と川の世界を紹介する博物図鑑。魚，水生甲虫，カエル，水草などの写真によって，淡水中やその周辺にすむ植物および動物の生態を学べるガイドブック。

<年鑑・白書>

河川局所管　補助事業事務提要　平成10年版
第15版　建設省河川局河川総務課監修，河川関係補助事業研究会編　大成出版社　1999.1　793p　21cm　3429円　Ⓘ4-8028-8342-0

(目次)第1章 補助金等の概要及び交付，第2章 補助金の支出と繰越，第3章 補助事業の執行，第4章 補助事業の完了，第5章 NTT無利子貸付金制度，第6章 基本法令等，第7章 質疑応答

(内容)河川局所管にかかる補助事業に関連する新しい通達，基準はもとより，事務の簡素化・改善等にともなう改正通達，質疑応答等を集録するとともに，補助事業の内容，事業手続等を解説し，補助事業に係る事務を適正かつ能率的に処理するための実務書。

河川局所管補助事業事務提要　平成15年度版
第19版　河川関係補助事業研究会編　大成出版社　2003.11　849p　21cm　3524円　Ⓘ4-8028-8966-6

(目次)第1章 補助金の概要及び交付，第2章 補助金の支出と繰越，第3章 補助事業の執行，第4章 補助事業の完了，第5章 NTT無利子貸付金制度，第6章 基本法令等，第7章 質疑応答

河川局所管補助事業事務提要　平成16年度版
河川関係補助事業研究会編　大成出版社　2004.8　855p　21cm　3524円　Ⓘ4-8028-9092-3

(目次)第1章 補助金等の概要及び交付，第2章 補助金の支出と繰越，第3章 補助事業の執行，第4章 補助事業の完了，第5章 NTT無利子貸付金制度，第6章 基本法令等，第7章 質疑応答

河川局所管補助事業事務提要　平成17年度版
第21版　河川関係補助事業研究会編　大成出版社　2006.1　843p　21cm　3600円　Ⓘ4-8028-9231-4

(目次)第1章 補助金等の概要及び交付，第2章 補助金の支出と繰越，第3章 補助事業の執行，第4章 補助事業の完了，第5章 NTT無利子貸付金制度，第6章 基本法令等，第7章 質疑応答

河川局所管補助事業事務提要　平成18年度版
第22版　河川関係補助事業研究会編　大成出版社　2006.11　843p　21cm　4000円　Ⓘ4-8028-9315-9

(目次)第1章 補助金等の概要及び交付，第2章 補助金の支出と繰越，第3章 補助事業の執行，第4章 補助事業の完了，第5章 NTT無利子貸付金制度，第6章 基本法令等，第7章 質疑応答

河川局所管補助事業事務提要　平成19年度版
河川関係補助事業研究会編　大成出版社　2007.10　869p　21cm　4000円　Ⓘ978-4-8028-9385-5

(目次)第1章 補助金等の概要及び交付，第2章 補助金の支出と繰越，第3章 補助事業の執行，第4章 補助事業の完了，第5章 NTT無利子貸付金制度，第6章 基本法令等，第7章 質疑応答

河川局所管補助事業事務提要　平成20年度版
第24版　河川関係補助事業研究会編　大成出版社　2008.11　877p　21cm　4000円　Ⓘ978-4-8028-2854-3　Ⓝ517.09

(目次)第1章 補助金等の概要及び交付，第2章 補助金の支出と繰越，第3章 補助事業の執行，第4章 補助事業の完了，第5章 NTT無利子貸付金制度，第6章 基本法令等，第7章 質疑応答

河川水辺の国勢調査年鑑　河川空間利用実態調査編（平成2・3年度）
リバーフロント整備センター編，建設省河川局治水課監修　山海堂　1993.5　739p　26cm　19000円　Ⓘ4-381-08179-X

(目次)1 河川水辺の国勢調査について，2 平成2年度・平成3年度全国の河川空間利用実態の概要，3 水系別河川空間利用実態，4 資料編

(内容)建設省が実施している河川水辺の国勢調査のうち，河川空間利用実態の調査の結果を収録したもの。

河川水辺の国勢調査年鑑　魚介類調査編（平成2・3年度）
リバーフロント整備センター編，建設省河川局治水課監修　山海堂　1993.5　698p　26cm　9800円　Ⓘ4-381-08180-3

(目次)1 河川水辺の国勢調査について，2 平成2・3年度魚介類調査の概要，3 河川別魚介類調査結果，4 資料編

(内容)建設省が実施している河川水辺の国勢調

査のうち、魚介類の調査の結果を収録したもの。

河川水辺の国勢調査年鑑　平成3年度　底生動物調査、植物調査、鳥類調査、両生類・爬虫類・哺乳類調査、陸上昆虫類等調査編　リバーフロント整備センター編集　山海堂　1994.3　999p　27cm　〈監修：建設省河川局治水課〉　18932円　①4-381-08181-1

(内容)建設省が実施している河川水辺の国勢調査のうち、底生動物・植物・鳥類・両生類・爬虫類・哺乳類・陸上昆虫類等の調査の結果を収録したもの。

河川水辺の国勢調査年鑑　河川空間利用実態調査編（平成4年度）　リバーフロント整備センター編、建設省河川局治水課監修　山海堂　1994.8　613p　26cm　17000円　①4-381-00946-0

(目次)1 河川水辺の国勢調査について、2 平成4年度全国の河川空間利用実態の概要、3 水系別河川空間利用実態

(内容)建設省が実施している河川水辺の国勢調査のうち、河川空間利用実態の調査の結果を収録したもの。

河川水辺の国勢調査年鑑　底生動物調査編　平成4年度　建設省河川局治水課監修、リバーフロント整備センター編　山海堂　1994.11　594p　26cm　18000円　①4-381-00948-7

(目次)1 河川水辺の国勢調査について、2 平成4年度底生動物調査の概要、3 河川別底生動物調査結果

(内容)建設省が実施している河川水辺の国勢調査のうち、底生動物調査の結果を収録。35河川を地域別に排列。参考資料として「河川水辺の国勢調査」実施要領、同マニュアル（案）がある。

河川水辺の国勢調査年鑑　両生類・爬虫類・哺乳類調査編　平成4年度　建設省河川局治水課監修、リバーフロント整備センター編　山海堂　1994.11　328p　26cm　9800円　①4-381-00951-7

(目次)1 河川水辺の国勢調査について、2 平成4年度両生類・爬虫類・哺乳類調査の概要、3 河川別両生類・爬虫類・哺乳類調査結果

(内容)建設省が実施している河川水辺の国勢調査のうち、両生類・爬虫類・哺乳類調査の結果を収録。44河川を地域別に排列。参考資料として「河川水辺の国勢調査」実施要領、同マニュアル（案）がある。

河川水辺の国勢調査年鑑　平成4年度　鳥類調査編　リバーフロント整備センター編集　山海堂　1994.12　1234p　27cm　〈監修：建設省河川局治水課〉　18932円　①4-381-00950-9

(内容)建設省が実施している河川水辺の国勢調査のうち、鳥類の調査の結果を収録したもの。

河川水辺の国勢調査年鑑　平成4年度　陸上昆虫類等調査編　リバーフロント整備センター編集　山海堂　1994.12　1318p　27cm　〈監修：建設省河川局治水課〉　19223円　①4-381-00952-5

(内容)建設省が実施している河川水辺の国勢調査のうち、陸上昆虫類等の調査の結果を収録したもの。

河川水辺の国勢調査年鑑　魚介類調査編　平成4年度　建設省河川局治水課監修、リバーフロント整備センター編　山海堂　1995.1　786p　26cm　19000円　①4-381-00947-9

(目次)1 河川水辺の国勢調査について、2 平成4年度魚介類調査の概要、3 河川別魚介類調査結果、4 資料編

(内容)建設省が実施している河川水辺の国勢調査のうち、魚介類調査の結果を収録。全国109の一級水系及び90の二級水系河川を地域別に排列。参考資料として「河川水辺の国勢調査」実施要領、同マニュアル（案）がある。

河川水辺の国勢調査年鑑　植物調査編　平成4年度　建設省河川局治水課監修、リバーフロント整備センター編　山海堂　1995.1　1433p　26cm　19800円　①4-381-00949-5

(目次)1 河川水辺の国勢調査について、2 平成4年度植物調査の概要、3 河川別植物調査結果、4 資料編

(内容)建設省が実施している河川水辺の国勢調査のうち、植物調査の結果を収録。全国109の一級水系及び90の二級水系河川を地域別に排列。参考資料として「河川水辺の国勢調査」実施要領、同マニュアル（案）がある。

河川水辺の国勢調査年鑑　平成7年度　鳥類調査、両生類・爬虫類・哺乳類調査、陸上昆虫類等調査編　建設省河川局河川環境課監修、リバーフロント整備センター編　山海堂　1997.11　77p　26cm　〈付属資料：CD-ROM1〉　19000円　①4-381-01149-X

(内容)平成7年度に実施した鳥類調査、両生類・爬虫類・哺乳類調査および陸上昆虫類等調査について、その成果をまとめたもの。現地での調査結果のほか、調査対象河川内の文献調査結果もあわせて記載、河川内の鳥類、両生類・爬虫類・哺乳類および陸上昆虫類等の生息状況の既往の記録にもふれた内容になっている。

河川水辺の国勢調査年鑑　平成7年度　魚介類調査、底生動物調査編　建設省河川局河川環境課監修、リバーフロント整備セン

環境問題　　　　　　　　　　　　　　　　　　　地球環境

ター編　山海堂　1997.11　69p　26cm　〈付属資料：CD-ROM1〉　19000円　①4-381-01147-3
内容 平成7年度に実施した魚介類調査、底生動物調査について、その成果をまとめたもの。現地での調査結果のほか、調査対象河川内の文献調査結果もあわせて記載、河川内の魚介類・底生動物の生息状況の既往の記録にもふれた内容になっている。

河川水辺の国勢調査年鑑　平成7年度　植物調査編　建設省河川局河川環境課監修，リバーフロント整備センター編　山海堂　1997.11　55p　26cm　〈付属資料：CD-ROM1〉　19000円　①4-381-01148-1
内容 平成7年度に実施した植物調査について、その成果をまとめたもの。現地での調査結果のほか、調査対象河川内の文献調査結果もあわせて記載、河川内の植物の生育状況の既往の記録にもふれた内容になっている。

河川水辺の国勢調査年鑑　平成8年度　魚介類調査、底生動物調査編　建設省河川局河川環境課監修，リバーフロント整備センター編　山海堂　1998.11　71p　26cm　〈付属資料：CD-ROM1〉　18000円　①4-381-01297-6
目次 河川水辺の国勢調査について，CD-ROMの使い方と解説，平成8年度調査の概要（魚介類調査の概要，底生動物調査の概要），資料
内容 平成8年度に実施した魚介類調査、底生動物調査について、その成果をまとめたもの。現地での調査結果のほか、調査対象河川内の文献調査結果もあわせて記載、河川内の魚介類・底生動物の生息状況の既往の記録にもふれた内容になっている。

河川水辺の国勢調査年鑑　平成8年度　鳥類調査、両生類・爬虫類・哺乳類調査、陸上昆虫類等調査編　建設省河川局河川環境課監修，財団法人リバーフロント整備センター編　山海堂　1998.11　81p　26cm　〈付属資料：CD-ROM1〉　18000円　①4-381-01299-2
目次 河川水辺の国勢調査について，CD-ROMの使い方と解説，平成8年度調査の概要（鳥類調査の概要，両生類・爬虫類・哺乳類調査の概要，陸上昆虫類等調査の概要），資料
内容 平成8年度に実施した鳥類調査、両生類・爬虫類・哺乳類調査および陸上昆虫類等の生息状況の既往の記録にもふれた内容になっている。

河川水辺の国勢調査年鑑　平成8年度　植物調査編　建設省河川局河川環境課監修，財団法人リバーフロント整備センター編　山海堂　1998.11　53p　26cm　〈付属資料：CD-ROM1〉　18000円　①4-381-01298-4
目次 河川水辺の国勢調査について，CD-ROMの使い方と解説，平成8年度調査の概要（植物調査の概要），資料
内容 平成8年度に実施した植物調査について、その成果をまとめたもの。現地での調査結果のほか、調査対象河川内の文献調査結果もあわせて記載、河川内の植物の生育状況の既往の記録にもふれた内容になっている。

河川水辺の国勢調査年鑑　平成9年度　魚介類調査、底生動物調査編　建設省河川局河川環境課監修，リバーフロント整備センター編　山海堂　1999.10　73p　26cm　〈付属資料：CD-ROM1〉　12000円　①4-381-01346-8
目次 河川水辺の国勢調査について，CD-ROMの使い方と解説（魚介類調査編画面構成，底生動物調査編画面構成 ほか），平成9年度調査の概要（魚介類調査の概要，底生動物調査の概要），資料（「河川水辺の国勢調査」実施要領）
内容 平成9年度に実施した魚介類調査、底生動物調査について、その成果をまとめたもの。現地での調査結果のほか、調査対象河川内の文献調査結果もあわせて記載、河川内の魚介類・底生動物の生息状況の既往の記録にもふれた内容になっている。CD-ROM付き。

河川水辺の国勢調査年鑑　平成9年度　植物調査編　建設省河川局河川環境課監修，リバーフロント整備センター編　山海堂　1999.10　45p　26cm　〈付属資料：CD-ROM1〉　12000円　①4-381-01347-6
目次 河川水辺の国勢調査について，CD-ROMの使い方と解説（植物調査編画面構成，植物調査結果収録河川一覧 ほか），平成9年度調査の概要（植物調査の概要），資料（「河川水辺の国勢調査」実施要領）
内容 平成9年度に実施した植物調査について、その成果をまとめたもの。現地での調査結果のほか、調査対象河川内の文献調査結果もあわせて記載、河川内の植物の生育状況の既往の記録にもふれた内容になっている。CD-ROM付き。

河川水辺の国勢調査年鑑　平成9年度　鳥類調査、両生類・爬虫類・哺乳類調査、陸上昆虫類等調査編　建設省河川局河川環境課監修，リバーフロント整備センター編　山海堂　1999.10　91p　26cm　〈付属資料：CD-ROM1〉　12000円　①4-381-01348-4
目次 河川水辺の国勢調査について，CD-ROMの使い方と解説（鳥類調査編画面構成，両生類・

爬虫類・哺乳類調査編画面構成 ほか), 平成9年度調査の概要(鳥類調査の概要, 両生類・爬虫類・哺乳類調査の概要 ほか), 資料(「河川水辺の国勢調査」実施要額)

(内容)平成9年度に実施した鳥類調査、両生類・爬虫類・哺乳類調査および陸上昆虫類等調査について、その成果をまとめたもの。現地での調査結果のほか、調査対象河川内の文献調査結果もあわせて記載、河川内の鳥類、両生類・爬虫類・哺乳類および陸上昆虫類等の生息状況の既往の記録にもふれた内容になっている。CD-ROM付き。

河川水辺の国勢調査年鑑 河川版 平成11年度 魚介類調査、底生動物調査編 国土交通省河川局河川環境課監修, リバーフロント整備センター編 山海堂 2001.10 69p 26cm 〈付属資料:CD-ROM1〉 14500円 ①4-381-01373-5 Ⓝ517.21

(内容)河川の自然環境を調査に基づき掲載する資料集。「平成9年度 河川水辺の国勢調査マニュアル 河川版(生物調査編)」に基づいて実施された調査結果を収録。河川水辺の国勢調査結果のうち、ダム湖を除く河川に係わる生物調査についてとりまとめる。

河川水辺の国勢調査年鑑 河川版 平成11年度 植物調査編 国土交通省河川局河川環境課監修, リバーフロント整備センター編 山海堂 2001.10 39p 26cm 〈付属資料:CD-ROM1〉 14500円 ①4-381-01374-3 Ⓝ517.21

(内容)河川の自然環境を調査に基づき掲載する資料集。「平成9年度 河川水辺の国勢調査マニュアル 河川版(生物調査編)」に基づいて実施された調査結果を編集。河川水辺の国勢調査結果のうち、ダム湖を除く河川に係わる生物調査についてとりまとめる。

河川水辺の国勢調査年鑑 河川版 平成11年度 鳥類調査、両生類・爬虫類・哺乳類調査、陸上昆虫類調査編 国土交通省河川局河川環境課監修, リバーフロント整備センター編 山海堂 2001.10 79p 26cm 〈付属資料:CD-ROM1〉 14500円 ①4-381-01375-1 Ⓝ517.21

(内容)河川の自然環境を調査に基づき掲載する資料集。「平成9年度 河川水辺の国勢調査マニュアル 河川版(生物調査編)」に基づいて実施された調査結果を編集。河川水辺の国勢調査結果のうち、ダム湖を除く河川に係わる生物調査についてとりまとめる。

全国総合河川大鑑 1991 建設情報社編 全国河川ダム研究会 1991.4 334p 26cm 25000円

(目次)建設省, 水資源開発公団, 日本下水道事業団の事業計画, 沖縄開発庁沖縄総合事務局, 北海道開発局の事業計画, 東京都下水道局の事業計画, 東京都建設局の河川計画

全国総合河川大鑑 1993 建設情報社編 全国河川ダム研究会 1993.4 347p 26cm 25000円

(目次)建設省, 水資源開発公団, 日本下水道事業団の事業計画, 沖縄開発庁沖縄総合事務局, 北海道開発局の事業計画, 東京都下水道局の事業計画, 東京都建設局の河川計画

全国総合河川大鑑 1994 建設情報社編 全国河川ダム研究会 1994.4 333p 27×20cm 25000円

(目次)建設省, 水資源開発公団, 日本下水道事業団の事業計画, 沖縄開発庁沖縄総合事務局, 北海道開発局の事業計画, 東京都下水道局の事業計画, 東京都建設局の河川計画

全国総合河川大鑑 1995 建設情報社編 (富士見)全国河川ダム研究会 1995.4 346p 26×19cm 25000円

(目次)建設省, 水資源開発公団, 日本下水道事業団の事業計画, 沖縄開発庁沖縄総合事務局, 北海道開発局の事業計画, 東京都下水道局の事業計画, 社団法人日本土木工業協会役員, 社団法人日本土木工業協力会員, 社団法人日本電力建設業協会

全国総合河川大鑑 1996 (富士見)全国河川ダム研究会 1996.4 310p 27×19cm 25000円

(目次)建設省, 水資源開発公団, 日本下水道事業団の事業計画, 沖縄開発庁沖縄総合事務局, 東京都下水道局の事業計画

全国総合河川大鑑 1999 建設情報社編 (富士見)全国河川ダム研究会 1999.4 329p 26cm 23812円

(目次)建設省, 水資源開発公団, 日本下水道事業団の事業計画, 沖縄開発庁の事業計画, 北海道開発庁の事業計画, 東京都下水道局の事業計画, 社団法人日本土木工業協会役員, 社団法人日本電力建設業協会役員, 社団法人日本海洋開発建設協会役員

全国総合河川大鑑 2000 建設情報社編 (富士見)全国河川ダム研究会 2000.4 332p 26cm 23812円 Ⓝ517.091

(目次)建設省(東北地方建設局の河川・ダム計画, 関東地方建設局の河川・ダム計画, 北陸地方建設局の河川・ダム計画, 中部地方建設局の河川・ダム計画, 近畿地方建設局の河川・ダム計画, 中国地方建設局の河川・ダム計画, 四国地方建設局の河川・ダム計画, 九州地方建設局の河川・

ダム計画），水資源開発公団—水系開発計画の内容，日本下水道事業団の事業計画，沖縄開発庁沖縄総合事務局—国土保全と水資源開発，北海道開発庁の事業計画，東京都下水道局の事業計画，東京都建設局の河川計画

全国総合河川大鑑 2001 建設情報社編
（富士見）全国河川ダム研究会 2001.4
338p 26cm 23812円 Ⓝ517.091

[目次]国土交通省，水資源開発公団，日本下水道事業団の事業計画，沖縄開発庁沖縄総合事務局，北海道開発庁の事業計画，東京都下水道局の事業計画，社団法人日本土木工業協会役員，社団法人日本電力建設業協会役員，社団法人日本海洋開発建設協会役員

全国総合河川大鑑 2002 建設情報社編
（富士見）全国河川ダム研究会 2002.3
363p 26cm 23812円 Ⓝ517.091

[目次]国土交通省，水資源開発公団，日本下水道事業団の事業計画，内閣府沖縄総合事務局開発建設部，北海道の開発，東京都下水道局の事業計画，社団法人日本土木工業協会役員，社団法人日本電力建設業協会役員，社団法人日本海洋開発建設協会役員

全国総合河川大鑑 2003 建設情報社編
（富士見）全国河川ダム研究会 2003.3
357p 26cm 23812円

[目次]国土交通省，水資源開発公団，日本下水道事業団の事業計画，内閣府沖縄総合事務局開発建設部，北海道の開発，東京都下水道局の事業計画，社団法人日本土木工業協会役員，社団法人日本電力建設業協会役員，社団法人日本海洋開発建設協会役員

全国総合河川大鑑 2005 建設情報社編
（富士見）全国河川ダム研究会 2005.3
303p 26cm 23810円 ①4-902637-02-2

[目次]国土交通省，独立行政法人水資源機構，日本下水道事業団の事業計画，北海道の開発，東京都下水道局の事業計画，社団法人日本土木工業協会役員，社団法人日本電力建設業協会役員，社団法人日本海洋開発建設協会役員

全国総合河川大鑑 2006 建設情報社編
（富士見）全国河川ダム研究会 2006.3
319p 21cm 23810円 ①4-902637-04-9

[目次]国土交通省，独立行政法人水資源機構，日本下水道事業団の事業計画，北海道の開発，内閣府沖縄総合事務局開発建設部，東京都下水道局の事業計画，社団法人日本土木工業協会役員，社団法人日本電力建設業協会役員，社団法人日本海洋開発建設協会役員

全国総合河川大鑑 2007 建設情報社，全国河川ダム研究会土木調査会共編 （富士見）全国河川ダム研究会 2007.3 309p 26cm 23810円 ①978-4-902637-06-9

[目次]国土交通省，独立行政法人水資源機構，日本下水道事業団の事業計画，北海道の開発，内閣府沖縄総合事務局開発建設部，東京都下水道局の事業計画，社団法人日本土木工業協会役員，社団法人日本電力建設業協会役員，社団法人日本海洋開発建設協会役員

日本河川水質年鑑 1989 日本河川協会編，建設省河川局監修 山海堂 1990.12
1153p 26cm 19570円 ①4-381-00836-7

[目次]実態編（全国河川の水質概況，北海道地方の河川の水質，東北地方の河川の水質，関東地方の河川の水質，北陸地方の河川の水質，中部地方の河川の水質，近畿地方の河川の水質，中国地方の河川の水質，四国地方の河川の水質，九州地方の河川の水質），研究・参考編（水質汚濁防止法の一部改正について，日本の淡水魚，融雪水の酸性化現象，BOD測定用バイオセンサの開発，噴水による富栄養化対策，霞ケ浦の自然を生かした「植生浄化施設」，筑後川〈沼川〉魚の斃死とその対応について），川を愛する女性からの特別寄稿（私と河川水質の出会い，釣り師から見た川），資料編

日本河川水質年鑑 1990 日本河川協会編，建設省河川局監修 山海堂 1992.3 2冊（セット） 26cm 〈別冊(518p)：「日本河川水質年鑑」発刊20周年記念特集号〉 25000円 ①4-381-08156-0

[目次]実態編（全国河川の水質概況，北海道地方の河川の水質，東北地方の河川の水質，関東地方の河川の水質，北陸地方の河川の水質，中部地方の河川の水質，近畿地方の河川の水質，中国地方の河川の水質，四国地方の河川の水質，九州地方の河川の水質），座談会「水環境の未来」，研究・参考編（水質監視及び水質事故，水質予測等，上水，下水，生態系，環境，浄化対策，水管理制度）

日本河川水質年鑑 1991 日本河川協会編，建設省河川局監修 山海堂 1993.3 1116p 26cm 19570円 ①4-381-08184-6

[目次]実態編（全国河川の水質概況，北海道地方の河川の水質，東北地方の河川の水質，関東地方の河川の水質，北陸地方の河川の水質，中部地方の河川の水質，近畿地方の河川の水質，中国地方の河川の水質，四国地方の河川の水質，九州地方の河川の水質），研究・参考編（K-82型水質自動監視装置の改良，貯水池における水質予測，都市域からの雨水流出水の水質特性，土壌農地が河川水質に及ぼす影響，森林の水質浄化機能，流出油回収装置の開発），資料編（平成3年一級河川主要地点の水質測定資料）

地球環境　　　　　　　　　　　環境問題

日本河川水質年鑑　1992　日本河川協会編，建設省河川局監修　山海堂　1994.7　1128p　26cm　19570円　④4-381-08220-6
(目次)実態編(全国河川の水質概況，北海道地方の河川の水質，東北地方の河川の水質，関東地方の河川の水質，北陸地方の河川の水質，中部地方の河川の水質，近畿地方の河川の水質，中国地方の河川の水質，四国地方の河川の水質，九州地方の河川の水質)，研究・参考編(マングローブ林と河川の係り，湖沼沿岸の生態系構造の特色，特に藻類群集の生産と窒素の取込みについて，水道水源としての河川の水質について，水質事故対策技術について，木炭浄化システム，淡水魚類の生息状況と河川水質の関係について)，資料編(平成4年一級河川主要地点の水質測定資料)

日本河川水質年鑑　1993　建設省河川局監修，日本河川協会編　山海堂　1995.6　1123p　26cm　19570円　④4-381-00982-7
(目次)実態編(全国河川の水質概況，北海道地方の河川の水質，東北地方の河川の水質，関東地方の河川の水質 ほか)，研究・参考編(河川・湖沼等の水質浄化方策の視点，わが国の酸性雨の現状と陸域生態系への影響について，生物生産と湖沼の水質，文学作品よりみた戦前の東京の河川の水質について ほか)
(内容)全国の一級河川の建設省直轄管理区間(一部指定区間も含む)に関する水質調査の結果および水質問題に関する調査・研究論文等を掲載する年鑑。

日本河川水質年鑑　1995　建設省河川局監修，日本河川協会編　山海堂　1997.11　1151p　26cm　22000円　④4-381-01025-6
(目次)実態編(全国河川の水質概況，北海道地方の河川の水質，東北地方の河川の水質，関東地方の河川の水質，北陸地方の河川の水質，中部地方の河川の水質，近畿地方の河川の水質，中国地方の河川の水質，四国地方の河川の水質，九州地方の河川の水質)，研究・参考編(バイオセンサによる水質計測，水中の生物利用可能栄養物質量を評価するMBOD法，地下水保全対策の一層の推進及び事故時対策の充実について—汚染された地下水の浄化措置の導入・油事故時対策の追加，河川水質試験方法の改定と今後の課題，土浦ビオパーク(市民参加型の水質浄化施設))
(内容)平成7年に行った水質測定結果をまとめたもの。

日本河川水質年鑑　1996　建設省河川局監修，日本河川協会編　山海堂　1998.9　1146p　26cm　22000円　④4-381-01192-9
(目次)実態編(全国河川の水質概況，北海道地方の河川の水質，東北地方の河川の水質，関東地方の河川の水質，北陸地方の河川の水質，中部地方の河川の水質，近畿地方の河川の水質，中国地方の河川の水質，四国地方の河川の水質，九州地方の河川の水質)，研究・参考編(琵琶湖・淀川水系における農薬消長の機構解明—木津川流域における農薬の使用実態と河川水中濃度の関係，クリプトスポリジウム等の水道水源における動態に関する研究結果，利根川水系黒部川貯水池における水環境改善計画について，「ろ紙吸光法」による河川総合水質指標の試みについて，八田原ダム水質保全対策)
(内容)全国の一級河川の建設省直轄管理区間(一部指定区間も含む)に関する水質調査の結果および水質問題に関する調査・研究論文等を掲載する年鑑。

日本河川水質年鑑　1997　日本河川協会編　山海堂　2000.6　1150p　26cm　22000円　④4-381-01339-5　Ⓝ517.21
(目次)実態編(全国河川の水質概況，北海道地方の河川の水質，東北地方の河川の水質，関東地方の河川の水質，北陸地方の河川の水質，中部地方の河川の水質，近畿地方の河川の水質，中国地方の河川の水質，四国地方の河川の水質，九州地方の河川の水質)，研究・参考編(効率的な湖沼底泥処理技術の開発，都市部に適した湿地浄化法「コンパクトウエットランド」による水質浄化，河川等の直接浄化施設の現状と課題，綾瀬川・芝川等浄化導水事業，油分検出装置の開発)，資料編(平成9年一級河川主要地点の水質測定資料)
(内容)全国の一級水系の全てと主要な二級水系の水質調査のデータ・関連する情報，及び水質問題に関する最近の調査・研究論文などを収録した年鑑。

日本河川水質年鑑　1998　日本河川協会編　山海堂　2001.12　1161p　30cm　22000円　④4-381-01431-6　Ⓝ517.21
(目次)実態編(全国河川の水質概況，北海道地方の河川の水質，東北地方の河川の水質，関東地方の河川の水質，北陸地方の河川の水質，中部地方の河川の水質，近畿地方の河川の水質，中国地方の河川の水質，四国地方の河川の水質，九州地方の河川の水質)，研究・参考編(クロロフィルa簡易測定法の検討，硝化細菌を用いた毒性モニタによる河川水質モニタリング，平成10年度水環境における内分泌攪乱物質に関する実態調査，渡良瀬遊水池における水質浄化事業，水質事故現場における簡易バイオアッセイの活用に関する検討)
(内容)1998年時点の国内のすべての一級河川と主要な二級河川の水質調査結果や関連情報を収録した年鑑。水質問題に関する調査・研究論文なども掲載する。巻末の資料編では平成10年一

級河川主要地点の水質測定資料を収載。

◆沙漠

<事典>

沙漠の事典 日本沙漠学会編 丸善出版事業部 2009.7 256p 27cm 〈文献あり 索引あり〉 8500円 ①978-4-621-08139-6 Ⓝ454.64

(目次)沙漠とは，沙漠化とは，沙漠の気象・気候，沙漠の景観，沙漠での経済活動，乾燥地での産業，沙漠での生活，沙漠の文化・芸術，沙漠と歴史，沙漠の生態系，沙漠の資源と利用，沙漠と環境問題，沙漠の観測，沙漠の水，沙漠の土，沙漠化防止と複合技術，付録

(内容)気象・気候・景観・産業・生活・歴史・生態系・水・土壌など、さまざまな角度から約200の項目を選び、沙漠のすべてをあますところなく解説する中項目事典。日本沙漠学会創立20周年記念。1項目1ページの読み切り形式とし、各項目には、最も象徴的な図・表・写真を掲載。

<図鑑>

ビジュアル博物館 第51巻 砂漠 ミランダ・マッキュイティ著，加藤珪訳 (京都)同朋舎出版 1995.1 63p 30cm 2800円 ①4-8104-2112-0

(目次)砂漠とは?，砂漠は何でできているのだろう?，岩砂漠，砂の海，砂漠の水，雨が降ると，砂漠の植物の生きのこり術，砂漠の昆虫，砂漠の爬虫類，砂漠の鳥類，砂漠の哺乳類，砂漠の生活に適応する，砂漠の船，ラクダの飾り，家畜〔ほか〕

◆風

<ハンドブック>

風工学ハンドブック 構造・防災・環境・エネルギー 日本風工学会編 朝倉書店 2007.4 419p 27cm 〈文献あり，年表あり〉 19000円 ①978-4-254-26014-4

(内容)建築物や土木構造物の耐風安全性や強風災害から、ビル風、汚染物拡散、風力エネルギー、さらにはスポーツにおける風の影響まで、風にまつわる様々な問題について総合的かつ体系的に解説。付録として「強風災害と耐風設計の変遷の一覧」を付す。索引付き。

◆生物多様性

<ハンドブック>

生物多様性というロジック 環境法の静かな革命 及川敬貴著 勁草書房 2010.9 186p 21cm 〈索引あり〉 2200円 ①978-4-326-60231-5 Ⓝ519.8

(目次)第1章 生物多様性とはなにか(生物多様性とはなにか，生物多様性プラットフォームの誕生)，第2章 生物多様性はルールにできるのか(制度生態系の成立，進化するデータ保護法—生物多様性の保全，環境法化する諸法)，第3章 ロジックは世界をどう変えるか(生態リスク管理と自然再生，衡平性の確保—ABSとSATOYAMA(里山)，生物多様性の確保と「司令塔」)，第4章 なぜ戦略をつくるのか(日本の生物多様性戦略，ニュージーランドの地域戦略，地域戦略の技法—資源創造と参加型生物多様性評価)

生物多様性緑化ハンドブック 豊かな環境と生態系を保全・創出するための計画と技術 亀山章監修，小林達明，倉本宣編 地人書館 2006.3 323p 21cm 3800円 ①4-8052-0766-3

(目次)第1部 生物多様性緑化概論(生物多様性保全に配慮した緑化植物の取り扱い方法—「動かしてはいけない」という声に応えて，緑化ガイドライン検討のための解説—植物の地理的な遺伝変異と形態形質変異との関連)，第2部 生物多様性緑化の実践事例(遺伝のデータを用いた緑化のガイドラインとそれに基づく三宅島の緑化計画，ミツバツツジ自生地減少の社会背景と庭資源を用いた群落復元，アツモリソウ属植物の保全および再生のための種子繁殖技術の可能性と問題点，地域性種苗のためのトレーサビリティ・システム，地域性苗木の生産・施工一体化システム—高速道路緑化における試み ほか)

(内容)「外来生物法」が施行され、外国産緑化植物の取扱いについて検討が進んでいる。近年、緑化植物として導入した外来種が急増し、在来植物を駆逐し景観まで変えてしまう例などが多数報告されているが、こうした問題を克服し、生物多様性豊かな緑化を実現するためにはどうしたらよいのか。本書は、これらの課題に長年取り組み、成果を出しつつある日本緑化工学会気鋭の執筆陣が、その理論と実践事例をまとめた総合的なハンドブックである。

<図鑑>

地球から消えた生物 猪又敏男文 講談社 1993.8 48p 25×22cm (講談社パノラマ図鑑 33) 1200円 ①4-06-250025-6

(目次)スーパーアイ，ぜつめつのなぞふしぎ，

地球かんきょうの変化と生物，大むかしの生きものと進化，近代以降のぜつめつ，もっと知りたい人のQ&A
⓪内容⓪小さな生きものから宇宙まで，知りたいふしぎ・なぜに答える科学図鑑。精密イラスト・迫力写真，おどろきの「大パノラマ」ページで構成する。小学校中学年から。

地球温暖化

＜事典＞

サステナビリティ辞典　2007　三橋規宏監修　海象社　2007.9　399p　19cm　2600円　①978-4-907717-78-0
⓪内容⓪地球温暖化を生き抜く人類の「知恵」の集大成。約1100語彙収録。ここの「知恵」は知識ではない。人類が蓄積してきた失敗を含めた知恵，叡知のことである。地球温暖化が進行するのは，知恵はあるのに，それが行き渡っていないせいである。このままでは，本書項目中の「ゆで蛙シナリオ」をなぞってしまう。そこで紡ぎだされたのが，この辞典である。文系，理系の垣根を取り除き，両者を統合して人類の未来を救う知恵を満載した。

＜ハンドブック＞

地域発！ストップ温暖化ハンドブック　戦略的政策形成のすすめ　水谷洋一，酒井正治，大島堅一編　（京都）昭和堂　2007.11　149p　26cm　2800円　①978-4-8122-0757-4
⓪目次⓪1 地域の現状の把握と分析（温室効果ガスの排出特性からみた対策分野の絞り込み，地域資源の把握・分析，制度的基盤の把握・分析，企画・立案主体の現状，地域協働主体の現状），2 施策の戦略的選択（自然エネルギー分野，家庭分野，交通分野（自動車交通），業務分野（ビル・店舗），産業分野（工場など），環境教育・環境学習分野），3 事業ツールの動員（率先行動・補助金・計画策定，規制と履行確保，インセンティブの創造を付与，コラボレーション型推進組織の構築と支援，民間による事業化への支援，事業化・第3セクター・PFI，資金調達の方法），4 現状改革のための戦略オプション（政策マーケティング，政治的コミットメントの活用，環境部局の政策企画・実施能力の向上，市民参加，協働条例，地球温暖化対策条例）
⓪内容⓪2008年から京都議定書の約束期間が始まる。あなたの自治体でいますぐできることは何か？温室効果ガス6％削減を実現できるかどうかは，地域に密着した地方自治体の政策にかかっている。現場担当者がいますぐ着手できることは何か，全国の先進事例を分析しながら解説する。

地球温暖化サバイバルハンドブック　気候変動を防ぐための77の方法　デヴィッド・デ・ロスチャイルド著，枝廣淳子訳　ランダムハウス講談社　2007.9　160p　19cm　〈原書名：GLOBAL WARMING SURVIVAL HANDBOOK〉　1143円　①978-4-270-00256-8
⓪目次⓪温暖化の解決策，地球温暖化とは，地球温暖化との闘いに役立つ，簡単な10の方策，77の方法，手を尽くしてもだめだったら
⓪内容⓪気候変動を生き延びる最善策は，そもそも気候変動を起こさせないこと。電球を変えたり，ゴミをミミズに食べさせたり，自家発電に挑戦したり…本書に書かれたベーシックスキルをみんなで実践すれば，大惨事を未然に防ぐことは不可能ではない。そして，それでもなお温暖化が止められなかった時には，ますます暑くなった地球で生き延びるための「10の秘策」が役立つだろう。全77のスキルを掲載した，温暖化時代の必携サバイバルツール。

地球温暖化と日本　自然・人への影響予測　第3次報告　原沢英夫，西岡秀三編著　古今書院　2003.8　411p　26cm　14000円　①4-7722-5081-6
⓪目次⓪地球温暖化の日本への影響 要約—進む温暖化，予防とともに今から適応策を，第1章 気候—過去の気候変化の解析および気候変化の予測，第2章 陸上生態系への影響，第3章 農林業への影響，第4章 水文・水資源と水環境への影響，第5章 海洋環境への影響，第6章 社会基盤施設と社会経済への影響，第7章 健康への影響，第8章 気候変動の経済影響評価：政策決定からみた日本とアジア途上国への示唆，第9章 温暖化影響の検出と監視，第10章 適応，脆弱性評価
⓪内容⓪人間活動から排出される温室効果ガスによる温暖化（気候変動）で，日本列島にどのような変動が予測され，我々の生活がどのように変るのであろうか。また，変化する気候に我々はどう対応すればよいのだろうか。本書は，この疑問について現在までに得られている研究成果を，60人以上の広い分野にわたる専門家が評価し，とりまとめたものである。

Hello北海道！北海道洞爺湖サミットガイド　保存版　産経新聞メディックス　2008.4　182p　30cm　〈他言語標題：Hokkaido Toyako summit guide 2008　英語併記〉　1500円　①978-4-87909-780-4　Ⓝ333.66
⓪目次⓪サミット（サミットを成功させよう，サミットとは ほか），参加国（参加国ガイド（大統領・首相の素顔／各国の現状），アメリカ合衆国 ほか），地球環境対策（地球温暖化の現状と世界の取り組み—続発する地球温暖化現象の弊害，地球温暖化を防止する世界の動き ほか），北海道（地理，歴史・文化 ほか）

環境問題　　　　　　　　　　地球温暖化

<図　鑑>

地球温暖化図鑑　布村明彦, 松尾一郎, 垣内ユカ里著　文渓堂　2010.5　64p　31cm　〈索引あり〉　2800円　①978-4-89423-658-5　Ⓝ451.85

[目次]グラビア(ねむらない地球, 地球温暖化でゲリラ豪雨がふえている？ほか), 第1章 地球温暖化が始まっている(大気に守られている地球, 急激に温暖化しはじめている地球 ほか), 第2章 地球温暖化でふえる災害(世界的に強い雨がふり大洪水を引き起こす, あたたかくなる海は台風を凶暴にする ほか), 第3章 地球温暖化にそなえる(温暖化しないようにする, 温暖化しても困らないようにする, ふえる集中豪雨にそなえる ほか), 第4章 社会的な取り組み(世界的な動き, 試み, 日本の政策 ほか)

[内容]地球温暖化とそれにともなう気候変動について, どうして起きるのか？その結果, わたしたちの生活にどんな影響が出るのか？また, どうしたら, 問題が解決するのか？などを, 豊富な資料と写真とでわかりやすく説明。特に, 地球温暖化とそれにともなう気候変動によって新たに起こったり, またはそれまで以上に大きくなる災害について, さまざまな具体例をあげて説明した。

<年鑑・白書>

20世紀の日本の気候　気象庁編　財務省印刷局　2002.5　116p　30cm〈付属資料：CD-ROM1〉　1900円　①4-17-315175-6　Ⓝ451.91

[目次]第1章 20世紀の日本の気候(平年値にみる日本の気候, 暖かくなった20世紀, 雨や雪からみた20世紀, 日本を取り巻く大気と海洋), 第2章 20世紀の気候と災害(顕著な気象災害の記録), 第3章 21世紀の気候(21世紀の地球温暖化, 21世紀の日本の気候)

<統計集>

地球温暖化統計データ集　2009年版　三冬社編集部編　三冬社　2008.6　318p　30cm　14800円　①978-4-904022-35-1, 4-904022-35-1　Ⓝ519

[目次]1 地球温暖化とは, 2 温室効果ガスの数値データ, 3 自然環境の変化, 4 社会生活の変化, 5 地球温暖化対策・取り組み, 6 意識調査・アンケート

[内容]地球温暖化問題に関わる統計データを体系的に収録したデータ集。気温や温室効果ガス, 自然環境, エネルギー環境に関わるデータを官公庁統計等の資料から収録するほか, 環境についての意識調査・アンケート結果など最新の統計を掲載する。収録図表総数は約700種で出典も明記する。

地球温暖化予測情報　第1巻　二酸化炭素濃度が年率1％で増加する場合の全球大気・海洋結合モデルによる気候予測　気象庁編　大蔵省印刷局　1997.4　82p　30cm　1840円　①4-17-263320-X　Ⓝ451.85

地球温暖化予測情報　第2巻　二酸化炭素濃度が年率0.5％で増加する場合の全球大気・海洋結合モデルによる気候予測　気象庁編　大蔵省印刷局　1998.7　66p　30cm　2500円　①4-17-263321-8

[目次]時系列図(地上気温・降水量・海面水位, 地上気温の緯度帯平均), 分布図(平均, 地上気温, 降水量, 海面水温, 海氷, 積雪の高さ, 海面水位), 緯度－高度断面図(東西平均気温)

[内容]二酸化炭素濃度が年率0.5％で増加する場合の今後150年先までの地球温暖化に関する予測情報をとりまとめたもの。大気中の数種類の温室効果ガスの増加による影響を二酸化炭素濃度の増加による放射強制力の増加に置き換えた全球気候予測の数値実験の結果について, 地上気温, 降水量, 海面水位, 海氷, 積雪及び海面水位の各要素の地理的分布の変化を中心に掲載。

地球温暖化予測情報　第3巻　二酸化炭素濃度の増加及び硫酸エーロゾルの影響を考慮した全球大気・海洋結合モデルによる気候予測　気象庁編　大蔵省印刷局　1999.11　87p　30cm　2600円　①4-17-263322-6　Ⓝ451.85

地球温暖化予測情報　第4巻　全球大気・海洋結合モデル及び地域気候モデルによる二酸化炭素濃度が年率1％で増加する場合の気候予測　気象庁編　財務省印刷局　2001.4　77p　30cm　2600円　①4-17-263323-4　Ⓝ451.85

地球温暖化予測情報　第5巻　IPCCのSRESシナリオから, A2, B2シナリオを用いての全球大気・海洋結合モデルによる気候予測　気象庁　気象業務支援センター　2003　71p　30cm　Ⓝ451.85

地球温暖化予測情報　第6巻　IPCCのSRES A2シナリオを用いた地域気候モデルおよび都市気候モデルによる気候予測　気象庁　気象業務支援センター　2005　58p　30cm　Ⓝ451.85

地球温暖化予測情報　第7巻　IPCC温室効果ガス排出シナリオA1BおよびB1による日本の気候変化予測　気象庁　気象庁　2008　59p　30cm　Ⓝ451.85

環境・エネルギー問題 レファレンスブック　73

◆CO2排出

<事 典>

CO2がわかる事典 性質・はたらきから環境への影響まで もっとよく知りたい!
栗岡誠司監修　PHP研究所　2010.3　79p　29cm　〈文献あり 索引あり〉　2800円
①978-4-569-78038-2　Ⓝ435.6

(目次) 第1章 CO2ってどんなもの?(CO2ってなんのこと?, CO2ができるとき, CO2は色もにおいもない, ドライアイスの正体はCO2, CO2を水にとかすと弱い酸性に, CO2はどこにある?, CO2のはたらき), 第2章 どんどん増えているCO2(CO2はどこでつくられる?, わたしたちのからだとCO2, 植物のはたらきとCO2), 第3章 CO2と地球環境(地球温暖化ってなあに?, なぜCO2が増えると温暖化になるの?, 温暖化で地球はどうなるの?, 温暖化をとめるために, CO2削減への日本の取り組みは?さまざまなCO2削減対策, 出てしまったCO2, とりこむの?, わたしたちにできることは?), 第4章 くらしに活用されるCO2(便利に使われているCO2, ドライアイス, 食べ物とCO2, 病院で使われるCO2, CO2で火事を防ぐ, 温度の調節とCO2, こんなところにもCO2が!), CO2で実験しよう!

◆◆排出権取引

<ハンドブック>

排出権取引ハンドブック　中央青山サステナビリティ認証機構編　中央経済社　2005.7　970p　21cm　12000円　①4-502-25240-9

(目次) 第1章 排出権取引概論, 第2章 事業者のGHG排出量算定, 第3章 プロジェクトの実務, 第4章 GHG排出量, 排出削減量の算定, 第5章 バリデーション／ベリフィケーション, 第6章 CDMプロジェクトの開発, 第7章 CDMプロジェクトと会計・税務問題, 重要資料 実務ツール集
(内容) 全関係者必携. 仕組みから排出量算定, プロジェクト方法論, 会計・税務まで完全網羅.

酸性雨

<ハンドブック>

首都圏の酸性雨 ネットワーク観測による環境モニタリング　慶応義塾大学理工学部環境化学研究室編　慶應義塾大学出版会　2003.1　253p　26cm　〈付属資料：CD-ROM1〉　5400円　①4-7664-0970-1

(目次) 1 酸性雨の歴史と生成機構, 2 降水, 乾性降下物試料の採取地点, 採取分析方法および試料データの評価方法, 3 降水中化学成分の地域特性, 4 降水中化学成分濃度のpHに対する寄与, 5 気象条件の降水中化学成分濃度に対する影響, 6 首都圏の酸性雨に対する三宅島噴火活動の影響, 7 降水中化学成分濃度の長期的動向
(内容) 1990年度から継続的に行ってきた降水試料の測定結果をもとにした, 首都圏の酸性雨の実態を解明. 2000年以降, 継続的に起こっている三宅島の火山活動によって, 首都圏の降雨にはどのような影響が出ているかについても言及. 酸性雨の問題ばかりでなく, 長期間継続して行われることに重要性を帯びる環境モニタリング. 国や地方自治体による環境モニタリングに限界が見られるなか, それを補完する効率的・長期的なモニタリング活動の実例を提示. 12年間にわたる降水試料のpH, 導電率, 化学イオン成分などの測定データをCD-ROMとしても付与.

環境汚染

<ハンドブック>

大気・水・土壌・環境負荷 環境アセスメント技術ガイド　大気・水・環境負荷分野の環境影響評価技術検討会編　日本環境アセスメント協会　2006.1　390p　26cm　環境省「平成17年度環境影響評価技術手法要素別課題検討調査」報告書　3810円　①4-9902829-0-6

(目次) 第1部 大気・水・土壌環境分野(大気・水・土壌環境の環境アセスメントとは, 環境アセスメントの技術手法, 主な技術手法の解説), 第2部 環境負荷分野(環境負荷分野の環境アセスメントとは, 環境負荷分野の環境アセスメントの技術手法)

◆環境測定

<ハンドブック>

環境計測器ガイドブック　第5版　日本電気計測器工業会編　公害対策技術同友会　2000.4　331, 51p　30cm　4000円　①4-87489-132-2　Ⓝ519.15

(目次) 1 大気汚染計測器, 2 水質汚濁計測器, 3 騒音・振動計測器, 4 自動車排出ガス計測器, 5 その他の環境計測器, 資料編
(内容) 環境計測器のガイドブック. 環境計測技術, 環境関連機器・システムについて技術解説とともに主要製品を簡明に紹介する. 本文は5分野に分類して掲載. 製品一覧では単体機種612点, システム機種37点を収載, 各製品について会社名, 形名・品名, 用途・使用・特長を記載する. 資料編では環境計測器に関係の深い法律, 用語等を解説する. ほかに会員社による広告

編がある。

環境計測器ガイドブック　第6版　日本電気計測器工業会編　環境コミュニケーションズ　2006.7　341p　30cm　4000円　ⓘ4-87489-144-6

(目次)1 大気汚染計測器，2 水質汚濁計測器，3 騒音・振動計測器，4 自動車排出ガス計測器，5 その他の環境計測器，資料編

(内容)平成12年（2000年）3月に第5版が発刊されてすでに6年が経過。第6版は、この間の環境問題と環境意識の変化を踏まえ、最新の環境計測技術、環境関連機器及びそのシステムについて平易な技術解説を行うとともに、併せて主要製品を簡明に紹介したものである。

◆◆環境測定（規格）

<ハンドブック>

JISハンドブック　10　環境測定　1992　日本規格協会編　日本規格協会　1992.4　1427p　21cm　6900円　ⓘ4-542-12649-8

(内容)JISハンドブックは、原則として発行の年の2月末日現在におけるJISの中から当該分野に関係する主なJISを収集し、使いやすさを考慮して、内容抜粋等の編集を行ったものです。

JISハンドブック　環境測定 1993　日本規格協会編集　日本規格協会　1993.4　1577p　21cm　7282円　ⓘ4-542-12690-0

(内容)1993年現在における環境測定関連の主なJIS（日本工業規格）を抜粋収録したハンドブック。

JISハンドブック　環境測定 1994　日本規格協会編集　日本規格協会　1994.4　1637p　21cm　7573円　ⓘ4-542-12734-6

(内容)1994年現在における環境測定関連の主なJIS（日本工業規格）を抜粋収録したハンドブック。

JISハンドブック　10　日本規格協会　1995.4　1765p　21cm　8200円　ⓘ4-542-12776-1

(内容)1995年2月末日現在の環境測定関連の主なJIS（日本工業規格）を抜粋したもの。

JISハンドブック　1996 10　環境測定　日本規格協会　1996.4　1823p　21cm　9200円　ⓘ4-542-12817-2

(目次)用語，分析通則，標準物質，サンプリング，大気関係，水質関係，騒音・振動関係

(内容)1996年3月末日現在の環境測定関連の主なJIS（日本工業規格）を抜粋しもの。

JISハンドブック　10　環境測定　日本規格協会編　日本規格協会　1998.7　1898p　21cm　9500円　ⓘ4-542-12903-9

(目次)環境マネジメントシステム，用語，分析通則，標準物質，サンプリング，大気関係，水質関係，騒音・振動関係

(内容)1998年4月末日現在の、環境測定関連の主なJIS（日本工業規格）を抜粋したもの。

JISハンドブック　52　環境測定1　大気・騒音・振動　日本規格協会編　日本規格協会　2001.1　1400p　21cm　6000円　ⓘ4-542-17052-7　Ⓝ519.15

(目次)用語，分析通則，標準物質，サンプリング，大気関係，騒音・振動関係，付録，参考

(内容)2000年のJISの中から、大気・騒音・振動などについての環境測定に関係する主なJISを収集し、利用者の要望等に基づき使いやすさを考慮し、必要に応じて内容の抜粋などを行ったハンドブック。

JISハンドブック　53　環境測定2　水質　日本規格協会編　日本規格協会　2001.1　1229p　21cm　6000円　ⓘ4-542-17053-5　Ⓝ519.15

(目次)用語，分析通則，標準物質，サンプリング，水質関係，付録，参考

(内容)2000年11月末日現在におけるJISの中から、水質測定に関係する主なJISを収集し、利用者の要望等に基づき使いやすさを考慮し、必要に応じて内容の抜粋などを行ったハンドブック。

JISハンドブック　2003 52　環境測定1　日本規格協会編　日本規格協会　2003.1　1921p　21cm　8600円　ⓘ4-542-17192-2

(目次)用語，分析通則，標準物質，サンプリング，大気関係，騒音・振動関係，付録，参考

JISハンドブック　2003 53　環境測定2　日本規格協会編　日本規格協会　2003.1　1335p　21cm　6200円　ⓘ4-542-17193-0

(目次)用語，分析通則，標準物質，サンプリング，水質関係，付録，参考

JISハンドブック　2007 52　環境測定1　大気・騒音・振動　日本規格協会編　日本規格協会　2007.6　2841p　21cm　13000円　ⓘ978-4-542-17540-2

(目次)用語，分析通則，標準物質，サンプリング，大気関係，騒音・振動関係，付録，参考

JISハンドブック　2007 53　環境測定2　水質　日本規格協会編　日本規格協会　2007.6　1757p　21cm　9000円　ⓘ978-4-542-17541-9

(目次)用語，分析通則，サンプリング，水質関係，付録，参考

環境汚染　　　　　　　　　　　　環境問題

◆大気汚染

<事典>

大気汚染防止機器活用事典　新環境管理設備事典編集委員会編　産業調査会 事典出版センター，産調出版〔発売〕　1995.3　327p　26cm　3900円　①4-88282-130-3

(目次)第1編 概論，第2編 燃料無公害化，第3編 排煙脱硫，第4編 チッ素酸化物生成抑制，第5編 排煙脱硝，第6編 有害ガス等の処理，第7編 ばい煙の拡散，第8編 集じん，第9編 自動車排出ガス，第10編 悪臭防止，第11編 地球温暖化防止，第12編 測定分析，第13編 資料編

大気環境保全技術と装置事典　産業調査会事典出版センター，産調出版〔発売〕　2003.5　278p　26cm　3300円　①4-88282-327-6

(目次)第1章 概論，第2章 燃料の低公害化，第3章 集じん装置，第4章 排煙脱硫技術，第5章 窒素酸化物生成抑制，第6章 窒素酸化物処理，第7章 有機ハロゲン化合物等の排出抑制，第8章 有害ガス等の処理，第9章 悪臭防止，第10章 自動車排出ガス，第11章 測定・分析

大気・ダイオキシン用語事典　三好康彦著　オーム社　2005.6　314p　21cm　3800円　①4-274-20092-2

(内容)大気保全，ダイオキシン処理の基礎となる化学や物理の知識から，現場で使用されている分析・測定方法，処理技術に関連した用語までを解説。本文は五十音順とアルファベット順に排列。巻末に英和索引を収録。

<ハンドブック>

公害防止の技術と法規 大気編　公害防止管理者等資格認定講習用　五訂版　通商産業省環境立地局監修，公害防止の技術と法規編集委員会編　産業環境管理協会，丸善〔発売〕　1998.12　724p　26cm　6800円　①4-914953-45-5

(目次)技術編(公害概論，燃焼・ばい煙防止技術，大気中におけるばい煙の拡散，大気汚染関係有害物質処理技術，除じん・集じん技術，測定技術)，法規編

新・公害防止の技術と法規　2008 大気編　公害防止の技術と法規編集委員会編　産業環境管理協会，丸善〔発売〕　2008.1　2冊(セット)　26cm　7000円　①978-4-86240-031-4

(目次)技術編(公害総論，大気概論，大気特論，ばいじん・粉じん／一般粉じん特論，大気有害物質特論，大規模大気特論)，法規編(環境基本法体系，大気汚染防止法体系，特定工場における公害防止組織の整備に関する法律体系)，参考 指定物質の処理と測定

(内容)公害防止管理の最新知識をまとめた便覧。公害防止管理者等資格認定講習用のテキストとして作成され，研修用，大学教材用，公害防止関係担当者の実務資料としても使われる。各年ごとに，大気編，水質編，騒音・振動編，ダイオキシン類編の4部で構成する。本巻は新試験・講習科目に沿った全面改訂版。新国家試験科目の範囲案掲載／法規編で科目別合格制度導入等の改正要点を解説。

新・公害防止の技術と法規　2009 大気編　公害防止の技術と法規編集委員会編　産業環境管理協会，丸善〔発売〕　2009.1　2冊(セット)　26cm　7000円　①978-4-86240-041-3

(目次)分冊1(技術編(公害総論，大気概論)，法規編(環境基本法体系，大気汚染防止法体系，特定工場における公害防止組織の整備に関する法律体系))，分冊2(大気特論，ばいじん・粉じん／一般粉じん特論，大気有害物質特論，大規模大気特論，指定物質の処理と測定)

(内容)新試験・講習科目に沿った全面改訂版。新国家試験科目の範囲案掲載／法規編で科目別合格制度導入等の改正要点を解説。公害防止管理者等資格認定講習・国家試験受験のための必携書。

新・公害防止の技術と法規　2010 大気編　公害防止の技術と法規編集委員会編　産業環境管理協会，丸善〔発売〕　2010.1　2冊(セット)　26cm　7000円　①978-4-86240-056-7

(目次)分冊1 技術編(公害総論，大気概論)，分冊1 法規編(環境基本法体系，大気汚染防止法体系，特定工場における公害防止組織の整備に関する法律体系)，分冊2(大気特論，ばいじん・粉じん／一般粉じん特論，大気有害物質特論，大規模大気特論，指定物質の処理と測定)

(内容)2006年度新試験・講習科目に沿った全面改訂版。新国家試験科目の範囲案掲載／法規編で科目別合格制度導入等の改正要点を解説。公害防止管理者等資格認定講習・国家試験受験のための必携書。

窒素酸化物総量規制マニュアル　改訂版　環境庁大気保全局大気規制課編　公害研究対策センター　1993.8　409p　26cm　12000円　①4-87488-014-2

(目次)第1編 窒素酸化物に係る総量規制について(二酸化窒素に係る環境基準と窒素酸化物に係る総量規制について，窒素酸化物に係る総量規制制度の概要，自動車排出窒素酸化物の総量削減対策についての概要)，第2編 地域大気汚染の状況の解析と予測に係る調査(調査の基本

設計，気象及び環境データの解析，発生源条件の把握，シミュレーション・モデルの構成要素，シミュレーション・モデルの構築，環境濃度予測シミュレーション，総合評価），資料編，関連法令編

<法令集>

船舶からの大気汚染防止関係法令及び関係条約 国土交通省海事局安全基準課監修
成山堂書店 2005.9 211, 132p 21cm 4600円 ①4-425-24121-5

目次 船舶の大気汚染防止規制に係る改正法令の要旨，海洋汚染等及び海上災害の防止に関する法律（昭和四十五年法律第百三十六号），海洋汚染等及び海上災害の防止に関する法律施行令（昭和四十六年政令第二百一号），海洋汚染等及び海上災害の防止に関する法律施行規則（昭和四十六年運輸省令第三十八号），海洋汚染防止設備等，海洋汚染防止緊急措置手引書等及び大気汚染防止検査対象設備の技術上の基準に関する省令（昭和五十八年運輸省令第三十八号），海洋汚染防止設備等，海洋汚染防止緊急措置手引書等及び大気汚染防止検査対象設備の検査等に関する規則（昭和五十八年運輸省令第三十九号），海洋汚染防止検査対象設備の技術上の基準を定める告示（平成十年二月一日国土交通省告示第百二十号），海洋汚染防止設備等，海洋汚染防止緊急措置手引書等及び大気汚染防止検査対象設備の検査等に関する規則第一条の二第三号の用途を定める告示（平成十七年二月一日国土交通省告示第二十一号），千九百七十三年の船舶による汚染の防止のための国際条約に関する千九百七十八年の議定書によって修正された同条約を改正する千九百九十七年の議定書，窒素酸化物に関する技術規則（仮訳），船上NOx確認手続ガイドライン—直接計測とモニタリング方法（第49回海洋環境保護委員会決議103）（仮訳）

<統計集>

日本の大気汚染状況 平成4年版 平成3年度全国常時監視測定局における測定値とその概要 環境庁大気保全局大気規制課監修 ぎょうせい 1993.2 1923p 21cm 7700円 ①4-324-03651-9

目次 第1部 平成3年度一般環境大気測定局測定結果の概況（二酸化硫黄，窒素酸化物，一酸化炭素，光化学オキシダント，炭化水素，浮遊粒子状物質，降下ばいじん），第2部 資料編（平成3年度年間値測定結果及び経年変化，平成3年度月間値測定結果）

内容 日本の大気汚染の現況をまとめた資料集。全国の常時監視測定局（自動車排出ガス局は除く。）における平成3年度の測定結果を収録、その概況が述べられている。

日本の大気汚染状況 平成10年度 平成9年度全国常時監視測定局における測定値とその概要 環境庁大気常時監視研究会監修 ぎょうせい 1999.2 751p 21cm 〈付属資料：CD-ROM1〉 6000円 ①4-324-05784-2

目次 第1部 平成9年度一般環境大気測定局測定結果の概況（概説，窒素酸化物，浮遊粒子状物質，二酸化硫黄，一酸化炭素，光化学オキシダント，非メタン炭化水素，降下ばいじん，大気汚染物質の排出規制等の状況），第2部 資料編（環境基準関連資料，平成9年度年間値測定結果及び経年変化）

内容 全国の大気汚染常時監視測定局（自動車排出ガス局は除く）における平成9年度の測定結果の概要及びデータを収録したもの。

日本の大気汚染状況 平成10年度全国常時監視測定局における測定値とその概要 平成11年版 大気常時監視研究会監修 ぎょうせい 2000.2 782p 21cm 〈付属資料：CD-ROM1〉 6000円 ①4-324-06004-5 Ⓝ519.3

目次 第1部 平成10年度一般環境大気測定局測定結果の概況（概説，窒素酸化物，浮遊粒子状物質，二酸化硫黄，一酸化炭素，光化学オキシダント，非メタン炭化水素，降下ばいじん，大気汚染物質の排出規制等の状況），第2部 資料編（環境基準関連資料，平成10年度年間値測定結果及び経年変化）

内容 全国常時監視測定局における測定値とその概要及びデータを収録したもの。

日本の大気汚染状況 平成17年版 環境省水・大気環境局編 ぎょうせい 2006.2 839p 30cm 〈付属資料：CD-ROM1〉 9000円 ①4-324-07871-8

目次 第1編 大気汚染状況の常時監視結果（一般環境大気測定局，自動車排出ガス測定局の測定結果報告，有害大気汚染物質に係る常時監視），第2編 資料（一般環境大気測定局測定結果，自動車排出ガス測定局測定結果，有害大気汚染物質，環境基準関連資料等，CD-ROM版平成17年版日本の大気汚染状況）

日本の大気汚染状況 平成19年版 環境省水・大気環境局編 経済産業調査会 2008.10 784p 30cm 9000円 ①978-4-8065-2816-6 Ⓝ519

目次 第1編 大気汚染状況の常時監視結果（一般環境大気測定局，自動車排出ガス測定局の測定結果報告，有害大気汚染物質に係る常時監視），第2編 資料（一般環境大気測定局測定結果，自

動車排出ガス測定局測定結果）

日本の大気汚染状況　平成20年版　環境省水・大気環境局編　経済産業調査会　2009.11　768p　30cm　〈付属資料：CD-ROM1〉　9000円　Ⓘ978-4-8065-2836-4　Ⓝ519

(目次)第1編　大気汚染状況の常時監視結果（一般環境大気測定局，自動車排出ガス測定局の測定結果報告，有害大気汚染物質に係る常時監視），第2編　資料（一般環境大気測定局測定結果，自動車排出ガス測定局測定結果，有害大気汚染物質，環境基準関連資料等，CD-ROM版平成19年度大気汚染状況報告書）

日本の大気汚染状況　平成21年版　環境省水・大気環境局編　経済産業調査会　2010.11　736p　30cm　〈付属資料：CD-ROM1〉　9000円　Ⓘ978-4-8065-2850-0　Ⓝ519

(目次)第1編　大気汚染状況の常時監視結果（一般環境大気測定局，自動車排出ガス測定局の測定結果報告（概説，窒素酸化物，浮遊粒子状物質ほか），有害大気汚染物質に係る常時監視），第2編　資料（一般環境大気測定局測定結果，自動車排出ガス測定局測定結果，有害大気汚染物質ほか）

◆◆ダイオキシン

<ハンドブック>

新・公害防止の技術と法規　2008 ダイオキシン類編　公害防止の技術と法規編集委員会編　産業環境管理協会　2008.1　588p　26cm　5000円　Ⓘ978-4-86240-034-5

(目次)技術編目（公害総論，ダイオキシン類概論，ダイオキシン類特論），法規編目（環境基本法体系，ダイオキシン類対策特別措置法体系，特定工場における公害防止組織の整備に関する法律体系）

(内容)新試験・講習科目に沿った全面改訂版。新国家試験科目の範囲案掲載／法規編で科目別合格制度導入等の改正要点を解説。公害防止管理者等資格認定講習・国家試験受験のための必携書。

新・公害防止の技術と法規　2009 ダイオキシン類編　改訂版　公害防止の技術と法規編集委員会編　産業環境管理協会，丸善〔発売〕　2009.1　588p　26cm　5000円　Ⓘ978-4-86240-044-4

(目次)技術編（公害総論，ダイオキシン類概論，ダイオキシン類特論），法規編（環境基本法体系，ダイオキシン類対策特別措置法体系，特定工場における公害防止組織の整備に関する法律体系）

(内容)新試験・講習科目に沿った全面改訂版。新国家試験科目の範囲案掲載／法規編で科目別合格制度導入等の改正要点を解説。公害防止管理者等資格認定講習・国家試験受験のための必携書。

新・公害防止の技術と法規　2010 ダイオキシン類編　公害防止の技術と法規編集委員会編　産業環境管理協会，丸善〔発売〕　2010.1　588p　26cm　5000円　Ⓘ978-4-86240-059-8

(目次)技術編（公害総論，ダイオキシン類概論，ダイオキシン類特論），法規編（環境基本法体系，ダイオキシン類対策特別措置法体系，特定工場における公害防止組織の整備に関する法律体系）

(内容)2006年度新試験・講習科目に沿った全面改訂版。新国家試験科目の範囲案掲載／法規編で科目別合格制度導入等の改正要点を解説。公害防止管理者等資格認定講習・国家試験受験のための必携書。

◆水質汚濁

<事典>

水質汚濁防止機器活用事典　新環境管理設備事典編集委員会編　産業調査会 事典出版センター，産調出版〔発売〕　1995.3　333p　26cm　3900円　Ⓘ4-88282-131-1

(目次)概論，固液分離，物理化学処理，排水処理事例，富栄養化防止，海洋油濁防止，土壌汚染防止，分析・測定〔ほか〕

<ハンドブック>

新・公害防止の技術と法規　2008 水質編 (1，2)　公害防止の技術と法規編集委員会編　産業環境管理協会，丸善〔発売〕　2008.1　2冊(セット)　26cm　7000円　Ⓘ978-4-86240-032-1

(目次)技術編（公害総論，水質概論，汚水処理特論，水質有害物質特論，大規模水質特論），法規編（環境基本法体系，水質汚濁防止法体系，特定工場における公害防止組織の整備に関する法律体系）

(内容)新試験・講習科目に沿った全面改訂版。新国家試験科目の範囲案掲載／法規編で科目別合格制度導入等の改正要点を解説。

新・公害防止の技術と法規　2009 水質編 (1，2)　公害防止の技術と法規編集委員会編　産業環境管理協会，丸善〔発売〕　2009.1　2冊(セット)　26cm　7000円　Ⓘ978-4-86240-042-0

(目次)分冊1 技術編（公害総論，水質概論），分冊1 法規編（環境基本法体系，水質汚濁防止法体系，特定工場における公害防止組織の整備に関する法律体系），分冊2 汚水処理特論

(内容)新試験・講習科目に沿った全面改訂版。新

国家試験科目の範囲案掲載／法規編で科目別合格制度導入等の改正要点を解説。公害防止管理者等資格認定講習・国家試験受験のための必携書。

新・公害防止の技術と法規 2010 水質編 (1, 2) 公害防止の技術と法規編集委員会編 産業環境管理協会, 丸善〔発売〕 2010.1 2冊(セット) 26cm 7000円 ①978-4-86240-057-4

(目次)分冊1 技術編(公害総論, 水質概論), 分冊1 法規編(環境基本法体系, 水質汚濁防止法体系, 特定工場における公害防止組織の整備に関する法律体系), 分冊2(汚水処理特論, 水質有害物質特論, 大規模水質特論)

(内容)2006年度新試験・講習科目に沿った全面改訂版。新国家試験科目の範囲案掲載／法規編で科目別合格制度導入等の改正要点を解説。公害防止管理者等資格認定講習・国家試験受験のための必携書。

水質調査ガイドブック 半谷高久, 高井雄, 小倉紀雄著 丸善 1999.4 177p 19cm 1900円 ①4-621-04588-1

(目次)1 はじめに, 2 水質調査の計画の立て方, 3 水質分析に関する基礎, 4 現地作業の準備と現地における諸注意, 5 現地の作業, 6 水質分析法の概要, 7 機器分析, バイオアッセイ, 簡易分析について, 8 地下水の水質調査法, 9 測定結果の整理と解析, 10 廃液の処理と実験室安全対策, 11 各種水質基準, 12 日本の水

◆海洋汚染

<事典>

船舶安全法関係用語事典 上村宰編 成山堂書店 2000.9 390, 5p 21cm 6600円 ①4-425-11161-3 Ⓝ550.92

(内容)船舶安全法関係の用語事典。船舶構造規則をはじめとする船舶安全法による政令, 省令, 告示のなかで使用されている用語とその関連用語を整理・解説する。また, 船舶安全法のほか船舶法, 電波法, 漁船法, 海洋汚染防止法など関連する法令についても参考として取り上げ, さらに同意語, 類似語, 関連用語についても付記している。

<ハンドブック>

海上保安法制 海洋法と国内法の交錯 山本草二編 三省堂 2009.5 464p 22cm 6800円 ①978-4-385-32294-0 Ⓝ557.8

(目次)第1章 総論(海上執行をめぐる国際法と国内法の相互関係, 海上保安庁法の成立と外国法制の継受—コーストガード論 ほか), 第2章 国内法の適用・執行とその限界(内水, 領海 ほか), 第3章 執行の対象となる海上活動(密航, 密輸と組織犯罪 ほか), 第4章 海上保安法制の課題と展望(外国船舶に対する執行管轄権行使に伴う国家の責任, 係争海域における活動の国際法上の評価—日中・日韓間の諸問題を手がかりとして ほか)

(内容)海上執行に関する国際法と国内法(行政法, 刑事法)が交錯する法的諸問題につき海上保安業務の理論体系の構築を考察。

四・五・六級海事法規読本 藤井春三著, 野間忠勝改訂 成山堂書店 2009.3 191p 22cm 〈『最新海事法規読本』(2001年刊)の新版〉 3000円 ①978-4-425-26098-0 Ⓝ550.92

(目次)海上衝突予防法, 海上交通安全法, 港則法, 船員法, 船員労働安全衛生規則, 船舶職員及び小型船舶操縦者法, 海難審判法, 船舶法及び同法施行細則, 船舶安全法及び関係法令, 海洋汚染等及び海上災害の防止に関する法律, 検疫法, 国際公法

(内容)海技国家試験の科目細目に基づき四・五・六級各級の出題範囲とポイントをわかりやすく解説。

<法令集>

海事法 第5版 海事法研究会編 海文堂出版 2008.4 352p 21cm 3500円 ①978-4-303-23873-5 Ⓝ550.92

(目次)第1章 総論, 第2章 船舶法, 第3章 船員法, 第4章 海商法, 第5章 船舶安全法, 第6章 海洋汚染等及び海上災害の防止に関する法律, 第7章 船舶職員及び小型船舶操縦者法, 第8章 水先法, 第9章 海難審判法, 第10章 検疫法, 第11章 関税法, 第12章 出入国管理, 第13章 海事国際法, 14章 便宜置籍船, マルシップなどをめぐる経済と法

海事法 第6版 海事法研究会編 海文堂出版 2009.9 340p 21cm 〈文献あり〉 3500円 ①978-4-303-23874-2 Ⓝ550.92

(目次)総論, 船舶法, 船員法, 海商法, 船舶安全法, 海洋汚染等及び海上災害の防止に関する法律, 船舶職員及び小型船舶操縦者法, 水先法, 海難審判法, 検疫法, 関税法, 出入国管理, 海事国際法

概説海事法規 神戸大学海事科学研究科海事法規研究会編著 成山堂書店 2010.10 434p 22cm 〈文献あり〉 5000円 ①978-4-425-26141-3 Ⓝ550.92

(目次)総論, 船舶法, 船舶安全法, 船員法, 船舶職員及び小型船舶操縦者法, 海難審判法, 海上衝突予防法, 海上交通安全法, 港則法, 海洋

汚染等及び海上災害の防止に関する法律，水先法，検疫法，出入国管理及び難民認定法並びに関税法，海商法，海事国際法，国際航海船舶及び国際港湾施設の保安の確保等に関する法律

危険物船舶運送及び貯蔵規則 10訂版 国土交通省海事局検査測度課監修 海文堂出版 2002.3 513p 30cm 28500円 ①4-303-38520-4 Ⓝ683.6

(目次)危険物船舶運送及び貯蔵規則，船舶による放射性物質等の運送基準の細目等を定める告示，危険物船舶運送及び貯蔵規則第19条第1項及び第2項の外国規則を定める告示，危険物船舶運送及び貯蔵規則第22条の12第5項の外国を定める告示，液化ガスばら積船の貨物タンク等の技術基準を定める告示，船舶による危険物の運送基準等を定める告示，海洋汚染及び海上災害の防止に関する法律及び施行規則（抜粋）

(内容)危規則および関連する告示を中心に編集した法令資料。

危険物船舶運送及び貯蔵規則 11訂版 国土交通省海事局検査測度課監修 海文堂出版 2004.4 511p 30cm 28500円 ①4-303-38521-2

(目次)危険物船舶運送及び貯蔵規則，船舶による放射性物質等の運送基準の細目等を定める告示，危険物船舶運送及び貯蔵規則第22条の12第5項の外国を定める告示，液化ガスばら積船の貨物タンク等の技術基準を定める告示，船舶による危険物の運送基準等を定める告示，海洋汚染及び海上災害の防止に関する法律及び施行規則（抜粋）

危険物船舶運送及び貯蔵規則 12訂版 国土交通省海事局検査測度課監修 海文堂出版 2005.3 541p 30cm 28500円 ①4-303-38522-0

(目次)危険物船舶運送及び貯蔵規則（総則，危険物の運送，危険物の貯蔵，常用危険物，雑則，罰則，附則），船舶による放射性物質等の運送基準の細目等を定める告示，危険物船舶運送及び貯蔵規則第22条の12第5項の外国を定める告示，液化ガスばら積船の貨物タンク等の技術基準を定める告示，船舶による危険物の運送基準等を定める告示，海洋汚染等及び海上災害の防止に関する法律及び施行規則（抜粋）

危険物船舶運送及び貯蔵規則 13訂版 国土交通省海事局検査測度課監修 海文堂出版 2007.4 561p 30cm 28500円 ①978-4-303-38523-1

(目次)危険物船舶運送及び貯蔵規則，船舶による放射性物質等の運送基準の細目等を定める告示，危険物船舶運送及び貯蔵規則第22条の12第5項の外国を定める告示，液化ガスばら積船の貨物タンク等の技術基準を定める告示，船舶による危険物の運送基準等を定める告示，海洋汚染等及び海上災害の防止に関する法律及び施行規則（抜粋）

危険物船舶運送及び貯蔵規則 14訂版 国土交通省海事局検査測度課監修 海文堂出版 2009.3 117, 577p 図版8p 30cm 〈索引あり〉 28500円 ①978-4-303-38524-8 Ⓝ683.6

(目次)危険物船舶運送及び貯蔵規則，船舶による放射性物質等の運送基準の細目等を定める告示，危険物船舶運送及び貯蔵規則第22条の12第5項の外国を定める告示，液化ガスばら積船の貨物タンク等の技術基準を定める告示，船舶による危険物の運送基準等を定める告示，海洋汚染等及び海上災害の防止に関する法律及び施行規則（抜粋）

(内容)危険物の輸送・貯蔵に関わる実務法規集。バインダー形式で追録を加えていく加除式出版。

最新 海洋汚染及び海上災害の防止に関する法律及び関係法令 改訂版 運輸省運輸政策局環境・海洋課海洋室監修 成山堂書店 1999.10 768p 19cm 6600円 ①4-425-24108-8

(目次)海洋汚染及び海上災害の防止に関する法律，海洋汚染及び海上災害の防止に関する法律施行令，海洋汚染及び海上災害の防止に関する法律施行規則，有害液体物質等の範囲から除かれる液体物質を定める総理府令，海洋汚染防止設備等及び油濁防止緊急措置手引書に関する技術上の基準を定める省令，海洋汚染防止設備等及び油濁防止緊急措置手引書に関する技術上の基準を定める省令第三十一条の有害液体物質を定める告示，海洋汚染防止設備等及び油濁防止緊急措置手引書検査規則，海洋汚染及び海上災害の防止に関する法律第九条の六第三項の規定に基づく未査定液体物質の査定に関する総理府令，未査定液体物質の査定結果，海洋汚染及び海上災害の防止に関する法律第九条の七の規定に基づく指定確認機関〔ほか〕

最新海洋汚染等及び海上災害の防止に関する法律及び関係法令 平成20年1月現在 国土交通省総合政策局海洋政策課監修 成山堂書店 2008.2 10, 793p 21cm 9400円 ①978-4-425-24109-5 Ⓝ519.4

(目次)海洋汚染等及び海上災害の防止に関する法律，海洋汚染等及び海上災害の防止に関する法律施行令，海洋汚染等及び海上災害の防止に関する法律施行規則，有害液体物質等の範囲から除かれる液体物質を定める省令，海洋汚染防止設備等、海洋汚染防止緊急措置手引書等及び大気汚染防止検査対象設備に関する技術上の基準に関する省令，海洋汚染防止設備等、海洋汚染防止緊急措置手引書等及び大気汚染防止検

査対象設備に関する技術上の基準等に関する省令第三十一条の有害液体物質を定める告示，海洋汚染防止設備等，海洋汚染防止緊急措置手引書等及び大気汚染防止検査対象設備の検査等に関する規則，海洋汚染等及び海上災害の防止に関する法律第九条の六第三項の規定に基づく未査定液体物質の査定に関する省令，海洋汚染等及び海上災害の防止に関する法律の規定に基づく事業場の認定に関する規則，海洋汚染防止設備及び大気汚染防止検査対象設備型式承認規則〔ほか〕

<年鑑・白書>

海上保安白書　平成2年版　海上保安庁編
　大蔵省印刷局　1990.12　216p　21cm　1280円　ⓀI4-17-150165-2
目次 海上保安をめぐる主な出来事（年表），第1章 海上保安活動の国際化の進展とその対応，第2章 海上治安の維持，第3章 海上交通の安全確保，第4章 海洋レジャーへの対応，第5章 海難の救助，第6章 海洋汚染防止と海上防災，第7章 海洋調査と海洋情報の提供，第8章 航路標識の現状と整備，第9章 海上保安体制の現状

海上保安白書　平成3年版　海上保安庁編
　大蔵省印刷局　1991.12　254p　21cm　1450円　ⓀI4-17-150166-0
目次 第1章 安心感のある海をめざして（「安全な海」の実現に向けて，「秩序ある海」の実現に向けて，「明るく清い海」の実現に向けて，国民の要請にこたえるために），第2章 海上治安の維持（領域警備等，外国漁船の監視取締り，海上における法秩序の維持，海上紛争等の警備と警戒・警護，プルトニウム海上輸送の護衛），第3章 海上交通の安全確保（海上交通三法とその運用，ふくそう海域における情報提供・航行管制システム，大規模プロジェクトの安全対策，危険物輸送の安全対策，海上交通の安全確保のための指導），第4章 海洋レジャーの安全確保と健全な発展のための対策の推進（海洋レジャーの現状と今後の動向，海洋レジャー事故の発生状況とその原因，海洋レジャーの事故防止及び健全な発展に資する対策の推進，海洋レジャーに係る救助体制の充実強化，海洋レジャーの安全に資する情報の提供），第5章 海難の救助（海難の発生と救助状況，海難救助体制），第6章 海洋汚染防止と海上防災（海洋汚染の現状と防止対策，海上防災対策），第7章 海洋調査と海洋情報の提供（管轄海域の確定，航海の安全確保のための情報提供，地球温暖化問題への対応），第8章 航路標識の現状と整備（航路標識の整備），第9章 海上の保安に関する国際活動（国際機関との協力，国際関係業務の推進，技術協力等），第10章 海上保安体制の現状（組織・定員，装備，教育訓練体制，研究開発）

海上保安白書　平成4年版　海上保安庁編
　大蔵省印刷局　1992.11　256p　21cm　1600円　ⓀI4-17-150167-9
目次 第1章 新たな期待にこたえて，第2章 海上治安の維持，第3章 海上交通の安全確保，第4章 海洋レジャーの安全確保と健全な発展のための対策の推進，第5章 海難の救助，第6章 海洋汚染防止と海上防災，第7章 海洋調査と海洋情報の提供，第8章 航路標識の現状と整備，第9章 海上保安に関する国際活動，第10章 海上保安体制の現状

海上保安白書　平成5年版　海上保安庁編
　大蔵省印刷局　1993.11　262p　21cm　1700円　ⓀI4-17-150168-7
目次 第1部 海上保安業務の力強い展開をめざして（たくましい海上警備をめざして，より安全な海上交通のために，美しい海洋環境を守るために），第2部 海上保安の動向（海上治安の維持，海上交通の安全確保，海洋レジャーの安全確保と健全な発展のための対策の推進，海難の救助，海洋汚染防止と海上防災，海洋調査と海洋情報の提供，航路標識の現状と整備，海上保安に関する国際活動，海上保安体制の現状）

海上保安白書　平成6年版　海上保安庁編
　大蔵省印刷局　1994.11　256p　21cm　1800円　ⓀI4-17-150169-5
目次 第1部 国際的に連携し発展する海上保安業務（海上における警備に万全を期するために，航海の安全を確保するために，広大な海域における海難を救助するために，地球規模での海洋環境を保全するために，国際化に対応した海上保安業務執行体制の強化），第2部 海上保安の動向（海上治安の維持，海上交通の安全確保，海洋レジャーの安全確保と健全な発展のための対策の推進，海難の救助，海洋汚染防止と海上防災，自然災害への対応，海洋調査と海洋情報の提供，航路標識業務の現状，海上保安に関する国際活動，海上保安体制の現状）

海上保安白書　平成8年版　海上保安庁編
　大蔵省印刷局　1996.11　241p　21cm　1900円　ⓀI4-17-150171-7
目次 第1部 海における新たな秩序の確立に向けて（国連海洋法条約の締結と国内法制の整備，国連海洋法条約に対応した新たな海上警備，国連海洋法条約と海洋調査の推進，新たな海洋秩序に対応した海上保安庁の体制整備），第2部 海上保安の動向（海上治安の維持，海上交通の安全確保，海洋レジャーの安全確保と健全な発展のための対策の推進，海難の救助 ほか）

海上保安白書　平成10年版　海上保安庁編
　大蔵省印刷局　1998.12　261p　21cm　2000

円　①4-17-150173-3
(目次)第1部 平成における海上保安の取組と今後の課題(平成の10年間を振り返って，海上における秩序の維持に努めて，海難ゼロを目指して，迅速・的確な海難救助体制の構築に向けて ほか)，第2部 海上保安の動向(海上治安の維持，海上交通の安全確保，海洋レジャーの安全確保と健全な発展のための対策の推進，海難の救助 ほか)

海上保安白書　平成12年版　海上保安庁編
大蔵省印刷局　2000.9　15, 245p　21cm　2300円　①4-17-150175-X　Ⓝ557.8
(目次)第1部 21世紀に向けて，第2部 海上保安の動向(海上治安の維持，海上交通の安全確保，マリンレジャーの事故防止対策と救助体制の充実強化，海難及び人身事故の救助，海洋環境の保全と海上防災，自然災害への対応，海洋調査と海洋情報の提供，航路標識業務への取組 ほか)

◆◆海事政策

<年鑑・白書>

海事レポート　平成13年版　国土交通省海事局編　日本海事広報協会　2001.7　202p　30cm　1000円　①4-89021-089-X　Ⓝ683.21
(目次)トピックで見る海事分野(独立行政法人の発足，改正海上運送法の施行，港湾荷役の効率化・サービスの向上を目指して，大きく一歩を踏み出した海洋環境汚染防止への取組み，メガフロート空港の実現に向けて，新技術の開発への取組み，モーターボート競走における三連勝式投票法等の導入)，第1部 海事分野をめぐる現状・課題と政策的対応(海事分野への行政の取組み，国際競争力のある外航海運を目指して，海上運送の効率化とサービス向上を目指して，造船業・舶用工業の活性化に向けた取組み，世界をリードする安全・環境分野への取組み，優良な船員の安定的な確保，資格制度等による船舶の安全な運行の確保，マリンレジャーの振興と海事思想の普及，モーターボート競走の振興)，第2部 海事産業の現状と動向(外航海運の現状，内航海運の現状，内航旅客輸送の現状，湾港・湾港運送の現状，造船業・舶用工業の現状，船員労働マーケットの現状，日本における船員労働マーケットの現状)

海事レポート　平成14年版　国土交通省海事局編　日本海事広報協会　2002.7　189p　21cm　1000円　①4-89021-094-6　Ⓝ683.21
(目次)1 最近の海事政策の動き(次世代内航海運ビジョン，環境問題への取組み，港湾の24時間フルオープン化とワンストップサービス化 ほか)，2 海事分野の現状と方向(海上輸送の現状と方向，造船業・舶用工業の現状と方向，船員制度の現状と方向 ほか)，3 海事行政の体制(海事局が誕生するまで，海事局の誕生，国土交通省の地方組織の再編)
(内容)海事行政の動向をまとめた年報。最近の海事政策の動き，データ等を多数掲載した各分野の現況，海事行政の体制について記述した部の3部構成。巻末に索引を付す。

海事レポート　平成15年版　国土交通省海事局編　日本海事広報協会　2003.7　201p　21cm　1000円　①4-89021-098-9
(目次)1 海事分野における主要な政策課題(海事安全及び保安問題への対応，スーパー中枢港湾の育成に向けた取り組み，海洋・大気環境保全への取り組み，内航海運ビジョンの具体化に向けた取り組み ほか)，2 海事各分野における現状と方向(海上輸送分野，造船業・舶用工業分野，船員分野，安全・保安の確保と環境保全 ほか)
(内容)本書の第1部では，最近におけるトピックを紹介しているので，海事局の行なっている行政のイメージをつかんでいただきたい。第2部には，更に詳しく各種データに現状分析を加え，直面する政策課題とそれへの対応を，各個別分野ごとにまとめている。

海事レポート　平成16年版　国土交通省海事局編　日本海事広報協会　2004.7　187p　21cm　1000円　①4-89021-101-2
(目次)第1部 主要政策課題への取組み(新外航海運政策の検討，港湾運送における規制緩和への取組み，船員・水先制度の見直し，国際環境問題への取組み ほか)，第2部 海事各分野の動向(海上輸送分野—海上輸送の果たす役割とその重要性，造船業・舶用工業分野—造船業・舶用工業の果たす役割とその重要性，船員分野—船員が果たす役割とその重要性，海上安全・保安の確保と環境保全—海上における安全・保安，海洋環境保全に対する取組み ほか)
(内容)海事局では，海運・船舶・船員にわたる幅広い海事分野で行政を展開している。放置座礁船対策，北朝鮮籍船へのポートステートコントロール(PSC)の実施，改正SOLAS条約に基づく海上テロ対策の問題等により，海事行政に関する社会的な関心と期待が高まっている。長期にわたり低迷してきた我が国の景気についても，幾分明るい兆しが見えてきたが，海事分野では，より一層の効率的な輸送サービスの提供が求められている。本書の第1部では，これら政策課題への取組みについて紹介。今後の海事行政の方針を把握できる。また，第2部には，各種データに現状分析を加え，直面する政策課題とそれへの対応を各個別分野ごとにまとめている。

海事レポート　平成17年版　国土交通省海事局編　日本海事広報協会　2005.7　193p　21cm　1000円　⓽4-89021-103-9

㋾第1部 海事行政における重要課題（新外航海運政策の検討，内航海運政策の推進，輸送サービスの高度化と安全の確保に向けた新たな取組み，環境問題への取組み，海事保安対策の推進，海事産業の健全な発展に向けた人材確保・育成に関わる取組み），第2部 海事の現状とその分析（海上輸送分野―海上輸送の果たす役割とその重要性，造船業・舶用工業分野―造船業・舶用工業の果たす役割とその重要性，船員分野―船員が果たす役割とその重要性，海上安全・保安の確保と環境保全―海上における安全・保安，海洋環境保全に対する取組み，小型船舶の利用活性化と海事振興―小型船舶の利用活性化と海事振興の役割）

海事レポート　平成18年版　国土交通省海事局編　日本海事広報協会　2006.7　220p　21cm　1000円　⓽4-89021-107-1

㋾第1部 海事行政における重要課題（安全・安心で環境にやさしい海上輸送の確保，主要政策課題への取組み），第2部 海事の現状とその分析（海上輸送分野，造船業・舶用工業分野，船員分野，海上安全・保安の確保と環境保全，小型船舶の利用活性化と海事振興）

海事レポート　平成19年版　国土交通省海事局編　日本海事広報協会　2007.7　243p　21cm　1000円　⓽4-89021-109-8

㋾トピックで見る海事分野，第1部 海事行政における重要課題（今後の安定的な海上輸送のあり方，安全・安心で環境にやさしい海上輸送の確保，その他の主要政策課題への取り組み），第2部 海事の現状とその課題（海上輸送分野，造船業・舶用工業分野，船員分野，海上安全・保安の確保と環境保全，小型船舶の利用活性化と海事振興）

海事レポート　平成20年版　国土交通省海事局編　日本海事広報協会　2008.7　224p　21cm　1000円　⓽978-4-89021-110-4

㋾トピックで見る海事分野，第1部 海事行政における重要課題（安定的な国際海上輸送の確保，海事産業を担う人材の確保・育成，海運における環境問題への取り組み，内航海運・国内旅客船の振興，マラッカ・シンガポール海峡等の安全確保の取り組み ほか），第2部 海事の現状とその課題（海上輸送分野，造船業・舶用工業分野，船員分野，海上安全・保安の確保と環境保全，小型船舶の利用活性化と海事振興）

海事レポート　平成22年版　国土交通省海事局編著・資料提供，日本海事センター協力，日本海事広報協会編　日本海事広報協会，成山堂書店（発売）　2010.9　240p　21cm　2000円　⓽978-4-425-91131-8　Ⓝ683

㋾トピックで見る海事分野，第1部 海事行政における重要課題（安定的な国際海上輸送の確保，海運における環境問題への取り組み，海賊対策の積極的推進，内航海運・フェリー・国内旅客船の振興，離島航路の構造改革の推進 ほか），第2部 海事の現状とその課題（海上輸送分野，船員産業分野，船員分野，海上安全・保安の確保と環境保全，小型船舶の利用活性化と海事振興）

海洋白書　2004創刊号　日本の動き・世界の動き　シップ・アンド・オーシャン財団海洋政策研究所編　成山堂書店　2004.2　184p　30×22cm　2200円　⓽4-425-53081-0

㋾第1部 熟慮したい海洋の重要課題（21世紀におけるわが国の海洋政策，WSSD：持続可能な開発の更なる進展にむけて，わが国の沿岸域管理と今後の方向 ほか），第2部 日本の動き，世界の動き（日本の動き，世界の動き），第3部 参考にしたい資料・データ（「持続可能な開発に関する世界サミット」実施計画（抜粋），GESAMP報告書"A Sea of Troubles"（仮訳「苦難の海」）（概要），「長期的展望に立つ海洋開発の基本的構想及び推進方策について―21世紀初頭における日本の海洋政策」（概要） ほか）

㋱本書は3部構成からなり，「第1部・熟慮したい海洋の重要課題」では，最近の海洋に関する出来事や活動の中から重要課題を選んで整理・分析し，それについての見解を述べ，問題提起，提言などを試みる。「第2部 日本の動き，世界の動き」は，海洋・沿岸域関係のこの1年間の内外の動向を取りまとめたものである。海洋・沿岸域の各分野ごとにその動きを日誌形式でわかりやすく整理して掲載し，読者の皆様が関心のある事項を中心にその動きを追うことができるように企画した。「第3部・参考にしたい資料・データ」には，第1部および第2部で取り上げている課題や出来事・活動に関する重要データ，資料等を掲載した。

海洋白書　日本の動き世界の動き　2005　シップ・アンド・オーシャン財団海洋政策研究所編　成山堂書店　2005.4　206p　30cm　1900円　⓽4-425-53082-9

㋾第1部 "かけがえのない海"（海に広がる日本の"国土"，豊かな沿岸域の再生を，海洋をめぐる世界の取組み，海上輸送の安全確保，海洋を知る），第2部 日本の動き，世界の動き（日本の動き，世界の動き），第3部 参考にしたい資料・データ（米国海洋政策審議会最終報告書『21世紀海洋の青写真』，東アジア海域の持続可能な開発のための地域協力に関するプトラジャヤ宣言，東アジア海域の持続可能な開発戦略（SDS-

SEA）ほか）

海洋白書　2006　日本の動き・世界の動き
　海洋政策研究財団編　成山堂書店　2006.2
　214p　30cm　1900円　Ⓘ4-425-53083-7
⦅目次⦆第1部 かけがえのない海（海洋の重要課題, 海の価値, 海洋の管理, 海上輸送の安全保障, 科学と防災）, 第2部 日本の動き, 世界の動き, 第3部 参考にしたい資料・データ
⦅内容⦆海洋政策研究財団は, 多方面にわたる海洋・沿岸域に関する出来事や活動を「海洋の総合的管理」の視点にたって分野横断的に整理分析し, わが国の海洋問題に対する全体的・総合的な取り組みに資することを目的として「海洋白書」を創刊している。その海洋白書が, 今年で第3号となった。これまでと同様, 3部の構成とし, 第1部では特に本年報告したい事項を, 第2部では海洋に関する日本および世界の1年間余の動きを, それぞれ記述して, 第3部には, 第1部および第2部で取り上げている課題や出来事・活動に関する重要資料を掲載した。今年の白書の第1部は, 海洋の経済的価値を考察している。簡単なことではないが, 環境の経済的価値についても記述した。また, スマトラ島沖の大地震による巨大津波があったのが1年余前であるが, あらためて, 海洋にかかわる科学と防災について記述した。

海洋白書　2007　日本の動き 世界の動き
　海洋政策研究財団編　成山堂書店　2007.4
　159p　30cm　1900円　Ⓘ978-4-425-53084-7
⦅目次⦆第1部 海洋の総合的管理への新たな挑戦（海洋政策の新潮流, 海洋と科学技術の課題, 持続可能な海事活動, 海を護る─協調の海へ）, 第2部 日本の動き, 世界の動き（日本の動き, 世界の動き）, 第3部 参考にしたい資料・データ（海洋政策大綱─新たな海洋立国を目指して, 海洋基本法案（仮称）の概要, 東京宣言「海を護る」 ほか）

海洋白書　2008　日本の動き 世界の動き
　海洋政策研究財団編　成山堂書店　2008.4
　236p　30cm　2000円　Ⓘ978-4-425-53085-4
　Ⓝ452
⦅目次⦆第1部 海洋基本法制定と今後の課題（海洋と日本, 海洋基本法制定までの動き, 海洋基本法の概要と施行 ほか）, 第2部 日本の動き, 世界の動き（日本の動き, 世界の動き）, 第3部 参考にしたい資料・データ（海洋基本法, 海洋基本計画, 海洋政策大綱 ほか）

海洋白書　2009　日本の動き 世界の動き
　海洋政策研究財団編　成山堂書店　2009.5
　228p　30×22cm　2000円　Ⓘ978-4-425-53086-1　Ⓝ452
⦅目次⦆第1部 新たな「海洋立国」への出発（新たな「海洋立国」への出発, 海洋に関する国民の理解の増進と人材育成, 海に拡がる「国土」の開発, 利用, 保全, 管理, 求められるわが国「海洋外交」の積極的展開, 気候変動・地球温暖化と海洋）, 第2部 日本の動き, 世界の動き（日本の動き, 世界の動き）, 第3部 参考にしたい資料・データ

海洋白書　2010　日本の動き 世界の動き
　海洋政策研究財団編　成山堂書店　2010.4
　222p　30cm　2000円　Ⓘ978-4-425-53087-8
　Ⓝ452
⦅目次⦆第1部 新たな「海洋立国」の実現に向けて（新たな「海洋立国」の実現に向けて, 気候変動と海洋, わが国の管轄海域における海洋資源の開発・利用の推進, 海洋技術の発展を通じた新たな海洋立国, 海洋の安全確保および海上輸送確保, 海洋調査の推進と海洋情報の整備）, 第2部 日本の動き, 世界の動き（日本の動き, 世界の動き）, 第3部 参考にしたい資料・データ

◆土壌・地下水汚染

<事　典>

図解土壌・地下水汚染用語事典　平田健正, 今村聡監修　オーム社　2009.3　207p　21cm　〈索引あり〉　3000円　Ⓘ978-4-274-20686-3　Ⓝ519.5
⦅内容⦆土壌・地下水汚染問題に関係する法律・制度, 分析, 物質・物性, 社会, 対策, 調査, 化学, 評価・予測, リスク, 地盤・地下水の10の領域から, 必要にして十分な約600語を精選。配列は見出し語の五十音順, 英数順で見出し語, 読み, 分類, 解説を記載, 巻末に英和索引, 重要用語索引が付く。

<名　簿>

土壌・地下水浄化産業会社録　2001年度版　産業タイムズ社　2001.8　191p　26cm　9000円　Ⓘ4-88353-058-2　Ⓝ519.5
⦅目次⦆第1部 土壌・地下水汚染浄化技術の紹介, 第2部 土壌・地下水浄化関連企業の紹介, 第3部 資料編・各種自治体, 全国自治体名簿
⦅内容⦆土壌・地下水の浄化事業分野の会社名鑑。記載データは各社に対するアンケートの調査結果に基づく。建設業, 土木施工業者, 水処理メーカーなどが収録対象。第2部で各社を五十音順に排列し, 会社概要, 修復事業実績, 主要取引先企業名などを記載する。

<ハンドブック>

土壌・地下水汚染浄化企業総覧　2001年

度版　産業タイムズ社　2001.1　285p　26cm　13000円　①4-88353-047-7　Ⓝ519.5

⦅目次⦆第1章 土壌・地下水環境の現状と課題，第2章 土壌・地下水汚染浄化の業界動向，第3章 企業別土壌・地下水汚染浄化への取り組み，第4章 土壌・地下水汚染対策への都道府県別取り組み，第5章 土壌・地下水汚染の代表事例と対策，第6章 関連企業・団体名簿

⦅内容⦆土壌・地下水汚染浄化事業に取り組む企業約100社の最新技術動向、マーケティング戦略などをまとめたもの。各都道府県の土壌・地下水汚染に対する取り組み、国内における代表的な汚染事例なども紹介し、関連団体、関連企業名簿を収録。

土壌・地下水汚染浄化企業総覧　2003年度版　産業タイムズ社　2003.5　377p　26cm　13000円　①4-88353-087-6

⦅目次⦆第1章 土壌汚染対策法の概要と今後の展開，第2章 土壌・地下水汚染浄化の業界動向，第3章 土壌汚染対策企業の技術動向とマーケティング戦略，第4章 土壌・地下水汚染対策への都道府県別取り組み，第5章 業種別取り組み状況（石油，光学機器，ガス，ガラス），第6章 土壌・地下水汚染の代表事例と対策，第7章 土壌汚染対策法に基づく指定調査機関一覧，第8章 関連企業・団体名簿

⦅内容⦆新法施行で大きく変貌する土壌浄化ビジネスの全容に迫る。浄化企業120社の詳細。

◆化学物質

＜事　典＞

環境化学の事典　指宿堯嗣，上路雅子，御園生誠編　朝倉書店　2007.11　458p　21cm　9800円　①978-4-254-18024-4

⦅目次⦆1 地球のシステムと環境問題，2 資源・エネルギーと環境，3 大気環境と化学，4 水・土壌環境と化学，5 生物環境と化学，6 生活環境と化学，7 化学物質の安全性・リスクと化学，8 環境の保全と化学，9 グリーンケミストリー，10 廃棄物と資源循環，付録 環境関連の法律、制度の情報

暮らしにひそむ化学毒物事典　渡辺雄二著　家の光協会　2002.5　230p　19cm　1400円　①4-259-54619-8　Ⓝ498.4

⦅目次⦆第1章 食べ物・飲み物（食品添加物，農薬，抗生物質，環境ホルモン，遺伝子組み換え食品，クローン牛），第2章 水（水道水，合成洗剤），第3章 室内空気（シックハウス，防虫・殺虫剤，抗菌グッズ），第4章 大気（排気ガス，地球環境）

⦅内容⦆身の回りにある化学毒物の性質や毒性を明らかにする事典。毒物が含まれるものによっ

て4カテゴリに分類し、平易な文章で解説する。除去方法や摂取を減らす方法など、対策についての記載もある。巻末に参考文献一覧が付く。

建築に使われる化学物質事典　東賢一，池田耕一，久留飛克明，中川雅至，長谷川あゆみほか著　風土社　2006.5　481p　21cm　4571円　①4-938894-80-7

⦅目次⦆第1章 化学物質の安全性と健康リスク（化学物質とその性質，化学物質による健康リスク），第2章 建材から放散される化学物質（建材別化学物質の使用例・実測例，放散速度と気中濃度の関係 ほか），第3章 化学物質の測定（室内空気中の化学物質濃度の測定方法，建材からの化学物質放散量の測定方法 ほか），第4章 化学物質の諸特性および有害性（調査マニュアル，個別物質のデータベース（459物質の諸特性および有害性） ほか），第5章 建築関連の化学物質の法規・基準（化学物質の室内濃度指針値，建築物における衛生的環境の確保に関する法律 ほか）

⦅内容⦆建築基準法、建築物衛生法、消防法、学校環境衛生の基準、食品衛生法、廃棄物処理法、労働安全衛生法、大気汚染防止法、土壌汚染対策法、水道法、水質汚濁防止法、海洋汚染防止法…さまざまな法律や規則で規制されている有害性のある化学物質。中でも建築に使用される可能性のあるもの459を、建築での主な使用例、外観的な特徴等、性状、曝露経路、毒性症状など詳しく解説する。

食卓の化学毒物事典　安全な食生活のために。　渡辺雄二著　三一書房　1995.9　293，7p　18cm　（三一新書）　950円　①4-380-95024-7

⦅目次⦆第1部 表示でわかる化学毒物─食品添加物篇，第2部 表示でわかる化学毒物─合成洗剤篇，第3部 表示でわかる化学毒物─プラスチック篇，第4部 食品に微量残留する化学毒物─農薬篇，第5部 食品に微量残留する化学毒物─抗生物質篇，第6部 食品に微量残留する化学毒物─ダイオキシン類篇

⦅内容⦆日常生活で口にする食物に含まれる化学毒物物質をその危険度に応じて分類し、解説を加えたもの。巻末に五十音順の事項索引がある。

食品汚染性有害物事典　総合食品安全事典編集委員会編　産業調査会，産調出版〔発売〕1998.12　183p　21cm　（食品安全のための物質・事典シリーズ 3）　2300円　①4-88282-201-6

⦅目次⦆1 食品経由の汚染物質1日摂取量調査，2 ダイオキシン，3 PCB，4 内分泌攪乱化学物質（環境ホルモン），5 メチル水銀，6 トリブチル錫（TBT）・トリフェニル錫（TPT），7 カドミウム，8 鉛，9 かびとカビ毒，10 発癌物質，11 低沸点有機塩素化合物，12 放射性汚染物，13 好

酸球増加筋痛症候群（EMS）

⦅内容⦆ダイオキシン、環境ホルモンなど食品経由の汚染物質の毒性、健康影響などを解説した事典。索引付き。

スタンダード 化学卓上事典　磯直道著　聖文社　1990.6　438p　19cm　2500円　①4-7922-0200-0　Ⓝ430.36

⦅目次⦆1 化学の基礎，2 物質の構造，3 物質の状態，4 化学変化，5 典型元素とその化合物，6 遷移元素とその化合物，7 有機化合物，8 高分子化合物，9 食品，10 核酸，11 医薬と農薬，12 染料と洗剤，13 放射性元素，14 環境汚染，15 化学の実験

⦅内容⦆基礎知識の整理と疑問に即答。用語と関連事項をやさしく解説。

生活環境と化学物質 用語解説 化学物質に目くばり・気くばり・心くばりのことば集　国際環境専門学校，日本分析化学専門学校共編　（尼崎）国際環境専門学校，（大阪）弘文社〔発売〕　2000.2　244p　19cm　1905円　①4-7703-0177-4　Ⓝ574

⦅目次⦆1 生活環境と衣服，2 生活環境と食品，3 生活環境と容器，食器，包装，4 生活環境と住居，家具，5 生活環境と洗剤，6 生活環境と家庭用薬剤，7 生活環境と家底用医薬品，8 生活環境と化粧品，9 生活環境と水質汚濁，10 生活環境と大気汚染

⦅内容⦆生活環境の中での用途、使用分野などから化学物質を10項目に大分類し、流通されている製品、商品に使用されている一般的なものに限定して掲載した用語解説集。巻末に総索引付き。

生活環境と化学物質 用語解説 化学物質に目くばり気くばり心くばりのことば集　第2版　国際環境専門学校，日本分析化学専門学校共編　（尼崎）国際環境専門学校，（大阪）弘文社〔発売〕　2003.3　249p　19cm　1905円　①4-7703-0274-6

⦅目次⦆1 生活環境と衣服，2 生活環境と食品，3 生活環境と容器，食器，包装，4 生活環境と住居，家具，5 生活環境と洗剤，6 生活環境と家庭用薬剤，7 生活環境と家庭用医薬品，8 生活環境と化粧品，9 生活環境と水質汚濁，10 生活環境と大気汚染，付録 環境ホルモンについて

⦅内容⦆化学物質の管理については従来、主として法的規制によって個々の化学物質に関わる個別の問題や事故に対応してきたのであるが、私達の想像を超える被害が続出している。そこで化学物質の適正な管理を計る一方、生活者にとって日常少しでも化学物質の特徴を理解し、そのリスクを認識して対策を講じることが環境管理の重要な問題となってきた。本書はこのような現状に鑑み、環境管理に対する市民、国民の書として、また、これから環境を学ぶ人達にとっての入門書的な役割を果たすことを期待するものである。

洗剤・洗浄の事典　奥山春彦，皆川基編　朝倉書店　1990.11　776, 5p　21cm　22660円　①4-254-25225-0　Ⓝ576.59

⦅目次⦆1 洗剤概論，2 洗浄概論，3 洗浄機器概論，4 生活と洗浄，5 医療・工業・その他の洗浄，6 洗剤の安全性と環境

⦅内容⦆本書は、生活の場で広く洗浄に使用される洗剤のほか、工業洗浄に使用される洗剤、医療機関で洗浄に使用される洗剤などに関する基礎的な専門知識と応用的な知識の両面にわたる広範囲な内容を収録している。また洗剤の安全性と環境への影響、洗剤に関する国内外の関連法規などについても解説されている。

発がん物質事典　泉邦彦著　合同出版　1992.2　206p　19cm　2000円　①4-7726-0161-9

⦅目次⦆1 用語・事項編（がんとは何か，化学発がんのしくみ，発がん物質のリスク評価），2 物質編（食品添加物とその関連物質，農薬，プラスチック成分，一般化学商品，環境汚染物質，天然物質とその分解産物，医薬品，産業化学物質）

⦅内容⦆このコンパクトな事典には、これだけは知っておきたい化学発がんの基礎知識と、身の回りにある250種の発がん物質がやさしく解説されています。化学発がんを考える上での必携の事典です。

有害物質小事典　泉邦彦著　研究社　2004.6　348p　19cm　2600円　①4-327-46148-2

⦅目次⦆1 用語編（化学物質汚染，毒性と健康障害，リスクと規制），2 物質編（元素，無機物質，農薬，バイオサイド（殺菌・防虫・防腐剤），プラスチック・繊維・ゴム成分，溶剤・洗浄剤，その他）

⦅内容⦆生活環境に広く見られる有害性の顕著な化学物質を「用語編」「物質編」の構成でわかりやすく解説。

有害物質小事典　改訂版　泉邦彦著　研究社　2008.10　357p　20cm　〈文献あり〉　3000円　①978-4-7674-9102-8　Ⓝ574.036

⦅目次⦆1 用語編（化学物質汚染，毒性と健康障害，リスクと規制），2 物質編（元素，無機物質，農薬，バイオサイド（殺菌・防虫・防腐剤），プラスチック・繊維・ゴム成分，溶剤・洗浄剤，その他）

⦅内容⦆一般生活環境を広く汚染する有害性の顕著な化学物質を"用語編""物質編"の構成でわかりやすく解説する。

<ハンドブック>

化学物質管理の国際動向　諸外国の動きとわが国のあり方　織朱実監修，オフィスアイリス編　化学工業日報社　2008.2　400p　21cm　〈文献あり〉　5000円　①978-4-87326-523-0　Ⓝ574

〔目次〕第1部 化学物質管理を取り巻く状況，第2部 各国の対応，第3部 わが国の化学物質管理，索引

〔内容〕世界各国と日本の化学物質管理の規制，自主的取り組みの動向などを図表を用いて解説した実務資料集。製品含有化学物質を含めた化学物質に関わる，各国の法規制，欧州におけるRoHS指令，REACH規則，GHSなどを解説する。

経皮毒データブック487 日用品編　稲津教久著　日東書院本社　2006.10　217p　19cm　1300円　①4-528-01402-5

〔目次〕基礎知識編（危険!皮膚から吸収される化学物質，経皮毒の危険性が高い日用品の成分を知る，安心できる日用品選びのために），データ編（成分データ表の見方，洗濯用洗剤／柔軟仕上げ剤，台所用洗剤／家庭用洗剤／漂白剤／除菌・消臭剤，歯磨き剤／マウスウォッシュ，シャンプー／リンス，ボディソープ／ハンドソープ／固形石けん，洗顔フォーム／シェービングフォーム，その他家庭用品）

〔内容〕日用品を下記の7つの製品に分類し，その製品に含まれる成分を11のデータでわかりやすく表示。経皮毒性や危険度などがひと目でわかる。

これならわかるEU環境規制REACH対応Q&A 88　松浦徹也，林譲編著，化学物質法規制研究会著　第一法規　2010.2　191p　21cm　〈索引あり〉　2000円　①978-4-474-02571-4　Ⓝ574

〔目次〕第1章 REACH基本の「き」，第2章 REACH入門者の素朴な質問，第3章 「登録」にまつわるQ&A，第4章 「成形品」にまつわるQ&A，第5章 「情報伝達」にまつわるQ&A，第6章 「CSAとCSR」にまつわるQ&A，第7章 「評価」にまつわるQ&A，第8章 「認可」にまつわるQ&A，第9章 「制限」にまつわるQ&A，第10章 日本企業の課題と心得

〔内容〕日本企業のREACH対応パターンを網羅した，基礎固めに最適の実務書が誕生。

生態影響試験ハンドブック　化学物質の環境リスク評価　日本環境毒性学会編　朝倉書店　2003.6　347p　27×19cm　16000円　①4-254-18012-8

〔目次〕序章 生態影響評価のための試験生物と試験法，第1章 バクテリア，第2章 藻類・ウキクサ・陸生植物，第3章 動物プランクトン，第4章 各種無脊椎動物，第5章 脊椎動物，第6章 公的生態影響試験法の開発状況，毒性値の算出と環境リスク評価

有害物質データブック　N.Irving Sax, Richard J.Lewis著，藤原鎮男監訳　丸善　1990.3　776p　26cm　〈原書名：Hazardous Chemicals Desk Reference〉　20600円　①4-621-03451-0

〔内容〕本書で扱われている物質は，基本的化学薬品，殺虫剤，染料，洗浄剤，潤滑油，プラスチック，薬剤，食品添加物，保存剤，鉱石，せっけん，植物および動物からの抽出物，工場の中間製品，工場などからの廃棄物である。

水

<事典>

国際水紛争事典　流域別データ分析と解決策　ヘザー・L.ビーチ，ジェシー・ハムナー，J.ジョセフ・ヒューイット，エディ・カウフマン，アンジャ・クルキほか著，池座剛，寺村ミシェル訳　アサヒビール，清水弘文堂書房〔発売〕　2003.9　254p　21cm　（ASAHI ECO BOOKS 8）　〈原書名：This volume is a translation of Transboundary Freshwater Dispute Resolution〉　2500円　①4-87950-564-1

〔目次〕1 理論（組織理論，経済理論），2 実践（水抗争，環境抗争），3 結論と要約（結論と要約），4 国際水紛争事典（ケーススタディ，条約リスト）

〔内容〕本書は，水の質や量をめぐる世界各地の問題，およびそれらに起因する紛争管理に関する文献を包括的に検証したものである。紛争解決に関しては，断片的な研究結果や非体系的な実験的な試みしか存在しなかったのが現状であった。本書で行なわれた国際水域に関する調査では，200以上の越境的な水域から収集された参考データや一般データが提供されている。

水質用語事典　三好康彦著　オーム社　2003.11　246p　21cm　3500円　①4-274-19715-8

〔内容〕水質保全業務に携わっている実務者が直面している業務上の問題点などを考慮してまとめた用語事典。見出し語1300を収録。本文は「和文用語」が日本語の五十音順，「アルファベット／数字」がアルファベット順と数字順に排列。巻末に英和索引を収録。

水の事典　太田猛彦，住明正，池淵周一，田渕俊雄，真柄泰基，松尾友矩，大塚柳太郎編　朝倉書店　2004.6　551p　21cm　20000円

①4-254-18015-2
(目次)1 水と自然(水の性質,地球の水,大気の水,海洋の水,河川と湖沼地下水,地形と水,土壌と水,植物と水,生態系と水),2 水と社会(水資源,農業と水,水産業,工業と水,都市と水システム),3 水と人間(水と人体,水と健康)
(内容)3部構成で、自然界における水、水とかかわる現代社会の活動、水と人間について解説。巻末に事項名索引を収録。

<ハンドブック>

水文・水資源ハンドブック　水文・水資源学会編　朝倉書店　1997.10　636p　26cm　32000円　①4-254-26136-5
(目次)水文編(水文総論,気象システム,水文システム,水環境システム ほか),水資源編(水資源総論,水資源計画・管理のシステム,水防災システム,利水システム ほか)

地球上の生命を育む水のすばらしさの更なる認識と新たな発見を目指して　文部科学省科学技術・学術審議会資源調査分科会編　財務省印刷局　2003.3　135p　30cm　1800円　①4-17-262650-5
(目次)第1章 水の性質と役割,第2章 水の需給の動向(水循環予測—グローバルな水循環予測と世界の水資源,水の需給—偏在と対応の諸相),第3章 水質・水環境の保全(水質の保全,水環境の保全—Global Civil Society時代の環境NPO／市民活動),第4章 水の特性を生かした様々な活用(新しい水処理,超臨界水—高温高圧下で特異なふるまいをする水,溶媒としての水,景観としての水),第5章 提言・今後の展開方向と課題(水に関する科学技術の振興と国民の水に関する意識の向上に向けた取組,水に関する科学技術に共通する課題)
(内容)本報告書は、水資源委員会におけるこれまでの検討結果を踏まえ、地球上の生命を育む水のすばらしさの更なる認識と新たな発見を目指して、水資源をめぐる各種の課題への対応方策と水の多様な利用可能性について提言するものである。なお、本報告書は、水に関するすべての内容を網羅するというよりも、特に注目に値する内容を取り上げるとともに、水に関する国民一般の意識を高めるという観点から、わかりやすい言葉で表現するという方針で取りまとめている。

水環境ハンドブック　日本水環境学会編　朝倉書店　2006.10　736p　26cm　32000円　①4-254-26149-7
(目次)1 場(河川,湖沼 ほか),2 技(浄水処理,下水・し尿処理 ほか),3 物(有害化学物質,水

界生物 ほか),4 知(環境微量分析,バイオアッセイ ほか)

水環境保全技術と装置事典　産業調査会事典出版センター,産調出版〔発売〕　2003.5　315p　26cm　4100円　①4-88282-325-X
(目次)第1章 概論,第2章 固液分離,第3章 物理化学処理,第4章 生物学的処理,第5章 排水処理事例,第6章 富栄養化防止,第7章 海洋油濁防止,第8章 土壌汚染防止,第9章 脱臭装置,第10章 測定・分析

水資源便覧　'96　国土庁長官官房水資源部監修,水資源協会編　山海堂　1996.3　483p　21cm　4996円　①4-381-00985-1
(目次)第1章 水資源の賦存状況,第2章 水資源の利用,第3章 水資源の開発,第4章 水資源の有効利用,第5章 災害,事故等にともなう水に関する影響,第6章 水資源の保全と環境,第7章 地下水の保全と活用,第8章 水源地域対策,第9章 水資源に関する理解の促進,国際交流の推進,第10章 一般統計,第11章 各種計画等,第12章 その他

水処理・水浄化・水ビジネスの市場　2007　シーエムシー出版　2007.2　178p　26cm　65000円　①978-4-88231-682-4
(目次)第1章 総論(世界の水環境,日本の水環境と法規制 ほか),第2章 水処理薬剤・材料の市場動向(ろ過膜・ろ過剤・ろ過助剤,凝集剤 ほか),第3章 水浄化ビジネスの市場動向(下水処理装置・産廃水処理装置,合併浄化槽 ほか),第4章 水利用ビジネスの市場動向(雨水利用システム,超純水・装置 ほか),第5章 最近の水処理・水浄化技術の開発動向(電力中央研究所,東京工業大学 ほか),参考資料
(内容)水処理・水浄化に不可欠な水処理薬剤・材料23品目の市場動向を収載。注目される水浄化ビジネスと水利用ビジネスをピックアップ。巻末に参考資料として「浄化槽システム協会名簿」「浄水器協会名簿」「アルカリイオン整水器協議会名簿」などを収録。

水処理薬品ハンドブック　藤田賢二著　技報堂出版　2003.10　306p　21cm　4700円　①4-7655-3192-9
(目次)第1章 薬品の種類と法律,第2章 水処理薬品の働き,第3章 薬品注入設備の基本仕様,第4章 薬品注入設備の設計,第5章 薬品注入設備用素子,第6章 主要薬剤の諸性状
(内容)本書では薬品注入に関する資料をできるだけ多く集め、著者の経験を加えて、章を追うごとに、大局から個別へと整理して記述した。すなわち、第2章では薬品という切り口で水処理技術を総括し、処理方式や使用薬品を選ぶため、第3章では薬品注入設備の仕様をつくるた

め，第4章では薬品注入設備を具体的に設計するため，第5章はプラントに使う機器や計器を選定するため，の技術情報を提供する。

水ハンドブック　水ハンドブック編集委員会編　丸善　2003.3　704p　26cm　35000円　①4-621-07160-2

(目次)1 水の基礎科学（水の構造，水和 ほか），2 自然環境と水（水の起源，大気からの水 ほか），3 産業と水（産業用水の種類，水処理別水資源技術 ほか），4 生活と水（生物と水，飲料水 ほか），5 未来と水（活性水・機能水，活性水・機能水の評価法 ほか）

(内容)「水」に関する知見を網羅的に提供するハンドブック。解説と図表で構成され，百科事典とデータブックの機能を併せ持っている。付表として「水道水質に関する省令」「水質汚濁に係る環境基準」「水質汚濁に係る一律排水基準」「プール水の水質基準」を収録。

水ハンドブック　循環型社会の水をデザインする　谷口孚幸著　海象社　2003.10　72p　21cm　（国連大学ゼロエミッションフォーラムブックレット）　510円　①4-907717-88-1

(目次)序 健全な水の循環，1 水と私たちの生活（人間に必要な水，水の機能と水質 ほか），2 世界の水資源（世界の水資源と水問題，世界の水資源危機の実例 ほか），3 わが国の水資源と水環境問題（わが国の水資源と生活用水使用量 ほか），4 水資源の新たな開発と保全（節水，排水再利用 ほか）

(内容)本書では，まず健全な水循環のあり方を示し，次いで水と私たちの生活として，人間に必要な水，水の機能と水質，水使用形態の区分と使用水量など基本的な考え方とデータを示した。次に，世界の水資源に関連して，世界の水資源と水問題，世界的な水資源危機の実例，国際河川をめぐる問題を示し，将来的な水資源問題の国際的取り組みについて解説。そして，わが国の水資源と水環境問題を取り上げ，わが国の水資源と使用量，地域別水資源と生活使用量，水環境問題の現状と原因分析を行った。最後に，従来型の水資源開発には限界が見えていることから，循環型社会を目指した現在行われつつある新たな水資源開発と保全の動向を紹介した。

<年鑑・白書>

全国公共用水域水質年鑑　1992年版　富士総合研究所編，環境庁水質保全局監修　富士総合研究所　1992.3　699p　26cm　30900円

(目次)1 平成2年度公共用水域水質測定結果について（測定地点数及び調査検体数，測定結果の概要，水質汚濁状況の推移），2 平成2年度公共用水域水質測定結果地点別総括表（健康項目〈Cd・PCB〉，健康項目〈TCE・PCE〉，生活環境項目，全窒素・全燐，BOD経月表，COD経月表，その他項目），3 環境基準地点一覧表

全国公共用水域水質年鑑　1993年版　富士総合研究所編，環境庁水質保全局監修　富士総合研究所　1993.2　713p　26cm　30900円

(目次)1 平成3年度公共用水域水質測定結果について，2 平成3年度公共用水域水質測定結果地点別総括表，3 環境基準地点一覧表

(内容)平成3年度における全国公共用水域の水質現況についてまとめた統計年鑑。調査地点数約8500。都道府県・政令市等の調査結果に基づき，健康，生活環境，その他項目等の水質項目別にとりまとめている。

全国公共用水域水質年鑑　1994年版　富士総合研究所編，環境庁水質保全局監修　富士総合研究所　1994.2　720p　26cm　30900円

(目次)1 平成4年度公共用水域水質測定結果について，2 平成4年度公共用水域水質測定結果地点別総括表，3 環境基準地点一覧表

(内容)平成4年度における全国公共用水域の水質状況についてまとめた統計年鑑。調査地点数8500。調査項目別に，河川・湖沼・海域に分けて記載する。

全国公共用水域水質年鑑　1995年版　環境庁水質保全局監修　富士総合研究所　1995.3　756p　26cm　30900円

(目次)1 平成5年度公共用水域水質測定結果について，2 平成5年度公共用水域水質測定結果地点別総括表，3 環境基準地点一覧表

(内容)1993年度における全国公共用水域の水質状況についてまとめた統計年鑑。調査項目別に，河川・湖沼・海域に分けて記載。巻末に環境基準値点一覧表を掲載。都道府県別索引を付す。

全国公共用水域水質年鑑　1996年版　環境庁水質保全局監修　富士総合研究所　1996.2　1001p　26cm　30900円

(目次)1 平成6年度公共用水域水質測定結果について，2 平成6年度公共用水域水質測定結果地点別総括表，3 環境基準地点一覧表

全国公共用水域水質年鑑　1997年版　環境庁水質保全局監修，富士総合研究所編　富士総合研究所　1997.3　1019p　26cm　30000円

(目次)1 平成7年度公共用水域水質測定結果について，2 平成7年度公共用水域水質測定結果地点別総括表，3 環境基準地点一覧表

全国公共用水域水質年鑑　1998年版　環境庁水質保全局監修，富士総合研究所編　富士総合研究所　1998.3　1036p　26cm　30000円

(目次)1 平成8年度公共用水域水質測定結果について(測定地点数及び調査検体数, 測定結果の概要, 水質汚濁状況の推移, その他), 2 平成8年度公共用水域水質測定結果地点別総括表(健康項目, 生活環境項目, 全窒素・全燐, BOD経月値, COD経月値, トリハロメタン生成能, その他項目), 3 環境基準地点一覧表

全国公共用水域水質年鑑 1999年版
環境庁水質保全局監修, 富士総合研究所編 富士総合研究所 1999.3 1010p 26cm 30000円

(目次)1 平成9年度公共用水域水質測定結果について(測定地点数及び調査検体数, 測定結果の概要, 水質汚濁状況の推移 ほか), 2 平成9年度公共用水域水質測定結果地点別総括表(健康項目・河川, 健康項目・湖沼, 健康項目・海域 ほか), 3 環境基準地点一覧表

全国公共用水域水質年鑑 2000年版
環境庁水質保全局監修, 富士総合研究所編 富士総合研究所 2000.3 1026p 26cm 30000円 Ⓝ518.12

(目次)1 平成10年度公共用水域水質測定結果について(測定地点数及び調査検体数, 測定結果の概要, 水質汚濁状況の推移, その他), 2 平成10年度公共用水域水質測定結果地点別総括表(健康項目(河川, 湖沼, 海域), 生活環境項目(河川, 湖沼, 海域), 全窒素・全燐(湖沼, 海域), BOD経月値(河川, 湖沼, 海域), トリハロメタン生成能), 3 環境基準地点一覧表

日本の水資源 平成2年版 その開発、保全と活用の現状
国土庁長官官房水資源部編 大蔵省印刷局 1990.8 343p 21cm 2100円 ①4-17-310965-2

(目次)第1章 生活の基盤としての水—その機能と活用, 第2章 水の循環と水資源賦存量, 第3章 水資源の利用状況, 第4章 水資源開発と水供給の現状, 第5章 渇水の状況, 第6章 地域別の水需給状況, 第7章 水資源の保全と地下水の適正利用, 第8章 水源地域対策, 第9章 水資源に関する国民の理解と国際交流の推進, 第10章 水資源に係る課題と施策

日本の水資源 平成4年版 その開発、保全と活用の現状
国土庁長官官房水資源部編 大蔵省印刷局 1992.8 410p 21cm 2600円 ①4-17-310967-9

(目次)第1章 水が支える豊かな社会, 第2章 水資源賦存量と地球環境の変化, 第3章 水資源の利用状況, 第4章 水資源開発と水供給の現状, 第5章 渇水等の状況, 第6章 地域別の水需給状況, 第7章 水資源の保全と地下水障害の防止, 第8章 水源地域対策, 第9章 水資源に関する国民の理解と国際交流の推進, 第10章 水資源に係る課題と施策

日本の水資源 平成5年版 その開発、保全と活用の現状
国土庁長官官房水資源部編 大蔵省印刷局 1993.8 421p 21cm 2700円 ①4-17-310968-7

(目次)第1章 水資源と持続可能な開発, 第2章 水の循環と水資源賦存量, 第3章 水資源と環境, 第4章 水資源の利用状況, 第5章 水資源開発と水供給の現状, 第6章 地域別の水需給状況, 第7章 渇水等の状況, 第8章 水資源の有効利用, 第9章 水資源の保全と地下水障害の防止, 第10章 水源地域対策, 第11章 水資源に関する国民の理解と国際交流の推進, 第12章 水資源に係る課題と施策, 第13章 平成4年度の水資源をめぐる動き

(内容)国土庁および関係機関の調査に基づいて水需給の現況、水資源開発の現況、水資源に係る今後の課題等についてまとめたもの。

日本の水資源 平成6年版 健全な水循環をめざして
国土庁長官官房水資源部編 大蔵省印刷局 1994.8 507p 21cm (水資源白書) 3200円 ①4-17-310969-5

(目次)第1編 健全な水循環をめざして(流域における水の循環, 流域における水循環系の動向と課題, 水を巡る課題への取組), 第2編 水資源の開発、保全と活用の現状(降水と水資源の賦存状況, 水資源の利用状況, 水資源開発と水供給の現状, 地域別の水需給状況, 渇水等の状況, 水資源の有効利用, 水資源の保全と環境, 地下水の保全と適正な利用, 水源地域対策, 水資源に関する理解の促進と国際交流の推進, 水資源に係る課題と施策, 平成5年度の水資源をめぐる動き)

日本の水資源 平成7年版 水に関する危機対策
国土庁長官官房水資源部編 大蔵省印刷局 1995.8 539p 21cm 3200円 ①4-17-310970-9

(目次)平成6年列島渇水, 阪神・淡路大震災, 水に関する危機対策, 水の循環と水資源の賦存状況, 水資源の利用状況, 水資源開発と水供給の現状, 地域別の水需給状況, 渇水等の状況, 水資源の有効利用, 水資源の保全と環境〔ほか〕

(内容)国土庁および関係機関の調査に基づいて水需給の現況、水資源開発の現況、水資源に係る今後の課題等についてまとめたもの。

日本の水資源 平成8年版 水資源の有効利用
国土庁長官官房水資源部編 大蔵省印刷局 1996.8 374p 21cm 3200円 ①4-17-310971-7

(目次)平常時における有効利用, 渇水時における有効利用, 水の有効利用のための今後の取組, 水の循環と水資源の賦存状況, 水資源の利用状

況，水資源開発と水供給の現状，地域別の状況，水に関する危機，水資源の保全と環境，地下水の保全と適正な利用，水源地域対策，水資源に関する理解の促進と国際交流の推進，平成7年度の水資源をめぐる動き，水資源に係る課題と施策

日本の水資源　平成9年版　その利用，開発と保全の現状　国土庁長官官房水資源部編　大蔵省印刷局　1997.8　402p　21cm　3100円　Ⓡ4-17-310972-5

(目次)第1章「水の郷百選」等にみる地域の取組─健全な水循環の保全・回復に向けて，第2章 水の循環と水資源の賦存状況，第3章 水資源の利用状況と地域別利用状況，第4章 水資源開発と水供給の現状，第5章 水資源の有効利用，第6章 水に関する危機，第7章 水資源と環境，第8章 水源地域対策，第9章 水資源に関する国際的な取組と理解の促進，第10章 水資源に係る課題と施策

(内容)調査をもとに水需給や水資源開発の現況，早急に対応すべき水資源にかかわる課題などについてまとめた，水資源行成の基礎資料。

日本の水資源　平成10年版　地球環境問題と水資源　国土庁長官官房水資源部編　大蔵省印刷局　1998.8　470p　21cm　2800円　Ⓡ4-17-310973-3

(目次)水資源と地球環境問題，水資源の開発や利用等における省エネルギー等に向けた取組，今後の取組，水の循環と水資源の賦存状況，水資源の利用状況と地域別利用状況，水資源開発と水供給の現状，水に関する危機，水資源と環境，地下水の保全と適正な利用，水資源の有効利用，水源地域対策，水資源に関する国際的な取組と理解の促進，平成9年度の水資源をめぐる動き，水資源に係る課題と施策（健全な水循環系の創造）

(内容)国土庁および関係機関の調査に基づいて水資源に係る，水需給の現況，水資源開発の現況，水資源に係る今後の課題等についてまとめたもの。

日本の水資源　平成11年版　いつでもいつまでも瑞々しい国土を目指して　国土庁長官官房水資源部編　大蔵省印刷局　1999.8　452p　21cm　（水資源白書）　2800円　Ⓡ4-17-310974-1

(目次)第1編 新しい全国総合水資源計画（ウォータープラン21）について（日本における水資源の現状と課題，ウォータープラン2000の基本的目標とその達成状況，水資源に係わる将来社会の展望と課題，持続的発展が可能な水活用社会の構築に向けた基本的目標，基本的目標に向けた施策の展開，計画実施上の留意点），第2編 国際的視点から見た水資源問題の現状と今後の取組

（世界の水資源問題の現状，世界の水資源問題に関する取組の現状，今後の取組），第3編（水の循環と水資源の賦存状況，水資源の利用状況，水資源開発と水供給の現状，地域別の状況，水に関する危機，水利用の安定性の現状，水資源と環境，地下水の保全と適正な利用，水資源の有効利用，水源地域対策，水資源に関する理解の促進，平成10年度の水資源をめぐる動き，水資源に係る課題と施策（健全な水循環系の創造））

日本の水資源　平成12年版　先人の労苦に学び，水を育む水源地域に感謝しつつ，21世紀の水資源を考える。　国土庁長官官房水資源部編　大蔵省印刷局　2000.8　465p　21cm　（水資源白書）　2800円　Ⓡ4-17-310975-X　Ⓝ517

(目次)第1編 我が国の水資源を巡る歩みと21世紀に向けた水資源施策の展望（我が国の水資源の状況，我が国の水資源を巡る歩み，長期的な視点にたった水需給の見通し，21世紀の水資源施策），第2編 平成11年度の日本の水資源の状況（水の循環と水資源の賦存状況，水資源の利用状況，水資源開発と水供給の現状，地域別の状況，水に関する危機，水資源と環境，地下水の保全と適正な利用，水資源の有効利用，水源地域対策，水資源に関する理解の促進，水資源に関する国際的な取組，平成11年度の水資源をめぐる動き）

(内容)水需給や水資源開発の現況と課題について国土庁水資源部がとりまとめた白書。1983年から毎年公表・刊行されている。我が国の水資源をめぐる歩みと21世紀に向けた水資源施策，平成11年度の日本の水資源の状況の2編で構成。過去からの水資源施策の歩みと平成11年度の水環境の状況，地域別の現況，水資源に関する意識の改革のための施策等について論じる。他に水資源トピックスを各章に掲載。巻末に用語の解説，参考資料を付す。

日本の水資源　平成13年版　豊かな暮らしを育む水資源と水源地域の展望　国土交通省土地・水資源局水資源部編　財務省印刷局　2001.8　465p　21cm　3300円　Ⓡ4-17-310976-8　Ⓝ517

(目次)第1編 豊かな暮らしと水資源（暮らしの中の水資源，より豊かな暮らしの実現に向けた取組，豊かな暮らしの礎となる水源地域の保全・活性化，世界的な水問題と我が国の対応），第2編 平成12年度の日本の水資源の状況（水の循環と水資源の賦存状況，水資源の利用状況，水資源開発と水供給の現状，地域別の状況，水に関する危機，水資源と環境，地下水の保全と適正な利用，水資源の有効利用，水源地域対策，水資源に関する理解の促進，水資源に関する国際的な取組，平成12年度の水資源をめぐる動き），水資源トピックス

⒞国内の水需給や水資源開発の現況と課題についてまとめた白書。1983年から毎年公表・刊行されている。平成12年度の水環境の状況、地域別の現況、水資源に関する意識の改革のための施策等について論じる。そのほか「水資源トピックス」と題するコラムを各章に掲載。巻末に用語解説、参考資料を付す。

日本の水資源　平成15年版　地球規模の気候変動と日本の水資源問題　国土交通省土地・水資源局水資源部編　国立印刷局　2003.8　332p　30cm　3200円　Ⓣ4-17-310978-4

⒟第1編 地球規模の気候変動と日本の水資源問題（地球温暖化と我が国の水資源への影響、第3回世界水フォーラムと閣僚級国際会議）、第2編 平成14年度の日本の水資源の状況（水の循環と水資源の賦存状況、水資源の利用状況、水資源開発と水供給の現状、地域別の状況、水に関する危機、水資源と環境、地下水の保全と適正な利用、水資源の有効利用、水源地域対策、水資源に関する理解の促進、水資源に関する国際的な取組、平成14年度の水資源をめぐる動き）

日本の水資源　平成17年版　気候変動が水資源に与える影響　国土交通省土地・水資源局水資源部編　国立印刷局　2005.8　274p　30cm　3200円　Ⓣ4-17-310980-6

⒟第1編 気候変動が水資源に与える影響（気候変動に関する研究等、気候変動が水資源に与える影響）、第2編 平成16年度の日本の水資源の状況（水の循環と水資源の賦存状況、水資源の利用状況、水資源開発と水供給の現状、地域別の状況、渇水、災害、事故等の状況 ほか）

日本の水資源　平成18年版　渇水に強い地域づくりに向けて　国土交通省土地・水資源局水資源部編　国立印刷局　2006.8　260p　30cm　3200円　Ⓣ4-17-310981-4

⒟第1編 渇水に強い地域づくりに向けて（平成17年渇水、四国における渇水、渇水に強い地域づくりに向けて）、第2編 日本の水資源と水需給の現況（水の循環と水資源の賦存状況、水資源の利用状況、水資源開発と水供給の現状、地域別の状況、渇水、災害、事故等の状況 ほか）
⒞「日本の水資源」は、国土交通省土地・水資源局水資源部が関係機関の調査結果などをもとに我が国の水需給や水資源開発の現況、今後早急に対応すべき水資源に関わる課題などについて総合的にとりまとめたもので、昭和58年から毎年公表している。

日本の水資源　平成19年版　安全で安心な水利用に向けて　国土交通省土地・水資源局水資源部編　佐伯印刷　2007.8　288p　30cm　2500円　Ⓣ978-4-903729-13-8

⒟第1編 安全で安心な水利用に向けて（水利用の安定性の確保に向けて、安全で良質な水資源の確保に向けて）、第2編 世界の水問題解決に向けた新たな行動（危機的状況を深める世界の水問題と、懸念される国連ミレニアム開発目標の達成、第4回世界水フォーラム―世界的な挑戦のために地域での行動を!、アジア・太平洋地域の水問題とアジア・太平洋水フォーラム（APWF）―アジア・太平洋地域における新たな挑戦 ほか）、第3編 日本の水資源と水需給の現況（水の循環と水資源の賦存状況、水資源の利用状況、水資源開発と水供給の現状 ほか）

日本の水資源　平成20年版　総合的水資源マネジメントへの転換　国土交通省土地・水資源局水資源部編　佐伯印刷　2008.8　1冊　30cm　2500円　Ⓣ978-4-903729-36-7

⒟第1編 総合的水資源マネジメントへの転換（我が国の水資源の現状と課題、総合的水資源マネジメントに向けて）、第2編 世界の水問題解決に向けた新たな行動（危機的状況を迎える世界の水問題の状況、水問題解決に向けた国際的取り組み、第1回アジア・太平洋水サミット（世界で初めての水に関する首脳級会合の概要）ほか）、第3編 日本の水資源と水需給の現況（水の循環と水資源の賦存状況、水資源の利用状況、水資源開発と水供給の現状 ほか）

日本の水資源　平成21年版　総合水資源管理の推進　国土交通省土地・水資源局水資源部編　アイガー　2009.8　279p　30cm　2400円　Ⓣ978-4-9904810-0-1

⒞日本の水需給や水資源開発の現況、今後早急に対応すべき水資源に関わる課題などについて総合的にとりまとめる。「総合水資源管理の推進」をテーマに、世界の水問題とその解決に向けた取組などを紹介する。

日本の水資源　平成22年版　持続可能な水利用に向けて　国土交通省土地・水資源局水資源部編　（大阪）海風社、全国官報販売協同組合販売部（発売）　2010.8　281p　30cm　2300円　Ⓣ978-4-87616-009-9　Ⓝ517

⒟第1編 持続可能な水利用に向けて（水をとりまく状況の変化、今後の地域・社会において求められるもの、今後の水資源分野の取り組み）、第2編 日本の水資源と水需給の現況（水の循環と水資源の賦存状況、水資源の利用状況、水資源開発と水供給の現状、地下水の保全と適正な利用、水資源の有効利用、渇水、災害、事故等の状況 ほか）

◆水道

<ハンドブック>

改正水道法と水道事業委託会社一覧
KTJシリーズ　公共投資ジャーナル社
　2004.7　109p　26cm　（KTJシリーズ）
　3810円　①4-906286-49-6

(目次)第1章 水道事業委託会社一覧（維持管理会社，水処理装置・維持管理，水道工事，水道料金検針・徴収，測定・水質分析，測量・設計・土木・配管，電気関係，ビル管理・施設管理），第2章 水道事業委託会社比較，第3章 改正水道法の概要，第4章 参考資料

(内容)水道事業の流れに対応し，業務委託先となる民間企業の業務内容や特徴をコンパクトにまとめた委託会社一覧。調査は，維持管理、水処理装置，水道工事，検針・徴収，測量・分析，電気，ビル管理に関係する有力な民間会社・団体を対象に実施。

新水道水質基準ガイドブック　建築物の水環境管理　日本環境管理学会編　丸善
　1994.9　189p　21cm　2575円　①4-621-03989-X

(目次)1 建築物における水環境管理と水道水質基準，2 新水道水質基準ガイド（水質基準，快適水質項目，監視項目）

(内容)35年ぶりに大幅に改正され，平成5年12月1日施行された新しい水道水の水質基準についてまとめたガイドブック。概説と新水道水質基準ガイドからなり，様々な含有物質、pH値、臭気などの水質項目ごとに，基準値，概要，健康影響，基準値設定の根拠，浄水方法，参考事項を解説する。巻末に引用・参考文献を付す。

水道経営ハンドブック　平成21年　水道事業経営研究会編　ぎょうせい　2009.5　279p　21cm　3048円　①978-4-324-08783-1
　Ⓝ518.1

(目次)第1章 水道の概要（水道の歴史とその役割，水道の種類），第2章 水道事業経営の基本的考え方（公営企業の基本原則，水道事業経営の基本的考え方），第3章 水道事業の財源（水道事業の財源構成，料金，一般会計繰入金，地方債，国庫補助金，水道事業の災害復旧），第4章 水道事業の現状と課題（平成19年度決算の状況，水道事業の現状，水道事業の課題）

<法令集>

水道実務六法　平成2年版　厚生省生活衛生局水道環境部水道整備課編　ぎょうせい
　1990.11　3046p　19cm　4800円　①4-324-02444-8

(目次)法令編（基本法，経営，資金助成，労働関係，布設工事，水源開発，環境保全，建築物等の給水設備，災害対策，都市計画），通達編（水道法施行通達，国庫助成，地方債関係等，広域的水道整備計画，事業計画及び認可，施設管理，水質管理，共同住宅等の水道），資料編

(内容)本書は，水道法を中心に、水道行政に関する法令・通達・その他実務に必要な行政資料を収録対象とした。なお、これらの内容現在は，平成2年8月1日とした。

水道実務六法　平成3年版　厚生省生活衛生局水道環境部水道整備課編　ぎょうせい
　1991.10　3051p　19cm　4800円　①4-324-02892-3

(目次)法令編（基本法，経営，資金助成，労働関係，布設工事，水源開発，環境保全，建築物等の給水設備，災害対策，都市計画），通達編（水道法施行通達，国庫補助，地方債関係等，広域的水道整備計画，事業計画及び認可，施設管理，水質管理），資料編

(内容)水道法を中心に、水道行政に関する法令・通達・その他実務に必要な行政資料を収録。なお、これらの内容現在は，平成3年8月21日。

水道実務六法　平成5年版　厚生省生活衛生局水道環境部水道整備課編　ぎょうせい
　1993.12　3061p　19cm　5200円　①4-324-03872-4

(目次)法令編（基本法，経営，資金助成，労働関係，布設工事，水源開発，環境保全，建築物等の給水設備，災害対策，都市計画），通達編（水道法施行通達，国庫補助，地方債関係等，広域的水道整備計画，事業計画及び認可，施設管理，水質管理，給水装置，共同住宅等の水道），資料編

(内容)水道法を中心に、水道行政に関する法令・通達・その他実務に必要な行政資料を収録した法令資料集。内容現在は，平成5年9月30日。

水道実務六法　平成7年　厚生省生活衛生局水道環境部水道整備課編　ぎょうせい
　1995.2　3061p　19cm　5200円　①4-324-04426-0

(目次)法令編（基本法，経営，資金助成，労働関係，布設工事 ほか），通達編（水道法施行通達，水道原水水質保全法関連通達，国庫補助，地方債関係等，広域的水道整備計画 ほか）

(内容)水道法を中心に、水道行政に関する法令・通達等を収録した法令集。内容は1994年10月30日現在。法令編、通達編の2編で構成され、体系別に排列。水道法・地方公営企業法については、上段に法律、中断に政令・施行令、下段に省令を掲げ、当該法律の委任命令関係を一覧できるように編集してある。巻末に五十音順索引を付す。

水　　　　　　　　　　　環境問題

水道実務六法　平成10年版　厚生省生活衛生局水道環境部水道整備課編　ぎょうせい　1997.12　3061p　19cm　5048円　ⓘ4-324-05301-4

(目次)法令編(基本法，経営，資金助成，労働関係，布設工事，水源開発，環境保全，建築物等の給水設備，災害対策，都市計画，その他)，通達編(水道法施行通達，水道原水水質保全法関連通達，国庫補助，地方債関係等，広域的水道整備計画，事業計画及び認可，施設管理，水質管理，指定給水装置工事事業者，給水装置，共同住宅等の水道，その他)

水道実務六法　平成11年版　厚生省水道環境部水道法研究会監修　ぎょうせい　1999.2　3059p　19cm　5143円　ⓘ4-324-05670-6

(目次)法令編(基本法，経営，資金助成，労働関係，布設工事，水源開発，環境保全，建築物等の給水設備，災害対策，都市計画，その他)，通達編(水道法施行通達，水道原水水質保全法関連通達，国庫補助，地方債関係等，広域的水道整備計画，事業計画及び認可，施設管理，水質管理，指定給水装置工事事業者，給水装置，共同住宅等の水道，その他)，資料編

(内容)水道法を中心に、水道行政に関する法令・通達等を収録した法令集。内容は1998年11月12日現在。法令編、通達編の2編で構成され、体系別に排列。水道法・地方公営企業法については、上段に法律、中断に政令・施行令、下段に省令を掲げ、当該法律の委任命令関係を一覧できるように編集してある。巻末に五十音順索引を付す。

水道実務六法　平成12年版　水道法制研究会監修　ぎょうせい　2000.7　3082p　21cm　5238円　ⓘ4-324-06166-1　⑲518.19

(目次)法令編(基本法，経営，資金助成，労働関係，布設工事，水源開発，環境保全，建築物等の給水設備，災害対策，都市計画，その他)，通知編(水道法施行通知，水道原水水質保全法関連通知，国庫補助，地方債関係等，広域的水道管理，水質管理，指定給水装置工事事業者，給水装置，行動住宅等の給水，その他)，資料編

(内容)水道実務に関する法令集。水道法を中心に、水道行政に関する法令・通知・その他実務に必要な行政資料を収録、内容は平成12年5月30日現在。平成12年版では新たに過去1年間の関係法令の改正等の内容や、水道水質に関する基準の監査項目の拡充等の水道関連の通知を掲載。本編は法令編、通知編で構成。ほかに資料編として水道条例、水道の未来像とそのアプローチ方策に関する答申についてなどを収録する。

水道実務六法　平成18年版　水道法制研究会監修　ぎょうせい　2006.4　4611p　21cm　6286円　ⓘ4-324-07866-1

(目次)法令編(基本法，経営，資金助成，労働関係，布設工事　ほか)，通知編(水道法施行通知，水道原水水質保全法関連通知，国庫補助，地方債関係等，広域的水道整備計画　ほか)，資料編

水道法関係法令集　平成16年4月版　水道法令研究会監修　中央法規出版　2004.6　174p　30cm　2000円　ⓘ4-8058-4540-6

(目次)1 水道法・水道法施行令・水道法施行規則，平成16年4月1日現在3段対照表，2 水質基準に関する省令，3 水道施設の技術的基準を定める省令，4 給水装置の構造及び材質の基準に関する省令，5 水道法第25条の12第1項に規定する指定試験機関を指定する省令，6 水道法施行規則第17条2項の規定に基づき厚生労働大臣が定める遊離残留塩素及び結合残留塩素の検査方法，7 水質基準に関する省令の規定に基づき厚生労働大臣が定める方法

水道法関係法令集　平成17年4月版　水道法令研究会監修　中央法規出版　2005.5　173p　30cm　2000円　ⓘ4-8058-4601-1

(目次)1 水道法・水道法施行令・水道法施行規則―平成17年4月1日現在3段対照表，2 水質基準に関する省令，3 水道施設の技術的基準を定める省令，4 給水装置の構造及び材質の基準に関する省令，5 水道法第25条の12第1項に規定する指定試験機関を指定する省令，6 水道法施行規則第17条第2項の規定に基づき厚生労働大臣が定める遊離残留塩素及び結合残留塩素の検査方法，7 水質基準に関する省令の規定に基づき厚生労働大臣が定める方法

水道法関係法令集　平成18年4月版　水道法令研究会監修　中央法規出版　2006.5　173p　30cm　2000円　ⓘ4-8058-4663-1

(目次)1 水道法・水道法施行令・水道法施行規則 平成18年4月1日現在3段対照表，2 水質基準に関する省令，3 水道施設の技術的基準を定める省令，4 給水装置の構造及び材質の基準に関する省令，5 水道法第25条の12第1項に規定する指定試験機関を指定する省令，6 水道法施行規則第17条第2項の規定に基づき厚生労働大臣が定める遊離残留塩素及び結合残留塩素の検査方法，7 水質基準に関する省令の規定に基づき厚生労働大臣が定める方法

水道法関係法令集　平成19年4月版　水道法令研究会監修　中央法規出版　2007.5　173p　30cm　2000円　ⓘ978-4-8058-4738-1

(目次)1 水道法・水道法施行令・水道法施行規則 平成19年4月1日現在3段対照表，2 水質基準に関する省令，3 水道施設の技術的基準を定める省令，4 給水装置の構造及び材質の基準に関する省令，5 水道法第25条の12第1項に規定す

る指定試験機関を指定する省令，6 水道法施行規則第17条第2項の規定に基づき厚生労働大臣が定める遊離残留塩素及び結合残留塩素の検査方法，7 水質基準に関する省令の規定に基づき厚生労働大臣が定める方法
内容 水道法・水道法施行令・水道法施行規則については，委任・参照条文への理解を深められるよう，条数に沿って3段対照表により収載した。

水道法関係法令集　平成20年4月版　水道法令研究会監修　中央法規出版　2008.5　173p　30cm　2000円　①978-4-8058-4815-9　Ⓝ518.19
目次 1 水道法・水道法施行令・水道法施行規則　平成20年4月1日現在3段対照表，2 水質基準に関する省令，3 水道施設の技術的基準を定める省令，4 給水装置の構造及び材質の基準に関する省令，5 水道法第25条の12第1項に規定する指定試験機関を指定する省令，6 水道法施行規則第17条第2項の規定に基づき厚生労働大臣が定める遊離残留塩素及び結合残留塩素の検査方法，7 水質基準に関する省令の規定に基づき厚生労働大臣が定める方法

水道法関係法令集　平成22年4月版　水道法令研究会監修　中央法規出版　2010.5　173p　30cm　2000円　①978-4-8058-3298-1　Ⓝ518.19
目次 1 水道法・水道法施行令・水道法施行規則　平成22年4月1日現在3段対照表，2 水質基準に関する省令，3 水道施設の技術的基準を定める省令，4 給水装置の構造及び材質の基準に関する省令，5 水道法第25条の12第1項に規定する指定試験機関を指定する省令，6 水道法施行規則第17条第2項の規定に基づき厚生労働大臣が定める遊離残留塩素及び結合残留塩素の検査方法，7 水質基準に関する省令の規定に基づき厚生労働大臣が定める方法

＜年鑑・白書＞

水道年鑑　1992年版　水道産業新聞社編　（大阪）水道産業新聞社　1991.12　1900, 24, 3p　22cm　〈水道年譜：p1～29〉　26000円　①4-915276-53-8　Ⓝ518.1
内容 平成2年度の水道事業の年間動向，統計・資料，技術資料，官庁名簿からなる。

水道年鑑　1993年版　水道産業新聞社編　（大阪）水道産業新聞社　1992.11　1945, 24, 3p　22cm　26699円　①4-915276-54-6
内容 平成2年度の水道事業の年間動向，統計・資料，技術資料，官庁名簿からなる。

水道年鑑　1994年版　水道産業新聞社編　（大阪）水道産業新聞社　1993.11　1908, 24, 3p　22cm　27670円　①4-915276-55-4
目次 水道事業編，統計資料，技術・産業編，官庁名簿編，関係名簿編，会社名簿編
内容 水道事業・水道産業技術の動向・統計・名簿を収めた年鑑。巻頭に，1868から1992の水道事業に関する年表，1992年4月～1993年3月の日誌がある。

水道年鑑　1995年版　水道産業新聞社　1994.11　1940p　22×17cm　29500円　①4-915276-56-2
目次 第1部 水道事業編（わが国水道事業の展望，水道行政，工業用水行政，水道事業と地方債，水道事業の経営 ほか），第2部 統計資料，第3部 技術・産業編，第4部 官庁名簿編，第5部 関連名簿編，第6部 会社名簿編

水道年鑑　1997年版　（大阪）水道産業新聞社　1996.11　1963p　21cm　30000円　①4-915276-58-9
目次 第1部 水道事業編，第2部 統計資料，第3部 技術・産業編，第4部 官庁名簿編，第5部 関連名簿編，第6部 会社名簿編

水道年鑑　2002　水道産業新聞社編　水道産業新聞社　2001.12　1813, 21, 2p　22cm　30286円　①4-915276-63-5　Ⓝ518.1
目次 第1部 水道事業編，第2部 統計資料，第3部 技術・産業編，第4部 官庁名簿編，第5部 関連名簿編，第6部 会社名簿編
内容 水道事業の現況をまとめた年鑑。第1部では水道事業に関する行政の動きと経営，水資源開発や水質管理などに触れる。平成11年度水道事業の決算概況も収録。巻頭には水道年譜，水道日誌がある。

水道年鑑　2004年版　水道年鑑編集室編　水道産業新聞社　2003.12　1788p　21cm　30429円　①4-915276-65-1
目次 第1部 水道事業編，第2部 統計資料，第3部 技術・産業編，第4部 官庁名簿編，第5部 関連名簿編，第6部 会社名簿編

水道年鑑　2005年版　（大阪）水道産業新聞社　2004.12　1710p　21cm　28572円　①4-915276-66-X
目次 第1部 水道事業編，第2部 統計資料，第3部 技術・産業編，第4部 官庁名簿編，第5部 関連名簿編，第6部 会社名簿編

水道年鑑　2006年版　（大阪）水道産業新聞社　2005.12　1624p　21cm　26666円　①4-915276-67-8
目次 第1部 水道事業編，第2部 統計資料，第3部 技術・産業編，第4部 官庁名簿編，第5部 関連名簿編，第6部 会社名簿編

水　　　　　　　　　　　環境問題

水道年鑑　2007年版　（大阪）水道産業新聞社　2006.11　1170p　21cm　24762円　Ⓘ4-915276-68-6
⒲第1部 水道事業編（水道行政について，水道事業の経営，水道技術の動向，世界の水道事情，「水道事業ガイドライン」による水道事業の活性化），第2部 統計資料（水道の普及状況，施設整備の状況，給水状況，財務状況，参考資料，日本の水道事業ベスト10），第3部 官庁名簿編（中央官庁，公団・事業団，都道府県水道所管部局），第4部 関連名簿編（学術・商工・経済団体，大学・専門学校），第5部 会社名簿編

水道年鑑　2008年版　（大阪）水道産業新聞社　2007.10　1177p　21cm　24762円　Ⓘ978-4-915276-69-9
⒲第1部 水道事業の概要編（水道行政について，水道事業の経営 ほか），第2部 統計資料（水道の普及状況，施設整備の状況 ほか），第3部 官庁名簿編（中央官庁，公団・事業団 ほか），第4部 関連名簿編（学術・商工・経済団体，大学・専門学校），第5部 会社名簿編

水道年鑑　2009年版　水道産業新聞社　2008.10　1147p　21cm　24762円　Ⓘ978-4-915276-70-5　Ⓝ518.1
⒲第1部 水道事業の概要編（水道行政について，水道事業の経営，水道技術の動向 ほか），第2部 統計資料，第3部 官庁名簿編（中央官庁，公団・事業団，関係団体 ほか），第4部 関連名簿編（学術・商工・経済団体，大学），第5部 会社名簿編

水道年鑑　2010年版　水道産業新聞社編　（大阪）水道産業新聞社　2009.10　1179p　21cm　24762円　Ⓘ978-4-915276-71-2　Ⓝ518.1
⒲第1部 水道事業の概要編（水道行政について，水道事業の経営，水道技術の動向，世界の水道事情），第2部 統計資料（水道の普及状況，施設整備の状況，給水状況，財務状況，日本の水道事業ベスト10），第3部 官庁名簿編（中央官庁，公団・事業団，関係団体，都道府県水道所管部局，一部事務組合構成団体，水道サービス公社，簡易水道関係団体事務局），第4部 関連名簿編（学術・商工・経済団体，大学），第5部 会社名簿編

水道年鑑　平成22年度版　水道産業新聞社　2010.10　1227，17，2p　21cm　24762円　Ⓘ978-4-915276-72-9　Ⓝ518.1
⒲第1部 水道事業の概要編（水道行政について，水道事業の経営，水道技術の動向，世界の水道事情，水道ビジネス国際展開研究会報告書），第2部 統計資料，第3部 官庁名簿編（中央官庁，公団・事業団，関係団体，都道府県水道所管部局），第4部 関連名簿編（学術・商工・経済団体，大学），第5部 会社名簿編（関係会社）

◆下水道

＜事　典＞

新・下水道技術用語辞典　下水道技術研究会編　山海堂　1998.4　294p　19cm　3500円　Ⓘ4-381-01134-1
⒲1 水質，2 土木，3 機械，4 電気，5 事務

新土木工事積算大系用語定義集 下水道編 発注者・受注者間の共通認識の形成に向けて　下水道新技術推進機構編　経済調査会　2001.4　281p　30cm　4286円　Ⓘ4-87437-664-9　Ⓝ518.2
⒞下水道工事積算業務の効率化をねらい，工事工種体系用語としての細別の定義を中心に，その費用構成を包括的に記述する定義集。本文は工事工種体系別に排列，用語の定義と，含まれる費用を列記，必要に応じて図表を掲載する。巻末に五十音索引を付す。

＜ハンドブック＞

下水処理場ガイド　西日本地域　下巻　公共投資ジャーナル社　1995.3　510p　30cm　12000円　Ⓘ4-906286-22-4
⒲第1部 下水処理場計画と施工状況一覧，第2部 下水処理場ガイド（近畿圏，中国・四国，九州（沖縄県含む））
⒞全国の市町村営の稼働中及び建設・計画中の下水処理場を収録した要覧。排列は都道府県別。下巻では西日本の23府県分を収録する。各処理場ごとに人口・汚水量・処理方式・汚泥の処理法などについて一覧表形式で示し，計画平面図も掲載。

下水処理場ガイド　上巻　東日本地域　公共投資ジャーナル社編集部編　公共投資ジャーナル社　1998.1　801p　30cm　12381円　Ⓘ4-906286-28-3
⒲第1部 下水処理場計画と施工状況，第2部 下水処理場施設計画の概要（北海道・東北，首都圏，中部圏）
⒞全国の市町村が実施する公共下水道，特定環境保全公共下水道，特定公共下水道の処理場を都道府県単位に収録。処理場ごとの計画処理面積，人口，処理水量，水処理方式，汚泥処理方式などを記載。

下水処理場ガイド　下巻　西日本地域　公共投資ジャーナル社編集部編　公共投資ジャーナル社　1998.2　548p　30cm　11429

円　⓪4-906286-28-3
(目次)第1部 下水処理場計画と施工状況，第2部 下水処理場施設計画の概要（近畿圏，中国・四国，九州―沖縄県含む）
(内容)全国の市町村が実施する公共下水道、特定環境保全公共下水道、特定公共下水道の処理場を都道府県単位に収録。処理場ごとの計画処理面積、人口、処理水量、水処理方式、汚泥処理方式などを記載。

下水処理場ガイドブック　公共投資ジャーナル社編　公共投資ジャーナル社　2000.9　336p　30cm　〈『下水処理場ガイド』改訂・刷新版〉　9333円　⓪4-906286-35-6　Ⓝ518.24
(内容)下水処理場のガイドブック。全国の都道府県、市町村、下水道処理事業主体の一部事務組合等を調査対象として、下水道処理場の主要な22項目を掲載。1270の事業主体（都道府県・市町村・事務組合）と、128流域（42都道府県）より寄せられた総数1887施設を収録。調査期間は原則として平成11年11月から平成12年5月の期間内。処理施設は都道府県別に分類し、コード順に排列。掲載項目は事業主体のコード、都道府県名、流域・都市名、種別、処理上名、位置、敷地面積、処理面積、処理人口、処理水量、水処理法式、系列数、高度処理、汚泥処理法式、処分形態、広域処理、放流先、水質基準、処理開始、JS委託、施工業者を掲載する。

下水道管路施設の改築・修繕技術便覧　管路更生工法研究会編　こうきょう　2004.7　258p　30cm　4381円　⓪4-906440-07-X
(目次)1 管更生技術の動向と展望，2 下水道管路施設の調査・診断・改築計画，3 下水道管渠内清掃・調査・維持管理上の安全対策―予想される危険、事故事例、対策，4 修繕工法の技術，5 改築工法の技術，6 改築推進工法の技術，7 不明水調査と最新技術，8 腐食抑制と防食技術，9 更生管の設計と施工管理

下水道経営ハンドブック　第5次改訂版　下水道事業経営研究会編　ぎょうせい　1993.9　459p　21cm　3300円　⓪4-324-03852-X
(目次)第1章 下水道事業の概要，第2章 地方財政制度の概要，第3章 下水道事業経営の基本的考え方，第4章 下水道の整備，第6章 下水道事業の経営状況，第7章 下水道事業の課題，第8章 各下水道事業制度解説，第9章 下水道事業と消費税

下水道経営ハンドブック　〔第6次改訂版〕　下水道事業経営研究会編　ぎょうせい　1994.9　421p　21cm　3300円　⓪4-324-04206-3
(目次)第1章 下水道の概要（下水道の歴史とその役割，下水道の種類と現状），第2章 下水道の整備（下水道の整備，下水道整備の財源），第3章 下水道事業経営の基本的考え方（公営企業の基本原則，下水道事業経営の基本的考え方），第4章 下水道の管理運営（下水道の管理運営の手法，下水道の管理運営の財源，下水道の管理運営のための国の財政措置），第5章 下水道事業の経営状況（平成4年度決算の状況，建設投資の状況，下水道事業の経営状況，一般会計繰入金の状況），第6章 下水道事業の課題（施設整備における課題，経営における課題）

下水道経営ハンドブック　第7次改訂版　下水道事業経営研究会編　ぎょうせい　1995.9　417p　21cm　3500円　⓪4-324-04623-9
(目次)第1章 下水道の概要，第2章 下水道の整備，第3章 下水道事業経営の基本的考え方，第4章 下水道の管理運営，第5章 下水道事業の経営状況，第6章 下水道事業の課題

下水道経営ハンドブック　第8次改訂版　下水道事業経営研究会編　ぎょうせい　1996.9　419p　21cm　3700円　⓪4-324-04934-3
(目次)第1章 下水道の概要，第2章 下水道の整備，第3章 下水道事業経営の基本的考え方，第4章 下水道の管理運営，第5章 下水道事業の経営状況，第6章 下水道事業の課題

下水道経営ハンドブック　第9次改訂版　下水道事業経営研究会編　ぎょうせい　1997.9　421p　21cm　3619円　⓪4-324-05229-8
(目次)第1章 下水道の概要，第2章 下水道の整備，第3章 下水道事業経営の基本的考え方，第4章 下水道の管理運営，第5章 下水道事業の経営状況，第6章 下水道事業の課題

下水道経営ハンドブック　第10次改訂版　下水道事業経営研究会編　ぎょうせい　1998.9　443p　21cm　3714円　⓪4-324-05520-3
(目次)第1章 下水道の概要，第2章 下水道整備の財源，第3章 下水道事業経営の基本的考え方，第4章 下水道の管理運営，第5章 下水道事業の経営状況，第6章 下水道事業の課題

下水道経営ハンドブック　第11次改訂版　下水道事業経営研究会編　ぎょうせい　1999.9　477p　21cm　3714円　⓪4-324-05958-6
(目次)第1章 下水道の概要，第2章 下水道整備の財源，第3章 下水道事業経営の基本的考え方，第4章 下水道の管理運営，第5章 下水道事業の経営状況，第6章 下水道事業の課題

下水道経営ハンドブック　平成12年　第12次改訂版　下水道事業経営研究会編　ぎょうせい　2000.7　491p　21cm　3714円　⓪4-324-06214-5　Ⓝ518.2
(目次)第1章 下水道の概要，第2章 下水道整備

の財源，第3章 下水道事業経営の基本的考え方，第4章 下水道の管理運営，第5章 下水道事業の経営状況，第6章 下水道事業の課題，資料編，参考
⦅内容⦆下水道経営の担当者向けに必要知識を体系的にまとめた実務便覧。

下水道経営ハンドブック　平成15年　第15次改訂版　下水道事業経営研究会編　ぎょうせい　2003.8　485p　21cm　3800円　Ⓘ4-324-07144-6
⦅目次⦆第1章 下水道の概要，第2章 下水道整備の財源，第3章 下水道事業経営の基本的考え方，第4章 下水道の管理運営，第5章 下水道事業の経営状況，第6章 下水道事業の課題
⦅内容⦆本書は，下水道経営の在り方の指針となるべく，最新の内容により，改訂を行ったものである。

下水道経営ハンドブック　平成16年　第16次改訂版　下水道事業経営研究会編　ぎょうせい　2004.8　481p　21cm　3800円　Ⓘ4-324-07462-3
⦅目次⦆第1章 下水道の概要，第2章 下水道整備の財源，第3章 下水道事業経営の基本的考え方，第4章 下水道の管理運営，第5章 下水道事業の経営状況，第6章 下水道事業の課題

下水道経営ハンドブック　平成17年　第17次改訂版　下水道事業経営研究会編　ぎょうせい　2005.8　487p　21cm　4000円　Ⓘ4-324-07713-4
⦅目次⦆第1章 下水道の概要，第2章 下水道整備の財源，第3章 下水道事業経営の基本的考え方，第4章 下水道の管理運営，第5章 下水道事業の経営状況，第6章 下水道事業の課題，資料編，参考
⦅内容⦆本書は，現在の状況を踏まえ，下水道経営の在り方の指針となるべく，最新の内容により，改訂を行ったものである。

下水道経営ハンドブック　平成18年　第18次改訂版　下水道事業経営研究会編　ぎょうせい　2006.8　505p　21cm　4000円　Ⓘ4-324-08024-0
⦅目次⦆第1章 下水道の概要，第2章 下水道整備の財源，第3章 下水道事業経営の基本的考え方，第4章 下水道事業の経営状況，第5章 下水道事業の課題，資料編，参考
⦅内容⦆平成18年度制度改正に対応。内容を大幅にリニューアル。下水道事業繰出金に係る財政措置の変更に伴う，繰出基準の改正に対応。地方債協議制における下水道事業債の取扱いを掲載。

下水道経営ハンドブック　平成19年　第19次改訂版　下水道事業経営研究会編　ぎょうせい　2007.8　509p　21cm　4095円　Ⓘ978-4-324-08287-4
⦅目次⦆第1章 下水道の概要，第2章 下水道整備の財源，第3章 下水道事業経営の基本的考え方，第4章 下水道事業の経営状況，第5章 下水道事業の課題，資料編，参考

下水道経営ハンドブック　第20次改訂版　下水道事業経営研究会編　ぎょうせい　2008.8　513p　22cm　4190円　Ⓘ978-4-324-08554-7　Ⓝ518.2
⦅目次⦆第1章 下水道の概要，第2章 下水道整備の財源，第3章 下水道事業経営の基本的考え方，第4章 下水道事業の経営状況，第5章 下水道事業の課題，資料編，参考
⦅内容⦆本書は，現在の状況を踏まえ，下水道経営の在り方の指針となるべく，最新の内容により，改訂を行ったものである。

下水道経営ハンドブック　平成21年　第21次改訂版　下水道事業経営研究会編　ぎょうせい　2009.8　519p　21cm　〈索引あり〉　4286円　Ⓘ978-4-324-08846-3　Ⓝ518.2
⦅目次⦆第1章 下水道の歴史とその役割，下水道の種類，下水道の普及状況），第2章 下水道整備の財源（下水道事業債，受益者負担金・分担金，下水道事業の災害復旧），第3章 下水道事業経営の基本的考え方（公営企業の基本原則，下水道事業経営の基本的考え方，下水道事業に係る国の財政措置，地方公共団体の財政の健全化に関する法律），第4章 下水道事業の経営状況（平成19年度決算の状況，下水道事業の経営状況，一般会計繰入金の状況），第5章 下水道事業の課題（施設整備における課題，経営における課題），資料編，参考（下水道事業と消費税・地方消費税，下水道事業財政制度の推移）

下水道経営ハンドブック　平成22年　第22次改訂版　下水道事業経営研究会編集　ぎょうせい　2010.8　547p　21cm　4381円　Ⓘ978-4-324-09131-9
⦅内容⦆今後，積極的な整備の推進が期待されると共に，サービスを永続的に提供するための事業経営も重要な下水道事業について，現在の状況を踏まえ，地方公営企業としての経営のあり方を示す。

下水道工事積算基準　平成20年度版　国土交通省都市・地域整備局下水道部監修　下水道新技術推進機構　2008.7　642，135p　30cm　16190円　Ⓝ518
⦅目次⦆下水道工事積算基準（管路施設（開削）編，管路施設（推進工法）編，管路施設（シールド工法）編，管路施設（立坑）編，管路施設（仮設工）編，管路施設（市場単価）編，ポンプ場・処理場施設（土木）編，ポンプ場・処理場施設（機械設

下水道工事積算基準　平成21年度版　国土交通省都市・地域整備局下水道部監修　下水道新技術推進機構　2009.7　646, 137p　30cm　16190円　Ⓝ518

⟨目次⟩下水道工事積算基準（管路施設（開削）編，管路施設（推進工法）編，管路施設（シールド工法）編，管路施設（立坑）編，管路施設（仮設工）編，管路施設（市場単価）編，ポンプ場・処理場施設（土木）編，ポンプ場・処理場施設（機械設備）編，ポンプ場・処理場施設（電気設備）編，ポンプ場・処理場施設（建築・建築設備）編，参考資料），下水道工事積算基準等通達資料

下水道工事積算基準　平成22年度版　国土交通省都市・地域整備局下水道部監修　下水道新技術推進機構　2010.7　656, 140p　30cm　16190円

⟨目次⟩管路施設（開削）編，管路施設（推進工法）編，管路施設（シールド工法）編，管路施設（立坑）編，管路施設（仮設工）編，管路施設（市場単価）編，ポンプ場・処理場施設（土木）編，ポンプ場・処理場施設（機械設備）編，ポンプ場・処理場施設（電気設備）編，ポンプ場・処理場施設（建築・建築設備）編，参考資料

下水道工事積算標準単価　小口径管路施設開削・高耐荷推進・低耐荷推進　平成14年度版　建設物価調査会積算委員会編　建設物価調査会　2002.10　510p　26cm　⟨付属資料：CD-ROM1⟩　5000円　Ⓘ4-7676-6108-0　Ⓝ518.21

⟨目次⟩1 ご利用の手引き，2 小口径管路施設開削工法（管きょ工，マンホール工，取付管及びます工，付帯工），3 小口径管路施設推進工法（仮管併用推進工法，オーガ掘削推進工法，オーガ掘削鋼管推進工法，小口径水泥水推進工法，低耐荷力圧入二工程推進工法，低耐荷力オーガ推進工法，立坑工），4 関連資料

⟨内容⟩下水道工事費の積算資料。下水道工事各工種について，国土交通省下水道工事積算基準などに基づき，標準的な施工条件毎の中代価または小代価を都道府県別に算出し収録する。巻末に関連資料として，建設機械時間当たり運転単価，仮設材損料及び賃料，運搬費を掲載する。施行単価の作成ができる単価表を収録したCD-ROMがある。平成14年版は，材料，労務，機械・経費等の単価を平成14年度単価に更新するとともに，国土交通省下水道工事積算基準の改正に合わせて内容を改訂し，また，新工種を追加する。

下水道工事積算標準単価　平成19年度版　建設物価調査会積算委員会編著　建設物価調査会　2007.8　509p　26cm　⟨付属資料：CD1⟩　5500円　Ⓘ978-4-7676-6113-1

⟨目次⟩1 ご利用の手引き（平成19年度版の改訂内容，下水道工事積算標準単価の構成 ほか），2 小口径管路施設開削工法（管きょ工，マンホール工 ほか），3 小口径管路施設推進工法（仮管併用推進工法，オーガ掘削推進工法 ほか），4 立坑工（立坑掘削工，ライナープレート式土留工及び土工 ほか），5 関連資料（建設機械時間当り運転単価，建設用仮設材損料及び賃料 ほか）

下水道工事積算標準単価　平成21年度版　建設物価調査会積算委員会編著　建設物価調査会　2009.8　502p　26cm　⟨平成21年度版のサブタイトル：小口径管路施設（開削・高耐荷推進・低耐荷推進）⟩　5500円　Ⓘ978-4-7676-6115-5　Ⓝ518.21

⟨目次⟩1 ご利用の手引き（平成21年度版の改訂内容，下水道工事積算標準単価の構成 ほか），2 小口径管路施設開削工法（管きょ工，マンホール工 ほか），3 小口径管路施設推進工法（仮管併用推進工法，オーガ掘削推進工法 ほか），4 立坑工（立坑掘削工，ライナープレート式土留工及び土工 ほか），5 関連資料（建設機械時間当り運転単価，建設用仮設材損料及び賃料 ほか）

下水道工事の積算　改訂4版　下水道工事積算編集研究会編　経済調査会　1993.1　856p　21cm　⟨積算ハンドブックシリーズ⟩　8500円　Ⓘ4-87437-262-7

⟨目次⟩下水道基本計画，工事契約，施工計画と積算，工事費積算の構成，処理場・ポンプ場，管路施設，資料（下水道用器材の動向，下水道事業実施箇所数の推移，公共下水道・特定環境保全公共下水道の県別事業実施状況，流域下水道の箇所別事業概要，公害防止計画の策定状況，下水道の普及状況）

下水道工事の積算　改訂7版　下水道工事積算編集研究会編　経済調査会　2003.1　635p　26cm　7619円　Ⓘ4-87437-733-5

⟨目次⟩第1章 総説，第2章 下水道基本計画，第3章 工事契約，第4章 施工計画と積算，第5章 工事費積算の構成，第6章 処理場・ポンプ場，第7章 管路施設，資料

⟨内容⟩本書は，発注機関の専門家が中心になって，誰にも理解しやすいよう積算体系の全般をとりまとめた実務書。下水道の役割から計画・工事契約に至るまでを網羅しているほか，工事積算については実例を挙げて平易に解説をしている。

下水道事業の手引　平成18年版　国土交通省都市・地域整備局下水道部下水道事業課監修　（小平）全国建設研修センター　2006.9　771p　21cm　5000円　Ⓘ4-916173-38-4

環境・エネルギー問題 レファレンスブック　99

(目次)下水道事業の種類，事業実施の手続，補助対象の範囲及び補助率の区分，下水道事業の各種事業制度，国庫補助金の交付手続，下水道事業の執行，下水道事業費の算出方法，下水道事業の財源計画，都市・居住環境整備に関連する下水道事業，調整費・推進費，下水道施設の災害復旧事業，維持管理，日本下水道事業団

下水道事業の手引　平成19年版　国土交通省都市・地域整備局下水道部下水道事業課監修　下水道新技術推進機構　2007.5　832p　21cm　5000円　①4-9903702-0-1

(目次)下水道事業の種類，事業実施の手続，補助対象の範囲及び補助率の区分，下水道事業の各種事業制度，国庫補助金の交付手続，下水道事業の執行，下水道事業費の算出方法，下水道事業の財源計画，都市・居住環境整備に関連する下水道事業，調整費・推進費，下水道施設の災害復旧事業，維持管理，日本下水道事業団，下水道新技術推進機構

下水道設計業務積算基準　平成20年度版　国土交通省都市・地域整備局下水道部監修　下水道新技術推進機構　2008.7　288p　30cm　6667円　Ⓝ518

(目次)第1章 下水道基本計画策定積算基準(積算基準(案)，標準仕様書並びに標準歩掛表(案))，第2章 下水道施設設計業務委託料(積算基準(案)，積算標準歩掛表(案))，第3章 仕様書(案)，下水道工事積算基準等通達資料

下水道設計業務積算基準　平成21年度版　国土交通省都市・地域整備局下水道部監修　下水道新技術推進機構　2009.7　137p　30cm　6667円　Ⓝ518

(目次)第1章 下水道基本計画策定積算基準(積算基準(案)，標準仕様書並びに標準歩掛表(案))，第2章 下水道施設設計業務委託料(積算基準(案)，積算標準歩掛表(案))，第3章 仕様書(案)，下水道工事積算基準等通達資料

下水道設計業務積算基準　平成22年度版　国土交通省都市・地域整備局下水道部監修　下水道新技術推進機構　2010.7　140p　30cm　6667円　Ⓝ518

(目次)第1章 下水道基本計画策定積算基準(積算基準(案)，標準仕様書並びに標準歩掛表(案))，第2章 下水道施設設計業務委託料(積算基準(案)，積算標準歩掛表(案))，第3章 仕様書(案)，下水道工事積算基準等通達資料

公共下水道工事複合単価 管路編　平成22年度版　経済調査会編　経済調査会　2010.8　525p　26cm　4286円　①978-4-86374-059-4　Ⓝ518

(目次)A‐1 管きょ工(開削)，A‐2 マンホール工，A‐4 取付管およびます工，A‐5 管きょ工(小口径推進)，A‐8 立坑工，A‐10 付帯工

流域下水道総覧　7次5計版　公共投資ジャーナル社編集部編　公共投資ジャーナル社　1991.1　315p　30cm　15000円　①4-906286-12-7

(内容)100流域の施設計画や事業進捗状況を統一様式でまとめたもの。流域別・処理区別に全体計画，認可計画，過年度投資額推移等を示すほか，施設計画の項では，管渠，ポンプ場，処理場の諸元や，主要施工実績を記している。また，平成3年度より始まる第7次下水道整備5ヵ年計画における諸施設の整備目標についても，可能な限り記載している。

流域下水道総覧　公共投資ジャーナル社編集部編　公共投資ジャーナル社　2000.4　532p　30cm　14286円　①4-906286-34-8　Ⓝ518.21

(目次)1北海道・東北，2 首都圏，3 中部圏，4 近畿圏，5 中国・四国・九州・沖縄

<法令集>

下水道法令要覧　平成6年版　下水道法令研究会編　ぎょうせい　1994.3　2077，8p　19cm　〈監修：建設省下水道部〉　4600円　①4-324-04003-6

(内容)下水道関連の法令・通達等を集めたもの。内容は1993年12月現在。

下水道法令要覧　平成8年版　建設省下水道部監修　ぎょうせい　1996.3　2301，8p　19cm　4600円　①4-324-04775-8

(目次)第1編 基本法令等(下水道法，下水道整備緊急措置法，日本下水道事業団法)，第2編 関係法令(都市計画法，受益者負担金 ほか)，第3編 参考法令(地方自治，租税 ほか)

(内容)下水道関連の法令・通達等を集めたもの。内容は1995年12月22日現在。巻末に五十音順の法令・通達索引がある。

下水道法令要覧　平成9年版　建設省下水道部監修，下水道法令研究会編　ぎょうせい　1997.3　2309p　19cm　4500円　①4-324-05079-1

(目次)第1編 基本法令等(下水道法，下水道整備緊急措置法，日本下水道事業団法)，第2編 関係法令(都市計画法，受益者負担金，環境関係法令，地域開発，都市開発，NTT株式売払収入活用事業)，第3編 参考法令(地方自治，租税，宅地開発，占用，補助金，行政手続，その他)

下水道法令要覧　平成11年版　建設省下水道部監修，下水道法令研究会編　ぎょうせい　1999.3　3506p　19cm　4500円　①4-324-05707-9

(目次)第1編 基本法令等(下水道法，下水道整備

緊急措置法, 日本下水道事業団法), 第2編 関係法令(都市計画法, 受益者負担金, 環境関係法令, 地域開発, 都市開発, NTT株式売払収入活用事業), 第3編 参考法令(地方自治, 租税, 宅地開発, 占用, 補助金, 行政手続, その他)
(内容)下水道関連の法令・通達等を集めたもの。内容は1999年2月1日現在。巻末に五十音順の法令・通達索引がある。

下水道法令要覧 平成12年版 建設省下水道部監修, 下水道法令研究会編 ぎょうせい 2000.3 3462p 19cm 4500円 ⓘ4-324-06088-6 Ⓝ518.2
(目次)第1編 基本法令等(下水道法, 下水道整備緊急措置法, 日本下水道事業団法), 第2編 関係法令(都市計画法, 受益者負担金, 環境関係法令, 地域開発, 都市開発, NTT株式売払収入活用事業), 第3編 参考法令(地方自治, 租税, 宅地開発, 占用, 補助金, 行政手続, その他)
(内容)下水道行政事務関連の法令集。下水道法等の基本法令をはじめ、下水道事業と密接に関連する都市行政、環境保全行政等に関する法令等を収録。基本法令、関係法令、参考法令の3編に分けて排列。平成12年度版では地方分権に伴う改正をはじめとする法令改正等を新たに追加した。法令・通達等の五十音順索引を付す。

下水道法令要覧 平成13年版 国土交通省下水道部監修, 下水道法令研究会編 ぎょうせい 2001.3 1冊 19cm 〈索引あり〉 4800円 ⓘ4-324-06460-1 Ⓝ518.2
(目次)第1編 基本法令等(下水道法, 下水道整備緊急措置法, 日本下水道事業団法), 第2編 関係法令(都市計画法, 受益者負担金, 環境関係法令, 地域開発, 都市開発, NTT株式売払収入活用事業), 第3編 参考法令(地方自治, 租税, 宅地開発, 占用, 補助金, 行政手続, その他)
(内容)下水道行政事務関連の法令集。下水道法等の基本法令をはじめ、下水道事業と密接に関連する都市行政、環境保全行政等に関する法令等を収録。基本法令、関係法令、参考法令の3編に分けて排列。法令・通達等の五十音順索引を付す。

下水道法令要覧 平成17年版 国土交通省下水道部監修, 下水道法令研究会編 ぎょうせい 2005.3 3373p 19cm 5143円 ⓘ4-324-07628-6
(目次)第1編 基本法令等(下水道法, 社会資本整備重点計画法, 特定都市河川浸水被害対策法 ほか), 第2編 関係法令(都市計画法, 受益者負担金, 浸水被害対策関係法令 ほか), 第3編 参考法令(地方自治, 租税, 補助金 ほか)

下水道法令要覧 平成18年版 国土交通省下水道部監修, 下水道法令研究会編 ぎょうせい 2006.4 4635p 22×16cm 5238円 ⓘ4-324-07911-0
(目次)芦屋市下水道事業受益者負担金賦課処分取消請求事件, 明日香村における歴史的風土の保存及び生活環境の整備等に関する特別措置法(抄), 明日香村における歴史的風土の保存及び生活環境の整備等に関する特別措置法施行令(抄), 悪臭防止法, 悪臭防止法施行令, 悪臭防止法施行規則, 悪臭防止法の一部を改正する法律の施行について(抄), 悪臭防止法の施行について, 有明海及び八代海の再生に関する基本方針, 有明海及び八代海を再生するための特別措置に関する法律〔ほか〕

下水道法令要覧 平成19年版 国土交通省下水道部監修 ぎょうせい 2007.3 3338p 21cm 5238円 ⓘ978-4-324-08179-2
(目次)第1編 基本法令等(下水道法, 社会資本整備重点計画法, 地域再生法 ほか), 第2編 関係法令(都市計画法, 受益者負担金, 浸水被害対策関係法令 ほか), 第3編 参考法令(地方自治, 租税, 補助金 ほか)

下水道法令要覧 平成20年度版 国土交通省下水道部監修, 下水道法令研究会編 ぎょうせい 2008.9 1冊 22cm 5238円 ⓘ978-4-324-08572-1 Ⓝ518.2
(目次)第1編 基本法令等(下水道法, 社会資本整備重点計画法, 地域再生法, 特定都市河川浸水被害対策法, 日本下水道事業団法), 第2編 関係法令(都市計画法, 受益者負担金, 浸水被害対策関係法令, 環境関係法令, 地域開発), 第3編 参考法令(地方自治, 補助金, その他)

逐条解説 下水道法 改訂版 下水道法令研究会編 ぎょうせい 2001.8 531p 21cm 4800円 ⓘ4-324-06564-0 Ⓝ518.2
(目次)第1章 総則, 第1章の2 流域別下水道整備総合計画, 第2章 公共下水道, 第2章の2 流域下水道, 第3章 都市下水路, 第4章 雑則, 第5章 罰則
(内容)下水道関連の法令を解説する法令資料集。2000年5月31日改正の下水道法, 2001年6月22日改正の下水道法施行例, 2001年6月25日改正の下水道法施行規則・下水の処理開始の公示事項等に関する省令を収録する。

逐条解説下水道法 第2次改訂版 下水道法令研究会編著 ぎょうせい 2009.6 576p 21cm 〈索引あり〉 5048円 ⓘ978-4-324-08586-8 Ⓝ518
(目次)第1章 総則, 第1章の2 流域別下水道整備総合計画, 第2章 公共下水道, 第2章の2 流域下水道, 第3章 都市下水路, 第4章 雑則, 第5章 罰則

<年鑑・白書>

下水道年鑑　1991年版　(大阪)水道産業新聞社　1990.8　1548, 24, 3p　22cm　〈下水道事業年表：p1〜20〉　21000円　Ⓘ4-915276-22-8　Ⓝ518.2

[内容]下水道事業の年間動向、統計・資料、技術資料、官庁名簿からなる。

下水道年鑑　1993年版　(大阪)水道産業新聞社　1992.8　1648p　21cm　24500円　Ⓘ4-915276-24-4

[目次]第1部 下水道事業編(下水道事業の現状と課題，下水道行政のあゆみ，下水道財政の歩み〈起債〉，下水道財政─国費，流域下水道事業，下水道と除害施設，水質汚濁の現況と対策，便所の水洗化，下水汚泥および処理水の有効利用，海外の下水道事情と国際協力，日本下水道事業団の活動，日本下水道協会の活動)，第2部 統計・資料編，第3部 技術・産業編(下水道技術の動向，下水道産業界の動向)，第4部 官庁名簿編，第5部 関連名簿編，第6部 会社名簿編

下水道年鑑　1994年版　水道産業新聞社編　水道産業新聞社　1993.8　1700, 24, 3p　21cm　25500円　Ⓘ4-915276-25-2

[目次]第1部 下水道事業編(下水道事業の現状と課題，下水道行政のあゆみ，下水道財政の歩み〈起債〉，下水道財政─国費，流域下水道事業，下水道と除害施設，水質汚濁の現況と対策，便所の水洗化，下水汚泥および処理水の有効利用，海外の下水道事情と国際協力，日本下水道事業団の活動，下水道新技術推進機構の事業活動，日本下水道協会の活動)，第2部 統計・資料編，第3部 技術・産業編(下水道技術の動向，下水道産業界の動向)，第4部 官庁名簿編

下水道年鑑　'95　事業動向と関連名簿　水道産業新聞社　1994.9　1740, 24p　21cm　27000円　Ⓘ4-915276-26-0

[目次]第1部 下水道事業編(下水道事業の現状と課題，下水道行政のあゆみ，下水道財政の歩み(起債)，下水道財政─国費〔ほか〕)，第2部 統計・資料編，第3部 技術・産業編

[内容]下水道事業の平成5年度の動向と各種資料を収めた年鑑。下水道事業編，統計・資料編，技術・産業編，官庁名簿編，関連名簿編，会社名簿編の6部で構成するが，大部分は各種名簿で占められる。巻頭に下水道事業年表，下水道日誌がある。

下水道年鑑　'97　(大阪)水道産業新聞社　1996.9　1863p　21cm　28500円　Ⓘ4-915276-28-7

[目次]第1部 下水道事業編，第2部 統計・資料編，第3部 技術・産業編，第4部 官庁名簿編，第5部 関連名簿編，第6部 会社名簿編

下水道年鑑　1999年版　事業動向と関連名簿　水道産業新聞社　1998.9　1889, 24, 3p　21cm　28381円　Ⓘ4-915276-30-9

[目次]第1部 下水道事業編(下水道事業の現状と課題，下水道行政のあゆみ，下水道財政のあゆみ(起債)，下水道財政─国費，流域下水道事業，小規模下水道，下水道と除外施設，水質汚濁の現況と対策，便所の水洗化，下水汚泥および処理水の有効利用，海外の下水道事情と国際協力，日本下水道事業団の活動，日本下水道協会の活動，下水道新技術推進機構の事業活動)，第2部 統計・資料編，第3部 技術・産業編(下水道技術の動向，下水道管きょ，下水処理と雨水対策，汚泥の処理処分・利用，水質測定の自動化，高度処理，下水道産業界の動向)，第4部 官庁名簿編(中央官庁，公団・事業団，関係団体，都道府県下水道所管局課及び流域下水道建設事務所，下水道公社，下水道事業所)，第5部 関連名簿編，第6部 会社名簿編

下水道年鑑　2000年版　(大阪)水道産業新聞社　1999.9　1756, 25p　21cm　28429円　Ⓘ4-915276-31-7

[目次]第1部 下水道事業編(下水道事業の現状と課題，下水道行政のあゆみ，下水道財政のあゆみ(起債)，下水道財政─国費，流域下水道事業，小規模下水道，下水道と除外施設，水質汚濁の現況と対策，便所の水洗化，下水汚泥および処理水の有効利用，海外の下水道事情と国際協力，日本下水道事業団の活動，日本下水道協会の活動，下水道新技術推進機構の事業活動)，第2部 統計・資料編，第3部 技術・産業編(下水道技術の動向，下水道管きょ，下水処理と雨水対策，汚泥の処理処分・利用，水質測定の自動化，高度処理，下水道産業界の動向)，第4部 官庁名簿編(中央官庁，公団・事業団，関係団体，都道府県下水道所管局課及び流域下水道建設事務所，下水道公社，下水道事業所)，第5部 関連名簿編(学術・商工・経済団体，大学・専門学校)，第6部 会社名簿編

下水道年鑑　2001年版　水道産業新聞社編　(大阪)水道産業新聞社　2000.9　1731p　21cm　28476円　Ⓘ4-915276-32-5　Ⓝ518.2

[目次]第1部 下水道事業編，第2部 統計・資料編，第3部 技術・産業編，第4部 官庁名簿編，第5部 関連名簿編，第6部 会社名簿編

[内容]下水道事業の動向をまとめた年鑑。2001年版では21世紀の下水道のあるべき姿へ向けた取り組みを考察する。下水道事業編、統計・資料編、技術・産業編と官庁、関連団体・学校、会社の名簿で構成。下水道事業編では下水道事業の現状と課題から、規制事項、海外の下水道事情などについても解説。また巻頭には下水道事

業年表、下水道日誌を掲載する。

下水道年鑑　2002年版　水道産業新聞社編　(大阪)水道産業新聞社　2001.9　1776, 22p　22cm　〈年表あり〉　28571円　Ⓘ4-915276-33-3　Ⓝ518.2
(目次)第1部 下水道事業編、第2部 統計・資料編、第3部 技術・産業編、第4部 官庁名簿編、第5部 関連名簿編、第6部 会社名簿編
(内容)下水道事業の動向をまとめた年鑑。下水道事業編、統計・資料編、技術・産業編と官庁、関連団体・学校、会社の名簿で構成。下水道事業編では下水道事業の現状と課題から、規制事項、海外の下水道事情などについても解説。巻頭には下水道事業年表、下水道日誌がある。

下水道年鑑　2003年版　(大阪)水道産業新聞社　2002.9　1765, 21, 54p　21cm　28667円　Ⓘ4-915276-34-1　Ⓝ518.2
(目次)第1部 下水道事業編、第2部 統計・資料編、第3部 技術・産業編、第4部 官庁名簿編、第5部 関連名簿編、第6部 会社名簿編

下水道年鑑　2004年版　(大阪)水道産業新聞社　2003.9　1730p　21cm　28714円　Ⓘ4-915276-35-X
(目次)第1部 下水道事業編、第2部 統計・資料編、第3部 技術・産業編、第4部 官庁名簿編、第5部 関連名簿編、第6部 会社名簿編

下水道年鑑　2005年版　水道産業新聞社　2004.9　1640p　21cm　26667円　Ⓘ4-915276-36-8
(目次)第1部 下水道事業編、第2部 統計・資料編、第3部 技術・産業編、第4部 官庁名簿編、第5部 関連名簿編、第6部 会社名簿編

下水道年鑑　2006年版　(大阪)水道産業新聞社　2005.9　1550p　30cm　24761円　Ⓘ4-915276-37-6
(目次)第1部 下水道事業編、第2部 統計・資料編、第3部 技術・産業編、第4部 官庁名簿編、第5部 関連名簿編、第6部 会社名簿編

下水道年鑑　2007年版　水道産業新聞社編　(大阪)水道産業新聞社　2006.7　946, 18, 2p　21cm　20953円　Ⓘ4-915276-38-4
(目次)年表・日誌、第1部 下水道事業の概要(下水道事業の現状と課題、下水道技術の動向、「下水道ビジョン2100」の概要、下水道の統計資料)、第2部 官庁名簿編(中央官庁、総務省、公団・事業団、関連団体、都道府県下水道所管部課および流域下水道建設事務所、下水道公社、下水道事業所)、第3部 関連名簿編(学術・商工・経済団体、大学)、第4部 会社名簿編

下水道年鑑　2008年版　(大阪)水道産業新聞社　2007.7　1003p　21cm　23810円　Ⓘ978-4-915276-39-2
(目次)第1部 下水道事業の概要(下水道事業の現状と課題、下水道財政の歩み(起債) ほか)、第2部 統計・資料編(公共下水道の県別実施状況、流域下水道の箇所別事業概要 ほか)、第3部 官庁名簿編(中央官庁、公団・事業団 ほか)、第4部 関連名簿編(学術・商工・経済団体、大学)、第5部 会社名簿編

下水道年鑑　2009年版　水道産業新聞社　2008.7　1008p　21cm　23810円　Ⓘ978-4-915276-40-8　Ⓝ518.2
(目次)第1部 下水道事業の概要(下水道事業の今後の展開、下水道財政(国費) ほか)、第2部 統計・資料編(下水道事業実施団体一覧、下水道施設現況の推移 ほか)、第3部 官庁名簿編(中央官庁、公団・事業団 ほか)、第4部 関連名簿編(学術・商工・経済団体、大学)、第5部 会社名簿編(関係会社)

下水道年鑑　2010年版　水道産業新聞社　2009.7　964p　21cm　23810円　Ⓘ978-4-915276-41-5　Ⓝ518.2
(目次)第1部 下水道事業の概要(下水道事業の今後の展開、下水道財政(国費) ほか)、第2部 統計・資料編(下水道事業実施団体一覧、下水道施設整備量等の推移 ほか)、第3部 官庁名簿編(中央官庁、公団・事業団 ほか)、第4部 関連名簿編(学術・商工・経済団体、大学)、第5部 会社名簿編(関係会社)

下水道年鑑　平成22年度版　水道産業新聞社編　(大阪)水道産業新聞社　2010.7　938p　21cm　23810円　Ⓘ978-4-915276-42-2　Ⓝ518.2
(目次)第1部 下水道事業の概要(下水道事業の現状と課題、下水道財政(国費)、下水道財政のしくみ(起債)、海外の下水道事情と国際協力 ほか)、第2部 統計・資料編(下水道事業実施団体一覧、下水道施設整備量等の推移、水処理方式別処理場数、年間処理水量 ほか)、第3部 官庁名簿編(中央官庁、公団・事業団、関係団体、都道府県下水道所管部課および流域下水道建設事務所 ほか)、第4部 関連名簿編(学術・商工・経済団体、大学)、第5部 会社名簿編

下水道プロジェクト要覧　平成15年度版　公共投資ジャーナル社　2003.6　388p　30×21cm　12000円　Ⓘ4-906286-45-3
(目次)第1章 予算編(平成15年度下水道事業予算の概要、日本下水道事業団の平成15年度事業計画の概要)、第2章 事業編(北海道、東北、首都圏、中部圏(信越・北陸3県を含む)、近畿圏、中国、四国、九州(沖縄県を含む))
(内容)予算編では、政府案をベースに予算成立

後の配分計画、新規箇所等のデータを加え作成。また、日本下水道事業団の予算や受託箇所についても掲載。事業編では、流域下水道、公共下水道、特定環境保全公共下水道等の実施箇所を対象とし、都道府県別に事業概要を掲載している。あわせて、都道府県の普及率や各種調査、事業実施箇所等のデータも併記。

下水道プロジェクト要覧　平成16年度版
公共投資ジャーナル社編　公共投資ジャーナル社　2004.6　435p　30cm　14286円　①4-906286-48-8

(目次)第1章 予算編(平成16年度下水道事業予算の概要、日本下水道事業団の平成16年度事業計画の概要)、第2章 事業編(北海道、東北、首都圏、中部圏(信越・北陸3県を含む)、近畿圏、中国、四国、九州(沖縄県を含む))、第3章 組織編(国土交通省都市・地域整備局下水道部、日本下水道事業団、都道府県・市町村の組織)

下水道プロジェクト要覧　平成17年度版
公共投資ジャーナル社編集局(下水道班)編　公共投資ジャーナル社　2005.6　392p　30cm　14286円　①4-906286-52-6

(目次)第1章 予算編(平成17年度下水道事業予算の概要、日本下水道事業団の平成17年度事業計画の概要)、第2章 事業編(北海道、東北、首都圏、中部圏(信越・北陸3県を含む)、近畿圏、中国、四国、九州(沖縄県を含む))、第3章 組織編

下水道プロジェクト要覧　平成18年度版
公共投資ジャーナル社編集局(下水道班)編　公共投資ジャーナル社　2006.6　405p　30cm　14286円　①4-906286-54-2

(目次)第1章 予算編(平成18年度下水道事業予算の概要、日本下水道事業団の平成18年度事業計画の概要)、第2章 事業編(北海道、東北、首都圏、中部圏(信越・北陸3県を含む) ほか)、第3章 組織編(都道府県・市町村の組織)

下水道プロジェクト要覧　平成19年度版
公共投資ジャーナル社編集部編　公共投資ジャーナル社　2007.6　409p　30cm　14286円　①978-4-906286-58-4

(目次)第1章 予算編(平成19年度下水道事業予算の概要、日本下水道事業団の平成19年度事業計画の概要)、第2章 事業編(北海道、東北、首都圏、中部圏(信越・北陸3県を含む)、近畿圏、中国、四国、九州(沖縄県を含む))、第3章 組織編(都道府県・市町村の組織)

全国の下水道事業実施計画　平成3年度
公共投資ジャーナル社編集部編　公共投資ジャーナル社　1991.5　525p　26cm　18000円

(目次)第1章 予算編(第7次下水道整備5ヵ年計画・案、平成3年度下水道事業予算概要、平成3年度下水道事業実施箇所一覧、日本下水道事業団の平成3年度事業計画の概要)、第2章 事業編(北海道、東北、首都圏、中部圏、近畿圏、中国、四国、九州、日本下水道事業団)、第3章 組織編(建設省都市局下水道部の組織、建設省・土木研究所、自治省財政局等の組織、日本下水道事業団の組織、都道府県・市町村の組織)

全国の下水道事業実施計画　平成10年度版
公共投資ジャーナル社編集局編　公共投資ジャーナル社　1998.6　592p　26cm　18095円

(目次)第1章 予算編(平成10年度下水道事業予算の概要、平成10年度下水道事業実施箇所一覧、日本下水道事業団の平成10年度事業計画の概要)、第2章 事業編(北海道、東北、首都圏 ほか)、第3章 組織編(建設省都市局下水道部の組織、建設省・土木研究所、自治省財政局等の組織、日本下水道事業団の組織、都道府県・市町村の組織)

(内容)平成10年度の全国の下水道事業計画を収録したもの。「予算編」は、政府案をベースに予算成立後の配分計画、新規箇所等のデータを加味した。「事業編」では、流域下水道、公共下水道、特定環境保全公共下水道等の実施箇所を対象とし、都道府県別に事業実施箇所を掲載。事業主体の最終要望、実施計画などに基づいて補助対象事業を中心にまとめるとともに、各事業の現況や特徴、技術課題等を解説、あわせて単独公共、流域関連公共などの区分けを明記。「組織編」では、新規採択箇所を含めた全事業主体の主な組織と連絡先を整理し掲載した。

全国の下水道事業実施計画　平成11年度版
公共投資ジャーナル社編集局編　公共投資ジャーナル社　1999.6　634p　26cm　18095円

(目次)第1章 予算編(平成11年度下水道事業予算の概要、平成11年度下水道事業実施箇所一覧、日本下水道事業団の平成11年度事業計画の概要)、第2章 事業編(北海道、東北、首都圏、中部圏(信越・北陸3県を含む)、近畿圏、中国圏、四国圏、九州圏(沖縄県を含む))、第3章 組織編(建設省都市局下水道部の組織、建設省・土木研究所、自治省財政局等の組織、日本下水道事業団の組織、都道府県・市町村の組織)

(内容)平成11年度の全国の下水道事業計画を収録したもの。「予算編」は、政府案をベースに予算成立後の配分計画、新規箇所等のデータを加味した。「事業編」では、流域下水道、公共下水道、特定環境保全公共下水道等の実施箇所を対象とし、都道府県別に事業実施箇所を掲載。事業主体の最終要望、実施計画などに基づいて補助対象事業を中心にまとめるとともに、各事業の現況や特徴、技術課題等を解説、あわせて単

独公共,流域関連公共などの区分けを明記。「組織編」では,新規採択箇所を含めた全事業主体の主な組織と連絡先を整理し掲載した。

全国の下水道事業実施計画 平成12年度版 公共投資ジャーナル社編 公共投資ジャーナル社 2000.6 447p 26cm 18095円 Ⓝ518.21

⑪目次⑫第1章 予算編(平成12年度下水道事業予算の概要,下水道事業実施箇所一覧,日本下水道事業団の平成12年度事業計画の概要),第2章 事業編(北海道,東北,首都圏 ほか),第3章 組織編(建設省都市局下水道部の組織,建設省土木研究所,自治省財政局等の組織,日本下水道事業団の組織 ほか)

⑪内容⑫日本の下水道事業の最新動向をまとめた資料集。政府予算を中心にまとめた予算編,全国都道府県・市町村別に主要な事業計画をまとめた事業編,建設省や全国自治体の組織構成と所在地等を掲載した組織編の3部で構成する。中心となる事業編では,流域下水道,公共下水道,特定環境保全公共下水道等の実施箇所を対象とし,都道府県別に事業実施計画を掲載する。

全国の下水道事業実施計画 平成13年度版 公共投資ジャーナル社編集局編 公共投資ジャーナル社 2001.6 455p 26cm 18095円 Ⓝ518.21

⑪目次⑫第1章 予算編(平成13年度下水道事業予算の概要,下水道事業実施箇所一覧,日本下水道事業団の平成13年度事業計画の概要),第2章 事業編(北海道,東北,首都圏,中部圏,近畿圏,中国,四国,九州(沖縄県を含む)),第3章 組織編(国土交通省都市・地域整備局下水道部の組織,各地方整備局建政部都市整備課(都市・住宅整備課),および北海道開発局,沖縄総合事務局の組織,国土交通省国土技術政策総合研究所下水道研究部,独立行政法人土木研究所の組織,日本下水道事業団の組織,都道府県・市町村の組織)

⑪内容⑫日本の下水道事業の最新動向をまとめた資料集。政府予算を中心にまとめた予算編,全国都道府県・市町村別に主要な事業計画をまとめた事業編,国土交通省や全国自治体の組織構成と所在地等を掲載した組織編の3部で構成する。中心となる事業編では,流域下水道,公共下水道,特定環境保全公共下水道等の実施箇所を対象とし,都道府県別に事業実施計画を掲載する。

全国の下水道事業実施計画 平成14年度版 公共投資ジャーナル社編集局編 公共投資ジャーナル社 2002.6 456p 26cm 18095円 Ⓝ518.21

⑪目次⑫第1章 予算編(平成14年度下水道事業予算の概要,下水道事業実施箇所一覧,日本下水道事業団の平成14年度事業計画の概要),第2章 事業編(北海道,東北,首都圏,中部圏(信越・北陸3県を含む),近畿圏,中国,四国,九州(沖縄県を含む)),第3章 組織編(国土交通省都市・地域整備局下水道部の組織,各地方整備局建政部都市整備課(都市・住宅整備課),および北海道開発局,沖縄総合事務局の組織,国土交通省国土技術政策総合研究所下水道研究部,独立行政法人土木研究所の組織,日本下水道事業団の組織,都道府県・市町村の組織)

⑪内容⑫日本の下水道事業の最新動向をまとめた資料集。政府予算を中心にまとめた予算編,全国都道府県・市町村別に主要な事業計画をまとめた事業編,国土交通省や全国自治体の組織構成と所在地等を掲載した組織編の3部で構成する。中心となる事業編では,流域下水道,公共下水道,特定環境保全公共下水道等の実施箇所を対象とし,都道府県別に事業実施計画を掲載する。

廃棄物

<書 誌>

廃棄物図書ガイド 乾馨監修 リサイクル文化社,星雲社〔発売〕 1999.10 291p 21cm (リサイクル文化 61号特別号) 2200円 Ⓘ4-7952-5924-0

⑪目次⑫第1章 一般書,第2章 行政資料類,第3章 技術・調査報告書,第4章 処理技術,第5章 リサイクル,第6章 化学物質,第7章 辞典類

⑪内容⑫廃棄物に関連する書籍及び報告書を約3000冊収録したガイド。

<事 典>

ごみの百科事典 小島紀徳,島田荘平,田村昌三,似田貝香門,寄本勝美編 丸善 2003.9 720p 21cm 18000円 Ⓘ4-621-07285-4

⑪目次⑫総論(ごみとは,ごみの歴史・ごみと文化,日本におけるごみ行政の変遷,日本の廃棄物,廃棄物処理技術,特殊廃棄物,世界のごみ,広義のごみ,環境・安全,ごみと社会,循環型社会への取り組み),各論

⑪内容⑫初の本格的なごみの百科事典。ごみに関する歴史,文化,行政,処理技術などを俯瞰的に解説した総論編に,用語辞典としての機能を持たせた各論編で構成。巻末に付録「ごみ主要関連団体HP一覧」「ごみ主要関連法令一覧」と,英文索引を収録。

廃棄物小事典 新訂版 日本エネルギー学会廃棄物小事典編集委員会編 日本エネルギー学会,コロナ社〔発売〕 1997.12 404p

19cm 4762円 ⓘ4-339-07645-7

(目次)物質，物性，分別排出・減量化，収集・回収・運搬，破砕・選別，燃焼および焼却，灰処理および有効利用，エネルギー回収および有効利用，資源化・リサイクル，埋立等最終処分，有害物質処理，排ガス・排水処理，し尿処理，公害防止・環境保全，分析・計測，法律・行政・国際関係

(内容)一般廃棄物や産業廃棄物などの廃棄物に関する用語をジャンル別に収録した用語事典。用語は各ジャンルごとに五十音順に配列，巻末に日本語と欧文の索引が付く。

廃棄物処分・環境安全用語辞典 小島圭二，田村昌三，島田荘平，石井英二，田中勝，登坂博行，中杉修身，山川稔編 丸善 2000.2 493p 21cm 13500円 ⓘ4-621-04695-0 ⓝ518.52

(内容)廃棄物の処理・処分に関する用語を収録した辞典。五十音順に排列。巻末に，和文・英文索引付き。

廃棄物処理技術用語辞典 中井多喜雄著 日刊工業新聞社 2000.7 264, 47p 19cm 3200円 ⓘ4-526-04610-8 ⓝ518.52

(内容)廃棄物処理技術分野の用語辞典。分別排出・減量化，収集・回収・運搬，破砕・選別，焼却・灰処理，エネルギー回収・有効利用，資源化・リサイクル，埋立・最終処分，し尿処理，排ガス・排水処理，有害物質処理，公害防止・環境保全，分析・計測，関係法令に関する用語1900点を収録，解説する。

廃棄物処理法Q&A 5訂版 英保次郎著 東京法令出版 2008.1 236p 21cm 1900円 ⓘ978-4-8090-4044-3 ⓝ519.7

(目次)第1章 廃棄物の定義・廃棄物の範囲，第2章 排出事業者，第3章 一般廃棄物の処理，第4章 処理基準，第5章 廃棄物処理施設，第6章 廃棄物処理業，第7章 その他

廃棄物処理・リサイクル事典 新環境管理設備事典編集委員会編 産業調査会 事典出版センター，産調出版〔発売〕 1995.3 577p 26cm 7800円 ⓘ4-88282-133-8

(目次)第1編 概論，第2編 一般廃棄物処理とリサイクル，第3編 産業廃棄物処理とリサイクル，第4編 リサイクル要素技術と装置，第5編 実験研究廃棄物処理，第6編 最終処分場施設，第7編 放射性廃棄物処理，第8編 資料編

廃棄物処理・リサイクル事典 産業調査会事典出版センター，産調出版〔発売〕 2003.4 503p 26cm 6400円 ⓘ4-88282-324-1

(目次)第1章 概論(現状課題，整備計画)(廃棄物の発生と問題，一般廃棄物(ごみ)の処理 ほ

か)，第2章 一般廃棄物処理とリサイクル(一般廃棄物処理とリサイクル計画，収集輸送施設 ほか)，第3章 産業廃棄物とリサイクル(産業廃棄物処理計画，有機性廃液・汚泥 ほか)，第4章 リサイクル要素技術と装置(焼却炉，脱水法 ほか)，第5章 医療廃棄物処理と最終処分施設(医療廃棄物処理，最終処分場施設)

(内容)廃棄物問題の現状や整備・処理計画等をまとめた，廃棄物処理とリサイクルの事典。一般廃棄物処理とリサイクル，産業廃棄物とリサイクル，リサイクル要素技術と装置，医療廃棄物処理と最終処分施設など。

<辞 典>

日中英廃棄物用語辞典 廃棄物研究財団廃棄物対応技術検討懇話会編，武田信生，王偉，何品晶監修 オーム社 2006.10 397p 21cm 〈本文：日本語，英語，中国語〉 4000円 ⓘ4-274-50104-3

(内容)約2500用語を収録，中国語での解説も併記。廃棄物処理・リサイクル関連の施設と設備の計画・設計・運転保守・運営に関する用語を収録。巻末資料の施設鳥瞰図・要素機器・廃棄物関連技術・行政関連資料にも中国語を併記。

廃棄物英和・和英用語辞典 海外廃棄物処理技術研究会編 中央法規出版 1992.9 317, 36p 21cm 5500円 ⓘ4-8058-0883-7

廃棄物・環境「和英英和」ワードブック 海外廃棄物処理技術研究会編 中央法規出版 2003.11 314p 21cm 3800円 ⓘ4-8058-4498-1

(目次)和英編，英和編，資料編(行政組織，法・条約体系，ごみ処理，最終処分場，単位その他)

(内容)環境分野の国際協力に携わった自治体職員らの現場のニーズから生まれた和英英和専門用語集。廃棄物処理技術，環境行政，都市開発等に関する約6000語の和英編(主要用語に解説つき)／英和編，団体・法令名や施設図解など便利な資料編で構成。

<ハンドブック>

ごみ処理広域化計画 東日本編 公共投資総研編 公共投資総研 1999.12 255p 26cm 4000円 ⓘ4-906467-14-8

(目次)1 「ごみ処理の広域化計画について」―厚生省生活衛生局通達(平成9年5月28日付)，2 各都道府県の広域化計画策定後の動き，3 都道府県別「ごみ処理広域化計画」，4 データ・目標年次における各ブロックごとの処理体制と施設整備予定

ごみハンドブック 田中勝，寄本勝美他編

丸善　2008.11　276p　21cm　3800円
①978-4-621-08025-2　Ⓝ518.52

⦅目次⦆総論編（廃棄物の発生，廃棄物の分類，廃棄物の処理，分別，収集・運搬，焼却，埋立て，廃棄物計画，市民参加，廃棄物処理における法体系），Q&A（発生抑制，適正処理，再生利用，特別な課題，制度・政策）

⦅内容⦆廃棄物・リサイクルに関する素朴な疑問に実務者が答えるガイドブック。

全国ごみ処理広域化計画総覧　2000年度版　産業タイムズ社　2000.2　291p　26cm　9000円　①4-88353-033-7　Ⓝ518.52

⦅目次⦆第1部 全国ごみ処理広域化計画概要（新ガイドラインに基づくごみ処理広域化計画策定の通達内容，47都道府県のごみ処理広域化計画概要），第2部 既存のごみ処理施設一覧

⦅内容⦆新ガイドラインに基づく通達により全国47都道府県が策定した10年計画のゴミ処理広域化計画の概要を，広域ブロック地図，進行計画表などを添えて編集したもの。データは各都道府県の集約計画の概要を広域ブロック内市町村圏，設置主体，5年ごとの過程ブロックに分けた対策等を表組化。ほかに既存のゴミ処理施設一覧を都道府県別に掲載。

全国自治体のごみ処理状況　200市の「容器包装リサイクル法」2000年度対応実態調査報告　シーエムシー　1999.12　85p　26cm　4700円　①4-88231-047-3

⦅目次⦆1章 わが国のごみ問題の現状（ごみの発生量と処理の現状，最終処分場の現状，ダイオキシンと環境ホルモン問題，容器包装リサイクル法施行の現状と展望），2章 全国200市のごみ処理実態と問題点―全国200市の「ごみ処理アンケート調査」結果の分析―（はじめに，総合分析，人口別および地域別分析）

トリクロロエチレン等処理マニュアル　廃棄物研究財団編，厚生省生活衛生局水道環境部産業廃棄物対策室監修　化学工業日報社　1993.3　178p　26cm　（特別管理廃棄物シリーズ 4）　5800円　①4-87326-129-5

⦅目次⦆第1部 トリクロロエチレン等を含む特別管理産業廃棄物処理マニュアル（基本的事項，処理委託，事業場における保管，トリクロロエチレン等を含む特別管理産業廃棄物の収集・運搬，中間処理），第2部 トリクロロエチレン等に関する基礎知識及び中間処理に関する参考事項（トリクロロエチレン等の物性と工業的利用，トリクロロエチレン等の環境への影響，トリクロロエチレン等の中間処理に関する参考事項），第3部 関係法令等（廃棄物の処理及び清掃に関する法律の関連通知等，化学物質の審査及び製造等の規制に関する法律関係，水質汚濁防止法関係，労働安全衛生法関係，参考資料）

⦅内容⦆トリクロロエチレン及びテトラクロロエチレンの廃棄処理に必要な知識をまとめた実務便覧。「廃棄物の処理及び清掃に関する法律」の改正に基づいて平成4年7月4日に公布された政令，省令，告示に準拠して，事業者，廃棄物の収集・運搬業者及び処分業者を対象に解説している。

日本の最終処分場　2000　日英版　最終処分場技術システム研究会編，花嶋正孝，古市徹監修　環境産業新聞社　2000.8　110，111p　26cm　〈本文：日英両文〉　3619円　①4-906162-18-5　Ⓝ519.7

⦅目次⦆1 日本の廃棄物処理（法体系，廃棄物の分類 ほか），2 最終処分場技術（最終処分場の歴史，処分場の機能 ほか），3 諸外国の動向（廃棄物の分類，廃棄物処理方法 ほか），4 最終処分場のあり方（地域融和型最終処分場とは，システム計画と総合的アプローチ ほか）

⦅内容⦆最終処分場における廃棄物処理の技術と動向をまとめた実務便覧。日本の廃棄物処理の埋立技術と諸外国の技術のあり方を解説する。本編は日本の廃棄物処理，最終処分技術，諸外国の動向，最終処分場のあり方の4編で構成，図表などデータを交えて最終処分について論じる。

廃棄物安全処理・リサイクルハンドブック　武田信生監修，廃棄物安全処理・リサイクルハンドブック編集委員会編　丸善　2010.7　498p　21cm　〈編集：藤吉秀昭ほか　文献あり〉　13500円　①978-4-621-08273-7　Ⓝ518.52

⦅目次⦆第1章 廃棄物処理施設の概要と安全管理，第2章 一般廃棄物処理施設の概要と安全管理，第3章 産業廃棄物処理施設の概要と安全管理，第4章 バイオマスの資源化の概要と安全管理，第5章 労働現場の安全衛生対策，第6章 廃棄物処理における物質の危険性，第7章 廃棄物処理施設の安全設計，第8章 廃棄物処理とリスク，第9章 大学，研究所における廃棄物処理と安全，第10章 廃棄物処理施設の関連法規／廃棄物・リサイクル関連法規，第11章 廃棄物・循環資源の国家間移動における安全管理

⦅内容⦆廃棄物処理の技術と安全対策のための事故データをまとめたハンドブック。一般廃棄物および汚泥，感染性廃棄物，水銀化合物，アスベスト，PCB，廃プラスチック等の産業廃棄物について，収集運搬，焼却，最終処分に関する処理技術を系統的に解説。それらの処理施設あるいは処理工程ごとに潜在する事故リスクとその対策のポイントを示す。また，収集運搬，保管，破砕，焼却，ガス化・溶融，リサイクル等の各工程ごとに過去の事故事例を豊富かつ具体的に紹介し，そこで得られた対策をわかりやすく提示。

廃棄物埋立地再生技術ハンドブック　樋口

壯太郎監修, 埋立地再生総合技術研究会日本環境衛生センター編著　鹿島出版会　2005.1　332p　26cm　5000円　①4-306-08504-X

(目次)第1章 埋立地再生総合技術(埋立地再生の必要性, 埋立地再生総合技術システムの概要, 埋立地再生技術と経済性評価, 今後の課題), 第2章 調査・計画編(埋立地再生事業評価手法, 事前調査手法の検討), 第3章 掘り起こし廃棄物の資源化・無害化技術編(資源化・無害化技術の基本構成, 掘削技術, 前処理技術, 資源化・無害化技術), 第4章 埋立地再生事例(自治体)(埋立灰・焼却残さ溶融処理の事例(諫早市), ストーカ炉+灰溶融炉による減容処理試験 ほか), 第5章 各社技術紹介(調査・計画技術, 資源化・無害化技術, 全体システム技術, 関連技術)

廃棄物最終処分場環境影響評価マニュアル
廃棄物研究財団, 環境新聞社〔発売〕
1999.11　268p　30cm　5000円　①4-905622-54-9

(目次)第1編 環境影響評価法(環境影響評価法制定の経緯, 環境影響評価法の概要), 第2編 環境影響評価マニュアル(第二種事業の判定の基準, 方法書の作成, 環境影響評価の項目等の選定に関する指針, 調査, 予測及び評価の手法, 環境保全措置に関する指針, 事後調査, 方法書, 準備書, 評価書の構成), 第3編 参考資料(関係法令, 調査・予測に係る参考資料, 評価に係る参考資料(各種基準等))

廃棄物処分場における遮水シートの耐久性評価ハンドブック
国際ジオシンセティックス学会日本支部ジオメンブレン技術委員会編　技報堂出版　2009.3　125p　26cm　3600円　①978-4-7655-3437-6　Ⓝ518.52

(目次)第1章 遮水材料の概説, 第2章 遮水工の概要, 第3章 耐久性評価試験方法と評価データ, 第4章 現地遮水シートの耐久性評価, 第5章 耐久性の評価と推定方法, 第6章 遮水機能の長期信頼性向上のための新しい提案

廃棄物処理施設整備実務必携　平成10年度版
厚生省生活衛生局水道環境部環境整備課監修, 全国都市清掃会議編　全国都市清掃会議　1998.12　917p　21cm　6667円

(目次)第1編 交付要綱等, 第2編 性能指針等, 第3編 関係法令等, 第4編 関係通知等, 第5編 参考資料

(内容)国庫補助に係る交付要綱, 施設の性能指針等に関する通知, 関係法令, 資料等をまとめたもの。

廃棄物処理施設整備実務必携　平成11年度版
環境衛生施設整備研究会監修, 全国都市清掃会議編　全国都市清掃会議　2000.1　1167p　21cm　7619円　Ⓝ519.7

(目次)第1編 交付要綱等, 第2編 性能指針等, 第3編 関係法令等, 第4編 関係通知等, 第5編 参考資料

(内容)廃棄物行政の担当者向けの廃棄物処理施設整備事業の実務ハンドブック。平成11年度以降から策定されたゴミ処理施設性能指針に基づいた国庫補助に係る交付要綱, 施設の性能指針に関する通知, 関係法令, 関係通知, 資料等を収録。また, 平成12年度予算案において講じられたダイオキシン類対策の関係法令についても掲載。

廃棄物処理施設整備実務必携　平成12年度版
環境衛生施設整備研究会監修, 全国都市清掃会議編　全国都市清掃会議　2001.1　1260p　21cm　7619円　Ⓝ519.7

(目次)第1編 交付要綱等, 第2編 性能指針等, 第3編 関係法令等, 第4編 関係通知等, 第5編 参考資料

(内容)廃棄物行政の担当者向けの廃棄物処理施設整備事業の実務ハンドブック。ゴミ処理施設性能指針に基づいた国庫補助に係る交付要綱, 施設の性能指針に関する通知, 関係法令, 関係通知, 資料等を収録。

廃棄物処理施設整備実務必携　平成13年度版
廃棄物処理施設整備研究会監修, 全国都市清掃会議編　全国都市清掃会議　2002.2　926p　30cm　7619円　Ⓝ519.7

(目次)第1編 交付要綱等, 第2編 性能指針等, 第3編 関係法令等, 第4編 関係通知等, 第5編 参考資料

(内容)廃棄物処理施設整備に関する法令集。平成13年度から適用されている, 廃棄物処理施設整備費の国庫補助に係る交付要綱, 施設の性能指針等に関する通知, 関係法令, 関連資料等を整理し, 一覧表等の形でわかりやすくまとめている。参考資料編では, 廃棄物より施設整備計画の経緯や補助金の推移, 廃棄物処理行政年表等, 関連行政の動向についての資料を紹介している。

廃棄物処理施設整備実務必携　平成14年度版
廃棄物処理施設整備研究会監修, 全国都市清掃会議編　全国都市清掃会議　2003.2　967p　30cm　7619円

(目次)第1編 交付要綱等(廃棄物処理施設整備費の国庫補助について, 廃棄物処理施設整備費国庫補助金交付要綱の取扱について ほか), 第2編 性能指針等(廃棄物処理施設国庫補助事業に係るごみ処理施設の性能に関する指針について, 廃棄物処理施設整備国庫補助事業に係る汚泥再生処理センター等の性能に関する指針について ほか), 第3編 関係法令等(廃棄物の処理及び清掃に関する法律(抄), 廃棄物の処理及び清掃に関する法律施行令(抄) ほか), 第4編

関係通知等(一般廃棄物処理事業に対する指導の強化について,一般廃棄物処理事業に対する指導に伴う留意事項について ほか),第5編 参考資料(廃棄物処理施設整備計画について(平成8年3月5日閣議了解),水面埋立地(一般廃棄物関係)の指定状況 ほか)

(内容)本書は,国庫補助に係る交付要綱,施設の性能指針等に関する通知,関係法令,資料等を整理・編集し,関係者の手引書として発刊したものである。

廃棄物処理施設整備実務必携　平成15年度版　廃棄物処理施設整備研究会監修,全国都市清掃会議編　全国都市清掃会議　2004.2　992p　30cm　8000円

(目次)第1編 交付要綱等(廃棄物処理施設整備費の国庫補助について,廃棄物処理施設整備費国庫補助金交付要綱の取扱について ほか),第2編 性能指針等(廃棄物処理施設整備国庫補助事業に係るごみ処理施設の性能に関する指針について,廃棄物処理施設整備国庫補助事業に係る汚泥再生処理センター等の性能に関する指針について ほか),第3編 関係法令等(廃棄物の処理及び清掃に関する法律(抄),廃棄物の処理及び清掃に関する法律施行令(抄) ほか),第4編 関係通知等(一般廃棄物処理事業に対する指導の強化について,一般廃棄物処理事業に対する指導に伴う留意事項について ほか),第5編 参考資料(廃棄物処理施設整備計画について(平成15年10月10日閣議決定),水面埋立地(一般廃棄物関係)の指定状況 ほか)

(内容)本書は,国庫補助に係る交付要綱,施設の性能指針等に関する通知,関係法令,資料等を整理・編集したものである。

廃棄物処理施設整備実務必携　平成20年度版　全国都市清掃会議編　全国都市清掃会議　2009.1　755p　30cm　8500円　Ⓝ519.7

(目次)第1編 循環型社会形成推進交付金交付要綱等(循環型社会形成推進交付金交付要綱について,循環型社会形成推進交付金交付要綱の取扱について ほか),第2編 災害関係交付要綱等(災害等廃棄物処理事業費の国庫補助について,廃棄物処理施設災害復旧費の国庫補助について ほか),第3編 性能指針等(ごみ処理施設性能指針の一部改正について,廃棄物処理施設整備国庫補助事業に係る汚泥再生処理センター等の性能に関する指針について(通知) ほか),第4編 関係通知等(一般廃棄物処理事業に対する指導の強化について,一般廃棄物処理事業に対する指導に伴う留意事項について ほか),第5編 参考資料(廃棄物処理施設整備計画(平成20年3月25日閣議決定),水面埋立地(一般廃棄物関係)の指定状況 ほか)

(内容)交付金に係る交付要綱,施設の性能指針,

災害廃棄物の補助金要綱等に関する通知,さらに関係資料等を整理・編集。

廃棄物ハンドブック　廃棄物学会編　オーム社　1997.11　1199p　21cm　8500円　Ⓘ4-274-02365-6

(目次)1編 都市ごみ,2編 産業廃棄物,3編 特別管理廃棄物,4編 維持管理のための分析法,5編 関係法規

(内容)一般廃棄物と産業廃棄物双方について解説したハンドブック。

＜カタログ＞

生ゴミ処理機製品カタログ集　(大阪)東洋マーケティング　1992.9　236p　30cm　22800円

(内容)環境ビジネスとして注目される生ゴミ処理機器製品を,家庭用,業務用メーカー24社について紹介する。

＜年鑑・白書＞

市民がつくったゴミ白書・ちば'93　環境保全・資源循環型自立都市をめざす　廃棄物問題千葉県連絡会編　リサイクル文化社,星雲社〔発売〕　1993.4　126p　21cm　(RECYCLEブックス)　800円　Ⓘ4-7952-5876-7

(目次)千葉のゴミ事情,第1部 各地のゴミ問題の現状と住民運動(銚子地域でゴミ問題を考える,やればできる!資源リサイクル,松戸市第3ゴミ焼却場建設に反対して,肺ガン公害などから,住民の身の安全を守護し続けるため,命をかけた19年!,行政・事業所・市民に働きかけたい,ボランティア活動の終焉まで ほか),第2部 千葉の再生資源業の現状(資源回収業の立場から,リサイクルほど素敵な…から10年,スチール缶も売れています),第3部 廃棄物問題千葉県連絡会の歩み

日本の廃棄物　2000　循環型社会をめざして　環境衛生施設整備研究会監修　全国都市清掃会議　2000.12　146p　21cm　1524円　Ⓝ519.7

(目次)1 循環型社会の構築に向けて(私達の生活と廃棄物,廃棄物処理・清掃の歴史と意義,廃棄物とは(廃棄物の定義と分類) ほか),2 我が国の廃棄物処理の現状(廃棄物のゆくえ,廃棄物処理施設の整備計画,廃棄物処理の費用 ほか),3 廃棄物をめぐる課題と対応(廃棄物の排出抑制と再生利用の推進,特定家庭用機器再商品化法の円滑な施行に向けて,廃棄物の適正な処理の確保 ほか)

(内容)廃棄物に関するデータを中心にまとめた年鑑。3部構成の第1部では2000年度の国会で新

たに制定された廃棄物に関する法律や改正廃棄物処理法の解説，廃棄物処理の歴史，廃棄物処理に関する基礎的な知識をまとめている。第2部では厚生省が1999年度に実施した「一般廃棄物処理事業実態調査」及び「全国の産業廃棄物の排出及び処理状況」（いずれも1997年度実績）の結果をもとに「我が国の廃棄物処理の現状」として編集。第3部では，廃棄物処理をめぐる種々の課題とその応対についてまとめている。

廃棄物処理事業・施設年報　平成5年版
　環境産業新聞社　1993.9　508p　26cm　〈監修：厚生省生活衛生局水道環境部環境整備課〉　11650円　Ⓘ4-906162-04-5
⦅目次⦆ごみ焼却施設，高速堆肥化施設，粗大ごみ処理施設，粗大ごみ以外の資源化を行う施設，最終処分場，し尿処理施設，コミュニティ・プラント
⦅内容⦆廃棄物処理事業のための施設の概要・処理実績を施設ごとに整理した要覧。施設別に構成し，それぞれ都道府県順に排列する。内容は1992年3月31日現在。

廃棄物処理事業・施設年報　平成6年版
　厚生省生活衛生局水道環境部環境整備課監修
　環境産業新聞社　1994.8　517p　26cm
　12000円　Ⓘ4-906162-08-8
⦅内容⦆廃棄物処理施設の概要，処理実績などを施設ごとに調査・整理したもの。平成5年3月31日現在。ごみ焼却施設，高速堆肥化施設，粗大ごみ施設，資源化施設，最終処分場，し尿処理施設，コミュニティ・プラントの7部に分け，都道府県・市町村順に掲載する。各施設の処理対象物，年間処理量等のデータが表形式でまとめられている。

廃棄物対策の現状と問題点　総務庁行政監察局編　大蔵省印刷局　1995.7　200p　30cm　1900円　Ⓘ4-17-351255-4
⦅内容⦆廃棄物の排出・処理の実態および国・地方公共団体による廃棄物対策の実施状況等を掲載する。

廃棄物年鑑　1991年版　環境産業新聞社
　1990.11　597p　22cm　〈発売：東京官書普及〉　16350円　Ⓝ519.7
⦅内容⦆清掃行政担当者の基礎資料。平成元年度の概括，統計資料，人名簿，施設名簿からなる。

廃棄物年鑑　1992年版　環境産業新聞社
　1991.12　631p　22cm　〈発売：東京官書普及〉　16350円　Ⓝ519.7
⦅内容⦆清掃行政担当者の基礎資料。平成2年度の概括，統計資料，人名簿，施設名簿からなる。

廃棄物年鑑　1993年版　環境産業新聞社
　1992.12　699p　22cm　〈東京官書普及〉　16350円
⦅目次⦆解説篇（平成3年度における廃棄物行政について，フェニックス計画について，産業廃棄物行政の現状と今後の課題について，廃棄物処理分野における国際協力について），統計資料篇（し尿処理，ごみ処理，廃棄物処理事業経費等，ごみ焼却工場における発電状況），名簿篇（中央官庁，団体，都道府県組織・人事，地方公共団体組織・人事），施設篇（ごみ処理施設，粗大ごみ処理施設，し尿処理施設，会社名簿）

廃棄物年鑑　1994年版　環境産業新聞社
　1993.11　715p　21cm　18000円
⦅目次⦆解説篇（平成4年度における廃棄物行政について，フェニックス計画について，産業廃棄物行政の現状と今後の課題について，廃棄物処理分野における国際協力について），統計資料篇（し尿処理，ごみ処理，廃棄物処理事業経費等，ごみ焼却工場における発電状況），名簿篇（中央官庁，都道府県組織・人事〈一般廃棄物，産業廃棄物〉，地方公共団体組織・人事，大学研究機関），施設篇（ごみ処理施設，粗大ごみ処理施設，し尿処理施設，企業名簿）
⦅内容⦆屎尿処理・ごみ処理・産業廃棄物処理を中心とした廃棄物行政の実務用年鑑。年間動向のほかに統計・名簿を収録する。

廃棄物年鑑　1995年版　環境産業新聞社
　1994.11　723p　21cm　18000円
⦅目次⦆解説篇，統計資料篇，名簿篇，施設篇
⦅内容⦆屎尿処理・ごみ処理・産業廃棄物処理を中心とした廃棄物行政の実務用年鑑。年間動向のほかに統計・名簿を収録する。

廃棄物年鑑　1996年版　環境産業新聞社
　1995.12　859p　21cm　19000円

廃棄物年鑑　リサイクル社会のみちしるべ　1997年版　環境産業新聞社　1996.12
　863p　21cm　19000円　Ⓘ4-906162-11-8
⦅目次⦆解説篇，統計資料篇（ごみ処理，し尿処理，経費及び人員），名簿篇（中央官庁，団体，都道府県庁一般廃棄物所管部・課一覧，都道府県庁産業廃棄物所管部・課一覧，都道府県組織・人事，地方公共団体組織・人事，大学研究機関），施設篇（ごみ処理施設，粗大ごみ処理施設，粗大ごみ処理施設以外の資源化施設，し尿処理施設，企業名簿）

廃棄物年鑑　リサイクル社会のみちしるべ　1998年版　環境産業新聞社　1997.12
　867p　21cm　18600円　Ⓘ4-906162-12-6

廃棄物年鑑　リサイクル社会のみちしるべ　1999年版　環境産業新聞社　1999.2　916p　21cm　18600円　Ⓘ4-906162-14-2

廃棄物年鑑　2000年版　環境産業新聞社

2000.2　904，20p　21cm　18600円　ⓘ4-906162-16-9　Ⓝ519.7

(目次)解説篇(廃棄物行政の現状と今後の課題について，フェニックス計画について，産業廃棄物行政の現状と今後の課題について ほか)，統計資料篇(一般廃棄物，産業廃棄物，価格と実績)，名簿篇(中央官庁，団体，都道府県庁一般廃棄物所管部・課一覧，都道府県庁産業廃棄物所管部・課一覧，都道府県庁組織・人事，地方公共団体組織・人事，大学)，施設篇(ごみ処理施設，粗大ごみ処理施設以外の資源化施設，し尿処理施設)，企業名簿篇(企業名簿，広告索引)

廃棄物年鑑　2001年版　環境産業新聞社
2000.12　930p　21cm　20000円　Ⓝ519.7

(目次)解説篇(廃棄物行政の現状について，フェニックス計画について ほか)，統計資料篇(一般廃棄物，し尿処理 ほか)，名簿篇(中央官庁，団体 ほか)，施設篇(ごみ処理施設，粗大ごみ処理施設 ほか)，企業名簿篇

廃棄物年鑑　リサイクル社会のみちしるべ　2002年版　環境産業新聞社　2002.2　1冊
21cm　20000円　Ⓝ519.7

(目次)解説篇，統計資料篇(一般廃棄物，産業廃棄物，価格と実績)，名簿篇(中央官庁，地方公共団体組織・人事，大学)，施設篇(ごみ処理施設，粗大ごみ処理施設，粗大ごみ処理施設以外の資源化施設，汚泥再生処理センター)，企業名簿篇

廃棄物年鑑　リサイクル社会のみちしるべ　2003年版　環境産業新聞社　2002.12
1149p　21cm　24000円　ⓘ4-906162-24-X

廃棄物年鑑　リサイクル社会のみちしるべ　2004年版　環境産業新聞社　2003.12
1155p　21cm　24000円　ⓘ4-906162-25-8

(目次)解説篇(廃棄物行政の現状について，フェニックス計画について ほか)，統計資料篇(一般廃棄物，産業廃棄物 ほか)，名簿篇(中央官庁，団体 ほか)，施設篇(ごみ処理施設，粗大ごみ処理施設 ほか)，企業名簿篇

廃棄物年鑑　リサイクル社会のみちしるべ　2005年版　環境産業新聞社　2004.11
1125p　21cm　24000円　ⓘ4-906162-21-4

(目次)解説篇(廃棄物行政の現状について，フェニックス計画について ほか)，統計資料篇(一般廃棄物，産業廃棄物 ほか)，名簿篇(中央官庁，団体 ほか)，施設篇(ごみ処理施設，粗大ごみ処理施設 ほか)，企業名簿篇

廃棄物年鑑　リサイクル社会のみちしるべ　2006年版　環境産業新聞社　2005.11
1100p　21cm　24000円　ⓘ4-906162-30-4

(目次)解説篇(廃棄物行政の現状について，フェニックス計画について ほか)，統計資料篇(一般廃棄物，産業廃棄物)，名簿篇(中央官庁，団体 ほか)，施設篇(ごみ処理施設，粗大ごみ処理施設 ほか)，企業名簿篇

廃棄物年鑑　リサイクル社会のみちしるべ　2007年版　環境産業新聞社　2006.11
119p　21cm　24000円　ⓘ4-906162-32-0

(目次)解説篇(一般廃棄物行政の推進について，フェニックス計画について ほか)，統計資料篇(一般廃棄物，産業廃棄物 ほか)，名簿篇(中央官庁，団体 ほか)，施設篇(熱回収施設，リサイクルセンター ほか)，企業名簿篇

(内容)統計・資料篇―環境省廃棄物・リサイクル対策部廃棄物対策課編平成13年度版「日本の廃棄物処理」等からなっている。産業廃棄物は同産業廃棄物課資料による。名簿篇―各都道府県庁より提供された市町村，一部事務組合のリストにより調査票を送附，回答のあった個所を掲載した。回答のない個所については県庁より提出されたリストを掲載している。施設篇―都道府県庁の回答により作成。すべての施設についての直近の情報を収録している。

廃棄物年鑑　リサイクル社会の道しるべ　2008年版　環境産業新聞社　2007.11
1066p　21cm　24000円　ⓘ978-4-906162-34-5

(目次)解説篇(一般廃棄物行政の推進について，フェニックス計画について ほか)，統計資料篇(一般廃棄物，産業廃棄物 ほか)，名簿篇(中央官庁，団体 ほか)，施設篇(熱回収施設，リサイクルセンター ほか)，企業名簿篇

廃棄物年鑑　2009年版　環境産業新聞社
2008.11　1060p　21cm　24000円　ⓘ978-4-906162-35-2　Ⓝ519.7

(目次)解説篇(一般廃棄物行政の推進について，フェニックス計画について ほか)，統計資料篇(一般廃棄物，産業廃棄物 ほか)，名簿篇(中央官庁，団体 ほか)，施設篇(熱回収施設，リサイクルセンター ほか)，企業名簿篇

廃棄物年鑑　循環型社会のみちしるべ　2010年版　環境産業新聞社　2009.11
1038p　21cm　24000円　ⓘ978-4-906162-36-9　Ⓝ519.7

(目次)解説篇(一般廃棄物行政の推進について，フェニックス計画について ほか)，統計資料篇(一般廃棄物，産業廃棄物 ほか)，名簿篇(中央官庁，団体 ほか)，施設篇(熱回収施設，リサイクルセンター ほか)，企業名簿篇(企業名簿，広告索引)

廃棄物年鑑　循環型社会のみちしるべ　2011年版　環境産業新聞社　2010.11
1079p　21cm　24000円　ⓘ978-4-906162-

廃棄物　　　　　　　　　　　　　　　環境問題

37-6　Ⓝ519.7

⊞目次⊞解説篇（一般廃棄物行政の推進について，フェニックス計画について，産業廃棄物対策について ほか），統計資料篇（一般廃棄物，産業廃棄物，価格と実績），名簿篇（中央官庁，団体，都道府県庁一般廃棄物所管部・課一覧 ほか），施設篇（熱回収施設，リサイクルセンター，汚泥再生処理センター（し尿処理施設）ほか），企業名簿篇

＜統計集＞

平成5年度実績 廃棄物処理事業実態調査統計資料　平成7年版　厚生省生活衛生局水道環境部環境整備課監修　全国都市清掃会議　1996.8　414p　30cm　9000円

⊞目次⊞資料の掲載について，ごみ処理の概要，ごみ処理事業経費歳出，ごみ収集の状況，ごみ収集量・処理体制，処理量・最終処分量の内訳，資源化の状況，し尿処理の概要，し尿処理事業経費歳出，し尿収集の状況，し尿処理量・処理体制，人口規模別基本データ

⊞内容⊞厚生省が実施している一般廃棄物処理事業実態調査から得られた，廃棄物処理に関するデータを「ごみ処理の概要」「ごみ収集の状況」等11項目にとりまとめたもの。調査対象は4109団体。

◆一般廃棄物

＜ハンドブック＞

一般廃棄物処理施設発注一覧　平成10年版　産業タイムズ社　1998.1　201p　26cm　4500円　Ⓘ4-88353-007-8

⊞目次⊞第1部 平成9年度一般廃棄物処理施設発注一覧，第2部 平成6年度〜8年度一般廃棄物処理施設発注一覧，第3部 主要プラントメーカー受注一覧，第4部 既存プラント受注企業別一覧，第5部 既存プラント稼働年月別一覧，第6部 主要ごみ・し尿処理プラントメーカー名簿

一般廃棄物処理施設発注一覧　付・既存プラント受注企業別・稼働年月別一覧　平成11年度版　産業タイムズ社　1999.1　238p　26cm　5000円　Ⓘ4-88353-020-5

⊞目次⊞第1部 平成10年度一般廃棄物処理施設発注一覧，第2部 平成7年度〜9年度一般廃棄物処理施設発注一覧，第3部 主要プラントメーカー受注一覧，第4部 既存プラント受注企業別一覧，第5部 既存プラント稼働年月別一覧，第6部 主要ごみ・し尿処理プラントメーカー名簿

⊞内容⊞平成10年度に新たに厚生省や国土庁，防衛施設庁から補助内示を得た，ごみ処理施設，ごみ埋立て処分場，基幹的施設改良事業（ごみ，し尿），粗大ごみ処理施設，リサイクルセンター，リサイクルプラザ，し尿処理場，汚泥再生処理センター，排ガス高度化処理施設，ごみ燃料化施設，不燃物資源化施設，灰固形化施設，生活排水処理施設など211プロジェクトのプラント発注状況の全容を整理・集成したもの。

一般廃棄物処理施設発注一覧　平成12年度版　産業タイムズ社　2000.2　238p　26cm　5000円　Ⓘ4-88353-032-9　Ⓝ518.52

⊞目次⊞第1部 平成11年度一般廃棄物処理施設発注一覧，第2部 平成8年度〜10年度 一般廃棄物処理施設発注一覧，第3部 主要プラントメーカー受注一覧，第4部 既存プラント受注企業別一覧，第5部 既存プラント稼働年月別一覧，第6部 主要ごみ・し尿処理プラントメーカー名簿

⊞内容⊞ゴミ埋め立て処分所等の一般廃棄物処理施設のプラント発注状況を整理集成したもの。廃棄物処理施設の整備状況をプラントメーカーの受注状況を軸に，自治体の発注状況を重ね合わせた構成。平成11年に新たに補助内示を得た218のプロジェクトについては内容、所在地等を表組化して都道府県別に掲載。他に主要プラントメーカーの受発注データ・名簿を掲載している。

一般廃棄物処理施設発注一覧　平成14年度版　産業タイムズ社　2001.12　264p　26cm　5000円　Ⓘ4-88353-063-9　Ⓝ518.52

⊞目次⊞第1部 平成12年度一般廃棄物処理施設発注一覧，第2部 平成9年度〜11年度 一般廃棄物処理施設発注一覧，第3部 主要プラントメーカー受注一覧，第4部 既存プラント受注企業別一覧，第5部 既存プラント稼働年月別一覧，第6部 主要ごみ・し尿処理プラントメーカー名簿

⊞内容⊞ゴミ埋め立て処分所等の一般廃棄物処理施設のプラント発注状況を整理集成した実務資料。廃棄物処理施設の整備状況をプラントメーカーの受注状況を軸に，自治体の発注状況を重ね合わせた構成。平成12年度に新たに補助内示を得たプロジェクトについては内容、所在地等を表組化して都道府県別に掲載。既存プラント受注企業別・稼動年月別一覧を付す。

一般廃棄物処理施設発注一覧　平成16年度版　産業タイムズ社　2003.12　233p　26cm　5000円　Ⓘ4-88353-098-1

⊞目次⊞第1部 平成15年度一般廃棄物処理施設発注一覧，第2部 平成12年度〜14年度 一般廃棄物処理施設発注一覧，第3部 主要プラントメーカー受注一覧，第4部 既存プラント受注企業別一覧，第5部 既存プラント稼働年月別一覧，第6部 主要ごみ・し尿処理プラントメーカー名簿

⊞内容⊞本書は、平成15年度に新たに環境省から補助内示を得た、ごみ処理施設、ごみ埋め立て処分場、基幹的施設改良（ごみ、し尿）、粗大ご

一般廃棄物処理施設発注一覧　平成17年度版　産業タイムズ社　2004.12　225p　26cm　5000円　①4-88353-110-4

(目次)第1部 平成16年度一般廃棄物処理施設発注一覧，第2部 平成13年度〜15年度一般廃棄物処理施設発注一覧，第3部 主要プラントメーカー受注一覧，第4部 既存プラント受注企業別一覧，第5部 既存プラント稼働年月別一覧，第6部 主要ごみ・し尿処理プラントメーカー名簿

(内容)平成16年度に新たに環境省から補助内示を得た，ごみ処理施設，ごみ埋め立て処分場，基幹的施設改良（ごみ，し尿），粗大ごみ処理施設，リサイクルセンター，リサイクルプラザ，し尿処理施設，排ガス高度化処理施設，ごみ燃料化施設，不燃物資源化施設，灰固形化施設，生活排水処理施設などのプロジェクトにおけるプラント発注状況について，その全容を速報し，プラントメーカーの受注一覧，既存プラント稼働年月別一覧などの一般廃棄物処理に係わるデータを網羅した。

ゴミダス 徹底分別百科 燃やせる?燃やせない?　坂本雅子，田中陽子著　小学館　1994.6　251p　19cm　980円　①4-09-387126-4

(内容)350社・900品目を取り上げ，ゴミとして出す際の，燃やせる，燃やせないを検証したもの。ほかに，多用されている素材の基礎知識，代表6自治体の分別判断，全国47自治体の家庭ゴミ分別方法，ゴミに関する素朴なひとこと，などの情報・資料を掲載する。

特別管理一般廃棄物ばいじん処理マニュアル　廃棄物研究財団編，厚生省生活衛生局水道環境部環境整備課監修　化学工業日報社　1993.3　223p　26cm　（特別管理廃棄物シリーズ 3）　9200円　①4-87326-127-9

(目次)第1部 ばいじん処理マニュアル（総則，処理計画，ばいじんの排出，貯留，収集・運搬，中間処理，ばいじんの最終処分，その他），第2部 ばいじんに関する基礎知識及び参考事項（ばいじんの発生と性状，ばいじんの排出・貯留と収集・運搬，ばいじんの中間処理方法，ばいじんの処理システム例），第3部 関係法令等

◆産業廃棄物

<名　簿>

全国産廃処分業中間処理最終処分企業名覧名鑑　1992　日報　1991.12　551p　27cm　20000円　①4-930767-92-X　⑩518.52

(内容)『全国産廃処理中間処理最終処分企業名鑑』の改題。

全国産廃処分業中間処理・最終処分企業名覧・名鑑　2005　日報アイ・ビー編　日報出版　2005.2　1022p　26cm　9524円　①4-89086-204-8

(目次)企業名覧（企業名覧の内容案内，企業名覧目次），企業名鑑（企業名鑑の内容案内，企業名鑑社名索引，北海道・東北地方，関東地方，甲信越・北陸・東海地方，近畿地方，中国・四国地方，九州・沖縄地方）

全国産廃処分業中間処理・最終処分企業名覧名鑑　2010　日報アイ・ビー編　日報出版　2009.8　819p　26cm　13333円　①978-4-89086-242-9　⑩519.7

(目次)企業名鑑（企業名鑑の内容案内，企業名鑑目次，北海道・東北地方，関東地方，甲信越・北陸・東海地方，近畿地方，中国・四国地方，九州・沖縄地方），企業名覧（企業名覧の内容案内，企業名覧目次）

<ハンドブック>

産業廃棄物処理ハンドブック　平成2年版　厚生省生活衛生局水道環境部産業廃棄物対策室編　ぎょうせい　1990.4　490p　21cm　4000円　①4-324-02294-1

(目次)1 本編（廃棄物処理法逐条図説，廃棄物の種類一覧，産業廃棄物の処理に係る基準，産業廃棄物の処分基準の根拠条項別解説図，金属等を含む産業廃棄物に係る判定基準等，産業廃棄物処理施設構造・維持管理基準対照表，廃棄物処理法条文別関係通知），2 関係法令・通知・答申編（廃棄物処理法関係法令，主な通知，生活環境審議会答申），3 資料編（都道府県等関係機関名簿，産業廃棄物処理業者，産業廃棄物処理施設数，公共関与による産業廃棄物処理事業，公害事犯取締りにおける産業廃棄物関係の概要，産業廃棄物の処理に係る融資制度，産業廃棄物処理施設に係る税法上の特例措置，産業廃棄物の排出及び処理状況 昭和60年度）

産業廃棄物処理ハンドブック　平成3年版　厚生省生活衛生局水道環境部産業廃棄物対策室編　ぎょうせい　1991.4　504p　21cm　4000円　①4-324-02713-7

(目次)1 本編（廃棄物処理法逐条図説，廃棄物の

種類一覧，産業廃棄物の処理に係る基準，産業廃棄物の処分基準の根拠条項別解説図，金属等を含む産業廃棄物に係る判定基準等，産業廃棄物処理施設構造・維持管理基準対照表，廃棄物処理法条文別関係通知)，2 関係法令・通知・答申編(廃棄物処理法関係法令，主な通知，生活環境審議会答申)，3 資料編

(内容)本書は，法令の内容を分かりやすく図示するとともに，最新の統計資料や関係通知も網らする等実務に即した構成とした。

産業廃棄物処理ハンドブック　平成5年版
厚生省生活衛生局水道環境部産業廃棄物対策室編　ぎょうせい　1993.8　740p　21cm　4500円　①4-324-03846-5

(目次)1 本編(廃棄物処理法逐条図説，廃棄物の種類一覧，特別管理産業廃棄物，産業廃棄物の処理に係る基準，産業廃棄物の処分基準，金属等を含む産業廃棄物に係る判定基準等，産業廃棄物処理施設)，2 関係法令・通知・答申編(廃棄物処理法関係法令，その他の関係法令，主な通知，生活環境審議会答申)，3 資料編(都道府県・政令市の産業廃棄物行政担当部局一覧産業廃棄物処理業者，産業廃棄物処理施設数，公共関与による産業廃棄物処理事業，公害事犯取締りにおける産業廃棄物関係の概要，産業廃棄物の処理に係る融資制度，産業廃棄物処理施設に係る税法上の特例措置，産業廃棄物の排出及び処理状況 平成2年度)

産業廃棄物処理ハンドブック　平成6年版
厚生省生活衛生局水道環境部産業廃棄物対策室編　ぎょうせい　1994.9　800p　21cm　4600円　①4-324-04239-X

(目次)1 本編，2 関係法令・通知・答申編，3 資料編

(内容)産業廃棄物処理に関する基準，法令・政省令，関係部局名簿・統計を収録した実務便覧。各種基準は条項別に詳しく解説する。

産業廃棄物処理ハンドブック　平成8年版
厚生省生活衛生局水道環境部産業廃棄物対策室編　ぎょうせい　1996.3　858p　21cm　4700円　①4-324-04770-7

(目次)1 本編，2 関係法令・通知・答申編

(内容)廃棄物処理法関連の法令，政・省令，通知、産業廃棄物の処理に関する各種の基準等を条項別にまとめたもの。巻末に資料編として都道府県・政令市の産業廃棄物行政担当部局一覧，関連統計等を掲載する。

産業廃棄物処理ハンドブック　平成10年版
厚生省生活衛生局水道環境部産業廃棄物対策室編　ぎょうせい　1998.9　1043p　21cm　4667円　①4-324-05311-1

(目次)1 本編(廃棄物処理法逐条図説，廃棄物の種類一覧，特別管理産業廃棄物 ほか)，2 関係法令・通知編(廃棄物処理法関係法令，その他の関係法令，主な通知)，3 資料編

(内容)廃棄物処理法関連の法令，政・省令，通知、産業廃棄物の処理に関する各種の基準等を条項別にまとめたもの。巻末に資料編として都道府県・政令市の産業廃棄物行政担当部局一覧，関連統計等を掲載する。

産業廃棄物処理ハンドブック　平成11年版
厚生省生活衛生局水道環境部産業廃棄物対策室編　ぎょうせい　1999.6　1098p　21cm　5000円　①4-324-05893-8

(目次)1 本編(廃棄物処理法逐条図説，廃棄物の種類一覧，特別管理産業廃棄物，産業廃棄物の処理に係る基準，産業廃棄物の処分基準，金属等を含む産業廃棄物に係る判定基準等，産業廃棄物処理施設)，2 関係法令・通知編(廃棄物処理法関係法令，その他の関係法令，主な通知)，資料編(都道府県・政令市の産業廃棄物行政担当部局一覧)

(内容)廃棄物処理法関連の法令，政・省令，通知、産業廃棄物の処理に関する各種の基準等を条項別にまとめたもの。巻末に資料編として都道府県・政令市の産業廃棄物行政担当部局一覧，関連統計等を掲載する。

産業廃棄物処理ハンドブック　平成12年版
廃棄物法制研究会編　ぎょうせい　2000.9　1146p　21cm　5000円　①4-324-06264-1　Ⓝ519.7

(目次)1 本編(廃棄物処理法逐条図説，廃棄物の種類一覧，特別管理産業廃棄物，産業廃棄物の処理に係る基準，産業廃棄物の処分基準，金属等を含む産業廃棄物に係る判定基準等，産業廃棄物処理施設)，2 関係法令・通知編(廃棄物処理法関係法令，その他の関係法令)，3 資料編(都道府県・政令市の産業廃棄物行政担当部局一覧)

(内容)産業廃棄物処理の法令・実務のハンドブック。廃棄物処理法，同法施行令，同施行規則を三段対照表により整理・掲載するとともに，留意すべき各種の基準を条項別に図示する。また，産業廃棄物処理のための実務知識も解説する。廃棄物処理法築城図説、廃棄物の種類一覧などの本編，廃棄物処理法関係法令，その他の関係法令などの関係法令・通知編と資料編で構成する。

誰でもわかる!!日本の産業廃棄物　平成17年度版
環境省監修，産業廃棄物処理事業振興財団編　ぎょうせい　2005.9　48p　30cm　476円　①4-324-07733-9

(目次)1 産業廃棄物とは，2 産業廃棄物の排出・処理などの状況，3 産業廃棄物対策の内容，4 不法投棄された産業廃棄物への対応，5 公共関与による施設整備について，6 PCB廃棄物について，7 循環型社会に向けた取り組み

内容 産業廃棄物の排出事業者である企業の方々をはじめ、次代を担う子どもたちまでを対象として、産業廃棄物の発生・処理・処分の実態や、国・産業界の取り組みを、わかりやすくまとめた。

◆廃棄物処理法

<ハンドブック>

簡単ガイド 廃棄物処理法直近改正早わかり 長岡文明構成・著、山口実苗編 （川崎）日本環境衛生センター 2006.9 239p 26cm 2000円 ①4-88893-105-4

目次 第1章 平成17年改正フォルダー，第2章 平成16年改正フォルダー，第3章 平成15年改正フォルダー，第4章 平成14年改正フォルダー，第5章 平成13年改正フォルダー，第6章 平成18年途中までの改正状況，巻末資料等

廃棄物処理リサイクル法令ハンドブック 溝呂木昇編著 （名古屋）新日本法規出版 2010.2 427p 26cm 4300円 ①978-4-7882-7265-1 Ⓝ519.7

内容 廃棄物・リサイクル関連法令の条文について、関連する法施行令、法施行規則、各種告示などで定める規制内容を体系的にまとめ、企業に適用される規制内容を分かりやすく解説する。

廃棄物法制半世紀の変遷 溝入茂著 リサイクル文化社、星雲社（発売） 2009.12 119p 22cm 〈年表あり 索引あり〉 1700円 ①978-4-434-13928-4 Ⓝ518.52

目次 序章、第1章 幻の「清掃法」案—昭和28年、第2章 清掃法の制定—昭和29年、第3章 清掃法改正と生活環境施設整備緊急措置法—昭和38～40年、第4章 廃棄物の処理および清掃に関する法律—昭和45、51年、第5章 フェニックスセンター法・不死鳥は飛んだか—昭和56年、第6章 再生資源の利用の促進に関する法律の制定と廃棄物処理法の改正—平成3年、付録 3Rに関連した年表（1945～2009）

<法令集>

改正 廃棄物処理法令集 3段対照 第5版 （川崎）日本環境衛生センター 1995.5 300p 19cm 2000円 ①4-88893-062-7

目次 法律、施行令、施行規則

三段対照 廃棄物処理法法令集 平成12年版 廃棄物法制研究会監修 ぎょうせい 2000.7 495p 26cm 3000円 ①4-324-06256-0 Ⓝ519.7

目次 法律（総則、一般廃棄物、産業廃棄物、廃棄物処理センター、雑則、罰則）、施行令（総則、一般廃棄物、産業廃棄物、廃棄物処理センター、雑則），施行規則，関係法令等

内容 廃棄物の処理及び清掃に関する法律、廃棄物の処理及び清掃に関する法律施行令、廃棄物の処理及び清掃に関する法律施行規則を三段組で対照させて掲載した法令資料集。巻末にその他の関係法令等を収録。

三段対照 廃棄物処理法法令集 平成13年版 廃棄物法制研究会監修 ぎょうせい 2001.8 534p 26cm 3619円 ①4-324-06500-4 Ⓝ519.7

目次 廃棄物の処理及び清掃に関する法律、廃棄物の処理及び清掃に関する法律施行令、廃棄物の処理及び清掃に関する法律施行規則、一般廃棄物の最終処分場及び産業廃棄物の最終処分場に係る技術上の基準を定める省令、特別管理一般廃棄物又は特別管理産業廃棄物を処分又は再生したことにより生じた廃棄物の埋立処分に関する基準、金属等を含む産業廃棄物に係る判定基準を定める省令、廃棄物の処理及び清掃に関する法律施行令第六条第一項第四号に規定する油分を含む産業廃棄物に係る判定基準を定める省令、産業廃棄物に含まれる金属等の検定方法、金属等を含む廃棄物の固型化に関する基準、廃棄物の処理及び清掃に関する法律施行令第六条第一項第四号に規定する海洋投入処分を行うことができる産業廃棄物に含まれる油分の検定方法〔ほか〕

内容 1ページを3段に分けて法律・施行例・施行規則を掲載する、対照式の法令集。

三段対照 廃棄物処理法法令集 平成14年版 廃棄物法制研究会監修 ぎょうせい 2002.8 553p 26cm 3619円 ①4-324-06955-7 Ⓝ519.7

目次 廃棄物の処理及び清掃に関する法律、廃棄物の処理及び清掃に関する法律施行令、廃棄物の処理及び清掃に関する法律施行規則、関係法令等

内容 廃棄物の処理及び清掃に関する法令集。法律、廃棄物の処理及び清掃に関する法律施行令、廃棄物の処理及び清掃に関する法律施行規則を三段組で対照掲載する。巻末にその他の関係法令等を収録。

三段対照 廃棄物処理法法令集 平成16年版 廃棄物法制研究会監修 ぎょうせい 2004.1 609p 26cm 3714円 ①4-324-07337-6

目次 第1章 総則、第2章 一般廃棄物、第3章 産業廃棄物、第3章の2 廃棄物処理センター、第4章 雑則、第5章 罰則

内容 法律・施行令・施行規則の三段対照。

三段対照 廃棄物処理法法令集 平成18年版 廃棄物法制研究会監修 ぎょうせい

廃棄物　　　　　　　　　　　　環境問題

2006.3　510p　26cm　3800円　ⓘ4-324-07877-7
(目次)廃棄物の処理及び清掃に関する法律,廃棄物の処理及び清掃に関する法律施行令,廃棄物の処理及び清掃に関する法律施行規則,一般廃棄物の最終処分場及び産業廃棄物の最終処分場に係る技術上の基準を定める省令,特別管理一般廃棄物又は特別管理産業廃棄物を処分又は再生したことにより生じた廃棄物の埋立処分に関する基準,金属等を含む産業廃棄物に係る判定基準を定める省令,廃棄物の処理及び清掃に関する法律施行令第六条第一項第四号に規定する油分を含む産業廃棄物に係る判定基準を定める省令,産業廃棄物に含まれる金属等の検定方法,金属等を含む廃棄物の固型化に関する基準,廃棄物の処理及び清掃に関する法律施行令第六条第一項第四号に規定する海洋投入処分を行うことができる産業廃棄物に含まれる油分の検定方法(昭和五一年環境庁告示第三号)〔ほか〕

三段対照廃棄物処理法法令集　平成19年版
廃棄物法制研究会監修　ぎょうせい　2007.1　552p　26cm　4000円　ⓘ978-4-324-08117-4
(目次)1 廃棄物の処理及び清掃に関する法律,2 廃棄物の処理及び清掃に関する法律施行令,3 廃棄物の処理及び清掃に関する法律施行規則

三段対照 廃棄物処理法法令集　平成20年版
廃棄物法制研究会監修　ぎょうせい　2008.3　554p　26cm　4000円　ⓘ978-4-324-08403-8　Ⓝ519
(目次)1 廃棄物の処理及び清掃に関する法律,2 廃棄物の処理及び清掃に関する法律施行令,3 廃棄物の処理及び清掃に関する法律施行規則

三段対照 廃棄物処理法法令集　平成21年版
廃棄物法制研究会監修　ぎょうせい　2009.2　554p　26cm　4000円　ⓘ978-4-324-08681-0　Ⓝ519
(目次)1 廃棄物の処理及び清掃に関する法律,2 廃棄物の処理及び清掃に関する法律施行令,3 廃棄物の処理及び清掃に関する法律施行規則
(内容)法律・施行令・施行規則の三段対照による法令集。

三段対照 廃棄物処理法法令集　平成22年版
国際比較環境法センター監修　ぎょうせい　2010.2　559p　26cm　4000円　ⓘ978-4-324-08990-3　Ⓝ519
(目次)1 廃棄物の処理及び清掃に関する法律,2 廃棄物の処理及び清掃に関する法律施行令,3 廃棄物の処理及び清掃に関する法律施行規則

廃棄物処理法法令集　3段対照　平成10年版
改訂版　(川崎)日本環境衛生センター　1998.7　425p　26cm　2500円
(目次)1 廃棄物の処理及び清掃に関する法律,2 廃棄物の処理及び清掃に関する法律施行令,3 廃棄物の処理及び清掃に関する法律施行規則

廃棄物処理法法令集　3段対照　平成11年版
日本環境衛生センター　1999.5　443p　26cm　2500円　ⓘ4-88893-075-9
(目次)1 廃棄物の処理及び清掃に関する法律,2 廃棄物の処理及び清掃に関する法律施行令,3 廃棄物の処理及び清掃に関する法律施行規則

廃棄物処理法法令集　3段対照　平成13年版
(川崎)日本環境衛生センター　2001.4　483p　26cm　2700円　ⓘ4-88893-083-X　Ⓝ519.7
(目次)法律(総則,一般廃棄物,産業廃棄物,廃棄物処理センター,雑則 ほか),施行令(総則,一般廃棄物,産業廃棄物,廃棄物処理センター,雑則),施行規則
(内容)廃棄物の処理及び清掃に関する法律、法律施行令、法律施行規則の三つを、比較しやすいように三段に分けて構成した法令集。

廃棄物処理法法令集　平成14年版
日本環境衛生センター　2002.4　517p　26cm　3000円　ⓘ4-88893-088-0　Ⓝ519.7
(目次)廃棄物の処理及び清掃に関する法律(総則,一般廃棄物,産業廃棄物,廃棄物処理センター,雑則),廃棄物の処理及び清掃に関する法律施行令,廃棄物の処理及び清掃に関する法律施行規則,金属等を含む産業廃棄物に係る判定基準を定める省令,産業廃棄物に含まれる金属等の検定方法〔ほか〕
(内容)廃棄物の処理及び清掃に関する法律、法律施行令、法律施行規則の三つを、比較しやすいように三段に分けて構成した法令集。

廃棄物処理法法令集　平成16年版　(川崎)
日本環境衛生センター　2004.5　565p　26cm　3000円　ⓘ4-88893-096-1
(目次)1 廃棄物の処理及び清掃に関する法律,2 廃棄物の処理及び清掃に関する法律施行令,3 廃棄物の処理及び清掃に関する法律施行規則
(内容)法律・施行令・施行規則の3段対照。

廃棄物処理法法令集　平成17年版　(川崎)
日本環境衛生センター　2005.5　645p　26cm　3000円　ⓘ4-88893-098-8
(目次)1 廃棄物の処理及び清掃に関する法律,2 廃棄物の処理及び清掃に関する法律施行令,3 廃棄物の処理及び清掃に関する法律施行規則

廃棄物処理法法令集　平成18年版　(川崎)
日本環境衛生センター　2006.5　669p　26cm　3000円　ⓘ4-88893-103-8
(目次)1 廃棄物の処理及び清掃に関する法律,

廃棄物処理法法令集　3段対照　平成19年版　(川崎)日本環境衛生センター　2007.5　713p　26cm　3500円　ⓘ978-4-88893-108-3

(目次)1 廃棄物の処理及び清掃に関する法律, 2 廃棄物の処理及び清掃に関する法律施行令, 3 廃棄物の処理及び清掃に関する法律施行規則

廃棄物処理法法令集　3段対照　平成20年版　(川崎)日本環境衛生センター　2008.5　721p　26cm　3500円　ⓘ978-4-88893-114-4　Ⓝ519.7

(目次)1 廃棄物の処理及び清掃に関する法律, 2 廃棄物の処理及び清掃に関する法律施行令, 3 廃棄物の処理及び清掃に関する法律施行規則

廃棄物処理法法令集　3段対照　平成21年版　(川崎)日本環境衛生センター　2009.4　717p　26cm　3500円　ⓘ978-4-88893-115-1　Ⓝ519.7

(目次)1 廃棄物の処理及び清掃に関する法律, 2 廃棄物の処理及び清掃に関する法律施行令, 3 廃棄物の処理及び清掃に関する法律施行規則

廃棄物処理法法令集　3段対照　平成22年版　(川崎)日本環境衛生センター　2010.4　723p　26cm　3500円　ⓘ978-4-88893-117-5　Ⓝ519.7

(目次)法律, 施行令, 施行規則

廃棄物処理法令(三段対照)・通知集　廃棄物の処理及び清掃に関する法律　平成21年版　日本産業廃棄物処理振興センター編　オフィスTM, TAC(発売)　2009.4　1冊　26cm　〈平成18年版までのタイトル：廃棄物・リサイクル関係法令集　平成18年版までの出版者：ぎょうせい〉　4000円　ⓘ978-4-8132-8996-8　Ⓝ519.7

(目次)廃棄物処理法律・施行令・施行規則(廃棄物の処理及び清掃に関する法律, 廃棄物の処理及び清掃に関する法律施行令, 廃棄物の処理及び清掃に関する法律施行規則), 廃棄物処理法政省令(金属等を含む産業廃棄物に係る判定基準を定める省令, 廃棄物の処理及び清掃に関する法律施行令第六条第一項第四号に規定する油分を含む産業廃棄物に係る判定基準を定める省令, 廃棄物の処理及び清掃に関する法律施行令別表第三の三第二十四号に規定する有機塩素化合物を定める省令　ほか), 廃棄物処理法告示(産業廃棄物に含まれる金属等の検定方法, 廃棄物の処理及び清掃に関する法律施行令第六条第一項第四号に規定する海洋投入処分を行うことができる産業廃棄物に含まれる油分の検定方法, 金属等を含む廃棄物の固型化に関する基準　ほか)

(内容)廃棄物処理法の法令部分を三段対照表示とし, 法令を補完する通知を収載。

廃棄物の処理及び清掃に関する法律関係法令集　新訂版　日本産業廃棄物処理振興センター編, 厚生省生活衛生局水道環境部産業廃棄物対策室監修　ぎょうせい　1995.8　817p　21cm　4600円　ⓘ4-324-04663-8

(内容)廃棄物処理関係の法律, 政省令, 告示, 通達等。

廃棄物の処理及び清掃に関する法律関係法令集　平成10年版　厚生省生活衛生局水道環境部産業廃棄物対策室監修, 日本産業廃棄物処理振興センター編　ぎょうせい　1998.12　1204p　21cm　5000円　ⓘ4-324-05619-6

(目次)廃棄物の処理及び清掃に関する法律(法), 廃棄物の処理及び清掃に関する法律施行令(令), 廃棄物の処理及び清掃に関する法律施行規則(規則), 一般廃棄物の最終処分場及び産業廃棄物の最終処分場に係る技術上の基準を定める命令(共同命令), 特別管理一般廃棄物及び特別管理産業廃棄物を処分又は再生したことにより生じた廃棄物の埋立処分に関する基準, 特別管理産業廃棄物に係る基準の検定方法, し尿処理施設に係る汚泥の再生方法, 特別管理一般廃棄物及び特別管理産業廃棄物を処分又は再生の方法として厚生大臣が定める方法, 金属等を含む廃棄物の固型化に関する基準(固型化基準), 金属等を含む産業廃棄物に係る判定基準を定める総理府令(金属等判定基準)〔ほか〕

(内容)廃棄物処理法及びその施行令, 施行規則を, 三段表により関係条項ごとに整理したもの。産業廃棄物の処理にあたり留意すべき告示・通知まで収録。

廃棄物・リサイクル関係法令集　平成17年度版　日本産業廃棄物処理振興センター編　ぎょうせい　2005.7　2冊(セット)　26cm　6952円　ⓘ4-324-07706-1

(目次)1(廃棄物の処理及び清掃に関する法律・法令・通知), 2(廃棄物関係法令・通知, リサイクル関係法令・通知)

廃棄物・リサイクル法　平成16年版　廃棄物・リサイクル法制研究会監修　中央法規出版　2004.2　2452p　21cm　〈『廃棄物六法』改題書〉　5600円　ⓘ4-8058-4510-4

(目次)第1章 循環型社会形成, 第2章 廃棄物処理, 第3章 資源リサイクル, 第4章 環境保全, 第5章 費用負担・助成, 第6章 関係法令

(内容)各資源リサイクル法の施行に対応し, 運用に不可欠な通知・関係法令等も最新内容で盛り込んだ廃棄物・リサイクル関係実務者等の必備書。

廃棄物　　　　　　　　　　　　　環境問題

廃棄物・リサイクル六法　平成17年版　廃棄物・リサイクル法制研究会監修　中央法規出版　2005.2　2512p　21cm　5600円　①4-8058-4581-3
(目次)第1章 循環型社会形成，第2章 廃棄物処理，第3章 資源リサイクル，第4章 環境保全，第5章 費用負担・助成，第6章 関係法令
(内容)指定有害廃棄物処理の規制強化など廃棄物処理法の最新改正に対応。「廃棄物処理法」「各資源リサイクル法」はもちろん、制度の運用に不可欠な通知類も最新内容で充実。「廃棄物・リサイクル」関係実務六法の決定版。

廃棄物・リサイクル六法　平成18年版　廃棄物・リサイクル法制研究会監修　中央法規出版　2005.10　3366p　21cm　5600円　①4-8058-4629-1
(目次)第1章 循環型社会形成，第2章 廃棄物処理，第3章 資源リサイクル，第4章 環境保全，第5章 費用負担・助成，第6章 関係法令
(内容)許可制度の厳格化、マニフェスト運用の強化、無確認輸出の取締り強化、法人重課の導入、など廃棄物処理法の最新改正を収録。「廃棄物処理法」「各資源リサイクル法」はもちろん、制度の運用に不可欠な通知類も最新内容で充実。「廃棄物・リサイクル」関係実務六法の決定版。

廃棄物・リサイクル六法　平成19年版　廃棄物・リサイクル法制研究会監修　中央法規出版　2006.11　3484p　21cm　5600円　①4-8058-4694-1
(目次)第1章 循環型社会形成，第2章 廃棄物処理，第3章 資源リサイクル，第4章 環境保全，第5章 費用負担・助成，第6章 関係法令
(内容)容器包装廃棄物の排出抑制等を図る容器包装リサイクル法の最新改正を収録。アスベスト廃棄物の処理対策を定めた改正廃棄物処理法を完全登載。「廃棄物処理法」「各資源リサイクル法」はもちろん、制度の運用に不可欠な通知類も最新内容で充実。「廃棄物・リサイクル」関係実務六法の決定版。

廃棄物・リサイクル六法　平成20年版　廃棄物・リサイクル法制研究会監修　中央法規出版　2007.12　3471p　21cm　5600円　①978-4-8058-4775-6
(目次)第1章 循環型社会形成，第2章 廃棄物処理，第3章 資源リサイクル，第4章 環境保全，第5章 費用負担・助成，第6章 関係法令
(内容)平成十九年十月二十五日現在の内容で、廃棄物の処理及び清掃に関する法律を中心に、廃棄物の処理、リサイクルに関連する法令、通達を区分し収載。

廃棄物・リサイクル六法　平成21年版　廃棄物・リサイクル法制研究会監修　中央法規出版　2008.12　33,3466p　22cm　5800円　①978-4-8058-4850-0　Ⓝ519.7
(目次)第1章 循環型社会形成，第2章 廃棄物処理，第3章 資源リサイクル，第4章 環境保全，第5章 費用負担・助成，第6章 関係法令
(内容)「廃棄物処理法」「各資源リサイクル法」はもちろん、制度の運用に不可欠な通知類も最新内容で充実。廃棄物処理施設技術管理者・特別管理産業廃棄物管理責任者の方、廃棄物行政担当者・産業廃棄物処理業者の方々へコンプライアンスのための一冊。

廃棄物・リサイクル六法　平成22年版　廃棄物・リサイクル六法編集委員会編　中央法規出版　2010.1　1冊　22cm　〈索引あり〉　5800円　①978-4-8058-4910-1　Ⓝ519.7
(目次)第1章 循環型社会形成，第2章 廃棄物処理，第3章 資源リサイクル，第4章 環境保全，第5章 費用負担・助成，第6章 関係法令
(内容)廃棄物・リサイクル関係法規集の決定版。廃棄物・リサイクル関連業務に必要な法令・通知・ガイドラインを網羅。廃棄物行政職員・処理業者の方に支持されるロングセラー六法の最新版。

廃棄物六法　厚生省生活衛生局水道環境部計画課編　中央法規出版　1993.5　2236p　19cm　5200円　①4-8058-1029-7
(目次)第1章 廃棄物処理，第2章 再生資源，第3章 環境保全，第4章 費用負担・助成，第5章 関係法令
(内容)廃棄物の処理及び清掃に関する法律を中心に、廃棄物処理行政に関連する法令・政省令・告示・通達等を分類収録した実務法令集。本年版では「廃棄物の処理及び清掃に関する法律」の大幅改正及び「バーゼル条約国内法」を収録している。

廃棄物六法　平成7年版　厚生省生活衛生局水道環境部計画課編　中央法規出版　1995.1　2486p　19cm　5400円　①4-8058-1265-6
(目次)第1章 廃棄物処理，第2章 再生資源，第3章 環境保全，第4章 費用負担・助成，第5章 関係法令
(内容)廃棄物の処理及び清掃に関する法律を中心に、廃棄物処理行政に関連する法令・政省令・告示・通達等を分類収録した実務法令集。内容は平成6年11月6日現在。また巻末に答申・計画などの資料5点を掲載する。五十音順索引を付す。

廃棄物六法　厚生省生活衛生局水道環境部計画課監修　中央法規出版　1997.1　2483p　19cm　5300円　①4-8058-4058-7
(目次)第1章 廃棄物処理，第2章 再生資源，第3章 環境保全，第4章 費用負担・助成，第5章 関

係法令

廃棄物六法 厚生省生活衛生局水道環境部計画課監修 中央法規出版 1998.1 2279p 19cm 5300円 ①4-8058-4120-6

(目次)第1章 廃棄物処理，第2章 再生資源，第3章 環境保全，第4章 費用負担・助成，第5章 関係法令

廃棄物六法 平成11年版 厚生省水道環境部廃棄物法制研究会監修 中央法規出版 1999.2 2529p 19cm 5300円 ①4-8058-4182-6

(目次)第1章 廃棄物処理(廃棄物処理，廃棄物処理施設整備，産業廃棄物処理特定施設整備，特定有害廃棄物等の輸出入等の規制，容器包装に係る分別収集及び再商品化の促進，特定家庭用機器再商品化，浄化槽，広域臨海環境整備センター，下水道の整備等に伴う措置，環境事業団)，第2章 再生資源，第3章 環境保全，第4章 費用負担・助成，第5章 関係法令

(内容)廃棄物の処理及び清掃に関する法律を中心に，廃棄物処理行政に関連する法令・政省令・告示・通達等を分類収録した法令集。内容は1998年12月17日現在。法令略称表、法令名略語、五十音索引付き。

廃棄物六法 廃棄物法制研究会監修 中央法規出版 2000.3 2629p 19cm 5400円 ①4-8058-4250-4 ⓝ519.7

(目次)第1章 廃棄物処理，第2章 再生資源，第3章 環境保全，第4章 費用費担・助成，第5章 関係法令

(内容)廃棄物処理制度の分野の法令集。廃棄物の処理及び清掃に関する法律を中心に，廃棄物の処理に関する法令、通達及び資料を全5章に分けて収載。ダイオキシン類対策特別措置法施行にも対応。五十音索引と総目次及び各章の細目次を掲載。巻末に関係資料を収録。

廃棄物六法 平成13年版 廃棄物法制研究会監修 中央法規出版 2000.12 2561p 19cm 5400円 ①4-8058-4309-8 ⓝ519.7

(目次)第1章 廃棄物処理，第2章 資源リサイクル，第3章 環境保全，第4章 費用負担・助成，第5章 関係法令

(内容)廃棄物の処理及び清掃に関する法律を中心に法令、通達、資料を5章に分けて収録する法令集。内容は平成12年10月26日現在。巻末に、今後の浄化槽行政のあり方について、今後の産業廃棄物対策の基本的方向について、廃棄物処理施設整備計画、下水道整備7箇年計画、当面講ずるべき廃棄物対策について、の各資料を付す。

廃棄物六法 平成14年版 廃棄物法制研究会監修 中央法規出版 2001.12 2761p 19cm 5500円 ①4-8058-4381-0 ⓝ519.7

(目次)第1章 廃棄物処理(廃棄物処理，廃棄物処理施設整備，産業廃棄物処理特定施設整備，特定有害廃棄物等の輸出入等の規制 ほか)，第2章 資源リサイクル(資源有効利用，容器包装リサイクル，家電リサイクル，建設資材リサイクル ほか)，第3章 環境保全，第4章 費用負担・助成，第5章 関係法令

(内容)現行廃棄物処理制度を網羅する実務六法。内容は2001年11月15日現在。

廃棄物六法 平成15年版 廃棄物法制研究会監修 中央法規出版 2002.12 2931p 19cm 5500円 ①4-8058-4446-9 ⓝ519.7

(目次)第1章 廃棄物処理(廃棄物処理，廃棄物処理施設整備，産業廃棄物処理特定施設整備，特定有害廃棄物等の輸出入等の規制，ダイオキシン類対策 ほか)，第2章 資源リサイクル(資源有効利用，容器包装リサイクル，家電リサイクル，建設資材リサイクル，食品リサイクル ほか)，第3章 環境保全，第4章 費用負担・助成，第5章 関係法令

(内容)現行廃棄物処理制度を網羅する実務六法。運用に不可欠な通知・関連法令等も収録する。内容は平成14年11月12日現在のもの。廃棄物処理、資源リサイクル、環境保全、費用負担・助成、関係法令の5章及び資料からなる。巻頭に五十音順索引が付く。

◆**不法投棄**

<ハンドブック>

支障除去のための不法投棄現場等現地調査マニュアル 産業廃棄物処理事業振興財団編著 大成出版社 2006.12 102p 30cm 2571円 ①4-8028-9322-1

(目次)1 概説(調査フロー，不法投棄等現場での支障の種類)，2 迅速かつ的確な初期対応(調査の位置づけ、第一報を受けた時の調査 ほか)，3 対策工を想定した事前調査(調査の位置づけ，調査計画の立案 ほか)，4 対策工設計のための調査(調査の位置づけ，施工方法選定のための調査 ほか)，巻末資料

写真でみる日本の不法投棄等 廃棄物の不適正処理をなくすために 週刊循環経済新聞編集部編著 日報出版 2005.5 62p 21cm 〈「月刊廃棄物」別冊〉 800円 ①4-89086-209-9

(目次)岐阜県岐阜市(「善商」問題)，山形県上山市，長野県南箕輪村，愛知県豊田市，青森県田子町／岩手県二戸市(県境産廃問題)，青森県黒石市，千葉県佐倉市，千葉県原市，千葉県銚子市，埼玉県川口市，埼玉県熊谷市，埼玉県東

松山市，埼玉県三芳町，山梨県須玉町（現・北杜市），神戸市中央区，兵庫県加古川市・安富町，鳥取県米子市，香川県土庄町（豊島問題）
(内容)わが国が年間排出する産業廃棄物の量は約4000万トン。そのなかで約1％の約40万トンが不法投棄されているといわれる。割合にすると微々たるものだが、不適正に処理された産業廃棄物は、資金不足などの問題から数多くの現場で撤去が進まず、積もり積もって残された廃棄物は全国で1200万トンを超える。これらの多くが、崩落や有害物質の流出など周辺の生活環境への危険性が付きまとい、産業廃棄物に携わる人々はその処理に頭を悩ませている。本書では、全国19カ所の産業廃棄物不法投棄・不適正処理現場の状況や周辺環境への影響、原状回復へ向けた取り組みなどを写真を中心に紹介する。

公害

<書　誌>

公害文献大事典　1947年～2005年年　寺西俊一監修，文献情報研究会編著　日本図書センター　2006.6　516p　26cm　15000円　Ⓘ4-284-50013-9
(内容)本事典は1947（昭和22）年から2005（平成17）年までに刊行された、「公害」に関するテーマを含んだ約3100点の文献（図書）を集め、主要な文献約2300点には、その内容を示すために略目次を収録したものである。

<事　典>

公害防止管理者用語辞典　公害防止管理者用語辞典編集委員会編著　日刊工業新聞社　2002.7　242p　19cm　2400円　Ⓘ4-526-04974-3　Ⓝ519.033
(内容)公害防止管理者試験の受験者向けに作られた用語集。従来の公害に関する基礎的な事項だけでなく、地球規模の環境問題にも触れる。見出し項目を五十音順に排列し、仮名読み、対訳語、参照項目、簡潔な解説を付す。

公害防止管理者用語辞典　受験者・実務者必携　中井多喜雄著　技報堂出版　2006.5　423p　21cm　3500円　Ⓘ4-7655-3012-4
(内容)「公害防止管理者」に関しての受験・実務のための用語や項目約2500をピックアップし簡潔な解説を付した用語辞典。

<名　簿>

全国地方公害試験研究機関要覧　全国公害研協議会編　全国公害研誌事務局　1990.3　174p　30cm　3000円　Ⓘ4-87489-114-4

(目次)北海道・東北支部，関東・甲・信・静支部，東海・近畿・北陸支部，中国・四国支部，九州・沖縄支部，各機関の研究課題，全国公害研協議会会員機関一覧，全国公害研協議会事務分担表，全国公害研協議会学術部会常任幹事・支部幹事名簿，環境庁の組織の概要

<ハンドブック>

産業災害全史　日外アソシエーツ編集部編　日外アソシエーツ　2010.1　450p　21cm　（日外選書fontana　シリーズ災害・事故史4）〈文献あり　索引あり〉　12200円　Ⓘ978-4-8169-2227-5　Ⓝ509.8
(目次)総説，第1部 産業災害の系譜（足尾鉱毒，日立鉱山煙害，国鉄信濃川発電所トンネル工事現場落盤，花火問屋爆発，イタイイタイ病ほか），第2部 産業災害一覧，第3部 索引（総説，第1部）主な種類別災害一覧（第2部）参考文献
(内容)爆発や火災、公害などに代表される産業災害の記録。明治から平成20年までに発生した産業災害2545件を収録。その内の30件については経緯や原因を詳しく解説する。

<法令集>

公害健康被害補償・予防関係法令集　平成7年版　環境庁公害健康被害補償制度研究会編　中央法規出版　1995.8　928p　21cm　3600円　Ⓘ4-8058-1397-0
(内容)公害健康被害の補償等に関する法律、通知、決議、答申等を収録。

公害健康被害補償・予防関係法令集　平成8年版　環境庁公害健康被害補償制度研究会編　中央法規出版　1996.9　928p　21cm　3600円　Ⓘ4-8058-4044-7
(目次)公害健康被害の補償等に関する法律，公害健康被害の補償等に関する法律施行令，公害健康被害の補償等に関する法律施行規則，公害健康被害の補償等に関する法律施行規程，公害医療機関の診療報酬の請求に関する総理府令，公害健康被害補償予防協会の業務方法書に記載すべき事項を定める命令，公害健康被害補償予防協会の財務及び会計に関する命令，公害健康被害補償予防協会の基金に対する拠出金の拠出事業者、拠出金の額の算定方法及び拠出手続，公害医療機関の療養に関する規程，公害医療機関の療養に関する規程第十三条の規定に基づく診療を担当する医師の使用する医薬品〔ほか〕

公害健康被害補償・予防関係法令集　平成9年版　環境庁公害健康被害補償制度研究会編　中央法規出版　1997.9　928p　21cm　3600円　Ⓘ4-8058-4098-6

〖目次〗公害健康被害の補償等に関する法律，公害健康被害の補償等に関する法律施行令，公害健康被害の補償等に関する法律施行規則，公害医療機関の診療報酬の請求に関する総理府令〔ほか〕

公害健康被害補償・予防関係法令集　平成10年版　環境庁公害健康被害補償制度研究会編　中央法規出版　1998.9　974p　21cm　3600円　①4-8058-4155-9

〖目次〗公害健康被害の補償等に関する法律，公害健康被害の補償等に関する法律施行令・(旧)公害健康被害補償法施行令(抄)，公害健康被害の補償等に関する法律施行規則，公害健康被害の補償等に関する法律施行規程，公害医療機関の診療報酬の請求に関する総理府令，公害健康被害補償予防協会の業務方法書に記載すべき事項を定める命令，公害健康被害補償予防協会の財務及び会計に関する命令，公害健康被害補償予防協会の基金に対する拠出金の拠出事業者，拠出金の額の算定方法及び拠出手続，公害医療機関の療養に関する規程，公害医療機関の療養に関する規程第十三条の規定に基づく診療を担当する医師の使用する医薬品〔ほか〕

公害健康被害補償・予防関係法令集　平成11年版　環境庁公害健康被害補償制度研究会編　中央法規出版　1999.10　973p　21cm　3600円　①4-8058-4220-2

〖目次〗公害健康被害の補償等に関する法律，公害健康被害の補償等に関する法律施行令，公害健康被害の補償等に関する法律施行規則，公害健康被害の補償等に関する法律施行規程，公害医療機関の診療報酬の請求に関する総理府令，公害健康被害補償予防協会の業務方法書に記載すべき事項を定める命令，公害健康被害補償予防協会の財務及び会計に関する命令，公害健康被害補償予防協会の基金に対する拠出金の拠出事業者，拠出金の額の算定方法及び拠出手続，公害医療機関の療養に関する規程，公害医療機関の療養に関する規程第十三条の規定に基づく診療を担当する医師の使用する医薬品〔ほか〕

公害健康被害補償・予防関係法令集　平成12年版　環境庁公害健康被害補償制度研究会編　中央法規出版　2000.9　973p　21cm　3600円　①4-8058-4284-9　Ⓝ519.12

〖目次〗公害健康被害の補償等に関する法律，公害健康被害の補償等に関する法律施行令，公害健康被害の補償等に関する法律施行規則，公害医療機関の診療報酬の請求に関する総理府令，公害健康被害補償予防協会の業務方法書に記載すべき事項を定める命令，公害健康被害補償予防協会の財務及び会計に関する命令，公害健康被害補償予防協会の基金に対する拠出金の拠出事業者，拠出金の額の算定方法及び拠出手続，公害医療機関の療養に関する規程，公害医療機関の療養に関する規程第十三条の規定に基づく診療を担当する医師の使用する医薬品〔ほか〕

〖内容〗公害健康被害補償・予防関係の法令集。公害健康被害の補償等に関する法律などを分類収録する。別に資料として，公害健康被害の補償等に関する法律の否認定者数等，補償給付額の推移，汚染負荷料賦課金賦課料率の推移，水俣病対策についての閣議了解の資料などを収録する。

＜年鑑・白書＞

公害紛争処理白書　我が国の公害紛争処理・土地利用調整の現況　平成2年版　公害等調整委員会編　大蔵省印刷局　1990.7　224p　21cm　1240円　①4-17-192165-1

〖目次〗第1編　公害紛争処理法に基づく事務の処理(公害紛争処理制度の概要，公害紛争及び公害苦情の処理の概況，公害等調整委員会における公害紛争の処理，都道府県公害審査会等における公害紛争の処理，地方公共団体における公害苦情の処理，地方公共団体に対する指導等)，第2編　鉱業等に係る土地利用の調整手続等に関する法律等に基づく事務の処理(土地利用調整制度の概要，鉱区禁止地域の指定，行政処分に対する不服の裁定，土地収用法に基づく不服申し立てに関する意見の申出等)

公害紛争処理白書　平成3年版　公害等調整委員会編　大蔵省印刷局　1991.7　226p　21cm　1240円　①4-17-192166-X

〖目次〗第1編　公害紛争処理法に基づく事務の処理(公害紛争処理制度の概要，公害等調整委員会における公害紛争の処理，都道府県公害審査会等における公害紛争の処理，地方公共団体における公害苦情の処理，地方公共団体に対する指導等)，第2編　鉱業等に係る土地利用の調整手続等に関する法律等に基づく事務の処理(土地利用調整制度の概要，鉱区禁止地域の指定，行政処分に対する不服の裁定，土地収用法に基づく不服申し立てに関する意見の申出等)，付録(平成2年度に都道府県公害審査会等に係属した公害紛争事件一覧，鉱区禁止地域指定一覧)

公害紛争処理白書　我が国の公害紛争処理・土地利用調整の現況　平成4年版　公害等調整委員会編　大蔵省印刷局　1992.7　252p　21cm　1450円　①4-17-192167-8

〖目次〗第1編　公害紛争処理法に基づく事務の処理(公害紛争処理制度の概要，公害等調整委員会における公害紛争の処理，都道府県公害審査会等における公害紛争の処理，地方公共団体における公害苦情の処理，地方公共団体に対する指導等)，第2編　鉱業等に係る土地利用の調整手続等に関する法律等に基づく事務の処理(鉱

公害

業等に係る土地利用調整制度の概要,鉱区禁止地域の指定,行政処分に対する不服の裁定,土地収用法に基づく不服申立てに関する意見の申出等)

公害紛争処理白書 我が国の公害紛争処理・土地利用調整の現況 平成5年版
公害等調整委員会編 大蔵省印刷局 1993.8
322p 21cm 1600円 ①4-17-192168-6

(目次)第1編 公害紛争処理法に基づく事務の処理(公害紛争処理制度の概要,公害等調整委員会における公害紛争の処理,都道府県公害審査会等における公害紛争の処理,地方公共団体における公害苦情の処理,地方公共団体に対する指導等),第2編 鉱業等に係る土地利用の調整手続等に関する法律等に基づく事務の処理(鉱業等に係る土地利用調整制度の概要,鉱区禁止地域の指定,行政処分に対する不服の裁定,土地収用法に基づく不服申立てに関する意見の申出等)

公害紛争処理白書 平成6年版 我が国の公害紛争処理・土地利用調整の現況
公害等調整委員会編 大蔵省印刷局 1994.8
270p 21cm 1500円 ①4-17-192169-4

(目次)第1編 公害紛争処理法に基づく事務の処理(公害紛争処理制度の概要,公害等調整委員会における公害紛争の処理,都道府県公害審査会等における公害紛争の処理,地方公共団体における公害苦情の処理,地方公共団体に対する指導等),第2編 鉱業等に係る土地利用の調整手続等に関する法律等に基づく事務の処理(鉱業等に係る土地利用調整制度の概要,鉱区禁止地域の指定,行政処分に対する不服の裁定,土地収用法に基づく不服申立てに関する意見の申出等)

公害紛争処理白書 我が国の公害紛争処理・土地利用調整の現況 平成7年版
公害等調整委員会編 大蔵省印刷局 1995.7
260p 21cm 1500円 ①4-17-192170-8

(目次)第1編 公害紛争処理法に基づく事務の処理(公害紛争処理制度の概要,公害等調整委員会における公害紛争の処理,都道府県公害審査会等における公害紛争の処理,地方公共団体における公害苦情の処理,地方公共団体に対する指導等),第2編 鉱業等に係る土地利用の調整手続等に関する法律等に基づく事務の処理

公害紛争処理白書 我が国の公害紛争処理・土地利用調整の現況 平成8年版
公害等調整委員会編 大蔵省印刷局 1996.7
228p 21cm 1500円 ①4-17-192171-6

(目次)第1編 公害紛争処理法に基づく事務の処理(公害紛争処理制度の概要,公害等調整委員会における公害紛争の処理,都道府県公害審査

会等における公害紛争の処理,地方公共団体における公害苦情の処理,地方公共団体に対する指導等),第2編 鉱業等に係る土地利用の調整手続等に関する法律等に基づく事務の処理(鉱業等に係る土地利用調整制度の概要,鉱区禁止地域の指定,行政処分に対する不服の裁定,土地収用法に基づく不服申立てに関する意見の申出等)

公害紛争処理白書 平成10年版 我が国の公害紛争処理・土地利用調整の現況
公害等調整委員会編 大蔵省印刷局 1998.8
293p 21cm 1440円 ①4-17-192173-2

(目次)第1編 公害紛争処理法に基づく事務の処理(公害紛争処理制度の概要,公害等調整委員会における公害紛争の処理,都道府県公害審査会等における公害紛争の処理,地方公共団体における公害苦情の処理,地方公共団体に対する指導等),第2編 鉱業等に係る土地利用の調整手続等に関する法律等に基づく事務の処理(鉱業等に係る土地利用調整制度の概要,鉱区禁止地域の指定,行政処分に対する不服の裁定,土地収用法に基づく不服申立てに関する意見の申出等)

(内容)公害等調整委員会設置法(昭和47年法律第52号)第17条の規定に基づき、公害等調整委員会の平成9年度の所掌事務の処理状況について報告するもの。

公害紛争処理白書 我が国の公害紛争処理・土地利用調整の現況 平成11年版
公害等調整委員会編 大蔵省印刷局 1999.8
359p 21cm 1500円 ①4-17-192174-0

(目次)第1編 公害紛争処理法に基づく事務の処理(公害紛争処理制度の概要,公害等調整委員会における公害紛争の処理,都道府県公害審査会等における公害紛争の処理,地方公共団体における公害苦情の処理,地方公共団体に対する指導等),第2編 鉱業等に係る土地利用の調整手続等に関する法律等に基づく事務の処理(鉱業等に係る土地利用調整制度の概要,鉱区禁止地域の指定,行政処分に対する不服の裁定,土地収用法に基づく不服申立てに関する意見の申出等)

公害紛争処理白書 我が国の公害紛争処理・土地利用調整の現況 平成12年版
公害等調整委員会編 大蔵省印刷局 2000.8
353p 21cm 1500円 ①4-17-192175-9
Ⓝ519.1

(目次)第1編 公害紛争処理法に基づく事務の処理(公害紛争処理制度の30年,公害等調整委員会における公害紛争の処理,都道府県公害審査会等における公害紛争の処理,地方公共団体における公害苦情の処理,地方公共団体に対する指導等),第2編 鉱業等に係る土地利用の調整

手続等に関する法律等に基づく事務の処理(鉱業等に係る土地利用調整制度の概要,鉱区禁止地域の指定,行政処分に対する不服の裁定,土地収用法に基づく不服申立てに関する意見の申出等)

(内容)公害等調整委員会の所掌事務の処理状況をまとめた白書。公害紛争処理法に基づく事務の処理、鉱業等に係る土地利用の調整手続等に関する法律等に基づく事務の処理の2編で構成し、平成11年度における公害紛争処理、土地利用調整の現況を記述する。巻末に付録として公害等調整委員会に係属した公害紛争事件一覧、平成11年度に都道府県公害審査解凍に係属した公害紛争事件一覧、鉱区禁止地域指定一覧、公害等調整委員会に係属した行政処分に対する不服の裁定事件一覧、年表を収録する。

公害紛争処理白書 我が国の公害紛争処理・土地利用調整の現況 平成13年版
公害等調整委員会編 財務省印刷局 2001.8 319p 21cm 1500円 ①4-17-192176-7 Ⓝ519.1

(目次)第1編 公害紛争処理法に基づく事務の処理(公害紛争処理制度の概要,豊島産業廃棄物水質汚濁被害等停申請事件,公害等調整委員会における公害紛争の処理,都道府県公害審査会等における公害紛争の処理,地方公共団体における公害苦情の処理,地方公共団体に対する指導等), 第2編 鉱業等に係る土地利用の調整手続等に関する法律等に基づく事務の処理(鉱業等に係る土地利用調整制度の概要,鉱区禁止地域の指定,行政処分に対する不服の裁定,土地収用法に基づく不服申立てに関する意見の申出等)

(内容)公害等調整委員会の所掌事務の処理状況をまとめた白書。主に平成12年度における公害紛争処理、土地利用調整の現況に関して記述する。巻末付録には公害等調整委員会に係属した公害紛争事件一覧、平成12年度に都道府県公害審査会等に係属した公害紛争事件一覧、鉱区禁止地域指定一覧、公害等調整委員会に係属した行政処分に対する不服の裁定事件一覧を付す。

公害紛争処理白書 我が国の公害紛争処理・土地利用調整の現況 平成15年版
公害等調整委員会編 国立印刷局 2003.8 359p 21cm 1500円 ①4-17-192178-3

(目次)第1編 公害紛争処理法に基づく事務の処理(公害紛争処理制度の概要,公害等調整委員会における公害紛争の処理,都道府県公害審査会等における公害紛争の処理,地方公共団体における公害苦情の処理,地方公共団体に対する指導等), 第2編 鉱業等に係る土地利用の調整手続等に関する法律等に基づく事務の処理(鉱業等に係る土地利用調整制度の概要,鉱区禁止地域の指定,行政処分に対する不服の裁定,土地収用法に基づく不服申立てに関する意見の申出等)

公害紛争処理白書 平成16年版
公害等調整委員会編 国立印刷局 2004.8 210p 30cm 1500円 ①4-17-192179-1

(目次)第1編 公害紛争処理法に基づく事務の処理(公害紛争処理制度の概要,公害等調整委員会における公害紛争の処理,都道府県公害審査会等における公害紛争の処理,地方公共団体における公害苦情の処理,地方公共団体に対する指導等), 第2編 鉱業等に係る土地利用の調整手続等に関する法律等に基づく事務の処理(鉱業等に係る土地利用調整制度の概要,鉱区禁止地域の指定,行政処分に対する不服の裁定,土地収用法に基づく不服申立てに関する意見の申出等)

公害紛争処理白書 平成17年版 我が国の公害紛争処理・土地利用調整の現況
公害等調整委員会編 国立印刷局 2005.8 195p 30cm 1700円 ①4-17-192180-5

(目次)第1編 公害等調整委員会における事務の概況(公害等調整委員会の設置とその任務,平成16年度に終結した主な事件,係属中の主な事件 ほか), 第2編 公害紛争処理法に基づく事務の処理(公害紛争処理制度の概要,公害等調整委員会における公害紛争の処理,都道府県公害審査会等における公害紛争の処理 ほか), 第3編 鉱業等に係る土地利用の調整手続等に関する法律等に基づく事務の処理(鉱業等に係る土地利用調整制度の概要,鉱区禁止地域の指定,行政処分に対する不服の裁定 ほか)

公害紛争処理白書 平成18年版
公害等調整委員会編 国立印刷局 2006.8 366p 30cm 1800円 ①4-17-192181-3

(目次)第1編 公害等調整委員会における事務の概況(公害等調整委員会の設置とその任務,平成17年度に終結した主な事件,係属中の主な事件,事件終結後のフォローアップ,都道府県公害審査会等との連携), 第2編 公害紛争処理法に基づく事務の処理(公害紛争処理制度の概要,公害等調整委員会における公害紛争の処理,都道府県公害審査会等における公害紛争の処理,地方公共団体における公害苦情の処理,地方公共団体に対する指導等), 第3編 鉱業等に係る土地利用の調製手続等に関する法律等に基づく事務の処理(鉱業等に係る土地利用調整制度の概要,鉱区禁止地域の指定,行政処分に対する不服の裁定,土地収用法に基づく不服申立てに関する意見の申出等),付録

公害紛争処理白書 平成19年版
公害等調整委員会編 国立印刷局 2007.8 296p 30cm 1658円 ①978-4-17-192182-1

(目次)第1編 公害等調整委員会における事務の概況(公害等調整委員会の設置とその任務,平成18年度に終結した主な事件,係属中の主な事件,都道府県公害審査会等との連携,広報活動への取組),第2編 公害紛争処理法に基づく事務の処理(公害紛争処理制度の概要,公害等調整委員会における公害紛争の処理,都道府県公害審査会等における公害紛争の処理,地方公共団体における公害苦情の処理,地方公共団体に対する指導等),第3編 鉱業等に係る土地利用の調整手続等に基づく事務の処理(鉱業等に係る土地利用調整制度の概要,鉱区禁止地域の指定,行政処分に対する不服の裁定,土地収用法に基づく不服申立てに関する意見の申出等)

公害紛争処理白書 平成20年版 公害等調整委員会編 (長野)蔦友印刷 2008.8 234p 30cm 1657円 ⓘ978-4-904225-03-5 Ⓝ519

(目次)第1編 公害等調整委員会における事務の概況(公害等調整委員会の設置とその任務,平成19年度の公害紛争等の処理状況 ほか),第2編 公害紛争処理法に基づく事務の処理(公害紛争処理制度の概要,公害等調整委員会における公害紛争の処理 ほか),第3編 鉱業等に係る土地利用の調整手続等に関する法律等に基づく事務の処理(鉱業等に係る土地利用調整制度の概要,鉱区禁止地域の指定 ほか),付録(公害等調整委員会に係属した公害紛争事件一覧,平成19年度に都道府県公害審査会等に係属した公害紛争事件一覧 ほか)

公害紛争処理白書 平成21年版 公害等調整委員会編 (長野)蔦友印刷 2009.8 183p 30cm 1657円 ⓘ978-4-904225-07-3 Ⓝ519

(目次)第1編 公害等調整委員会における事務の概況(公害紛争等の処理状況,公害紛争処理制度の利用の促進のための取組),第2編 公害紛争処理法に基づく事務の処理(公害紛争処理制度の概要,公害等調整委員会における公害紛争の処理 ほか),第3編 鉱業等に係る土地利用の調整手続等に関する法律等に基づく事務の処理(鉱業等に係る土地利用調整制度の概要,鉱区禁止地域の指定 ほか),付録(公害等調整委員会に係属した公害紛争事件一覧,平成20年度に都道府県公害審査会等に係属した公害紛争事件一覧 ほか)

公害紛争処理白書 平成22年版 公害等調整委員会編 (長野)蔦友印刷 2010.6 166p 30cm 1657円 ⓘ978-4-904225-08-0 Ⓝ519

(目次)第1章 公害紛争等の処理状況(平成21年度の公害紛争の処理状況,平成21年度の土地利用の調整の処理状況,公害紛争の近年の特徴及び課題),第2章 公害紛争処理制度の利用の促進等のための取組(平成21年度の主な取組,都道府県公害審査会等との連携)

公害紛争処理白書のあらまし 平成7年版 大蔵省印刷局 1995.10 51p 17cm (白書のあらまし 14) 320円 ⓘ4-17-351914-1

(目次)公害紛争処理法に基づく事務の処理概要,鉱業等に係る土地利用の調整手続等に関する法律等に基づく事務の処理概要

公害紛争処理白書のあらまし 平成10年版 公害紛争等の現状と処理 大蔵省印刷局編 大蔵省印刷局 1999.11 52p 18cm (白書のあらまし 14) 320円 ⓘ4-17-352314-9

(目次)公害紛争処理法に基づく事務の処理概要,鉱業等に係る土地利用の調整手続等に関する法律等に基づく事務の処理概要

<統計集>

全国の公害苦情の実態 平成13年版 公害苦情調査結果報告書 公害等調整委員会事務局編 財務省印刷局 2001.12 179p 30cm 1200円 ⓘ4-17-238013-1 Ⓝ519.1

(目次)1 全国の公害苦情の現況(公害苦情の受付状況,公害苦情の処理状況,公害苦情処理事務担当の職員数),2 統計表(公害の種類別苦情件数の推移,複合型・単独型公害の種類別延べ苦情件数,公害の発生源別苦情件数の推移,公害の種類,発生源別苦情件数(対前年度比較),公害の種類,被害の発生地域別苦情件数 ほか)

◆公害(規格)

<ハンドブック>

JISハンドブック 10 公害関係 1990 日本規格協会編 日本規格協会 1990.4 1358p 21cm 6400円 ⓘ4-542-12100-3

(目次)用語,分析通則,標準物質,サンプリング,大気関係,水質関係,騒音・振動関係

(内容)原則として平成2年3月までに制定・改正された公害関係のJISを収録。

JISハンドブック 10 公害関係 1991 日本規格協会編 日本規格協会 1991.4 1381p 21cm 6700円 ⓘ4-542-12610-2

(目次)用語,分析通則,標準物質,サンプリング,大気関係,水質関係,騒音・振動関係

(内容)JISは、適正な内容を維持するために、5年ごとに見直しが行われ、改正、確認又は廃止の手続きがとられている。本書は、原則として平成3年2月までに制定・改正されたJISを収録し

ている。

◆悪臭

<ハンドブック>

悪臭防止法 ハンドブック 5訂版 におい・かおり環境協会編 ぎょうせい 2010.8 391, 22p 21cm 〈年表あり〉 4500円
①978-4-324-09108-1 Ⓝ519.75
[目次]第1章 総説—悪臭防止法の制定及びその後の経緯(悪臭規制の背景、悪臭公害研究会の報告、機器分析法の採用 ほか)、第2章 逐条解説(第1章「総則」、第2章「規制」、第3章「悪臭防止対策の推進」ほか)、第3章 資料(法令、通知、その他)

ハンドブック 悪臭防止法 三訂版 悪臭法令研究会編 ぎょうせい 1999.6 480p 21cm 4500円 ①4-324-05897-0
[目次]第1章 総説—悪臭防止法の制定及びその後の経緯(悪臭規制の背景、悪臭公害研究会の報告、機器分析法の採用、悪臭防止法案の国会提出、悪臭防止法の施行、施行後の動き、悪臭防止法の改正)、第2章 逐条解説(総則—第一条・第二条、規制—第三条〜第十一条、悪臭防止対策の推進—第十二条〜第十七条、雑則—第十八条〜第二十二条、罰則—第二十三条〜第二十五条)、第3章 「におい」について(嗅覚とは、ヒトの嗅覚系、嗅覚理論、においの分類、嗅覚の特性、においの生理的機能に及ぼす影響)、第4章 資料(法令、通知)

◆騒音

<事 典>

騒音・振動防止機器活用事典 新環境管理設備事典編集委員会編 産業調査会 事典出版センター、産調出版〔発売〕 1995.3 318p 26cm 3900円 ①4-88282-132-X
[目次]第1編 騒音防止概論、第2編 騒音防止対策、第3編 吸音・遮音材料、第4編 消音・吸音装置、第5編 騒音の測定・分析、第6編 振動防止の概要、第7編 防振・免振材料、第8編 振動防止装置、第9編 振動の測定・分析、第10編 資料編

騒音・振動防止技術と装置事典 産業調査会事典出版センター、産調出版〔発売〕 2003.4 275p 26cm 3300円 ①4-88282-326-8
[目次]概論 騒音公害の現状と問題点、第1章 騒音防止対策、第2章 防音・振動材料、第3章 消音・吸音装置、第4章 騒音の測定・分析、第5章 振動防止の概要、第6章 防振・免振材料、第7章 振動防止装置、第8章 振動の測定・分析
[内容]騒音防止のための研究、開発及び技術の動向は、基本的な防止対策を継続的に利用・活用しながら汎用的に展開をしてきている。新たな材料の出現で利用され始めている騒音・振動防止の技術や装置について、概要や分析で解説。

騒音用語事典 日本騒音制御工学会編 技報堂出版 2010.4 279p 21cm 〈他言語標題：Noise Control Engineering 索引あり〉 4500円 ①978-4-7655-3443-7 Ⓝ519.6
[目次]音質評価、騒音、音の大きさ(ラウドネス)、最小可聴値、マスキング、音響診断、明瞭度、道路交通騒音、遮音壁、環境基準〔ほか〕
[内容]騒音制御にかかわる基本的な事項について、応用例なども含めて解説的に記述した用語事典。

<ハンドブック>

新・公害防止の技術と法規 2006 騒音・振動編 公害防止の技術と法規編集委員会編 産業環境管理協会、丸善〔発売〕 2006.1 618p 26cm 5000円 ①4-86240-002-7
[目次]技術編(公害総論、騒音概論、振動概論、騒音特論、振動特論、資料編(JIS関係))、法規編(環境基本法体系、騒音規制法体系、振動規制法体系、特定工場における公害防止組織の整備に関する法律体系)
[内容]新試験・講習科目に沿った全面改訂版。新国家試験科目の範囲案掲載／法規編で科目別合格制度導入等の改正要点を解説。公害防止管理者等資格認定講習・国家試験受験のための必携書。

新・公害防止の技術と法規 公害防止管理者等資格認定講習用 2008 騒音・振動編 公害防止の技術と法規編集委員会編 産業環境管理協会、丸善〔発売〕 2008.1 625p 26cm 5000円 ①978-4-86240-033-8
[目次]技術編(公害総論、騒音概論、振動概論、騒音特論、振動特論、資料編(JIS関係))、法規編(環境基本法体系、騒音規制法体系、振動規制法体系、特定工場における公害防止組織の整備に関する法律体系)
[内容]2006年度から試験・講習科目が変わりました！新試験・講習科目に沿った全面改訂版。新国家試験科目の範囲案掲載。法規編で科目別合格制度導入等の改正要点を解説。公害防止管理者資格認定講習・国家試験受験のための必携書。

新・公害防止の技術と法規 公害防止管理者等資格認定講習用 2009 騒音・振動編 公害防止の技術と法規編集委員会編 産業環境管理協会、丸善出版事業部〔発売〕 2009.1 635p 26cm 〈索引あり〉 5000円 ①978-4-86240-043-7 Ⓝ519

⦅目次⦆技術編（公害総論，騒音概論，振動概論，騒音特論，振動持論，資料編（JIS関係）），法規編（環境基本法体系，騒音規制法体系，振動規制法体系，特定工場における公害防止組織の整備に関する法律体系）
⦅内容⦆2006年度から試験・講習科目が変わりました！新試験・講習科目に沿った全面改訂版。新国家試験科目の範囲案掲載／法規編で科目別合格制度導入等の改正要点を解説。公害防止管理者等資格認定講習・国家試験受験のための必携書。

新・公害防止の技術と法規　2010　騒音・振動編　公害防止の技術と法規編集委員会編　産業環境管理協会，丸善〔発売〕　2010.1　642p　26cm　5000円　Ⓘ978-4-86240-058-1
⦅目次⦆技術編（公害総論，騒音概論，振動概論，騒音特論，振動特論，資料編（JIS関係）），法規編（環境基本法体系，騒音規制法体系，振動規制法体系）
⦅内容⦆2006年度新試験・講習科目に沿った全面改訂版。新国家試験科目の範囲案掲載／法規編で科目別合格制度導入等の改正要点を解説。公害防止管理者等資格認定講習・国家試験受験のための必携書。

騒音制御工学ハンドブック　日本騒音制御工学会編　技報堂出版　2001.4　2冊（セット）　26cm　40000円　Ⓘ4-7655-2009-9　ⓃⅠ519.6
⦅目次⦆基礎編（音響の基礎理論，音響発生源，音の伝搬　ほか），応用編（工場・事業場，建設作業，交通騒動・振動の環境対策　ほか），資料編（基礎物性・伝搬特性，各種材料・構造の音響・振動特性，発生源別騒音・振動事例　ほか）
⦅内容⦆騒音・振動環境問題に対応する騒音制御工学のハンドブック。基礎編，応用編，資料編の3部で構成。基礎編で基礎的内容，用語定義，共通事項，先端技術・理論などを網羅し，応用編は，音源別に対象を分類し，音源，伝搬，受音，評価，さらに防止・対策への流れに沿って具体的に解説する。資料編は，設置・届出・変更許可などの行政指導事務や暫定基準についての情報・資料を掲載。

<法令集>

航空機騒音防止関係法令集　平成16年版　国土交通省航空局飛行場部環境整備課監修　ぎょうせい　2004.7　333p　21cm　〈付属資料：概要図〉　4762円　Ⓘ4-324-07400-3
⦅目次⦆1 公共用飛行場周辺における航空機騒音による障害の防止等に関する法律関係，2 特定空港周辺航空機騒音対策特別措置法関係，3 航空法関係，4 防衛施設周辺の生活環境の整備等に関する法律関係，5 航空機燃料譲与税法関係，6 空港整備法関係，7 環境基本法関係，8 土壌汚染対策法関係，9 補助金等に係る予算の執行の適正化に関する法律関係，10 国有財産法関係，11 その他

農林水産

<ハンドブック>

解説　2005年農林業センサス　農林水産省大臣官房統計部編　農林統計協会　2007.5　151p　30×21cm　1500円　Ⓘ978-4-541-03496-0
⦅目次⦆1 地図でみる日本農林業の姿（農家の分布，農家数の変化，農家人口の変化，農業就業人口・基幹的農業従事者数の減少，農作業受託面先の変化，規模拡大の状況，担い手の動向，耕作放棄地の増加，法人経営体の状況，経営の多角化と環境保全型農業の取り組み，地域資源活用施設の状況），2 解説・2005年農林業センサス（日本の農林業構造とセンサス体系，日本農林業の概要，農政の課題と農林業センサス，日本の農山村），3 2005年農林業センサス改定点のポイント（農林業センサスとは，2005年農林業センサスの変更点），4 2005年農林業センサス利用ガイド（農林業センサスによる地域農業分析の手法，2005年農林業センサス報告書一覧），5 用語解説
⦅内容⦆2005年農林業センサスの結果を広く理解するためできる限り統計データの図表化を行い，地図分析等も加えてた解説書。

農林水産省統合交付金要綱要領集　農林水産省統合交付金要綱要領集編集委員会編　大成出版社　2005.6　1086p　21cm　4700円　Ⓘ4-8028-1296-5
⦅目次⦆1 食の安全・安心確保交付金，2 強い農業づくり交付金，3 元気な地域づくり交付金，4 バイオマスの環づくり交付金，5 森林づくり交付金，6 強い林業・木材産業づくり交付金，7 強い水産業づくり交付金

農林水産省統合交付金要綱要領集　平成18年度版　農林水産省統合交付金要綱要領集編集委員会編　大成出版社　2006.8　985p　21cm　4700円　Ⓘ4-8028-0540-3
⦅目次⦆1 食の安全・安心確保交付金，2 強い農業づくり交付金，3 元気な地域づくり交付金，4 バイオマスの環づくり交付金，5 森林づくり交付金，6 強い林業・木材産業づくり交付金，7 強い水産業づくり交付金

農林水産省統合交付金要綱要領集　平成19年度版　農林水産省統合交付金要綱要領集編集委員会編　大成出版社　2007.9　1091p　21cm　4700円　Ⓘ978-4-8028-0563-6

(目次)1 食の安全・安心確保交付金，2 強い農業づくり交付金，3 農山漁村活性化プロジェクト支援交付金，4 地域バイオマス利活用交付金，5 森林づくり交付金，6 強い林業・木材産業づくり交付金，7 強い水産業づくり交付金

農林水産省統合交付金要綱要領集　平成20年度版　農林水産省統合交付金要綱要領集編集委員会編　大成出版社　2008.6　1292p　21cm　5400円　Ⓘ978-4-8028-0575-9　Ⓝ611.18

(目次)1 食の安全・安心確保交付金，2 強い農業づくり交付金，3 農山漁村活性化プロジェクト支援交付金，4 地域バイオマス利活用交付金，5 森林・林業・木材産業づくり交付金，6 強い水産業づくり交付金

農林水産省統合交付金要綱要領集　平成21年度版　農林水産省統合交付金要綱要領集編集委員会編　大成出版社　2009.9　1546p　21cm　6800円　Ⓘ978-4-8028-2916-8　Ⓝ611.18

(目次)1 食の安全・安心確保交付金，2 強い農業づくり交付金，3 農山漁村活性化プロジェクト支援交付金，4 地域バイオマス利活用交付金，5 森林・林業・木材産業づくり交付金，6 強い水産業づくり交付金

農林水産省統合交付金要綱要領集　平成22年度版　農林水産省統合交付金要綱要領集編集委員会編　大成出版社　2010.8　1259p　21cm　6800円　Ⓘ978-4-8028-2959-5　Ⓝ611.18

(目次)1 消費・安全対策交付金，2 強い農業づくり交付金，3 経営体育成交付金，4 農山漁村活性化プロジェクト支援交付金，5 バイオマス利用対策交付金，6 森林・林業・木材産業づくり交付金，7 水産関係地方公共団体交付金

<法令集>

農林水産六法　平成6年版　農林水産省監修　学陽書房　1994.3　1353p　21cm　6000円　Ⓘ4-313-00869-1

(目次)通則編，経済編，構造改善編，農蚕園芸編，畜産編，食品流通編，技術編，食糧管理編，林野編，水産編，諸法編

(内容)農林水産行政に関連する法令を分類収録した実務法令集。内容現在は平成5年10月20日，全収録法令289件。「平成5年に成立した農林水産関係法律のあらまし」等を新たに加えている。

農林水産六法　平成7年版　農林水産省監修　学陽書房　1995.2　1385p　22×17cm　6000円　Ⓘ4-313-00870-5

(目次)通則編，経済編，構造改善編，農蚕園芸編，畜産編，食品流通編，技術編，食糧管理編，林野編，水産編，諸法編

(内容)農林水産行政に関連する法令を分類収録した実務法令集。平成6年10月1日現在の法令・命令等294件を収録。うち基本法令6件には参照条文を付す。また巻末資料として農林水産省組織図，別冊として第131国会で成立した新食糧法，ガット・ウルグアイ・ラウンド関係法律の改正等を収める。

農林水産六法　平成9年版　農林水産省監修　学陽書房　1997.2　1723p　21cm　6100円　Ⓘ4-313-00872-1

(目次)通則編，経済編，構造改善編，農産園芸編，畜産編，食品流通編，技術編，食糧編，林野編，水産編，諸法編

(内容)農林水産関係の法律を，通則・経済・構造改善・農産園芸・畜産・食品流通・技術・食糧・林野・水産・諸法の11編に分類収録。収録法令は，基幹的な重要法令のほか，関係法令，命令等312件。内容は，原則として平成8年10月25日現在。

農林水産六法　平成10年版　農林水産省監修　学陽書房　1997.12　1719p　21cm　6200円　Ⓘ4-313-00873-X

(目次)通則編，経済編，構造改善編，農産園芸編，畜産編，食品流通編，技術編，食糧編，林野編，水産編，諸法編

(内容)平成9年10月1日現在の重要法令，関係法令，命令等313件を11編に分類し収録。巻末に農林水産省組織図が付く。

農林水産六法　平成11年版　農林水産省監修　学陽書房　1999.1　1525p　21cm　6500円　Ⓘ4-313-00874-8

(目次)通則編，経済編，構造改善編，農産園芸編，畜産編，食品流通編，技術編，食糖編，林野編，水産編，諸法編

(内容)農林水産行政に関連する法令を分類収録した実務法令集。平成10年11月1日現在の法令・命令等315件を11編に分類し収録。法令名索引付き。

農林水産六法　平成12年版　農林水産省監修　学陽書房　2000.3　1549p　21cm　6667円　Ⓘ4-313-00875-6　Ⓝ611.12

(目次)通則編，経済編，構造改善編，農産園芸編，畜産編，食品流通編，技術編，食糧編，林野編，水産編，諸法編

(内容)農林水産業に関する法令集。内容は平成11年12月22日現在で，全319件の法令を収録。食料・農業・農業基本法など基幹的な重要法令のほか，平成12年版では，持続性の高い農業生産方式の導入の促進に関する法律等を新たに収録する。法令の部門にしたがって11編に分類して

掲載。巻末に農林水産省組織図がある。法令名の総目次の他に法律目次、法令名索引を付す。

農林水産六法　平成13年版　農林水産省監修　学陽書房　2001.4　1581p　22cm　〈索引あり〉　6857円　Ⓘ4-313-00876-4　Ⓝ611.12

(目次)通則編，経済編，構造改善編，農産園芸編，畜産編，食品流通編，技術編，食糧編，林野編，水産編，諸法編

(内容)農林水産業に関する法令集。内容は平成12年12月現在。食料・農業・農業基本法など基幹的な重要法令のほか、平成13年版では、食品循環資源の再生利用等の促進に関する法律など8件を新たに収録、農地法の一部を改正する法律など改正法令245件を反映し、全314件を収録する。法令の部門にしたがって11編に分類して掲載。巻末に農林水産省組織図がある。法令名の総目次の他に法律目次、法令名索引を付す。

農林水産六法　平成14年版　農林水産省監修　学陽書房　2002.2　1565p　21cm　7200円　Ⓘ4-313-00877-2　Ⓝ611.12

(目次)通則編，総合食料編，生産編，経営編，農村振興編，技術編，食糧編，林野編，水産編，諸法編

(内容)農林水産業分野の総合法令集。平成14年版では、水産基本法等9件を新収録。林業基本法、農業者年金基金法、土地改良法等の改正法令121件も網羅的に収録。内容は平成13年11月26日。法令名索引あり。

農林水産六法　平成15年版　農林水産省監修　学陽書房　2003.2　1565p　21cm　7800円　Ⓘ4-313-00878-0

(目次)通則編，総合食料編，生産編，経営編，農村振興編，技術編，食糧編，林野編，水産編，諸法編

(内容)「牛海綿状脳症対策特別措置法」等、9件を新収録。「農林物資適正化法」「農薬取締法」「農業近代化資金助成法」の一部の改正する法律等、改正法令133件を網羅。最新の改正を網羅した農業総合法令集の決定版。

農林水産六法　平成16年版　農林水産省監修　学陽書房　2004.2　1590p　21cm　7800円　Ⓘ4-313-00879-9

(目次)通則編，総合食料編，消費・安全編，生産編，経営編，農村振興編，技術編，林野編，水産編，諸法編

(内容)最新の改正を網羅した農業総合法令集の決定版。新たに消費・安全編を設け、「食品安全基本法」等、特に食品の安全に関わる法令を一層充実させた。「牛の個体識別のための情報の管理及び伝達に関する特別措置法」等、23件を新収録。平成15年12月3日の内容。全収録法令は312件。改正法令は146件。

農林水産六法　平成17年版　農林水産省監修　学陽書房　2005.1　1630p　21cm　7800円　Ⓘ4-313-00880-2

(目次)通則編，総合食料編，消費・安全編，生産編，経営編，農村振興編，技術編，林野編，水産編，諸法編

農林水産六法　平成18年版　農林水産省監修　学陽書房　2006.1　1596p　21cm　8000円　Ⓘ4-313-00881-0

(目次)通則編，総合食料編，消費・安全編，生産編，経営編，農村振興編，技術編，林野編，水産編，諸法編

(内容)本書は、国、地方公共団体等において農業行政を担当される方々と、農業委員会、協同組合等において農政を推進される方々のために、常に携帯し、日常の事務処理に簡便に役立てられるように、また農業を専攻される生徒・学生諸君にとって必要な法令を網らして勉学に役立てられるように編集した。収録法令は、常時必要とされる基幹的な重要法令のほか、関係法令、命令等三〇〇件を吟味選択した。内容は、原則として平成十七年十一月一日現在をもって収録した。

農林水産六法　平成19年版　農林水産省監修　学陽書房　2007.1　1708p　21cm　8600円　Ⓘ978-4-313-00882-3

(目次)通則編，総合食料編，消費・安全編，生産編，経営編，農村振興編，技術編，林野編，水産編，諸法編

(内容)本書は、国、地方公共団体等において農業行政を担当される方々と、農業委員会、協同組合等において農政を推進される方々のために、常に携帯し、日常の事務処理に簡便に役立てられるように、また農業を専攻される学生・生徒諸君にとって必要な法令を網らして勉学に役立てられるように編集した。収録法令は、常時必要とされる基幹的な重要法令のほか、関係法令、命令等二九六件を吟味選択した。内容は、原則として平成十八年十一月一日現在をもって収録した。

農林水産六法　平成20年版　農林水産省監修　学陽書房　2008.2　1758p　22cm　9500円　Ⓘ978-4-313-00883-0　Ⓝ611.12

(目次)通則編，総合食料編，消費・安全編，生産編，経営編，農村振興編，技術編，林野編，水産編，諸法編

(内容)収録法令は、基幹的な重要法令のほか、関係法令、命令等二九七件を吟味選択。内容は、原則として平成十九年十一月一日現在をもって収録。

農林水産六法 平成21年版 農林水産法令研究会編 学陽書房 2009.2 1688p 22cm 〈索引あり〉 9500円 ①978-4-313-00884-7 Ⓝ611.12
(目次)通則編,総合食料編,消費・安全編,生産編,経営編,農村振興編,技術編,林野編,水産編,環境編,諸法編
(内容)常時必要とされる基幹的な重要法令のほか,関係法令,命令等二九三件を吟味選択して収載。本年版においては,「中小企業者と農林漁業者との連携による事業活動の促進に関する法律」,「農林漁業有機物資源のバイオ燃料の原材料としての利用の促進に関する法律」など農林水産関連諸法令を最新の時点ですべて網羅した。

農林水産六法 平成22年版 農林水産法令研究会編 学陽書房 2010.2 1784p 22cm 〈索引あり〉 10000円 ①978-4-313-00885-4 Ⓝ611.12
(目次)通則編,総合食料編,消費・安全編,生産編,経営編,農村振興編,技術編,林野編,水産編,環境編,諸法編

◆農業

<ハンドブック>

農業集落排水事業ハンドブック 事業実施地区の計画概要一覧など豊富なデータ 公共投資ジャーナル社編集部編 公共投資ジャーナル社 1993.4 213p 26cm 3800円 ①4-906286-15-1
(目次)1 農業集落排水事業の目的・効果,2 農業集落排水事業の種類,3 農業集落排水事業の推移,4 農業集落排水事業と関連法,5 財源・資金計画,6 計画策定から事業実施まで,7 処理施設の設計,8 組織,9 全国の農業集落排水事業採択地区の計画概要,10 都道府県別の人口ランキングと下排水整備状況,11 日本農業集落排水協会型の処理施設

農業集落排水事業ハンドブック 〔平成6年〕採択地区一覧,担当セクションなど豊富なデータ 公共投資ジャーナル社編集部編集 公共投資ジャーナル社 1994.12 305p 26cm 5146円 ①4-906286-20-8
(内容)農業集落排水事業の目的・種類・歴史・法規・技術・地域別計画概要などの資料を収録した実務便覧。

農業集落排水事業ハンドブック 平成13年度版 公共投資ジャーナル社集落排水編集部編 公共投資ジャーナル社 2001.12 512, 16p 26cm 6571円 ①4-906286-38-0 Ⓝ614.31
(目次)1 農業集落排水事業の解説,2 推進団体と組織・執行体制,3 全国の事業採択地区の計画概要,4 市町村別汚水処理施設整備実施状況,5 主要民間企業の概要と集排担当者

農業集落排水事業ハンドブック 平成15年度版 公共投資ジャーナル社集落排水編集部編 公共投資ジャーナル社 2003.10 330p 26cm 4571円 ①4-906286-46-1
(目次)1 農業集落排水事業の解説(事業の目的・効果と将来目標,事業の内容と種類,予算・採択実績の推移,関連法,財源・資金計画 ほか),2 推進団体と組織・執行体制(農林水産省,社団法人日本農業集落排水協会,都道府県,都道府県土地改良事業団体連合会,農業集落排水事業実施市町村),3 全国の事業採択地区の計画概要,4 市町村別汚水処理施設整備実施状況

農業集落排水事業ハンドブック 平成17年度版 公共投資ジャーナル社集落排水編集部編 公共投資ジャーナル社 2005.11 420p 26cm 4571円 ①4-906286-53-4
(目次)1 農業集落排水事業の解説(事業の目的・効果と将来目標,事業の内容と種類,予算・採択実績の推移,関連法,財源・資金計画,計画策定から事業着手まで,処理施設の設計・維持管理),2 推進団体と組織・執行体制(農林水産省,社団法人地域資源循環技術センター,都道府県,都道府県土地改良事業団体連合会,農業集落排水事業実施市町村),3 全国の事業採択地区の計画概要,4 参考資料(農業集落排水関係の平成17年度予算額,農業集落排水関係の平成17年度新規・拡充施策,農業集落排水事業の平成17年度新規事業採択地区 ほか)

農業集落排水事業ハンドブック 平成18年度版 公共投資ジャーナル社集落排水編集部編 公共投資ジャーナル社 2006.12 284p 26cm 4286円 ①4-906286-55-0
(目次)1 農業集落排水事業の解説(事業の目的・効果と将来目標,事業の内容と種類,予算・採択実績の推移 ほか),2 推進団体と組織・執行体制(農林水産省,社団法人地域資源循環技術センター,都道府県 ほか),3 全国の事業採択地区の計画概要,4 参考資料(農業集落排水関係の平成18年度予算額,農業集落排水関係の平成18年度新規・拡充施策,農業集落排水事業の平成18年度新規事業採択地区 ほか)

農業集落排水事業ハンドブック 平成19年度事業・全国実施状況と主要民間企業 公共投資ジャーナル社集落排水編集部編 公共投資ジャーナル社 2007.12 260p 26cm 6000円 ①978-4-906286-59-1
(目次)1 事業編(農業集落排水事業関係の平成19年度予算額,農業集落排水事業関係の平成19年度新規・拡充施策,農業集落排水事業の平成19

年度新規事業採択地区，地域資源循環技術センターの平成19年度事業計画，農業集落排水事業予算・採択実績の推移，推進団体と組織・執行体制，全国の事業採択地区の計画概要），2 企業編—集排事業分野で活躍する主要民間企業・団体のプロフィール
⦅内容⦆全国の農業集落排水事業（採択地区）を対象に，その直近の事業主体，事業計画の内容，経過，進捗状況，事業費等をまとめた「事業編」，集落排水事業を積極的に担う民間企業の概要を紹介した「企業編」の2部構成になっている。

農業農村工学ハンドブック 基礎編 農業農村工学会編 農業農村工学会 2010.8 446p 27cm 〈「農業土木ハンドブック」の改訂7版〉 Ⓘ978-4-88980-141-5 Ⓝ614.036
⦅目次⦆基礎編（数学・情報，土，水，基盤，農業，環境，社会），付録

農業農村工学ハンドブック 本編 農業農村工学会編 農業農村工学会 2010.8 794p 27cm 〈「農業土木ハンドブック」の改訂7版〉 Ⓘ978-4-88980-141-5 Ⓝ614.036
⦅目次⦆本編（農業農村工学概説，農業農村の整備計画，設計・施工，管理，事業の施行，世界の農業農村開発）

農芸化学の事典 鈴木昭憲，荒井綜一編 朝倉書店 2003.10 869p 26cm 38000円 Ⓘ4-254-43080-9
⦅目次⦆1 生命科学，2 有機化学，3 食品科学，4 微生物科学，5 バイオテクノロジー，6 環境科学
⦅内容⦆農芸化学は，伝統的に産業の発展に直結する研究を重視してきた。農産業をはじめ，発酵産業，食品産業，化学産業などの発展に大きく寄与し，人間の生活に密着した幾多の必需品の開発に貢献してきた。本書は，このような農芸化学の多岐にわたることがらをそれぞれ詳しく解説したものである。

＜年鑑・白書＞

図説 食料・農業・農村白書 平成11年度 健全な食生活，力強い農業，美しく住みよい農村 農林統計協会 2000.5 1冊 21cm 2000円 Ⓘ4-541-02625-2 Ⓝ612.1
⦅目次⦆1 図説食料・農業・農村の動向，2 食料・農業・農村の動向（報告全文），3 平成11年度の食料・農業・農村に関して講じた施策（報告全文），4 平成12年度において講じようとする食料・農業・農村施策（報告全文）

図説 食料・農業・農村白書 平成12年度 農林統計協会編 農林統計協会 2001.4 1冊 26cm 2500円 Ⓘ4-541-02731-3 Ⓝ612.1

⦅目次⦆1 図説 食料・農業・農村の動向，2 食料・農業・農村の動向（食料の安定供給確保，農業の持続的な発展，農村の振興と農業の有する多面的機能の発揮），3 平成12年度に講じた施策（報告全文），4 平成13年度において講じようとする施策（報告全文）
⦅内容⦆農業白書の報告全文とカラー図表で構成する資料集。第151回国会に提出された「食料・農業・農村の動向に関する年次報告」（農業白書）の報告全文を第2部から第4部に収録。第1部では食料消費，「食」と「農」の距離等の37項目を取り上げ，白書の要点をカラー図版とともに解説する。

図説 食料・農業・農村白書 平成13年度版 農林統計協会編 農林統計協会 2002.6 426，92p 30cm 2500円 Ⓘ4-541-02950-2 Ⓝ612.1
⦅目次⦆1 図説食料・農業・農村の動向，2 食料・農業・農村の動向（報告全文），3 平成13年度において講じた食料・農業・農村施策（報告全文），4 平成14年度において講じようとする食料・農業・農村施策（報告全文）
⦅内容⦆農業白書の報告全文とカラー図表で構成する資料集。2001年1～12月の日本と世界の動向や資料を分野ごとにまとめる。

図説 食料・農業・農村白書 平成14年度版 農林統計協会 2003.6 117p 30cm 2500円 Ⓘ4-541-03073-X
⦅目次⦆第1部 食料・農業・農村の動向（食料の安定供給システムの構築，構造改革を通じた農業の持続的な発展，活力ある美しい農村と循環型社会の実現），第2部 平成14年度において講じた食料・農業・農村施策（特集 食品の安全性と品質の確保，「農業の構造改革」を通じた効率的な食料の安定供給システムの構築—安全でおいしい食料の安定供給を担う農業構造の実現，循環型社会の構築に向けた農山漁村の新たなる可能性の創出及び農村生活環境の整備—美しい国づくりに向けた自然と共生する農山漁村環境の創造，その他重要施策，施策を総合的かつ計画的に推進するための取組み）

図説 食料・農業・農村白書 平成15年度版 農林統計協会編 農林統計協会 2004.6 93p 30cm 2700円 Ⓘ4-541-03165-5
⦅目次⦆1 図説 食料・農業・農村の動向，2 食料・農業・農村の動向（報告全文），3 平成15年度において講じた食料・農業・農村施策（報告全文），4 平成16年度において講じようとする食料・農業・農村施策（報告全文）

世界食料農業白書 1996年 国際連合食糧農業機関編，国際食糧農業協会訳 国際食糧農業協会，産business社〔発売〕 1997.12 344p

21cm 〈原書名：The state of food and agriculture 1996〉 3000円 ⓓ4-7825-9059-8

⦅目次⦆第1部 世界の概観（最近の農業情勢 - 現実と図示，世界の経済環境と農業，特定の問題），第2部 地域別概観（開発途上国地域，先進国地域），第3部 食料安全保障：若干のマクロ経済的側面

世界食料農業白書 1997年 国際連合食糧農業機関編，国際食糧農業協会訳 国際食糧農業協会，産学社〔発売〕 1998.8 298p 19cm 3500円 ⓓ4-7825-9060-1

⦅目次⦆第1部 世界の概観（最近の農業情勢―事実と図示，世界の経済環境と農業，特定の問題），第2部 地域別概観（アフリカ，アジア・太平洋，ラテンアメリカ・カリブ海，近東・北アフリカ，中・東欧と独立国家共同体），第3部 農産加工業と経済発展（農産加工業 定義と範囲，農産加工業の開発の役割，農産加工業の環境変化，農産加工体系の国際化，農産加工業の発展に必要な政策環境）

世界食料農業白書 1998年 国際連合食糧農業機関編 国際食糧農業協会，産学社〔発売〕 1999.3 289p 21cm 3500円 ⓓ4-7825-9061-X

⦅目次⦆第1部 世界の概観（世界の食料安全保障の最近の動向，食料の現況―事実及び図示，経済環境全般と農業，特定の問題），第2部 地域別概観（アフリカ，アジア・太平洋，ラテンアメリカ・カリブ海，近東・北アフリカ，中・東欧及び独立国家共同体）

世界食料農業白書 2001年 国際連合食糧農業機関編，国際食糧農業協会訳 国際食糧農業協会 2002.3 324p 21cm 〈付属資料：CD-ROM1〉 4000円 Ⓝ610.59

⦅目次⦆第1部 世界の概観（最近の農業情勢―事実と図示，世界の経済と農業，特定の課題），第2部 地域別概観（アフリカ，アジア・太平洋，ラテンアメリカ・カリブ海 ほか），第3部 国境を越えて移動する植物病害虫及び動物疾病（越境病害虫等）の経済的影響（概観，防除水準を決定する要因，越境病害虫等の経済的影響 ほか）

世界食料農業白書 2002年版 2001年報告 特集 越境病害虫等の経済的影響 国際連合食糧農業機関編，国際食糧農業協会訳 国際食糧農業協会，農山漁村文化協会〔発売〕 2002.6 324p 21cm 〈付属資料：CD-ROM1〉 4000円 ⓓ4-540-02129-X Ⓝ610.59

⦅目次⦆第1部 世界の概観（最近の農業情勢―事実と図示，世界の経済と農業，特定の課題 ほか），第2部 地域別概観（アフリカ，アジア・太平洋，ラテンアメリカ・カリブ海 ほか），第3部 国境を越えて移動する植物病害虫及び動物疾病（越境病害虫等）の経済的影響（概観，防除水準を決定する要因，越境病害虫等の経済的影響 ほか）

⦅内容⦆世界農業の動向と課題に関するFAOの年次報告書。世界の農業情勢のほか，世界の農業を取り巻く経済の全般的状況も考察する。2002年版では，農業貿易に関するWTO多国間交渉と，「飢えのコスト」すなわち飢えと栄養不良が経済成長と貧困撲滅に及ぼすマイナスの影響に関する研究をとりあげる。地域では，エチオピア，ベトナム及びハイチに焦点を当てて詳細に記述。特集記事として，越境病害虫等の経済的影響がある。

世界食料農業白書 2003年版 2002年報告 特集：地球サミット10年後の農業と地球規模の公共財 国際連合食糧農業機関（FAO）編，国際食糧農業協会訳 FAO協会，農山漁村文化協会〔発売〕 2003.3 248p 21cm 〈付属資料：CD-ROM1〉 4000円 ⓓ4-540-02258-X

⦅目次⦆第1部 世界の概観（最近の農業情勢―事実と図示，世界経済と農業），第2部 地域別概観（アフリカ，アジア・太平洋，ラテンアメリカ・カリブ海 ほか），第3部 地球サミット10年後の農業と地球規模の公共財（地球規模の公共財供給における農業と土地の役割，土地利用の転換による炭素隔離の収穫，農村の貧困の打開策となるか）

⦅内容⦆本白書は，FAOが毎年発表する世界の食料農業に関する報告書 "The State of Food and Agriculture 2002" を翻訳したものである。世界食料農業白書2002年の第1部世界の概観では，農業の現況として栄養不足，農業生産，食料緊急事態，食糧援助，農産物価格，水産物及び林産物等の動向が図示して説明され，また，世界の経済環境として世界貿易機関第4回農業閣僚会議の意味が説かれる。第2部地域別概観では，世界各地域ごとの農業の一般動向等が示されるほか，サハラ以南アフリカでは女性農民，ツェツェバエ・トリパノソーマ症，アジア・太平洋では中国のWTO加盟，ラテンアメリカ・カリブ海では農業貿易，近東・北アフリカでは気候変動と干ばつ，中東欧・CISでは農業改革の状況が示される。第3部では，最近環境面から重要視されている生物多様性の保全や地球規模の気候変動の緩和といった地球規模の公共財が取り上げられている。

世界食料農業白書 2004-05年版 2003-04年報告 国際連合食糧農業機関（FAO）編，国際食糧農業協会訳 国際食糧農業協会，農山漁村文化協会〔発売〕 2004.9 311p 21cm 〈付属資料：CD-ROM1〉 4000円 ⓓ4-540-04191-6

(目次)第1部 農業バイオテクノロジー——貧困者の必要を満たすことができるか？（議論の枠組み，これまでの証拠，貧困者のためのバイオテクノロジー利用），第2部 世界・地域別概観——事実と図示（栄養不足の動向，食料緊急事態と食糧援助，作物と家畜生産，世界の穀物供給の状況，商品の国際価格の動向 ほか），第3部 付属統計

(内容)貧困者の必要を満たすための農業バイオテクノロジー——特に遺伝子組換え作物の——可能性を探る。また，農業の技術変化の社会・経済的影響の分析を示し，また遺伝子組換え作物の人間の健康と環境にとっての安全性についての最新の調査結果を示す。農業バイオテクノロジーの潜在能力を確実に貧困者の必要に集中させるには，投資を農業研究やその成果の普及，さらに安全性・環境への配慮等に振り向けることの必要性が示唆される。

日本農業年鑑 1991年版 日本農業年鑑刊行会編　家の光協会　1990.12　572p　26cm　5400円　Ⓘ4-259-51691-4　Ⓝ610.59

(目次)特集1 急増する農産物輸入と日本農業の対応，特集2 環境問題と農業，経済・財政，農業経済，農政，農家経済，農業構造，生産資材，穀作，畜産，園芸，工芸作物，林業，水産業，食品産業，農業協同組合，農業金融，農業保険，地域社会と農業，農村福祉，試験研究と教育，世界の農業，資料，統計，住所録

日本農業年鑑 1992年版 日本農業年鑑刊行会編　家の光協会　1991.12　540p　26cm　5400円　Ⓘ4-259-51697-3　Ⓝ610.59

(目次)特集 センサスにみる日本農業の変貌，1章 経済・財政，2章 農業経済，3章 農政，4章 農家経済，5章 農業構造，6章 生産資材，7章 穀作，8章 畜産，9章 園芸，10章 工芸作物，11章 林業，12章 水産業，13章 食品産業，14章 農業協同組合，15章 農業金融，16章 農業保険，17章 地域社会と農業，18章 農村福祉，19章 試験研究と教育，20章 世界の農業，資料，統計，住所録

(内容)1990年センサスをもとにして，過去のセンサスとも比較しながら，日本の農業・農家・農村の構造的変貌を三部構成でさぐる。

日本農業年鑑 1993年版 日本農業年鑑刊行会編　家の光協会　1992.12　540p　26cm　5500円　Ⓘ4-259-51703-1

(目次)特集 ガット・ウルグアイ・ラウンドと日本農業，1章 経済・財政，2章 農業経済，3章 農政，4章 農家経済，5章 農業構造，6章 生産資材，7章 穀作，8章 畜産，9章 園芸，10章 工芸作物，11章 林業，12章 水産業，13章 食品産業，14章 農業協同組合，15章 農業金融，16章 農業保険，17章 地域社会と農業，18章 農村福祉，19章 試験研究と教育，20章 世界の農業

日本農業年鑑 1994年版 日本農業年鑑刊行会編　家の光協会　1993.12　750p　26cm　6800円　Ⓘ4-259-51711-2

(目次)異常気象日本列島を揺さぶる——現地に見る最大級の農業被害，年間の動き，特集（「新政策」と日本の農業，協同組合の今日的使命——ICA），1章 農業・農村・農政，2章 農林水産業，3章 農畜産物の貿易，4章 農畜産物の流通，5章 アグリビジネス，6章 農業金融・共済事業と農業保険，7章 農業協同組合，8章 農業構造と農家経済，9章 地域農業と農村福祉，10章 試験研究と農業教育，11章 世界の農業

日本農業年鑑 1995年版 日本農業年鑑刊行会編　家の光協会　1994.12　732p　26cm　6800円　Ⓘ4-259-51720-1

(目次)1 ウルグアイ・ラウンド終盤の攻防を総括する，2 冷害・凶作にみる米問題

(内容)日本農業の動向を11章に分けて記述した年鑑。日誌の収録期間は1993年10月～1994年9月。巻頭特集はウルグアイ・ラウンドと冷害・凶作問題。巻末に関係文書等6編の資料，統計，関係団体住所・電話番号一覧がある。事項索引を付す。——日本農業のターニングポイントがわかる。

日本農業年鑑 1996 日本農業年鑑刊行会編　家の光協会　1995.12　750p　26cm　6800円　Ⓘ4-259-51725-2

(目次)特集 食管50年と新食糧法の課題と展望，1章 農業・農村・農政，2章 農林水産業，3章 農畜産物の流通と消費，4章 農畜産物の貿易，5章 アグリビジネス，6章 農業金融・共済事業と農業保険，7章 農業協同組合，8章 農業構造と農家経済，9章 地域農業と農村福祉，10章 試験・研究と農業教育，11章 世界の農業

(内容)1995年の農業の動向をまとめた年鑑。本年度版では「食管50年と新食糧法の課題と展望」の特集を組む。巻末に資料，統計，関係団体住所・電話番号一覧，事項索引がある。

日本農業年鑑 1997 日本農業年鑑刊行会編　家の光協会　1996.12　692p　26cm　7400円　Ⓘ4-259-51729-5

(目次)特集（1）農協系統信用事業再編成の課題，特集（2）1995年農業センサスにみる日本農業，1章 農業・農村・農政，2章 農林水産業，3章 農畜産物の流通と消費，4章 農畜産物の貿易，5章 アグリビジネス，6章 農業金融・共済事業と農業保険，7章 農業協同組合，8章 農業構造と農家経済，9章 地域農業と農村福祉，10章 試験・研究と農業教育，11章 世界の農業

日本農業年鑑 1998 日本農業年鑑刊行会編　家の光協会　1997.12　692p　26cm　〈付属資料：農業関連住所録1〉　7200円

Ⓘ4-259-51738-4
〔目次〕特集〈新農業基本法—21世紀へ向けての課題と提言,環境保全型農業—その総括と展望〉,1章 農業・農村・農政,2章 農林水産業,3章 農畜産物の流通と消費,4章 農畜産物の貿易,5章 アグリビジネス,6章 農業金融と農業保険,7章 農業構造と農家経済,8章 地域農業と農村福祉,9章 試験・研究と農業教育,10章 世界の農業,11章 農業協同組合

日本農業年鑑 1999 日本農業年鑑刊行会編 家の光協会 1998.12 723p 26cm 7200円 Ⓘ4-259-51752-X
〔目次〕特集1 食糧法のほころびと「新たな米政策」,特集2 変貌するアジアのコメ需給—しのびよる環境問題と食糧安全保障のゆくえ,1章 農業・農村・農政,2章 農林水産業,3章 農畜産物の流通と消費,4章 農畜産物の貿易,5章 アグリビジネス,6章 農業金融と農業保険,7章 農業構造と農家経済,8章 地域農業と農村福祉,9章 試験・研究と農業教育,10章 世界の農業,11章 農業協同組合
〔内容〕1998年の農業の動向をまとめた年鑑。本年度版では「食糧法のほころびと『新たな米政策』」「変貌するアジアのコメ需給—しのびよる環境問題と食糧安全保障のゆくえ」の二つの特集を組む。巻末に資料、統計、関係団体住所・電話番号一覧などがある。

日本農業年鑑 2000 日本農業年鑑刊行会編 家の光協会 1999.12 740p 26cm 7200円 Ⓘ4-259-51760-0
〔目次〕特集 食料・農業・農村基本法—「未来への架け橋」は築けるか,農業・農村・農政,農林水産業,農畜産物の流通と消費,農畜産物の貿易,アグリビジネス,農業金融と農業保険,農業構造と農家経済,地域農業と農村福祉,試験・研究と農業教育,世界の農業,農業協同組合,資料,統計

日本農業年鑑 2001年版 日本農業年鑑刊行会編 家の光協会 2000.12 2冊(セット) 26cm〈付属資料:別冊1「年表20世紀の日本農業」〉 9500円 Ⓘ4-259-51769-4 Ⓝ610.59
〔目次〕年間の動き,1章 農業・農村・農政,2章 農林水産業,3章 農畜産物の流通と消費,4章 農畜産物の貿易,5章 アグリビジネス,6章 農業金融と農業保険,7章 農業構造と農家経済,8章 地域農業と農村福祉,9章 試験・研究と農業教育,10章 世界の農業,11章 農業協同組合,資料,統計,関連団体住所・電話番号一覧,別冊(年表 二十世紀の日本農業)
〔内容〕1999年~2000年を中心とする日本農業の動向をまとめた年鑑。

農業汚染白書 三田誠一著 データハウス 1994.10 297p 19cm 1200円 Ⓘ4-88718-265-1
〔目次〕土壌汚染の実体,糞尿汚染の実体,大気汚染の実体,牧場汚染の実体,野生汚染の実体,コメ汚染の実体,輸入農産物も汚染の一コマ,農協も汚染の一コマ,獣医師も汚染の一コマ,無農薬も汚染の一コマ,ペットも汚染の一コマ,人体汚染の一コマ

農産物流通技術年報 '90年版 農産物流通技術研究会編 流通システム研究センター 1990.8 211p 26cm〈「月刊食品流通技術」増刊号〉 4500円 Ⓘ4-89745-101-9
〔目次〕1 総論 農産物流通のあり方,2 農産物流通と流通技術の現状および問題点,3 農産物流通関連施設・機器・資材,4 農産物流通技術上の問題点と対策,5 定温流通文献集,6 統計・資料集,7 農産物流通技術研究の公的機関における研究テーマ

農産物流通技術年報 '92年版 農産物流通技術研究会編 流通システム研究センター 1992.9 248p 26cm〈月刊食品流通技術〉 4500円 Ⓘ4-89745-109-4
〔目次〕1 青果物の高鮮度流通の課題,2 農産物流通と流通技術の現状および問題点(野菜,果樹,穀類,菌茸,花き,農産物の輸出入),3 農産物流通関連施設・機器・資材(選果と選別施設,予冷施設,貯蔵施設,輸送機器,包装資材,鮮度保持材〈剤〉,計測機器),4 農産物流通技術上の問題点と対策(果実物流での省力化に対する取り組み,カット野菜の最新動向,農産物流通へのニューラルネットワークの活用,農産物流通におけるメッシュコンテナの活用,青果物の輸入の現状と植物検疫 ほか),5 定温流通文献集,6 統計・資料集,7 平成3年度農林水産省の各研究機関における農産物流通技術テーマ

農産物流通技術年報 '93年版 農産物流通技術研究会編 流通システム研究センター 1993.9 234p 26cm〈「月刊食品流通技術」増刊号〉 4500円 Ⓘ4-89745-112-4
〔目次〕総論 農産物流通のあり方,農産物流通と流通技術の現状および問題点(野菜,果樹,穀類,菌茸,花き,農産物の輸出入),農産物流通関連施設・機器・資材(選果と選別施設,果実・野菜の非破壊品質評価,予冷施設,貯蔵施設,包装資材,輸送機器,鮮度保持材〈剤〉,計測機器),農産物流通技術上の問題点と対策(農産物のフリートレイ,乾燥野菜の動向,野菜のオゾン処理,輸入青果物の消毒の現状と今後,熱帯果実の流通と輸入について,生協における青果物流通の現状と課題,花の自動せり機),定温流通文献集,統計・資料集,平成4年度農林水産省の各研究機関における農産物流通技

研究テーマ

農産物流通技術年報　'94年版　農産物流通技術研究会編　システム研究センター　1994.9　239p　26cm　〈月刊食品流通技術〔増刊号〕〉　4500円　Ⓘ4-89745-116-7

(目次) 1 総論農産物流通のあり方――青果物の卸売市場について，2 農産物流と流通技術の現状および問題点，3 農産物流通関連施設・機器・資材，4 農産物流通技術上の問題点と対策，5 定温流通文献集，6 統計・資料集，7 平成5年度農林水産省の各研究機関における農産物流通技術研究テーマ，8 発刊15年記念「農産物流通技術年報」総目次

(内容) 農産物の流通技術に関する1年間の動きを分野・テーマ別に解説したもの。巻末には定温流通文献集，統計・資料編，平成5年度の各研究機関の研究テーマ，発刊15年記念総目次がある。

農産物流通技術年報　'95年版　農産物流通技術研究会編　流通システム研究センター　1995.9　211p　26cm　〈月刊フレッシュフードシステム（増刊号）〉　4500円　Ⓘ4-89745-120-5

(目次) 1 総論農産物流通のあり方，2 農産物流通と流通技術の現状および問題点，3 農産物流通関連施設・機器・資材，4 農産物流通技術上の問題点と対策，5 定温流通文献集，6 統計・資料集，7 平成6年度農林水産省の各研究機関における農産物流通技術研究テーマ

農産物流通技術年報　'96年版　農産物流通技術研究会編　流通システム研究センター　1996.9　244p　26cm　〈「月刊フレッシュフードシステム 増刊号」第25巻第11号通巻339号〉　4500円　Ⓘ4-89745-123-X

(目次) 1 総論 農産物流通のあり方，2 農産物流通と流通技術の現状および問題点，3 農産物流通関連施設・機器・資材，4 農産物流通技術上の問題点と対策，5 定温流通文献集，6 統計・資料集，7 平成7年度農林水産省の各研究機関における農産物流通技術研究テーマ，8 農産物流通関連の試験・研究所一覧

農産物流通技術年報　'98年版　農産物流通技術研究会編　流通システム研究センター　1998.9　223p　26cm　〈「月刊フレッシュフードシステム」増刊号〉　4500円　Ⓘ4-89745-129-9

(目次) 1 総論農産物流通のあり方，2 農産物流通と流通技術の現状および問題点，3 農産物流通関連施設・機器・資材，4 農産物流通技術上の問題点と対策，5 定温流通文献集，6 統計・資料集，7 平成9年度農林水産省の各研究機関における農産物流通技術研究テーマ，8 農産物流通関連の試験・研究所一覧

農産物流通技術年報　'99年版　農産物流通技術研究会編　流通システム研究センター　1999.9　277p　26cm　〈「月刊フレッシュフードシステム（増刊号）」（第28巻）10号通巻380号〉　4500円　Ⓘ4-89745-130-2

(目次) 1 総論 農産物流通のあり方，2 農産物流通と流通技術の現状および問題点，3 農産物流通関連施設・機器・資材，4 農産物流通技術上の問題点と対策，5 定温流通文献集，6 統計・資料集，7 平成10年度農林水産省の各研究機関における農産物流通技術研究テーマ，8 農産物流通関連の試験・研究所一覧

農産物流通技術年報　2000年版　農産物流通技術研究会編　流通システム研究センター　2000.9　233p　26cm　〈「季刊フレッシュフードシステム」増刊号（第29巻第5号通巻385号）〉　4700円　Ⓘ4-89745-132-9　Ⓝ611.4

(目次) 1 総論・農産物流通のあり方，2 農産物流通と流通技術の現状および問題点（野菜，果樹，穀類，菌茸（キノコ），花き，農産物の輸出入），3 農産物流通関連施設・機器・資材（選果と選別施設（選果機の歴史年表），非破壊内部品質評価，予冷施設，貯蔵施設（負イオンとオゾンの混合ガスによる青果物貯蔵技術），包装資材，輸送機器（JRクールコンテナ），計測機器），4 農産物流通技術上の問題点と対策（農産物の表示（原産地・遺伝子組換え・有機農産物），青果物低温輸送の実態，長野県連合青果(株)上田本社におけるISO14001認証取得事例，インターネットによる農産物販売，スーパー向け光センサーの開発と利用，中食市場の規模と中食利用の諸特徴，塩ビとダイオキシン，生分解フィルムを用いた生ゴミの収集，食生活指針について），5 定温流通文献集，6 統計資料集，7 平成11年度農林水産省の各研究機関における農産物流通技術研究テーマ，8 農産物流通関連の試験・研究所一覧

(内容) 農産物流通技術のデータを収録した年報。学会や国公立試験研究機関から発表される研究成果やデータ掲載する。本編は総論と農水物産流通，関連施設・機材・資材，農産物流通上の問題などの各論で構成。ほかに低温流通文献集，野菜の出荷率の推移，都道府県予冷施設設置数などの統計，野菜の呼吸量などの資料と平成11年度の農林水産省の各研究機関における農産物流通技術研究テーマ，農産物流通関連の試験・研究所一覧を収録。

農産物流通技術年報　2001年版　農産物流通技術研究会編　流通システム研究センター　2001.9　6，212p　26cm　〈「季刊フレッシュフードシステム」増刊号〉　4700円　Ⓘ4-89745-135-3　Ⓝ611.4

(目次) 1 総論農産物流通のあり方――都市近郊に

おける地域流通(産直)販売管理マニュアル,2 農産物流通と流通技術の現状および問題点,3 農産物流通関連施設・機器・資材,4 農産物流通上の問題点と対策,5 定温流通文献集,6 統計・資料集,7 各研究機関の試験研究課題一覧,8 農産物流通関連の試験・研究所一覧

(内容)農産物流通技術のデータを収録した年報。学会や国公立試験研究機関から発表される研究成果やデータ掲載する。本編は総論と農水物産流通、関連施設・機材・資材、農産物流通技術上の問題点などの各論で構成。ほかに定温流通文献集、野菜の出荷量の推移、都道府県予冷施設設置数などの統計、野菜の呼吸量などの資料と農産物流通関連の試験・研究所一覧を収録。

農産物流通技術年報　2002年版　農産物流通技術研究会編　流通システム研究センター　2002.9　217p　26cm　〈「季刊フレッシュフードシステム」増刊号〉　4700円　①4-89745-138-8　Ⓝ611.4

(目次)1 総論農産物・食品流通のあり方—研究サイドから見た課題と展望,2 農産物流通と流通技術の現状および問題点,3 農産物流通関連施設・機器・資材,4 農産物流通上の問題点と対策,5 定温流通文献集,6 統計・資料集,7 研究機関の平成13年度試験研究課題と内容一覧,8 農産物流通関連の試験・研究所一覧

農産物流通技術年報　2003年版　特集「農産物情報開示の徹底研究」　農産物流通技術研究会編　流通システム研究センター　2003.9　218p　30cm　〈「季刊フレッシュフードシステム」増刊号〉　4700円　①4-89745-140-X

(目次)1 総論 農産物・食品流通のあり方,2 特集 農産物情報開示の徹底研究,3 農産物流通および流通技術の問題点と対策,4 統計で見る生産・流通動向,5 新聞記事に見るこの1年,6 資料編

農産物流通技術年報　2004　農産物流通技術研究会編　流通システム研究センター　2004.9　223p　30cm　4700円　①4-89745-143-4

(目次)1 総論 農産物・食品流通のあり方(農産物・食品流通のあり方 今日の課題、老化、ストレスとエチレン),2 特集 外食産業・量販店での青果物調達の変化(総論 食の成熟化と小売・外食企業による青果物調達戦略の方向性、安全・安心・鮮度に加えて信頼度を高めるブランディングへの挑戦が店頭で進行 ほか),3 農産物流通および流通技術の問題点と対策(切り花のバケット流通における品質管理マニュアル、有機農産物や特別栽培農産物の表示制度について ほか),4 統計で見る生産・流通動向(農産物の品目別需給構造とその推移,農産物生産と流通の現状),5 資料編

農産物流通技術年報　2005　農産物流通技術研究会編　流通システム研究センター　2005.9　249p　30cm　4700円　①4-89745-146-9

(目次)1 総論:農産物・食品流通のあり方(技術論—物流の変化と流通技術が果たす役割と課題、経営論—農産物流通ビジネスの変化),2 特集・農産物流通の新たな展開(卸売市場法の改正と卸売市場流通の展開方向、転送の新しい動き ほか),3 農産物流通および流通技術の問題点と対策(日本の生鮮トマトの需要創造へ向けて、データ収集、生産管理、トレーサビリティにおけるユビキタス技術 ほか),4 統計で見る生産・流通動向(農産物の品目別需給構造とその推移,農産物生産と流通の現状),5 資料編(農産物流通関連文献リスト,農産物流通関連試験研究機関と研究課題 ほか)

(内容)特集テーマとして「農産物流通の新たな展開」を、また最近の話題として「廃棄物問題」を取り上げた。

農産物流通技術年報　2006年版　農産物流通技術研究会編　流通システム研究センター　2006.9　221p　30cm　4700円　①4-89745-148-5

(目次)1 総論 農産物・食品流通のあり方(青果物流通の30年(35年前のミカン欧州輸送試験を振り返りながら)、農業と食品関連産業の戦略的な提携),2 特集 情報化社会における新しい農産物流通のあり方—産地・卸売市場・小売は情報化とどう取り組むか(アグリビジネスにおけるインターネット取引の効用、青果物カタログ(SEICA) ほか),3 農産物流通および流通技術の問題点と対策(「21世紀新農政2006」について、農薬のポジティブリスト制への移行 ほか),4 統計で見る生産・流通動向(農産物の品目別需給構造とその推移,農産物生産と流通の現状),5 資料編(農産物流通関連文献リスト,農産物流通関連試験研究機関と研究課題 ほか)

農産物流通技術年報　2007年版　特集「消費ニーズに対応した政策と技術の展開」　農産物流通技術研究会編　流通システム研究センター　2007.9　207p　30cm　4700円　①978-4-89745-150-3

(目次)1 総論 農産物・食品流通のあり方(消費ニーズに対応した農産物流通技術の新展開、農産物の非食用需要が農産物需給に与える影響),2 特集 消費ニーズに対応した政策と技術の展開(JAS制度を活用した農産物の生産流通の新展開、食品安全GAPの実践と課題),3 農産物流通および流通技術の問題点と対策(農林水産研究高度化事業「輸出促進型」について、農林水産研究高度化事業(輸出促進・食品産業海外展

開型)「果実輸出」ほか), 4 統計で見る生産・流通動向(農産物の品目別需給構造とその推移, 農産物生産と流通の現状), 5 資料編(農産物流通関連文献リスト, 農産物流通関連試験研究機関と研究課題 ほか)

農産物流通技術年報 2008年版 農産物流通技術研究会編 流通システム研究センター 2008.9 217p 30cm 4700円 ①978-4-89745-153-4 Ⓝ611.4

(目次)1 総論 農産物・食品流通のあり方(国際化に対応した農産物流通, 加速化するバイオエタノール生産と国際農産物需給), 2 特集 国際的視点に立った農産物流通(需給の国際化に対応した課題, 地球温暖化と農産物の生産流通), 3 農産物流通および流通技術の問題点と対策(地球温暖化防止のためのバイオエタノール生産, GAPに対する消費者の意識, 食品リサイクル, ナノテクノロジーが農業・食品分野に及ぼす影響評価), 4 統計で見る生産・流通動向(農産物の品目別需給構造とその推移, 農産物生産と流通の現状), 5 資料編(農産物流通関連文献リスト, 農産物流通関連試験研究機関の平成20年度試験研究計画一覧, 参考資料)

<統計集>

図説食料・農業・農村白書参考統計表 平成12年度版 農林統計協会編 農林統計協会 2001.7 166p 30cm 2000円 ①4-541-02734-8 Ⓝ610.59

(目次)食料の安定供給確保, 農業の持続的な発展, 農村の振興と農業の有する多面的機能の発揮, 内外経済の動向, 農業経済の動向, 農協事業, 食品産業の動向

(内容)『食料・農業・農村白書』の内容の理解をより深められるよう, 白書の記述の背景となったデータを中心に, 一覧の形で紹介した統計資料。

図説 食料・農業・農村白書 参考統計表 平成13年度版 農林統計協会編 農林統計協会 2002.9 180p 30cm 2000円 ①4-541-02962-6 Ⓝ610.59

(目次)食料の安定供給システムの構築, 構造改革を通じた農業の持続的な発展, 農村と都市との共生・対流による循環型社会の実現, 内外経済の動向, 農業経済の動向, 農協事業, 食品産業の動向

(内容)食料・農業・農村白書の内容をデータを中心に一覧形式で収録した統計集。平成13年度版は, 食料, 農業及び農村の動向と直面する諸問題を分析し, 基本計画に即した具体的施策の浸透や運営の状況を検証する。

図説食料・農業・農村白書参考統計表 平成14年度版 農林統計協会編 農林統計協会 2003.8 168p 30cm 2000円 ①4-541-03080-2

(目次)第1部(食料の安定供給システムの構築, 構造改革を通じた農業の持続的な発展, 活力ある美しい農村と循環型社会の実現), 第2部(内外経済の動向, 農業経済の動向, 農協事業, 食品産業の動向)

(内容)本書は, 食料・農業・農村白書の内容の理解をより深められるよう, 白書の記述の背景となったデータを中心に, 一覧の形で紹介したものである。

図説食料・農業・農村白書参考統計表 平成15年度版 農林統計協会編 農林統計協会 2004.7 142p 30cm 2000円 ①4-541-03168-X

(目次)第1章 食料の安定供給システムの構築(食の安全と安心の確保に向けた取組の推進, 食料自給率と食料消費の動向, 世界の農産物需給と農産物貿易交渉の動向), 第2章 農業の持続的な発展と構造改革の加速化(農業経済の動向, 農業の構造改革の推進, 需要に応じた生産の推進), 第3章 活力ある美しい農村と循環型社会の実現(農業の自然循環機能の維持増進, 活力ある農村の実現に向けた振興方策)

◆◆環境保全型農業

<事 典>

環境保全型農業大事典 2 総合防除・土壌病害対策 農文協編 農山漁村文化協会 2005.3 824p 26cm 14286円 ①4-540-04276-9

(目次)1 脱化学農薬にむけての基本視点, 2 病害虫抵抗性のしくみ, 3 土壌病害の耕種的防除, 4 センチュウ害の耕種的防除, 5 総合防除の考え方と実際, 6 耕種的防除のための資材, 7 総合防除の地域事例

自然力を生かす農家の技術早わかり事典 農文協編 農山漁村文化協会 2009.3 191p 26cm 1500円 ①978-4-540-08321-1 Ⓝ610

(目次)基本の用語, 稲作の用語, 野菜・花の用語, 果樹の用語, 畜産の用語, 土と肥料の用語, 防除の用語, 資材・機械の用語, 番外編 売り方の用語

(内容)定年帰農で野菜や花の栽培を始めたり, 親父から田んぼをまかされたり, 身近な資源を生かして減農薬や有機農業をめざす人々に大好評の事典。基本の用語から, 稲作, 野菜・花, 果樹, 畜産, 土と肥料, 防除, 資材・機械, そして売り方まで, 農家の知恵が凝縮した二五〇語を豊富なカラー写真を入れながらわかりやすく解説。作物を育てる楽しさを感じ, 農業の魅力

を満喫できる、実践的農業入門ガイド。オールカラー保存版。

有機廃棄物資源化大事典 有機質資源化推進会議編 農山漁村文化協会 1997.3 511p 26cm 15000円 ⓘ4-540-96131-4

(目次)第1章 有機廃棄物堆肥化の基礎と利用, 第2章 素材別・堆肥化の方法と利用, 第3章 優良地域事例

酪農用語解説 新版 柏村文郎総監修 デーリィ・ジャパン社 2008.2 343p 22cm 4571円 ⓘ978-4-924506-43-5 Ⓝ645.3

(内容)酪農に関する用語を解説している事典。2630語を収録。すべての用語に英訳を添え、和英辞典として使える。乳牛の行動学、自給飼料の生産、循環型酪農、牛乳・乳製品、食の安全・安心などの用語の充実を図っている。2色刷り印刷。

<ハンドブック>

環境アグロ情報ハンドブック 環境と農の接点 山口武則, 山川修治, 大浦典子著 古今書院 1998.8 258p 21cm 3800円 ⓘ4-7722-1681-2

(目次)序章 わが国の農業, 第1章 作付体系・土地管理, 第2章 資材の有効利用, 第3章 肥料・農薬・土壌改良材, 第4章 生態系の利用, 第5章 地下水・雪の利用, 第6章 育種・ハイテク栽培, 第7章 農機具・輸送の改善, 第8章 エネルギー, 第9章 気象災害・環境劣化対策, 第10章 リモートセンシングと気象情報の活用

世界開発報告 2008 開発のための農業 世界銀行編著, 田村勝省訳 一灯舎, オーム社 (発売) 2008.3 384p 26cm 〈原書名:World Development Report 2008:Agriculture for Development〉 3800円 ⓘ978-4-903532-34-9 Ⓝ333.6

(目次)1 農業は開発のために何ができるか? (3つのタイプの農業世界における成長と貧困削減, 農業のパフォーマンス, 多様性, 不確実性, 農村部の家計と貧困脱却の道), 2 開発のために農業を活用するに当たって有効な手段は何か? (貿易、価格、補助金に関する政策を改革する, 農業を市場化する, 制度的革新を通じて小自作農の競争力を高める, 科学技術を通じて革新する, 農業システムを環境的に持続可能なものにする, 農業を超える), 3 開発のための農業という課題はどうしたらうまく実施できるか? (3つのタイプの農業世界について各国の課題が明確になってきている, 地方レベルからグローバル・レベルに至るまで統治を強化する)

有機農業と国際協力 日本有機農業学会編 コモンズ 2008.12 219p 21cm (有機農業研究年報 Vol.8) 2500円 ⓘ978-4-86187-055-2 Ⓝ615

(目次)1 有機農業による途上国への協力 (日本の有機農業を開発途上国に伝える意義, アジアとの民間農業交流で見えてきたこと, JICAにおける有機農業普及のためのコンテンツ開発, 循環型農業の担い手を育てる―アジア学院 ほか), 2 有機農業を研究する (有機水稲栽培におけるシードバンクとコナギ優占の実態―東日本における事例, 有機栽培条件における在来種の選抜がダイコンの生育・収量および外観品質に及ぼす影響, 調理・食残渣発酵飼料を給与した水田放飼合鴨の卵肉生産, 有機質肥料の連用はギニアグラス草地の大雨による冠水被害を軽減させる ほか)

有機農業の事典 新装版 天野慶之, 高松修, 多辺田政弘編 三省堂 2004.5 380p 21cm 2200円 ⓘ4-385-34898-7

(目次)1 農耕, 2 畜産, 3 海の幸, 4 健康, 5 食べ方, 6 暮らし方

(内容)日本の有機農業運動 (草創期) の農民・研究者・消費者50名が熱く語る理論と実践。復刻版。

有機農業ハンドブック 土づくりから食べ方まで 日本有機農業研究会編 日本有機農業研究会, 農山漁村文化協会 〔発売〕 1999.1 352p 21cm 3619円 ⓘ4-540-98133-1

(目次)第1章 有機農業の基本技術 (有機農業技術の考え方, 土づくりと肥料, 病気や害虫への対応, 雑草とのつき合い方, 種苗と品種の選び方), 第2章 農学から見た有機農業 (近代化技術を超えていくために, なぜ遺伝子組み換え技術を拒否するのか!, 有機農業の生態系, 有機稲作の特徴と課題, 微生物資材の功罪), 第3章 豊かな自然を活かした有機農業技術 (穀物, 野菜, 果樹など, 畜産), 第4章 手作りの楽しさ (農と食を結ぶ保存と加工, 自然エネルギーの自給, 手作りの遊び), 第5章 地域へ広げ、次代へつなぐ (風土に根ざす小農自立の道, 地元野菜を学校給食に, 有機農業教育の可能性, 山村に移り住んで, 新規就農希望者へのメッセージ)

(内容)有機農業技術を体系化したハンドブック。67品目、127の栽培技術や食べ方の知恵を収録。資料として、「日本有機農業研究会」「日本有機農業研究会結成趣意書」がある。50音順索引付き。

<年鑑・白書>

環境にやさしい農業の確立をめざして 総務庁の行政監察結果から 総務庁行政監察局編 大蔵省印刷局 1995.2 157p 30cm 1500円 ⓘ4-17-157801-9

(目次)第1 監察の目的等, 第2 我が国における農業環境問題の現状等, 第3 監察結果

環境保全型農業稲作推進農家の経営分析調査報告　農林水産省大臣官房統計部編　農林統計協会　2004.9　88p　30cm　1000円　①4-541-03188-4

(目次)1 調査結果の概要(経営収支等,労働時間,環境保全型農業への取り組み状況), 2 統計表(全国, 府県, 北海道, 東北, 北陸 ほか), (参考)調査票

環境保全型農業による農産物の生産・出荷状況調査報告書 平成13年度持続的生産環境に関する実態調査　農林水産省大臣官房統計情報部編　農林統計協会　2003.3　278p　30cm　2400円　①4-541-03043-8

(目次)1 調査結果の概要(環境保全型農業の生産概況, 環境保全型農業の取組形態, 環境保全型農業による農産物の出荷状況, 環境保全型農業に関する意向), 2 統計表(農家調査, 有機JAS生産行程管理者調査)
(内容)本書は、持続的生産環境に関する実態調査の一環として実施した、「環境保全型農業による農産物の生産・出荷状況調査」結果について、環境保全型農業取組部門別、全国農業地域別等に取りまとめたものである。

環境保全型農業の流通と販売　農林水産省監修, 全国農業協同組合連合会, 全国農業協同組合中央会編　家の光協会　1995.7　225p　21cm　2500円　①4-259-51726-0

(目次)平成6年度環境保全型農業実践実例調査, 環境保全型農業と農産物流通, 自給運動の展開と有機農業の推進—秋田県・JA仁賀保町, 産直交流と地場流通を核とした販売—山口県・JA南すおう, カントリーを拠点とする今摺り米の産直—山形・JAあまるめ, 環境保全型農業と協同組合間協同—栃木県・JA佐野, 農協加工による「有機米」の推進—富山県・JA立山釜ケ淵, 有機農業と農産加工基軸の地域農業振興—大分県・下郷農協, 特別栽培米・特別表示米産地の形成—北海道・JAひがしかわ, 特別栽培米の流通・販売対策—滋賀県・JA新旭町〔ほか〕

持続性の高い農業生産方式への取組状況調査報告書 持続的生産環境に関する実態調査 平成14年・平成15年　農林水産省大臣官房統計部編　農林統計協会　2005.3　146p　30cm　2400円　①4-541-03238-4

(目次)1 調査結果の概要(有機質資材の投入状況, 化学肥料の投入状況, 農薬の投入状況, 農薬以外の防除方法を実施した農家数割合 ほか), 2 統計表(全国作目別統計表, 全国農業地域別作目別統計表, 全国作物別統計表), 参考 調査票様式
(内容)農業の自然循環機能の維持増進に関する生産現場の実態把握を目的とし, 持続的生産環境に関する実態調査の一環として実施した「持続性の高い農業生産方式への取組状況調査」結果について取りまとめた。

◆◆農薬・肥料

<事 典>

これでわかる 農薬キーワード事典　池本良教, 石黒昌孝, 臼井健二, 梅木利巳, 金沢純ほか著　合同出版　1995.2　302p　26cm　3000円　①4-7726-0181-3

(目次)第1部 農薬とはなにか?, 第2部 農業生産と農薬, 第3部 農耕地以外で使用される農薬, 第4部 環境中での農薬の循環, 第5部 食べ物と農薬, 第6部 人のからだと農薬

土壌肥料用語事典　新版　藤原俊六郎, 安西徹郎, 小川吉雄, 加藤哲郎編　農山漁村文化協会　1998.4　338p　19cm　2667円　①4-540-97160-3

(目次)土壌編(土壌の生成, 土壌の分類, 特殊な土壌, 土壌調査, 土層, 土壌診断, 粘土, 土性, 土壌三相, 土壌の構造, 土壌水分, 水分保持, 土壌のイオン, 土壌酸性, 酸化還元, 地力土壌有機物, 土壌侵食), 植物栄養編(要素, 養分吸収・同化, 養分の欠乏と過剰, 生理障害, 作物栄養診断), 土壌改良・施肥編(水田, 水田の改良, 水田の管理, 水田の施肥, 畑・樹園地の改良と管理, 畑樹園地の施肥, 施設の施肥と管理), 肥料・用土編(肥料の種類, 肥料の主成分, 特性と使い方, 肥料の性質, 有機質肥料, 有機質資材), 土壌微生物編(土壌生物の種類, 生物的防除), 環境保全編(環境の保全, 土壌汚染, 水質汚染, 大気汚染), 情報関係(土壌図情報, 画像処理, 診断システム)
(内容)生産, 研究現場で使われる土壌肥料用語をテーマ別に解説した事典, 全体を7つの編、50テーマに分けて約800語を解説。

土壌肥料用語事典 土壌編、植物栄養編、土壌改良・施肥編、肥料・用土編、土壌微生物編、環境保全編、情報編　新版(第2版)　藤原俊六郎, 安西徹郎, 小川吉雄, 加藤哲郎編　農山漁村文化協会　2010.3　304p　19cm　〈索引あり〉　2800円　①978-4-540-08220-7　Ⓝ613.5

(内容)生産・研究現場の必須用語830余を解説。土壌とその機能、植物栄養と品質、地方や肥料による作物生産、効率施肥、有機質活用、環境保全などの分野で新用語を充実。

農薬学事典　本山直樹編　朝倉書店　2001.3　571p　21cm　20000円　①4-254-43069-8　Ⓝ615.87

(目次)農薬とは, 農薬の生産, 農薬の研究開発,

農薬登録のしくみ，農薬の作用機構，農薬抵抗性問題，非合成農薬，遺伝子組換え作物，農薬の有益性，農薬の安全性，農薬中毒と治療方法，農薬と環境問題，シミュレーションモデルによる土壌環境中での農薬の動態予測，農薬散布の実際，農薬関連法規，わが国の主な登録農薬一覧
(内容)農薬について正しい情報を提供することを目的に農薬を解説した事典。巻末に索引を付す。

農薬用語辞典　2009　農薬用語辞典編集委員会編　日本植物防疫協会　2009.2　405p　23cm　〈他言語標題：A glossary of pesticide〉　5000円　①978-4-88926-117-2　Ⓝ615.87
(内容)農薬に関係する現場指導者や実務者が日頃触れる機会のありそうな用語を精選。法律・行政，環境，毒性，分析等の関連分野における最新の情報を盛り込むとともに，単語の和英及び英和対訳表も併せて掲載している。

肥料の事典　尾和尚人，木村眞人，越野正義，三枝正彦，但野利秋ほか編　朝倉書店　2006.1　387p　26cm　18000円　①4-254-43090-6
(目次)食糧生産と施肥，施肥需要の歴史的推移と将来展望，肥料の定義と分類，肥料の分類と性質，土壌改良資材，施肥法，施肥と作物の品質，施肥と環境

肥料用語事典　改訂4版　肥料用語事典編集委員会編　肥料協会新聞部　1992.6　303，62，100p　19cm　8500円　Ⓝ613.4

肥料用語事典　改訂5版　肥料用語事典編集委員会編　肥料協会新聞部　2001.7　100p　19cm　〈索引あり〉　8800円　Ⓝ613.4
(内容)肥料とその周辺分野の用語を解説する事典。肥料の種類，成分，分析法，製法，流通，関係関連法等のほか，関連する土壌，植物等に関する用語を加え，約2500語を収録する。用語の排列は五十音順。92年刊に次ぐ改訂5版。改訂に当たっては，製造，貿易，環境等の関連用語の追加・削除・修正が大幅になされているほか，従来どおり旧普通肥料名・特殊肥料名など，肥料固有の用語等はそのままにしている。英語索引付き。

<ハンドブック>

ゴルフ場管理と農薬の手引　化学工業日報社　1992.10　509p　21cm　7000円　①4-87326-113-9
(目次)第1部 ゴルフ場の総合管理（ゴルフ場管理と現状ルポ，ゴルフ場の総合管理，農薬散布技術と防除機器，農薬の安全使用と危害防止，病害と殺菌剤利用，害虫と殺虫剤利用，雑草と除草剤利用），第2部 ゴルフ場で使用される全登録農薬（殺虫剤，殺菌剤，除草剤，植物成長調整剤，展着剤，農薬肥料，マツクイムシ用殺虫剤，各社別取扱製品一覧），第3部 推奨農薬，第4部 関連資料

ゴルフ場農薬ガイド　化学工業日報社　1990.10　273，34p　21cm　7000円
(内容)ゴルフ場で農薬を使用する際の，基本的知識や注意点等を解説する。構成は，ゴルフ場での農薬の必要性・役割と安全性について，など8章から成る。農薬関係の参考資料4点，参考文献を付す。

最新農薬の規制・基準値便覧　平成5年3月8日現在　日本植物防疫協会　1993.4　243p　26cm　1800円
(目次)農薬に関する各種基準の解説，農薬関係の水質に係る各種基準・規制，参考（航空散布地区周辺地域の生活環境における大気中の農薬の安全性についての評価に関する指針）

最新農薬の規制・基準値便覧　平成5年8月31日現在　追補　日本植物防疫協会　1993.9　278p　26cm　400円
(目次)「残留農薬基準」の訂正，「農薬登録保留基準」の訂正，「農薬安全使用基準」の訂正，農薬登録保留基準告示分，農薬登録保留基準から削除された農薬，「農薬安全使用基準」別表1追補，水道水や排水に関わる農薬の基準値・目標値・指針値

最新 農薬の規制・基準値便覧　1995年版　日本植物防疫協会　1995.6　411p　30cm　5000円
(目次)農薬に係る各種規制・基準の解説，農薬と関係法規（残留農薬基準，農薬登録保留基準，農薬安全使用基準，環境基準，公共用水域等における農薬の水質評価指針，ゴルフ場使用農薬に係る指針・通達，水道水質基準，排水基準），掲載農薬一覧
(内容)農薬の各種基準値を示したもの。農薬の名称，商品名，用途別分類，化学名，ISO名，毒性，魚毒性，残留農薬基準，農薬登録保留基準等を1農薬1頁の表形式で掲載する。巻頭に掲載農薬一覧表が，巻末にISO名，農薬名，国内商品名，基準値設定名から引ける索引がある。

最新 農薬の規制・基準値便覧　1995年版　追補版　日本植物防疫協会　1996.1　49p　30cm　800円
(内容)「最新 農薬の規制・基準値便覧」の1995年版（95年6月30日現在）刊行後，同年12月までに基準の改正が行われた農薬について，名称，商品名，用途別分類，化学名，ISO名，毒性，魚毒性，残留農薬基準，農薬登録保留基準等を表形式でまとめたもの。

最新 農薬の残留分析法 改訂版　農薬残留分析法研究班編　中央法規出版　2006.10　1001p　26cm　〈付属資料:別冊1〉　28000円　Ⓘ4-8058-2782-3

⽬次 1 単成分分析法(1, 3-dichloropropene, 2, 4, 5-T, 2, 4-D, Acephate, Acequinocylほか), 2 多成分分析法(グループ試験法(厚生労働省公定法), 迅速一斉試験法, 農薬等ポジティブリスト制対応法)

内容 残留農薬分析の実際的なノウハウを提供する書籍の10年ぶり改訂版。単成分分析法340、多成分分析法17と収載分析法が大幅増え、別冊として分析基本操作を解説した「基礎編・資料編」を付した。ポジティブリスト基準にも対応。

雑草管理ハンドブック　草薙得一, 近内誠登, 芝山秀次郎共編　朝倉書店　1994.12　597p　21cm　18540円　Ⓘ4-254-40005-5

内容 安定した農業生産をはかるうえで不可欠な雑草管理の基礎から実用的管理技術までの知識をとりまとめた実務便覧。雑草の生理・生態など雑草化学の基礎的知見の基礎編、状況別の雑草管理の実際をまとめた実用編、主要雑草一覧表・除草剤一覧表・関連法規などの付録からなる。事項索引・雑草名索引・薬剤名索引を付す。

雑草管理ハンドブック　普及版　草薙得一, 近内誠登, 芝山秀次郎編　朝倉書店　2010.10　597p　22cm　〈索引あり〉　16000円　Ⓘ978-4-254-40018-2　Ⓝ615.83

⽬次 1 基礎編(雑草の概念と雑草科学, 雑草の種類と分類, 雑草管理法の種類, 雑草の生理・生態, 除草剤利用技術の基礎, 雑草管理機械の種類と特性), 2 実用編1(水稲作, 麦作, 畑作, 特用作物栽培, 作付体系と雑草管理), 3 実用編2(樹園地の雑草管理, 草地の雑草管理, 林業地の雑草管理, 機械的・物理的雑草防除法, 生物的雑草防除法, 雑草と環境保全, 雑草の利用), 付録

残留農薬データブック　植村振作, 河村宏, 辻万千子, 冨田重行, 前田静夫著　三省堂　1992.10　387p　26cm　2800円　Ⓘ4-385-35452-9

⽬次 残留農薬データとは, 国内流通農産物(薬剤別残留農薬ワースト5, 作物別残留農薬), 海外流通農産物　作物別残留農薬

内容 国内及び海外の残留農薬分析報告。約2万件を食品名別に整理したわが国初のデータブック。消費者・生産者・流通関係者行政関係者必携のデータ集。

食品衛生検査指針 残留農薬編　2003　厚生労働省監修　日本食品衛生協会　2003.7　889p　26cm　23810円

⽬次 1 通則、残留農薬分析総論, 2 公定試験法(厚生労働省公定試験法, 環境省告示・農薬登録保留基準試験法)

内容 「通則」では、本書で用いる単位および記号について解説し、また試験法のうち基本的な用語について解説。「残留農薬分析総論」では、各残留農薬分析法に共通する操作法について解説し、留意点などを述べた残留農薬分析を行うにあたって、先ず参考としていただきたい。「告示法」に収載された分析法は食品衛生法の「食品、添加物等の規格基準」に示されたいわゆる告示試験法であり、平成14年3月までに残留基準値が告示された(適用は平成14年4月1日)229農薬を対象としている。「参考法」として、比較的分析の機会が多いと考えられるエンドスルファン、ジチオカーバメート、チオファネートメチルおよびベノミルには、食品衛生法には試験法が告示されていないため、環境省告示・農薬登録保留基準試験法を収載した。また、「通知法」として、食品汚染事故等を契機に厚生労働省から通知された試験法(魚介中のCNP試験法、EDB(二臭化エチレン)の試験法、牛肉中のクロルフルアズロンの分析法、同有機塩素化合物の分析法、牛乳中の有機塩素農薬の試験法)および平成9年に通知された残留農薬迅速分析法について示した。「告示法」の各試験法については、(1)試験法の概要、(2)操作のフローチャート、通知の検出限界、(3)注解および留意点、クロマトグラムを掲載した。

日本生協連残留農薬データ集　2　日本生活協同組合連合会商品検査センター企画・編　日本生活協同組合連合会, コープ出版〔発売〕　2005.3　177p　31×22cm　〈付属資料:CD-ROM1〉　40000円　Ⓘ4-87332-219-7

⽬次 第1部 残留農薬検査結果(データ集概要, 集計結果と考察, 参考文献), 第2部 データ集を利用するにあたって(検査対象サンプルについて, 検査対象項目について, 検査法, 残留農薬一覧表の表記方法について, 参考文献), 第3部 残留農薬データ(作物分類別集計一覧)

内容 1997年後半から6年半のあいだに蓄積した5000以上のサンプル、総計120万件のデータを公開することとしたもの。

農薬登録保留基準 残留農薬基準ハンドブック 作物・水質残留の分析法　農薬環境保全対策研究会編　化学工業日報社　1995.3　1239p　21cm　15000円　Ⓘ4-87326-182-1

内容 農薬の作物残留に関する登録保留基準及び作物残留分析法をまとめたハンドブック。農薬の種類の五十音順に、それぞれの基準と分析法を掲載する。各項目に農薬の欧文名、商品名、化学名、構造式を記載。巻末に「農薬取締法」「食品衛生法」などの関連法規の抜粋がある。

農薬登録保留基準ハンドブック 作物残留の分析法
農薬環境保全対策研究会編　化学工業日報社　1990.7　746p　21cm　13000円　Ⓘ4-87326-061-2

(目次)第1章 総論，第2章 登録保留基準と試験法，関連法規(農薬取締法，食品衛生法，ゴルフ場で使用される農薬による水質汚濁の防止に係る暫定指導指針)

農薬の手引　1990年版
化学工業日報社　1990.3　995p　21cm　6400円　Ⓘ4-87326-053-1　Ⓝ615.87

(目次)新登録農薬編(新農薬の解説，新登録農薬一覧，適用拡大農薬一覧)，商品名別農薬編(商品名別農薬一覧，農薬原体取扱会社)，作物別主要病害虫・雑草別適用農薬編，各社推奨農薬編

農薬の手引　1991年版
化学工業日報社　1991.3　1009p　21cm　6400円　Ⓘ4-87326-074-4　Ⓝ615.87

(目次)新登録農薬編(新農薬の解説，新登録農薬一覧，適用拡大農薬一覧)，商品名別農薬編(商品名別農薬一覧，農薬原体取扱会社)，作物別主要病害虫・雑草別適用農薬編―作物別主要病害虫・雑草別適用農薬一覧，各社推奨農薬編―会社別取扱製品一覧，関連資料編，索引，付録 農薬の混用適否表

農薬の手引　1993年版
化学工業日報社　1993.3　1058p　21cm　6400円　Ⓘ4-87326-124-4

(目次)新登録農薬編，商品名別農薬編，作物別主要病害虫・雑草別適用農薬編，各社推奨農薬編，関連資料編

(内容)市販農薬の商品名・有効成分・適用病害虫・製造業者名または輸入業者名・使用方法などを記載したハンドブック。巻頭の「新登録農薬編」では平成4年に登録された農薬を会社別に収録，「商品名別農薬編」では平成4年末までに登録・市販されている農薬を分類別商品名五十音順およびアルファベット順に排列・掲載する。

農薬の手引　1994年版
化学工業日報社　1994.3　1122p　21cm　6800円　Ⓘ4-87326-153-8

(目次)新登録農薬編，商品名別農薬編，作物別主要病害虫・雑草別適用農薬編，各社推奨農薬編，関連資料編(農薬残留に関する安全使用基準，適正使用基準，人畜毒性・魚毒性一覧，農薬の化学名一覧，農薬混用適否表，農薬関係会社・機関住所録)

(内容)市販農薬の商品名・有効成分・適用病害虫・製造業者名または輸入業者名・使用方法などを記載したハンドブック。巻頭の「新登録農薬編」では平成5年に登録された農薬を会社別に収録，「商品名別農薬編」では平成5年末までに登録・市販されている農薬を「殺虫剤」「殺菌剤」「殺虫殺菌剤」「除草剤」「植物成長調整剤」「展着剤」「殺そ剤」「その他」に分類，それぞれのなかを商品名の五十音順およびアルファベット順に排列・掲載する。

農薬の手引　2006年版
化学工業日報社　2006.3　1337p　26cm　7000円　Ⓘ4-87326-481-2

(目次)1 新登録農薬編(新農薬の解説，新登録農薬一覧(会社別50音順) ほか)，2 商品別農薬編(商品別農薬，農薬原体取扱会社一覧)，3 作物別主要適用農薬編(稲，麦類 ほか)，4 各社推奨農薬編(8会社推奨農薬目次，会社別取扱製品一覧)，関連資料編

(内容)本書は新規登録を始め，現在市販されている農薬を各農薬メーカー，取扱業者の協力を得て，収録している。商品名を中心にその有効成分，適用病害虫，登録会社，使用方法などを記載し，農薬の実用商品辞典的な性格を持たせたものである。

農薬ハンドブック　1994年版　第9版
農薬ハンドブック1994年版編集委員会編　日本植物防疫協会　1994.12　786p　21cm　6000円

(目次)殺虫剤，殺菌剤，殺虫殺菌剤，除草剤，殺そ剤，植物成長調整剤，殺菌植物成長調整剤，誘引剤，忌避剤，展着剤、その他

(内容)平成6年6月30日現在で農薬取締法により登録されている農薬を解説した実務便覧。用途別、化学構造別に分類収録し、開発機関名、登録年次、特徴、作用特性、使用上の注意、製剤について解説する。また付録として農薬成分一覧表、開発から登録まで、各種基準・毒性分類、中毒の治療法、会社紹介がある。農薬名索引を付す。

肥料便覧　第5版
伊達昇，塩崎尚郎編著　農山漁村文化協会　1997.4　361p　21cm　3810円　Ⓘ4-540-96144-6

(目次)チッソ質肥料，リン酸質肥料，カリ質肥料，普通化成肥料，高度化成肥料，二成分複合化成肥料，配合肥料，肥効調節型肥料，成形複合肥料―固形肥料，ペースト肥料，液体肥料，ポーラス状軽量肥料，石灰質肥料，苦土質肥料，ケイ酸質肥料，微量要素肥料，農薬入り肥料，有機質肥料，堆肥化資材，土壌改良資材，微生物資材

肥料便覧　第6版
塩崎尚郎編　農山漁村文化協会　2008.4　378p　21cm　4286円　Ⓘ978-4-540-07139-3　Ⓝ613.4

(目次)チッソ質肥料，リン酸質肥料，カリ質肥料，普通化成肥料，高度化成肥料，二成分複合化成肥料，配合肥料，肥効調節型肥料，成形複合肥料(固形肥料)，ペースト肥料〔ほか〕

農林水産　　　　　　　　　　環境問題

⒤内容)肥料を22のタイプに分けてその特性を詳述。作物・土壌条件にあわせた適正な肥料の選び方と，つかい方を紹介。約1800の肥料の登録名・ペットネーム(商品名)から保証成分，入手先が引ける銘柄表，索引付き。とくに第6版では，経済性の面からBB肥料を充実。また省力，環境保全の課題に対応するため肥効調節型肥料や，有機質肥料への関心から汚泥肥料，堆肥化資材などを大幅に見直した。

<法令集>

ゴルフ場に於ける農薬・関係法令・通知・解説集　1990年版　東洋企画　1990.8　387p　21cm　5000円　①4-924656-10-0
⒤目次)農薬とゴルフ場，農薬に関する法律，農薬取締法，農薬取締法解説，総合保養地域整備法，水質汚濁防止法

<年鑑・白書>

肥料年鑑　平成2年版　肥料協会新聞部編　1990.2　300, 112, 88p　21cm　15450円　Ⓝ613.4
⒤目次)記述編(最近の農業をめぐる諸問題，わが国肥料工業をめぐる諸問題，需給，価格，流通，金融，肥料関係会社の経営分析，農家経済と肥料，土壌保全対策，土壌改良資材の動向，人工床土の動向，農業生産の動向と肥料，各肥料の解説，肥料公定規格の改正要旨，肥料化学研究開発の動向，肥料と環境保全)，資料編，統計編

肥料年鑑　1991年　肥料協会新聞部　1991.2　297, 61, 112p　22cm　〈発売：東京官書普及　対象期間：平成元年7月～平成2年6月〉　14563円　Ⓝ613.4
⒤目次)記述編(最近の農業をめぐる諸問題，わが国化学肥料工業をめぐる諸問題，需給，価格，流通，金融，肥料関係会社の経営分析，農家経済と肥料，土壌保全対策，土壌改良資材の動向，人工床土の動向，農業生産の動向と肥料，各肥料の解説，肥料公定規格の改正要旨，肥料化学研究開発の動向，肥料と環境保全)，資料編(重要日誌，関係団体名簿ほか)，統計編

肥料年鑑　平成4年版　肥料協会新聞部　1992.2　296, 118, 52p　21cm　15000円
⒤目次)総論(最近の農業をめぐる諸問題，わが国化学肥料をめぐる諸問題，肥料と環境問題)，各論(需給，価格，流通，金融，肥料関係会社の経営分析，農家経済と肥料，土壌保全対策，土壌改良資材の動向，人工床土の動向，有機農業の現状，農業生産の動向と肥料，各肥料の解説，肥料公定規格の改正要旨，肥料化学研究開発の動向)，資料編，統計編

肥料年鑑　1993年　肥料協会新聞部　1993.2　265, 51, 106p　22cm　17476円
⒤目次)総論(最近の農業をめぐる諸問題，肥料と環境問題)，各論(需給，価格，流通 ほか)

肥料年鑑　1994年　肥料協会新聞部　1994.2　279p　21cm　18000円
⒤目次)総論(最近の農業をめぐる諸問題，肥料と環境問題)，各論(需給，価格，流通 ほか)

肥料年鑑　1999年　第46版　肥料協会新聞部編　肥料協会新聞部　1999.3　1冊　21cm　20000円
⒤目次)記述編(特集 肥料・農業・食糧(最近の農政をめぐる現状，OECD「農業と環境」について，肥料と環境劣化，農業における化学肥料の役割，肥料化学研究開発の動向)，各論(需給，価格，流通，金融，農家経済と肥料，土壌保全対策，土壌改良資材の動向，人口床土の動向，環境保全型農業の推進と有機農産物の動向，農業生産の動向と肥料，各肥料の解説))，資料編(農林水産大臣登録肥料生産・輸入業者・指定配合肥料届出業者，県別肥料の生産量等)，統計編

肥料年鑑　2000　肥料協会新聞部編　肥料協会新聞部　2000.3　327, 100, 72p　21cm　20000円　Ⓝ613.4
⒤目次)記述編(特集―肥料・農業・食糧，各論)，資料編，統計編
⒤内容)肥料の動向や資料を収録した年鑑。記述編，資料編，統計編で構成。資料編は農林水産大臣登録肥料生産・輸入業者・指定配合肥料届出業者，関係官庁の名簿と県別肥料の生産量，肥料取締法の概要を収録。統計編は生産、輸入、輸出、消費、流通、価格、農業統計の8項目に分け、表形式等で掲載。

肥料年鑑　2001年版　第48版　肥料協会新聞部編　肥料協会新聞部　2001.3　286, 111, 72p　21cm　20000円　Ⓝ613.4
⒤目次)記述編(特集・肥料・農業・食糧(「食料・農業・農村白書」の概要，肥料取締法の一部を改正する法律の概要について，公定規格の改正案について ほか)，各論(需給，価格，流通 ほか)，資料編(農林水産大臣登録肥料生産・輸入業者等，新登録肥料の概要 ほか)，統計編
⒤内容)肥料の動向や資料を収録した年鑑。記述編，資料編，統計編で構成。資料編は農林水産大臣登録肥料生産・輸入業者・新登録肥料の概要，県別肥料の生産量等，肥料関係研究成果の概要を収録。

肥料年鑑　2002年版　第49版　肥料協会新聞部編　肥料協会新聞部　2002.2　285, 103, 67p　21cm　20000円　Ⓝ613.4

肥料年鑑　2003年版　第50版　肥料協会新聞部編　肥料協会新聞部　2003.2　1冊　21cm　20000円
〔目次〕記述編(食料・農業・農村白書の概要, 肥料の登録等の状況, 公定規格の改正について, 農耕地の重金属負荷と安全性の課題, 農耕地から発生する温室効果ガス, メタンと亜酸化窒素の発生量とその制御技術, 硝酸を巡る問題, 農家を対象とした肥料についてのアンケート調査結果と肥料需要予測について, 環境保全型農業の現状と展望, 需給, 価格 ほか), 資料編, 統計編

肥料年鑑　2004　第51版　肥料協会新聞部編　肥料協会新聞部　2004.3　267, 124p　21cm　20000円
〔目次〕記述編(特集 肥料・農業・食糧(食料・農業・農村白書の概要, 公定規格の改正(案)について, カドミウムを巡る最近の話題 ほか), 各論(需給, 価格, 流通 ほか)), 資料編, 統計編

肥料年鑑　平成17年(2005年)版　第52版　肥料協会新聞部編　肥料協会新聞部　2005.3　283, 89p　21cm　20000円
〔目次〕記述編(肥料・農業・食糧, 肥料公定規格・肥料登録関係, 土壌・圃場・肥料・土改材, 肥料の需要・供給・生産, 最近の肥料の卸売及び小売価格の動向等, 系統別肥料取扱状況・物流の合理化, 農家経済と肥料, 農産物別の動向と肥料, 肥料の解説), 資料編, 統計編

肥料年鑑　平成18年(2006年)版　第53版　肥料協会新聞部編　肥料協会新聞部　2006.3　315, 66, 51p　21cm　20000円　Ⓘ4-89204-003-7
〔目次〕記述編(特集 肥料・農業・食糧, 肥料公定規格・肥料登録関係, 土壌・圃場・肥料・土改材, 肥料の需要・供給・生産, 最近の肥料の卸売及び小売価格の動向等, 系統別肥料取扱状況・物流の合理化, 農家経済と肥料, 農産物別の動向と肥料, 肥料の解説), 資料編, 統計編

肥料年鑑　2007年　第54版　肥料協会新聞部編　肥料協会新聞部　2007.3　1冊　21cm　20000円　Ⓘ978-4-89204-004-7
〔目次〕記述編(肥料・農業・食糧, 土壌・圃場・肥料・土改材, 農産物別の動向と肥料, 肥料の解説), 資料編(肥料関係研究成果概要, 肥料取締法(平成16年10月改正), 肥料公定規格の規制値などの概要 ほか), 統計編(普通肥料の生産量, 普通肥料の輸入量, 特殊肥料の生産量 ほか)

肥料年鑑　2008年　第55版　肥料協会新聞部編　肥料協会新聞部　2008.2　1冊　21cm　20000円　Ⓘ978-4-89204-005-4　Ⓝ613.4
〔目次〕肥料・農業・食糧(食料・農業・農村白書の概要, 肥料公定規格・肥料登録関係, 肥料の生産・需要・供給関係 ほか), 肥料関係研究成果概要, 茨城県の肥料流通, 肥料取締法(平成16年10月改正)), 統計編(主要肥料の都道府県別出荷, 肥料の輸出入, 主要肥料生産能力一覧 ほか)

肥料年鑑　2009年　第56版　肥料協会新聞部編　肥料協会新聞部　2009.2　307, 89, 36p　21cm　20000円　Ⓘ978-4-89204-006-1　Ⓝ613.4
〔目次〕記述編(肥料・農業・食糧, 新エネルギーとバイオマス, 肥料公定規格・肥料登録関係, 肥料の生産・需要・供給関係, 流通機構の現状, 肥料生産登録の激増と資材費, 土壌・圃場・肥料・土改材, 農産物別の動向及び肥料・資材, 肥料の解説), 資料編, 統計編

ポケット肥料要覧　1990年版　農林水産省農蚕園芸局肥料機械課監修　農林統計協会　1990.3　368p　19cm　1300円　Ⓘ4-541-01239-1
〔目次〕1 生産, 2 輸入, 3 輸出, 4 消費, 5 需給, 6 価格, 7 世界における生産及び消費, 8 土壌改良資材の生産, 参考 農業生産と農家経済, 事典(主要肥料及び肥料原料の製造工程と原単位, 土壌と肥料, 肥料関係用語の解説), 法令・制度(肥料取締法, 地力増進法, 肥料価格安定臨時措置法を廃止する法律, 輸出貿易管理令, 輸出入取引法, 産業構造転換円滑化臨時措置法, 公害関係基準一覧), 年表, 官庁・団体・会社一覧, 肥料関係機関及び主要肥料生産業者等一覧

ポケット 肥料要覧　1994年版　農林水産省農蚕園芸局肥料機械課監修　農林統計協会　1994.3　375p　19cm　1700円　Ⓘ4-541-01804-7
〔目次〕統計(生産, 輸入, 輸出, 消費, 需給, 価格, 世界における生産及び消費, 土壌改良資材の生産, 参考 農業生産と農家経済), 事典(主要肥料及び肥料原料の製造工程と原単位, 土壌と肥料, 肥料関係用語の解説), 法令・制度(肥料取締法, 肥料価格安定臨時措置法を廃止する法律案に対する附帯決議等, 地力増進法, 輸出貿易管理令〈抜すい〉, 輸出入取引法〈抜すい〉, 産業構造転換円滑化臨時措置法, 公害関係基準一覧), 年表(肥料史年表), 官庁・団体・会社一覧(肥料関係機関及び主要肥料生産業者等一覧)
〔内容〕肥料に関する統計・事典(基礎知識)・年表・名簿データを1冊にまとめた実務便覧。

ポケット肥料要覧　2001年　農林水産省生産局生産資材課監修　農林統計協会　2001.7

472p　21cm　2000円　Ⓘ4-541-02759-3　Ⓝ613.4

(目次)統計(生産,輸入,消費,需給,価格,世界における生産及び消費,土壌改良資材の生産),事典(主要肥料及び肥料原料の製造工程と原単位,土壌と肥料その他,肥料関係用語の解説),法令・制度(肥料取締法,肥料価格安定臨時措置法を廃止する法律案に対する附帯決議等,地力増進法,有機質肥料等推奨基準に係る認証要領,肥料の輸出入取引法に基づく硫安の生産業者の国内取引に関する協定の廃止について,産業活力再生特別措置法),年表,官庁・団体・会社一覧(中央官庁等,地方機関,独立行政法人,肥料関係団体,主要農業関係団体,研究所その他,肥料生産業者肥料輸入業者,主要土壌改良資材関係業者,関係団体)

ポケット肥料要覧　2002／2003年　農林水産省生産局生産資材課監修　農林統計協会　2003.6　488p　21cm　2000円　Ⓘ4-541-03085-3

(目次)統計(生産,輸入,輸出 ほか),事典(主要肥料及び肥料原料の製造工程と原単位,土壌と肥料,その他),法令・制度(肥料取締法,肥料価格安定臨時措置法を廃止する法律案に対する附帯決議等,地力増進法 ほか),年表,官庁・団体・会社一覧

ポケット肥料要覧　2004年　農林水産省消費・安全局農産安全管理課監修　農林統計協会　2005.2　498p　21cm　2400円　Ⓘ4-541-03216-3

(目次)統計(生産,輸入,輸出 ほか),事典(主要肥料及び肥料原料の製造工程と原単位,土壌と肥料,その他 ほか),法令・制度(肥料取締法,肥料価格安定臨時措置法を廃止する法律案に対する附帯決議等,地力増進法 ほか),年表,官庁・団体・会社一覧

ポケット肥料要覧　2005年　農林水産省消費・安全局農産安全管理課監修　農林統計協会　2006.3　445p　21cm　2400円　Ⓘ4-541-03351-8

(目次)統計(生産,輸入,輸出 ほか),事典(主要肥料及び肥料原料の製造工程と原単位,土壌と肥料,その他 ほか),法令・制度(肥料取締法,肥料価格安定臨時措置法を廃止する法律案に対する附帯決議等,地力増進法 ほか),年表,官庁・団体等一覧

ポケット肥料要覧　2006年　農林水産省消費・安全局農産安全管理課監修　農林統計協会　2007.5　445p　21cm　2500円　Ⓘ978-4-541-03484-7

(目次)統計(生産,輸入,消費,需給,価格,世界における生産及び消費,土壌改良資材の生産,(参考)農業生産と農家経済),事典(主要肥料及び肥料原料の製造工程と原単位,土壌と肥料,その他,肥料関係用語の解説),法令・制度(肥料取締法,肥料価格安定臨時措置法を廃止する法律案に対する附帯決議等,地力増進法,有機質肥料等推奨基準に係る認証要領,肥料の輸出承認制度の廃止について,輸出入取引法に基づく硫安の生産業者の国内取引に関する協定の廃止について,産業活力再生特別措置法),年表(肥料史年表)

ポケット肥料要覧　2007　農林水産省消費・安全局農産安全管理課監修　農林統計協会　2008.6　445p　21cm　2500円　Ⓘ978-4-541-03587-5　Ⓝ613.4

(目次)統計(生産,輸入 ほか),事典(主要肥料及び肥料原料の製造工程と原単位,土壌と肥料 ほか),法令・制度(肥料取締法,地力増進法 ほか),年表,官庁・団体等一覧

ポケット肥料要覧　2008　農林水産省消費・安全局農産安全管理課監修　農林統計協会　2009.8　449p　21cm　2500円　Ⓘ978-4-541-03651-3　Ⓝ613.4

(目次)統計(生産,輸入,輸出,消費,需給,価格,世界における生産及び消費,土壌改良資材の生産,農業生産と農家経済),事典(主要肥料及び肥料原料の製造工程と原単位,土壌と肥料,その他,肥料関係用語の解説),法令・制度(肥料取締法,地力増進法,有機質肥料等推奨基準に係る認証要領,輸出入取引法に基づく硫安の生産業者の国内取引に関する協定の廃止について,産業活力再生特別措置法),年表(肥料史年表),官庁・団体等一覧

ポケット肥料要覧　2009　農林水産省消費・安全局農産安全管理課監修　農林統計協会　2010.10　423p　21cm　2500円　Ⓘ978-4-541-03723-7　Ⓝ613.4

(目次)統計(生産,輸入,輸出,消費,需給,価格,世界における生産及び消費,土壌改良資材の生産,農業生産と農家経済),事典(主要肥料及び肥料原料の製造工程と原単位,土壌と肥料,その他肥料関係用語の解説),法令・制度(肥料取締法,地力増進法,有機質肥料等推奨基準に係る確認要領),年表(肥料史年表),官庁・団体等一覧(中央官庁等,地方機関,都道府県,独立行政法人,肥料関係団体,主要農業関係団体,研究所その他)

＜統計集＞

農薬要覧　1991　農林水産省農蚕園芸局植物防疫課監修　日本植物防疫協会　1991.12　692p　19cm　5000円

(目次)1 農薬の生産、出荷、2 農薬の流通、消

費，3 農薬の輸出、輸入，4 登録農薬，6 関連資料，7 付録
(内容)本書に記載されている統計資料は、農薬取締法に基づく農薬製造会社の報告を中心にとりまとめたものである。

農薬要覧 1993年版 日本植物防疫協会編，農林水産省農蚕園芸局植物防疫課監修 日本植物防疫協会 1993.12 675p 19cm 5200円
(目次)1 農薬の生産、出荷，2 農薬の流通、消費，3 農薬の輸出、輸入，4 登録農薬

農薬要覧 1994 農林水産省農蚕園芸局植物防疫課監修 日本植物防疫協会 1995.1 680p 19cm 5200円
(目次)1 農薬の生産、出荷，2 農薬の流通、消費，3 農薬の輸出、輸入，4 登録農薬，6 関連資料，7 付録
(内容)1993農薬年度(1992年10月～93年9月)における農薬の生産・流通・輸出入・登録などに関する統計集。付録として農薬製造・販売業者や関係団体の名簿を収録。登録農薬索引を付す。

農薬要覧 1995 農林水産省農産園芸局監修 日本植物防疫協会 1995.12 678p 19cm 5400円
(目次)農薬の生産、出荷，農薬の流通、消費，農薬の輸出、輸入，登録農薬，新農薬解説，関連資料
(内容)農薬製造会社の報告に基づいてまとめられた統計資料集。巻末の付録として関連団体名簿、登録農薬の索引等がある。

農薬要覧 1996 農林水産省農産園芸局植物防疫課監修 日本植物防疫協会 1996.12 683p 19cm 5400円
(目次)1 農薬の生産、出荷，2 農薬の流通、消費，3 農薬の輸出、輸入，4 登録農薬，5 新農薬解説，6 関連資料，7 付録
(内容)農薬取締法に基づく農薬製造会社の報告を中心にとりまとめられた統計資料。

農薬要覧 1998 農林水産省農産園芸局植物防疫課監修，日本植物防疫協会編 日本植物防疫協会 1998.10 719p 19cm 7000円
(目次)1 農薬の生産、出荷，2 農薬の流通、消費，3 農薬の輸出、輸入，4 登録農薬，5 新農薬解説，6 関連資料，7 付録
(内容)平成9農薬年度(1996年10月～97年9月)における農薬の生産・流通・輸出入・登録などに関する統計集。付録として農薬製造・販売業者や関係団体の名簿を収録。登録農薬索引を付す。

農薬要覧 2000年版(平成11農薬年度) 農林水産省農産園芸局植物防疫課監修，日本植物防疫協会編 日本植物防疫協会 2000.10 737p 19cm 7200円 Ⓝ615.87
(目次)1 農薬の生産、出荷，2 農薬の流通、消費，3 農薬の輸出、輸入，4 登録農薬，5 新農薬解説，6 関連資料，7 付録
(内容)平成11農薬年度(10年10月から11年9月まで)の農薬の製造・出荷・輸出入に関する統計資料を、農薬製造会社からの報告を基にとりまとめたもの。付録に毒性一覧、名簿、登録農薬索引などがある。

農薬要覧 2007 農林水産省消費・安全局農産安全管理課・植物防疫課監修 日本植物防疫協会 2007.10 727p 19cm 7200円 Ⓘ978-4-88926-111-0
(目次)1 農薬の生産、出荷，2 農薬の流通、消費，3 農薬の輸出、輸入，4 登録農薬，5 新農薬解説，6 関連資料，7 付録

農薬要覧 2008 農林水産省消費・安全局農産安全管理課，植物防疫課監修，日本植物防疫協会編 日本植物防疫協会 2008.10 735p 21cm 9000円 Ⓘ978-4-88926-116-5 Ⓝ615.87
(目次)1 農薬の生産、出荷，2 農薬の流通、消費，3 農薬の輸出、輸入，4 登録農薬，5 新農薬解説，6 関連資料，7 付録

農薬要覧 2009 農林水産省消費・安全局農産安全管理課、植物防疫課監修，日本植物防疫協会編 日本植物防疫協会 2009.10 743p 21cm 9000円 Ⓘ978-4-88926-120-2 Ⓝ615.87
(目次)1 農薬の生産、出荷，2 農薬の流通、消費，3 農薬の輸出、輸入，4 登録農薬，5 新農薬解説，6 関連資料，7 付録

農薬要覧 2010 農林水産省消費・安全局農産安全管理課，植物防疫課監修，日本植物防疫協会編集 日本植物防疫協会 2010.10 741p 21cm 9000円 Ⓘ978-4-88926-124-0
(内容)農薬の生産・出荷、流通・消費、輸出・輸入、登録農薬、新農薬解説、関連資料や付録などを収録。農薬の製造・出荷・輸出入に関する統計資料は、農薬製造会社からの報告をベースとする。

◆林業

<ハンドブック>

森林・林業実務必携 東京農工大学農学部森林・林業実務必携編集委員会編 朝倉書店 2007.9 446p 19cm 8000円 Ⓘ978-4-254-47042-0
(目次)森林生態，森林土壌，林木育種，育林，

農林水産　　　　　　　　　　　　環境問題

特用林産，森林保護，野生鳥獣管理，森林水文，山地防災と流域保全，測量，森林計測，生産システム，基盤整備，林業機械，林産業と木材流通，森林経理・森林評価，森林法律，森林政策，森林風致と環境緑化，造園，木材の性質，木材加工，木材の改質と塗装・接着，木材の保存，木材の化学的利用

林業実務必携　第三版普及版　東京農工大学農学部林学科編　朝倉書店　2006.7　607p　19cm　9500円　①4-254-47043-6

(目次)測量，測樹，森林航測，森林土壌，森林栄養，林木育種，造林，森林保護，特用林産，伐木運材，森林土木，林業機械，山地防災，森林風致，森林評価，林業会計，森林経理，林業法律，木材商業，木材の性質，木材加工，材質改良，木材保存，林産製造

<年鑑・白書>

森林・林業白書　森林及び林業の動向に関する年次報告　平成13年度　森林と国民との新たな関係の創造に向けて　林野庁編　日本林業協会　2002.4　336, 46p　30cm　2000円　①4-931155-12-X　Ⓝ652.1

(目次)第1部 森林及び林業の動向(森林と国民との新たな関係の創造に向けて，森林の多面的機能の持続的な発揮に向けた整備と保全，林業の健全な発展を目指して，木材の供給と利用の確保，森林と人との新たな関係を発信する山村(ほか)，第2部 森林及び林業に関して講じた施策(多面的機能の発揮のための森林の整備と保全の推進，森林の整備と森林資源の循環利用を担う林業の振興，森林資源の循環利用を担う木材産業の振興，公的関与による森林の適正な整備，森林・林業・木材産業に関する研究・技術開発と普及　ほか)

森林・林業白書　平成14年度　世界の森林の動向とわが国の森林整備の方向　林野庁編　日本林業協会　2003.4　284, 46p　30cm　2000円　①4-931155-13-8

(目次)第1部 森林及び林業の動向(世界の森林の動向と我が国の森林整備の方向，森林の整備，保全と山村の活性化，林業の持続的かつ健全な発展と課題，木材の供給の確保と利用の推進，国有林野事業における改革の推進)，第2部 森林及び林業に関して講じた施策(森林の多面的機能の持続的な発揮に向けた整備と保全，林業の持続的かつ健全な発展の確保，森林・林業・木材産業に関する研究・技術開発と普及，都市と山村の共生・対流の推進等による山村の振興，森林・林業分野における国際的取組の推進，その他林政の推進に必要な措置)

森林・林業白書　平成15年度　新たな木の時代を目指して　林野庁編　日本林業協会　2004.4　230, 44p　30cm　2000円　①4-931155-14-6

(目次)第1部 森林及び林業の動向(新たな「木の時代」を目指して，木材産業と木材需給，森林の整備・保全と国際貢献，林業の発展と山村の活性化，国有林野事業における改革の推進)，第2部 森林及び林業に関して講じた施策(森林のもつ多面的機能の持続的な発揮に向けた整備と保全，都市と山村の共生・対流の推進等による山村の振興，林業の持続的かつ健全な発展の確保，林産物の供給及び利用の確保，森林・林業・木材産業に関する研究・技術開発と普及，国有林野事業改革の推進，森林・林業分野における国際的取組の推進)

森林・林業白書　平成16年度　次世代へと森林を活かし続けるために　林野庁編　日本林業協会，農林統計協会〔発売〕　2005.6　222, 48, 13p　30cm　2800円　①4-541-03269-4

(目次)第1部 森林及び林業の動向(次世代へと森林を活かし続けるために，森林の整備・保全，林産物需給と木材産業，「国民の森林」を目指した国有林野における取組)

(内容)本書では，我が国森林の状況を踏まえた上で，森林からの恩恵を次世代に引き継ぐための林業・山村の取組方策について提示するとともに，森林・林業基本法の理念に基づき，森林，林産物，国有林野事業の各分野についての動向と課題を取り上げている。

森林・林業白書　平成18年版　国民全体で支える森林　林野庁編　日本林業協会　2006.5　228, 51p　30cm　2000円　①4-931155-16-2

(目次)第1部 森林及び林業の動向(基本認識，トピックス，国民全体で支える森林，森林の整備・保全，林業・山村の振興，木材需給と木材産業，「国民の森林」を目指した国有林野の取組)，第2部 平成17年度森林及び林業施設(概説，森林のもつ多面的機能の持続的な発揮に向けた整備と保全，都市と山村の共生・対流の推進等による山村の振興，林業の持続的かつ健全な発展の確保，林産物の供給及び利用の確保，森林・林業・木材産業に関する研究・技術開発と普及，国有林野の適切かつ効率的な管理経営の推進，森林・林業分野における国際的取組の推進)

森林・林業白書　平成18年版　国民全体で支える森林　林野庁編　日本林業協会，農林統計協会〔発売〕　2006.6　228, 51, 15p　30cm　2800円　①4-541-03366-6

(目次)第1部 森林及び林業の動向(国民全体で支える森林，森林の整備・保全，林業・山村の振

興，木材需給と木材産業，「国民の森林」を目指した国有林野の取組），第2部 平成17年度森林及び林業施策（森林のもつ多面的機能の持続的な発揮に向けた整備と保全，都市と山村の共生・対流の推進等による山村の振興，林業の持続的かつ健全な発展の確保，林産物の供給及び利用の確保，森林・林業・木材産業に関する研究・技術開発と普及 ほか）

⦅内容⦆本書は，森林・林業基本法（昭和39年法律第161号）第10条第1項の規定に基づく平成17年度の森林及び林業の動向並びに同条第2項の規定に基づく平成18年度において講じようとする森林及び林業施策について報告を行うものである。

森林・林業白書　平成19年版　健全な森林を育てる力強い林業・木材産業を目指して　林野庁編　日本林業協会　2007.5　231p　30cm　2000円　ⓘ978-4-931155-17-6

⦅目次⦆第1部 森林及び林業の動向（健全な森林を育てる力強い林業・木材産業を目指して，地球温暖化防止に向けた森林吸収源対策の推進 ほか），第2部 平成18年度森林及び林業施策（森林のもつ多面的機能の持続的な発揮に向けた整備と保全，都市と山村の共生・対流の推進等による山村の振興 ほか），平成19年度森林及び林業施策（森林のもつ多面的機能の持続的な発揮に向けた整備と保全，林業の持続的かつ健全な発展と森林を支える山村の活性化 ほか），参考付表（国民経済及び森林資源，森林の整備及び保全 ほか）

森林・林業白書　健全な森林を育てる力強い林業・木材産業を目指して　平成19年版　林野庁編　日本林業協会，農林統計協会〔発売〕　2007.6　1冊　30cm　2700円　ⓘ978-4-541-03497-7

⦅目次⦆第1部 森林及び林業の動向（健全な森林を育てる力強い林業・木材産業を目指して，地球温暖化防止に向けた森林吸収源対策の推進，多様なニーズに応じた森林の整備・保全の推進，林業・山村の振興，「国民の森林」としての国有林野の取組），第2部 平成18年度森林及び林業施策（概説，森林のもつ多面的機能の持続的な発揮に向けた整備と保全，都市と山村の共生・対流の推進等による山村の振興，林業の持続的かつ健全な発展の確保，林産物の供給及び利用の確保，森林・林業・木材産業に関する研究・技術開発と普及，国有林野の適切かつ効率的な管理経営の推進，持続可能な森林経営の実現に向けた国際的取組の精神）

⦅内容⦆この本書は，森林・林業基本法（昭和39年法律第161号）第10条第1項の規定に規づく平成18年度の森林及び林業の動向並びに講じた施策並びに同条第2項の規定に基づく平成19年度において講じようとする森林及び林業施策について報告を行うものである。

森林・林業白書　国産材の安定供給を支え，健全な森林を将来へと引き継ぐ林業経営の確立に向けて　平成20年版　林業の新たな挑戦　林野庁編　日本林業協会　2008.5　244p　30cm　2000円　ⓘ978-4-931155-18-3　Ⓝ652.1

⦅目次⦆第1部 森林及び林業の動向（林業の新たな挑戦，京都議定書の約束達成に向けた森林吸収源対策の加速化，多様で健全な森林づくりに向けた森林の整備・保全の推進，林産物需給と木材産業 ほか），第2部 平成19年度森林及び林業施策（森林のもつ多面的機能の持続的な発揮に向けた整備と保全，林業の持続的かつ健全な発展と森林を支える山村の活性化，林産物の供給及び利用の確保，森林・林業・木材産業に関する研究・技術開発と普及 ほか）

森林・林業白書　平成20年版　林業の新たな挑戦　林野庁編　日本林業協会，農林統計協会〔発売〕　2008.6　172p，31p，41p，14p　30cm　2200円　ⓘ978-4-541-03585-1　Ⓝ652.1

⦅目次⦆第1部 森林及び林業の動向（林業の新たな挑戦―国産材の安定供給を支え，健全な森林を将来へと引き継ぐ林業経営の確立に向けて，京都議定書の約束達成に向けた森林吸収源対策の加速化，多様で健全な森林づくりに向けた森林の整備・保全の推進，林産物需給と木材産業 ほか），第2部 平成19年度森林及び林業施策（森林のもつ多面的機能の持続的な発揮に向けた整備と保全，林業の持続的かつ健全な発展と森林を支える山村の活性化，林産物の供給及び利用の確保，森林・林業・木材産業に関する研究・技術開発と普及 ほか）

⦅内容⦆健全な森林の育成や国産材の安定供給を将来にわたり支えていくために求められる林業の新たな姿について具体的に提示。また，地球温暖化防止のための森林吸収源対策の必要性をはじめ森林・林業・木材産業の現状や課題等をわかりやすく記述。

森林・林業白書　低炭素社会を創る森林　平成21年版　林野庁編　日本林業協会　2009.5　182，31，41p　30cm　2000円　ⓘ978-4-931155-19-0　Ⓝ652.1

⦅目次⦆第1部 森林及び林業の動向（低炭素社会を創る森林，多様で健全な森林の整備の推進，林業・山村の活性化，林産物需給と木材産業，「国民の森林」としての国有林野の取組），第2部 平成20年度森林及び林業施策（森林のもつ多面的機能の持続的な発揮に向けた整備と保全，林業の持続的かつ健全な発展と森林を支える山村の活性化，林産物の供給及び利用の確保による国産材競争力の向上，森林・林業・木材産

業に関する研究・技術開発と普及，国有林野の適切かつ効率的な管理経営の推進，持続可能な森林経営の実現に向けて国際的な取組の推進）

森林・林業白書　低炭素社会を創る森林　平成21年版　林野庁編　農林統計協会
2009.6　182, 41p　30cm　2000円　Ⓣ978-4-541-03640-7　Ⓝ652.1

(目次)第1部 森林及び林業の動向（低炭素社会を創る森林，多様で健全な森林の整備・保全の推進，林業・山村の活性化，林産物需給と木材産業，「国民の森林としての国有林野の取組」），第2部 平成20年度森林及び林業施策（森林のもつ多面的機能の持続的な発揮に向けた整備と保全，林業の持続的かつ健全な発達と森林を支える山村の活性化，林産物の供給及び利用の確保による国産材競争力の向上，森林・林業・木材産業に関する研究・技術開発と普及，国有林野の適切かつ効率的な管理経営の推進，持続可能な森林経営の実現に向けて国際的な取組の推進）
(内容)平成20年度では，京都議定書の目標達成に向けた森林整備，木材・木質バイオマスの利用拡大等の取組を幅広く紹介し，低炭素社会の実現に果たす森林の役割や重要性を明らかにするとともに，森林・林業・木材産業の現状と課題を可能な限り平易に記述した。

森林・林業白書　平成22年版　林野庁編
農林統計協会　2010.6　145, 16, 37p　30cm　2000円　Ⓣ978-4-541-03698-8　Ⓝ652.1

(目次)第1部 森林及び林業の動向（林業の再生に向けた生産性向上の取組，地球温暖化と森林，多様で健全な森林の整備・保全，林業・山村の活性化 ほか），第2部 平成21年度森林及び林業施策（森林のもつ多面的機能の持続的な発揮に向けた整備と保全，林業の持続的かつ健全な発達と森林を支える山村の活性化，林産物の供給及び利用の確保による国産材競争力の向上，森林・林業・木材産業に関する研究・技術開発と普及 ほか）

図説 森林・林業白書　平成13年度　森林と国民との新たな関係の創造に向けて
林野庁編　日本林業協会，農林統計協会〔発売〕　2002.7　336, 46p　30cm　2700円　Ⓣ4-541-02951-0　Ⓝ650.59

(目次)文明社会の盛衰と森林，森林を守り共生してきた先人たち（「森林文化」と「木の文化」），先人たちに学ぶこれからのシステム，地球温暖化防止に向けた取組，森林の有する多面的機能の貨幣評価，重視すべき機能に応じた森林整備の推進，サラリーマン林家，スケールメリットによる生産性の向上を，新規就業者は増加傾向，世界の木材貿易と日本〔ほか〕
(内容)平成13年度森林及び林業に動向に関する年次報告，平成14年度において講じようとする森林及び林業施策の全文をそれぞれ掲載した白書。

図説 森林・林業白書　平成14年度　林野庁編　日本林業協会，農林統計協会〔発売〕
2003.6　284, 46p　30×21cm　2700円　Ⓣ4-541-03074-8

(目次)第1部 森林及び林業の動向（世界の森林の動向と我が国の森林整備の方向，森林の整備，保全と山村の活性化，林業の持続的かつ健全な発展と課題，木材の供給の確保と利用の推進 ほか），第2部 森林及び林業に関して講じた施策（森林の多面的機能の持続的な発揮に向けた整備と保全，林業の持続的かつ健全な発達の確保，林産物の供給及び利用の確保，森林・林業・木材産業に関する研究・技術開発と普及 ほか）
(内容)本書は，「森林・林業基本法」（昭和39年法律第161号）第10条第1項の規定に基づく森林及び林業の動向に関する年次報告である。この報告の第1部は，森林及び林業の動向について，平成13年度を中心とし，できる限り最近に及んで報告しようとするものであり，第2部は，政府が森林及び林業に関して講じた施策について，平成14年度を中心に報告しようとするものである。

図説 森林・林業白書　平成15年度　新たな「木の時代」を目指して　林野庁編
日本林業協会　2004.7　230, 44p　30cm　3000円　Ⓣ4-541-03166-3

(目次)木材消費量の減少，木材を利用することが健康や環境を守る，木材利用の広がり，新たな「木の時代」を目指して，進まない人工乾燥と国産材の集成材利用，木材の特性に応じた利用，外材依存の木材供給，森林吸収量の確保に向けて，森林の整備・保全の必要性，広がる森林ボランティア，新規就業者の4割を占めるUJIターン者，増加する不在村林家と森林施業の停滞，森林組合への期待，山村に対する都市住民の憧れ，国有林野事業の集中改革，「国民の森林」に向けて
(内容)本年の森林・林業白書では，人の健康や地球温暖化等の環境に関する問題の克服に向けて，我が国の風土に適した木材を積極的に利用していく新たな「木の時代」の創造を提起するとともに，森林・林業や木材が身近なものになるよう，消費者の視点に立ってわかりやすく記述した。

図説 林業白書　平成4年度　林野庁監修　日本林業協会，農林統計協会〔発売〕　1993.5
1冊　21cm　2000円　Ⓣ4-541-01751-2

(目次)第1部 林業の動向（地球環境問題と森林・林業，世界の森林資源と我が国の国際森林・林業協力 ほか），第2部 林業に関して講じた施策（林業生産の増進，林業の金融・税制の改善，森林のもつ公益的機能の維持増進 ほか）

図説 林業白書 平成5年度版 林野庁監修
日本林業協会, 農林統計協会〔発売〕
1994.5 16, 260, 42p 21cm 2100円 ①4-541-01855-1

(目次)第1部 林業の動向(森林と木の時代を目指して—森林、木材産業の30年の回顧と展望, 林業と山村, 国有林野事業の役割と経営改善, 木材需要と木材産業, 世界の森林資源と我が国の国際森林・林業協力), 第2部 林業に関して講じた施策(林業生産の増進, 林業構造の改善, 国産材の流通体制整備, 木材産業の体質強化及び林産物需給の安定, 林業従事者の福祉の向上及び育成確保, 林業の金融・税制の改善, 森林のもつ公益的機能の維持増進, 山村等の振興, 国有林野の管理及び経営, その他林政の推進に必要な措置)

図説 林業白書 森林文化の新たな展開を目指して 平成6年度 林野庁監修 日本林業協会, 農林統計協会〔発売〕 1995.5 256, 43p 21cm 2100円 ①4-541-01970-1

(目次)第1部 林業の動向(森林文化の新たな展開を目指して, 森林・林業と山村, 国有林野事業の役割と経営改善, 木材需給と木材産業 ほか), 第2部 林業に関して講じた施策(林業生産の増進, 林業構造の改善, 国産材の流通体制整備, 木材産業の体質強化及び林産物需給の安定, 林業従事者の福祉の向上及び育成確保 ほか)

図説 林業白書 平成7年度 農林統計協会
1996.5 208, 43p 21cm 2100円 ①4-541-02098-X

(目次)我が国の木材需要構造と木材需給の変化, 住宅の耐震性に対する関心の高まり, 大幅に低下した平成7年の木材価格, 木材利用の推進, 安定的木材供給体制の整備, 林業経営基盤の強化, 林業労働力の確保と林業事業体の育成, 充実する我が国の森林資源と森林の機能の高度発揮, 国内外の森林の整備や緑化活動に資する緑の募金, 森林・林業における女性の役割〔ほか〕

図説 林業白書 平成8年度 木材の消費・流通構造の変化と国産材供給の課題 林野庁監修 日本林業協会, 農林統計協会〔発売〕 1997.5 201, 5, 42p 21cm 2000円 ①4-541-02266-4

(目次)第1部 林業の動向(木材の消費・流通構造の変化と国産材供給の課題, 森林・林業・山村の現状と課題, 国有林野事業の役割と経営改善, 世界の森林の持続可能な経営に向けた我が国の貢献と木材貿易), 第2部 林業に関して講じた施策(林業経営の安定化, 林業労働力の安定確保と林業事業体の育成, 木材の供給体制の整備と需要の拡大, 林業生産の増進と多様な森林の整備, 森林のもつ公益的機能の維持増進, 林業の金融・税制の改善, 山林等の振興, 国有林野

の管理及び経営, 国際森林・林業協力の推進, その他林政の推進に必要な措置)

図説 林業白書 平成9年度 林野庁監修 日本林業協会, 農林統計協会〔発売〕 1998.5 1冊 21cm 2100円 ①4-541-02382-2

(目次)第1部 林業の動向(序説, 国有林野事業の抜本的改革, 森林整備の新たな展開と林業・山村の振興, 木材需給の動向と木材産業の振興, 持続可能な森林経営の達成に向けて), 第2部 林業に関して講じた施策(概説, 林業経営の安定化, 林業労働力の安定確保と林業事業体の育成, 木材の供給体制の整備と需要の拡大, 林業生産の増進と多様な森林の整備, 森林のもつ公益的機能の維持増進, 林業の金融・税制の改善, 山村等の振興, 国有林野の管理及び経営, 国際森林・林業協力の推進, その他林政の推進に必要な措置

図説 林業白書 健全な森林を21世紀に引き継ぐために 平成10年度 林野庁監修 日本林業協会, 農林統計協会〔発売〕 1999.6 280p 21cm 2100円 ①4-541-02502-7

(目次)第1部 林業の動向(基本認識—健全な森林を21世紀に引き継ぐために, 木材の利用推進と森林の適切な整備—木材を軸とした循環型社会の構築に向けて, 森林づくりの推進と山村の振興, 循環型社会の構築に向けた木材産業の振興, 国有林野事業の抜本的改革の推進, 持続可能な森林経営に向けた国際的な動きと我が国の貢献), 第2部 林業に関して講じた施策(国有林野事業の抜本的改革, 公益的機能の発揮と国民参加を重視した森林の整備, 活力ある林業経営の推進, 林業事業体の育成と林業労働力の確保, 木材の供給体制の整備と利用の推進, 林業の金融・税制の改善, 山村等の活性化, 森林・林業に関する国際的な取組と国際協力の推進)

図説 林業白書 世紀を超えて森林活力を維持していくために 平成11年度 林野庁編集協力 日本林業協会, 農林統計協会〔発売〕 2000.6 296, 44p 21cm 2100円 ①4-541-02620-0 Ⓝ652.1

(目次)第1部 林業の動向(世紀を超えた森林整備の推進—安全な国土と豊かな暮らしの実現に向けて, 健全で機能の高い森林の整備と林業, 山村の活性化, 循環型社会の構築に向けた木材産業の振興, 国有林野事業の抜本的改革への取組, 森林・林業をめぐる国際的な動向と我が国の取組), 第2部 林業に関して講じた施策(公益的機能の発揮と地球温暖化対策を重視した森林の整備, 活力ある林業経営の推進, 林業事業体の育成と林業労働力の確保, 木材の供給体制の整備と利用の推進, 林業の金融・税制の改善, 山村等の活性化, 国有林野事業の抜本的改革の推進,

農林水産　　　　　　　　　　環境問題

森林・林業に関する国際的な取組と国際協力の推進)

図説 林業白書 21世紀に森林を守り育てていくために 平成12年度 林野庁編
日本林業協会, 農林統計協会〔発売〕
2001.6　17, 293, 47p　30cm　2600円　①4-541-02732-1　Ⓝ652.1

(目次)第1部 林業の動向（これまでの林政の推移と新たな基本政策の方向，多面的機能の発揮に向けた適切な森林の整備と保全，健全で活力ある森林の整備を担う林業及び山村の振興，森林資源の循環利用を担う木材産業の振興，「国民の森林」へ改革の歩みを進める国有林野事業，森林・林業をめぐる国際的な動向と我が国の取組)，第2部 林業に関して講じた施策（多面的機能の発揮のための森林の整備，森林の管理・経営を担う林業の育成，木材産業の構造改革と木材利用の推進，林業の金融・税制の改善，山村等の活性化，国有林野事業の抜本的改革の推進，森林・林業に関する国際的な取組とコクサイキョウリョクの推進)

林業白書 平成元年度 林野庁編　日本林業協会　1990.4　186, 36p　21cm　1800円　①4-931155-08-1

(目次)第1部 林業の動向（国民のニーズにこたえる木材の供給と国内森林資源の有効活用，世界の森林資源と我が国の海外林業協力，多面にわたる国民の要請にこたえる多様な森林資源の整備，林業，木材産業と山村，国有林野事業の改善)，第2部 林業に関して講じた施策（林業生産の増進，林業構造の改善，木材需要の拡大，木材産業の体質強化及び林産物需給の安定，林業従事者の福祉の向上及び養成確保，林業の金融・税制の改善，森林のもつ公益的機能の維持増進，山村等の振興，国有林野の管理及び経営，その他林政の推進に必要な措置)

林業白書 平成2年度 林野庁編　日本林業協会　1991.4　203p　21cm　1900円　①4-931155-08-1

(目次)第1部 林業の動向（森林管理とその担い手の在り方，林業生産、経営と山村，国有林野事業の役割の発揮と経営改善，木材需給と木材産業，地球環境問題と国際林業協力)，第2部 林業に関して講じた施策（林業生産の増進，林業構造の改善，国産材の流通体制整備，木材産業の体質強化及び林産物需給の安定，林業従事者の福祉の向上及び養成確保，林業の金融・税制の改善，森林のもつ公益的機能の維持増進，山村等の振興，国有林野の管理及び経営，その他林政の推進に必要な措置)

林業白書 平成3年度 林業の動向に関する年次報告 林野庁編　日本林業協会　1992.4　204, 38p　21cm　1900円　①4-931155-08-1

(目次)第1部 林業の動向（森林の管理と山村の活性化，森林資源とその整備，林業生産と経営，国有林野事業の役割の発揮と経営改善，木材需給と木材産業，地球環境問題と国際森林・林業協力)，第2部 林業に関して講じた施策（林業生産の増進，林業構造の改善，国産材の流通体制整備，木材産業の体質強化及び林産物需給の安定，林業従事者の福祉の向上及び育成確保，林業の金融・税制の改善)，森林のもつ公益的機能の維持増進，山村等の振興，国有林野の管理及び経営，その他林政の推進に必要な措置

林業白書 林業の動向に関する年次報告 平成4年度 林野庁編　日本林業協会　1993.4　228p　21cm　1900円　①4-931155-08-1

(目次)第1部 林業の動向（地球環境を守る森林・林業，世界の森林資源と我が国の国際林業協力，林業生産、経営と山村，国有林野事業の役割と経営改善，木材需給と木材産業)，第2部 林業に関して講じた施策（林業生産の増進，林業構造の改善，国産材の流通体制整備，木材産業の体質強化及び林産物需給の安定，林業従事者の福祉の向上及び育成確保，林業の金融・税制の改善，森林のもつ公益的機能の維持増進，山村等の振興，国有林野の管理及び経営，その他林政の推進に必要な措置)

林業白書 森林と木の時代を目指して 平成5年度 林野庁編　日本林業協会　1994.4　260p　21cm　2000円　①4-931155-08-1

(目次)第1部 林業の動向，第2部 林業に関して講じた施策

林業白書 平成6年度　日本林業協会　1995.4　256p　21cm　2000円　①4-931155-08-1

(目次)第1部 林業の動向（森林文化の新たな展開を目指して，森林・林業と山村，国有林野事業の役割と経営改善，木材需給と木材産業 ほか)，第2部 林業に関して講じた施策（林業生産の増進，林業構造の改善，国産材の流通体制整備，木材産業の体質強化及び林産業需給の安定，林業従事者の福祉の向上及び育成確保 ほか)

林業白書 健全な森林を21世紀に引き継ぐために 平成10年度 森林の現在と未来　林野庁編　日本林業協会　1999.4　280p　21cm　1905円　①4-931155-09-X

(目次)第1部 林業の動向（基本認識─健全な森林を21世紀に引き継ぐために，木材の利用推進と森林の適切な整備─木材を軸とした循環型社会の構築に向けて，森林づくりの推進と山村の振興，循環型社会の構築に向けた木材産業の振興 ほか)，第2部 林業に関して講じた施策（概説，国有林野事業の抜本的改革，公益的機能の発揮

と国民参加を重視した森林の整備，活力ある林業経営の推進，林業事業体の育成と林業労働力の確保 ほか

林業白書 林の動向に関する年次報告 平成11年度 森林の現在と未来 林野庁編集 日本林業協会 2000.4 296,44p 21cm 1905円 ④4-931155-10-3 Ⓝ652.1

(目次)基本認識―21世紀に森林を守り育てていくために，第1章 これまでの林政の推移と新たな基本政策の方向，第2章 多面的機能の発揮に向けた適切な森林の整備と保全，第3章 健全で活力のある森林の整備を担う林業及び山村の振興，第4章 森林資源の循環利用を担う木材産業の振興，第5章「国民の森林」へ改革の歩みを進める国有林野事業，第6章 森林・林業をめぐる国際的な動向と我が国の取組

林業白書 林業の動向に関する年次報告 平成12年度 21世紀に森林を守り育てていくために 林野庁編 日本林業協会 2001.4 293,47p 30cm 2000円 Ⓝ652.1

(目次)第1部 林業の動向(これまでの林政の推移と新たな基本政策の方向，多面的機能の発揮に向けた適切な森林の整備と保全，健全で活力ある森林の整備を担う林業及び山村の振興，森林資源の循環利用を担う木材産業の振興 ほか)，第2部 林業に関して講じた施策(多面的機能の発揮のための森林の整備，森林の管理・経営を担う林業の育成，木材産業の構造改革と木材利用の推進，林業の金融・税制の改善 ほか)

林業白書のあらまし 平成5年版 大蔵省印刷局編 大蔵省印刷局 1993.7 64p 18cm (白書のあらまし3) 300円 ④4-17-351703-3

(目次)1 地球環境を守る森林・林業，2 世界の森林資源と我が国の国際森林・林業協力，3 林業生産，経営と山村，4 国有林野事業の役割と経営改善，5 木材需給と木材産業

林業白書のあらまし 平成6年版 大蔵省印刷局編 大蔵省印刷局 1994.7 48p 18cm (白書のあらまし3) 300円 ④4-17-351803-X

(目次)1 森林と木の時代を目指して，2 林業と山村，3 国有林野事業の役割と経営改善，4 木材需要と木材産業，5 世界の森林資源と我が国の国際森林・林業協力

林業白書のあらまし 平成7年版 大蔵省印刷局 1995.7 51p 18cm (白書のあらまし3) 320円 ④4-17-351903-6

(目次)1 森林文化の新たな展開を目指して，2 林業・林業と山村，3 国有林野事業の役割と経営改善，4 木材需要と木材産業，5 世界の森林資源と我が国の国際森林・林業協力

林業白書のあらまし 平成8年版 大蔵省印刷局 1996.7 53p 18cm (白書のあらまし3) 320円 ④4-17-352103-0

(目次)1 林業、木材産業の活性化に向けて，2 森林・林業と山村，3 木材需給と木材産業，4 国有林野事業の役割と経営改善，5 世界の森林資源と我が国の国際森林・林業協力

林業白書のあらまし 平成9年版 大蔵省印刷局編 大蔵省印刷局 1997.5 42p 18cm (白書のあらまし3) 320円 ④4-17-352203-7

(目次)1 木材の消費・流通構造の変化と国産材供給の課題，2 森林・林業・山村の現状と課題，3 国有林野事業の役割と経営改善，4 世界の森林の持続可能な経営に向けた我が国の貢献と木材貿易

林業白書のあらまし 平成10年版 大蔵省印刷局編 大蔵省印刷局 1998.6 51p 18cm (白書のあらまし3) 320円 ④4-17-352303-3

(目次)1 国有林野事業の抜本的改革，2 森林整備の新たな展開と林業・山村の振興，3 木材需給の動向と木材産業の振興，4 持続可能な森林経営の達成に向けて

<統計集>

森林・林業統計要覧 2007年版 林野庁編 林野弘済会 2007.9 250p 21cm 2857円

(目次)1 国民経済及び森林資源，2 森林の整備及び保全，3 林業，4 林産物，5 木材産業等，6 財政及び金融，7 海外の森林・林業，8 その他，付表

(内容)我が国の森林・林業及び木材産業の現状を概観できるよう、林野庁において業務の参考として作成している各課業務資料に加え、農林水産省及び関係府省で公表している統計、各種団体等が作成している統計並びに主要な国際統計を幅広く収集。

◆漁業

<年鑑・白書>

図説 漁業白書 平成元年度 農林統計協会 1990.5 58p 21cm 1700円 ④4-541-01315-0

(目次)水産物の需給バランスと価格，水産物消費，漁業生産，水産物貿易，水産物の流通・加工，漁業経営と生産構造，沿岸漁業，中小漁業，漁業をめぐる国際環境，周辺水域における漁業の振興，我が国漁業が目指すべき方向

図説 漁業白書 平成2年度 農林統計協会

農林水産　　　　　　　　　　　環境問題

1991.5　218, 56p　21cm　1800円　①4-541-01430-0
(目次)水産物の需給バランスと価格，水産物消費，漁業生産，水産物貿易，食生活の変化に対応した生産・加工・流通体制の確立，沿岸漁業の経営と生産構造，沿岸漁業の振興と漁村の整備，国際環境の変化，水産資源の動向，沖合・遠洋漁業の経営と生産構造，生産構造の再編整備と国際漁業協力，今後の水産業の基本的な課題，漁業の動向に関する年次報告〈全文〉，平成3年度において沿岸漁業等について，講じようとする施策〈全文〉

図説 漁業白書　平成3年度　農林統計協会
1992.5　233, 61p　21cm　1800円　①4-541-01646-X
(目次)我が国周辺水域の漁業振興，水産資源の保護及び漁場環境保全対策等，漁業生産基盤の整備及びむらづくり対策，海外漁場の確保及び海洋水産資源の開発，水産物の流通・消費対策等の充実，水産業経営対策の充実，漁業従事者の養成・確保及び福祉の向上等，その他水産行政の推進に必要な措置

図説 漁業白書　平成4年度版　農林統計協会　1993.5　246, 65p　21cm　1800円　①4-541-01752-0
(目次)高度経済成長下における漁業，石油危機と200海里時代の到来，第2次石油危機後の漁業，漁業生産，水産物貿易，水産物の需給と価格，漁業経営，漁業生産構造，水産資源の動向，国際情勢の推移，漁業と環境とのかかわり，今後の水産業の基本的な課題，漁業の動向に関する年次報告〈全文〉，平成5年度において沿岸漁業等について，講じようとする施策〈全文〉
(内容)法律に基づいて毎年国会に報告される「漁業の動向」と「講じた施策」から，平成4年度の年次報告と平成5年度の「講じようとする施策」の全文を収録し，一般読者の理解を助けるために重点事項をグラフ化して掲載したもの。

図説 漁業白書　平成5年度版　農林統計協会　1994.5　12, 242, 65p　21cm　1800円　①4-541-01856-X
(目次)第1部 漁業の動向に関する報告書(水産物需給の現状，漁業経営の現状，漁業生産構造と漁村の現状，漁業生産環境の変化と我が国漁業の対応)，第2部 沿岸漁業等について講じた施策に関する報告書(我が国周辺水域の漁業振興，国際化時代に対応した漁業の推進，漁業生産基盤の整備と漁村地域の活性化，水産動植物の保護と漁場環境の保全，水産新技術の開発と試験研究の強化，漁協・水産業経営対策の充実，水産物の需給安定・流通消費・加工対策等の充実，漁業従事者の養成・確保及び福祉の向上等，その他水産行政の推進に必要な措置

(内容)法律に基づいて毎年国会に報告される「漁業の動向」と「講じた施策」から，平成5年度の年次報告と平成6年度の「講じようとする施策」の全文を収録し，一般読者の理解を助けるために重点事項をグラフ化して掲載したもの。

図説 漁業白書　平成6年度　農林統計協会
1995.5　255, 66p　21cm　1800円　①4-541-01971-X
(目次)第1部 漁業の動向に関する報告書(水産需給の現状，漁業経営の現状，漁業就業構造と漁村の現状，漁業生産環境と我が国漁業の展開方向 ほか)，第2部 沿岸漁業等について講じた施策に関する報告書(我が国周辺水域の漁業振興，漁業生産基盤の整備と漁村地域の活性化，海外漁場の確保と漁業協力，水産動植物の保護と漁場環境の保全 ほか)

図説 漁業白書　平成7年度　農林統計協会
1996.5　256, 71p　21cm　1800円　①4-541-02099-8
(目次)第1部 漁業の動向に関する報告書(新しい海洋秩序の下での我が国漁業，水産物需給の現状，漁業経営と漁業就業構造の現状，漁業振興と地域活性化)，第2部 沿岸漁業等について講じた施策に関する報告書(我が国周辺水域の漁業振興，漁業生産基盤等の整備と漁村の活性化，漁業経営の改善合理化・体質の強化，水産物の需給・価格の安定と流通・加工体制の整備 ほか)

図説 漁業白書　平成8年度　農林統計協会
1997.5　264, 70p　21cm　1640円　①4-541-02262-1
(目次)第1部 漁業の動向に関する報告書(国連海洋法条約の締結と新たな漁業管理制度，水産物需給の現状，漁業経営の現状と漁業就業構造 ほか)，第2部 沿岸漁業等について講じた施策に関する報告書(概説，新海洋秩序下における我が国周辺水域の漁業振興，経営環境の悪化に対応した漁業経営等対策 ほか)

図説 漁業白書　平成9年度　農林統計協会
1998.5　9, 270, 68p　21cm　1640円　①4-541-02351-2
(目次)第1部 漁業の動向に関する報告書(漁業生産構造の変遷と漁業経営の現状，水産物需給の現状，我が国漁業をめぐる内外の情勢，漁業振興と地域活性化)，第2部 沿岸漁業等について講じた施策に関する報告書(概説，新海洋秩序下への円滑な移行と資源管理の積極的な推進，ニーズの変化に対応した流通・加工・消費対策及び価格対策の推進，経営環境の悪化に対応した漁業経営等対策，漁業生産基盤等の整備と漁村の活性化，海洋水産資源の調査・開発による海外漁場の確保と国際漁業協力等の推進，水産動植物の保護と漁場環境の保全，技術開発の推進及び試験研究の推進，漁業従事者の養成・確保及

び福祉の向上等，その他水産行政の推進に必要な措置）

図説 漁業白書 平成10年度 農林統計協会 1999.6 66p 21cm 1640円 ⓘ4-541-02501-9

目次 第1部 漁業の動向に関する報告書（水産資源の持続的利用と我が国漁業，水産物の消費，流通及び加工の現状，漁業経営と就業環境，海洋環境の保全と地域活性化），第2部 沿岸漁業について講じた施策に関する報告書（概説，新海洋秩序下における資源管理の徹底とつくり育てる漁業の推進，漁業・漁協の経営対策の強化，水産物の流通・加工・消費対策及び価格安定対策の推進，漁業生産基盤および漁村の整備，国際漁業協力等の推進と海洋水産資源の調査・開発による海外漁場の確保，水産動植物の保護と漁業環境の保全，技術開発及び試験研究の推進，その他の水産行政の推進に必要な措置）

図説 漁業白書 平成11年度 農林統計協会 2000.6 267, 60p 21cm 1640円 ⓘ4-541-02627-9 Ⓝ662.1

目次 第1部 漁業の動向に関する報告書（国民生活と水産業，漁業地域のかかわり，水産資源の持続的利用と海洋環境の保全，漁業生産構造と漁業経営の現状），第2部 沿岸漁業等について講じた施策に関する報告書（概説，新海洋秩序下における資源の適正な管理とつくり育てる漁業の充実，漁業・漁協の経営対策の強化及び漁協系統の経営基盤の強化，水産物の流通・加工・消費対策及び価格安定対策の推進，漁業生産基盤及び漁村の整備，国際漁業協力の推進と海洋水産資源の調査・開発による海外漁場の確保，水産動植物の保護と漁場環境の保全，技術開発及び試験研究の推進，その他水産行政の推進に必要な措置）

内容 平成11年度版の漁業白書の内容をまとめた資料集。漁業の動向に関する報告書，沿岸漁業等について高じた施策に関する報告書の2部で構成。そのほか巻末に水産物需給などの巻末付表，わが国の水産物消費，供給などについて解説した図説などを収録。

図説 漁業白書 平成12年度 農林統計協会 2001.6 227, 54P 21cm 1900円 ⓘ4-541-02733-X Ⓝ662.1

目次 1 沿岸漁業等振興法の成果と課題（沿岸漁業等振興法の制定と施策の展開，沿岸漁業等振興法の成果の総括と課題，沿岸漁業等振興法の今日的評価），2 平成11年度以降の我が国水産業の動向（水産物需給，水産資源の持続的利用，我が国漁業をめぐる国際的な動き，漁業生産構造と漁業経営，海洋環境の保全，漁村の現状と活性化への取組）

内容 平成12年度版の漁業白書の内容をまとめ

た資料集。漁業の動向に関する報告書，沿岸漁業等について高じた施策に関する報告書の2部で構成。そのほか巻末に水産物需給などの巻末付表，わが国の水産物消費，供給などについて解説した図説などを収録。

◆食糧問題

<事 典>

総合食品事典 第6版 桜井芳人編 同文書院 1990.8 1233, 46p 19cm 3900円 ⓘ4-8103-0000-5 Ⓝ498.5

内容 食品のみならず，食品の冷凍・加工，包装，POSなどの新流通組織，添加物，さらに農薬などの公害関連事項，水耕栽培やバイオテクノロジー利用などの新技術，電子レンジ，ジューサーミキサー，オーブンなどの厨房機器，世界の果物，木の実，ワインなどの輸入食品，輸入野菜，そして駅弁や機内食，宇宙食，食事療法から育児食まで万般にわたり項目を収載。

<年鑑・白書>

国民の食糧白書 環境破壊と農業の復権 '90 食糧問題国民会議編 亜紀書房 1991.3 253p 21cm 2400円

目次 第1部 すすむ環境破壊（環境破壊の実相，各論），第2部 環境破壊への抵抗運動（各地における運動の展開，諸組織の対応），第3部 環境破壊をめぐる理論と政策（環境破壊をめぐる理論，環境保護政策と運動）

食料白書 1989年版 食料・農業政策研究センター編 食料・農業政策研究センター，農山漁村文化協会〔発売〕 1990.3 163p 21cm 1700円 ⓘ4-915631-04-4

目次 食生活―昨日・今日・明日（昭和戦前期―「カロリー，ビタミン，チンチロリン」，戦中・戦後―統制下の主要食料，昭和50年代以降―戦後40年，「飽食の時代へ」，平成の時代―「日本型食生活」の展開），輸入食料が変える食生活（はじめに―現代日本人の食料消費のトレンド，食生活の現段階，戦後の食料輸入と食生活の変化，最近の食料輸入の特徴，ポスト・ガットの食生活），外食産業の動向と食生活の変動（はじめに―食パターンからの逸脱現象の食品産業，外食産業の範囲，わが国における飲食店，飲食業の歴史，外食産業の産業特性，外食産業の地域特性，食文化の変容と外食産業―期待される企業の姿勢），栄養士の眼から見た食生活の変化（飢えからの脱出―1945～1955年，食生活の国際比較が始まる―1956～1965年，変わりゆく食事―1966～1975年，健康問題のなかの食生活―1976～1985年，今日，そして21世紀へ向かっ

て—1986年～），アメリカの食生活と流通事情—カロリー飽和のなかの内容変化（アメリカ人の食生活—カロリー当たり単価は日本の2分の1，行政側からみたアメリカ人の食生活—婦人の社会進出と食生活，食品生産者の対応，食品小売業界の対応，アメリカの外食産業—1億人が毎日1回以上外食する，日本型食品の普及，おわりに—質的変化への対応），輸入食品の監視体制—急増する輸入食品，迫られる対応（輸入食品監視の沿革および現状，輸入食品監視業務の実際，輸入食品監視のこれから—安全性の確保と効率的業務の追求）

食料白書　1990年版　食料・農業政策研究センター編　食料・農業政策研究センター，農山漁村文化協会〔発売〕　1991.2　193p　21cm　2000円　Ⓘ4-915631-05-2

(目次) 1 米—「飽食」から「豊食」への展望，2 米流通の現状と今後の方向，3 生産の現場から，4 世界の米料理—ピラフ，パエリア，ジャンバラヤ，リゾット，炒飯，粽，餅，団子，米菓子，サラダ，粥，ビビンバ，etc.，5 米の随想，6 アメリカの米—生産事情と対日交渉

(内容) 日本の米が消費・流通・生産の各局面においてどんな問題をかかえ，どんな取組みがなされているか，アメリカの米をめぐる事情はどうか。今年の「食料白書」は，日本とアメリカの米を扱うことにした。

食料白書　1991年版　現代の食と食品産業　「国境」と「業際」を越えて　食料・農業政策研究センター編　食料・農業政策研究センター，農山漁村文化協会〔発売〕　1992.2　207p　19cm　2100円　Ⓘ4-540-91112-0

(目次) 序 現代の食—ユートピアからの視点，1 食品産業の構造変動—食品企業のグローバル化，2 小売主導型食品流通機構への転換—メーカーと小売業との新しい連携関係にむけて，3 大店法の改正と食品小売革新，4 わが国食品産業の海外直接投資—1980年代のM&Aブームについて，5 食品産業をリードする技術革新，6 食品産業をめぐる国際調整の動き

食料白書　1992年版　野菜と牛肉の流通変貌 国際比較の視点から　食料・農業政策研究センター編　食料・農業政策研究センター，農山漁村文化協会〔発売〕　1993.2　218p　21cm　2300円　Ⓘ4-540-92093-6

(目次) 1 「野菜」流通と価格形成機能の変化—大量流通と卸売市場制度の矛盾，2 「野菜」海外の卸売市場—日本との比較，3 「牛肉」流通と産業構造の変化—自由化後のアメリカと日本，4 「牛肉」生産と対日輸出動向—アメリカ，オーストラリアの場合，5 「技術」流通に変化をもたらす技術革新—食料流通システム変革のなかめ，6 「労働力」食料流通システムに忍び寄る労働力不足—人手不足感緩和のなかで，補論 アメリカ「農業年鑑」にみるマーケティング—日本についての記述が多い

食料白書　1993年度版　食品・農産物の安全性　食料・農業政策研究センター編　食料・農業政策研究センター，農山漁村文化協会〔発売〕　1994.2　211p　21cm　2100円　Ⓘ4-540-93094-X

(目次) 1 食品・化学物質・安全性—安全で健康な食の確保のために，2 食品添加物—使用のための規制と規定，3 農産物と微生物—微生物の特性，属性への理解，4 食品の安全と農薬—農薬をめぐる研究・調査と規制，5 輸入食品との安全性—監視体制の状況と衛生上の諸問題，6 製造物責任の立法化問題と食品産業—被害防止，救済体制の整備が課題，7 食品表示の適正化—有機農産物等表示，JAS法改正，日付表示，8 バイオテクノロジーの進歩と安全性—実用化の状況と安全対策，9 食品製造技術と安全性—生産・加工技術の高度化と情報システム開発の課題

食料白書　1996年版　食料消費構造の変化　食料・農業政策研究センター，農山漁村文化協会〔発売〕　1995.12　195p　21cm　2100円　Ⓘ4-540-95072-X

(目次) 1 総論と要約，2 消費行動にあらわれた変化，3 食生活の変化と農産物輸入の増大—穀物・大豆から生鮮食品輸入へ，4 食料品小売市場にみる食料消費行動の変化—消費行動の変化と小売市場の対応，5 調理技術の進歩と食生活，6 フードシステムのなかの米，7 日本人の栄養摂取の問題点—高齢化社会を迎えて，付 アメリカ合衆国の1990年代の食料問題の焦点

食料白書　食意識・社会環境・生活スタイル　1997（平成9）年版　食生活変容の潮流　食料・農業政策研究センター編　食料・農業政策研究センター，農山漁村文化協会〔発売〕　1997.3　151p　21cm　1800円　Ⓘ4-540-96125-X

(目次) 1 総論と要約，2 意識・価値観の変化，3 生活環境の変化，4 食生活の変化と女性の役割，5 輸入国日本の課題の一断面，食料衛生の見地から

食料白書　1999（平成11）年版　新たな漁業秩序への胎動　食料・農業政策研究センター編　食料・農業政策研究センター，農山漁村文化協会〔発売〕　1999.2　101p　21cm　1714円　Ⓘ4-540-98139-0

(目次) 1 総論—新たな漁業秩序と水産物の安定的供給（日本人の食生活における魚介類，資源管理型漁業への転換—生産と加工流通の変貌），2 資源管理型漁業への転換とわが国水産業の動

向（わが国水産業の動向，資源管理型漁業への転換），3 水産物需要の動向—小売店・外食店・中食店の攻勢が需要を変える（ダイナミックに変わる水産物需給，小売業・外食産業・中食産業が需要を創造する），4 水産物流通構造の変容と価格問題（はじめに，産地流通の動向と問題，消費地卸売市場をめぐる諸問題，消費地卸売市場をめぐる諸問題，小売構造の変容と量販店の動向，90年代の流通問題と価格（形成）問題）

食料白書　野菜，果実，食肉類，牛乳・乳製品　2000（平成12）年版　農産物の輸入と市場の変貌　食料・農業政策研究センター編　食料・農業政策研究センター，農山漁村文化協会〔発売〕　2000.1　134p　21cm　1857円　①4-540-99269-4　Ⓝ611.3

(目次)1 総論と要約—農産物輸入と「農」と「食」の変貌（食料輸入大国日本，三段ロケット式輸入増大，農産物輸入と食生活，農産物輸入と農業生産，輸入増大と農産物市場，農産物輸入の展望と2つの安全，各論の要約），2 野菜（国内流通量の4分の1に達した輸入野菜，年々増大する冷凍野菜輸入とその要因，急増した生鮮野菜輸入とその要因，輸入増によって引き起こされた国内流通の変化と問題点），3 果実（貿易自由化と輸入増大，果実需要の変化と日本型消費，価格形成と流通形態，国内生産の構造変化，輸入増大がもたらす問題点），4 食肉類（本章の課題，食肉消費の動向，輸入の増大とその背景，輸入増大の影響と対応，畜産の持続的発展の条件），5 牛乳・乳製品（わが国における生乳・乳製品の生産量および乳製品輸入の動向，成熟化現象がみられる牛乳・乳製品の消費動向，乳業メーカー主導の輸入乳製品の国内流通，輸入乳製品が価格形成と流通に与える影響）

食料白書　畜産物の需給動向と畜産業の課題　2001（平成13）年版　飽食時代の市場変動と資源循環型への道　食料・農業政策研究センター編　食料・農業政策研究センター，農山漁村文化協会〔発売〕　2001.2　142p　21cm　1857円　①4-540-00213-9　Ⓝ611.3

(目次)1 総論と要約—わが国畜産業の課題と展望（畜産業をめぐる経済環境，畜産経営の課題と対策 ほか），2 酪農・乳業（牛乳・乳製品の需給と酪農経営の課題，新たな酪農・乳業対策 ほか），3 肉用牛飼養（日本型食生活と牛肉，牛肉需給の現状と問題点 ほか），4 養豚（豚肉の商品的性格，需給と消費—消費停滞，輸入増加の狭間で ほか），5 養鶏（鶏卵の生産・流通・消費，鶏肉の生産・流通・消費）

(内容)畜産物の動向と関連資料を収録した資料集。畜産物の需要動向，とくに外食・加工需要などを考慮し，市場の変動に対応した生産の在り方，そして資源循環型畜産業の確立に向けての問題点を整理することをねらいとしている。

食料白書　2002（平成14）年版　バイオテクノロジーへの期待と不安　食料・農業政策研究センター編　食料・農業政策研究センター，農山漁村文化協会〔発売〕　2001.11　129p　21cm　1762円　①4-540-01174-X　Ⓝ611.3

(目次)1 総論と要約（科学技術の進歩とその管理，バイオテクノロジーの潜在的可能性 ほか），2 バイオテクノロジーの研究開発と管理（農林水産業，食品産業へのバイオテクノロジーの貢献，主要国・国際組織の対応），3 分野別の研究開発と利用状況（作物分野での現状と問題点，家畜分野でのバイオテクノロジーの現況と問題点），4 種苗産業の現状と品種登録制度による育成者権の保護（種苗産業の現状について，バイオテクノロジーへの取り組みと消費者の意識 ほか）

(内容)農業技術に関する研究開発の現状や創出される作物・食品などの特性について解説した資料集。

食料白書　食の外部化と安全・安心志向　2003（平成15）年版　ライフスタイルの変化と食品産業　食料・農業政策研究センター編　食料・農業政策研究センター，農山漁村文化協会〔発売〕　2002.12　134p　21cm　1857円　①4-540-02191-5　Ⓝ611.3

(目次)1 総論と要約，2 消費者の食に対する意識と行動，3 食の変化とイノベーション，4 消費者ニーズと外食産業，5 健全な食品産業の発展に向けて（消費者ニーズと健全な食品産業の発展に向けて，健全な外食産業の発展に向けて）

(内容)最近の食生活について解説されている資料集。食の外部化をはじめとする食生活の変化などについて，図表を用いて解説されている。

食料白書　予防原則と食品安全への途　2004年版　食品安全性の確保　食料・農業政策研究センター編　食料・農業政策研究センター，農山漁村文化協会〔発売〕　2003.12　132p　21cm　1857円　①4-540-03228-3

(目次)1 総論と要約，2 わが国の新しい食品安全行政について，3 食品安全行政の課題—欧州との比較，4 リスクアナリシスの食品安全行政への活用と当面の課題，5 食品の安全性確保における生産段階での課題，6 リスクコミュニケーションの役割と課題

食料白書　食の選択能力向上への取組み　2005年版　食生活の現状と食育の推進　食料・農業政策研究センター編　食料・農業政策研究センター，農山漁村文化協会〔発売〕　2005.1　136p　21cm　1857円　①4-540-04254-8

(目次)1 総論と要約（総論：食生活の現状と食育の推進，各論の要約），2 健康・長寿と生活習慣病（肥満症，高血圧症，高脂血症，高血糖症），3 低減法の有無で変わる食のリスク（消費者が認識しているリスクとは（BSEの発生），容認できるリスクとできないリスク ほか），4 機能性食品の役割（食を巡る問題，日本型食生活のタンパク質（P）、脂質（F）、炭水化物（C）摂取熱量比率の推移 ほか），5 食生活の自立をめざす食育（食生活指針（文部省，厚生省，農林水産省，平成12年），日本型食生活（農林水産省，昭和58年）ほか）

食料白書 栄養評価と需給の動向 2007年版 日本人と大豆　食料白書編集委員会編　農山漁村文化協会　2007.5　135p　21cm　1857円　①978-4-540-07133-1

(目次)序 主要論点と各論の要約，1 大豆需要の動向と供給の対応，2 日本人の食生活における大豆，3 食生活の変化と大豆の需給構造，4 大豆生産の現状と大豆作経営の対応，5 大豆の生産安定・品質向上―試験研究の成果と課題

(内容)本書を構成する全5章は、日本人の食生活に深い関わりをもつ大豆の消費および需給に関する今日的話題について、自給率の変遷とその政策的関わり、ならびに国際市場の問題点、大豆の栄養学的評価、食生活の変容と大豆の需給構造の変化、大豆生産の経営問題と技術的課題を中心に、それぞれの現状と改善すべき問題を論じている。

食料白書 エタノールによる資源利用の競合と今後の方向 2008年版 食料とエネルギー地域からの自給戦略　食料白書編集委員会編　農山漁村文化協会　2008.5　153p　21cm　1857円　①978-4-540-08110-1　Ⓝ611.3

(目次)1 総論と要約，2 エタノール・ショックの行方，3 求められる食料安全保障の確立，4 エタノール・ショックと日本型畜産の推進，5 食料と競合しない資源とエタノール―セルロース系バイオエタノールの現状と展望，6 再生可能エネルギーの取組み 世界と日本『食料とエネルギーをどげんかせんといかん』―再生可能エネルギーによる地域エネルギーシステムを，7 エネルギーと農村

◆◆食品循環資源

<年鑑・白書>

食品循環資源の再生利用等実態調査結果報告 平成17年　農林水産省大臣官房統計部編　農林統計協会　2006.1　105p　30cm　2300円　①4-541-03322-4

(目次)調査結果の概要（食品廃棄物等の発生状況及び食品循環資源の再生利用等の状況，食品廃棄物等の発生の抑制、減量、食品循環資源の再生利用の取組状況），統計表（食品廃棄物等の発生状況及び食品循環資源の再生利用等の状況，食品廃棄物等の発生の抑制、減量、食品循環資源の再生利用の取組状況）

(内容)食品産業における食品廃棄物等の再生利用等の状況を明らかにするため平成17年度に実施した食品循環資源の再生利用等実態調査の結果を業種別に取りまとめた。

食品循環資源の再生利用等実態調査報告 平成13年　農林水産省大臣官房統計情報部編　農林統計協会　2003.1　41p　30cm　830円　①4-541-03015-2

(目次)1 調査結果の概要（食品廃棄物等の発生状況，食品廃棄物等の発生抑制の状況，食品廃棄物等の減量化の状況，食品循環資源の再生利用の状況 ほか），2 統計表（食品廃棄物等の発生過程別発生割合，食品廃棄物等の種類別発生割合，食品廃棄物等の発生抑制、減量化及び再生利用の状況，食品廃棄物等の減量化の取組状況（複数回答（該当するものすべて）） ほか）

(内容)本書は、平成13年度に初めて実施した食品循環資源の再生利用等実態調査の結果を取りまとめたものである。食品循環資源の再生利用等実態調査は、我が国における循環型社会の構築を目指して、食品廃棄物等の発生抑制及びその資源の再生利用等の促進に資するため、食品産業における食品廃棄物等の再生利用等の状況を業種別に明らかにしたものである。

食品循環資源の再生利用等実態調査報告 平成14年　農林水産省大臣官房統計部編　農林統計協会　2003.8　63p　30cm　1000円　①4-541-03096-9

(目次)1 調査結果の概要，2 統計表（食品廃棄物等の発生抑制、減量化、再生利用の取組事業所数割合，食品廃棄物等の発生抑制の取組状況，食品廃棄物等の減量化の取組状況，食品廃棄物等の再生利用の取組状況）

(内容)平成14年度に実施した食品循環資源の再生利用等実態調査の結果を取りまとめた。食品循環資源の再生利用等実態調査は、我が国における循環型社会の構築を目指して、食品廃棄物等の発生抑制及びその資源の再生利用等の促進に資するため、食品産業における食品廃棄物等の再生利用等の状況を業種別に明らかにした。

食品循環資源の再生利用等実態調査報告 平成15年　農林水産省大臣官房統計部編　農林統計協会　2004.12　87p　30cm　1600円　①4-541-03209-0

(目次)調査結果の概要（食品廃棄物等の発生状況及び食品循環資源の再生利用等の状況，食品廃棄物等の発生抑制、減量化、食品循環資源の再

生利用の取組状況）、統計表（食品廃棄物等の発生状況及び食品循環資源の再生利用等の状況、食品廃棄物等の発生抑制、減量化、食品循環資源の再生利用の取組状況）

⟨内容⟩平成15年度に実施した食品循環資源の再生利用等実態調査の結果を取りまとめた。食品循環資源の再生利用等実態調査は、我が国における循環型社会の構築を目指して、食品廃棄物等の発生抑制及びその資源の再生利用等の促進に資するため、食品産業における食品廃棄物等の再生利用等の状況を業種別に明らかにした。

物流・包装

＜事 典＞

包装の事典　日本包装学会編　朝倉書店　2001.6　628p　21cm　23000円　Ⓘ4-254-20106-0　Ⓝ675.18

⟨目次⟩1 包装とは、2 包装・容器の材料、形態および加工法、3 包装のデザインと表示、4 包装技法、5 包装の実例、6 輸送包装とロジスティクス、7 包装の安全と品質管理、8 食品・医薬品包装材料における衛生基準、9 包装と環境、10 21世紀の包装

⟨内容⟩包装技術全体の事典。包装の役割とその変遷、各種包装材料と加工法、包装される製品別の包装の実例と安全衛生基準、包装と環境問題、社会システムの変化に対応した包装などについてとりあげ、解説する。

＜ハンドブック＞

運輸・交通と環境　2003年版　国土交通省総合政策局環境・海洋課監修　交通エコロジー・モビリティ財団、大成出版社〔発売〕　2003.6　78p　26cm　1200円　Ⓘ4-8028-8908-9

⟨目次⟩1 2002年度の運輸部門における環境をめぐる動き、2 運輸部門における主要な環境問題の現状（地球環境問題の現状、道路交通環境問題の現状、廃棄物・リサイクル問題の現状）、3 運輸部門における主要な環境問題への対策（地球温暖化対策の推進、道路交通環境対策の推進、自動車関係環境税制の見直し ほか）、4 環境問題にかかるその他の対策（騒音問題への取り組み、海洋汚染への対応、プレジャーボートの排気ガス・騒音対策 ほか）

日本の物流事業　物流企業ガイド・フェリーガイド　'99　輸送経済新聞社　1999.1　410p　26cm　4500円

⟨目次⟩COVER STORY、物流企業経営トップアンケート、FOCUS、各種物流関連統計・指標（トラック編、倉庫編、鉄道編、港湾運送編、利用運送編、航空編、海運編）、フェリーガイド、物流企業ガイド、主要トラック企業営業拠点＆路線図

日本の物流事業　'05　新時代のビジネスチャンス　輸送経済新聞社　2004.12　398p　26cm　5000円

⟨目次⟩カラーグラビア 物流のある風景、巻頭ワイド1 物流企業トップアンケート、巻頭ワイド2 新時代に挑戦する物流事業の青写真、検証 トラック事業の「青い鳥」を探せ、キーワード 2005年の物流を読む「4つのキーワード」、企業研究 伸びる物流企業の成長の秘けつ、荷主研究 変容する荷主物流の行方、密着ルポ、PHOTO探検 物流現場の24時

⟨内容⟩本書では、「新時代のビジネスチャンス」と題し、「規制緩和」「環境」「安全」「新業態」などをテーマに、物流市場の新たなビジネスチャンス創造のヒントを探る企画内容とした。また、「物流企業ガイド」「海上輸送ガイド」では、日本を代表する主要物流事業者、フェリー・内航事業者の企業紹介を掲載している。

日本の物流事業　2006　輸送経済新聞社　2005.12　366p　26cm　5000円

⟨目次⟩巻頭ワイド1 物流企業トップアンケート、巻頭ワイド2 物流が日本を支え、日本を変える、提言リポート トラック事業はこう変わる、検証 2006年の物流を読む「3つのキーワード」、企業研究 強み発揮し成長目指す物流事業者、荷主研究 物流改革ニュートレンド、密着ルポ 物流現場の24時、PHOTO探検 新・物流メッカを行く、スポットライト 物流の"キラ星"たち、付録

日本の物流事業　2007　輸送経済新聞社　2007.1　292p　26cm　5000円

⟨目次⟩トップアンケート 2007年、トップはこう考える、日本に人不足社会がやってきた、物流を支えるのはヒト、2007年の物流を読む6つのキーワード、物流日本列島2007、改正省エネ法提出義務ア目前事業者の取り組み、特別企画 行政からのメッセージ、資料編 物流関連統計・指標

日本の物流事業　2008　輸送経済新聞社　2008.2　286p　26cm　5000円

⟨目次⟩トップアンケート 物流の地位向上に向けて、巻頭インタビュー 国土交通省伊藤茂政策統括官に聞く「トラック業界の責任は重い」先導的役割で物流コスト上昇を、第1部 「人不足」解決のヒントを探る、第2部 「環境」高まる規制に備えよ、第3部 外から見る物流、PHOTO探検 最新鋭物流センターを行く、モード点検08 課題山積、どう生き残る

日本の物流事業　2009　輸送経済新聞社　2009.1　338p　26cm　5000円　Ⓝ680

(目次)トップアンケート 今年はどんな年に?, 第1部 「品質1」人でサービスの質が決まる, 第1部 「品質2」サービスの作り方, 第2部 「安全」高まるニーズは強みにもなる, 第3部 「環境」Mシフト, メーカーの取り組みを追う, 特別企画 物流キーワードを読む, モード点検 苦しいときこそ企業の本質が試される, 資料編 ひとめで分かる!ニッポン物流全国ランキング

(内容)2009年版では、物流の魅力を伝え、「品質」「安全」「環境」をテーマに編集。また、「物流企業ガイド」「海上輸送ガイド」では、日本を代表する主要物流事業者、フェリー、内航事業者の企業紹介を掲載する。

日本の物流事業 2010 物流2法施行から20年「規制緩和の是非」
輸送経済新聞社 2010.1 292p 26cm 5000円 Ⓝ680

(目次)トップアンケート 今年はどんな年に?, 第1部 「規制緩和」とは何だったのか(インタビュー 流通経済大学・野尻俊明教授に聞く 実運送業者は創意工夫を安全など社会的の規制は強化へ, アンケート 正直者が馬鹿を見ないように今は公正な競争と言えぬ ほか), 第2部 不況こそ攻める、各社の「勝ち残り策」(事例研究 日本通運/名糖運輸/西濃運輸/姫路合同貨物自動車 新サービスで攻める, 事例研究 ダイセーエブリー二十四/岡山県貨物運送 ユニークサービスで攻める ほか), 第3部 3PLはなぜ強い(レポート 「今後も継続・拡張」9割 高まる3PL志向, 事例研究 ハマキョウレックス/センコー 躍進の鍵を探る ほか), リレーレポート 激動の2009から2010へ(エコアライアンス、特積み幹線共同化へ 業界のトータルメリット追求へ, まず人が集まる業界に ドライバー不足は根本問題の一側面 ほか)

包装実務ハンドブック
新田茂夫監修, 21世紀包装研究協会編 日刊工業新聞社 2001.1 410p 26cm 13000円 Ⓘ4-526-04698-1 Ⓝ675.18

(目次)第1編 新しい流通環境に対応する包装技術, 第2編 包装の機能性, 第3編 包装材料と包装容器, 第4編 包装技法, 第5編 デザインと印刷, 第6編 包装試験, 付録(関連JIS, 包装関連官庁, 諸組合団体一覧 ほか)

(内容)包装分野の基礎知識をまとめた実務便覧。循環型社会への移行、少子高齢化の進展および生活スタイルの変化、新包材の出現といった新しい動きを含め、6編に分けて解説する。巻末附録では、JIS、関連官庁・団体などの資料を掲載する。

<年鑑・白書>

運輸白書 平成元年版
運輸省編 大蔵省印刷局 1990.2 205p 21cm 3200円 Ⓘ4-17-120164-0

(目次)運輸をめぐるこの一年の動き, 第1部 運輸をめぐる環境の変化と今後の課題(利用者をめぐる環境の変化と運輸の課題, 運輸産業をめぐる環境の変化と課題, 国際的な環境の変化と運輸の課題), 第2部 運輸の概況(国鉄改革の一層の推進・定着化をめざして, 旅客交通対策の整備・充実, 物流における新たな展開, 外航海運、造船業の新たな展開と船員対策の推進, ウォーターフロントの高度利用と港湾整備, 新たな航空の展開, 観光レクリエーションの振興, 国際協力の拡充, 安全対策、環境対策、技術開発等の推進, 昭和63年度の概況と平成元年度の動き), 付属統計表, 激動の時代を振り返って―昭和運輸史

運輸白書 平成2年版
運輸省編 大蔵省印刷局 1991.1 1冊 19cm 2900円 Ⓘ4-17-120165-9

(目次)第1部 21世紀をめざす運輸(運輸関係社会資本の整備, 労働力不足の進行と運輸), 運輸の動き(平成元年度の運輸の概況と最近の動向, 国際化の進展と運輸, 順調な進展をみせる国鉄改革, 旅客交通体系の充実, 物流サービスの新たな展開, 外航海運、造船業の新たな展開と船員対策の推進, 航空の新たな展開, 観光レクリエーションの振興, 地球環境の保全, 交通安全対策等の推進)

運輸白書 平成3年版
運輸省編 大蔵省印刷局 1991.12 35p 21cm 1950円 Ⓘ4-17-120166-7

(目次)第1部 交通体系の再構築をめざして―公共輸送機関への新たな期待('90年代の交通政策の基本的方向, 新たな交通体系の構築をめざして), 第2部 運輸の動き(平成2年度の運輸の概況と最近の動向, 国際化の進展と運輸, 観光レクリエーションの振興, 貨物流通の円滑化, 国民のニーズに応える鉄道輸送の展開, 自動車交通の発展と公共輸送サービスの充実, 海運、造船の新たな展開と船員対策の推進, 豊かなウォーターフロントの形成, 航空ネットワークの充実に向けた取組, 地球環境の保全, 運輸における安全対策等の推進), 付属統計表

運輸白書 平成4年版
運輸省編 大蔵省印刷局 1992.12 310p 21cm 2000円 Ⓘ4-17-120167-5

(目次)トピックでみる運輸の1年, 第1部 豊かな生活をめざした運輸政策の展開(通勤・通学混雑の緩和をめざして, 地域間交流の促進をめざして, 自由時間の充実をめざして, 運輸サービスの高度化・多様化をめざして, 地球環境との調和をめざして), 第2部 運輸の動き(平成3年度の運輸の概況と最近の動向, 国際化の進展と運輸, 貨物流通の円滑化, 観光レクリエーションの振興, 国民のニーズに応える鉄道輸送の展開,

安全で環境と調和のとれた車社会の形成と自動車輸送サービスの充実、海運、造船の新たな展開と船員対策の推進、豊かなウォーターフロントの形成、航空ネットワークの充実に向けた取組み、地球環境の保全、運輸における安全対策等の推進）、付属統計表

運輸白書　平成5年版　運輸省編　大蔵省印刷局　1993.12　314p　21cm　2000円　①4-17-120168-3

〔目次〕第1部 利用交通手段の変化とこれからの運輸サービス—公共輸送機関と自家用自動車の調和ある利用をめざして（利用交通手段の変化、利用交通手段の変化に伴う諸問題、これからの運輸サービス）、第2部 運輸の動き（平成4年度の運輸の概況と最近の動向、変貌する国際経済社会と運輸、貨物流通の円滑化、観光レクリエーションの振興、国民にニーズに応える鉄道輸送の展開、安全で環境と調和のとれた車社会の形成と自動車輸送サービスの充実、海運、造船の新たな展開と船員対策の推進、豊かなウォーターフロントの形成、航空ネットワークの充実に向けた取組み、地球環境の保全、運輸における安全対策等の推進）、付属統計表、平成4年度~6年度運輸の動き

運輸白書　平成6年版　運輸省編　大蔵省印刷局　1994.12　366p　21cm　2100円　①4-17-120169-1

〔目次〕第1部 国際社会の中で生きる日本—運輸の果たす役割（変化する国際社会と運輸、国際社会の変化が進む中での運輸の分野における諸問題、国際社会と共生しつつ豊かな国民生活の実現に向けた運輸の目指すべき方向）、第2部 運輸の動き（平成5年度の運輸の概況と最近の動向、変貌する国際社会と運輸、貨物流通の円滑化、観光レクリエーションの振興、国民のニーズに応える鉄道輸送の展開、安全で環境と調和を図りつつ、利用者のニーズに対応した車社会の形成、海運、造船の新たな展開と船員対策の推進 ほか）

運輸白書　平成7年度　災害に強い運輸をめざして　運輸省編　大蔵省印刷局　1996.1　384, 40p　21cm　2900円　①4-17-120170-5

〔目次〕第1部 災害に強い運輸をめざして（阪神・淡路大震災と運輸、震災対策の強化、その他の災害対策の推進）、第2部 運輸の動き（平成6年度の運輸の概況と最近の動向、運輸関係社会資本整備の動向、変貌する国際社会と運輸、新時代に対応した物流体系の構築、観光レクリエーションの振興、国民のニーズに応える鉄道輸送の展開、人と地球にやさしい車社会の形成へ向けて、海運、船員対策及び造船の新たな展開 ほか）

運輸白書　平成8年度　運輸省編　大蔵省印刷局　1997.1　431, 40p　21cm　2816円　①4-17-120171-3

〔目次〕第1部 国鉄改革10年目に当たって（国鉄の発足から国鉄改革まで、国鉄改革とは、鉄道事業は再生されたか、改革後の長期債務等の処理状況、国鉄改革の評価と残された政策課題）、第2部 運輸の動き（平成7年度の運輸の概況と最近の動向、変貌する国際社会と運輸、物流構造変革への対応、観光レクリエーションの振興、国民のニーズに応える鉄道輸送の展開 ほか）

運輸白書　平成9年度　新しい時代に対応する運輸　運輸省編　大蔵省印刷局　1998.1　373p　21cm　2800円　①4-17-120172-1

〔目次〕第1部 新しい時代に対応する運輸（経済社会環境の変化に対応する運輸の課題とこれまでの取組み、21世紀に向けた運輸の取組み、国鉄改革の総仕上げに向けて—国鉄長期債務の本格的処理）、第2部 運輸の動き（平成8年度の運輸の概況と最近の動向、運輸における地球環境問題等への取組み、変貌する国際社会と運輸、観光レクリエーションの振興、国民のニーズに応える鉄道輸送の展開、人と地球にやさしい車社会の形成へ向けて、海上交通、造船、船員対策の新たな展開、島国日本の礎となる港湾、航空輸送サービスの充実に向けた取組み、運輸における安全対策、技術開発の推進）、平成8年11月~9年12月の運輸の動き、統計等参考資料編

運輸白書　平成10年度　新しい視点に立った交通運輸政策　運輸省編　大蔵省印刷局　1999.1　425, 36p　21cm　2900円　①4-17-120173-X

〔目次〕第1部 新しい視点に立った交通運輸政策（新しい視点に立った交通運輸政策の展開に向けて、交通運輸政策の新たな展開に向けて、地球環境と共生する交通運輸、交通運輸のバリアフリー化に向けて）、第2部 運輸の動き（平成9年度の運輸の概況と最近の動向、変貌する国際社会と運輸、効率的な物流体系の構築、21世紀に向けた観光政策の推進、国民のニーズに応える鉄道輸送の展開、より安全で快適な車社会の形成へ向けて、海運、造船、船員対策の新たな展開、21世紀の暮らしを明るく豊かにする「みなと」—物流の効率化と国民生活の質の向上をめざして、増大する人・ものの流れを支える航空、運輸における環境問題への取り組み、運輸における安全対策、技術開発等の推進）、平成9年10月~10年12月の運輸の動き、統計等参考資料編

運輸白書　平成11年度　21世紀に向けた都市交通政策の新展開　運輸省編　大蔵省印刷局　2000.1　479, 36, 15p　21cm

環境・エネルギー問題 レファレンスブック　159

2900円　Ⓘ4-17-120174-8　Ⓝ682.1

㊣第1部 21世紀に向けた都市交通政策の新展開（都市交通問題の変遷と現状，都市交通政策の新展開，情報通信技術の活用による都市交通の円滑化と安全確保，都市の魅力向上による交流拡大），第2部 運輸の動き（最近の運輸概況，国際社会と運輸，21世紀に向けた観光政策の推進，効率的な物流体系の構築，国民のニーズに応える鉄道輸送の展開，安全で快適な車社会の形成，海事政策の新たな展開，21世紀に向けた港湾，人・ものの流れを支える航空，環境と運輸，運輸における安全対策，技術開発等の推進）

図でみる運輸白書　平成5年版　運輸省運輸政策局情報管理部編　運輸振興協会　1993.2　110p　19cm　1000円

㊣第1部 豊かな生活をめざした運輸政策の展開，第2部 運輸の動き，付属統計表，平成3～5年度 運輸の動き

㊣運輸白書の要約版。手軽に使えるよう，判型を小型化、多色刷りを使用、図表と解説の見開きで構成する。

図でみる運輸白書　平成6年版　運輸省運輸政策局情報管理部編　運輸振興協会　1994.1　115p　19cm　1000円

㊣第1部 利用交通手段の変化とこれからの運輸サービス—公共輸送機関と自家用自動車の調和ある利用をめざして（利用交通手段の変化，利用交通手段の変化に伴う諸問題，これからの運輸サービス，国・地域社会、国民の支援と協力），第2部 運輸の動き（平成4年度の運輸の概況と最近の動向，変貌する国際経済社会と運輸，貨物流通の円滑化，観光レクリエーションの振興，国民のニーズに応える鉄道輸送の展開，安全で環境と調和のとれた車社会の形成と自動車輸送サービスの充実，海運、造船の新たな展開と船員対策の推進，豊かなウォーターフロントの形成，航空ネットワークの充実に向けた取組み，地域環境の保全，運輸における安全対策等の推進），付属統計表，平成3～5年度 運輸の動き

㊣運輸白書の要約版。手軽に使えるよう，判型を小型化、多色刷りを使用、図表と解説の見開きで構成する。

図でみる運輸白書　平成7年版　運輸省運輸政策局情報管理部編　運輸振興協会　1995.1　126p　19cm　1100円

㊣第1部 国際社会の中で生きる日本—運輸の果たす役割，第2部 運輸の動向

㊣平成6年度版運輸白書の中からポイントとなる内容を図表化したハンドブック。135図表を掲載し、図表目次も付す。巻末には付属統計表を付す。

図でみる運輸白書　平成7年度　災害に強い運輸をめざして　運輸省運輸政策局情報管理部編　運輸振興協会　1996.1　129p　19cm　1300円

㊣第1部 災害に強い運輸をめざして（阪神・淡路大震災と運輸，震災対策の強化，その他の災害対策の推進），第2部 運輸の動き（平成6年度の運輸の概況と最近の動向，運輸関係社会資本整備の動向，変貌する国際社会と運輸，新時代に対応した物流体系の構築，観光レクリエーションの振興 ほか）

図でみる運輸白書　平成9年度　新しい時代に対応する運輸　運輸省運輸政策局情報管理部編　運輸振興協会　1998.2　148p　19cm　1267円

㊣第1部 新しい時代に対応する運輸（経済社会環境の変化に対応する運輸の課題とこれまでの取組み，21世紀に向けた運輸の取組み，国鉄改革の総仕上げに向けて—国鉄長期債務の本格的処理），第2部 運輸の動き（平成8年度の運輸の概況と最近の動向，運輸における地球環境問題等への取組み，変貌する国際社会と運輸，観光レクリエーションの振興，国民のニーズに応える鉄道輸送の展開，人と地球にやさしい車社会の形成へ向けて，海上交通、造船、船員対策の新たな展開，島国日本の礎となる港湾，航空輸送サービスの充実に向けた取組み，運輸における安全対策、技術開発の推進）

図でみる運輸白書　平成10年度　新しい視点に立った交通運輸政策　運輸省運輸政策局情報管理部編　運輸振興協会　1999.2　162p　19cm　1267円

㊣第1部 新しい視点に立った交通運輸政策（交通運輸政策の新たな展開に向けて，地球環境と共生する交通運輸，交通運輸のバリアフリー化に向けて），第2部 運輸の動き（平成9年度の運輸の概況と最近の動向，変貌する国際社会と運輸，効率的な物流体系の構築，21世紀に向けた観光政策の推進，国民のニーズに応える鉄道輸送の展開 ほか）

図でみる運輸白書　平成11年度　21世紀に向けた都市交通政策の新展開　運輸省運輸政策局情報管理部編　運輸振興協会　2000.3　251p　19cm　1267円　Ⓝ682.1

㊣第1部 21世紀に向けた都市交通政策の新展開（都市交通問題の変遷と現状，都市交通政策の新展開，情報通信技術の活用による都市交通の円滑化と安全確保，都市の魅力向上による交流拡大），第2部 運輸の動き（最近の運輸概況，国際社会と運輸，21世紀に向けた観光政策の推進，効率的な物流体系の構築 ほか），参考資料編

図でみる運輸白書　平成12年度　国土交通省総合政策局情報管理部監修　運輸振興協会

2001.3　177p　19cm　1267円　Ⓝ682.1

|目次| 第1部 21世紀における交通政策の基本方向（日本型交通体系の形成と21世紀交通社会の展望，国土交通行政における交通政策の展開），第2部 時代の要請に対応した交通政策の展開（高度化する安全への要請に対する取り組み，ITを中心とする技術革新による交通の高度化，環境問題に対する交通の取り組み ほか），第3部 個別分野別の現況と動向（交通分野をめぐる最近の動向，観光政策の推進，効率的な物流体系の構築 ほか）

|内容| 平成12年の「運輸白書」の内容を図表127点を中心に再構成する資料集。本文中には「非接触式ICカード運賃支払いシステム運用開始」についてなどのコラム8件を掲載。巻末に統計等参考資料を付す。

農産物流通技術年報　'90年版　農産物流通技術研究会編　流通システム研究センター
1990.8　211p　26cm　〈「月刊食品流通技術」増刊号〉　4500円　①4-89745-101-9

|目次| 1 総論 農産物流通のあり方，2 農産物流通と流通技術の現状および問題点，3 農産物流通関連施設・機器・資材，4 農産物流通技術上の問題点と対策，5 定温流通文献集，6 統計・資料集，7 農産物流通技術研究の公的機関における研究テーマ

農産物流通技術年報　'92年版　農産物流通技術研究会編　流通システム研究センター
1992.9　248p　26cm　〈月刊食品流通技術〉　4500円　①4-89745-109-4

|目次| 1 青果物の高鮮度流通の課題，2 農産物流通と流通技術の現状および問題点（野菜，果樹，穀類，菌茸，花き，農産物の輸出入），3 農産物流通関連施設・機器・資材（選果と選別施設，予冷施設，貯蔵施設，輸送機器，包装資材，鮮度保持材〈剤〉，計測機器），4 農産物流通技術上の問題点と対策（果実物流での省力化に対する取り組み，カット野菜の最新動向，農産物流通へのニューラルネットワークの活用，農産物流通におけるメッシュコンテナの活用，青果物の輸入の現状と植物検疫 ほか），5 定温流通文献集，6 統計・資料集，7 平成3年度農林水産省の各研究機関における農産物流通技術テーマ

農産物流通技術年報　'93年版　農産物流通技術研究会編　流通システム研究センター
1993.9　234p　26cm　〈「月刊食品流通技術」増刊号〉　4500円　①4-89745-112-4

|目次| 総論 農産物流通のあり方，農産物流通と流通技術の現状および問題点（野菜，果樹，穀類，菌茸，花き，農産物の輸出入），農産物流通関連施設・機器・資材（選果と選別施設，果実・野菜の非破壊品質評価，予冷施設，貯蔵施設，包装資材，輸送機器，鮮度保持材〈剤〉，計測機器），農産物流通技術上の問題点と対策（農産物のフリートレイ，乾燥野菜の動向，野菜のオゾン処理，輸入青果物の消毒の現状と今後，熱帯果実の流通と輸入について，生協における青果物流通の現状と課題，花の自動切り替え，定温流通文献集，統計・資料集，平成4年度農林水産省の各研究機関における農産物流通技術研究テーマ

農産物流通技術年報　'94年版　農産物流通技術研究会編　システム研究センター
1994.9　239p　26cm　〈月刊食品流通技術〔増刊号〕〉　4500円　①4-89745-116-7

|目次| 1 総論農産物流通のあり方―青果物の卸売市場について，2 農産物流通と流通技術の現状および問題点，3 農産物流通関連施設・機器・資材，4 農産物流通技術上の問題点と対策，5 定温流通文献集，6 統計・資料集，7 平成5年度農林水産省の各研究機関における農産物流通技術研究テーマ，8 発刊15年記念「農産物流通技術年報」総目次

|内容| 農産物の流通技術に関する1年間の動きを分野・テーマ別に解説したもの。巻末には定温流通文献集，統計・資料編，平成5年度の各研究機関の研究テーマ，発刊15年記念総目次がある。

農産物流通技術年報　'95年版　農産物流通技術研究会編　流通システム研究センター
1995.9　211p　26cm　〈月刊フレッシュフードシステム（増刊号）〉　4500円　①4-89745-120-5

|目次| 1 総論農産物流通のあり方，2 農産物流通と流通技術の現状および問題点，3 農産物流通関連施設・機器・資材，4 農産物流通技術上の問題点と対策，5 定温流通文献集，6 統計・資料集，7 平成6年度農林水産省の各研究機関における農産物流通技術研究テーマ

農産物流通技術年報　'96年版　農産物流通技術研究会編　流通システム研究センター
1996.9　244p　26cm　〈「月刊フレッシュフードシステム 増刊号」第25巻第11号通巻339号〉　4500円　①4-89745-123-X

|目次| 1 総論 農産物流通のあり方，2 農産物流通と流通技術の現状および問題点，3 農産物流通関連施設・機器・資材，4 農産物流通技術上の問題点と対策，5 定温流通文献集，6 統計・資料集，7 平成7年度農林水産省の各研究機関における農産物流通技術研究テーマ，8 農産物流通関連の試験・研究所一覧

農産物流通技術年報　'98年版　農産物流通技術研究会編　流通システム研究センター
1998.9　223p　26cm　〈「月刊フレッシュフードシステム」増刊号〉　4500円　①4-89745-129-9

|目次| 1 総論農産物流通のあり方，2 農産物流通

と流通技術の現状および問題点，3 農産物流通関連施設・機器・資材，4 農産物流通技術上の問題点と対策，5 定温流通文献集，6 統計・資料集，7 平成9年度農林水産省の各研究機関における農産物流通技術研究テーマ，8 農産物流通関連の試験・研究所一覧

農産物流通技術年報　'99年版　農産物流通技術研究会編　流通システム研究センター　1999.9　277p　26cm　〈「月刊フレッシュフードシステム（増刊号）」(第28巻)10号通巻380号〉　4500円　①4-89745-130-2

(目次)1 総論 農産物流通のあり方，2 農産物流通と流通技術の現状および問題点，3 農産物流通関連施設・機器・資材，4 農産物流通技術上の問題点と対策，5 定温流通文献集，6 統計・資料集，7 平成10年度農林水産省の各研究機関における農産物流通技術研究テーマ，8 農産物流通関連の試験・研究所一覧

農産物流通技術年報　2000年版　農産物流通技術研究会編　流通システム研究センター　2000.9　233p　26cm　〈「季刊フレッシュフードシステム」増刊号(第29巻第5号通巻385号)〉　4700円　①4-89745-132-9　⒩611.4

(目次)1 総論・農産物流通のあり方，2 農産物流通と流通技術の現状および問題点（野菜，果樹，穀類，菌茸（キノコ），花き，農産物の輸出入），3 農産物流通関連施設・機器・資材（選果と選別施設（選果機の歴史年表），非破壊内部品質評価，予冷施設，貯蔵施設（負イオンとオゾンの混合ガスによる青果物貯蔵技術），包装資材，輸送機器（JRクールコンテナ），計測機器），4 農産物流通技術上の問題点と対策（農産物の表示（原産地・遺伝子組換え・有機農産物），青果物低温輸送の実態，長野県連合青果(株)上田本社におけるISO14001認証取得事例，インターネットによる農産物販売，スーパー向け光センサーの開発と利用，中食市場の規模と中食利用の諸特徴，塩ビとダイオキシン，生分解フィルムを用いた生ゴミの収集，食生活指針について），5 定温流通文献集，6 統計資料集，7 平成11年度農林水産省の各研究機関における農産物流通技術研究テーマ，8 農産物流通関連の試験・研究所一覧

(内容)農産物流通技術のデータを収録した年報。学会や国公立試験研究機関から発表される研究成果やデータ掲載する。本編は総論と農水物産流通、関連施設・機材・資材、農産物流通技術上の問題などの各論で構成。ほかに低温流通文献集、野菜の出荷率の推移、都道府県予冷施設設置数などの統計、野菜の呼吸量などの資料と平成11年度の農林水産省の各研究機関における農産物流通技術研究テーマ、農産物流通関連の試験・研究所一覧を収録。

農産物流通技術年報　2001年版　農産物流通技術研究会編　流通システム研究センター　2001.9　6，212p　26cm　〈「季刊フレッシュフードシステム」増刊号〉　4700円　①4-89745-135-3　⒩611.4

(目次)1 総論農産物流通のあり方―都市近郊における地域流通（産直）販売管理マニュアル，2 農産物流通と流通技術の現状および問題点，3 農産物流通関連施設・機器・資材，4 農産物流通技術上の問題点と対策，5 定温流通文献集，6 統計・資料集，7 各研究機関の試験研究課題一覧，8 農産物流通関連の試験・研究所一覧

(内容)農産物流通技術のデータを収録した年報。学会や国公立試験研究機関から発表される研究成果やデータ掲載する。本編は総論と農水物産流通、関連施設・機材・資材、農産物流通技術上の問題点などの各論で構成。ほかに定温流通文献集、野菜の出荷率の推移、都道府県予冷施設設置数などの統計、野菜の呼吸量などの資料と農産物流通関連の試験・研究所一覧を収録。

農産物流通技術年報　2002年版　農産物流通技術研究会編　流通システム研究センター　2002.9　217p　26cm　〈「季刊フレッシュフードシステム」増刊号〉　4700円　①4-89745-138-8　⒩611.4

(目次)1 総論農産物・食品流通のあり方―研究サイドから見た課題と展望，2 農産物流通と流通技術の現状および問題点，3 農産物流通関連施設・機器・資材，4 農産物流通技術上の問題点と対策，5 定温流通文献集，6 統計・資料集，7 研究機関の平成13年度試験研究課題と内容一覧，8 農産物流通関連の試験・研究所一覧

農産物流通技術年報　2003年版　特集「農産物情報開示の徹底研究」　農産物流通技術研究会編　流通システム研究センター　2003.9　218p　30cm　〈「季刊フレッシュフードシステム」増刊号〉　4700円　①4-89745-140-X

(目次)1 総論 農産物・食品流通のあり方，2 特集 農産物情報開示の徹底研究，3 農産物流通および流通技術の問題点と対策，4 統計で見る生産・流通動向，5 新聞記事に見るこの1年，6 資料編

農産物流通技術年報　2004　農産物流通技術研究会編　流通システム研究センター　2004.9　223p　30cm　4700円　①4-89745-143-4

(目次)1 総論 農産物・食品流通のあり方（農産物・食品流通のあり方 今日の課題，老化，ストレスとエチレン），2 特集 外食産業・量販店での青果物調達の変化（総論 食の成熟化と小売・外食企業による青果調達戦略の方向性，安全・安心・鮮度に加えて信頼度を高めるブランディ

ングへの挑戦が店頭で進行 ほか)，3 農産物流通および流通技術の問題点と対策(切り花のバケット流通における品質管理マニュアル，有機農産物や特別栽培農産物の表示制度について ほか)，4 統計で見る生産・流通動向(農産物の品目別需給構造とその推移，農産物生産と流通の現状)，5 資料編

農産物流通技術年報 2005 農産物流通技術研究会編 流通システム研究センター 2005.9 249p 30cm 4700円 Ⓘ4-89745-146-9

(目次)1 総論：農産物・食品流通のあり方(技術論―物流の変化と流通技術が果たす役割と課題，経営論―農産物ビジネスの変化)，2 特集・農産物流通の新たな展開(卸売市場法の改正と卸売市場流通の展開方向，転送の新しい動き ほか)，3 農産物流通および流通技術の問題点と対策(日本の生鮮トマトの需要創造へ向けて，データ収集，生産管理，トレーサビリティにおけるユビキタス技術 ほか)，4 統計で見る生産・流通動向(農産物の品目別需給構造とその推移，農産物生産と流通の現状)，5 資料編(農産物流通関連文献リスト，農産物流通関連試験研究機関と研究課題 ほか)

(内容)特集テーマとして「農産物流通の新たな展開」を，また最近の話題として「廃棄物問題」を取り上げた。

農産物流通技術年報 2006年版 農産物流通技術研究会編 流通システム研究センター 2006.9 221p 30cm 4700円 Ⓘ4-89745-148-5

(目次)1 総論 農産物・食品流通のあり方(青果物流通の30年(35年前のミカン欧州輸送試験を振り返りながら)，農業と食品関連産業の戦略的な提携)，2 特集 情報化社会における新しい農産物流通のあり方―産地・卸売市場・小売は情報化とどう取り組むか(アグリビジネスにおけるインターネット取引の効用，青果ネットカタログ(SEICA) ほか)，3 農産物流通および流通技術の問題点と対策(「21世紀新農政2006」について，農薬のポジティブリスト制への移行 ほか)，4 統計で見る生産・流通動向(農産物の品目別需給構造とその推移，農産物生産と流通の現状)，5 資料編(農産物流通関連文献リスト，農産物流通関連試験研究機関と研究課題 ほか)

農産物流通技術年報 2007年版 特集「消費ニーズに対応した政策と技術の展開」 農産物流通技術研究会編 流通システム研究センター 2007.9 207p 30cm 4700円 Ⓘ978-4-89745-150-3

(目次)1 総論 農産物・食品流通のあり方(消費ニーズに対応した農産物流通技術の新展開，農産物の非食用需要が農産物需給に与える影響)，2 特集 消費ニーズに対応した政策と技術の展開(JAS制度を活用した農産物の生産流通の新展開，食品安全GAPの実践と課題)，3 農産物流通および流通技術の問題点と対策(農林水産研究高度化事業「輸出促進型」について，農林水産研究高度化事業(輸出促進・食品産業海外展開型)「果実輸出」 ほか)，4 統計で見る生産・流通動向(農産物の品目別需給構造とその推移，農産物生産と流通の現状)，5 資料編(農産物流通関連文献リスト，農産物流通関連試験研究機関と研究課題 ほか)

農産物流通技術年報 2008年版 農産物流通技術研究会編 流通システム研究センター 2008.9 217p 30cm 4700円 Ⓘ978-4-89745-153-4 Ⓝ611.4

(目次)1 総論 農産物・食品流通のあり方(国際化に対応した農産物流通，加速化するバイオエタノール生産と国際農産物需給)，2 特集 国際的視点に立った農産物流通(需給の国際化に対応した課題，地球温暖化と農産物の生産流通)，3 農産物流通および流通技術の問題点と対策(地球温暖化防止のためのバイオエタノール生産，GAPに対する消費者の意識，食品リサイクル，ナノテクノロジーが農業・食品分野に及ぼす影響評価)，4 統計で見る生産・流通動向(農産物の品目別需給構造とその推移，農産物生産と流通の現状)，5 資料編(農産物流通関連文献リスト，農産物流通関連試験研究機関の平成20年度試験研究計画一覧，参考資料)

<統計集>

数字で見る関東の運輸の動き 1999 運輸振興協会 1999.3 312p 21cm 667円

(目次)1 概要，2 旅客輸送，3 物流，4 人と環境にやさしい交通，5 技術・安全，6 観光，7 造船・船員，8 参考

数字で見る関東の運輸の動き 2000 運輸振興協会 2000.3 226p 21cm 667円 Ⓝ680.59

(目次)1 概要，2 旅客輸送，3 物流，4 人と環境にやさしい交通，5 技術・安全，6 観光，7 造船・船員，8 参考

数字で見る関東の運輸の動き 2001 国土交通省関東運輸局監修 運輸振興協会 2001.3 226p 21cm 762円 Ⓝ680.59

(目次)1 概要，2 旅客輸送，3 物流，4 人と環境にやさしい交通，5 技術・安全，6 観光，7 造船・船員，8 参考

数字で見る関東の運輸の動き 2002 運輸振興協会 2002.3 238p 21cm 762円 Ⓝ680.59

物流・包装　　　　　　　環境問題

(目次)旅客輸送，物流，人と環境にやさしい交通，技術・安全，観光，造船・船員，参考

数字で見る関東の運輸の動き　2003　運輸振興協会　2003.3　225p　21cm　762円

(目次)1 旅客輸送，2 物流，3 人と環境にやさしい交通，4 技術・安全，5 観光，6 造船・船員，7 参考

数字で見る関東の運輸の動き　2004　国土交通省関東運輸局監修　運輸振興協会　2004.3　232p　21cm　762円

(目次)1 概要，2 旅客輸送，3 物流，4 人と環境にやさしい交通，5 技術・安全，6 観光，7 造船・船員，8 参考

数字で見る関東の運輸の動き　2005　運輸振興協会　2005.3　223p　21cm　762円

(目次)1 概要，2 旅客輸送，3 物流，4 人と環境にやさしい交通，5 技術・安全，6 観光，7 造船・船員，8 参考

数字で見る関東の運輸の動き　2006　運輸振興協会　2006.3　206p　21cm　762円

(目次)2 旅客輸送，3 物流，4 人と環境にやさしい交通，5 技術・安全，6 観光，7 造船・船員，8 参考

数字で見る関東の運輸の動き　2008　運輸振興協会　2008.9　226p　21cm　952円　Ⓝ680.59

(目次)1 概要，2 旅客輸送，3 物流，4 人と環境にやさしい交通，5 技術・安全，6 観光，7 造船・船員，8 参考

数字で見る関東の運輸の動き　2010　運輸振興協会　2010.9　216p　21cm　952円　Ⓝ680.59

(目次)1 概要，2 旅客輸送，3 物流，4 人と環境にやさしい交通，5 技術・安全，6 観光，7 造船・船員，8 参考

数字でみる物流　1991年版　運輸省貨物流通局監修　運輸経済研究センター　1991.4　159p　15cm　567円　Ⓝ680.59

(目次)物流及び経済動向，国際物流の動向，物流における情報化の動向，消費者物流の動向，輸送機関別輸送状況，フォワーダーの動向，物流企業対策

数字でみる物流　1995　運輸省大臣官房総務審議官監修　物流技術センター　1995.7　219p　15cm　600円

(目次)1 物流及び経済動向，2 国際物流の動向，3 物流における情報化の動向，4 消費者物流の動向，5 輸送機関別輸送状況，6 フォワーダーの動向，7 物流企業対策

数字でみる物流　1996　運輸省大臣官房総務審議官監修　物流技術センター　1996.8　227p　15cm　600円

(目次)1 物流及び経済動向，2 国際物流の動向，3 物流における情報化の動向，4 消費者物流の動向，5 輸送機関別輸送状況，6 フォワーダーの動向，7 物流企業対策

数字でみる物流　2001　物流問題研究会監修　日本物流団体連合会　2001.11　268p　19cm　858円　Ⓝ680.59

(目次)1 国内物流の動向，2 国際物流の動向，3 物流における情報化の動向，4 消費者物流の動向，5 輸送機関別輸送状況，6 貨物流通施設の動向，7 フォワーダーの動向，8 物流企業対策，9 物流と環境、エネルギー

数字でみる物流　2004年版　日本物流団体連合会　2004.7　288p　15cm　858円

(目次)1 国内物流の動向，2 国際物流の動向，3 物流における情報化の動向，4 消費者物流の動向，5 輸送機関別輸送状況，6 貨物流通施設の動向，7 フォワーダーの動向，8 物流企業対策，9 物流と環境、エネルギー

数字でみる物流　2005年版　日本物流団体連合会　2005.8　278p　15cm　858円

(目次)1 国内物流の動向，2 国際物流の動向，3 物流における情報化の動向，4 消費者物流の動向，5 輸送機関別輸送状況，6 貨物流通施設の動向，7 フォワーダーの動向，8 物流企業対策，9 物流と環境、エネルギー

数字でみる物流　2006　日本物流団体連合会　2006.6　312p　15cm　858円

(目次)1 国内物流の動向，2 国際物流の動向，3 物流における情報化の動向，4 消費者物流の動向，5 輸送機関別輸送状況，6 貨物流通施設の動向，7 フォワーダーの動向，8 物流企業対策，9 物流と環境、エネルギー，参考

数字でみる物流　2008　日本物流団体連合会　2008.8　301p　15cm　858円

(目次)1 物流に関する経済の動向，2 国内物流の動向，3 国際物流の動向，4 輸送機関別輸送の動向，5 貨物流通施設の動向，6 フォワーダーの動向，7 消費者物流の動向，8 物流における環境に関する動向，9 物流における情報化の動向，10 物流企業対策，参考

数字でみる物流　2009　日本物流団体連合会　2009.9　301p　15cm　858円　Ⓝ680.59

(目次)1 物流に関する経済の動向，2 国内物流の動向，3 国際物流の動向，4 輸送機関別輸送の動向，5 貨物流通施設の動向，6 貨物利用運送事業の動向，7 消費者物流の動向，8 物流にお

環境問題　　　　　　　　　　　　　　　　　　　　建設

ける環境に関する動向，9 物流における情報化の動向，10 物流企業対策，参考

数字でみる物流　2010　日本物流団体連合会　2010.9　240p　15×10cm　858円　Ⓝ680.59

(目次) 1 物流に関する経済の動向，2 国内物流の動向，3 国際物流の動向，4 輸送機関別輸送動向，5 貨物流通施設の動向，6 貨物利用運送事業の動向，7 消費者物流の動向，8 物流における環境に関する動向，9 物流における情報化の動向，10 物流企業対策，参考

◆物流・包装（規格）

<ハンドブック>

JISハンドブック　17　物流・包装　1991　日本規格協会編　日本規格協会　1991.4　1266p　21cm　7300円　Ⓘ4-542-12628-5

(目次) 包装（用語，包装一般，材料・容器，包装仕様，試験方法），物流（用語，識別，運搬機械・器具，パレット・コンテナ，保管設備・その他）

(内容) JISは，適正な内容を維持するために，5年ごとに見直しが行われ，改正，確認又は廃止の手続きがとられている。本書は，原則として平成3年2月までに制定・改正されたJISを収録している。

JISハンドブック　17　日本規格協会　1995.4　1414p　21cm　8200円　Ⓘ4-542-12782-6

(内容) 1995年2月末日現在の物流・包装関連の主なJIS（日本工業規格）を抜粋したもの。

JISハンドブック　62　物流　日本規格協会編　日本規格協会　2001.1　911p　21cm　6300円　Ⓘ4-542-17062-4　Ⓝ675.18

(目次) 用語，物流一般，運搬機械・器具，パレット・コンテナ，保管設備・その他，参考

(内容) 2000年11月末日現在におけるJISの中から，運送や物流に関係する主なJISを収集し，利用者の要望等に基づき使いやすさを考慮し，必要に応じて内容の抜粋などを行ったハンドブック。

JISハンドブック　63　包装　日本規格協会編　日本規格協会　2001.1　778p　21cm　5500円　Ⓘ4-542-17063-2　Ⓝ675.18

(目次) 用語，包装一般，材料・容器，包装仕様，試験方法，参考

(内容) 2000年10月末日現在におけるJISの中から，包装に関係する主なJISを収集し，利用者の要望等に基づき使いやすさを考慮し，必要に応じて内容の抜粋などを行ったハンドブック。

JISハンドブック　2003 62　物流　日本規格協会編　日本規格協会　2003.1　1105p　21cm　6300円　Ⓘ4-542-17202-3

(目次) 用語，物流一般，荷役運搬機械・器具，輸送，包装，情報，保管設備・その他，参考

JISハンドブック　2003 63　包装　日本規格協会編　日本規格協会　2003.1　905p　21cm　5500円　Ⓘ4-542-17203-1

(目次) 用語，包装一般，材料・容器，包装仕様，試験方法，参考

JISハンドブック　2007 62　物流　日本規格協会編　日本規格協会　2007.6　1612p　21cm　8000円　Ⓘ978-4-542-17553-2

(目次) 用語，製品認証，物流一般，荷役運搬機械・器具，輸送，包装，情報，保管設備・その他，参考

JISハンドブック　2007 63　包装　日本規格協会編　日本規格協会　2007.6　1268p　21cm　7000円　Ⓘ978-4-542-17554-9

(目次) 用語，製品認証，包装一般，材料・容器，包装仕様，試験方法，その他，参考

建設

<事典>

建設副産物用語集　建設副産物研究会著　大成出版社　2009.9　262p　19cm　〈文献あり〉　2700円　Ⓘ978-4-8028-2897-0　Ⓝ510.33

(内容) 建設リサイクル法、廃棄物処理法、資源有効利用促進法などの法令用語から技術用語までを図版を交えて解説した用語集。配列は見出し語の五十音順、見出し語、見出し語英訳、解説文からなる。

<ハンドブック>

建設環境必携　平成6年度版　建設環境行政研究会編，建設省建設経済局環境調整室監修　ぎょうせい　1994.7　2886,8p　19cm　5200円　Ⓘ4-324-04170-9

(目次) 第1章 環境アセスメント，第2章 環境基準，第3章 公害関係法令，第4章 自然環境関係法令等，第5章 文化財等，第6章 公共用地・事業損失，第7章 参考資料

建設環境必携　平成8年度版　建設省建設経済局環境調整室監修　ぎょうせい　1996.7　2364p　19cm　5200円　Ⓘ4-324-04854-1

(目次) 環境アセスメント，地方公共団体の環境アセスメント，環境基準・公害関係法令等，自然環境関係法令等

環境・エネルギー問題 レファレンスブック　　165

建設　　　　　　　　　　　　環境問題

(内容)環境影響評価に関する建設省その他関係各省庁の通達、地方公共団体の規則・告示、および環境関連の法令等を集めたもの。巻末に五十音順の法令・通達等索引がある。

建設環境必携　平成9年度版　建設省建設経済局環境調整室監修，建設環境行政研究会編　ぎょうせい　1997.12　3242p　19cm　5200円　①4-324-05294-8

(目次)第1章 環境基本法等，第2章 環境影響評価，第3章 地方公共団体の環境アセスメント，第4章 環境基準・公害関係法令等，第5章 自然環境関係法令等

現場技術者のための環境共生ポケットブック　竹林征三，原田実編著　山海堂　1999.10　357p　19cm　3800円　①4-381-01311-5

(目次)1章 環境概説，2章 水環境，3章 大気環境，4章 大地環境，5章 生態環境，6章 資源循環型環境，7章 建設施工時環境

<法令集>

建設工事の環境法令集　平成22年度版　日本建設業団体連合会監修　富士経済　2010.7　181p　30cm　2500円　①978-4-8349-1316-3　Ⓝ510.95

(目次)第1章 環境課題と環境法規（環境課題と国際条約・国内法，地球環境関連国際条約と国内法），第2章 建設工事に関わる環境法規（建設活動と環境課題，環境活動の基本法と関連法規），第3章 環境関連法規の建設業への適用，第4章 施工段階での環境法規への対応事項およびチェックリスト，資料編（参考資料，平成21〜22年成立・改正法令等）

建設工事の環境保全法令集　平成11年度版　日本建設業団体連合会監修　富士経済　1999.6　133p　30cm　2000円　①4-8349-0255-2

(目次)第1章 環境問題と建設活動との係わり，第2章 地球環境関連国際条約と国内法，第3章 環境問題と環境保全法規，第4章 環境保全法規の建設業への適用，第5章 施工段階での環境保全法規への対応事項およびチェックリスト

建設工事の環境保全法令集　平成12年度版　日本建設業団体連合会監修　富士経済　2000.6　153p　30cm　2000円　①4-8349-0335-4　Ⓝ510.91

(内容)建設業における環境保全関係の法令集。リサイクルの基本理念をまとめた循環型社会形成推進法をはじめ、建設資材再資源化法、改正廃棄物処理法などを新たに収録。内容は平成12年3月現在。施工段階を中心にまとめている。内容は、建設活動を通じた環境保全、環境保全のための法規制、環境問題について対応する環境保全の関連法規と基本法令の体系図、建設活動に適用される法規と該当する内容、施工段階で対応すべき事項と参考資料で構成。

建設工事の環境保全法令集　平成13年度版　日本建設業団体連合会監修　富士経済　2001.6　185p　30cm　2000円　①4-8349-0417-2　Ⓝ510.91

(内容)建設業における環境保全関係の法令を部門別に収録した法令集。

建設工事の環境保全法令集　平成14年度版　日本建設業団体連合会監修　富士経済　2002.6　233p　30cm　2500円　①4-8349-0506-3　Ⓝ510.91

(目次)第1章 環境問題と建設活動との係わり，第2章 地球環境関連国際条約と国内法，第3章 環境問題と環境保全法規，第4章 環境保全法規の建設業への適用，第5章 施工段階での環境保全法規への対応事項およびチェックリスト

(内容)建設業における環境保全関係の法令集。新たに平成12年から13年に成立した「リサイクル関連6法」が施行開始され「建設リサイクル法」については平成14年5月30日より全面施行。これらの法律の施行状況等に添って関連情報（資料編等）も改訂されている。内容は平成14年6月現在。

建設工事の環境保全法令集　平成15年度版　日本建設業団体連合会監修　富士経済　2003.6　239p　30cm　2500円　①4-8349-0620-5

(目次)第1章 環境問題と建設活動との係わり，第2章 地球環境関連国際条約と国内法，第3章 環境問題と環境保全法規（環境問題と国際条約・国内法，環境保全活動の基本法の体系と関連法規），第4章 環境保全法規の建設業への適用，第5章 施工段階での環境保全法規への対応事項およびチェックリスト，資料編

建設工事の環境保全法令集　平成16年度版　日本建設業団体連合会監修　富士経済　2004.6　187p　30cm　2500円　①4-8349-0723-6

(目次)第1章 環境問題と環境保全法規（環境問題と国際条約・国内法，地球環境関連国際条約と国内法），第2章 建設活動を通じた環境保全（建設活動と環境問題，環境保全活動の基本法と関連法規），第3章 環境関連法規の建設業への適用，第4章 施工段階での環境保全法規への対応事項およびチェックリスト，資料編

建設工事の環境保全法令集　平成17年度版　日本建設業団体連合会監修　富士経済　2005.7　181p　30cm　2500円　①4-8349-0819-4

〔目次〕第1章 環境問題と環境保全法規(環境問題と国際条約・国内法,地球環境関連国際条約と国内法),第2章 建設活動を通じた環境保全(建設活動と環境問題,環境保全活動の基本法と関連法規),第3章 環境関連法規の建設業への適用,第4章 施工段階での環境保全法規への対応事項およびチェックリスト

建設工事の環境保全法令集 平成18年度版 日本建設業団体連合会監修 富士経済 2006.7 197p 30cm 2500円 ⓘ4-8349-0913-1

〔目次〕第1章 環境問題と環境保全法規(環境問題と国際条約・国内法,地球環境関連国際条約と国内法),第2章 建設活動を通じた環境保全(建設活動と環境問題,環境保全活動の基本法と関連法規),第3章 環境関連法規の建設業への適用,第4章 施工段階での環境保全法規への対応事項およびチェックリスト,資料編
〔内容〕「ISO14001」における環境マネジメントシステム運用上の「法的要求事項並びにその他要求事項」に対応する法令集として作成。

建設工事の環境保全法令集 平成20年度版 日本建設業団体連合会監修,富士経済東京マーケティング本部環境法令室調査・編集 富士経済 2008.7 198p 30cm 2500円 ⓘ978-4-8349-1106-0 Ⓝ510.95

〔目次〕平成19～20年成立・改正主要法令等(環境問題と環境保全法規,建設活動を通じた環境保全,環境関連法規の建設業への適用,施工段階での環境保全法規への対応事項およびチェックリスト),環境保全法令集の活用(運用)の手引き,資料編

建設工事の環境保全法令集 平成21年度版 日本建設業団体連合会監修 富士経済 2009.7 182p 30cm 2500円 ⓘ978-4-8349-1206-7 Ⓝ510.95

〔目次〕第1章 環境問題と環境保全法規,第2章 建設活動を通じた環境保全,第3章 環境関連法規の建設業への適用,第4章 施工段階での環境保全法規への対応事項およびチェックリスト,環境保全法令集の活用(運用)の手引き,資料編

◆建設リサイクル

<ハンドブック>

建設リサイクル実務必携 改訂版 建設大臣官房技術調査室,建設大臣官房官庁営繕部営繕計画課,建設省建設経済局事業総括調整官室,建設省建設経済局建設業課監修,建設副産物リサイクル広報推進会議編 大成出版社 1999.12 1109p 21cm 4000円 ⓘ4-8028-8393-5

〔目次〕1 基本法令(リサイクル法,廃棄物処理法,特定施設整備法,省エネ・リサイクル支援法,参考),2 基本通達等(総合,再生利用,適正処理,参考),3 技術基準,4 その他(リサイクル施設整備支援,立地規則)

建設リサイクルハンドブック 国土交通省大臣官房,国土交通省総合政策局監修,建設副産物リサイクル広報推進会議編 大成出版社 2001.3 287p 15cm 1200円 ⓘ4-8028-8367-6 Ⓝ510.9

〔目次〕建設副産物の現状,建設リサイクルの基本方針,建設リサイクルのルール等,品目別処理・利用フロー,適正処理,再生材利用,情報交換システム,推進体制,建設副産物実態調査(センサス),基準・マニュアル類一覧,モデル工事等,研究会

建設リサイクルハンドブック 2002 国土交通省大臣官房,国土交通省総合政策局監修,建設副産物リサイクル広報推進会議編 大成出版社 2002.4 286p 19cm 1400円 ⓘ4-8028-8742-6 Ⓝ510.9

〔目次〕1 建設副産物の現状,2 建設リサイクルの基本方針,3 建設リサイクルのルール等,4 適正処理,5 再生材利用,6 情報交換システム,7 推進体制,8 建設副産物実態調査(センサス),9 基準・マニュアル類一覧,10 モデル工事等,11 研究会
〔内容〕建設工事に伴う副産物のリサイクルに関する資料集。「建設工事に係る資材の再資源化等に関する法律(建設リサイクル法)」に基づく建設リサイクルに関する基本方針・ルール・基準等について紹介する。平成12年度に行なわれた建設副産物実態調査のデータも掲載。巻末に参考資料として関連する法令や用語集も掲載している。

建設リサイクルハンドブック 2003 建設副産物リサイクル広報推進会議編 大成出版社 2003.1 325p 19cm 1400円 ⓘ4-8028-8868-6

〔目次〕1 建設副産物の現状,2 建設リサイクル推進計画2002,3 建設リサイクルのルール等,4 産業廃棄物管理票(マニフェスト),5 情報交換システム,6 推進体制,7 建設副産物実態調査(センサス),8 基準・マニュアル類,9 モデル工事等

建設リサイクルハンドブック 2004 建設リサイクルハンドブック編纂研究会編 大成出版社 2004.3 386p 19cm 1500円 ⓘ4-8028-9015-X

〔目次〕1 建設副産物の現状,2 建設リサイクル推進計画2002,3 建設発生土等の有効利用に関する行動計画,4 建設リサイクルのルール等,5 産業廃棄物管理票(マニフェスト),6 情報交

建築　　　　　　　　　　環境問題

換システム，7 推進体制，8 建設副産物実態調査（センサス），9 基準・マニュアル類，10 モデル工事等

建設リサイクルハンドブック　2005　建設リサイクルハンドブック編纂研究会編　大成出版社　2005.3　423p　19cm　1500円　ⓘ4-8028-9149-0
(目次)1 建設副産物の現状，2 建設リサイクル推進計画2002，3 建設発生土等の有効利用に関する行動計画，4 建設リサイクルのルール等，5 産業廃棄物管理票（マニフェスト），6 建設副産物情報交換システム，7 推進体制，8 建設副産物実態調査（センサス），9 基準・マニュアル類，10 モデル工事等

建設リサイクルハンドブック　2006　建設リサイクルハンドブック編纂研究会編　大成出版社　2006.3　464p　19cm　1500円　ⓘ4-8028-9262-4
(目次)1 建設副産物の現状，2 建設リサイクル推進方策の体系，3 建設リサイクル推進計画2002，4 建設発生土等の有効利用に関する行動計画，5 要綱・通知等，6 建設副産物情報交換システム，7 建設副産物実態調査（センサス），8 推進体制，9 千葉県における建設発生木材リサイクル促進行動計画，参考

建設リサイクルハンドブック　2007　建設リサイクルハンドブック編纂研究会編　大成出版社　2007.3　521p　19cm　1500円　ⓘ978-4-8028-9333-6
(目次)1 建設副産物の現状，2 建設リサイクル推進方策の体系，3 建設リサイクル推進計画2002，4 建設発生土等の有効利用に関する行動計画，5 要綱・通知等，6 建設汚泥の再生利用に関するガイドライン，7 千葉県における建設発生木材リサイクル促進行動計画，8 建設副産物情報交換システム，9 建設副産物実態調査（センサス），10 推進体制
(内容)平成18年6月策定の「建設汚泥の再生利用に関するガイドライン」他建設汚泥リサイクルに重要な諸施策をまとめて収録。「建設汚泥の再生利用に関するガイドライン」「建設汚泥の再生利用に関する実施要領」「建設汚泥処理土利用技術基準」などを新たに収録。

建設リサイクルハンドブック　2008　建設副産物リサイクル広報推進会議編　大成出版社　2008.8　527p　19cm　1500円　ⓘ978-4-8028-2820-8　Ⓝ510.921
(目次)1 建設副産物の現状，2 建設リサイクル推進方策の体系，3 建設リサイクル推進計画2008，4 建設発生土等の有効利用に関する行動計画，5 要綱・通知等，6 建設汚泥の再生利用に関するガイドライン，7 千葉県における建設発生木材リサイクル促進行動計画，8 建設副産物情報交換システム，9 建設副産物実態調査"センサス"，10 推進体制

施工管理者のための建設副産物・リサイクルハンドブック　2001年度版　第2版　建設データベース協議会企画，建築業協会企画協力，東京都環境局廃棄物対策部開発協力，ラインテック制作　ラインテック　2001.3　1冊　30cm　3429円　ⓘ4-901447-00-9　Ⓝ518.52
(目次)施工管理における環境の捉え方（地球環境問題と建設業，準備工事，解体工事，土工事，杭・山留め工事，躯体工事，仕上工事），実務者必携「Q&A」，環境用語解説
(内容)建設工事にともなう建設副産物の発生抑制，減量・リサイクル，適正処理についてのハンドブック。作業現場における環境知識の啓発・向上，並びに環境問題への迅速な対応についても記載。

施工管理者のための建設副産物・リサイクルハンドブック　改訂第4版　建設データベース協議会制作，建築業協会企画・協力　ラインテック　2005.9　275，65p　30cm　3600円　ⓘ4-901447-06-8
(目次)第1章 建設業と環境問題（地球環境，地域環境 ほか），第2章 環境関連法令等（循環型社会について，典型7公害に係る関連法規等 ほか），第3章 建設副産物とリサイクル（建設副産物の概要，現場における建設副産物の適正処理 ほか），第4章 作業現場における環境管理（着工前における環境への取組み，準備工事 ほか）
(内容)建設工事に伴う建設廃棄物・リサイクル等につき，全面的な見直しを実施し建設現場の工事担当者が問題点を把握し，適確な対応ができることを目的に改訂。関連法令やQ&A，各種書式等ともあわせ工事担当者が使いやすく対応できるようになっている。

建築

<事 典>

建築・環境キーワード事典　建築設備技術者協会編　オーム社　2002.3　215p　21cm　2800円　ⓘ4-274-10286-6　Ⓝ528
(目次)1章 総論，2章 建物の設計施工時の環境共生技術，3章 運用・管理の技術，4章 評価手法，5章 資料編
(内容)建築活動をめぐる環境問題について簡潔に解説したもの。計画・設計・施工・改修・維持・管理・廃棄等の段階別あるいは専門分野ごとに構成。第5章では国際的な動向と日本の取組みや学協会・産業界の取組みなどについての

<ハンドブック>

環境負荷低減に配慮した塗装・吹付け工事に関する技術資料 日本建築学会編 日本建築学会, 丸善〔発売〕 2003.3 76p 26cm 1800円 ①4-8189-1028-7

(目次)1 目的及び適用範囲（目的と背景，適用範囲 ほか），2 環境負荷低減仕様（金属系素地面塗装工事仕様，セメント系素地面塗装工事仕様ほか），3 設計・施工における配慮事項（塗装・吹付け工事における仕様の選定に対する従来の考え方，環境負荷低減を考慮した仕様選定の考え方），4 今後の課題（廃棄物の削減，環境対応型塗料の開発 ほか），付録

(内容)日本建築学会では、2000年に材料施工委員会内外装工事運営委員会のもとに、塗装・吹付け工事の環境対応小委員会を設置して、地球環境に対する負荷を低減できる材料や塗り仕様に関する検討を継続して、本技術資料としてとりまとめた。本技術資料で取り上げている内容は未だ研究開発の途上であるが、時代や社会の変化や要請に応じて現時点で提案できる内容をまとめたものである。さらに、これらの仕様を構成する材料の品質規格については、未だ日本工業規格（JIS）や日本建築学会規格が制定されていないものが多いため、品質基準（案）を本資料の付録として提案している。また、環境汚染物質とその現象、現状における環境問題とその対応を解説するとともに、本資料で提案された仕様を採用した場合の環境負荷低減の効果についても、試算の結果を示している。

建築設計資料集成 環境 全面改訂版 日本建築学会編 丸善 2007.1 222p 31×22cm〈付属資料：CD-ROM1〉 12000円 ①978-4-621-07835-8

(目次)第1章 人間・環境・設備（環境と人間，エンベロープの機能 ほか），第2章 建築と環境（音環境，遮音 ほか），第3章 建築と設備（換気と換気設備，冷暖房・空調と空調設備 ほか），第4章 地域環境（自然環境，都市環境 ほか），第5章 環境設計事例（住居—独立住宅，住居—集合住宅 ほか）

(内容)本書は、総合編の「第1章 構築環境」の"室環境と設備"と"エンベロープ"、「第4章 地域とエコロジー」の"地域環境"、そしてコラムとして全体にちりばめられている"環境設計と設備設計の事例"の内容を補完し拡張することを目的に編集された。総合編の「環境」では、「耐用年数の長い基礎的な情報を圧縮した座右の書」としての位置づけに即して、主要な環境設計項目の設計のストーリーや設計プロセス、全体像を中心に取りまとめているが、本書ではこの流れに沿って、設計に役立つ具体的資料を盛り込むことに努めた。

室内空気清浄便覧 日本空気清浄協会編 オーム社 2000.8 343p 26cm〈『空気清浄ハンドブック』改訂・改題書〉 12000円 ①4-274-10260-2 ⓃN528.2

(目次)1編 基礎編（汚染物質の物理と化学，汚染による障害と障害機構，環境基準，汚染物質の測定方法，室内空気汚染物質濃度構成機構，大気汚染と汚染負荷，清浄化の方法および操作），2編 機器編（空気汚染の除去機構，空気清浄機器各論，空気清浄装置の試験方法，空気清浄機器の選定方法，空気清浄装置の維持管理，空気浄化の経済性），3編 応用編（一般ビルの空気清浄，住宅の空気清浄）

(内容)空気清浄工学のガイドブック。クリーンルームをのぞく一般環境を中心とした空気清浄について、室内空気汚染の現象にとどまらず、その理解に必要な基礎的事項についても記述する。本編は基礎編、機器編、応用編の3編で構成。空気洗浄工学としての技術を集成する。

室内の臭気に関する嗅覚測定法マニュアル 日本建築学会環境基準 AIJES-A007-2010 日本建築学会編集著作 日本建築学会, 丸善〔発売〕 2010.9 66p 30cm 1600円 ①978-4-8189-3614-0 ⓃN519.75

(目次)1章 臭気規準に基づく嗅覚測定法の適用と種別，2章 パネルの選定，3章 オペレーターについて，4章 臭気濃度の測定方法，5章 臭気強度、快・不快度、容認性の評価方法、解析方法，6章 臭気測定の安全性について，7章 測定例

建物のLCA指針 環境適合設計・環境ラベリング・環境会計への応用に向けて 第2版 日本建築学会編 日本建築学会, 丸善〔発売〕 2003.2 166p 30cm〈付属資料：CD-ROM1〉 4000円 ①4-8189-3500-X

(目次)指針編（建築と地球環境，LCAの研究動向，建物のLCA指針 ほか），例題編（事務所の検討例，ホテルの検討例，工場の検討例 ほか），データベース編（産業連関表の利用，建設段階の環境負荷原単位，運用段階の環境負荷原単位 ほか），付録

(内容)本書は、設計初期段階において設計者が自ら建物のライフサイクル全体を視野に入れた環境配慮設計の代替案を検討する際のLCA手法の一例を示したもので、構工法、設備システムなどの部分は大胆に簡略化した例となっている。ISO14040（LCA）規格にも記載されている通り、そもそもLCAは適用目的に応じて分析すべき内容・範囲が異なるもの。本書をひとつの参考例として、利用者が自らの適用目的に合致した改良を加えたLCA手法を作成し、建築分野における地球温暖化防止対策、さらに広く環境負荷削

減対策の一助になれば幸いである。

<法令集>

建築設備関係法令集　平成2年版　建築技術教育普及センター，日本建築技術者指導センター編，建設省住宅局建築指導課監修　霞ケ関出版社　1990.1　812p　21cm　2900円　Ⓘ4-7604-0190-3　Ⓝ528
(内容)平成元年基準法政令改正までを完全収録。設備関連の専門法令集。

建築設備関係法令集　平成3年版　第5次改正版　建築技術教育普及センター，日本建築技術者指導センター編，建設省住宅局建築指導課監修　霞ケ関出版社　1990.12　818p　21cm　2900円　Ⓘ4-7604-0191-1　Ⓝ528
(目次)1 建築基準法，2 建築士法・建設業法，3 安全・衛生・エネルギー関係法，4 電気設備関係法，5 その他関係法
(内容)平成2年基準法政省令改正までを完全収録。

建築設備関係法令集　平成4年版　建築技術教育普及センター，日本建築技術者指導センター編，建設省住宅局建築指導課監修　霞ケ関出版社　1991.12　818p　21cm　2900円　Ⓘ4-7604-0192-X　Ⓝ528
(目次)1 建築基準法，2 建築士法・建設業法，3 安全・衛生・エネルギー関係法，4 電気設備関係法，5 その他関係法

建築設備関係法令集　平成5年版　建築技術教育普及センター，日本建築技術者指導センター編，建設省住宅局建築指導課監修　霞ケ関出版社　1993.3　844p　21cm　2900円　Ⓘ4-7604-0193-8
(目次)1 建築基準法，2 建築士法・建設業法，3 安全・衛生・エネルギー関係法，4 電気設備関係法，5 その他関係法

建築設備関係法令集　平成6年版　建築技術教育普及センター，日本建築技術者指導センター編，建設省住宅局建築指導課監修　霞ケ関出版社　1993.12　825p　21cm　2900円　Ⓘ4-7604-0194-6
(目次)1 建築基準法，2 建築士法・建設業法，3 安全・衛生・エネルギー関係法，4 電気設備関係法，5 その他関係法
(内容)建築設備関係では唯一の専門法令集。試験会場持込み許可法令集，横組み構成。

建築設備関係法令集　平成7年版　第9次改正版　建設省住宅局建築指導課監修，建築技術教育普及センター，日本建築技術者指導センター編　霞ケ関出版社　1994.12　959p　21cm　2900円　Ⓘ4-7604-0195-4

(目次)1 建築基準法，2 高齢者，身体障害者等が円滑に利用できる特定建築物の建築の促進に関する法律，3 建築士法・建設業法，4 安全・衛生・エネルギー関係法，5 電気設備関係法，6 その他関係法
(内容)建設省関連資格試験試験会場持込み許可法令集。唯一の建築設備関係の専門法令集。横書で究極の使いやすさ，読みやすさを追求。インデックス付。実務に。国家試験に。

建築設備関係法令集　平成9年版　第11次改正版　建設省住宅局建築指導課監修　霞ケ関出版社　1996.12　1032p　21cm　3399円　Ⓘ4-7604-0197-0
(目次)1 建築基準法，2 ハートビル法，3 耐震改修促進法，4 建築士・建設業・労働安全関係法，5 消防・衛生・省エネルギー・廃棄物関係法，6 上下水道・水質関係法，7 ガス設備関係法，8 電気設備関係法，9 その他

建築設備関係法令集　平成10年版　第12次改正版　建築設備研究会，日本建築技術者指導センター編，建設省住宅局建築指導課監修　霞ケ関出版社　1997.12　958p　21cm　3286円　Ⓘ4-7604-0198-9
(目次)1 建築基準法，2 ハートビル法，3 耐震改修促進法，4 建築士・建設業・労働安全関係法，5 消防・衛生・省エネルギー・廃棄物関係法，6 上下水道・水質関係法，7 ガス設備関係法，8 電気設備関係法，9 その他

建築設備関係法令集　平成12年版　建設省住宅局建築指導課監修，日本建築技術者指導センター編　霞ケ関出版社　1999.12　896p　21cm　3286円　Ⓘ4-7604-0100-8
(目次)1 建築基準法，2 ハートビル法・耐震改修促進法，3 建築士・建設業・労働安全関係法，4 消防・衛生・省エネルギー・廃棄物関係法，5 上下水道・水質関係法，6 ガス設備関係法，7 電気設備関係法，8 その他

建築設備関係法令集　平成13年版　国土交通省住宅局建築指導課監修，日本建築技術者指導センター編　霞ケ関出版社　2001.1　1124p　21cm　〈索引あり〉　3500円　Ⓘ4-7604-0101-6　Ⓝ528
(目次)1 建築基準法，2 ハートビル法・耐震改修促進法，3 建築士・建設業・労働安全関係法，4 消防・衛生・省エネルギー・廃棄物関係法，5 上下水道・水質関係法，6 ガス設備関係法，7 電気設備関係法，8 その他
(内容)建築設備関係の専門法令集。建設省関連資格試験試験会場持込み許可法令集。平成13年版では建築リサイクル法を新たに収録する。

建築設備関係法令集　平成15年版　国土交通省住宅局建築指導課日本建築技術者指導セ

ンター編　霞ケ関出版社　2003.1　1155p　21cm　3905円　Ⓘ4-7604-0103-2

(目次)1 建築基準法，2 ハートビル法・耐震改修促進法，3 建築士・建設業・労働安全関係法，4 消防関係法，5 衛生・廃棄物・省エネルギー関係法，6 上下水道・水質関係法，7 ガス設備関係法，8 電気設備関係法

建築設備関係法令集　平成17年版　第20次改正版　国土交通省住宅局建築指導課，日本建築技術者指導センター編　霞ケ関出版社　2004.12　1177p　21cm　3905円　Ⓘ4-7604-0105-9

(目次)1 建築基準法，2 ハートビル法・耐震改修促進法，3 建築士・建設業・労働安全関係法，4 消防関係法，5 衛生・廃棄物・省エネルギー関係法，6 上下水道・水質関係法，7 ガス設備関係法，8 電気設備関係法，9 その他

(内容)平成16年11月15日までに公布された改正分を収録。唯一の建築設備関係法令集。試験・実務に強力対応。「建築基準法(1年以内施行)」別記収録。「消防法」関連新省令収録。

建築設備関係法令集　平成19年版　第22次改正版　国土交通省住宅局建築指導課，建築技術者試験研究会編　霞ケ関出版社　2007.2　1229p　21cm　3905円　Ⓘ978-4-7604-0107-9

(目次)1 建築基準法，2 高齢者移動等円滑化法・耐震改修促進法，3 建築士・建設業・労働安全関係法，4 消防関係法，5 衛生・廃棄物・省エネルギー関係法，6 上下水道・水質関係法，7 ガス設備関係法，8 電気設備関係法，9 その他

(内容)平成19年1月1日現在の施行法令を本文収録。平成19年1月2日以降に施行予定の改正法令を別記収録。改正建築基準法，高齢者移動等円滑化法，建築士法等最新法令も収録。見やすい横組みの、試験会場持込み可法令集。

建築設備関係法令集　平成20年版　国土交通省住宅局建築指導課，建築技術者試験研究会編　霞ケ関出版社　2008.2　1146p　21cm　4500円　Ⓘ978-4-7604-0108-6　Ⓝ528

(目次)1 建築基準法，2 高齢者移動等円滑化法・耐震改修促進法，3 建築士・建設業・労働安全関係法，4 消防関係法，5 衛生・廃棄物・省エネルギー関係法，6 上下水道・水質関係法，7 ガス設備関係法，8 電気設備関係法，9 その他

(内容)近年とみに複雑化、高度化の傾向の著しい建築設備の分野について、複雑多岐にわたる建築設備関係の諸法令を体系的に整理。平成20年1月1日現在施行の法令を収録、建築設備士試験に対応した法令集。

建築設備関係法令集　平成21年版　第24次改正版　国土交通省住宅局建築指導課，建築技術者試験研究会編　霞ケ関出版社　2009.2　1197p　21cm　4500円　Ⓘ978-4-7604-0109-3　Ⓝ528

(目次)1 建築基準法，2 高齢者移動等円滑化法・耐震改修促進法，3 建築士・建設業・労働安全関係法，4 消防関係法，5 衛生・廃棄物・省エネルギー関係法，6 上下水道・水質関係法，7 ガス設備関係法，8 電気設備関係法，9 その他

(内容)「1月1日現在施行法令」を本文収録。「1月2日以降施行の改正規定」を別記収録。

建築設備関係法令集　平成22年版　国土交通省住宅局建築指導課，建築技術者試験研究会編　霞ケ関出版社　2010.2　1213p　21cm　4500円　Ⓘ978-4-7604-0110-9　Ⓝ528

(内容)平成22年1月1日現在施行の建築設備関係法令を収録。基準法施行令・規則、建設業法、安衛則などの改正に対応し、新たに昇降機関係告示、消防法設備省令を掲載した平成22年版。試験会場持込み可。

<カタログ>

住まいのエコ建材・設備ガイド　自然と健康を大切にする家づくり　1999年版
「住まいのエコ建材・設備ガイド」編集部企画・編　風土社　1999.2　390p　19cm　2800円　Ⓘ4-938894-21-1

(目次)特集(「自然の中の私たち」，「環境共生住宅の今後」，エコメッセリポート「ドイツの住まいづくりまちづくり」，エコロジー企業・事例研究「家具メーカー・ウィルクハーン(ドイツ)の取り組み」)，基本資材，屋根材，外壁材，内壁・天井材，床材，畳表・畳床，調湿材，塗料・接着剤など，壁紙・ふすま紙など，カーテン・ブラインドなど，木製窓，玄関・内装ドア，家具，暖炉・薪ストーブ，キッチン，バス・サニタリー，ソーラーシステム，床暖房，換気システム，浄化設備，雨水タンク，生ゴミ処理機，エクステリア部材，ログハウス

(内容)人にやさしく、環境負荷の少ない建材・設備を意識し、おもに住宅建築にかかわる全国のメーカー・代理店の製品情報をもとに作成した「エコ」ガイドブック。24ジャンル、274アイテム、300以上の製品情報を収録し、製品の施工例(写真)・特徴・ヴァリエーション・仕様・価格・資料提供社情報などを掲載。商品INDEX付き。

住まいのエコ建材・設備ガイド　自然と健康を大切にする家づくり　2000年版
「住まいのエコ建材・設備ガイド」編集部編　風土社　2000.1　414p　19cm　2800円　Ⓘ4-938894-29-7　Ⓝ524.2

(目次)基本資材，屋根材，外壁材，内壁・天井材，床材，畳表・畳床，調湿材，塗料・接着剤

建築　環境問題

など，壁紙・ふすま紙など，カーテン・ブラインドなど，木製窓，玄関・内装ドア，家具，暖炉・薪ストーブ，キッチン，バス・サニタリー，ソーラーシステム，床暖房，換気システム，浄化設備，雨水タンク，生ゴミ処理機，エクステリア部材，ログハウス
〔内容〕人にやさしく，環境負荷の少ない建材・設備を収録した製品情報ガイド。おもに住宅建築にかかわる全国のメーカー・代理店の製品情報をもとに編集。24ジャンル，400以上の製品情報を収録し，製品の施工例（写真）・特徴・ヴァリエーション・仕様・価格・資料提供社情報などを掲載。住まいのエコ関連制度解説付き。

住まいのエコ建材・設備ガイド 自然と健康を大切にする家づくり 2001年版
「住まいのエコ建材・設備ガイド」編集部企画・編　風土社　2001.1　422p　19cm　（チルチンびと）　2800円　①4-938894-40-8　Ⓝ524.2
〔目次〕基本資材，屋根・外装材，内装材，床材，畳表・畳床，調湿材，塗料・接着剤など，壁紙・ふすま紙など，カーテン・ブラインドなど，木製窓，玄関・内装ドア，家具，暖炉・蒔ストーブなど，システムキッチン，バス・サニタリー，ソーラーシステム，床暖房，換気システム，浄化設備，雨水タンク，コンポスト・生ゴミ処理機，エクステリア部材，ログハウス
〔内容〕「エコ」にふさわしい住宅用建材・設備を紹介するカタログ。天然・自然素材であること，有害物質の含有・発散のないこと，リサイクル性，省エネルギー性などの観点から選別した400の製品情報を収録。23のジャンルに分類し，施工例の写真，特徴，種類，使用，価格，資料提供社情報などを掲載する。巻末に索引がある。

住まいのエコ建材・設備ガイド 2002年版
風土社「住まいのエコ建材・設備ガイド」編集部著　風土社　2002.1　430p　19cm　2800円　①4-938894-50-5　Ⓝ524.2
〔目次〕基本資材，屋根・外装材，内装材，床材，畳表・畳床，調湿材，塗料・接着剤など，壁紙・ふすま紙など，カーテン・ブラインドなど，木製窓〔ほか〕
〔内容〕「エコ」にふさわしい住宅用建材・設備を紹介するカタログ。天然・自然素材であること，有害物質の含有・発散のないこと，リサイクル性，省エネルギー性などの観点から選んだ製品情報を収録。22のジャンルに分類し，施工例の写真，特徴，種類，使用，価格，資料提供社情報などを掲載する。巻頭に「家を育てるリフォーム」特集を掲載。巻末にジャンル別・五十音順索引がある。

◆シックハウス（規格）

＜ハンドブック＞

JISハンドブック 2007 74 シックハウス
日本規格協会編　日本規格協会　2007.6　1480p　21cm　8500円　①978-4-542-17569-3
〔目次〕測定方法，個別建材製品，断熱材，建築用仕上塗材，接着剤，塗料，塗料成分試験法，その他の関連規格，参考

◆浄化槽

＜ハンドブック＞

浄化槽の構造基準・同解説 2005年版
国土交通省住宅局建築指導課，国土交通省国土技術政策総合研究所，独立行政法人建築研究所，浄化槽の構造基準・同解説編集委員会編　日本建築センター情報事業部　2005.5　588p　30cm　8571円　①4-88910-134-9
〔目次〕第1章 緒論，第2章 浄化槽に関する基準，第3章 浄化槽の構造方法解説，第4章 処理方式の選定・人員算定及び建築用途別計画負荷量，第5章 浄化槽の機材と設計・施工及び検査，第6章 プラスチック系浄化槽の構造設計，第7章 浄化槽の維持管理，第8章 浄化槽の基礎知識，第9章 高度処理方式，第10章 浄化槽の用語解説
〔内容〕平成12年に改正建築基準法の新制度が施行された後，これまでに多くの浄化槽が大臣認定を受けている。地域の特性や環境条件を考慮した浄化槽など，これからも各種浄化槽の大臣認定申請がなされることと考えられるが，新しい制度が定着したこの機会に，関係法令の改正内容なども含めて本書を刊行することとした。

◆アスベスト

＜ハンドブック＞

アスベスト対策ハンドブック
アスベスト問題研究会編　ぎょうせい　2007.2　260p　21cm　3048円　①978-4-324-08153-2
〔目次〕第1部 被害拡大の防止（製造・新規使用等の禁止，建築物解体時等の飛散防止，学校等におけるばく露防止），第2部 国民不安への対応（情報の提供，健康相談窓口の開設等），第3部 健康管理と過去の被害への対応（健康管理，労働者災害補償，救済のための新法）

石綿取扱い作業ハンドブック 安全衛生実践シリーズ
亀井太著　中央労働災害防止協会　2006.1　136p　19cm　（安全衛生実践シリーズ）　1200円　①4-8059-1031-3

(目次)1 石綿作業を安全にかつ効率的に(石綿の使用実態とその歴史,石綿の有害性とその特徴,石綿取扱い作業をより安全に ほか),2 石綿作業の実際(石綿取扱い作業を行う際の3つのポイント,石綿作業の実態,作業事例),3 資料編(石綿障害予防規則,屋外作業場における作業環境管理に関するガイドライン,自動車のブレーキドラム等からのたい積物除去作業について ほか)

(内容)石綿関連の補修作業や建造物のメンテナンス作業等,石綿取扱い作業を行うすべての方が手軽に使用できることを目的に,今後生じる石綿および石綿含有製品の管理・取扱い作業,ならびに廃棄物処理作業等に関連する重要な項目についてわかりやすく,簡潔に記述。また,作業現場のみならず,日常家庭レベルで行われる可能性のある家屋の補修作業の際の注意点や,生活環境上の注意点についても記述。

改訂 既存建築物の吹付けアスベスト粉じん飛散防止処理技術指針・同解説 2006 「既存建築物の吹付けアスベスト粉じん飛散防止処理技術指針・同解説」編集委員会編,国土交通省住宅局建築指導課編集協力 日本建築センター 2006.9 157p 30cm 4000円 ④4-88910-142-X

(目次)第1章 総則,第2章 基本事項,第3章 診断及び診断手法,第4章 飛散防止処理工法の選定,第5章 飛散防止処理工事,吹付けアスベスト処理工事マニュアル,参考資料

廃石綿等処理マニュアル 廃棄物研究財団編,厚生省生活衛生局水道環境部産業廃棄物対策室監修 化学工業日報社 1993.3 132p 26cm (特別管理廃棄物シリーズ 2) 4200円 ④4-87326-125-2

(目次)第1部 廃石綿等処理マニュアル(総則,廃石綿等の管理に係る基本的事項,処理委託,事業場における保管,収集・運搬,中間処理,最終処分),第2部 アスベストに関する基礎知識及び参考資料(アスベストの物性と使用,アスベストの人体影響,アスベストによる環境汚染,アスベスト廃棄物の処理,アスベスト使用の最近の動向と代替化,参考資料),第3部 関係法令等

<法令集>

石綿障害予防規則の解説 第3版 中央労働災害防止協会編 中央労働災害防止協会 2010.2 231p 21cm 1600円 ④978-4-8059-1266-9 Ⓝ498.82

(目次)第1章 総説(規則制定の経緯,旧特定化学物質等障害予防規則から変更された主要事項,その後の改正の要点),第2編 逐条解説(総則,石綿等を取り扱う業務等に係る措置,設備の性能等,管理,測定,健康診断,保護具,製造許可等,石綿作業主任者技能講習,報告),第3編 関係法令(労働安全衛生法(抄)・労働安全衛生法施行令(抄)・労働安全衛生規則(抄),石綿障害予防規則,作業環境測定法(抄)・作業環境測定法施行令(抄)・作業環境測定法施行規則(抄))

環境政策

<ハンドブック>

環境行政ハンドブック 新訂版 環境行政研究会編著 ぎょうせい 1991.4 208p 15cm 1200円 ④4-324-02620-3

(目次)1 環境保全総説,2 大気保全対策,3 水質保全対策,4 公害健康被害対策,5 自然保護対策,6 地球環境問題・国際関係,7 資料,8 環境行政用語集

(内容)環境の現状,環境行政の取組等基礎となる最新の資料を幅広く体系的に集大成するとともに,グラフ化,図表化の工夫を図っている。

環境・経済統合勘定 国民経済計算ハンドブック 経済企画庁経済研究所国民所得部編 経済企画協会 1996.1 192p 30cm 3000円

(目次)第1章 概論,第2章 SNAにおける環境関連分解,第3章 物的勘定と貨幣的勘定の連結,第4章 帰属環境費用,第5章 SEEAの拡張可能性,第6章 SEEAの実施

環境自治体ハンドブック 九州発・循環型社会への協働 環境管理システム研究会編著 (福岡)西日本新聞社 2004.3 365p 21cm 2190円 ④4-8167-0593-7

(目次)第1部 環境自治体に必要な視点(持続可能な発展,地球温暖化 ほか),第2部 環境自治体の課題と展望(自治体の環境問題,環境関連法制度 ほか),第3部 循環型社会へのアプローチ(ごみ処理・リサイクルの現況,都市ごみの管理 ほか),第4部 環境保全の新しい動き(環境マネジメント・制度・仕組み,資源・エネルギー・廃棄物 ほか)

環境省 鴨志田公男,田中泰義著 インターメディア出版 2001.6 221p 19cm (完全新官庁情報ハンドブック 11) 1500円 ④4-901350-29-3 Ⓝ317

(目次)ガイド編,解説編(Q&A—環境省がわかる一問一答,変化(庁から省へ,なにがどう変わったか?),仕事と権限—大臣官房と4局2研究施設,政策と課題(政策はどう決まるか?,当面する5つの重要課題))

(内容)環境省のガイドブック。ガイド編と解説編で構成地球の温暖化や有害化学物質対策など,

当面する重要課題についても解説。中央省庁再編により環境庁から環境省に拡大されたことを受けての刊行。

環境政策プロジェクト要覧 '99 公共投資総研編 公共投資総研 1999.6 271p 26cm 5240円 ①4-906467-12-1

(目次)第1章 環境問題に関する国の主な取り組み(環境基本計画とフォローアップ，大気環境の保全と地球温暖化対策，廃棄物対策・リサイクル ほか)，第2章 関係省庁の平成11年度環境保全予算と新規施策(関係各省庁の地球環境保全経費，厚生省の環境関連予算と新規施策，環境庁の予算と新規施策 ほか)，第3章 47都道府県・12政令市の平成11年度環境関連主要施策，第4章 全国主要都市の平成11年度主要事業，第5章 資料編(第8次廃棄物処理施設整備七箇年計画と進捗状況，「廃棄物処理法施行令改正の概要」—厚生省 ほか)

全国環境行政便覧 平成3年版 環境庁編 大蔵省印刷局 1991.5 258p 19×25cm 2950円 ①4-17-232066-X Ⓝ519.1

(目次)環境庁(組織図，所掌事務)，都道府県，11大市，84政令市(特別区)，付録(国の環境行政関係一覧，環境関係基本法律体系図)

全国環境行政便覧 環境庁・都道府県・12大市・85政令市(特別区) 平成5年版 環境庁編 大蔵省印刷局 1993.6 279p 21×30cm 3600円 ①4-17-232068-6

(目次)環境庁，都道府県，12大市，85政令市(特別区)，付録(国の環境行政関係一覧，環境関係基本法律体系図)

全国環境行政便覧 平成7年版 環境庁編 大蔵省印刷局 1995.6 297p 21×30cm 3600円 ①4-17-232070-8

(内容)環境庁および関係省庁，都道府県，政令指定都市，政令市における環境行政組織の概要をまとめたもの。内容は1995年10月1日現在。

全国環境行政便覧 平成9年版 環境庁編 大蔵省印刷局 1997.6 304p 30cm 3900円 ①4-17-232072-4

(内容)環境庁および関係省庁，都道府県，政令指定都市，政令市における環境行政組織の概要をまとめた便覧。

全国環境行政便覧 平成13年版 環境省編 財務省印刷局 2001.12 257p 30cm 4000円 ①4-17-232074-0 Ⓝ519.1

(目次)環境省，都道府県，政令指定都市，政令市・特別区，国の環境行政機関(環境省を除く)，付録 環境関係基本法律体系図

<年鑑・白書>

アジアの環境の現状と課題 経済協力の視点から見た途上国の環境保全 「アジア等環境対策研究会」報告書 通商産業省通商政策局編 通商産業調査会 1997.7 249p 21cm 3200円 ①4-8065-2551-0

(目次)第1章 発展途上国における環境の実態，第2章 発展途上国が講じるべき環境対策，第3章 我が国の環境協力のあり方

(内容)アジアを中心とした途上国における環境対策の実効性の向上に対する日本の環境協力のあり方について検討を行うべく，平成8年5月「アジア等環境対策研究会」を設置され，まとめられた報告書。

OECDレポート 日本の環境政策 成果と課題 OECD編，環境庁地球環境部企画課，外務省経済局国際機関第二課監訳 中央法規出版 1994.8 213p 21cm 2200円 ①4-8058-1253-2

(目次)背景，第1部 汚染管理と自然資源の管理(大気管理，廃棄物の管理，水管理，自然保全)，第2部 各種政策の統合(環境と経済に関する政策，運輸政策への環境配慮の統合，都市のアメニティ，気候変動)，第3部 国際社会との協力(国際協力と国際協定)

(内容)公害，自然環境から地球環境問題までの世界の環境の現状について、日本などOECD加盟24カ国が報告した結果をまとめたもの。

環境自治体白書 2005年版 日本初!全市区町村CO2排出量推計・将来予測値一覧 環境自治体会議，環境自治体会議環境政策研究所編 生活社 2005.5 213p 30cm 3000円 ①4-902651-02-5

(目次)序 持続可能な発展へのアプローチ(持続可能な発展の概念，政策化のキーワードとその条件 ほか)，第1部 環境自治体づくりの実践—課題の整理と政策の動向(地球温暖化防止とエネルギー政策，暮らしを支える交通 ほか)，第2部 環境自治体会議 会員自治体の政策動向(環境自治体会議の共通目標とその達成状況，会員自治体の概要と重点的な取組み ほか)，資料編(環境自治体会議とは，環境自治体会議の軌跡 ほか)

環境自治体白書 2006年版 初公開!全国の自治体施設におけるエネルギー消費平均値、市区町村自然エネルギー賦存量推計値一覧 環境自治体会議，環境自治体会議環境政策研究所編 生活社 2006.5 207p 30cm 3000円 ①4-902651-07-6

(目次)第1部 環境自治体づくりの最前線—調査分析と1年間の政策動向(自治体施設のエネルギー対策，実践編—分野別の最新政策動向)，第2部

174 環境・エネルギー問題 レファレンスブック

環境自治体会議会員自治体の政策動向（環境自治体会議の共通目標とその達成状況，会員自治体の概要と重点的な取組み），資料編（環境自治体会議とは，環境自治体会議これまでの軌跡，環境自治体づくり関連年表（1992～2005年）ほか）

環境自治体白書　2007年版　環境自治体会議環境自治体会議環境政策研究所編　生活社　2007.7　189p　30cm　3000円　①4-902651-13-0

(目次)第1部 環境自治体づくりの最前線（過渡期を迎えた自治体ISO14001―環境マネジメント運用状況調査結果報告，実践編―分野別の最新政策動向），第2部 環境自治体会議会員自治体の政策動向（環境自治体会議の共通目標とその達成状況，会員自治体の概要と重点的な取り組み），資料編（環境自治体会議とは，環境自治体会議 これまでの軌跡，環境自治体会議関連年表（1992～2006），環境自治体会議 自治体会員名簿），特別資料 全国市区町村の90・00・03年CO2排出量推計（特別資料編の概要，自治体別データの意味，推計の考え方，データ編）

(内容)実効性あるCO2削減計画の策定を。全市区町村90・00・03年CO2推計一挙公開。

環境自治体白書　環境自治体づくりの最前線　2008年版　やってみよう！自治体のCO2削減計画　環境自治体会議，環境自治体会議環境政策研究所編集　生活社　2008.5　247p　30cm　3000円　①978-4-902651-15-7

(内容)温室効果ガス削減のための各種施策メニューに対する削減効果のガイドラインを市区町村別に提供。環境自治体会議の会員自治体の，さまざまな環境対策・事業の取り組み状況も紹介する。

環境自治体白書　2009年版　環境自治体会議，環境自治体会議環境政策研究所編　生活社　2009.5　205p　30cm　3000円　①978-4-902651-18-8　Ⓝ519.1

(目次)第1部 環境自治体づくりの最前線（自治体グリーン・ニューディールへの道すじ，各国「グリーン・ニューディール」政策の現段階―政治的スローガンか，新時代の到来か?，自治体温暖化対策の進展と中長期削減に向けた政策展開の可能性―地域特性にあった市区町村レベルの政策を採る，実践編―分野別の最新動向），第2部 会員自治体の動向（環境自治体会議の共通目標とその達成状況，会員自治体の概要と重点的な取り組み，各自治体の取り組み状況一覧），資料編（環境自治体会議とは，環境自治体づくり関連年表（1992～2009），環境自治体会議 自治体会員名簿），特別資料 全国413市区町村の温室効果ガス削減目標・地球温暖化対策一覧（2008年8月調査）

環境自治体白書　2010年版　環境自治体会議環境自治体会議環境政策研究所編　生活社　2010.9　178p　30cm　〈付属資料：CD-ROM1〉　3000円　①978-4-902651-26-3　Ⓝ519.1

(目次)第1部 低炭素自治体をつくる（持続可能な社会と低炭素自治体，低炭素地域づくりに向けた政策ツール―条例及び環境モデル都市の動向と論点），第2部 分野別の最新政策動向（COP10と生物多様性，各地の取り組み），第3部 会員自治体の動向（環境自治体会議の共通目標とその達成状況，会員自治体の概要と地域の重点政策），資料編

環境・リサイクル施策データブック　2000　オフィスゼロ編　オフィスゼロ　2000.7　300p　26cm　6000円　①4-9980925-0-2　Ⓝ519.1

(目次)第1章 環境問題に関する国の主な取り組み，第2章 関係省庁の平成12年度環境保全予算と新規施策，第3章 47都道府県・12政令市・東京都区部の12年度環境関連主要施策，第4章 全国主要都市の平成12年度主要事業，第5章 資料編

(内容)環境・リサイクル施策の資料集。環境問題に関する国と都道府県・主要都市の施策を収載する。本編は4章で構成。巻末の資料編では中央省庁再編と環境庁の組織、第8次廃棄物処理施設整備7箇年計画と進捗状況，「廃棄物処理施設整備費補助金交付要綱」と「取扱要綱」等を収録する。

環境・リサイクル施策データブック　2001　オフィスゼロ編　オフィスゼロ　2001.7　295p　26cm　6000円　①4-9980925-2-9　Ⓝ519.1

(目次)第1章 環境問題に関する国の主な取り組み，第2章 関係省庁の平成13年度環境保全予算と新規施策，第3章 47都道府県・12政令市・東京都区部の13年度環境関連主要施策，第4章 全国主要都市の平成13年度主要事業，第5章 資料編

環境・リサイクル施策データブック　2002　オフィスゼロ編　オフィスゼロ　2002.7　344p　26cm　6000円　①4-9980925-3-7　Ⓝ519.1

(目次)第1章 環境問題に関する国の主な取り組み（環境基本法と環境基本計画，大気環境の保全と地球温暖化対策 ほか），第2章 関係省庁の平成14年度環境保全予算と新規施策（省庁別・事項別環境保全経費と廃棄物処理施設整備費，環境省の予算と新規施策 ほか），第3章 47都道府県・12政令市・東京都区部の14年度環境関連主要施策（北海道，青森県 ほか），第4章 全国主要都市の平成14年度主要事業（函館市，旭川市 ほか），第5章 資料編

環境・リサイクル施策データブック　2003
オフィスゼロ編　オフィスゼロ　2003.6
299p　26×19cm　6000円　①4-9980925-4-5
(目次)第1章 環境問題に関する国の主な取り組み(環境基本法と環境基本計画, 大気環境の保全と地球温暖化対策 ほか), 第2章 関係省庁の平成15年度環境保全予算と新規施策(省庁別・事項別環境保全経費と廃棄物処理施設整備費, 環境省の予算と新規施策 ほか), 第3章 47都道府県・13政令市・東京都区部の15年度環境関連主要施策(北海道, 青森県 ほか), 第4章 全国主要都市の平成15年度主要事業(釧路市, 函館市 ほか), 第5章 資料編(環境省の組織, 平成14年度廃棄物処理施設整備費補助採択箇所の契約結果 ほか)

環境・リサイクル施策データブック　2004
オフィスゼロ編　オフィスゼロ　2004.6
287p　26cm　6000円　①4-9980925-5-3
(目次)第1章 環境問題に関する国の主な取り組み(環境基本法と環境基本計画, 大気環境の保全と地球温暖化対策 ほか), 第2章 関係省庁の平成16年度環境保全予算と新規施策(省庁別・事項別環境保全経費と廃棄物処理施設整備費, 環境省の予算と新規施策 ほか), 第3章 47都道府県・13政令市・東京都区部の16年度環境関連主要施策(北海道, 青森県 ほか), 第4章 全国主要都市の平成16年度主要事業(旭川市, 函館市 ほか), 第5章 資料編(環境省の組織, 平成15年度廃棄物処理施設整備費補助採択箇所の契約結果 ほか)

環境・リサイクル施策データブック　2005　国・自治体の「環境」・「エネルギー」・「バイオマス」関連施策等　オフィスゼロ編　オフィスゼロ　2005.6　288p　26cm　6000円　①4-9980925-6-1
(目次)第1章 環境問題に関する国の主な取り組み(環境基本法と環境基本計画, 大気環境の保全と地球温暖化対策 ほか), 第2章 関係省庁の平成17年度環境保全予算と新規施策(省庁別・事項別環境保全経費と廃棄物処理施設整備費, 環境省の部局別予算と新規施策 ほか), 第3章 47都道府県・14政令市・東京都区部の17年度環境関連主要施策(北海道, 青森県 ほか), 第4章 全国主要都市の平成17年度主要事業(旭川市, 函館市 ほか), 第5章 資料編

環境・リサイクル施策データブック　2006　国・自治体の「環境」・「エネルギー」・「バイオマス」関連施策等　オフィスゼロ編　オフィスゼロ　2006.6　294p　26cm　6000円　①4-9980925-7-X
(目次)第1章 環境問題に関する国の主な取り組み(環境基本法と環境基本計画, 大気環境の保全と地球温暖化対策 ほか), 第2章 関係省庁の平成18年度環境保全予算と新規施策(省庁別・事項別環境保全経費, 環境省の部局別予算と新規施策—資料：環境省18年度循環型社会交付金内示箇所 ほか), 第3章 47都道府県・15政令市・東京都区部の18年度環境関連主要施策(北海道, 青森県 ほか), 第4章 全国主要都市の平成18年度主要事業(旭川市, 函館市 ほか), 第5章 資料編(平成17年度循環型社会形成推進交付金採択箇所の契約結果, 平成17年度廃棄物処理施設整備費補助採択箇所の契約結果, 環境施設での廃棄物発電の実績—総務省まとめ)

環境・リサイクル施策データブック　2007　国・自治体の「環境」・「エネルギー」・「バイオマス」関連施策等　オフィスゼロ編　オフィスゼロ　2007.7　296p　26cm　6000円　①978-4-9980925-8-2
(目次)第1章 環境問題に関する国の主な取り組み(環境基本法と環境基本計画, 大気環境の保全と地球温暖化対策 ほか), 第2章 関係省庁の平成19年度環境保全予算と新規施策(省庁別・事項別環境保全経費, 環境省の部局別予算と新規施策 ほか), 第3章 47都道府県・17政令市・東京都区部の19年度環境関連主要施策(北海道, 青森県 ほか), 第4章 全国主要都市の平成19年度側要事業(旭川市, 釧路市 ほか), 第5章 資料編(平成18年度循環型社会形成推進交付金採択箇所の契約結果, 平成18年度廃棄物処理施設整備費補助採択箇所の契約結果 ほか)

環境・リサイクル施策データブック　2008　国・自治体の「環境」・「エネルギー」・「バイオマス」関連施策等　オフィスゼロ編　オフィスゼロ　2008.7　287p　26cm　6000円　①978-4-9980925-9-9　Ⓝ519.1
(目次)第1章 環境問題に関する国の主な取り組み(環境基本法と環境基本計画, 大気環境の保全と地球温暖化対策 ほか), 第2章 関係省庁の平成20年度環境保全予算と新規施策(省庁別・事項別環境保全経費, 環境省の部局別予算と新規施策 ほか), 第3章 47都道府県・17政令市・東京都区部の20年度環境関連主要施策(北海道, 青森県 ほか), 第4章 全国主要都市の平成20年度主要事業(旭川市, 小樽市 ほか), 第5章 資料編(平成19年度循環型社会形成推進交付金採択箇所の契約結果, 平成19年度廃棄物処理施設整備費補助採択箇所の契約結果 ほか)

環境・リサイクル施策データブック　2009　国・自治体の「環境」・「エネルギー」・「バイオマス」関連施策等　オフィスゼロ編　オフィスゼロ　2009.8　296p　26cm　6000円　①978-4-9904922-0-5　Ⓝ519.1
(目次)第1章 環境問題に関する国の主な取り組み(環境基本法と環境基本計画, 大気環境の保全と地球温暖化対策 ほか), 第2章 関係省庁の

平成21年度環境保全予算と新規施策（省庁別・事項別環境保全経費，環境省の部局別予算と新規施策 ほか），第3章 47都道府県・18政令市・東京都区部の21年度環境関連主要施策（北海道，青森県 ほか），第4章 全国主要都市の平成21年度主要事業（旭川市，小樽市 ほか），第5章 資料編

環境・リサイクル施策データブック 2010 国・自治体の「環境」・「エネルギー」・「バイオマス」関連施策等　オフィスゼロ編　オフィスゼロ　2010.8　240p　26cm　6000円　①978-4-9904922-1-2　Ⓝ519.1

⦅目次⦆第1章 環境問題に関する国の主な取り組み（環境基本法と環境基本計画，大気環境の保全と地球温暖化対策，廃棄物対策・リサイクル，新エネルギー・省エネルギー対策，化学物質・悪臭・ダイオキシン類対策，土壌汚染対策・水質保全対策，その他環境対策に関する動き），第2章 関係省庁の平成22年度環境保全予算と新規施策（省庁別・事項別環境保全経費，環境省の部局別予算と新規施策，経済産業省・資源エネルギー庁の予算と新規施策，国土交通省関係の予算と新規施策，農水省関係の予算と新規施策，その他省庁の新規施策（文科省，内閣府，外務省，厚労省，総務省，財務省ほか）），第3章 47都道府県・19政令市・東京都区部の22年度環境関連主要施策，第4章 全国主要都市の平成22年度主要事業，第5章 資料編

全国環境施策　平成5年度版　環境庁長官官房総務課環境調査官編　ぎょうせい　1994.8　593p　21cm　4800円　①4-324-04184-9

⦅目次⦆第1部 概説，第2部 分類別環境保全施策，第3部 都道府県等別環境保全施策

⦅内容⦆平成5年度の都道府県及び12大市の環境保全関連施策を調査し，その結果を取りまとめたもの。概説，分類別環境保全施策，都道府県等別環境保全施策の3部で構成する。参考資料に「都道府県等における環境保全施策基本方針等」がある

全国環境事情　平成9年版　平成7年度環境調査データ　環境庁長官官房総務課環境調査官編　ぎょうせい　1997.8　754p　21cm　5600円　①4-324-05168-2

⦅目次⦆主要な環境問題等の概要，主要な環境問題等の件名（環境影響評価，環境保全一般，大気汚染，水質汚濁，騒音・進藤，その他の公害，公害健康被害・予防，自然環境，地球環境），全国環境事情

⦅内容⦆総務庁管区行政監察局，四国行政監察支局，沖縄行政監察事務所，行政監察事務所の環境担当調査員が平成7年度に収集した地域の環境問題に関する情報，資料2万6千件に基づいてまとめたもの。

全国環境事情　平成14年版　平成12年度環境調査データ　環境省大臣官房政策評価広報課環境対策調査室編　ぎょうせい　2002.6　557p　30cm　6000円　①4-324-06835-6　Ⓝ519.1

⦅目次⦆1 環境影響評価，2 環境保全一般，3 大気汚染，4 水質汚濁，5 騒音・振動，6 その他の公害，7 公害健康被害・予防，8 自然環境，9 地球環境

⦅内容⦆全国の環境事情を取りまとめた資料集。当該都道府県内の環境汚染の未然防止，各種の公害及び自然保護に関する施策の概要を平成12年度を中心に記載。また，環境年表として平成12年4月から平成13年3月までの1年間における地方の環境行政の推移，全国各地おいて発生した環境問題を都道府県単位に取りまとめ記載する。

地方環境保全施策　平成10年版　平成9年度環境関係予算報告　環境庁環境調査研究会編　ぎょうせい　1998.8　641p　21cm　5900円　①4-324-05501-7

⦅目次⦆第1部 概説，第2部 分類別環境保全施策（環境保全一般，環境保健，大気保全，水質保全，自然保護，地球環境，その他），第3部 都道府県等別環境保全施策（都道府県，12大市）

⦅内容⦆平成9年度における都道府県及び12大市の環境保全関連施策であって単独経費に係るものを，取りまとめたもの。

地方環境保全施策　平成14年版　平成13年度環境関係予算報告　環境省大臣官房政策評価広報課環境対策調査室編　ぎょうせい　2002.6　527p　30cm　6000円　①4-324-06832-1　Ⓝ519.1

⦅目次⦆第1部 概説，第2部 分類別環境保全施策（環境保全一般，環境保健，大気保全，水質保全 ほか），第3部 都道府県等別環境保全施策（都道府県，12大市）

⦅内容⦆都道府県及び12大市の環境保全関連施策まとめた資料。平成13年度における都道府県及び12大市の環境保全関連施策であって単独経費に係るものを，総務省管区行政評価局等に配置されている環境担当調査官網を通じて都道府県等の協力を得て把握し，取りまとめたもの。巻末に，参考として都道府県等における平成13年度の環境保全に関する基本方針を収録。

◆環境法

<事　典>

確認環境法用語230　黒川哲志，奥田進一，大杉麻美，勢一智子編　成文堂　2009.1　71p　21cm　〈他言語標題：Keywords of environmental law〉　400円　①978-4-7923-

3256-3　Ⓝ519.12

内容 阿賀野川水銀中毒事件、カーボンオフセット、産業廃棄物税…。環境法の学習や環境問題の理解に必要不可欠な基本概念、基本原則等に関する専門用語230語を収録。簡潔な解説を付したコンパクトな用語集。

環境法辞典　淡路剛久，磯崎博司，大塚直，北村喜宣編　有斐閣　2002.5　374，16p　19cm　3200円　Ⓘ4-641-00021-2　Ⓝ519.12

内容 環境法の学習と実務処理のための専門用語事典。収録内容は2002年1月1日現在。国内環境法と国際環境法の領域から約1200項目を選定し、読みの五十音順またはアルファベット順に排列。対訳語や典拠法令・判例、参照項目等を示して解説する。巻末に環境庁告示「環境基準」と五十音順及びアルファベット順の総合索引を付す。

<法令集>

ISO環境法クイックガイド　2009　ISO環境法研究会編　第一法規　2009.2　341p　21cm　〈他言語標題：Quick guide〉　4000円　Ⓘ978-4-474-02470-0　Ⓝ519.12

目次 基本的事項，大気汚染，水質汚濁，土壌汚染，騒音・振動・地盤沈下・悪臭防止，廃棄物処理，リサイクル，化学物質・労働安全，自然保護，土地利用，省エネルギー，その他

内容 審査や内部監査時の持ち歩きに便利なコンパクトサイズの法令集。ISO14001の取得・維持に欠かせない主要環境法令70法を見やすい一覧表形式で収録。手間をかけずに罰則や遵守事項を確認できる。

ISO環境法クイックガイド　2010　ISO環境法研究会編　第一法規　2010.3　341p　21cm　〈他言語標題：Quick guide〉　4000円　Ⓘ978-4-474-02578-3　Ⓝ519.12

目次 第1章 基本的事項，第2章 大気汚染，第3章 水質汚濁，第4章 土壌汚染，第5章 騒音・振動・地盤沈下・悪臭防止，第6章 廃棄物処理，第7章 リサイクル，第8章 化学物質・労働安全，第9章 自然保護，第10章 土地利用，第11章 省エネルギー，第12章 その他

解説 国際環境条約集　広部和也，臼杵知史編　三省堂　2003.12　404p　19cm　3500円　Ⓘ4-385-32210-4

目次 総則，大気，南極，海洋汚染，海洋生物資源，河川・水，自然・文化保全，動植物保護・生物多様性，有害廃棄物・危険物質，貿易・投資，原子力，環境破壊兵器

内容 国際環境法を学ぶのに役立つ条約・宣言を収録。主な条約に解説、用語解説を付した立体的構成。資料として、国際環境判例・事件、

"解説つき国際環境条約集"の決定版。

環境実務六法　解説付き　平成16年版　環境法令研究会編　ぎょうせい　2004.1　2338p　21cm　7143円　Ⓘ4-324-07245-0

目次 環境一般，地球環境，大気保全，水質保全，土壌・農薬，騒音，振動，地盤沈下，悪臭，廃棄物・リサイクル〔ほか〕

内容 本書は、環境・公害関係の法律、政令、省令、告示、通知、関係資料及びこれらの法令の解釈・運用についての解説を収録し、環境保全及び公害対策のための行政及び関係実務に役立つことを目指して発刊するものである。環境基本法をはじめ主要法律等38件に解説を収録している。

環境実務六法　解説付き　平成17年版　環境法令研究会編　ぎょうせい　2005.3　2321p　21cm　7238円　Ⓘ4-324-07621-9

目次 環境一般，地球環境，大気保全，水質保全，土壌・農薬，騒音，振動，地盤沈下，廃棄物・リサイクル，化学物質〔ほか〕

内容 環境・公害関係の法律、政令、省令、告示、通知、関係資料及びこれらの法令の解釈・運用についての解説を収録。

環境実務六法　解説付き　平成18年版　環境法令研究会編　ぎょうせい　2006.3　2581p　21cm　7429円　Ⓘ4-324-07870-X

目次 環境一般，地球環境，大気保全，水質保全，土壌・農薬，騒音，振動，地盤沈下，悪臭，廃棄物・リサイクル，化学物質，費用負担・助成，被害補償・救済，紛争処理・公害罪，公害防止管理者，自然保護，環境影響評価

内容 平成18年2月1日現在の最新改正を網羅。また、環境基本法をはじめ、大気汚染防止法、容器包装リサイクル法、環境影響評価法など、38の主要法律を主管省庁の担当課・室が丁寧に解説。

環境法令・解説集　平成9年版　ぎょうせい　1997.3　3246p　21cm　6200円　Ⓘ4-324-05019-8

目次 環境基本，行政組織，大気保全，水質保全，土壌・農薬，騒音，振動，地盤沈下，再生資源，費用負担・助成，被害補償・救済，紛争処理，公害罪，公害防止管理者，自然保護，環境影響評価

内容 環境・公害関係の法律、政令、省令、告示、通達、関係資料及びこれらの法令の解釈・運用についての解説を収録。内容は平成9年2月6日現在。

環境法令遵守事項クイックガイド　2007　ISO環境マネジメント法令研究会編　第一法規　2007.2　302p　21cm　4000円　Ⓘ978-

4-474-02288-1
(目次)第1章 基本, 第2章 大気, 第3章 水質, 第4章 土壌, 第5章 騒音・振動・悪臭・地盤沈下, 第6章 廃棄物処理, 第7章 循環型社会, 第8章 化学物質・労働安全, 第9章 自然環境, 第10章 土地利用, 第11章 エネルギー
(内容)審査や内部監査時の持ち歩きに便利なコンパクトサイズで充実の内容。ISO14001の取得・維持に欠かせない主要環境法令70法を見やすい一覧表形式で収録。手間をかけずに罰則や遵守事項を確認、スマートなISO運営に役立つ。

環境法令遵守事項クイックガイド 2008
ISO環境マネジメント法令研究会編 第一法規 2008.2 313p 21cm 4000円 ⓘ978-4-474-02387-1 Ⓝ519.12
(目次)第1章 基本的事項, 第2章 大気汚染, 第3章 水質汚濁, 第4章 土壌汚染, 第5章 騒音・振動・地盤沈下・悪臭防止, 第6章 廃棄物処理, 第7章 リサイクル, 第8章 化学物質・労働安全, 第9章 自然保護, 第10章 土地利用, 第11章 省エネルギー, 第12章 その他
(内容)審査や内部監査時の持ち歩きに便利なコンパクトサイズで充実の内容。ISO14001の取得・維持に欠かせない主要環境法令70法を見やすい一覧表形式で記録。手間をかけずに罰則や遵守事項を確認、スマートなISO運営をサポートするガイド。

環境六法 平成2年版
環境庁環境法令研究会編 中央法規出版 1990.3 1875p 19cm 5500円 ⓘ4-8058-0688-5 Ⓝ519.12
(内容)本書には、平成2年1月1日現在の内容で、環境関係法令を13章に区分し、巻末に資料として、閣議決定、中央公害対策審議会答申、通達等を収載した。

環境六法 平成3年版
環境庁環境法令研究会編 中央法規出版 1991.2 1873p 19cm 5600円 ⓘ4-8058-0784-9 Ⓝ519.12
(目次)第1章 環境一般, 第2章 大気汚染・悪臭, 第3章 騒音・振動, 第4章 水質汚濁, 第5章 土壌汚染・農薬, 第6章 地盤沈下, 第7章 廃棄物・海洋汚染, 第8章 化学物質, 第9章 被害救済・紛争処理, 第10章 費用負担・助成, 第11章 自然保護, 第12章 国土利用・都市計画, 第13章 関係法令, 資料(環境一般等, 騒音・振動, 水質汚濁・廃棄物等, 自然保護等, 条約・協定等)
(内容)本書には、平成2年12月18日現在の内容で、環境関係法令を13章に区分し、巻末に資料として、閣議決定、中央公害対策審議会答申、通達等を収載した。

環境六法 平成4年版
環境庁環境法令研究会編 中央法規出版 1992.1 2251p 19cm 5700円 ⓘ4-8058-0916-7

(目次)第1章 環境一般, 第2章 大気汚染・悪臭, 第3章 騒音・振動, 第4章 水質汚濁, 第5章 土壌汚染・農薬, 第6章 地盤沈下, 第7章 廃棄物・海洋汚染, 第8章 化学物質, 第9章 被害救済・紛争処理, 第10章 費用負担・助成, 第11章 自然保護, 第12章 国土利用・都市計画, 第13章 関係法令, 資料
(内容)本書には、平成3年12月9日現在の内容で、環境関係法令を13章に区分し、巻末に資料として、閣議決定、中央公害対策審議会答申、通達等を収載した。

環境六法 平成5年版
環境庁環境法令研究会編 中央法規出版 1993.2 2517p 19cm 5800円 ⓘ4-8058-1055-6
(目次)第1章 環境一般, 第2章 大気汚染・悪臭, 第3章 騒音・振動, 第4章 水質汚濁, 第5章 土壌汚染・農薬, 第6章 地盤沈下, 第7章 廃棄物・海洋汚染, 第8章 化学物質, 第9章 被害救済・紛争処理, 第10章 費用負担・助成, 第11章 自然保護, 第12章 国土利用・都市計画, 第13章 関係法令

環境六法 平成7年版
環境庁環境法令研究会編 中央法規出版 1995.3 2537p 21cm 6000円 ⓘ4-8058-1308-3
(目次)第1章 環境一般, 第2章 大気汚染・悪臭, 第3章 騒音・振動, 第4章 水質汚濁, 第5章 土壌汚染・農薬, 第6章 地盤沈下, 第7章 廃棄物・海洋汚染, 第8章 化学物質, 第9章 被害救済・紛争処理, 第10章 費用負担・助成, 第11章 自然保護, 第12章 国土利用・都市計画, 第13章 関係法令
(内容)環境・公害関連の法令集。内容は1995年2月7日現在。法令を13章に区分し、基本法ごとに法律・政令・省令・告示の順に掲載。巻末に資料として閣議決定・通達などを収録。

環境六法 平成9年版
中央法規出版 1997.1 2667p 21cm 5850円 ⓘ4-8058-4070-6
(目次)環境一般, 大気汚染・悪臭, 騒音・振動, 水質汚濁, 土壌汚染・農薬, 地盤沈下, 廃棄物・海洋汚染, 化学物質, 被害救済・紛争処理, 国土利用・都市計画, 関係法令
(内容)環境関係法令集。巻末に資料として、閣議決定、中央環境審議会答申、通達等を収載。内容は、平成8年12月16日現在。

環境六法 平成10年版
環境庁環境法令研究会編 中央法規出版 1998.2 2698, 26p 22×17cm 5850円 ⓘ4-8058-4130-3
(目次)第1章 環境一般, 第2章 大気汚染・悪臭, 第3章 騒音・振動, 第4章 水質汚濁, 第5章 土壌汚染・農薬, 第6章 地盤沈下, 第7章 廃棄物・海洋汚染, 第8章 化学物質, 第9章 被害救済・紛

環境政策　　　　　　　　　　　　　環境問題

争処理，第10章 費用負担・助成，第11章 自然保護，第12章 国土利用，第13章 関係法令

環境六法　平成11年版　環境庁環境法令研究会編　中央法規出版　1999.3　2771p　21cm　5850円　①4-8058-4189-3

(目次)環境一般，大気汚染・悪臭，騒音・振動，水質汚濁，土壌汚染・農薬，地盤沈下，廃棄物・海洋汚染，化学物質，被害救済・紛争処理，費用負担，自然保護，国土利用，関係法令
(内容)環境関係法令を収録した法令集。内容は平成11年2月9日現在。巻頭に50音順の法令名索引。巻末に資料として、閣議決定、中央環境審議会答申、通達等を収録

環境六法　平成12年版　環境法令研究会編　中央法規出版　2000.3　2768p　21cm　5850円　①4-8058-4253-9　Ⓝ519.12

(目次)第1章 環境一般，第2章 地球環境，第3章 大気汚染・悪臭，第4章 騒音・振動，第5章 水質汚濁・地盤沈下，第6章 土壌汚染・農薬，第7章 廃棄物・リサイクル，第8章 化学物質，第9章 被害救済・紛争処理，第10章 費用負担・助成，第11章 自然保護，第12章 国土利用，第13章 関係法令
(内容)環境関係の法令を収録したもの。内容は2000年2月20日現在。法令を13章に区分し、基本法ごとに法律・政令・省令・告示の順に掲載。

環境六法　平成13年版　環境法令研究会編　中央法規出版　2001.2　2986p　22×17cm　5850円　①4-8058-4319-5　Ⓝ519.12

(目次)第1章 環境一般，第2章 地球環境，第3章 大気汚染・悪臭，第4章 騒音・振動，第5章 水質汚濁・地盤沈下，第6章 土壌汚染・農薬，第7章 廃棄物・リサイクル，第8章 化学物質，第9章 被害救済・紛争処理，第10章 費用負担・助成，第11章 自然保護，第12章 国土利用，第13章 関係法令
(内容)環境関係の法令を収録したもの。内容は2001年1月15日現在。平成13年版では、循環型社会形成推進基本法を新規収録し、各関連法の改正に対応している。

環境六法　平成14年版　環境法令研究会編　中央法規出版　2002.2　3353p　21cm　6000円　①4-8058-4391-8　Ⓝ519.12

(目次)環境一般，地球環境，大気汚染・悪臭，騒音・振動，水質汚濁・地盤沈下，土壌汚染・農薬，廃棄物・リサイクル，化学物質，被害救済・紛争処理，費用負担・助成〔ほか〕
(内容)環境・公害分野の法令集。平成14年版では、フロン回収破壊法、ポリ塩化ビフェニル廃棄物処理法などを新規収載。各資源リサイクル法の施行、自動車NOx法改正、第5次水質総量規制、PRTR法完全施行に対応。ISO14001規格取得・更新のための調査要求法規を網羅収録する。

環境六法　平成15年版　環境法令研究会編　中央法規出版　2003.2　3683p　21cm　6200円　①4-8058-4457-4

(目次)第1章 環境一般，第2章 地球環境，第3章 大気汚染・悪臭，第4章 騒音・振動，第5章 水質汚濁・地盤沈下，第6章 土壌汚染・農薬，第7章 廃棄物・リサイクル，第8章 化学物質，第9章 被害救済・紛争処理，第10章 費用負担・助成，第11章 自然保護，第12章 国土利用，第13章 関係法令
(内容)本書は、最新の環境法令、資料等を掲載し、我が国の環境政策の現状をまとめたもの。自動車リサイクル法・土壌汚染対策法・自然再生推進法などを新規収録。鳥獣保護法全面改正、自動車NOx・PM法完全施行に対応。ISO14001規格取得・更新のための調査要求法規を網羅。

環境六法　平成16年版　環境法令研究会編　中央法規出版　2004.3　3183p　22×17cm　6000円　①4-8058-4518-X

(目次)第1章 環境一般，第2章 地球環境，第3章 大気汚染・悪臭，第4章 騒音・振動，第5章 水質汚濁・地盤沈下，第6章 土壌汚染・農薬，第7章 廃棄物・リサイクル，第8章 化学物質，第9章 被害救済・紛争処理・費用負担・助成，第10章 自然保護，第11章 国土利用，第12章 関係法令
(内容)特定産業廃棄物に起因する支障の除去等に関する特別措置法・遺伝子組換え生物等の使用等の規制による生物の多様性の確保に関する法律などを新規収録。公健法・廃掃法・化審法・ワシントン条約国内法改正に対応。

環境六法　平成17年版　環境法令研究会編　中央法規出版　2005.2　3287p　21cm　6000円　①4-8058-4582-1

(目次)環境一般，地球環境，大気汚染・悪臭，騒音・振動，水質汚濁・地盤低下，土壌汚染・農薬，廃棄物・リサイクル，化学物質，被害救済・紛争処理・費用負担・助成，自然保護〔ほか〕
(内容)特定外来生物による生態系等に係る被害の防止に関する法律を新規収録。大気汚染防止法・廃棄物処理法等の最新改正に対応。

環境六法　平成18年版　環境法令研究会編　中央法規出版　2006.2　2冊（セット）　21cm　6000円　①4-8058-4638-0

(目次)第1巻（環境一般，大気汚染・悪臭，騒音・振動，水質汚濁・地盤沈下，土壌汚染・農薬，化学物質，被害救済・紛争処理・費用負担・助成），第2巻（地球環境，廃棄物・リサイクル，自然保護，国土利用，関係法令）
(内容)本書は、環境関係法令を二分冊とし、平成十八年一月十九日現在の内容で、構成し配列

した。

環境六法　平成19年版　環境法令研究会編　中央法規出版　2007.3　2冊(セット)　21cm　6000円　⓸978-4-8058-4719-0

(目次)環境一般, 大気汚染・悪臭, 騒音・振動, 水質汚濁・地盤沈下, 土壌汚染・農薬, 化学物質, 被害救済・紛争処理, 費用負担・助成, 地球環境, 廃棄物・リサイクル, 自然保護, 国土利用, 関係法令

(内容)温室効果ガス排出抑制／石綿健康被害救済／海洋汚染防止／廃棄物・リサイクル／特定外来生物／動物の愛護及び管理対策等, 法令改正に完全対応した充実の六法。

環境六法　平成20年版　1　環境法令研究会編　中央法規出版　2008.2　1冊　22cm　⓸978-4-8058-4783-1　Ⓝ519.12

(目次)1(環境一般, 大気・悪臭, 騒音・振動, 水質・地盤, 土壌・農薬, 化学物質, 被害・紛争・費用・助成)

(内容)「ISO14001」「エコアクション21」「エコステージ」「KES」等の規格認証のために必要な法令を収載。また、国、地方公共団体、地方環境事務所等の環境行政担当者と、企業等において環境対策を推進する担当者に役立つ法令を体系的に整理・編集する。

環境六法　平成20年版　2　環境法令研究会編　中央法規出版　2008.2　3356p　22cm　⓸978-4-8058-4783-1　Ⓝ519.12

(目次)2(地球環境, 廃棄物リサイクル, 自然保護, 国土利用, 関係法令)

(内容)「ISO14001」「エコアクション21」「エコステージ」「KES」等の規格認証のために必要な法令を収載。

環境六法　平成21年版　1　環境省監修　中央法規出版　2009.3　1冊　22cm　〈索引あり〉　⓸978-4-8058-4861-6　Ⓝ519.12

(目次)環境一般, 大気汚染・悪臭, 騒音・振動, 水質汚濁・地盤沈下, 土壌汚染・農薬, 化学物質, 被害救済・紛争処理, 費用負担・助成

(内容)環境基本法をはじめ、主な法令の解説を収載した六法。平成21年2月10日までの法改正に対応。環境省が推進する環境問題に関する施策を実行するために必要な法令を体系的に整理・編集する。今年版は、京都議定書に基づく、温室効果ガスの排出量を6%削減達成するための必要な追加対策として、地球温暖化対策の推進に関する法律や生物多様性基本法、エネルギーの使用の合理化に関する法律の一部改正などを盛り込む。

環境六法　平成21年版　2　環境省監修　中央法規出版　2009.3　1冊　22cm　〈索引あり〉　⓸978-4-8058-4861-6　Ⓝ519.12

(目次)地球環境, 廃棄物・リサイクル, 自然保護, 国土利用, 関係法令

(内容)環境基本法をはじめ、主な法令の解説を収載した六法。平成21年2月10日までの法改正に対応。

環境六法　平成22年版　国際比較環境法センター環境法令研究会監修　中央法規出版　2010.3　2冊(セット)　21cm　6600円　⓸978-4-8058-4916-3

(目次)1(環境一般, 大気汚染・悪臭, 騒音・振動, 水質汚濁・地盤沈下, 土壌汚染・農薬, 化学物質, 被害救済・紛争処理, 費用負担・助成), 2(地球環境, 廃棄物・リサイクル, 自然保護, 国土利用, 関係法令)

(内容)環境関係法規集の決定版!業務に必要な法令・指針・通知等を収録。平成22年3月10日までの法改正に完全対応!環境関係行政職員・処理業者の方に支持されるロングセラー六法の最新版。

現場で使える環境法　見目善弘著　産業環境管理協会, 丸善出版事業部(発売)　2008.2　392p　21cm　2800円　⓸978-4-86240-030-7　Ⓝ519.12

(目次)第1部 概論(序, 事業活動と環境法令(三つの仮想事業場), 事業活動から環境法令を知る方法), 第2部 環境法令各論(環境一般関連法, 地球環境関連法, 廃棄物・リサイクル関連法, 大気・騒音・振動等関連法, 水・土壌・農薬関連法, 化学物質関連法, 労働安全衛生法その他関連法)

(内容)Q&Aでポイント解説。環境マネジメントシステム審査の現場に、環境管理の現場に、こんな法律も我が社に関係があるの!?52の主要環境法令と32の関連法令を網羅。

最新 ダイヤモンド環境ISO六法　鈴木敏央編　ダイヤモンド社　1999.8　1685p　21cm　18000円　⓸4-478-87082-9

(目次)第1章 環境基本法, 第2章 公害等に関する法律, 第3章 エネルギーに関する法律, 第4章 廃棄物に関する法律, 第5章 土地利用に関する法律, 第6章 化学物質に関する法律

(内容)ISO14001の認証取得に必要な関連法規を収録した法令集。公害関連、エネルギー、廃棄物、土地、化学物質等に関する基本的な法律と政令、省令で構成編集され、環境関連法令のほか、省エネルギー法、労働安全衛生法、消防法、高圧ガス保安法、毒物劇物取締法などを収録。内容は、平成11年6月30日現在。法令名索引付き。

ダイヤモンド環境ISO六法　改訂第2版　鈴木敏央編・解説　ダイヤモンド社　2001.9.20, 1634p　21cm　18000円　⓸4-478-87092-6　Ⓝ519.12

〔目次〕第1章 環境基本法，第2章 公害等に関する法律，第3章 エネルギーに関する法律，第4章 廃棄物・リサイクルに関する法律，第5章 グリーン調達に関する法律，第6章 土地利用に関する法律，第7章 化学物質に関する法律
〔内容〕環境ISO認証取得に必要な関連法規を集約した法令集。重要な法令には解説を加える。内容は2001年5月31日現在。五十音順の法令索引を付す。

地球環境条約集　地球環境法研究会編　中央法規出版　1993.2　512, 6p　19cm　3800円　①4-8058-1037-8
〔目次〕第1章 環境全般，第2章 影響評価，第3章 自然保全，第4章 海洋生物，第5章 海洋環境，第6章 国際河川，第7章 大気汚染，第8章 騒音振動，第10章 保健労働，第11章 気象改変活動，第12章 宇宙，第13章 原子力，第14章 軍事兵器
〔内容〕「環境と開発に関するリオ・デ・ジャネイロ宣言」など，地球サミットに至るまでの環境問題に関する主要な国際条約・勧告・宣言等約130本を邦訳収録した条約集。

地球環境条約集　第3版　地球環境法研究会編　中央法規出版　1999.2　701, 7p　19cm　3800円　①4-8058-1746-1
〔目次〕環境全般，影響評価，自然保全，海洋生物，海洋環境，国際河川・湖沼，大気汚染，有害化学物質・廃棄物その他，保健労働，気象改変活動，南極，宇宙，原子力，軍事兵器
〔内容〕環境問題に関する国際条約・勧告・宣言等約150文書を邦訳収録した条約集。索引付き。

地球環境条約集　第4版　地球環境法研究会編　中央法規出版　2003.6　827, 7p　19×14cm　3800円　①4-8058-4469-8
〔目次〕総説，影響評価，自然及び生物資源，海洋生物資源，海洋環境，国際河川・湖沼，大気，気象改変活動，廃棄物，有害物質，極地，宇宙，原子力，軍事兵器，貿易
〔内容〕環境問題や国際環境法を学ぶ上で必要な国際条約・勧告・宣言など約160文書を精選して収載。新章「貿易」を追加。またヨハネスブルグ宣言，カルタヘナ議定書，ストックホルム条約，ロッテルダム条約などを新たに掲載して，より便利に内容拡充。

東京都環境関係例規集　五訂版　ぎょうせい　2005.6　620p　21cm　1695円　①4-324-07726-6
〔目次〕東京都環境基本条例（平成六年条例第九二号），都民の健康と安全を確保する環境に関する条例（平成一二年条例第二一五号），都民の健康と安全を確保する環境に関する条例施行規則（平成一三年規則第三四号），東京都環境影響評価条例（昭和五五年条例第九六号），東京都環境影響評価条例施行規則（昭和五六年規則第一三四号），東京都廃棄物条例（平成四年条例第一四〇号），東京都廃棄物規則（平成五年規則第一四〇号），参考

東京都環境関係例規集　七訂版　ぎょうせい　2007.7　600p　21cm　1905円　①978-4-324-08284-3
〔目次〕東京都環境基本条例―平成六年条例第九二号，都民の健康と安全を確保する環境に関する条例―平成一二年条例第二一五号，都民の健康と安全を確保する環境に関する条例施行規則―平成一三年規則第三四号，東京都環境影響評価条例―昭和五五年条例第九六号，東京都環境影響評価条例施行規則―昭和五六年規則第一三四号，東京都廃棄物条例―平成四年条例第一四〇号，東京都廃棄物規則―平成五年規則第一四〇号，参考（特別区における東京都の事務処理の特例に関する条例（抄）―平成一一年条例第一〇六号，特別区における東京都の事務処理の特例に関する条例に基づき特別区が処理する事務の範囲等を定める規則（抄）―平成一二年規則第一五二号，市町村における東京都の事務処理の特例に関する条例（抄）―平成一一年条例第一〇七号，市町村における東京都の事務処理の特例に関する条例に基づき市町村が処理する事務の範囲等を定める規則（抄）―平成一二年規則第一五五号）

東京都環境関係例規集　8訂版　ぎょうせい　2009.8　619p　21cm　2286円　①978-4-324-08860-9　Ⓝ519.12
〔目次〕東京都環境基本条例，都民の健康と安全を確保する環境に関する条例，都民の健康と安全を確保する環境に関する条例施行規則，東京都環境影響評価条例，東京都環境影響評価条例施行規則，東京都廃棄物条例，東京都廃棄物規則，参考（特別区における東京都の事務処理の特例に関する条例（抄），特別区における東京都の事務処理の特例に関する条例に基づき特別区が処理する事務の範囲等を定める規則（抄），市町村における東京都の事務処理の特例に関する条例（抄），市町村における東京都の事務処理の特例に関する条例に基づき市町村が処理する事務の範囲等を定める規則（抄））

東京都環境保全関係条例集　11訂版　ぎょうせい　1990.6　407p　21cm　1000円
〔目次〕東京都公害防止条例，東京都公害防止条例施行規則，東京都環境影響評価条例，東京都環境影響評価条例施行規則，東京における自然の保護と回復に関する条例，東京における自然の保護と回復に関する条例施行規則

東京都環境保全関係条例集　ぎょうせい　1996.6　433p　21cm　1200円
〔目次〕東京都環境基本条例（平成6年条例第92

号)，東京都公害防止条例(昭和44年条例第97号)，東京都公害防止条例施行規則(昭和45年規則第17号)，東京都環境影響評価条例(昭和55年条例第96号)，東京都環境影響評価条例施行規則(昭和56年規則第134号)，東京における自然の保護と回復に関する条例(昭和47年条例第108号)，東京における自然の保護と回復に関する条例施行規則(昭和48年規則第85号)

ベーシック環境六法 3訂 淡路剛久, 磯崎博司, 大塚直, 北村喜宣編 第一法規 2008.4 907p 21cm 2700円 ①978-4-474-02386-4 Ⓝ519.12

(目次)第1章 基本, 第2章 地球温暖化, 第3章 大気汚染, 第4章 水質汚濁・土壌汚染, 第5章 騒音・振動, 第6章 廃棄物・リサイクル, 第7章 化学物質, 第8章 自然保護, 第9章 国土・土地利用, 第10章 エネルギー, 第11章 その他関係法令, 第12章 環境基準, 第13章 条約, 第14章 条例
(内容)環境関係法令・八十五件、条約・十七件、条例・十一件を、整理分類し収録。三訂版においては、主要法律については政令も収録する一方、一部法律については抄録方式にしたり、条約の入替えをしている。

ベーシック環境六法 4訂 淡路剛久, 磯崎博司, 大塚直, 北村喜宣編 第一法規 2010.4 976p 21cm 〈索引あり〉 2700円 ①978-4-474-02583-7 Ⓝ519.12

(目次)第1章 基本, 第2章 地球温暖化, 第3章 大気汚染, 第4章 水質汚濁・土壌汚染, 第5章 騒音・振動, 第6章 廃棄物・リサイクル, 第7章 化学物質, 第8章 自然保護, 第9章 国土・土地利用, 第10章 エネルギー・資源, 第12章 環境基準, 第13章 条約, 第14章 条例

<年鑑・白書>

環境循環型社会白書 平成19年版 環境省編 ぎょうせい 2007.6 413p 30cm 〈付属資料:別冊1〉 2667円 ①978-4-324-08259-1

(目次)平成18年度環境の状況・平成18年度循環型社会の形成の状況(総説、環境・循環型社会の形成の状況と政府が環境の保全・循環型社会の形成に関して講じた施策)、平成19年度環境の保全に関する施策・平成19年度循環型社会の形成に関する施策(地球環境の保全, 大気環境の保全, 水環境, 土壌環境, 地盤環境の保全, 廃棄物・リサイクル対策などの物質循環に係る施策, 化学物質の環境リスクの評価・管理に係る施策, 自然環境の保全と自然とのふれあいの推進, 各種施策の基盤, 各主体の参加及び国際協力に係る施策)
(内容)環境基本法第12条及び循環型社会形成推進基本法第14条の規定に基づき第166回国会に

提出した「平成18年度環境の状況」及び「平成19年度環境の保全に関する施策」並びに「平成18年度循環型社会の形成の状況」及び「平成19年度循環型社会の形成に関する施策」を収録。

環境アセスメント

<事典>

環境アセスメント基本用語事典 原科幸彦, 横田勇監修, 環境アセスメント研究会編 オーム社 2000.7 262p 21cm 2800円 ①4-274-02435-0 Ⓝ519.15

(内容)大規模な開発事業に際して行われる環境アセスメントの基本事項を解説する用語事典。用語は五十音順に排列、原則として対応する英語を付し解説を掲載。参考資料として大気汚染に関する資料、水質汚濁に関する資料、土壌汚染に関する資料、ダイオキシン類に関する資料、騒音・低周波空気振動、振動に関する資料を収録。巻末に英和索引を収録。

<法令集>

環境アセスメント関係法令集 環境庁環境アセスメント研究会監修 中央法規出版 1998.9 1014p 21cm 3000円 ①4-8058-4156-7

(目次)第1章 環境影響評価法(基本法文, 技術指針等を定める主務省令, 経過措置に係る書類の指定), 第2章 関係法令
(内容)環境影響評価法に係わる法令、資料をまとめた法令集。1998年8月20日現在。

<年鑑・白書>

環境アセスメント年鑑 89・90年版 (国分寺)武蔵野書房 1991.12 670p 26cm 19570円

(目次)1 各省庁編(各省庁の平成2、3年度の環境アセスメント関係の施策等と予算, 環境庁の平成4年度の環境アセスメント関係の施策等と予算, 東京湾環境再生構想—エコロジカル・リニューアル・プラン ほか), 2 国会編(国会での環境アセスメントに関する討議内容), 3 地方自治体編(地方自治体における環境アセスメントの実績・計画状況, 新たに制定されたアセス要綱の紹介, 都道府県および政令指定都市の環境アセスメント担当連絡先一覧), 4 環境アセスメントへの提言・現地からの報告編, 5 環境アセスメント実施機関編, 6 環境アセスメントの文献・報告書等編, 7 環境アセスメント評価書編, 8 開発計画編

環境アセスメント年鑑 91〜93年版 (国

分寺)武蔵野書房　1993.12　1014p　26cm　28840円

(目次)新聞の見出しにみる環境アセスメントの姿(1991年12月～1993年9月),1 各省庁編,2 国会編,3 地方自治体編,4 環境アセスメントへの提言・現地からの報告編,5 環境アセスメント実施機関編,6 環境アセスメントの文献・報告書等編,7 環境アセスメント評価書編,8 開発計画編

環境アセスメント年鑑　94・95年版　(国分寺)武蔵野書房　1996.4　1132p　26cm　28840円

(目次)1 各省庁編,2 国会編,3 地方自治体編,4 環境アセスメントへの提言・現地からの報告編,5 環境アセスメント実施機関編,6 環境アセスメントの文献・報告書等編,7 環境アセスメント評価書編

環境保全

＜事　典＞

エコロジー小事典　マイケル・アラビー編,今井勝,加藤盛夫訳　講談社　1998.5　703p　18cm　(ブルーバックス)　(原書名：THE CONCISE OXFORD DICTIONARY OF ECOLOGY)　2000円　①4-06-257217-6

(内容)エコロジーに関する用語5000項目収録した事典。環境の汚染と保全に関する用語,ならびにエコロジーに由来する用語に加えて,生物地理学,動物行動学,進化説ならびに分類学上の関連用語とともに,動・植物学,気候学ならびに気象学,海洋学,水文学,土壌学,氷河学および地形学用語も掲載。見出し語は五十音順に排列。欧文索引付き。

家庭のエコロジー事典　三省堂編修所編　三省堂　1992.9　243p　18cm　(三省堂実用40)　1000円　①4-385-14192-4

(目次)第1章 今,問題になっていること,第2章 環境と健康にいい生活情報(家庭で,外出,買い物,職場で,レジャー・行事,動植物,より良い住生活・食生活のために)

(内容)環境と健康のための身近なエコロジーに強くなる事典。暮らしの中でできるエコロジーの工夫や方法を豊富に収録。わかりやすい環境問題の解説やエコロジーグッズも紹介。

環境保全用語事典　遣沢哲夫編著　オーム社　1995.5　313p　21cm　3500円　①4-274-02289-7

(内容)環境一般,水質,大気,廃棄物,騒音・振動,公害対策等,環境保全関連の用語集。和文用語と英略語の2編で構成され,それぞれ五十音順とアルファベット順に排列する。巻末に全見出し語の英和索引がある。

＜ハンドブック＞

eco検定 環境活動ハンドブック　エコピープル支援協議会編著　日本能率協会マネジメントセンター　2007.10　206p　21cm　2200円　①978-4-8207-4456-6

(目次)第1章 あなたから提言してみよう!,第2章 あなたの企業(組織)から行動しよう!,第3章 企業と社会との環境コミュニケーション,第4章 企業と地域との環境コミュニケーション,第5章 環境活動ケーススタディ,第6章 環境活動のヒント・アイテム集,第7章 環境教育との関わり,付録

(内容)あなたから企業へ,企業から地域・社会へ,環境活動を拡げていくためのアクション・ヒント満載のハンドブック。

環境を守る仕事 完全なり方ガイド　好きな仕事実現シリーズ　学習研究社　2004.12　159p　21cm　(好きな仕事実現シリーズ)　1200円　①4-05-402535-8

(目次)1「自然の観察・保護」を通じて環境を守る仕事(「自然の観察・保護」を通じて環境を守る仕事をするために,ビオトープ管理士 ほか),2「教育・伝える」を通じて環境を守る仕事(「教育・伝える」を通じて環境を守る仕事をするために,インタープリター(山) ほか),3「社会・企業」を通じて環境を守る仕事(「社会・企業」を通じて環境を守る仕事をするために,NGO・NPO ほか),4「サービス・モノ」を通じて環境を守る仕事(「サービス・モノ」を通じて環境を守る仕事をするために,太陽光発電 ほか),5 巻末データ集

(内容)自然と生きる36の職業。なり方&資格を完全網羅。

環境プレイヤーズ・ハンドブック2005 サステナブル世紀の環境コミュニケーション　電通エコ・コミュニケーション・ネットワーク編著　ダイヤモンド社　2004.9　433p　21cm　3300円　①4-478-87102-7

(目次)第1章 地球環境＝生態系を守るための取り組み(地球環境の物理的限界,国際的な取り組み ほか),第2章 エコ・コミュニケーションのすすめ(環境コミュニケーションとは?,環境広告とは? ほか),第3章 エコライフスタイルのすすめ(エコライフスタイルとは?,エコツーリズム ほか),第4章 サステナブル・マネジメントのすすめ(企業の社会的責任＝CSRとコミュニケーション,サステナブル・エンタープライズ ほか)

(内容)環境の世紀のビジネス・就職・暮らしに役

立つ, サステナブル世代の環境プレイヤーズ・ハンドブック.

くらしと環境 市民・消費者の役割と取組み くらしのリサーチセンター編 くらしのリサーチセンター 1998.5 251p 21cm 1905円 Ⓘ4-87691-011-1

(目次)愛知県消費者団体連絡会, 小高町婦人会, 環境市民, 「環境・持続社会」研究センター, グリーンピース・ジャパン, グローバル・ヴィレッジ, 公害地域再生センター(あおぞら財団), 公害・地球環境問題懇談会, 国際マングローブ生態系協会, サヘルの会〔ほか〕

スローライフから学ぶ地球をまもる絵事典 できることからはじめてみよう 辻信一監修 PHP研究所 2006.10 79p 28×22cm 2800円 Ⓘ4-569-68630-3

(目次)第1章 スローな世界を体験しよう(ゆっくりと自然にひたってみよう, ネイチャーゲーム「コウモリとガ」をやってみよう, "はだし"にならない?, 遊ぼう, 外で!! ほか), 第2章 楽しいことが地球を救う!(ハチドリのひとしずく――いま, わたしにできること, ズーニーランドへようこそ!!, 食べるってなんだろう?, 森林ってなんだろう? ほか)

人と地球にやさしい仕事100 すぐにつかえる資格&職業ガイド 人と地球にやさしい仕事100編集委員会編著 七つ森書館 2005.10 239p 21cm 1600円 Ⓘ4-8228-0509-3

(目次)緑・自然系, 動物系, 福祉・医療・レスキュー系, 法律・公務員系, 心理系, 住環境系, 環境ビジネス系, 趣味・実用系, フード系, 就職活動ステップ

(内容)なるにはステップ&資格取得方法から, 収入・適性・やりがい・活躍の場まで徹底網羅.

<法令集>

環境保全関係法令集 環境庁長官官房総務課監修 新日本法規出版 1994.2 2冊(セット) 21cm 22000円 Ⓘ4-7882-0348-0

(目次)第1編 環境基本(環境基本法〈平五法九一〉, 環境基準に係る水域及び地域の指定権限の委任に関する政令〈平五政三七一〉, 大気の汚染に係る環境基準について〈昭四八環告二五〉, 二酸化窒素に係る環境基準について〈昭五三環告三八〉, 騒音に係る環境基準について〈昭四六・五・二五閣議決定〉, 航空機騒音に係る環境基準について〈昭四八環告一五四〉 ほか), 第2編 行政組織(環境庁設置法〈昭四六法八八〉, 環境庁組織令〈昭四六政二一九〉, 環境庁組織規則〈昭四六総三八〉, 国立環境研究所組織規則〈平二総三三〉, 国立環境研究所研修規則〈平二総三四〉, 国立水俣病研究センター組織規則〈昭五三総四一〉), 第3編 公害規制(大気保全, 水質保全等, 化学物質第4編 自然保護(自然環境保全), 第5編 公害防止等(公害防止・助成, 被害救済等), 第6編 参考法令(国土利用, 都市計画等, その他)

(内容)環境保全政策に関する法令及び主要通達等を集め, 体系的に分類収録したもの.

<年鑑・白書>

エコインダストリー年鑑 '96 シーエムシー 1996.7 448p 26cm 59740円 Ⓘ4-88231-153-4

(目次)1 環境行政施策・関連団体動向編, 2 産業別環境対策編, 3 エコインダストリー市場編, 4 廃棄物・リサイクルビジネス編

(内容)環境問題への企業責任や環境ビジネス等, 企業と地球環境問題の関わりをまとめた年鑑. 本年鑑は100のエコインダストリー市場と石油化学工業や自動車工業等23産業別の日本企業の環境対応動向について, 調査結果をもとに解説する.

<統計集>

生物生息地の保全管理への取組状況調査結果 地域資源の維持管理・活性化に関する実態調査 平成12年度 農林水産省大臣官房統計情報部編 農林統計協会 2002.2 216p 30cm (農林水産統計報告 13-53) 2500円 Ⓘ4-541-02905-7 Ⓝ519.81

(目次)解説(生物生息地の保全管理への取組に関する市区町村の意向, 生物生息地の保全管理を行っている運営主体の概要), 統計表(生物生息地の保全管理への取組に関する市区町村の意向, 生物生息地の保全管理を行っている運営主体の概要), 生物生息地の保全管理を行っている運営主体一覧表, 取組事例集

(内容)生物生息地の環境保全のための調査を収録した報告書. 平成12年度地域資源の維持管理・活性化に関する実態調査の一環として行われた「生物生息地の保全管理への取組状況調査」と, 保全管理への取組状況について情報収集を行った結果を一覧表及び事例集として取りまとめたもの. 調査は平成12年度に全国の3251の市区町村の農政担当者または環境担当者に対して行われた.

◆自然保護

<事典>

植物保護の事典 本間保男, 佐藤仁彦, 宮田正, 岡崎正規編 朝倉書店 1997.6 509p

21cm　17000円　Ⓘ4-254-42017-X
(目次)植物病理，雑草，応用昆虫，応用動物，植物保護剤，ポストハーベスト，植物防疫，植物生態，森林保護，生物環境調節，土地造成，土壌，植物栄養，環境保全，造園，バイオテクノロジー，国際協力

植物保護の事典　普及版　本間保男，佐藤仁彦，宮田正，岡崎正規編　朝倉書店　2009.7　509p　22cm　〈索引あり〉　18000円　Ⓘ978-4-254-42036-4　Ⓝ615.8
(目次)植物病理，雑草，応用昆虫，応用動物，植物保護剤，ポストハーベスト，植物防疫，植物生態，森林保護，生物環境調節，土地造成，土壌，植物栄養，環境保全，造園，バイオテクノロジー，国際協力

<辞典>

自然復元・ビオトープ 独和・和独小辞典　渡水久雄著　(藤枝)駿河台ドイツ語工房　2006.5　153p　18cm　3000円　Ⓘ4-9902734-0-0
(内容)自然復元関係の用語を収録した用語集。独和はアルファベット順，和独は五十音順に配列。ドイツ語は改正された正書法に従っている。

<ハンドブック>

自然再生ハンドブック　日本生態学会編，矢原徹一，松田裕之，竹門康弘，西広淳監修　地人書館　2010.12　264p　26cm　4000円　Ⓘ978-4-8052-0827-4　Ⓝ519.8
(目次)第1章 自然再生事業とは (なぜ自然再生事業が必要か?，自然再生に関する制度・事業の動向と課題)，第2章 「自然再生事業指針」の解説 (自然再生事業の対象，基本認識の明確化，自然再生事業を進めるうえでの原則 ほか)，第3章 自然再生事業の実例 (釧路湿原の自然再生事業，釧路川の再蛇行化計画，霞ヶ浦における湖岸植生の保全・再生の試み ほか)，巻末資料 自然再生事業指針
(内容)自然再生事業とは何か。なぜ必要なのか。何を目標にして，どのような計画に基づいて実施すればよいのか。生態学の立場から，自然再生事業の理論と実際を総合的に解説し，全国各地で行われている実施主体や規模が多様な自然再生事業の実例について，成果と課題を検討する。巻末資料に「自然再生事業指針」(日本生態学会生態系管理専門委員会，2005)を収録。

自然保護ハンドブック　新装版　沼田眞編　朝倉書店　2007.1　821p　26cm　25000円　Ⓘ978-4-254-10209-3
(目次)第1編 基礎 (自然保護とは何か，自然保護憲章，天然記念物，天然保護区域，自然公園，特別地域，特別保護地区，自然環境保全地域，保安林，保護林制度，生物圏保存地域，自然遺産，レッドデータブック，絶滅のおそれのある野生植物，絶滅のおそれのある野生動物，環境基本法，生物多様性条約，ワシントン条約 (CITES)，湿地の保護と共生 (ラムサール条約)，アジェンダ21，IBP (国際生物学事業計画)，MAB (人間と生物圏計画)，環境と開発，人間環境宣言とリオ宣言，生態系の管理，生態系の退行，自然保護と自然復元，持続的開発 (SD) と持続的利用 (SU)，草地の状況診断，身近な自然—里山，自然保護教育，博物館における環境教育，環境倫理，エコツーリズム花粉分析と自然保護)，第2編 各論—問題点と対策 (針葉樹林の自然保護，夏緑樹林の自然保護，照葉樹林の自然保護，熱帯多雨林の自然保護，二次林の自然保護，自然草原の自然保護，半自然草原の自然保護，タケ林の自然保護，砂漠・半砂漠の自然保護，湖沼の自然保護，河川の自然保護，湿原の自然保護，マングローブの自然保護，サンゴ礁の自然保護，干潟，浅海域の自然保護，島しょの自然保護，高山域の自然保護，哺乳類の自然保護，陸鳥の自然保護，水鳥の自然保護，両生類・爬虫類の自然保護，淡水魚類の自然保護，海産魚類の自然保護，甲殻類の自然保護，昆虫の自然保護，土壌動物の自然保護)，付録
(内容)本書は，IBPのまとめとしての旧版に対し，現代の自然保護上問題とされる点を拾い上げたものである。前半では基礎編として，基礎的な用語，概念，方法，法令，条約，動向などの各条項目の解説をし，後半では各論として，種，種群，各種生態系の自然保護上の問題点と対策をとりあげた。また，読者の便を考え，出版直前に環境庁から発表された植物のレッドリストなど，豊富な資料を付録に収めた。

<年鑑・白書>

自然保護年鑑　2 (平成1・2年版)　自然保護年鑑編集委員会編　自然保護年鑑刊行会　1990　494p　26cm　〈日正社 (発売)〉　7000円　Ⓝ519.8
(内容)自然保護のうごき，国の施策，地方自治体の施策，民間団体の組織と活動，参考資料，の5部で構成される。図表多数掲載。

自然保護年鑑　3 (平成4・5年版)　自然保護年鑑編集委員会編　自然保護年鑑刊行会　1992.12　536p　27cm　7282円　Ⓘ4-931208-07-X
(内容)世界と日本の自然は今

自然保護年鑑　4 (平成7・8年版)　自然と共に生きる時代を目指して　環境庁自然保護局協力，自然保護年鑑編集委員会編　自

然保護年鑑刊行会, 日正社〔発売〕 1996.9 462p 26cm 8000円 ⓘ4-931208-10-X

(目次)自然保護Q&A50, 国の施策, 地方自治体の施策, 民間団体の組織と活動, 自然保護のうごき

湾岸都市の生態系と自然保護 千葉市野生動植物の生息状況及び生態系調査報告
沼田真監修 信山社サイテック, 大学図書〔発売〕 1997.1 1059p 26cm 41748円 ⓘ4-7972-2502-5

(目次)序章 湾岸都市の生態系と自然保護―千葉市野生動植物の生息状況及び生態系調査結果概要, 第1章 湾岸都市の生態系―その調査研究のあゆみと展望, 第2章 湾岸都市千葉市の地質環境と地下水, 第3章 湾岸都市千葉市の水文環境, 第4章 ランドスケープ, 第5章 植物群落, 第6章 植物相, 第7章 動物相, 第8章 自然環境の保護・保全と復元, 第9章 都市計画―湾岸都市千葉市の環境保全戦略を踏まえた都市計画, 第10章 Executive Summary

◆環境工学

<ハンドブック>

機械工学便覧 デザイン編 $\beta 7$ 生産システム工学
日本機械学会編 日本機械学会, 丸善〔発売〕 2005.7 185, 8p 30cm 3800円 ⓘ4-88898-126-4

(目次)第1章 概論, 第2章 設計・評価技術, 第3章 管理システム, 第4章 自動化システム, 第5章 生産設備, 第6章 情報システム, 第7章 環境と生産システム, 第8章 社会と生産システム

機械工学便覧 α 基礎編
日本機械学会編 日本機械学会, 丸善〔発売〕 2007.10 1冊 31×22cm 32000円 ⓘ978-4-88898-162-0

(目次)第1章 機械工学概説(総説, 機械工学史通論, 技術と工学), 第2章 歴史から見た機械技術(機械技術史通論, 機械技術史各論), 第3章 現代の機械工学の構成(機械工学の縦糸構成, 機械工学の横糸構成), 第4章 現代の機械工学・機械技術と社会の関係(社会技術・安全技術, 地球環境技術, 国際化と標準化, 少子高齢化, IT社会, ナノテクノロジーと機械工学, 科学と技術)

機械工学便覧 応用システム編 $\gamma 10$ 環境システム
日本機械学会編 日本機械学会, 丸善〔発売〕 2008.3 231, 9p 30cm 4600円 ⓘ978-4-88898-173-6

(目次)第1章 地球規模の環境問題, 第2章 快適環境技術, 第3章 大気環境保全技術, 第4章 水処理技術, 第5章 廃棄物処理・再資源化技術, 第6章 先端環境対応技術, 第7章 継続・循環型社会の構築, 索引(日本語・英語)

地球環境工学ハンドブック
地球環境工学ハンドブック編集委員会編 オーム社 1991.11 1372p 26cm 25000円 ⓘ4-274-02216-1 Ⓝ519.036

(目次)1 総論編(地球工学概論, 地球規模問題概論), 2 基礎編(地球科学, 地球資源), 3 地球(規模)問題編(エネルギー問題, 鉱物資源問題, 森林資源問題, 食料問題, 人口問題, 気候・異常気象問題, 自然災害), 4 地球規模環境問題・対策編(地球温暖化問題, オゾン層破壊問題, 酸性雨問題, 森林破壊・土壌問題, 砂漠化問題, 海洋汚染問題, 野生生物問題, 放射能汚染問題, 廃棄物・越境移動・途上国問題), 5 地球システム技術編(地球の観測, 地球環境のモデリング, 経済・エネルギーシステムのモデリング, 大規模工学), 6 データ編(地球規模環境問題についての条約・宣言・会議・報告, 太陽系天体のデータ, 資源データ, 環境データ, 生物データ, 観測衛星データ, モデリングデータ, 用語解説, 地球規模環境問題年表)

(内容)自然科学的知見や最新技術の解説に加え、21世紀の新しい技術哲学をも提示。国際会議、関連機関・団体、地球環境問題関連キーワード、環境年表など、周辺知識を掲載。総論編、基礎編、地球(規模)問題編、地球規模環境問題・対策編、地球システム技術編、そしてデータ編と続く内容構成により、地球温暖化、酸性雨、オゾン層破壊、砂漠化などの現象ごとに、専門家以外にも無理なく理解できる内容。

地球環境工学ハンドブック 〔コンパクト版〕
地球環境工学ハンドブック編集委員会編 オーム社 1993.10 1372, 24p 21cm 9800円 ⓘ4-274-02253-6

(目次)1 総論編, 2 基礎編, 3 地球(規模)問題編, 4 地球規模環境問題・対策編, 5 地球システム技術編, 6 データ編

(内容)地球環境問題全般について、自然科学的な基礎知識・理論から保全技術の現状と展望までを包括的にまとめたハンドブック。

微生物工学技術ハンドブック
前田英勝, 三上栄一, 冨塚登編 朝倉書店 1990.5 578p 21cm 14420円 ⓘ4-254-43043-4

(目次)基礎技術編(微生物基礎技術, 遺伝子組換え技術, 細胞融合技術, バイオリアクター化技術, 細胞培養技術), 応用技術編(微生物生産技術, 酵素利用技術, 資源エネルギー関連技術, 微生物変換技術, 環境保全技術), 付録(微生物株保存機関と寄託・分譲方法, 特許微生物の寄託と分譲)

環境保全　　　　　　　　　環境問題

◆環境経営

<事典>

環境管理小事典　環境管理小事典編集委員会編　産業公害防止協会，丸善〔発売〕　1991.11　177p　15cm　1000円　Ⓝ519.036

⦅目次⦆法令編（公害対策基本法及び関係法，公害規制法の大要，特定工場における公害防止組織の整備に関する法律，大気汚染防止法，大気汚染防止法による規制対象物質，水質汚濁防止法，有害物質に係る排水基準，生活環境項目に係る排水基準，騒音規制法，騒音規制法の環境基準及び規制基準，振動規制法 ほか），技術編（大気関係，水質関係，騒音関係，振動関係，廃棄物関係，悪臭関係，土壌汚染関係，地球環境関係），資料編

環境管理 用語解説 環境に思いやりのやさしいことば集　国際環境専門学校，日本分析化学専門学校共編　（尼崎）国際環境専門学校，（大阪）弘文社〔発売〕　2000.2　291p　19cm　1905円　4-7703-0176-6　Ⓝ519.033

⦅目次⦆第1章 環境の歴史と現状（環境の歴史，環境関連法規，環境と化学物質），第2章 地域環境管理（生活環境，自然環境，地球環境，資源環境），第3章 産業環境管理（大気環境，水質環境，騒音・振動環境，土壌・地盤環境，悪臭環境），第4章 環境自主的管理（環境政策，環境アセスメント，環境マネジメント）

環境経営用語辞典　秋山義継，飯野邦彦，中村陽一編著　創成社　2009.10　134p　19cm　〈索引あり〉　1400円　978-4-7944-2321-4　Ⓝ336.033

⦅内容⦆環境経営の全体像の理解に役立つ用語集。経営学・経済学・社会学・環境科学・法律・制度・会計・資源・エネルギー・国際情勢など，多くの分野と関係する環境経営の用語から，環境経営にかかわる人に必要な用語を収録。

環境マネジメント用語 JIS Q 14050 : 2003　日本規格協会編　日本規格協会　2003.3　83p　18cm　1200円　4-542-30174-5

⦅内容⦆環境マネジメントに関する，一般用語，システム関連用語，監査関連用語などを収録。本文は五十音順。巻末に英和索引付き。

<ハンドブック>

環境経営実務便覧　小林亜男，吉岡庸光著　通産資料調査会　2000.7　774p　26cm　28540円　4-88528-290-X　Ⓝ336

⦅目次⦆第1編 環境経営概論（生産活動と環境—歴史的変遷，持続可能な開発理念への軌跡 ほか），

第2編 環境経営の社会・経済的枠組み（グリーン化社会への環境政策，環境と貿易 ほか），第3編 環境経営へ向けた具体的活動（環境問題の動向，目で見える環境管理 ほか），第4編 欧米企業に見る環境経営のすがた（"環境会計の先駆者"—オンタリオ・ハイドロ社（カナダ），"ボパールからの再生"—ユニオン・カーバイド社（米国） ほか），第5編 関連資料集（環境管理マニュアル（文書事例），環境管理規定（文書事例） ほか）

⦅内容⦆企業の環境経営の構築と実践について解説した便覧。「環境経営」の概念の形成のプロセスとその原則，社会経済的な枠組み，外部要因について考察し，「環境経営」を実施するために必要な具体的な活動について詳述する。早くから先進的な役割を果たしてきた欧米諸企業の取り組み事例も紹介している。関連資料集として環境管理マニュアル，環境管理規定，ISO14001対応環境マネジメントシステム内部監査チェックリスト，環境経営関連用語集を収録。巻末に事項索引を付す。

環境ビジネスハンドブック　これだけは知っておきたいビジネスルール46　環境経営学会編，山本良一監修　中央法規出版　2010.11　340p　21cm　2800円　978-4-8058-3390-2　Ⓝ519.13

⦅目次⦆第1部 グリーン経済に向かう世界の潮流（低炭素社会の実現に向けて，循環型社会の実現に向けて，自然共生社会の実現に向けて），第2部 環境ビジネスルール46（経済のグリーン化促進策，低炭素社会促進策，循環型社会促進策，自然共生社会促進策）

⦅内容⦆山本良一監修，環境ビジネス戦略構築のための世界の潮流と46のビジネスルールを収載。

環境報告書ガイドブック　監査法人太田昭和センチュリー編著，国部克彦，森下昭監修　東洋経済新報社　2000.7　297p　21cm　2800円　4-492-80061-1　Ⓝ519.13

⦅目次⦆環境報告書 環境経営と環境コミュニケーションの新しい要素，環境報告書には何が書いてあるのか?，環境報告書データ掲載企業一覧（建設，食料品，繊維製品，パルプ・紙 ほか），環境情報と企業評価，付録 お役立ちURL集

⦅内容⦆主要企業の環境報告書を収集し，作成企業の会社概要と報告書の概要を収載したガイドブック。企業は東証1部上場企業を対象に1999年1月〜2000年2月に環境報告書を公開した企業を掲載。企業は業種ごとに排列，環境報告書データ掲載企業一覧を付す。各企業のデータは上場の状況，問い合わせ先などの基本データ，会社概要，環境報告書のタイトル，環境報告書の記載対象，受賞歴等の目次およびダイジェスト，監査の状況，ISOの取得状況，環境会計について記載する。各企業のデータのほかに環境報告書，環境報告書と企業評価などの解説を収録。付録

対訳ISO14001：2004 環境マネジメントシステム ポケット版 Management System ISO SERIES　吉沢正編著　日本規格協会　2005.3　284p　18cm（Management System ISO SERIES）〈本文：日英両文〉　2800円　Ⓘ4-542-40224-X

(目次)1 適用範囲，2 引用規格，3 用語及び定義（監査員，継続的改善，是正処置，文書，環境 ほか），4 環境マネジメントシステム要求事項（一般要求事項，環境方針，計画，実施及び運用，点検 ほか）

<法令集>

デジタル時代の印刷ビジネス法令ガイド　受発注管理・コンテンツ管理・情報リスク管理・環境管理　改訂版　石田正泰，萩原恒昭，小関知彦，西川貴祥，樋口宗治共著　日本印刷技術協会　2008.8　267p　26cm　4286円　Ⓘ978-4-88983-079-8　Ⓝ749.09

(内容)印刷企業に特に必要な，受発注管理・コンテンツ管理・情報リスク管理・環境管理の4つの法律テーマに絞込み，Q&A方式で解説する法令資料集。印刷業経営者のほか，総務部門，提案営業部門の方Pマーク担当者，内部監査担当者のための実務資料。

<年鑑・白書>

環境ソリューション企業総覧　2002年度版 Vol.2　日刊工業新聞企業情報センター編　日刊工業新聞社　2002.9　493p　21cm　4000円　Ⓘ4-526-05008-3　Ⓝ519.19

(目次)鼎談 今後の環境ビジネスを展望する，特別寄稿 今こそ求められる環境経営のあり方，環境ソリューション編（大気環境対策，水質・土壌対策，廃棄物対策，環境負荷低減・環境共生，環境修復・再生，環境関連ソフト・サービス，総合ソリューション），環境対応型技術・製品編（シュレッダーくず自動袋詰め装置「エコノパック」（株式会社アールテック・リジョウ），インバータ制御オイルフリースクリュコンプレッサ（アトラスコプコ株式会社）ほか），掲載企業プロフィール，資料編，ソリューション区分表

環境ソリューション企業総覧　2003年度版 Vol.3　日刊工業新聞企業情報センター編　日刊工業新聞社　2003.9　719p　21cm　4000円　Ⓘ4-526-05182-9

(目次)環境ソリューション編（大気環境対策，水質・土壌対策，廃棄物対策 ほか），環境対応型技術・製品編（ペットボトル用ラベルはがし機「ペット両断君」（株式会社五葉工機），乾留式焼却炉（株式会社エヌティービーテクノ），機能性活性炭（クラレケミカル株式会社）ほか），グリーン購入ガイド編（株式会社岡村製作所，ゼブラ株式会社）

環境ソリューション企業総覧　2004年度版 Vol.4　日刊工業新聞企業情報センター編　日刊工業新聞社　2004.9　547p　21cm　4000円　Ⓘ4-526-05346-5

(目次)ソリューション区分表，環境ソリューション編（大気環境対策，水質・土壌対策，廃棄物対策，環境負荷低減・環境共生，環境修復・再生，環境関連ソフト・サービス，総合ソリューション），環境対応型技術・製品編，グリーン購入ガイド編，掲載企業プロフィール，資料編，企業別索引

環境ソリューション企業総覧　2005年度版 Vol.5　日刊工業新聞企業情報センター編　日刊工業新聞社　2005.9　492p　21cm　4000円　Ⓘ4-526-05529-8

(目次)特集1 地球温暖化防止に貢献する企業100社，ソリューション区分表，環境ソリューション編（大気環境対策，水質・土壌対策，廃棄物対策，環境負荷低減・環境共生，環境修復・再生，環境関連ソフト・サービス，総合ソリューション），環境対応型技術・製品編（有害重金属フリー無電解Ni-Pめっき浴「ニムデンKTY」シリーズクロムフリー防錆剤「ニムデンMVP・同MVR」，セラミック膜ろ過装置「クボタフィルセラ」，電気二重層キャパシタ電極材用活性炭 ほか），グリーン購入ガイド編

環境ソリューション企業総覧　2006年度版Vol.6　日刊工業出版プロダクション編　日刊工業新聞社　2006.10　504p　21cm　3000円　Ⓘ4-526-05757-6

(目次)特集第1部 環境経営，新ステージへ，特集第2部「RoHS」がモノづくりを変える，特集第3部 重要法案を読み解く，ソリューション区分表，環境ソリューション編（大気・地球温暖化対策，水質・土壌対策，廃棄物対策，環境負荷低減・環境共生，環境修復・再生，環境関連ソフト・サービス，総合ソリューション），環境対応型技術・製品編，グリーン購入ガイド編，資料編

環境ソリューション企業総覧　2007年度版Vol.7　日刊工業出版プロダクション編　日刊工業新聞社　2007.10　490p　21cm　3000円　Ⓘ978-4-526-05953-7

(目次)特別企画1 座談会・持続的成長へ求められる環境経営，特別企画2 重要法案を読み解く，特別企画3 中小企業の環境対応ベストプラクティス，ソリューション区分表，環境ソリューション企業編，環境対応型技術・製品編，各社ソリューション対応表，資料編

環境保全　　　　　　　　　環境問題

環境ソリューション企業総覧　2008年度版 Vol.8　日刊工業出版プロダクション編　日刊工業新聞社　2008.10　403p　26cm　3000円　Ⓣ978-4-526-06149-3　Ⓝ519.19

(目次)特別企画1 ポスト京都議定書―低炭素社会に向けて、求められる行動、特別企画2 北海道洞爺湖サミット―地球温暖化抑制へ問われる姿勢 新興国との温度差、鮮明に、特別企画3 環境金融―環境金融は環境再生の救世主になるか、特別企画4 環境経営―富士ゼロックス・王子製紙の事例、環境ソリューション企業編、環境対応型技術・製品編、各社ソリューション対応表、資料編

◆◆環境技術

＜名　簿＞

地球環境保全のための環境装置・機器メーカーガイド　情報企画研究所編　情報企画研究所　1990.7　202p　26cm　7500円

(目次)第1章 地球環境保全とわが国の協力、第2章 経済協力と環境審査ガイドライン、第3章 関係省庁の地球環境保全予算の現状、第4章 環境装置・機器メーカーの紹介（大気汚染防止装置のメーカー、水質汚濁防止装置メーカー、ごみ処理装置メーカー、その他）

地球環境保全のための環境装置・機器メーカーガイド　1993年版　情報企画研究所編　情報企画研究所　1993.7　297p　26cm　Ⓣ4-915908-03-8

(目次)第1章 環境コンサルタントの現状と課題、第2章 環境装置・機器メーカーの紹介、第3章 資料編（環境装置の受注・生産実績、我が国の環境開発コンサルタント企業一覧、環境監視装置・機器メーカー一覧）

地球環境保全のための環境装置・機器メーカーガイド　1994年版　情報企画研究所編　情報企画研究所　1994.7　373p　26cm　8500円　Ⓣ4-915908-07-0

(目次)第1章 リサイクルのいざない、第2章 石炭液化とプラスチック油化―基礎的・技術的共通性を探る、第3章 環境装置・機器メーカーの紹介

地球環境保全のための環境装置・機器メーカーガイド　1998年版　情報企画研究所編　情報企画研究所　1998.5　389p　26cm　9500円　Ⓣ4-915908-22-4

(目次)大気汚染防止装置メーカー、水質汚濁防止装置メーカー、都市ゴミ処理装置メーカー、産業廃棄物処理装置・リサイクル装置メーカー、土壌汚染改良システムメーカー、騒音・悪臭防止装置メーカー・その他

地球環境保全のための環境装置・機器メーカーガイド　1999年版　情報企画研究所編　情報企画研究所　1999.6　380p　26cm　9500円　Ⓣ4-915908-26-7

(目次)大気汚染防止装置メーカー、水質汚濁防止装置メーカー、都市ゴミ処理装置メーカー、産業廃棄物処理装置・リサイクル装置メーカー、土壌汚染改良システムメーカー、騒音・悪臭防止装置メーカー・その他、資料編 ISO14001審査登録機関一覧

(内容)我が国の主な環境装置・機器メーカー、361社を紹介したガイドブック。掲載項目は、会社名、住所、電話、FAX、担当部課名、機種名、概要、特長など。

21世紀地球環境保全をめざす環境装置・機器メーカーガイド　2000年度版　産業タイムズ社　2000.9　275p　26cm　9500円　Ⓣ4-88353-042-6　Ⓝ519.19

(目次)大気汚染防止装置メーカー、水質汚濁防止装置メーカー、都市ゴミ処理装置メーカー、産業廃棄物処理装置・リサイクル装置メーカー、土壌汚染浄化システムメーカー、騒音・悪臭防止装置メーカー・その他、企業名索引

(内容)国内の環境装置・機器メーカー360社を紹介したガイドブック。メーカーを大気汚染防止装置、水質汚濁防止装置、都市ゴミ処理装置、産業廃棄物処理装置・リサイクル装置、土壌汚染浄化システム、騒音・悪臭防止装置・その他の6種に分類し、それぞれ五十音順に排列。掲載項目は、会社名、住所、電話、FAX、ホームページURL、担当部課名、機種名、概要、特長など。巻末に企業名索引を付す。

＜ハンドブック＞

グリーン・エンジニアリング　2009　日経エレクトロニクス、日経ものづくり電子・機械局共同編集　日経BP社、日経BP出版センター（発売）　2008.12　298p　28cm　〈他言語標題：Green engineering　サブタイトル：電子産業が知っておくべき環境対応技術〉　11429円　Ⓣ978-4-8222-0269-9　Ⓝ542.09

(内容)製造業の分野で必要な環境技術に関する最新動向を掲載したハンドブック。REACH規則、化学物質規制、地球温暖化、資源高騰への挑戦など、「日経エレクトロニクス」と「日経ものづくり」の2誌に過去2年間あまりに掲載された記事を分類、再編集して構成する。2008年9月に開催した専門家向けセミナー「ついに始まったREACH規則」の全発表内容も解説記事として掲載する。

低公害車ガイドブック　'98　環境庁大気保全局自動車環境対策第一課、通商産業省機械

情報産業局自動車課, 運輸省自動車交通局企画課著　環境情報普及センター　1998.7　176p　30cm　2000円

(目次)1 自動車(軽自動車, 小型乗用車, 普通乗用車, 小型貨物自動車, 普通貨物自動車, 塵芥車, マイクロバス, バス, 原動機付自転車), 2 燃料供給装置(充電装置, 天然ガス充填装置, メタノール充填装置, エコステーション), 3 低公害車導入のための支援策(低公害車導入に対する助成装置, 低公害車導入に対する税制上の優遇措置), 4 索引

(内容)日本において販売されている, 電気自動車, 天然ガス車, メタノール自動車, ハイブリッド自動車の4種類の低公害車の情報をまとめたもの。掲載データは, 車両の名称(車名及び型式), ベース車両(車名及び型式), 改造メーカー, 提供開始可能時期, 販売地域, 車体本体価格, 車両本体購入時の諸経費, 発注後納車までの時期, 燃料充填設備等低公害車の利用に当たって必要となる設備及び費用(概算), 購入後に必要となるメンテナンスの内容及び経費, メンテナンスを実施する整備工場及び整備に要する期間, 諸元・性能, 購入に当たっての窓口など。

低公害車ガイドブック　2001
環境省環境管理局自動車環境対策課, 経済産業省製造産業局自動車課, 国土交通省自動車交通局技術安全部環境課著　環境情報普及センター　2001.10　219p　30cm　2000円　Ⓝ537

(目次)1 自動車(電気自動車, 天然ガス自動車, ハイブリッド自動車 ほか), 2 燃料供給設備(充電設備, 天然ガス充填設備, メタノール設備 ほか), 3 低公害車導入のための支援施策(低公害車導入に対する補助, 低公害車導入に対する税制上の優遇措置, 低公害車導入に対する財政支援)

低公害車ガイドブック　2003
環境省環境管理局自動車環境対策課, 経済産業省製造産業局自動車課, 国土交通省自動車交通局技術安全部環境課編　環境情報普及センター　2003.11　245p　30cm　2000円

(目次)1 自動車(燃料電池自動車, 電気自動車, 天然ガス自動車, ハイブリッド自動車, 「燃費目標基準値クリア」かつ「低排出ガス認定車」一覧), 2 燃料供給設備, 3 低公害車導入のための支援施策, 4 その他参考資料

<年鑑・白書>

紙パルプ産業と環境　2001　紙のエコロジーとテクノロジー
紙業タイムス社　2001.2　242p　26cm　2000円　①4-915022-69-2　Ⓝ585

(目次)第1章 循環型社会と紙パルプ産業, 第2章 環境に優しい企業がどうして収益企業となるか, 第3章 環境関連法と紙の関わり, 第4章 古紙利用と現状の課題, 第5章 ここまで進んだ紙パルプ産業の環境技術, 第6章 環境技術の最前線, 第7章 環境問題の常識に対する素朴な疑問, 第8章 知っておきたい紙パの環境用語, 第9章 統計・資料(紙パ企業の環境投資, パルプ漂白の技術進歩 ほか)

(内容)紙パルプ産業の動向と各種資料を収録する年鑑。紙パルプ業界, 関連業界の担当者のほか, 一般消費者, 市民団体, 官庁・公共機関向けに編集されたもの。2001年版では, 紙パルプ企業の環境行動を支える技術に焦点をあてている。

紙パルプ産業と環境　2007　紙・マテリアルのリサイクル
テックタイムス企画　紙業タイムス社, テックタイムス　2007.3　258p　26cm　2000円　①978-4-915022-92-0

(目次)紙パルプ産業のエコロジー, 中国の資源・環境問題, マテリアルリサイクル(素材篇, 業界篇), マテリアルリサイクルの課題と今後, 知っておきたい紙パの環境用語, 資料・統計

◆◆環境対策

<ハンドブック>

ケミカルビジネスガイド　'91
化学工業日報社　1990.11　376p　19cm　1900円　①4-87326-067-1

(目次)第1部 総論(キーワードは"化学", 21世紀は化学の時代, 化学工業の発祥, 化学工業の現状, 化学工業の範囲, 製品区分, 国際化進む化学工業, 環境対策に貢献, 未来に広がる化学工業), 第2部 業種別動向(基礎化学, 高分子化学, 無機化学, ファインケミカル, 先端化学), 第3部 企業編(主要企業の動向, 元年度売上高, 利益高ランキング300社の動向, 化学品流通企業の動向), 第4部 化学関連団体・学会・協会・官庁一覧, 第5部 化学時事用語解説

ケミカルビジネスガイド　'92
化学工業日報社　1991.11　372p　19cm　1845円　①4-87326-087-6　Ⓝ570.36

(内容)化学工業界の業種別(基礎化学, 高分子化学, 無機化学, ファインケミカル, 先端化学)動向, 企業編, 化学関連団体・学会・協会・官庁一覧, 化学時事用語解説等を掲載。

ケミカルビジネスガイド　'93
化学工業日報社　1992.11　380p　19cm　1900円　①4-87326-114-7

(目次)第1部 総論(豊かな生活を支える化学製品, 幅が広い化学製品・化学工業, 戦後に様変わりした化学工業, 安全性, 環境, 不拡散), 第2部 業種別動向(基礎化学, 高分子化学, 無機化学,

環境保全　　　　　　　　　　　　環境問題

ファインケミカル，先端化学），第3部 企業編（主要企業の動向，91年度売上高，利益高ランキング300社の動向，化学品流通企業の動向），第4部 化学関連団体・学会・協会・官庁一覧，第5部 化学時事用語解説

ケミカルビジネスガイド　'94　化学工業日報社　1993.11　362p　19cm　1900円　①4-87326-143-0

(目次)第1部 総論(化学〈物質〉とは，安全性・環境問題は)，第2部 業種別動向(基礎化学，高分子化学，ファインケミカル，先端化学)，第3部 企業編，第4部 化学関連団体・学会・協会・官庁一覧，第5部 化学時事用語解説

知っておきたい紙パの実際　2003　紙業タイムス社　2003.7　156p　21cm　2000円　①4-915022-90-0

(目次)1 どうしても知っておきたい 基礎知識編(紙とは何か，主な製紙原料 ほか)，2 できれば知っておきたい 応用知識編(製品の流れ，製造部門と管理部門 ほか)，3 知っておきたい紙パのエコロジー 環境知識編(紙のエコロジー，森のリサイクル ほか)，4 数字で知りたい 紙パ統計編(紙・板紙の品種一覧，紙・板紙の生産高推移 ほか)，5 引いて知りたい 紙パ用語集

知っておきたい紙パの実際　2004　紙業タイムス社　2004.6　157p　21cm　2000円　①4-915022-81-1

(目次)1 知っておきたい紙パの基礎知識，2 知っておきたい業界構図，3 知っておきたいユーザー，4 知っておきたいサプライヤー，5 知っておきたい今後の課題，6 知っておきたい紙パの基礎用語，7 知っておきたい基礎データ

(内容)必須の基礎知識から業界・ユーザーの最新動向まで。

知っておきたい紙パの実際　2005　紙業タイムス社　2005.7　176p　21cm　2000円　①4-915022-86-2

(目次)1 知っておきたい紙パの基礎知識，2 知っておきたい製紙メーカー，3 知っておきたい紙流通，4 知っておきたい業界再編，5 知っておきたい環境問題，6 知っておきたい原料と副資材，7 知っておきたい紙パの用語集，8 知っておきたい基礎データ

知っておきたい紙パの実際　2006　紙業タイムス社　2006.5　166p　21cm　2000円　①4-915022-88-9

(目次)1 知っておきたい―歴史と現在，2 知っておきたい―紙の原料と製造，3 知っておきたい―業界構造とユーザー，4 知っておきたい―今後を読み解くキーワード，5 知っておきたい―紙パの基礎用語，6 知っておきたい―基礎データ

(内容)今さら人に聞けない基礎知識から，業界独自の用語まで。

知っておきたい紙パの実際　2007　紙業タイムス社　2007.5　172p　21cm　2000円　①978-4-915022-93-7

(目次)1 知っておきたい紙パの基礎知識―歴史と現在，2 知っておきたい―紙の製造・種類・規格，3 知っておきたい―紙パの原燃料事情，4 知っておきたい―時代を読み解くキーワード，5 知っておきたい―業界構造とユーザー，6 知っておきたい―紙パの基礎用語，7 知っておきたい―基礎データ

知っておきたい紙パの実際　2008　紙業タイムス社　2008.5　196p　21cm　〈サブタイトル：今さら人に聞けない基礎知識から最新の業界動向まで〉　2000円　①978-4-915022-96-8　Ⓝ585

(目次)1 知っておきたい紙パの基礎知識―歴史と現在，2 知っておきたい紙の製造・種類・規格，3 知っておきたい紙パの原燃料事情，4 知っておきたい我が町の紙パルプ産業，5 知っておきたい業界構造とユーザー，6 知っておきたい紙パの基礎用語，7 知っておきたい基礎データ

(内容)今さら人に聞けない基礎知識から最新の業界動向まで。

知っておきたい紙パの実際　2010　紙業タイムス社　2010.6　204p　21cm　〈タイトル関連情報：今さら人に聞けない基礎知識から最新の業界動向まで〉　2000円　①978-4-904844-01-4　Ⓝ585

(目次)1 知っておきたい―紙パの歴史と現在，2 知っておきたい―紙の作り方，3 知っておきたい―紙パの原燃料事情，4 知っておきたい―時代変化のインパクト，5 知っておきたい―我が町の紙パ関連産業，6 知っておきたい―業界構造とユーザー，7 知っておきたい―紙パの基礎用語，8 知っておきたい―基礎データ

(内容)今さら人に聞けない基礎知識から最新の業界動向まで。

<年鑑・白書>

石油化学工業年鑑　1990年版　年鑑編集委員会編　石油化学新聞社　1990.9　419p　26cm　14420円

(目次)1 概観(概観，現勢コンビナート図鑑，石油化学工業政策の動向，海外石油化学計画の動向，技術開発の動向，原料，生産と流通，関連産業の動向，プラスチック廃棄物と資源化対策，保安対策，地球環境問題とその対策，平成元年度～平成2年度の設備投資動向，平成元年度石油化学企業の収益状況)，2 関係資料，3 企業紹介(化学工業関係会社，石油精製関係会社，プラント・機器関係会社)，4 団体紹介

石油化学工業年鑑　1992年版　石油化学新聞社　1992.8　440p　27cm　14000円
(内容)石油化学工業界の現況と動向、生産と流通、新規計画、企業紹介を掲載。

石油化学工業年鑑　1993年版　年鑑編集委員会編　石油化学新聞社　1993.9　424p　26cm　14420円
(目次)1 概観(石油化学工業政策の動向、国の技術開発の動向、平成4年～平成5年度の設備投資動向、平成4年度石油化学企業の収益の動向、原料問題、コンビナート保安対策、プラスチック廃棄物と資源化対策、地球環境問題と対策、海外の石油化学投資動向、生産と流通、関連産業の動向、現勢コンビナート図鑑)、2 関係資料、3 企業紹介(化学工業関係会社、石油精製関係会社、プラント・機器関係会社)
(内容)石油化学工業の1992年の動向を収めた年鑑。石油化学工業政策、技術開発の動向、石油化学製品の92年の需給動向、石油化学企業の設備投資及び収益動向、原料問題、地球環境問題と対策、プラスチック廃棄物と資源化対策、関連産業の動向、関係資料、企業紹介等を掲載する。

石油化学工業年鑑　1994年版　石油化学新聞社　1994.9　443p　26cm　14420円
(目次)1 概観(概観、石油化学工業政策の動向、国の技術開発の動向、平成5年～平成6年度の設備投資動向、平成5年度石油化学企業の収益の動向、原料問題、コンビナート保安対策、プラスチック廃棄物と資源化対策、地球環境問題と対策、海外の石油化学投資動向、生産と流通、関連産業の動向、現勢コンビナート図鑑)、2 関係資料、3 企業紹介
(内容)93年の石油化学工業動向、石油化学工業政策、国の技術開発動向、設備投資動向、原料問題、地球環境問題、プラスチック廃棄物処理対策、関連産業動向、関係資料、企業紹介などを収録した年鑑。企業紹介編では各企業の資本金、大株主、役員、事業内容、損益活算、生産品目・工場・設備能力、主要取引先、主要取引銀行等を記載している。

石油化学工業年鑑　1995　石油化学新聞社　1995.9　460p　26cm　14420円
(目次)1 概観、2 関係資料、3 企業紹介

石油化学工業年鑑　1996　年鑑編集委員会編　石油化学新聞社　1996.8　464p　26cm　15000円
(目次)1 概観(概観、石油化学工業政策の動向、技術開発の動向、平成7年度～平成8年度の設備投資動向、平成7年度石油化学企業の収益の動向 ほか)、2 関係資料、3 企業紹介(化学工業関係会社、石油精製関係会社、プラント・機器関係会社)、4 団体紹介

石油化学工業年鑑　1997　年鑑編集委員会編　石油化学新聞社　1997.9　456p　26cm　15000円
(目次)1 概観(概観、石油化学工業政策の動向、技術開発の動向、平成8年度～平成9年度の設備投資動向、平成8年度石油化学企業の収益の動向、原料問題、化学工業と環境政策、プラスチック廃棄物と資源化対策、海外の石油化学投資動向、生産と流通、関連産業の動向、現勢コンビナート図鑑)、2 関係資料、3 企業紹介(化学工業関係会社、石油精製関係会社、プラント・機器関係会社)、4 団体紹介

石油化学工業年鑑　1999年版　年鑑編集委員会編　石油化学新聞社　1999.9　399p　26cm　16000円
(目次)1 概観(概観、石油化学工業政策の動向、国の技術開発の動向、平成10年度～平成11年度の設備投資動向、平成10年度石油化学企業の収益の動向、原料問題、化学工業と環境政策、プラスチック廃棄物と資源化対策、海外の石油化学投資動向、生産と流通、関連産業の動向、現勢コンビナート図鑑)、2 関係資料、3 企業紹介(化学工業関係会社、石油精製関係会社、プラント・機器関係会社)、4 団体紹介

石油化学工業年鑑　2001年版　年鑑編集委員会編　石油化学新聞社　2001.10　387p　26cm　16000円　Ⓝ575.6
(目次)概観、日本の経済・行政運営の方向、石油化学工業の動向、産業技術の重点方向、平成12年度の石油化学工業の経営動向、平成12～13年度化学・石油化学工業の設備投資動向、原料問題、化学工業と環境政策、プラスチック廃棄物と資源化対策、海外の石油化学投資動向、石油化学製品の生産と流通、現勢コンビナート図鑑、関係資料(企業紹介、年間回顧・重要日誌)
(内容)石油化学工業の平成12年度の動向と資料を収録した年鑑。巻末の関係資料では、関連企業300社の創立年月日、資本金、所在地、役員名、事業内容、損益決算、生産品目、設備能力等を掲載、また化学業界及び関連業界の平成12年5月～平成13年4月の日誌を掲載する。

石油化学工業年鑑　2003年版　年鑑編集委員会編　石油化学新聞社　2003.11　443p　26cm　16000円
(目次)1 概観(日本の経済運営の方向、経済産業省の主要施策、石油化学工業の動向 ほか)、2 関係資料、3 企業紹介(化学工業関係会社、石油精製関係会社、プラント・機器関係会社)、4 団体紹介(ウレタン原料工業会、ウレタンフォーム工業会、塩化ビニル管・継手協会 ほか)

環境保全　　　　　　　　　環境問題

◆環境ビジネス

<ハンドブック>

環境設備機器メーカー情報ガイド　環境汚染防止のための　産業調査会，産調出版
〔発売〕　2003.2　383p　26cm　1800円
Ⓘ4-88282-323-3
目次 廃棄物処理リサイクル技術（産業廃棄物総合管理システム，廃棄物処理場設備装置 ほか），水環境保全機材・システム（下水道汚泥処理・浮上・浮遊物回収・スクリーン・廃排水処理・脱水・固液分離・濃縮・ミキサー・分離膜・フィルター・排水処理剤，油水分離・SS回収・油漏れ検知・水処理用熱交換 ほか），騒音・振動防止機器（調査・測定機器・サイレンサ・サウンドトラップ・消音設備・遮音材（シート・壁）），大気環境保全機器（バキュームクリーナー・集塵・煙除去・脱硫・排気処理・換気・脱臭・フィルター・排ガス処理，工場用ヒーター・フィルター ほか），環境に役立つ設備・機材（工場用ヒーター・フィルター，電力管理・風力発電）

新・地球環境ビジネス　2003-2004　自律的発展段階にある環境ビジネス　エコビジネスネットワーク編　産学社　2003.2　493p　21cm　3600円　Ⓘ4-7825-3086-2
目次 第1章 環境ビジネス・飛躍の諸要因（グローバルインセンティブ概論，グローバルインセンティブとしての国際環境法 ほか），第2章 環境ビジネスの現状と将来（環境政策の拡充がビジネスチャンスを生む，自律的発展段階に入った環境ビジネス ほか），第3章 技術系の新市場とビジネスチャンス（新エネルギー，環境技術の将来的課題 ほか），第4章 ソフト・サービス系の新市場とビジネスチャンス（グリーンコンサルティング，情報開示・評価 ほか），第5章 環境ビジネス・サポート情報（環境関連支援制度一覧，環境関連資格一覧 ほか）
内容 環境ビジネス関連用語解説を追加するなど，内容を全面的に刷新。最新情報，最先端分野を網羅するとともに，各種支援制度，環境関連資格，インターネット環境情報サイトなど有用情報満載。

新・地球環境ビジネス　2005-2006　市場構造と市場ニーズ　エコビジネスネットワーク編　産学社　2005.3　493p　21cm　3800円　Ⓘ4-7825-3144-3
目次 序章 地球環境の現在と環境ビジネス，第1章 環境政策の動向，第2章 環境ビジネス市場のシーズとニーズ，第3章 コア・コンピタンスを活かした環境ビジネスモデル，第4章 循環型社会を実現するビジネスの視点，第5章 第一次産業から生まれる新しい環境ビジネス，第6章 環境ビジネス・サポート情報
内容 成長続ける環境ビジネスの最新動向を徹底網羅。注目企業の事業モデル、有望ビジネスシーズが満載。国内・海外の政策動向，各種支援制度など関連情報も充実。

<図　鑑>

エコスタイルグラフィックス　パイインターナショナル　2009.9　216p　31cm　他言語　標題：Eco-friendly graphics　索引あり　14000円　Ⓘ978-4-7562-4004-0　Ⓝ674.3
目次 FOOD／HEALTH，BEAUTY／FASHION，HOME／LIVING，OTHER
内容「環境」「健康」をテーマに商品開発や広告コミュニケーションをするための事例集。これらをテーマとした商品広告から企業広告までを紹介する。

<年鑑・白書>

環境ビジネス白書　2004年版　胎動する環境ビジネスと参入チャンスの検証
（大阪）日本ビジネス開発　2004.11　200p　30cm　38000円　Ⓘ4-901586-21-1
目次 クリーンエネルギービジネス，大気汚染防止・空気浄化ビジネス，海洋汚染防止・浄化ビジネス，河川・湖沼・養殖場汚染防止・浄化ビジネス，水質汚濁防止ビジネス，水処理ビジネス，土壌汚染防止・浄化ビジネス，アメニティビジネス，生ゴミビジネス，産業廃棄物ビジネス，リサイクルビジネス，殺菌・抗菌ビジネス，省エネルギービジネス，グリーンビジネス，「環境ビジネス」市場規模推計，個別企業の環境ビジネストピックス

環境ビジネス白書　2005年版　ホップする環境ビジネスと挑戦企業の一手　藤田英夫著　（大阪）日本ビジネス開発　2005.11　206p　30cm　38000円　Ⓘ4-901586-26-2
目次 クリーンエネルギービジネス，大気汚染防止・空気浄化ビジネス，海洋汚染防止・浄化ビジネス，河川・湖沼・養殖場汚染防止・浄化ビジネス，水質汚濁防止ビジネス，水処理ビジネス，土壌汚染防止・浄化ビジネス，アメニティビジネス，生ゴミビジネス，産業廃棄物ビジネス，リサイクルビジネス，殺菌・抗菌ビジネス，省エネルギービジネス，グーンビジネス

環境ビジネス白書　2006年版　未来を睨む環境ビジネス　藤田英夫編著　（大阪）日本ビジネス開発　2006.12　230p　30cm　38000円　Ⓘ4-901586-31-9
目次 1 環境ビジネス2005年冬～2006年秋の総括，2 ビジネス事例＆市場・ビジネスデータ（ク

リーンエネルギービジネス，大気汚染防止・空気浄化ビジネス，海洋汚染防止・浄化ビジネス，河川・湖沼・養殖場汚染防止・浄化ビジネス，水質汚濁防止ビジネス，水処理ビジネス，土壌汚染防止・浄化ビジネス，アメニティビジネス，生ゴミビジネス，産業廃棄物ビジネス ほか

環境ビジネス白書 2007年版 環境「新ルネサンスビジネス」を着想する 藤田英夫編著 （大阪）日本ビジネス開発 2007.11 259p 30×21cm 38000円 ①978-4-901586-36-8

(目次)1 環境ビジネス2006年冬～2007年秋の総括，2 ビジネス事例&市場・ビジネスデータ（クリーンエネルギービジネス，大気汚染防止・空気浄化ビジネス，海洋汚染防止・浄化ビジネス，河川・湖沼・養殖場汚染防止・浄化ビジネス，水質汚濁防止ビジネス，水処理ビジネス，地中・土壌汚染防止・浄化ビジネス，アメニティビジネス，生ゴミビジネス，産業廃棄物ビジネス ほか），3 個別企業の環境ビジネス・環境施策トピックス

環境ビジネス白書 2008年版 洞爺湖サミットの結果と環境ビジネスの展望 藤田英夫編著 （大阪）日本ビジネス開発 2008.7 274p 30cm 38000円 ①978-4-901586-41-2 Ⓝ519.19

(目次)1 環境ビジネス2007年冬～2008年夏の総括，2 ビジネス事例&市場・ビジネスデータ（クリーンエネルギービジネス，温暖化防止・大気汚染防止・空気浄化ビジネス，海洋・深海環境ビジネス，河川・湖沼・養殖場汚染防止・浄化ビジネス，水質汚濁防止ビジネス，水処理ビジネス，地中・地下環境ビジネス，アメニティビジネス，生ゴミビジネス，産業廃棄物ビジネス ほか），3 個別企業の環境ビジネス・環境施策トピックス

環境ビジネス白書 2009年版 未来に向けた環境ビジネスの総点検 藤田英夫編著 （大阪）日本ビジネス開発 2009.11 336p 30cm 38000円 ①978-4-901586-48-1 Ⓝ519.19

(目次)クリーンエネルギービジネス，温暖化防止・大気汚染防止・空気浄化ビジネス，海洋・深海環境ビジネス，河川・湖沼・養殖場等環境ビジネス，水質汚濁防止ビジネス，水処理ビジネス，地中・地下環境ビジネス，アメニティビジネス，食品廃棄物ビジネス，産業廃棄物ビジネス，リサイクルビジネス，殺菌・抗菌ビジネス，省エネルギービジネス，グリーンビジネス，ニュー環境ビジネス

環境ビジネス白書 2010年版 大転換の時代-中国リスク回避を図る「環境列島転換論」の提言 藤田英夫編著 （大阪）日本ビジネス開発 2010.11 320p 30cm 38000円 ①978-4-901586-53-5 Ⓝ519.19

(目次)1 環境ビジネス2009年冬～2010年秋の総括（2009年冬～2010年秋の環境ビジネス動向，大転換の時代‐中国リスク回避を図る「環境列島転換論」の提言），2 ビジネス事例&市場・ビジネスデータ（クリーンエネルギービジネス，温暖化防止・大気汚染防止・空気浄化ビジネス，海洋・深海環境ビジネス，河川・湖沼・養殖場等環境ビジネス，水質汚濁防止ビジネス，水資源・水処理ビジネス，地中・地下環境ビジネス，アメニティビジネス ほか）

(内容)多岐にわたる環境ビジネスを総括する資料。「クリーンエネルギービジネス」、「大気汚染防止、空気浄化ビジネス」など15の業種について事例を紹介し、市場・ビジネスデータ等を掲載する。環境ビジネスの事例を調べる際に有用な資料。

◆◆環境配慮型製品

<事 典>

エコガーデニング事典 ガーデンで使用してよいもの・悪いものガイダンス ニジェル・ダッドレー，スー・スティックランド著，木塚夏子訳 産調出版 1998.3 313p 19cm （ガイアブックシリーズ） 1500円 ①4-88282-176-1

(目次)アイビー（セイヨウキヅタ），IPM，アカフサスグリ，アカンサス，アキノキリンソウ，揚げ床，アシナシトカゲ，アスパラガス，アスパラガスハムシ，アスベスト〔ほか〕

(内容)化学製品のチェックや植物の病気、有害生物の防除法などナチュラルガーデニングには欠かせない情報を収録したガーデニングの事典。

エコホーム用品事典 家庭で使用してよいもの悪いものガイダンス アンナ・クルーガー著，岡村正志訳 産調出版 1998.1 292p 19cm （ガイアブックス） 1500円 ①4-88282-175-3

(内容)家庭用品に使用されている化学物質、室内汚染物、健康に害のある製品、材料、器具など500項目以上を解説。排列は五十音順、商品ブランド名や成分名から商品を購入する際に選ぶもの、避けるものが区別できる。

<ハンドブック>

エコ&グリーン 環境資材・物品購入ガイド 平成18年度版 経済調査会編 経済調査会 2006.7 242p 26cm 3333円 ①4-87437-884-6

(目次)寄稿文 公共工事におけるグリーン調達の

環境保全　　　　　　　　　環境問題

推進について，特集，公共工事用資材編，一般物品編，資料・商品索引，掲載メーカー一覧

eco-design handbook　アラステア・ファード＝ルーク著，飯泉恵美子，関野真由子，松本純子翻訳監修　六耀社　2003.7　352p　22×17cm　3800円　①4-89737-458-8

(目次)1.0 生活(地球にやさしいライフスタイル，家具，照明器具 ほか)，2.0 ビジネス(これからのデザインを考える―ビジネスの世界，オフィス用品，輸送 ほか)，3.0 素材(素材選びにこだわろう，バイオスフィア，テクノスフィア ほか)，4.0 資料(デザイナー，デザイン会社，製造元，販売元 ほか)

(内容)デザインや建築にグリーンという概念がとりいれられるようになってかなりたった現在，わたしたちのまわりでは環境にやさしい製品が次々と開発されている。本書はエコ製品を集めた草分け的な一冊。日常生活をあらゆる角度から研究し環境への影響を考慮したうえで，使い勝手のよい画期的な製品を選び，環境保護を意識した素材や建築資材をはじめ，生活やオフィスで快適に過ごせるように設計された製品を数多くおさめている。試作品やすでに古典となった製品、かなり離れた地域や思いがけない場所で見つけだされた品々、やっと探しだした個人スタジオでの珠玉の作品の情報も満載している。

エコマテリアルハンドブック　山本良一監修，土肥義治，原田幸明編集顧問，鈴木淳史編集委員長　丸善　2006.12　823p　26cm　65000円　①4-621-07744-9

(目次)1部 人工環境とエコマテリアル(地球環境とエコマテリアル，エコマテリアルが必要とされる理由―環境問題の社会的側面)，2部 基盤エコマテリアル(エコメタル，エコセラミックス ほか)，3部 次世代エコマテリアル(エレクトロニクス材料，ナノ構造制御材料 ほか)，4部 実践エコマテリアル(身のまわりの電気・電子機器で利用が進むエコマテリアル，自動車，輸送，発電 ほか)

＜カタログ＞

エコマーク商品カタログ　グリーン購入のハンドブック　2001年度版　日本環境協会エコマーク事務局監修，チクマ秀版社編　チクマ秀版社　2001.1　264p　30cm　1200円　①4-8050-0376-6　Ⓝ675.1

(目次)オフィス用品・文具，紙・OA用紙，台所用品・せっけん(洗剤)，日用品・包装用材，繊維製品，建築部材・工事用品，その他

(内容)エコマークに認定されている商品を分野別に一覧できるカタログ。7つの分野のもと，製品別に排列，写真入りで商品類型番号，エコマーク認定のポイント，商品情報，エコマーク商品としての認定期間，問い合わせ先を記載。付録としてエコマーク商品類型番号と認定基準，国等の環境物品等の調達の推進等に関する法律，掲載企業一覧を収録。

エコマーク商品カタログ　グリーン購入のハンドブック　2002年版　日本環境協会エコマーク事務局監修，チクマ秀版社　チクマ秀版社　2001.12　303p　30cm　1300円　①4-8050-0393-6　Ⓝ519

(目次)オフィス用品、文具，紙，OA用紙，台所用品，せっけん(洗剤)，日用品、包装用材，繊維製品，建築部材，土木・工事用品，その他

(内容)エコマークに認定されている商品を分野別に一覧できるカタログ。7つの分野のもと、製品別に排列，写真入りで商品類型番号，エコマーク認定のポイント，商品情報，エコマーク商品としての認定期間，問い合わせ先を記載。付録としてエコマーク商品類型番号と認定基準，掲載企業一覧を収録。

エコマーク商品カタログ　2003年度版　日本環境協会エコマーク事務局監修，チクマ秀版社編　チクマ秀版社　2003.4　320p　30cm　〈付属資料：CD-ROM1〉　1380円　①4-8050-0412-6

(目次)オフィス用品、文具，紙，OA用紙，台所用品，せっけん(洗剤)，日用品、包装用材，繊維製品，建築部材，土木・工事用品，その他

(内容)エコマーク全商品一覧掲載。グリーン購入法特定調達品目・判断基準(2003年度見直し)に基づく「グリーン購入法特定調達品目とエコマーク商品対応表」掲載。掲載企業ホームページへ簡単アクセス、パソコンでも商品情報が閲覧できるCD-ROM付き。

エコマーク商品カタログ　2004年度版　日本環境協会監修　チクマ秀版社　2004.4　312p　30×21cm　1238円　①4-8050-0426-6

(目次)用語集，オフィス用品、文具，紙，OA用紙，台所用品，せっけん(洗剤)，日用品、包装用材，繊維製品，建築部材，土木・工事用品，その他

環境関連機材カタログ集　廃棄物処理・リサイクル・大気・水質・土壌汚染改善　2002年版　日報アイ・ビー編　日報出版　2002.6　553p　26cm　1905円　①4-89086-162-9　Ⓝ519.19

(目次)ごみ処理・リサイクル施設，収集・運搬・搬送，排水処理・汚泥・液状物処理，選別・圧縮・減容，破砕・粉砕・破袋，焼却・溶融・炭化・乾燥，有機性廃棄物処理，缶・びん・ペット処理，環境・衛生，廃棄物回収・処理関連機材，測定・分析・情報処理関連，環境関係・リ

サイクル，社名別・製品別掲載一覧
⓪内容 廃棄物処理、リサイクル等の環境関連の製品カタログ。ごみ処理・リサイクル施設、収集・運搬・搬送などの分野に機材を掲載し、各製品は、名称、写真、特長、仕様、取扱会社を記載する。巻頭に五十音順掲載者一覧がある。

環境関連機材カタログ集　廃棄物処理・リサイクル・大気・水質・土壌汚染改善　2004年版　日報アイ・ビー編　日報出版　2003.9　498p　26cm　1905円　Ⓘ4-89086-188-2
⓪目次 ごみ処理・リサイクル施設、収集・運搬・搬送、排水処理、汚泥・液状物処理、選別・圧縮・減容、破砕・粉砕・破袋、焼却・溶融・炭化・乾燥、有機性廃棄物処理、缶・びん・ペット処理、環境・衛生、廃棄物回収・処理関連機材、測定・分析、情報処理関連、環境関連・リサイクル

環境関連機材カタログ集　2006年版　日報アイ・ビー編　日報出版　2005.5　489p　26cm　1905円　Ⓘ4-89086-210-2
⓪目次 ごみ処理・リサイクル施設、収集・運搬・搬送、排水処理、汚泥・液状物処理、選別・圧縮・減容、破砕・粉砕・破袋、焼却・溶融・炭化・乾燥、有機性廃棄物処理、缶・びん・ペット処理、環境・衛生、廃棄物回収・処理関連機材、測定・分析、情報処理関連、環境関連・リサイクル／省エネルギー・新エネルギー

環境関連機材カタログ集　2009年版　日報アイ・ビー編　日報出版　2008.6　379p　26cm　〈サブタイトル：環境保全／環境負荷低減／環境修復・環境創造〉　1905円　Ⓘ978-4-89086-237-5　Ⓝ519.19
⓪内容 廃棄物処理、リサイクル等の環境関連の製品カタログ。分野別に機材を掲載する。

環境関連機材カタログ集　2010年版　日報アイ・ビー編　日報出版　2009.5　292p　26cm　〈タイトル関連情報：環境保全／環境負荷低減／環境修復・環境創造〉　1905円　Ⓘ978-4-89086-243-6　Ⓝ519.19
⓪内容 廃棄物処理、リサイクル等の環境関連の製品カタログ。分野別に機材を掲載する。

環境関連機材カタログ集　平成22年版　日報アイ・ビー編　日報出版　2010.5　236p　26cm　〈タイトル関連情報：環境保全／環境負荷低減／環境修復・環境創造〉　1905円　Ⓘ978-4-89086-252-8　Ⓝ519.19
⓪内容 廃棄物処理、リサイクル等の環境関連の製品カタログ。「環境保全」「環境負荷低減」「環境修復・環境創造」の3部に分けて、環境関連機材を扱う各企業の機械・機材、最新技術などを掲載。廃棄物処理・リサイクル関連装置の動向、

50音順・分類別社名一覧も掲載する。

◆環境計画

<事　典>

環境デザイン用語辞典　土肥博至監修、環境デザイン研究会編著　井上書院　2007.10　355p　21×13cm　3600円　Ⓘ978-4-7530-0033-3
⓪内容 環境デザインに関する基本的概念、建設、空間、環境、都市計画、まちづくり、農村計画、コミュニティ、土地利用、交通計画、河川、港湾、景観、公園、植生、資源、公害、地球環境、保存、防災、情報・通信、法制度、人名などの分野から約2700語と写真・図表約890点を収録した用語辞典。

環境都市計画事典　丸田頼一編　朝倉書店　2005.6　521p　21cm　18000円　Ⓘ4-254-18018-7
⓪目次 環境都市計画の意義・目標、環境都市計画史、都市計画・マスタープラン、景観、都市交通、自然・生態系・緑、資源・エネルギー・廃棄物、防災・防犯、情報システム、健康・生活・福祉、教育・文化、経営・マネジメント・ビジネス、市民参画とコミュニティづくり、世界の環境都市
⓪内容 「環境都市計画の意義・目標」、「環境都市計画史」、「都市計画マスタープラン」等環境都市計画について解説した事典。巻頭に口絵、巻末に索引を収録。随所に写真・図も掲載。

まちづくりキーワード事典　三船康道、まちづくりコラボレーション著　（京都）学芸出版社　1997.3　238p　26cm　3700円　Ⓘ4-7615-3060-X
⓪目次 基本事項、住宅・住環境まちづくり、景観まちづくり、歴史を生かしたまちづくり、防災まちづくり、交通からみたまちづくり、健康・福祉のまちづくり、水と緑（オープンスペース）のまちづくり、生態環境のまちづくり、循環型まちづくり、市民まちづくり

まちづくりキーワード事典　第2版　三船康道、まちづくりコラボレーション著　（京都）学芸出版社　2002.8　254p　19cm　3900円　Ⓘ4-7615-3104-5　Ⓝ518.8
⓪目次 基本事項、住宅・住環境まちづくり、景観まちづくり、歴史を生かしたまちづくり、防災まちづくり、交通からみたまちづくり、健康・福祉のまちづくり、水と緑（オープンスペース）のまちづくり、生態環境のまちづくり、循環型まちづくり、まちづくりと経済、市民まちづくり
⓪内容 「まちづくり」の初学者向けに作られた総合的な用語集。見出し項目を分野別に排列。図

表や具体的な事例を示しながら理念、計画、手法などを平易に解説する。各分野の章末に「サブキーワード」と題して簡潔な用語解説欄を設ける。巻末に五十音順索引あり。

<名 簿>

建築・土木・環境・まちづくり インターネットアドレスブック　学芸出版社編
　（京都）学芸出版社　1996.9　208p　26cm　2060円　①4-7615-2156-2
(目次)建築デザイン、建築構造・設備・材料、土木工学、都市デザイン、緑のネットワーク、阪神大震災復興支援、地域情報発信、関連企業、イベントと本、情報の情報
(内容)建築デザインや震災支援、各種イベントなど建築・土木・環境・まちづくりに係わる団体・個人のインターネット・ホームページのアドレス1500を収録したもの。日本語のホームページを中心とする。「建築構造・設備・材料」「都市デザイン」等の目的別に構成され、ホームページのアドレスのほか、団体・個人の特徴を簡潔に記す。巻末に団体・個人名のアルファベット順・五十音順索引がある。

<ハンドブック>

環境共生都市づくり エコシティ・ガイド
　建設省都市環境問題研究会編　ぎょうせい　1993.7　443p　21cm　4500円　①4-324-03714-0
(目次)1 環境共生都市づくり(環境共生都市づくり一都市環境推進会議中間報告、省エネ・リサイクル型都市づくり、水循環型都市づくり、都市緑化)、2 エコシティ施策ガイド(エコシティ施策の概要、モデル都市環境計画、エコシティ支援施策ガイド)、3 エコシティ関係資料
(内容)環境共生都市(エコシティ)のあり方をまとめたもの。省エネルギー、都市緑化及び水環境の立場から見た今後の都市整備手法や、良好な都市環境を都市全体レベルで確保する都市環境計画策定の必要性について、環境問題に関するデータ及び最新の環境関連システムの紹介を交えて編集している。

環境にやさしいオフィスづくりハンドブック　環境庁環境計画課グリーンオフィス研究会編　中央法規出版　1995.11　198p　21cm　2060円　①4-8058-1437-3
(目次)第1章 背景と経緯、第2章 国の率先実行計画、第3章 主な先進国や国際機関の取組、第4章 地方公共団体の取組、第5章 民間事業者の取組、第6章 環境にやさしいオフィスづくりの手法

環境にやさしい幼稚園・学校づくりハンドブック　ドイツ環境自然保護連盟編、エーリッヒ・ルッツ、ミヒャエル・ネッチャー著、今泉みね子訳　中央法規出版　1999.4　334p　21cm　4000円　①4-8058-1807-7
(目次)第1章 すぐに実行できる10の改造案、第2章 空想ワークショップで改造ははじまる、第3章 十分な計画ができれば、改造は半分完成したも同然、第4章 改造のためのたくさんのアイデア、第5章 もしお金が足りなかったら、第6章 マスメディアへの広報活動、第7章 改造の過程を記録する
(内容)現在の学校・幼稚園・保育所を環境にやさしい空間に変えるアイデアをイラスト、写真を使って紹介したハンドブック。

公有水面埋立実務ハンドブック　建設省河川局監修、建設省埋立行政研究会編著　ぎょうせい　1995.6　357p　21cm　5000円　①4-324-04617-4
(目次)第1編 公有水面埋立法の解説と運用(逐条解説 公有水面埋立法、公有水面埋立の実務Q&A、判例解説 公有水面埋立法)、第2編 資料編(統計・データ、通達、行政実例、参考法令・通達

公有水面埋立実務ハンドブック　環境編
　建設省河川局水政課監修、建設省埋立行政研究会編著　ぎょうせい　1997.2　324p　21cm　5200円　①4-324-05044-9
(目次)第1編 昭和48年法改正までの事案、第2編 昭和48年法改正後の事案、第3編 昭和63年以降の事案

サステナブル都市への挑戦　全国都市のサステナブル度評価 調査研究報告書　日本経済新聞社産業地域研究所編著　日本経済新聞社産業地域研究所、日本経済新聞出版社（発売）　2010.4　425p　30cm　9500円　①978-4-532-63580-0　Ⓝ519
(目次)第1章 2009年(第2回)全国都市のサステナブル度調査、第2章 2009年サステナブル度調査 都市別データ・指標結果一覧、第3章 2007年(第1回)全国都市のサステナブル度調査、第4章 欧州サステナブル都市最前線、第5章 国内先進事例編 サステナブル都市への胎動―低炭素社会への挑戦、専門家インタビュー サステナブル都市、私はこう考える

<年鑑・白書>

環境設備計画レポート　平成5年度版　産業タイムズ社　1993.10　554p　26cm　20600円　①4-915674-62-2
(目次)ごみ処理施設篇(全国ごみ処理施設整備計画、全国ごみ焼却場既存施設一覧)、し尿処理施設篇(全国し尿処理施設整備計画、全国し尿

処理場既存施設一覧）

⦿内容　全国ごみ・し尿処理施設整備計画1132件を収録した資料集。

環境設備計画レポート　平成7年度版　産業タイムズ社　1995.4　463p　26cm　20600円　Ⓣ4-915674-76-2

⦿内容　全国のごみ・し尿処理施設計画1050件を収録。

環境設備計画レポート　環境ビジネス時代の必携の書　平成11年度版　産業タイムズ社　1999.7　453p　26cm　20000円　Ⓣ4-88353-026-4

⦿目次　ごみ処理施設篇（全国ごみ処理施設整備計画，全国ごみ焼却場既存施設一覧），し尿処理施設篇（全国し尿処理施設整備計画，全国し尿処理場既存施設一覧），参考資料篇（平成11年度ごみ処理・し尿処理施設整備計画一覧，平成10年度ごみ処理・し尿処理施設発注メーカー一覧，平成10年環境装置の受注状況），総合索引

環境設備計画レポート　環境ビジネス新時代に照準　平成12年度版　産業タイムズ社　2000.7　498p　26cm　20000円　Ⓣ4-88353-040-X　Ⓝ518.52

⦿目次　ごみ処理施設篇（全国ごみ処理施設整備計画，全国ごみ焼却場既存施設一覧，都道府県別ごみ処理広域化計画のブロック図），し尿処理施設篇（全国し尿処理施設整備計画，全国し尿処理場既存施設一覧），参考資料篇

⦿内容　廃棄物処理施設の新設，増設，改築計画を収録した資料集。ごみ処理施設篇，し尿処理施設篇の2部構成。整備計画と既存施設一覧について各都道府県別に掲載し，事業主体，建設地点，敷地面積，処理能力，処理方式，着工，完成，事業費，発注状況とコメントを記載する。参考資料篇では平成12年度ごみ処理・し尿処理施設整備計画一覧，平成11年度ごみ処理・し尿処理施設発注メーカー一覧，平成11年環境装置の受注状況を収録。巻末に総合索引を付す。

環境設備計画レポート　平成13年度版　産業タイムズ社　2001.8　524p　26cm　20000円　Ⓣ4-88353-054-X　Ⓝ518.52

⦿目次　ごみ処理施設篇（全国ごみ処理施設整備計画，全国ごみ焼却場既存施設一覧，都道府県別ごみ処理広域化計画のブロック図），し尿処理施設篇（全国し尿処理施設整備計画，全国し尿処理場既存施設一覧）

⦿内容　廃棄物処理施設の新設，増設，改築計画を収録した資料集。ごみ処理施設篇，し尿処理施設篇の2部構成。整備計画と既存施設一覧について各都道府県別に掲載し，事業主体，建設地点，敷地面積，処理能力，処理方式，着工，完成，事業費，発注状況とコメントを記載する。平成13年度版では，ダイオキシン新基準が迫り整備計画が加速化する中，刻々と変化する環境行政，着々と進むごみ処理広域化計画の最新情報を掲載する。

環境設備計画レポート　廃棄物処理施設整備を一挙掲載　平成14年度版　産業タイムズ社　2002.7　417p　26cm　20000円　Ⓣ4-88353-073-6　Ⓝ518.52

⦿目次　ごみ処理施設篇（全国ごみ処理施設整備計画，全国ごみ焼却場既存施設一覧），し尿処理施設篇（全国し尿処理施設整備計画，全国し尿処理場既存施設一覧），参考資料篇

⦿内容　廃棄物処理施設の新設，増設，改築計画を収録した資料集。ごみ処理施設篇，し尿処理施設篇の2部構成。整備計画と既存施設一覧について各都道府県別に掲載し，事業主体，建設地点，敷地面積，処理能力，処理方式，着工，完成，事業費，発注状況とコメントを記載する。平成14年度版では再生処理センター，基幹的改良事業計画の最新情報を掲載する。巻末に五十音順総合索引がある。

環境設備計画レポート　平成15年度版　循環型社会構築に向けた廃棄物処理施設整備計画の全容　産業タイムズ社　2003.7　402p　26cm　20000円　Ⓣ4-88353-089-2

⦿目次　第1章 廃棄物処理行政の現状と将来展望，第2章 エコタウン事業の概要と個別事業の詳細，第3章 全国ごみ処理施設整備計画，第4章 全国ごみ焼却場既存施設一覧，第5章 全国し尿処理施設整備計画，第6章 全国し尿処理場既存施設一覧，第7章 解体予定のごみ焼却炉リスト，第8章 参考資料

⦿内容　廃棄物処理施設の整備計画を全国ベースで一挙掲載。進展するエコタウン18事業の詳細を個別に掲載。既存の廃棄物処理施設データの詳細。ダイオキシン対策で解体費用が膨らむ休止炉500の全国リスト。

環境設備計画レポート　平成16年度版　産業タイムズ社　2004.7　353p　26cm　20000円　Ⓣ4-88353-105-8

⦿目次　第1章 廃棄物処理行政の動向，第2章 全国ごみ処理施設整備計画，第3章 全国ごみ焼却場既存施設一覧，第4章 全国し尿処理施設整備計画，第5章 全国し尿処理場既存施設一覧，第6章 解体予定のごみ焼却炉リスト，第7章 参考資料

⦿内容　ごみ処理，し尿処理篇を完全分割で分かりやすく編集。既存の廃棄物処理施設データを全て掲載。関連資料，参考資料も充実で業界把握にも最適。

環境設備計画レポート　一般廃棄物処理施設整備を計画ベースで完全カバー

環境保全　　　　　　　　　　　環境問題

2005年度版　産業タイムズ社　2005.8　325p　26cm　20000円　Ⓘ4-88353-118-X

㋲第1章 全国ごみ処理施設整備計画（北海道，青森県，岩手県，宮城県，秋田県，山形県：福島県，茨城県，栃木県，群馬県 ほか），第2章 全国ごみ焼却場既存施設一覧，第3章 全国し尿処理施設整備計画，第4章 全国し尿処理場既存施設一覧，第5章 参考資料

㋕ごみ処理，し尿処理篇を完全分刷で分かりやすく編集。既存の廃棄物処理施設データを全て掲載。関連資料、参考資料も充実で業界把握にも最適。

環境設備計画レポート　2006年度版　産業タイムズ社　2006.6　322p　26cm　20000円　Ⓘ4-88353-128-7

㋲第1章 全国ごみ処理施設整備計画（北海道，青森県，岩手県，宮城県，秋田県，山形県，福島県，茨城県，栃木県，群馬県 ほか），第2章 全国ごみ焼却場既存施設一覧，第3章 全国し尿処理施設整備計画，第4章 全国し尿処理場既存施設一覧，第5章 参考資料

㋕循環型社会に対応した一般廃棄物処理の整備計画を網羅。地球に優しいバイオマス利用事業などの最新データも交付金交付要綱の改正など業界必須の参考資料も掲載。

環境設備計画レポート　2008年度版　産業タイムズ社　2008.6　364p　26cm　20000円　Ⓘ978-4-88353-154-7

㋲第1章 全国ごみ処理施設整備計画，第2章 全国ごみ焼却場既存施設一覧，第3章 全国し尿処理施設整備計画，第4章 全国し尿処理場既存施設一覧，第5章 大手廃棄物処理メーカーによるバイオマス戦略を探る，第6章 追跡全国のバイオマス利活用事業，第7章 中国トピックス 環境重視経路線への転換で日中の環境ビジネスに商機!，第8章 参考資料

㋕循環型社会形成推進を支援する環境ビジネス必携の書。

環境設備計画レポート　2009年度版　産業タイムズ社　2009.6　419p　26cm　〈2009年度版のサブタイトル：一般廃棄物処理施設計画／バイオマス施設計画の全容〉　20000円　Ⓘ978-4-88353-167-7　Ⓝ518.52

㋲第1章 全国ごみ処理施設整備計画，第2章 全国ごみ焼却場既存施設一覧，第3章 全国し尿処理施設整備計画，第4章 全国し尿処理場既存施設一覧，第5章 国、自治体の09年度環境事業，第6章 全国のバイオマス利活用事業，第7章 中国トピックス 中国政府は環境分野の公共投資を拡大!，第8章 参考資料

環境設備計画レポート　2010年度版　産業タイムズ社　2010.6　285p　26cm　〈2010年度版のサブタイトル：全国のごみ・し尿処理施設計画／環境エネルギー事業計画の全容〉　19000円　Ⓘ978-4-88353-178-3　Ⓝ518.52

㋲第1章 全国ごみ処理施設整備計画，第2章 全国ごみ焼却場既存施設一覧，第3章 全国し尿処理施設整備計画，第4章 全国し尿処理場既存施設一覧，第5章 47都道府県の10年度環境エネルギー施策

つくろう いのちと環境優先の社会 大阪発市民の環境安全白書　西川榮一監修，大阪から公害をなくす会，大阪自治体問題研究所編　自治体研究社　2006.5　139p　30cm　1714円　Ⓘ4-88037-459-8

㋲大阪の基盤環境，大阪の自然，大阪湾，農業林業，温暖化・ヒートアイランド，エネルギーと環境，防災・安全，アスベスト問題，健康状況と保健行政，食品の汚染と安全，大阪の水と水質汚染，化学物質汚染，土壌・地下水汚染，廃棄物問題，大気汚染，交通輸送問題，自動車・道路環境問題，大阪の環境と開発，公害環境行政，情報公開，環境教育，住民運動

名古屋大都市圏のリノベーション・プログラム　国土交通省都市・地域整備局，国土交通省中部地方整備局監修　財務省印刷局　2003.2　47p　30cm　2000円　Ⓘ4-17-300200-9

㋲1 大都市圏のリノベーション・プログラムについて，2 20世紀後半の名古屋大都市圏市街地の展開，3 21世紀前半の名古屋大都市圏をめぐる変化，4 名古屋大都市圏の将来像とリノベーションの視点，5 名古屋大都市圏の地域構造再編の方向，6 地域ごとの再編整備の考え方，7 リノベーションのプログラム，8 シンボルプロジェクトの推進，9 リノベーションの実現に向けた取り組みの推進

㋕本書は、「大都市のリノベーション」の実現に向けて、50年後を見据えた長期的展望のもと、人口の減少、高齢化、グローバル化の進展、地球環境問題への対応、投資余力の減少等を勘案しつつ、地域構造の抜本的再編の方向を描くプログラムとして「名古屋大都市圏のリノベーション・プログラム策定調査委員会」により提案されたものを、多くの方々に見ていただくために発刊したものである。

◆◆緑化

<事 典>

屋上・建物緑化事典　建物緑化編集委員会編　産業調査会，産調出版〔発売〕　2005.12　398p　26cm　4800円　Ⓘ4-88282-469-8

㋲環境問題と緑化，建築物緑化の歴史，建

物緑化の国内の取り組み・諸施策，建物緑化の効果効用，建物緑化と環境配慮，建物緑化の計画へのアプローチ，屋上緑化の設計，壁面緑化の設計，室内緑化の設計，建物緑化の施工，建物緑化の維持管理，ドイツにおける緑化の取り組み，緑化計画と植栽事例，緑化用植物

〔内容〕計画・設計・施工・維持管理・事例，全てを網羅した決定版。

環境緑化の事典 日本緑化工学会編 朝倉書店 2005.9 484p 26cm 20000円 ⓘ4-254-18021-7

〔目次〕緑化の機能，植物と種苗，植物の生理・生態，植物の生育基盤，都市緑化，道路緑化，環境林緑化，治山緑化工，法面緑化，生態系管理・修復，河川・湖沼・湿地（湿原），海岸・港湾，陸域の二次的自然の再生利用，乾燥地，熱帯林，緑化における評価法，緑化に関する法制度

〔内容〕本書は，さまざまな環境緑化に関して，その基礎となる考え方と主要な技術の内容について解説したものであり，環境緑化にかかわる広範な領域を網羅した体系化を目指して編纂したものである。本書の内容は，さまざまな環境緑化の技術を主要な部分として，緑化の機能および機能の評価方法，緑化用植物の生産，植物の生理・生態，植物の生育基盤などの緑化の基礎学，さらに緑化にかかわる法制度などを解説している。

樹木医が教える緑化樹木事典 病気・虫害・管理のコツがすぐわかる! 樹種別解説 矢口行雄監修 誠文堂新光社 2009.6 336p 26cm 〈文献あり 索引あり〉 3800円 ⓘ978-4-416-40906-0 Ⓝ653.2

〔目次〕常緑樹（アカマツ／クロマツ／ゴヨウマツ，イヌマキ，カイヅカイブキ，コウヤマキ ほか），落葉樹（アオギリ，アカシデ，アキニレ，アジサイ ほか）

〔内容〕樹木の性質や管理上の注意を詳細に解説した樹木事典。主要な緑化樹木110種について，常緑樹（針葉樹，広葉樹の順に掲載）と落葉樹にわけてそれぞれ50音順に掲載。巻末に樹種名索引が付く。

道と緑のキーワード事典 道路緑化保全協会編 技報堂出版 2002.5 184p 26cm 3500円 ⓘ4-7655-1634-2 Ⓝ518.85

〔目次〕第1編 道路と緑，第2編 道路と環境，第3編 道路と景観，第4編 道路空間の緑，第5編 道路の緑化技術，第6章 道路と緑の制度・施策

〔内容〕道路の緑にまつわる用語をまとめた用語集。道路沿いにある緑の歴史，環境保全・景観創造などの緑の役割，技術や制度・政策などについての70項目を体系的に分類し，実務的な解説を加える。巻末に五十音順索引がある。

緑化技術用語事典 日本緑化工学会編 山海堂 1990.4 268p 19cm 3200円

〔内容〕緑化工および関連分野の用語約1,800語を五十音順に排列し，解説をほどこし，英語も付す。巻末に緑化工植物に関する資料と，英和対訳形式のアルファベット順索引を付す。

＜ハンドブック＞

公園緑地マニュアル 平成16年度版 国土交通省都市・地域整備局公園緑地課緑地環境推進室監修，社団法人日本公園緑地協会編 日本公園緑地協会 2004.7 661p 30cm 〈付属資料：別冊1〉 8571円 ⓘ4-931254-18-7

〔目次〕緑とオープンスペースの意義，緑とオープンスペースに関する法制度，都市計画上の緑地体系，都市公園整備の制度，長期計画と財源，国営公園，緑地の保全，緑化の推進，税制，技術開発・施工管理，都市公園の安全管理，その他，資料

新・緑空間デザイン植物マニュアル 都市緑化技術開発機構編 誠文堂新光社 1996.7 190p 26cm （特殊空間緑化シリーズ 3） 4500円 ⓘ4-416-49607-9

〔目次〕植栽空間と植物，本書利用の手引，データファイル，植物特性分類表，植物特性一覧

〔内容〕都市内に立地する空間，人工的に生み出される空間，通常の植栽技術では植物の健全な生育が望めない空間，緑化が望まれる空間の意を持つ「特殊空間」の緑化のための植物を掲載したガイド。各植物の写真を掲載し，名称・学名・形態・原産地・利用価値・栽培可能地域・人工地盤における特性・屋内照度を記す。巻末に五十音順の植物名索引がある。

生物多様性緑化ハンドブック 豊かな環境と生態系を保全・創出するための計画と技術 亀山章監修，小林達明，倉本宣編 地人書館 2006.3 323p 21cm 3800円 ⓘ4-8052-0766-3

〔目次〕第1部 生物多様性緑化概論（生物多様性保全に配慮した緑化植物の取り扱い方法―「動かしてはいけない」という声に応えて，緑化ガイドライン検討のための解説―植物の地理的な遺伝変異と形態形質変異との関連），第2部 生物多様性緑化の実践事例（遺伝的データを用いた緑化のガイドラインとそれに基づく三宅島の緑化計画，ミツバツツジ自生地減少の社会背景と庭資源を用いた群落復元，アツモリソウ属植物の保全および再生のための種子繁殖技術の可能性と問題点，地域性種苗のためのトレーサビリティ・システム，地域性苗木の生産・施工一体化システム―高速道路緑化における試み ほか）

環境保全　　　　　　　　環境問題

(内容)「外来生物法」が施行され、外国産緑化植物の取扱いについて検討が進んでいる。近年、緑化植物として導入した外来種が急増し、在来植物を駆逐し景観まで変えてしまう例などが多数報告されているが、こうした問題を克服し、生物多様性豊かな緑化を実現するためにはどうしたらよいのか。本書は、これらの課題に長年取り組み、成果を出しつつある日本緑化工学会気鋭の執筆陣が、その理論と実践事例をまとめた総合的なハンドブックである。

道路緑化ハンドブック　中島宏監修　山海堂
　1999.3　408p　21cm　4200円　①4-381-01212-7
(目次)第1章　概要(都市と道路の緑、人間や道路と緑のかかわり、街路樹と法律)、第2章　道路緑化の材料(緑化植物の特殊性、植物のしくみ、道路緑化と生育環境、道路緑化の材料)、第3章　道路緑化の計画と設計(道路緑化の計画、道路緑化の設計と積算)、第4章　道路緑化の施工(公共工事と施工の流れ、植栽施行のための機器、植栽基盤改良、材料の選定と検査、植栽工事の実際、その他の緑化技法)、第5章　道路緑化の管理(道路緑化の管理、道路緑化の維持管理、街路樹の剪定、街路樹の健康診断、病害虫の防除と施肥、道路緑化と住民参加、道路緑化と管理委託、データ管理)

緑化施設整備計画の手引き　屋上緑化・壁面緑化などによる緑豊かな都市環境の創出を目指して　国土交通省都市・地域整備局公園緑地課緑地環境推進室監修、都市緑化技術開発機構編　財務省印刷局　2002.9　64p　30cm　900円　①4-17-510500-X　Ⓝ518.85
(目次)1　手引きについて、2　緑化施設整備計画認定制度の趣旨と計画策定に際しての留意点、3　用語の意味と内容、4　認定の対象となる緑化施設、5　緑化面積の算出方法、6　緑化施設整備計画の認定の申請図書、法令、資料編
(内容)屋上緑化・壁面緑化などの緑化施設整備計画の手引書。制度の手続きを解説するとともに、制度適用によるメリットや関連する各種類の義務化・助成・低利融資・税制優遇などの制度、建築物緑化に関する効果や技術などの概要についてまとめたもの。平成13年5月に都市緑地保全法が改正され創設された、緑化施設整備計画認定制度についても盛りこんでいる。

<年鑑・白書>

緑化建築年鑑　建築と緑に携わる人のための　2005　創樹社Green Archit.Tribune編集部編　創樹社、ランドハウスビレッジ〔発売〕　2005.2　346p　26cm　3810円　①4-88351-035-2

(目次)1　トピックでたどる緑化建築、2　ニュースダイジェスト、3　建築家が語る環境デザイン、4　注目の緑化・環境建築、5　環境を築く人々、6　緑化建築のための商品データベース、7　資料編

◆◆港湾

<法令集>

港湾小六法　1991年版　運輸省港湾局監修　東京法令出版　1991.2　2195p　19cm　6000円　①4-8090-5006-8
(目次)港湾、公有水面埋立・運河、海岸、空港整備、災害対策、環境保全、国土利用、都市計画、港湾運送、倉庫、海上交通の安全、諸法、行政組織

港湾小六法　1995年版　運輸省港湾局監修　東京法令出版　1995.1　2481p　19cm　6500円　①4-8090-5022-X
(目次)港湾、公有水面埋立・運河、海岸、空港整備、災害対策、環境保全、国土利用、都市計画、港湾運送、倉庫、海上交通の安全、行政訴訟・手続、諸法、行政組織
(内容)港湾関係業務に欠かせない法令などを体系的に収録した法令集。内容は1994年12月20日現在。巻頭に法令名五十音順索引を付す。

港湾小六法　平成16年版　国土交通省港湾局監修　東京法令出版　2004.1　3543p　19cm　11000円　①4-8090-5069-6
(目次)港湾、公有水面埋立・運河、海岸、空港整備、災害対策、環境、国土利用、都市計画、バリアフリー、海上交通の安全、諸法、行政組織
(内容)港湾小六法は、港湾行政及び港湾関係業務に携わる方々が、その行政及び業務を遂行するに当たり欠くことのできない法令等を体系的に編集し収録した。

港湾小六法　平成17年版　国土交通省港湾局監修　東京法令出版　2005.2　3346p　19cm　13000円　①4-8090-5071-8
(目次)港湾、公有水面埋立・運河、海岸、空港整備、災害対策等、環境、国土利用、都市計画、バリアフリー、海上交通の安全、保安、諸法、行政組織
(内容)本書は、港湾行政及び港湾関係業務に携わる方々が、その行政及び業務を遂行するに当たり欠くことのできない法令等を体系的に編集し収録している。

港湾小六法　平成18年版　国土交通省港湾局監修　東京法令出版　2006.3　3346p　19cm　13000円　①4-8090-5076-9
(目次)港湾、公有水面埋立・運河、海岸、空港整備、災害対策等、環境、国土利用、都市計画、

環境問題　　　　　　　　　　　環境保全

バリアフリー，海上交通の安全，保安，諸法，行政組織

港湾小六法　平成19年版　国土交通省港湾局監修　東京法令出版　2007.3　3349p　19cm　13000円　ⓘ978-4-8090-5081-7

(目次)港湾，公有水面埋立・運河，海岸，空港整備，災害対策等，環境，国土利用，都市計画，バリアフリー，海上交通の安全，保安，諸法，行政組織

港湾小六法　平成20年版　国土交通省港湾局監修　東京法令出版　2008.3　3349p　19cm　14000円　ⓘ978-4-8090-5085-5　Ⓝ683.91

(目次)港湾，公有水面埋立・運河，海岸，空港整備，災害対策等，環境，国土利用，都市計画，バリアフリー，海上交通の安全，保安，諸法，行政組織

港湾小六法　平成21年版　国土交通省港湾局監修　東京法令出版　2009.4　2814p　22×17cm　14000円　ⓘ978-4-8090-5088-6　Ⓝ683.91

(目次)港湾，公有水面埋立・運河，海岸，空港，災害対策等，環境，国土利用，都市計画，バリアフリー，海上交通の安全，保安，諸法，行政組織

港湾小六法　平成22年版　国土交通省港湾局監修　東京法令出版　2010.4　2814p　21cm　14000円　ⓘ978-4-8090-5095-4　Ⓝ683.91

(目次)港湾，公有水面埋立・運河，海岸，空港，災害対策等，環境，国土利用，都市計画，バリアフリー，海上交通の安全，保安，諸法，行政組織

港湾六法　平成2年版　海事法令研究会編著，運輸省港湾局監修　成山堂書店　1990.3　1622, 14p　21cm　(海事法令シリーズ 5)　11000円　ⓘ4-425-21158-8

(目次)港湾，港湾整備，外貿埠頭公団，公有水面埋立，海岸，災害，港湾運送，倉庫，空港整備，安全，公害，国土利用，都市計画，水産，地方自治，とん税，補助金，国有財産，諸法，行政組織

港湾六法　平成3年版　海事法令研究会編著，運輸省港湾局監修　成山堂書店　1991.3　1662, 14p　21cm　(海事法令シリーズ 5)　12000円　ⓘ4-425-21159-6

(目次)港湾，港湾整備，外貿埠頭公団，公有水面埋立，海岸，災害，港湾運送，倉庫，空港整備，安全，公害，国土利用，都市計画，水産，地方自治，とん税，補助金，国有財産，諸法，行政組織，海事法令関係条約一覧表

港湾六法　平成4年版　海事法令研究会編著，運輸省港湾局監修　成山堂書店　1992.3　1716, 14p　21cm　(海事法令シリーズ 5)　13000円　ⓘ4-425-21160-X

(目次)1 港湾，2 港湾整備，3 外貿埠頭公団，4 公有水面埋立，5 海岸，6 災害，7 港湾運送，8 倉庫，9 空港整備，10 安全，11 公害，12 国土利用，13 都市計画，14 水産，15 地方自治，16 とん税，17 補助金，18 国有財産，19 諸法，20 行政組織

(内容)この法令集は，運輸省港湾局の所管法令を中心に集録したものですが，編纂にあたって，法令内容の正確さには十分配慮するとともに，利用の便を考慮して主要法令には条文毎に改正経過及び参照事項を附すこととしました。

港湾六法　平成5年版　海事法令研究会編著，運輸省港湾局監修　成山堂書店　1993.3　1688, 15p　21cm　(海事法令シリーズ 5)　13000円　ⓘ4-425-21161-8

(目次)1 港湾，2 港湾整備，3 外貿埠頭公団，4 公有水面埋立，5 海岸，6 災害，7 港湾運送，8 倉庫，9 空港整備，10 安全，11 公害，12 国土利用，13 都市計画，14 水産，15 地方自治，16 とん税，17 補助金，18 国有財産，19 諸法，20 行政組織

(内容)運輸省所管の海事法令のうち，港湾局所掌の事業に関するものを中心に収録したもの。重要法令には条文ごとに改正経過や参照事項を示す。海運・船舶・船員・海上保安・港湾各六法の5冊からなる海事法令シリーズの1冊。巻末にシリーズ中の全法令名の索引を付す。

港湾六法　平成6年版　海事法令研究会編著，運輸省港湾局監修　成山堂書店　1994.3　1748, 15p　21cm　(海事法令シリーズ 5)　14000円　ⓘ4-425-21162-6

(目次)1 港湾，2 港湾整備，3 外貿埠頭公団，4 公有水面埋立，5 海岸，6 災害，7 港湾運送，8 倉庫，9 空港整備，10 安全，11 公害，12 国土利用，13 都市計画，14 水産，15 地方自治，16 とん税，17 補助金，18 国有財産，19 諸法，20 行政組織

(内容)運輸省所管の海事法令のうち，港湾局の事業に関するものを中心に収録したもの。重要法令には条文ごとに改正経過や参照事項を示す。海運・船舶・船員・海上保安・港湾各六法の5冊からなる海事法令シリーズの1冊。巻末にシリーズ中の全法令名の索引を付す。

港湾六法　平成7年版　運輸省港湾局監修，海事法令研究会編　成山堂書店　1995.3　1786, 15p　21cm　(海事法令シリーズ 5)　14000円　ⓘ4-425-21163-4

(内容)運輸省港湾局の所管法令集。海事法令シ

港湾六法　平成8年度　運輸省港湾局監修，海事法令研究会編著　成山堂書店　1996.3　1830, 15p　21cm　（海事法令シリーズ 5）　14500円　ⓘ4-425-21164-2

(目次)港湾，港湾整備，外貿埠頭公団，公有水面埋立，海岸，災害，港湾運送，倉庫，空港整備，安全，公害，国土利用〔ほか〕

(内容)海運・船舶・船員・海上保安・港湾各六法の5冊からなる海事法令シリーズの一冊。この巻では港湾に関する法令・条約を収録する。内容は1996年1月5日現在。重要法令には条文ごとに改正経過や参照事項を示す。巻末にシリーズ中の全法令名の索引を付す。

港湾六法　平成9年版　運輸省港湾局監修，海事法令研究会編著　成山堂書店　1997.3　1836, 15p　21cm　（海事法令シリーズ 5）　14563円　ⓘ4-425-21165-0

(目次)港湾，港湾整備，外貿埠頭公団，公有水面埋立，海岸，災害，港湾運送，倉庫，空港整備，安全，公害，国土利用，都市計画，水産，地方自治，とん税，補助金，国有財産，諸法，行政組織

港湾六法　平成10年版　運輸省港湾局監修　成山堂書店　1998.3　1852, 15p　21cm　（海事法令シリーズ 5）　15000円　ⓘ4-425-21166-9

(目次)港湾，港湾整備，外貿埠頭公団，公有水面埋立，海岸，災害，港湾運送，倉庫，空港整備，安全，公害，国土利用，都市計画，水産，地方自治，とん税，補助金，国有財産，諸法，行政組織

港湾六法　平成11年版　運輸省港湾局監修，海事法令研究会編著　成山堂書店　1999.3　1918, 15p　21cm　（海事法令シリーズ 5）　15000円　ⓘ4-425-21167-7

(目次)港湾，港湾整備，外貿埠頭公団，公有水面埋立，海岸，災害，港湾運送，倉庫，空港整備，安全，公害，国土利用，都市計画，水産，地方自治，とん税，補助金，国有財産，諸法，行政組織，海事法令関係条約一覧表

(内容)海運・船舶・船員・海上保安・港湾各六法の5冊からなる海事法令シリーズの一冊。この巻では運輸省港湾局の所管法令を中心に集録する。内容は平成11年1月5日現在。重要法令には条文ごとに改正経過や参照事項を示す。巻末にシリーズ中の全法令名の索引を付す。

港湾六法　平成12年版　運輸省港湾局監修，海事法令研究会編著　成山堂書店　2000.3　2039, 15, 5p　21cm　（海事法令シリーズ 5）　17500円　ⓘ4-425-21168-5　Ⓝ683.91

(目次)港湾，港湾整備，外貿埠頭公団，公有水面埋立，海岸，災害，港湾運送，倉庫，空港整備，安全，公害，国土利用，都市計画，水産，地方自治，とん税，補助金，国有財産，諸法，行政組織

(内容)運輸省港湾局の所管法令を収録した法令集。内容は平成12年1月5日現在。法令は港湾，港湾整備，外貿埠頭公団などの20に分類して排列した。ほかに海事法令関係条約一覧を収録。巻末には海事法令シリーズ全5冊の六法の索引を総合法令索引として掲載した。

港湾六法　平成13年版　国土交通省港湾局監修，海事法令研究会編著　成山堂書店　2001.3　2028, 15p　21cm　（海事法令シリーズ 5）　18000円　ⓘ4-425-21169-3　Ⓝ683.91

(目次)港湾，港湾整備，外貿埠頭公団，公有水面埋立，海岸，災害，港湾運送，倉庫，空港整備，安全，公害，国土利用，都市計画，水産，地方自治，とん税，補助金，国有財産，諸法，行政組織

(内容)国土交通省港湾局の所管法令を中心に港湾関連の法令を収録した法令集。内容は2001年1月6日現在。

港湾六法　平成14年版　国土交通省港湾局監修，海事法令研究会編著　成山堂書店　2002.3　2048, 14p　21cm　（海事法令シリーズ 5）　18400円　ⓘ4-425-21170-7　Ⓝ683.91

(内容)港湾関係の法令集。国土交通省港湾局の所管法令を中心に収録。主要法令には条文ごとに改正経過及び参照事項を附す。内容は平成14年2月8日現在。巻末の色紙の頁で海事法令シリーズ計5冊での所在を示す「総合法令索引」を掲載する。

港湾六法　平成15年版　国土交通省港湾局監修，海事法令研究会編著　成山堂書店　2003.3　2048p　21cm　（海事法令シリーズ 5）　18400円　ⓘ4-425-21171-5

(目次)港湾，港湾整備，外貿埠頭整備，公有水面埋立，海岸，災害，港湾運送，倉庫，空港整備，安全，公害，国土利用，都市計画，バリアフリー，水産，地方自治，とん税，補助金，国有財産，諸法，行政組織，海事法令関係条約一覧表

(内容)平成15年1月現在の国土交通省港湾局の所管法令を中心に収録。

港湾六法　平成16年版　国土交通省港湾局監修，海事法令研究会編著　成山堂書店

2004.3　3370p　21cm　（海事法令シリーズ 5）　18700円　①4-425-21172-3

(目次)港湾，港湾整備，外貿埠頭整備，公有水面埋立，海岸，災害，港湾運送，倉庫，空港整備，安全，公害，国土利用，都市計画，バリアフリー，水産，地方自治，とん税，補助金，国有財産，諸法，行政組織

(内容)国土交通省港湾局の所管法令を中心に集録。内容は、平成十六年二月一日現在のものである。

港湾六法　平成17年版　国土交通省港湾局監修，海事法令研究会編著　成山堂書店　2005.3　2572p　21cm　（海事法令シリーズ 5）　21000円　①4-425-21173-1

(目次)港湾，港湾整備，外貿埠頭整備，公有水面埋立，海岸，災害，港湾運送，倉庫，空港整備，安全〔ほか〕

港湾六法　平成19年版　国土交通省港湾局監修，海事法令研究会編著　成山堂書店　2007.3　702p　22×16cm　（海事法令シリーズ 5）　8400円　①978-4-425-21175-3

(目次)港湾，港湾整備，外貿埠頭整備，公有水面埋立，海岸，災害，港湾運送，漁港，地方自治，国有財産，諸法，行政組織

港湾六法　平成20年版　国土交通省港湾局監修，海事法令研究会編著　成山堂書店　2008.3　728, 14p　22cm　（海事法令シリーズ 5）　8800円　①978-4-425-21176-0　Ⓝ683.91

(目次)1 港湾，2 港湾整備，3 外貿埠頭整備，4 公有水面埋立，5 海岸，6 災害，7 港湾運送，8 漁港，9 地方自治，10 国有財産，11 諸法，12 行政組織

<統計集>

数字でみる港湾　'97　運輸省港湾局監修　日本港湾協会　1997.7　221p　15cm　（港湾ポケットブック）　857円

(目次)第1章 わが国の港湾，第2章 港湾利用の現況，第3章 港湾の管理運営，第4章 港湾の計画と整備，第5章 ウォーターフロントへの展開，第6章 港湾の技術開発の推進，第7章 海岸の現況と海岸事業

数字でみる港湾　'99　運輸省港湾局監修　日本港湾協会　1999.7　233p　15cm　（港湾ポケットブック）　857円

(目次)第1章 わが国の港湾，第2章 港湾利用の現況，第3章 港湾の管理運営，第4章 港湾の計画と整備，第5章 ウォーターフロントへの展開，第6章 港湾の技術開発の推進とその普及，第7章 海岸の現況と海岸事業

数字でみる港湾　2000　運輸省港湾局監修　日本港湾協会　2000.7　245p　15cm　（港湾ポケットブック）　858円　Ⓝ683.921

(目次)第1章 わが国の港湾，第2章 港湾利用の現況，第3章 港湾の管理運営，第4章 港湾の計画と整備，第5章 ウォーターフロントへの展開，第6章 港湾の技術開発の推進とその普及，第7章 海岸の現況と海岸事業

(内容)港湾関係のデータブック。現在の港湾の姿を把握するために必要なデータを統計・図表により掲載する。全7章で構成。ほかに参考資料として経済・社会の変化に対応した港湾の整備・管理の在り方について（港湾審議会答申の概要、主要経済・産業データ、港湾関係年表・組織図・関係機関一覧、港湾関連用語解説、港湾関係日本一・世界一、度量衡換算早見表、イメージ・スケール、高規格幹線道路網図、飛行場分布図を収録する。

数字でみる港湾　2001　国土交通省港湾局監修　日本港湾協会　2001.7　253p　15cm　（港湾ポケットブック）〈年表あり〉　858円　Ⓝ683.921

(目次)第1章 わが国の港湾，第2章 港湾利用の現況，第3章 港湾の管理運営，第4章 港湾の計画と整備，第5章 ウォーターフロントへの展開，第6章 港湾の技術開発の推進とその普及，第7章 海岸の現況と海岸事業

(内容)港湾関係の統計データブック。現在の港湾の姿を把握するために必要なデータを統計・図表により掲載する。全7章で構成。ほかに参考資料として、主要経済・産業データ、港湾関係年表・組織図・関係機関一覧、港湾関連用語解説、港湾関係日本一・世界一、度量衡換算早見表などを掲載する。

数字でみる港湾　2002年版　国土交通省港湾局監修　日本港湾協会　2002.7　277p　19cm　（港湾ポケットブック）　858円　Ⓝ683.921

(目次)第1章 わが国の港湾，第2章 港湾利用の現況，第3章 港湾の管理運営，第4章 港湾の計画と整備，第5章 環境への取り組み，第6章 ウォーターフロントへの展開，第7章 港湾の技術開発の推進とその普及，第8章 海岸の現況と海岸事業

数字でみる港湾　2003　国土交通省港湾局監修　日本港湾協会　2003.7　301p　15cm　（港湾ポケットブック）　858円

(目次)第1章 わが国の港湾，第2章 港湾利用の現況，第3章 港湾の管理運営，第4章 港湾の計画と整備，第5章 環境への取り組み，第6章 ウォーターフロントへの展開，第7章 港湾の技術開発の推進とその普及，第8章 海岸の現況と海岸事業，第9章 新たな港湾行政の取り組み，第10章 社会資本整備重点計画法

数字でみる港湾　2004　国土交通省港湾局監修　日本港湾協会　2004.7　299p　19cm　(港湾ポケットブック)　858円

(目次)第1章 わが国の港湾，第2章 港湾利用の現況，第3章 港湾の管理運営，第4章 港湾の計画と整備，第5章 環境への取り組み，第6章 みなとへの展開，第7章 港湾の技術開発の推進とその普及，第8章 海岸の現況と海岸事業，第9章 新たな港湾行政の取り組み，第10章 社会資本整備重点計画法，参考資料

数字でみる港湾　2006年版　国土交通省港湾局監修　日本港湾協会　2006.7　305p　15cm　952円

(目次)第1章 数字でみる港湾(港湾の種類と数，港湾の役割 ほか)，第2章 港湾事業の概要・仕組み(港湾の管理運営，港湾計画 ほか)，第3章 港湾行政の取り組み(港湾の役割，総合物流施策大綱(2005・2009)の概要(平成17年11月閣議決定) ほか)，第4章 海岸の概要(海岸の現況，海岸保全基本方針及び海岸保全基本計画 ほか)，参考資料(港湾関連用語解説，港湾関係年表・組織図・関係機関一覧 ほか)

数字でみる港湾　2007年版　国土交通省港湾局監修　日本港湾協会　2007.7　311p　19cm　953円

(目次)第1章 数字でみる港湾(港湾の種類と数，港湾の役割 ほか)，第2章 港湾行政の概要・仕組み(港湾の役割，港湾の管理運営 ほか)，第3章 港湾行政の取り組み(スーパー中枢港湾プロジェクト，新たな港湾行政の取組 ほか)，第4章 海岸の概要(海岸の現況，海岸保全基本方針及び海岸保全基本計画 ほか)，参考資料(全国総合開発計画(概要)の変遷，港湾整備五(七)箇年計画の変遷 ほか)

数字でみる港湾　2008年版　国土交通省港湾局監修　日本港湾協会　2008.7　303p　15cm　952円　Ⓝ683.921

(目次)第1章 数字でみる港湾(港湾の種類と数，港湾の役割 ほか)，第2章 港湾行政の概要・仕組み(港湾の役割，港湾の管理運営 ほか)，第3章 港湾行政の取り組み(スーパー中枢港湾プロジェクト，新たな港湾行政の取組 ほか)，第4章 海岸の概要(海岸の現況，海岸保全基本方針及び海岸保全基本計画 ほか)

数字でみる港湾　2009年版　国土交通省港湾局監修　日本港湾協会　2009.7　299p　15cm　953円　Ⓝ683.921

(目次)第1章 数字でみる港湾(港湾の種類と数，港湾の役割 ほか)，第2章 港湾行政の概要・仕組み(港湾の役割，港湾の管理運営 ほか)，第3章 港湾行政の取り組み(スーパー中枢港湾プロジェクト，物流の効率化に係る制度 ほか)，第4章 海岸の概要(海岸の現況，海岸保全基本方針及び海岸保全基本計画 ほか)，参考資料

数字でみる港湾　2010　国土交通省港湾局監修　日本港湾協会　2010.7　291p　15cm　(港湾ポケットブック)　952円　Ⓝ683.921

(目次)第1章 数字でみる港湾(港湾の種類と数，港湾の役割 ほか)，第2章 港湾行政の概要・仕組み(港湾の役割，港湾の管理運営 ほか)，第3章 港湾行政の取組(港湾の国際競争力の強化，物流の効率化に係る制度 ほか)，第4章 海岸の概要(海岸の現況，海岸保全基本方針及び海岸保全基本計画 ほか)，参考資料(国土形成計画，全国総合開発計画(概要)の変遷，港湾整備五(七)箇年計画の変遷 ほか)

◆環境教育

<事 典>

環境教育事典　環境教育事典編集委員会編　労働旬報社　1992.6　676p　26cm　17000円　①4-8451-0248-X

(内容)身近にある環境から地球規模の問題まで。次代を担う子どもたちに，何を語り，何を教えるか。明日からの授業のヒントと基礎的な知識が満載。

環境教育辞典　東京学芸大学野外教育実習施設編　東京堂出版　1992.7　283p　21cm　4500円　①4-490-10318-2

(目次)1 学校教育心理，2 社会教育・野外活動，3 自然環境，4 暮らしと生活環境・住民運動，5 国際関係，6 環境経済・環境行政，7 環境倫理・文化・歴史

(内容)教育の視点に立って，環境に関する用語550を選び，専門家106名が解説した辞典。学校教育・社会教育に携わる人々や，環境問題にかかわる機関に必備の辞典。

環境教育指導事典　佐島群巳，鈴木善次，木谷要治，木俣美樹男，小沢紀美子，高橋明子編　国土社　1996.9　333p　21cm　4120円　①4-337-65205-1

(目次)1 環境教育の目的・目標(成立と歴史，目標，環境倫理)，2 環境教育のカリキュラム(指導計画，生活環境，地域環境 ほか)，3 環境教育の方法・評価(探検・観察・調査，実験操作，メディア，評価)

(内容)環境に関する用語を教育現場でどのように取り扱うかを言及した専門事典。冒頭で環境教育の目的・目標を述べ，次にカリキュラムや指導計画，続いて教育の方法・評価の順に章立てし各事項を解説する体系書の形をとる。第2章の「環境教育のカリキュラム」では身近な生活環境から国土・地球まで教育と関連させて解説。

巻末に五十音順の事項索引・人名索引を付す。

子どものための環境用語事典　環境用語編集委員会編　汐文社　2009.4　77p　27cm　〈年表あり 索引あり〉　3200円　Ⓘ978-4-8113-8564-8　Ⓝ519.033

(目次)アースデイ, IPCC, 青潮, 赤潮, 悪臭, アスベスト, 硫黄酸化物, 異常気象, イタイイタイ病, 一酸化炭素 〔ほか〕

(内容)現在大きな問題となっている環境に関する学習のために、必要な用語を集めて解説。

新版 環境教育事典　環境教育事典編集委員会編　旬報社　1999.5　701p　26cm　20000円　Ⓘ4-8451-0573-X

(目次)第1部 環境教育用語解説, 第2部 環境教育実践のすすめかた, 環境教育関係資料, 索引

(内容)環境教育について解説した事典。第1部「環境教育用語解説」、第2部「環境教育実践のすすめかた」の2部構成。第1部は環境教育にかかわる基礎的な概念、用語、人名、生物名が約1600項目掲載されている。第2部は小学校および中学、高校における環境教育の展開の具体例あるいはヒントを95テーマ紹介した。5000項目を立項した索引付き。

＜ハンドブック＞

環境教育ガイドブック　学校の総合学習・企業研修用　芦沢宏生編著, 熊谷真理子資料協力　高文堂出版社　2003.4　465p　26cm　〈付属資料：CD-ROM1〉　3333円　Ⓘ4-7707-0698-7

(内容)どうして、みんな、だれでも、環境を汚染するのか。どうやって、環境を汚染しないように学習したらいいのか。幼いうちに、小さい頃から環境教育を行ったら、汚染は少なくなるのではないか。本書は、みんなが環境教育をどうやって始めたらよいのかを考えるために刊行した。

環境教育がわかる事典　世界のうごき・日本のうごき　日本生態系協会編著　柏書房　2001.4　429p　21cm　3800円　Ⓘ4-7601-1927-2　Ⓝ375

(目次)環境問題とこれからの社会, 環境教育が目指すもの, わが国の環境教育に必要な視点, 環境教育の体制を海外に学ぶ, 先進的なカリキュラムを海外に学ぶ, 環境教育を進めるポイントから実践まで, 市民として行動する, 指導者に求められるもの, まとめ展望

(内容)環境教育の基本的なとらえ方から、わが国の現状、海外の進んだ環境教育の体制やカリキュラム、環境教育の実践ガイド、市民としての行動例や指導者のあり方、将来への展望までを解説したもの。

平和・人権・環境 教育国際資料集　堀尾輝久, 河内徳子編　青木書店　1998.11　540p　21cm　8000円　Ⓘ4-250-98031-6

(目次)地球時代へ向けて—平和・人権・共生の文化を, 地球時代の人権教育—歴史と内容, 平和教育—非武装世界をめざして, 子どもの権利, 女性差別の撤廃と男女平等社会への道, 障害者の人権, 先住・少数民族の人権, 環境問題と環境教育, 国際連合憲章(抄), 国際連合教育科学文化機関憲章「ユネスコ憲章」, 世界人権宣言 〔ほか〕

◆循環型社会

＜事 典＞

循環型社会キーワード事典　廃棄物・3R研究会編, 山本耕平編集代表　中央法規出版　2007.10　215p　21cm　1800円　Ⓘ978-4-8058-4768-8

(目次)第1章 ごみ問題の背景, 第2章 ごみ処理の仕組みと技術, 第3章 有害廃棄物の処理と環境保全, 第4章 循環型社会をめざす法律, 第5章 ごみ問題と地方自治体, 第6章 品目別3Rの現状, 第7章 産業廃棄物の現状, 第8章 循環型社会への潮流, 第9章 国際資源循環の潮流, 第10章 海外の制度

(内容)ごみ, 廃棄物, 3R(リデュース、リユース、リサイクル), 循環型社会をめぐる100のキーワードをわかりやすく解説。

＜年鑑・白書＞

循環型社会白書　循環型社会におけるライフスタイル、ビジネススタイル　平成14年版　環境省編　ぎょうせい　2002.5　165p　30cm　1524円　Ⓘ4-324-06870-4　Ⓝ518.523

(目次)第1部 平成13年度循環型社会の形成の状況に関する年次報告(循環型社会におけるライフスタイル、ビジネススタイル・リデュース・リユース・リサイクルを推進するリ・スタイル(Re-Style), 循環資源の発生、循環的な利用及び処分の状況, 循環型社会の形成に向けた制度の整備状況, 廃棄物等の発生抑制及び循環資源の循環的な利用に関する取組の状況 ほか), 第2部 平成14年度において講じようとする循環型社会の形成に関する施策(概説, 循環型社会形成推進基本計画の策定等, 廃棄物等の発生抑制, 循環資源の循環的な利用 ほか)

(内容)「環境白書」から焦点を絞り込み、国民に身近で社会的な関心が非常に高い廃棄・リサイクル問題を中心に、循環型社会の形成に向けた様々な取組についてまとめた資料集。本年のテーマは「循環型社会におけるライフスタイル、ビジネススタイル」。我が国が目指すべき循環

型社会のイメージを、技術開発推進型、ライフスタイル変革型、環境産業発展型の3タイプを提示する。巻末資料3種と参考文献リスト、索引あり。

循環型社会白書 循環型社会への道筋「循環型社会形成推進基本計画」について 平成15年版 環境省編 ぎょうせい 2003.5 8, 209p 30×22cm 1524円 ①4-324-07126-8

(目次)第1部 平成14年度循環型社会の形成の状況に関する年次報告(循環型社会への道筋―「循環型社会形成推進基本計画」について, 廃棄物等の発生、循環的な利用及び処分の状況, 循環型社会の形成に向けた国の取組, 循環型社会の形成に向けた各主体の取組), 第2部 平成15年度において講じようとする循環型社会の形成に関する施策(概説, 循環型社会の形成に向けた国の取組)

(内容)本書では、循環型社会への道筋を示す循環型社会基本計画をできるだけ分かりやすく紹介する。

循環型社会白書 "もったいない"を地域に、そして世界に 平成17年版 循環型社会の構築に向けたごみの3Rの推進 環境省編 ぎょうせい 2005.6 204p 30cm 1524円 ①4-324-07717-7

(目次)第1部 平成16年度循環型社会の形成の状況(循環型社会の構築に向けたごみの3Rの推進―"もったいない"を地域に、そして世界に, 廃棄物等の発生、循環的な利用及び処分の状況, 循環型社会の形成に向けた国の取組, 循環型社会の形成に向けた各主体の取組), 第2部 平成17年度循環型社会の形成に関する施策(概説, 循環型社会の形成に向けた国の取組)

循環型社会白書 我が国と世界をつなげる「3R」の環 平成18年版 世界に発信する我が国の循環型社会づくりへの改革 環境省編 ぎょうせい 2006.5 232p 30cm 1571円 ①4-324-07976-5

(目次)第1部 平成17年度循環型社会の形成の状況(世界に発信する我が国の循環型社会づくりへの改革―我が国と世界をつなげる「3R」の環, 廃棄物等の発生、循環的な利用及び処分の状況, 循環型社会の形成に向けた国の取組, 循環型社会の形成に向けた各主体の取組), 第2部 平成18年度循環型社会の形成に関する施策(概説, 循環型社会の形成に向けた国の取組), 巻末資料

リサイクル

<事典>

絵で見てわかるリサイクル事典 ペットボトルから自動車まで エコビジネスネットワーク編 日本プラントメンテナンス協会 2000.3 147p 26cm 2000円 ①4-88956-181-1 ⓃR518.523

(目次)資源循環型社会とリサイクル, 絵で見てわかるリサイクル(古紙, 難再生古紙, スチール缶, アルミ缶, ガラスびん ほか), 関連資料(ごみ排出量および処理量の推移, 産業廃棄物・業種別排出量, 産業廃棄物・種類別排出量, 産業廃棄物の種類別再生利用率, 中間処理における減量化率および最終処分率排出量に対する割合, 産業廃棄物の総排出量, 再生利用量, 減量化量, 最終処分場の年間推移 ほか)

(内容)リユース、リサイクルの取り組みを紹介した資料集。ペットボトル、自動車など代表的な30の廃棄物がリサイクル製品となるまでのプロセスについてイラストを交えて解説。各製品について環境問題からの背景もあわせて掲載している。巻末には関連資料を収録。

環境・自動車リサイクル辞典 JARA(全日本自動車リサイクル事業連合)監修 日報出版 2010.7 298p 21cm 〈他言語標題: The Dictionary of Automobile Recycling〉 2000円 ①978-4-89086-255-9 ⓃR537.09

(内容)自動車リサイクルに関わる用語約2000語を収録した辞典。自動車リサイクル業界に必須の用語のほか、直接・間接的に関わる環境分野の用語、将来業界に必要と思われる知識・技術・機器の用語など幅広く収集。

生活用品リサイクル百科事典 私たちにもできる地球温暖化を防ぐ4つのR習慣 下巻 ジャン・マクハリー著, 斉藤洋子訳 産調出版 1998.4 320p 19cm (ガイアブックシリーズ) 1800円 ①4-88282-178-8

リサイクルの百科事典 安井至〔ほか〕編 丸善 2002.2 859p 22cm 20000円 ①4-621-04956-9 ⓃR518.523

(内容)リサイクルに関わる知識をまとめた事典。技術面のみならず社会システムや法的な枠組みもとりあげる。体系的記述の総論と五十音順排列の各論で構成する。日本語見出しの漢字表記、欧文表記、解説、執筆者名を記載, 図表を多数掲載する。巻末に和文索引、英和索引がある。

<名 簿>

全国 リサイクルショップガイド 〔保存版〕 リサイクル文化編集グループ編 リサイクル文化社, 星雲社〔発売〕 1997.1 404p 26cm 1456円 ①4-7952-5907-0

(目次)東日本編(ファッション, リビング, ファッション・リビング, レコード・CD・ブック, リフォーム・リペア・ギフト券, チケット・その

他),西日本編(ファッション,リビング,レコード・CD,ブック,リフォーム・リペア・ギフト券・チケット・その他),公共リサイクル情報,リサイクルショップ・オーナー座談会

得々リサイクルSHOPガイド 関西版 関西・リサイクル文化編集グループ編 リサイクル文化社 1994.5 239p 17cm 1000円 ①4-7952-5889-9

(目次)私のエコロジーLife,衣類,家具・電化製品など,コミック・書籍・ファミコンソフト,中古レコード・CD,楽器,リフォーム・修理,ギフト券,フリーマーケット情報,環境団体情報

(内容)近畿地区のリサイクルショップ,のべ933店を取扱い品目により7つに分類して掲載したもの。

リサイクルショップガイド 首都圏版 保存本 リサイクル文化社編集部編 リサイクル文化社,星雲社〔発売〕 1999.6 252p 26cm 1200円 ①4-7952-5922-4

(目次)東京23区,東京都下,神奈川県,千葉県,埼玉県

(内容)東京・神奈川・千葉・埼玉のリサイクルショップ1200店を収録したガイドブック。巻末に、索引を付す。

リサイクルショップガイド 2002 関東版 リサイクル文化社編集部編 リサイクル文化社,星雲社〔発売〕 2002.3 284p 26×21cm 1200円 ①4-7952-5936-4 Ⓝ673.7

(目次)人気スポット―リサイクルショップ人気スポットガイド,Q&A方式―賢く利用して満足度・ブランドリサイクルナビ,検索サイト―売りたいとき,探したいときに聞く!中古ショップ検索サイト「おいくら」5つの魅力,ネット通販―インターネットで楽々リサイクル賢い活用法教えます,なるほどガッテン―プロ店員さんが教えてくれた「うん,これなら分かる」リサイクルショップ200%活用術,法律編―知らないと損をするリサイクルの法律知識,リサイクルショップ情報(東京23区,都下,神奈川県,千葉県,埼玉県,関東7県)

(内容)関東近郊1都10県のリサイクルショップを紹介するガイドブック。3800店舗を収録。都県別に構成。各店舗の名称,交通,営業時間,サービス,取扱品目などを記載している。この他,リサイクルショップ人気スポットガイド,リサイクルショップ検索サイト,リサイクルの法律知識なども掲載。巻末に自治体直営のリユース・サービス制度,民間のフリーマーケット主催団体一覧,都県別索引を付す。

リサイクルショップガイド 2004関東版 リサイクル文化社編集部編 リサイクル文化社,星雲社〔発売〕 2004.1 187p 26×21cm 1200円 ①4-7952-5945-3

(目次)リサイクルライフを謳歌する4人の達人が登場―我こそリサイクル自由人,「人気スポット」ぶらりお楽しみショッピング!―銀座/下北沢/恵比寿・代官山/自由が丘/吉祥寺,天気のいい休日はぶらりーお宝&掘出し物発見散歩!,ショップオーナーに聞きました!売る,買う自在のリサイクル名人になるために―知っておきたい基礎知識15,リサイクルでトラブルに巻き込まれないために…―トラブル解消のための10ポイント,リサイクル関連サイトガイド リサイクルショップ検索サイトパソコンフル活用で快適リサイクルライフ!,リサイクルショップ情報

(内容)1都6県リサイクルショップ,950軒お店情報満載。

<ハンドブック>

インバース・マニュファクチャリングハンドブック ポストリサイクルの循環型ものづくり インバース・マニュファクチャリングフォーラム監修,木村文彦,梅田靖,高橋慎治,田中信寿,永田勝也ほか編 丸善 2004.3 581p 26cm 30000円 ①4-621-07388-5

(目次)第1部 基礎編(環境問題と製造業,循環型生産―インバース・マニュファクチャリング,インバース・マニュファクチャリングの社会環境),第2部 技術編(設計技術,製造・逆製造技術,ライフサイクル管理,廃棄物の資源化・適正処分技術,評価),第3部 応用編(自動車,複写機,パソコン,レンズ付きフィルム,自動販売機,スケルトン・インフィル―鹿島建設の取組み,鉄道車両―JR東日本の取組み,家電,素材産業―帝人グループの取組み)

(内容)本書は以下のように構成している。第1部は,インバース・マニュファクチャリングの基本的な考え方を環境問題の中で位置づけ,社会環境における位置づけを含めて整理した。ここで整理された基本概念を実現するための方法論を展開するのが第2部である。インバース・マニュファクチャリングに必要な基本的な技術の視点は網羅するように心がけたが,特に第4章「設計技術」は,ある程度充分な整理が行えたと考えている。第3部は製造業の現場で実践されているインバース・マニュファクチャリングに向けた取組み事例を紹介する。ここでは網羅性は必ずしも充分でないが,インバース・マニュファクチャリングという考え方が,ときに真正面から,ときに形を変え,ものづくりの場に浸透しつつある姿を見ることができる。

解体・リサイクル制度研究会報告 自立と連携によるリサイクル社会の構築と環境産業の創造を目指して 建築解体廃棄物対

策研究会編　大成出版社　1998.11　162p　30cm　950円　Ⓘ4-8028-8337-4

[目次]1 解体・リサイクル制度研究会報告，2 施策の要旨，3 「解体・リサイクル制度研究会中間報告」に関する有識者ヒアリング結果，4 欧州調査結果，5 参考(解体・リサイクル制度研究会中間報告，解体廃棄物処理に関する手引き，特殊な廃棄物等処理マニュアル)

[内容]建築解体廃棄物に関して，検討の背景，リサイクル促進に当たっての現状と問題点，あるべきリサイクルシステム構築のために必要な施策について検討し，とりまとめた報告書。

資源循環技術ガイド　2000　環境新聞編集
部編　環境新聞社　1999.11　135p　26cm　2500円　Ⓘ4-905622-55-7

[目次]総論(循環型経済社会の構築のために，製品生産とリサイクルについて，建設廃棄物の処理とリサイクル，「家電リサイクル法」の実施に向けて，容器包装リサイクル法運用の現状と今後の展望，有機系廃棄物の循環利用促進と課題，焼却・ガス化溶融技術等を展望する，産業廃棄物処理業界の現状と展望)，資源循環技術ガイド2000(都市ごみ処理，産業廃棄物処理，各種再資源化，汚泥・排水処理，その他の技術)

プラスチックリサイクル市場　2002年
シーエムシー出版　2002.6　383p　26cm　65000円　Ⓘ4-88231-362-6　Ⓝ578.4

[目次]第1章 総論編(プラスチックとリサイクル定義，プラスチックの市場構造，わが国のプラスチック生産・廃棄・再資源化の状況 ほか)，第2章 樹脂別プラスチックリサイクル状況(熱可塑性樹脂，熱硬化性樹脂，エンジニアリングプラスチック)，第3章 混合廃プラスチックのリサイクル(技術ケミカルリサイクル(フィードストックリサイクル)，サーマルリサイクル技術)

容器包装リサイクル法 分別収集事例集　2
厚生省生活衛生局水道環境部環境整備課リサイクル推進室編　(川崎)日本環境衛生センター　1999.12　103p　30cm　800円　Ⓝ518.523

[目次]第1編 事例編(釧路市(北海道)，小田原市(神奈川県)，碧南市(愛知県)，新湊市(富山県)，田辺市(和歌山県)，松山市(愛媛県)，太宰府市(福岡県)，宮崎市(宮崎県)，菊地市(熊本県))，第2編 資料編(全国市町村資源化状況マップ，分別基準適合物の引き取り品質ガイドライン，紙製容器包装及びプラスチック製容器包装の分別基準の運用方針)

リサイクル環境保全ハンドブック　環境庁
企画調整局環境保全活動推進室監修　公害研究対策センター　1992.5　132p　21cm　1500円

[目次]1 古紙，2 ガラスびん，3 自動車，4 大型家電製品，5 スチール缶，6 アルミ缶，7 鉄鋼スラグ，8 建設系廃材，9 石炭灰，用語集

リサイクル産業計画総覧　1997年度版
産業タイムズ社　1997.2　221p　26cm　15000円　Ⓘ4-915674-97-5

[目次]第1章 廃棄物・資源問題とリサイクル型社会の構築，第2章 容器包装リサイクル法施行と再資源化計画，第3章 プラスチックのリサイクル技術と開発状況，第4章 ガラスびん、缶、紙等のリサイクル技術と開発状況，第5章 製造業におけるリサイクル技術と開発状況，第6章 全国自治体のリサイクル施設整備計画，第7章 関連資料

[内容]容器包装リサイクル法対応再資源化技術・装置と施設整備計画の全容。

リサイクル全生活ガイド　首都圏版　リサイクル文化編集グループ編　リサイクル文化社，星雲社〔発売〕　1993.10　207p　17cm　1000円　Ⓘ4-7952-5881-3

[目次]1章 地域リサイクル情報，2章 資源リサイクル情報，3章 環境、リサイクル関連団体情報

[内容]フリーマーケット，リサイクルショップから資源回収、環境活動までのリサイクル情報、関連団体情報をまとめたガイドブック。

<年鑑・白書>

プラスチック・リサイクル年鑑　1997年版　プラスチック・リサイクリング学会編　環境新聞社　1997.1　301p　30cm　19418円　Ⓘ4-905622-29-8

[目次]「プラスチック再生材料の工学的評価」，「LCAとエコデザイン・グリーン調達」，「LCAにおける環境負荷の評価」，「エコマテリアルとしてのプラスチック」，「地球環境問題とエコライフ」，「国内のプラスチックリサイクル最新事情」，「プラスチックリサイクリングへの取り組み姿勢にみるアジア、欧米の比較」，「欧米におけるリサイクル技術の開発状況」，「家電製品のリサイクル最新動向」，「自動車部品のリサイクル最新動向」〔ほか〕

<統計集>

ごみ・リサイクル統計データ集　2006　日本能率協会総合研究所編　生活情報センター　2006.6　317p　30×21cm　14800円　Ⓘ4-86126-264-X

[目次]第1章 容器包装リサイクル，第2章 製品リサイクル，第3章 資源リサイクル，第4章 ごみ，第5章 産業廃棄物，第6章 環境保護

(内容)ごみ・リサイクルに関するあらゆる分野の最新データを収録。企業活動での環境対策の基礎資料に、ビジネスの企画立案、各種の調査研究に。

◆リサイクル(規格)

<ハンドブック>

JISハンドブック 54 リサイクル 日本規格協会編 日本規格協会 2001.1 692p 21cm 5000円 ①4-542-17054-3 ⑩519.7
(目次)リサイクル製品、リサイクル可能な素材を使用した製品、リサイクルのための表示・分類、リサイクルにかかわる試験方法、適性処理にかかわる試験方法、その他・資源環境全般、参考
(内容)2000年10月末日現在におけるJISの中から、リサイクルに関係する主なJISを収集し、利用者の要望等に基づき使いやすさを考慮し、必要に応じて内容の抜粋などを行ったハンドブック。

JISハンドブック 2003 54 リサイクル 日本規格協会編 日本規格協会 2003.1 900p 21cm 5000円 ①4-542-17194-9
(目次)リサイクル製品、リサイクル可能な素材を使用した製品、リサイクルのための表示・分類、リサイクルにかかわる試験方法、適正処理にかかわる試験方法、その他・資源環境全般、参考

JISハンドブック 2007 54 リサイクル 日本規格協会編 日本規格協会 2007.6 1219p 21cm 7100円 ①978-4-542-17542-6
(目次)リサイクル製品、リサイクル可能な素材を使用した製品、リサイクルのための表示・分類、リサイクルにかかわる試験方法、適正処理にかかわる試験方法、その他・資源環境全般、参考

エネルギー問題

エネルギー問題全般

<事典>

エネルギーの百科事典 茅陽一，鈴木浩，中上英俊，西広泰輝，村田稔，森信昭編　丸善　2001.9　633p　21cm　17000円　Ⓘ4-621-04906-2　Ⓝ501.6
〔目次〕総論（エネルギーと文明，エネルギーと資源，自然のエネルギー，エネルギーと経済発展，エネルギーと環境問題，エネルギー政策と規制緩和，エネルギーと安全，エネルギーで見た評価，エネルギーの法則，熱と仕事エネルギー，エネルギーを測る，暮らしとエネルギー，ライフスタイルとエネルギー，ビジネスとエネルギー，産業とエネルギー，乗り物とエネルギー，エネルギー供給システム，エネルギーを送る・貯める，化石エネルギー，再生可能エネルギー，原子力エネルギー，エネルギー利用の効率化，エネルギー供給の効率化，廃棄物とエネルギー，情報とエネルギー，未来のエネルギー），各論，付録，和文索引・英和索引
〔内容〕エネルギー問題の諸側面をできるだけ平易な形で，しかも総合的な視点から記述しようとした総合資料集。総論と各論からなる。「単位換算表」「各種エネルギーの発熱量」などの付録，和文索引・英和索引付き。

最新 エネルギー用語辞典 中井多喜雄著　朝倉書店　1994.11　307p　21cm　9064円　Ⓘ4-254-20080-3
〔内容〕化石燃料，ごみの有効利用，燃焼理論など多種多様なエネルギー問題の用語を解説した事典。1800語を五十音順に掲載する。英和索引を巻末に付す。

天然資源循環・再生事典 Hans Zoebelein編，藤森隆郎，西田篤実，石井正監訳　丸善　2003.3　505p　21cm〈原書第2版　原書名：Dictionary of Renewable Resources, Second, revised and enlarged edition〉15000円　Ⓘ4-621-07188-2
〔内容〕天然資源循環，再生について科学的，技術的に解説した事典。天然資源循環，再生の歴史，定義，現状と展望などを記載。本文はアルファベット順に排列。巻末に索引付き。

<ハンドブック>

エネルギー総合便覧 '90-'91 日本工業新聞社編　日本工業新聞社　1990.12　972p　22cm　24272円　Ⓘ4-8191-0317-2　Ⓝ501.6
〔内容〕わが国最大の課題である「成長、エネルギー、環境」のトリレンマを総合的に理解できるようデータ中心に編集したハンドブック。

エネルギー総合便覧 '91-'92 日本工業新聞社編　日本工業新聞社　1991.12　971p　21cm　25000円　Ⓘ4-8191-0318-0　Ⓝ501.6
〔目次〕第1部 総論，第2部 石油，第3部 石炭，第4部 電力，第5部 原子力，第6部 ガス，第7部 新エネルギー，第8部 省エネルギー，第9部 巻末資料

エネルギー総合便覧 '92-'93 日本工業新聞社編　日本工業新聞社　1992.12　1007p　21cm　25000円　Ⓘ4-8191-0319-9
〔目次〕第1部 総論，第2部 石油，第3部 石炭，第4部 電力，第5部 原子力，第6部 ガス，第7部 新エネルギー，第8部 省エネルギー，第9部 巻末資料
〔内容〕21世紀に向け最大の課題である「成長、エネルギー、環境」のトリレンマを総合的に理解できるようデータ中心に重点編集。電力、石油、ガス、石炭などエネルギー産業界、エネルギー需要業界、エネルギー問題に関心をもつ方々に必携。

家庭用エネルギーハンドブック 1999年版 住環境計画研究所編　省エネルギーセンター　1999.3　237p　19cm　2400円　Ⓘ4-87973-192-7
〔目次〕1編 エネルギー消費量（世帯当たりエネルギー種別光熱費消費支出の推移，家庭用エネルギー価格の推移，エネルギー種別消費原単位の推移，用途別エネルギー消費原単位の推移，5分位階級別光熱費支出の推移，二酸化炭素排出量の推移），2編 エネルギー消費要因（経済要因，気候要因，世帯要因，住宅要因，設備要因），付録（部門別最終エネルギー消費量の推移，家庭用エネルギーハンドブック簡略版（ジュール換算表），参考文献一覧）
〔内容〕家庭用エネルギー消費の推移を中心に、家庭用エネルギー消費の要因を分析する上で欠か

すことのできない、世帯に関するデータ、家計に関するデータ、住宅に関するデータ、設備に関するデータ等をとりまとめたもの。

家庭用エネルギーハンドブック　2009年版　住環境計画研究所編　住環境計画研究所，省エネルギーセンター（発売）　2009.2　245p　19cm　〈1999年版の出版者：省エネルギーセンター　文献あり〉　2600円
①978-4-87973-355-9　Ⓝ501.6

(目次) 1編 エネルギー消費量(世帯当たりエネルギー種別光熱費消費支出の推移，家庭用エネルギー価格の推移，エネルギー種別消費原単位の推移，用途別エネルギー消費原単位の推移，5分位階級別光熱費支出の推移，世帯当たり二酸化炭素排出量の推移，家庭用エネルギーの国際比較)，2編 エネルギー消費要因(経済要因，気候要因，世帯要因，住宅要因，設備要因)

(内容)家庭用エネルギー消費の推移を中心に、家庭用エネルギー消費の要因を分析する上で欠かすことのできない、世帯に関するデータ、家計に関するデータ、住宅に関するデータ、設備に関するデータ、また諸外国との家庭用エネルギー消費比較等をとりまとめて収録する。

<年鑑・白書>

アジア・エネルギービジョン　総合エネルギー調査会国際エネルギー部会中間報告　通商産業省資源エネルギー庁編　通商産業調査会　1995.10　166p　21cm　2800円　①4-8065-2509-X

(目次) 1 アジア地域のエネルギー情勢，2 アジア地域のエネルギーにおける基本的課題，3 新たな国際エネルギー政策の考え方，4 今後の対応策の提言

エネルギー　2000　資源エネルギー庁編
電力新報社　1999.10　271p　21cm　1800円
①4-88555-247-8

(目次) 1 我が国のエネルギー政策のあり方(我が国のエネルギーフロー，エネルギー政策の基本的考え方，エネルギー・セキュリティの確保，環境問題，経済成長の促進/規制緩和の動き)，2 我が国のエネルギー需要の現状と今後の対策(最近のエネルギー需要動向，需要サイドの取り組み―省エネルギー対策)，3 我が国のエネルギー供給の現状と今後の対策(最近のエネルギー供給の動向，一次エネルギー，二次エネルギー，従来型エネルギーの新利用形態)，4 エネルギー政策の仕組み(行政の体制，予算，税制，広報，国際的枠組み)，資料編(世界のエネルギー資源埋蔵量，石油・天然ガス・石炭の主要生産国，世界のエネルギー消費の推移，主要国のエネルギー供給構成，エネルギー構成の推移(日本)，エネルギー構成の推移(アメリカ)，エネルギー構成の推移(イタリア)，エネルギー構成の推移(ドイツ)，エネルギー構成の推移(フランス)，エネルギー構成の推移(イギリス)，エネルギー構成の推移(カナダ)，主要国の発電電力量の構成 ほか)，付録 エネルギー関連用語和英一覧

(内容)エネルギーを取り巻く諸問題や国のエネルギー政策について解説し、資源エネルギー関係統計データやエネルギー関係の主要資料を収録したもの。本文編は全4章から構成され、エネルギーを巡る最近の情勢やエネルギー政策の基本的方向性などの全体像をはじめ、最近の需要側の部門別動向や供給側のエネルギー源別情勢まで解説した。資料編では、本文編に対応したより細かいデータを時系列でまとめた。エネルギー関連用語和英一覧付き。

エネルギー　2001　資源エネルギー庁編
電力新報社　2001.2　287p　21cm　1800円
①4-88555-254-0　Ⓝ501.6

(目次) 1 我が国のエネルギー政策のあり方(我が国のエネルギーフロー，エネルギー政策について，エネルギー・セキュリティの確保，環境問題，経済成長の促進/規制緩和の動き)，2 我が国のエネルギー需要の現状と今後の対策(最近のエネルギー需要動向，需要サイドの取り組み―省エネルギー対策)，3 我が国のエネルギー供給の現状と今後の対策(最近のエネルギー供給の動向，一次エネルギー，二次エネルギー，従来型エネルギーの新利用形態)，4 エネルギー政策の仕組み(行政の体制，予算，税制，広報，国際的枠組み)，資料編(世界のエネルギー情勢，我が国のエネルギー需要の現状と今後の対策，我が国のエネルギー供給の現状と今後の対策)

(内容)エネルギーを取り巻く諸問題や国のエネルギー政策について解説し、資源エネルギー関係統計データやエネルギー関係の主要資料を収録したもの。

エネルギー　2004　資源エネルギー庁編
エネルギーフォーラム　2004.1　284p　21cm　1800円　①4-88555-290-7

(目次) 1 我が国のエネルギー政策のあり方(我が国のエネルギーフロー，今後のエネルギー政策について ほか)，2 我が国のエネルギー需要の現状と今後の対策(最近のエネルギー需要動向，需要サイドの取り組み(省エネルギー対策))，3 我が国のエネルギー供給の現状と今後の対策(最近のエネルギー供給の動向，一時エネルギー ほか)，4 エネルギー政策の仕組み(行政の体制，予算，税制 ほか)，資料編(世界のエネルギー情勢，我が国のエネルギー需要の現状と今後の対策 ほか)

(内容)国内のエネルギー情勢から世界のエネルギー情勢まで、あまねく網羅した決定版。

エネルギー問題全般　　　　　エネルギー問題

エネルギー白書　2004年版　強靱でしなやかなエネルギー・システムの構築に向けて　経済産業省編　ぎょうせい　2004.6　361p　30cm　2667円　①4-324-07405-4

(目次)平成15年度の重要事項，エネルギーと国民生活・経済活動，第1部 エネルギーを巡る課題と対応，第2部 エネルギー動向，第3部 エネルギー政策基本法とエネルギー基本計画，第4部 平成15年度においてエネルギーの需給に関して講じた施策の概況

(内容)エネルギー政策基本法及びエネルギー基本計画において示された「安定供給の確保」、「環境への適合」及び「市場原理の活用」という3つの観点から見たエネルギーをめぐる課題と対応を明らかにするとともに、平成15年度においてエネルギーの需給に関して講じた施策の概況などについて取りまとめている。

エネルギー白書　2005年版　エネルギー安全保障と地球環境　経済産業省編　ぎょうせい　2005.11　366p　30cm　2667円　①4-324-07688-X

(目次)平成16年度の重要事項，エネルギーと国民生活・経済活動，第1部 エネルギーを巡る課題と対応（エネルギーを巡る課題，課題への対応の基本的考え方，これまでのエネルギー政策の成果と今後の取組），第2部 エネルギー動向（国内エネルギー動向，国際エネルギー動向），第3部 平成16年度においてエネルギーの需給に関して講じた施策の概況

エネルギー白書　2006年版　エネルギー安全保障を軸とした国家戦略の再構築に向けて　経済産業省編　ぎょうせい　2006.7　323, 65p　30cm　3000円　①4-324-07992-7

(目次)平成17年度の重要事項（国際エネルギー市場の構造変化，各国のエネルギー政策，我が国のエネルギー政策），第1部 エネルギーを巡る課題と対応（エネルギーを巡る課題と対応方針，具体的取組），第2部 エネルギー動向（エネルギーと国民生活・経済活動，国内エネルギー動向 ほか），第3部 平成17年度においてエネルギーの需給に関して講じた施策の概況（平成17年度に講じた施策について，エネルギー需要対策の推進 ほか），参考資料，新・国家エネルギー戦略

エネルギー白書　2007年版　原油価格高騰を乗り越えて　経済産業省編　山浦印刷出版部　2007.8　350p　30cm　2857円　①978-4-9903175-1-5

(目次)第1部 エネルギーを巡る課題と対応（原油高に対する我が国の耐性強化とエネルギー政策，エネルギーを巡る環境変化と各国の対応，グローバルな視点に立った我が国エネルギー政策の進化），第2部 エネルギー動向（国内エネルギー動向，国際エネルギー動向），第3部 平成18年度においてエネルギーの需給に関して講じた施策の概況（平成18年度に講じた施策について，エネルギー需要対策の推進，多様なエネルギー開発・導入及び利用，石油の安定供給確保等に向けた戦略的・総合的取組の強化，エネルギー環境分野における国際協力の推進，緊急時対応の充実・強化，電気事業制度・ガス事業制度のあり方，長期的・総合的かつ計画的に講ずべき研究開発等，広聴・広報・情報公開の推進及び知識の普及）

エネルギー白書　2008年版　原油価格高騰 今何が起こっているのか？　経済産業省編　山浦印刷出版部　2008.9　274p　30cm　2900円　①978-4-99031-753-9　Ⓝ501.6

(目次)第1部 エネルギーを巡る課題と対応（原油価格高騰の要因及びエネルギー需給への影響の分析，地球温暖化問題解決に向けた対応），第2部 エネルギー動向（国内エネルギー動向，国際エネルギー動向），第3部 平成19年度においてエネルギーの需給に関して講じた施策の概況（平成19年度に講じた施策について，エネルギー需要対策の推進，多様なエネルギー開発・導入及び利用 ほか）

エネルギー白書　2009年版　経済産業省編　エネルギーフォーラム　2009.9　243p　30cm　①978-4-88555-361-5　Ⓝ501.6

(内容)エネルギー政策基本法に基づく白書。世界のエネルギー情勢に対する現状認識、エネルギーに関する様々な課題と我が国の対応の現状について紹介し、平成20年度に講じた施策概況をまとめる。

エネルギー白書　2010年版　エネルギー安全保障の定量評価による国際比較 再生可能エネルギー導入拡大への視座　経済産業省編　新高速印刷，全国官報販売協同組合（発売）　2010.8　324p　30cm　3000円　①978-4-903944-05-0　Ⓝ501.6

(目次)第1部 エネルギーをめぐる課題と今後の政策（各国のエネルギー安全保障の定量評価による国際比較，再生可能エネルギーの導入動向と今後の導入拡大に向けた取組），第2部 エネルギー動向（エネルギーと国民生活・経済活動，国内エネルギー動向，国際エネルギー動向），第3部 平成21年度においてエネルギーの需給に関して講じた施策の概況（平成21年度に講じた施策について，エネルギー需要対策の推進，多様なエネルギー開発・導入及び利用，石油の安定供給確保等に向けた戦略的・総合的取組の強化，エネルギー環境分野における国際協力の推進，緊急時対応の充実・強化，電気事業制度・ガス事業制度のあり方，長期的・総合的かつ計画的に講ずべき研究開発等，広聴・広報・情報公開の推進及び知識の普及）

エネルギー問題全般

交通関係エネルギー要覧　平成12年版　国土交通省総合政策局情報管理部編　財務省印刷局　2001.3　75p　21cm　1500円　①4-17-191255-5　Ⓝ680.59

(目次)総説(2000年における交通環境をめぐる動き,地球環境問題の現状),資料編(世界のエネルギー情勢,我が国のエネルギー情勢,交通部門のエネルギー情勢)

(内容)我が国の交通環境やエネルギー事情のデータを収めた資料集。平成12年3月現在の石油の国家備蓄についてなどを解説。巻末に付録として換算表と各種エネルギーの発熱量を掲載する。

交通関係エネルギー要覧　平成13・14年版　国土交通省総合政策局情報管理部編　財務省印刷局　2002.7　78p　21cm　1800円　①4-17-191256-3　Ⓝ680.59

(目次)総説(地球温暖化問題をめぐる動き,地球環境問題の現状),資料編(世界のエネルギー情勢,我が国のエネルギー情勢,交通関係のエネルギー情勢),付録1 換算表,付録2 各種エネルギーの発熱量

交通関係エネルギー要覧　平成15年版　国土交通省総合政策局情報管理部監修　財務省印刷局　2003.3　55p　21cm　1600円　①4-17-191257-1

(目次)1 世界のエネルギー情勢(世界のエネルギー資源埋蔵量,主要国のエネルギー消費量の推移,主要国のエネルギー消費諸元の推移 ほか),2 我が国のエネルギー情勢(一次エネルギー供給の推移,我が国の地域別,国別原油輸入量の推移,石油の国家備蓄(平成15年3月現在) ほか),3 交通関係のエネルギー情勢(エネルギー需給,エネルギー輸送,エネルギー輸送施設),付録1 運輸部門におけるエネルギー消費,付録2 換算表,付録3 各種エネルギーの発熱量

交通関係エネルギー要覧　平成16年版　国土交通省総合政策局情報管理部監修　国立印刷局　2004.3　54p　21cm　1600円　①4-17-191258-X

(目次)1 世界のエネルギー情勢(世界のエネルギー資源埋蔵量,主要国のエネルギー消費量の推移,主要国のエネルギー消費諸元の推移 ほか),2 我が国のエネルギー情勢(一次エネルギー供給の推移,我が国の地域別,国別原油輸入量の推移,石油の国家備蓄(平成16年1月現在) ほか),3 交通関係のエネルギー情勢(エネルギー需給,エネルギー輸送,エネルギー輸送施設),付録(運輸部門におけるエネルギー消費,換算表,各種エネルギーの発熱量)

資源エネルギー年鑑　1993　通産資料調査会　1992.8　943p　26cm　〈監修:資源エネルギー庁〉　26214円　①4-88528-129-6

(内容)エネルギー及び鉱物資源をめぐる需給・価格・政策・法制等についてまとめた年鑑。

資源エネルギー年鑑　1995-96年版　資源エネルギー庁監修　通産資料調査会　1995.2　983p　26cm　29000円　①4-88528-172-5

(目次)第1部 エネルギー編(総論,石油代替エネルギー対策,省エネルギー政策,石油・LPG,天然ガス,石炭,原子力,電気事業,ガス・熱供給事業,エネルギー技術開発),第2部 資源編

(内容)1976年以来刊行されている,エネルギーの需給に関する年鑑。今回は2年ぶりの刊行となる。エネルギー編・資源編の2部構成で,石油代替エネルギー対策,省エネルギー政策などについても記す。付属資料として,資源エネルギー関係団体・研究機関一覧と資源エネルギー関係年表を掲載。

資源エネルギー年鑑　97・98　資源エネルギー庁監修　通産資料調査会　1997.2　977p　26cm　29000円　①4-88528-219-5

(目次)第1部 エネルギー編,第2部 資源編

資源エネルギー年鑑　1999・2000　資源エネルギー庁監修　通産資料調査会　1999.1　966p　26cm　29000円　①4-88528-264-0

(目次)第1部 エネルギー編(総論,省エネルギー政策,石油代替エネルギー対策,石油・LPG,天然ガス,石炭,原子力,電気事業,ガス・熱供給事業,エネルギー技術開発),第2部 資源編(資源産業の現状と課題,世界の鉱業の現状,鉱業政策の概要,深海底鉱物資源開発政策,鉱物資源関係重要法規)

(内容)エネルギーの需給に関する年鑑。エネルギー編・資源編の2部構成で,石油代替エネルギー対策,省エネルギー政策などについても記す。付属資料として,資源エネルギー関係団体・研究機関一覧と資源エネルギー関係年表を掲載。

資源エネルギー年鑑　2003／2004　資源エネルギー年鑑編集委員会編　通産資料出版会　2003.1　1053p　26cm　33000円　①4-901864-00-9

(目次)第1部 エネルギー編総論(総論,エネルギーと環境,新エネルギー政策と技術開発,省エネルギー対策および技術開発),第2部 エネルギー編各論(石油・LPG,電気事業,原子力,ガス・熱供給事業 ほか),第3部 資源編

(内容)本書は,総合的な資源エネルギー政策を展開するにあたって,国民の理解と協力が不可欠であるとの認識に立ち,資源エネルギーを巡る諸情勢・政策・制度等の内容について取りまとめたものである。

資源エネルギー年鑑　2005-2006　資源エネルギー年鑑編集委員会編　通産資料出版会　2005.4　924p　26cm　32800円　①4-

環境・エネルギー問題レファレンスブック　215

エネルギー経済

901864-06-8
(目次)第1部 エネルギー編総論(総論,エネルギーと環境,新エネルギー政策と開発・導入促進,省エネルギー対策と技術導入・普及),第2部 エネルギー編各論(石油・LPG,電気事業,原子力,ガス・熱供給事業,天然ガス,石炭),第3部 資源編

資源エネルギー年鑑 2007-2008 資源エネルギー年鑑編集委員会編 通産資料出版会 2007.8 859p 26cm 33000円 ⓘ978-4-901864-09-1
(目次)第1編 エネルギー編「総論」(総論,エネルギーと環境,新エネルギーの開発・導入促進と政策の展開,省エネルギー対策と技術開発・普及の進展),第2編 エネルギー編「各論」(石油・LPG,電気事業,原子力,ガス・熱供給事業,天然ガス,石炭),第3編 資源編

資源エネルギー年鑑 2009 - 2010 改訂16版 資源エネルギー年鑑編集委員会編 通産資料出版会 2009.12 836p 26cm 34000円 ⓘ978-4-901864-12-1 Ⓝ501.6
(目次)第1編 エネルギー編 総論(総論,エネルギーと環境,新エネルギーの開発・導入促進と政策の展開,省エネルギー対策と技術開発・普及の進展),第2編 エネルギー編 各論(石油・LPG,電気事業,原子力,ガス・熱供給事業,天然ガス,石炭),第3編 資源編

<統計集>

科学技術研究調査報告 平成8年 附帯調査 エネルギー研究調査・ライフサイエンス研究調査 総務庁統計局編 日本統計協会 1997.4 292p 26cm 4500円 ⓘ4-8223-1909-1, ISSN0447-5089
(目次)結果の概要,統計表,調査の概要,用語の説明

エネルギー経済

<統計集>

EDMC／エネルギー・経済統計要覧 '93 日本エネルギー経済研究所エネルギー計量分析センター編 省エネルギーセンター 1993.2 279p 15cm 2400円 ⓘ4-87973-123-4
(目次)1 エネルギーと経済,2 最終需要部門別エネルギー需要,3 エネルギー源別需給,4 世界のエネルギー・経済指標,5 超長期統計
(内容)エネルギー問題を理解するための統計集。基本データ、需要部門別・エネルギー源別の各種統計、世界の経済指標、CO2排出量、超長期統計までの統計データを編集収録する。

EDMC エネルギー・経済統計要覧 1994年版 日本エネルギー経済研究所エネルギー計量分析センター編 省エネルギーセンター 1994.1 289p 15cm 2400円 ⓘ4-87973-123-3
(目次)1 エネルギーと経済,2 最終需要部門別エネルギー需要,3 エネルギー源別需給,4 世界のエネルギー・経済指標,5 超長期統計
(内容)エネルギー関係の基本データから需要部門別、エネルギー源別の各種統計、世界の経済指標、CO2排出量、超長期統計までを編集収録した小型統計集。

EDMC エネルギー・経済統計要覧 '95 日本エネルギー経済研究所エネルギー計量分析センター編 省エネルギーセンター 1995.1 300p 15cm 2400円 ⓘ4-87973-142-0
(目次)1 エネルギーと経済,2 最終需要部門別エネルギー需要,3 エネルギー源別需給,4 世界のエネルギー・経済指標,5 超長期統計
(内容)エネルギー問題に関連する経済基本指標から、需要部門別・エネルギー源別の各種統計、CO2排出量、超長期統計までの各種統計をまとめた携帯版統計集。付録として、エネルギー需給見通しなどの各種計画・見通し、参考統計一覧リスト、エネルギー発熱量、単位換算表がある。

EDMC エネルギー・経済統計要覧 '96 日本エネルギー経済研究所エネルギー計量分析センター編 省エネルギーセンター 1996.1 304p 15cm 2400円 ⓘ4-87973-159-5
(目次)1 エネルギーと経済,2 最終需要部門別エネルギー需要,3 エネルギー源別需給,4 世界のエネルギー・経済指標,5 超長期統計
(内容)エネルギー関連の基本的な統計データを集めたもの。需要部門別、エネルギー源別の各種統計、世界の経済指標等、149種を掲載する。一エネルギー問題を理解するための座右の統計集。

EDMC エネルギー・経済統計要覧 '97 日本エネルギー経済研究所エネルギー計量分析センター編 省エネルギーセンター 1997.1 304p 15cm 2330円 ⓘ4-87973-171-4
(目次)1 エネルギーと経済(主要経済指標,エネルギー需要の概要,一次エネルギー供給と最終エネルギー消費,エネルギー価格),2 最終需要部門別エネルギー需要(産業部門,家庭部門,業務部門,運輸部門),3 エネルギー源別需給(石炭需給,石油需給,都市ガス・天然ガス需給,電力需給,新エネルギー等),4 世界のエネルギー・経済指標,5 超長期統計

EDMC エネルギー・経済統計要覧 '98
日本エネルギー経済研究所エネルギー計量分析センター編　省エネルギーセンター　1998.1　304p　15cm　2400円　①4-87973-179-X

(目次)1 エネルギーと経済(主要経済指標, エネルギー需給の概要, 一次エネルギー供給と最終エネルギー消費, エネルギー価格), 2 最終需要部門別エネルギー需要(産業部門, 家庭部門, 業務部門, 運輸部門), 3 エネルギー源別需給(石炭需給, 石油需給, 都市ガス・天然ガス需給, 電力需給, 新エネルギー等), 4 世界のエネルギー・経済指標, 5 超長期統計

EDMC エネルギー・経済統計要覧 1999年版
日本エネルギー経済研究所エネルギー計量分析センター編　省エネルギーセンター　1999.1　308p　15cm　2400円　①4-87973-189-7

(目次)1 エネルギーと経済(主要経済指標, エネルギー需要の概要, 一次エネルギー供給と最終エネルギー消費, エネルギー価格), 2 最終需要部門別エネルギー需要(産業部門, 家庭部門, 業務部門, 運輸部門), 3 エネルギー源別需給(石炭需給, 石油需給, 都市ガス・天然ガス需給, 電力需給, 新エネルギー等), 4 世界のエネルギー・経済指標, 5 超長期統計, 付録(各種計画・見通し, 参考統計一覧, 各種エネルギーの発熱量と換算表)

(内容)エネルギー源別の各種統計, 世界の経済指標, CO_2排出量, 超長期統計まで, 各種データを加工してとりまとめた, エネルギー関連の統計集。付録として, エネルギー需給見通しなどの各種計画・見通し, 参考統計一覧リスト, エネルギー発熱量, 単位換算表がある。

EDMC エネルギー・経済統計要覧 2000年版
日本エネルギー経済研究所計量分析部編　省エネルギーセンター　2000.1　312p　15cm　2400円　①4-87973-209-5　Ⓝ501.6

(目次)1 エネルギーと経済, 2 最終需要部門別エネルギー需要, 3 エネルギー源別需給, 4 世界のエネルギー・経済指標, 5 超長期統計

(内容)エネルギー問題に関連する経済基本指標から, 需要部門別・エネルギー源別の各種統計, CO_2排出量, 超長期統計までの各種統計をまとめた携帯版統計集。付録として, エネルギー需給見通しなどの各種計画・見通し, 参考統計一覧リスト, エネルギー発熱量, 単位換算表がある。

EDMC/エネルギー・経済統計要覧 2001年版
日本エネルギー経済研究所計量分析部編　省エネルギーセンター　2001.1, 9, 320p　15cm　2400円　①4-87973-223-0　Ⓝ501.6

(目次)1 エネルギーと経済, 2 最終需要部門別エネルギー需要, 3 エネルギー源別需給, 4 世界のエネルギー・経済指標, 5 超長期統計, 付録(各種計画・見通し, 参考統計一覧, 各種エネルギーの発熱量と換算表)

(内容)エネルギー問題に関連する経済基本指標から, 需要部門別・エネルギー源別の各種統計, CO_2排出量, 超長期統計までの各種統計をまとめた携帯版統計集。付録として, エネルギー需給見通しなどの各種計画・見通し, 参考統計一覧リスト, エネルギー発熱量, 単位換算表を収録する。

EDMC/エネルギー・経済統計要覧 2002年版
日本エネルギー経済研究所計量分析部編　省エネルギーセンター　2002.2　324p　15cm　2400円　①4-87973-240-0　Ⓝ501.6

(目次)1 エネルギーと経済(主要経済指標, エネルギー需給の概要 ほか), 2 最終需要部門別エネルギー需要(産業部門, 家庭部門 ほか), 3 エネルギー源別需給(石炭需給, 石油需給 ほか), 4 世界のエネルギー・経済指標, 5 超長期統計, 付録(各種計画・見通し, 参考統計一覧 ほか)

(内容)エネルギー関連の統計データ集。財団法人日本エネルギー経済研究所計量分析部(EDMC)によるエネルギー関連の統計データを5章に分けて紹介。国内エネルギー需給の推移等の基本データ, 需要部門別消費量やエネルギー源別の需給推移, 世界のエネルギー消費・需給に関連する経済指標, 長期展望を含めた統計等を表やグラフでわかりやすくまとめている。巻末に付録として, エネルギー関連の各種計画・見通し等の統計資料を紹介する。

EDMC/エネルギー・経済統計要覧 2003年版
日本エネルギー経済研究所計量分析部編　省エネルギーセンター　2003.2　324p　15cm　2400円　①4-87973-253-2

(目次)1 エネルギーと経済(主要経済指標, エネルギー需給の概要 ほか), 2 最終需要部門別エネルギー需要(産業部門, 家庭部門 ほか), 3 エネルギー源別需給(石炭需給, 石油需給 ほか), 4 世界のエネルギー・経済指標(世界のGDP・人口・エネルギー消費・CO_2排出量の概要, 世界の一次エネルギー消費 ほか), 5 超長期統計(GNPと一次エネルギー消費の推移, 一次エネルギー消費のGNP弾性値(日本) ほか), 付録(各種計画・見通し, 参考統計一覧 ほか)

(内容)基本データから需要部門別, エネルギー源別の各種統計, 世界の経済指標, CO_2排出量, 超長期統計まで, 各種データを加工して横断的にとりまとめた便利で使いやすいコンパクト版。

EDMC/エネルギー・経済統計要覧 2004年版
日本エネルギー経済研究所計量

分析部編　省エネルギーセンター　2004.2
324p　19cm　2400円　⓪4-87973-272-9
(目次)1 エネルギーと経済(主要経済指標,エネルギー需給の概要 ほか),2 最終需要部門別エネルギー需要(産業部門,家庭部門 ほか),3 エネルギー源別需給(石炭需給,石油需給 ほか),4 世界のエネルギー・経済指標(世界のGDP・人口・エネルギー消費・CO_2排出量の概要,世界の一次エネルギー消費 ほか),5 超長期統計(GNPと一次エネルギー消費の推移,一次エネルギー消費のGNP弾性値(日本) ほか),付録(各種計画・見通し,参考統計一覧 ほか)
(内容)基本データから需要部門別、エネルギー源別の各種統計、世界の経済指標、CO_2排出量、超長期統計まで、各種データを加工して横断的にとりまとめた便利で使いやすいコンパクト版。

EDMC／エネルギー・経済統計要覧
2005年版　日本エネルギー経済研究所計量分析ユニット編　省エネルギーセンター
2005.2　342p　15cm　2400円　⓪4-87973-288-5
(目次)1 エネルギーと経済(主要経済指標,エネルギー需給の概要 ほか),2 最終需要部門別エネルギー需要(産業部門,家庭部門 ほか),3 エネルギー源別需給(石炭需給,石油需給 ほか),4 世界のエネルギー・経済指標(世界のGDP・人口・エネルギー消費・CO_2排出量の概要,世界の一次エネルギー消費 ほか),5 超長期統計(GNPと一次エネルギー消費の推移,一次エネルギー消費のGNP弾性値(日本) ほか)
(内容)基本データから需要部門別、エネルギー源別の各種統計、世界の経済指標、CO_2排出量、超長期統計まで、各種データを加工して横断的にとりまとめた便利で使いやすいコンパクト版。

EDMC／エネルギー・経済統計要覧
2006年版　日本エネルギー経済研究所計量分析ユニット編　省エネルギーセンター
2006.2　350p　15cm　2400円　⓪4-87973-315-6
(目次)1 エネルギーと経済,2 最終需要部門別エネルギー需要,3 エネルギー源別需給,4 世界のエネルギー・経済指標,5 超長期統計,付録
(内容)基本データから需要部門別、エネルギー源別の各種統計、世界の経済指標、CO_2排出量、超長期統計まで、各種データを加工して横断的にとりまとめた便利で使いやすいコンパクト版。

EDMC／エネルギー・経済統計要覧
2007年版　日本エネルギー経済研究所計量分析ユニット編　省エネルギーセンター
2007.2　369p　16×11cm　2400円　⓪978-4-87973-327-6
(目次)1 エネルギーと経済,2 最終需要部門別エネルギー需要,3 エネルギー源別需給,4 世界のエネルギー・経済指標,5 超長期統計,付録
(内容)基本データから需要部門別、世界の経済指標、CO_2排出量、超長期統計など、各種データを加工して横断的にとりまとめた便利で使いやすいコンパクト版。

EDMC／エネルギー・経済統計要覧
2008年版　日本エネルギー経済研究所計量分析ユニット編　省エネルギーセンター
2008.2　383p　15cm　2400円　⓪978-4-87973-341-2　Ⓝ501.6
(目次)1 エネルギーと経済(主要経済指標,エネルギー需給の概要 ほか),2 最終需要部門別エネルギー需要(産業部門,家庭部門 ほか),3 エネルギー源別需給(石炭需給,石油需給 ほか),4 世界のエネルギー・経済指標(世界のGDP・人口・エネルギー消費・CO_2排出量の概要,世界の一次エネルギー消費 ほか),5 超長期統計(GNPと一次エネルギー消費の推移,一次エネルギー消費のGNP弾性値(日本) ほか)
(内容)エネルギー問題を理解するための座右の統計集!!基本データから需要部門別、エネルギー源別の各種統計、世界の経済指標、CO_2排出量、超長期統計まで、各種データを加工して横断的にとりまとめた便利で使いやすいコンパクト版。

EDMC／エネルギー・経済統計要覧
2009年版　日本エネルギー経済研究所計量分析ユニット編　省エネルギーセンター
2009.2　375p　15cm　2400円　⓪978-4-87973-356-6　Ⓝ501.6
(目次)1 エネルギーと経済,2 最終需要部門別エネルギー需要,3 エネルギー源別需給,4 世界のエネルギー・経済指標,5 超長期統計,参考資料
(内容)エネルギー問題を理解するための座右の統計集。基本データから需要部門別、エネルギー源別の各種統計、世界の経済指標、CO_2排出量、超長期統計まで、各種データを加工して横断的にとりまとめた便利で使いやすいコンパクト版。

EDMC／エネルギー・経済統計要覧
2010年版　日本エネルギー経済研究所計量分析ユニット編　省エネルギーセンター
2010.3　373p　15cm　2400円　⓪978-4-87973-365-8　Ⓝ501.6
(目次)1 エネルギーと経済(主要経済指標,エネルギー需給の概要,一次エネルギー供給と最終エネルギー消費,エネルギー価格),2 最終需要部門別エネルギー需要(産業部門,家庭部門,業務部門,運輸部門(旅客・貨物)),3 エネルギー源別需給(石炭需給,石油需給,都市ガス・天然ガス需給,電力需給,新エネルギー等),4 世界のエネルギー・経済指標(世界のGDP・人口・エネルギー消費・CO_2排出量の概要,世界の一次エネルギー消費 ほか),5 超長期統計

(GNPと一次エネルギー消費の推移，一次エネルギー消費のGNP弾性値（日本）ほか），参考資料（エネルギー需給の概要，各種計画・見通しほか）

(内容)基本データから需要部門別，エネルギー源別の各種統計，世界の経済指標，CO2排出量，超長期統計まで，各種データを加工して横断的にとりまとめた便利で使いやすいコンパクト版。

◆物流エネルギー

<年鑑・白書>

運輸関係エネルギー要覧　平成2年版　運輸省運輸政策局情報管理部編　大蔵省印刷局　1990.4　82p　26cm　1550円　Ⓣ4-17-120365-1

(目次)総説（エネルギー情勢，運輸とエネルギー政策），資料編（世界のエネルギー情勢，我が国のエネルギー情勢，運輸部門のエネルギー情勢）

運輸関係エネルギー要覧　平成3年版　運輸省運輸政策局情報管理部編　大蔵省印刷局　1991.5　84p　26cm　1550円　Ⓣ4-17-120366-X

(目次)総説（エネルギー情勢，運輸とエネルギー政策，石油危機時における燃料油対策の検討），資料編（世界のエネルギー情勢，我が国のエネルギー情勢，運輸部門のエネルギー情勢），付録（換算表，各種エネルギーの発熱量）

運輸関係エネルギー要覧　平成4年版　運輸省運輸政策局情報管理部編　大蔵省印刷局　1992.5　86p　26cm　1600円　Ⓣ4-17-120367-8

(目次)総説（21世紀に向けた運輸と環境・エネルギー，地球の温暖化と運輸，大気汚染と運輸，エネルギーと運輸，地球にやさしい運輸をめざして），資料編（世界のエネルギー情勢，我が国のエネルギー情勢，運輸部門のエネルギー情勢），付録（換算表，各種エネルギーの発熱量）

運輸関係エネルギー要覧　平成7年版　運輸省運輸政策局編　大蔵省印刷局　1995.6　56p　21×30cm　2000円　Ⓣ4-17-120370-8

(目次)1 世界のエネルギー情勢，2 我が国のエネルギー情勢，3 運輸部門のエネルギー情勢

運輸関係エネルギー要覧　平成8年版　運輸省運輸政策局情報管理部編　大蔵省印刷局　1996.7　86p　21cm　2200円　Ⓣ4-17-120371-6

(目次)総説　エネルギーと運輸（エネルギー消費と環境保全，世界のエネルギー情勢，わが国のエネルギー事情，運輸におけるエネルギー事情ほか），資料編（世界のエネルギー情勢，我が国のエネルギー情勢，運輸部門のエネルギー情勢）

運輸関係エネルギー要覧　平成9年版　運輸省運輸政策局情報管理部編　大蔵省印刷局　1997.7　77p　21cm　2120円　Ⓣ4-17-120372-4

(目次)総説（世界のエネルギー情勢，わが国のエネルギー情勢，運輸におけるエネルギー事情），資料編（世界のエネルギー情勢，我が国のエネルギー情勢，運輸部門のエネルギー情勢）

運輸関係エネルギー要覧　平成10年版　運輸省運輸政策局情報管理部編　大蔵省印刷局　1999.2　83p　21cm　2120円　Ⓣ4-17-120373-2

(目次)総説（環境問題と運輸，運輸部門における地球温暖化問題の現状と対策，未来につづく運輸交通システムのために），資料編（世界のエネルギー情勢，我が国のエネルギー情勢，運輸部門のエネルギー情勢）

運輸関係エネルギー要覧　平成11年版　運輸省運輸政策局情報管理部編　大蔵省印刷局　2000.3　85p　21cm　1900円　Ⓣ4-17-120374-0　Ⓝ680

(目次)総説（環境問題と運輸，運輸部門における環境問題の現状と対策，未来につづく運輸交通システムのために），資料編（世界のエネルギー情勢，我が国のエネルギー情勢，運輸部門のエネルギー情勢），付録（換算表，各種エネルギーの発熱量）

エネルギー

<事典>

エネルギー用語辞典　Cutler J.Cleveland, Christopher Morris共編，エネルギー変換懇話会訳　オーム社　2007.9　617p　21cm　〈原書名：Dictionary of Energy〉　10000円　Ⓣ978-4-274-20447-0

(内容)エネルギー関連の既存の百科事典や書籍，科学雑誌，および学術的ウェブサイトの用語調査をもとに，エネルギー分野全般を理解する上で必要十分と思われる最新用語約8100語を選出し，コラム約100点および図約150点とともに収録。

実用 エネルギー施設用語辞典　松尾和俊監修　山海堂　2007.3　375p　21cm　4600円　Ⓣ978-4-381-02228-8

(内容)土木施設を中心に，調査・設計・建設から維持管理に係る技術用語を収録。図解あり。本文は五十音順に排列。巻末にSIセンサー，エネルギー需給，LNG受入基地ほか資料と英語索引を収録。

電力・エネルギーまるごと!時事用語事典

2007年版 日本電気協会新聞部 2006.11 451p 19cm 2667円 ④4-902553-39-2

(目次)電力経営，電力自由化，原子力，資源燃料，環境，エネルギー技術，電力系統・設備電気工事・保安，付録

(内容)1000の用語と多彩な解説で電力とエネルギーの「今」をつかむ。

電力・エネルギーまるごと!時事用語事典
2008年版 電気新聞著 日本電気協会新聞部 2007.12 535p 19cm 2667円 ④978-4-902553-54-3

(目次)電力経営，電力自由化，原子力，資源燃料，環境，エネルギー技術，電力系統・設備電気工事・保安

(内容)最新のデータと役立つ情報を凝縮したエネルギーの総合時事用語事典。1000+200基本用語の用語と詳細な解説で電力とエネルギーの「今」を解き明かす。

電力エネルギーまるごと!時事用語事典
2009年版 日本電気協会新聞部 2008.12 550p 19cm 〈奥付・背のタイトル：電力・エネルギー時事用語事典 索引あり〉 2667円 ④978-4-902553-66-6 Ⓝ501.6

(目次)電力経営，原子力，環境，電力自由化，資源燃料，エネルギー技術，電力系統・設備電気工事・保安

(内容)わかる!見える!1000+250基本用語の用語と詳細な解説で刻々と変わる電力とエネルギーの「今」を解き明かす。

電力エネルギーまるごと!時事用語事典
2010年版 日本電気協会新聞部 2010.1 540p 19cm 〈奥付・背のタイトル：電力・エネルギー時事用語事典 索引あり〉 2667円 ④978-4-902553-85-7 Ⓝ501.6

(目次)電力経営，原子力，環境，電力自由化，資源・燃料，エネルギー技術，電力系統・設備電気工事・保安，付録

(内容)最新のデータと役立つ情報を凝縮したエネルギーの総合時事用語事典。わかる!見える!1000+250基本用語の用語と詳細な解説で，刻々と変わる電力とエネルギーの「今」を解き明かす。

物質とエネルギー 図説 科学の百科事典
〈5〉 ジョン・O.E.クラーク著，ジョン・グリビン，アルバート・ステュワーカ監修，有馬朗人監訳，広井禎，村尾美明訳 朝倉書店 2007.12 172p 30×23cm 〈図説 科学の百科事典 5〉 〈原書第2版 原書名：The New Encyclopedia of Science, second edition : Volume 1.Matter and Energy〉 6500円 ④978-4-254-10625-1

(目次)1 物質の特性，2 力とエネルギー，3 電気と磁気，4 音のエネルギー，5 光とスペクトル，6 原子の内部，用語解説，資料

和英・英和 燃料潤滑油用語事典
日本舶用機関学会燃料潤滑研究委員会編 成山堂書店 1994.1 387p 21cm 6800円 ④4-425-11131-1

(目次)1 石油共通項目，2 燃料油，3 潤滑油，4 ディーゼル機関，5 遠心分離機等，6 ろ過，7 燃焼，8 環境保全，9 腐食・摩耗，10 オペレーション，付録 各種換算表及び物性表

<ハンドブック>

エネルギー便覧 資源編
日本エネルギー学会編 コロナ社 2004.5 324p 19cm 9000円 ④4-339-06604-4

(目次)1 総論（エネルギーとその価値，エネルギーの種類とそれぞれの特徴，1次エネルギー資源と2次エネルギーへの転換，エネルギー資源量と統計 ほか），2 資源（石油類，石炭，天然ガス類，水力 ほか）

(内容)エネルギーの物性，性状，資源量等のエネルギー・フロー・データを中心に分かりやすく解説。巻末に索引を収録。

エネルギー便覧 プロセス編
日本エネルギー学会編 コロナ社 2005.4 838p 26cm 23000円 ④4-339-06605-2

(目次)石油，石炭，天然ガス，オイルサンド，オイルシェール，メタンハイドレート，水力発電，地熱，原子力，太陽エネルギー，風力エネルギー，バイオマス，廃棄物，火力発電，燃料電池，水素エネルギー

エネルギー物質ハンドブック
火薬学会編 共立出版 1999.3 467p 21cm 〈『火薬ハンドブック』改訂・改題書〉 14000円 ④4-320-08864-6

(目次)第1編 総論，第2編 エネルギー物質の製造，第3編 エネルギー物質の理論、性能および安全・環境，第4編 エネルギー物質の利用技術，第5編 火薬類の保安管理と関連法規

(内容)火薬類およびその周辺分野を含むエネルギー物質の分野を対象に、製造と性能、環境・安全技術、安全かつ機能性の高い利用技術、国際的調和への志向と将来的展望を記述したハンドブック。1987年刊「火薬ハンドブック」の改題改訂。

エネルギー物質ハンドブック 第2版
火薬学会編，田村昌三監修 共立出版 2010.6 553p 22cm 〈文献あり 索引あり〉 15000円 ④978-4-320-08868-9 Ⓝ575.9

(内容)エネルギー物質周辺の幅広い分野を対象に、製造と性能、環境・安全技術、エネルギー

物質の利用技術、国際的調和への志向と将来展望を記述。エネルギー物質科学にかかわる新しい分野を追加し、最近の動向に対応した第2版。

コンパクト版 エネルギー・資源ハンドブック エネルギー・資源学会編 オーム社 1997.9 1369p 21cm 15000円 Ⓘ4-274-02357-5

[目次]第1部 エネルギー資源編（基礎編、資源供給、エネルギー需要、システム・技術、エネルギーにおける諸問題、将来の技術と社会システム、エネルギーシステムのモデル化と分析、エネルギー関連情報源、国際機関とその動向）、第2部 非エネルギー資源編（基礎編、資源供給、資源の利用形態、システム、問題と対策）

地域からエネルギーを引き出せ! PEGASUSハンドブック 堀尾正靱、白石克孝監修、重藤さわ子、定松功、土山希美枝著 公人の友社 2010.9 148p 21cm （生存科学シリーズ 7） 1400円 Ⓘ978-4-87555-571-1 Ⓝ519

[目次]第1章 はじめに（PEGASUS開発の背景とねらい、PEGASUSでできること、本書のねらい、本書の構成と使い方）、第2章 PEGASUSで分散型エネルギーを導入（これだけでできるシミュレーション、資源（あるもの）さがしで地域をつくろう、資源の利用についても少しは学ぼう、PEGASUSを使いこなそう）、第3章 PEGASUSで廃棄物のエネルギーをリサイクル（PEGASUSをさわってみよう、資源活用の可能性を考える、より良いシュミレーションのために―ID・パスワード取得者対象）、第4章 新技術を提案する（上級者用）（PEGASUSの計算基本モデルと構造、新技術を搭載するための方法、提案された技術内容の妥当性チェック）、第5章 PEGASUS利用教育・研修プログラムを作る（地域づくりのワークショップでの利用、講義期間中での政策形成演習＋発表、大学院における環境政策形成演習、PERASUSを利用した教育・研修科目の設計と効果）

中国のエネルギー動向 海外石油・天然ガス獲得の現状／中国のエネルギー産業の展望 ジェトロ（日本貿易振興機構）編 ジェトロ 2006.7 317p 30cm （海外調査シリーズ No.364） 4500円 Ⓘ4-8224-1024-2

[目次]第1部 海外石油・天然ガス獲得の現状（中国の海外石油・天然ガス獲得動向とその評価、中国の海外石油・天然ガス獲得動向と世界の見方）、第2部 中国のエネルギー産業の展望（2020年における中国の石油・天然ガス産業の展望、中国のエネルギー政策の行方、日中のエネルギー分野における協力の動向）

[内容]第1部は、2章構成にしてまとめた。第1章では、中国の海外における権益獲得の動向を明らかにした。中国の石油・天然ガス会社はすべて国有企業であり、実質的に中国石油天然ガス集団（CNPC／Petro China（以下CNPC））、中国石油化工集団（Sinopec）、中国海洋石油（CNOOC）の大手3社を中心とする寡占であるが、同3社の動向を中心に、中国の石油調達先多角化の実態に迫り、海外プロジェクトを明らかにした。第2章では、ジェトロの海外ネットワークを駆使し、現地では中国の石油・天然ガス獲得がどのような目で見られているのか、中国のプレゼンスはどのようになっているのか、日本企業には影響が出ているのか、という点を現地発の視点で明らかにした。

動力・熱システムハンドブック 吉識晴夫、畔津昭彦、刑部真弘、笠木伸英、浜松照秀、堀政彦編 朝倉書店 2010.1 433p 27cm 〈索引あり〉 16000円 Ⓘ978-4-254-23119-9 Ⓝ501.6

[内容]エネルギー工学の基礎やエンジンをはじめとする各種機器の特徴を解説するほか、発電を主とする動力エネルギーシステム、輸送システムを個別機器及び利用システムの2つの切り口から記述する。原子力発電などにも触れる。

<法令集>

資源エネルギー六法 平成4年版 通商産業省資源エネルギー庁長官官房総務課編 ケイブン出版 1992.3 1593p 19cm 7000円 Ⓘ4-87649-313-8

[目次]第1章 資源、第2章 省エネルギー・代替エネルギー、第3章 石油・天然ガス、第4章 石炭、第5章 原子力、第6章 公益事業（電気、ガス、熱供給）、第7章 関係法令等（関係法、条約）

資源エネルギー六法 平成6年版 通商産業省資源エネルギー庁長官官房総務課編 ケイブン出版 1993.10 1646p 19×14cm 7000円 Ⓘ4-87649-513

[目次]第1章 資源、第2章 省エネルギー・代替エネルギー、第3章 石油・天然ガス、第4章 石炭、第5章 原子力、第6章 公益事業、第7章 第7章 関係法令等

資源エネルギー六法 平成8年版 通商産業省資源エネルギー庁長官官房総務課編 ケイブン出版 1995.9 1690p 19cm 7000円 Ⓘ4-87649-714-1

[目次]第1章 資源、第2章 省エネルギー・代替エネルギー、第3章 石油・天然ガス、第4章 石炭、第5章 原子力、第6章 公益事業、第7章 関係法令等

[内容]資源・エネルギー関係の法令集。法律54件、政令43件、省（政）令43件、告示25件、条約

7件, 他3件, 計202件を収録する。内容は1995年6月30日現在。

資源エネルギー六法　平成14年版　経済産業省資源エネルギー庁監修　ケイブン出版　2001.12　1795p　19cm　8000円　Ⓘ4-87649-302-2　Ⓝ501.6

(目次)第1章 資源, 第2章 省エネルギー・代替エネルギー, 第3章 石油・天然ガス, 第4章 石炭, 第5章 原子力, 第6章 公益事業, 第7章 条約

<図　鑑>

ポケット版 学研の図鑑　7　鉱物・岩石
白尾元理, 松原聡, 千葉とき子, 高桑祐司指導・著　学習研究社　2002.4　164, 16p　19cm　960円　Ⓘ4-05-201491-X　ⓃK459

(目次)第1章 地球と地形（地球のすがた, 地球の内部 ほか）, 第2章 鉱物（鉱物と岩石のちがい, 鉱物図鑑 ほか）, 第3章 岩石（岩石の種類, 岩石のつくり ほか）, 第4章 化石（化石とは何か, いろいろな化石 ほか）

(内容)子ども向けの鉱物岩石図鑑。地球と地形、鉱物、岩石、化石とテーマごとに分類していて、それぞれ写真や図を用いて分かりやすく解説している。その他に資料として、岩石・鉱物採取の仕方、鉱物・岩石・化石の産地、鉱物・岩石・化石標本のあるおもな博物館が掲載されている。巻末に索引が付く。

<年鑑・白書>

エネルギープロジェクト要覧　平成2年度版　土木通信社　1990.2　278p　26cm　11000円

(目次)主要プロジェクト概要, 原子力発電所, 火力発電所（石炭火力発電所, LNG火力発電所, 石油・LPG火力発電所）, 地熱開発, 水力開発, 原子燃料サイクル, コールセンター, 国家石油備蓄基地, LNG受入基地, LPG輸入基地, 海洋石油開発, 新エネルギー開発

エネルギープロジェクト要覧　平成3年度版　土木通信社　1991.6　275p　26cm　12000円

(目次)主要プロジェクト概要, 原子力発電所, 原子燃料サイクル, 火力発電所, 水力発電所, 国家石油備蓄基地, LNG受入基地, LPG輸入基地, コールセンター, 新エネルギー開発, 海洋石油開発, 平成3年度エネルギー関係予算

2010年世界のエネルギー展望　1995年度版　OECD, IEA編　通商産業調査会出版部　1996.3　466p　21cm　5800円　Ⓘ4-8065-2521-9

(目次)第1部 世界エネルギー展望（世界エネルギー展望, 展望から生じる諸問題）, 第2部 石油, ガス及び石炭の供給展望（化石燃料の需要と供給の概要, 世界の石油供給量, 世界のガス供給量, 主要ガス供給国の概要, 世界の石炭供給量, 主要石炭供給国の概要）, 第3部 IEAによる対日エネルギー政策詳細審査概要

<統計集>

エネルギー生産・需給統計年報　平成元年
通商産業大臣官房調査統計部編　通商産業調査会　1990.8　231p　26cm　8000円　Ⓘ4-8065-1368-7

(目次)概況, 統計表, 石油（石油需給推移, 天然ガス・石油生産, 石油需給, 石油設備（販売部門））, 石炭（石炭生産, 炭鉱資材, 炭鉱労務, 石炭需給）, コークス, 参考資料

エネルギー生産・需給統計年報　平成4年
通商産業大臣官房調査統計部編　通商産業調査会　1993.7　226p　26cm　8300円　Ⓘ4-8065-1448-9

(目次)概況, 統計表, 石油, 石炭, コークス

(内容)石油・石炭・コークス関係の統計集。生産動態統計, 需給動態統計, 石油等消費動態統計調査結果, その他関連統計等を収録している。

エネルギー生産・需給統計年報　平成5年
通商産業大臣官房調査統計部編　通商産業調査会出版部　1994.7　215p　26cm　8400円　Ⓘ4-8065-1467-5

(目次)概況, 統計表, 石油, 石炭, コークス

(内容)石油・石炭・コークス関係の統計集。生産動態統計, 需給動態統計, 石油等消費動態統計調査結果, その他関連統計等を収録している。

エネルギー生産・需給統計年報　平成6年（1994）　通商産業調査会　1995.6　213p　26cm　8400円　Ⓘ4-8065-1497-7

(目次)石油, コークス, 石炭, 主要品目の長期時系列推移, 参考資料

エネルギー生産・需給統計年報　平成7年　石油・石炭・コークス　通商産業大臣官房調査統計部編　通商産業調査会　1996.6　207p　26cm　8600円　Ⓘ4-8065-1519-1

(目次)概況, 統計表, 石油, コークス, 石炭, 主要品目の長期時系列推移

エネルギー生産・需給統計年報　平成10年
通商産業大臣官房調査統計部編　通商産業調査会　1999.7　214p　26cm　8524円　Ⓘ4-8065-1594-9

(目次)概況, 統計表, 石油, 石炭, 主要品目の長期時系列推移, 参考資料

エネルギー生産・需給統計年報　平成11年

通商産業大臣官房調査統計部編　通商産業調査会　2000.7　185p　21cm　8571円　①4-8065-1615-5　Ⓝ501.6

(目次)概況，統計表，石油，石炭，コークス，主要品目の長期時系列推移，参考資料

(内容)エネルギー生産・需給関係の統計年報。通産省により毎月おこなわれている鉱工業の生産活動、鉱工業製品の需給及びエネルギー消費の実態を明らかにするための統計調査より石油、コークス、石炭関係の清算動態統計及び需給動態統計の結果と、その他関連統計等を収録。平成11年における統計を掲載。本年報は概況、統計表、長期時系列で構成、統計表は石油、石炭、コークスの順に構成する。ほかに参考資料として石油製品製造輸入業社通商産業省別・都道府県別販売、石油備蓄量推移などを収録する。

エネルギー生産・需給統計年報　平成12年　石油・石炭・コークス　経済産業省経済産業政策局調査統計部編　経済産業調査会　2001.7　154p　30cm　〈平成11年までの出版者：通商産業調査会〉　8571円　①4-8065-1634-1　Ⓝ501.6

(目次)概況，統計表(石油，石炭，コークス)，主要品目の長期時系列推移，参考資料

(内容)エネルギー生産・需給関係の統計年報。通産省により毎月おこなわれている鉱工業の生産活動、鉱工業製品の需給及びエネルギー消費の実態を明らかにするための統計調査から、石油、コークス、石炭関係の清算動態統計及び需給動態統計の結果と、その他関連統計等を収録する。概況、統計表、長期時系列で構成し、参考資料として石油製品製造輸入業社通商産業省別・都道府県別販売、石油備蓄量推移などを収録する。

資源・エネルギー統計年報　平成14年　経済産業省経済産業政策局調査統計部，経済産業省資源エネルギー庁資源・燃料部編　経済産業調査会　2003.7　134p　30cm　7429円　①4-8065-1665-1

(目次)概況，統計表，石油，コークス，金属鉱物，非金属鉱物，主要品目の長期時系列推移，参考資料

(内容)本書は、平成14年に実施した生産動態統計調査及び需給動態統計のうち、石油、コークス、金属鉱物、非金属鉱物等に関する調査結果についてとりまとめたものである。

資源・エネルギー統計年報　平成15年　経済産業省経済産業政策局調査統計部，経済産業省資源エネルギー庁資源・燃料部編　経済産業調査会　2004.7　164p　30cm　6000円　①4-8065-1682-1

(目次)概況，統計表，石油，コークス，金属鉱物，非金属鉱物，主要品目の長期時系列推移，参考資料

資源・エネルギー統計年報　平成16年　経済産業省経済産業政策局調査統計部，経済産業省資源エネルギー庁資源・燃料部編　経済産業調査会　2005.7　147p　30cm　6000円　①4-8065-1697-X

(目次)概況(一般概況，石油，コークス　ほか)，統計表(鉱工業指数，石油，コークス　ほか)，参考資料(石油製品製造業者・輸入業者(19社)経済産業局別，都道府県別販売，石油備蓄量推移，石油輸入価格推移　ほか)

(内容)平成16年に実施した生産動態統計調査及び需給動態統計のうち、石油、コークス、金属鉱物、非金属鉱物等に関する調査結果についてとりまとめた。

資源・エネルギー統計年報　平成17年　石油・コークス・金属鉱物・非金属鉱物　経済産業省経済産業政策局調査統計部，経済産業省資源エネルギー庁資源・燃料部編　経済産業調査会　2006.7　156p　30cm　5048円　①4-8065-1712-7

(目次)概況(一般概況，石油，コークス　ほか)，統計表(鉱工業指数，石油，コークス　ほか)，参考資料(石油製品製造業者・輸入業者(19社)経済産業局別，都道府県別販売，石油備蓄量推移，石油輸入価格推移　ほか)

(内容)平成17年に実施した生産動態統計調査及び需給動態統計のうち、石油、コークス、金属鉱物、非金属鉱物等に関する調査結果について取りまとめた。

資源・エネルギー統計年報　平成18年　石油・コークス・金属鉱物・非金属鉱物　経済産業省経済産業政策局調査統計部，経済産業省資源エネルギー庁資源・燃料部編　経済産業調査会　2007.8　160p　30cm　6000円　①978-4-8065-1726-9

(目次)概況(一般概況，石油，コークス，金属鉱物，非金属鉱物)，統計表(鉱工業指数，石油，コークス，金属鉱物，非金属鉱物)，参考資料(石油製品製造業者・輸入業者(16社)経済産業局別，都道府県別販売，石油備蓄量推移，石油輸入価格推移，契約期間別，供給者区分別、地域別国別原油輸入量)

資源・エネルギー統計年報　平成19年　経済産業省経済産業政策局調査統計部，経済産業省資源エネルギー庁資源・燃料部編　経済産業調査会　2008.8　160p　30cm　6000円　①978-4-8065-1745-0　Ⓝ568

(目次)概況(一般概況，石油，コークス，金属鉱物，非金属鉱物)，統計表，参考資料(石油製品製造業者・輸入業者(16社)経済産業局別，都道府県別販売，石油備蓄量推移，石油輸入価格推移，契約期間別，供給者区分別、地域別、国別原油輸入量)

資源・エネルギー統計年報　平成20年
経済産業省経済産業政策局調査統計部, 経済産業省資源エネルギー庁資源・燃料部編　経済産業調査会　2009.8　160p　30cm　6000円　①978-4-8065-1762-7　Ⓝ568

(目次)概況, 石油, コークス, 金属鉱物, 非金属鉱物, 統計表(鉱工業指数, 石油, コークス, 金属鉱物, 非金属鉱物), 参考資料(石油製品製造業者・輸入業者 経済産業局別, 都道府県別販売, 石油備蓄量推移, 石油輸入価格推移, 契約期間別, 供給者区分別, 地域別, 国別原油輸入量), 品目別接続係数について

資源・エネルギー統計年報　平成21年　石油・コークス・金属鉱物・非金属鉱物
経済産業省経済産業政策局調査統計部, 経済産業省資源エネルギー庁資源・燃料部編　経済産業調査会　2010.9　160p　30cm　6000円　①978-4-8065-1790-0　Ⓝ568

(目次)概況, 統計表(鉱工業指数, 石油, コークス, 金属鉱物, 非金属鉱物), 参考資料

資源統計年報　平成元年
通商産業大臣官房調査統計部編　通産統計協会　1990.8　260p　26cm　6695円

(目次)概況(一般概況, 金属鉱物, 非金属鉱物, 非鉄金属地金, 非鉄金属製品及び光ファイバ製品), 統計表(主要業種分類生産・出荷・在庫指数, 生産の推移, 生産統計, 非鉄金属の需給), 参考資料(主要非鉄金属の輸入・輸出の推移, 世界の非鉄金属, 主要非鉄金属の価格, 電線・ケーブルの産業部門別出荷, 軽金属板製品の生産・販売・在庫, アルミ製金属建具の生産・販売・在庫, アルミニウム粉の用途部門別販売, アルミニウム二次地金・同合金地金, 非鉄金属鋳物・ダイカスト, 鉛・亜鉛化合物, 鉛電池生産・出荷・在庫, 貿易統計, 業界日誌)

資源統計年報　平成2年
通商産業大臣官房調査統計部編　通産統計協会　1991.7　260p　26cm　6695円

(目次)概況(一般概況, 金属鉱物, 非金属鉱物, 非鉄金属地金, 非鉄金属製品及び光ファイバ製品), 統計表(主要業種分類生産・出荷・在庫指数, 生産統計, 非鉄金属の需給)

(内容)平成2年における金属鉱物, 非金属鉱物, 非鉄金属地金, 非鉄金属製品及び光ファイバ製品の生産動態統計, 非鉄金属等需給動態統計並びに石油等消費動態統計調査の結果を中心とし, その他関連統計の結果等も集録したもの。

資源統計年報　平成3年
通商産業大臣官房調査統計部編　通産統計協会　1992.8　260p　26cm　6700円

(目次)概況(一般概況, 金属鉱物, 非金属鉱物, 非鉄金属地金, 非鉄金属製品及び光ファイバ製品), 統計表(主要業種分類生産・出荷・在庫指数, 生産の推移, 生産統計, 非鉄金属の需給), 参考資料(主要非鉄金属の輸入・輸出の推移, 世界の非鉄金属, 主要非鉄金属の価格 ほか)

資源統計年報　平成4年
通商産業大臣官房調査統計部編　通産統計協会　1993.7　261p　26cm　6700円

(目次)概況, 統計表(主要業種分類生産・出荷・在庫指数, 生産の推移, 生産統計, 非鉄金属の需給), 参考資料

(内容)金属資源関連の統計集。平成4年における金属鉱物, 非金属鉱物, 非鉄金属地金, 非鉄金属製品および光ファイバ製品の生産動態統計, 非鉄金属等需給動態統計, 石油等消費動態統計調査の結果と, その他関連統計の結果等を収める。

資源統計年報　平成5年
通商産業大臣官房調査統計部編　通産統計協会　1994.6　239p　26cm　6700円

(目次)統計表(主要業種分類生産・出荷・在庫指数, 生産の推移, 生産統計, 非鉄金属の需給), 参考資料

(内容)金属資源関連の統計集。平成5年における金属鉱物, 非金属鉱物, 非鉄金属地金, 非鉄金属製品および光ファイバ製品の生産動態統計, 非鉄金属等需給動態統計, 石油等消費動態統計調査の結果と, その他関連統計の結果等を収める。

資源統計年報　平成6年
通商産業大臣官房調査統計部編　通産統計協会　1995.6　235p　26cm　6805円

(目次)概況, 統計表(主要業種分類生産・出荷・在庫指数, 生産の推移, 生産統計, 非鉄金属の需給), 参考資料

(内容)通商産業省実施の金属鉱物, 非鉄金属地金, 非鉄金属製品及び光ファイバ製品の生産動態統計, 非鉄金属等需給動態統計, 石油等消費動態統計調査の平成6年の結果をまとめたもの。ほかに貿易統計等の関連資料も収録する。

資源統計年報　平成7年
通商産業大臣官房調査統計部編　通産統計協会　1996.6　235p　26cm　6700円

(目次)概況(一般概況, 金属鉱物, 非金属鉱物, 非鉄金属地金, 非鉄金属製品及び光ファイバ製品), 統計表(主要業種分類生産・出荷・在庫指数, 生産の推移, 生産統計, 非鉄金属の需給)

(内容)通商産業省実施の金属鉱物, 非鉄金属地金, 非鉄金属製品及び光ファイバ製品の生産動態統計, 非鉄金属等需給動態統計, 石油等消費動態統計調査の平成7年の結果をまとめたもの。ほかに貿易統計等の関連資料も収録する。

資源統計年報　平成10年
通商産業大臣官房調査統計部編　通産統計協会　1999.6

225p 26cm 6505円

⦅目次⦆概況，統計表（主要業種分類生産・出荷・在庫指数，生産の推移，生産統計，非鉄金属の需給）

⦅内容⦆統計法に基づく通商産業省産業動態統計調査規則（指定統計第11号）、非鉄金属等需給動態統計調査規則（指定統計第49号）及び商工業石油等消費統計調査規則（指定統計第115号）により調査した平成10年の結果に、大蔵省「日本貿易月表」等の関連統計を加えた年表。

資源統計年報　平成11年　通商産業大臣官房調査統計部編　通産統計協会　2000.6　183p　30cm　6505円　Ⓝ560.59

⦅目次⦆概況（一般概況，金属鉱物，非金属鉱物，非金属地金，非鉄金属製品及び光ファイバ製品），統計表（主要業種分類生産・出荷・在庫指数，生産の推移，生産統計，非鉄金属の需給）

⦅内容⦆鉱工業資源の統計年報。平成11年の鉱工業の生産活動と鉱工業製品の需要及びエネルギー消費の統計表を掲載。統計は各品目、製品目別に掲載。ほかに参考資料として主要非鉄金属の輸入・輸出の推移、主要非鉄金属の価格、業界日誌等を収録する。

資源統計年報　平成12年　経済産業省経済産業政策局調査統計部編　経済産業統計協会　2001.6　197p　30cm　〈平成11年までの出版者：通産統計協会〉　6505円　Ⓘ4-924459-06-2　Ⓝ560.59

⦅目次⦆概況（一般概況，金属鉱物，非金属鉱物，非金属地金，非鉄金属製品及び光ファイバ製品），統計表（主要業種分類生産・出荷・在庫指数，生産の推移，生産統計，非鉄金属の需給）

⦅内容⦆鉱工業資源の統計年報。平成12年の鉱工業の生産活動と鉱工業製品の需要及びエネルギー消費の統計表を掲載。統計は各品目、製品目別に掲載。ほかに参考資料として主要非鉄金属の輸入・輸出の推移、主要非鉄金属の価格、業界日誌等を収録する。

資源統計年報　平成13年　経済産業省経済産業政策局調査統計部編　経済産業統計協会　2002.6　187p　30cm　5715円　Ⓘ4-924459-26-7　Ⓝ560.59

⦅目次⦆1 指数，2 生産の推移，3 生産統計（金属鉱物，非金属鉱物，非金属地金，アルミニウム，非鉄金属製品，光ファイバ製品，月報別統計年表），4 非鉄金属の需給

総合エネルギー統計　平成元年度版　資源エネルギー庁長官官房企画調査課編　通商産業研究社　1990.2　461p　21cm　3100円　Ⓝ501.6

⦅目次⦆第1編 総合エネルギー需給バランス，第2編 海外エネルギー，第3編 参考資料，第4編 附属資料

総合エネルギー統計　平成2年度版　資源エネルギー庁長官官房企画調査課編　通商産業研究社　1991.2　477p　21cm　3100円　Ⓝ501.6

⦅目次⦆第1編 総合エネルギー需給バランス，第2編 海外エネルギー，第3編 参考資料（世界のエネルギー資源埋蔵量，主要国及びECのエネルギー事業及びエネルギー政策の概要，世界の原油埋蔵量、生産量，石油代替エネルギーの供給目標の改定について ほか），第4編 附属資料

総合エネルギー統計　平成8年度版　資源エネルギー庁長官官房企画調査課編　通商産業研究社　1997.3　485p　21cm　3333円

⦅目次⦆第1編 総合エネルギー需給バランス（総合エネルギー需給バランス一固有単位表，総合エネルギー需給バランス一カロリー表 ほか），第2編 海外エネルギー（地域別・主要国別エネルギー需給，主要国の原油の生産・貿易・消費 ほか），第3編 参考資料（世界のエネルギー資源埋蔵量，主要国の一次エネルギー供給構成 ほか），第4編 附属資料（総合エネルギー調査会等の組織および委員，エネルギー関係省庁・団体名簿 ほか）

総合エネルギー統計　平成9年度版　資源エネルギー庁長官官房企画調査課編　通商産業研究社　1998.3　501p　21cm　3400円

⦅目次⦆第1編 総合エネルギー需給バランス（総合エネルギー需給バランス，我が国のエネルギー需給の推移），第2編 海外エネルギー（地域別・主要国別エネルギー需給，主要国の原油の生産・貿易・消費 ほか），第3編 参考資料（世界のエネルギー資源埋蔵量，主要国の一次エネルギー供給構成 ほか），第4編 附属資料（総合エネルギー調査会等の組織および委員，エネルギー関係省庁・団体名簿 ほか）

総合エネルギー統計　平成10年度版　資源エネルギー庁長官官房企画調査課編，日本エネルギー経済研究所エネルギー計量分析センター協力　通商産業研究社　1999.3　467p　21cm　3300円

⦅目次⦆第1編 総合エネルギー需給バランス（固有単位表，カロリー表 ほか），第2編 海外エネルギー（地域別・主要国別エネルギー需給，主要国の原油の生産・貿易・消費 ほか），第3編 参考資料（世界のエネルギー資源埋蔵量，主要国の一次エネルギー供給構成 ほか），第4編 附属資料（総合エネルギー調査会等の組織および委員，エネルギー関係省庁・団体名簿 ほか）

総合エネルギー統計　平成11年度版　資源エネルギー庁長官官房企画調査課編，日本エネルギー経済研究所計量分析部協力　通商産

業研究社　2000.3　437p　21cm　3500円　Ⓝ501.6

(目次)第1編 総合エネルギー需給バランス(総合エネルギー需給バランス(固有単位表), 総合エネルギー需給バランス(ジュール表), 総合エネルギー需給バランス(簡約表) ほか), 第2編 海外エネルギー(地域別・主要国別エネルギー需給, 主要国の原油の生産・貿易・消費, 主要国のエネルギー用石油製品の生産・貿易・消費 ほか), 第3編 参考資料(世界のエネルギー資源埋蔵量, 主要国の一次エネルギー供給構成, IEAによる世界の一次エネルギー需要見通し ほか)

総合エネルギー統計　平成12年度版　資源エネルギー庁長官官房総合政策課編　通商産業研究社　2001.5　453p　22cm　〈年表あり〉　3500円　Ⓝ501.6

(目次)第1編 総合エネルギー需給バランス(総合エネルギー需給バランス(固有単位表), 総合エネルギー需給バランス(ジュール表), 総合エネルギー需給バランス(簡約表) ほか), 第2編 海外エネルギー(地域別・主要国別エネルギー需給, 主要国の原油の生産・貿易・消費, 主要国のエネルギー用石油製品の生産・貿易・消費 ほか), 第3編 参考資料(世界のエネルギー資源埋蔵量, 主要国の一次エネルギー供給構成, IEAによる世界の一次エネルギー需要見通し ほか)

総合エネルギー統計　平成13年度版　資源エネルギー庁長官官房総合政策課編　通商産業研究社　2002.7　469p　21cm　3600円　Ⓝ501.6

(目次)第1編 総合エネルギー需給バランス(総合エネルギー需給バランス(固有単位表, ジュール表, 簡約表), 我が国のエネルギー需給の推移), 第2編 海外エネルギー(地域別・主要国別エネルギー需給, 主要国の原油の生産・貿易・消費, 主要国のエネルギー用石油製品の生産・貿易・消費 ほか), 第3編 参考資料(世界のエネルギー資源埋蔵量, 主要国の一次エネルギー供給構成, 世界のエネルギー需要見通し ほか)

総合エネルギー統計　平成15年度版　資源エネルギー庁長官官房総合政策課編　通商産業研究社　2005.2　591p　21cm　6600円　①4-86045-115-5

(目次)第1編 総合エネルギー統計の解説(総合エネルギー統計の基本的考え方, 総合エネルギー統計の構造, 総合エネルギー統計の構造(「行」の構造, 「列」の構造) ほか), 第2編 総合エネルギー需給バランス表(エネルギーバランス簡易表(固有単位表), エネルギーバランス簡易表(エネルギー単位表), 炭素バランス簡易表 ほか), 第3編 海外エネルギー(地域別・主要国別エネルギー需給, 主要国の原油の生産・貿易・消費, 主要国のエネルギー用石油製品の生産・

貿易・消費 ほか), 第4編 参考資料

総合エネルギー統計　平成16年度版　資源エネルギー庁長官官房総合政策課編　通商産業研究社　2006.1　617p　21cm　6100円　①4-86045-116-3

(目次)第1編 総合エネルギー統計の解説(総合エネルギー統計の基本的考え方, 総合エネルギー統計の構造 ほか), 第2編 総合エネルギー需給バランス表(エネルギーバランス簡易表(固有単位表), エネルギーバランス簡易表(エネルギー単位表) ほか), 第3編 海外エネルギー(地域別・主要国別エネルギー需給, 主要国の原油の生産・貿易・消費 ほか), 第4編 参考資料(世界のエネルギー資源埋蔵量, 主要国の一次エネルギー供給構成 ほか)

本邦鉱業の趨勢　平成元年　通商産業大臣官房調査統計部編　通商産業調査会　1990.10　179p　26cm　7800円　①4-8065-1382-2　Ⓝ560.59

(目次)概況(一般概況, 鉱業の概況), 統計表(産出・投入・付加価値額統計表, 品目別, 生産数量及び生産金額統計表, 従業者数及び現金給与総額統計表, 資材使用額統計表, 燃料・電力使用額統計表, 探鉱, 採鉱, 企業経営), 参考資料(鉱業政策の概況, 石炭鉱業政策の概況, 石油及び可燃性天然ガス鉱業政策の概況, 鉱業出願, 鉱区, 鉱山災害, 経済日誌)

本邦鉱業の趨勢　平成2年　通商産業大臣官房調査統計部編　通商産業調査会　1991.10　138p　26cm　7100円　①4-8065-1405-5

(目次)概況(一般概況, 鉱業の概況), 統計表(産出・投入・付加価値額統計表, 品目別, 生産数量及び生産金額統計表〈通商産業局別〉, 従業者数及び現金給与総額統計表, 資材使用額統計表, 燃料・電力使用額統計表, 企業経営), 参考資料(鉱業政策の概況, 石炭鉱業政策の概況, 石油及び可燃性天然ガス鉱業政策の概況, 鉱業出願, 鉱区, 鉱山災害, 経済日誌)

本邦鉱業の趨勢　平成3年　通商産業大臣官房調査統計部編　通商産業調査会　1992.10　118p　26cm　7200円　①4-8065-1431-4

(目次)概況(一般概況, 鉱業の概況), 統計表(産出・投入・付加価値額統計表, 品目別, 生産数量及び生産金額統計表, 従業者数及び現金給与総額統計表, 資材使用額統計表, 燃料・電力使用額統計表, 企業経営), 参考資料(鉱業政策の概況, 石炭鉱業政策の概況, 石油及び可燃性天然ガス鉱業政策の概況, 鉱業出願, 鉱区, 鉱山災害, 経済日誌)

本邦鉱業の趨勢　平成4年　通商産業大臣官房調査統計部編　通商産業調査会　1993.10　119p　26cm　7200円　①4-8065-1455-1

(目次)概況(一般概況,鉱業の概況),統計表(産出・投入・付加価値額統計表,品目別、生産数量及び生産金額統計表〈通商産業局別〉,従業者数及び現金給与総額統計表,資材使用額統計表,燃料・電力使用額統計表,企業経営),参考資料(鉱業政策の概況,石炭鉱業政策の概況,石油及び可燃性天然ガス鉱業政策の概況,鉱業出願,鉱区,鉱山災害,経済日誌),付録(本邦鉱業のうす勢調査の調査票様式)

本邦鉱業の趨勢 平成5年 通商産業大臣官房調査統計部編 通商産業調査会出版部 1994.9 119p 26cm 7400円 ⓘ4-8065-1478-0

(目次)概況,統計表,参考資料(鉱業政策の概況,石炭鉱業政策の概況,石油及び可燃性天然ガス鉱業政策の概況,鉱業出願,鉱区,鉱山災害,経済日誌)

本邦鉱業の趨勢 平成12年 経済産業省経済産業政策局調査統計部編 経済産業調査会 2002.1 84p 30cm 4000円 ⓘ4-8065-1640-6 Ⓝ560.59

(目次)1 産出・投入・付加価値額統計表(産業別産出・投入・付加価値額の推移,産業細分類別産出・投入・付加価値額,経済産業局別産出・投入・付加価値額,都道府県別産出・投入・付加価値額),2 品目別生産数量及び生産金額統計表,3 経営組織別の事業所数,4 資本金階層別の事業所数

本邦鉱業の趨勢 平成14年 経済産業省経済産業政策局調査統計部編 経済産業調査会 2003.9 84p 30cm 4000円 ⓘ4-8065-1672-4

(目次)概況,統計表(産出・投入・付加価値額統計表,品目別生産数量及び生産金額統計表,経営組織別の事業所数,資本金階層別の事業所数),参考

本邦鉱業の趨勢 平成15年 経済産業省経済産業政策局調査統計部編 経済産業調査会 2004.9 84p 30cm 4000円 ⓘ4-8065-1686-4

(目次)統計表(産出・投入・付加価値額統計表,品目別生産数量及び生産金額統計表,経営組織別の事業所数,資本金階層別の事業所数),参考(本邦鉱業のすう勢調査の調査票様式)

本邦鉱業の趨勢 平成17年 経済産業省経済産業政策局調査統計部編 経済産業調査会 2006.10 84p 30cm 4000円 ⓘ4-8065-1716-X

(目次)1 産出・投入・付加価値額統計表(産業別産出・投入・付加価値額の推移,産業細分類別産出・投入・付加価値額,経済産業局別産出・投入・付加価値額,都道府県別産出・投入・付加価値額),2 品目別生産数量及び生産金額統計表,3 経営組織別の事業所数,4 資本金階層別の事業所数

◆石炭

<年 表>

産業別「会社年表」総覧 第2巻 鉱業
ゆまに書房 2000.1 210p 27cm 6000円 ⓘ4-89714-916-9, 4-89714-907-X Ⓝ560.921

(内容)近代以降の日本で刊行された会社史の中から年表とその関連事項を集めて複刻刊行した年表集。現存の会社のほか、消滅した会社、戦時の統制会社、旧植民地の会社等からも収録。社史刊行時点による社名の50音順に排列し、社名、社史名、刊行年を記載のうえ、社史原本の体裁のまま掲載する。第2巻では住友石炭鉱業株式会社、三井鉱山株式会社など鉱業分野を収録する。

<ハンドブック>

中国の石炭産業 2006 コークス含む主要50社と地域・企業別520炭鉱の動向
シープレス編 重化学工業通信社 2006.3 203p 26cm 24000円 ⓘ4-88053-100-6

(目次)第1章 中国石炭・コークス産業の動向,第2章 中国石炭・コークス企業の動向,第3章 中国の地域・企業別炭鉱と生産・埋蔵量,第4章 中国石炭・コークス企業各社の動向,第5章 中国石炭・コークス関連上場企業役員データ,第6章 住所録

<年鑑・白書>

コール・ノート 1990年版 資源エネルギー庁石炭部編 資源産業新聞社 1990.2 575p 19cm 4120円 ⓘ4-915667-04-9 Ⓝ567.036

(目次)1 最近における石炭関連情勢,2 国内石炭鉱業,3 需給,4 海外石炭資源開発,5 石炭利用技術の開発,6 コールチェーン,7 環境規制(大気関係),8 関連業界の動向,9 石炭の基礎知識,10 附属資料

コール・ノート 1991年版 資源エネルギー庁石炭部監修 資源産業新聞社 1991.2 603p 19cm 〈監修:資源エネルギー庁石炭部 発売:東京官書普及〉 4000円 ⓘ4-915667-05-7 Ⓝ567.036

(内容)石炭の生産・需要等の最新情報を収録。関連企業・団体住所録を付す。

コール・ノート 1992年版 資源エネルギー庁石炭部編 資源産業新聞社 1992.2

627p　19cm　4200円　Ⓘ4-915667-06-5

(目次)1 最近における石炭関連情勢，2 国内石炭鉱業，3 需給，4 海外石炭資源開発，5 石炭利用技術の開発，6 コールチェーン，7 環境問題，8 関連業界の動向，9 石炭の基礎知識

コール・ノート　1993年版　資源エネルギー庁石炭部監修　資源産業新聞社　1993.2　633p　19cm　4200円　Ⓘ4-915667-07-3

(目次)1 最近における石炭関連情勢，2 国内石炭鉱業，3 需給，4 海外石炭資源開発，5 石炭利用技術の開発，6 コールチェーン，7 環境問題，8 関連業界の動向，9 石炭の基礎知識，10 附属資料

コール・ノート　1994年版　資源エネルギー庁石炭部監修　資源産業新聞社　1994.2　632p　19cm　4200円　Ⓘ4-915667-08-1

(目次)1 最近における石炭関連情勢，2 国内石炭鉱業，3 需給，4 海外石炭資源開発，5 石炭利用技術の開発，6 コール チェーン，7 環境問題，8 関連業界の動向，9 石炭の基礎知識，10 附属資料（単位換算表 ほか）

コール・ノート　1995年版　資源エネルギー庁石炭部編　資源産業新聞社　1995.2　633p　19cm　4200円　Ⓘ4-915667-09-X

(目次)1 最近における石炭関連情勢，2 国内石炭鉱業，3 需給，4 海外石炭資源開発，5 石炭利用技術の開発，6 コールチェーン，7 環境問題，8 関連業界の動向，9 石炭の基礎知識，10 附属資料

(内容)石炭の生産・需給などについての年鑑。1979年から毎年刊行されている。エネルギー情勢や海外の石炭資源開発に関する内容も記載。石炭関連用語の解説を掲載する。付属資料として国際単位の換算表と関連機関の住所録を付す。

コール・ノート　1997年版　資源エネルギー庁石炭部監修　資源産業新聞社　1997.2　687p　19cm　4286円　Ⓘ4-915667-11-1

(目次)1 最近における石炭関連情勢，2 国内石炭鉱業，3 需給，4 海外石炭資源開発，5 石炭利用技術の開発，6 コールチェーン，7 環境問題，8 関連業界の動向，9 石炭の基礎知識，10 附属資料

コール・ノート　1998年版　資源エネルギー庁石炭・新エネルギー部監修　資源産業新聞社　1998.2　631p　19cm　4286円　Ⓘ4-915667-12-X

(目次)1 最近における石炭関連情勢，2 国内石炭鉱業，3 需要，4 海外石炭資源開発，5 石炭利用技術の開発，6 コール チェーン，7 環境問題，8 関連業界の動向，9 石炭の基礎知識，10 附属資料

コール・ノート　1999年版　資源エネルギー庁石炭・新エネルギー部監修　資源産業新聞社　1999.2　647p　19cm　4286円　Ⓘ4-915667-13-8

(目次)1 最近における石炭関連情勢，2 国内石炭鉱業，3 需給，4 海外石炭資源開発，5 石炭利用技術の開発，6 コールチェーン，7 環境問題，8 関連業界の動向，9 石炭の基礎知識

(内容)石炭の生産・需給などについての年鑑。1979年から毎年刊行されている。エネルギー情勢や海外の石炭資源開発に関する内容も記載。石炭関連用語の解説を掲載する。付属資料として国際単位の換算表と関連機関の住所録を付す。

コール・ノート　2002年版　資源エネルギー庁資源・燃料部監修　資源産業新聞社　2002.3　638p　19cm　4286円　Ⓘ4-915667-16-2　Ⓝ567.036

(目次)1 最近における石炭関連情勢，2 国内石炭鉱業，3 需給，4 海外石炭資源開発，5 石炭利用技術の開発，6 コールチェーン，7 環境問題，8 関連業界の動向，9 石炭の基礎知識，10 附属資料

コール・ノート　2003年版　資源エネルギー庁資源・燃料部監修　資源産業新聞社　2003.3　537p　19cm　4286円　Ⓘ4-915667-17-0

(目次)1 最近における石炭関連情勢，2 国内石炭鉱業，3 需給，4 海外石炭資源開発，5 石炭利用技術の開発，6 コールチェーン，7 環境問題，8 関連業界の動向，9 石炭の基礎知識，10 附属資料

◆石油

<年　表>

産業別「会社年表」総覧　第10巻　石油製品製造業　ゆまに書房編集部編　ゆまに書房　2000.5　404p　26cm　16000円　Ⓘ4-89714-924-X　Ⓝ568.09

(目次)出光興産株式会社，モービル石油株式会社，琉球石油株式会社，三菱石油株式会社，丸善石油株式会社，日本石油株式会社，東燃株式会社，大協石油株式会社，昭和四日市石油株式会社，昭和石油株式会社，昭和シェル石油株式会社，コスモ石油株式会社，興亜石油株式会社

(内容)近代以降の日本で刊行された会社史の中から年表とその関連事項を集めて複刻刊行した年表集。現存の会社のほか、消滅した会社、戦時の統制会社、旧植民地の会社等からも収録。社史刊行時点による社名の50音順に排列し、社名、社史名、刊行年を記載のうえ、社史原本の体裁のまま掲載する。第10巻では石油産業の会

世界石油年表　村上勝敏著　オイル・リポート社　2001.10　316p　22cm　〈『世界石油史年表』(日本石油コンサルタント1974年刊)の改訂版　文献あり〉　3000円　⓸4-87194-062-4　Ⓝ568.032

(目次)前史、近代への胎動 発見と発明の時代、近代石油業の開幕 灯油時代の成立、国際石油産業の展開、機械の世紀の開幕と燃料油時代 国際石油企業の興隆、石油メジャーの誕生、石油帝国主義と恐慌の時代、国際石油カルテルの形成、戦時経済と燃料国策、戦後中東石油と米国の制覇、石油帝国メジャーズの繁栄、原油低価格時代とOPECの誕生、産油国ナショナリズムの高揚と第1次石油危機、石油消費国同盟の成立、イラン革命の進展と第2次石油危機、非OPEC産油国の台頭と原油の市況商品化、湾岸戦争と原油価格の乱高下、ニューフロンティアの登場、巨大合併と国際石油産業の再編

(内容)石油の利用と発展の歴史を人類の文化史・文明史と位置づけてまとめた年表。ノアの箱船以来広範な用途に使用された石油の前史、19世紀半ば以降の石油の近代史、壮大な「石油の世紀」としての20世紀の歴史まで、6000年におよぶ石油史上の諸事件を掲載する。

＜辞　典＞

石油辞典　第2版　石油学会編　丸善　2005.12　663p　21cm　21000円　⓸4-621-07627-2

(内容)石油精製プロセス、石油製品・燃焼、潤滑油、石油資源、分析、石油化学、新エネルギー、安全・材料・装置、環境、物流・経済・規制、組織・団体から重要用語を収録した改訂版石油用語辞典。配列は用語のアルファベット順、五十音順で見出し語、見出し語の英語表記、解説文をお記載、巻末に索引が付く。

＜ハンドブック＞

スーパーディーラー 有力石油販売業者の業容　2000　井口祐男編　オイル・リポート社　2000.2　189p　26cm　(オイル・リポート・シリーズ No.60)　7000円　⓸4-87194-059-4　Ⓝ575.5

(目次)序章 新局面に突入する石油販売業―通用しなくなったこれまでの常識、第1章 関東市場―多彩な業者の本拠が集中、第2章 関西市場―SSの大型化が急速に進展、第3章 中部市場―東西の石油流通が交錯、第4章 九州・沖縄市場―老舗有力ディーラーが割拠、第5章 東北市場―群を抜く灯油販売シェア、第6章 北海道市場―シェアは低いがガソリンは健闘、第7章 中国・四国市場―地場専念型の中堅が主体

石油便覧　1994　日本石油編　燃料油脂新聞社　1994.3　698p　21cm　4120円

(目次)1 石油とエネルギー、2 世界の石油事情、3 日本の石油事情、4 石油の性状、5 原油・天然ガスの生産、6 石油の輸入と備蓄、7 石油精製、8 製油所設備と保全、9 石油製品、10 石油製品の輸送と貯蔵、11 石油の販売、12 石油と環境保全、13 石油と防災、14 液化石油ガスとNGL、15 液化天然ガス、16 石油利用工業、17 石油産業とコンピュータ利用、18 石油関係法令、19 資料・統計、図、20 世界主要油田地図、21 石油産業年表

＜法令集＞

鉱山保安規則 石油鉱山編　平成8年版　通商産業省環境立地局監修　白亜書房　1996.6　656p　19cm　5000円　⓸4-89172-149-9

(目次)鉱山保安法、鉱山保安規則(抄)、鉱山保安規則に基づく告示(抄)、関係法規

石油鉱山保安規則　改訂版　通商産業省立地公害局監修　白亜書房　1991.3　618p　19cm　5200円　⓸4-89172-103-0

(目次)鉱山保安法、鉱山保安規則、石油鉱山保安規則に基づく告示、関係法規

(内容)本書は、現行の石油鉱山保安規則及びこれに基づく告示を集録し、附録としてこれに関連する諸法令を附したものである。

＜年鑑・白書＞

石油資料　平成4年　通商産業省資源エネルギー庁石油部監修　石油通信社　1992.7　398p　15cm　1900円

(目次)1 基礎資料、2 平成4～8年度石油供給計画等、3 エネルギー一般、4 原油・石油製品需給、5 精製・元売、6 流通、7 LPガス、8 備蓄、9 開発、10 予算・税制、11 OPEC

石油資料　平成5年　通商産業省資源エネルギー庁石油部監修　石油通信社　1993.7　416p　15cm　2000円

(目次)1 基礎資料、2 平成5～9年度石油供給計画等、3 エネルギー一般、4 原油・石油製品需給、5 精製・元売、6 流通、7 LPガス、8 備蓄、9 開発、10 予算・税制、11 OPEC

石油年鑑　1990　石油年鑑編集委員会編　日本経済評論社　1990.10　416p　26cm　12360円　⓸4-8188-0437-1　Ⓝ568.059

(目次)特集(東欧社会の激変が世界エネルギー需給に及ぼすインパクト、化石エネルギーの燃焼と地球温暖化現象)、第1部 世界の動き(産油国、

消費国，ソ連・東欧・中国，石油輸送，主要石油企業，石油代替エネルギー），第2部 日本の動き（石油政策，石油開発，石油精製・販売，企業経営），第3部 資料（主要ドキュメント，年間日誌），第4部 統計〈図・表〉（海外の石油関係，国内の石油関係，海外の石油企業）

石油年鑑 1991 石油年鑑編集委員会編
日本経済評論社 1991.10 416p 26cm
12360円 ①4-8188-0470-3 Ⓝ568.059
(目次)特集(石油地政学から見た湾岸戦争，ペレストロイカとソ連の石油ガス産業)，第1部 世界の動き(産油国，消費国，ソ連・東欧・中国，石油輸送，主要石油企業，石油代替エネルギー，化石エネルギーと地球環境問題)，第2部 日本の動き(石油政策，石油開発，石油精製・販売，企業経営)，第3部 資料

石油年鑑 1992 石油年鑑編集委員会編
日本経済評論社 1992.10 294p 26cm
12360円 ①4-8188-0632-3
(目次)特集(地球環境問題と石油産業，湾岸危機の中東情勢とエネルギー安全保障)，第1部 世界の動き(石油の需給と価格，石油開発・生産，石油輸送，石油精製・販売，主要石油企業，天然ガス・その他石油代替エネルギー)，第2部 日本の動き(石油の需給と価格，石油政策・税制，石油開発，石油精製・販売，企業経営)，第3部 資料(主要ドキュメント，年間日誌)，第4部 統計

石油年鑑 1993／1994 井口祐男編 オイル・リポート社 1994.7 416p 26cm
12500円 ①4-87194-034-9
(目次)第1部 世界の石油事情，第2部 日本の石油事情，第3部 ドキュメント，第4部 統計

石油年鑑 1995 オイル・リポート社
1995.8 380p 26cm 12500円 ①4-87194-039-X
(目次)特集(純輸入国に転換した中国の悩みと期待，阪神大震災とエネルギー・ミックス，地球温暖化防止とエネルギー)，第1部 世界の石油事情，第2部 日本の石油事情，第3部 ドキュメント，第4部 統計

石油年鑑 1996 井口祐男編 オイル・リポート社 1996.9 380p 26cm 12500円
①4-87194-044-6
(目次)第1部 世界の石油事情，第2部 日本の石油事情，第3部 ドキュメント，第4部 統計

石油年鑑 1999／2000 井口祐男編 オイル・リポート社 1999.12 408p 26cm
12000円 ①4-87194-058-3 Ⓝ568.059
(目次)特集(巨大合併に加速する石油産業再編，石油先物開設と製品市況形成，天然ガスパイプラインの経済効果)，第1部 世界の石油事情(総

説，中東／アジア，ヨーロッパ／アフリカ，ラテンアメリカ／米国，主要石油企業)，第2部 日本の石油事情(総説，石油政策の展開，石油税制と予算，需給と設備，輸入・精製・備蓄，市場と流通，企業と経営，環境と防災，探鉱と開発，関連エネルギー)，第3部 ドキュメント(制度改革へ最後の石油政策再点検，石油クロニクル)，第4部 統計(海外の石油関係，国内の石油関係，海外の石油企業，石油の単位)

日本の石油化学工業 1990年度版 重化学
工業通信社石油化学課編 重化学工業通信社
1990.12 942p 21cm 20000円 ①4-88053-013-1
(目次)第1章 我が国石油化学工業の現況，第2章 石油精製各社の現況と設備計画，第3章 エチレンセンターの動向，第4章 石油化学各社の現状と設備計画，第5章 海外主要石化コンビナートの動向，第6章 主要製品別計画および動向，第7章 化学企業の関連会社・研究所一覧，第8章 主要樹脂加工関連企業の現況

日本の石油化学工業 1993年度版 重化学
工業通信社編 重化学工業通信社 1993.11
829p 21cm 22000円 ①4-88053-028-X
(目次)第1章 我が国石油化学工業の現況，第2章 石油精製各社の現況と設備計画，第3章 エチレンセンターの動向，第4章 石油化学各社の現況と設備計画，第5章 外資系化学企業の事業動向，第6章 主要製品計画および動向，第7章 化学企業の関連会社・研究所一覧，第8章 石油化学各社の海外進出、技術導入・輸出

日本の石油化学工業 1994年度版 重化学
工業通信社 1994.11 762p 21cm 22000円 ①4-88053-033-6
(目次)第1章 我が国石油化学工業の現状，第2章 石油精製会社の現況と設備計画，第3章 エチレンセンターの動向，第4章 石油化学各社の現況と設備計画，第5章 外資系化学企業の事業動向，第6章 主要製品別計画および動向，第7章 化学企業の関連会社・研究所一覧，第8章 石油化学各社の海外進出 技術導入・輸出

日本の石油化学工業 2002年版 重化学工業通信社編 重化学工業通信社 2001.11
744, 6p 26cm 28000円 ①4-88053-071-9 Ⓝ575.6
(目次)第1章 我が国石油化学工業の現況，第2章 石油精製各社の現況と設備動向，第3章 エチレンセンターの動向，第4章 石油化学各社の現況と設備動向，第5章 欧米化学企業の日本における事業動向，第6章 主要製品の需給および設備動向，第7章 環境問題と化学各社の行動指針，第8章 関係会社・研究所・海外進出・技術移転リスト

日本の石油化学工業　2004年版　重化学工業通信社編　重化学工業通信社　2003.11　767p　26cm　28000円　①4-88053-083-2

(目次)第1章 我が国石油化学工業の現状，第2章 石油精製各社の現況と設備動向，第3章 エチレンセンターの動向，第4章 石油化学各社の現況と設備動向，第5章 欧米化学企業の日本における事業動向，第6章 主要製品の需給および設備動向，第7章 環境問題と化学各社の行動指針，第8章 関係会社・研究所・海外進出・技術移転リスト

日本の石油化学工業　2005年版　重化学工業通信社・化学チーム編　重化学工業通信社　2004.11　796p　26cm　28000円　①4-88053-089-1

(目次)我が国石油化学工業の現状，石油精製各社の現況と設備動向，エチレンセンターの動向，石油化学各社の現況と設備動向，欧米化学企業の日本における事業動向，関係会社・研究所・海外進出・技術移転リスト〔ほか〕

日本の石油化学工業　2006年版　重化学工業通信社・化学チーム編　重化学工業通信社　2005.11　785p　26cm　28000円　①4-88053-098-0

(目次)第1章 我が国石油化学工業の現状，第2章 石油精製各社の現況と設備動向，第3章 エチレンセンターの動向，第4章 石油化学各社の現況と設備動向，第5章 欧米化学企業の日本における事業動向，第6章 主要製品の需給および設備動向，第7章 環境問題と化学各社の行動指針，第8章 関係会社・研究所・海外進出・技術移転リスト

日本の石油化学工業　2007年版　重化学工業通信社・化学チーム編　重化学工業通信社　2006.11　775p　26cm　28000円　①4-88053-104-9

(目次)第1章 我が国石油化学工業の現状，第2章 石油精製各社の現況と設備動向，第3章 エチレンセンターの動向，第4章 石油化学各社の現況と設備動向，第5章 欧米化学企業の日本における事業動向，第6章 主要製品の需給および設備動向，第7章 環境問題と化学各社の環境会計，第8章 関係会社・研究所・海外進出・技術移転リスト

日本の石油化学工業　2011年版　重化学工業通信社・化学チーム編　重化学工業通信社　2010.11　767p　26cm　28000円　①978-4-88053-127-4　Ⓝ575.6

(目次)第1章 我が国石油化学工業の現状，第2章 石油精製各社の現況と設備動向，第3章 エチレンセンターの動向，第4章 石油化学各社の現況と設備動向，第5章 欧米化学企業の日本における事業動向，第6章 主要製品の需給および設備動向，第7章 環境問題と化学各社の環境会計，第8章 関係会社・研究所・海外進出・技術移転リスト

<統計集>

石油等消費構造統計表　商鉱工業　平成3年　通商産業大臣官房調査統計部編　通産統計協会　1993.3　626p　30cm　19500円

(目次)概況，統計表(鉱業，製造業，商業)，付録(商鉱工業石油等消費統計調査規則，石油等消費構造統計調査票様式)

(内容)統計法に基づく指定統計として通称産業省が実施する石油等消費統計調査に基づく統計資料。商鉱工業におけるエネルギー消費を業種・業態別，生産品目別，地域別に調査・集計したもの。平成3年実施の調査結果を収録。

石油等消費構造統計表　商鉱工業　平成4年　通商産業大臣官房調査統計部編　通産統計協会　1994.3　636p　30cm　19500円

(目次)概況，統計表(鉱業，製造業，商業)

(内容)統計法に基づく指定統計として通称産業省が実施する石油等消費統計調査に基づく統計資料。商鉱工業におけるエネルギー消費を業種・業態別，生産品目別，地域別に調査・集計したもの。平成4年実施の調査結果を収録。

石油等消費構造統計表　平成5年　通商産業大臣官房調査統計部編　通産統計協会　1995.3　624p　30cm　19500円

(目次)商鉱工業

石油等消費構造統計表　商鉱工業　平成6年　通商産業大臣官房調査統計部編　通産統計協会　1996.3　632p　30cm　19500円

(目次)1 鉱業(総合統計表―産業細分類別，産業統計表 ほか)，2 製造業(総合統計表―産業細分類別，産業別統計表 ほか)，3 商業(総合統計表，業種別，従業者規模別統計表 ほか)

石油等消費構造統計表　平成10年　通商産業大臣官房調査統計部編　通産統計協会　2000.3　613p　30cm　23715円　Ⓝ501.6

(目次)概況，統計表(製造業(総合統計表―産業細分類別，従業者規模別統計表，通商産業局別統計表，都道府県別統計表)，商業(総合統計表，業種別，従業者規模別統計表，大型小売店統計表，大規模卸売店統計表―燃料，電力，熱の消費量))，参考統計(鉱業)

石油等消費構造統計表　平成11年　経済産業省経済産業政策局調査統計部編　通産統計協会　2001.3　606p　30cm　24096円　Ⓝ501.6

石油等消費構造統計表 平成12年 経済産業省経済産業政策局調査統計部編 経済産業統計協会 2002.3 591p 30cm 24096円
Ⓝ568.09

⌈目次⌋1 製造業(総合統計表(産業細分類別),産業別統計表,従業者規模別統計表,経済産業局別統計表,都道府県別統計表),2 商業(総合統計表,業種別,従業者規模別統計表,大型小売店統計表,大規模卸売店統計表(燃料、電力、熱の消費量))

石油等消費構造統計表 平成13年 経済産業省経済産業政策局調査統計部編 経済産業統計協会 2003.3 591p 30cm 24096円
①4-924459-45-3

⌈目次⌋1 製造業(総合統計表(産業細分類別),産業別統計表,従業者規模別統計表,経済産業局別統計表,都道府県別統計表),2 商業(総合統計表,業種別,従業者規模別統計表,大型小売店統計表,大規模卸売店統計表(燃料、電力、熱の消費量))

石油等消費動態統計年報 平成2年 通商産業大臣官房調査統計部編 通産統計協会 1991.10 525p 26cm 16480円

⌈目次⌋利用上の注意,概況,統計表(エネルギー消費量の推移,業種別統計,指定生産品目別統計,地域別統計),参考統計(石油等消費動態統計と生産、販売との関係,石油等消費動態統計対象外事業所分のエネルギー消費量の推移,エネルギー供給事業者の需給統計,石油、石炭、天然ガス等卸売物価指数及び輸入価格)

石油等消費動態統計年報 製造工業 平成4年 通商産業大臣官房調査統計部編 通産統計協会 1993.8 531p 26cm 16500円

⌈目次⌋エネルギー消費量の推移,業種別統計,指定生産品目別統計,地域別統計

⌈内容⌋統計法に指定統計として通称産業省が実施する石油等消費統計調査に基づく統計資料。製造工業におけるエネルギー消費を業種・業態別、生産品目別、地域別に調査・集計したもの。平成4年実施の調査結果を収録。

石油等消費動態統計年報 製造工業 平成5年 通商産業大臣官房調査統計部編 通産統計協会 1994.8 531p 26cm 16500円

⌈目次⌋エネルギー消費量の推移,業種別統計,指定生産品目別統計,地域別統計

⌈内容⌋統計法に基づく指定統計として通称産業省が実施する石油等消費統計調査に基づく統計資料。製造工業におけるエネルギー消費を業種・業態別、生産品目別、地域別に調査・集計したもの。平成5年実施の調査結果を収録。

石油等消費動態統計年報 製造工業 平成6年 通商産業大臣官房調査統計部編 通産統計協会 1995.7 515p 26cm 16500円

⌈目次⌋1 エネルギー消費量の推移,2 業種別統計,3 指定生産品目別統計,4 地域別統計,参考統計

⌈内容⌋通商産業省が実施する石油等消費統計調査に基づいて製造工業におけるエネルギー消費に関するデータを収録したもの。

石油等消費動態統計年報 平成7年 通商産業大臣官房調査統計部編 通産統計協会 1996.7 517p 26cm 16500円

⌈目次⌋1 エネルギー消費量の推移,2 業種別統計,3 指定生産品目別統計,4 地域別統計

石油等消費動態統計年報 製造工業 平成10年 通商産業大臣官房調査統計部編 通産統計協会 1999.7 391p 26cm 13333円

⌈目次⌋概況,統計表(エネルギー消費量の推移,業種別統計,指定製品品目別,地域別統計),参考統計(石油等消費動態統計と生産、販売との関係,石油等消費動態統計対象外事業所分のエネルギー消費量の推移,エネルギー供給事業者の需要統計)

⌈内容⌋石油等消費統計調査のうち、平成10年に実施した石油等消費動態統計調査の調査結果を編集公表するもので、製造業におけるエネルギー消費を業種・業態別、生産品目別、地域別に集計して収録し、エネルギー消費に関するデータをまとめたもの。

石油等消費動態統計年報 平成12年 経済産業省経済産業政策局調査統計部編 経済産業統計協会 2001.8 309p 30cm 10477円
①4-924459-07-0 Ⓝ568.09

⌈目次⌋1 エネルギー消費量の推移(固有単位表(事業所ベース),熱量単位表(事業所ベース)),2 業種別統計(業種別エネルギー消費(平成12年),燃料受払、電力受払、蒸気受払),3 指定生産品目別統計(指定生産品目別エネルギー消費(平成12年),指定生産品目別エネルギー消費量の推移,指定生産品目燃料在庫量の推移),4 地域別統計(経済産業局別業種別エネルギー消費(平成12年),経済産業局別エネルギー消費量の推移)

⌈内容⌋石油等消費統計調査のうち、平成12年に実施した石油等消費動態統計調査の調査結果を収録した統計書。製造業におけるエネルギー消費を業種別、生産品目別、地域別に集計して掲載する。

石油等消費動態統計年報 平成14年 経済

産業省経済産業政策局調査統計部編　経済産業調査会　2003.7　310p　30cm　10476円
①4-8065-1666-X
(目次)1 エネルギー消費量の推移，2 業種別統計，3 指定生産品目別統計，4 地域別統計
(内容)本年報は，平成14年に実施した石油等消費動態統計調査の調査結果をとりまとめたものであり，製造業におけるエネルギー消費を業種別，生産品目別，地域別に集計して収録し，エネルギー消費に関する詳細なデータを提供するものである。

石油等消費動態統計年報　平成15年　経済産業省経済産業政策局調査統計部編　経済産業調査会　2004.7　310p　30cm　10476円
①4-8065-1684-8
(目次)1 エネルギー消費量の推移（固有単位表（事業所ベース），熱量単位表（事業所ベース）），2 業種別統計（業種別エネルギー消費（平成15年），燃料受払，電力受払（平成15年），蒸気受払（平成15年）），3 指定生産品目別統計（指定生産品目別エネルギー消費（平成15年），指定生産品目別エネルギー消費量の推移，指定生産品目別燃料在庫量の推移），4 地域別統計（経済産業局別業種別エネルギー消費（平成15年），経済産業局別エネルギー消費量の推移，都道府県別エネルギー消費量）

石油等消費動態統計年報　平成16年　経済産業省経済産業政策局調査統計部編　経済産業調査会　2005.7　304p　30cm　10476円
①4-8065-1699-6
(目次)1 エネルギー消費量の推移（固有単位表（事業所ベース），熱量単位表（事業所ベース）），2 業種別統計（業種別エネルギー消費（平成16年），燃料受払 ほか），3 指定生産品目別統計（指定生産品目別エネルギー消費（平成16年），指定生産品目別エネルギー消費量の推移 ほか），4 地域別統計（経済産業局別業種別エネルギー消費（平成16年），経済産業局別エネルギー消費量の推移 ほか）
(内容)平成16年に実施した同統計調査の結果を取りまとめた。製造業におけるエネルギー消費を業種別，生産品目別，地域別に集計して収録し，エネルギー消費に関する詳細なデータを提供する。

石油等消費動態統計年報　平成17年　経済産業省経済産業政策局調査統計部編　経済産業調査会　2006.7　304p　30cm　10476円
①4-8065-1713-5
(目次)1 エネルギー消費量の推移（固有単位表（事業所ベース），熱量単位表（事業所ベース）），2 業種別統計（業種別エネルギー消費（平成17年），燃料受払，電力支払（平成17年），蒸気受払（平成17年）），3 指定生産品目別統計（指定生産品目別エネルギー消費（平成17年），指定生産品目別エネルギー消費量の推移，4 地域別統計（経済産業局別燃料種別エネルギー消費（平成17年），経済産業局別エネルギー消費量の推移，都道府県別エネルギー消費量）
(内容)経済産業省は，製造業における石油を中心としたエネルギー消費の動向を明らかにするため，毎月，特定業種石油等消費統計調査を実施し，公表している。本年報は，平成17年に実施した同統計調査の結果を取りまとめたものであり，製造業におけるエネルギー消費を業種別，生産品目別，地域別に集計して収録し，エネルギー消費に関する詳細なデータを提供する。

石油等消費動態統計年報　平成18年　経済産業省経済産業政策局調査統計部編　経済産業調査会　2007.10　304p　30cm　10476円
①978-4-8065-1728-3
(目次)1 エネルギー消費量の推移（固有単位表（事業所ベース），熱量単位表（事業所ベース）），2 業種別（業種別エネルギー消費（平成18年），燃料受払，電力受払（平成18年），蒸気受払（平成18年）），3 指定生産品目別統計（指定生産品目別エネルギー消費（平成18年），指定生産品目別エネルギー消費量の推移，指定生産品目別燃料在庫量の推移），4 地域別統計（経済産業局別燃料種別エネルギー消費（平成18年），経済産業局別エネルギー消費量の推移，都道府県別エネルギー消費量）
(内容)この年報は，統計法に基づく経済産業省特定業種石油等消費統計調査規則により実施された石油等消費動態統計調査（指定統計第115号）に関する平成18年の調査結果を編集公表するもの。

石油等消費動態統計年報　平成19年　経済産業省経済産業政策局調査統計部編　経済産業調査会　2008.12　304p　30cm　10476円
①978-4-8065-1746-7　Ⓝ501.6
(目次)1 エネルギー消費量の推移（固有単位表（事業所ベース），熱量単位表（事業所ベース）），2 業種別統計（業種別エネルギー消費（平成19年），燃料受払 ほか），3 指定生産品目別統計（指定生産品目別エネルギー消費（平成19年），指定生産品目別エネルギー消費量の推移 ほか），4 地域別統計（経済産業局別燃料種別エネルギー消費（平成19年），経済産業局別エネルギー消費量の推移 ほか）

石油等消費動態統計年報　平成20年　経済産業省経済産業政策局調査統計部編　経済産業調査会　2009.8　304p　30cm　10476円
①978-4-8065-1768-9　Ⓝ501.6
(目次)1 エネルギー消費量の推移（固有単位表（事業所ベース），熱量単位表（事業所ベース）），

2 業種別統計(業種別エネルギー消費(平成20年)，燃料受払 ほか)，3 指定生産品目別統計(指定生産品目別エネルギー消費(平成20年)，指定生産品目別エネルギー消費量の推移 ほか)，4 地域別統計(経済産業局別燃料種別エネルギー消費(平成20年)，経済産業局別エネルギー消費量の推移 ほか)

石油等消費動態統計年報　平成21年　経済産業省経済産業政策局調査統計部編　経済産業調査会　2010.12　304p　30cm　10476円
ⓘ978-4-8065-1791-7　Ⓝ501.6
(目次)利用上の注意，概況，統計表(エネルギー消費量の推移，業種別統計，指定生産品目別統計，地域別統計)

◆◆石油(規格)
<ハンドブック>

JISハンドブック　12　石油　1991　日本規格協会編　日本規格協会　1991.4　1244p　21cm　5800円　ⓘ4-542-12633-1
(目次)製品規格，試験方法，試験器，関連規格
(内容)JISは，適正な内容を維持するために，5年ごとに見直しが行われ，改正，確認又は廃止の手続きがとられている。本書は，原則として平成3年2月までに制定・改正されたJISを収録している。

JISハンドブック　石油 1993　日本規格協会編集　日本規格協会　1993.4　1332p　21cm　6019円　ⓘ4-542-12692-7
(内容)1993年現在における石油関連の主なJIS(日本工業規格)を抜粋収録したハンドブック。

JISハンドブック　12　日本規格協会　1995.4　1343p　21cm　6500円　ⓘ4-542-12778-8
(内容)1995年2月末日現在の石油関連の主なJIS(日本工業規格)を抜粋したもの。

JISハンドブック　25　石油　日本規格協会編　日本規格協会　2001.1　1581p　21cm　9800円　ⓘ4-542-17025-X　Ⓝ568.072
(目次)製品規格，試験方法，試験器，関連規格，参考
(内容)2000年11月末日現在におけるJISの中から，石油に関係する主なJISを収集し，利用者の要望等に基づき使いやすさを考慮し，必要に応じて内容の抜粋などを行ったハンドブック。

JISハンドブック　2007 25　石油　日本規格協会編　日本規格協会　2007.6　2067p　21cm　11500円　ⓘ978-4-542-17509-9
(目次)製品認証，製品規格，試験方法，試験器，関連規格，参考

◆◆石油産業
<名　簿>

石油産業会社要覧　1990年版　石油春秋社編　石油春秋社　1990.2　201p　26cm　4000円
(内容)通商産業省・資源エネルギー庁，石油公団，石油精製・石油元売，石油鉱業，石油備蓄，総合商社，石油販売等関連団体など100社収録。

石油産業会社要覧　1993年版　石油春秋社　1993.2　217p　26cm　4000円
(目次)通商産業省・資源エネルギー庁，石油公団，石油精製・石油元売，石油鉱業，石油備蓄，総合商社・石油販売・輸送等，関連団体等

石油産業会社要覧　1994年版　石油春秋社　1994.1　217p　26cm　4000円
(目次)石油精製・石油元売，石油鉱業，石油備蓄，総合商社・石油販売・輸送等，関連団体等

石油産業会社要覧　1995年版　石油春秋社　1995.1　217p　26cm　4000円
(目次)石油精製・石油元売，石油鉱業，石油備蓄，総合商社・石油販売・輸送等，関連団体等
(内容)石油産業に携わる会社・関連団体など計100社・団体の名鑑。業種別に排列。会社概要・役員名・沿革・組織図などを掲載する。海外事業所の所在地も記載。

石油産業会社要覧　1999年版　石油春秋社　1999.1　221p　26cm　4000円
(目次)石油精製・石油元売，石油鉱業，石油備蓄，総合商社・石油販売・輸送等，関連団体等
(内容)石油産業に携わる会社・関連団体の名鑑。業種別に排列。会社概要・役員名・沿革・組織図などを掲載する。海外事業所の所在地も記載。

石油産業会社要覧　2002年版　増田忠雄編　石油春秋社　2002.2　185p　26cm　4000円　Ⓝ568.035
(目次)石油精製・石油元売，石油鉱業，石油備蓄，総合商社・石油販売・輸送等，関連団体等
(内容)石油産業関連企業の便覧。経済産業省・資源エネルギー庁，石油公団，石油精製・石油元売，石油鉱業，石油備蓄，総合商社，石油販売等，石油産業関連の団体・企業について，設立，資本金，株主，組織図，沿革，事業所，関連会社，2001年現在のプロフィールデータと売上高等の業績数値を紹介している。巻頭に，業種ごとの五十音順企業名インデックスを付す。

石油産業会社要覧　2003年版　石油春秋社

2003.2 169p 26cm 4000円

⟨目次⟩共同持株会社，石油精製・石油元売，石油鉱業，石油備蓄，総合商社・石油販売・輸送等，関連団体等

石油産業会社要覧　2005年版　石油春秋社　2005.2　157p　26cm　4000円

⟨目次⟩経済産業省・資源エネルギー庁，独立行政法人石油天然ガス・金属鉱物資源機構，共同持株会社，石油精製・石油元売，石油鉱業，石油備蓄，総合商社・石油販売・輸送，関連団体等

石油産業会社要覧　2007年版　石油春秋社　2007.2　143p　26cm　4000円

⟨目次⟩共同持株会社，石油精製・石油元売，石油鉱業，石油備蓄，総合商社，関連団体等

石油産業会社要覧　2008年版　石油春秋社　2008.2　141p　26cm　4000円　Ⓝ568.035

⟨目次⟩経済産業省・資源エネルギー庁，独立行政法人石油天然ガス・金属鉱物資源機構，共同持株会社，石油精製・石油元売，石油鉱業，石油備蓄，総合商社，関連団体等

石油産業会社要覧　2009年版　石油春秋社　2009.2　139p　26cm　4000円　Ⓝ568.035

⟨目次⟩共同持株会社，石油精製・石油元売，石油鉱業，石油備蓄，総合商社，関連団体等

⟨内容⟩石油産業関連企業の会社名鑑。業種別に収録し，会社概要と業績を掲載する。

石油産業人住所録　平成3年度版　産業時報社　1990.12　717p　21cm　6700円　Ⓝ568.035

⟨内容⟩精製・元売とその関係会社，関発とその関係会社，商社，団体と官庁，各企業・団体・官庁の課長職以上を掲載。

石油産業人住所録　平成5年度版　産業時報社　1992.12　731p　21cm　6900円

⟨内容⟩全石油関係業界の管理職以上を登載した住所録。

石油販売会社要覧　2004　井口祐男編　オイル・リポート社　2004.3　210p　26cm　10000円　Ⓘ4-87194-065-9

⟨目次⟩1 関東市場，2 関西市場，3 中部市場，4 九州・沖縄市場，5 中四国市場，6 北海道市場，6 東北市場，付録

◆◆**石油タンク**

⟨法令集⟩

屋外タンク貯蔵所関係法令通知・通達集　カンタン！便利！項目別検索付　危険物保安技術協会編　東京法令出版　2010.11　426p　26cm　⟪『屋外タンク貯蔵所関係法令通達集』(平成13年刊)の2版⟫　4800円　Ⓘ978-4-8090-2310-1　Ⓝ568.6

⟨目次⟩1 施行通知(危険物の規制に関する政令の一部を改正する政令等の公布について，危険物の規制に関する政令の一部を改正する政令等の施行について，危険物の規制に関する規則の一部を改正する省令等の施行について ほか)，2 運用通知(屋外タンク貯蔵所の保安点検等に関する基準について，屋外タンク貯蔵所の規制に関する運用基準等について，保温材としてウレタンフォームを使用する屋外タンク貯蔵所の取扱いについて ほか)，3 行政実例(弁の材質(工業用チタン又は工業用純ジルコニウム製)，政令第23条の特例基準(二硫化炭素のタンク、覆土式タンク等)，タンク相互間の空地の保有 ほか)

◆**ガス**

⟨法令集⟩

ガス事業法令集　改訂6版　補訂版　ガス事業法令研究会編　東京法令出版　2008.5　1175p　19cm　4000円　Ⓘ978-4-8090-5086-2　Ⓝ575.34

⟨内容⟩ガス事業及びガス主任技術者試験に必要な法令を、基本法を中心に掲載。

◆◆**LPガス**

⟨年鑑・白書⟩

LPガス資料年報　Vol.25（1990年版）　石油化学新聞社LPガス資料年報刊行委員会編　石油化学新聞社　1990.3　339p　30cm　13390円

⟨目次⟩第1編 需給(LPガス需給実績と計画・想定，昭和63年度LPガス需給実績)，第2編 流通と価格(LPガス輸入価格，昭和63年度LPガス国内価格，全国LPガス市況調査，LPガス主要流通事業者ランキング〈年間5,000トン以上〉，都道府県別世帯数，都市ガス・LPガス消費者数及び販売所数，全国LPガス販売事業者〈企業〉数・販売所数・特定供給設備数)，第3編 設備(LPガス生産・輸入・販売設備状況，LPガス容器生産・再検査所，LPガス消費者用供給機器状況，LPガス安全機器普及状況)，第4編 利用(民生用エネルギー需要の推移，工業用エネルギー源別消費量推移〈昭和53～62年度〉，LPガス消費プラント〈工業用需要家〉都道府県別・各社別保有状況，自動車用LPガス利用状況，LPガススタンド都道府県別・各社保有状況〈平成1年3月末〉，都市ガス用LPガスの利用実態と需要予測，化学

原料用LPガス利用実績，ガス機器〈LPガス用・都市ガス用〉および石油機器の生産・出荷・輸入推移），第5編 簡易ガスと一般ガス事業（昭和63年度簡易ガス事業の概要，昭和63年度一般ガス〈都市ガス〉事業の概要），第6編 関係資料（ガス〈LPガス・都市ガス〉事故発生状況〈昭和57～63年〉，LNG関係資料，海外石油関係資料，わが国の主要エネルギー種別輸入価格の推移〈相手国別，昭和63年度〉，灯油関係資料，わが国のコ・ジェネレーションシステム設置状況）

LPガス資料年報　VOL.26（1991年版）
石油化学新聞社LPガス資料年報刊行委員会編　石油化学新聞社　1991.3　345p　30cm　13390円

(目次)第1編 需給（LPガス需給実績と計画・想定，平成1年度LPガス需給実績），第2編 流通と価格（LPガス輸入価格，平成1年度LPガス国内価格，全国LPガス市況調査，LPガス主要流通事業者ランキング，都道府県別世帯数，都市ガス・LPガス消費者数及び販売所数，全国LPガス販売事業者数・販売所数・特定供給設備数），第3編 設備（LPガス生産・輸入・販売設備状況，LPガス容器生産・再検査所，LPガス消費者用供給機器状況，LPガス安全機器普及状況），第4編 利用（民生用エネルギー需要の推移，工業用LPガス利用状況，LPガス消費プラント〈工業用需要家〉都道府県別・各社別保有状況，自動車用LPガス利用状況，LPガススタンド都道府県別・各社別保有状況，都市ガス用LPガスの利用実態と需要予測，化学原料用LPガス利用実績，ガス機器および石油機器の生産・出荷・輸入推移），第5編 簡易ガスと一般ガス事業（平成1年度簡易ガス事業の概要，平成1年度一般ガス〈都市ガス〉事業の概要），第6編 関係資料（ガス事故発生状況〈昭和58～平成1年〉，LNG関係資料，海外石油・LPガス関係資料，わが国の主要エネルギー種別輸入価格の推移，灯油関係資料，わが国のコ・ジェネレーションシステム設置状況，わが国長期エネルギー需給見通し）

LPガス資料年報　VOL.27（1992年版）
石油化学新聞社LPガス資料年報刊行委員会編　石油化学新聞社　1992.3　339p　30cm　15450円

(目次)第1編 需給（LPガス需給実績と計画・想定，平成2年度LPガス需給実績），第2編 流通と価格（LPガス輸入価格，平成2年度LPガス国内価格，全国LPガス市況調査，LPガス主要流通事業者ランキング，都道府県別世帯数，都市ガス・LPガス消費者及び販売所数，全国LPガス販売事業者〈企業〉数・販売所数・特定供給設備数），第3編 設備（LPガス生産・輸入・販売設備状況，LPガス容器生産・再検査所，LPガス消費者用供給機器状況，LPガス安全機器普及状況），第4編 利用（民生用エネルギー需要の推移，工業用LPガス利用状況，LPガス消費プラント〈工業用需要家〉都道府県別・各社別保有状況，自動車用LPガス利用状況，LPガススタンド都道府県別・各社別保有状況，都市ガス用LPガスの利用実態と需要予測，化学原料用LPガス利用実績と需要予測，ガス機器および石油機器の生産・出荷・輸入推移），第5編 簡易ガスと一般ガス事業（平成2年度簡易ガス事業の概要，平成2年度一般ガス〈都市ガス〉事業の概要），第6編 関係資料（ガス事故発生状況，LNG関係資料，海外石油・LPガス関係資料，わが国の主要エネルギー種別輸入価格の推移，灯油関係資料，GHP〈ガスエンジン・ヒート・ポンプ〉の生産出荷状況，LPガス利用のコージェネレーションシステム設置状況）

LPガス資料年報　VOL.28（1993年版）
石油化学新聞社LPガス資料年報刊行委員会編　石油化学新聞社　1993.3　322p　30cm　15450円

(目次)第1編 需給，第2編 流通と価格，第3編 設備，第4編 利用，第5編 簡易ガスと一般ガス事業，第6編 関係資料

LPガス資料年報　29（1994年版）
石油化学新聞社　1994.3　334p　30cm　15450円

(目次)第1編 需給，第2編 流通と価格，第3編 設備，第4編 利用

LPガス資料年報　VOL.30（1995年版）
石油化学新聞社　1995.3　332p　26cm　15450円

(目次)第1編 需給，第2編 流通と価格，第3編 設備，第4編 利用，第5編 簡易ガスと一般ガス事業，第6編 関係資料

LPガス資料年報　1996年版
石油化学新聞社　1996.6　334p　30cm　15450円

(目次)第1編 需給，第2編 流通と価格，第3編 設備，第4編 利用，第5編 簡易ガスと一般ガス事業，第6編 関係資料

LPガス資料年報　VOL.33
石油化学新聞社LPガス資料年報刊行委員会編　石油化学新聞社　1998.6　388p　30cm　17000円

(目次)第1編 需給，第2編 流通と価格，第3編 設備，第4編 利用，第5編 簡易ガスと一般ガス事業，第6編 関係資料

LPガス資料年報　1999年版
石油化学新聞社LPガス資料年報刊行委員会編　石油化学新聞社　1999.4　345，12p　30cm　17000円　①4-915358-09-7

(目次)第1編 需給（LPガス需給実績と計画・想定，平成9年度LPガス需給実績），第2編 流通と価格（LPガス輸入価格，平成9年度LPガス国内価格 ほか），第3編 設備（LPガス生産・輸入・販

売設備状況，LPガス容器生産・再検査所 ほか），第4編 利用（民生用エネルギー需要の推移，工業用LPガス利用状況 ほか），第5編 簡易ガスと一般ガス事業（平成9年度簡易ガス事業の概要，平成9年度一般ガス（都市ガス）事業の概要），第6編 関係資料（ガス（LPガス・都市ガス）事故発生状況（平成2～平成9年），LNG関係資料 ほか）

LPガス資料年報 2000年版 石油化学新聞社LPガス資料年報刊行委員会編 石油化学新聞社 2000.9 342p 30cm 17000円 Ⓘ4-915358-14-3 Ⓝ575.46

目次 第1編 需給，第2編 流通と価格，第3編 設備，第4編 利用，第5編 簡易ガスと一般ガス事業，第6編 関係資料

内容 LPガスに関する各種資料を収録した年報。需給，流通と価格など6編で構成，LPガスの利用状況，目的・使用機器別の利用状況などを掲載する。ほかに関係資料編ではガス事故発生状況，LNB関係資料，海外の資料その他，石油関係資料などを掲載。巻末にLPガス・石油関係諸元表の付表を付す。

LPガス資料年報 VOL.36（2001年版） 石油化学新聞社LPガス資料年報刊行委員会編 石油化学新聞社 2001.5 342, 12p 30cm 17000円 Ⓘ4-915358-18-6 Ⓝ575.46

目次 第1編 需給，第2編 流通と価格，第3編 設備，第4編 利用，第5編 簡易ガスと一般ガス事業，第6編 関係資料

内容 LPガスに関する各種資料を収録した年報。平成11年度のLPガスの需給実績，国内価格，ガス事業の概要を解説する。第6編では関係資料として平成3年から11年にかけてのガス事故発生状況，LNG関係資料，海外石油・LPガス関係資料，石油関係資料などを掲載。巻末に経済産業省組織図，エネルギー源別発熱量一覧表，LPガス・石油関係諸元表の付表を付す。

LPガス資料年報 VOL.38（2003年版） 石油化学新聞社LPガス資料年報刊行委員会編 石油化学新聞社 2003.3 377p 30cm 17000円 Ⓘ4-915358-26-7

目次 第1編 需給，第2編 流通と価格，第3編 設備，第4編 利用，第5編 簡易ガスと一般ガス事業，第6編 関係資料

LPガス資料年報 VOL.39（2004年版） 石油化学新聞社LPガス資料年報刊行委員会編 石油化学新聞社 2004.5 378p 30cm 17000円 Ⓘ4-915358-31-3

目次 第1編 需給，第2編 流通と価格，第3編 設備，第4編 利用，第5編 簡易ガスと一般ガス事業，第6編 関係資料

LPガス資料年報 VOL.40（2005年版） 石油化学新聞社LPガス資料年報刊行委員会編 石油化学新聞社 2005.3 371p 30cm 17000円 Ⓘ4-915358-33-X

目次 第1編 需給，第2編 流通と価格，第3編 設備，第4編 利用，第5編 簡易ガスと一般ガス事業，第6編 関係資料

LPガス資料年報 VOL.42（2007年版） 石油化学新聞社LPガス資料年報刊行委員会編 石油化学新聞社 2007.4 357p 30cm 17000円 Ⓘ978-4-915358-38-8

目次 第1編 需給，第2編 流通と価格，第3編 設備，第4編 利用，第5編 簡易ガスと一般ガス事業，第6編 関係資料

LPガス資料年報 VOL.43（2008年版） 石油化学新聞社LPガス資料年報刊行委員会編 石油化学新聞社 2008.3 355p 30cm 17000円 Ⓘ978-4-915358-42-5 Ⓝ575.46

目次 第1編 需給，第2編 流通と価格，第3編 設備，第4編 利用，第5編 簡易ガスと一般ガス事業，第6編 関係資料

LPガス資料年報 VOL.44（2009年版） 石油化学新聞社LPガス資料年報刊行委員会編 石油化学新聞社 2009.3 355p 30cm 17000円 Ⓘ978-4-915358-45-6 Ⓝ575.46

目次 第1編 需給，第2編 流通と価格，第3編 設備，第4編 利用，第5編 簡易ガスと一般ガス事業，第6編 関係資料

LPガス資料年報 VOL.45（2009年版） 石油化学新聞社LPガス資料年報刊行委員会編 石油化学新聞社 2010.3 370p 30cm 17000円 Ⓘ978-4-915358-47-0 Ⓝ575.46

目次 第1編 需給，第2編 流通と価格，第3編 設備，第4編 利用，第5編 簡易ガスと一般ガス事業，第6編 関係資料

◆◆天然ガス

<ハンドブック>

天然ガスコージェネレーション計画・設計マニュアル 2000 第3版 日本エネルギー学会編，柏木孝夫監修 日本工業出版 2000.3 263p 30cm 〈「クリーンエネルギー」別冊号〉 3500円 Ⓘ4-8190-1202-9 Ⓝ575.59

目次 1 概論，2 システムと機器，3 計画と評価，4 設計，5 運転・保守管理，6 諸制度，7 設置事例，8 実績集，9 機器データ，10 関係機関と企業，11 資料

内容 天然ガスコージェネレーションの計画・設計から運用・保守管理の経営企画から実務までをまとめた実務便覧。天然ガスコージェネレーションの概論からシステム、各メーカーごとの

機器データとホテル、病院などの目的の対象建物による実績の紹介と計画、設計、管理までを事例およびデータとともに解説。また関係法令などの諸制度と官公庁、団体、機器メーカの名簿も収録する。巻末に各種エネルギーの発熱量、単位の比較表などの資料と五十音順の事項索引を付す。

天然ガスコージェネレーション計画・設計マニュアル 2005 第5版 日本エネルギー学会編，柏木孝夫監修 日本工業出版 2005.4 335p 30cm 〈月刊「クリーンエネルギー」別冊〉 3800円 ①4-8190-1705-5

(目次)1 概論，2 システムと機器，3 計画と評価，4 設計，5 運転・保守管理，6 諸制度，7 設置事例，8 実績集，9 機器データ，10 関係機関と企業，11 資料

天然ガスコージェネレーション計画・設計マニュアル 2008 日本エネルギー学会編，柏木孝夫監修，「天然ガスコージェネレーション計画・設計マニュアル2008」企画・編集委員会編 日本工業出版 2008.4 339p 30cm (「クリーンエネルギー」別冊号) 3800円 ①978-4-8190-2005-3 Ⓝ533.42

(目次)1 概論，2 システムと機器，3 導入計画，4 設計および施行，5 運転・保守管理，6 諸制度，7 導入事例，8 実績集，9 機器データ，10 関係機関と企業，11 資料
(内容)本書は、天然ガスコージェネレーションについて、実務面を中心として広範な内容を紹介したもので、最新の情報を織り込んだ。

電気

<事典>

カラー版 電気のことがわかる事典
Electronics Data監修 西東社 2005.5 206p 21cm 1200円 ①4-7916-1300-7

(目次)第1章 電気の基礎知識，第2章 電池のしくみ，第3章 磁石と磁気の関係，第4章 発電から送電まで，第5章 エレクトロニクス，第6章 電波と通信のしくみ，第7章 電気の未来，資料編
(内容)基本から最新情報まで電気に関することがこの一冊でOK。

図解でわかる電気の事典 新井宏之著 西東社 1998.7 238p 21cm 1200円 ①4-7916-0725-2

(目次)1 電気の性質，2 電池，3 磁石と磁気，4 発電と送電，5 家庭の中の電気，6 エレクトロニクス，7 電波と通信，8 電気のトラブル
(内容)電気に関する初歩的な疑問から超エレクトロニクスや原子力まで、イラストを用いて解説した事典。

電気事業事典 '98 〔改訂版〕 電気事業講座編集幹事会編 電力新報社 1997.12 341p 19cm 2427円 ①4-88555-217-6

(内容)電気事業及び広く電気事業に関係する用語を「電気事業講座」から選出し解説した用語事典。本文はアルファベット、五十音順の配列となっている。

電気事業事典 2008 電気事業講座編集幹事会編纂 エネルギーフォーラム 2008.6 413p 19cm (電気事業講座) 2381円 ①978-4-88555-338-7 Ⓝ540.9

(内容)電気事業とそれに関連する用語を解説する事典。「電気事業講座」全15巻に続く別巻として刊行され、用語は「電気事業講座」から選定されている。1998年版(電力新報社刊)に続く10年ぶりの新版。

電力ビジネス事典 改訂版 エネルギー政策研究会編著 エネルギーフォーラム 2004.9 207p 19cm 1600円 ①4-88555-295-8

(目次)第1章 日本の電気事業，第2章 電力系統の特徴，第3章 電気を中心とする事業戦略，第4章 財務・資本市場・金融技術，第5章 電力ビジネスとエネルギー問題，第6章 世界の電力ビジネスプレーヤー
(内容)基礎から最新まで600語。電力自由化に伴う新規ビジネスに対応。分野別に論点、語彙をくわしく解説。

<辞典>

日中英電気対照用語辞典 朝倉書店 1996.3 486p 21cm 9064円 ①4-254-22033-2

(内容)電気産業に関する4500の用語を日本語・中国語・英語の3か国語で収録した辞典。日－中－英、中－日－英、英－日－中の3部構成をとる。見出し語をアルファベット順に排列し、各国の用語表記とその発音のみを掲載。

<名簿>

電力役員録 2000年版 電気新聞事業開発局編 日本電気協会新聞部 2000.8 228p 21cm 3000円 ①4-930986-58-3 Ⓝ540.35

(目次)北海道電力，東北電力，東京電力，中部電力，北陸電力，関西電力，中国電力，四国電力，九州電力，沖縄電力，電源開発，日本原子力発電
(内容)電力会社の役員録。2000年6月末の株主総会後の取締役会で決まった電力業界の新役員布陣を収録。電力会社は北海道電力、東北電力な

ど各地域の電力会社と電源開発、日本原子力発電の9社の人事について掲載。役員は役職と氏名、出身地、趣味・スポーツ、信条、住所、最終出身校、職歴、叙勲・褒章を記載。ほかに各社別の電力役員人事の視点を概説する。

電力役員録　2001年版　電気新聞総合メディア局編　日本電気協会新聞部　2001.8　224p　21cm　3000円　Ⓘ4-930986-69-9　Ⓝ540.35

目次 北海道電力，東北電力，東京電力，中部電力，北陸電力，関西電力，中国電力，四国電力，九州電力，沖縄電力，電源開発，日本原子力発電

内容 電力会社の役員録。2001年6月末の株主総会後の取締役会で決まった電力業界の新役員布陣を収録。電力会社は北海道電力、東北電力など各地域の電力会社と電源開発、日本原子力発電の9社の人事について掲載。役員は役職と氏名、出身地、趣味・スポーツ、信条、住所、最終出身校、職歴、叙勲・褒章を記載。ほかに各社別の電力役員人事の視点を概説する。

電力役員録　2008年版　電気新聞メディア事業局編　日本電気協会新聞部　2008.8　259p　22cm　3000円　Ⓘ978-4-902553-62-8　Ⓝ540.9

内容 電力会社各社の役員および執行役員のプロフィールを掲載した名簿。電力および電気関連業界内で業務遂行上の円滑な連絡を行うことを目的に発行されている。役員は担務、職歴、趣味、執行役員は担務、職歴などを顔写真入りで紹介する。

電力役員録　2009年版　電気新聞メディア事業局編　日本電気協会新聞部　2009.8　259p　21cm　3000円　Ⓘ978-4-902553-76-5　Ⓝ540.9

内容 電力会社各社の役員および執行役員のプロフィールを掲載した名簿。電力および電気関連業界内で業務遂行上の円滑な連絡を行うことを目的に発行されている。役員は担務、職歴、趣味、執行役員は担務、職歴などを顔写真入りで紹介する。

＜ハンドブック＞

絵とき　電気設備技術基準・解釈早わかり　平成19年版　電気設備技術基準研究会編　オーム社　2007.5　801p　21cm　3200円　Ⓘ978-4-274-50130-2

目次「電気設備技術基準」早わかり（電気設備に関する技術基準を定める省令），「電気設備技術基準・解釈」早わかり（総則、発電所並びに変電所、開閉所及びこれらに準ずる場所の施設、電線路、電力保安通信設備、電気使用場所の施設及び小出力発電設備、電気鉄道等、国際規格の取り入れ、一般電気事業者及び卸電気事業者以外の者が、発電設備等を電力系統に連結する場合の設備），規格／計算方法／別表／JESC／参考（規格、計算方法、別表、JESC、参考），発電用風力設備技術基準・解釈早わかり（発電用風力設備に関する技術基準を定める省令、発電用風力設備の技術基準の解釈について、発電用風力設備技術基準／発電用風力設備技術基準の解釈の解説）

解説 電気設備の技術基準　第11版　経済産業省原子力安全・保安院編　文一総合出版　2003.11　1053p　21cm　3800円　Ⓘ4-8299-2016-5

目次 1 総説，2 逐条解説（電気設備に関する技術基準を定める省令及び解説（総則、電気の供給のための電気設備の施設、電機使用場所の施設），電気設備の技術基準の解釈及び解説（総則、発電所並びに変電所、開閉所及びこれらに準ずる場所の施設、電線路、電力保安通信設備、電気使用場所の施設、電気鉄道等、国際規格の取り入れ）），3 参考

解説電気設備の技術基準　第14版　経済産業省原子力安全・保安院編　文一総合出版　2009.3　1118p　21cm　〈最終改正平成20年10月解釈改正〉　3200円　Ⓘ978-4-8299-2005-3　Ⓝ544.49

目次 1 総説（電気事業法における電気保安体制と技術基準、電気工作物の技術基準と関係法令、解釈制定及び改正のあゆみ、技術基準の在り方についての電力小委員会のワーキンググループ報告書概要、条文の読み方），2 逐条解説（電気設備に関する技術基準を定める省令及び解説、電気設備の技術基準の解釈及び解説），3 参考

現代電力技術便覧　電気科学技術奨励会編　オーム社　2007.5　1406p　27×21cm　32000円　Ⓘ978-4-274-20368-8

目次 1編 電力技術の基礎，2編 発電技術，3編 電力系統・送配電技術，4編 分散型電源，5編 省エネルギー，6編 電力と環境，7編 電力経済，8編 電力と社会

内容 電力技術者が現代的に求められ、実務として必要とする電気・電力技術と関連の必須知識を、体系的かつ問題解決のために使いやすく整理して一冊にまとめた。巻末に索引を収録。

図解 電気設備技術基準・解釈ハンドブック　平成10年9月改正　改訂版　電気技術研究会編　電気書院　1999.1　686p　26cm　9500円　Ⓘ4-485-70606-0

目次 第1章 総則（定義、適用除外、保安原則、公害等の防止），第2章 電気の供給のための電気設備の施設（感電、火災等の防止、他の電線、

他の工作物等への危険の防止，支持物の倒壊による危険の防止，高圧ガス等による危険の防止，危険な施設の禁止，電気的，磁気的障害の防止，供給支障の防止，電気鉄道に電気を供給するための電気設備の施設)，第3章 電気使用場所の施設(感電，火災等の防止，他の電線，他の工作物等への危険の防止，異常時の保護対策，電気的，磁気的障害の防止，特殊場所における施設制限，特殊機器の施設)

図解 電気設備技術基準・解釈ハンドブック 平成11年改正版 改訂第2版 電気技術者研究会編 電気書院 2000.3 706p 26cm 9500円 ⓘ4-485-70606-0 Ⓝ544.49

(目次)電気設備に関する技術基準を定める省令(総則，電気の供給のための電気設備の施設，電気使用場所の施設)，電気設備の技術基準の解釈について(総則，発電所並びに変電所、開閉所及びこれらに準ずる場所の施設，電線路，電力保安通信設備，電気使用場所の施設，電気鉄道等，国際規格の取り入れ)

(内容)電気設備に関する技術基準を定める省令の全文と解説を収録したハンドブック。解釈は同省令の6月1日からの施行に向けて公表されたもの。省令は用語の定義，数値の示されている条文について解説を掲載し，解釈は全文に解説を掲載した。

図解 電気設備技術基準・解釈ハンドブック 電気技術者研究会編 電気書院 2002.4 706p 26cm 9500円 ⓘ4-485-70609-5 Ⓝ544.49

(目次)電気設備に関する技術基準を定める省令(総則，電気の供給のための電気設備の施設，電気使用場所の施設)，電気設備の技術基準の解釈について(総則，発電所並びに変電所、開閉所及びこれらに準ずる場所の施設，電線路，電力保安通信設備，電気使用場所の施設，電気鉄道等，国際規格の取り入れ)

(内容)「電気設備に関する技術基準を定める省令」とその解説を収録した資料集。平成13年6月29日に改正された省令を全文掲載、用語の定義，数値の示されている条文について解説も付す。また，省令に定める技術的用件を満たすことが期待される技術的内容について示す「電気設備の技術基準の解釈について」を掲載、全条文について解説を付す。巻末に参考数値関連の別表を付す。

図解 電気設備技術基準・解釈ハンドブック 電気技術者研究会編 電気書院 2005.11 756p 26cm 9500円 ⓘ4-485-70631-1

(目次)電気設備に関する技術基準を定める省令(総則，電気の供給のための電気設備の施設，電気使用場所の施設)，電気設備の技術基準の解釈について(総則，発電所並びに変電所、開閉所及びこれらに準ずる場所の施設，電線路，電力保安通信設備，電気使用場所の施設 ほか)

(内容)「省令」「解釈」の全条文および別表を完全収録。条文についての解釈上の疑問点を対話形式で詳しく説明。500を超える立体イラストや，わかりやすくまとめた表により，条文のポイントが一目で理解できる。現場実務の役立つように条文をリアルに図解。条文制定の根拠，いきさつまで解説。この本によって，規制が，なぜこの値になったか，何のためにこの接地工事をしなければならないのかまで理解できる。

図解 電気設備技術基準・解釈ハンドブック 改訂第6版 電気技術研究会編 電気書院 2007.6 772p 26cm 9500円 ⓘ978-4-485-70632-9

(目次)電気設備に関する技術基準を定める省令(総則，電気の供給のための電気設備の施設，電気使用場所の施設)，電気設備技術基準の解釈について(総則，発電所並びに変電所、開閉所及びこれらに準ずる場所の施設，電線路，電力保安通信設備，電気使用場所の施設及び小出力発電設備，電気鉄道等，国際規格の取り入れ，一般電気事業者及び卸電気事業者以外のものが，発電設備等を電力系統に連系する場合の設備)

(内容)「省令」「解釈」の全条文および別表を完全収録。条文についての解釈上の疑問点を対話形式で詳しく説明。500を超える立体イラストや，わかりやすくまとめた表により，条文のポイントが一目で理解できる。現場実務の役立つように条文をリアルに図解。条文制定の根拠，いきさつまで解説。

図解電気設備技術基準・解釈ハンドブック 改訂第7版 電気技術研究会編 電気書院 2009.12 790p 26cm 〈索引あり〉 9500円 ⓘ978-4-485-70633-6 Ⓝ544.49

(目次)電気設備に関する技術基準を定める省令(総則，電気の供給のための電気設備の施設，電気使用場所の施設)，電気設備の技術基準の解釈について(総則，発電所並びに変電所、開閉所及びこれらに準ずる場所の施設，電線路，電力保安通信設備 ほか)

電気事業便覧 平成8年版 通商産業省資源エネルギー庁公益事業部監修，電気事業連合会統計委員会編 日本電気協会 1996.9 400p 15cm 1200円

(目次)1 電気事業者概要，2 施設，3 需給，4 料金，5 経理，6 電源開発

電気事業便覧 平成17年版 経済産業省資源エネルギー庁電力・ガス事業部監修，電気事業連合会統計委員会編 日本電気協会，オーム社〔発売〕 2005.10 350p 15cm 1162円 ⓘ4-88948-133-8

(目次)1 電気事業者概要，2 施設，3 需給，4 料

金，5 経理，6 電源開発，7 その他，付録
(内容)わが国の電気事業の最近の現状と累年的推移の概要を統計的に集録して，電気事業関係者の日常の参考に資することを目的として編さんされた。

電気事業便覧　平成18年版　経済産業省資源エネルギー庁電力・ガス事業部監修，電気事業連合会統計委員会編　日本電気協会，オーム社〔発売〕　2006.10　352p　15cm　1100円　Ⓘ4-88948-152-4
(目次)1 電気事業者概要，2 施設，3 需給，4 料金，5 経理，6 電源開発，7 その他
(内容)わが国の電気事業の最近の現状と累年的推移の概要を統計的に集録して，電気事業関係者の日常の参考に資することを目的として編さんした。

電気事業便覧　平成20年版　経済産業省資源エネルギー庁電力・ガス事業部監修，電気事業連合会統計委員会編　日本電気協会，オーム社（発売）　2008.10　340p　15cm　1100円　Ⓘ978-4-88948-198-3　Ⓝ540.921
(目次)1 電気事業者概要，2 施設，3 需給，4 料金，5 経理，6 電源開発，7 その他，付録

電気事業便覧　平成21年版　経済産業省資源エネルギー庁電力・ガス事業部監修，電気事業連合会統計委員会編　日本電気協会，オーム社（発売）　2009.10　340p　15cm　1100円　Ⓘ978-4-88948-212-5　Ⓝ540.921
(目次)1 電気事業者概要，2 施設，3 需給，4 料金，5 経理，6 電源開発，7 その他（日本，世界），付録

電気事業便覧　平成22年版　経済産業省資源エネルギー庁電力・ガス事業部監修，電気事業連合会統計委員会編　日本電気協会，オーム社（発売）　2010.10　340p　15cm　1100円　Ⓘ978-4-88948-231-7　Ⓝ540.921
(目次)1 電気事業者概要，2 施設，3 需給，4 料金，5 経理，6 電源開発，7 その他

電気設備技術基準　平成元年改正　電気書院　1990.2　321p　19cm　700円　Ⓘ4-485-70603-6
(目次)第1章 総則，第2章 発電所並びに変電所，開閉所及びこれらに準ずる場所の施設，第3章 電線路，第4章 電力保安通信設備，第5章 電気使用場所の施設，第6章 電気鉄道等，電気設備に関する技術基準の細目を定める告示

電気設備技術基準　平成2年5月改正　改訂版　日本電気協会，オーム社〔発売〕　1990.7　423p　19cm　618円
(目次)第1章 総則，第2章 発電所ならびに変電所，開閉所およびこれらに準ずる場所の施設，第3章 電線路，第4章 電力保安通信設備，第5章 電気使用場所の施設，第6章 電気鉄道等

電気設備技術基準　平成7年改正　第12版　東京電機大学出版局　1996.2　436p　19cm　900円　Ⓘ4-501-10680-8
(目次)第1章 総則，第2章 発電所ならびに変電所，開閉所およびこれらに準ずる場所の施設，第3章 電線路，第4章 電力保安通信設備，第5章 電気使用場所の施設，第6章 電気鉄道等

電気設備技術基準　平成8年版　オーム社　1996.2　346p　19cm　850円　Ⓘ4-274-03465-8
(目次)第1章 総則，第2章 発電所ならびに変電所，開閉所およびこれらに準ずる場所の施設，第3章 電線路，第4章 電力保安通信設備，第5章 電気使用場所の施設，第6章 電気鉄道等
(内容)「電気設備に関する技術基準を定める省令」および「電気設備に関する技術基準の細目を定める告示」の条文を収録したもの。1995年10月に改正された条文は色刷りで明示する。巻末に省令，告示等の冒頭部分から条文が引ける五十音順の「見出し索引」を付す。

電気設備技術基準　平成7年10月改正　机上版　電気書院　1996.5　328p　21cm　2060円　Ⓘ4-485-70608-7
(目次)第1章 総則，第2章 発電所並びに変電所，開閉所及びこれらに準ずる場所の施設，第3章 電線路，第4章 電力保安通信設備，第5章 電気使用場所の施設，第6章 電気鉄道等
(内容)1995年7月改正の「電気設備に関する技術基準を定める省令」および「電気設備に関する技術基準の細目を定める告示」の条文を収録したもの。巻末に五十音順の事項索引がある。

電気設備技術基準・解釈　2004年版　オーム社編　オーム社　2004.2　429p　19cm　880円　Ⓘ4-274-03622-7
(目次)第1章 総則（定義，適用除外，保安原則 ほか），第2章 電気の供給のための電気設備の施設（感電，火災等の防止，他の電線，他の工作物等への危険の防止，支持物の倒壊による危険の防止 ほか），第3章 電気使用場所の施設（感電，火災等の防止，他の配線，他の工作物等への危険の防止，異常時の保護対策 ほか）

電気設備技術基準・解釈　平成17年版　電気事業法・電気工事士法・電気工事業法　東京電機大学編　東京電機大学出版局　2005.3　498p　19cm　950円　Ⓘ4-501-11250-6
(目次)電気設備技術基準（電気設備に関する技術基準を定める省令）（総則，電気の供給のための電気設備の施設，電気使用場所の施設），電気設備の技術基準の解釈について（総則，発電所

並びに変電所，開閉所及びこれらに準ずる場所の施設 ほか），電気事業法，電気工事士法

電気設備技術基準・解釈　2005年版　オーム社編　オーム社　2005.4　455p　19cm　880円　ⓘ4-274-20054-X

⦅目次⦆電気設備技術基準，電気設備技術基準の解釈，付録

電気設備技術基準・解釈　2006年版　オーム社編　オーム社　2006.2　459p　19cm　880円　ⓘ4-274-20192-9

⦅目次⦆第1章 総則，第2章 発電所並びに変電所，開閉所及びこれらに準ずる場所の施設，第3章 電線路，第4章 電力保安通信設備，第5章 電気使用場所の施設，第6章 電気鉄道等，第7章 国際規格の取り入れ，第8章 一般電気事業者及び卸電気事業者以外の者が，発電設備等を電力系統に連系する場合の設備，付録

⦅内容⦆電気設備に関する技術基準を定める省令と，この省令に定める技術的要件を満たすことが期待される技術的内容を示した「電気設備の技術基準の解釈について」および解釈の関連規定，日本電気技術規格委員会規格（JESC）もすべて収録するとともに，読者の便宜を図り，付録や参考資料として，電気設備技術基準と「解釈」の対応条項表。「解釈」の項目見出し索引。関係法令の概要。IEC規格とは。などを掲載し，技術基準と「解釈」の各条文の関連をみたほか，電気事業法全体の理解ができるよう編集。

電気設備技術基準・解釈　平成18年版　電気事業法・電気工事士法・電気工事業法　東京電機大学編　東京電機大学出版局　2006.3　502p　19cm　950円　ⓘ4-501-11280-8

⦅目次⦆電気設備技術基準（電気設備に関する技術基準を定める省令）（総則，電気の供給のための電気設備の施設，電気使用場所の施設），電気設備の技術基準の解釈について（総則，発電所並びに変電所，開閉所及びこれらに準ずる場所の施設，電線路 ほか），電気事業法，電気工事士法（電気工事士法施行令，電気工事業法，電気工事業法施行令）

電気設備技術基準・解釈　平成19年版　電気事業法・電気工事士法・電気工事業法　第9版　東京電機大学出版局　2007.2　502p　19cm　950円　ⓘ978-4-501-11330-8

⦅目次⦆電気設備技術基準（総則，電気の供給のための電気設備の施設，電気使用場所の施設），電気設備の技術基準の解釈について（総則，発電所並びに変電所，開閉所及びこれらに準ずる場所の施設，電線路 ほか），電気事業法，電気工事士法

電気設備技術基準・解釈　平成20年版　電気事業法・電気工事士法・電気工事業法　東京電機大学出版局　2008.2　502p　19cm　950円　ⓘ978-4-501-11380-3　Ⓝ544.49

⦅目次⦆電気設備技術基準（電気設備に関する技術基準を定める省令）（総則，電気の供給のための電気設備の施設，電気使用場所の施設），電気設備の技術基準の解釈について（総則，発電所並びに変電所，開閉所及びこれらに準ずる場所の施設，電線路 ほか），電気事業法，電気工事士法（電気工事士法施行令，電気工事業法，電気工事業法施行令）

電気設備技術基準・解釈　2009年版　オーム社編　オーム社　2009.1　21,468p　19cm　〈索引あり〉　900円　ⓘ978-4-274-20659-7　Ⓝ544.49

⦅目次⦆電気設備技術基準（総則，電気の供給のための電気設備の施設，電気使用場所の施設），電気設備技術基準の解釈（総則，発電所並びに変電所，開閉所及びこれらに準ずる場所の施設，電線路，電力保安通信設備，電気使用場所の施設及び小出力発電設備，電気鉄道等，国際規格の取り入れ），付録

⦅内容⦆電気設備に関する技術基準を定める省令と，この省令に定める技術要件を満たすことが期待される技術内容を示した「電気設備技術基準の解釈について」および関連規定，日本電気技術規格委員会規格（JESC）もすべて収録するとともに，付録や参考資料を掲載。

電気設備技術基準審査基準・解釈　電気事業法・電気工事士法・電気工事業法　平成14年版　第4版　東京電機大学出版局　2002.2　461p　19cm　900円　ⓘ4-501-11010-4　Ⓝ544.49

⦅目次⦆電気設備技術基準（電気設備に関する技術基準を定める省令），審査基準（電気事業法に基づく通商産業大臣の処分に係る審査基準等の一部改正について），電気設備の技術基準の解釈について，電気事業法，電気工事士法

⦅内容⦆電気設備技術基準についての法令資料集。電気事業法・電気工事士法・電気工事業法の3編からなる。巻末に事項索引あり。

電気設備技術基準とその解釈　平成14年版　電気書院編集部編　電気書院　2002.3　688p　19cm　950円　ⓘ4-485-70604-4　Ⓝ544.49

⦅目次⦆電気設備技術基準（総則，電気の供給のための電気設備の施設，電気使用場所の施設），電気設備技術基準の解釈（総則，発電所並びに変電所，開閉所及びこれらに準ずる場所の施設，電線路，電力保安通信設備，電気使用場所の施設，電気鉄道等，国際規格の取り入れ），付録（電気事業法，電気事業法施行令，電気事業法施行規則（抜粋）ほか）

エネルギー問題　電気

⓪電気設備技術基準関連の省令集。平成13年6月改正の「電気設備に関する技術基準を定める省令」、及び平成13年3月改正の「電気設備の技術基準の解釈について」の全文を掲載する。重要語を引き出せる索引も付し、付録として、電気事業法、電気用品安全法、電気工事士法、電気工事業の業務の適正化に関する法律等の関連法規も平成12〜13年改正のものを掲載している。

電気設備技術基準とその解釈　平成21年版　電気書院編集部編　電気書院　2009.1　568p　19cm　〈平成20年10月改正　索引あり〉　950円　①978-4-485-70617-6　Ⓝ540

⓪電気設備技術基準（総則、電気の供給のための電気設備の施設、電気使用場所の施設）、電気設備の技術基準の解釈（総則、発電所並びに変電所、開閉所及びこれらに準ずる場所の施設、電線路 ほか）、付録（電気事業法、電気事業法施行令、電気事業法施行規則 ほか）

⓪本書は、（電気設備技術基準）および（電気設備技術基準の解釈）の全文と、重要な語がすぐ引き出せる索引を完備し、さらに付録として、電気事業法、電気用品安全法、電気工事士法、電気工事業の業務の適正化に関する法律などの関連法規を収録している。

電気設備工事施工チェックシート　平成22年版　公共建築協会編　公共建築協会, 建設出版センター（発売）　2010.11　114p　21cm　1429円　①978-4-905873-33-4　Ⓝ544.49

⓪1 一般共通事項、2 電力設備、通信・情報設備工事、3 受変電設備・電力貯蔵設備・発電設備工事、4 中央監視制御設備工事、5 医療関係設備工事、別表、参考資料

電気設備の技術基準　改訂版　東洋法規出版　1991.5　287p　21cm　（Law Series For Experts）　2200円　①4-88600-111-4

⓪電気設備に関する技術基準を定める省令（総則、発電所ならびに変電所、開閉所およびこれらに準ずる場所の施設、電線路、電力保安通信設備、電気使用場所の施設、電気鉄道等）、電気設備に関する技術基準の細目を定める告示、参考法令（電気工事士法、電気工事士法施行令、電気工事士法施行規則、電気工事業の業務の適正化に関する法律、電気工事業の業務の適正化に関する法律施行令、電気工事業の業務の適正化に関する法律施行規則）

電気設備の技術基準とその解釈　平成16年3月改正　第6版　資源エネルギー庁原子力安全・保安院電力安全課監修　日本電気協会, オーム社〔発売〕　2004.5　695p　19cm　1200円　①4-88948-100-1

⓪第1章 総則（定義、適用除外、保安原則 ほか）、第2章 電気の供給のための電気設備の施設（感電、火災等の防止、他の電線、他の工作物等への危険の防止、支持物の倒壊による危険の防止 ほか）、第3章 電気使用場所の施設（感電、火災等の防止、他の配線、他の工作物等への危険の防止、異常時の保護対策 ほか）

電気設備の技術基準とその解釈　平成19年4月改正　第8版　日本電気協会, オーム社〔発売〕　2007.9　763p　19cm　1500円　①978-4-88948-164-8

⓪電気設備に関する技術基準を定める省令（総則、電気の供給のための電気設備の施設、電気使用場所の施設）、電気設備の技術基準の解釈（総則、発電所並びに変電所、開閉所及びこれらに準ずる場所の施設、電線路、電力保安通信設備、電気使用場所の施設及び小出力発電設備、電気鉄道等、国際規格の取り入れ、一般電気事業者及び卸電気事業者以外の者が、発電設備等を電力系統に連系する場合の設備）

電源開発の概要　その計画と基礎資料　平成15年度　経済産業省資源エネルギー庁電力・ガス事業部編　奥村印刷出版部　2004.2　410p　21cm　3572円　①ISSN1343-8204

⓪解説（電源開発をめぐる動き、電源開発基本計画、電力供給計画、電源地域整備）、参考

⓪平成15年度の電源開発に係る諸資料を整理し、これらに解説を加え編集した。

電源開発の概要　平成16年度　経済産業省資源エネルギー庁電力・ガス事業部編　奥村印刷　2005.1　370p　21cm　2857円

⓪1 電源開発をめぐる動き（最近の電力需給状況、電力設備の現況、電源立地の推進 ほか）、2 電源地域整備（電源開発促進対策特別会計予算の概要、地点の指定、整備計画の承認 ほか）、3 電力供給計画（電力供給計画の概要、需給、電源立地 ほか）、参考

電源開発の概要　平成17年度　経済産業省, 資源エネルギー庁電力・ガス事業部編　奥村印刷　2006.2　181p　21cm　2286円　①ISSN1343-8204

⓪1 電源開発をめぐる動き（最近の電力需給状況、電力設備の現況 ほか）、2 電源地域整備（電源三法交付金・補助金予算の概要、発電用施設周辺地域整備法に基づく地点の指定 ほか）、3 平成17年度電力供給計画（電力供給計画の概要（平成17年3月31日発表）、電源開発計画 ほか）、参考資料（既設発電設備一覧（平成16年度末）、電源開発計画 ほか）

⓪平成17年度の電源開発に係る諸資料を整理し、これらに解説を加え編集した。

電力系統技術の実用理論ハンドブック　長

環境・エネルギー問題 レファレンスブック　243

電気　　　　　　　　　　　　　　エネルギー問題

谷良秀著　丸善　2004.3　413p　26cm　20000円　④4-621-07386-9

(目次)電力技術と技術者の使命，送電線の回路定数，対称座標法，対称座標法による故障計算，平行2回線の故障計算(多重故障を含む)，PU法の導入と変圧器の取り扱い方，$\alpha-\beta-0$法とその応用，対称座標法・$\alpha-\beta-0$法と過渡現象解析，中性点設置方式，送電線の事故時電圧・電流の図式解法とその傾向〔ほか〕

(内容)本書は，通常別々の分野として扱われる電力系統技術に関し，それぞれ連動する分野として捉え，かつ理論式の導入と過程を通じて現象を理解できるよう解説した実践書。実際の技術・研究業務の中では「本に書いてないこと」との格闘が多いといわれるが，そうした視点からそれを補うために書かれた技術者・研究者必携の書。

<法令集>

電気技術者のための電気関係法規　平成2年度版　日本電気協会，オーム社〔発売〕　1990.5　387p　19cm　1700円　Ⓝ540.91

(目次)電気事業法関係法規(抄)，建築基準法関係法規(抄)，労働安全衛生法関係法規(抄)，消防法関係法規(抄)

電気技術者のための電気関係法規　平成3年度版　日本電気協会　1991.4　387p　19cm　〈背の書名：電気関係法規〉　1700円　Ⓝ540.91

(内容)電気設備の保守管理に従事する人に関係のある電気事業法，建築基準法，労働安全衛生法，消防法の各法律，政令，省令及び告示より条項を抜粋，収録したもの。

電気技術者のための電気関係法規　平成4年度版　日本電気協会　1992.4　391p　19cm　〈背の書名：電気関係法規〉　1700円

(内容)電気設備の保守管理に従事する人に関係のある電気事業法，建築基準法，労働安全衛生法，消防法の各法律，政令，省令及び告示より条項を抜粋，収録したもの。

電気技術者のための電気関係法規　平成15年版　日本電気協会　2003.6　482p　19cm　1900円　④4-88948-090-0

(目次)電気事業法関係法規(抄)(電気事業法(抄)，電気事業法施行令(抄)ほか)，建築基準法関係法規(抄)(建築基準法(抄)，建築基準法施行令(抄)ほか)，労働安全衛生法関係法規(抄)(労働安全衛生法(抄)，労働安全衛生法施行令(抄)ほか)，消防法関係法規(抄)(消防法(抄)，消防法施行令(抄)ほか)

電気技術者のための電気関係法規　平成16年版　日本電気協会，オーム社〔発売〕　2004.6　494p　19cm　1900円　④4-88948-101-X

(目次)電気事業法関係法規(抄)(電気事業法(抄)，電気事業法施行令(抄)ほか)，建築基準法関係法規(抄)(建築基準法(抄)，建築基準法施行令(抄)ほか)，労働安全衛生法関係法規(抄)(労働安全衛生法(抄)，労働安全衛生法施行令(抄)ほか)，消防法関係法規(抄)(消防法(抄)，消防法施行令(抄)ほか)

(内容)本書は，電気設備の保守管理に従事する方々に関係のある電気事業法，建築基準法，労働安全衛生法，消防法の各法律，政令，省令及び告示等より条項を抜すいし，収録したものである。

電気技術者のための電気関係法規　平成17年版　日本電気協会編　日本電気協会，オーム社〔発売〕　2005.6　494p　19cm　1900円　④4-88948-118-4

(目次)電気事業法関係法規(抄)(電気事業法(抄)，電気事業法施行令(抄)，電気事業法施行規則(抄)，電気設備に関する技術基準を定める省令)，建築基準法関係法規(抄)(建築基準法(抄)，建築基準法施行令(抄)，国土交通省告示)，労働安全衛生法関係法規(抄)(労働安全衛生法(抄)，労働安全衛生法施行令(抄)，労働安全衛生規則(抄)，厚生労働省告示)，消防法関係法規(抄)(消防法(抄)，消防法施行令(抄)，消防法施行規則(抄)，総務省令・消防庁告示)

(内容)本書は，電気設備の保守管理に従事する方々に関係のある電気事業法，建築基準法，労働安全衛生法，消防法の各法律，政令，省令及び告示等より条項を抜すいし，収録したものである。

電気技術者のための電気関係法規　平成18年版　日本電気協会，オーム社〔発売〕　2006.6　502p　19cm　1900円　④4-88948-146-X

(目次)電気事業法関係法規(抄)(電気事業法(抄)，電気事業法施行令(抄)ほか)，建築基準法関係法規(抄)(建築基準法(抄)，建築基準法施行令(抄)ほか)，労働安全衛生法関係法規(抄)(労働安全衛生法(抄)，労働安全衛生法施行令(抄)ほか)，消防法関係法規(抄)(消防法(抄)，消防法施行令(抄)ほか)

電気技術者のための電気関係法規　平成19年版　日本電気協会編　日本電気協会，オーム社〔発売〕　2007.6　604p　21cm　2200円　④978-4-88948-160-0

(目次)電気事業法関係法規(抄)(電気事業法(抄)，電気事業法施行令(抄)ほか)，建築基準法関係法規(抄)(建築基準法(抄)，建築基準

法施行令（抄）ほか），労働安全衛生法関係法規（抄）（労働安全衛生法（抄），労働安全衛生法施行令（抄）ほか），消防法関係法規（抄）（消防法（抄），消防法施行令（抄）ほか），省エネ法関係法規（抄）（エネルギーの使用の合理化に関する法律（抄），エネルギーの使用の合理化に関する法律施行令（抄）ほか］

電気技術者のための電気関係法規　平成20年版　日本電気協会，オーム社（発売）　2008.6　612p　21cm　〈背のタイトル：電気関係法規〉　2200円　⒤978-4-88948-182-2　Ⓝ540.91
〔内容〕電気設備の保守管理に従事する人に関係のある電気事業法，建築基準法，労働安全衛生法，消防法，エネルギーの使用の合理化に関する法律の各法律，政令，省令及び告示等により条項を抜粋し収録する。

電気技術者のための電気関係法規　平成21年版　日本電気協会，オーム社（発売）　2009.6　624p　21cm　2200円　⒤978-4-88948-208-9　Ⓝ540.91
〔内容〕電気設備の保守管理に従事する人に関係のある電気事業法，建築基準法，労働安全衛生法，消防法，エネルギーの使用の合理化に関する各法律，政令，省令及び告示等より条項を抜粋し収録する。

電気技術者のための電気関係法規　平成22年版　日本電気協会，オーム社（発売）　2010.6　634p　21cm　2200円　⒤978-4-88948-224-9　Ⓝ540.91
〔内容〕電気設備の保守管理に従事する人に関係のある電気事業法，建築基準法，労働安全衛生法，消防法，エネルギーの使用の合理化に関する法律の各法律，政令，省令及び告示等から条項を抜粋し収録する。

電気法規と電気施設管理　平成20年度版　竹野正二著　東京電機大学出版局　2008.2.10，332p　21cm　2900円　⒤978-4-501-11390-2　Ⓝ540.91
〔目次〕第1章 電気関係法規の大要と電気事業，第2章 電気工作物の保安に関する法規，第3章 電気工作物の技術基準，第4章 電気に関する標準規格，第5章 その他の関係法規，第6章 電気施設管理

電気法規と電気施設管理　平成21年度版　竹野正二著　東京電機大学出版局　2009.2.16，332p　21cm　〈索引あり〉　2900円　⒤978-4-501-11470-1　Ⓝ540.91
〔目次〕第1章 電気関係法規の大要と電気事業，第2章 電気工作物の保安に関する法規，第3章 電気工作物の技術基準，第4章 電気に関する標準規格，第5章 その他の関係法規，第6章 電気施設管理，付録 電気事業法

電気法規と電気施設管理　平成22年度版　竹野正二著　東京電機大学出版局　2010.2.12，333p　21cm　〈索引あり〉　2900円　⒤978-4-501-11510-4　Ⓝ540.91
〔目次〕第1章 電気関係法規の大要と電気事業，第2章 電気工作物の保安に関する法規，第3章 電気工作物の技術基準，第4章 電気に関する標準規格，第5章 その他の関係法規，第6章 電気施設管理，付録 電気事業法

電力小六法　平成2年版　通商産業省資源エネルギー庁公益事業部計画課編　電力新報社　1990.7　1440p　19cm　6700円　⒤4-88555-133-1
〔内容〕法令（電気事業法・電源立地・原子力・公害・エネルギー一般・消費者保護・その他），電気事業関係通達等（総則・事業の許可・業務・会計及び財務・公害・環境影響評価・保安・その他），電気事業関係判例の3編からなる。

電力小六法　平成8年版　通商産業省資源エネルギー庁公益事業部計画課編　電力新報社　1996.3　1765p　19cm　8000円　⒤4-88555-197-8
〔目次〕第1編 法令，第2編 電気事業関係通達等，第3編 電気事業関係判例
〔内容〕電気に関する法令，政・省令，通達等を集めたもの。ほかに電気事業関係の判例も収録する。見返しに法令名の五十音索引がある。

電力小六法　平成10年版　通商産業省資源エネルギー庁公益事業部計画課編　電力新報社　1998.2　1933p　19cm　8500円　⒤4-88555-227-3
〔目次〕第1編 法令（電気事業法，電源立地，原子力ほか），第2編 電気事業関係通達等（会計及び財務，保安，環境ほか），第3編 電気事業関係判例

電力小六法　平成12年版　通商産業省資源エネルギー庁公益事業部計画課編　電力新報社　2000.9　2430p　19cm　9000円　⒤4-88555-252-4　Ⓝ540.91
〔目次〕第1編 法令（電気事業法，電源立地，原子力ほか），第2編 電気事業関係通達等（会計及び財務，保安，環境ほか），第3編 電気事業関係判例（定義，事業許可，事業開始義務 ほか）
〔内容〕電気事業，電気工事等電気関係の法令集。電気事業法とそれに関連した法令，省令，告示，関係通達等，また電気事業に関する法律を収録，内容は平成12年7月上旬現在。本編は法令，電気事業関係通達等，電気事業関係判例の3編で構成。五十音順の索引を付す。

電力小六法　平成14年版　経済産業省資源

電気　　　　　　　　　　　　エネルギー問題

エネルギー庁電力・ガス事業部政策課編　エネルギーフォーラム　2002.1　2479p　19cm　9500円　Ⓘ4-88555-266-4　Ⓝ540.91

(目次)第1編 法令(電気事業法, 電源立地, 原子力 ほか), 第2編 電気事業関係通達等(会計及び財務, 保安, 環境 ほか), 第3編 電気事業関係判例(定義(第二条), 事業許可(第三条), 事業開始義務(第七条) ほか)

(内容)電気事業法と関連の政令、省令、告示、関係通達等の法令集。また、電気事業に関連する法律を広範囲にわたって収録。内容は平成13年11月中旬現在。巻頭に索引あり。

電力小六法　平成18年版　経済産業省資源エネルギー庁電力・ガス事業部政策課監修　エネルギーフォーラム　2006.2　2126p　19cm　9500円　Ⓘ4-88555-315-6

(目次)第1編 法令(電気事業法, 電源立地, 原子力 ほか), 第2編 電気事業関係通達等(会計及び財務, 保安, その他), 第3編 電気事業関係判例(定義(第二条), 事業許可(第三条), 事業開始義務(第七条) ほか)

電力小六法　平成20年版　経済産業省資源エネルギー庁電力・ガス事業部政策課監修　エネルギーフォーラム　2008.2　2078p　19cm　9500円　Ⓘ978-4-88555-346-2　Ⓝ540.91

(目次)第1編 法令(電気事業法, 電源立地, 原子力, 環境, エネルギー一般, 消費者保護, その他), 第2編 電気事業関係通達等(会計及び財務, 保安, その他), 第3編 電気事業関係判例(定義, 事業許可, 事業開始義務, 供給区域等の変更, 事業譲渡, 事業合併, 事業の解散, 許可の取消・撤回, 供給義務, 需給契約, 供給規程等に関する命令・処分, 特定供給, 供給命令等, 電気工作物, 開発のための土地等の権利取得)

電力小六法　平成22年版　経済産業省資源エネルギー庁電力・ガス事業部政策課監修　エネルギーフォーラム　2010.2　2447p　19cm　〈索引あり〉　11000円　Ⓘ978-4-88555-368-2　Ⓝ540.91

(目次)第1編 法令(電気事業法, 電源立地, 原子力, 環境, エネルギー一般, 消費者保護, その他), 第2編 電気事業関係通達等(会計及び財務, 保安, その他), 第3編 電気事業関係判例(定義―第二条, 事業許可―第三条, 事業開始業務―第七条 ほか)

<年鑑・白書>

電気年鑑　1991年版　日本電気協会新聞部　1990.11　1096p　27cm　〈付(別冊 63p 26cm):電力役職員住所録〉　15000円　Ⓘ4-980986-09-5　Ⓝ540.59

(内容)1990年版より『電気年鑑年報編』と『電気年鑑会社団体名鑑編』を合併。

電気年鑑　1992年版　日本電気協会新聞部　1991.11　1112p　27cm　〈付(別冊 65p 26cm):電力役職員住所録〉　15000円　Ⓘ4-930986-12-5　Ⓝ540.59

(内容)年報編、電力関連会社編、電力関連団体編からなる。団体編は地域別に収録。

電気年鑑　1994　日本電気協会新聞部　1993.11　2冊(セット)　27×19cm　18000円　Ⓘ4-930986-22-2

(目次)年報編(日誌, 世界のエネルギー, 政策・行政, 電気事業, 電力各社, 原子力, 電機・電子産業, 情報産業, 電設工事, 労働, 表彰・冥友録, 資料・データ), 会社団体概要, 電力役職員録

電気年鑑　1995年版 年報　電気新聞〔編〕　日本電気協会新聞部　1994.11　492p　27cm

(目次)第1編 日誌, 第2編 世界のエネルギー, 第3編 政策・行政, 第4編 電気事業, 第5編 電力各社, 第6編 原子力, 第7編 電機・電子産業, 第8編 情報産業, 第9編 電設工事, 第10編 労働, 第11編 表彰・冥友録, 第12編 資料・データ

(内容)電力・エネルギー分野の動向と資料を収録した年鑑。年報、電力関連会社団体名簿・電力関係人名録で構成する。

電気年鑑　1995年版 会社団体概要　電気新聞〔編〕　日本電気協会新聞部　1994.11　611p　27cm

(内容)電力・エネルギー分野の動向と資料を収録した年鑑。年報、電力関連会社団体名簿・電力関係人名録で構成する。

電気年鑑　'97　日本電気協会新聞部事業開発局　1996.11　422p　26cm　18000円　Ⓘ4-930986-35-4

(目次)第1編 日誌, 第2編 世界のエネルギー, 第3編 政策・行政, 第4編 電気事業, 第5編 電力各社, 第6編 原子力, 第7編 電機・電子産業, 第8編 情報産業, 第9編 電設工事, 第10編 労働, 第11編 表彰・冥友録, 第12編 資料・データ

電気年鑑　2008年版　日本電気協会新聞部　2007.12　440p　26cm　14000円　Ⓘ978-4-902553-53-6

(目次)第1編 電気事業, 第2編 原子力の進展, 第3編 日誌, 第4編 電力各社の動向, 第5編 電機産業, 第6編 電設工事・保安, 第7編 表彰・行事・冥友録, 第8編 資料・データ

電気年鑑　2009年版　日本電気協会新聞部　2008.12　444p　26cm　14000円　Ⓘ978-4-902553-65-9　Ⓝ540.59

㋲年報（電気事業，原子力の進展，日誌，電力各社の動向，電機産業，電設工事・保安，表彰・行事・冥友録，資料・データ），会社団体データ（会社編（電力・電力関連），団体編）
㋞2007年7月～2008年6月の資料とデータ．

電力開発計画新鑑　平成13年度版　日刊電気通信社　2001.9　217p　26cm　5000円
Ⓝ517.74
㋲第1編 平成13年度電源開発基本計画，第2編 平成13年度電力供給計画の概要，流通設備編（平成13年度電力供給計画の概要），第3編 平成13年度供給計画の概要，追録 第145回電源開発調整審議会（平成12年度電源開発基本計画変更），第4編 原子力関係資料

電力開発計画新鑑　平成15年度版　日刊電気通信社　2003.9　211p　26cm　5000円
㋲第1編 平成15年度電力供給計画の概要（電力需要想定（一般電気事業者の電源対応需要），供給力の確保 ほか），流通設備編（平成15年度供給計画の概要）（主要送電設備工事計画，主要変電設備工事計画 ほか），第2編 平成15年度供給計画の概要（電力需要，電源開発計画 ほか），追録 総合資源エネルギー調査会第4回議事録，総合資源エネルギー調査会基本計画部会（原子力の開発・導入について，エネルギー技術に関する研究開発について ほか）

電力開発計画新鑑　平成16年度版　日刊電気通信社　2004.6　203p　26cm　5000円
㋲第1編 平成16年度電力供給計画の概要（電力需要想定（一般電気事業者の電源対応需要），供給力の確保 ほか），流通設備編（主要送電設備工事計画，主要変電設備工事計画 ほか），第2編 平成16年度供給計画の概要（電力需要，電源開発計画 ほか），参考資料（2030年のエネルギー需給見通し（暫定版），2010年のエネルギー需給見通し（暫定版）ほか）
㋞10電力会社と電源開発会社，公営電気事業者，その他電気事業者を含む電力設備計画の概要＝平成16～17年度の電源開発計画，工事中地点，流通設備計画等収録．平成16年度の電力供給計画概要等収録．

電力開発計画新鑑　平成17年度版　日刊電気通信社　2005.9　153p　26cm　5000円
㋲第1編 平成17年度電力供給計画の概要（電力需要想定（一般電気事業者の電源対応需要），供給力の確保，送変電設備の増強，広域運営の推進），流通設備編―平成17年度供給計画の概要（主要送電設備工事計画，主要変電設備工事計画，電力系統図／各社別），第2編 平成17年度供給計画の概要（電力需要，電源開発計画 ほか），参考資料―長期エネルギー需給見通し（2030年エネルギー需給見通し，2010年エネルギー需給

見通し）

電力開発計画新鑑　平成18年度版　日刊電気通信社　2006.9　153p　26cm　5000円
㋲第1編 平成18年度電力供給計画の概要（電力需要想定（一般電気事業者の電源対応需要），供給力の確保 ほか），流通設備編（主要送電設備工事計画，主要変電設備工事計画 ほか），第2編 平成18年度供給計画の概要（電力需要，電源開発計画 ほか），参考資料（現状認識と課題，実現に向けた取組）

電力開発計画新鑑　平成19年度版　日刊電気通信社　2007.9　147p　26cm　5000円
㋲第1編 平成19年度電力供給計画の概要（電力需要想定――一般電気事業者の電源対応需要，供給力の確保 ほか），流通設備編―平成19年度供給計画の概要（主要送電設備工事計画，主要変電設備工事計画 ほか），第2編 平成19年度供給計画の概要（電力需要，電源開発計画 ほか），参考資料 エネルギー基本計画（エネルギーの需給に関する施策についての基本的な方針，エネルギーの需給に関し，長期的，総合的かつ計画的に講ずべき施策 ほか），平成18年度原子力白書 概要（本編，資料編）

電力開発計画新鑑　平成20年版　日刊電気通信社　2008.9　169p　26cm　5000円
Ⓝ517.74
㋲第1編 平成20年度電力供給計画の概要（電力需要想定（一般電気事業者の電源対応需要），供給力の確保，送変電設備の増強計画，広域運営の推進），流通設備編（主要送電設備工事計画，主要変電設備工事計画），第2編 平成20年度供給計画の概要（電力需要，電源開発計画，送変電設備計画，広域運営），参考資料1 長期エネルギー需給見通し（2030年エネルギー需給見通し，2010年エネルギー需給見通し），参考資料2 地球温暖化対策に貢献する原子力の革新的技術開発ロードマップ（基本的な考え方，原子力の技術開発が目指す地球温暖化対策への貢献のあり方，原子力分野における革新的技術開発のロードマップ，実現に向けた推進方策，必要な基盤整備等）

電力開発計画新鑑　平成21年度版　日刊電気通信社　2009.9　151p　26cm　5000円
Ⓝ517.74
㋲第1編 平成21年度電力供給計画の概要（電力需要想定（一般電気事業者の自社需要），供給力の確保，送変電設備の増強計画，広域運営の推進），第2編 主要送変電設備及び主要変電設備工事計画（主要送電設備工事計画，主要変電設備工事計画），第3編 平成21年度供給計画の概要（電力需要，電源開発計画，送変電設備計画，広域運営），参考資料 低炭素電力供給システム

の構築に向けて(総論,各論)

電力開発計画新鑑 平成22年度版 日刊電気通信社 2010.9 144p 26cm 5000円 Ⓝ517.74
(目次)第1編 平成22年度電力供給計画の概要(電力需要想定(一般電気事業者の自社需要),供給力の確保,送変電設備の増強計画,広域運営の推進),第2編 主要送電設備及び主要変電設備工事計画(主要送電設備工事計画,主要変電設備工事計画),第3編 平成21年度供給計画の概要(電力需要,電源開発計画,送変電設備計画,広域運営),参考資料1 エネルギー基本計画(基本的視点,2030年に目指すべき姿と政策の方向性,目標実現のための取組),参考資料2 成長に向けての原子力戦略(原子力科学技術の研究,開発及び利用が果たし得る役割,原子力の研究,開発及び利用が効果的かつ効率的にその役割を果たすことができるよう2020までになすべきこと,持続的成長のためにプラットフォームを充実する取組の推進)

電力需給の概要 平成2年度 通商産業省資源エネルギー庁公益事業部編 中和印刷出版部 1990.10 445p 21cm 2500円
(目次)1 平成2年度電力需給計画(需要,供給力,電力融通,発電用燃料),2 平成元年度電力需給実績(平成元年度電力需給の概要,需要,供給力及び融通,燃料),3 参考(平成3年度供給計画,特定供給について—電気事業法第17条,需給調整契約制度について),統計

電力需給の概要 平成3年度 通商産業省資源エネルギー庁公益事業部編 中和印刷 1991.9 451p 21cm 2427円 Ⓝ540.921
(内容)電力需給の現状と課題をまとめた年鑑。平成2年度の電力需給の実績および今後の電力供給計画を解説。

電力需給の概要 平成4年度 通商産業省資源エネルギー庁公益事業部編 中和印刷 1992.9 453p 21cm 2427円
(内容)電力需給の現状と課題をまとめた年鑑。平成3年度の電力需給の実績および今後の電力需給計画を解説。

電力需給の概要 平成5年度 通商産業省資源エネルギー庁公益事業部編 中和印刷 1993.9 463p 21cm 2800円
(目次)1 平成5年度電力需給計画(総括,需要,供給力,電力融通,発電用燃料),2 平成4年度電力需給実績(需要,供給力及び融通,燃料),3 参考(平成6年度供給計画,特定供給について,需給調整契約制度について),統計)
(内容)電力需給の現況・計画・統計等の資料を収録した年鑑。

電力需給の概要 平成6年度 通商産業省資源エネルギー庁公益事業部編 中和印刷 1994.9 465p 21cm 2718円
(目次)1 平成6年度電力需給計画,2 平成5年度電力需給実績,3 参考
(内容)電力需給の現況・計画・統計等の資料を収録した年鑑。

電力需給の概要 平成11年度 通商産業省資源エネルギー庁公益事業部編 中和印刷株式会社出版部 2000.3 429p 21cm 2920円 Ⓝ540.921
(目次)1 平成11年度電力需給計画(総括,需要,供給力,電力融通,発電用燃料),2 平成10年度電力需給実績(需要,供給力及び融通,燃料),3 参考(平成12年度供給計画(平成11年度供給計画における12年度の計画),特定供給について(電気事業法第17条),統計)

電力需給の概要 平成12年度 経済産業省資源エネルギー庁電力・ガス事業部編 中和印刷出版部 2001.3 415p 21cm 〈背のタイトル:電力需給の概要50〉 2920円 Ⓝ540.921
(目次)1 平成12年度電力需給計画(総括,需要,供給力,電力融通,発電用燃料),2 平成11年度電力需給実績(需要,供給力及び融通,燃料),3 参考(特定供給について(電気事業法第17条),統計)

電力需給の概要 平成13年度 経済産業省資源エネルギー庁電力・ガス事業部編 中和印刷出版部 2002.3 403p 21cm 2920円 Ⓝ540.921
(目次)1 平成13年度電力需給計画(総括,需要,供給力 ほか),2 平成12年度電力需給実績(需要,供給力及び融通,燃料),3 参考(特定供給について(電気事業法第17条),統計)

電力需給の概要 平成14年度 経済産業省資源エネルギー庁電力・ガス事業部編 中和印刷 2003.3 379p 21cm 2800円
(目次)1 平成14年度電力需給計画(総括,需要,供給力,電力融通,発電用燃料),2 平成13年度電力需給実績,3 参考

電力需給の概要 平成15年度 経済産業省資源エネルギー庁電力・ガス事業部編 中和印刷出版部 2003.12 371p 21cm 2800円
(目次)1 平成15年度電力需給計画(総括,需要,供給力,電力融通,発電用燃料),2 平成14年度電力需給実績(需要,供給力及び電力融通,発電用燃料),3 参考(特定供給について(電気事業法第17条),統計)
(内容)本書は,平成14年度の電力需給の実績と平成15年度の電力需給の計画を取りまとめ,電

力需給の現状について紹介したものである。

電力需給の概要　平成19年度　経済産業省資源エネルギー庁電力・ガス事業部編　中和印刷　2008.10　215p　21cm　2000円
Ⓝ540.921

(目次) 1 平成19年度電力需給計画(総括，需要，供給力 ほか)，2 平成18年度電力需給実績(需要，供給力及び電力融通，発電用燃料)，3 参考(統計)

電力需給の概要　平成20年度　経済産業省資源エネルギー庁電力・ガス事業部編　中和印刷出版部　2010.1　217p　21cm　2000円
Ⓝ540.921

(目次) 1 平成20年度電力需給計画(総括，需要，供給力，発電用燃料)，2 平成19年度電力需給実績(平成19年度電力需給の概要，需要，供給力及び電力融通，発電用燃料)，3 参考(特定供給について(電気事業法第17条)，統計)

電力新設備要覧　平成5年度版　日刊電気通信社　1993.4　161p　26cm　4000円

(目次) 第1編 水力発電設備，第2編 火力発電設備，第3編 原子力発電設備，第4編 送電設備，第5編 変電設備，第6編 付録

電力新設備要覧　平成6年度版　日刊電気通信社　1994.4　149p　26cm　4000円

(目次) 第1編 水力発電設備，第2編 火力発電設備，第3編 原子力発電設備，第4編 送電設備，第5編 変電設備，第6編 付録

電力新設備要覧　平成7年度版　日刊電気通信社　1995.2　145p　26cm　4000円

(目次) 第1編 水力発電設備，第2編 火力発電設備，第3編 原子力発電設備

(内容) 1991年10月から94年9月末までに完成した発電所や発電設備の要覧。水力・火力・原子力発電所，送電・変電設備別に収録し，さらに事業者別・完成か工事中かで分類。所在地と認可出力，内燃機と発電器の性能，総工事費を記載する。巻末資料として，発電所建設の請負及び機器製造者の名簿を付す。

電力新設備要覧　平成11年度版　日刊電気通信社　1999.2　119p　26cm　4762円

(目次) 第1編 水力発電設備，第2編 火力発電設備，第3編 原子力発電設備，第4編 自家用発電設備，第5編 付録

電力新設備要覧　平成12年度版　日刊電気通信社　2000.2　127p　26cm　4762円
Ⓝ543.1

(目次) 第1編 水力発電設備，第2編 火力発電設備，第3編 原子力発電設備，第4編 自家用発電設備，第5編 付録

(内容) 過去3年間に新設された電力発電設備の要覧。平成8年10月から平成11年9月末現在までに完成した水力，火力発電と原子力発電所全設備を中心に建設中の各発電所設備，公営電気事業者，その他の電気事業者，自家用発電設備そのほか関係資料を収録。各動力別発電設備と自家用発電設備および付録の5編で構成。電力会社の企業者ごとの各設備により排列。掲載データは所在地等と発電設備の概要。付録には水力・火力・原子力各発電所建設の請負及び機器製造を収録。

電力新設備要覧　平成13年度版　日刊電気通信社　2001.3　135p　26cm　5000円
Ⓝ543.1

(目次) 第1編 水力発電設備(電気事業者(完成)，公営電気事業者(完成)，電気事業者(工事中及び着工準備中)，公営電気・卸供給(工事中及び着工準備中)，その他・卸供給(工事中及び着工準備中))，第2編 火力発電設備(電気事業者(完成)，一般火力(工事中及び着工準備中)，火力「複合発電方式」(完成)，「複合発電方式」(工事中及び着工準備中)，地熱発電所(完成)，地熱発電所(工事中及び着工準備中)，内燃力(完成))，第3編 原子力発電設備(原子力発電(完成)，原子力発電(工事中及び着工準備中))，第4編 請負業者一覧，第5編 資源エネルギー庁関係資料より(平成13年度資源エネルギー庁関係予算の概要，平成13年度石特会計予算の概要 ほか)

電力新設備要覧　平成15年度版　日刊電気通信社・電力編集部編　日刊電気通信社　2003.2　159p　26cm　5000円

(目次) 第1編 水力発電設備(電気事業者(完成)，公営電気事業者(完成) ほか)，第2編 火力発電設備(電気事業者(完成)，一般火力(工事中及び着工準備中) ほか)，第3編 原子力発電設備(北海道電力株式会社，東北電力株式会社 ほか)，第4編 附録：請負業者一覧，第5編 資源エネルギー庁関係資料より

(内容) 本書は、過去3年間(平成11年10月から平成14年9月末現在)に完成した水力、火力発電所と原子力発電所全設備を中心に、建設中(着工準備中を含む)の水力、火力、原子力発電所設備、公営電気事業者、その他の電気事業者、その他、関係資料を収録したものである。

電力新設備要覧　平成16年度版　日刊電気通信社　2004.2　199p　26cm　5000円

(目次) 第1編 水力発電設備(電気事業者(完成)，公営電気事業者(完成) ほか)，第2編 火力発電設備(一般火力(完成，工事中及び着工準備中)，火力「複合発電方式」(完成，工事中及び着工準備中) ほか)，第3編 原子力発電設備(原子力発電(完成，工事中及び着工準備中))，第4編 附録：請負業者一覧(水力発電所建設の請負及び

電気　　　　　　　　　　　　　エネルギー問題

機器製造，水力公営電気建設の請負及び機器製造 ほか，第5編 資源エネルギー庁関係資料より（総合資源エネルギー調査会基本計画部会，原子力関係資料）

(内容)本書は、過去3年間(平成12年10月から平成15年9月末現在)に完成した水力、火力発電所と原子力発電所全設備を中心に、建設中（着工準備中を含む）の水力、火力、原子力発電所設備、公営電気事業者、その他電気事業者、その他、関係資料を収録したものである。

電力新設備要覧　平成17年度版　日刊電気通信社　2005.2　185p　26cm　5000円

(目次)第1編 水力発電設備(電気事業者(完成)，公営電気事業者(完成) ほか)，第2編 火力発電設備(一般火力(完成)，一般火力(工事中及び着工準備中) ほか)，第3編 原子力発電設備(原子力発電(完成)，原子力発電(工事中及び着工準備中))，第4編 附録：請負業者一覧(水力発電所建設の請負及び機器製造，水力公営電気建設の請負及び機器製造 ほか)，第5編 資源エネルギー庁等関係資料より（総合資源エネルギー調査会電気事業分科会中間報告「バックエンド事業に対する制度・措置の在り方について」，原子力関係資料 ほか）

電力新設備要覧　平成18年度版　日刊電気通信社　2006.2　175p　26cm　5000円

(目次)第1編 水力発電設備(電気事業者(完成)，公営電気事業者(完成) ほか)，第2編 火力発電設備(一般火力(完成)，一般火力(工事中及び着工準備中) ほか)，第3編 原子力発電設備(原子力発電(完成)，原子力発電(工事中及び着工準備中))，第4編 附録：請負業者一覧(水力発電所建設の請負及び機器製造，水力公営電気建設の請負及び機器製造 ほか)，第5編 資源エネルギー庁等関係資料より（原子力政策大綱，我が国の原子力発電の状況 ほか）

(内容)過去3年間（平成14年10月から平成17年9月末現在）に完成した水力、火力発電所と原子力発電所全設備を中心に、建設中（着工準備中を含む）の水力、火力、原子力発電所設備、公営電気事業者、その他電気事業者、その他、関係資料を収録。

電力新設備要覧　平成19年度版　日刊電気通信社　2007.2　163p　26cm　5000円

(目次)第1編 水力発電設備(電気事業者(完成)，公営電気事業者(完成) ほか)，第2編 火力発電設備(一般火力(完成)，一般火力(工事中及び着工準備中) ほか)，第3編 原子力発電設備(原子力発電(完成)，原子力発電(工事中及び着工準備中))，第4編 附録 請負業者一覧，第5編 資源エネルギー庁等関係資料より（原子力立国計画，我が国の原子力発電の状況 ほか）

電力新設備要覧　平成20年度版　日刊電気通信社　2008.2　151p　26cm　5000円

(目次)火力発電設備，原子力発電設備，附録：請負業者一覧，資源エネルギー等関係資料

電力新設備要覧　平成21年度版　日刊電気通信社　2009.2　160p　26cm　5000円
Ⓝ543.1

(目次)第1編 水力発電設備(電気事業者(完成)，公営電気事業者(完成)，電気事業者(工事中及び着工準備中))，第2編 火力発電設備(一般火力(完成)，一般火力(工事中及び着工準備中)，火力「複合発電方式」(完成)，「複合発電方式」(工事中及び着工準備中)，地熱発電所(完成))，第3編 原子力発電設備(原子力発電(完成)，原子力発電(工事中及び着工準備中))，第4編 請負業者一覧(水力発電所建設の請負及び機器製造，水力公営電気建設の請負及び機器製造，火力発電所建設の請負及び機器製造，原子力発電所の請負及び機器製造)，第5編 資源エネルギー関連資料（原子力政策大綱に示されている放射性廃棄物の処理・処分に関する取組みの基本的考え方に関する評価，新エネルギー政策の新たな方向性－新エネルギーモデル国家の構築に向けて，我が国の原子力発電の状況，重電機器の製造状況）

電力新設備要覧　平成22年度版　日刊電気通信社　2010.2　144p　26cm　5000円
Ⓝ543.1

(目次)第1編 水力発電設備(電気事業者(完成)，公営電気事業者(完成)，電気事業者(工事中及び着工準備中)，公営電気事業者(工事中及び着工準備中))，第2編 火力発電設備(一般火力(完成)，一般火力(工事中及び着工準備中)，火力「複合発電方式」(完成)，「複合発電方式」(工事中及び着工準備中)，地熱発電所(完成))，第3編 原子力発電設備(原子力発電(完成)，原子力発電(工事中及び着工準備中))，第4編 請負業者一覧，第5編 エネルギー関連資料（原子力政策大綱に示している原子力研究開発に関する取組の基本的考え方の評価について，放射性廃棄物処理・処分に係る規制支援研究計画，廃止措置に係る規制支援研究計画，我が国の原子力発電の状況，重電機器の製造状況）

◆電気（規格）

＜ハンドブック＞

JISハンドブック　7　電気　1990　日本規格協会編　日本規格協会　1990.4　1724p　21cm　7200円　④4-542-12070-8

(目次)一般，電線・ケーブル類，電気機械器具，

照明，低圧遮断機・配線器具類，電線管・ダクト・附属品
 内容 原則として平成2年3月までに制定・改正された電気関係のJISを収録した。

JISハンドブック　7　日本規格協会　1995.4
　1882p　21cm　9000円　①4-542-12773-7
 内容 1995年現在の電気関連の主なJIS（日本工業規格）を抜粋したもの。

JISハンドブック　2003 71　電気安全
　日本規格協会編　日本規格協会　2003.1
　783p　21cm　5500円　①4-542-17211-2
 目次 一般，電気機械器具，配線器具，電気応用機械器具，参考

JISハンドブック　2007 71　電気安全
　日本規格協会編　日本規格協会　2007.6
　1378p　21cm　7500円　①978-4-542-17564-8
 目次 一般，安全通則，ケーブル，電気機械器具，配線器具，電気応用機械器具，情報技術機器，参考

◆電気設備（規格）

<ハンドブック>

JISハンドブック　7　電気 設備・工事編 1991　日本規格協会編　日本規格協会
　1991.4　1768p　21cm　7700円　①4-542-12607-2
 目次 一般，電線・ケーブル類，電気機械器具，照明，低圧遮断機・配線器具類，電線管・ダクト・附属品
 内容 JISは，適正な内容を維持するために，5年ごとに見直しが行われ，改正，確認又は廃止の手続きがとられている。本書は，原則として平成3年2月までに制定・改正されたJISを収録している。

JISハンドブック　7　電気　設備・工事編（1992）　日本規格協会編　日本規格協会　1992.4　1798p　21cm　8000円　①4-542-12646-3
 内容 JISハンドブックは，原則として発行の年の2月末日現在におけるJISの中から当該分野に関係する主なJISを収集し，使いやすさを考慮して，内容抜粋等の編集を行ったものです。

JISハンドブック　電気 設備・工事編 1993　日本規格協会編集　日本規格協会　1993.4　1919p　21cm　8252円　①4-542-12687-0
 内容 1993年現在における電気設備・電気工事関連の主なJIS（日本工業規格）を抜粋収録したハンドブック。

JISハンドブック　電気 設備・工事編 1994　日本規格協会編集　日本規格協会　1994.4　1927p　21cm　8738円　①4-542-12731-1
 内容 1994年現在における電気設備・電気工事関連の主なJIS（日本工業規格）を抜粋収録したハンドブック。

JISハンドブック　19　電気設備　一般／電線・ケーブル類／電線管・ダクト・附属品　日本規格協会編　日本規格協会　2001.1　1508p　21cm　8500円　①4-542-17019-5　Ⓝ540.72
 目次 一般，電線・ケーブル類，電線管・ダクト・附属品，参考
 内容 2000年10月末日現在におけるJISの中から，電線・ケーブル類などの電気設備に関係する主なJISを収集し，利用者の要望等に基づき使いやすさを考慮し，必要に応じて内容の抜粋などを行ったハンドブック。

JISハンドブック　20　電気設備　電気機械器具／照明／低圧遮断器・配線機具類　日本規格協会編　日本規格協会　2001.1　2143p　21cm　9800円　①4-542-17020-9　Ⓝ540.72
 目次 電気機械器具，照明，低圧遮断器・配線器具類，参考
 内容 2000年10月末日現在におけるJISの中から，電気機械器具や照明などの電気設備に関係する主なJISを収集し，利用者の要望等に基づき使いやすさを考慮し，必要に応じて内容の抜粋などを行ったハンドブック。

JISハンドブック　2003 19　電気設備1
　日本規格協会編　日本規格協会　2003.1
　1576p　21cm　8500円　①4-542-17159-0
 目次 一般，電線・ケーブル類，電線管・ダクト・附属品，参考

JISハンドブック　2003 20　電気設備2
　日本規格協会編　日本規格協会　2003.1
　2015p　21cm　9800円　①4-542-17160-4
 目次 電気機械器具等，照明，低圧遮断器・配線器具類，参考

◆電気事業法

<法令集>

最新 電気事業法関係法令集　資源エネルギー庁公益事業部技術課監修　オーム社　1996.7　448p　19cm　1751円　①4-274-94125-6
 目次 法令編（電気事業法，電気事業法施行令，電気事業法施行規則，電気使用制限等規則，電

電気　　　　　　　　　　　エネルギー問題

気事業法の規定に基づく主任技術者の資格等に関する省令，電気関係報告規則（抄），電気事業法関係手数料規則，告示），関係通達編

最新 電気事業法関係法令集　オーム社編
　オーム社　2003.10　990p　19cm　2000円
　①4-274-94334-8
(目次)法令編（電気事業法，電気事業法施行令，電気事業法施行規則，電気使用制限等規則 ほか），関係通達編（自家用汽力発電所において発電用と工場用とに併用するボイラーの取扱について，排気を発電用以外の用途にのみ供する発電用の蒸気タービンに蒸気を供給するボイラーの取扱について，電気主任技術者の外部委託の承認に関する審査基準について，ビル管理会社の電気主任技術者の選任について ほか）
(内容)自家用関係者必携の法令集。法律・政令・省令・告示から通達まで収録。横組みで読みやすいコンパクト版法令集。電気事業法／電気事業法施行規則等の大改正収録。

電気事業会計関係法令集　平成9年度版
　資源エネルギー庁公益事業部業務課監修　通商産業調査会　1997.7　425p　21cm　3000円　①4-8065-2550-2
(目次)第1編 電気事業会計関係省令及び通達，第2編 電気事業会計規則第三条第二項に基づく例外承認，第3編 電気事業会計規則関係通達，第4編 電気事業会計規則と他法令との調整，第5章 参考法令等の抜すい

電気事業会計関係法令集　平成12年度版
　資源エネルギー庁公益事業部業務課監修　通商産業調査会　2000.7　391p　21cm　2762円　①4-8065-2632-0　Ⓝ540.95
(目次)電気事業会計関係省令及び通達，電気事業会計規則関係通達，電気事業会計規則と他法令との調整，参考法令等の抜すい〔ほか〕

電気事業関係法令　エネルギーフォーラム
　2008.3　365p　22cm　（電気事業講座 第4巻）　2381円　①978-4-88555-337-0　Ⓝ540.91
(目次)第1章 電気事業をめぐる法律（電気事業と法規制），第2章 電気事業法（電気事業法の変遷，電気事業法の目的等，電気事業に対する規制，保安規則，公益事業特権，電気事業分科会等），第3章 電気事業関係法令（電源立地，原子力，環境保全，石油代替エネルギー，新エネルギー，エネルギー使用の合理化，電気供給に係わる消費者保護，その他関係緒法規）

電気事業法関係法令集　'98　オーム社編
　オーム社　1997.10　487p　19cm　1700円
　①4-274-94161-2
(目次)法令編（電気事業法，電気事業法施行令，電気事業法施行規則 ほか），関係通達 編（自家

用汽力発電所において発電用と工場用とに併用するボイラーの取扱いについて，主任技術者制度の運用について，ビル管理会社の電気主任技術者の選任について ほか）

電気事業法関係法令集　'99　オーム社編
　オーム社　1998.10　684p　19cm　1700円
　①4-274-94193-0
(目次)法令編（電気事業法，電気事業法施行令，電気事業法施行規則，電気使用制限等規則，電気事業法の規定に基づく主任技術者の資格等に関する省令，電気関係報告規則（抄），電気事業法関係手数料規則，電気設備に関する技術基準を定める省令，発電用風力設備に関する技術基準を定める省令，告示），関係通達編

電気事業法関係法令集　2000年版　オーム社編　オーム社　1999.10　701p　19cm　1700円　①4-274-94213-9
(目次)法令編（電気事業法，電気事業法施行令，電気事業法施行規則，電気使用制限等規則，電気事業法の規定に基づく主任技術者の資格等に関する省令，電気関係報告規則（抄），電気事業関係手数料規則，電気設備に関する技術基準を定める省令，発電用風力設備に関する技術基準を定める省令），関係通達編（自家用汽力発電所において発電用と工場用とに併用するボイラーの取扱いについて，主任技術者制度の運用について，ビル管理会社の電気主任技術者の選任について，自家用電気工作物の「需要設備の最大電力」の取扱いについて，公害防止関係資料の様式及び都道府県への通知について，電気事業法の規定に基づく主任技術者の資格等に関する省令第1条第1項の規程による電気主任技術者免状に係る学校等の認定基準，電気関係報告規則の運用について，高圧又は特別高圧で受電する需要家の高調波抑制対策ガイドライン，移動用電気工作物の取扱いについて）

電気事業法関係法令集　2001年版　オーム社編　オーム社　2000.10　789p　19cm　1800円　①4-274-94245-7　Ⓝ540.91
(目次)法令編（電気事業法，電気事業法施行令，電気事業法施行規則，電気使用制限等規則，電気事業法の規定に基づく主任技術者の資格等に関する省令 ほか），関係通達編（自家用汽力発電所において発電用と工場用とに併用するボイラーの取扱いについて，主任技術者制度の運用について，ビル管理会社の電気主任技術者の選任について，自家用電気工作物の「需要設備の最大電力」の取扱いについて，公害防止関係資料の様式及び都道府県への通知について ほか）

電気事業法関係法令集　2002年版　オーム社編　オーム社　2001.10　781p　19cm　1800円　①4-274-94286-4　Ⓝ540.91
(目次)法令編（電気事業法，電気事業法施行令，

電気事業法施行規則，電気使用制限等規則，電気事業法の規定に基づく主任技術者の資格等に関する省令，電気関係報告規則（抄），電気事業法関係手数料規則，電気設備に関する技術基準を定める省令，発電用風力設備に関する技術基準を定める省令，告示），関係通達編

(内容)電気事業関係の法令集。法・政令・省令・告示から通達までを収録範囲とする。横組みで掲載。内容は2001年10月15日現在。

電気事業法関係法令集　2003年版　オーム社編　オーム社　2002.10　804p　19cm　1800円　Ⓘ4-274-94312-7　Ⓝ540.91

(目次)法令編（電気事業法，電気事業法施行令，電気事業法施行規則，電気使用制限等規則，電気事業法の規定に基づく主任技術者の資格等に関する省令 ほか），関係通達編（自家用汽力発電所において発電用と工場用とに併用するボイラーの取扱いについて，主任技術者制度の運用について，ビル管理会社の電気主任技術者の選任について，自家用電気工作物の「需要設備の最大電力」の取扱いについて，公害防止関係資料の様式及び都道府県等への通知について ほか）

(内容)電気事業関係の法令集。法・政令・省令・告示から通達までを収録範囲とする。横組みで掲載。内容は2002年10月15日現在。

電気事業法関係法令集　07-08年版　オーム社編　オーム社　2006.11　652p　21cm　2400円　Ⓘ4-274-50107-8

(目次)第1編 電気事業法令（電気事業法，電気事業法施行令，電気事業法施行規則，電気使用制限等規則，電気事業法の規定に基づく主任技術者の資格等に関する省令，電気関係報告規則（抄），電気事業法関係手数料規則，電気事業法第45条第2項に規定する指定試験機関を定める省令，告示），第2編 内規・指針・通達

電気事業法関係法令集　2009-2010年版　オーム社編　オーム社　2008.11　669p　21cm　2400円　Ⓘ978-4-274-50207-1　Ⓝ540.91

(目次)第1編 電気事業法令（電気事業法，電気事業法施行令，電気事業法施行規則，電気使用制限等規則，電気事業法の規定に基づく主任技術者の資格等に関する省令，電気関係報告規則（抄），電気事業法関係手数料規則，電気事業法第45条第2項に規定する指定試験機関を定める省令，告示），第2編 内規・指針・通達

(内容)電気事業法（法律）を中核として，その施行令（政令）と関連の施行規則（省令）・告示等の法令と，身近な内規・指針・通達を収録。

電気事業法令集　'91　資源エネルギー庁公益事業部計画課監修　東洋法規出版　1991.1　1777, 3p　21cm　9100円

(目次)法律（電気事業法），政令（電気事業法施行令，電気事業法関係手数料令），省令（電気事業法施行規則，受電調整規則，電気使用制限規則 ほか），省令・告示（発電用水力設備に関する技術基準を定める省令，発電用水力設備に関する技術基準の細目を定める告示 ほか），関連通牒，参考法令（電気工事士法，電気工事士法施行令 ほか）

電気事業法令集　'94　資源エネルギー庁公益事業部計画課監修　東洋法規出版　1993.9　1763, 3p　21cm　9100円

(内容)電気事業法および関連法令，政令，省令，告示，通達等を集めたもの。巻末に五十音索引を付す。

電気事業法令集　'96　資源エネルギー庁公益事業部計画課監修　東洋法規出版　1996.4　1529, 2p　21cm　9500円

(目次)法律，政令，省令，省令・告示，関連通牒，参考法令

(内容)電気事業法および関連法令，政令，省令，告示，通達等を集めたもの。内容は1996年2月29日現在。巻末に五十音索引がある。

電気事業法令集　'98　資源エネルギー庁公益事業部計画課編　東洋法規出版　1997.12　1195p　21cm　9500円　Ⓘ4-88600-723-6

(目次)法律，政令，省令，省令・告示，関連通牒，参考法令

電気事業法令集　2000年版　資源エネルギー庁公益事業部計画課編　東洋法規出版　2000.3　1338, 2p　21cm　9500円　Ⓘ4-88600-757-0　Ⓝ540.91

(目次)法律，政令，省令，省令・告示，関連通牒，参考法令

(内容)電気事業法とそれに関連した政令、省令、告示、関係通達等を収録した法令集。巻末に五十音索引がある。

電気事業法令集　2001　最新版　東洋法規出版　2001.3　1334p　21cm　9500円　Ⓘ4-88600-758-9　Ⓝ540.91

(目次)法律（電気事業法，原子力災害対策特別措置法），政令（電気事業法施行令，原子力災害対策特別措置法施行令），省令（電気事業法施行規則，電気使用制限等規則 ほか），省令・告示（電気工作物の溶接に関する技術基準を定める省令，発電用水力設備に関する技術基準を定める省令 ほか），関連通牒（電気工作物の溶接の技術基準の解釈について，電気料金情報公開ガイドライン ほか），参考法令（電気工事士法，電気工事士法施行令 ほか）

(内容)電気事業法とそれに関連した，政令、省

令、告示、関連通牒などを広範囲にわたって収録した電気事業関係の法令集。初版は1965年刊、2001年版では、2000年の大幅改正に対応する。

電気事業法令集　2002年版　東洋法規出版、東京官書普及〔発売〕　2002.3　1356p　21cm　9500円　①4-88600-737-6　Ⓝ540.91

(目次)法律，政令，省令，省令・告示，関連通牒，参考法令

(内容)電気事業法と関連の政令、省令、告示、関連通牒を収録した法令集。2001年に実施された電気事業法及び関係政省令などの大幅な改正や新たに公布された法律を踏まえた改訂版。内容は2002年1月末日現在。巻末に法令索引あり。

電気事業法令集　2004年度版　東洋法規出版　2004.4　1446p　21cm　9500円　①4-88600-764-3

(目次)法律(電気事業法)，政令(電気事業法施行令)，省令(電気事業法施行規則，電気使用制限等規則 ほか)，省令・告示(電気工作物の溶接に関する技術基準を定める省令，発電用水力設備に関する技術基準を定める省令 ほか)，関連通牒(電気事業会計規則取扱要領，電気関係報告規則の運用について ほか)，参考法令(原子力災害対策特別措置法，原子力災害対策特別措置法施行令 ほか)，附録

電気事業法令集　2005年度版　東洋法規出版　2005.4　1352p　21cm　9500円　①4-88600-765-1

(目次)法律，政令，省令，省令・告示，関連通牒，参考法令，附録

(内容)電気事業法に関する法律、政令、省令、告示、通牒等を体系的にまとめた。

電気事業法令集　2006年度版　東洋法規出版　2006.4　1335p　21cm　9500円　①4-88600-776-7

(目次)法律，政令，省令，省令・告示，関連通牒，参考法令，附録

(内容)電気事業法とそれに関連した、政令、省令、告示、関連通牒などを広範囲にわたって収録した。

電気事業法令集　2007年度版　東洋法規出版、東京官書普及〔発売〕　2007.3　1354p　21cm　9500円　①978-4-88600-724-7

(目次)法律，政令，省令，省令・告示，関連通牒，参考法令，附録

(内容)電気事業法と、それに関連した政令、省令、告示、関連通牒などを広範囲にわたって収録した法令集。昨年実施された電気事業法及び関係政省令などの大幅な改正や新たに公布された法律を踏まえ、二〇〇七年度版としてさらなる充実をはかった。

電気事業法令集　2008年度版　東洋法規出版　2008.3　1382p　22cm　9500円　①978-4-88600-725-4　Ⓝ540.91

(目次)法律，政令，省令，省令・告示，関連通牒，参考法令，附録

(内容)電気事業法とそれに関連した、政令、省令、告示、関連通牒などを広範囲にわたって収録した法令集。昨年実施された電気事業法及び関係政省令などの大幅な改正や新たに公布された法律を踏まえた二〇〇八年度版。

電気事業法令集　2009年度版　東洋法規出版　2009.3　1417p　22cm　〈索引あり〉　9500円　①978-4-88600-783-4　Ⓝ540.91

(目次)法律，政令，省令，省令・告示，関連通牒，参考法令

(内容)電気事業法に関する法律、政令、省令、告示、通牒等を体系的に収録。

電気事業法令集　2010年度版　東洋法規出版　2010.3　1382p　22cm　〈索引あり〉　9500円　①978-4-88600-739-1　Ⓝ540.91

(目次)法律，政令，省令，省令・告示，関連通牒，参考法令

(内容)電気事業法に関する法律、制令、省令、告示、通牒等を体系的に纏めた法令集。内容は2010年1月31日現在、巻末に改正箇所一覧と五十音索引が付く。

◆**電化住宅**

<ハンドブック>

電化住宅のための機器ガイド　2004　200V・100Vビルトイン機器　「住まいと電化」編集委員会編　日本工業出版　2003.9　355p　30cm　〈「住まいと電化」別冊号〉　①4-8190-1508-7

(目次)クッキングヒーター，電気オーブン，食器洗い乾燥機，全自動洗濯機，全自動洗濯乾燥機，衣類乾燥機，電気温水器，ヒートポンプ給湯機，多機能ヒートポンプシステム，換気・空調システム〔ほか〕

電化住宅のための機器ガイド　2005　200V・100Vビルトイン機器　「住まいと電化」編集委員会編　日本工業出版　2004.8　373p　30cm　〈「住まいと電化」別冊号〉　3500円　①4-8190-1607-5

(目次)巻頭言(21世紀の電化住宅のための機器システムについて，家庭における200V利用について)，機器ガイド編(クッキングヒーター，電気オーブン，食器洗い乾燥機，全自動洗濯機，全自動洗濯乾燥機，衣類乾燥機，電気温水器，ヒートポンプ給湯機，換気・空調システム，床暖房

電化住宅のための機器ガイド　2006
　200V・100Vビルトイン機器　「住まいと電化」編集委員会,「電化住宅のための機器ガイド2006」編集委員会編　日本工業出版　2005.8　364p　30cm　〈「住まいと電化」別冊号〉　3500円　①4-8190-1708-X
　(目次)クッキングヒーター, 電気オーブン, 食器洗い乾燥機, 全自動洗濯機, 全自動洗濯乾燥機, 衣類乾燥機, 電気温水器, ヒートポンプ給湯機, 換気・空調システム, 床暖房システム〔ほか〕

電化住宅のための機器ガイド　2007
　200V・100Vビルトイン機器　日本工業出版　2006.8　387p　30cm〈「月刊住まいと電化」別冊〉　4000円　①4-8190-1808-6
　(目次)巻頭言(21世紀の電化住宅のための機器システムについて, 家庭における200V利用について), 機器ガイド編(クッキングヒーター, 電気オーブン, 食器洗い乾燥機, 全自動洗濯機, 全自動洗濯乾燥機　ほか), 資料編　機器掲載会社住所録

電化住宅のための機器ガイド　2008
　200V・100Vビルトイン機器　日本工業出版　2007.8　390p　30cm〈「月刊住まいと電化」別冊号〉　4000円　①978-4-8190-1912-5
　(目次)機器ガイド編(クッキングヒーター, 電気オーブン, 食器洗い乾燥機, 全自動洗濯機, 衣類乾燥機, ヒートポンプ給湯機, 電気温水器, 換気・空調システム, 床暖房システム　ほか), 資料編

電化住宅のための機器ガイド　2009
　200V・100Vビルトイン機器　「住まいと電化」編集委員会,「電化住宅のための機器ガイド2009」編集委員会編　日本工業出版　2008.8　394p　30cm　(「住まいと電化」別冊号)　4000円　①978-4-8190-2007-7　Ⓝ545.88
　(内容)クッキングヒーター、電気オーブン、食器洗い乾燥機、全自動洗濯機、全自動洗濯乾燥機、衣類乾燥機などを収録。

電化住宅のための計画・設計マニュアル　2002　第3版　「電化住宅のための計画・設計マニュアル」編集委員会編　日本工業出版　2002.3　246p　28×21cm　〈「住まいと電化」別冊号〉　3500円　①4-8190-1401-3　Ⓝ528.43
　(目次)トピック, 基礎知識, 設備計画・設計, 電気の設計と契約, 実例戸建住宅, 実例集合住宅, 関連法規, 資料
　(内容)戸建や集合住宅などの電化についての計画・設計マニュアル。日本の人口の最大値は2007年といわれる。そこから先は人口の減少と高齢者の増加が顕著になり, ホームエレベータなどの電化住宅の必要性が発生する。巻末に資料として電気料金, 全国電力会社支店・営業所一覧などがある。

電化住宅のための計画・設計マニュアル　2004　第4版　「電化住宅のための計画・設計マニュアル」編集委員会編　日本工業出版株式会社　2004.3　243p　28×21cm　〈「住まいと電化」別冊〉　3500円　①4-8190-1603-2
　(目次)巻頭言, 電化住宅概論, 設備計画・設計, 電気の設計と契約, 実例, 関連法規, 資料

電化住宅のための計画・設計マニュアル オール電化住宅大百科　2008　「電化住宅のための計画・設計マニュアル」編集委員会編　日本工業出版　2008.3　361p　28cm　(月刊住まいと電化別冊号)　3800円　①978-4-8190-2003-9　Ⓝ528.43
　(目次)電化住宅概論, 厨房設備, 給湯設備, 冷暖房設備, 換気設備, IT設備, 太陽光発電, ホームエレベーター, トピックス, 電気の設計と契約, 関連法規, 戸建住宅事例, 集合住宅事例, 資料

発電

<ハンドブック>

水力、火力、電気設備の技術基準の解釈　平成16年度版　経済産業省原子力安全・保安院編　文一総合出版　2004.9　740p　19cm　1600円　①4-8299-2048-3
　(目次)1 発電用水力設備に関する技術基準を定める省令, 2 発電用水力設備の技術基準の解釈について, 3 発電用火力設備に関する技術基準を定める省令, 4 発電用火力設備に関する技術基準の細目を定める告示, 5 発電用火力設備の技術基準の解釈について, 6 発電用風力設備に関する技術基準を定める省令, 7 発電用風力設備の技術基準の解釈について, 8 電気設備に関する技術基準を定める省令, 9 電気設備の技術基準の解釈について

水力、火力、風力、電気設備の技術基準の解釈　平成17年度版　経済産業省原子力安全・保安院編　文一総合出版　2006.1　769p　19cm　1600円　①4-8299-2049-1
　(目次)1 発電用水力設備に関する技術基準を定める省令, 2 発電用水力設備の技術基準の解釈について, 3 発電用火力設備に関する技術基準を定める省令, 4 発電用火力設備に関する技術基準の細目を定める告示, 5 発電用火力設備の技術基準の解釈について, 6 発電用風力設備に

関する技術基準を定める省令，7 発電用風力設備の技術基準の解釈について，8 電気設備に関する技術基準を定める省令，9 電気設備の技術基準の解釈について

水力、火力、風力、電気設備の技術基準の解釈 平成19年度版 経済産業省原子力安全・保安院編　文一総合出版　2007.7　1冊　19cm　1600円　Ⓘ978-4-8299-2042-8

(目次)発電用水力設備に関する技術基準を定める省令，発電用水力設備の技術基準の解釈について，発電用火力設備に関する技術基準を定める省令，発電用火力設備に関する技術基準の細目を定める告示，発電用火力設備の技術基準の解釈について，発電用風力設備に関する技術基準を定める省令，発電用風力設備の技術基準の解釈について，電気設備に関する技術基準を定める省令，電気設備の技術基準の解釈について

◆火力発電

<事　典>

火力発電用語事典　改訂4版　火力原子力発電技術協会関西支部編　オーム社　2003.2　249p　21cm　3800円　Ⓘ4-274-03594-8

(目次)熱および熱リサイクル，燃料および燃焼，材料，溶接，検査，化学，発電方式，運用一般，効率管理・省エネルギー，燃料設備〔ほか〕

(内容)1992年に発行した「新編火力発電用語事典」を改訂。火力発電に関連する用語約1200語を大項目別に分類・整理。巻末に参考文献一覧を収録。

火力発電用語事典　改訂5版　火力原子力発電技術協会編　火力原子力発電技術協会，オーム社（発売）　2010.2　309p　21cm　〈初版：オーム社昭和34年刊　文献あり　索引あり〉　3800円　Ⓘ978-4-904781-01-2　Ⓝ543.4

(目次)熱および熱サイクル，燃料および燃焼，材料，溶接，検査，化学，発電方式，運用一般，効率管理・省エネルギー，燃料設備，ボイラー，蒸気タービン（ガスタービンとの共通用語を含む），ガスタービン，電気設備，計測制御，配管，給水処理，環境，防災，建設・建築設備，土木・建築設備，法規，関係団体

新編 火力発電用語事典　火力原子力発電技術協会関西支部編　オーム社　1992.3　207p　21cm　3500円　Ⓘ4-274-03390-2

(目次)熱および熱サイクル，燃料および燃焼，材料，溶接，検査，化学，発電方式，設備一般，運用一般，効率管理・省エネルギー，燃料設備〔ほか〕

(内容)本書は，基礎から最新技術用語まで約1400語を収録。火力発電用語を大項目別に分類・整理し，技術書としても役立つよう体系的に配列し，関連する用語も含めて簡明な解説を付けた，最新の用語事典です。

◆ダム

<ハンドブック>

新版 現場技術者のためのダム工事ポケットブック　豊田高司編著　山海堂　1991.4　468p　18cm　4800円　Ⓘ4-381-00675-5

(目次)1章 概説，2章 ダムの調査・計画，3章 ダムの設計，4章 施工設備と準備工事，5章 従来工法によるコンクリートダムの施工，6章 RCD工法によるコンクリートダムの施工，7章 フィルダムの施工，8章 基礎処理，9章 試験湛水とダム管理

<年鑑・白書>

ダム年鑑　1997　日本ダム協会　1997.2　1452, 98p　26cm　20000円

(目次)第1編 ダム建設事業の現況と計画，第2編 全国ダム施設現況，第3編 全国水力発電所設備現況，第4編 水源地域対策，第5編 工事経歴と納入実績，第6編 帳表別解説・付録

(内容)平成8年4月1日現在の，完成・施工中（新規着手を含む）および実施計画調査・全体実施設計中のダム（原則として高さ15m以上）を収録。巻末には，五十音順のダム名索引を付す。

ダム年鑑　1998　日本ダム協会　1998.2　1482p　26cm　20000円

(目次)第1編 ダム建設事業の現況と計画，第2編 全国ダム施設現況，第3編 全国水力発電所設備現況，第4編 水源地域対策，第5編 工事経歴と納入実績，第6編 帳表別解説・付録

ダム年鑑　1999　日本ダム協会　1999.2　1510, 83p　26cm　20000円

(目次)第1編 ダム建設事業の現況と計画，第2編 全国ダム施設現況，第3編 全国水力発電所設備現況，第4編 水源地域対策，第5編 工事経歴と納入実績，第6編 帳表別解説・付録

ダム年鑑　2002　日本ダム協会　2002.3　1591p　26cm　20000円　Ⓝ517.7

(目次)第1編 ダム建設事業の現況と計画，第2編 全国ダム施設現況，第3編 全国水力発電所設備現況，第4編 水源地域対策，第5編 工事経歴と納入実績，第6編 帳表別解説・付録

(内容)日本のダムの現況と資料をまとめた年鑑。平成13年4月1日現在に完成・施行中（新規着手を含む）および実施計画調査・全体実施設計中

のダム(原則として高さ15m以上)を収録。このほか、湖沼開発、遊水池、河口堰、頭首工等についても代表的な事業を併載している。

◆原子力発電

<書 誌>

原子力問題図書・雑誌記事全情報1985－1999 日外アソシエーツ編 日外アソシエーツ、紀伊国屋書店〔発売〕 2000.4 488p 21cm 23000円 ①4-8169-1603-2 Ⓝ539.031
(目次)原子力問題一般、原子力政策、平和利用とその問題、軍事利用、放射能汚染・放射線障害、原子力と文学
(内容)原子力問題に関する雑誌記事と図書を収録した文献目録。1985年から1999年に日本国内で発行された一般誌、週刊誌、専門誌などの掲載記事4980点と3879点の関連する図書を収録。文献の主題により原子力政策、平和利用とその問題、軍事利用、放射能汚染・放射線障害、原子力と文学に大別さらに小見出しを設けて排列。索引は事項名索引。著者名索引を付す。

原発をよむ 高木仁三郎編著 アテネ書房 1993.10 178p 19cm (情報源をよむ) 1500円 ①4-87152-187-7
(目次)原子力発電とは、放射線と人間、原発事故、核燃料サイクル、原発と社会、原発とエネルギー政策、脱原発社会の展望
(内容)原子力発電を知り、考えるための図書100余冊を紹介する解題書誌。

<事 典>

原子力辞典 日刊工業新聞社 1995.8 722p 21cm 25000円 ①4-526-03742-7
(内容)原子力に関する用語7100項目を解説したもの。見出し語には英語、ドイツ語、フランス語、ロシア語の対訳を付す。排列は用語の五十音順。ほかに原子力関係の略語3500語を収録、原綴と日本語訳を示す。付録として元素表、日本における原子力発電所設置規制の概要等を掲載。巻末に欧文索引がある。

原子力ポケット用語集 電気新聞編 日本電気協会新聞部 2006.2 95p 15cm 600円 ①4-902553-28-7
(目次)会社・機関、燃料、原子炉型、放射線、法律・条約・制度、原子(核)燃料サイクル、安全・防護、事故等、発電・運転、その他

<名 簿>

原子力人名録 '94 日本原子力産業会議編 日本原子力産業会議 1993.12 752p 21cm 8800円 ①4-88911-104-2
(目次)原子力人名録の手引き、組織索引、広告索引、会社・団体等・電力会社等、国会・政府機関・審議会等、国公立試験・研究・開発機関、地方自治体、学会、大学
(内容)原子力関係者15000人の名簿。平成5年7月15日現在のアンケート調査により収録する。対象は、産業界、学界、官界の原子力関係従事者のうち、原則として課長補佐クラス以上の役職者。会社・機関別に、所属部署、役職、氏名、読みがな、生年、最終出身校、出身地を記載する。また原子力関係部署、営業所、工場等の所在地、電話番号およびFAX番号、設立年月、主要原子力事業内容を掲載している。今回は会社・団体等596、国会・政府機関等35、地方自治体および学会・大学等99を収録。

原子力人名録 '95 日本原子力産業会議 1995.2 754p 21cm 9000円 ①4-88911-105-0
(目次)会社・団体等、電力会社、国会・政府機関・審議会等、国公立試験・研究・開発機関、地方自治体、学会、大学
(内容)産業界・学会・官界の原子力関係従事者のうち、課長補佐クラス以上の約15000人を収録した人名録。内容は1994年7月15日現在。排列は会社・機関別で、会社・団体等593、国会・政府機関等34、地方自治体および学会・大学等99を収録。機関ごとに連絡先と設立年・事業内容、また人名には所属部署・役職・学歴等を記載。組織名索引を付す。

原子力人名録 '97 日本原子力産業会議 1996.12 758p 21cm 9000円 ①4-88911-107-7
(目次)会社・団体等、国会・政府機関・審議会等、国公立試験・研究・開発機関、地方自治体、学会、大学
(内容)産業界、学界ならびに官界の全分野にわたる原子力関係に従事する者のうち、1万5千人が対象。会社・団体等590、国会・政府機関等30、地方自治体および学会・大学等98を収録。

原子力人名録 2002 日本原子力産業会議編 日本原子力産業会議 2001.12 736p 21cm 11000円 ①4-88911-112-3 Ⓝ539.035
(目次)組織索引、広告索引、人名索引、会社・団体等、電力会社、国会・政府機関・審議会等、国公立試験・研究・開発機関、地方自治体、学会・大学

原子力人名録　2003.7　日本原子力産業会議編　日本原子力産業会議　2003.7　552p　26cm　8600円　①4-88911-114-X

(目次)原子力人名録の手引き，組織索引，広告索引，会社・団体等，電力会社，国会・政府機関・審議会，研究開発機関，地方自治体，学会・大学，人名索引

(内容)2003年4月1日現在のアンケート調査から産業界，学界ならびに官界の全分野にわたる原子力関係者のうち，課長補佐クラス以上の役職者約17000名収録した人名録。会社・機関別に，所属部署，役職，氏名，読みがなを掲載。また，会社・機関の英文，原子力関係部署・営業所・工場等の所在地，電話およびFAX番号，ホームページアドレス，設立年月，主要原子力事業内容を記載している。収録団体は会社・団体等524，国会・政府機関等37，地方自治体および学界・大学等106。

原子力人名録　2003.冬　日本原子力産業会議編　日本原子力産業会議　2003.12　551p　26cm　8600円　①4-88911-115-8

(目次)組織索引，広告索引，会社・団体等，電力会社，国会・政府機関・審議会，研究開発機関等，地方自治体，学会・大学，人名索引

原子力人名録　2004.夏　日本原子力産業会議編　日本原子力産業会議　2004.7　554p　26cm　8600円　①4-88911-116-6

(目次)組織索引，広告索引，会社・団体等，電力会社，国会・政府機関・審議会・国際機関，研究開発機関，地方自治体，学会・大学，人名索引

(内容)原子力関係の産業界，学会，官界の全分野から課長補佐以上の役職者約17000名を収録した人名録。会社，機関別に所属部署，役職，氏名，読みがなを掲載。巻末に人名索引が付く。

<ハンドブック>

原子力発電便覧　'91年版　通商産業省資源エネルギー庁公益事業部原子力発電課編　電力新報社　1990.11　723p　19cm　6000円　①4-88555-138-2　Ⓝ543.5

(目次)第1章 原子力発電一般，第2章 電源立地，地域振興，第3章 原子炉安全，第4章 原子燃料，5章 放射性廃棄物，第6章 放射線防護，第7章 原子炉設備，第8章 原子炉運転保守・管理，第9章 環境保全，第10章 新型炉開発，第11章 関係法規・国際協力，第12章 付表，その他

原子力発電便覧　'95年版　通商産業省資源エネルギー庁公益事業部原子力発電課編　電力新報社　1995.2　807p　19cm　6000円　①4-88555-187-0

(目次)第1章 原子力発電一般，第2章 電源立地，地域振興，第3章 原子炉安全，第4章 原子燃料，第5章 放射性廃棄物，第6章 放射線防護，第7章 原子炉設備，第8章 原子炉運転保守・管理，第9章 環境保全，第10章 新型炉開発，第11章 関係法規・国際協力，第12章 付表，その他

(内容)わが国の原子力発電に関する実務的なハンドブック。発電計画の現状や放射性廃棄物の処理方法，関係法規などについて記載。巻末に，原子力関係用語・略称の解説を付す。

原子力ポケットブック　1991年版　科学技術庁原子力局監修　日本原子力産業会議　1991.2　551p　19cm　4800円　Ⓝ539.036

(目次)第1章 原子力発電・エネルギー需給，第2章 核燃料サイクル，第3章 安全確保・環境保全対策，第4章 新型動力炉，第5章 核融合，第6章 原子力船，第7章 放射線利用，第8章 核不拡散・保障措置・核物質防護，第9章 国際協力，第10章 原子力開発体制（含む各国規制体制），第11章 研究開発・人材養成・原子力情報，第12章 原子力産業，第13章 原子力予算，第14章 原子力開発利用計画等，第15章 換算表・略号表等，付録 原子力年表

原子力ポケットブック　1993年版　科学技術庁原子力局監修　日本原子力産業会議　1993.2　573p　19cm　5000円

(目次)第1章 原子力発電・エネルギー需給，第2章 核燃料サイクル，第3章 安全確保・環境保全対策，第4章 新型動力炉，第5章 核融合，第6章 原子力船，第7章 放射線利用，第8章 核不拡散・保障措置・核物質防護，第9章 国際協力，第10章 原子力開発体制（含む各国規制体制），第11章 研究開発・人材養成・原子力情報，第12章 原子力産業，第13章 原子力予算，第14章 原子力開発利用計画等，第15章 換算表・略号表等，付録 原子力年表

原子力ポケットブック　1994年版　科学技術庁原子力局監修　日本原子力産業会議　1994.3　597p　19cm　5000円　①4-88911-204-9

(目次)原子力発電・エネルギー需給，核燃料サイクル，安全確保・環境保全対策，新型動力炉，核融合〔ほか〕

原子力ポケットブック　1995年版　科学技術庁原子力局監修　日本原子力産業会議　1995.6　594p　19×14cm　5300円　①4-88911-205-7

(目次)「原子力の研究，開発及び利用に関する長期計画」の概要，人口・エネルギー・資源・環境と原子力，核不拡散へ向けての国際的信頼の確立，安全確保，情報の公開と国民の理解の増進，原子力発電の見通しと原子力施設の立地の

促進, 軽水炉体系による原子力発電, 核燃料リサイクルの技術開発, バックエンド対策, 原子力科学技術の多様な展開と基礎的な研究の強化〔ほか〕

原子力ポケットブック 1998・99年版
日本原子力産業会議 1999.2 476p 19cm 5334円 ①4-88911-208-1

(目次)「原子力の研究、開発及び利用に関する長期計画」の概要, 人口・エネルギー・資源・環境と原子力, 核不拡散へ向けての国際的信頼の確立, 安全確保, 情報の公開と国民の理解の増進, 原子力発電の見通しと原子力施設の立地の促進, 軽水炉体系による原子力発電, 核燃料サイクルの技術開発, バックエンド対策, 原子力科学技術の多様な展開と基礎的な研究の強化, 原子力開発利用の促進基盤の強化, 我が国の原子力産業, 換算表・略号表等

原子力ポケットブック 2000年版
日本原子力産業会議 2000.7 493p 19cm 5334円 ①4-88911-209-X Ⓝ539.036

(目次)第1章 人口・エネルギー・資源・環境と原子力, 第2章 核不拡散へ向けての国際的信頼の確立, 第3章 安全確保, 第4章 情報の公開と国民の理解の増進, 第5章 原子力発電の見通しと原子力施設の立地の促進, 第6章 軽水炉体系による原子力発電, 第7章 核燃料サイクルの技術開発, 第8章 バックエンド対策…, 第9章 原子力科学技術の多様な展開と基礎的な研究の強化, 第10章 国際協力の推進, 第11章 原子力開発利用の推進基盤の強化, 第12章 我が国の原子力産業, 第13章 換算表・略号表等

原子力ポケットブック 2001年版
日本原子力産業会議 2001.8 559p 19cm 5334円 ①4-88911-210-3 Ⓝ539.036

(目次)第1章 原子力の研究、開発及び利用に関する長期計画, 第2章 人口・エネルギー・資源・環境と原子力, 第3章 安全確保, 第4章 情報の公開と国民の理解の増進, 第5章 原子力発電の見通しと原子力施設の立地の促進, 第6章 軽水炉体系による原子力発電, 第7章 核燃料サイクルの技術開発, 第8章 バックエンド対策, 第9章 原子力科学技術の多様な展開と基礎的な研究の強化, 第10章 国際協力の推進, 第11章 原子力開発利用の推進基盤の強化, 第12章 我が国の原子力産業, 第13章 換算表・略号表等, 付録 原子力年表

原子力ポケットブック 2003年版
日本原子力産業会議編 日本原子力産業会議 2003.8 667p 19cm 6000円 ①4-88911-212-X

(目次)原子力の研究、開発及び利用に関する長期計画, エネルギー・資源・環境と原子力, 安全確保, 情報公開と情報提供, 原子力発電の見通しと立地地域との共生, 軽水炉と新型炉, 核燃料サイクルの技術開発, バックエンド対策, 原子力科学技術の多様な展開と基礎的な研究の強化, 核不拡散体制の確立, 国際協力の推進, 原子力の研究、開発及び利用の推進基盤, 我が国の原子力産業, 換算表・略語表等, 原子力年表

原子力ポケットブック 2004年版
日本原子力産業会議編 日本原子力産業会議 2004.8 683p 19cm 6000円 ①4-88911-213-8

(目次)エネルギー・資源・環境と原子力, 安全確保と防災, 情報公開と情報提供, 原子力発電の見通しと立地地域との共生, 軽水炉利用の充実と新型炉開発, 核燃料サイクルの技術開発, バックエンド対策, RI・放射線利用, 原子力科学技術の多様な展開と基礎的な研究の強化, 核不拡散体制の確立, 国際協力の推進, 原子力の研究、開発及び利用の推進基盤, 我が国の原子力産業と人材確保, 原子力の研究、開発及び利用に関する長期計画, 換算表・略語表等, 原子力年表

原子力ポケットブック 2005年版
日本原子力産業会議編 日本原子力産業会議 2005.7 679p 19cm 6000円 ①4-88911-214-6

(目次)エネルギー・資源・環境と原子力, 安全確保と防災, 情報公開と情報提供, 原子力発電の見通しと立地地域との共生, 軽水炉利用の充実と次世代炉開発, 核燃料サイクルの技術開発, バックエンド対策, RI・放射線利用, 原子力科学技術の多様な展開と基礎的な研究の強化, 核不拡散体制の確立〔ほか〕

<年鑑・白書>

原子力安全白書 平成元年版
原子力安全委員会編 大蔵省印刷局 1990 424p 21cm 2301円 Ⓝ539.9

(内容)原子力発電所における故障・トラブル等とその教訓の反映, 原子力の安全確保関連施策の現状(原子力施設全体に関する安全確保施策の現状を紹介), 資料、の3部からなる。

原子力安全白書 平成2年版
原子力安全委員会編 大蔵省印刷局 1991.3 427p 21cm 2500円 ①4-17-182565-2

(目次)第1編 原子力の安全確保関連施策の現状(原子力安全委員会の活動, 原子力施設等の安全規制及び安全確保, 環境放射能調査, 原子力発電所等周辺の防災対策, 原子力の安全研究等, 国際協力, 安全確保のための基盤整備), 第2編 原子力における安全の考え方(原子力施設における安全確保対策, 放射性廃棄物の処理・処分における安全確保対策, 放射線の影響の評価と

防護の考え方)，資料編(我が国の原子力発電所の運転・建設状況〈電気事業用〉，東京電力福島第二原子力発電所3号炉の原子炉再循環ポンプ損傷事象について，原子力施設等の安全審査に関する原子力安全委員会の実績一覧 ほか)

原子力安全白書　平成3年版　原子力安全委員会編　大蔵省印刷局　1992.2　386p　21cm　2500円　Ⓘ4-17-182566-0

(目次)第1編 原子力の安全確保関連施策の現状(原子力安全委員会の活動，原子力施設等の安全規制及び安全確保，環境放射能調査，原子力発電所等周辺の防災対策，原子力の安全研究等，国際協力)，第2編 安全確保の考え方について―蒸気発生器伝熱管損傷を中心として(原子力発電所の安全確保と安全審査，蒸気発生器をめぐる諸問題について，美浜事故の概要)，資料編(原子力安全委員会の組織，公開ヒアリング等の実施方法について，我が国の原子力発電所の運転・建設状況〈電気事業用〉ほか)

原子力安全白書　平成4年版　原子力安全委員会編　大蔵省印刷局　1993.2　369p　21cm　2700円　Ⓘ4-17-182567-9

(目次)第1編 原子力の安全確保関連施策の現状(原子力安全委員会の活動，原子力施設等の安全規制及び安全確保，環境放射能調査，原子力発電所等周辺の防災対策，原子力の安全研究等，国際協力)，第2編 核燃料サイクルの安全確保(核燃料サイクルの概要，ウラン濃縮等の加工事業の安全確保，再処理事業の安全確保，放射性廃棄物の処理処分の安全確保，核燃料物質等の輸送の安全確保)，資料編

原子力安全白書　平成5年版　原子力安全委員会編　大蔵省印刷局　1994.3　445p　21cm　2950円　Ⓘ4-17-182568-7

(目次)第1編 原子力の安全確保関連施策の現状，第2編 発電用原子炉施設におけるプルトニウム利用に係る安全確保，資料編

原子力安全白書　平成6年版　原子力安全委員会編　大蔵省印刷局　1995.3　443p　21cm　3000円　Ⓘ4-17-182569-5

(目次)第1編 原子力の安全確保の現状(原子力安全委員会の活動，原子力施設等の安全規制を中心とした安全確保，環境放射能調査，原子力発電所等周辺の防災対策，国際協力)，第2編 原子力安全をめぐる国際動向について―セイフティ・カルチュアの醸成を中心として(セイフティ・カルチュアの概念形成，セイフティ・カルチュア醸成のための国際的な活動)，資料編

原子力安全白書　平成7年版　原子力安全委員会編　大蔵省印刷局　1996.7　453p　21cm　3200円　Ⓘ4-17-182570-9

(目次)第1編 原子力の安全確保の現状，第2編 原子力施設の耐震安全性―平成7年兵庫県南部地震を踏まえて，第3編 高速増殖原型炉もんじゅのナトリウム漏えい事故について

原子力安全白書　平成9年版　原子力安全委員会編　大蔵省印刷局　1998.10　332p　18cm　3000円　Ⓘ4-17-182572-5

(目次)第1編 原子力安全に対する信頼回復に向けて(一連の事故への対応，信頼回復に向けた取組み)，第2編 原子力の安全確保の現状(原子力施設等の安全規制を中心とした安全確保，環境放射能調査，原子力発電所等周辺の防災対策，原子力の安全研究の推進，原子力安全に関する国際協力)

原子力安全白書　平成10年版　原子力安全委員会編　大蔵省印刷局　1999.8　420p　21cm　3500円　Ⓘ4-17-182573-3

(目次)第1編 原子力安全―この20年の歩みとこれから(原子力安全のこの20年の歩み，国民の信頼と期待に応え得る原子力安全を目指して)，第2編 原子力の安全確保の現状(原子力施設等の安全規制を中心とした安全確保，環境放射能調査，原子力発電所等周辺の防災対策，原子力の安全研究の推進，原子力安全に関する国際協力)

原子力安全白書　平成11年版　原子力安全委員会編　大蔵省印刷局　2000.9　360p 図版10p　21cm　3300円　Ⓘ4-17-182574-1　Ⓝ539.9

(目次)第1編 原子力安全の再構築に向けて((株)ジェー・シー・オーウラン加工工場における臨界事故について，その他の主な問題への対応について，原子力安全の再構築に向けた対応について ほか)，第2編 原子力の安全確保の現状(原子力施設等の安全規制を中心とした安全確保，環境放射能調査，原子力発電所等周辺の防災対策 ほか)，資料編(原子力安全委員会の当面の施策について，原子力安全委員会の行う原子力施設に係る安全審査等について，原子力安全委員会の組織 ほか)

(内容)原子力安全に関わる施策についてとりまとめた白書。1981年以来公表・刊行されている。今版では「原子力安全の再構築に向けて」と題し，1999年に発生した事故を中心に原子力安全の今後の考え方等を特集している。第2編では、原子力安全委員会及び安全規制機関における1999年の活動、原子力施設安全全般に関する安全確保の現状を紹介している。資料編では、原子力安全委員会関係の各種資料、安全確保の実績に関する各種資料等を掲載する。

原子力安全白書　平成12年版　原子力安全委員会編　財務省印刷局　2001.4　247p　30cm　3400円　Ⓘ4-17-182575-X　Ⓝ539.9

㋠第1編 原点からの原子力安全確保への取組み（原子力の平和利用に伴う潜在的危険性と事故・災害，安全確保の取組み，原子力災害対策，原点からの取組み―その課題），第2編 平成12年の動き（原子力安全委員会の活動，平成12年の事故・故障等），第3編 原子力安全確保のための諸活動（原子力施設等に対する安全規制体制，原子力施設等の防災対策，原子力の安全研究の推進，環境放射能調査，原子力安全に関する国際協力），資料編
㋜原子力安全に関わる施策についてとりまとめた白書。資料編では，原子力安全委員会の組織，省庁再編成後の原子力規制体制，核燃料加工施設一覧等を掲載する。

原子力安全白書 平成13年版 原子力安全委員会編 財務省印刷局 2002.5 232p 30cm 3400円 ①4-17-182576-8 ⓃN539.9

㋠平成13年を振り返って，第1編 プルトニウムに関する安全確保について（プルトニウムの利用技術と特性，原子炉におけるプルトニウムに関する安全確保，核燃料施設におけるプルトニウムに関する安全確保，輸送に関する安全確保，まとめ―プルサーマルの安全性とプルトニウム技術の今後の課題），第2編 平成13年の動き（原子力安全委員会の活動，平成13年の事故・故障等），第3編 原子力安全確保のための諸活動（原子力施設等に対する安全規制体制，原子力施設等の防災対策，安全目標について，安全文化の醸成・定着について，原子力の安全研究の推進，環境放射能調査，原子力安全に関する国際協力）

原子力安全白書 平成14年版 原子力安全委員会編 国立印刷局 2003.9 260p 30cm 3400円 ①4-17-182577-6

㋠第1編 原子力の安全維持の意味と実践―原子力施設の不正を防ぐために（原子力利用で求められている「安全」とその維持・向上，何が起きたのか。政府はどのように対応したか。ほか），第2編 高速増殖原型炉「もんじゅ」について（「もんじゅ」の安全確保のための原子力安全委員会としての取組み，「もんじゅ」控訴審判決について ほか），第3編 平成14年の動き（原子力安全委員会の活動，平成14年の事故・故障等），第4編 原子力安全確保のための諸活動（原子力施設等に対する安全規制体制，原子力施設等の防災対策 ほか），資料編（原子力安全委員会の組織図，専門部会等の設置に関する原子力安全委員会決定 ほか）

原子力安全白書 平成15年版 原子力安全委員会編 国立印刷局 2004.4 268p 30cm 3400円 ①4-17-182578-4

㋠第1編 特集―リスク情報を活用した原子力安全規制への取組み（原子力が有するリスク及びこれまでの原子力施設の安全確保対策について，リスク情報を活用した原子力安全規制に向けた取組みについて，安全目標について），第2編 平成15年の動き（原子力安全規制の新制度について，原子力安全委員会の活動，平成15年の事故・故障等），第3編 原子力安全確保のための諸活動（原子力施設等に対する安全規制体制，原子力施設等の防災対策，原子力安全研究の推進 ほか），資料編

原子力安全白書 平成16年版 原子力安全委員会編 国立印刷局 2005.5 277p 30cm 2900円 ①4-17-182579-2

㋠第1編 特集―原子力施設の廃止措置に係る安全規制とクリアランス制度（原子力施設の廃止措置に係る安全規制制度，原子力施設のクリアランス制度），第2編 平成16年の動き（原子力安全委員会の活動，平成16年の事故・故障等），第3編 原子力安全確保のための諸活動（原子力施設等に対する安全規制体制，原子力施設等の防災対策等，原子力安全研究の推進，環境放射能調査，原子力安全に関する国際協力），資料編

原子力安全白書 平成17年版 原子力安全委員会編 国立印刷局 2006.4 228p 30cm 2900円 ①4-17-182580-6

原子力安全白書 平成18年版 原子力安全委員会編 佐伯印刷 2007.7 290p 30cm 2500円 ①978-4-903729-03-9

㋠第1編 特集 原子力発電設備における過去の不正の総点検と今後の対応（発電設備の総点検とその結果，総点検結果を受けた政府の対応，おわりに―原子力安全の一層の向上を目指して，原子力施設における改ざん・隠ぺい等の不正に係る今後の対応について），第2編 特集 耐震安全性に係る安全審査指針類の改訂―最新の知見を反映し，原子力施設の耐震安全性の一層の向上へ（発電用軽水型原子炉施設における耐震安全性の確保，耐震安全性に係る指針類の改訂を巡る経緯等，新耐震指針の概要と今後の対応等），第3編 平成18年の動き（原子力安全委員会の活動，平成18年の事故・故障等），第4編 原子力安全確保のための諸活動（原子力施設等に対する安全規制体制，原子力施設等の防災対策等，原子力安全研究の推進，安全文化の醸成と定着，リスク情報を活用した原子力安全規制への取組，環境放射能調査，原子力安全に関する国際的な取組）

原子力安全白書 平成19・20年版 原子力安全委員会編 佐伯印刷 2009.3 305p 30cm 2300円 ①978-4-903729-49-7 ⓃN539.9

㋠第1編 特集―新潟県中越沖地震を踏まえた耐震安全性確保の取組について（新潟県中越沖地震による影響，柏崎刈羽原子力発電所の安

全確認の経緯，柏崎刈羽原子力発電所の施設健全性の確認，耐震安全性の確認，原子力施設の危機管理体制の再点検，安全審査の一層の充実・強化），第2編 平成19・20年の動き（原子力安全委員会の活動，平成19・20年の事故・故障等），第3編 原子力安全確保のための諸活動（原子力施設等に対する安全規制体制，原子力施設等の防災対策等，原子力安全研究の推進，安全文化の醸成と定着，リスク情報を活用した原子力安全規制への取組，環境放射能調査，原子力安全に関する国際的な取組）

原子力安全白書　平成21年版　原子力安全委員会編　佐伯印刷　2010.4　165p　30cm　2300円　Ⓣ978-4-903729-73-2　Ⓝ539.9

(目次)第1編 特集—「環境の時代」に期待される原子力安全—この10年これからの10年（原子力と原子力安全を取り巻く状況，既設の原子力施設の安全に関する信頼性の向上，耐震安全性の向上，核燃料サイクル・放射性廃棄物の安全確保，原子力の安全規制活動の向上に向けた基盤の整備，原子力安全に必要な国際協力，透明性の確保），第2編 平成21年の動き（原子力安全委員会の活動，平成21年の事故・故障等），第3編 原子力安全確保のための諸活動（原子力施設等に対する安全規制体制，原子力施設等の防災対策等，原子力安全研究の推進，安全文化の醸成と定着，リスク情報を活用した原子力安全規制への取組，環境放射能調査，原子力安全に関する国際的な取組）

原子力安全白書のあらまし　平成6年版　大蔵省印刷局　1995.3　99p　18×11cm　（白書のあらまし 29）　300円　Ⓣ4-17-351829-3

(目次)第1編 原子力の安全確保の現状，第2編 原子力安全をめぐる国際動向について

原子力安全白書のあらまし　平成9年版　大蔵省印刷局編　大蔵省印刷局　1998.10　48p　18cm　（白書のあらまし 29）　320円　Ⓣ4-17-352229-0

(目次)第1編 原子力安全に対する信頼回復に向けて（一連の事故への対応，信頼回復に向けた取り組み―「安全」に「安心」を）

原子力安全白書のあらまし　平成13年版　財務省印刷局編　財務省印刷局　2002.6　30p　19cm　（白書のあらまし 29）　340円　Ⓣ4-17-352629-5　Ⓝ539.9

(目次)平成13年を振り返って，第1編 プルトニウムに関する安全確保について（プルトニウムの利用技術と特性，原子炉におけるプルトニウムに関する安全確保，核燃料施設におけるプルトニウムに関する安全確保，輸送に関する安全確保，まとめ）

原子力施設運転管理年報　平成17年版　原子力安全基盤機構安全情報部編　勝美印刷，全国官報販売協同組合〔発売〕　2005.9　884p　30cm　6476円　Ⓣ4-9902721-0-2，ISSN1347-0493

(目次)原子力発電所一覧，原子力発電所の運転状況，原子力発電所の定期検査の状況，原子力発電所の定期安全管理検査の状況，原子力発電所の保安検査の状況，原子力発電所の工事計画・燃料体設計の認可及び検査の状況，原子力発電所の運転計画，原子力発電所の運転管理の状況，製錬，加工，貯蔵，再処理及び廃棄施設一覧，製錬，加工，貯蔵，再処理及び廃棄施設の稼働状況等並びに核燃料物質等の運搬確認実績，加工，貯蔵，再処理及び廃棄施設の施設定期検査の状況，製錬，加工，貯蔵，再処理及び廃棄施設の設計・工事の方法の認可，トラブルの状況，トラブルの評価状況，放射性廃棄物の管理及び放射線業務従事者の線量管理の状況，安全規制行政

原子力施設運転管理年報　平成19年版　原子力安全基盤機構安全情報部編　勝美印刷，全国官報販売協同組合〔発売〕　2007.9　893p　30cm　6476円　Ⓣ978-4-9902721-1-1，ISSN1347-0493

(目次)第1編 発電炉・新型炉分野，第2編 核燃料サイクル等・廃棄物分野，第3編 トラブル，第4編 放射性廃棄物の管理・放射線業務従事者の線量管理，第5編 安全規制行政，参考 過去の通達対象のトラブルの状況，付録

原子力施設運転管理年報　平成20年版（平成19年度実績）　原子力安全基盤機構安全情報部編　PATECH企画　2008.9　855p　30cm　6476円　Ⓣ978-4-938788-68-1，ISSN1347-0493　Ⓝ543.5

(目次)第1編 発電炉・新型炉分野（原子力発電所一覧，原子力発電所の運転状況 ほか），第2編 核燃料サイクル等・廃棄物分野（製錬，加工，貯蔵，再処理及び廃棄施設一覧，製錬，加工，貯蔵，再処理及び廃棄施設の稼動状況等並びに核燃料物質等の運搬確認実績 ほか），第3編 トラブル（トラブルの状況，トラブルの評価状況），第4編 放射線管理（放射線管理等報告），第5編 安全規制行政，参考，付録

原子力施設運転管理年報　平成21年版（平成20年度実績）　原子力安全基盤機構編　大応，全国官報販売協同組合（発売）　2009.11　797p　30cm　6095円　Ⓣ978-4-9904961-0-4　Ⓝ543.5

(目次)第1編 発電炉・新型炉分野（原子力発電所一覧，原子力発電所の運転状況 ほか），第2編 核燃料サイクル等・廃棄物分野（製錬，加工，貯蔵，再処理及び廃棄施設一覧，製錬，加工，貯

蔵，再処理及び廃棄施設の稼動状況等並びに核燃料物質等の運搬物確認実績 ほか），第3編 トラブル（トラブルの状況，トラブルの評価状況），第4編 放射線管理（放射線管理等報告），第5編 安全規制行政

原子力施設運転管理年報　平成22年版（平成21年度実績）　原子力安全基盤機構企画部技術情報統括室編　PATECH企画　2010.12　750p　30cm　5905円　Ⓘ978-4-938788-82-7

(目次)第1編 発電炉・新型炉分野（原子力発電所一覧，原子力発電所の運転状況 ほか），第2編 核燃料サイクル等・廃棄物分野（製錬，加工，貯蔵，再処理及び廃棄施設一覧，製錬，加工，貯蔵，再処理及び廃棄施設の稼動状況等並びに核燃料物質等の運搬物確認実績 ほか），第3編 トラブル（トラブルの状況，トラブルの評価状況），第4編 放射線管理（放射線管理等報告），第5編 安全規制行政

原子力市民年鑑　'98　原子力資料情報室編　七つ森書館　1998.4　390p　21cm　4000円　Ⓘ4-8228-9827-X

(目次)第1部 データで見る日本の原発——サイト別，第2部 データで見る原発をとりまく状況——テーマ別（プルトニウム，核燃料サイクル，廃棄物，事故，地震，被曝・放射能，核，世界の原発，原子力行政，原子力産業，輸送，エネルギー核融合，原発立地市町村の地域経済）

原子力市民年鑑　99　原子力資料情報室編　七つ森書館　1999.5　326p　21cm　3500円　Ⓘ4-8228-9933-0

(目次)新しい市民運動のいぶき，新しい世紀への飛翔，法人をめざして，1998年の原子力をめぐる動き，日本，そしてアジアのエネルギーの未来を考える—「1998年ワークショップ・アジアにおける持続可能で平和なエネルギーの未来」開催，原子力のライフ・サイクル・アセスメント—再処理・プルトニウム利用ケース，原子力産業の虚偽体質またも露呈—使用済み燃料・MOX燃料輸送容器のデータを捏造・改ざん，東海原発—難題を抱えたままの廃炉，第1部 データで見る日本の原発（サイト別），第2部 データで見る原発をとりまく状況（テーマ別）

原子力市民年鑑　2000　原子力資料情報室編　七つ森書館　2000.6　349p　21cm　3500円　Ⓘ4-8228-0039-3　Ⓝ543.5

(目次)第1部 データで見る日本の原発（サイト別）（計画地点について，運転・建設中地点について），第2部 データで見る原発をとりまく状況（テーマ別）（プルトニウム，核燃料サイクル，廃棄物，事故，地震，被曝・放射能，核，世界の原発，原子力行政，原子力産業，輸送，エネルギー，核融合，原発立地市町村の地域経済，その他）

(内容)原子力発電とそれをとりまく状況をまとめた年鑑。データで見る日本の原発とデータで見る原発をとりまく状況の2部で構成する。第1部のデータで見る日本の原発は日本の原子力発電所の一覧，原発お断りマップ，原発に関する住民投票条例一覧などと原子力発電所の計画地点および運転・建設中地点を掲載。運転・建設中地点は各地の施設ごとに所在地，設置者，原子炉の炉型，電気出力，主契約者などのデータと1999年の動向，運転実績，労働者被曝実績，過去の事故などを収録する。第2部のデータで見る原発をとりまく状況では国内外の原発に関するデータをテーマ別に配列。ほかに巻頭特集としてJOC臨界事故，BNFL・MOX燃料検査データ改ざんなどの論文を掲載。また，巻末には資料として官公庁・電力会社等の所在地，関係するインターネット・ホームページアドレス，原子力関係略語表などを収録する。

原子力市民年鑑　2001　原子力資料情報室編　七つ森書館　2001.5　347p　21cm　2800円　Ⓘ4-8228-0145-4　Ⓝ543.5

(目次)第1部 データで見る日本の原発（サイト別）（日本の原子力発電所一覧，原発おことわりマップ，原子力発電所の運転実績，原発に関する住民投票条例一覧 ほか），第2部 データで見る原発をとりまく状況（テーマ別）（プルトニウム，核燃料サイクル，廃棄物，事故 ほか）

(内容)原子力発電とそれをとりまく状況をまとめた年鑑。データで見る日本の原発とデータで見る原発をとりまく状況の2部で構成する。

原子力市民年鑑　2002　原子力資料情報室編　七つ森書館　2002.4　365p　21cm　2800円　Ⓘ4-8228-0253-1　Ⓝ543.5

(目次)第1部 データで見る日本の原発（サイト別），第2部 データで見る原発をとりまく状況（テーマ別）（プルトニウム，核燃料サイクル，廃棄物，事故，地震，被曝・放射能，核，世界の原発 ほか）

(内容)原子力発電とそれをとりまく状況をまとめた年鑑。データで見る日本の原発とデータで見る原発をとりまく状況の2部で構成する。巻末に，キーワードで検索する図表索引がある。

原子力市民年鑑　2003　原子力資料情報室編　七つ森書館　2003.6　358p　21cm　2800円　Ⓘ4-8228-0367-8

(目次)第1部 データで見る日本の原発（サイト別）（日本の原子力発電所一覧，原発おことわりマップ，各年度末の原発基数と設備・容量，原子力発電所の運転開始計画，主な原発裁判 ほか），第2部 データで見る原発をとりまく状況（テーマ別）（プルトニウム，核燃料サイクル，廃棄物，事故，地震 ほか）

原子力市民年鑑　2004　原子力資料情報室編　七つ森書館　2004.7　342p　21cm　4500円　①4-8228-0483-6

(目次)第1部 データで見る日本の原発(日本の原子力発電所一覧，原発おことわりマップ，各年度末の原発基数と設備・容量，原子力発電所の運転開始計画，主な原発裁判 ほか)，第2部 データで見る原発をとりまく状況(プルトニウム，核燃料サイクル，廃棄物，事故，地震 ほか)

原子力市民年鑑　2005　原子力資料情報室編　七つ森書館　2005.7　342p　21cm　4500円　①4-8228-0505-0

(目次)第1部 データで見る日本の原発(サイト別)，第2部 データで見る原発をとりまく状況(テーマ別)(プルトニウム，核燃料サイクル，廃棄物，事故，地震，被曝・放射能，核，世界の原発，アジアの原発，原子力行政，原子力産業，発電コスト，輸送，エネルギー，核融合，その他)

原子力市民年鑑　2006　原子力資料情報室編　七つ森書館　2006.8　326p　21cm　3800円　①4-8228-0625-1

(目次)巻頭論文(『原子力政策大綱』への少数意見，六ヶ所再処理工場 アクティブ試験始まる，ますますふくらむ老朽原発の危険性－格納容器，原子炉圧力容器，再循環系配管，制御棒 ほか)，第1部 データで見る日本の原発(サイト別)(日本の原子力発電所一覧，原発おことわりマップ，各年度末の原発基数と設備容量 ほか)，第2部 データで見る原発をとりまく状況(テーマ別)(プルトニウム，核燃料サイクル，廃棄物 ほか)

原子力市民年鑑　2007　原子力資料情報室編　七つ森書館　2007.6　318p　21cm　3800円　①978-4-8228-0746-7

(目次)巻頭論文(累卵の危うきに直面している原子力システム，六ヶ所再処理工場アクティブ試験をめぐる状況，高レベル放射性廃棄物の処分計画をめぐって ほか)，第1部 データで見る日本の原発(サイト別)(日本の原子力発電所一覧，原発おことわりマップ，各年度末の原発基数と設備容量 ほか)，第2部 データで見る 原発をとりまく状況(テーマ別)(プルトニウム，核燃料サイクル，廃棄物，事故，地震，被曝・放射能 ほか)

原子力市民年鑑　2008　原子力資料情報室編　七つ森書館　2008.5　334p　21cm　3800円　①978-4-8228-0868-6　Ⓝ543.5

(目次)巻頭論文(新潟県中越沖地震を教訓に原子力発電問題を考える，柏崎刈羽原発を地震が襲った，柏崎刈羽原発の閉鎖を訴える ほか)，第1部 データで見る日本の原発(サイト別)(日本の原子力発電所一覧，原発おことわりマップ，各年度末の原発基数と設備容量 ほか)，第2部 データで見る原発をとりまく状況(テーマ別)(プルトニウム，核燃料サイクル，廃棄物 ほか)

原子力市民年鑑　2009　原子力資料情報室編　七つ森書館　2009.7　334p　21cm　3800円　①978-4-8228-0994-2　Ⓝ543.5

(目次)巻頭論文(閉鎖すべき柏崎刈羽原発，柏崎刈羽で明らかになったこと，動かすな六ヶ所再処理工場 ほか)，第1部 データで見る日本の原発(サイト別)(計画地点について，運転・建設中地点について)，第2部 データで見る原発をとりまく状況(テーマ別)(プルトニウム，核燃料サイクル，廃棄物 ほか)

原子力市民年鑑　2010　原子力資料情報室編　七つ森書館　2010.8　330p　21cm　3800円　①978-4-8228-1018-4　Ⓝ543.5

(目次)第1部 データで見る日本の原発(サイト別)(計画地点について，運転・建設中地点について ほか)，第2部 データで見る原発をとりまく状況(テーマ別)(プルトニウム，核燃料サイクル，廃棄物，事故，地震，被曝・放射能，核，世界の原発 ほか)

原子力年鑑　平成2年版　日本原子力産業会議編　日本原子力産業会議　1990.10　571p　26cm　6800円　Ⓝ539.059

(目次)エネルギーと地球環境，原子力発電，原子力安全と環境問題，立地問題と国民的合意形成，軽水炉と新型炉開発，核燃料サイクル，放射性廃棄物対策，原子炉等廃止措置，原子力船，核融合，RI・放射線利用，原子力産業，国際問題と原子力外交，各国の原子力動向，資料編(日本の原子力開発体制，海外の原子力開発体制，原子力年表)

(内容)注目の原子力界の動きを，エネルギーと地球環境，原子力発電，核融合，RI・放射線利用，国際問題と原子力外交などのテーマ別に現況を解説。

原子力年鑑　'91　日本原子力産業会議編　日本原子力産業会議　1991.11　575p　26cm　7100円　Ⓝ539.059

(目次)ハイライト，エネルギーと地球環境，原子力発電，原子力安全と環境問題，立地問題と国民的合意形成，軽水炉と新型炉開発，核燃料サイクル，放射性廃棄物対策，原子炉等廃止措置，原子力船，核融合，RI・放射線利用，原子力産業，国際問題と原子力外交，各国の原子力動向，資料編(日本の原子力開発体制，海外の原子力開発体制，原子力年表)

(内容)新たな原子力時代へ向けての原子力の開発と利用に視点を置き，注目の原子力界の動きを伝える。巻末の資料編では，日本と海外の原子力開発体制の概要，原子力年表を収める。

エネルギー問題　　　　　　　　　　発電

原子力年鑑　平成4年版　日本原子力産業会議編　日本原子力産業会議　1992.11　580p　26cm　7500円　ⓘ4-88911-012-7
(目次)エネルギーと地球環境，原子力発電，原子力安全と環境問題，立地問題と国民的合意形成，軽水炉と新型炉開発，核燃料サイクル，放射性廃棄物対策，原子炉等廃止措置，原子力船，核融合開発，RI・放射線利用，原子力産業，国際問題と原子力外交，各国の原子力動向，資料編(日本の原子力開発体制，海外の原子力開発体制，原子力年表)
(内容)21世紀の原子力時代に向けて、ソ連崩壊などで国際的な協調が必要。注目の原子力界の動きを、斬新な編集・企画でわかりやすく伝える。

原子力年鑑　平成5年版　日本原子力産業会議編　日本原子力産業会議　1993.12　584p　26cm　7800円　ⓘ4-88911-013-5
(目次)エネルギーと地球環境，原子力発電，原子力安全と環境問題，立地問題と国民的合意形成，軽水炉高度化の動向，新型炉開発，核燃料サイクル，放射性廃棄物対策，原子炉等廃止措置，原子力船，核融合開発，RI・放射線利用，原子力産業，国際問題と原子力外交，各国の原子力動向，資料編(日本の原子力開発体制，海外の原子力開発体制，原子力年表)

原子力年鑑　'94　日本原子力産業会議　1994.11　578p　26cm　7800円　ⓘ4-88911-014-3
(目次)ハイライト，エネルギー需給，原子力発電，立地問題と国民的合意形成，原子力安全，軽水炉技術の動向，新型炉開発，核燃料サイクル，放射性廃棄物対策，原子炉等廃止措置〔ほか〕

原子力年鑑　'95　日本原子力産業会議　1995.10　585p　25cm　8100円　ⓘ4-88911-015-1
(目次)ハイライト，エネルギー需給，原子力発電，立地問題と国民的合意形成，原子力安全，軽水炉技術の動向，新型炉開発，核燃料サイクル，放射能性廃棄物対策，原子炉等廃止措置，原子力産業，原子力船，核融合，RI・放射線利用，国際問題と原子力外交，各国の原子力動向，資料編

原子力年鑑　'96　日本原子力産業会議編　日本原子力産業会議　1996.10　597p　26cm　8100円　ⓘ4-88911-016-X
(目次)ハイライト，エネルギー需給，原子力発電，立地問題と国民的合意形成，原子力安全，軽水炉技術の動向，新型炉開発，核燃料サイクル，放射性廃棄物対策，原子炉等廃止措置，原子力産業，原子力船，核融合，RI・放射線利用，国際問題と原子力外交，各国の原子力動向，資料編(日本の原子力開発体制，海外の原子力開発体制，原子力年表，略語，動燃事業団もんじゅ事故報告)

原子力年鑑　'97　日本原子力産業会議編　日本原子力産業会議　1997.10　628p　26cm　7905円　ⓘ4-88911-017-8

原子力年鑑　'98／'99　日本原子力産業会議編　日本原子力産業会議　1998.12　622p　26cm　8096円　ⓘ4-88911-018-6

原子力年鑑　1999／2000　日本原子力産業会議編　日本原子力産業会議　1999.10　546p　26cm　8096円　ⓘ4-88911-019-4

原子力年鑑　2001／2002年版　日本原子力産業会議編　日本原子力産業会議　2001.11　643p　26cm　14800円　ⓘ4-88911-021-6　Ⓝ539.059
(目次)潮流，核不拡散をめぐる世界の動き，エネルギーと環境，原子力発電，さらなる原子力安全をめざして，原子力立地と国民合意，軽水炉の高度化に向けて，新型炉開発，核燃料サイクル，放射性廃棄物対策〔ほか〕

原子力年鑑　2003年版　日本原子力産業会議編　日本原子力産業会議　2002.11　615p　26cm　〈CD-ROM1枚〉　14800円　ⓘ4-88911-022-4

原子力年鑑　2004　日本原子力産業会議編　日本原子力産業会議　2003.11　2冊(セット)　26cm　17800円　ⓘ4-88911-023-2
(目次)総論(潮流：「バランス」がキーワードに―内外で求められる市民の視点，2003年北朝鮮経済の現状と展望―深刻化するエネルギー事情，特集：玄海原子力立地を考える―「陸の孤島」からの脱却を可能にした熱意と行動，2003トピックス，年表：2002／2003年の主なうごき)，各論(核不拡散を巡る世界の動き―核開発問題とアメリカの核拡散対抗措置，エネルギーと環境―電力自由化に向けた制度改革，原子力立地と国民合意―立地地域との共生はどのように変化したか，原子力発電動向―安全と効率の間で揺れたこの1年，保守・点検の高度化―新たなる信頼への基盤整備　ほか)

原子力年鑑　2005年版　日本原子力産業会議編　日本原子力産業会議　2004.10　473, 195p　26cm　17000円　ⓘ4-88911-024-0
(目次)総論(潮流，特集：志賀原子力立地を考える，2004トピックス，年表：2003／2004年の主な動き，特集：報道から見た原子力)，各論(各国の原子力動向，核不拡散および核物質防護をめぐる世界の動き，エネルギーと環境，原子力立地と国民合意，原子力発電動向，保守・点検の高度化，発電炉の現状と将来展望，核燃料サイクル―フロントエンド，核燃料サイクル―バックエンド，放射性廃棄物対策と廃止措置，原子

力産業の現状，RI・放射線利用，原子力資料，略語）

原子力年鑑　2006　原子力開発から半世紀、新たな座標軸求められる原子力界
日本原子力産業会議編　日本原子力産業会議　2005.10　433p　26cm　14000円　Ⓘ4-88911-025-9

(目次)わが国の原子力動向（潮流）（原子力委、原子力政策大綱まとめる，原子力発電の最大活用図る ほか），核燃料サイクルの事業化に向けて（この1年の動き，プルサーマル ほか），放射性廃棄物対策と廃止措置（この1年の動き，低レベル放射性廃棄物 ほか），着実な放射線利用の拡大（この1年の動き，RI・放射線利用の今日 ほか），海外の原子力動向（アジア，オセアニア ほか）

(内容)「原子力長期計画」から「原子力政策大綱」へ，最高裁での「もんじゅ」逆転判決，世界の原子力市場を牽引する中国の気宇壮大な原子力発電計画，そして米国での新規炉建設の動きと，激動の波にもまれた内外の原子力情勢を平易に解説したわが国唯一の年鑑。使いやすい年鑑に，索引項目1855を収録。

原子力年鑑　2007
日本原子力産業協会監修，原子力年鑑編集委員会編　日刊工業新聞社　2006.10　421p　26cm　14000円　Ⓘ4-526-05761-4

原子力年鑑　2008
日本原子力産業協会監修，原子力年鑑編集委員会編　日刊工業新聞社　2007.9　486p　26cm　15000円　Ⓘ978-4-526-05936-0

(目次)1 潮流—内外の原子力動向，2 原子力回帰の中でのリサイクル事業，3 放射性廃棄物対策と廃止措置，4 各国・地域の原子力動向，座標軸—原子力界では今，原子力年表「1895～2007年」—日本と世界の出来事

(内容)経済成長の著しい中国・インドに加え、バルト4カ国では共同建設で合意、28年ぶりに新規発注の動きを示す米国、そして世界戦略から原子力協力を進めるロシアの原子力政策など、激動する世界の原子力界の動きを解説したわが国唯一の原子力年鑑。

原子力年鑑　2009
日本原子力産業協会監修，原子力年鑑編集委員会編　日刊工業新聞社　2008.10　461p　26cm　15000円　Ⓘ978-4-526-06154-7　Ⓝ539.059

(目次)1 潮流—内外の原子力動向，2 新展開のリサイクル事業，3 放射性廃棄物対策と廃止措置，4 原子力界では今—座標軸，5 各国・地域の原子力動向，原子力年表（1895～2008年）日本と世界の出来事，略語一覧

(内容)世界各地で展開されるエネルギー資源をめぐる熾烈な争奪戦。その動向は、資源の高騰を呼び、経済格差をいっそう拡げ、化石燃料からウラン燃料まで、あらゆる資源を戦略物資化している。原子力はこの新局面のソリューションとなりうるか。激動の原子力界の動きを、第一線の専門家が明快に解きほぐすわが国唯一の原子力総合年鑑。

原子力年鑑　2010
日本原子力産業協会監修，原子力年鑑編集委員会編　日刊工業新聞社　2009.10　483p　26cm　15000円　Ⓘ978-4-526-06345-9　Ⓝ539.059

(目次)Part1 潮流—内外の原子力動向，Part2 新展開のリサイクル事業，Part3 放射性廃棄物対策と廃止措置，Part4 各国・地域の原子力動向，Part5 原子力界—この一年，原子力年表 "1895年-2009年" 日本と世界の出来事，原子力関連略語一覧

(内容)点から面へ—世界各地で活発化する原子力発電導入の動き。世界の原子力市場を牽引してきた中国。2030年までに原子力発電規模を15倍に拡大するインド。脱原子力を放棄したスウェーデンや復活にかけるイタリア。中東諸国でも具体化する原子力導入への動き。わが国唯一の原子力年鑑が、内外の原子力動向を余すところなく言及する。

原子力年鑑　2011
日本原子力産業協会監修　日刊工業新聞社　2010.10　455p　26cm　15000円　Ⓘ978-4-526-06543-9　Ⓝ539.059

(目次)1 潮流—内外の原子力動向（「国家成長戦略」の表舞台に），2 原子力発電をめぐる動向（原子力施設における耐震安全性，発電施設における検査制度の充実 ほか），3 放射性廃棄物対策と廃止措置（わが国の放射性廃棄物対策の状況，地層処分事業等の国際的な動向 ほか），4 各国・地域の原子力動向（国際機関から見た世界の原子力情勢，アジア ほか），5 原子力界—この一年

(内容)国連主催の第一回原子力平和利用国際会議がジュネーブで開催されて60年。21世紀中葉に向け、原子力発電開発を牽引するのは、中国・インドに加え、新たに中東・東南アジア諸国が加わった。世界第三位の原子力発電国・日本はそれらの国の多様な要請に応えることができるのか。斯界の専門家が内外の原子力動向を多角的に解説する。

原子力白書　平成元年版　原子力委員会編
大蔵省印刷局　1990　341p　21cm　1903円　Ⓝ539.09

(内容)総論、各論（原子力発電、核燃料サイクル、安全の確保及び環境保全、新型動力炉の開発、核融合・原子力船及び高温工学試験研究、放射線利用、等10章）、資料、の3部で構成される。

原子力白書　平成2年版　原子力委員会編
大蔵省印刷局　1990.12　393p　21cm　2100

円 ①4-17-182365-X

(目次)第1部 総論(国際石油情勢等最近のエネルギーを巡る情勢と原子力発電の役割,我が国における核燃料サイクルの確立に向けて,我が国における原子力開発利用の展開),第2部 各論(原子力発電,核燃料サイクル,安全の確保及び環境保全,新型動力炉の開発,核融合,原子力船及び高温工学試験研究,放射線利用,基礎・基盤研究等,国際協力活動,核不拡散,原子力産業),第3部 資料(原子力委員会、原子力安全委員会及び原子力関係行政組織,原子力委員会の決定等,原子力関係予算,その他)

原子力白書　平成4年版　原子力委員会編
　大蔵省印刷局　1992.12　446p　21cm　2500円　①4-17-182367-6

(目次)第1部 総論(変貌する国際情勢と我が国の立場,内外のエネルギー情勢等と我が国の原子力発電,核燃料サイクル等の開発利用の状況,我が国の先導的プロジェクト等の開発利用の状況と今後の原子力開発利用の進展に向けて),第2部 各論(原子力発電,核燃料サイクル,安全の確保及び環境保全,新型動力炉の開発,核融合,原子力船及び高温工学試験研究,放射線利用,基礎・基盤研究等,国際協力活動,核不拡散,原子力産業),第3部 資料(原子力委員会、原子力安全委員会及び原子力関係行政組織,原子力委員会の決定等,原子力関係予算)

原子力白書　平成5年版　原子力委員会編
　大蔵省印刷局　1993.12　491p　21cm　2500円　①4-17-182368-4

(目次)第1部 総論(核燃料リサイクルに関する内外の情勢と原子力開発利用長期計画の改定に向けた取組,エネルギー情勢等と内外の原子力開発利用の状況),第2部 各論(原子力発電,安全の確保及び環境保全,核燃料サイクル,新型動力炉の開発,原子力バックエンド対策,核融合,原子力船及び高温工学試験研究,放射線利用,基礎・基盤研究等,国際協力活動,核不拡散,原子力産業),第3部 資料(原子力委員会、原子力安全委員会及び原子力関係行政組織,原子力委員会の決定等,原子力関係予算 ほか)

原子力白書　平成6年版　原子力委員会編
　大蔵省印刷局　1995.2　358p　21cm　2500円　①4-17-182369-2

(目次)第1部 本編(新しい長期計画の策定,新長期計画策定の背景としての内外の原子力開発利用の現状),第2部 資料編

(内容)1994年の原子力全般の動向を取りまとめた白書。同年6月に策定された「原子力の研究、開発及び利用に関する長期計画」の概要を解説する。資料編では原子力委員会・安全委員会などの行政組織,原子力関係予算,原子力発電所の現状などに関する資料を掲載。

原子力白書　平成7年版　原子力委員会編
　大蔵省印刷局　1996.1　285p　21cm　2400円　①4-17-182370-6

(目次)第1部 本編(原子力開発利用の推進をめぐる諸課題,国内外の原子力開発利用の現状),第2部 資料編(原子力委員会、原子力安全委員会及び原子力関係行政組織,原子力委員会の決定等,原子力関係予算,その他)

原子力白書　平成8年版　原子力委員会編
　大蔵省印刷局　1997.3　364p　21cm　2718円　①4-17-182371-4

(目次)第1部 本編(国民とともにある原子力,国内外の原子力開発利用の状況),第2部 資料編(原子力委員会、原子力安全委員会及び原子力関係行政組織,原子力委員会の決定等,原子力関係予算,その他)

原子力白書　平成10年版　原子力委員会編
　大蔵省印刷局　1998.8　397, 2, 9p　21cm　3000円　①4-17-182373-0

(目次)第1部 本編(国民の信頼回復に向けて,国内外の原子力開発利用の状況),第2部 資料編(原子力委員会、原子力安全委員会及び原子力関係行政組織,原子力委員会の決定等,原子力関係予算,その他)

(内容)平成8年版原子力白書(平成8年12月24日)発刊以降の約1年半における原子力全般の動向を取りまとめた白書。

原子力白書　平成15年版　原子力委員会編
　国立印刷局　2003.12　399p　30cm　3200円　①4-17-182378-1

(目次)第1部 本編(新たな時代の原子力政策,国内外の原子力開発利用の状況(我が国の原子力行政,国民・社会との調和,原子力発電と核燃料サイクル,原子力科学技術の多様な展開,国民生活に貢献する放射線利用,国際社会と原子力の調和,原子力の研究、開発及び利用の推進基盤)),第2部 資料編(原子力委員会、原子力安全委員会及び原子力関係行政組織,原子力委員会の決定等,その他)

(内容)本書は、前回の平成10年版原子力白書(1998年6月19日)発刊以降、2003年9月末までの原子力全般に関する動向について、最近の状況に重点を置きつつとりまとめたものである。

原子力白書　平成16年版　原子力委員会編
　国立印刷局　2005.3　305p　30cm　2600円　①4-17-182379-X

(目次)第1部 本編(国内外の理解と信頼の確保に向けて,国内外の原子力開発利用の状況),第2部 資料編(原子力委員会、原子力安全委員会及び原子力関係行政組織,原子力委員会の決定等,原子力関係予算,その他)

原子力白書　平成17年版　原子力委員会編
国立印刷局　2006.3　319p　30cm　2600円
⓪4-17-182380-3
(目次)第1部 本編(我が国の今後の原子力政策の方向, 国内外の原子力開発利用の状況), 第2部 資料編(原子力委員会, 原子力安全委員会及び原子力関係行政組織, 原子力委員会の決定等, 原子力関係予算, その他)

原子力白書　平成18年版　原子力委員会編
国立印刷局　2007.3　196p　30cm　2600円
⓪978-4-17-182381-1
(目次)第1部 本編(原子力新時代を迎える世界—原子力発電の拡大と核不拡散の両立に向けて, 国内外の原子力開発利用の状況), 第2部 資料編(原子力委員会及び原子力関係行政組織, 原子力委員会決定等, 原子力関係予算, その他)

原子力白書　平成19年版　原子力委員会編
佐伯印刷　2008.3　213p　30cm　2600円
⓪978-4-903729-24-4　Ⓝ539
(目次)第1章 概観～国際社会に貢献する原子力研究開発利用を目指して, 第2章 原子力の研究, 開発及び利用に関する基盤的活動の強化, 第3章 原子力利用の着実な推進, 第4章 原子力研究開発の推進, 第5章 国際的取組の推進, 第6章 原子力の研究, 開発及び利用に関する活動の評価の充実, 資料編

原子力白書　平成20年版　原子力委員会編
時事画報社　2009.4　210p　30cm　2000円
⓪978-4-915208-39-3　Ⓝ539
(目次)第1章 概観—国際社会での原子力への期待の高まりと我が国の役割, 第2章 原子力の研究, 開発及び利用に関する基盤的活動の強化, 第3章 原子力利用の着実な推進, 第4章 原子力研究開発の推進, 第5章 国際的取組の推進, 第6章 原子力の研究, 開発及び利用に関する活動の評価の充実, 資料編(我が国の原子力行政体制, 原子力委員会決定等, 平成20年度原子力関係予算総表, その他, 世界の原子力の基本政策と原子力発電の状況)

原子力白書のあらまし　平成6年版　大蔵省印刷局　1995.2　73p　18cm　(白書のあらまし 22)　300円　⓪4-17-351822-6
(目次)第1章 新しい長期計画の策定, 第2章 新長期計画策定の背景としての内外の原子力開発利用の現状

原子力白書のあらまし　平成7年版　大蔵省印刷局　1996.1　24p　18cm　(白書のあらまし 22)　320円　⓪4-17-351922-2
(目次)第1章 原子力開発利用の推進をめぐる諸課題, 第2章 国内外の原子力開発利用の現状

原子力白書のあらまし　平成8年版　大蔵省印刷局　1997.2　26p　18cm　(白書のあらまし)　311円　⓪4-17-352122-7
(目次)第1章 国民とともにある原子力, 第2章 国内外の原子力開発利用の現状

原子力白書のあらまし　平成10年版　大蔵省印刷局編　大蔵省印刷局　1998.9　24p　18cm　(白書のあらまし 22)　320円　⓪4-17-352322-X
(目次)第1章 国民の信頼回復に向けて, 第2章 国内外の原子力開発利用の状況

原子力発電の安全確保に向けて　近隣アジア地域の国際協調　総合エネルギー調査会原子力部会中間報告書　資源エネルギー庁編　ERC出版　1995.12　141p　21cm　2000円　⓪4-900622-06-0
(目次)1 近隣アジア地域における原子力発電の導入・拡大の動きとその背景, 2 近隣アジア地域における原子力発電の導入・拡大計画に対する欧米原子力先進国の取り組み, 3 原子力発電の安全確保等に関する国際取り決め等の整備と近隣アジア地域の諸国・地域の対応の状況, 4 近隣アジア地域の原子力発電の導入・拡大の動きに対する我が国の対応のあり方

脱原発年鑑　96　原子力資料情報室編　七つ森書館　1996.4　270p　21cm　3605円
⓪4-8228-9619-6
(目次)第1部 データで見る日本の原発(サイト別), 第2部 データで見る原発をとりまく状況(テーマ別)(プルトニウム, 核燃料サイクル, 廃棄物, 事故, 地震 ほか)

脱原発年鑑　97　原子力資料情報室編　七つ森書館　1997.4　333p　21cm　3800円
⓪4-8228-9722-2
(目次)第1部 データで見る日本の原発—サイト別, 第2部 データで見る原発をとりまく状況—テーマ別(プルトニウム, 核燃料サイクル, 廃棄物, 事故, 地震, 被曝・放射能, 核, 世界の原発, 原子力行政, 原子力産業, 輸送, エネルギー, 核融合, その他)

◆◆原子力政策

<ハンドブック>

経済産業省　村上水樹著　インターメディア出版　2001.6　190p　19cm　(完全新官庁情報ハンドブック 9)　1400円　⓪4-901350-32-3　Ⓝ317.25
(目次)ガイド編, 解説編(Q&A—経済産業省がわかる一問一答, 変化(通産省から経済産業省へ, なにがどう変わったか), 仕事と権限—大臣官房と6局3外庁, 政策と課題—政策決定の変

化と重要課題)

⑰内容)経済産業省のガイドブック。ガイド編と解説編で構成。省庁再編による変化、新設された原子力安全保安院など最新の話題、当面する重要課題などについても解説。

原子力安全委員会安全審査指針集 改訂第9版 科学技術庁原子力安全局原子力安全調査室監修 大成出版社 1998.7 1229p 21cm 5143円 ①4-8028-1454-2

⑰目次)第1部 指針類(発電用軽水型原子炉施設などに関係するもの、高速増殖炉、新型転換炉、原子力船などに関係するもの、核燃料サイクル施設に関係するもの)、第2部 専門部会報告書等(原子炉安全基準専門部会報告書、放射性廃棄物安全規制専門部会報告書、原子炉安全専門審査会内規、防災・環境に関係するもの)

<法令集>

原子力規制関係法令集 '92年版 科学技術庁原子力安全局監修 大成出版社 1992.11 1400p 21cm 4400円 ①4-8028-1425-9

⑰目次)第1編 基本的法令、第2編 核原料物質、核燃料物質及び原子炉の規制、第3編 放射性同位元素等による放射線障害の防止、第4編 関係法令

原子力規制関係法令集 '94年版 科学技術庁原子力安全局監修 大成出版社 1994.1 1404p 21cm 4400円 ①4-8028-1432-1

⑰目次)第1編 基本的法令、第2編 核原料物質、核燃料物質及び原子炉の規制、第3編 放射性同位元素等による放射線障害の防止、第4編 関係法令

原子力規制関係法令集 '95年版 科学技術庁原子力安全局監修 大成出版社 1994.12 1448p 21cm 4500円 ①4-8028-1436-4

原子力規制関係法令集 '96年版 科学技術庁原子力安全局監修 大成出版社 1996.1 1490p 21cm 4500円 ①4-8028-1441-0

⑰目次)第1編 基本的法令、第2編 核原料物質、核燃料物質及び原子炉の規制、第3編 放射性同位元素等による放射線障害の防止、第4編 関係法令、第5編 条約

⑰内容)原子力規制に関する法令、省令、告示、条約等を集めたもの。「基本法令」「核原料物質、核燃料物質及び原子炉の規制」「放射性同位元素等による放射線障害の防止」「関係法令」「条約」の5編から成る。内容は1995年12月8日現在。

原子力規制関係法令集 '97年版 科学技術庁原子力安全局監修 大成出版社 1997.2 1526p 21cm 4369円 ①4-8028-1446-1

⑰目次)第1編 基本的法令、第2編 核原料物質、核燃料物質及び原子炉の規制、第3編 放射性同位元素等による放射線障害の防止、第4編 関係法令、第5編 条約

原子力規制関係法令集 '98年版 科学技術庁原子力安全局監修 大成出版社 1998.7 1572p 21cm 4381円 ①4-8028-1451-8

⑰目次)第1編 基本的法令(原子力基本法、原子力委員会及び原子力安全委員会設置法、放射線障害防止の技術的基準に関する法律 ほか)、第2編 核原料物質、核燃料物質及び原子炉の規制(核原料物質、核燃料物質及び原子炉の規制に関する法律 ほか)、第3編 放射性同位元素等による放射線障害の防止(放射性同位元素等による放射線障害の防止に関する法律 ほか)、第4編 関係法令(電気事業法、道路運送車両法、船舶安全法 ほか)、第5編 条約(核兵器の不拡散に関する条約、核物質の防護に関する条約、原子力の安全に関する条約 ほか)

⑰内容)原子力規制関係の法律16件、政令9件、府令等(省令、規則、告示等を含む)97件、条約6件を収録した法令集。平成10年5月31日現在。

原子力規制関係法令集 2000年版 科学技術庁原子力安全局監修 大成出版社 2000.6 1820p 21cm 4381円 ①4-8028-1460-7 Ⓝ539.0912

⑰目次)第1編 基本的法令、第2編 核原料物質、核燃料物質及び原子炉の規制、第3編 放射性同位元素等による放射線障害の防止、第4編 防災対策、第5編 関係法令、第6編 条約

⑰内容)原子力規制に関する法律、条例等を収録した法令集。内容は平成12年5月1日現在。法律19件、政令10件、府令等100件、条例6件を収録。本文は基本的法令、核原料物質・核燃料物質及び原子炉の規制、放射性同位元素等による放射線障害の防止、防災対策、関係法令、条約の全6編で構成する。

原子力規制関係法令集 2003年 原子力規制関係法令研究会編著 大成出版社 2003.3 1969p 21cm 6800円 ①4-8028-1471-2

⑰目次)第1編 基本的法令、第2編 核原料物質、核燃料物質及び原子炉の規制、第3編 放射性同位元素等による放射線障害の防止、第4編 防災対策、第5編 関係法令、第6編 条約

原子力規制関係法令集 2004 原子力規制関係法令研究会編著 大成出版社 2004.9 2076p 21cm 6800円 ①4-8028-1481-X

⑰目次)第1編 基本的法令、第2編 核原料物質、核燃料物質及び原子炉の規制、第3編 放射性同位元素等による放射線障害の防止、第4編 防災対策、第5編 関係法令、第6章 条約

⑰内容)内容は平成一六年七月五日現在とし、法律一九件、政令一一件、府令等(省令、規則、告示等を含む)一〇九件、条約六件を収録した。

原子力規制関係法令集　2006年　原子力規制関係法令研究会編著　大成出版社　2005.11　2054p　21cm　6800円　ⓘ4-8028-1487-9

(目次)第1編 基本的法令，第2編 核原料物質、核燃料物質及び原子炉の規制，第3編 放射性同位元素等による放射線障害の防止，第4編 防災対策，第5編 関係法令，第6編 条約

(内容)内容は平成一七年一〇月一日現在とし、法律一八件、政令一二件、府令等（省令、規則、告示等を含む）一一〇件、条約六件を収録した。

原子力規制関係法令集　2007年　原子力規制関係法令研究会編著　大成出版社　2007.7　2136p　21cm　7000円　ⓘ978-4-8028-1492-8

(目次)第1編 基本的法令，第2編 核原料物質、核燃料物質及び原子炉の規制，第3編 放射性同位元素等による放射線障害の防止，第4編 防災対策，第5編 関係法令，第6編 条約

(内容)内容は平成一九年六月一三日現在とし、法律一九件、政令一三件、府令等（省令、規則、告示等を含む）一一五件、条約六件を収録した。

原子力規制関係法令集　2008年　原子力規制関係法令研究会編著　大成出版社　2008.9　2182p　21cm　7300円　ⓘ978-4-8028-1497-3　Ⓝ539.0912

(目次)第1編 基本的法令，第2編 核原料物質、核燃料物質及び原子炉の規制，第3編 放射性同位元素等による放射線障害の防止，第4編 防災対策，第5編 関係法令，第6編 条約

(内容)内容は平成二〇年七月三十一日現在とし、法律二〇件、政令一三件、府令等（省令、規則、告示等を含む。）一一七件、条約六件を収録した。

原子力規制関係法令集　2009年　原子力規制関係法令研究会編著　大成出版社　2009.9　2107p　21cm　7500円　ⓘ978-4-8028-2915-1　Ⓝ539.0912

(目次)第1編 基本的法令，第2編 核原料物質、核燃料物質及び原子炉の規制（試験研究の用に供する原子炉に関する規制，研究開発段階炉に関する規制，実用発電用原子炉に関する規制，実用舶用原子炉に関する規制，製錬の事業に関する規制 ほか），第3編 放射性同位元素等による放射線障害の防止，第4編 防災対策，第5編 関係法令（電気事業関係，輸送関係等，労働安全衛生関係，原子力損害賠償関係，行政組織等）

原子力規制関係法令集　2010年　原子力規制関係法令研究会編著　大成出版社　2010.9　2140p　21cm　7500円　ⓘ978-4-8028-2965-6　Ⓝ539.0912

(目次)第1編 基本的法令（原子力基本法，原子力委員会及び原子力安全委員会設置法 ほか），第2編 核原料物質、核燃料物質及び原子炉の規制（試験研究の用に供する原子炉に関する規制，研究開発段階に関する規制 ほか），第3編 放射性同位元素等による放射線障害の防止（放射性同位元素等による放射線障害の防止に関する法律，登録認証機関等に関する規則 ほか），第4編 防災対策（原子力災害対策特別措置法，災害対策基本法 ほか），第5編 関係法令（電気事業関係，輸送関係等 ほか）

原子力実務六法　90年版　資源エネルギー庁編　電力新報社　1990.2　1591p　19cm　8500円　ⓘ4-88555-131-5

(目次)第1編 組織，第2編 原子力利用，第3編 電気事業，第4編 防災対策等，第5編 指針（立地・耐震関係，安全設計関係，放射線計測・被曝評価関係，サイクル施設関係），第6編 その他

原子力実務六法　1994年版　通商産業省資源エネルギー庁編　電力新報社　1995.1　1676p　19cm　9500円　ⓘ4-88555-186-2

(目次)第1編 組織，第2編 原子力利用，第3編 電気事業，第4編 防災対策，第5編 指針，第6編 その他

原子力実務六法　'97年版　資源エネルギー庁編　電力新報社　1997.1　1819p　19cm　10000円　ⓘ4-88555-219-2

(目次)第1編 組織，第2編 原子力利用，第3編 電気事業，第4編 防災対策，第5編 指針，第6編 その他

(内容)原子力関係の職務において、日常参照する頻度が高い条文を収録。

原子力実務六法　'99年版　資源エネルギー庁編　電力新報社　1999.2　2019p　19cm　12000円　ⓘ4-88555-239-7

(目次)第1編 組織，第2編 原子力利用，第3編 電気事業，第4編 防災対策，第5編 指針，第6編 その他

原子力実務六法　2004年版　エネルギーフォーラム編　エネルギーフォーラム　2004.2　2639p　19cm　15000円　ⓘ4-88555-291-5

(目次)第1編 組織（原子力委員会及び原子力安全委員会設置法，原子力委員会及び原子力安全委員会設置法施行令 ほか），第2編 原子力基本法，核燃料物質、核原料物質、原子炉及び放射線の定義に関する政令 ほか），第3編 電気事業（電気事業法，電気事業法施行令 ほか），第4編 防災対策等（災害対策基本法，災害対策基本法施行令 ほか）

(内容)原子力関係の職務に従事される人が、日常参照する頻度が高いと考えられる条文を中心に編集した法令集。基本的な法令はできるだけ

全文を収録。核原料物質，核燃料物質及び原子炉の規制に関する法律には，参照条文（"参"で示す）を付した。平成十五年十二月二十六日までの官報に掲載されたものを収録。

原子力実務六法　2008年版　原子力安全・保安院監修　エネルギーフォーラム
2008.12　2274p　19cm　13000円　①978-4-88555-355-4　Ⓝ539.0912

（目次）第1編 組織（原子力委員会及び原子力安全委員会設置法，原子力委員会及び原子力安全委員会設置法施行令 ほか），第2編 原子力利用（原子力基本法，核燃料物質，核原料物質，原子炉及び放射線の定義に関する政令 ほか），第3編 電気事業（電気事業法，電気事業法施行令 ほか），第4編 防災対策等（災害対策基本法，災害対策基本法施行令 ほか）

放射性物質等の輸送法令集　1995年度版
科学技術庁原子力安全局，運輸省運輸政策局，警察庁監修　日本原子力産業会議
1995.2　668p　21cm　7000円

（目次）1 核燃料物質等の運搬関係法令，2 放射性同位元素等の運搬関係法令，3 関連法令及び定義等

（内容）放射性物質等の輸送の安全規制に関する法令集。法律・政令・規則のみならず各省庁の局長通達や内規，技術基準等も収録。体系別に構成され，各章の冒頭にはその分野の基本法を中心とした法体系が図解されている。

放射性物質等の輸送法令集　1996年度版
第2版　科学技術庁原子力安全局核燃料規制課，科学技術庁原子力安全局核燃料物質輸送対策室，科学技術庁原子力安全局放射線安全課，運輸省運輸政策局技術安全課，警察庁生活安全局生活環境課，警察庁警備局警備課監修　日本原子力産業会議　1996.1　670p　21cm　7000円

（目次）1 核燃料物質等の運搬関係法令（陸上輸送関係法令，海上輸送関係法令，航空輸送関係法令），2 放射性同位元素等の運搬関係法令（陸上輸送関係法令，海上輸送関係法令，航空輸送関係法令），3 関連法令及び定義等

放射性物質等の輸送法令集　1997年度版　核燃料・ラジオアイソトープ…　第3版
科学技術庁原子力安全局，運輸省運輸政策局，警察庁生活安全局，警察庁警備局監修
日本原子力産業会議　1997.1　672p　21cm　6990円

（目次）1 核燃料物質等の運搬関係法令，2 放射性同位元素等の運搬関係法令，3 関連法令及び定義等

放射性物質等の輸送法令集　2002年度版
日本原子力産業会議編　日本原子力産業会議
2002.2　681p　21cm　1400円　①4-88911-300-2　Ⓝ539.0912

（目次）1 核燃料物質等の運搬関係法令（図 核燃料物質等の運搬に関する基本体系，陸上輸送関係法令，海上輸送関係法令，航空輸送関係法令），2 放射性同位元素等の運搬関係法令（図 放射性同位元素等の運搬に関する基本体系，放射性同位元素等の輸送に関する規制法令，陸上輸送関係法令，海上輸送関係法令，航空輸送関係法令），3 関係法令及び定義等

（内容）放射性物質の輸送に関する法令を収録した法令集。2001年7月から適用の省令，告示，通達，原子力防災に関する法令等を盛りこむ。IAEA輸送規則の改定，原子力安全規制体制の強化に伴う法令の改正等も収録。

◆◆放射線防護

＜法令集＞

アイソトープ法令集　1 1990年版　放射線障害防止法関係法令　法令現在1990年3月1日　日本アイソトープ協会編　日本アイソトープ協会　1990.4　375p　22cm　〈発売：丸善〉　1802円　Ⓝ539.68

アイソトープ法令集　2 1990年版　医療放射線防護関係法令集　法令現在1990年3月31日　日本アイソトープ協会編　日本アイソトープ協会　1990.5　332p　22cm　〈監修：厚生省健康政策局 発売：丸善〉　2060円　Ⓝ539.68

アイソトープ法令集　3（1990年版）　労働安全衛生輸送・その他関係法令　日本アイソトープ協会編　日本アイソトープ協会，丸善〔発売〕　1990.6　334p　21cm　2266円　Ⓝ539.68

（目次）労働安全衛生関係（労働基準法関係，労働安全衛生法関係，作業環境測定法関係，船員電離放射線障害防止規則関係，人事院規則関係），輸送関係（道路運送車両法関係等，鉄道関係，航空法関係，船舶安全法関係，郵便法関係），その他

アイソトープ法令集　1 1991年版　放射線障害防止法関係法令　法令現在1991年2月1日　日本アイソトープ協会編　日本アイソトープ協会　1991.3　385p　22cm　〈発売：丸善〉　1802円　Ⓝ539.68

アイソトープ法令集　2 1991年版　医療放射線防護関係法令集　法令現在1991年4月15日　日本アイソトープ協会編　日本アイソトープ協会　1991.5　332p　22cm　〈監修：厚生省健康政策局 発売：丸善〉　2060円　Ⓝ539.68

アイソトープ法令集　3（1991年版）　労働安全衛生・輸送・その他関係法令　日本アイソトープ協会編　日本アイソトープ協会，丸善〔発売〕　1991.7　352p　21cm　2266円

⦿目次　労働安全衛生関係（労働基準法関係，労働安全衛生法関係，作業環境測定法関係，船員電離放射線障害防止規則関係，人事院規則関係），輸送関係（道路運送車両法関係等，鉄道関係，航空法関係，船舶安全法関係，郵便法関係），その他

アイソトープ法令集　1 1992年版　放射線障害防止法関係法令　法令現在1992年2月1日　日本アイソトープ協会編　日本アイソトープ協会　1992.3　463p　22cm　〈監修：科学技術庁原子力安全局　発売：丸善〉　2060円　Ⓝ539.68

アイソトープ法令集　3（1995年版）　労働安全衛生・輸送・その他関係法令　日本アイソトープ協会，丸善〔発売〕　1994.12　359p　21cm　2266円　Ⓘ4-89073-077-X

⦿目次　労働安全衛生関係（労働基準法関係，労働安全衛生法関係，作業環境測定法関係，船員電離放射線障害防止規則関係，人事院規則関係），輸送関係（道路運送車両法関係等，鉄道関係，航空法関係，船舶安全法関係，郵便法関係），その他

⦿内容　放射線防護の立場からみて特に関係が深いかあるいは比較的汎用性があると思われる法令，通知，通達を収録した法令集。労働安全衛生関係，輸送関係，その他の3章からなり，横書きで記述。1994年9月30日法令現在。

アイソトープ法令集　1（1995年版）　放射線障害防止法関係法令　科学技術庁原子力安全局監修　日本アイソトープ協会，丸善〔発売〕　1995.3　487p　21cm　2163円　Ⓘ4-89073-079-6

⦿内容　放射線障害防止法の関連法令を集めた法令集。内容は1994年12月31日現在。法律・指針・通知・関係法令に分け，制定年月順に排列。巻末に放射線障害防止法関係見出し索引を付す。

アイソトープ法令集　1996年版　放射線障害防止法関係法令　1　科学技術庁原子力安全局監修，日本アイソトープ協会編　日本アイソトープ協会，丸善〔発売〕　1996.3　505p　21cm　2163円　Ⓘ4-89073-084-6

⦿目次　放射性同位元素等による放射線障害の防止に関する法律，放射性同位元素等による放射線障害の防止に関する法律施行令，放射性同位元素等による放射線障害の防止に関する法律施行規則，放射線を放出する同位元素の数量等を定める件，指定機構確認機関に関する規則，指定機構確認機関等に関する規則に基づき長官が定める放射線研修等を定める告示，指定機構確認機関を指定した件，指定検査機関を指定した件，指定運搬物確認機関を指定した件，放射線取扱主任者試験の指定試験機関を指定した件〔ほか〕

アイソトープ法令集　1　放射線障害防止法関係法令　1997　科学技術庁原子力安全局監修　日本アイソトープ協会　1997.2　518p　21cm　2200円　Ⓘ4-89073-097-4

⦿目次　法律（放射性同位元素等による放射線障害の防止に関する法律），政令（放射性同位元素等による放射線障害の防止に関する法律施行令），総理府令（放射性同位元素等による放射線障害の防止に関する法律施行規則，指定機構確認機関等に関する法則），告示（放射線を放出する同位元素の数量等を定める件，指定機構確認機関等に関する規則に基づき長官が定める放射線研修等を定める告示　ほか），命令（放射性同位元素等による放射線障害の防止に関する法律第61条第2項第1号に規定する担保金の提供等に関する命令），指針（放射性有機廃液の焼却に関する安全指針），通知（国際放射線防護委員会新勧告の取入れによる放射線障害防止法関係法令の改正について，放射性同位元素等の運搬に関する科学技術庁長官の承認等について　ほか），関係法令（原子力基本法，原子力委員会及び原子力安全委員会設置法　ほか）

アイソトープ法令集　3　労働安全衛生・輸送・その他関係法令　日本アイソトープ協会編　日本アイソトープ協会，丸善〔発売〕　1997.9　381p　21cm　2400円　Ⓘ4-89073-102-4

⦿目次　労働安全衛生関係（労働基準法関係，労働安全衛生法関係，作業環境測定法関係，船員電離放射線障害防止規則関係，人事院規則関係），輸送関係（道路運送車両法関係等，鉄道関係，航空法関係，船舶安全法関係，郵便法関係），その他

アイソトープ法令集　1　放射線障害防止法関係法令　1998年版　科学技術庁原子力安全局監修，日本アイソトープ協会編　日本アイソトープ協会　1998.2　518p　21cm　2200円　Ⓘ4-89073-104-0

⦿目次　法律，政令，総理府令，告示，命令，指針，通知，関係法令

アイソトープ法令集　3　労働安全衛生・輸送・その他関係法令　日本アイソトープ協会編　日本アイソトープ協会　1999.5　391p　21cm　2400円　Ⓘ4-89073-116-4

⦿目次　労働安全衛生関係（労働基準法関係，労働安全衛生法関係，作業環境測定法関係，船員電

離放射線障害防止規則関係,人事院規則関係),輸送関係(道路運送車両法関係等,鉄道関係,航空法関係,船舶安全法関係,郵便法関係),その他

内容 放射線防護に関係の深い法令、通知、通達を収載した法令集。1999年版。

アイソトープ法令集　2 2000年版　医療放射線防護関係法令集
医療放射線研究会監修　日本アイソトープ協会　2000.6　490p　22cm　〈法令現在2000年2月10日〉〔東京〕丸善(発売)〉　1900円　①4-89073-122-9　Ⓝ539.68

目次 医療法関係(法令,告示,指定書,通知等,疑義紹介・回答),薬事法関係(法令,指定書,通知),診療放射線技師法関係,臨床検査技師、衛生検査技師等に関する法律関係(法令,通知)

アイソトープ法令集　2 2001年版　医療放射線防護関係法令集
法令現在2001年3月29日　日本アイソトープ協会編　日本アイソトープ協会,丸善〔発売〕　2001.9　553p　21cm　1900円　①4-89073-136-9　Ⓝ539.68

目次 医療法関係(医療法,医療法施行令 ほか),薬事法関係(薬事法,薬事法施行令 ほか),診療放射線技師法関係(診療放射線技師法,診療放射線技師法施行令 ほか),臨床検査技師、衛生検査技師等に関する法律関係(臨床検査技師、衛生検査技師等に関する法律,臨床検査技師、衛生検査技師等に関する法律施行令 ほか)

内容 診療用放射線の管理、使用に携わる医療関係者、行政関係者のための実務法令集。医療法施行規則をはじめとする関係法令・関連通知等を収録する。

アイソトープ法令集　2007年版 1　放射線障害防止法関係法令
日本アイソトープ協会編　日本アイソトープ協会,丸善〔発売〕　2007.12　448p　26cm　3200円　①978-4-89073-190-9

目次 放射線障害防止法令の改正の歴史等,法律,施行令,施行規則,告示,命令,通知,事務連絡,関係法令

アイソトープ法令集　2007年版 2　医療放射線防護関係法令
日本アイソトープ協会編　日本アイソトープ協会,丸善〔発売〕　2007.12　488p　26cm　3200円　①978-4-89073-191-6

目次 医療法関係(医療法(昭和23年法律第205号)(抄),医療法施行令(昭和23年政令第326号)(抄) ほか),薬事法関係(薬事法(昭和35年法律第145号)(抄),薬事法施行令(昭和36年政令第11号)(抄) ほか),診療放射線技師法関係(診療放射線技師法(昭和26年法律第226号)(抄),診療放射線技師法施行令(昭和28年政令第385号)(抄) ほか),臨床検査技師等に関する法律関係(臨床検査技師等に関する法律(昭和33年法律第76号)(抄),臨床検査技師等に関する法律施行規則(昭和33年厚生省令第24号)(抄)ほか)

アイソトープ法令集　2007年版 3　労働安全衛生・輸送・その他関係法令
日本アイソトープ協会編　日本アイソトープ協会,丸善〔発売〕　2007.12　355p　26cm　3400円　①978-4-89073-192-3

目次 労働安全衛生関係,作業環境測定法関係,船員電離放射線障害防止規則関係,人事院規則関係,輸送関係,その他

アイソトープ法令集　1(放射線障害防止法関係法令) 2010年版
日本アイソトープ協会編　日本アイソトープ協会,丸善〔発売〕　2010.3　12,484p　26cm　〈法令現在2009年11月1日〉　3200円　①978-4-89073-206-7　Ⓝ539.68

目次 放射線障害防止法令の改正の歴史等,法律,施行令,施行規則,省令,告示,命令,通知,事務連絡,関係法令

放射線障害防止法　解説と手続便覧　'90
放射線障害防止法─解説と手続便覧編集委員会編　日本原子力産業会議　1990.9　278p　26cm　7500円

目次 法令の要点と解説(放射線障害防止法とその定義,使用などの許可および届出,放射線施設の基準,使用・保管・廃棄等の基準,運搬〈輸送〉,測定,健康診断,図一覧,表一覧,付記),手続便覧(手続要領,申請から廃止までの手続),参考資料(「様式」の記載例,参照条文〈抄〉,放射線施設の標識一覧)

放射線障害防止法関係法令　1993年版
科学技術庁原子力安全局監修　日本アイソトープ協会,丸善〔発売〕　1993.1　485p　21cm　(アイソトープ法令集 1)　2060円　①4-89073-056-7

目次 放射性同位元素等による放射線障害の防止に関する法律,放射性同位元素等による放射線障害の防止に関する法律,放射性同位元素等による放射線障害の防止に関する法律,放射線を放出する同位元素の数量等を定める件〔ほか〕

◆◆放射線計測

<ハンドブック>

放射線計測ハンドブック　第2版
グレン・F.ノル著　木村逸郎,阪井英次訳　日刊工業新聞社　1991.1　814,18p　21cm　〈原書名：RADIATION DETECTION AND

MEASUREMENT, SECOND EDITION〉14000円　Ⓘ4-526-02873-8

(目次)第1章 放射線線源，第2章 放射線と物質の相互作用，第3章 計数の統計と誤差の評価，第4章 放射線検出器の一般的性質，第5章 電離箱，第6章 比例計数管，第7章 ガイガーミュラー計数管，第8章 シンチレーション検出器の原理，第9章 光電子増倍管と光ダイオード，第10章 シンチレータを用いた放射線スペクトル測定，第11章 半導体ダイオード検出器，第12章 ゲルマニウムガンマ線検出器，第13章 その他の半導体検出器，第14章 低速中性子の検出法，第15章 高速中性子の検出とスペクトル測定，第16章 パルスの処理と整形，第17章 リニアパルトとロジックパルスの機能，第18章 マルチチャネルパルス分析，第19章 その他の放射線検出器，第20章 バックグラウンドと検出器の遮蔽

放射線計測ハンドブック グレン・F.ノル著，木村逸郎，阪井英次訳　刊工業新聞社　2001.3　931p　26cm　〈原書第3版　原書名：Radiation Detection and Measurement, Third Edition〉　26000円　Ⓘ4-526-04720-1　Ⓝ429.2

(目次)放射線線源，放射線と物質の相互作用，計数の統計と誤差の評価，放射線検出器の一般的性質，電離箱，比例計数管，ガイガーミュラー計数管，シンチレーション検出器の原理，光電子増倍管と光ダイオード，シンチレータを用いた放射線スペクトル測定〔ほか〕

(内容)放射線測定の基礎から応用，さらに研究の現状までを掲載したハンドブック。最近の技術の目覚ましい進展を反映して，数多くのトピックスを追加した第3版。

◆◆放射線（規格）

<ハンドブック>

JISハンドブック　23　放射線（能）1990　日本規格協会編　日本規格協会　1990.4　1127p　21cm　5500円　Ⓘ4-542-12230-1

(内容)原則として平成2年3月までに制定・改正された放射線（能）関係のJISを収録。

JISハンドブック　23　放射線（能）1992　日本規格協会編　日本規格協会　1992.4　1214p　21cm　6000円　Ⓘ4-542-12659-5

(内容)JISハンドブックは，原則として発行の年の2月末日現在におけるJISの中から当該分野に関係する主なJISを収集し，使いやすさを考慮して，内容抜粋等の編集を行ったものです。

JISハンドブック　39　放射線　日本規格協会編　日本規格協会　2001.1　1623p　21cm　9800円　Ⓘ4-542-17039-X　Ⓝ539.6

(目次)用語・記号，機器・装置，放射線透過試験方法，写真材料及びその他，参考

(内容)2000年10月末日現在におけるJISの中から，放射線・放射能に関係する主なJISを収集し，利用者の要望等に基づき使いやすさを考慮し，必要に応じて内容の抜粋などを行ったハンドブック。

JISハンドブック　2003　39　放射線　日本規格協会編　日本規格協会　2003.1　1985p　21cm　12000円　Ⓘ4-542-17179-5

(目次)用語・記号，基本，機器・装置，放射線透過試験方法，写真材料及びその他，参考

JISハンドブック　2007　39　放射線　日本規格協会編　日本規格協会　2007.6　2575p　21cm　14000円　Ⓘ978-4-542-17526-6

(目次)用語・記号，基本，機器・装置，放射線透過試験方法，写真材料及びその他，参考

送電

<ハンドブック>

高圧受電設備規程　JEAC8011－2008　沖縄電力　電気技術規定使用設備　第2版　需要設備専門部会編　日本電気協会，オーム社（発売）　2008.9　435p　21cm　〈付属資料：別冊1〉　3500円　Ⓘ978-4-88948-196-9　Ⓝ544

(目次)第1編 標準施設(標準施設，機器・材料，保守・点検)，第2編 保護協調・絶縁協調(保護協調，絶縁協調)，第3編 高調波対策及び電力系統連系(高調波対策，電力系統連系)，資料

高圧受電設備規程　JEAC8011－2008　関西電力　電気技術規定使用設備　第2版　需要設備専門部会編　日本電気協会，オーム社（発売）　2008.9　435p　21cm　〈付属資料：別冊1〉　3500円　Ⓘ978-4-88948-192-1　Ⓝ544

(目次)第1編 標準施設(標準施設，機器・材料，保守・点検)，第2編 保護協調・絶縁協調(保護協調，絶縁協調)，第3編 高調波対策及び電力系統連系(高調波対策，電力系統連系)，資料

高圧受電設備規程　JEAC8011－2008　九州電力　電気技術規定使用設備　第2版　需要設備専門部会編　日本電気協会，オーム社（発売）　2008.9　435p　21cm　〈付属資料：別冊1〉　3500円　Ⓘ978-4-88948-195-2　Ⓝ544

(目次)第1編 標準施設(標準施設，機器・材料，

高圧受電設備規程 JEAC8011 - 2008 四国電力 電気技術規定使用設備 第2版
需要設備専門部会編　日本電気協会，オーム社〔発売〕　2008.9　435p　21cm　〈付属資料：別冊1〉　3500円　①978-4-88948-194-5　Ⓝ544

〔目次〕第1編 標準施設（標準施設，機器・材料，保守・点検），第2編 保護協調・絶縁協調（保護協調，絶縁協調），第3編 高調波対策及び電力系統連系（高調波対策，電力系統連系），資料

高圧受電設備規程 JEAC8011 - 2008 中国電力 電気技術規定使用設備 第2版
需要設備専門部会編　日本電気協会，オーム社〔発売〕　2008.9　435p　21cm　〈付属資料：別冊1〉　3500円　①978-4-88948-193-8　Ⓝ544

〔目次〕第1編 標準施設（標準施設，機器・材料，保守・点検），第2編 保護協調・絶縁協調（保護協調，絶縁協調），第3編 高調波対策及び電力系統連系（高調波対策，電力系統連系），資料

高圧受電設備規程 JEAC8011 - 2008 中部電力 電気技術規定使用設備 第2版
需要設備専門部会編　日本電気協会，オーム社〔発売〕　2008.9　435p　21cm　〈付属資料：別冊1〉　3500円　①978-4-88948-190-7　Ⓝ544

〔目次〕第1編 標準施設（標準施設，機器・材料，保守・点検），第2編 保護協調・絶縁協調（保護協調，絶縁協調），第3編 高調波対策及び電力系統連系（高調波対策，電力系統連系），資料

高圧受電設備規程 JEAC8011 - 2008 東京電力 電気技術規定使用設備 第2版
需要設備専門部会編　日本電気協会，オーム社〔発売〕　2008.9　435p　21cm　〈付属資料：別冊1〉　3500円　①978-4-88948-189-1　Ⓝ544

〔目次〕第1編 標準施設（標準施設，機器・材料，保守・点検），第2編 保護協調・絶縁協調（保護協調，絶縁協調），第3編 高調波対策及び電力系統連系（高調波対策，電力系統連系），資料

高圧受電設備規程 JEAC8011 - 2008 東北電力 電気技術規定使用設備 第2版
需要設備専門部会編　日本電気協会，オーム社〔発売〕　2008.9　435p　21cm　〈付属資料：別冊1〉　3500円　①978-4-88948-188-4　Ⓝ544

〔目次〕第1編 標準施設（標準施設，機器・材料，保守・点検），第2編 保護協調・絶縁協調（保護協調，絶縁協調），第3編 高調波対策及び電力系統連系（高調波対策，電力系統連系），資料

高圧受電設備規程 JEAC8011 - 2008 北陸電力 電気技術規定使用設備 第2版
需要設備専門部会編　日本電気協会，オーム社〔発売〕　2008.9　435p　21cm　〈付属資料：別冊1〉　3500円　①978-4-88948-191-4　Ⓝ544

〔目次〕第1編 標準施設（標準施設，機器・材料，保守・点検），第2編 保護協調・絶縁協調（保護協調，絶縁協調），第3編 高調波対策及び電力系統連系（高調波対策，電力系統連系），資料

高圧受電設備規程 JEAC8011 - 2008 北海道電力 電気技術規定使用設備 第2版
需要設備専門部会編　日本電気協会，オーム社〔発売〕　2008.9　435p　21cm　〈付属資料：別冊1〉　3500円　①978-4-88948-187-7　Ⓝ544

〔目次〕第1編 標準施設（標準施設，機器・材料，保守・点検），第2編 保護協調・絶縁協調（保護協調，絶縁協調），第3編 高調波対策及び電力系統連系（高調波対策，電力系統連系），資料

高圧受電設備指針　高圧需要家受電設備研究委員会編，資源エネルギー庁公益事業部技術課監修　日本電気協会，オーム社〔発売〕　1990.1　389p　21cm　2600円

〔目次〕設備の推移と事故（自家用電気工作物の定義と推移，高圧自家用電気工作物の波及事故），標準施設（通則，高圧受電設備の施設基準，引込口の施設，受電室，結線及び配置，機器，高圧電線，接地，キュービクル式高圧受電設備，金属箱に収めた受電設備，高圧受電設備の施設における注意事項），機器材料（機器及び材料に対する基準，高圧ピンがいし，耐塩用高圧ピンがいし，高圧耐張がいし ほか），保護協調（保護協調の概要，過電流保護協調，地絡保護協調），絶縁協調（絶縁協調と雷害防止，塩害対策），保守点検（保安体制の基本的事項，安全作業の手順，PCB使用機器について，点検チェックポイント）

エネルギー技術

<事 典>

90年代技術の事典　日本を支えるキーテクノロジーのすべて　日本実業出版社　1990.10　477p　21cm　2400円　①4-534-01644-1

〔目次〕プロローグ 技術の新しい課題，1部 この巨大技術が現代を支える（インテリジェント機械の技術，建築・土木の技術，コンピューターの技術，バイオテクノロジーの技術，エネルギーの技術），2部 これが日本のキーテクノロジー

(半導体の技術，医療・クスリづくりの技術，光・レーザーの技術，新素材開発の技術，通信の技術，農業・漁業の技術），3部 人類はいかにして技術を発展させてきたのか（はかる，計測する技術，見る技術，覗く技術，人工のものを作る，形はどのようにして決まるのか，保存するための叡知，運ぶ技術，輸送する技術，知ってそうで知らないクルマの技術），4部 スーパー・イノベーションをめざして（交通革命が日本と世界を変える，ブレイクスルーはどこでどう起こるか，「超」極限環境が技術を確かなものにする）

(内容)テクノヘゲモニー時代の技術常識を体系的に解説。巻末に用語索引あり。

<ハンドブック>

炭素の事典 伊与田正彦，榎敏明，玉浦裕編
朝倉書店 2007.4 645p 21cm 22000円
①978-4-254-14076-7
(目次)1 はじめに，2 炭素の科学，3 無機化合物，4 有機化合物，5 炭素の応用，6 環境エネルギー関連科学

◆電池

<ハンドブック>

電池と構成材料の市場 一次電池、二次電池、燃料電池、太陽電池、キャパシタおよび電池構成材料の市場動向 1999
シーエムシー 1999.6 190p 30cm 65000円 ①4-88231-248-4
(目次)第1章 電池の市場と技術革新，第2章 電池の生産動向，第3章 電池メーカーの動向，第4章 電池用構成材料の開発動向と市場動向，第5章 電池応用製品開発動向
(内容)一次電池、およびリチウムイオン電池を中心に展開される二次電池、ポリマー電池など新しいタイプの二次電池の市場動向、メーカー戦略、それぞれを構成する材料の市場動向が調査、解説したもの。

電池と構成材料の市場 2006 シーエムシー出版 2006.1 184p 26cm 65000円
①4-88231-549-1
(目次)第1章 電池業界の概要（電池市場概要，電池技術の開発動向），第2章 電池生産動向（電池の出荷実績推移，一次電池の生産概況 ほか），第3章 二次電池構成材料市場（二次電池材料メーカーシェア，二次電池構成材料別市場動向），第4章 燃料電池の開発状況・材料・応用（燃料電池市場概要，家庭用燃料電池システムの市場化動向と課題 ほか）
(内容)本書ではIT不況からの回復に転じたが価格下落という新たな問題に直面している電池および電池構成材料業界の現状と展望をまとめた。一次電池と二次電池の市場動向・メーカー動向、また、大容量・長寿命、小型・薄型・軽量などのニーズに対応する各電池材料の開発動向と市場動向をまとめた。また、今後が期待される、新しいタイプの電池（プロトン電池・ラジカル電池・光二次電池、オキシライド乾電池）、キャパシター、燃料電池の開発動向についても併せて解説した。

電池便覧 電池便覧編集委員会編 丸善
1990.8 535p 26cm 25750円 ①4-621-03499-5
(目次)1 電池の形式と分類，2 二次電池，3 二次電池，4 燃料電池，5 太陽電池，6 特殊電池，7 電池工業に関する資料

◆◆太陽電池

<名 簿>

太陽電池産業総覧 2007 産業タイムズ社
2007.7 339p 26cm 18000円 ①978-4-88353-139-4
(目次)第1章 新エネルギーとして注目される太陽光発電，第2章 太陽電池の仕組みと種類，第3章 太陽電池メーカーの動向と戦略，第4章 太陽電池関連部材メーカーの動向と戦略，第5章 太陽電池製造装置メーカーの動向と戦略，第6章 太陽光発電の普及施策と導入支援，第7章 住宅・屋根・システムメーカーの動向と戦略，第8章 躍進する世界市場，第9章 太陽電池関連資料
(内容)リニューアブルエナジーの切り札太陽電池ビジネスに取り組む企業60社の全貌。

太陽電池産業総覧 2009 産業タイムズ社
2008.9 297p 26cm 18000円 ①978-4-88353-157-8 Ⓝ549.51
(目次)第1章 本格普及が始まった太陽光発電，第2章 太陽電池の種類と技術開発の動向，第3章 太陽電池メーカーの動向と戦略，第4章 太陽電池関連部材メーカーの動向と戦略，第5章 太陽電池製造装置メーカーの動向と戦略，第6章 中国の太陽光発電産業の現状，第7章 台湾の太陽光発電産業の現状，第8章 韓国の太陽光発電産業の現状
(内容)"本物"の成長が見えてきた太陽光発電有力企業130社の事業戦略と展望。

太陽電池産業総覧 2010 産業タイムズ社
2009.7 414p 26cm 18000円 ①978-4-88353-169-1 Ⓝ549.51
(目次)世界の太陽電池メーカーランキング，第1章 世界規模で成長が続く太陽光発電，第2章 太陽電池の種類と技術開発の動向，第3章 日本の

太陽電池メーカーの動向と戦略，第4章 欧州・米国・アジアの太陽電池メーカーの動向と戦略，第5章 中国の太陽電池メーカーの動向と戦略，第6章 台湾の太陽電池メーカーの動向と戦略，第7章 韓国の太陽電池メーカーの動向と戦略，第8章 太陽電池用パワーコンディショナーメーカーの動向と戦略，第9章 太陽電池用蓄電デバイスメーカーの動向と戦略，第10章 太陽電池関連部材メーカーの動向と戦略，第11章 太陽電池製造装置メーカーの動向と戦略

(内容)高成長続く市場を果敢に攻める世界に有力企業を網羅，世界ランキングも掲載。

太陽電池産業総覧 2011 世界の太陽電池および周辺産業250社の最新ビジネス戦略 産業タイムズ社 2010.7 422p 26cm 18000円 Ⓘ978-4-88353-179-0 Ⓝ549.51

(目次)巻頭特集 世界・日本の太陽光発電導入計画，第1章 太陽電池世界市場最新ランキング，第2章 太陽電池の種類と技術開発の動向，第3章 日本の太陽電池メーカーの動向と戦略，第4章 欧州・米国・アジアの太陽電池メーカーの動向と戦略，第5章 中国の太陽電池メーカーの動向と戦略，第6章 台湾の太陽電池メーカーの動向と戦略，第7章 韓国の太陽電池メーカーの動向と戦略，第8章 太陽電池用パワーコンディショナーメーカーの動向と戦略，第9章 太陽電池用蓄電デバイスメーカーの動向と戦略，第10章 太陽光発電システムインテグレーターの動向と戦略，第11章 太陽電池関連部材メーカーの動向と戦略，第12章 太陽電池製造装置メーカーの動向と戦略

(内容)世界の太陽電池および周辺産業250社の最新ビジネス戦略。

<ハンドブック>

ソーラー建築設計データブック 日本建築学会編 オーム社 2004.10 157p 26cm 3800円 Ⓘ4-274-10358-7

(目次)第1章 ソーラー建築のデザインコンセプト，第2章 システム，第3章 集熱器・太陽電池，第4章 蓄熱・蓄電システム，第5章 配管・配線の標準化，第6章 ソーラー建築の設計用データ

(内容)ソーラー建築の実施設計において，必要な技術資料を収録。

<年鑑・白書>

デジタル家電市場総覧 2009 plus 太陽電池市場動向編 日経マーケット・アクセス編集編 日経BPコンサルティング，日経BP出版センター (発売) 2008.12 56p 30cm (日経マーケット・アクセス別冊)

〈他言語標題：Digital consumer electronics〉 9333円 Ⓘ978-4-901823-26-5 Ⓝ545.88

(目次)第1部 太陽電池・製造装置市場の展望―補助金なしの離陸は間近，2030年には25兆円市場に，巻き返しを狙う日本メーカーは心技体で勝負 野村証券予測，第2部 太陽電池の発展過程と将来展望―環境問題とエネルギー問題の解決策で急成長，三洋電機は変換効率に優れたHIT太陽電池で攻める，第3部 異業種からの太陽電池事業への取り組み―CIGS薄膜型太陽電池を事業化したホンダ，車で培った品質・サポートのノウハウを生かす，第4部 世界市場制覇と垂直統合ビジネス・モデル―インゴットからシステムまでカバー，中国Trina Solar，2010年までに生産能力を1GWに，第5部 知財で太陽電池メーカーをサポート―製造コストが安く，広用範囲も広い色素増感型，オーストラリアDyesolがメーカー向けに材料から製造技術まで支援，第6部 日経MAの記事に見る太陽電池市場動向

エネルギー政策

<法令集>

エネルギー法研究 政府規制の法と政策を中心として 藤原淳一郎著 日本評論社 2010.3 388p 22cm 7000円 Ⓘ978-4-535-51742-4 Ⓝ501.6

(目次)第1部 エネルギー法とは (エネルギー法研究の萌芽，「エネルギー」とは？ ほか)，第2部 電力・ガスの規制と競争 (わが国電力・ガスの規制の歴史，電力・ガスの規制改革論)，第3部 政府規制産業法 (政府規制産業法論，規制リストラクチャリング時代の政府規制産業法)，第4部 展望―ことにエネルギー (行政) 法の行方 (地球環境問題，政府による強力な規制？)

新エネルギー

<事典>

新エネルギー大事典 茅陽一監修 工業調査会 2002.2 1059p 21cm 35000円 Ⓘ4-7693-7103-9 Ⓝ501.6

(目次)1編 総論，2編 再生可能エネルギー，3編 未開発エネルギー，4編 新しい2次エネルギー，5編 エネルギー変換の新しい展開

(内容)石油エネルギーに代わる新エネルギーの解説書。1997年施工の「新エネルギー利用等の促進に関する特別措置法 (新エネ法)」で規定された新エネルギーについて，太陽光・熱，バイオ，風力等の再生可能エネルギーを6種類に，温度差エネルギー等未開発エネルギーを2種類に，水素エネルギー等新しい2次エネルギーを2種類

に区分して、特性、利用システム、開発状況等を紹介、ガスタービン、燃料電池等新しいエネルギー変換システムについても紹介している。第1章には総論として、エネルギーの種類、環境問題、日本のエネルギー政策の現状等についても解説している。巻末に和文・欧文索引を付す。

<ハンドブック>

最新 未利用エネルギー活用マニュアル
新エネルギー財団地域エネルギー委員会編 オーム社 1992.3 206p 26cm 3600円 ⓘ4-274-03377-5

(目次)第1章 自然エネルギーの活用と普及促進(河川水、海水、湖水、地下水、風力)、第2章 都市排熱の活用とその普及促進(ごみエネルギー、下水・下水処理排熱、地下排熱〈地下鉄、地下街等〉、変電所・地中送電線排熱)

(内容)本書は地域に広く散在し、希薄であるが故にこれまであまり活用されていない、いわゆる「未利用エネルギー」についてその賦存量、活用の方法・技術および活用をはかる上での課題、現行法規制との係わり等をまとめたものである。

新エネルギー便覧 通商産業省資源エネルギー庁編 通商産業調査会 1994.3 357p 21cm 3000円 ⓘ4-8065-1452-7

(目次)第1章 最近のエネルギー情勢とエネルギー政策の課題、第2章 新エネルギーの現状と課題、第3章 新エネルギーに係る政策、第4章 平成6年度新エネルギー関連施策の概要、第5章 分散型電源の導入促進について、第6章 新エネルギーに関連する国際協力について、第7章 諸外国における新エネルギーの導入の現状と法制度、第8章 総合エネルギー調査会部会中間報告

新エネルギー便覧 平成7年度版 通商産業調査会出版部 1995.3 413p 21cm 3300円 ⓘ4-8065-1485-3

(目次)第1章 最近のエネルギー情報とエネルギー政策の課題、第2章 新エネルギー導入大綱、第3章 新エネルギーの現状と課題、第4章 新エネルギーに係る政策、第5章 平成7年度新エネルギー関連施策の概要、第6章 新エネルギーに関連する国際協力について、第7章 諸外国における新エネルギーの導入の現状と法制度、第8章 総合エネルギー調査会部会中間報告

新エネルギー便覧 平成8年度版 通商産業省資源エネルギー庁編 通商産業調査会出版部 1996.3 349p 21cm 3300円 ⓘ4-8065-1509-4

新エネルギー便覧 平成9年度版 通商産業省資源エネルギー庁編 通商産業調査会 1997.10 369p 21cm 3300円 ⓘ4-8065-1544-2

(目次)第1章 最近のエネルギー情勢とエネルギー政策の課題、第2章 新エネルギーの現状と課題、第3章 新エネルギーに係る法制度等の概要、第4章 新エネルギーに係る政策、第5章 平成9年度新エネルギー導入関連施策の概要、第6章 新エネルギーに関連する国際協力について

新エネルギー便覧 平成10年度版 資源エネルギー庁編 通商産業調査会 1999.3 358p 21cm 3300円 ⓘ4-8065-1577-9

(目次)第1章 最近のエネルギー情勢とエネルギー政策の課題、第2章 新エネルギーの現状と課題、第3章 新エネルギーに係る法制度等の概要、第4章 新エネルギーに係る政策、第5章 平成10年度新エネルギー導入関連施策の概要、第6章 新エネルギーに関連する国際協力について、参考資料集(関係団体資料集、新エネルギー関連日英用語集、新エネルギー関連法令集)

新エネルギー便覧 平成15年度版 経済産業省資源エネルギー庁省エネルギー・新エネルギー部新エネルギー対策課編 経済産業調査会 2004.3 370p 21cm 3300円 ⓘ4-8065-1675-9

(目次)第1章 最近のエネルギー情勢、第2章 新エネルギーの現状と課題、第3章 新エネルギーに係る法制度等の概要、第4章 新エネルギー開発・導入のための政策的支援、第5章 新エネルギーに関連する国際協力について、第6章 参考資料

◆**新エネルギー(規格)**

<ハンドブック>

JISハンドブック 2007 75 省・新エネルギー 日本規格協会編 日本規格協会 2007.6 1614p 21cm 8500円 ⓘ978-4-542-17570-9

(目次)用語規格、太陽光発電、太陽電池、アモルファス太陽電池、太陽熱利用、風力発電システム、廃棄物固形化燃料、廃熱利用システム、燃料電池、水素、消費電力、省エネルギー、参考

◆**石油代替エネルギー**

<ハンドブック>

石油代替エネルギー便覧 平成2年度版 資源エネルギー庁編 通商産業調査会 1990.12 306p 19cm 2300円 ⓘ4-8065-1383-0

(目次)第1章 石油代替エネルギー対策の基本的方向、第2章 平成2年度の石油代替エネルギー施策の概要、第3章 石油代替エネルギーの開発・

導入状況，第4章 地球環境問題と石油代替エネルギー

石油代替エネルギー便覧 平成4年版 資源エネルギー庁編 通商産業調査会 1992.6 318p 19cm 2400円 ①4-8065-1423-3

(目次)第1章 石油代替エネルギー対策の基本的方向，第2章 平成4年度の石油代替エネルギー施策の概要，第3章 石油代替エネルギーの開発・導入状況，第4章 地球環境問題と石油代替エネルギー

◆バイオエネルギー

<ハンドブック>

改訂版バイオディーゼル・ハンドブック 地球温暖化の防止と循環型社会の形成に向けて 池上詢編 日報出版 2007.3 114p 21cm 1429円 ①978-4-89086-225-2

(目次)第1編 バイオディーゼル燃料とは―総説(バイオディーゼル燃料とは，バイオディーゼル燃料と油脂の基礎，バイオディーゼル燃料の原料，バイオディーゼル燃料の利用に関する諸問題，世界のバイオディーゼル燃料利用状況 ほか)，第2編 廃食用油からのバイオディーゼル燃料の製造・利用技術マニュアル(京都市のバイオディーゼル燃料化事業，廃食用油の回収システムと原料性状，バイオディーゼル燃料製造プロセスと最適運転条件，ディーゼル車への燃料利用と車両影響，バイオディーゼル燃料の保管と長期安定性)，おわりに バイオディーゼル燃料に関する今後の課題と展望，参考資料

世界の穀物需給とバイオエネルギー 梶井功編 農林統計協会 2008.1 235p 21cm (日本農業年報) 2700円 ①978-4-541-03534-9 Ⓝ611

(目次)1 総論：食料とエネルギー(低食料自給国として"競合"時代にどう対処するか)，2 エネルギーと穀物の世界需給一現状と展望(エネルギー世界需給―1970年代以降の推移・現状・展望，石油需給と多国籍石油企業(メジャー)の動向，最近の世界経済の動きと穀物の需給動向)，3 農作物のエタノール使用の拡大とそのインパクト(農作物のバイオエネルギー使用の拡大と穀物需給へのインパクト，ブラジル・アメリカを中心とするバイオエタノール生産の拡大と食料需給への影響，中国におけるエタノール生産の状況と穀物需給への影響，穀物需給構造の変化がアメリカ農業法・WTO交渉に与えるインパクト)，4 日本の対応「バイオマス・ニッポン総合戦略」の整理・検討，地域循環型バイオマス生産・利用の経済構造，日本における食料自給率目標と食料・エネルギー問題の相克)，5 日本のバイオマス戦略(2007)(農林水産省による バイオマスへの取組(講演)，日本のバイオマスの課題と展望(討論))

◆◆バイオマス

<事 典>

バイオマス用語事典 日本エネルギー学会編 オーム社 2006.1 518p 21cm 5000円 ①4-274-20143-0

(内容)「対象」「生産」「変換」「事例」「システム」「政策」の6分野についてそれぞれ重要と考えられる用語を収録した用語事典。配列は見出し語の五十音順で，見出し語，見出し語の読み，見出し語の英語，解説文からなる。巻末に和索引，英索引が付く。

<ハンドブック>

エネルギー作物の事典 N.El バッサム著，横山伸也，沢山茂樹，石田祐三郎監訳 恒星社厚生閣 2004.11 383p 21cm 〈原書名：ENERGY PLANT SPECIES〉 5800円 ①4-7699-1004-5

(目次)1 バイオマス生産の基礎，2 収穫，輸送，貯蔵，3 変換技術，4 環境への影響，5 経済や社会との関連，6 再生可能エネルギーの将来予測，7 バイオマス生産の基礎(アルマングラス，アルファルファ，1年生ライグラス ほか)

(内容)バイオマスはエネルギー作物と称されるが，木質以外にも草本系や微細藻類なども含まれている。これらのエネルギー作物を体系的に記述したのが本書である。本書は2部構成で，第2部が本論と称すべき内容が記述されている。個々のバイオマスの一般的な性質，生態学的な特徴，生育方法，管理方法，処理法や利用法，生産量，病害虫の問題など，極めて広範囲に解説されている。第1部は，バイオマスの伐採技術やエネルギー変換技術，環境への影響，社会経済的な観点からの記述である。

バイオマス技術ハンドブック 導入と事業化のノウハウ 新エネルギー財団編 オーム社 2008.10 722p 21cm 〈文献あり〉 10000円 ①978-4-274-20610-8 Ⓝ501.6

(目次)第1章 バイオマスエネルギーの基礎，第2章 燃焼・ガス化，第3章 メタン発酵，第4章 バイオエタノール生産，第5章 バイオディーゼル生産，付録1 関連法規・規制，付録2 支援制度，付録3 連絡先一覧(支援窓口，情報提供窓口)，付録4 参考図書・ホームページ，付録5 単位，付録6 学名

(内容)バイオマスエネルギーの定義から利用技術，施策，課題点までをまとめたハンドブック。体系的に構成・記述する。巻末付録には関連法

バイオマスハンドブック 第2版　日本エネルギー学会編　オーム社　2009.12　523p　27cm　〈他言語標題：Biomass handbook 文献あり 索引あり〉　12000円　①978-4-274-20785-3　Ⓝ501.6

(目次)第1部 バイオマスの組成と資源量(バイオマスの定義と分類，資源量の推算 ほか)，第2部 バイオマス変換技術—熱化学的変換(直接燃焼，ガス化 ほか)，第3部 バイオマス変換技術—生物化学的変換(メタン発酵，エタノール発酵 ほか)，第4部 バイオマス利用システム(バイオマスを利用する既存システム，バイオマス利用システムの創出 ほか)，第5部 バイオエネルギーのシステム評価(システム評価のフレームワーク，バイオマスのライフサイクルアセスメント ほか)，付録

木材工業ハンドブック 改訂4版　森林総合研究所監修　丸善　2004.3　1221p　21cm　32000円　①4-621-07411-3

(目次)資源・原木，木材の性質，製材，木材乾燥，機械加工，単板・合板，集成材，接着，木質ボード類，構造材料・木質構造，木質環境，接着・塗装，木材保存，化学加工，パルプ・紙，木材成分の利用，木材炭化，木質バイオマスのエネルギー利用，その他の利用，規格，統計資料，参考資料

(内容)独立行政法人森林総合研究所は，木材特性，加工技術，構造利用，複合材料，木材改質，成分利用，樹木化学，きのこ・微生物の8つの研究領域において，木材工業に関連する分野からの要請に応えるべく試験研究を行ってきている。本書は，これらの研究領域の研究成果をできる限りもりこむとともに，加工技術，生産技術ではできるだけ新しいデータに更新した。また，ユーザーの役に立つよう製品の性能面のデータを充実させた。さらに，前版のハンドブックの刊行以降新しく進展した分野である木質環境，化学加工，木材成分利用，木質バイオマスのエネルギー利用の章を新たに起こし，時代に即応できるよう努めている。

<年鑑・白書>

日経バイオ年鑑 研究開発と市場・産業動向 2004　日経バイオテク編　日経BP社，日経BP出版センター〔発売〕　2003.11　1132p　26cm　〈付属資料：CD-ROM1〉　76000円　①4-8222-0844-3

(目次)第1部 総括—2004年のバイオ関連市場と動向，第2部 分野別各論(医薬品，診断薬，化成品，食品，農業，畜産，水産，環境・バイオマス，バイオサービス，バイオ関連装置／システム)，第3部 特別レポート(これでいいのか日本のヘルスクレーム，激化する機能性食品の開発競争，海外における機能性食品の表示規制 ほか)

日経バイオ年鑑 研究開発と市場・産業動向 2005　日経BP社バイオセンター編　日経BP社，日経BP出版センター〔発売〕　2004.12　1085p　26cm　〈付属資料：CD-ROM1〉　76000円　①4-8222-0847-8

(目次)第1部 総括，第2部 分野別各論(医薬品，診断薬，化成品，食品，農業，畜産・水産，環境・バイオマス，バイオサービス，バイオ関連装置／システム)，第3部 特別リポート(技術トレンド，業界トレンド，製薬企業のパイプライン研究)

日経バイオ年鑑 2006 研究開発と市場・産業動向　日経BP社バイオセンター編　日経BP社，日経BP出版センター〔発売〕　2005.12　1250p　30cm　76000円　①4-8222-3155-0

(目次)第1部 総括，第2部 分野別各論(医薬品・診断薬，化成品，食品，農業，畜産・水産，環境・バイオマス，バイオサービス，バイオ関連装置／システム)，第3部 特別リポート(技術トレンド，業界トレンド，製薬企業のパイプライン研究)

日経バイオ年鑑 2007 研究開発と市場・産業動向　日経BP社バイオセンター編集編　日経BP社，日経BP出版センター〔発売〕　2006.12　1113p　26cm　76000円　①4-8222-3157-7

(目次)第1部 総括—2006年のバイオ市場と動向，第2部 分野別各論(医薬品・診断薬，化成品 ほか)，第3部 特別リポート(技術トレンド，業界トレンド)，製薬企業のパイプライン研究(関節リウマチ治療薬(生物製剤)，関節リウマチ治療薬(低分子化合物)，うつ病治療薬 ほか)

(内容)第1部・総括，第2部・分野別各論，第3部・特別リポートの3部構成。第2部の分野別各論では、「医薬品・診断薬」「化成品」「食品」「農業」「畜産・水産」など8分野で構成。分野ごとの「概論」で全体像を俯瞰し、各項目の「現有市場と成長性」「研究開発動向と実用化状況」において、現有市場と潜在的な市場、最新の技術動向と製品化の状況などを専門記者が解説。第3部では、05-06年にかけてのバイオ業界のホットなトピックスをまとめると共に、各分野からの専門家の寄稿を掲載。

◆ヒートポンプ

<年鑑・白書>

ヒートポンプ・蓄熱白書　ヒートポンプ・蓄

熱センター編　オーム社　2007.7　350p　26cm　3500円　Ⓘ978-4-274-20423-4

Ⓣ目次Ⓔ第1部 新たなエネルギー活用術（ヒートポンプによるCO2削減ポテンシャル、環境保全・エネルギー安全保障の確立に向けた施策、ヒートポンプ普及によるエネルギー需給見通し、ヒートポンプを自然エネルギーとして取り扱うヨーロッパの状況、日本はヒートポンプで世界の環境改善に貢献、機器普及の将来像）、第2部 ヒートポンプを取り巻く状況（技術編、政策編、環境編、歴史編、海外事情編、ヒートポンプ普及に向けて）、第3部 統計編（機器普及データ、ヒートポンプの性能（COP）向上推移、エネルギー消費データ、その他のヒートポンプの市場データ、比較グラフ一覧）

Ⓣ内容Ⓔ地球温暖化防止とエネルギーの安定供給の同時達成へのキーワードは、「脱炭素」「脱燃焼」「エネルギー効率の高い社会の構築」。クリーンで無尽蔵な「空気の熱」をはじめ、各種の未利用エネルギーを高効率に活用する「ヒートポンプ」は、地球温暖化対策の切り札として国内のみならず海外でも大きく注目されている。本書では、省エネ・省CO2対策面で格段に有用で現実的な温暖化対策技術である「ヒートポンプ」と「蓄熱」に関する技術動向、導入状況、政策、環境性、開発の歴史、海外動向、統計データなどを網羅し、本技術の全貌を明らかにする。

省エネルギー

＜事典＞

暮らしの省エネ事典　山川文子著　工業調査会　2009.9　229p　21cm　〈文献あり 索引あり〉　1600円　Ⓘ978-4-7693-7174-8　Ⓝ592.4

Ⓣ目次Ⓔ第1部 家庭の省エネ（暖かい・涼しい、温める・冷やす、お湯をつくる、毎日の食卓、水を使う、掃除する、着る、照らす、知る・遊ぶ、家をつくる）、第2部 街の省エネ（街で出会える省エネ、街へ出るなら、オフィスで、学校で、ショッピング・グルメ）、第3部 いろいろなエネルギー（エネルギー）

Ⓣ内容Ⓔ省エネのための買い替え、使い方、制度、暮らしの知恵、いろいろな省エネを解説する。「もうちょっとくわしく知りたい！」に答える。学校の環境教育、企業のCSR活動企画、自治体の省エネ・環境の政策・企画に最適。

＜ハンドブック＞

改正省エネ法　輸送事業者の手引き　国土交通省総合政策局環境・海洋政策監修、交通エコロジー・モビリティ財団編著　交通エコロジー・モビリティ財団、大成出版社〔発売〕　2006.8　263p　26cm　1429円　Ⓘ4-8028-9303-5

Ⓣ目次Ⓔ解説編—改正省エネ法（運輸分野）の概説、資料編（法律、政令、省令、告示、届出・報告事項に係る記載例・記載要領、説明資料）

Ⓣ内容Ⓔ輸送事業者の実務に携わる方々を念頭において、今般の省エネ法改正に関する諸法令や参考資料をとりまとめた。

省エネルギー手帳　2001　省エネルギーセンター　〔2000.12〕　168p　14cm　1200円　Ⓘ4-87973-217-6　Ⓝ501.6

Ⓣ目次Ⓔ熱管理関係資料（熱管理に関する基礎数値、燃料および燃焼管理、熱伝達と保温材および耐火物、流体輸送、ボイラーの水処理、熱勘定例、ドレン回収、計測機器、大気汚染物質の規制値等）、電気管理関係資料（電力管理、変圧器管理、電動機管理、電動力機器の省電力、回転数制御、照明管理、空調管理）、「省エネ法」早わかり、参考資料（各種エネルギーの発熱量、単位換算表（SIの単位と従来の単位）、工場・事業所から排出される二酸化炭素の算定方法、エネルギー需給構造改革投資促進税制の対象設備、工場等に対する各種の金融上の助成措置、エネルギー関連の各種資格試験の問合せ先一覧、関連諸団体、学協会等一覧、中央関係官庁所在地一覧、地方関係庁所在地一覧、省エネルギーセンター各部署連絡先）

Ⓣ内容Ⓔ熱管理、電気管理などの分野で必要となる省エネルギー関係の資料をまとめた小型便覧。各資料には出典を記載。巻末の参考資料には単位換算表などのほか関係機関一覧も掲載する。

省エネルギー手帳　2007年　省エネルギーセンター編　省エネルギーセンター　2006.11　192, 15p　15×10cm　1200円　Ⓘ4-87973-320-2

Ⓣ目次Ⓔ1 熱管理関係資料（熱管理に関する基礎数値、燃料および燃焼管理、熱伝達と保温材および耐火物、流体輸送 ほか）、2 電気管理関係資料（電力管理、変圧器管理、電動機管理、電動力機器の省電力 ほか）、3 「省エネ法」早分かり、4 参考資料

Ⓣ内容Ⓔ現場ですぐに役立つ技術資料を満載。

＜法令集＞

「省エネ法」法令集　エネルギーの使用の合理化に関する法律　平成15年度改正　増補版　資源エネルギー庁省エネルギー対策課監修　省エネルギーセンター　2004.6　549p　21cm　3600円　Ⓘ4-87973-282-6

Ⓣ目次Ⓔ1 法律、2 政令、3 省令、4 告示（基本方針、判断基準等）等、5「改正省エネ法」早わかり、6「改正省エネ法」Q&A

省エネルギー　　エネルギー問題

「省エネ法」法令集　エネルギーの使用の合理化に関する法律　平成17年度改正
資源エネルギー庁省エネルギー対策課監修　省エネルギーセンター　2006.7　742p　21cm　4600円　①4-87973-318-0

(目次)1 法律(エネルギーの使用の合理化に関する法律)，2 政令(エネルギーの使用の合理化に関する法律施行令，エネルギーの使用の合理化に関する法律の施行期日を定める政令 ほか)，3 省令(エネルギーの使用の合理化に関する法律施行規則，エネルギー管理士の試験及び免状の交付に関する規則 ほか)，4 告示等(基本方針，判断基準)(エネルギーの使用の合理化に関する基本方針，工場又は事業場におけるエネルギーの使用の合理化に関する事業者の判断の基準 ほか)，5 付録(改正のポイント等)

「省エネ法」法令集　エネルギーの使用の合理化に関する法律　平成20年度改正
省エネルギーセンター編　省エネルギーセンター　2010.3　767p　21cm　〈他言語標題：LAW CONCERNING THE RATIONAL USE OF ENERGY〉　4600円　①978-4-87973-372-6　Ⓝ501.6

(目次)1 省エネ法平成20年度改正の概要(平成20年度の改正の概要，省エネ法の構成の変更)，2 法律(エネルギーの使用の合理化に関する法律)，3 政令(エネルギーの使用の合理化に関する法律施行令)，4 省令(エネルギーの使用の合理化に関する法律施行規則，エネルギー管理士の試験及び免状の交付に関する規則 ほか)，5 告示等―基本方針，判断基準(エネルギーの使用の合理化に関する基本方針，工場等におけるエネルギーの使用の合理化に関する事業者の判断の基準 ほか)

<年鑑・白書>

省エネルギー総覧　1994
資源エネルギー庁監修　通産資料調査会　1994.6　935p　26cm　29500円　①4-88528-152-0

(目次)第1章 我が国を取り巻くエネルギー情勢(世界及び日本のエネルギー情勢，地球環境問題とエネルギー政策，今後のエネルギー環境政策のあり方について)，第2章 我が国における省エネルギーの進展(産業部門における省エネルギー対策，民生〈家庭・業務〉部門における省エネルギー対策，輸送部門における省エネルギー対策)，第3章 我が国の省エネルギー政策(最近の省エネルギー政策について，政策体系，エネルギーの使用の合理化に関する法律及びエネルギー等の使用の合理化及び再生資源の利用に関する事業活動の促進に関する臨時措置法，省エネルギー設備投資に対する財政・金融・税制上の助成措置，省エネルギー技術開発，普及広報活動の推進，国際協力の推進，社会システムからのアプローチによる省エネルギー対策)，参考資料(省エネルギー関係官庁・地方自治体及び関連団体一覧)

省エネルギー総覧　1997
資源エネルギー庁省エネルギー石油代替エネルギー対策課監修　通産資料調査会　1996.11　1037p　26cm　32960円　①4-88528-215-2

(目次)第1章 我が国を取り巻くエネルギー情勢(世界及び日本のエネルギー情勢，地球環境問題とエネルギー政策，新エネルギー政策)，第2章 我が国における省エネルギーの進展(産業部門における省エネルギー対策，民生(家庭・業務)部門における省エネルギー対策，輸送部門における省エネルギー対策)，第3章 我が国の省エネルギー政策(最近の省エネルギー政策について，政策体系：エネルギーの使用の合理化に関する法律・エネルギー等の使用の合理化及び再生資源の利用に関する事業活動の促進に関する臨時措置法，省エネルギー設備投資に対する財政・金融・税制上の助成措置，省エネルギー技術開発，普及広報活動の推進，国際協力の推進，社会システムからのアプローチによる省エネルギー対策)

省エネルギー総覧　2000・2001
資源エネルギー庁石炭・新エネルギー部省エネルギー対策課監修　通産資料調査会　2000.2　831p　26cm　29200円　①4-88528-281-0　Ⓝ501.6

(目次)第1章 我が国を取り巻くエネルギー情勢(世界および日本のエネルギー情勢，気候変動(地球温暖化)問題をめぐる内外の政策，新エネルギー政策)，第2章 我が国の省エネルギー政策(最近の省エネルギー政策について，エネルギーの使用の合理化に関する法律(省エネ法)，省エネ・リサイクル支援法，エネルギー有効利用施設の導入等に対する金融・税制上の助成措置)，第3章 省エネルギーをめぐる動き(省エネルギー技術開発，普及広報活動の推進，国際協力の推進，社会システムからのアプローチ)

省エネルギー総覧　2004・2005
省エネルギー総覧編集委員会編　通産資料出版会　2004.1　863p　26cm　32500円　①4-901864-03-3

(目次)第1章 我が国を取り巻くエネルギー情勢(世界および日本のエネルギー情勢，気候変動(地球温暖化)問題をめぐる内外の政策，新エネルギー政策)，第2章 我が国の省エネルギー政策(最近の省エネルギー政策について，エネルギーの使用の合理化に関する法律(省エネ法)，省エネ・リサイクル支援法 ほか)，第3章 省エネルギーをめぐる動き(省エネルギー技術戦略，省エネルギー技術開発，普及広報活動の推進 ほか)

省エネルギー

省エネルギー総覧　2006-2007　第11版
省エネルギー総覧編集委員会編　通産資料出版会　2006.1　683p　26cm　31600円　①4-901864-07-6
[目次]第1章 我が国を取り巻くエネルギー情勢（世界および日本のエネルギー情勢，気候変動（地球温暖化）問題をめぐる内外の政策，新エネルギー対策），第2章 我が国の省エネルギー対策等（最近の省エネルギー対策等について，エネルギーの使用の合理化に関する法律（省エネ法），省エネ・リサイクル支援法，エネルギー有効利用施設の導入等に対する金融・税制上の助成措置），第3章 省エネルギーをめぐる動き（省エネルギー技術戦略，省エネルギー技術開発及び施策等，普及広報活動の推進，国際協力の推進），付属資料

省エネルギー総覧　2008・2009　省エネルギー総覧編集委員会編　通産資料出版会　2008.5　599p　26cm　〈他言語標題：Energy efficiency & conservation〉　33200円　①978-4-901864-10-7　Ⓝ501.6
[目次]第1章 我が国を取り巻くエネルギー情勢（世界および日本のエネルギー情勢，気候変動（地球温暖化）問題をめぐる内外の政策，新エネルギー対策），第2章 我が国の省エネルギー対策等（最近の省エネルギー対策等について，エネルギーの使用の合理化に関する法律（省エネルギー法），省エネ・リサイクル支援法 ほか），第3章 省エネルギーをめぐる動き（省エネルギーに資する技術開発戦略，省エネルギー技術開発，普及広報活動の推進 ほか），付属資料

省エネルギー総覧　2010・2011　省エネルギー総覧編集委員会編　通産資料出版会　2010.7　651p　26cm　33800円　①978-4-901864-13-8　Ⓝ501.6
[目次]序章 我が国エネルギーを取り巻く情勢（世界のエネルギー情勢と日本のエネルギー動向，気候変動（地球温暖化）問題をめぐる内外の政策），第1章 我が国の省エネルギー対策等（我が国の省エネルギー政策，エネルギーの使用の合理化に関する法律（省エネルギー法）ほか），第2章 新エネルギー（新エネルギーの位置づけ，新エネルギー政策 ほか），付属資料

省エネルギー便覧　日本のエネルギー有効利用を考える資料集　平成2年度版　資源エネルギー庁省エネルギー石油代替エネルギー対策課監修　省エネルギーセンター　1990.10　206p　19cm　2000円　①4-87973-102-X　Ⓝ501.6
[目次]1 最近のエネルギー情勢（世界のエネルギー情勢，我が国のエネルギー事情，地球環境と省エネルギー），2 省エネルギー政策の概要（省エネルギー政策の考え方とその体系，エネルギーの使用の合理化に関する法律の概要，平成2年度省エネルギー関係予算，財投，税制の概要，ムーンライト計画の概要，省エネルギーの普及広報），3 省エネルギーの進展状況と省エネルギー対策（産業部門の省エネルギー，民生（家庭・業務）部門の省エネルギー，輸送部門の省エネルギー），4 その他の資料

省エネルギー便覧　日本のエネルギー有効利用を考える資料集　平成3年版　資源エネルギー庁省エネルギー石油代替エネルギー対策課監修　省エネルギーセンター　1991.10　210p　19cm　2200円　①4-87973-109-9　Ⓝ501.6
[目次]1 最近のエネルギー情勢（世界のエネルギー情勢，我が国のエネルギー事情，地球環境と省エネルギー），2 省エネルギー政策の概要（省エネルギー政策の考え方とその体系，エネルギーの使用の合理化に関する法律の概要，平成3年度省エネルギー関係予算，財投，税制の概要，ムーンライト計画の概要，省エネルギーの普及広報），3 省エネルギーの進展状況と省エネルギー対策（産業部門の省エネルギー，民生（家庭・業務）部門の省エネルギー，輸送部門の省エネルギー），4 その他の資料

省エネルギー便覧　日本のエネルギー有効利用を考える資料集　平成4年度版　資源エネルギー庁省エネルギー石油代替エネルギー対策課監修　省エネルギーセンター　1992.12　209p　19cm　2200円　①4-87973-120-X
[目次]1 最近のエネルギー情勢（世界のエネルギー情勢，我が国のエネルギー事情，地球環境と省エネルギー），2 省エネルギー政策の概要（省エネルギー政策の考え方とその体系，エネルギーの使用の合理化に関する法律の概要，平成4年度省エネルギー関係予算，財投，税制の概要，ムーンライト計画の概要，省エネルギーの普及広報），3 省エネルギーの進展状況と省エネルギー対策（産業部門の省エネルギー，民生（家庭・業務）部門の省エネルギー，輸送部門の省エネルギー），4 その他の資料（省エネルギー行動とその効果，設備の省エネルギー対策のポイント，コージェネレーションシステムの設置数と経済性，省エネルギー運動の推進母体，1992年省エネルギー関係表彰一覧，省エネルギー関係官庁・地方自治体及び関連団体一覧）

省エネルギー便覧　日本のエネルギー有効利用を考える資料集　平成5年度版　資源エネルギー庁省エネルギー石油代替エネルギー対策課監修　省エネルギーセンター　1994.2　227p　19cm　2200円　①4-87973-130-7
[目次]1 最近のエネルギー情勢（世界のエネルギー情勢，地球環境問題，我が国のエネルギー

事情），2 省エネルギー政策の概要（省エネルギー政策の考え方とその体系，エネルギーの使用の合理化に関する法律の概要，省エネ・リサイクル支援法の概要，平成5年度省エネルギー関係予算，財投，税制の概要，ニューサンシャイン計画における省エネルギー技術研究開発の概要，省エネルギーの普及広報），3 省エネルギーの進展状況と省エネルギー対策（産業部門の省エネルギー，民生〈家庭・業務〉部門の省エネルギー，輸送部門の省エネルギー），4 その他の資料

省エネルギー便覧　日本のエネルギー有効利用を考える資料集　平成6年度版　資源エネルギー庁省エネルギー石油代替エネルギー対策課監修　省エネルギーセンター　1995.2　240p　19cm　2200円　①4-87973-140-4

(目次)1 最近のエネルギー情勢，2 省エネルギー政策の概要，3 省エネルギーの進展状況と省エネルギー対策，4 その他の資料

省エネルギー便覧　日本のエネルギー有効利用を考える資料集　平成7年度版　資源エネルギー庁省エネルギー石油代替エネルギー対策課監修　省エネルギーセンター　1996.2　257p　19cm　2200円　①4-87973-161-7

(目次)1 最近のエネルギー情勢，2 省エネルギー政策の概要，3 省エネルギーの進展状況と省エネルギー対策

省エネルギー便覧　日本のエネルギー有効利用を考える資料集　'97年版　資源エネルギー庁省エネルギー石油代替エネルギー対策課監修　省エネルギーセンター　1997.5　263p　21cm　2200円　①4-87973-170-6

(目次)1 最近のエネルギー情勢（世界のエネルギー情勢，国際石油情勢，地球環境問題，我が国のエネルギー事情），2 我が国の省エネルギーの現状と課題（産業部門の省エネルギー，民生部門の省エネルギー，運輸部門の省エネルギー），3 我が国の省エネルギー政策の概要（省エネルギー政策の考え方とその体系，エネルギーの使用の合理化に関する法律の概要，国際エネルギースタープログラムの概要，省エネ・リサイクル支援法の概要，平成8年度省エネルギー関係予算，財投，税制の概要，省エネルギー技術研究開発の概要，省エネルギーの普及広報），4 その他の資料

省エネルギー便覧　日本のエネルギー有効利用を考える資料集　'98年版　資源エネルギー庁省エネルギー対策課監修　省エネルギーセンター　1999.3　262p　21cm　2200円　①4-87973-188-9

(目次)1 最近のエネルギー情勢（世界のエネルギー情勢，国際石油情勢，地球環境問題，我が国のエネルギー事情），2 我が国の省エネルギーの現状と課題（産業部門の省エネルギー，民生部門の省エネルギー，運輸部門の省エネルギー），3 我が国の省エネルギー政策の概要（省エネルギー政策の考え方とその体系，エネルギーの使用の合理化に関する法律の概要，国際エネルギースタープログラムの概要，省エネ・リサイクル支援法の概要，平成10年度省エネルギー関係予算，財投，税制の概要，省エネルギー技術研究開発の概要，省エネルギーの普及広報），4 その他の資料

省エネルギー便覧　日本のエネルギー有効利用を考える資料集　1999・2000年版　資源エネルギー庁省エネルギー対策課監修　省エネルギーセンター　2000.12　275,6p　21cm　2200円　①4-87973-220-6　Ⓝ501.6

(目次)1 最近のエネルギー情勢（世界のエネルギー情勢，国際石油情勢 ほか），2 我が国の省エネルギーの現状と課題（産業部門の省エネルギー，民生部門の省エネルギー ほか），3 我が国の省エネルギー政策の概要（省エネルギー政策の考え方とその体系，エネルギーの使用の合理化に関する法律の概要 ほか），4 その他の資料（省エネルギー行動とその効果，コージェネレーションシステムの設置数と経済性 ほか）

(内容)世界と日本の省エネルギーの動向と施策についてまとめた資料集。巻末に1999年省エネルギー関係表彰一覧，省エネルギー関係官庁・地方自治体および関係団体，用語解説（アルファベット・五十音順）がある。

省エネルギー便覧　日本のエネルギー有効利用を考える資料集　2001年版　資源エネルギー庁省エネルギー対策課監修，省エネルギーセンター編　省エネルギーセンター　2001.11　280p　21cm　2200円　①4-87973-234-6　Ⓝ501.6

(目次)1 最近のエネルギー情勢（世界のエネルギー情勢，国際石油・天然ガス情勢，地球環境問題，我が国のエネルギー事情），2 我が国の省エネルギーの現状と課題（産業部門の省エネルギー，民生部門の省エネルギー，運輸部門の省エネルギー），3 我が国の省エネルギー政策の課題（省エネルギー政策の考え方とその体系，エネルギーの使用の合理化に関する法律の概要，国際エネルギースタープログラムの概要，省エネ・リサイクル支援法の概要，平成13年度資源エネルギー関係予算の概要（省エネルギー対策を中心に），省エネルギー関連技術研究開発と普及の概要，省エネルギーの普及広報），4 その他の資料（省エネルギー行動とその効果，コージェネレーションシステムの設置数と経済性，サマータイム制度（デイライト・セービング・タイム制度）について，省エネルギー運動の推進母

体, 2000年省エネルギー関係表彰一覧(一部), 省エネルギー関係官庁・地方自治体および関連団体一覧, 用語解説

省エネルギー便覧　日本のエネルギー有効利用を考える資料集　2002年版　資源エネルギー庁省エネルギー対策課監修, 省エネルギーセンター編　省エネルギーセンター　2003.2　290p　21cm　2200円　Ⓟ4-87973-252-4

㊣目次㊣ 1 最近のエネルギー情勢(世界のエネルギー情勢, 国際石油・天然ガス情勢 ほか), 2 我が国の省エネルギーの現状と課題(産業部門の省エネルギー, 民生部門の省エネルギー ほか), 3 我が国の省エネルギー政策の概要(省エネルギー政策の考え方とその体系, エネルギー使用の合理化に関する法律の概要 ほか), 4 その他の資料

省エネルギー便覧　日本のエネルギー有効利用を考える資料集　2003年版　省エネルギーセンター編　省エネルギーセンター　2003.12　293p　21cm　2200円　Ⓟ4-87973-271-0

㊣目次㊣ 1 最近のエネルギー情勢(世界のエネルギー情勢, 国際石油・天然ガス情勢 ほか), 2 我が国の省エネルギーの現状と課題(産業部門の省エネルギー, 民生部門の省エネルギー ほか), 3 我が国の省エネルギー政策の概要(省エネルギー政策の考え方とその体系, エネルギーの使用の合理化に関する法律の概要 ほか), 4 その他の資料(省エネルギー行動とその効果, コージェネレーションシステムの設置数と経済性 ほか)

省エネルギー便覧　日本のエネルギー有効利用を考える資料集　2004年版　省エネルギーセンター編　省エネルギーセンター　2004.11　292p　21cm　2400円　Ⓟ4-87973-285-0

㊣目次㊣ 1 最近のエネルギー情勢(世界のエネルギー情勢, 国際石油・天然ガス情勢 ほか), 2 我が国の省エネルギーの現状と課題(産業部門の省エネルギー, 民生部門の省エネルギー ほか), 3 我が国の省エネルギー政策の概要(省エネルギー政策の考え方とその体系, エネルギーの使用の合理化に関する法律の概要 ほか), 4 その他の資料(省エネルギー行動とその効果, コージェネレーションシステムの設置数と経済性 ほか)

省エネルギー便覧　日本のエネルギー有効利用を考える資料集　2005年度版　省エネルギーセンター編　省エネルギーセンター　2006.1　308p　21cm　2400円　Ⓟ4-87973-301-6

㊣目次㊣ トピックス編 最近の省エネルギー情勢, 1 省エネルギーの現状と課題, 2 省エネルギー関連法と省エネ施策, 3 各部門における省エネルギー対策, 4 エネルギー情勢, 5 その他の資料

省エネルギー便覧　日本のエネルギー有効利用を考える資料集　2006年度版　省エネルギーセンター編　省エネルギーセンター　2007.1　9, 344p　21cm　2600円　Ⓟ978-4-87973-326-9

省エネルギー便覧　日本のエネルギー有効利用を考える資料集　2007年度版　省エネルギーセンター編　省エネルギーセンター　2007.10　347p　21cm　2600円　Ⓟ978-4-87973-338-2

㊣目次㊣ トピックス編 最近の省エネルギー情勢, 1 省エネルギーの現状と課題, 2 省エネルギー関連法と省エネ施策, 3 各部門における省エネルギー対策, 4 エネルギー情勢, 5 その他の資料

㊣内容㊣ 日本のエネルギー有効利用を考える際に最適な資料集として, 簡明で便利なものを目指した.

省エネルギー便覧　日本のエネルギー有効利用を考える資料集　2008　省エネルギーセンター編　省エネルギーセンター　2008.12　371p　21cm　2800円　Ⓟ978-4-87973-354-2　Ⓝ501.6

㊣目次㊣ トピックス編 最近の省エネルギー情勢, 1 省エネルギーの現状と課題, 2 省エネルギー関連法と省エネ施策, 3 各部門における省エネルギー対策, 4 エネルギー情勢, 5 その他の資料

省エネルギー便覧　日本のエネルギー有効利用を考える資料集　2009　省エネルギーセンター編　省エネルギーセンター　2009.12　367p　21cm　2800円　Ⓟ978-4-87973-364-1　Ⓝ501.6

㊣目次㊣ トピックス編 最近の省エネルギー情勢, 1 省エネルギーの現状と課題, 2 省エネルギー関連法と省エネ施策, 3 各部門における省エネルギー対策, 4 エネルギー情勢, 5 その他の資料

省エネルギー便覧　日本のエネルギー有効利用を考える資料集　2010年度版　省エネルギーセンター編　省エネルギーセンター　2010.12　369p　21cm　3200円　Ⓟ978-4-87973-378-8　Ⓝ501.6

㊣目次㊣ トピックス編 最近の省エネルギー情勢, 1 省エネルギーの現状と課題, 2 省エネルギー関連法と省エネ施策, 3 各部門における省エネルギー対策, 4 エネルギー情勢, 5 その他の資料

書 名 索 引

【あ】

アイソトープ法令集 1 272
アイソトープ法令集 3 272
アイソトープ法令集 1 1990年版 271
アイソトープ法令集 2 1990年版 271
アイソトープ法令集 3（1990年版） 271
アイソトープ法令集 1 1991年版 271
アイソトープ法令集 2 1991年版 271
アイソトープ法令集 3（1991年版） 272
アイソトープ法令集 1 1992年版 272
アイソトープ法令集 3（1995年版） 272
アイソトープ法令集 1（1995年版） 272
アイソトープ法令集 1996年版 272
アイソトープ法令集 2 2000年版 273
アイソトープ法令集 2 2001年版 273
アイソトープ法令集 2007年版 1 273
アイソトープ法令集 2007年版 2 273
アイソトープ法令集 2007年版 3 273
アイソトープ法令集 1（放射線障害防止法関係法令）2010年版 273
悪臭防止法 5訂版 125
アジア・エネルギービジョン 213
アジア環境白書 1997-98 36
アジア環境白書 2000／01 36
アジア環境白書 2003／04 36
アジア環境白書 2006／07 36
アジア環境白書 2010／11 36
アジア・太平洋の環境 34
アジアの環境の現状と課題 経済協力の視点から見た途上国の環境保全 174
アジアの持続的成長は可能か 3
アスベスト対策ハンドブック 172
安全の百科事典 1

【い】

石綿取扱い作業ハンドブック 172
ISO環境法クイックガイド 2009 178
ISO環境法クイックガイド 2010 178
一般廃棄物処理施設発注一覧 平成10年版 112
一般廃棄物処理施設発注一覧 平成11年度版 112
一般廃棄物処理施設発注一覧 平成12年度版 112
一般廃棄物処理施設発注一覧 平成14年度版 112
一般廃棄物処理施設発注一覧 平成16年度版 112
一般廃棄物処理施設発注一覧 平成17年度版 113
EDMC エネルギー・経済統計要覧 '93 216
EDMC エネルギー・経済統計要覧 1994年版 216
EDMC エネルギー・経済統計要覧 '95 216
EDMC エネルギー・経済統計要覧 '96 216
EDMC エネルギー・経済統計要覧 '97 216
EDMC エネルギー・経済統計要覧 '98 217
EDMC エネルギー・経済統計要覧 1999年版 217
EDMC エネルギー・経済統計要覧 2000年版 217
EDMC／エネルギー・経済統計要覧 2001年版 217
EDMC／エネルギー・経済統計要覧 2002年版 217
EDMC／エネルギー・経済統計要覧 2003年版 217
EDMC／エネルギー・経済統計要覧 2004年版 217
EDMC／エネルギー・経済統計要覧 2005年版 218
EDMC／エネルギー・経済統計要覧 2006年版 218
EDMC／エネルギー・経済統計要覧 2007年版 218
EDMC／エネルギー・経済統計要覧 2008年版 218
EDMC／エネルギー・経済統計要覧 2009年版 218
EDMC／エネルギー・経済統計要覧 2010年版 218
インターネットで探す環境データ情報源 34
インバース・マニュファクチャリングハンドブック 209

【う】

海のお天気ハンドブック 54
海の百科事典 60

うんゆ　　　　　　　　　　　書名索引

運輸関係エネルギー要覧　平成2年版 ····· 219
運輸関係エネルギー要覧　平成3年版 ····· 219
運輸関係エネルギー要覧　平成4年版 ····· 219
運輸関係エネルギー要覧　平成7年版 ····· 219
運輸関係エネルギー要覧　平成8年版 ····· 219
運輸関係エネルギー要覧　平成9年版 ····· 219
運輸関係エネルギー要覧　平成10年版 ···· 219
運輸関係エネルギー要覧　平成11年版 ···· 219
運輸・交通と環境 2003年版 ············ 157
運輸白書　平成元年版 ···················· 158
運輸白書　平成2年版 ····················· 158
運輸白書　平成3年版 ····················· 158
運輸白書　平成4年版 ····················· 158
運輸白書　平成5年版 ····················· 159
運輸白書　平成6年版 ····················· 159
運輸白書　平成7年度 ····················· 159
運輸白書　平成8年度 ····················· 159
運輸白書　平成9年度 ····················· 159
運輸白書　平成10年度 ···················· 159
運輸白書　平成11年度 ···················· 159

【え】

英語論文表現例集with CD-ROM ········ 33
英和環境用語辞典 ························· 33
英和・和英エコロジー用語辞典 ·········· 33
エコ＆グリーン　平成18年度版 ········· 195
エコインダストリー年鑑 '96 ············ 185
エコガーデニング事典 ··················· 195
eco検定　環境活動ハンドブック ······· 184
エコスタイルグラフィックス ··········· 194
eco-design handbook ···················· 196
エコホーム用品事典 ····················· 195
エコマーク商品カタログ　2001年度版 ··· 196
エコマーク商品カタログ　2002年版 ···· 196
エコマーク商品カタログ　2003年度版 ··· 196
エコマーク商品カタログ　2004年度版 ··· 196
エコマテリアルハンドブック ··········· 196
エコロジー・環境用語辞典 ··············· 29
エコロジー小事典 ······················· 184
絵で見てわかるリサイクル事典 ········· 208
絵とき　電気設備技術基準・解釈早わかり
　平成19年版 ····························· 239
NHK気象・災害ハンドブック ··········· 54
エネルギー 2000 ························· 213
エネルギー 2001 ························· 213
エネルギー 2004 ························· 213
エネルギー・環境キーワード辞典 ········· 1
エネルギー作物の事典 ··················· 279

エネルギー生産・需給統計年報　平成元年
······································· 222
エネルギー生産・需給統計年報　平成4年
······································· 222
エネルギー生産・需給統計年報　平成5年
······································· 222
エネルギー生産・需給統計年報　平成6年
（1994）······························ 222
エネルギー生産・需給統計年報　平成7年
······································· 222
エネルギー生産・需給統計年報　平成10年
······································· 222
エネルギー生産・需給統計年報　平成11年
······································· 222
エネルギー生産・需給統計年報　平成12年
······································· 223
エネルギー総合便覧 '90・'91 ··········· 212
エネルギー総合便覧 '91・'92 ··········· 212
エネルギー総合便覧 '92・'93 ··········· 212
エネルギーと環境総覧　第9・10・11巻 ····· 2
エネルギーの百科事典 ··················· 212
エネルギー白書　2004年版 ·············· 214
エネルギー白書　2005年版 ·············· 214
エネルギー白書　2006年版 ·············· 214
エネルギー白書　2007年版 ·············· 214
エネルギー白書　2008年版 ·············· 214
エネルギー白書　2009年版 ·············· 214
エネルギー白書　2010年版 ·············· 214
エネルギー便覧　資源編 ················ 220
エネルギー便覧　プロセス編 ··········· 220
エネルギー物質ハンドブック ··········· 220
エネルギー物質ハンドブック　第2版 ··· 220
エネルギープロジェクト要覧　平成2年度
　版 ····································· 222
エネルギープロジェクト要覧　平成3年度
　版 ····································· 222
エネルギー法研究 ······················· 277
エネルギー用語辞典 ····················· 219
LPガス資料年報　Vol.25（1990年版）··· 235
LPガス資料年報　VOL.26（1991年版）
······································· 236
LPガス資料年報　VOL.27（1992年版）
······································· 236
LPガス資料年報　VOL.28（1993年版）
······································· 236
LPガス資料年報　29（1994年版）······· 236
LPガス資料年報　VOL.30（1995年版）
······································· 236
LPガス資料年報　1996年版 ············· 236
LPガス資料年報　VOL.33 ·············· 236
LPガス資料年報　1999年版 ············· 236
LPガス資料年報　2000年版 ············· 237
LPガス資料年報　VOL.36（2001年版）

290　環境・エネルギー問題 レファレンスブック

………………………………………	237
LPガス資料年報　VOL.38（2003年版）	
………………………………………	237
LPガス資料年報　VOL.39（2004年版）	
………………………………………	237
LPガス資料年報　VOL.40（2005年版）	
………………………………………	237
LPガス資料年報　VOL.42（2007年版）	
………………………………………	237
LPガス資料年報　VOL.43（2008年版）	
………………………………………	237
LPガス資料年報　VOL.44（2009年版）	
………………………………………	237
LPガス資料年報　VOL.45（2009年版）	
………………………………………	237
沿岸域環境事典 ………………………	29

【お】

OECD環境データ要覧 2004 ……………	2
OECD環境白書 ………………………………	37
OECD世界環境白書 …………………………	37
OECDレポート　日本の環境政策 ………	174
大阪府環境白書　平成6年版（1994年）……	37
大阪府環境白書　平成10年版 ……………	37
大阪府環境白書　平成12年版（2000年）	
………………………………………	37
大阪府環境白書　平成13年版（2001年）	
………………………………………	37
大阪府環境白書　平成20年版（2008年）	
………………………………………	37
屋外タンク貯蔵所関係法令通知・通達集	
………………………………………	235
屋上・建物緑化事典 ………………………	200
尾瀬自然ハンドブック …………………	49
尾瀬自然ハンドブック　改訂新版 ………	49

【か】

地球の危機　普及版 ………………………	34
海事法　第5版 ……………………………	79
海事法　第6版 ……………………………	79
海獣図鑑 ……………………………………	60
海上保安白書　平成2年版 …………………	81
海上保安白書　平成3年版 …………………	81
海上保安白書　平成4年版 …………………	81
海上保安白書　平成5年版 …………………	81
海上保安白書　平成6年版 …………………	81
海上保安白書　平成8年版 …………………	81
海上保安白書　平成10年版 ………………	81
海上保安白書　平成12年版 ………………	82
海上保安法制 ………………………………	79
海事レポート　平成13年版 ………………	82
海事レポート　平成14年版 ………………	82
海事レポート　平成15年版 ………………	82
海事レポート　平成16年版 ………………	82
海事レポート　平成17年版 ………………	83
海事レポート　平成18年版 ………………	83
海事レポート　平成19年版 ………………	83
海事レポート　平成20年版 ………………	83
海事レポート　平成22年版 ………………	83
改正省エネ法 ………………………………	281
改正水道法と水道事業委託会社一覧 ……	93
改正　廃棄物処理法令集　第5版 ………	115
概説海事法規 ………………………………	79
解説　国際環境条約集 ……………………	178
解説　電気設備の技術基準　第11版 ……	239
解説　電気設備の技術基準　第14版 ……	239
解説 2005年農林業センサス ……………	126
解体・リサイクル制度研究会報告 ……	209
改訂　既存建築物の吹付けアスベスト	
粉じん飛散防止処理技術指針・同解説	
2006 ……………………………………	173
改訂版バイオディーゼル・ハンドブック	
………………………………………	279
海洋 …………………………………	60, 61
海洋白書 2004創刊号 ……………………	83
海洋白書 2005 ……………………………	83
海洋白書 2006 ……………………………	84
海洋白書 2007 ……………………………	84
海洋白書 2008 ……………………………	84
海洋白書 2009 ……………………………	84
海洋白書 2010 ……………………………	84
科学技術研究調査報告　平成8年 ………	216
化学物質管理の国際動向 …………………	87
確認環境法用語230 ………………………	177
ガス事業法令集　改訂6版　補訂版 ……	235
風工学ハンドブック ………………………	71
河川関係基本法令集 ………………………	63
河川技術ハンドブック ……………………	62
河川局所管補助事業事務提要　平成10年版	
第15版 …………………………………	65
河川局所管補助事業事務提要　平成15年度	
版　第19版 ……………………………	65
河川局所管補助事業事務提要　平成16年度	
版 ………………………………………	65
河川局所管補助事業事務提要　平成17年度	
版　第21版 ……………………………	65
河川局所管補助事業事務提要　平成18年度	
版　第22版 ……………………………	65
河川局所管補助事業事務提要　平成19年度	

かせん　　　　　　　　　　書名索引

版 …………………………………… 65
河川局所管補助事業事務提要 平成20年度
　版 第24版 ……………………………… 65
河川便覧 平成2年版 …………………… 62
河川便覧 1992 …………………………… 62
河川便覧 1994（平成6年版）…………… 62
河川便覧 1996 …………………………… 62
河川便覧 2000 …………………………… 62
河川便覧 2004 …………………………… 62
河川便覧 2006 …………………………… 62
河川水辺の国勢調査年鑑 河川空間利用実
　態調査編（平成2・3年度）…………… 65
河川水辺の国勢調査年鑑 魚介類調査編（平
　成2・3年度）…………………………… 65
河川水辺の国勢調査年鑑 平成3年度 底生
　動物調査、植物調査、鳥類調査、両生
　類・爬虫類・哺乳類調査、陸上昆虫類等
　調査編 …………………………………… 66
河川水辺の国勢調査年鑑 河川空間利用実
　態調査編（平成4年度）………………… 66
河川水辺の国勢調査年鑑 平成4年度 …… 66
河川水辺の国勢調査年鑑 平成4年度 鳥類
　調査編 …………………………………… 66
河川水辺の国勢調査年鑑 平成4年度 陸上
　昆虫類等調査編 ………………………… 66
河川水辺の国勢調査年鑑 平成7年度 ‥ 66, 67
河川水辺の国勢調査年鑑 平成8年度 …… 67
河川水辺の国勢調査年鑑 平成9年度 …… 67
河川水辺の国勢調査年鑑 河川版 平成11
　年度 魚介類調査、底生動物調査編 …… 68
河川水辺の国勢調査年鑑 河川版 平成11
　年度 植物調査編 ………………………… 68
河川水辺の国勢調査年鑑 河川版 平成11
　年度 鳥類調査、両生類・爬虫類・哺乳
　類調査、陸上昆虫類等調査編 ………… 68
河川六法 平成2年版 …………………… 63
河川六法 平成3年版 …………………… 63
河川六法 平成4年版 …………………… 63
河川六法 平成5年版 …………………… 63
河川六法 平成6年版 …………………… 63
河川六法 平成7年版 …………………… 63
河川六法 平成8年版 …………………… 63
河川六法 平成10年版 ……………………… 63
河川六法 平成11年版 ……………………… 64
河川六法 平成12年版 ……………………… 64
河川六法 平成13年版 ……………………… 64
河川六法 平成14年版 ……………………… 64
河川六法 平成16年版 ……………………… 64
河川六法 平成18年版 ……………………… 64
河川六法 平成20年版 ……………………… 64
河川六法 平成21年版 ……………………… 64
河川六法 平成22年版 ……………………… 64

家庭のエコロジー事典 …………………… 184
家庭用エネルギーハンドブック 1999年版
　………………………………………… 212
家庭用エネルギーハンドブック 2009年版
　………………………………………… 213
紙パルプ産業と環境 2001 ……………… 191
紙パルプ産業と環境 2007 ……………… 191
カラー版 電気のことがわかる事典 …… 238
火力発電用語事典 改訂4版 …………… 256
火力発電用語事典 改訂5版 …………… 256
環境 ………………………………………… 44
環境アグロ情報ハンドブック ………… 137
環境アセスメント関係法令集 ………… 183
環境アセスメント基本用語事典 ……… 183
環境アセスメント年鑑 89・90年版 …… 183
環境アセスメント年鑑 91～93年版 …… 183
環境アセスメント年鑑 94・95年版 …… 184
環境ecoポケット用語集 ………………… 29
環境NGO総覧 平成13年版 ……………… 24
環境を守る仕事 完全なり方ガイド …… 184
環境化学の事典 …………………………… 85
環境管理小事典 ………………………… 188
環境管理 用語解説 ……………………… 188
環境関連機材カタログ集 2002年版 …… 196
環境関連機材カタログ集 2004年版 …… 197
環境関連機材カタログ集 2006年版 …… 197
環境関連機材カタログ集 2009年版 …… 197
環境関連機材カタログ集 2010年版 …… 197
環境関連機材カタログ集 平成22年版 … 197
環境記事索引 '92年版 ……………………… 1
環境記事索引 '93年版 ……………………… 1
環境記事索引 '94年版 ……………………… 1
環境記事索引 '95年版 ……………………… 2
環境基本用語事典 ………………………… 29
環境教育ガイドブック ………………… 207
環境教育がわかる事典 ………………… 207
環境教育事典 …………………………… 206
環境教育辞典 …………………………… 206
環境教育指導事典 ……………………… 206
環境行政・研究機関要覧 '96 …………… 24
環境共生都市づくり …………………… 198
環境行政ハンドブック 新訂版 ………… 173
環境経営実務便覧 ……………………… 188
環境経営用語辞典 ……………………… 188
環境・経済統合勘定 …………………… 173
環境計測器ガイドブック 第5版 ………… 74
環境計測器ガイドブック 第6版 ………… 75
環境ことば事典 1 ………………………… 29
環境ことば事典 2 ………………………… 29
環境・災害・事故の事典 ………………… 29
環境史事典 トピックス 1927-2006 …… 27

環境思想キーワード	29
環境自治体白書 2005年版	174
環境自治体白書 2006年版	174
環境自治体白書 2007年版	175
環境自治体白書 2008年版	175
環境自治体白書 2009年版	175
環境自治体白書 2010年版	175
環境自治体ハンドブック	173
環境実務六法 平成16年版	178
環境実務六法 平成17年版	178
環境実務六法 平成18年版	178
環境事典	30
環境・自動車リサイクル辞典	208
環境史年表 明治・大正編(1868-1926)	27
環境史年表 昭和・平成編(1926-2000)	28
環境循環型社会白書 平成19年版	183
環境省	173
環境政策プロジェクト要覧 '99	174
環境設備機器メーカー情報ガイド	194
環境設備計画レポート 平成5年度版	198
環境設備計画レポート 平成7年度版	199
環境設備計画レポート 平成11年度版	199
環境設備計画レポート 平成12年度版	199
環境設備計画レポート 平成13年度版	199
環境設備計画レポート 平成14年度版	199
環境設備計画レポート 平成15年度版	199
環境設備計画レポート 平成16年度版	199
環境設備計画レポート 2005年度版	199
環境設備計画レポート 2006年度版	200
環境設備計画レポート 2008年度版	200
環境設備計画レポート 2009年度版	200
環境設備計画レポート 2010年度版	200
環境総合年表	28
環境総覧 1994	38
環境総覧 1996	38
環境総覧 1999	38
環境総覧 2001	38
環境総覧 2004-2005	38
環境総覧 2007-2008	38
環境総覧 2009-2010	38
環境ソリューション企業総覧 2002年度版 Vol.2	189
環境ソリューション企業総覧 2003年度版 Vol.3	189
環境ソリューション企業総覧 2004年度版 Vol.4	189
環境ソリューション企業総覧 2005年度版 Vol.5	189
環境ソリューション企業総覧 2006年度版 Vol.6	189
環境ソリューション企業総覧 2007年度版 Vol.7	189
環境ソリューション企業総覧 2008年度版 Vol.8	190
環境大事典	30
環境デザイン用語辞典	197
環境統計集 平成18年版	44
環境統計集 平成19年版	44
環境統計集 平成20年版	44
環境統計集 平成21年版	44
環境統計集 平成22年版	44
環境と健康の事典	30
環境都市計画事典	197
環境と生態	30
環境にやさしいオフィスづくりハンドブック	198
環境にやさしい農業の確立をめざして	137
環境にやさしい幼稚園・学校づくりハンドブック	198
環境ニュースファイル 2000 No.2	25
環境ニュースファイル 2000 No.3	25
環境ニュースファイル 2000 No.5	25
環境ニュースファイル 2000 No.6	25
環境ニュースファイル 2000 No.9	25
環境年表 '96・'97	28
環境年表 '98・'99	28
環境年表 2000・2001	28
環境年表 2002／2003	28
環境年表 2004／2005	28
環境年表 第1冊(平成21・22年)	29
環境白書 平成2年版 総説	38
環境白書 平成2年版 各論	39
環境白書 平成3年版 総説	39
環境白書 平成3年版 各論	39
環境白書 平成4年版 総説	39
環境白書 平成4年版 各論	39
環境白書 平成5年版 総説	39
環境白書 平成5年版 各論	39
環境白書 平成6年版 総説	39
環境白書 平成6年版 各論	39
環境白書 平成7年版 総説	39
環境白書 平成7年版 各論	40
環境白書 平成8年版 総説	40
環境白書 平成8年版 各論	40
環境白書 平成9年版 総説	40
環境白書 平成10年版 総説	40
環境白書 平成10年版 各論	40
環境白書 平成11年版 総説	40
環境白書 平成11年版 各論	40
環境白書 平成12年版 総説	41
環境白書 平成12年版 各論	41

かんき　　　　　　　　　書名索引

環境白書　平成13年版 41
環境白書　平成14年版 41
環境白書　平成15年版 41
環境白書　平成17年版 42
環境白書　平成18年版 42
環境白書　平成21年版 42
環境白書　平成22年版 42
環境白書のあらまし　平成5年版 42
環境白書のあらまし　平成6年版 42
環境白書のあらまし　平成7年版 43
環境白書のあらまし　平成8年版 43
環境白書のあらまし　平成9年版 43
環境白書のあらまし　平成10年版 43
環境ハンドブック 35
環境ビジネス白書　2004年版 194
環境ビジネス白書　2005年版 194
環境ビジネス白書　2006年版 194
環境ビジネス白書　2007年版 195
環境ビジネス白書　2008年版 195
環境ビジネス白書　2009年版 195
環境ビジネス白書　2010年版 195
環境ビジネスハンドブック 188
環境百科 30
環境負荷低減に配慮した塗装・吹付け工事
　に関する技術資料 169
環境プレイヤーズ・ハンドブック2005 ... 184
環境報告書ガイドブック 188
環境法辞典 178
環境法令・解説集　平成9年版 178
環境法令遵守事項クイックガイド　2007
　.. 178
環境法令遵守事項クイックガイド　2008
　.. 179
環境保全型農業稲作推進農家の経営分析調
　査報告 138
環境保全型農業大事典　2 136
環境保全型農業による農産物の生産・出荷
　状況調査報告書 138
環境保全型農業の流通と販売 138
環境保全関係法令集 185
環境保全用語事典 184
環境マネジメント用語 188
環境問題記事索引　1988-1997 34
環境問題記事索引　1998 34
環境問題記事索引　1999 34
環境問題情報事典 30
環境問題情報事典　第2版 30
環境問題資料事典　1 30
環境問題資料事典　2 31
環境問題資料事典　3 31
環境問題総合データブック　2001年版 ... 44
環境問題総合データブック　2002年版 ... 44

環境問題総合データブック　2006 44
環境問題文献目録　2000-2002 25
環境問題文献目録　2003-2005 26
環境問題文献目録　2006-2008 26
環境用語事典 31
環境用語辞典　新装版 31
環境用語辞典　ハンディー版 31
環境用語辞典　ハンディー版　第2版 ... 31
環境用語辞典　第3版 31
環境要覧　'92 45
環境要覧　'93 - '94 45
環境要覧　1995 - 1996 45
環境要覧　1997 - 1998 45
環境要覧　2000・2001 45
環境要覧　2002／2003 45
環境要覧　2005／2006 45
環境・リサイクル施策データブック　2000
　.. 175
環境・リサイクル施策データブック　2001
　.. 175
環境・リサイクル施策データブック　2002
　.. 175
環境・リサイクル施策データブック　2003
　.. 176
環境・リサイクル施策データブック　2004
　.. 176
環境・リサイクル施策データブック　2005
　.. 176
環境・リサイクル施策データブック　2006
　.. 176,
環境・リサイクル施策データブック　2007
　.. 176
環境・リサイクル施策データブック　2008
　.. 176
環境・リサイクル施策データブック　2009
　.. 176
環境・リサイクル施策データブック　2010
　.. 177
環境リスクマネジメントハンドブック ... 35
環境緑化の事典 201
環境六法　平成2年版 179
環境六法　平成3年版 179
環境六法　平成4年版 179
環境六法　平成5年版 179
環境六法　平成7年版 179
環境六法　平成9年版 179
環境六法　平成10年版 179
環境六法　平成11年版 180
環境六法　平成12年版 180
環境六法　平成13年版 180
環境六法　平成14年版 180
環境六法　平成15年版 180
環境六法　平成16年版 180

環境六法 平成17年版 180
環境六法 平成18年版 180
環境六法 平成19年版 181
環境六法 平成20年版 1 181
環境六法 平成20年版 2 181
環境六法 平成21年版 1 181
環境六法 平成21年版 2 181
環境六法 平成22年版 181
関西環境ボランティアガイド 24
簡単ガイド 廃棄物処理法直近改正早わか
　り 115

【き】

機械工学便覧 α 187
機械工学便覧 β7 187
機械工学便覧 γ10 187
危険物船舶運送及び貯蔵規則 10訂版 80
危険物船舶運送及び貯蔵規則 11訂版 80
危険物船舶運送及び貯蔵規則 12訂版 80
危険物船舶運送及び貯蔵規則 13訂版 80
危険物船舶運送及び貯蔵規則 14訂版 80
気候変動監視レポート 1999 55
気候変動監視レポート 2001 55
気象 54
気象科学事典 53
気象がわかる絵事典 53
気象大図鑑 55
気象年鑑 1990年版 55
気象年鑑 1991年版 55
気象年鑑 1992年版 56
気象年鑑 1993年版 56
気象年鑑 1994年版 56
気象年鑑 1995年版 56
気象年鑑 1996年版 56
気象年鑑 1997年版 56
気象年鑑 1998年版 56
気象年鑑 1999年版 56
気象年鑑 2000年版 57
気象年鑑 2001年版 57
気象年鑑 2002年版 57
気象年鑑 2003年版 57
気象年鑑 2004年版 57
気象年鑑 2005年版 57
気象年鑑 2006年版 57
気象年鑑 2007年版 57
気象年鑑 2008年版 57
気象年鑑 2009年版 57
気象年鑑 2010年版 58

気象ハンドブック 第3版 54
気象・防災六法 平成10年版 54
気象・防災六法 平成15年版 54
90年代技術の事典 275
巨樹・巨木林フォローアップ調査報告書
　... 59
キーワード 気象の事典 53

【く】

空気マイナスイオン応用事典 31
くらしと環境 185
暮らしにひそむ化学毒物事典 85
暮らしの省エネ事典 281
グリーン・エンジニアリング 2009 190
グローバル統計地図 10

【け】

経済産業省 268
経皮毒データブック487 日用品編 87
鯨類学 61
下水処理場ガイド 上巻 96
下水処理場ガイド 下巻 96
下水処理場ガイドブック 97
下水道管路施設の改築・修繕技術便覧 ... 97
下水道経営ハンドブック 第5次改訂版
　... 97
下水道経営ハンドブック 〔第6次改訂版〕
　... 97
下水道経営ハンドブック 第7次改訂版
　... 97
下水道経営ハンドブック 第8次改訂版
　... 97
下水道経営ハンドブック 第9次改訂版
　... 97
下水道経営ハンドブック 第10次改訂版
　... 97
下水道経営ハンドブック 第11次改訂版
　... 97
下水道経営ハンドブック 平成12年 第12
　次改訂版 97
下水道経営ハンドブック 平成15年 第15
　次改訂版 98
下水道経営ハンドブック 平成16年 第16
　次改訂版 98
下水道経営ハンドブック 平成17年 第17
　次改訂版 98

けすい　　　　　　　　　書名索引

下水道経営ハンドブック　第18次改訂版（平成18年） ………………………………… 98
下水道経営ハンドブック　平成19年　第19次改訂版 ……………………………… 98
下水道経営ハンドブック　第20次改訂版 ………………………………………… 98
下水道経営ハンドブック　第21次改訂版（平成21年） ………………………………… 98
下水道経営ハンドブック　第22次改訂版（平成22年） ………………………………… 98
下水道工事積算基準　平成20年度版 …… 98
下水道工事積算基準　平成21年度版 …… 99
下水道工事積算基準　平成22年度版 …… 99
下水道工事積算標準単価　平成14年度版 ……………………………………………… 99
下水道工事積算標準単価　平成19年度版 ……………………………………………… 99
下水道工事積算標準単価　平成21年度版 ……………………………………………… 99
下水道工事の積算　改訂4版 …………… 99
下水道工事の積算　改訂7版 …………… 99
下水道事業の手引　平成18年版 ………… 99
下水道事業の手引　平成19年版 ………… 100
下水道設計業務積算基準　平成20年度版 ……………………………………………… 100
下水道設計業務積算基準　平成21年度版 ……………………………………………… 100
下水道設計業務積算基準　平成22年度版 ……………………………………………… 100
下水道年鑑　1991年版 ………………… 102
下水道年鑑　1993年版 ………………… 102
下水道年鑑　1994年版 ………………… 102
下水道年鑑　'95 ………………………… 102
下水道年鑑　'97 ………………………… 102
下水道年鑑　1999年版 ………………… 102
下水道年鑑　2000年版 ………………… 102
下水道年鑑　2001年版 ………………… 102
下水道年鑑　2002年版 ………………… 103
下水道年鑑　2003年版 ………………… 103
下水道年鑑　2004年版 ………………… 103
下水道年鑑　2005年版 ………………… 103
下水道年鑑　2006年版 ………………… 103
下水道年鑑　2007年版 ………………… 103
下水道年鑑　2008年版 ………………… 103
下水道年鑑　2009年版 ………………… 103
下水道年鑑　2010年版 ………………… 103
下水道年鑑　平成22年度版 …………… 103
下水道プロジェクト要覧　平成15年度版 ……………………………………………… 103
下水道プロジェクト要覧　平成16年度版 ……………………………………………… 104
下水道プロジェクト要覧　平成17年度版 ……………………………………………… 104

下水道プロジェクト要覧　平成18年度版 ……………………………………………… 104
下水道プロジェクト要覧　平成19年度版 ……………………………………………… 104
下水道法令要覧　平成6年版 …………… 100
下水道法令要覧　平成8年版 …………… 100
下水道法令要覧　平成9年版 …………… 100
下水道法令要覧　平成11年版 ………… 100
下水道法令要覧　平成12年版 ………… 101
下水道法令要覧　平成13年版 ………… 101
下水道法令要覧　平成17年版 ………… 101
下水道法令要覧　平成18年版 ………… 101
下水道法令要覧　平成19年版 ………… 101
下水道法令要覧　平成20年度版 ……… 101
ケミカルビジネスガイド　'91 ………… 191
ケミカルビジネスガイド　'92 ………… 191
ケミカルビジネスガイド　'93 ………… 191
ケミカルビジネスガイド　'94 ………… 192
原子力安全委員会安全審査指針集　改訂第9版 ……………………………………… 269
原子力安全白書　平成元年版 …………… 259
原子力安全白書　平成2年版 …………… 259
原子力安全白書　平成3年版 …………… 260
原子力安全白書　平成4年版 …………… 260
原子力安全白書　平成5年版 …………… 260
原子力安全白書　平成6年版 …………… 260
原子力安全白書　平成7年版 …………… 260
原子力安全白書　平成9年版 …………… 260
原子力安全白書　平成10年版 ………… 260
原子力安全白書　平成11年版 ………… 260
原子力安全白書　平成12年版 ………… 260
原子力安全白書　平成13年版 ………… 261
原子力安全白書　平成14年版 ………… 261
原子力安全白書　平成15年版 ………… 261
原子力安全白書　平成16年版 ………… 261
原子力安全白書　平成17年版 ………… 261
原子力安全白書　平成18年版 ………… 261
原子力安全白書　平成19・20年版 …… 261
原子力安全白書　平成21年版 ………… 262
原子力安全白書のあらまし　平成6年版 ……………………………………………… 262
原子力安全白書のあらまし　平成9年版 ……………………………………………… 262
原子力安全白書のあらまし　平成13年版 ……………………………………………… 262
原子力規制関係法令集　'92年版 ……… 269
原子力規制関係法令集　'94年版 ……… 269
原子力規制関係法令集　'95年版 ……… 269
原子力規制関係法令集　'96年版 ……… 269
原子力規制関係法令集　'97年版 ……… 269
原子力規制関係法令集　'98年版 ……… 269
原子力規制関係法令集　2000年版 …… 269

原子力規制関係法令集 2003年 269
原子力規制関係法令集 2004 269
原子力規制関係法令集 2006年 270
原子力規制関係法令集 2007年 270
原子力規制関係法令集 2008年 270
原子力規制関係法令集 2009年 270
原子力規制関係法令集 2010年 270
原子力施設運転管理年報 平成17年版 262
原子力施設運転管理年報 平成19年版 262
原子力施設運転管理年報 平成20年版 (平成19年度実績) 262
原子力施設運転管理年報 平成21年版 (平成20年度実績) 262
原子力施設運転管理年報 平成22年版 (平成21年度実績) 263
原子力実務六法 90年版 270
原子力実務六法 1994年版 270
原子力実務六法 '97年版 270
原子力実務六法 '99年版 270
原子力実務六法 2004年版 270
原子力実務六法 2008年版 271
原子力辞典 257
原子力市民年鑑 '98 263
原子力市民年鑑 99 263
原子力市民年鑑 2000 263
原子力市民年鑑 2001 263
原子力市民年鑑 2002 263
原子力市民年鑑 2003 263
原子力市民年鑑 2004 264
原子力市民年鑑 2005 264
原子力市民年鑑 2006 264
原子力市民年鑑 2007 264
原子力市民年鑑 2008 264
原子力市民年鑑 2009 264
原子力市民年鑑 2010 264
原子力人名録 '94 257
原子力人名録 '95 257
原子力人名録 '97 257
原子力人名録 2002 257
原子力人名録 2003.7 258
原子力人名録 2003.冬 258
原子力人名録 2004.夏 258
原子力年鑑 平成2年版 264
原子力年鑑 '91 264
原子力年鑑 平成4年版 265
原子力年鑑 平成5年版 265
原子力年鑑 '94 265
原子力年鑑 '95 265
原子力年鑑 '96 265
原子力年鑑 '97 265
原子力年鑑 '98／'99 265

原子力年鑑 1999／2000 265
原子力年鑑 2001／2002年版 265
原子力年鑑 2003年版 265
原子力年鑑 2004 265
原子力年鑑 2005年版 265
原子力年鑑 2006 266
原子力年鑑 2007 266
原子力年鑑 2008 266
原子力年鑑 2009 266
原子力年鑑 2010 266
原子力年鑑 2011 266
原子力白書 平成元年版 266
原子力白書 平成2年版 266
原子力白書 平成4年版 267
原子力白書 平成5年版 267
原子力白書 平成6年版 267
原子力白書 平成7年版 267
原子力白書 平成8年版 267
原子力白書 平成10年版 267
原子力白書 平成15年版 267
原子力白書 平成16年版 267
原子力白書 平成17年版 268
原子力白書 平成18年版 268
原子力白書 平成19年版 268
原子力白書 平成20年版 268
原子力白書のあらまし 平成6年版 268
原子力白書のあらまし 平成7年版 268
原子力白書のあらまし 平成8年版 268
原子力白書のあらまし 平成10年版 268
原子力発電の安全確保に向けて 268
原子力発電便覧 '91年版 258
原子力発電便覧 '95年版 258
原子力ポケットブック 1991年版 258
原子力ポケットブック 1993年版 258
原子力ポケットブック 1994年版 258
原子力ポケットブック 1995年版 258
原子力ポケットブック 1998・99年版 259
原子力ポケットブック 2000年版 259
原子力ポケットブック 2001年版 259
原子力ポケットブック 2003年版 259
原子力ポケットブック 2004年版 259
原子力ポケットブック 2005年版 259
原子力ポケット用語集 257
原子力問題図書・雑誌記事全情報1985 - 1999 257
建設環境必携 平成6年度版 165
建設環境必携 平成8年度版 165
建設環境必携 平成9年度版 166
建設工事の環境法令集 平成22年度版 166
建設工事の環境保全法令集 平成11年度版
 166

建設工事の環境保全法令集　平成12年度版 ………………………………………… 166
建設工事の環境保全法令集　平成13年度版 ………………………………………… 166
建設工事の環境保全法令集　平成14年度版 ………………………………………… 166
建設工事の環境保全法令集　平成15年度版 ………………………………………… 166
建設工事の環境保全法令集　平成16年度版 ………………………………………… 166
建設工事の環境保全法令集　平成17年度版 ………………………………………… 166
建設工事の環境保全法令集　平成18年度版 ………………………………………… 167
建設工事の環境保全法令集　平成20年度版 ………………………………………… 167
建設工事の環境保全法令集　平成21年度版 ………………………………………… 167
建設副産物用語集 …………………… 165
建設リサイクル実務必携　改訂版 …… 167
建設リサイクルハンドブック ………… 167
建設リサイクルハンドブック　2002 … 167
建設リサイクルハンドブック　2003 … 167
建設リサイクルハンドブック　2004 … 167
建設リサイクルハンドブック　2005 … 168
建設リサイクルハンドブック　2006 … 168
建設リサイクルハンドブック　2007 … 168
建設リサイクルハンドブック　2008 … 168
現代ソ連白書 ………………………… 43
現代電力技術便覧 …………………… 239
建築・環境キーワード事典 …………… 168
建築設計資料集成　環境　全面改訂版 … 169
建築設備関係法令集　平成2年版 …… 170
建築設備関係法令集　平成3年版　第5次改正版 ………………………………………… 170
建築設備関係法令集　平成4年版 …… 170
建築設備関係法令集　平成5年版 …… 170
建築設備関係法令集　平成6年版 …… 170
建築設備関係法令集　平成7年版　第9次改正版 ………………………………………… 170
建築設備関係法令集　平成9年版　第11次改正版 ………………………………………… 170
建築設備関係法令集　平成10年版　第12次改正版 ………………………………………… 170
建築設備関係法令集　平成12年版 …… 170
建築設備関係法令集　平成13年版 …… 170
建築設備関係法令集　平成15年版 …… 170
建築設備関係法令集　平成17年版　第20次改正版 ………………………………………… 171
建築設備関係法令集　平成19年版　第22次改正版 ………………………………………… 171
建築設備関係法令集　平成20年版 …… 171
建築設備関係法令集　平成21年版　第24次改正版 ………………………………………… 171
建築設備関係法令集　平成22年版 …… 171
建築・土木・環境・まちづくり　インターネットアドレスブック ………………… 198
建築に使われる化学物質事典 ………… 85
現場技術者のための環境共生ポケットブック ………………………………………… 166
原発をよむ …………………………… 257
現場で使える環境法 ………………… 181

【こ】

高圧受電設備規程　JEAC8011‐2008　沖縄電力　第2版 ……………………… 274
高圧受電設備規程　JEAC8011‐2008　関西電力　第2版 ……………………… 274
高圧受電設備規程　JEAC8011‐2008　九州電力　第2版 ……………………… 274
高圧受電設備規程　JEAC8011‐2008　四国電力　第2版 ……………………… 275
高圧受電設備規程　JEAC8011‐2008　中国電力　第2版 ……………………… 275
高圧受電設備規程　JEAC8011‐2008　中部電力　第2版 ……………………… 275
高圧受電設備規程　JEAC8011‐2008　東京電力　第2版 ……………………… 275
高圧受電設備規程　JEAC8011‐2008　東北電力　第2版 ……………………… 275
高圧受電設備規程　JEAC8011‐2008　北陸電力　第2版 ……………………… 275
高圧受電設備規程　JEAC8011‐2008　北海道電力　第2版 …………………… 275
高圧受電設備指針 …………………… 275
公園緑地マニュアル　平成16年度版 … 201
公害健康被害補償・予防関係法令集　平成7年版 ………………………………………… 120
公害健康被害補償・予防関係法令集　平成8年版 ………………………………………… 120
公害健康被害補償・予防関係法令集　平成9年版 ………………………………………… 120
公害健康被害補償・予防関係法令集　平成10年版 ………………………………………… 121
公害健康被害補償・予防関係法令集　平成11年版 ………………………………………… 121
公害健康被害補償・予防関係法令集　平成12年版 ………………………………………… 121
公害文献大事典 ……………………… 120
公害紛争処理白書　平成2年版 ……… 121
公害紛争処理白書　平成3年版 ……… 121
公害紛争処理白書　平成4年版 ……… 121

公害紛争処理白書 平成5年版 122	港湾六法 平成11年版 204
公害紛争処理白書 平成6年版 122	港湾六法 平成12年版 204
公害紛争処理白書 平成7年版 122	港湾六法 平成13年版 204
公害紛争処理白書 平成8年版 122	港湾六法 平成14年版 204
公害紛争処理白書 平成10年版 122	港湾六法 平成15年版 204
公害紛争処理白書 平成11年版 122	港湾六法 平成16年版 204
公害紛争処理白書 平成12年版 122	港湾六法 平成17年版 205
公害紛争処理白書 平成13年版 123	港湾六法 平成19年版 205
公害紛争処理白書 平成15年版 123	港湾六法 平成20年版 205
公害紛争処理白書 平成16年版 123	国際環境を読む50のキーワード 35
公害紛争処理白書 平成17年版 123	国際環境科学用語集 31
公害紛争処理白書 平成18年版 123	国際比較統計索引 2
公害紛争処理白書 平成19年版 123	国際水紛争事典 87
公害紛争処理白書 平成20年版 124	国土交通省河川砂防技術基準 同解説・計
公害紛争処理白書 平成21年版 124	画編 62
公害紛争処理白書 平成22年版 124	国民衛生の動向 1990年 43
公害紛争処理白書のあらまし 平成7年版	国民の食糧白書 '90 153
.... 124	子ども地球白書 1992-93 4
公害紛争処理白書のあらまし 平成10年版	こども地球白書 1999-2000 4
.... 124	こども地球白書 2000-2001 4
公害防止管理者用語辞典 120	こども地球白書 2001-2002 4
公害防止の技術と法規 大気編 五訂版	こども地球白書 2003-2004 4
.... 76	こども地球白書 2004-2005 4
公共下水道工事複合単価 管路編 平成22	こども地球白書 2006-07 4
年度版 100	子どものための環境用語事典 207
航空機騒音防止関係法令集 平成16年版	ごみ処理広域化計画 東日本編 106
.... 126	ゴミダス 113
鉱山保安規則 石油鉱山編 平成8年版 229	ごみの百科事典 105
交通関係エネルギー要覧 平成12年版 215	ごみハンドブック 106
交通関係エネルギー要覧 平成13・14年版	ごみ・リサイクル統計データ集 2006 210
.... 215	コール・ノート 1990年版 227
交通関係エネルギー要覧 平成15年版 215	コール・ノート 1991年版 227
交通関係エネルギー要覧 平成16年版 215	コール・ノート 1992年版 227
公有水面埋立実務ハンドブック 198	コール・ノート 1993年版 228
港湾小六法 1991年版 202	コール・ノート 1994年版 228
港湾小六法 1995年版 202	コール・ノート 1995年版 228
港湾小六法 平成16年版 202	コール・ノート 1997年版 228
港湾小六法 平成17年版 202	コール・ノート 1998年版 228
港湾小六法 平成18年版 202	コール・ノート 1999年版 228
港湾小六法 平成19年版 203	コール・ノート 2002年版 228
港湾小六法 平成20年版 203	コール・ノート 2003年版 228
港湾小六法 平成21年版 203	ゴルフ場管理と農薬の手引 139
港湾小六法 平成22年版 203	ゴルフ場に於ける農薬・関係法令・通知・
港湾六法 平成2年版 203	解説集 1990年版 142
港湾六法 平成3年版 203	ゴルフ場農薬ガイド 139
港湾六法 平成4年版 203	これでわかる 農薬キーワード事典 138
港湾六法 平成5年版 203	これならわかるEU環境規制REACH対応
港湾六法 平成6年版 203	Q&A 88 87
港湾六法 平成7年版 203	今日の気象業務 平成10年版 58
港湾六法 平成8年度 204	今日の気象業務 平成11年版 58
港湾六法 平成9年版 204	コンパクト版 エネルギー・資源ハンドブック
港湾六法 平成10年版 204	

【さ】

ク ……………………………………… 221

最新 エコロジーがわかる地球環境用語事典 …………………………………… 31
最新 エネルギー用語辞典 ……………… 212
最新 海洋汚染及び海上災害の防止に関する法律及び関係法令 改訂版 ………… 80
最新 海洋汚染等及び海上災害の防止に関する法律及び関係法令 平成20年1月現在 …………………………………………… 80
最新 環境キーワード ……………………… 32
最新 ダイヤモンド環境ISO六法 ……… 181
最新 電気事業法関係法令集 ……… 251, 252
最新 農薬の規制・基準値便覧 平成5年3月8日現在 …………………………… 139
最新 農薬の規制・基準値便覧 平成5年8月31日現在 追補 …………………… 139
最新 農薬の規制・基準値便覧 1995年版 …………………………………………… 139
最新 農薬の規制・基準値便覧 1995年版追補版 ……………………………… 139
最新 農薬の残留分析法 改訂版 ………… 140
最新文献ガイド 食の安全性 …………… 26
最新 未利用エネルギー活用マニュアル …………………………………………… 278
サステナビリティ辞典 2007 …………… 72
サステナブル都市への挑戦 ……………… 198
雑草管理ハンドブック ………………… 140
雑草管理ハンドブック 普及版 ………… 140
沙漠の事典 ……………………………… 71
産業災害全史 ……………………………… 120
産業廃棄物処理ハンドブック 平成2年版 …………………………………………… 113
産業廃棄物処理ハンドブック 平成3年版 …………………………………………… 113
産業廃棄物処理ハンドブック 平成5年版 …………………………………………… 114
産業廃棄物処理ハンドブック 平成6年版 …………………………………………… 114
産業廃棄物処理ハンドブック 平成8年版 …………………………………………… 114
産業廃棄物処理ハンドブック 平成10年版 …………………………………………… 114
産業廃棄物処理ハンドブック 平成11年版 …………………………………………… 114
産業廃棄物処理ハンドブック 平成12年版 …………………………………………… 114
産業別「会社年表」総覧 第2巻 ……… 227
産業別「会社年表」総覧 第10巻 ……… 228

三段対照 廃棄物処理法法令集 平成12年版 …………………………………………… 115
三段対照 廃棄物処理法法令集 平成13年版 …………………………………………… 115
三段対照 廃棄物処理法法令集 平成14年版 …………………………………………… 115
三段対照 廃棄物処理法法令集 平成16年版 …………………………………………… 115
三段対照 廃棄物処理法法令集 平成18年版 …………………………………………… 115
三段対照 廃棄物処理法法令集 平成19年版 …………………………………………… 116
三段対照 廃棄物処理法法令集 平成20年版 …………………………………………… 116
三段対照 廃棄物処理法法令集 平成21年版 …………………………………………… 116
三段対照 廃棄物処理法法令集 平成22年版 …………………………………………… 116
残留農薬データブック ………………… 140

【し】

CO2がわかる事典 ………………………… 74
資源エネルギーデータ集 1993年版 ……… 2
資源エネルギーデータ集 1994年版 ……… 2
資源エネルギーデータ集 1996年版 ……… 2
資源・エネルギー統計年報 平成14年 … 223
資源・エネルギー統計年報 平成15年 … 223
資源・エネルギー統計年報 平成16年 … 223
資源・エネルギー統計年報 平成17年 … 223
資源・エネルギー統計年報 平成18年 … 223
資源・エネルギー統計年報 平成19年 … 223
資源・エネルギー統計年報 平成20年 … 224
資源・エネルギー統計年報 平成21年 … 224
資源エネルギー年鑑 1993 ……………… 215
資源エネルギー年鑑 1995・96年版 …… 215
資源エネルギー年鑑 97・98 …………… 215
資源エネルギー年鑑 1999・2000 ……… 215
資源エネルギー年鑑 2003／2004 ……… 215
資源エネルギー年鑑 2005・2006 ……… 215
資源エネルギー年鑑 2007・2008 ……… 216
資源エネルギー年鑑 2009・2010 改訂16版 ……………………………………… 216
資源エネルギー六法 平成4年版 ……… 221
資源エネルギー六法 平成6年版 ……… 221
資源エネルギー六法 平成8年版 ……… 221
資源エネルギー六法 平成14年版 ……… 222
資源循環技術ガイド 2000 ……………… 210
資源・素材・環境技術用語集 ……………… 1
資源統計年報 平成元年 ………………… 224

資源統計年報 平成2年 ………………… 224
資源統計年報 平成3年 ………………… 224
資源統計年報 平成4年 ………………… 224
資源統計年報 平成5年 ………………… 224
資源統計年報 平成6年 ………………… 224
資源統計年報 平成7年 ………………… 224
資源統計年報 平成10年 ………………… 224
資源統計年報 平成11年 ………………… 225
資源統計年報 平成12年 ………………… 225
資源統計年報 平成13年 ………………… 225
資源の未来 ………………………………… 5
支障除去のための不法投棄現場等現地調査
　マニュアル ……………………………… 119
JISハンドブック 7 ……………… 250, 251
JISハンドブック 10 …………… 75, 124
JISハンドブック 12 …………………… 234
JISハンドブック 17 …………………… 165
JISハンドブック 19 …………………… 251
JISハンドブック 20 …………………… 251
JISハンドブック 23 …………………… 274
JISハンドブック 25 …………………… 234
JISハンドブック 39 …………………… 274
JISハンドブック 52 …………………… 75
JISハンドブック 53 …………………… 75
JISハンドブック 54 …………………… 211
JISハンドブック 62 …………………… 165
JISハンドブック 63 …………………… 165
JISハンドブック 1996 10 …………… 75
JISハンドブック 2003 19 …………… 251
JISハンドブック 2003 20 …………… 251
JISハンドブック 2003 39 …………… 274
JISハンドブック 2003 52 …………… 75
JISハンドブック 2003 53 …………… 75
JISハンドブック 2003 54 …………… 211
JISハンドブック 2003 62 …………… 165
JISハンドブック 2003 63 …………… 165
JISハンドブック 2003 71 …………… 251
JISハンドブック 2007 25 …………… 234
JISハンドブック 2007 39 …………… 274
JISハンドブック 2007 52 …………… 75
JISハンドブック 2007 53 …………… 75
JISハンドブック 2007 54 …………… 211
JISハンドブック 2007 62 …………… 165
JISハンドブック 2007 63 …………… 165
JISハンドブック 2007 71 …………… 251
JISハンドブック 2007 74 …………… 172
JISハンドブック 2007 75 …………… 278
JISハンドブック 環境測定 1993 …… 75
JISハンドブック 環境測定 1994 …… 75
JISハンドブック 石油 1993 ………… 234
JISハンドブック 電気 設備・工事編
　1993 ……………………………………… 251
JISハンドブック 電気 設備・工事編
　1994 ……………………………………… 251
自然環境データブック 2001 ………… 49
自然再生ハンドブック ………………… 186
自然復元・ビオトープ 独和・和独小辞典
　……………………………………………… 186
自然保護年鑑 2（平成1・2年版） …… 186
自然保護年鑑 3（平成4・5年版） …… 186
自然保護年鑑 4（平成7・8年版） …… 186
自然保護ハンドブック 新装版 ……… 186
自然力を生かす農家の技術早わかり事典
　……………………………………………… 136
持続性の高い農業生産方式への取組状況調
　査報告書 平成14年・平成15年 …… 138
知っておきたい紙パの実際 2003 …… 192
知っておきたい紙パの実際 2004 …… 192
知っておきたい紙パの実際 2005 …… 192
知っておきたい紙パの実際 2006 …… 192
知っておきたい紙パの実際 2007 …… 192
知っておきたい紙パの実際 2008 …… 192
知っておきたい紙パの実際 2010 …… 192
室内空気清浄便覧 ……………………… 169
室内の臭気に関する嗅覚測定法マニュア
　ル ………………………………………… 169
実用 エネルギー施設用語辞典 ……… 219
事典東南アジア ………………………… 32
市民がつくったゴミ白書・ちば'93 … 109
写真でみる日本の不法投棄等 ……… 119
首都圏の酸性雨 ………………………… 74
ジュニア地球白書 2007 - 08 ………… 5
ジュニア地球白書 2008 - 09 ………… 5
樹木医が教える緑化樹木事典 ……… 201
循環型社会キーワード事典 ………… 207
循環型社会白書 平成14年版 ………… 207
循環型社会白書 平成15年版 ………… 208
循環型社会白書 平成17年版 ………… 208
循環型社会白書 平成18年版 ………… 208
「省エネ法」法令集 平成15年度改正 増補
　版 ………………………………………… 281
「省エネ法」法令集 平成17年度改正 … 282
「省エネ法」法令集 平成20年度改正 … 282
省エネルギー総覧 1994 ……………… 282
省エネルギー総覧 1997 ……………… 282
省エネルギー総覧 2000・2001 ……… 282
省エネルギー総覧 2004・2005 ……… 282
省エネルギー総覧 2006・2007 第11版
　……………………………………………… 283
省エネルギー総覧 2008・2009 ……… 283
省エネルギー総覧 2010・2011 ……… 283
省エネルギー手帳 2001 ……………… 281
省エネルギー手帳 2007年 …………… 281

省エネルギー便覧 平成2年度版	283
省エネルギー便覧 平成3年版	283
省エネルギー便覧 平成4年度版	283
省エネルギー便覧 平成5年度版	283
省エネルギー便覧 平成6年度版	284
省エネルギー便覧 平成7年度版	284
省エネルギー便覧 '97年版	284
省エネルギー便覧 '98年版	284
省エネルギー便覧 1999・2000年版	284
省エネルギー便覧 2001年版	284
省エネルギー便覧 2002年版	285
省エネルギー便覧 2003年版	285
省エネルギー便覧 2004年版	285
省エネルギー便覧 2005年度版	285
省エネルギー便覧 2006年度版	285
省エネルギー便覧 2007年度版	285
省エネルギー便覧 2008	285
省エネルギー便覧 2009	285
省エネルギー便覧 2010年度版	285
浄化槽の構造基準・同解説 2005年版	172
食卓の化学毒物事典	85
食品衛生検査指針 残留農薬編 2003	140
食品汚染性有害物事典	85
食品循環資源の再生利用等実態調査結果報告 平成17年	156
食品循環資源の再生利用等実態調査報告 平成13年	156
食品循環資源の再生利用等実態調査報告 平成14年	156
食品循環資源の再生利用等実態調査報告 平成15年	156
植物保護の事典	185
植物保護の事典 普及版	186
食料白書 1989年版	153
食料白書 1990年版	154
食料白書 1991年版	154
食料白書 1992年版	154
食料白書 1993年度版	154
食料白書 1996年版	154
食料白書 1997(平成9)年版	154
食料白書 1999(平成11)年版	154
食料白書 2000(平成12)年版	155
食料白書 2001(平成13)年版	155
食料白書 2002(平成14)年版	155
食料白書 2003(平成15)年版	155
食料白書 2004年版	155
食料白書 2005年版	155
食料白書 2007年版	156
食料白書 2008年版	156
新エネルギー・環境用語辞典	1
新エネルギー大事典	277
新エネルギー便覧	278
新エネルギー便覧 平成7年度版	278
新エネルギー便覧 平成8年度版	278
新エネルギー便覧 平成9年度版	278
新エネルギー便覧 平成10年度版	278
新エネルギー便覧 平成15年度版	278
新・環境小事典	32
新・環境小事典 2訂版	32
新・下水道技術用語辞典	96
新・公害防止の技術と法規 2006 騒音・振動編	125
新・公害防止の技術と法規 2008 ダイオキシン類編	78
新・公害防止の技術と法規 2008 水質編 (1, 2)	78
新・公害防止の技術と法規 2008 騒音・振動編	125
新・公害防止の技術と法規 2008 大気編	76
新・公害防止の技術と法規 2009 ダイオキシン類編 改訂版	78
新・公害防止の技術と法規 2009 水質編 (1, 2)	78
新・公害防止の技術と法規 2009 騒音・振動編	125
新・公害防止の技術と法規 2009 大気編	76
新・公害防止の技術と法規 2010 ダイオキシン類編	78
新・公害防止の技術と法規 2010 水質編 (1, 2)	79
新・公害防止の技術と法規 2010 騒音・振動編	126
新・公害防止の技術と法規 2010 大気編	76
新水道水質基準ガイドブック	93
新・地球環境ビジネス 2003-2004	194
新・地球環境ビジネス 2005-2006	194
新・地球環境百科	49
新データガイド地球環境	49
新土木工事積算大系用語定義集 下水道編	96
新版 環境教育事典	207
新版 現場技術者のためのダム工事ポケットブック	256
神秘の海を解き明かせ	61
新編 火力発電用語事典	256
新・緑空間デザイン植物マニュアル	201
森林大百科事典	58
森林・林業実務必携	145
森林・林業統計要覧 2007年版	151
森林・林業白書 平成13年度	146
森林・林業白書 平成14年度	146

森林・林業白書 平成15年度 ……………… 146
森林・林業白書 平成16年度 ……………… 146
森林・林業白書 平成18年版 ……………… 146
森林・林業白書 平成19年版 ……………… 147
森林・林業白書 平成20年版 ……………… 147
森林・林業白書 平成21年版 ……… 147, 148
森林・林業白書 平成22年版 ……………… 148

【す】

水質汚濁防止機器活用事典 ……………… 78
水質調査ガイドブック …………………… 79
水質用語事典 ……………………………… 87
水道経営ハンドブック 平成21年 ………… 93
水道実務六法 平成2年版 ………………… 93
水道実務六法 平成3年版 ………………… 93
水道実務六法 平成5年版 ………………… 93
水道実務六法 平成7年 …………………… 93
水道実務六法 平成10年版 ………………… 94
水道実務六法 平成11年版 ………………… 94
水道実務六法 平成12年版 ………………… 94
水道実務六法 平成18年版 ………………… 94
水道年鑑 1992年版 ………………………… 95
水道年鑑 1993年版 ………………………… 95
水道年鑑 1994年版 ………………………… 95
水道年鑑 1995年版 ………………………… 95
水道年鑑 1997年版 ………………………… 95
水道年鑑 2002 ……………………………… 95
水道年鑑 2004年版 ………………………… 95
水道年鑑 2005年版 ………………………… 95
水道年鑑 2006年版 ………………………… 95
水道年鑑 2007年版 ………………………… 96
水道年鑑 2008年版 ………………………… 96
水道年鑑 2009年版 ………………………… 96
水道年鑑 2010年版 ………………………… 96
水道年鑑 平成22年度版 …………………… 96
水道法関係法令集 ………………………… 94
水道法関係法令集 平成20年4月版 ……… 95
水道法関係法令集 平成22年4月版 ……… 95
水文・水資源ハンドブック ……………… 88
水力、火力、電気設備の技術基準の解釈 平成16年度版 ……………………………… 255
水力、火力、風力、電気設備の技術基準の解釈 平成17年度版 ……………………… 255
水力、火力、風力、電気設備の技術基準の解釈 平成19年度版 ……………………… 256
数字で見る関東の運輸の動き 1999 …… 163
数字で見る関東の運輸の動き 2000 …… 163
数字で見る関東の運輸の動き 2001 …… 163

数字で見る関東の運輸の動き 2002 …… 163
数字で見る関東の運輸の動き 2003 …… 164
数字で見る関東の運輸の動き 2004 …… 164
数字で見る関東の運輸の動き 2005 …… 164
数字で見る関東の運輸の動き 2006 …… 164
数字で見る関東の運輸の動き 2008 …… 164
数字で見る関東の運輸の動き 2010 …… 164
数字でみる港湾 '97 ……………………… 205
数字でみる港湾 '99 ……………………… 205
数字でみる港湾 2000 …………………… 205
数字でみる港湾 2001 …………………… 205
数字でみる港湾 2002年版 ……………… 205
数字でみる港湾 2003 …………………… 205
数字でみる港湾 2004 …………………… 206
数字でみる港湾 2006年版 ……………… 206
数字でみる港湾 2007年版 ……………… 206
数字でみる港湾 2008年版 ……………… 206
数字でみる港湾 2009年版 ……………… 206
数字でみる港湾 2010 …………………… 206
数字でみる物流 1991年版 ……………… 164
数字でみる物流 1995 …………………… 164
数字でみる物流 1996 …………………… 164
数字でみる物流 2001 …………………… 164
数字でみる物流 2004年版 ……………… 164
数字でみる物流 2005年版 ……………… 164
数字でみる物流 2006 …………………… 164
数字でみる物流 2008 …………………… 164
数字でみる物流 2009 …………………… 164
数字でみる物流 2010 …………………… 165
図解でわかる電気の事典 ……………… 238
図解 電気設備技術基準・解釈ハンドブック 改訂版 …………………………………… 239
図解 電気設備技術基準・解釈ハンドブック 平成11年改正版 改訂第2版 ………… 240
図解 電気設備技術基準・解釈ハンドブック ……………………………………… 240
図解 電気設備技術基準・解釈ハンドブック 改訂第6版 ……………………………… 240
図解 電気設備技術基準・解釈ハンドブック 改訂第7版 ……………………………… 240
図解 土壌・地下水汚染用語事典 ……… 84
すぐわかる森と木のデータブック 2002 ……………………………………… 58
図説 江戸・東京の川と水辺の事典 …… 62
図説環境問題データブック ……………… 35
図説 漁業白書 平成元年度 …………… 151
図説 漁業白書 平成2年度 …………… 151
図説 漁業白書 平成3年度 …………… 152
図説 漁業白書 平成4年度版 ………… 152
図説 漁業白書 平成5年度版 ………… 152
図説 漁業白書 平成6年度 …………… 152
図説 漁業白書 平成7年度 …………… 152

図説 漁業白書 平成8年度	152
図説 漁業白書 平成9年度	152
図説 漁業白書 平成10年度	153
図説 漁業白書 平成11年度	153
図説 漁業白書 平成12年度	153
図説 食料・農業・農村白書 平成11年度	130
図説 食料・農業・農村白書 平成12年度	130
図説 食料・農業・農村白書 平成13年度版	130
図説 食料・農業・農村白書 平成14年度版	130
図説 食料・農業・農村白書 平成15年度版	130
図説 食料・農業・農村白書 参考統計表 平成12年度版	136
図説 食料・農業・農村白書 参考統計表 平成13年度版	136
図説 食料・農業・農村白書 参考統計表 平成14年度版	136
図説 食料・農業・農村白書 参考統計表 平成15年度版	136
図説 森林・林業白書 平成13年度	148
図説 森林・林業白書 平成14年度	148
図説 森林・林業白書 平成15年度	148
図説 林業白書 平成4年度	148
図説 林業白書 平成5年度版	149
図説 林業白書 平成6年度	149
図説 林業白書 平成7年度	149
図説 林業白書 平成8年度	149
図説 林業白書 平成9年度	149
図説 林業白書 平成10年度	149
図説 林業白書 平成11年度	149
図説 林業白書 平成12年度	150
スタンダード 化学卓上事典	86
図でみる 運輸白書 平成5年版	160
図でみる 運輸白書 平成6年版	160
図でみる 運輸白書 平成7年版	160
図でみる 運輸白書 平成7年度	160
図でみる 運輸白書 平成9年度	160
図でみる 運輸白書 平成10年度	160
図でみる 運輸白書 平成11年度	160
図でみる 運輸白書 平成12年度	160
スーパーディーラー 2000	229
図表でみる世界の主要統計 2007年版	46
図表でみる世界の主要統計 2008年版	46
図表でみる世界の主要統計 2009年版	46
図表でみる世界の主要統計OECDファクトブック 2006年版	46
住まいのエコ建材・設備ガイド 1999年版	171
住まいのエコ建材・設備ガイド 2000年版	171
住まいのエコ建材・設備ガイド 2001年版	172
住まいのエコ建材・設備ガイド 2002年版	172
スローライフから学ぶ地球をまもる絵事典	185

【せ】

生活環境と化学物質 用語解説	86
生活環境と化学物質 用語解説 第2版	86
生活用品リサイクル百科事典 下巻	208
生態影響試験ハンドブック	87
生物生息地の保全管理への取組状況調査結果 平成12年度	185
生物多様性というロジック	71
生物多様性緑化ハンドブック	71, 201
生物による環境調査事典	32
世界開発報告 2008	137
世界開発報告 2010	58
世界国勢図会 1992-93年版 第4版	10
世界国勢図会 1994-95年版	10
世界国勢図会 '96-97 第7版	10
世界国勢図会 '97-98 第8版	10
世界国勢図会 '98-99 第9版	10
世界国勢図会 1999-2000年版 第10版	10
世界国勢図会 2000／2001年版 第11版	10
世界国勢図会 2001／2002年版 第12版	11
世界国勢図会 2002／03版 第13版	11
世界国勢図会 2005／06 第16版	11
世界国勢図会 2007／08年版 第18版	11
世界国勢図会 2008／09年版 第19版	11
世界国勢図会 2009／10年版	11
世界国勢図会 2010／11年版 第21版	11
世界食料農業白書 1996年	130
世界食料農業白書 1997年	131
世界食料農業白書 1998年	131
世界食料農業白書 2001年	131
世界食料農業白書 2002年版	131
世界食料農業白書 2003年版	131
世界食料農業白書 2004-05年版	131
世界森林白書 1997年	59
世界森林白書 1999年	59
世界森林白書 2002年版	59
世界石油年表	229

世界地図で読む環境破壊と再生 ……… 35	石油産業会社要覧 2008年版 ………… 235
世界統計白書 2006年版 ………………… 11	石油産業会社要覧 2009年版 ………… 235
世界統計白書 2007年版 ………………… 12	石油産業人住所録 平成3年度版 …… 235
世界統計白書 2008年版 ………………… 12	石油産業人住所録 平成5年度版 …… 235
世界統計白書 2009年版 ………………… 12	石油辞典 第2版 ………………………… 229
世界統計白書 2010年版 ………………… 12	石油資料 平成4年 ……………………… 229
世界の穀物需給とバイオエネルギー … 279	石油資料 平成5年 ……………………… 229
世界の資源と環境 1990‐91 ……………… 2	石油代替エネルギー便覧 平成2年度版
世界の資源と環境 1992‐93 ……………… 3	…… 278
世界の資源と環境 1994‐95 ……………… 3	石油代替エネルギー便覧 平成4年版 … 279
世界の資源と環境 1996‐97 ……………… 3	石油等消費構造統計表 商鉱工業 平成3年
世界の資源と環境 1998‐99 ……………… 3	…… 231
世界の先住民環境問題事典 …………… 32	石油等消費構造統計表 商鉱工業 平成4年
世界の統計 1994 ………………………… 12	…… 231
世界の統計 1995 ………………………… 12	石油等消費構造統計表 平成5年 ……… 231
世界の統計 1996 ………………………… 12	石油等消費構造統計表 商鉱工業 平成6年
世界の統計 1997 ………………………… 12	…… 231
世界の統計 1998 ………………………… 12	石油等消費構造統計表 平成10年 …… 231
世界の統計 1999 ………………………… 12	石油等消費構造統計表 平成11年 …… 231
世界の統計 2000年版 …………………… 12	石油等消費構造統計表 平成12年 …… 232
世界の統計 2001年版 …………………… 13	石油等消費構造統計表 平成13年 …… 232
世界の統計 2002年版 …………………… 13	石油等消費動態統計年報 平成2年 … 232
世界の統計 2003年版 …………………… 13	石油等消費動態統計年報 製造工業 平成4
世界の統計 2004年版 …………………… 13	年 ……………………………………… 232
世界の統計 2005年版 …………………… 13	石油等消費動態統計年報 製造工業 平成5
世界の統計 2006年版 …………………… 13	年 ……………………………………… 232
世界の統計 2007年版 …………………… 13	石油等消費動態統計年報 製造工業 平成6
世界の統計 2008年版 …………………… 13	年 ……………………………………… 232
世界の統計 2009年版 …………………… 13	石油等消費動態統計年報 平成7年 … 232
世界の統計 2010年版 …………………… 13	石油等消費動態統計年報 製造工業 平成
石綿障害予防規則の解説 第3版 …… 173	10年 …………………………………… 232
石油化学工業年鑑 1990年版 ………… 192	石油等消費動態統計年報 平成12年 … 232
石油化学工業年鑑 1992年版 ………… 193	石油等消費動態統計年報 平成14年 … 232
石油化学工業年鑑 1993年版 ………… 193	石油等消費動態統計年報 平成15年 … 233
石油化学工業年鑑 1994年版 ………… 193	石油等消費動態統計年報 平成16年 … 233
石油化学工業年鑑 1995 ……………… 193	石油等消費動態統計年報 平成17年 … 233
石油化学工業年鑑 1996 ……………… 193	石油等消費動態統計年報 平成18年 … 233
石油化学工業年鑑 1997 ……………… 193	石油等消費動態統計年報 平成19年 … 233
石油化学工業年鑑 1999年版 ………… 193	石油等消費動態統計年報 平成20年 … 233
石油化学工業年鑑 2001年版 ………… 193	石油等消費動態統計年報 平成21年 … 234
石油化学工業年鑑 2003年版 ………… 193	石油年鑑 1990 ………………………… 229
石油鉱山保安規則 改訂版 …………… 229	石油年鑑 1991 ………………………… 230
石油産業会社要覧 1990年版 ………… 234	石油年鑑 1992 ………………………… 230
石油産業会社要覧 1993年版 ………… 234	石油年鑑 1993／1994 ………………… 230
石油産業会社要覧 1994年版 ………… 234	石油年鑑 1995 ………………………… 230
石油産業会社要覧 1995年版 ………… 234	石油年鑑 1996 ………………………… 230
石油産業会社要覧 1999年版 ………… 234	石油年鑑 1999／2000 ………………… 230
石油産業会社要覧 2002年版 ………… 234	石油販売会社要覧 2004 ……………… 235
石油産業会社要覧 2003年版 ………… 234	石油便覧 1994 ………………………… 229
石油産業会社要覧 2005年版 ………… 235	施工管理者のための建設副産物・リサイク
石油産業会社要覧 2007年版 ………… 235	ルハンドブック 2001年度版 第2版 … 168
	施工管理者のための建設副産物・リサイク

ルハンドブック 改訂第4版 ………… 168
全国環境行政便覧 平成3年版 ………… 174
全国環境行政便覧 平成5年版 ………… 174
全国環境行政便覧 平成7年版 ………… 174
全国環境行政便覧 平成9年版 ………… 174
全国環境行政便覧 平成13年版 ………… 174
全国環境施策 平成5年度版 ………… 177
全国環境事情 平成9年版 ………… 177
全国環境事情 平成14年版 ………… 177
全国公共用水域水質年鑑 1992年版 ……… 89
全国公共用水域水質年鑑 1993年版 ……… 89
全国公共用水域水質年鑑 1994年版 ……… 89
全国公共用水域水質年鑑 1995年版 ……… 89
全国公共用水域水質年鑑 1996年版 ……… 89
全国公共用水域水質年鑑 1997年版 ……… 89
全国公共用水域水質年鑑 1998年版 ……… 89
全国公共用水域水質年鑑 1999年版 ……… 90
全国公共用水域水質年鑑 2000年版 ……… 90
全国ごみ処理広域化計画総覧 2000年度版 ………………………… 107
全国産廃処分業中間処理最終処分企業名鑑 1992 …………………… 113
全国産廃処分業中間処理・最終処分企業名覧・名鑑 2005 ………… 113
全国産廃処分業中間処理・最終処分企業名覧名鑑 2010 …………… 113
全国自治体のごみ処理状況 ………… 107
全国総合河川大鑑 1991 ……………… 68
全国総合河川大鑑 1993 ……………… 68
全国総合河川大鑑 1994 ……………… 68
全国総合河川大鑑 1995 ……………… 68
全国総合河川大鑑 1996 ……………… 68
全国総合河川大鑑 1999 ……………… 68
全国総合河川大鑑 2000 ……………… 68
全国総合河川大鑑 2001 ……………… 69
全国総合河川大鑑 2002 ……………… 69
全国総合河川大鑑 2003 ……………… 69
全国総合河川大鑑 2005 ……………… 69
全国総合河川大鑑 2006 ……………… 69
全国総合河川大鑑 2007 ……………… 69
全国地方公害試験研究機関要覧 …… 120
全国の下水道事業実施計画 平成3年度 ………………………… 104
全国の下水道事業実施計画 平成10年度版 ………………………… 104
全国の下水道事業実施計画 平成11年度版 ………………………… 104
全国の下水道事業実施計画 平成12年度版 ………………………… 105
全国の下水道事業実施計画 平成13年度版 ………………………… 105
全国の下水道事業実施計画 平成14年度版 ………………………… 105
全国の公害苦情の実態 平成13年版 …… 124
全国 リサイクルショップガイド 〔保存版〕 ………………………… 208
洗剤・洗浄の事典 …………………… 86
船舶安全法関係用語事典 …………… 79
船舶からの大気汚染防止関係法令及び関係条約 ……………………… 77

【そ】

騒音・振動防止機器活用事典 ……… 125
騒音・振動防止技術と装置事典 …… 125
騒音制御工学ハンドブック ………… 126
騒音用語事典 ………………………… 125
総合エネルギー統計 平成元年度版 … 225
総合エネルギー統計 平成2年度版 … 225
総合エネルギー統計 平成8年度版 … 225
総合エネルギー統計 平成9年度版 … 225
総合エネルギー統計 平成10年度版 … 225
総合エネルギー統計 平成11年度版 … 225
総合エネルギー統計 平成12年度版 … 226
総合エネルギー統計 平成13年度版 … 226
総合エネルギー統計 平成15年度版 … 226
総合エネルギー統計 平成16年度版 … 226
総合食品事典 第6版 ………………… 153
ソーラー建築設計データブック …… 277

【た】

大気汚染防止機器活用事典 ………… 76
大気環境保全技術と装置事典 ……… 76
大気・ダイオキシン用語事典 ……… 76
大気・水・土壌・環境負荷 ………… 74
対訳ISO14001：2004 環境マネジメントシステム ポケット版 …………… 189
ダイヤモンド環境ISO六法 改訂第2版 ………………………… 181
太陽電池産業総覧 2007 …………… 276
太陽電池産業総覧 2009 …………… 276
太陽電池産業総覧 2010 …………… 276
太陽電池産業総覧 2011 …………… 277
脱原発年鑑 96 ………………………… 268
脱原発年鑑 97 ………………………… 268
建物のLCA指針 第2版 ……………… 169
立山自然ハンドブック ……………… 49
立山自然ハンドブック 改訂版 ……… 49

WMO気候の事典 ……………………… 53	地球環境キーワード事典 5訂 ……… 48
ダム年鑑 1997 ………………………… 256	地球環境工学ハンドブック …………… 187
ダム年鑑 1998 ………………………… 256	地球環境工学ハンドブック 〔コンパクト
ダム年鑑 1999 ………………………… 256	版〕 ……………………………………… 187
ダム年鑑 2002 ………………………… 256	地球環境辞典 ……………………………… 48
誰でもわかる!!日本の産業廃棄物 平成17	地球環境辞典 第2版 ……………………… 48
年度版 ………………………………… 114	地球環境情報 1990 ………………………… 26
炭素の事典 ……………………………… 276	地球環境情報 1992 ………………………… 26
田んぼまわりの生きもの 栃木県版 …… 50	地球環境情報 1994 ………………………… 26
	地球環境情報 1996 ………………………… 27
	地球環境情報 1998 ………………………… 27

【ち】

	地球環境条約集 ………………………… 182
	地球環境条約集 第3版 ………………… 182
	地球環境条約集 第4版 ………………… 182
地域からエネルギーを引き出せ! ……… 221	地球環境図鑑 ……………………………… 52
地域統計要覧 1990年版 …………………… 13	地球環境大事典 〔特装版〕 ……………… 48
地域統計要覧 1991年版 …………………… 13	地球環境データブック …………………… 5
地域統計要覧 1992年版 …………………… 14	地球環境データブック 2001-02 ………… 5
地域統計要覧 1993年版 …………………… 14	地球環境データブック 2003-04 ………… 5
地域統計要覧 1994年版 …………………… 14	地球環境データブック 2004-05 ………… 6
地域統計要覧 1995年版 …………………… 14	地球環境データブック 2005-06 ………… 6
地域統計要覧 1997年版 …………………… 14	地球環境データブック 2007-08 ………… 6
地域統計要覧 1999年版 …………………… 14	地球環境年表 2003 ………………………… 47
地域統計要覧 2000年版 …………………… 14	地球環境の事典 …………………………… 48
地域統計要覧 2001年版 …………………… 14	地球環境ハンドブック …………………… 50
地域統計要覧 2003年版 …………………… 14	地球環境ハンドブック 第2版 ………… 50
地域発!ストップ温暖化ハンドブック … 72	地球環境保全のための環境装置・機器メー
地球 ………………………………………… 50	カーガイド …………………………… 190
地球 改訂版 ……………………………… 52	地球環境保全のための環境装置・機器メー
地球・宇宙の図詳図鑑 …………………… 52	カーガイド 1993年版 ………………… 190
地球温暖化サバイバルハンドブック …… 72	地球環境保全のための環境装置・機器メー
地球温暖化図鑑 …………………………… 73	カーガイド 1994年版 ………………… 190
地球温暖化統計データ集 2009年版 ……… 73	地球環境保全のための環境装置・機器メー
地球温暖化と日本 ………………………… 72	カーガイド 1998年版 ………………… 190
地球温暖化予測情報 第1巻 ……………… 73	地球環境保全のための環境装置・機器メー
地球温暖化予測情報 第2巻 ……………… 73	カーガイド 1999年版 ………………… 190
地球温暖化予測情報 第3巻 ……………… 73	地球環境用語辞典 ………………………… 48
地球温暖化予測情報 第4巻 ……………… 73	地球環境用語大事典 ……………………… 48
地球温暖化予測情報 第5巻 ……………… 73	地球・気象 ………………………………… 52
地球温暖化予測情報 第6巻 ……………… 73	地球・気象 増補改訂 …………………… 52
地球温暖化予測情報 第7巻 ……………… 73	地球・自然環境の本全情報 45 - 92 …… 46
地球から消えた生物 ……………………… 71	地球・自然環境の本全情報 93／98 …… 46
地球カルテ ………………………………… 50	地球・自然環境の本全情報 1999 - 2003 … 47
ちきゅうかんきょう ……………………… 52	地球上の生命を育む水のすばらしさの更な
地球環境を考える ………………………… 46	る認識と新たな発見を目指して ……… 88
地球環境学事典 …………………………… 47	地球データブック 1998～99 ……………… 6
地球環境カラーイラスト百科 …………… 47	地球データブック 1999 - 2000 …………… 6
地球環境キーワード事典 ………………… 47	地球と気象 ………………………………… 52
地球環境キーワード事典 改訂版 ……… 47	地球と未来にやさしい本と雑誌 91年度版
地球環境キーワード事典 三訂版 ……… 47	…………………………………………… 27
地球環境キーワード事典 四訂版 ……… 48	地球の環境 ………………………………… 53
	地球白書 '90 - '91 ………………………… 6

ちきゆ　　　　　　　　　　　　　書名索引

地球白書 1992‐93 ……………………… 6
地球白書 1993‐94 ……………………… 6
地球白書 1994‐95 ……………………… 7
地球白書 1995～96 ……………………… 7
地球白書 1996～97 ……………………… 7
地球白書 1998‐99 ……………………… 7
地球白書 1999‐2000 …………………… 7
地球白書 2000‐01 ……………………… 7
地球白書 2001‐02 ……………………… 7
地球白書 2002‐03 ……………………… 8
地球白書 2003‐04 ……………………… 8
地球白書 2004‐05 ……………………… 8
地球白書 2005‐06 ……………………… 8
地球白書 2006‐07 ……………………… 8
地球白書 2007‐08 ……………………… 9
地球白書 2008‐09 ……………………… 9
地球白書 2009‐10 ……………………… 9
地球白書 2010‐11 ……………………… 9
逐条解説 下水道法 改訂版 ………… 101
逐条解説 下水道法 第2次改訂版 … 101
地質学用語集 ………………………… 48
窒素酸化物総量規制マニュアル 改訂版
　……………………………………… 76
地方環境保全施策 平成10年版 …… 177
地方環境保全施策 平成14年版 …… 177
中国のエネルギー動向 ……………… 221
中国の石炭産業 2006 ……………… 227
地理・地図・環境のことば ………… 32
地理・地名事典 ……………………… 32

【つ】

つくろう いのちと環境優先の社会 大阪発
　市民の環境安全白書 ……………… 200

【て】

低公害車ガイドブック '98 ………… 190
低公害車ガイドブック 2001 ……… 191
低公害車ガイドブック 2003 ……… 191
デジタル家電市場総覧 2009 plus … 277
デジタル時代の印刷ビジネス法令ガイド
　改訂版 …………………………… 189
データガイド 地球環境 新版 ……… 50
テーマで読み解く海の百科事典 …… 60
電化住宅のための機器ガイド 2004 … 254
電化住宅のための機器ガイド 2005 … 254

電化住宅のための機器ガイド 2006 … 255
電化住宅のための機器ガイド 2007 … 255
電化住宅のための機器ガイド 2008 … 255
電化住宅のための機器ガイド 2009 … 255
電化住宅のための計画・設計マニュアル
　2002 第3版 ……………………… 255
電化住宅のための計画・設計マニュアル
　2004 第4版 ……………………… 255
電化住宅のための計画・設計マニュアル
　2008 ……………………………… 255
電気技術者のための電気関係法規 平成2
　年度版 …………………………… 244
電気技術者のための電気関係法規 平成3
　年度版 …………………………… 244
電気技術者のための電気関係法規 平成4
　年度版 …………………………… 244
電気技術者のための電気関係法規 平成15
　年版 ……………………………… 244
電気技術者のための電気関係法規 平成16
　年版 ……………………………… 244
電気技術者のための電気関係法規 平成17
　年版 ……………………………… 244
電気技術者のための電気関係法規 平成18
　年版 ……………………………… 244
電気技術者のための電気関係法規 平成19
　年版 ……………………………… 244
電気技術者のための電気関係法規 平成20
　年版 ……………………………… 245
電気技術者のための電気関係法規 平成21
　年版 ……………………………… 245
電気技術者のための電気関係法規 平成22
　年版 ……………………………… 245
電気事業会計関係法令集 平成9年度版
　……………………………………… 252
電気事業会計関係法令集 平成12年度版
　……………………………………… 252
電気事業関係法令 …………………… 252
電気事業事典 '98 〔改訂版〕 ……… 238
電気事業事典 2008 ………………… 238
電気事業便覧 平成8年版 …………… 240
電気事業便覧 平成17年版 ………… 240
電気事業便覧 平成18年版 ………… 241
電気事業便覧 平成20年版 ………… 241
電気事業便覧 平成21年版 ………… 241
電気事業便覧 平成22年版 ………… 241
電気事業法関係法令集 '98 ………… 252
電気事業法関係法令集 '99 ………… 252
電気事業法関係法令集 2000年版 … 252
電気事業法関係法令集 2001年版 … 252
電気事業法関係法令集 2002年版 … 252
電気事業法関係法令集 2003年版 … 253
電気事業法関係法令集 07-08年版 … 253
電気事業法関係法令集 2009-2010年版

書名索引　　てんり

電気事業法令集　'91 ……………………… 253
電気事業法令集　'94 ……………………… 253
電気事業法令集　'96 ……………………… 253
電気事業法令集　'98 ……………………… 253
電気事業法令集　2000年版 ……………… 253
電気事業法令集　2001 最新版 …………… 253
電気事業法令集　2002年版 ……………… 254
電気事業法令集　2004年度版 …………… 254
電気事業法令集　2005年度版 …………… 254
電気事業法令集　2006年度版 …………… 254
電気事業法令集　2007年度版 …………… 254
電気事業法令集　2008年度版 …………… 254
電気事業法令集　2009年度版 …………… 254
電気事業法令集　2010年度版 …………… 254
電気設備技術基準　平成元年改正 ……… 241
電気設備技術基準　平成2年5月改正　改訂版 …………………………………………… 241
電気設備技術基準　第12版 ……………… 241
電気設備技術基準　平成8年版 ………… 241
電気設備技術基準　平成7年10月改正　机上版 …………………………………………… 241
電気設備技術基準・解釈　2004年版 …… 241
電気設備技術基準・解釈　平成17年版 … 241
電気設備技術基準・解釈　2005年版 …… 242
電気設備技術基準・解釈　2006年版 …… 242
電気設備技術基準・解釈　平成18年版 … 242
電気設備技術基準・解釈　平成19年版　第9版 ……………………………………………… 242
電気設備技術基準・解釈　平成20年版 … 242
電気設備技術基準・解釈　平成21年版 … 242
電気設備技術基準審査基準・解釈　平成14年版　第4版 …………………………………… 242
電気設備技術基準とその解釈　平成14年版 ………………………………………………… 242
電気設備技術基準とその解釈　平成21年版 ………………………………………………… 243
電気設備工事施工チェックシート　平成22年版 …………………………………………… 243
電気設備の技術基準　改訂版 …………… 243
電気設備の技術基準とその解釈　第6版 … 243
電気設備の技術基準とその解釈　第8版 …………………………………………………… 243
電気年鑑　1991年版 ……………………… 246
電気年鑑　1992年版 ……………………… 246
電気年鑑　1994 …………………………… 246
電気年鑑　1995年版　会社団体概要 …… 246
電気年鑑　1995年版　年報 ……………… 246
電気年鑑　'97 ……………………………… 246
電気年鑑　2008年版 ……………………… 246
電気年鑑　2009年版 ……………………… 246

電気法規と電気施設管理　平成20年度版 …………………………………………………… 245
電気法規と電気施設管理　平成21年度版 …………………………………………………… 245
電気法規と電気施設管理　平成22年度版 …………………………………………………… 245
電源開発の概要　平成15年度 …………… 243
電源開発の概要　平成16年度 …………… 243
電源開発の概要　平成17年度 …………… 243
電池と構成材料の市場　1999 …………… 276
電池と構成材料の市場　2006 …………… 276
電池便覧 …………………………………… 276
天然ガスコージェネレーション計画・設計マニュアル　2000　第3版 ……………… 237
天然ガスコージェネレーション計画・設計マニュアル　2005　第5版 ……………… 238
天然ガスコージェネレーション計画・設計マニュアル　2008 ………………………… 238
天然資源循環・再生事典 ………………… 212
電力・エネルギーまるごと!時事用語事典　2007年版 ……………………………………… 219
電力・エネルギーまるごと!時事用語事典　2008年版 ……………………………………… 220
電力エネルギーまるごと!時事用語事典　2009年版 ……………………………………… 220
電力エネルギーまるごと!時事用語事典　2010年版 ……………………………………… 220
電力開発計画新鑑　平成13年度版 ……… 247
電力開発計画新鑑　平成15年度版 ……… 247
電力開発計画新鑑　平成16年度版 ……… 247
電力開発計画新鑑　平成17年度版 ……… 247
電力開発計画新鑑　平成18年度版 ……… 247
電力開発計画新鑑　平成19年度版 ……… 247
電力開発計画新鑑　平成20年版 ………… 247
電力開発計画新鑑　平成21年度版 ……… 247
電力開発計画新鑑　平成22年度版 ……… 248
電力系統技術の実用理論ハンドブック … 243
電力需給の概要　平成2年度 …………… 248
電力需給の概要　平成3年度 …………… 248
電力需給の概要　平成4年度 …………… 248
電力需給の概要　平成5年度 …………… 248
電力需給の概要　平成6年度 …………… 248
電力需給の概要　平成11年度 …………… 248
電力需給の概要　平成12年度 …………… 248
電力需給の概要　平成13年度 …………… 248
電力需給の概要　平成14年度 …………… 248
電力需給の概要　平成15年度 …………… 248
電力需給の概要　平成19年度 …………… 249
電力需給の概要　平成20年度 …………… 249
電力小六法　平成2年版 ………………… 245
電力小六法　平成8年版 ………………… 245
電力小六法　平成10年版 ………………… 245

環境・エネルギー問題 レファレンスブック　　309

書名索引

電力小六法 平成12年版 ……………… 245
電力小六法 平成14年版 ……………… 245
電力小六法 平成18年版 ……………… 246
電力小六法 平成20年版 ……………… 246
電力小六法 平成22年版 ……………… 246
電力新設備要覧 平成5年度版 ………… 249
電力新設備要覧 平成6年度版 ………… 249
電力新設備要覧 平成7年度版 ………… 249
電力新設備要覧 平成11年度版 ………… 249
電力新設備要覧 平成12年度版 ………… 249
電力新設備要覧 平成13年度版 ………… 249
電力新設備要覧 平成15年度版 ………… 249
電力新設備要覧 平成16年度版 ………… 249
電力新設備要覧 平成17年度版 ………… 250
電力新設備要覧 平成18年度版 ………… 250
電力新設備要覧 平成19年度版 ………… 250
電力新設備要覧 平成20年度版 ………… 250
電力新設備要覧 平成21年度版 ………… 250
電力新設備要覧 平成22年度版 ………… 250
電力ビジネス事典 改訂版 ……………… 238
電力役員録 2000年版 …………………… 238
電力役員録 2001年版 …………………… 239
電力役員録 2008年版 …………………… 239
電力役員録 2009年版 …………………… 239

【と】

東京都環境関係例規集 五訂版 ………… 182
東京都環境関係例規集 七訂版 ………… 182
東京都環境関係例規集 8訂版 ………… 182
東京都環境保全関係条例集 11訂版 …… 182
東京都環境保全関係条例集 …………… 182
統計ガイドブック ……………………… 15
動力・熱システムハンドブック ……… 221
道路緑化ハンドブック ………………… 202
得々リサイクルSHOPガイド 関西版 … 209
特別管理一般廃棄物ばいじん処理マニュアル ………………………………… 113
都市環境学事典 ………………………… 33
土壌・地下水汚染浄化企業総覧 2001年度版 ……………………………………… 84
土壌・地下水汚染浄化企業総覧 2003年度版 ……………………………………… 85
土壌・地下水浄化産業会社録 2001年度版 ……………………………………… 84
土壌肥料用語事典 新版 ………………… 138
土壌肥料用語事典 新版(第2版) ……… 138
都市ライフラインハンドブック ……… 3
利根川荒川事典 ………………………… 62

トリクロロエチレン等処理マニュアル … 107

【な】

長良川河口堰が自然環境に与えた影響
………………………………………… 63
名古屋大都市圏のリノベーション・プログラム ……………………………………… 200
生ゴミ処理機製品カタログ集 ………… 109

【に】

20世紀の日本の気候 …………………… 73
21世紀をつくる国際組織事典 5 ……… 23
21世紀をつくる国際組織事典 6 ……… 23
21世紀地球環境保全をめざす環境装置・機器メーカーガイド 2000年度版 ……… 190
2030年の科学技術 ………………………… 9
2010年世界のエネルギー展望 1995年度版 ……………………………………… 222
日経バイオ年鑑 2004 …………………… 280
日経バイオ年鑑 2005 …………………… 280
日経バイオ年鑑 2006 …………………… 280
日経バイオ年鑑 2007 …………………… 280
日中英電気対照用語辞典 ……………… 238
日中英廃棄物用語辞典 ………………… 106
日本河川水質年鑑 1989 ………………… 69
日本河川水質年鑑 1990 ………………… 69
日本河川水質年鑑 1991 ………………… 69
日本河川水質年鑑 1992 ………………… 70
日本河川水質年鑑 1993 ………………… 70
日本河川水質年鑑 1995 ………………… 70
日本河川水質年鑑 1996 ………………… 70
日本河川水質年鑑 1997 ………………… 70
日本河川水質年鑑 1998 ………………… 70
日本環境年鑑 2001年版 ………………… 43
日本環境年鑑 2002年版 ………………… 43
日本環境年鑑 2004年版 ………………… 43
日本国勢図会 1990 ……………………… 15
日本国勢図会 1991 ……………………… 15
日本国勢図会 1992年版 ………………… 15
日本国勢図会 1993 ……………………… 15
日本国勢図会 1994／95年版 …………… 15
日本国勢図会 '95‐96 …………………… 15
日本国勢図会 '96‐97 〔第54版〕……… 15
日本国勢図会 1999‐2000 第57版 ……… 16
日本国勢図会 2000・2001年版 第58版

‥‥‥‥‥‥‥‥‥‥‥‥‥‥‥‥‥‥‥ 16	日本の石油化学工業 2005年版 ‥‥‥‥‥ 231
日本国勢図会 2001・02 第59版 ‥‥‥‥‥ 16	日本の石油化学工業 2006年版 ‥‥‥‥‥ 231
日本国勢図会 2002／03年版 第60版 ‥‥‥ 16	日本の石油化学工業 2007年版 ‥‥‥‥‥ 231
日本国勢図会 2003／04 第61版 ‥‥‥‥‥ 16	日本の石油化学工業 2011年版 ‥‥‥‥‥ 231
日本国勢図会 2004／05年版 第62版 ‥‥‥ 16	日本の大気汚染状況 平成4年版 ‥‥‥‥ 77
日本国勢図会 2005／06年版 第63版 ‥‥‥ 17	日本の大気汚染状況 平成10年度 ‥‥‥‥ 77
日本国勢図会 2006／07 第64版 ‥‥‥‥‥ 17	日本の大気汚染状況 平成11年版 ‥‥‥‥ 77
日本国勢図会 2007／08年版 第65版 ‥‥‥ 17	日本の大気汚染状況 平成17年版 ‥‥‥‥ 77
日本国勢図会 2008／09年版 第66版 ‥‥‥ 17	日本の大気汚染状況 平成19年版 ‥‥‥‥ 77
日本国勢図会 2009・10年版 第67版 ‥‥‥ 17	日本の大気汚染状況 平成20年版 ‥‥‥‥ 78
日本国勢図会 2010／11年版 第68版 ‥‥‥ 17	日本の大気汚染状況 平成21年版 ‥‥‥‥ 78
日本生協連残留農薬データ集 2 ‥‥‥‥ 140	日本の統計 平成元年 ‥‥‥‥‥‥‥‥‥ 20
日本統計年鑑 第40回 (1990) ‥‥‥‥‥‥ 18	日本の統計 平成2年 ‥‥‥‥‥‥‥‥‥ 20
日本統計年鑑 第41回 (1991) ‥‥‥‥‥‥ 18	日本の統計 平成3年 ‥‥‥‥‥‥‥‥‥ 20
日本統計年鑑 第42回 (平成4年) ‥‥‥‥ 18	日本の統計 1992-93 ‥‥‥‥‥‥‥‥‥‥ 20
日本統計年鑑 第43回 (1993-94) ‥‥‥‥‥ 18	日本の統計 1994 ‥‥‥‥‥‥‥‥‥‥‥ 20
日本統計年鑑 第44回 (平成7年) ‥‥‥‥ 18	日本の統計 1995 ‥‥‥‥‥‥‥‥‥‥‥ 20
日本統計年鑑 平成9年 ‥‥‥‥‥‥‥‥ 18	日本の統計 1996 ‥‥‥‥‥‥‥‥‥‥‥ 21
日本統計年鑑 第47回 ‥‥‥‥‥‥‥‥‥ 18	日本の統計 1997 ‥‥‥‥‥‥‥‥‥‥‥ 21
日本統計年鑑 平成11年 ‥‥‥‥‥‥‥‥ 18	日本の統計 1998 ‥‥‥‥‥‥‥‥‥‥‥ 21
日本統計年鑑 第49回 (平成12年) ‥‥‥‥ 19	日本の統計 1999 ‥‥‥‥‥‥‥‥‥‥‥ 21
日本統計年鑑 平成13年 ‥‥‥‥‥‥‥‥ 19	日本の統計 2000年版 ‥‥‥‥‥‥‥‥‥ 21
日本統計年鑑 平成14年 ‥‥‥‥‥‥‥‥ 19	日本の統計 2001 ‥‥‥‥‥‥‥‥‥‥‥ 21
日本統計年鑑 第52回 (平成15年) ‥‥‥‥ 19	日本の統計 2002 ‥‥‥‥‥‥‥‥‥‥‥ 21
日本統計年鑑 平成16年 ‥‥‥‥‥‥‥‥ 19	日本の統計 2003年版 ‥‥‥‥‥‥‥‥‥ 21
日本統計年鑑 2005 ‥‥‥‥‥‥‥‥‥‥ 19	日本の統計 2004年版 ‥‥‥‥‥‥‥‥‥ 21
日本統計年鑑 平成18年 ‥‥‥‥‥‥‥‥ 19	日本の統計 2005年 ‥‥‥‥‥‥‥‥‥‥ 21
日本統計年鑑 第58回 (平成21年) ‥‥‥‥ 20	日本の統計 2006年版 ‥‥‥‥‥‥‥‥‥ 22
日本統計年鑑 第59回 (平成22年) ‥‥‥‥ 20	日本の統計 2007年版 ‥‥‥‥‥‥‥‥‥ 22
日本統計年鑑 第60回 (平成23年) ‥‥‥‥ 20	日本の統計 2008 ‥‥‥‥‥‥‥‥‥‥‥ 22
日本農業年鑑 1991年版 ‥‥‥‥‥‥‥‥ 132	日本の統計 2009年版 ‥‥‥‥‥‥‥‥‥ 22
日本農業年鑑 1992年版 ‥‥‥‥‥‥‥‥ 132	日本の統計 2010年版 ‥‥‥‥‥‥‥‥‥ 22
日本農業年鑑 1993年版 ‥‥‥‥‥‥‥‥ 132	日本の廃棄物 2000 ‥‥‥‥‥‥‥‥‥‥ 109
日本農業年鑑 1994年版 ‥‥‥‥‥‥‥‥ 132	日本の物流事業 '99 ‥‥‥‥‥‥‥‥‥‥ 157
日本農業年鑑 1995年版 ‥‥‥‥‥‥‥‥ 132	日本の物流事業 '05 ‥‥‥‥‥‥‥‥‥‥ 157
日本農業年鑑 1996 ‥‥‥‥‥‥‥‥‥‥ 132	日本の物流事業 2006 ‥‥‥‥‥‥‥‥‥ 157
日本農業年鑑 1997 ‥‥‥‥‥‥‥‥‥‥ 132	日本の物流事業 2007 ‥‥‥‥‥‥‥‥‥ 157
日本農業年鑑 1998 ‥‥‥‥‥‥‥‥‥‥ 132	日本の物流事業 2008 ‥‥‥‥‥‥‥‥‥ 157
日本農業年鑑 1999 ‥‥‥‥‥‥‥‥‥‥ 133	日本の物流事業 2009 ‥‥‥‥‥‥‥‥‥ 157
日本農業年鑑 2000 ‥‥‥‥‥‥‥‥‥‥ 133	日本の物流事業 2010 ‥‥‥‥‥‥‥‥‥ 158
日本農業年鑑 2001年版 ‥‥‥‥‥‥‥‥ 133	日本の水資源 平成2年版 ‥‥‥‥‥‥‥ 90
日本の巨樹・巨木林 九州・沖縄版 ‥‥‥ 59	日本の水資源 平成4年版 ‥‥‥‥‥‥‥ 90
日本の巨樹・巨木林 甲信越・北陸版 ‥‥ 59	日本の水資源 平成5年版 ‥‥‥‥‥‥‥ 90
日本の巨樹・巨木林 中国・四国版 ‥‥‥ 59	日本の水資源 平成6年版 ‥‥‥‥‥‥‥ 90
日本の巨樹・巨木林 全国版 ‥‥‥‥‥‥ 60	日本の水資源 平成7年版 ‥‥‥‥‥‥‥ 90
日本の最終処分場 2000 ‥‥‥‥‥‥‥‥ 107	日本の水資源 平成8年版 ‥‥‥‥‥‥‥ 90
日本の石油化学工業 1990年度版 ‥‥‥‥ 230	日本の水資源 平成9年版 ‥‥‥‥‥‥‥ 91
日本の石油化学工業 1993年度版 ‥‥‥‥ 230	日本の水資源 平成10年版 ‥‥‥‥‥‥‥ 91
日本の石油化学工業 1994年度版 ‥‥‥‥ 230	日本の水資源 平成11年版 ‥‥‥‥‥‥‥ 91
日本の石油化学工業 2002年版 ‥‥‥‥‥ 230	日本の水資源 平成12年版 ‥‥‥‥‥‥‥ 91
日本の石油化学工業 2004年版 ‥‥‥‥‥ 231	日本の水資源 平成13年版 ‥‥‥‥‥‥‥ 91

にほん　書名索引

日本の水資源　平成15年版 ……………… 92
日本の水資源　平成17年版 ……………… 92
日本の水資源　平成18年版 ……………… 92
日本の水資源　平成19年版 ……………… 92
日本の水資源　平成20年版 ……………… 92
日本の水資源　平成21年版 ……………… 92
日本の水資源　平成22年版 ……………… 92
人間と自然の事典 ……………………… 33

【ね】

ネットで探す　最新環境データ情報源 …… 35

【の】

農業汚染白書 ………………………… 133
農業集落排水事業ハンドブック ……… 129
農業集落排水事業ハンドブック　〔平成6年〕 ……………………………………… 129
農業集落排水事業ハンドブック　平成13年度版 ……………………………………… 129
農業集落排水事業ハンドブック　平成15年度版 ……………………………………… 129
農業集落排水事業ハンドブック　平成17年度版 ……………………………………… 129
農業集落排水事業ハンドブック　平成18年度版 ……………………………………… 129
農業農村工学ハンドブック　基礎編 …… 130
農業農村工学ハンドブック　本編 ……… 130
農芸化学の事典 ……………………… 130
農産物流通技術年報　'90年版 …… 133, 161
農産物流通技術年報　'92年版 …… 133, 161
農産物流通技術年報　'93年版 …… 133, 161
農産物流通技術年報　'94年版 …… 134, 161
農産物流通技術年報　'95年版 …… 134, 161
農産物流通技術年報　'96年版 …… 134, 161
農産物流通技術年報　'98年版 …… 134, 161
農産物流通技術年報　'99年版 …… 134, 162
農産物流通技術年報　2000年版 …… 134, 162
農産物流通技術年報　2001年版 …… 134, 162
農産物流通技術年報　2002年版 …… 135, 162
農産物流通技術年報　2003年版 …… 135, 162
農産物流通技術年報　2004 ……… 135, 162
農産物流通技術年報　2005 ……… 135, 163
農産物流通技術年報　2006年版 …… 135, 163
農産物流通技術年報　2007年版 …… 135, 163

農産物流通技術年報　2008年版 …… 136, 163
農薬学事典 …………………………… 138
農薬登録保留基準　残留農薬基準ハンドブック ……………………………………… 140
農薬登録保留基準ハンドブック ……… 141
農薬の手引　1990年版 ……………… 141
農薬の手引　1991年版 ……………… 141
農薬の手引　1993年版 ……………… 141
農薬の手引　1994年版 ……………… 141
農薬の手引　2006年版 ……………… 141
農薬ハンドブック　1994年版　第9版 …… 141
農薬用語辞典　2009 ………………… 139
農薬要覧　1991 ……………………… 144
農薬要覧　1993年版 ………………… 145
農薬要覧　1994 ……………………… 145
農薬要覧　1995 ……………………… 145
農薬要覧　1996 ……………………… 145
農薬要覧　1998 ……………………… 145
農薬要覧　2000年版（平成11農薬年度）
　……………………………………… 145
農薬要覧　2007 ……………………… 145
農薬要覧　2008 ……………………… 145
農薬要覧　2009 ……………………… 145
農薬要覧　2010 ……………………… 145
農林水産省統合交付金要綱要領集 …… 126
農林水産省統合交付金要綱要領集　平成18年度版 ……………………………………… 126
農林水産省統合交付金要綱要領集　平成19年度版 ……………………………………… 126
農林水産省統合交付金要綱要領集　平成20年度版 ……………………………………… 127
農林水産省統合交付金要綱要領集　平成21年度版 ……………………………………… 127
農林水産省統合交付金要綱要領集　平成22年度版 ……………………………………… 127
農林水産六法　平成6年版 ……………… 127
農林水産六法　平成7年版 ……………… 127
農林水産六法　平成9年版 ……………… 127
農林水産六法　平成10年版 …………… 127
農林水産六法　平成11年版 …………… 127
農林水産六法　平成12年版 …………… 127
農林水産六法　平成13年版 …………… 128
農林水産六法　平成14年版 …………… 128
農林水産六法　平成15年版 …………… 128
農林水産六法　平成16年版 …………… 128
農林水産六法　平成17年版 …………… 128
農林水産六法　平成18年版 …………… 128
農林水産六法　平成19年版 …………… 128
農林水産六法　平成20年版 …………… 128
農林水産六法　平成21年版 …………… 129
農林水産六法　平成22年版 …………… 129

【は】

バイオマス技術ハンドブック 279
バイオマスハンドブック 第2版 280
バイオマス用語事典 279
廃棄物安全処理・リサイクルハンドブック 107
廃棄物埋立地再生技術ハンドブック 107
廃棄物英和・和英用語辞典 106
廃棄物・環境「和英英和」ワードブック .. 106
廃棄物最終処分場環境影響評価マニュアル 108
廃棄物小事典 新訂版 105
廃棄物処分・環境安全用語辞典 106
廃棄物処分場における遮水シートの耐久性評価ハンドブック 108
廃棄物処理技術用語辞典 106
廃棄物処理事業・施設年報 平成5年版 ... 110
廃棄物処理事業・施設年報 平成6年版 ... 110
廃棄物処理施設整備実務必携 平成10年度版 108
廃棄物処理施設整備実務必携 平成11年度版 108
廃棄物処理施設整備実務必携 平成12年度版 108
廃棄物処理施設整備実務必携 平成13年度版 108
廃棄物処理施設整備実務必携 平成14年度版 108
廃棄物処理施設整備実務必携 平成15年度版 109
廃棄物処理施設整備実務必携 平成20年度版 109
廃棄物処理法Q&A 5訂版 106
廃棄物処理法法令集 平成10年版 改訂版 116
廃棄物処理法法令集 平成11年版 116
廃棄物処理法法令集 平成13年版 116
廃棄物処理法法令集 平成14年版 116
廃棄物処理法法令集 平成16年版 116
廃棄物処理法法令集 平成17年版 116
廃棄物処理法法令集 平成18年版 116
廃棄物処理法法令集 平成19年版 117
廃棄物処理法法令集 平成20年版 117
廃棄物処理法法令集 平成21年版 117
廃棄物処理法法令集 平成22年版 117
廃棄物処理法令(三段対照)・通知集 平成21年版 117

廃棄物処理・リサイクル事典 106
廃棄物処理リサイクル法令ハンドブック 115
廃棄物対策の現状と問題点 110
廃棄物図書ガイド 105
廃棄物年鑑 1991年版 110
廃棄物年鑑 1992年版 110
廃棄物年鑑 1993年版 110
廃棄物年鑑 1994年版 110
廃棄物年鑑 1995年版 110
廃棄物年鑑 1996年版 110
廃棄物年鑑 1997年版 110
廃棄物年鑑 1998年版 110
廃棄物年鑑 1999年版 110
廃棄物年鑑 2000年版 110
廃棄物年鑑 2001年版 111
廃棄物年鑑 2002年版 111
廃棄物年鑑 2003年版 111
廃棄物年鑑 2004年版 111
廃棄物年鑑 2005年版 111
廃棄物年鑑 2006年版 111
廃棄物年鑑 2007年版 111
廃棄物年鑑 2008年版 111
廃棄物年鑑 2009年版 111
廃棄物年鑑 2010年版 111
廃棄物年鑑 2011年版 111
廃棄物の処理及び清掃に関する法律関係法令集 新訂版 117
廃棄物の処理及び清掃に関する法律関係法令集 平成10年版 117
廃棄物ハンドブック 109
廃棄物法制半世紀の変遷 115
廃棄物・リサイクル関係法令集 平成17年度版 117
廃棄物・リサイクル法 平成16年版 117
廃棄物・リサイクル六法 平成17年版 ... 118
廃棄物・リサイクル六法 平成18年版 ... 118
廃棄物・リサイクル六法 平成19年版 ... 118
廃棄物・リサイクル六法 平成20年版 ... 118
廃棄物・リサイクル六法 平成21年版 ... 118
廃棄物・リサイクル六法 平成22年版 ... 118
廃棄物六法 118, 119
廃棄物六法 平成7年版 118
廃棄物六法 平成11年版 119
廃棄物六法 平成13年版 119
廃棄物六法 平成14年版 119
廃棄物六法 平成15年版 119
排出権取引ハンドブック 74
廃石綿等処理マニュアル 173
発がん物質事典 86
Hello北海道!北海道洞爺湖サミットガイド

はんと　　　　　　　　　書名索引

.... 72
ハンドブック 悪臭防止法 三訂版 125

【ひ】

ビジュアル地球大図鑑 53
ビジュアル博物館　第6巻 65
ビジュアル博物館　第10巻 61
ビジュアル博物館　第28巻 55
ビジュアル博物館　第46巻 61
ビジュアル博物館　第51巻 71
ビジュアル博物館　第62巻 60
ビジュアル博物館　第81巻 55
微生物工学技術ハンドブック 187
必読!環境本100 27
人と地球にやさしい仕事100 185
ヒートポンプ・蓄熱白書 280
ひと目でわかる地球環境データブック ... 50
肥料年鑑　平成2年版 142
肥料年鑑　1991年 142
肥料年鑑　平成4年版 142
肥料年鑑　1993年 142
肥料年鑑　1994年 142
肥料年鑑　1999年　第46版 142
肥料年鑑　2000 142
肥料年鑑　2001年版　第48版 142
肥料年鑑　2002年版　第49版 142
肥料年鑑　2003年版　第50版 143
肥料年鑑　2004　第51版 143
肥料年鑑　平成17年(2005年)版　第52版
　... 143
肥料年鑑　平成18年(2006年)版　第53版
　... 143
肥料年鑑　2007年　第54版 143
肥料年鑑　2008年　第55版 143
肥料年鑑　2009年　第56版 143
肥料の事典 139
肥料便覧　第5版 141
肥料便覧　第6版 141
肥料用語事典　改訂4版 139
肥料用語事典　改訂5版 139

【ふ】

物質とエネルギー 220
プラスチックリサイクル市場 2002年 ... 210
プラスチック・リサイクル年鑑 1997年版

.... 210

【へ】

平成5年度実績 廃棄物処理事業実態調査統
　計資料 平成7年版 112
平和・人権・環境 教育国際資料集 207
ベーシック環境六法 3訂 183
ベーシック環境六法 4訂 183

【ほ】

防災学ハンドブック 51
放射性物質等の輸送法令集 1995年度版
　... 271
放射性物質等の輸送法令集 1996年度版 第
　2版 271
放射性物質等の輸送法令集 1997年度版 第
　3版 271
放射性物質等の輸送法令集 2002年度版
　... 271
放射線計測ハンドブック　第2版 273
放射線計測ハンドブック 274
放射線障害防止法 '90 273
放射線障害防止法関係法令 1993年版 ... 273
包装実務ハンドブック 158
包装の事典 157
ポケット社会統計 2009 22
ポケット版 学研の図鑑 6 53
ポケット版 学研の図鑑 7 222
ポケット肥料要覧 1990年版 143
ポケット肥料要覧 1994年版 143
ポケット肥料要覧 2001年 143
ポケット肥料要覧 2002／2003年 144
ポケット肥料要覧 2004年 144
ポケット肥料要覧 2005年 144
ポケット肥料要覧 2006年 144
ポケット肥料要覧 2007 144
ポケット肥料要覧 2008 144
ポケット肥料要覧 2009 144
本邦鉱業の趨勢　平成元年 226
本邦鉱業の趨勢　平成2年 226
本邦鉱業の趨勢　平成3年 226
本邦鉱業の趨勢　平成4年 226
本邦鉱業の趨勢　平成5年 227
本邦鉱業の趨勢　平成12年 227
本邦鉱業の趨勢　平成14年 227

314　環境・エネルギー問題 レファレンスブック

書名索引　りんき

本邦鉱業の趨勢　平成15年 227
本邦鉱業の趨勢　平成17年 227

【ま】

まちづくりキーワード事典 197
まちづくりキーワード事典　第2版 197
マンガで見る環境白書 43
マンガで見る環境白書 3 43

【み】

見えない所がよくわかる断面図鑑 6 55
見えない所がよくわかる断面図鑑 7 3
水・河川・湖沼関係文献集 61
水環境ハンドブック 88
水環境保全技術と装置事典 88
水資源便覧　'96 88
水処理・水浄化・水ビジネスの市場 2007
　.. 88
水処理薬品ハンドブック 88
水の事典 87
水ハンドブック 89
道と緑のキーワード事典 201
緑の国勢調査 1993 53
ミニ統計ハンドブック　平成2年 22
ミニ統計ハンドブック　平成3年 22
ミニ統計ハンドブック　平成4年 23

【も】

木材工業ハンドブック　改訂4版 280

【ゆ】

有害物質小事典 86
有害物質小事典　改訂版 86
有害物質データブック 87
有機農業と国際協力 137
有機農業の事典　新装版 137
有機農業ハンドブック 137
有機廃棄物資源化大事典 137

【よ】

容器包装リサイクル法　分別収集事例集 2
　.. 210
四・五・六級海事法規読本 79

【ら】

酪農用語解説　新版 137

【り】

理科年表　平成17年 51
理科年表　平成18年 51
理科年表　平成19年 51
理科年表　平成21年 51
理科年表　平成22年 51
理科年表　平成23年 51
理科年表　環境編 51
理科年表　環境編　第2版 51
陸水の事典 49
リサイクル環境保全ハンドブック 210
リサイクル産業計画総覧 1997年度版 ... 210
リサイクルショップガイド　首都圏版　保存本
　.. 209
リサイクルショップガイド 2002　関東版
　.. 209
リサイクルショップガイド 2004関東版
　.. 209
リサイクル全生活ガイド　首都圏版 210
リサイクルの百科事典 208
リスク学事典 33
リスク学事典　増補改訂版 33
流域下水道総覧　7次5計版 100
流域下水道総覧 100
緑化技術用語事典 201
緑化建築年鑑 2005 202
緑化施設整備計画の手引き 202
林業実務必携　第三版普及版 146
林業白書　平成元年度 150
林業白書　平成2年度 150
林業白書　平成3年度 150
林業白書　平成4年度 150

環境・エネルギー問題 レファレンスブック　315

林業白書　平成5年度 ……………… 150
林業白書　平成6年度 ……………… 150
林業白書　平成10年度 ……………… 150
林業白書　平成11年度 ……………… 151
林業白書　平成12年度 ……………… 151
林業白書のあらまし　平成5年版 ……… 151
林業白書のあらまし　平成6年版 ……… 151
林業白書のあらまし　平成7年版 ……… 151
林業白書のあらまし　平成8年版 ……… 151
林業白書のあらまし　平成9年版 ……… 151
林業白書のあらまし　平成10年版 ……… 151

【ろ】

65億人の地球環境　改訂版 ……………… 51

【わ】

和英・英和　国際総合環境用語集 ………… 33
和英・英和　燃料潤滑油用語事典 ……… 220
ワールドバンクアトラス　1998 ………… 23
ワールドバンクアトラス　'99 …………… 23
ワールドバンクアトラス　2000 ………… 23
湾岸都市の生態系と自然保護 ………… 187

著編者名索引

【あ】

IEA
　2010年世界のエネルギー展望 1995年度版 ………………………… 222
赤間 美文
　環境用語辞典 ハンディー版 ………… 31
　ハンディー版 環境用語辞典 第2版 …… 31
　環境用語辞典 第3版 ………………… 31
秋山 義継
　環境経営用語辞典 …………………… 188
悪臭法令研究会
　ハンドブック 悪臭防止法 三訂版 …… 125
浅島 誠
　理科年表 環境編 ……………………… 51
芦沢 宏生
　環境教育ガイドブック ……………… 207
アスベスト問題研究会
　アスベスト対策ハンドブック ……… 172
東 賢一
　建築に使われる化学物質事典 ………… 85
畔津 昭彦
　動力・熱システムハンドブック …… 221
英保 次郎
　廃棄物処理法Q&A 5訂版 ………… 106
天笠 啓祐
　エコロジー・環境用語辞典 …………… 29
天野 一男
　テーマで読み解く海の百科事典 ……… 60
　ポケット版 学研の図鑑 6 …………… 53
天野 慶之
　有機農業の事典 新装版 ……………… 137
荒井 一利
　海獣図鑑 ……………………………… 60
荒井 綜一
　農芸化学の事典 ……………………… 130
新井 宏之
　図解でわかる電気の事典 …………… 238
アラビー, マイク
　環境と生態 …………………………… 30
アラビー, マイケル
　エコロジー小事典 …………………… 184
　ビジュアル地球大図鑑 ……………… 53

有馬 朗人
　物質とエネルギー …………………… 220
淡路 剛久
　アジア環境白書 2000・01 …………… 36
　アジア環境白書 2003／04 …………… 36
　環境法辞典 …………………………… 178
　ベーシック環境六法 3訂 …………… 183
　ベーシック環境六法 4訂 …………… 183
安西 徹郎
　土壌肥料用語事典 新版 ……………… 138
　土壌肥料用語事典 新版（第2版）…… 138

【い】

飯泉 恵美子
　eco-design handbook ………………… 196
飯野 邦彦
　環境経営用語辞典 …………………… 188
池上 詢
　改訂版バイオディーゼル・ハンドブック ………………………………… 279
池座 剛
　国際水紛争事典 ……………………… 87
池田 耕一
　建築に使われる化学物質事典 ………… 85
池淵 周一
　水の事典 ……………………………… 87
池本 良教
　これでわかる 農薬キーワード事典 … 138
猪郷 久義
　地球・気象 …………………………… 52
石 弘之
　世界の資源と環境 1996-97 …………… 3
　世界の資源と環境 1998-99 …………… 3
　必読!環境本100 ……………………… 27
石井 英二
　廃棄物処分・環境安全用語辞典 …… 106
石井 正
　天然資源循環・再生事典 …………… 212
石黒 昌孝
　これでわかる 農薬キーワード事典 … 138
石坂 久忠
　立山自然ハンドブック ……………… 49
　立山自然ハンドブック 改訂版 ……… 49
石田 正泰
　デジタル時代の印刷ビジネス法令ガイド

石田 祐三郎
　改訂版 189
石田 祐三郎
　エネルギー作物の事典 279
石谷 久
　環境ハンドブック 35
泉 邦彦
　発がん物質事典 86
　有害物質小事典 86
　有害物質小事典 改訂版 86
磯 直道
　スタンダード 化学卓上事典 86
ISO環境法研究会
　ISO環境法クイックガイド 2009 178
　ISO環境法クイックガイド 2010 178
ISO環境マネジメント法令研究会
　環境法令遵守事項クイックガイド 2007
　　　..................................... 178
　環境法令遵守事項クイックガイド 2008
　　　..................................... 179
磯崎 博司
　環境法辞典 178
　ベーシック環境六法 3訂 183
　ベーシック環境六法 4訂 183
市川 惇信
　環境用語事典 31
出田 興生
　海洋 60
伊藤 朋之
　気象ハンドブック 第3版 54
　キーワード 気象の事典 53
伊藤 正直
　世界地図で読む環境破壊と再生 35
稲津 教久
　経皮毒データブック487 日用品編 ... 87
いなば てつのすけ
　マンガで見る環境白書 43
乾 馨
　廃棄物図書ガイド 105
井上 真
　アジア環境白書 2003／04 36
井上 嘉則
　環境基本用語事典 29
井口 祐男
　スーパーディーラー 2000 229
　石油年鑑 1993／1994 230
　石油年鑑 1996 230
　石油年鑑 1999／2000 230
　石油販売会社要覧 2004 235

猪口 孝
　グローバル統計地図 10
猪又 敏男
　地球から消えた生物 71
指宿 堯嗣
　環境化学の事典 85
今井 勝
　エコロジー小事典 184
今泉 みね子
　環境にやさしい幼稚園・学校づくりハン
　　ドブック 198
今村 聡
　図解土壌・地下水汚染用語事典 84
伊与田 正彦
　炭素の事典 276
医療放射線研究会
　アイソトープ法令集 2 2000年版 273
岩渕 義郎
　海の百科事典 60
インデックス
　地球環境年表 2003 47
インバース・マニュファクチャリングフォー
　ラム
　インバース・マニュファクチャリングハ
　　ンドブック 209

【う】

ウィッテッカー，リチャード
　気象 54
上路 雅子
　環境化学の事典 85
上田 豊甫
　環境用語辞典 ハンディー版 31
　環境用語辞典 ハンディー版 第2版 ... 31
　環境用語辞典 第3版 31
植村 振作
　残留農薬データブック 140
臼井 健二
　これでわかる 農薬キーワード事典 ... 138
臼杵 知史
　解説 国際環境条約集 178
ウータン編集部
　地球環境大事典 〔特装版〕 48
内山 裕之
　生物による環境調査事典 32

ウッドワード，ジョン
　海洋 ………………………………… 61
　気象 ………………………………… 54
鵜野　公郎
　アジア・太平洋の環境 ……………… 34
梅木　利巳
　これでわかる　農薬キーワード事典 … 138
梅田　靖
　インバース・マニュファクチャリングハ
　　ンドブック ……………………… 209
埋立地再生総合技術研究会日本環境衛生セ
　ンター
　廃棄物埋立地再生技術ハンドブック ‥ 107
運輸省
　運輸白書　平成元年版 ……………… 158
　運輸白書　平成2年版 ……………… 158
　運輸白書　平成3年版 ……………… 158
　運輸白書　平成4年版 ……………… 158
　運輸白書　平成5年版 ……………… 159
　運輸白書　平成6年版 ……………… 159
　運輸白書　平成7年度 ……………… 159
　運輸白書　平成8年度 ……………… 159
　運輸白書　平成9年度 ……………… 159
　運輸白書　平成10年度 ……………… 159
　運輸白書　平成11年度 ……………… 159
運輸省運輸政策局
　運輸関係エネルギー要覧　平成7年版
　　…………………………………… 219
　放射性物質等の輸送法令集　1995年度版
　　…………………………………… 271
　放射性物質等の輸送法令集　1997年度版
　　第3版 …………………………… 271
運輸省運輸政策局環境・海洋課海洋室
　最新　海洋汚染及び海上災害の防止に関
　　する法律及び関係法令　改訂版 …… 80
運輸省運輸政策局技術安全課
　放射性物質等の輸送法令集　1996年度版
　　第2版 …………………………… 271
運輸省運輸政策局情報管理部
　運輸関係エネルギー要覧　平成2年版
　　…………………………………… 219
　運輸関係エネルギー要覧　平成3年版
　　…………………………………… 219
　運輸関係エネルギー要覧　平成4年版
　　…………………………………… 219
　運輸関係エネルギー要覧　平成8年版
　　…………………………………… 219
　運輸関係エネルギー要覧　平成9年版
　　…………………………………… 219
　運輸関係エネルギー要覧　平成10年版
　　…………………………………… 219

　運輸関係エネルギー要覧　平成11年版
　　…………………………………… 219
　図でみる運輸白書　平成5年版 ……… 160
　図でみる運輸白書　平成6年版 ……… 160
　図でみる運輸白書　平成7年版 ……… 160
　図でみる運輸白書　平成7年度 ……… 160
　図でみる運輸白書　平成8年版 ……… 160
　図でみる運輸白書　平成9年版 ……… 160
　図でみる運輸白書　平成10年度 …… 160
　図でみる運輸白書　平成11年度 …… 160
運輸省貨物流通局
　数字でみる物流　1991年版 ………… 164
運輸省港湾局
　港湾小六法　1991年版 ……………… 202
　港湾小六法　1995年版 ……………… 202
　港湾六法　平成2年版 ……………… 203
　港湾六法　平成3年版 ……………… 203
　港湾六法　平成4年版 ……………… 203
　港湾六法　平成5年版 ……………… 203
　港湾六法　平成6年版 ……………… 203
　港湾六法　平成7年版 ……………… 203
　港湾六法　平成8年版 ……………… 204
　港湾六法　平成9年版 ……………… 204
　港湾六法　平成10年版 ……………… 204
　港湾六法　平成11年版 ……………… 204
　港湾六法　平成12年版 ……………… 204
　数字でみる港湾　'97 ……………… 205
　数字でみる港湾　'99 ……………… 205
　数字でみる港湾　2000 …………… 205
運輸省自動車交通局企画課
　低公害車ガイドブック　'98 ………… 190
運輸省大臣官房総務審議官
　数字でみる物流　1995 ……………… 164
　数字でみる物流　1996 ……………… 164

【え】

江川　清
　地理・地図・環境のことば ………… 32
エコビジネスネットワーク
　インターネットで探す環境データ情報
　　源 ………………………………… 34
　絵で見てわかるリサイクル事典 …… 208
　新・地球環境ビジネス　2003-2004 … 194
　新・地球環境ビジネス　2005-2006 … 194
　ネットで探す　最新環境データ情報源
　　…………………………………… 35
エコピープル支援協議会
　eco検定　環境活動ハンドブック …… 184

エコ・フォーラム21世紀
　地球白書 2001-02 ･･････････････ 7
　地球白書 2002-03 ･･････････････ 8
　地球白書 2003-04 ･･････････････ 8
　地球白書 2004-05 ･･････････････ 8
　地球白書 2005-06 ･･････････････ 8
　地球白書 2006-07 ･･････････････ 8
　地球白書 2007-08 ･･････････････ 9
　地球白書 2008-09 ･･････････････ 9
　地球白書 2009-10 ･･････････････ 9
　地球白書 2010-11 ･･････････････ 9
枝広　淳子
　地球温暖化サバイバルハンドブック ････ 72
　地球環境図鑑 ････････････････････ 52
NHK放送文化研究所
　NHK気象・災害ハンドブック ･･･････ 54
エネルギー・資源学会
　コンパクト版 エネルギー・資源ハンド
　　ブック ･･････････････････････ 221
エネルギー政策研究会
　電力ビジネス事典 改訂版 ･････････ 238
エネルギーフォーラム
　原子力実務六法 2004年版 ･････････ 270
エネルギー変換懇話会
　エネルギー用語辞典 ････････････ 219
榎　敏明
　炭素の事典 ･･････････････････ 276
Electronics Data
　カラー版 電気のことがわかる事典 ････ 238

【お】

及川　敬貴
　生物多様性というロジック ････････ 71
OECD環境委員会
　OECD環境白書 ･････････････････ 37
OECD環境局
　OECD世界環境白書 ･････････････ 37
王　偉
　日中英廃棄物用語辞典 ･･････････ 106
旺文社
　地理・地名事典 ････････････････ 32
大浦　典子
　環境アグロ情報ハンドブック ･････ 137
大蔵省印刷局
　環境白書のあらまし 平成5年版 ････ 42
　環境白書のあらまし 平成9年版 ････ 43
　環境白書のあらまし 平成10年版 ･･･ 43
　原子力安全白書のあらまし 平成9年版
　　････････････････････････ 262
　原子力白書のあらまし 平成10年版 ･･･ 268
　公害紛争処理白書のあらまし 平成10年
　　版 ･･････････････････････ 124
　マンガで見る環境白書 ･････････ 43
　林業白書のあらまし 平成5年版 ･･･ 151
　林業白書のあらまし 平成6年版 ･･･ 151
　林業白書のあらまし 平成9年版 ･･･ 151
　林業白書のあらまし 平成10年版 ･･ 151
大蔵省財政金融研究所「アジアの持続的成長
を考える研究グループ」
　アジアの持続的成長は可能か ･････ 3
大阪から公害をなくす会
　つくろう いのちと環境優先の社会 大阪
　　発市民の環境安全白書 ････････ 200
大阪自治体問題研究所
　つくろう いのちと環境優先の社会 大阪
　　発市民の環境安全白書 ････････ 200
大阪府環境農林水産総合研究所
　大阪府環境白書 平成20年版（2008年）
　　････････････････････････ 37
大阪府環境農林水産部環境管理課
　大阪府環境白書 平成10年版 ･････ 37
　大阪府環境白書 平成12年版（2000年）
　　････････････････････････ 37
　大阪府環境白書 平成13年版（2001年）
　　････････････････････････ 37
大芝　亮
　21世紀をつくる国際組織事典 5 ････ 23
　21世紀をつくる国際組織事典 6 ････ 23
大島　堅一
　アジア環境白書 2003/04 ･････････ 36
　地域発!ストップ温暖化ハンドブック
　　････････････････････････ 72
大島　康行
　理科年表 環境編 ･･････････････ 51
大杉　麻美
　確認環境法用語230 ････････････ 177
太田　次郎
　環境と生態 ･･････････････････ 30
太田　猛彦
　水の事典 ････････････････････ 87
太田昭和センチュリー
　環境報告書ガイドブック ････････ 188
大塚　直
　環境法辞典 ････････････････ 178
　ベーシック環境六法 3訂 ･･･････ 183

ベーシック環境六法 4訂 183
大塚　柳太郎
　水の事典 87
岡崎　正規
　植物保護の事典 185
　植物保護の事典 普及版 186
岡村　正志
　エコホーム用品事典 195
小川　吉雄
　土壌肥料用語事典 新版 138
　土壌肥料用語事典 新版（第2版） 138
奥　真美
　図説環境問題データブック 35
奥田　進一
　確認環境法用語230 177
奥山　春彦
　洗剤・洗浄の事典 86
小倉　紀雄
　水質調査ガイドブック 79
刑部　真弘
　動力・熱システムハンドブック 221
小沢　紀美子
　環境教育指導事典 206
尾関　周二
　環境思想キーワード 29
乙須　敏紀
　気象大図鑑 55
オフィスアイリス
　化学物質管理の国際動向 87
オフィスゼロ
　環境・リサイクル施策データブック
　　2000 175
　環境・リサイクル施策データブック
　　2001 175
　環境・リサイクル施策データブック
　　2002 175
　環境・リサイクル施策データブック
　　2003 176
　環境・リサイクル施策データブック
　　2004 176
　環境・リサイクル施策データブック
　　2005 176
　環境・リサイクル施策データブック
　　2006 176
　環境・リサイクル施策データブック
　　2007 176
　環境・リサイクル施策データブック
　　2008 176
　環境・リサイクル施策データブック
　　2009 176

環境・リサイクル施策データブック
　　2010 177
オーム社
　環境年表 '98 - '99 28
　環境年表 2000 - 2001 28
　環境年表 2002／2003 28
　環境年表 2004／2005 28
　最新 電気事業法関係法令集 252
　電気事業法関係法令集 '98 252
　電気事業法関係法令集 '99 252
　電気事業法関係法令集 2000年版 252
　電気事業法関係法令集 2001年版 252
　電気事業法関係法令集 2002年版 252
　電気事業法関係法令集 2003年版 253
　電気事業法関係法令集 07-08年版 253
　電気事業法関係法令集 2009-2010年版
　　.................................. 253
　電気設備技術基準・解釈 2004年版 ... 241
　電気設備技術基準・解釈 2005年版 ... 242
　電気設備技術基準・解釈 2006年版 ... 242
　電気設備技術基準・解釈 2009年版 ... 242
織　朱実
　化学物質管理の国際動向 87
尾和　尚人
　肥料の事典 139

【か】

何　品晶
　日中英廃棄物用語辞典 106
海外廃棄物処理技術研究会
　廃棄物英和・和英用語辞典 106
　廃棄物・環境「和英英和」ワードブッ
　　ク 106
海事法研究会
　海事法 第5版 79
　海事法 第6版 79
海事法令研究会
　港湾六法 平成2年版 203
　港湾六法 平成3年版 203
　港湾六法 平成4年版 203
　港湾六法 平成5年版 203
　港湾六法 平成6年版 203
　港湾六法 平成7年版 203
　港湾六法 平成8年度 204
　港湾六法 平成9年版 204
　港湾六法 平成11年版 204
　港湾六法 平成12年版 204

港湾六法　平成13年版 ················ 204
港湾六法　平成14年版 ················ 204
港湾六法　平成15年版 ················ 204
港湾六法　平成16年版 ················ 204
港湾六法　平成17年版 ················ 205
港湾六法　平成19年版 ················ 205
港湾六法　平成20年版 ················ 205

海上保安庁
　海上保安白書　平成2年版 ·············· 81
　海上保安白書　平成3年版 ·············· 81
　海上保安白書　平成4年版 ·············· 81
　海上保安白書　平成5年版 ·············· 81
　海上保安白書　平成6年版 ·············· 81
　海上保安白書　平成8年版 ·············· 81
　海上保安白書　平成10年版 ············· 81
　海上保安白書　平成12年版 ············· 82

海田　能宏
　事典東南アジア ······················ 32

垣内　ユカ里
　地球温暖化図鑑 ······················ 73

外務省経済局国際機関第二課
　OECDレポート　日本の環境政策 ······ 174

海洋政策研究財団
　海洋白書　2006 ····················· 84
　海洋白書　2007 ····················· 84
　海洋白書　2008 ····················· 84
　海洋白書　2009 ····················· 84
　海洋白書　2010 ····················· 84

カウフマン，エディ
　国際水紛争事典 ······················ 87

科学技術庁原子力安全局
　アイソトープ法令集　1 ··············· 272
　アイソトープ法令集　1（1995年版） ··· 272
　アイソトープ法令集　1996年版 ······· 272
　原子力規制関係法令集　'92年版 ······· 269
　原子力規制関係法令集　'94年版 ······· 269
　原子力規制関係法令集　'95年版 ······· 269
　原子力規制関係法令集　'96年版 ······· 269
　原子力規制関係法令集　'97年版 ······· 269
　原子力規制関係法令集　'98年版 ······· 269
　原子力規制関係法令集　2000年版 ····· 269
　放射性物質等の輸送法令集　1995年度版
　　 ································· 271
　放射性物質等の輸送法令集　1997年度版
　　第3版 ··························· 271
　放射線障害防止法関係法令　1993年版
　　 ································· 273

科学技術庁原子力安全局核燃料規制課
　放射性物質等の輸送法令集　1996年度版
　　第2版 ··························· 271

科学技術庁原子力安全局核燃料物質輸送対策室
　放射性物質等の輸送法令集　1996年度版
　　第2版 ··························· 271

科学技術庁原子力安全局原子力安全調査室
　原子力安全委員会安全審査指針集　改訂
　　第9版 ··························· 269

科学技術庁原子力安全局放射線安全課
　放射性物質等の輸送法令集　1996年度版
　　第2版 ··························· 271

科学技術庁原子力局
　原子力ポケットブック　1991年版 ····· 258
　原子力ポケットブック　1993年版 ····· 258
　原子力ポケットブック　1994年版 ····· 258
　原子力ポケットブック　1995年版 ····· 258

科学技術庁資源調査会
　資源の未来 ··························· 5

化学物質法規制研究会
　これならわかるEU環境規制REACH対
　　応Q&A 88 ························· 87

学芸出版社
　建築・土木・環境・まちづくり　インター
　　ネットアドレスブック ············· 198

笠木　伸英
　動力・熱システムハンドブック ······· 221

梶井　功
　世界の穀物需給とバイオエネルギー
　　 ································· 279

加島　葵
　こども地球白書　2000-2001 ············ 4
　こども地球白書　2001-2002 ············ 4
　こども地球白書　2003-2004 ············ 4
　こども地球白書　2004-2005 ············ 4

柏木　孝夫
　天然ガスコージェネレーション計画・設
　　計マニュアル　2000　第3版 ······· 237
　天然ガスコージェネレーション計画・設
　　計マニュアル　2005　第5版 ······· 238
　天然ガスコージェネレーション計画・設
　　計マニュアル　2008 ·············· 238

柏村　文郎
　酪農用語解説　新版 ················· 137

ガス事業法令研究会
　ガス事業法令集　改訂6版　補訂版 ····· 235

河川関係補助事業研究会
　河川局所管　補助事業事務提要　平成10年
　　版　第15版 ························ 65
　河川局所管補助事業事務提要　平成15年
　　度版　第19版 ······················ 65
　河川局所管補助事業事務提要　平成16年
　　度版 ······························ 65

河川局所管補助事業事務提要 平成17年
　　度版 第21版 ………………… 65
河川局所管補助事業事務提要 平成18年
　　度版 第22版 ………………… 65
河川局所管補助事業事務提要 平成19年
　　度版 ………………………… 65
河川局所管補助事業事務提要 平成20年
　　度版 第24版 ………………… 65
河川法研究会
　河川関係基本法令集 ………………… 63
　河川六法 平成20年版 ……………… 64
　河川六法 平成21年版 ……………… 64
　河川六法 平成22年版 ……………… 64
学研・UTAN編集部
　最新 エコロジーがわかる地球環境用語
　　事典 …………………………… 31
加藤 珪
　ビジュアル博物館 第51巻 ………… 71
加藤 三郎
　地球白書 1992・93 ………………… 6
　地球白書 1993・94 ………………… 6
加藤 哲郎
　土壌肥料用語事典 新版 …………… 138
加藤 盛夫
　エコロジー小事典 ………………… 184
金沢 純
　これでわかる 農薬キーワード事典 … 138
上村 宰
　船舶安全法関係用語事典 ……………… 79
亀井 太
　石綿取扱い作業ハンドブック ……… 172
亀山 章
　生物多様性緑化ハンドブック …… 71, 201
亀山 純生
　環境思想キーワード ………………… 29
蒲生 昌志
　環境リスクマネジメントハンドブック
　　………………………………… 35
鴨志田 公男
　環境省 …………………………… 173
茅 陽一
　エネルギーの百科事典 …………… 212
　環境年表 '98・'99 ………………… 28
　環境年表 2000・2001 ……………… 28
　環境年表 2002／2003 ……………… 28
　環境年表 2004／2005 ……………… 28
　環境ハンドブック ………………… 35
　新エネルギー大事典 ……………… 277

火薬学会
　エネルギー物質ハンドブック ……… 220
　エネルギー物質ハンドブック 第2版
　　………………………………… 220
火力原子力発電技術協会
　火力発電用語事典 改訂5版 ………… 256
火力原子力発電技術協会関西支部
　火力発電用語事典 改訂4版 ………… 256
　新編 火力発電用語事典 …………… 256
河内 徳子
　平和・人権・環境 教育国際資料集 … 207
河内 輝明
　尾瀬自然ハンドブック ……………… 49
　尾瀬自然ハンドブック 改訂新版 …… 49
河村 宏
　残留農薬データブック …………… 140
環境アセスメント研究会
　環境アセスメント基本用語事典 …… 183
環境衛生施設整備研究会
　日本の廃棄物 2000 ………………… 109
　廃棄物処理施設整備実務必携 平成11年
　　度版 ………………………… 108
　廃棄物処理施設整備実務必携 平成12年
　　度版 ………………………… 108
環境管理システム研究会
　環境自治体ハンドブック ………… 173
環境管理小事典編集委員会
　環境管理小事典 …………………… 188
環境教育事典編集委員会
　環境教育事典 ……………………… 206
　新版 環境教育事典 ………………… 207
環境行政研究会
　環境行政ハンドブック 新訂版 …… 173
環境経営学会
　環境ビジネスハンドブック ……… 188
環境事業団
　環境NGO総覧 平成13年版 ………… 24
環境自治体会議
　環境自治体白書 2005年版 ………… 174
　環境自治体白書 2006年版 ………… 174
　環境自治体白書 2007年版 ………… 175
　環境自治体白書 2008年版 ………… 175
　環境自治体白書 2009年版 ………… 175
　環境自治体白書 2010年版 ………… 175
環境自治体会議環境政策研究所
　環境自治体白書 2005年版 ………… 174
　環境自治体白書 2006年版 ………… 174
　環境自治体白書 2007年版 ………… 175
　環境自治体白書 2008年版 ………… 175

かんき 著編者名索引

環境自治体白書 2009年版 175
環境自治体白書 2010年版 175
環境省
　環境循環型社会白書 平成19年版 183
　環境統計集 平成18年版 44
　環境統計集 平成21年版 44
　環境白書 平成14年版 41
　環境白書 平成15年版 41
　環境白書 平成17年版 42
　環境白書 平成18年版 42
　環境白書 平成21年版 42
　環境白書 平成22年版 42
　環境六法 平成21年版 1 181
　環境六法 平成21年版 2 181
　循環型社会白書 平成14年版 207
　循環型社会白書 平成15年版 208
　循環型社会白書 平成17年版 208
　循環型社会白書 平成18年版 208
　全国環境行政便覧 平成13年版 174
　誰でもわかる!!日本の産業廃棄物 平成
　　17年度版 114
環境省環境管理局自動車環境対策課
　低公害車ガイドブック 2001 191
　低公害車ガイドブック 2003 191
環境省自然環境局生物多様性センター
　巨樹・巨木林フォローアップ調査報告
　　書 59
環境省総合環境政策局
　環境統計集 平成20年版 44
　環境統計集 平成22年版 44
環境省総合環境政策局環境計画課
　環境統計集 平成19年版 44
　環境白書 平成13年版 41
環境省大臣官房政策評価広報課環境対策調査室
　全国環境事情 平成14年版 177
　地方環境保全施策 平成14年版 177
環境省地球環境局
　OECD世界環境白書 37
　和英・英和 国際総合環境用語集 33
環境情報普及センター
　世界の資源と環境 1996‐97 3
環境省 水・大気環境局
　日本の大気汚染状況 平成17年版 77
　日本の大気汚染状況 平成19年版 77
　日本の大気汚染状況 平成20年版 78
　日本の大気汚染状況 平成21年版 78
環境新聞編集部
　資源循環技術ガイド 2000 210

環境総合年表編集委員会
　環境総合年表 28
環境総覧編集委員会
　環境総覧 2004-2005 38
　環境総覧 2007-2008 38
　環境総覧 2009-2010 38
環境庁
　環境白書 平成2年版 総説 38
　環境白書 平成2年版 各論 39
　環境白書 平成3年版 総説 39
　環境白書 平成3年版 各論 39
　環境白書 平成4年版 総説 39
　環境白書 平成4年版 各論 39
　環境白書 平成5年版 総説 39
　環境白書 平成5年版 各論 39
　環境白書 平成6年版 総説 39
　環境白書 平成6年版 各論 39
　環境白書 平成7年版 総説 39
　環境白書 平成7年版 各論 40
　環境白書 平成8年版 総説 40
　環境白書 平成8年版 各論 40
　環境白書 平成9年版 総説 40
　環境白書 平成10年版 総説 40
　環境白書 平成10年版 各論 40
　環境白書 平成11年版 総説 40
　環境白書 平成11年版 各論 40
　全国環境行政便覧 平成3年版 174
　全国環境行政便覧 平成5年版 174
　全国環境行政便覧 平成7年版 174
　全国環境行政便覧 平成9年版 174
　日本の巨樹・巨木林 甲信越・北陸版 ... 59
　日本の巨樹・巨木林 九州・沖縄版 59
　日本の巨樹・巨木林 中国・四国版 59
　日本の巨樹・巨木林 全国版 60
環境庁環境アセスメント研究会
　環境アセスメント関係法令集 183
環境庁環境計画課グリーンオフィス研究会
　環境にやさしいオフィスづくりハンド
　　ブック 198
環境庁環境調査研究会
　地方環境保全施策 平成10年版 177
環境庁環境法令研究会
　環境六法 平成2年版 179
　環境六法 平成3年版 179
　環境六法 平成4年版 179
　環境六法 平成5年版 179
　環境六法 平成7年版 179
　環境六法 平成10年版 179
　環境六法 平成11年版 180

環境庁企画調整局環境保全活動推進室
　リサイクル環境保全ハンドブック 210
環境庁企画調整局調査企画室
　環境白書　平成12年版　総説 41
　環境白書　平成12年版　各論 41
　マンガで見る環境白書 43
　マンガで見る環境白書 3 43
環境庁公害健康被害補償制度研究会
　公害健康被害補償・予防関係法令集　平成7年版 120
　公害健康被害補償・予防関係法令集　平成8年版 120
　公害健康被害補償・予防関係法令集　平成9年版 120
　公害健康被害補償・予防関係法令集　平成10年版 121
　公害健康被害補償・予防関係法令集　平成11年版 121
　公害健康被害補償・予防関係法令集　平成12年版 121
環境庁自然保護局
　自然保護年鑑　4（平成7・8年版） 186
　緑の国勢調査　1993 53
環境庁水質保全局
　全国公共用水域水質年鑑　1992年版 89
　全国公共用水域水質年鑑　1993年版 89
　全国公共用水域水質年鑑　1994年版 89
　全国公共用水域水質年鑑　1995年版 89
　全国公共用水域水質年鑑　1996年版 89
　全国公共用水域水質年鑑　1997年版 89
　全国公共用水域水質年鑑　1998年版 89
　全国公共用水域水質年鑑　1999年版 90
　全国公共用水域水質年鑑　2000年版 90
環境庁大気常時監視研究会
　日本の大気汚染状況　平成10年度 77
環境庁大気保全局自動車環境対策第一課
　低公害車ガイドブック　'98 190
環境庁大気保全局大気規制課
　窒素酸化物総量規制マニュアル　改訂版 76
　日本の大気汚染状況　平成4年版 77
環境庁地球環境部
　OECD環境白書 37
　国際環境科学用語集 31
　地球環境キーワード事典　改訂版 47
　地球環境キーワード事典　三訂版 47
環境庁地球環境部企画課
　OECDレポート　日本の環境政策 174
環境庁長官官房総務課
　環境保全関係法令集 185

最新　環境キーワード 32
地球環境キーワード事典 47
環境庁長官官房総務課環境調査官
　全国環境施策　平成5年度版 177
　全国環境事情　平成9年版 177
環境デザイン研究会
　環境デザイン用語辞典 197
環境文化創造研究所
　地球環境データブック　2001-02 5
　地球環境データブック　2003-04 5
　地球環境データブック　2005-06 6
　地球白書　2003・04 8
　地球白書　2009・10 9
　地球白書　2010・11 9
環境法令研究会
　環境実務六法　平成16年版 178
　環境実務六法　平成17年版 178
　環境実務六法　平成18年版 178
　環境六法　平成12年版 180
　環境六法　平成13年版 180
　環境六法　平成14年版 180
　環境六法　平成15年版 180
　環境六法　平成16年版 180
　環境六法　平成17年版 180
　環境六法　平成18年版 180
　環境六法　平成19年版 181
　環境六法　平成20年版 1 181
　環境六法　平成20年版 2 181
環境用語編集委員会
　子どものための環境用語事典 207
関西環境情報ステーションPico
　関西環境ボランティアガイド 24
関・リサイクル文化編集グループ
　得々リサイクルSHOPガイド　関西版 209
管路更生工法研究会
　下水道管路施設の改築・修繕技術便覧 97

【き】

危険物保安技術協会
　屋外タンク貯蔵所関係法令通知・通達集 235
岸本　充生
　環境リスクマネジメントハンドブック 35

気象業務支援センター
　気象年鑑　2008年版 ………………… 57
　気象年鑑　2009年版 ………………… 57
　気象年鑑　2010年版 ………………… 58
気象庁
　気候変動監視レポート　1999 ………… 55
　気候変動監視レポート　2001 ………… 55
　気象年鑑　1990年版 ………………… 55
　気象年鑑　1991年版 ………………… 55
　気象年鑑　1992年版 ………………… 56
　気象年鑑　1993年版 ………………… 56
　気象年鑑　1995年版 ………………… 56
　気象年鑑　1996年版 ………………… 56
　気象年鑑　1997年版 ………………… 56
　気象年鑑　1998年版 ………………… 56
　気象年鑑　1999年版 ………………… 56
　気象年鑑　2000年版 ………………… 57
　気象年鑑　2001年版 ………………… 57
　気象年鑑　2002年版 ………………… 57
　気象年鑑　2003年版 ………………… 57
　気象年鑑　2004年版 ………………… 57
　気象年鑑　2005年版 ………………… 57
　気象年鑑　2006年版 ………………… 57
　気象年鑑　2007年版 ………………… 57
　気象年鑑　2008年版 ………………… 57
　気象年鑑　2009年版 ………………… 57
　気象年鑑　2010年版 ………………… 58
　気象・防災六法　平成10年版 ………… 54
　気象・防災六法　平成15年版 ………… 54
　今日の気象業務　平成10年版 ………… 58
　今日の気象業務　平成11年版 ………… 58
　地球温暖化予測情報　第1巻 ………… 73
　地球温暖化予測情報　第2巻 ………… 73
　地球温暖化予測情報　第3巻 ………… 73
　地球温暖化予測情報　第4巻 ………… 73
　地球温暖化予測情報　第5巻 ………… 73
　地球温暖化予測情報　第6巻 ………… 73
　地球温暖化予測情報　第7巻 ………… 73
　20世紀の日本の気候 …………………… 73
木塚　夏子
　エコガーデニング事典 ………………… 195
「既存建築物の吹付けアスベスト粉じん飛散防
　止処理技術指針・同解説」編集委員会
　改訂　既存建築物の吹付けアスベスト粉
　　じん飛散防止処理技術指針・同解説
　　2006 …………………………………… 173
北九州国際技術協力協会KITA環境協力セン
　ター
　国際環境科学用語集 …………………… 31

木谷　要治
　環境教育指導事典 ……………………… 206
北濃　秋子
　地球白書　'90・'91 ……………………… 6
北村　喜宣
　環境法辞典 ……………………………… 178
　ベーシック環境六法　3訂 ……………… 183
　ベーシック環境六法　4訂 ……………… 183
木下　滋
　統計ガイドブック ……………………… 15
木俣　美樹男
　環境教育指導事典 ……………………… 206
木村　逸郎
　放射線計測ハンドブック ……………… 274
　放射線計測ハンドブック　第2版 ……… 273
木村　規子
　地球環境カラーイラスト百科 ………… 47
木村　文彦
　インバース・マニュファクチャリングハ
　　ンドブック …………………………… 209
木村　眞人
　肥料の事典 ……………………………… 139
木村　竜治
　キーワード　気象の事典 ……………… 53
木本書店・編集部
　世界統計白書　2006年版 ……………… 11
　世界統計白書　2007年版 ……………… 12
　世界統計白書　2008年版 ……………… 12
　世界統計白書　2009年版 ……………… 12
　世界統計白書　2010年版 ……………… 12
京都大学東南アジア研究センター
　事典東南アジア ………………………… 32
京都大学防災研究所
　防災学ハンドブック …………………… 51

【く】

草薙　得一
　雑草管理ハンドブック ………………… 140
　雑草管理ハンドブック　普及版 ……… 140
熊谷　真理子
　環境教育ガイドブック ………………… 207
クラーク，ジョン・O.E.
　物質とエネルギー ……………………… 220
くらしのリサーチセンター
　くらしと環境 …………………………… 185

倉本 宣
　生物多様性緑化ハンドブック 71, 201
栗岡 誠司
　CO2がわかる事典 74
グリーナウェイ，フランク
　ビジュアル博物館 第46巻 61
　ビジュアル博物館 第62巻 60
グリビン，ジョン
　物質とエネルギー 220
クルーガー，アンナ
　エコホーム用品事典 195
クルキ，アンジャ
　国際水紛争事典 87
久留飛 克明
　建築に使われる化学物質事典 85
クレイブランド，カトラー・J.
　エネルギー用語辞典 219
黒川 哲志
　確認環境法用語230 177
黒田 勲
　環境・災害・事故の事典 29
桑平 幸子
　65億人の地球環境 改訂版 51

【け】

慶応義塾大学理工学部環境化学研究室
　首都圏の酸性雨 74
経済企画庁経済研究所国民所得部
　環境・経済統合勘定 173
経済協力開発機構
　OECD環境データ要覧 2004 2
　OECDレポート 日本の環境政策 174
　図表でみる世界の主要統計 2007年版
　　.. 46
　図表でみる世界の主要統計 2008年版
　　.. 46
　図表でみる世界の主要統計 2009年版
　　.. 46
　図表でみる世界の主要統計OECDファクトブック 2006年版 46
　2010年世界のエネルギー展望 1995年度版 222
経済産業省
　エネルギー白書 2004年版 214
　エネルギー白書 2005年版 214
　エネルギー白書 2006年版 214
　エネルギー白書 2007年版 214
　エネルギー白書 2008年版 214
　エネルギー白書 2009年版 214
　エネルギー白書 2010年版 214
経済産業省経済産業政策局調査統計部
　エネルギー生産・需給統計年報 平成12年 223
　資源・エネルギー統計年報 平成14年 223
　資源・エネルギー統計年報 平成15年 223
　資源・エネルギー統計年報 平成16年 223
　資源・エネルギー統計年報 平成17年 223
　資源・エネルギー統計年報 平成18年 223
　資源・エネルギー統計年報 平成19年 223
　資源・エネルギー統計年報 平成20年 224
　資源・エネルギー統計年報 平成21年 224
　資源統計年報 平成12年 225
　資源統計年報 平成13年 225
　石油等消費構造統計表 平成11年 231
　石油等消費構造統計表 平成12年 232
　石油等消費構造統計表 平成13年 232
　石油等消費動態統計年報 平成12年 232
　石油等消費動態統計年報 平成14年 232
　石油等消費動態統計年報 平成15年 233
　石油等消費動態統計年報 平成16年 233
　石油等消費動態統計年報 平成17年 233
　石油等消費動態統計年報 平成18年 233
　石油等消費動態統計年報 平成19年 233
　石油等消費動態統計年報 平成20年 233
　石油等消費動態統計年報 平成21年 234
　本邦鉱業の趨勢 平成12年 227
　本邦鉱業の趨勢 平成14年 227
　本邦鉱業の趨勢 平成15年 227
　本邦鉱業の趨勢 平成17年 227
経済産業省原子力安全・保安院
　解説 電気設備の技術基準 第11版 239
　解説電気設備の技術基準 第14版 239
　原子力実務六法 2008年版 271
　水力、火力、電気設備の技術基準の解釈 平成16年度版 255
　水力、火力、風力、電気設備の技術基準の解釈 平成17年度版 255
　水力、火力、風力、電気設備の技術基準の解釈 平成19年度版 256

けいさ　　　　　　　　　　　　　著編者名索引

経済産業省産業技術環境局
　環境総覧 2001 ································· 38
経済産業省資源エネルギー庁
　資源エネルギー六法　平成14年版 ····· 222
経済産業省資源エネルギー庁資源・燃料部
　コール・ノート　2002年版 ··············· 228
　コール・ノート　2003年版 ··············· 228
　資源・エネルギー統計年報　平成14年
　　··· 223
　資源・エネルギー統計年報　平成15年
　　··· 223
　資源・エネルギー統計年報　平成16年
　　··· 223
　資源・エネルギー統計年報　平成17年
　　··· 223
　資源・エネルギー統計年報　平成18年
　　··· 223
　資源・エネルギー統計年報　平成19年
　　··· 223
　資源・エネルギー統計年報　平成20年
　　··· 224
　資源・エネルギー統計年報　平成21年
　　··· 224
経済産業省資源エネルギー庁省エネルギー・
新エネルギー部新エネルギー対策課
　新エネルギー便覧　平成15年度版 ····· 278
経済産業省資源エネルギー庁電力・ガス事業部
　電気事業便覧　平成17年版 ··············· 240
　電気事業便覧　平成18年版 ··············· 241
　電気事業便覧　平成20年版 ··············· 241
　電気事業便覧　平成21年版 ··············· 241
　電気事業便覧　平成22年版 ··············· 241
　電源開発の概要　平成15年度 ··········· 243
　電源開発の概要　平成16年度 ··········· 243
　電源開発の概要　平成17年度 ··········· 243
　電力需給の概要　平成12年度 ··········· 248
　電力需給の概要　平成13年度 ··········· 248
　電力需給の概要　平成14年度 ··········· 248
　電力需給の概要　平成15年度 ··········· 248
　電力需給の概要　平成19年度 ··········· 249
　電力需給の概要　平成20年度 ··········· 249
経済産業省資源エネルギー庁電力・ガス事業
部政策課
　電力小六法　平成14年版 ··················· 245
　電力小六法　平成18年版 ··················· 246
　電力小六法　平成20年版 ··················· 246
　電力小六法　平成22年版 ··················· 246
経済産業省製造産業局自動車課
　低公害車ガイドブック　2001 ··········· 191
　低公害車ガイドブック　2003 ··········· 191

経済調査会
　エコ＆グリーン　平成18年度版 ········ 195
　公共下水道工事複合単価　管路編　平成22
　　年度版 ·· 100
警察庁
　放射性物質等の輸送法令集　1995年度版
　　··· 271
警察庁警備局
　放射性物質等の輸送法令集　1997年度版
　　第3版 ·· 271
警察庁警備局警備課
　放射性物質等の輸送法令集　1996年度版
　　第2版 ·· 271
警察庁生活安全局
　放射性物質等の輸送法令集　1997年度版
　　第3版 ·· 271
警察庁生活安全局生活環境課
　放射性物質等の輸送法令集　1996年度版
　　第2版 ·· 271
下水道技術研究会
　新・下水道技術用語辞典 ·················· 96
下水道工事積算編集研究会
　下水道工事の積算　改訂4版 ············ 99
　下水道工事の積算　改訂7版 ············ 99
下水道事業経営研究会
　下水道経営ハンドブック　第5次改訂版
　　··· 97
　下水道経営ハンドブック　〔第6次改訂
　　版〕 ·· 97
　下水道経営ハンドブック　第7次改訂版
　　··· 97
　下水道経営ハンドブック　第8次改訂版
　　··· 97
　下水道経営ハンドブック　第9次改訂版
　　··· 97
　下水道経営ハンドブック　第10次改訂版
　　··· 97
　下水道経営ハンドブック　第11次改訂版
　　··· 97
　下水道経営ハンドブック　平成12年　第
　　12次改訂版 ·· 97
　下水道経営ハンドブック　平成15年　第
　　15次改訂版 ·· 98
　下水道経営ハンドブック　平成16年　第
　　16次改訂版 ·· 98
　下水道経営ハンドブック　平成17年　第
　　17次改訂版 ·· 98
　下水道経営ハンドブック　第18次改訂版
　　（平成18年） ·· 98
　下水道経営ハンドブック　平成19年　第
　　19次改訂版 ·· 98
　下水道経営ハンドブック　第20次改訂版

著編者名索引　けんせ

　..................... 98
下水道経営ハンドブック　第21次改訂版
　（平成21年）..................... 98
下水道経営ハンドブック　第22次改訂版
　（平成22年）..................... 98
下水道新技術推進機構
　新土木工事積算大系用語定義集　下水道
　編 96
下水道法令研究会
　下水道法令要覧　平成6年版 100
　下水道法令要覧　平成9年版 100
　下水道法令要覧　平成11年版 100
　下水道法令要覧　平成12年版 101
　下水道法令要覧　平成13年版 101
　下水道法令要覧　平成17年版 101
　下水道法令要覧　平成18年版 101
　下水道法令要覧　平成20年度版 101
　逐条解説　下水道法　改訂版 101
　逐条解説下水道法　第2次改訂版 101
研究社辞書編集部
　英和・和英エコロジー用語辞典 33
原子力安全委員会
　原子力安全白書　平成元年版 259
　原子力安全白書　平成2年版 259
　原子力安全白書　平成3年版 260
　原子力安全白書　平成4年版 260
　原子力安全白書　平成5年版 260
　原子力安全白書　平成6年版 260
　原子力安全白書　平成7年版 260
　原子力安全白書　平成9年版 260
　原子力安全白書　平成10年版 260
　原子力安全白書　平成11年版 260
　原子力安全白書　平成12年版 260
　原子力安全白書　平成13年版 261
　原子力安全白書　平成14年版 261
　原子力安全白書　平成15年版 261
　原子力安全白書　平成16年版 261
　原子力安全白書　平成17年版 261
　原子力安全白書　平成18年版 261
　原子力安全白書　平成19・20年版 .. 261
　原子力安全白書　平成21年版 262
原子力安全基盤機構
　原子力施設運転管理年報　平成21年版
　（平成20年度実績）................. 262
原子力安全基盤機構安全情報部
　原子力施設運転管理年報　平成17年版
　..................... 262
　原子力施設運転管理年報　平成19年版
　..................... 262
　原子力施設運転管理年報　平成20年版
　（平成19年度実績）................. 262

原子力安全基盤機構企画部技術情報統括室
　原子力施設運転管理年報　平成22年版
　（平成21年度実績）................. 263
原子力委員会
　原子力白書　平成元年版 266
　原子力白書　平成2年版 266
　原子力白書　平成4年版 267
　原子力白書　平成5年版 267
　原子力白書　平成6年版 267
　原子力白書　平成7年版 267
　原子力白書　平成8年版 267
　原子力白書　平成10年版 267
　原子力白書　平成15年版 267
　原子力白書　平成16年版 267
　原子力白書　平成17年版 268
　原子力白書　平成18年版 268
　原子力白書　平成19年版 268
　原子力白書　平成20年版 268
原子力規制関係法令研究会
　原子力規制関係法令集　2003年 ... 269
　原子力規制関係法令集　2004年 ... 269
　原子力規制関係法令集　2006年 ... 270
　原子力規制関係法令集　2007年 ... 270
　原子力規制関係法令集　2008年 ... 270
　原子力規制関係法令集　2009年 ... 270
　原子力規制関係法令集　2010年 ... 270
原子力資料情報室
　原子力市民年鑑　'98 263
　原子力市民年鑑　99 263
　原子力市民年鑑　2000 263
　原子力市民年鑑　2001 263
　原子力市民年鑑　2002 263
　原子力市民年鑑　2003 263
　原子力市民年鑑　2004 264
　原子力市民年鑑　2005 264
　原子力市民年鑑　2006 264
　原子力市民年鑑　2007 264
　原子力市民年鑑　2008 264
　原子力市民年鑑　2009 264
　原子力市民年鑑　2010 264
　脱原発年鑑　96 268
　脱原発年鑑　97 268
原子力年鑑編集委員会
　原子力年鑑　2007 266
　原子力年鑑　2008 266
　原子力年鑑　2009 266
　原子力年鑑　2010 266
建設環境行政研究会
　建設環境必携　平成6年度版 165
　建設環境必携　平成9年度版 166

環境・エネルギー問題 レファレンスブック　*331*

けんせ　　　　　　　　　　著編者名索引

建設省埋立行政研究会
　公有水面埋立実務ハンドブック ……… 198
建設省河川局
　河川六法 平成2年版 ………………… 63
　河川六法 平成3年版 ………………… 63
　河川六法 平成4年版 ………………… 63
　河川六法 平成5年版 ………………… 63
　河川六法 平成6年版 ………………… 63
　河川六法 平成7年版 ………………… 63
　河川六法 平成8年版 ………………… 63
　河川六法 平成10年版 ………………… 63
　河川六法 平成11年版 ………………… 64
　河川六法 平成12年版 ………………… 64
　公有水面埋立実務ハンドブック ……… 198
　日本河川水質年鑑 1989 ……………… 69
　日本河川水質年鑑 1990 ……………… 69
　日本河川水質年鑑 1991 ……………… 69
　日本河川水質年鑑 1992 ……………… 70
　日本河川水質年鑑 1993 ……………… 70
　日本河川水質年鑑 1995 ……………… 70
　日本河川水質年鑑 1996 ……………… 70
建設省河川局河川環境課
　河川水辺の国勢調査年鑑 平成7年度
　　………………………………… 66, 67
　河川水辺の国勢調査年鑑 平成8年度
　　……………………………………… 67
　河川水辺の国勢調査年鑑 平成9年度
　　……………………………………… 67
建設省河川局河川総務課
　河川局所管 補助事業事務提要 平成10年
　　版 第15版 ………………………… 65
建設省河川局水政課
　公有水面埋立実務ハンドブック ……… 198
建設省河川局治水課
　河川水辺の国勢調査年鑑 河川空間利用
　　実態調査編（平成2・3年度） ……… 65
　河川水辺の国勢調査年鑑 魚介類調査編
　　（平成2・3年度） ………………… 65
　河川水辺の国勢調査年鑑 河川空間利用
　　実態調査編（平成4年度） ………… 66
　河川水辺の国勢調査年鑑 平成4年度
　　……………………………………… 66
建設省下水道部
　下水道法令要覧 平成8年版 ………… 100
　下水道法令要覧 平成9年版 ………… 100
　下水道法令要覧 平成11年版 ………… 100
　下水道法令要覧 平成12年版 ………… 101
建設省建設経済局環境調整室
　建設環境必携 平成6年度版 ………… 165
　建設環境必携 平成8年度版 ………… 165
　建設環境必携 平成9年度版 ………… 166

建設省建設経済局建設業課
　建設リサイクル実務必携 改訂版 …… 167
建設省建設経済局事業総括調整官室
　建設リサイクル実務必携 改訂版 …… 167
建設省住宅局建築指導課
　建築設備関係法令集 平成2年版 …… 170
　建築設備関係法令集 平成3年版 第5次
　　改正版 ……………………………… 170
　建築設備関係法令集 平成4年版 …… 170
　建築設備関係法令集 平成5年版 …… 170
　建築設備関係法令集 平成6年版 …… 170
　建築設備関係法令集 平成7年版 第9次
　　改正版 ……………………………… 170
　建築設備関係法令集 平成9年版 第11次
　　改正版 ……………………………… 170
　建築設備関係法令集 平成10年版 第12
　　次改正版 …………………………… 170
　建築設備関係法令集 平成12年版 …… 170
建設省都市環境問題研究会
　環境共生都市づくり ………………… 198
建設情報社
　全国総合河川大鑑 1991 ……………… 68
　全国総合河川大鑑 1993 ……………… 68
　全国総合河川大鑑 1994 ……………… 68
　全国総合河川大鑑 1995 ……………… 68
　全国総合河川大鑑 1999 ……………… 68
　全国総合河川大鑑 2000 ……………… 68
　全国総合河川大鑑 2001 ……………… 69
　全国総合河川大鑑 2002 ……………… 69
　全国総合河川大鑑 2003 ……………… 69
　全国総合河川大鑑 2005 ……………… 69
　全国総合河川大鑑 2006 ……………… 69
　全国総合河川大鑑 2007 ……………… 69
建設大臣官房官庁営繕部営繕計画課
　建設リサイクル実務必携 改訂版 …… 167
建設大臣官房技術調査室
　建設リサイクル実務必携 改訂版 …… 167
建設データベース協議会
　施工管理者のための建設副産物・リサ
　　イクルハンドブック 2001年度版 第2
　　版 …………………………………… 168
　施工管理者のための建設副産物・リサ
　　イクルハンドブック 改訂第4版 …… 168
建設副産物研究会
　建設副産物用語集 …………………… 165
建設副産物リサイクル広報推進会議
　建設リサイクル実務必携 改訂版 …… 167
　建設リサイクルハンドブック ……… 167
　建設リサイクルハンドブック 2002 … 167
　建設リサイクルハンドブック 2003 … 167

建設リサイクルハンドブック 2008 … 168
建設物価調査会積算委員会
　下水道工事積算標準単価 平成14年度版 …………………………………… 99
　下水道工事積算標準単価 平成19年度版 …………………………………… 99
　下水道工事積算標準単価 平成21年度版 …………………………………… 99
建設リサイクルハンドブック編纂研究会
　建設リサイクルハンドブック 2004 … 167
　建設リサイクルハンドブック 2005 … 168
　建設リサイクルハンドブック 2006 … 168
　建設リサイクルハンドブック 2007 … 168
建築解体廃棄物対策研究会
　解体・リサイクル制度研究会報告 …… 209
建築技術教育普及センター
　建築設備関係法令集 平成2年版 …… 170
　建築設備関係法令集 平成3年版 第5次改正版 ………………………… 170
　建築設備関係法令集 平成4年版 …… 170
　建築設備関係法令集 平成5年版 …… 170
　建築設備関係法令集 平成6年版 …… 170
　建築設備関係法令集 平成7年版 第9次改正版 ………………………… 170
建築技術者試験研究会
　建築設備関係法令集 平成19年版 第22次改正版 ……………………… 171
　建築設備関係法令集 平成20年版 …… 171
　建築設備関係法令集 平成21年版 第24次改正版 ……………………… 171
　建築設備関係法令集 平成22年版 …… 171
建築業協会
　施工管理者のための建設副産物・リサイクルハンドブック 2001年度版 第2版 ……………………………………… 168
　施工管理者のための建設副産物・リサイクルハンドブック 改訂第4版 …… 168
建築研究所
　浄化槽の構造基準・同解説 2005年版 …………………………………… 172
建築設備技術者協会
　建築・環境キーワード事典 ………… 168
建築設備研究会
　建築設備関係法令集 平成10年版 第12次改正版 ……………………… 170
ケント，ジェニファー
　65億人の地球環境 改訂版 ………… 51
見目　善弘
　現場で使える環境法 ………………… 181

【こ】

高圧需要家受電設備研究委員会
　高圧受電設備指針 ………………… 275
公害対策技術同友会
　環境行政・研究機関要覧 '96 ……… 24
公害等調整委員会
　公害紛争処理白書 平成2年版 …… 121
　公害紛争処理白書 平成3年版 …… 121
　公害紛争処理白書 平成4年版 …… 121
　公害紛争処理白書 平成5年版 …… 122
　公害紛争処理白書 平成6年版 …… 122
　公害紛争処理白書 平成7年版 …… 122
　公害紛争処理白書 平成8年版 …… 122
　公害紛争処理白書 平成10年版 …… 122
　公害紛争処理白書 平成11年版 …… 122
　公害紛争処理白書 平成12年版 …… 122
　公害紛争処理白書 平成13年版 …… 123
　公害紛争処理白書 平成15年版 …… 123
　公害紛争処理白書 平成16年版 …… 123
　公害紛争処理白書 平成17年版 …… 123
　公害紛争処理白書 平成18年版 …… 123
　公害紛争処理白書 平成19年版 …… 123
　公害紛争処理白書 平成20年版 …… 124
　公害紛争処理白書 平成21年版 …… 124
　公害紛争処理白書 平成22年版 …… 124
公害等調整委員会事務局
　全国の公害苦情の実態 平成13年版 … 124
公害防止管理者用語辞典編集委員会
　公害防止管理者用語辞典 ………… 120
公害防止の技術と法規編集委員会
　公害防止の技術と法規 大気編 五訂版 …………………………………… 76
　新・公害防止の技術と法規 2008 大気編 ………………………………… 76
　新・公害防止の技術と法規 2009 大気編 ………………………………… 76
　新・公害防止の技術と法規 2010 大気編 ………………………………… 76
　新・公害防止の技術と法規 2008 ダイオキシン類編 ……………………… 78
　新・公害防止の技術と法規 2009 ダイオキシン類編 改訂版 …………… 78
　新・公害防止の技術と法規 2010 ダイオキシン類編 ……………………… 78
　新・公害防止の技術と法規 2008 水質編（1, 2）…………………………… 78

新・公害防止の技術と法規 2009 水質編
　(1, 2) ……………………………… 78
新・公害防止の技術と法規 2010 水質編
　(1, 2) ……………………………… 79
新・公害防止の技術と法規 2006 騒音・
　振動編 …………………………… 125
新・公害防止の技術と法規 2008 騒音・
　振動編 …………………………… 125
新・公害防止の技術と法規 2010 騒音・
　振動編 …………………………… 126

公共建築協会
　電気設備工事施工チェックシート 平成
　22年版 …………………………… 243

公共投資ジャーナル社
　下水処理場ガイドブック ……………… 97
　下水道プロジェクト要覧 平成16年度版
　………………………………………… 104

公共投資ジャーナル社集落排水編集部
　農業集落排水事業ハンドブック ……… 129
　農業集落排水事業ハンドブック 平成13
　年度版 …………………………… 129
　農業集落排水事業ハンドブック 平成15
　年度版 …………………………… 129
　農業集落排水事業ハンドブック 平成17
　年度版 …………………………… 129
　農業集落排水事業ハンドブック 平成18
　年度版 …………………………… 129

公共投資ジャーナル社編集局
　下水道プロジェクト要覧 平成17年度版
　………………………………………… 104
　下水道プロジェクト要覧 平成18年度版
　………………………………………… 104
　全国の下水道事業実施計画 平成10年度
　版 ………………………………… 104
　全国の下水道事業実施計画 平成11年度
　版 ………………………………… 104
　全国の下水道事業実施計画 平成12年度
　版 ………………………………… 105
　全国の下水道事業実施計画 平成13年度
　版 ………………………………… 105
　全国の下水道事業実施計画 平成14年度
　版 ………………………………… 105

公共投資ジャーナル社編集部
　下水処理場ガイド 上巻 …………… 96
　下水処理場ガイド 下巻 …………… 96
　下水道プロジェクト要覧 平成19年度版
　………………………………………… 104
　全国の下水道事業実施計画 平成3年度
　版 ………………………………… 104
　農業集落排水事業ハンドブック ……… 129
　農業集落排水事業ハンドブック 〔平成
　6年〕……………………………… 129

流域下水道総覧 ……………………… 100
流域下水道総覧 7次5計版 ………… 100

公共投資総研
　環境政策プロジェクト要覧 '99 …… 174
　ごみ処理広域化計画 東日本編 …… 106

厚生省水道環境部水道法研究会
　水道実務六法 平成11年版 ………… 94

厚生省水道環境部廃棄物法制研究会
　廃棄物六法 平成11年版 …………… 119

厚生省生活衛生局
　廃棄物の処理及び清掃に関する法律関係
　法令集 新訂版 …………………… 117

厚生省生活衛生局水道環境部環境整備課
　特別管理一般廃棄物ばいじん処理マニュ
　アル ……………………………… 113
　廃棄物処理事業・施設年報 平成6年版
　………………………………………… 110
　廃棄物処理施設整備実務必携 平成10年
　度版 ……………………………… 108
　平成5年度実績 廃棄物処理事業実態調査
　統計資料 平成7年版 …………… 112

厚生省生活衛生局水道環境部環境整備課リ
サイクル推進室
　容器包装リサイクル法 分別収集事例集
　2 ………………………………… 210

厚生省生活衛生局水道環境部計画課
　廃棄物六法 …………………… 118, 119
　廃棄物六法 平成7年版 …………… 118

厚生省生活衛生局水道環境部産業廃棄物対策室
　産業廃棄物処理ハンドブック 平成2年
　版 ………………………………… 113
　産業廃棄物処理ハンドブック 平成3年
　版 ………………………………… 113
　産業廃棄物処理ハンドブック 平成5年
　版 ………………………………… 114
　産業廃棄物処理ハンドブック 平成6年
　版 ………………………………… 114
　産業廃棄物処理ハンドブック 平成8年
　版 ………………………………… 114
　産業廃棄物処理ハンドブック 平成10年
　版 ………………………………… 114
　産業廃棄物処理ハンドブック 平成11年
　版 ………………………………… 114
　トリクロロエチレン等処理マニュアル
　………………………………………… 107
　廃棄物の処理及び清掃に関する法律関係
　法令集 平成10年版 ……………… 117
　廃石綿等処理マニュアル ………… 173

厚生省生活衛生局水道環境部水道整備課
　水道実務六法 平成2年版 ………… 93
　水道実務六法 平成3年版 ………… 93

水道実務六法 平成5年版 ……………… 93
水道実務六法 平成7年 ……………… 93
水道実務六法 平成10年版 ……………… 94
厚生統計協会
　国民衛生の動向 1990年 ……………… 43
厚生労働省
　食品衛生検査指針 残留農薬編 2003
　　……………………………………… 140
交通エコロジー・モビリティ財団
　改正省エネ法 ……………………… 281
神戸大学海事科学研究科海事法規研究会
　概説海事法規 …………………………… 79
古賀　邦雄
　水・河川・湖沼関係文献集 ………… 61
国際環境専門学校
　環境管理 用語解説 ………………… 188
　生活環境と化学物質 用語解説 ……… 86
　生活環境と化学物質 用語解説 第2版
　　………………………………………… 86
国際ジオシンセティックス学会日本支部ジオメンブレン技術委員会
　廃棄物処分場における遮水シートの耐久性評価ハンドブック ……………… 108
国際食糧農業協会
　世界食料農業白書 1996年 ………… 130
　世界食料農業白書 1997年 ………… 131
　世界食料農業白書 2001年 ………… 131
　世界食料農業白書 2002年版 ……… 131
　世界食料農業白書2002年報告 2003年版
　　……………………………………… 131
　世界食料農業白書 2004-05年版 …… 131
　世界森林白書 1997年 ………………… 59
　世界森林白書 1999年 ………………… 59
　世界森林白書 2002年版 ……………… 59
国際比較環境法センター
　三段対照 廃棄物処理法法令集 平成22年版 ……………………………… 116
国際比較環境法センター環境法令研究会
　環境六法 平成22年版 ……………… 181
国際連合食糧農業機関
　世界食料農業白書 1996年 ………… 130
　世界食料農業白書 1997年 ………… 131
　世界食料農業白書 1998年 ………… 131
　世界食料農業白書 2001年 ………… 131
　世界食料農業白書 2002年版 ……… 131
　世界食料農業白書 2003年版 ……… 131
　世界食料農業白書 2004-05年版 …… 131
　世界森林白書 1997年 ………………… 59
　世界森林白書 1999年 ………………… 59

国土開発調査会
　河川便覧 1992 ………………………… 62
　河川便覧 1996 ………………………… 62
　河川便覧 2000 ………………………… 62
　河川便覧 2004 ………………………… 62
　河川便覧 2006 ………………………… 62
国土交通省
　下水道法令要覧 平成20年度版 …… 101
国土交通省海事局
　海事レポート 平成13年版 …………… 82
　海事レポート 平成14年版 …………… 82
　海事レポート 平成15年版 …………… 82
　海事レポート 平成16年版 …………… 82
　海事レポート 平成17年版 …………… 83
　海事レポート 平成18年版 …………… 83
　海事レポート 平成19年版 …………… 83
　海事レポート 平成20年版 …………… 83
　海事レポート 平成22年版 …………… 83
国土交通省海事局安全基準課
　船舶からの大気汚染防止関係法令及び関係条約 ……………………………… 77
国土交通省海事局検査測度課
　危険物船舶運送及び貯蔵規則 10訂版
　　………………………………………… 80
　危険物船舶運送及び貯蔵規則 11訂版
　　………………………………………… 80
　危険物船舶運送及び貯蔵規則 12訂版
　　………………………………………… 80
　危険物船舶運送及び貯蔵規則 13訂版
　　………………………………………… 80
　危険物船舶運送及び貯蔵規則 14訂版
　　………………………………………… 80
国土交通省河川局
　河川六法 平成13年版 ………………… 64
　河川六法 平成14年版 ………………… 64
　河川六法 平成16年版 ………………… 64
　河川六法 平成18年版 ………………… 64
　国土交通省河川砂防技術基準 同解説・計画編 ………………………………… 62
国土交通省河川局河川環境課
　河川水辺の国勢調査年鑑 河川版 平成11年度 魚介類調査、底生動物調査編 ……………………………………… 68
　河川水辺の国勢調査年鑑 河川版 平成11年度 植物調査編 ………………… 68
　河川水辺の国勢調査年鑑 河川版 平成11年度 鳥類調査、両生類・爬虫類・哺乳類調査、陸上昆虫類調査編 ……… 68
国土交通省関東運輸局
　数字で見る関東の運輸の動き 2001 … 163
　数字で見る関東の運輸の動き 2004 … 164

こくと　　　　　　　　　　　著編者名索引

国土交通省下水道部
　下水道法令要覧　平成13年版 ………… 101
　下水道法令要覧　平成17年版 ………… 101
　下水道法令要覧　平成18年版 ………… 101
　下水道法令要覧　平成19年版 ………… 101
国土交通省航空局飛行場部環境整備課
　航空機騒音防止関係法令集　平成16年版
　　………………………………………… 126
国土交通省港湾局
　港湾小六法　平成16年版 ……………… 202
　港湾小六法　平成17年版 ……………… 202
　港湾小六法　平成18年版 ……………… 202
　港湾小六法　平成19年版 ……………… 203
　港湾小六法　平成20年版 ……………… 203
　港湾小六法　平成21年版 ……………… 203
　港湾小六法　平成22年版 ……………… 203
　港湾六法　平成13年版 ………………… 204
　港湾六法　平成14年版 ………………… 204
　港湾六法　平成15年版 ………………… 204
　港湾六法　平成16年版 ………………… 204
　港湾六法　平成17年版 ………………… 205
　港湾六法　平成19年版 ………………… 205
　港湾六法　平成20年版 ………………… 205
　数字でみる港湾　2001 ………………… 205
　数字でみる港湾　2002年版 …………… 205
　数字でみる港湾　2003 ………………… 205
　数字でみる港湾　2004 ………………… 206
　数字でみる港湾　2006年版 …………… 206
　数字でみる港湾　2007年版 …………… 206
　数字でみる港湾　2008年版 …………… 206
　数字でみる港湾　2009年版 …………… 206
　数字でみる港湾　2010 ………………… 206
国土交通省国土技術政策総合研究所
　浄化槽の構造基準・同解説　2005年版
　　………………………………………… 172
国土交通省自動車交通局技術安全部環境課
　低公害車ガイドブック　2001 ………… 191
　低公害車ガイドブック　2003 ………… 191
国土交通省住宅局
　建築設備関係法令集　平成22年版 …… 171
国土交通省住宅局建築指導課
　改訂 既存建築物の吹付けアスベスト粉
　　じん飛散防止処理技術指針・同解説
　　2006 …………………………………… 173
　建築設備関係法令集　平成13年版 …… 170
　建築設備関係法令集　平成17年版　第20
　　次改正版 ……………………………… 171
　建築設備関係法令集　平成19年版　第22
　　次改正版 ……………………………… 171
　建築設備関係法令集　平成20年版 …… 171
　建築設備関係法令集　平成21年版　第24
　　次改正版 ……………………………… 171
　浄化槽の構造基準・同解説　2005年版
　　………………………………………… 172
国土交通省住宅局建築指導課日本建築技術者
　指導センター
　建築設備関係法令集　平成15年版 …… 170
国土交通省総合政策局
　建設リサイクルハンドブック ………… 167
　建設リサイクルハンドブック　2002 … 167
国土交通省総合政策局海洋政策課
　最新海洋汚染等及び海上災害の防止に関
　　する法律及び関係法令　平成20年1月
　　現在 ……………………………………… 80
国土交通省総合政策局環境・海洋課
　運輸・交通と環境　2003年版 ………… 157
　改正省エネ法 …………………………… 281
国土交通省総合政策局情報管理部
　交通関係エネルギー要覧　平成12年版
　　………………………………………… 215
　交通関係エネルギー要覧　平成13・14年
　　版 ……………………………………… 215
　交通関係エネルギー要覧　平成15年版
　　………………………………………… 215
　交通関係エネルギー要覧　平成16年版
　　………………………………………… 215
　図でみる運輸白書　平成12年度 ……… 160
国土交通省大臣官房
　建設リサイクルハンドブック ………… 167
　建設リサイクルハンドブック　2002 … 167
国土交通省中部地方整備局
　名古屋大都市圏のリノベーション・プロ
　　グラム ………………………………… 200
国土交通省都市・地域整備局
　名古屋大都市圏のリノベーション・プロ
　　グラム ………………………………… 200
国土交通省都市・地域整備局下水道部
　下水道工事積算基準　平成20年度版 …… 98
　下水道工事積算基準　平成21年度版 …… 99
　下水道工事積算基準　平成22年度版 …… 99
　下水道設計業務積算基準　平成20年度版
　　………………………………………… 100
　下水道設計業務積算基準　平成21年度版
　　………………………………………… 100
　下水道設計業務積算基準　平成22年度版
　　………………………………………… 100
国土交通省都市・地域整備局下水道部下水道
　事業課
　下水道事業の手引　平成18年版 ………… 99
　下水道事業の手引　平成19年版 ……… 100
国土交通省都市・地域整備局公園緑地課緑地

環境推進室
　公園緑地マニュアル　平成16年度版 … 201
　緑化施設整備計画の手引き ………… 202
国土交通省土地・水資源局水資源部
　日本の水資源　平成13年版 ………… 91
　日本の水資源　平成15年版 ………… 92
　日本の水資源　平成17年版 ………… 92
　日本の水資源　平成18年版 ………… 92
　日本の水資源　平成19年版 ………… 92
　日本の水資源　平成20年版 ………… 92
　日本の水資源　平成21年版 ………… 92
　日本の水資源　平成22年版 ………… 92
国土庁長官官房水資源部
　日本の水資源　平成2年版 …………… 90
　日本の水資源　平成4年版 …………… 90
　日本の水資源　平成5年版 …………… 90
　日本の水資源　平成6年版 …………… 90
　日本の水資源　平成7年版 …………… 90
　日本の水資源　平成8年版 …………… 90
　日本の水資源　平成9年版 …………… 91
　日本の水資源　平成10年版 ………… 91
　日本の水資源　平成11年版 ………… 91
　日本の水資源　平成12年版 ………… 91
　水資源便覧 '96 ………………………… 88
国部　克彦
　環境報告書ガイドブック …………… 188
国立天文台
　環境年表　第1冊（平成21・22年）… 29
　理科年表　平成17年 ………………… 51
　理科年表　平成18年 ………………… 51
　理科年表　平成19年 ………………… 51
　理科年表　平成21年 ………………… 51
　理科年表　平成22年 ………………… 51
　理科年表　平成23年 ………………… 51
　理科年表　環境編　第2版 ………… 51
国連開発計画
　世界の資源と環境　1996・97 ……… 3
　世界の資源と環境　1998・99 ……… 3
国連環境計画
　世界の資源と環境　1996・97 ……… 3
　世界の資源と環境　1998・99 ……… 3
国連食糧農業機関
　世界森林白書 2002年版 ……………… 59
越野　正義
　肥料の事典 ………………………… 139
小島　圭二
　廃棄物処分・環境安全用語辞典 …… 106
小島　世津子
　海洋 ………………………………… 61

小島　紀徳
　ごみの百科事典 ……………………… 105
小島　道一
　アジア環境白書　2003／04 ………… 36
コスタ・パウ，ローザ
　地球環境カラーイラスト百科 ……… 47
小関　知彦
　デジタル時代の印刷ビジネス法令ガイド
　　改訂版 …………………………… 189
子ども科学技術白書編集委員会
　神秘の海を解き明かせ ……………… 61
こどもくらぶ
　21世紀をつくる国際組織事典 5 …… 23
　21世紀をつくる国際組織事典 6 …… 23
小林　恭一
　環境・災害・事故の事典 …………… 29
小林　達明
　生物多様性緑化ハンドブック …… 71, 201
小林　亜男
　環境経営実務便覧 ………………… 188
小松　由紀子
　世界開発報告 2010 …………………… 58
駒宮　功額
　環境・災害・事故の事典 …………… 29
ゴールドスミス，E.
　地球環境用語辞典 ………………… 48
近藤　健雄
　海の百科事典 ………………………… 60
近藤　千賀子
　地球環境カラーイラスト百科 ……… 47
近藤　洋輝
　WMO気候の事典 …………………… 53
近内　誠登
　雑草管理ハンドブック …………… 140
　雑草管理ハンドブック　普及版 … 140

【さ】

三枝　正彦
　肥料の事典 ………………………… 139
最終処分場技術システム研究会
　日本の最終処分場 2000 …………… 107
斎藤　靖二
　地球　改訂版 ………………………… 52

さいと

斉藤 洋介
　生活用品リサイクル百科事典 下巻 … 208
財務省印刷局
　原子力安全白書のあらまし 平成13年版
　　…………………………………………… 262
阪井 英次
　放射線計測ハンドブック ………… 274
　放射線計測ハンドブック 第2版 …… 273
酒井 正治
　地域発!ストップ温暖化ハンドブック
　　……………………………………………… 72
坂本 雅子
　ゴミダス ……………………………… 113
桜井 芳人
　総合食品事典 第6版 ……………… 153
酒匂 敏次
　海の百科事典 ……………………………… 60
佐々木 久夫
　空気マイナスイオン応用事典 …… 31
佐島 群巳
　環境教育指導事典 ………………… 206
定松 功
　地域からエネルギーを引き出せ! …… 221
ザックス, N.アーヴィング
　有害物質データブック ………………… 87
佐藤 仁彦
　植物保護の事典 …………………… 185
　植物保護の事典 普及版 …………… 186
佐藤 元志
　英語論文表現例集with CD-ROM …… 33
里深 文彦
　国際環境を読む50のキーワード …… 35
佐野 武仁
　環境と健康の事典 …………………… 30
沢村 宏
　地球白書 1994・95 ………………………… 7
沢山 茂樹
　エネルギー作物の事典 …………… 279
参議院環境委員会調査室
　図説環境問題データブック ……… 35
産業環境管理協会
　新・公害防止の技術と法規 2009 騒音・
　　振動編 ………………………………… 125
産業技術総合研究所地質標本館
　地球 ……………………………………… 50
産業廃棄物処理事業振興財団
　支障除去のための不法投棄現場等現地調
　　査マニュアル ………………………… 119

誰でもわかる!!日本の産業廃棄物 平成
　17年度版 …………………………… 114
三省堂編修所
　家庭のエコロジー事典 …………… 184
山藤 泰
　地球データブック 1998～99 ……… 6
　地球データブック 1999・2000 …… 6
三冬社編集部
　地球温暖化統計データ集 2009年版 …… 73

【し】

ジェトロ
　中国のエネルギー動向 …………… 221
塩崎 尚郎
　肥料便覧 第5版 …………………… 141
　肥料便覧 第6版 …………………… 141
重藤 さわ子
　地域からエネルギーを引き出せ! …… 221
資源エネルギー庁
　エネルギー 2000 …………………… 213
　エネルギー 2001 …………………… 213
　エネルギー 2004 …………………… 213
　原子力実務六法 90年版 …………… 270
　原子力実務六法 '97年版 ………… 270
　原子力実務六法 '99年版 ………… 270
　原子力発電の安全確保に向けて …… 268
　資源エネルギーデータ集 1993年版 …… 2
　資源エネルギーデータ集 1996年版 …… 2
　資源エネルギー年鑑 1995・96年版 …… 215
　資源エネルギー年鑑 97・98 ………… 215
　資源エネルギー年鑑 1999・2000 …… 215
　省エネルギー総覧 1994 …………… 282
　新エネルギー便覧 平成10年度版 …… 278
　石油代替エネルギー便覧 平成2年度版
　　…………………………………………… 278
　石油代替エネルギー便覧 平成4年版
　　…………………………………………… 279
資源エネルギー庁原子力安全・保安院電力安
全課
　電気設備の技術基準とその解釈 第6版
　　…………………………………………… 243
資源エネルギー庁公益事業部技術課
　高圧受電設備指針 ………………… 275
　最新 電気事業法関係法令集 ……… 251
資源エネルギー庁公益事業部業務課
　電気事業会計関係法令集 平成9年度版
　　…………………………………………… 252

電気事業会計関係法令集 平成12年度版 252
資源エネルギー庁省エネルギー石油代替エネルギー対策課
　省エネルギー総覧 1997 282
　省エネルギー便覧 平成2年度版 283
　省エネルギー便覧 平成3年版 283
　省エネルギー便覧 平成4年度版 283
　省エネルギー便覧 平成5年度版 283
　省エネルギー便覧 平成6年度版 284
　省エネルギー便覧 平成7年度版 284
　省エネルギー便覧 '97年版 284
資源エネルギー庁省エネルギー対策課
　「省エネ法」法令集 平成15年度改正 増補版 281
　「省エネ法」法令集 平成17年度改正 282
　省エネルギー便覧 '98年版 284
　省エネルギー便覧 1999・2000年版 ... 284
　省エネルギー便覧 2001年版 284
　省エネルギー便覧 2002年版 285
資源エネルギー庁石炭・新エネルギー部
　コール・ノート 1998年版 228
　コール・ノート 1999年版 228
資源エネルギー庁石炭・新エネルギー部省エネルギー対策課
　省エネルギー総覧 2000・2001 282
資源エネルギー庁石炭部
　コール・ノート 1990年版 227
　コール・ノート 1991年版 227
　コール・ノート 1992年版 227
　コール・ノート 1993年版 228
　コール・ノート 1994年版 228
　コール・ノート 1995年版 228
　コール・ノート 1997年版 228
資源エネルギー庁長官官房企画調査課
　総合エネルギー統計 平成元年度版 ... 225
　総合エネルギー統計 平成2年度版 225
　総合エネルギー統計 平成8年度版 225
　総合エネルギー統計 平成9年度版 225
　総合エネルギー統計 平成10年度版 ... 225
　総合エネルギー統計 平成11年度版 ... 225
資源エネルギー庁長官官房総合政策課
　総合エネルギー統計 平成12年度版 ... 226
　総合エネルギー統計 平成13年度版 ... 226
　総合エネルギー統計 平成15年度版 ... 226
　総合エネルギー統計 平成16年度版 ... 226
資源エネルギー年鑑編集委員会
　資源エネルギー年鑑 2003／2004 215
　資源エネルギー年鑑 2005・2006 215
　資源エネルギー年鑑 2007・2008 216
　資源エネルギー年鑑 2009・2010 改訂16版 216
資源・素材学会
　資源・素材・環境技術用語集 1
自然保護年鑑編集委員会
　自然環境データブック 2001 49
　自然保護年鑑 2（平成1・2年版） 186
　自然保護年鑑 3（平成4・5年版） 186
　自然保護年鑑 4（平成7・8年版） 186
シップ・アンド・オーシャン財団海洋政策研究所
　海洋白書 2004創刊号 83
　海洋白書 2005 83
篠原 厚子
　環境と健康の事典 30
芝山 秀次郎
　雑草管理ハンドブック 140
　雑草管理ハンドブック 普及版 140
シープレス
　中国の石炭産業 2006 227
島崎 洋一
　環境 44
島田 荘平
　ごみの百科事典 105
　廃棄物処分・環境安全用語辞典 106
下川 耿史
　環境史年表 明治・大正編（1868-1926） 27
　環境史年表 昭和・平成編（1926-2000） 28
シャロナー，ジャック
　ビジュアル博物館 第81巻 55
重化学工業通信社
　日本の石油化学工業 1993年度版 230
　日本の石油化学工業 2002年版 230
　日本の石油化学工業 2004年版 231
重化学工業通信社・化学チーム
　日本の石油化学工業 2005年版 231
　日本の石油化学工業 2006年版 231
　日本の石油化学工業 2007年版 231
　日本の石油化学工業 2011年版 231
重化学工業通信社石油化学課
　日本の石油化学工業 1990年度版 230
住環境計画研究所
　家庭用エネルギーハンドブック 1999年版 212
　家庭用エネルギーハンドブック 2009年版 213

環境・エネルギー問題 レファレンスブック　*339*

週刊循環経済新聞編集部
　写真でみる日本の不法投棄等 ………… 119
需要設備専門部会
　高圧受電設備規程 JEAC8011‐2008 沖縄電力 第2版 ……………………… 274
　高圧受電設備規程 JEAC8011‐2008 関西電力 第2版 ……………………… 274
　高圧受電設備規程 JEAC8011‐2008 九州電力 第2版 ……………………… 274
　高圧受電設備規程 JEAC8011‐2008 四国電力 第2版 ……………………… 275
　高圧受電設備規程 JEAC8011‐2008 中国電力 第2版 ……………………… 275
　高圧受電設備規程 JEAC8011‐2008 中部電力 第2版 ……………………… 275
　高圧受電設備規程 JEAC8011‐2008 東京電力 第2版 ……………………… 275
　高圧受電設備規程 JEAC8011‐2008 東北電力 第2版 ……………………… 275
　高圧受電設備規程 JEAC8011‐2008 北陸電力 第2版 ……………………… 275
　高圧受電設備規程 JEAC8011‐2008 北海道電力 第2版 …………………… 275
省エネルギーセンター
　「省エネ法」法令集 平成20年度改正 …………………………………… 282
　省エネルギー手帳 2007年 ………… 281
　省エネルギー便覧 2001年版 ……… 284
　省エネルギー便覧 2002年版 ……… 285
　省エネルギー便覧 2003年版 ……… 285
　省エネルギー便覧 2004年版 ……… 285
　省エネルギー便覧 2005年度版 …… 285
　省エネルギー便覧 2006年度版 …… 285
　省エネルギー便覧 2007年度版 …… 285
　省エネルギー便覧 2008 …………… 285
　省エネルギー便覧 2009 …………… 285
　省エネルギー便覧 2010年度版 …… 285
省エネルギー総覧編集委員会
　省エネルギー総覧 2004・2005 …… 282
　省エネルギー総覧 2006・2007 第11版 …………………………………… 283
　省エネルギー総覧 2008・2009 …… 283
　省エネルギー総覧 2010・2011 …… 283
浄化槽の構造基準・同解説編集委員会
　浄化槽の構造基準・同解説 2005年版 …………………………………… 172
情報企画研究所
　地球環境保全のための環境装置・機器メーカーガイド ………………… 190
　地球環境保全のための環境装置・機器メーカーガイド 1993年版 …… 190
　地球環境保全のための環境装置・機器

メーカーガイド 1994年版 ………… 190
　地球環境保全のための環境装置・機器メーカーガイド 1998年版 …… 190
　地球環境保全のための環境装置・機器メーカーガイド 1999年版 …… 190
食品流通情報センター
　環境問題総合データブック 2001年版 ……………………………………… 44
食料・農業政策研究センター
　食料白書 1989年版 ………………… 153
　食料白書 1990年版 ………………… 154
　食料白書 1991年版 ………………… 154
　食料白書 1992年版 ………………… 154
　食料白書 1993年度版 ……………… 154
　食料白書 1997（平成9）年版 …… 154
　食料白書 1999（平成11）年版 …… 154
　食料白書 2000（平成12）年版 …… 155
　食料白書 2001（平成13）年版 …… 155
　食料白書 2002（平成14）年版 …… 155
　食料白書 2003（平成15）年版 …… 155
　食料白書 2004年版 ………………… 155
　食料白書 2005年版 ………………… 155
食料白書編集委員会
　食料白書 2007年版 ………………… 156
　食料白書 2008年版 ………………… 156
食糧問題国民会議
　国民の食糧白書 '90 ………………… 153
ジョハンセン，ブルース・E.
　世界の先住民環境問題事典 ………… 32
白石　克孝
　地域からエネルギーを引き出せ! …… 221
白尾　元理
　ポケット版 学研の図鑑 7 ………… 222
新エネルギー財団
　バイオマス技術ハンドブック ……… 279
新エネルギー財団地域エネルギー委員会
　最新 未利用エネルギー活用マニュアル …………………………………… 278
新環境管理設備事典編集委員会
　水質汚濁防止機器活用事典 ………… 78
　騒音・振動防止機器活用事典 …… 125
　大気汚染防止機器活用事典 ………… 76
　廃棄物処理・リサイクル事典 …… 106
「新・環境小事典」編集委員会
　新・環境小事典 ……………………… 32
森林総合研究所
　森林大百科事典 ……………………… 58
　木材工業ハンドブック 改訂4版 …… 280

【す】

水道産業新聞社
　下水道年鑑　1994年版 ･･････････････････ 102
　下水道年鑑　2001年版 ･･････････････････ 102
　下水道年鑑　2002年版 ･･････････････････ 103
　下水道年鑑　2007年版 ･･････････････････ 103
　下水道年鑑　平成22年度版 ･･････････････ 103
　水道年鑑　1992年版 ････････････････････ 95
　水道年鑑　1993年版 ････････････････････ 95
　水道年鑑　1994年版 ････････････････････ 95
　水道年鑑　2002 ････････････････････････ 95
　水道年鑑　2010年版 ････････････････････ 96
水道事業経営研究会
　水道経営ハンドブック　平成21年 ････････ 93
水道年鑑編集室
　水道年鑑　2004年版 ････････････････････ 95
水道法制研究会
　水道実務六法　平成12年版 ･･････････････ 94
　水道実務六法　平成18年版 ･･････････････ 94
水道法令研究会
　水道法関係法令集 ･･･････････････････････ 94
　水道法関係法令集　平成20年4月版 ･･････ 95
　水道法関係法令集　平成22年4月版 ･･････ 95
水文・水資源学会
　水文・水資源ハンドブック ･･･････････････ 88
末次　忠司
　河川技術ハンドブック ･･･････････････････ 62
鈴木　昭憲
　農芸化学の事典 ････････････････････････ 130
鈴木　淳史
　エコマテリアルハンドブック ････････････ 196
鈴木　善次
　環境教育指導事典 ･･････････････････････ 206
鈴木　孝弘
　新・地球環境百科 ･･･････････････････････ 49
鈴木　敏央
　最新　ダイヤモンド環境ISO六法 ･･･････ 181
　ダイヤモンド環境ISO六法　改訂第2版
　　････････････････････････････････････ 181
鈴木　浩
　エネルギーの百科事典 ･･････････････････ 212
鈴木　理生
　図説　江戸・東京の川と水辺の事典 ･･････ 62

鈴木　穣
　英語論文表現例集with CD-ROM ･････････ 33
スティックランド, スー
　エコガーデニング事典 ･･････････････････ 195
ステュワーカ, アルバート
　物質とエネルギー ･･････････････････････ 220
ストウ, ドリク
　テーマで読み解く海の百科事典 ･･････････ 60
「住まいと電化」編集委員会
　電化住宅のための機器ガイド　2004 ････ 254
　電化住宅のための機器ガイド　2005 ････ 254
　電化住宅のための機器ガイド　2006 ････ 255
　電化住宅のための機器ガイド　2009 ････ 255
「住まいのエコ建材・設備ガイド」編集部
　住まいのエコ建材・設備ガイド　1999年
　　版 ･･････････････････････････････････ 171
　住まいのエコ建材・設備ガイド　2000年
　　版 ･･････････････････････････････････ 171
　住まいのエコ建材・設備ガイド　2001年
　　版 ･･････････････････････････････････ 172
　住まいのエコ建材・設備ガイド　2002年
　　版 ･･････････････････････････････････ 172
スマーテック
　海洋 ･･････････････････････････････････ 61
　気象 ･･････････････････････････････････ 54
住　明正
　気象ハンドブック　第3版 ･･････････････ 54
　キーワード　気象の事典 ････････････････ 53
　水の事典 ･･････････････････････････････ 87
炭田　真由美
　地球環境カラーイラスト百科 ･････････････ 47

【せ】

勢一　智子
　確認環境法用語230 ････････････････････ 177
生活情報センター
　環境問題総合データブック　2002年版
　　･･････････････････････････････････････ 44
生活情報センター編集部
　環境問題総合データブック　2006 ･･･････ 44
世界気象機関
　WMO気候の事典 ･･････････････････････ 53
世界銀行
　世界開発報告　2010 ････････････････････ 58
　世界開発報告　2008 ･･･････････････････ 137
　世界の資源と環境　1996・97 ････････････ 3

世界の資源と環境 1998 - 99 ‥‥‥‥‥ 3
世界資源研究所
　世界の資源と環境 1990 - 91 ‥‥‥‥‥ 2
　世界の資源と環境 1992 - 93 ‥‥‥‥‥ 3
　世界の資源と環境 1994 - 95 ‥‥‥‥‥ 3
　世界の資源と環境 1996 - 97 ‥‥‥‥‥ 3
　世界の資源と環境 1998 - 99 ‥‥‥‥‥ 3
瀬川 至朗
　英和・和英エコロジー用語辞典 ‥‥‥‥ 33
関 利枝子
　ビジュアル地球大図鑑 ‥‥‥‥‥‥‥ 53
関野 真由子
　eco-design handbook ‥‥‥‥‥‥‥ 196
石油化学新聞社LPガス資料年報刊行委員会
　LPガス資料年報 Vol.25（1990年版）
　　‥‥‥‥‥‥‥‥‥‥‥‥‥‥‥‥ 235
　LPガス資料年報 VOL.26（1991年版）
　　‥‥‥‥‥‥‥‥‥‥‥‥‥‥‥‥ 236
　LPガス資料年報 VOL.27（1992年版）
　　‥‥‥‥‥‥‥‥‥‥‥‥‥‥‥‥ 236
　LPガス資料年報 VOL.28（1993年版）
　　‥‥‥‥‥‥‥‥‥‥‥‥‥‥‥‥ 236
　LPガス資料年報 VOL.33 ‥‥‥‥‥‥ 236
　LPガス資料年報 1999年版 ‥‥‥‥‥ 236
　LPガス資料年報 2000年版 ‥‥‥‥‥ 237
　LPガス資料年報 VOL.36（2001年版）
　　‥‥‥‥‥‥‥‥‥‥‥‥‥‥‥‥ 237
　LPガス資料年報 VOL.38（2003年版）
　　‥‥‥‥‥‥‥‥‥‥‥‥‥‥‥‥ 237
　LPガス資料年報 VOL.39（2004年版）
　　‥‥‥‥‥‥‥‥‥‥‥‥‥‥‥‥ 237
　LPガス資料年報 VOL.40（2005年版）
　　‥‥‥‥‥‥‥‥‥‥‥‥‥‥‥‥ 237
　LPガス資料年報 VOL.42（2007年版）
　　‥‥‥‥‥‥‥‥‥‥‥‥‥‥‥‥ 237
　LPガス資料年報 VOL.43（2008年版）
　　‥‥‥‥‥‥‥‥‥‥‥‥‥‥‥‥ 237
　LPガス資料年報 VOL.44（2009年版）
　　‥‥‥‥‥‥‥‥‥‥‥‥‥‥‥‥ 237
　LPガス資料年報 VOL.45（2009年版）
　　‥‥‥‥‥‥‥‥‥‥‥‥‥‥‥‥ 237
石油学会
　石油辞典 第2版 ‥‥‥‥‥‥‥‥‥ 229
石油春秋社
　石油産業会社要覧 1990年版 ‥‥‥‥ 234
石油年鑑編集委員会
　石油年鑑 1990 ‥‥‥‥‥‥‥‥‥‥ 229
　石油年鑑 1991 ‥‥‥‥‥‥‥‥‥‥ 230
　石油年鑑 1992 ‥‥‥‥‥‥‥‥‥‥ 230
全国河川ダム研究会土木調査会
　全国総合河川大鑑 2007 ‥‥‥‥‥‥ 69

全国学校図書館協議会ブック・リスト委員会
　地球環境を考える ‥‥‥‥‥‥‥‥‥ 46
全国公害研協議会
　全国地方公害試験研究機関要覧 ‥‥‥ 120
全国都市清掃会議
　廃棄物処理施設整備実務必携 平成10年
　度版 ‥‥‥‥‥‥‥‥‥‥‥‥‥‥ 108
　廃棄物処理施設整備実務必携 平成11年
　度版 ‥‥‥‥‥‥‥‥‥‥‥‥‥‥ 108
　廃棄物処理施設整備実務必携 平成12年
　度版 ‥‥‥‥‥‥‥‥‥‥‥‥‥‥ 108
　廃棄物処理施設整備実務必携 平成13年
　度版 ‥‥‥‥‥‥‥‥‥‥‥‥‥‥ 108
　廃棄物処理施設整備実務必携 平成14年
　度版 ‥‥‥‥‥‥‥‥‥‥‥‥‥‥ 108
　廃棄物処理施設整備実務必携 平成15年
　度版 ‥‥‥‥‥‥‥‥‥‥‥‥‥‥ 109
　廃棄物処理施設整備実務必携 平成20年
　度版 ‥‥‥‥‥‥‥‥‥‥‥‥‥‥ 109
全国農業協同組合中央会
　環境保全型農業の流通と販売 ‥‥‥‥ 138
全国農業協同組合連合会
　環境保全型農業の流通と販売 ‥‥‥‥ 138
全日本自動車リサイクル事業連合
　環境・自動車リサイクル辞典 ‥‥‥‥ 208

【そ】

総合食品安全事典編集委員会
　食品汚染性有害物事典 ‥‥‥‥‥‥‥ 85
総合地球環境学研究所
　地球環境学事典 ‥‥‥‥‥‥‥‥‥‥ 47
創樹社Green Archit.Tribune編集部
　緑化建築年鑑 2005 ‥‥‥‥‥‥‥‥ 202
創土社
　日本環境年鑑 2002年版 ‥‥‥‥‥‥ 43
創土社年鑑編集室
　日本環境年鑑 2001年版 ‥‥‥‥‥‥ 43
　日本環境年鑑 2004年版 ‥‥‥‥‥‥ 43
総務省統計局
　世界の統計 2001年版 ‥‥‥‥‥‥‥ 13
　世界の統計 2002年版 ‥‥‥‥‥‥‥ 13
　世界の統計 2003年版 ‥‥‥‥‥‥‥ 13
　世界の統計 2008年版 ‥‥‥‥‥‥‥ 13
　日本統計年鑑 平成14年 ‥‥‥‥‥‥ 19
　日本統計年鑑 第52回（平成15年）‥‥ 19
　日本統計年鑑 平成16年 ‥‥‥‥‥‥ 19

日本統計年鑑 2005 ………………… 19
日本統計年鑑 第58回（平成21年）……… 20
日本統計年鑑 第59回（平成22年）……… 20
日本統計年鑑 第60回（平成23年）……… 20
日本の統計 2001 ………………… 21
日本の統計 2002 ………………… 21
日本の統計 2003年版 ………………… 21
日本の統計 2007年版 ………………… 22
総務省統計研修所
　世界の統計 2001年版 ………………… 13
　世界の統計 2002年版 ………………… 13
　世界の統計 2003年版 ………………… 13
　世界の統計 2004年版 ………………… 13
　世界の統計 2005年版 ………………… 13
　世界の統計 2006年版 ………………… 13
　世界の統計 2007年版 ………………… 13
　世界の統計 2008年版 ………………… 13
　世界の統計 2009年版 ………………… 13
　世界の統計 2010年版 ………………… 13
　日本統計年鑑 平成14年 ………………… 19
　日本統計年鑑 第52回（平成15年）……… 19
　日本統計年鑑 平成18年 ………………… 19
　日本統計年鑑 第59回（平成22年）……… 20
　日本の統計 2002 ………………… 21
　日本の統計 2003年版 ………………… 21
　日本の統計 2004年版 ………………… 21
　日本の統計 2005年 ………………… 21
　日本の統計 2006年版 ………………… 22
　日本の統計 2007年版 ………………… 22
　日本の統計 2008 ………………… 22
　日本の統計 2009年版 ………………… 22
　日本の統計 2010年版 ………………… 22
総務庁行政監察局
　環境にやさしい農業の確立をめざして
　　……………………………………… 137
　廃棄物対策の現状と問題点 ………… 110
総務庁統計局
　科学技術研究調査報告 平成8年 ……… 216
　世界の統計 1994 ………………… 12
　世界の統計 1995 ………………… 12
　世界の統計 1996 ………………… 12
　世界の統計 1997 ………………… 12
　世界の統計 1998 ………………… 12
　世界の統計 1999 ………………… 12
　世界の統計 2000年版 ………………… 12
　日本統計年鑑 第40回（1990）………… 18
　日本統計年鑑 第41回（1991）………… 18
　日本統計年鑑 第42回（平成4年）……… 18
　日本統計年鑑 第43回（1993-94）……… 18
　日本統計年鑑 第44回（平成7年）……… 18
　日本統計年鑑 平成9年 ………………… 18

日本統計年鑑 第47回 ………………… 18
日本統計年鑑 平成11年 ………………… 18
日本統計年鑑 第49回（平成12年）……… 19
日本統計年鑑 平成13年 ………………… 19
日本の統計 平成元年 ………………… 20
日本の統計 平成2年 ………………… 20
日本の統計 平成3年 ………………… 20
日本の統計 1992-93 ………………… 20
日本の統計 1994 ………………… 20
日本の統計 1995 ………………… 20
日本の統計 1996 ………………… 21
日本の統計 1997 ………………… 21
日本の統計 1998 ………………… 21
日本の統計 1999 ………………… 21
日本の統計 2000年版 ………………… 21
ミニ統計ハンドブック 平成2年 ……… 22
ミニ統計ハンドブック 平成3年 ……… 22
ミニ統計ハンドブック 平成4年 ……… 23
ゾエベレイン，ハンス
　天然資源循環・再生事典 …………… 212

【た】

大気常時監視研究会
　日本の大気汚染状況 平成11年版 ……… 77
大気・水・環境負荷分野の環境影響評価技術検討会
　大気・水・土壌・環境負荷 …………… 74
高井 雄
　水質調査ガイドブック ………………… 79
高木 仁三郎
　原発をよむ ……………………………… 257
高桑 祐司
　ポケット版 学研の図鑑 7 …………… 222
高橋 明子
　環境教育指導事典 ……………………… 206
高橋 さきの
　気象 ……………………………………… 54
高橋 慎治
　インバース・マニュファクチャリングハンドブック ……………………………… 209
高橋 日出男
　ちきゅうかんきょう ……………………… 52
高橋 正征
　理科年表 環境編 ………………………… 51
高畠 純
　こども地球白書 2000 - 2001 ………… 4

こども地球白書 2001-2002 4
こども地球白書 2003-2004 4
こども地球白書 2004-2005 4
高松 修
　有機農業の事典 新装版 137
高谷 好一
　事典東南アジア 32
拓殖大学アジア情報センター
　環境 44
竹田 悦子
　地球の危機 普及版 34
　65億人の地球環境 改訂版 51
武田 一博
　環境思想キーワード 29
武田 信生
　日中英廃棄物用語辞典 106
　廃棄物安全処理・リサイクルハンドブック 107
武田 正紀
　ビジュアル地球大図鑑 53
竹野 正二
　電気法規と電気施設管理 平成20年度版 245
　電気法規と電気施設管理 平成21年度版 245
　電気法規と電気施設管理 平成22年度版 245
竹林 征三
　現場技術者のための環境共生ポケットブック 166
竹門 康弘
　自然再生ハンドブック 186
但野 利秋
　肥料の事典 139
ダッドレー, ニジェル
　エコガーデニング事典 195
伊達 昇
　肥料便覧 第5版 141
建物緑化編集委員会
　屋上・建物緑化事典 200
田中 忠良
　新エネルギー・環境用語辞典 1
田中 豊美
　海獣図鑑 60
田中 信寿
　インバース・マニュファクチャリングハンドブック 209
田中 宏明
　英語論文表現例集with CD-ROM 33

田中 勝
　ごみハンドブック 106
　廃棄物処分・環境安全用語辞典 ... 106
田中 泰義
　環境省 173
田中 陽子
　ゴミダス 113
谷口 孚幸
　水ハンドブック 89
田渕 俊雄
　水の事典 87
多辺田 政弘
　有機農業の事典 新装版 137
玉浦 裕
　炭素の事典 276
田村 勝省
　世界開発報告 2008 137
　世界開発報告 2010 58
田村 昌三
　安全の百科事典 1
　エネルギー物質ハンドブック 第2版 220
　ごみの百科事典 105
　廃棄物処分・環境安全用語辞典 ... 106
丹下 博文
　地球環境辞典 48
　地球環境辞典 第2版 48
ダンロップ, ストーム
　気象大図鑑 55

【ち】

地域振興整備公団
　地域統計要覧 1992年版 14
　地域統計要覧 1993年版 14
　地域統計要覧 1995年版 14
　地域統計要覧 1999年版 14
　地域統計要覧 2000年版 14
　地域統計要覧 2003年版 14
地域振興整備公団企画調査部調査課
　地域統計要覧 1990年版 13
　地域統計要覧 1991年版 13
　地域統計要覧 1994年版 14
　地域統計要覧 1997年版 14
　地域統計要覧 2001年版 14
地球カルテ制作委員会
　地球カルテ 50

著編者名索引　つうし

地球環境研究会
　地球環境キーワード事典　四訂版 ……… 48
　地球環境キーワード事典　5訂 ………… 48
地球環境工学ハンドブック編集委員会
　地球環境工学ハンドブック ………… 187
　地球環境工学ハンドブック　〔コンパクト版〕 ……………………………… 187
地球環境財団
　地球白書 2003・04 ………………… 8
地球環境財団環境文化創造研究所
　地球白書 2002・03 ………………… 8
地球環境情報センター
　環境記事索引 '92年版 ………………… 1
　環境記事索引 '93年版 ………………… 1
　環境記事索引 '94年版 ………………… 1
　環境記事索引 '95年版 ………………… 2
　環境ニュースファイル 2000 No.2 …… 25
　環境ニュースファイル 2000 No.3 …… 25
　環境ニュースファイル 2000 No.5 …… 25
　環境ニュースファイル 2000 No.6 …… 25
　環境ニュースファイル 2000 No.9 …… 25
地球環境データブック編集委員会
　ひと目でわかる地球環境データブック ……………………………………… 50
地球環境法研究会
　地球環境条約集 ……………………… 182
　地球環境条約集　第3版 …………… 182
　地球環境条約集　第4版 …………… 182
地球・人間環境フォーラム
　環境要覧 '92 ………………………… 45
チクマ秀版社
　エコマーク商品カタログ 2001年度版 ……………………………………… 196
　エコマーク商品カタログ 2002年版 … 196
　エコマーク商品カタログ 2003年度版 ……………………………………… 196
千葉　とき子
　ポケット版 学研の図鑑 7 ………… 222
中央青山サステナビリティ認証機構
　排出権取引ハンドブック …………… 74
中央労働災害防止協会
　石綿障害予防規則の解説　第3版 …… 173

【つ】

通商産業省環境立地局
　環境総覧 1994 ……………………… 38

　環境総覧 1996 ……………………… 38
　環境総覧 1999 ……………………… 38
　公害防止の技術と法規　大気編　五訂版 ………………………………… 76
　鉱山保安規則　石油鉱山編　平成8年版 ………………………………… 229
通商産業省機械情報産業局自動車課
　低公害車ガイドブック '98 ………… 190
通商産業省資源エネルギー庁
　アジア・エネルギービジョン ……… 213
　原子力実務六法 1994年版 ………… 270
　新エネルギー便覧 …………………… 278
　新エネルギー便覧　平成8年度版 …… 278
　新エネルギー便覧　平成9年度版 …… 278
通商産業省資源エネルギー庁公益事業部
　電気事業便覧　平成8年版 ………… 240
　電力需給の概要　平成2年度 ……… 248
　電力需給の概要　平成3年度 ……… 248
　電力需給の概要　平成4年度 ……… 248
　電力需給の概要　平成5年度 ……… 248
　電力需給の概要　平成6年度 ……… 248
　電力需給の概要　平成11年度 …… 248
通商産業省資源エネルギー庁公益事業部計画課
　電気事業法令集 '91 ………………… 253
　電気事業法令集 '94 ………………… 253
　電気事業法令集 '96 ………………… 253
　電気事業法令集 '98 ………………… 253
　電気事業法令集 2000年版 ………… 253
　電力小六法　平成2年版 …………… 245
　電力小六法　平成8年版 …………… 245
　電力小六法　平成10年版 ………… 245
　電力小六法　平成12年版 ………… 245
通商産業省資源エネルギー庁公益事業部原子力発電課
　原子力発電便覧 '91年版 …………… 258
　原子力発電便覧 '95年版 …………… 258
通商産業省資源エネルギー庁石油部
　石油資料　平成4年 ………………… 229
　石油資料　平成5年 ………………… 229
通商産業省資源エネルギー庁長官官房総務課
　資源エネルギー六法　平成4年版 …… 221
　資源エネルギー六法　平成6年版 …… 221
　資源エネルギー六法　平成8年版 …… 221
通商産業省通商政策局
　アジアの環境の現状と課題　経済協力の視点から見た途上国の環境保全 …… 174
通商産業省立地公害局
　石油鉱山保安規則　改訂版 ………… 229
通商産業大臣官房調査統計部
　エネルギー生産・需給統計年報　平成元

環境・エネルギー問題 レファレンスブック　345

つし

　　年 ……………………………… 222
エネルギー生産・需給統計年報　平成4
　　年 ……………………………… 222
エネルギー生産・需給統計年報　平成5
　　年 ……………………………… 222
エネルギー生産・需給統計年報　平成7
　　年 ……………………………… 222
エネルギー生産・需給統計年報　平成10
　　年 ……………………………… 222
エネルギー生産・需給統計年報　平成11
　　年 ……………………………… 222
資源統計年報　平成元年 …………… 224
資源統計年報　平成2年 ……………… 224
資源統計年報　平成3年 ……………… 224
資源統計年報　平成4年 ……………… 224
資源統計年報　平成5年 ……………… 224
資源統計年報　平成6年 ……………… 224
資源統計年報　平成7年 ……………… 224
資源統計年報　平成10年 …………… 224
資源統計年報　平成11年 …………… 225
石油等消費構造統計表　商鉱工業　平成3
　　年 ……………………………… 231
石油等消費構造統計表　商鉱工業　平成4
　　年 ……………………………… 231
石油等消費構造統計表　平成5年 …… 231
石油等消費構造統計表　商鉱工業　平成6
　　年 ……………………………… 231
石油等消費構造統計表　平成10年 … 231
石油等消費動態統計年報　平成2年 … 232
石油等消費動態統計年報　製造工業　平成
　　4年 …………………………… 232
石油等消費動態統計年報　製造工業　平成
　　5年 …………………………… 232
石油等消費動態統計年報　製造工業　平成
　　6年 …………………………… 232
石油等消費動態統計年報　平成7年 … 232
石油等消費動態統計年報　製造工業　平成
　　10年 …………………………… 232
本邦鉱業の趨勢　平成元年 ………… 226
本邦鉱業の趨勢　平成2年 …………… 226
本邦鉱業の趨勢　平成3年 …………… 226
本邦鉱業の趨勢　平成4年 …………… 226
本邦鉱業の趨勢　平成5年 …………… 227
辻　信一
　スローライフから学ぶ地球をまもる絵事
　　典 ……………………………… 185
辻　万千子
　残留農薬データブック …………… 140
土山　希美枝
　地域からエネルギーを引き出せ! …… 221

【て】

テクノ
　図表でみる世界の主要統計OECDファク
　　トブック　2006年版 …………… 46
テックタイムス
　紙パルプ産業と環境　2007 ……… 191
寺西　俊一
　アジア環境白書　2000・01 ……… 36
　アジア環境白書　2003／04 ……… 36
　公害文献大事典 …………………… 120
寺村　ミシェル
　国際水紛争事典 …………………… 87
「電化住宅のための機器ガイド2006」編集委
　員会
　電化住宅のための機器ガイド　2006 … 255
「電化住宅のための機器ガイド2009」編集委
　員会
　電化住宅のための機器ガイド　2009 … 255
「電化住宅のための計画・設計マニュアル」編
　集委員会
　電化住宅のための計画・設計マニュアル
　　2002　第3版 …………………… 255
　電化住宅のための計画・設計マニュアル
　　2004　第4版 …………………… 255
　電化住宅のための計画・設計マニュアル
　　2008 ……………………………… 255
電気科学技術奨励会
　現代電力技術便覧 ………………… 239
電気技術研究会
　図解 電気設備技術基準・解釈ハンドブッ
　　ク ………………………………… 240
　図解 電気設備技術基準・解釈ハンドブッ
　　ク　改訂版 ……………………… 239
　図解 電気設備技術基準・解釈ハンドブッ
　　ク　改訂第6版 ………………… 240
　図解電気設備技術基準・解釈ハンドブック
　　改訂第7版 ……………………… 240
電気技術者研究会
　図解 電気設備技術基準・解釈ハンドブック
　　平成11年改正版　改訂第2版 …… 240
電気事業講座編集幹事会
　電気事業事典　'98〔改訂版〕…… 238
　電気事業事典　2008 ……………… 238
電気事業連合会統計委員会
　電気事業便覧　平成8年版 ………… 240

電気事業便覧 平成17年版 ……… 240
電気事業便覧 平成18年版 ……… 241
電気事業便覧 平成20年版 ……… 241
電気事業便覧 平成21年版 ……… 241
電気事業便覧 平成22年版 ……… 241
電気書院
　電気設備技術基準とその解釈 平成21年版 ……………………………… 243
電気書院編集部
　電気設備技術基準とその解釈 平成14年版 ……………………………… 242
電気新聞
　環境ecoポケット用語集 …………… 29
　原子力ポケット用語集 …………… 257
　電気年鑑 1995年版 年報 ………… 246
　電気年鑑 1995年版 会社団体概要 … 246
　電力・エネルギーまるごと!時事用語事典 2008年版 …………………… 220
電気新聞事業開発局
　電力役員録 2000年版 …………… 238
電気新聞総合メディア局
　電力役員録 2001年版 …………… 239
電気新聞メディア事業局
　電力役員録 2008年版 …………… 239
　電力役員録 2009年版 …………… 239
電気設備技術基準研究会
　絵とき 電気設備技術基準・解釈早わかり 平成19年版 ……………… 239
電池便覧編集委員会
　電池便覧 ………………………… 276
電通エコ・コミュニケーションネットワーク
　環境プレイヤーズ・ハンドブック2005 …………………………… 184
「天然ガスコージェネレーション計画・設計マニュアル2008」企画・編集委員会
　天然ガスコージェネレーション計画・設計マニュアル 2008 ……… 238

【と】

土居 英二
　統計ガイドブック ………………… 15
土肥 義治
　エコマテリアルハンドブック ……… 196
ドイツ環境自然保護連盟
　環境にやさしい幼稚園・学校づくりハンドブック ……………………… 198

東京学芸大学野外教育実習施設
　環境教育辞典 …………………… 206
東京大学大学院新領域創成科学研究科石弘之環境ゼミ
　必読!環境本100 ………………… 27
東京電機大学
　電気設備技術基準・解釈 平成17年版 ……………………………… 241
　電気設備技術基準・解釈 平成18年版 ……………………………… 242
東京都環境局廃棄物対策部
　施工管理者のための建設副産物・リサイクルハンドブック 2001年度版 第2版 ……………………………… 168
東京農工大学農学部森林・林業実務必携編集委員会
　森林・林業実務必携 …………… 145
東京農工大学農学部林学科
　林業実務必携 第三版普及版 …… 146
道路緑化保全協会
　道と緑のキーワード事典 ………… 201
登坂 博行
　廃棄物処分・環境安全用語辞典 … 106
都市緑化技術開発機構
　新・緑空間デザイン植物マニュアル … 201
　緑化施設整備計画の手引き …… 202
栃本 武良
　生物による環境調査事典 ………… 32
利根川文化研究会
　利根川荒川事典 ………………… 62
土肥 博至
　環境デザイン用語辞典 ………… 197
土木学会
　都市ライフラインハンドブック …… 3
冨塚 登
　微生物工学技術ハンドブック …… 187
冨田 重行
　残留農薬データブック ………… 140
豊田 高司
　新版 現場技術者のためのダム工事ポケットブック ……………………… 256
トリフォリオ
　図表でみる世界の主要統計 2007年版 ……………………………… 46
　図表でみる世界の主要統計 2008年版 ……………………………… 46
　図表でみる世界の主要統計 2009年版 ……………………………… 46

とりん　　　　　　　　　　　著編者名索引

ドーリング, ダニエル
　グローバル統計地図 ………………… 10
トレーガー, ジェームズ・C.
　環境と生態 …………………………… 30

【な】

中井　里史
　環境と健康の事典 …………………… 30
中井　多喜雄
　公害防止管理者用語辞典 …………… 120
　最新 エネルギー用語辞典 ………… 212
　廃棄物処理技術用語辞典 …………… 106
長岡　文明
　簡単ガイド 廃棄物処理法直近改正早わ
　　かり ……………………………… 115
中上　英俊
　エネルギーの百科事典 ……………… 212
中川　雅至
　建築に使われる化学物質事典 ……… 85
中島　宏
　道路緑化ハンドブック ……………… 202
中杉　修身
　廃棄物処分・環境安全用語辞典 …… 106
永田　勝也
　インバース・マニュファクチャリングハ
　　ンドブック ……………………… 209
永田　豊
　海の百科事典 ………………………… 60
中西　準子
　環境リスクマネジメントハンドブック
　　………………………………………… 35
中村　泰三
　現代ソ連白書 ………………………… 43
中村　浩美
　地球の危機 普及版 ………………… 34
　地球環境カラーイラスト百科 ……… 47
中村　陽一
　環境経営用語辞典 …………………… 188
長良川河口堰事業モニタリング調査グループ
　長良川河口堰が自然環境に与えた影響
　　………………………………………… 63
長良川研究フォーラム
　長良川河口堰が自然環境に与えた影響
　　………………………………………… 63

七尾　純
　環境ことば事典 1 …………………… 29
　環境ことば事典 2 …………………… 29

【に】

におい・かおり環境協会
　悪臭防止法 5訂版 …………………… 125
西岡　秀三
　地球温暖化と日本 …………………… 72
西川　榮一
　つくろう いのちと環境優先の社会 大阪
　発市民の環境安全白書 …………… 200
西川　貴祥
　デジタル時代の印刷ビジネス法令ガイド
　改訂版 …………………………… 189
西田　篤実
　天然資源循環・再生事典 …………… 212
西広　淳
　自然再生ハンドブック ……………… 186
西広　泰輝
　エネルギーの百科事典 ……………… 212
21世紀包装研究協会
　包装実務ハンドブック ……………… 158
似田貝　香門
　ごみの百科事典 ……………………… 105
日外アソシエーツ
　環境史事典 トピックス 1927-2006 … 27
　環境問題記事索引 1988-1997 ……… 34
　環境問題記事索引 1998 ……………… 34
　環境問題記事索引 1999 ……………… 34
　環境問題情報事典 …………………… 30
　環境問題情報事典 第2版 …………… 30
　環境問題文献目録 2000-2002 ……… 25
　環境問題文献目録 2003-2005 ……… 26
　環境問題文献目録 2006-2008 ……… 26
　原子力問題図書・雑誌記事全情報1985 -
　　1999 ……………………………… 257
　国際比較統計索引 …………………… 2
　最新文献ガイド 食の安全性 ……… 26
　産業災害全史 ………………………… 120
　地球・自然環境の本全情報 45-92 … 46
　地球・自然環境の本全情報 93／98 … 46
　地球・自然環境の本全情報 1999-2003
　　………………………………………… 47
日刊工業出版プロダクション
　環境ソリューション企業総覧 2006年度
　版Vol.6 …………………………… 189

環境ソリューション企業総覧 2007年度版Vol.7 ……………… 189
環境ソリューション企業総覧 2008年度版 Vol.8 ……………… 190
日刊工業新聞企業情報センター
　環境ソリューション企業総覧 2002年度版 Vol.2 ……………… 189
　環境ソリューション企業総覧 2003年度版 Vol.3 ……………… 189
　環境ソリューション企業総覧 2004年度版 Vol.4 ……………… 189
　環境ソリューション企業総覧 2005年度版Vol.5 ……………… 189
日刊電気通信社・電力編集部
　電力新設備要覧 平成15年度版 ……… 249
日経エレクトロニクス
　グリーン・エンジニアリング 2009 …… 190
日経バイオテク
　日経バイオ年鑑 2004 ……………… 280
日経BP社バイオセンター
　日経バイオ年鑑 2005 ……………… 280
　日経バイオ年鑑 2006 ……………… 280
　日経バイオ年鑑 2007 ……………… 280
日経マーケット・アクセス編集
　デジタル家電市場総覧 2009 plus …… 277
日経ものづくり電子・機械局
　グリーン・エンジニアリング 2009 … 190
新田 茂夫
　包装実務ハンドブック ……………… 158
新田 尚
　気象ハンドブック 第3版 …………… 54
　キーワード 気象の事典 ……………… 53
日報アイ・ビー
　環境関連機材カタログ集 2002年版 … 196
　環境関連機材カタログ集 2004年版 … 197
　環境関連機材カタログ集 2006年版 … 197
　環境関連機材カタログ集 2009年版 … 197
　環境関連機材カタログ集 2010年版 … 197
　環境関連機材カタログ集 平成22年版 ……………………………… 197
　全国産廃処分業中間処理・最終処分企業名覧・名鑑 2005 ……… 113
　全国産廃処分業中間処理・最終処分企業名覧名鑑 2010 ………… 113
日本アイソトープ協会
　アイソトープ法令集 1 ……………… 272
　アイソトープ法令集 3 ……………… 272
　アイソトープ法令集 1 1990年版 …… 271
　アイソトープ法令集 2 1990年版 …… 271
　アイソトープ法令集 3（1990年版）…… 271

アイソトープ法令集 1 1991年版 …… 271
アイソトープ法令集 2 1991年版 …… 271
アイソトープ法令集 3（1991年版）…… 272
アイソトープ法令集 1 1992年版 …… 272
アイソトープ法令集 1996年版 ……… 272
アイソトープ法令集 2 2001年版 …… 273
アイソトープ法令集 2007年版 1 …… 273
アイソトープ法令集 2007年版 2 …… 273
アイソトープ法令集 2007年版 3 …… 273
アイソトープ法令集 1（放射線障害防止法関係法令）2010年版 ……… 273
日本エネルギー学会
　エネルギー・環境キーワード辞典 …… 1
　エネルギー便覧 資源編 …………… 220
　エネルギー便覧 プロセス編 ……… 220
　天然ガスコージェネレーション計画・設計マニュアル 2000 第3版 ……… 237
　天然ガスコージェネレーション計画・設計マニュアル 2005 第5版 ……… 238
　天然ガスコージェネレーション計画・設計マニュアル 2008 …………… 238
　バイオマスハンドブック 第2版 …… 280
　バイオマス用語事典 ………………… 279
日本エネルギー学会廃棄物小事典編集委員会
　廃棄物小事典 新訂版 ……………… 105
日本エネルギー経済研究所エネルギー計量分析センター
　EDMC エネルギー・経済統計要覧 '93 …………………………………… 216
　EDMC エネルギー・経済統計要覧 1994年版 ………………………… 216
　EDMC エネルギー・経済統計要覧 '95 …………………………………… 216
　EDMC エネルギー・経済統計要覧 '96 …………………………………… 216
　EDMC エネルギー・経済統計要覧 '97 …………………………………… 216
　EDMC エネルギー・経済統計要覧 '98 …………………………………… 217
　EDMC エネルギー・経済統計要覧 1999年版 ………………………… 217
　総合エネルギー統計 平成10年度版 … 225
日本エネルギー経済研究所計量分析部
　EDMC エネルギー・経済統計要覧 2000年版 ………………………… 217
　EDMC／エネルギー・経済統計要覧 2001年版 ………………………… 217
　EDMC／エネルギー・経済統計要覧 2002年版 ………………………… 217
　EDMC／エネルギー・経済統計要覧 2003年版 ………………………… 217
　EDMC／エネルギー・経済統計要覧 2004

にほん　　　　　　　　　著編者名索引

年版 ・・・・・・・・・・・・・・・・・・・・・・・・・・ 217
総合エネルギー統計 平成11年度版 ・・・ 225
日本エネルギー経済研究所計量分析ユニット
　EDMC／エネルギー・経済統計要覧 2005
　　年版 ・・・・・・・・・・・・・・・・・・・・・・・・・・ 218
　EDMC／エネルギー・経済統計要覧 2006
　　年版 ・・・・・・・・・・・・・・・・・・・・・・・・・・ 218
　EDMC／エネルギー・経済統計要覧 2007
　　年版 ・・・・・・・・・・・・・・・・・・・・・・・・・・ 218
　EDMC／エネルギー・経済統計要覧 2008
　　年版 ・・・・・・・・・・・・・・・・・・・・・・・・・・ 218
　EDMC／エネルギー・経済統計要覧 2009
　　年版 ・・・・・・・・・・・・・・・・・・・・・・・・・・ 218
　EDMC／エネルギー・経済統計要覧 2010
　　年版 ・・・・・・・・・・・・・・・・・・・・・・・・・・ 218
日本沿岸域学会
　沿岸域環境事典 ・・・・・・・・・・・・・・・・・・・・ 29
日本海事広報協会
　海事レポート 平成22年版 ・・・・・・・・・・・・ 83
日本海事センター
　海事レポート 平成22年版 ・・・・・・・・・・・・ 83
日本科学者会議
　環境事典 ・・・・・・・・・・・・・・・・・・・・・・・・・・ 30
日本風工学会
　風工学ハンドブック ・・・・・・・・・・・・・・・・ 71
日本河川協会
　河川便覧 平成2年版 ・・・・・・・・・・・・・・・・ 62
　河川便覧 1996 ・・・・・・・・・・・・・・・・・・・・ 62
　河川便覧 2000 ・・・・・・・・・・・・・・・・・・・・ 62
　河川便覧 2004 ・・・・・・・・・・・・・・・・・・・・ 62
　河川便覧 2006 ・・・・・・・・・・・・・・・・・・・・ 62
　国土交通省河川砂防技術基準 同解説・
　　計画編 ・・・・・・・・・・・・・・・・・・・・・・・・・・ 62
　日本河川水質年鑑 1989 ・・・・・・・・・・・・・・ 69
　日本河川水質年鑑 1990 ・・・・・・・・・・・・・・ 69
　日本河川水質年鑑 1991 ・・・・・・・・・・・・・・ 69
　日本河川水質年鑑 1992 ・・・・・・・・・・・・・・ 70
　日本河川水質年鑑 1993 ・・・・・・・・・・・・・・ 70
　日本河川水質年鑑 1994 ・・・・・・・・・・・・・・ 70
　日本河川水質年鑑 1995 ・・・・・・・・・・・・・・ 70
　日本河川水質年鑑 1996 ・・・・・・・・・・・・・・ 70
　日本河川水質年鑑 1997 ・・・・・・・・・・・・・・ 70
　日本河川水質年鑑 1998 ・・・・・・・・・・・・・・ 70
日本環境会議　「アジア環境白書」編集委員会
　アジア環境白書 1997・98 ・・・・・・・・・・・・ 36
　アジア環境白書 2000／01 ・・・・・・・・・・・・ 36
　アジア環境白書 2003／04 ・・・・・・・・・・・・ 36
　アジア環境白書 2006／07 ・・・・・・・・・・・・ 36
　アジア環境白書 2010／11 ・・・・・・・・・・・・ 36
日本環境管理学会
　新水道水質基準ガイドブック ・・・・・・・・・・ 93

日本環境協会
　エコマーク商品カタログ 2004年度版
　　・・・・・・・・・・・・・・・・・・・・・・・・・・・・・・ 196
日本環境協会エコマーク事務局
　エコマーク商品カタログ 2001年度版
　　・・・・・・・・・・・・・・・・・・・・・・・・・・・・・・ 196
　エコマーク商品カタログ 2002年版 ・・・ 196
　エコマーク商品カタログ 2003年度版
　　・・・・・・・・・・・・・・・・・・・・・・・・・・・・・・ 196
日本環境財団 環境文化創造研究所
　地球白書 2006・07 ・・・・・・・・・・・・・・・・・・ 8
日本環境毒性学会
　生態影響試験ハンドブック ・・・・・・・・・・ 87
日本機械学会
　機械工学便覧 β7 ・・・・・・・・・・・・・・・・・・ 187
　機械工学便覧 α ・・・・・・・・・・・・・・・・・・ 187
　機械工学便覧 γ10 ・・・・・・・・・・・・・・・・・・ 187
日本規格協会
　環境マネジメント用語 ・・・・・・・・・・・・・・ 188
　JISハンドブック 7 ・・・・・・・・・・・・・ 250, 251
　JISハンドブック 10 ・・・・・・・・・・・ 75, 124
　JISハンドブック 12 ・・・・・・・・・・・・・・・・ 234
　JISハンドブック 17 ・・・・・・・・・・・・・・・・ 165
　JISハンドブック 19 ・・・・・・・・・・・・・・・・ 251
　JISハンドブック 20 ・・・・・・・・・・・・・・・・ 251
　JISハンドブック 23 ・・・・・・・・・・・・・・・・ 274
　JISハンドブック 25 ・・・・・・・・・・・・・・・・ 234
　JISハンドブック 39 ・・・・・・・・・・・・・・・・ 274
　JISハンドブック 52 ・・・・・・・・・・・・・・・・・ 75
　JISハンドブック 53 ・・・・・・・・・・・・・・・・・ 75
　JISハンドブック 54 ・・・・・・・・・・・・・・・・ 211
　JISハンドブック 62 ・・・・・・・・・・・・・・・・ 165
　JISハンドブック 63 ・・・・・・・・・・・・・・・・ 165
　JISハンドブック 2003 19 ・・・・・・・・・・・・ 251
　JISハンドブック 2003 20 ・・・・・・・・・・・・ 251
　JISハンドブック 2003 39 ・・・・・・・・・・・・ 274
　JISハンドブック 2003 52 ・・・・・・・・・・・・・ 75
　JISハンドブック 2003 53 ・・・・・・・・・・・・・ 75
　JISハンドブック 2003 54 ・・・・・・・・・・・・ 211
　JISハンドブック 2003 62 ・・・・・・・・・・・・ 165
　JISハンドブック 2003 63 ・・・・・・・・・・・・ 165
　JISハンドブック 2003 71 ・・・・・・・・・・・・ 251
　JISハンドブック 2007 25 ・・・・・・・・・・・・ 234
　JISハンドブック 2007 39 ・・・・・・・・・・・・ 274
　JISハンドブック 2007 52 ・・・・・・・・・・・・・ 75
　JISハンドブック 2007 53 ・・・・・・・・・・・・・ 75
　JISハンドブック 2007 54 ・・・・・・・・・・・・ 211
　JISハンドブック 2007 62 ・・・・・・・・・・・・ 165
　JISハンドブック 2007 63 ・・・・・・・・・・・・ 165
　JISハンドブック 2007 71 ・・・・・・・・・・・・ 251

JISハンドブック 2007 74 ………… 172
JISハンドブック 2007 75 ………… 278
JISハンドブック 環境測定 1993 ……… 75
JISハンドブック 環境測定 1994 ……… 75
JISハンドブック 石油 1993 ………… 234
JISハンドブック 電気 設備・工事編 1993 …………………………… 251
JISハンドブック 電気 設備・工事編 1994 …………………………… 251

日本気象学会
　気象科学事典 ………………………… 53

日本気象協会
　気象がわかる絵事典 ………………… 53
　気象年鑑 1990年版 …………………… 55
　気象年鑑 1991年版 …………………… 55
　気象年鑑 1992年版 …………………… 56
　気象年鑑 1993年版 …………………… 56
　気象年鑑 1994年版 …………………… 56
　気象年鑑 1995年版 …………………… 56
　気象年鑑 1996年版 …………………… 56
　気象年鑑 1997年版 …………………… 56
　気象年鑑 1998年版 …………………… 56
　気象年鑑 1999年版 …………………… 56
　気象年鑑 2000年版 …………………… 57
　気象年鑑 2001年版 …………………… 57
　気象年鑑 2002年版 …………………… 57

日本空気清浄協会
　室内空気清浄便覧 …………………… 169

日本経済新聞社産業地域研究所
　サステナブル都市への挑戦 ………… 198

日本原子力産業会議
　原子力人名録 '94 …………………… 257
　原子力人名録 2002 …………………… 257
　原子力人名録 2003.7 ………………… 258
　原子力人名録 2003.冬 ……………… 258
　原子力人名録 2004.夏 ……………… 258
　原子力年鑑 平成2年版 ……………… 264
　原子力年鑑 '91 ……………………… 264
　原子力年鑑 平成4年版 ……………… 265
　原子力年鑑 平成5年版 ……………… 265
　原子力年鑑 '96 ……………………… 265
　原子力年鑑 '97 ……………………… 265
　原子力年鑑 '98／'99 ………………… 265
　原子力年鑑 1999／2000 ……………… 265
　原子力年鑑 2001／2002年版 ………… 265
　原子力年鑑 2003年版 ………………… 265
　原子力年鑑 2004 ……………………… 265
　原子力年鑑 2005年版 ………………… 265
　原子力年鑑 2006 ……………………… 266
　原子力年鑑 2007 ……………………… 266
　原子力ポケットブック 2003年版 …… 259
　原子力ポケットブック 2004年版 …… 259
　原子力ポケットブック 2005年版 …… 259
　放射性物質等の輸送法令集 2002年度版 …………………………… 271

日本原子力産業協会
　原子力年鑑 2008 ……………………… 266
　原子力年鑑 2009 ……………………… 266
　原子力年鑑 2010 ……………………… 266
　原子力年鑑 2011 ……………………… 266

日本建設業団体連合会
　建設工事の環境法令集 平成22年度版 ……………………………… 166
　建設工事の環境保全法令集 平成11年度版 ………………………… 166
　建設工事の環境保全法令集 平成12年度版 ………………………… 166
　建設工事の環境保全法令集 平成13年度版 ………………………… 166
　建設工事の環境保全法令集 平成14年度版 ………………………… 166
　建設工事の環境保全法令集 平成15年度版 ………………………… 166
　建設工事の環境保全法令集 平成16年度版 ………………………… 166
　建設工事の環境保全法令集 平成17年度版 ………………………… 166
　建設工事の環境保全法令集 平成18年度版 ………………………… 167
　建設工事の環境保全法令集 平成20年度版 ………………………… 167
　建設工事の環境保全法令集 平成21年度版 ………………………… 167

日本建築学会
　環境負荷低減に配慮した塗装・吹付け工事に関する技術資料 ……… 169
　建築設計資料集成 環境 全面改訂版 ………………………………… 169
　室内の臭気に関する嗅覚測定法マニュアル ………………………… 169
　ソーラー建築設計データブック …… 277
　建物のLCA指針 第2版 ……………… 169

日本建築技術者指導センター
　建築設備関係法令集 平成2年版 …… 170
　建築設備関係法令集 平成3年版 第5次改正版 ……………………… 170
　建築設備関係法令集 平成4年版 …… 170
　建築設備関係法令集 平成5年版 …… 170
　建築設備関係法令集 平成6年版 …… 170
　建築設備関係法令集 平成7年版 第9次改正版 ……………………… 170
　建築設備関係法令集 平成10年版 第12

次改正版 ………………………… 170
建築設備関係法令集 平成12年版 …… 170
建築設備関係法令集 平成13年版 …… 170
建築設備関係法令集 平成17年版 第20次改正版 ……………………… 171
日本公園緑地協会
公園緑地マニュアル 平成16年度版 … 201
日本工業新聞社
エネルギー総合便覧 '90‐'91 …… 212
エネルギー総合便覧 '91‐'92 …… 212
エネルギー総合便覧 '92‐'93 …… 212
日本沙漠学会
沙漠の事典 ………………………… 71
日本産業廃棄物処理振興センター
廃棄物処理法令（三段対照）・通知集 平成21年版 …………………………… 117
廃棄物の処理及び清掃に関する法律関係法令集 新訂版 ……………………… 117
廃棄物の処理及び清掃に関する法律関係法令集 平成10年版 ……………… 117
廃棄物・リサイクル関係法令集 平成17年度版 …………………………… 117
日本自然保護協会
長良川河口堰が自然環境に与えた影響 …………………………………… 63
日本住宅環境医学会
空気マイナスイオン応用事典 ……… 31
日本植物防疫協会
農薬用語辞典 2009 ……………… 139
農薬要覧 1993年版 ……………… 145
農薬要覧 1998 …………………… 145
農薬要覧 2000年版（平成11農薬年度） …………………………………… 145
農薬要覧 2008 …………………… 145
農薬要覧 2009 …………………… 145
農薬要覧 2010 …………………… 145
日本生活協同組合連合会商品検査センター
日本生協連残留農薬データ集 2 …… 140
日本生態学会
自然再生ハンドブック …………… 186
日本生態系協会
環境教育がわかる事典 …………… 207
日本石油
石油便覧 1994 …………………… 229
日本騒音制御工学会
騒音制御工学ハンドブック ……… 126
騒音用語事典 ……………………… 125
日本地質学会
地質学用語集 ……………………… 48

日本電気協会
電気技術者のための電気関係法規 平成17年版 …………………………… 244
電気技術者のための電気関係法規 平成19年版 …………………………… 244
日本電気計測器工業会
環境計測器ガイドブック 第5版 ……… 74
環境計測器ガイドブック 第6版 ……… 75
日本農業年鑑刊行会
日本農業年鑑 1991年版 ………… 132
日本農業年鑑 1992年版 ………… 132
日本農業年鑑 1993年版 ………… 132
日本農業年鑑 1994年版 ………… 132
日本農業年鑑 1995年版 ………… 132
日本農業年鑑 1996 ……………… 132
日本農業年鑑 1997 ……………… 132
日本農業年鑑 1998 ……………… 132
日本農業年鑑 1999 ……………… 133
日本農業年鑑 2000 ……………… 133
日本農業年鑑 2001年版 ………… 133
日本能率協会総合研究所
ごみ・リサイクル統計データ集 2006 …………………………………… 210
日本舶用機関学会燃料潤滑研究委員会
和英・英和 燃料潤滑油用語事典 …… 220
日本分析化学専門学校
環境管理 用語解説 ……………… 188
生活環境と化学物質 用語解説 …… 86
生活環境と化学物質 用語解説 第2版 …………………………………… 86
日本包装学会
包装の事典 ………………………… 157
日本水環境学会
水環境ハンドブック ……………… 88
日本有機農業学会
有機農業と国際協力 ……………… 137
日本有機農業研究会
有機農業ハンドブック …………… 137
日本陸水学会
陸水の事典 ………………………… 49
日本リスク研究学会
リスク学事典 ……………………… 33
リスク学事典 増補改訂版 ………… 33
日本緑化工学会
環境緑化の事典 …………………… 201
緑化技術用語事典 ………………… 201
日本林業調査会
すぐわかる森と木のデータブック 2002 …………………………………… 58

ニューマン, マーク
　グローバル統計地図 10
饒村　曜
　地球・気象 52

【ぬ】

布村　明彦
　地球温暖化図鑑 73
沼田　真
　自然保護ハンドブック 新装版 186
　湾岸都市の生態系と自然保護 187

【ね】

ネッチャー, ミヒャエル
　環境にやさしい幼稚園・学校づくりハン
　　ドブック 198
年鑑編集委員会
　石油化学工業年鑑 1990年版 192
　石油化学工業年鑑 1993年版 193
　石油化学工業年鑑 1996 193
　石油化学工業年鑑 1997 193
　石油化学工業年鑑 1999年版 193
　石油化学工業年鑑 2001年版 193
　石油化学工業年鑑 2003年版 193

【の】

農業農村工学会
　農業農村工学ハンドブック 基礎編 ... 130
　農業農村工学ハンドブック 本編 130
農産物流通技術研究会
　農産物流通技術年報 '90年版 133, 161
　農産物流通技術年報 '92年版 133, 161
　農産物流通技術年報 '93年版 133, 161
　農産物流通技術年報 '94年版 134, 161
　農産物流通技術年報 '95年版 134, 161
　農産物流通技術年報 '96年版 134, 161
　農産物流通技術年報 '98年版 134, 161
　農産物流通技術年報 '99年版 134, 162
　農産物流通技術年報 2000年版 134, 162
　農産物流通技術年報 2001年版 134, 162
　農産物流通技術年報 2002年版 135, 162
　農産物流通技術年報 2003年版 135, 162
　農産物流通技術年報 2004 .... 135, 162
　農産物流通技術年報 2005 .... 135, 163
　農産物流通技術年報 2006年版 135, 163
　農産物流通技術年報 2007年版 135, 163
　農産物流通技術年報 2008年版 136, 163
農文協
　環境保全型農業大事典 2 136
　自然力を生かす農家の技術早わかり事
　　典 136
農薬環境保全対策研究会
　農薬登録保留基準 残留農薬基準ハンド
　　ブック 140
　農薬登録保留基準ハンドブック 141
農薬残留分析法研究班
　最新 農薬の残留分析法 改訂版 140
農薬ハンドブック1994年版編集委員会
　農薬ハンドブック 1994年版 第9版 ... 141
農林水産省
　環境保全型農業の流通と販売 138
　農林水産六法 平成6年版 127
　農林水産六法 平成7年版 127
　農林水産六法 平成9年版 127
　農林水産六法 平成10年版 127
　農林水産六法 平成11年版 127
　農林水産六法 平成12年版 127
　農林水産六法 平成13年版 128
　農林水産六法 平成14年版 128
　農林水産六法 平成15年版 128
　農林水産六法 平成16年版 128
　農林水産六法 平成17年版 128
　農林水産六法 平成18年版 128
　農林水産六法 平成19年版 128
　農林水産六法 平成20年版 128
農林水産省産園芸局植物防疫課
　農薬要覧 1998 145
農林水産省消費・安全局植物防疫課
　農薬要覧 2007 145
　農薬要覧 2008 145
　農薬要覧 2009 145
　農薬要覧 2010 145
農林水産省消費・安全局農産安全管理課
　農薬要覧 2007 145
　農薬要覧 2008 145
　農薬要覧 2009 145
　農薬要覧 2010 145
　ポケット肥料要覧 2004年 144
　ポケット肥料要覧 2005年 144

ポケット肥料要覧　2006年 144
　　ポケット肥料要覧　2007 144
　　ポケット肥料要覧　2008 144
　　ポケット肥料要覧　2009 144
農林水産省生産局生産資材課
　　ポケット肥料要覧　2001年 143
　　ポケット肥料要覧　2002／2003年 144
農林水産省大臣官房統計情報部
　　環境保全型農業による農産物の生産・出
　　　荷状況調査報告書 138
　　食品循環資源の再生利用等実態調査報告
　　　平成13年 156
　　生物生息地の保全管理への取組状況調査
　　　結果　平成12年度 185
農林水産省大臣官房統計部
　　解説　2005年農林業センサス 126
　　環境保全型農業稲作推進農家の経営分析
　　　調査報告 138
　　持続性の高い農業生産方式への取組状況
　　　調査報告書　平成14年・平成15年 138
　　食品循環資源の再生利用等実態調査結果
　　　報告　平成17年 156
　　食品循環資源の再生利用等実態調査報告
　　　平成14年 156
　　食品循環資源の再生利用等実態調査報告
　　　平成15年 156
農林水産省統合交付金要綱要領集編集委員会
　　農林水産省統合交付金要綱要領集 126
　　農林水産省統合交付金要綱要領集　平成
　　　18年度版 126
　　農林水産省統合交付金要綱要領集　平成
　　　19年度版 126
　　農林水産省統合交付金要綱要領集　平成
　　　20年度版 127
　　農林水産省統合交付金要綱要領集　平成
　　　21年度版 127
　　農林水産省統合交付金要綱要領集　平成
　　　22年度版 127
農林水産省農産園芸局
　　農薬要覧　1995 145
農林水産省農産園芸局植物防疫課
　　農薬要覧　1996 145
　　農薬要覧　2000年版（平成11農薬年度）
　　　 145
農林水産省農蚕園芸局植物防疫課
　　農薬要覧　1991 144
　　農薬要覧　1993年版 145
　　農薬要覧　1994 145
農林水産省農蚕園芸局肥料機械課
　　ポケット肥料要覧　1990年版 143
　　ポケット肥料要覧　1994年版 143

農林水産法令研究会
　　農林水産六法　平成21年版 129
　　農林水産六法　平成22年版 129
農林統計協会
　　図説　食料・農業・農村白書　平成12年
　　　度 130
　　図説　食料・農業・農村白書　平成13年度
　　　版 130
　　図説　食料・農業・農村白書　平成15年度
　　　版 130
　　図説食料・農業・農村白書参考統計表　平
　　　成12年度版 136
　　図説　食料・農業・農村白書　参考統計表
　　　平成13年度版 136
　　図説食料・農業・農村白書参考統計表　平
　　　成14年度版 136
　　図説食料・農業・農村白書参考統計表　平
　　　成15年度版 136
野瀬　純一
　　気象ハンドブック　第3版 54
野間　忠勝
　　四・五・六級海事法規読本 79
ノル，グレン・F.
　　放射線計測ハンドブック 274
　　放射線計測ハンドブック　第2版 273

【は】

廃棄物安全処理・リサイクルハンドブック編
　集委員会
　　廃棄物安全処理・リサイクルハンドブッ
　　　ク 107
廃棄物学会
　　廃棄物ハンドブック 109
廃棄物研究財団
　　特別管理一般廃棄物ばいじん処理マニュ
　　　アル 113
　　トリクロロエチレン等処理マニュアル
　　　 107
　　廃石綿等処理マニュアル 173
廃棄物研究財団廃棄物対応技術検討懇話会
　　日中英廃棄物用語辞典 106
廃棄物処理施設整備研究会
　　廃棄物処理施設整備実務必携　平成13年
　　　度版 108
　　廃棄物処理施設整備実務必携　平成14年
　　　度版 108
　　廃棄物処理施設整備実務必携　平成15年

度版 ……………………………… 109
廃棄物・3R研究会
　　　循環型社会キーワード事典 ………… 207
廃棄物法制研究会
　　　産業廃棄物処理ハンドブック 平成12年
　　　版 ……………………………………… 114
　　　三段対照 廃棄物処理法法令集 平成12年
　　　版 ……………………………………… 115
　　　三段対照 廃棄物処理法法令集 平成13年
　　　版 ……………………………………… 115
　　　三段対照 廃棄物処理法法令集 平成14年
　　　版 ……………………………………… 115
　　　三段対照 廃棄物処理法法令集 平成16年
　　　版 ……………………………………… 115
　　　三段対照 廃棄物処理法法令集 平成18年
　　　版 ……………………………………… 115
　　　三段対照廃棄物処理法法令集 平成19年
　　　版 ……………………………………… 116
　　　三段対照 廃棄物処理法法令集 平成20年
　　　版 ……………………………………… 116
　　　三段対照 廃棄物処理法法令集 平成21年
　　　版 ……………………………………… 116
　　　廃棄物六法 ……………………………… 119
　　　廃棄物六法 平成13年版 ……………… 119
　　　廃棄物六法 平成14年版 ……………… 119
　　　廃棄物六法 平成15年版 ……………… 119
廃棄物問題千葉県連絡会
　　　市民がつくったゴミ白書・ちば'93 …… 109
廃棄物・リサイクル法制研究会
　　　廃棄物・リサイクル法 平成16年版 … 117
　　　廃棄物・リサイクル六法 平成17年版
　　　…………………………………………… 118
　　　廃棄物・リサイクル六法 平成18年版
　　　…………………………………………… 118
　　　廃棄物・リサイクル六法 平成19年版
　　　…………………………………………… 118
　　　廃棄物・リサイクル六法 平成20年版
　　　…………………………………………… 118
　　　廃棄物・リサイクル六法 平成21年版
　　　…………………………………………… 118
廃棄物・リサイクル六法編集委員会
　　　廃棄物・リサイクル六法 平成22年版
　　　…………………………………………… 118
パーカー, スティーブ
　　　ビジュアル博物館 第6巻 ……………… 65
　　　ビジュアル博物館 第10巻 …………… 61
萩原 恒昭
　　　デジタル時代の印刷ビジネス法令ガイド
　　　改訂版 ………………………………… 189
長谷 良秀
　　　電力系統技術の実用理論ハンドブック
　　　…………………………………………… 243

長谷川 あゆみ
　　　建築に使われる化学物質事典 ………… 85
ハチンソン, ステファン
　　　海洋 ……………………………………… 60
バックリー, ブルース
　　　気象 ……………………………………… 54
バッサム, N.El
　　　エネルギー作物の事典 ……………… 279
花嶋 正孝
　　　日本の最終処分場 2000 ……………… 107
馬場 正彦
　　　海のお天気ハンドブック ……………… 54
羽生 直之
　　　英和環境用語辞典 ……………………… 33
バーフォード, アンナ
　　　グローバル統計地図 …………………… 10
浜中 裕徳
　　　地球白書 1998 - 99 …………………… 7
　　　地球白書 1999 - 2000 ………………… 7
　　　地球白書 2000 - 01 …………………… 7
浜松 照秀
　　　動力・熱システムハンドブック …… 221
ハムナー, ジェシー
　　　国際水紛争事典 ………………………… 87
林 知世
　　　地球環境カラーイラスト百科 ………… 47
林 譲
　　　これならわかるEU環境規制REACH対
　　　応Q&A 88 …………………………… 87
林 良博
　　　こども地球白書 1999 - 2000 ………… 4
　　　こども地球白書 2000 - 2001 ………… 4
　　　こども地球白書 2001-2002 …………… 4
　　　こども地球白書 2003-2004 …………… 4
　　　こども地球白書 2004-2005 …………… 4
　　　こども地球白書 2006-07 ……………… 4
　　　ジュニア地球白書 2007 - 08 ………… 5
　　　ジュニア地球白書 2008 - 09 ………… 5
原沢 英夫
　　　環境と健康の事典 ……………………… 30
　　　地球温暖化と日本 ……………………… 72
　　　理科年表 環境編 ……………………… 51
原科 幸彦
　　　環境アセスメント基本用語事典 …… 183
原嶋 洋平
　　　環境 ……………………………………… 44
原田 幸明
　　　エコマテリアルハンドブック ……… 196

原田　正純
　アジア環境白書　2000・01 ･････････････ 36
原田　実
　現場技術者のための環境共生ポケット
　　　ブック ･････････････････････････ 166
ハルウェイル，ブライアン
　地球環境データブック ･･････････････ 5
半田　幸子
　地球の危機　普及版 ･････････････････ 34
半谷　高久
　水質調査ガイドブック ･････････････ 79
　人間と自然の事典 ･･･････････････････ 33

【ひ】

樋口　壮太郎
　廃棄物埋立地再生技術ハンドブック ･･ 107
樋口　宗治
　デジタル時代の印刷ビジネス法令ガイド
　　　改訂版 ･･･････････････････････ 189
ビーチ，ヘザー・L.
　国際水紛争事典 ･･････････････････ 87
人と地球にやさしい仕事100編集委員会
　人と地球にやさしい仕事100 ･････････ 185
ヒートポンプ・蓄熱センター
　ヒートポンプ・蓄熱白書 ･･･････････ 280
日比谷　紀之
　海の百科事典 ･･･････････････････････ 60
ヒューイット，J.ジョセフ
　国際水紛争事典 ･････････････････････ 87
平田　健正
　図解土壌・地下水汚染用語事典 ･･････ 84
平沼　洋司
　ビジュアル博物館　第81巻 ････････ 55
平野　敏右
　環境・災害・事故の事典 ･････････････ 29
平松　紘
　世界の先住民環境問題事典 ･････････ 32
肥料協会新聞部
　肥料年鑑　1999年　第46版 ･･････････ 142
　肥料年鑑　2000 ･･････････････････ 142
　肥料年鑑　2001年版　第48版 ････････ 142
　肥料年鑑　2002年版　第49版 ････････ 142
　肥料年鑑　2003年版　第50版 ････････ 143
　肥料年鑑　2004　第51版 ･････････････ 143
　肥料年鑑　平成17年（2005年）版　第52版

　　　････････････････････････････ 143
　肥料年鑑　平成18年（2006年）版　第53版
　　　････････････････････････････ 143
　肥料年鑑　2007年　第54版 ･････････ 143
　肥料年鑑　2008年　第55版 ･････････ 143
　肥料年鑑　2009年　第56版 ･････････ 143
肥料用語事典編集委員会
　肥料用語事典　改訂4版 ･･････････ 139
　肥料用語事典　改訂5版 ･･････････ 139
広井　禎
　物質とエネルギー ････････････････ 220
広井　洋子
　グローバル統計地図 ･･････････････ 10
広部　和也
　解説 国際環境条約集 ･････････････ 178

【ふ】

ファード＝ルーク，アラステア
　eco-design handbook ･･･････････････ 196
福岡　克也
　地球環境データブック ････････････ 5
　地球環境データブック　2001-02 ･･･ 5
　地球環境データブック　2003-04 ･･･ 5
　地球環境データブック　2004-05 ･･･ 6
　地球環境データブック　2005-06 ･･･ 6
　地球環境データブック　2007-08 ･･･ 6
福士　正博
　OECD環境データ要覧　2004 ･･･････ 2
藤井　春三
　四・五・六級海事法規読本 ･････････ 79
富士経済東京マーケティング本部環境法令室
　建設工事の環境保全法令集　平成20年度
　　　版 ･･････････････････････････ 167
富士総合研究所
　全国公共用水域水質年鑑　1992年版 ････ 89
　全国公共用水域水質年鑑　1993年版 ････ 89
　全国公共用水域水質年鑑　1994年版 ････ 89
　全国公共用水域水質年鑑　1997年版 ････ 89
　全国公共用水域水質年鑑　1998年版 ････ 89
　全国公共用水域水質年鑑　1999年版 ････ 90
　全国公共用水域水質年鑑　2000年版 ････ 90
藤田　賢二
　水処理薬品ハンドブック ･･･････････ 88
藤田　英夫
　環境ビジネス白書　2005年版 ･･･････ 194
　環境ビジネス白書　2006年版 ･･･････ 194

環境ビジネス白書 2007年版 ………… 195
環境ビジネス白書 2008年版 ………… 195
環境ビジネス白書 2009年版 ………… 195
環境ビジネス白書 2010年版 ………… 195
藤谷 徳之助
　気象 ……………………………………… 54
藤本 知代子
　65億人の地球環境 改訂版 …………… 51
藤森 隆郎
　天然資源循環・再生事典 …………… 212
藤原 鎮男
　有害物質データブック ……………… 87
藤原 淳一郎
　エネルギー法研究 …………………… 277
藤原 俊六郎
　土壌肥料用語事典 新版 ……………… 138
　土壌肥料用語事典 新版（第2版） … 138
物流問題研究会
　数字でみる物流 2001 ……………… 164
ブラウン，レスター・R.
　子ども地球白書 1992 - 93 …………… 4
　こども地球白書 1999 - 2000 ………… 4
　こども地球白書 2000 - 2001 ………… 4
　こども地球白書 2001 - 2002 ………… 4
　地球環境データブック ………………… 5
　地球白書 '90 - '91 ……………………… 6
　地球白書 1992 - 93 …………………… 6
　地球白書 1993 - 94 …………………… 6
　地球白書 1994 - 95 …………………… 7
　地球白書 1995〜96 …………………… 7
　地球白書 1996〜97 …………………… 7
　地球白書 1998 - 99 …………………… 7
　地球白書 1999 - 2000 ………………… 7
　地球白書 2000 - 01 …………………… 7
　地球白書 2001 - 02 …………………… 7
プラスチック・リサイクリング学会
　プラスチック・リサイクル年鑑 1997年版 ……………………………………… 210
古市 徹
　日本の最終処分場 2000 …………… 107
古川 清行
　環境問題資料事典 1 ………………… 30
　環境問題資料事典 2 ………………… 31
　環境問題資料事典 3 ………………… 31
古川 久雄
　事典東南アジア ……………………… 32
古米 弘明
　英語論文表現例集 with CD-ROM …… 33

フレイヴィン，クリストファー
　こども地球白書 2003-2004 …………… 4
　こども地球白書 2004-2005 …………… 4
　こども地球白書 2006-07 ……………… 4
　ジュニア地球白書 2007 - 08 …………… 5
　ジュニア地球白書 2008 - 09 …………… 5
　地球環境データブック 2001-02 ……… 5
　地球環境データブック 2003-04 ……… 5
　地球環境データブック 2005-06 ……… 6
　地球環境データブック 2007-08 ……… 6
　地球白書 2002 - 03 …………………… 8
　地球白書 2003 - 04 …………………… 8
　地球白書 2004 - 05 …………………… 8
　地球白書 2005 - 06 …………………… 8
　地球白書 2006 - 07 …………………… 8
　地球白書 2007 - 08 …………………… 9
　地球白書 2008 - 09 …………………… 9
　地球白書 2009 - 10 …………………… 9
不破 敬一郎
　地球環境ハンドブック ……………… 50
　地球環境ハンドブック 第2版 ……… 50
文献情報研究会
　公害文献大事典 …………………… 120

【ほ】

放射線障害防止法―解説と手続便覧編集委員会
　放射線障害防止法 '90 ……………… 273
ホーキンス，ローレンス・E.
　海洋 …………………………………… 60
ホプキンズ，エドワード・J.
　気象 …………………………………… 54
堀 政彦
　動力・熱システムハンドブック …… 221
堀尾 輝久
　平和・人権・環境 教育国際資料集 … 207
堀尾 正靫
　地域からエネルギーを引き出せ! …… 221
ほんコミニケート編集室
　地球と未来にやさしい本と雑誌 91年度版 ……………………………………… 27
本間 慎
　新データガイド地球環境 …………… 49
　データガイド 地球環境 新版 ……… 50
本間 保男
　植物保護の事典 ……………………… 185
　植物保護の事典 普及版 ……………… 186

【ま】

マイヤーズ，ノーマン
　地球の危機 普及版 ･････････････････････ 34
　65億人の地球環境 改訂版 ･････････････ 51
前田 静夫
　残留農薬データブック ･･････････････ 140
前田 英勝
　微生物工学技術ハンドブック ･･････ 187
真柄 泰基
　水の事典 ･･････････････････････････････････ 87
牧野 国義
　環境と健康の事典 ･････････････････････ 30
マクハリー，ジャン
　生活用品リサイクル百科事典 下巻 ･･ 208
増田 忠雄
　石油産業会社要覧 2002年版 ･････････ 234
まちづくりコラボレーション
　まちづくりキーワード事典 ････････ 197
　まちづくりキーワード事典 第2版 ･･ 197
松浦 徹也
　これならわかるEU環境規制REACH対
　　応Q&A 88 ････････････････････････････ 87
松尾 一郎
　地球温暖化図鑑 ････････････････････････ 73
松尾 和俊
　実用 エネルギー施設用語辞典 ･････ 219
松尾 友矩
　水の事典 ･･････････････････････････････････ 87
マッキュイティ，ミランダ
　ビジュアル博物館 第51巻 ･････････････ 71
　ビジュアル博物館 第62巻 ･････････････ 60
松下 和夫
　地球白書 '90 - '91 ･･･････････････････････ 6
松田 裕之
　自然再生ハンドブック ･････････････ 186
松原 聡
　ポケット版 学研の図鑑 7 ･････････ 222
松村 郡守
　子ども地球白書 1992-93 ･･･････････････ 4
松本 純子
　eco-design handbook ････････････････ 196
松本 忠夫
　理科年表 環境編 ･･･････････････････････ 51

丸 武志
　海洋 ･･････････････････････････････････････ 60
丸田 頼一
　環境都市計画事典 ･････････････････ 197
丸山 茂徳
　地球 改訂版 ･････････････････････････････ 52

【み】

三上 栄一
　微生物工学技術ハンドブック ･･････ 187
水資源協会
　水資源便覧 '96 ･･････････････････････････ 88
水谷 洋一
　地域発!ストップ温暖化ハンドブック
　　･･･ 72
水ハンドブック編集委員会
　水ハンドブック ･･･････････････････････ 89
溝入 茂
　廃棄物法制半世紀の変遷 ･･･････････ 115
御園生 誠
　環境化学の事典 ････････････････････････ 85
溝呂木 昇
　廃棄物処理リサイクル法令ハンドブッ
　　ク ･･ 115
三田 誠一
　農業汚染白書 ･････････････････････････ 133
三橋 規宏
　サステナビリティ辞典 2007 ･･･････ 72
皆川 基
　洗剤・洗浄の事典 ･･･････････････････ 86
みなまた環境テクノセンター
　和英・英和 国際総合環境用語集 ･･･ 33
三船 康道
　まちづくりキーワード事典 ････････ 197
　まちづくりキーワード事典 第2版 ･･ 197
宮崎 信之
　海洋 ･･････････････････････････････････････ 61
宮田 正
　植物保護の事典 ･･････････････････････ 185
　植物保護の事典 普及版 ･･････････････ 186
宮本 健一
　環境リスクマネジメントハンドブック
　　･･･ 35
宮本 憲一
　アジア環境白書 2000・01 ････････････ 36

三好 康彦
　水質用語事典 ････････････････････････ 87
　大気・ダイオキシン用語事典 ･･････････ 76
未来工学研究所
　2030年の科学技術 ･･････････････････････ 9

【む】

ムーア，ピーター
　環境と生態 ･･････････････････････････ 30
武舎 広幸
　海洋 ････････････････････････････････ 60
無藤 隆
　ちきゅうかんきょう ･･････････････････ 52
村尾 美明
　物質とエネルギー ･･･････････････････ 220
村上 勝敏
　世界石油年表 ･･･････････････････････ 229
村上 水樹
　経済産業省 ･････････････････････････ 268
村田 稔
　エネルギーの百科事典 ･･････････････ 212
村山 貢司
　ポケット版 学研の図鑑 6 ････････････ 53
村山 司
　鯨類学 ･･････････････････････････････ 61

【め】

メダカ里親の会
　田んぼまわりの生きもの 栃木県版 ････ 50
メディア・インターフェイス
　地球環境情報 1990 ････････････････････ 26
　地球環境情報 1992 ････････････････････ 26
　地球環境情報 1994 ････････････････････ 26
　地球環境情報 1996 ････････････････････ 27
　地球環境情報 1998 ････････････････････ 27

【も】

毛利 匡明
　ビジュアル博物館 第62巻 ････････････ 60

モーガン，サリー
　環境と生態 ･･････････････････････････ 30
本山 直樹
　農薬学事典 ･････････････････････････ 138
森 信昭
　エネルギーの百科事典 ･･････････････ 212
森 博美
　統計ガイドブック ････････････････････ 15
森下 研
　環境報告書ガイドブック ････････････ 188
モリス，クリストファー
　エネルギー用語辞典 ････････････････ 219
森田 昌敏
　地球環境ハンドブック 第2版 ････････ 50
森野 浩
　テーマで読み解く海の百科事典 ･･････ 60
文部科学省科学技術・学術審議会資源調査分
　科会
　地球上の生命を育む水のすばらしさ
　　の更なる認識と新たな発見を目指し
　　て ････････････････････････････････ 88
文部科学省科学技術・学術政策局調査調整課
　神秘の海を解き明かせ ･･････････････ 61
文部科学省科学技術政策研究所
　2030年の科学技術 ･･････････････････････ 9

【や】

矢口 行雄
　樹木医が教える緑化樹木事典 ･･･････ 201
安井 至
　リサイクルの百科事典 ･･････････････ 208
安成 哲三
　キーワード 気象の事典 ･･････････････ 53
矢野恒太記念会
　世界国勢図会 1992・93年版 第4版 ････ 10
　世界国勢図会 1994・95年版 ･･･････････ 10
　世界国勢図会 '96・97 第7版 ･･･････････ 10
　世界国勢図会 '97・98 第8版 ･･･････････ 10
　世界国勢図会 '98・99 第9版 ･･･････････ 10
　世界国勢図会 1999・2000年版 第10版
　　････････････････････････････････････ 10
　世界国勢図会 2000／2001年版 第11版
　　････････････････････････････････････ 10
　世界国勢図会 2001／2002年版 第12版
　　････････････････････････････････････ 11
　世界国勢図会 2002／03年版 第13版

世界国勢図会 2005／06 第16版 ……… 11
　　世界国勢図会 2007／08年版 第18版
　　　…………………………………………… 11
　　世界国勢図会 2008／09年版 第19版
　　　…………………………………………… 11
　　世界国勢図会 2009／10年版 ………… 11
　　世界国勢図会 2010／11年版 第21版
　　　…………………………………………… 11
　　日本国勢図会 1990 …………………… 15
　　日本国勢図会 1991 …………………… 15
　　日本国勢図会 1992年版 ……………… 15
　　日本国勢図会 1993 …………………… 15
　　日本国勢図会 1994／95年版 ………… 15
　　日本国勢図会 '95‐96 ………………… 15
　　日本国勢図会 '96‐97〔第54版〕…… 15
　　日本国勢図会 1999‐2000 第57版 … 16
　　日本国勢図会 2000・2001年版 第58版
　　　…………………………………………… 16
　　日本国勢図会 2001‐02 第59版 ……… 16
　　日本国勢図会 2002／03年版 第60版
　　　…………………………………………… 16
　　日本国勢図会 2003／04 第61版 …… 16
　　日本国勢図会 2004／05年版 第62版
　　　…………………………………………… 16
　　日本国勢図会 2005／06年版 第63版
　　　…………………………………………… 17
　　日本国勢図会 2006／07 第64版 …… 17
　　日本国勢図会 2007／08年版 第65版
　　　…………………………………………… 17
　　日本国勢図会 2008／09年版 第66版
　　　…………………………………………… 17
　　日本国勢図会 2009‐10年版 第67版
　　　…………………………………………… 17
　　日本国勢図会 2010／11年版 第68版
　　　…………………………………………… 17
矢原 徹一
　　自然再生ハンドブック ………………… 186
薮 忠綱
　　環境と生態 ……………………………… 30
山川 修治
　　環境アグロ情報ハンドブック ………… 137
山川 文子
　　暮らしの省エネ事典 …………………… 281
山川 稔
　　廃棄物処分・環境安全用語辞典 ……… 106
山岸 米二郎
　　気象大図鑑 ……………………………… 55
山口 太一
　　地球環境用語大事典 …………………… 48
山口 武則
　　環境アグロ情報ハンドブック ………… 137

山口 実苗
　　簡単ガイド 廃棄物処理法直近改正早わ
　　　かり ………………………………… 115
山下 脩二
　　都市環境学事典 ………………………… 33
山下 英俊
　　アジア環境白書 2003／04 …………… 36
山田 勇
　　事典東南アジア ………………………… 32
山本 耕平
　　循環型社会キーワード事典 …………… 207
山本 草二
　　海上保安法制 …………………………… 79
山本 良一
　　エコマテリアルハンドブック ………… 196
　　環境ビジネスハンドブック …………… 188
遺沢 哲夫
　　環境保全用語事典 ……………………… 184

【ゆ】

有機質資源化推進会議
　　有機廃棄物資源化大事典 ……………… 137
ゆまに書房編集部
　　産業別「会社年表」総覧 第10巻 …… 228

【よ】

横田 勇
　　環境アセスメント基本用語事典 ……… 183
横山 長之
　　環境用語事典 …………………………… 31
横山 伸也
　　エネルギー作物の事典 ………………… 279
吉岡 庸光
　　環境経営実務便覧 ……………………… 188
吉川 真
　　ポケット版 学研の図鑑 6 …………… 53
吉識 晴夫
　　動力・熱システムハンドブック ……… 221
吉沢 正
　　対訳ISO14001：2004 環境マネジメント
　　　システム ポケット版 ……………… 189

吉田 邦夫
　環境大事典 ……………………… 30
吉田 旬子
　気象 ……………………………… 54
吉野 正敏
　都市環境学事典 ………………… 33
吉村 進
　環境大事典 ……………………… 30
寄本 勝美
　ごみの百科事典 ………………… 105
　ごみハンドブック ……………… 106

【ら】

ラインテック
　施工管理者のための建設副産物・リサ
　イクルハンドブック 2001年度版 第2
　版 ………………………………… 168
ラブロック, J.
　地球環境用語辞典 ……………… 48

【り】

力武 常次
　地球 改訂版 ……………………… 52
リサイクル文化社編集部
　リサイクルショップガイド 首都圏版 保
　存本 ……………………………… 209
　リサイクルショップガイド 2002 関東
　版 ………………………………… 209
　リサイクルショップガイド 2004関東版
　…………………………………… 209
リサイクル文化編集グループ
　全国 リサイクルショップガイド〔保存
　版〕……………………………… 208
　リサイクル全生活ガイド 首都圏版 … 210
リバーフロント整備センター
　河川水辺の国勢調査年鑑 河川空間利用
　実態調査編（平成2・3年度）…… 65
　河川水辺の国勢調査年鑑 魚介類調査編
　（平成2・3年度）………………… 65
　河川水辺の国勢調査年鑑 平成3年度 底
　生動物調査、植物調査、鳥類調査、両
　生類・爬虫類・哺乳類調査、陸上昆虫
　類等調査編 ……………………… 66
　河川水辺の国勢調査年鑑 河川空間利用

実態調査編（平成4年度）………… 66
河川水辺の国勢調査年鑑 平成4年度
………………………………………… 66
河川水辺の国勢調査年鑑 平成4年度 鳥
類調査編 ………………………… 66
河川水辺の国勢調査年鑑 平成4年度 陸
上昆虫類等調査編 ……………… 66
河川水辺の国勢調査年鑑 平成4年度
………………………………………… 66
河川水辺の国勢調査年鑑 平成7年度
…………………………………… 66, 67
河川水辺の国勢調査年鑑 平成8年度
………………………………………… 67
河川水辺の国勢調査年鑑 平成9年度
………………………………………… 67
河川水辺の国勢調査年鑑 河川版 平
成11年度 魚介類調査、底生動物調査
編 ………………………………… 68
河川水辺の国勢調査年鑑 河川版 平成11
年度 植物調査編 ………………… 68
河川水辺の国勢調査年鑑 河川版 平成11
年度 鳥類調査、両生類・爬虫類・哺
乳類調査、陸上昆虫類調査編 …… 68
琉子 友男
　空気マイナスイオン応用事典 ……… 31
リリーフ・システムズ
　ビジュアル博物館 第6巻 ………… 65
　ビジュアル博物館 第10巻 ………… 61
　ビジュアル博物館 第46巻 ………… 61
林野庁
　森林・林業統計要覧 2007年版 … 151
　森林・林業白書 平成13年度 …… 146
　森林・林業白書 平成14年度 …… 146
　森林・林業白書 平成15年度 …… 146
　森林・林業白書 平成16年度 …… 146
　森林・林業白書 平成18年版 …… 146
　森林・林業白書 平成19年度 …… 147
　森林・林業白書 平成20年版 …… 147
　森林・林業白書 平成21年版 … 147, 148
　森林・林業白書 平成22年版 …… 148
　図説 森林・林業白書 平成13年度 … 148
　図説 森林・林業白書 平成14年度 … 148
　図説 森林・林業白書 平成15年度 … 148
　図説 林業白書 平成4年度 ……… 148
　図説 林業白書 平成5年度版 …… 149
　図説 林業白書 平成6年度 ……… 149
　図説 林業白書 平成8年度 ……… 149
　図説 林業白書 平成9年度 ……… 149
　図説 林業白書 平成10年度 …… 149
　図説 林業白書 平成11年度 …… 149
　図説 林業白書 平成12年度 …… 150
　林業白書 平成元年度 …………… 150

林業白書　平成2年度 ･････････････ 150
林業白書　平成3年度 ･････････････ 150
林業白書　平成4年度 ･････････････ 150
林業白書　平成5年度 ･････････････ 150
林業白書　平成10年度 ････････････ 150
林業白書　平成11年度 ････････････ 151
林業白書　平成12年度 ････････････ 151

ワン・ステップ
　気象がわかる絵事典 ････････････ 53

【る】

ルイス，リチャード・J.
　有害物質データブック ･･････････ 87
ルッツ，エーリッヒ
　環境にやさしい幼稚園・学校づくりハン
　　ドブック ････････････････････ 198

【れ】

レナー，マイケル
　地球環境データブック ･････････ 5

【ろ】

ロスチャイルド，デヴィッド・デ
　地球温暖化サバイバルハンドブック ･･･ 72
　地球環境図鑑 ･･････････････････ 52

【わ】

渡辺　利夫
　環境 ･･････････････････････････ 44
渡辺　雄二
　暮らしにひそむ化学毒物事典 ････ 85
　食卓の化学毒物事典 ････････････ 85
渡水　久雄
　自然復元・ビオトープ 独和・和独小辞
　　典 ･･････････････････････････ 186
ワールドウォッチ研究所
　地球データブック 1998〜99 ････ 6
　地球データブック 1999・2000 ････ 6
　地球白書 2010・11 ･････････････ 9

事項名索引

事項名索引　　　　　　　　　おんし

【あ】

ISO　→環境法 177
アイソトープ　→放射線防護 271
悪臭　→悪臭 125
悪臭防止法
　→下水道 96
　→悪臭 125
アスベスト　→アスベスト 172
池　→河川・湖沼 61
異常気象　→気候・気象 53
石綿　→アスベスト 172
ISO　→環境法 177
一般廃棄物　→一般廃棄物 112
遺伝子組み換え
　→化学物質 85
　→環境保全型農業 136
インバースマニュファクチャリング　→
　リサイクル 208
埋立
　→廃棄物 105
　→環境計画 197
　→港湾 202
埋立処分場　→廃棄物 105
運送　→物流・包装 157
運輸　→物流・包装 157
運輸関係エネルギー　→物流エネルギー ... 219
エコカー　→環境技術 190
エコガーデニング　→環境配慮型製品 ... 195
エコシティ　→環境計画 197
エコマーク　→環境配慮型製品 ... 195
エコロジー
　→環境保全 184
　→環境ビジネス 194
　→環境配慮型製品 195
エタノール　→バイオエネルギー ... 279
NGO　→環境・エネルギー関連機関 23
エネルギー
　→エネルギー 219
　→新エネルギー 277
　→石油代替エネルギー 278

　→バイオエネルギー 279
　→ヒートポンプ 280
　→省エネルギー 281
エネルギー価格　→エネルギー経済 ... 216
エネルギー関連機関　→環境・エネルギー
　関連機関 23
エネルギー技術　→エネルギー技術 ... 275
エネルギー経済　→エネルギー経済 ... 216
エネルギー源別需給　→エネルギー経済 ... 216
エネルギー作物　→バイオマス 279
エネルギー施設用語　→エネルギー ... 219
エネルギー需給見通し　→エネルギー経
　済 216
エネルギー政策
　→エネルギー政策 277
　→新エネルギー 277
エネルギー展望　→エネルギー 219
エネルギー統計　→エネルギー 219
エネルギー発熱量　→エネルギー経済 ... 216
エネルギー物質　→エネルギー 219
エネルギープロジェクト　→エネルギー ... 219
エネルギー法　→エネルギー政策 ... 277
エネルギー問題　→エネルギー問題 ... 212
エネルギー問題全般　→エネルギー問題
　全般 212
LPガス　→LPガス 235
園芸　→環境配慮型製品 195
オイルサンド　→エネルギー 219
オイルシェール　→エネルギー 219
屋上緑化　→緑化 200
オゾン層
　→地球環境 46
　→気候・気象 53
汚物処理　→下水道 96
オール電化住宅　→電化住宅 254
温室効果ガス
　→地球環境 46
　→気候・気象 53
　→地球温暖化 72
　→環境政策 173

環境・エネルギー問題 レファレンスブック　　365

【か】

海外のエネルギー　→エネルギー 219
海事政策　→海事政策 82
海事法　→海洋汚染 79
海象　→気候・気象 53
海上災害　→海洋汚染 79
解体　→リサイクル 208
海底　→海洋 60
海洋　→海洋 60
海洋汚染　→海洋汚染 79
海洋汚染防止法　→海洋汚染 79
海洋気象　→気候・気象 53
海洋生物　→海洋 60
海洋保安　→海洋汚染 79
海洋法　→海洋汚染 79
外来種　→生物多様性 71
街路樹　→緑化 200
河海工学　→環境計画 197
化学工業　→環境対策 191
化学物質　→化学物質 85
化学薬品　→化学物質 85
核燃料サイクル　→原子力発電 257
火山活動
　　→地球環境 46
　　→気候・気象 53
ガス　→ガス 235
ガスタービン　→新エネルギー 277
風　→風 71
風工学　→風 71
河川
　　→水 87
　　→河川・湖沼 61
河川行政　→河川・湖沼 61
河川工学　→河川・湖沼 61
河川法　→河川・湖沼 61
渇水　→水 87
家電リサイクル法　→リサイクル 208
紙パルプ　→環境技術 190
紙パルプ工業　→環境技術 190

火力発電
　　→発電 255
　　→火力発電 256
川　→河川・湖沼 61
癌　→化学物質 85
環境アセスメント
　　→地球環境 46
　　→環境汚染 74
　　→環境アセスメント 183
環境汚染　→環境汚染 74
環境関連機関　→環境・エネルギー関連
　機関 23
環境技術　→環境技術 190
環境教育　→環境教育 206
環境共生　→建設 165
環境行政　→環境政策 173
環境経営　→環境経営 188
環境計画　→環境計画 197
環境経済　→環境政策 173
環境工学　→環境工学 187
環境自治体　→環境政策 173
環境指標　→環境・エネルギー問題 1
環境省　→環境政策 173
環境政策　→環境政策 173
環境測定　→環境測定 74
環境測定(規格)　→環境測定(規格) 75
環境対策　→環境対策 191
環境庁　→環境・エネルギー関連機関 23
環境デザイン　→環境計画 197
環境都市　→環境計画 197
環境配慮型製品　→環境配慮型製品 195
環境ビジネス　→環境ビジネス 194
環境法　→環境法 177
環境保全　→環境保全 184
環境保全型農業　→環境保全型農業 136
環境保全法　→建設 165
環境ホルモン
　　→化学物質 85
　　→廃棄物 105
環境マネジメント
　　→環境問題 25
　　→環境経営 188
環境問題　→環境問題 25
環境問題全般　→環境問題全般 25

こみし

環境リスク
　→環境問題 ………………………… 25
　→化学物質 ………………………… 85
乾燥地　→沙漠 ……………………… 71
気候
　→地球温暖化 ……………………… 72
　→気候・気象 ……………………… 53
気候変動　→地球温暖化 …………… 72
気候変動に関する政府間パネル(IPCC)
　→環境・エネルギー関連機関 …… 23
　→地球温暖化 ……………………… 72
気候　→気候・気象 ………………… 53
気象観測　→気候・気象 …………… 53
気象庁　→気候・気象 ……………… 53
業種別エネルギー消費　→石油 …… 228
京都議定書
　→環境・エネルギー関連機関 …… 23
　→地球温暖化 ……………………… 72
漁業
　→漁業 …………………………… 151
　→食糧問題 ……………………… 153
巨樹　→森林 ………………………… 58
巨木　→森林 ………………………… 58
空気清浄　→建築 ………………… 168
グリーン・ニューディール　→環境政策 … 173
経済産業省　→原子力政策 ……… 268
下水処理　→下水道 ………………… 96
下水道　→下水道 …………………… 96
下水道法　→下水道 ………………… 96
原子力安全委員会　→原子力政策 … 268
原子力安全保安院　→原子力政策 … 268
原子力基本法　→原子力政策 …… 268
原子力政策　→原子力政策 ……… 268
原子力発電　→原子力発電 ……… 257
原子力法　→原子力政策 ………… 268
原子炉　→原子力発電 …………… 257
建設　→建設 ……………………… 165
建設業法　→建設 ………………… 165
建設リサイクル　→建設リサイクル … 167
建築　→建築 ……………………… 168
建築材料　→建築 ………………… 168
原発　→原子力発電 ……………… 257
原発事故　→原子力発電 ………… 257

公害
　→大気汚染 ……………………… 76
　→ダイオキシン ………………… 78
　→水質汚濁 ……………………… 78
　→公害 …………………………… 120
　→悪臭 …………………………… 125
　→騒音 …………………………… 125
公害(規格)　→公害(規格) …… 124
公害行政　→公害 ………………… 120
公害健康被害補償法　→公害 …… 120
公害等調整委員会　→公害 ……… 120
公害紛争処理　→公害 …………… 120
公害防止管理者　→公害 ………… 120
公害防止機器　→環境技術 ……… 190
公害防止産業　→環境配慮型製品 … 195
鉱業　→エネルギー ……………… 219
公共用水域　→水 ………………… 87
公有水面埋立　→環境計画 ……… 197
港湾　→港湾 ……………………… 202
港湾法　→港湾 …………………… 202
国際海事機関(IMO)　→環境・エネルギー関連機関 ……………… 23
国際原子力機関(IAEA)　→環境・エネルギー関連機関 ……………… 23
国際電気通信連合(ITU)　→環境・エネルギー関連機関 ……………… 23
国際熱帯木材機関(ITTO)　→環境・エネルギー関連機関 ……………… 23
国際標準化機構(ISO)　→環境・エネルギー関連機関 ……………… 23
国際捕鯨委員会(IWC)　→環境・エネルギー関連機関 ……………… 23
国際民間航空機関(ICAO)　→環境・エネルギー関連機関 ……………… 23
国際連合食糧農業機関(FAO)
　→森林 …………………………… 58
　→農業 …………………………… 129
穀物需給　→バイオエネルギー … 279
国連環境計画(UNEP)　→環境・エネルギー関連機関 ……………… 23
湖沼　→水 ………………………… 87
ごみ処理
　→廃棄物 ………………………… 105
　→一般廃棄物 …………………… 112
　→産業廃棄物 …………………… 113
　→環境計画 ……………………… 197

環境・エネルギー問題 レファレンスブック　367

→循環型社会 207
　　→リサイクル 208
ゴルフ場　→農薬・肥料 138

【さ】

災害
　　→気候・気象 53
　　→河川・湖沼 61
　　→風 71
　　→地球温暖化 72
　　→公害 120
最終需要部門エネルギー需要　→エネ
　ルギー経済 216
最終処分場
　　→廃棄物 105
　　→リサイクル 208
再生可能エネルギー　→新エネルギー .. 277
サステイナビリティ　→地球温暖化 72
サステイナブル都市　→環境計画 197
沙漠　→沙漠 71
砂防　→河川・湖沼 61
3R
　　→廃棄物処理法 115
　　→循環型社会 207
産業廃棄物
　　→廃棄物 105
　　→産業廃棄物 113
　　→廃棄物処理法 115
サンゴ　→海洋 60
酸性雨
　　→気候・気象 53
　　→酸性雨 74
CO2排出　→CO2排出 74
資源　→環境・エネルギー問題 1
資源エネルギー六法　→エネルギー ... 219
資源循環　→リサイクル 208
資源統計　→エネルギー 219
地震
　　→地球環境 46
　　→気候・気象 53
地すべり　→河川・湖沼 61

自然保護　→自然保護 185
持続可能性　→地球温暖化 72
持続可能な開発委員会（CSD）　→環境・
　エネルギー関連機関 23
シックハウス　→化学物質 85
　　→シックハウス（規格） 172
指定生産品目別エネルギー消費　→石油 .. 228
し尿処理
　　→廃棄物 105
　　→環境計画 197
臭気測定法　→建築 168
充電式電池　→電池 276
樹木　→森林 58
循環型社会
　　→環境問題 25
　　→地球環境 46
　　→水 87
　　→廃棄物 105
　　→農業 129
　　→食品循環資源 156
　　→環境政策 173
　　→環境法 177
　　→環境計画 197
　　→循環型社会 207
　　→リサイクル 208
循環型酪農　→環境保全型農業 136
省エネルギー　→省エネルギー 281
省エネルギー法　→省エネルギー ... 281
浄化槽　→浄化槽 172
浄水　→水 87
食品汚染　→化学物質 85
食品循環資源　→食品循環資源 156
食料
　　→農林水産 126
　　→農業 129
　　→食糧問題 153
食糧問題　→食糧問題 153
塵埃処理　→環境計画 197
新エネルギー　→新エネルギー 277
新エネルギー（規格）　→新エネルギー
　（規格） 278
深海　→海洋 60
振動　→騒音 125

事項名索引　　　　　　　　　　　　　たんそ

森林
　→森林 ……………………………… 58
　→林業 ……………………………… 145
森林セクター　→森林 ………………… 58
森林保護　→森林 ……………………… 58
水害　→河川・湖沼 …………………… 61
水源
　→水 ………………………………… 87
　→水道 ……………………………… 93
水産業　→漁業 ………………………… 151
水質
　→河川・湖沼 ……………………… 61
　→水 ………………………………… 87
水質汚濁
　→水質汚濁 ………………………… 78
　→下水道 …………………………… 96
水質調査　→水質汚濁 ………………… 78
水道　→水道 …………………………… 93
水道法　→水道 ………………………… 93
水防　→河川・湖沼 …………………… 61
水文　→水 ……………………………… 87
水力発電
　→発電 ……………………………… 255
　→ダム ……………………………… 256
　→新エネルギー …………………… 277
3R
　→廃棄物処理法 …………………… 115
　→循環型社会 ……………………… 207
生態影響　→化学物質 ………………… 85
生物生息地
　→環境保全 ………………………… 184
　→自然保護 ………………………… 185
生物多様性
　→生物多様性 ……………………… 71
　→緑化 ……………………………… 200
世界気象機関（WMO）　→環境・エネル
　ギー関連機関 ……………………… 23
世界知的所有権機関（WIPO）　→環境・
　エネルギー関連機関 ……………… 23
石炭　→石炭 …………………………… 227
石油　→石油 …………………………… 228
石油会社　→石油 ……………………… 228
石油化学　→環境対策 ………………… 191
石油（規格）　→石油（規格） ………… 234

石油鉱山保安規則　→石油 …………… 228
石油産業
　→石油 ……………………………… 228
　→石油産業 ………………………… 234
石油精製会社　→石油 ………………… 228
石油代替エネルギー　→石油代替エネル
　ギー ………………………………… 278
石油タンク　→石油タンク …………… 235
石油地政学　→石油 …………………… 228
石油販売業者　→石油 ………………… 228
石油用語　→石油 ……………………… 228
ゼロ・エミッション　→環境問題 …… 25
洗剤　→化学物質 ……………………… 85
船舶安全法　→海洋汚染 ……………… 79
騒音　→騒音 …………………………… 125
総合エネルギー需給バランス　→エネル
　ギー ………………………………… 219
送電　→送電 …………………………… 274

【た】

ダイオキシン
　→大気汚染 ………………………… 76
　→ダイオキシン …………………… 78
　→化学物質 ………………………… 85
　→廃棄物 …………………………… 105
大気汚染
　→気候・気象 ……………………… 53
　→大気汚染 ………………………… 76
代替エネルギー
　→新エネルギー …………………… 277
　→石油代替エネルギー …………… 278
太陽エネルギー　→気候・気象 ……… 53
太陽光発電
　→太陽電池 ………………………… 276
　→新エネルギー …………………… 277
太陽電池　→太陽電池 ………………… 276
建物緑化　→緑化 ……………………… 200
ダム
　→河川・湖沼 ……………………… 61
　→ダム ……………………………… 256
淡水生物　→河川・湖沼 ……………… 61
炭素　→エネルギー技術 ……………… 275

環境・エネルギー問題 レファレンスブック　369

ちかす　　事項名索引

地下水
　→河川・湖沼 ……………………… 61
　→水質汚濁 ………………………… 78
　→水 ………………………………… 87
地下水汚染　→土壌・地下水汚染 …… 84
地球温暖化　→地球温暖化 …………… 72
地球環境　→地球環境 ………………… 46
地球環境工学　→環境工学 …………… 187
地球サミット
　→環境・エネルギー関連機関 …… 23
　→環境問題 ………………………… 25
　→地球環境 ………………………… 46
畜産業　→食糧問題 …………………… 153
蓄電池　→電池 ………………………… 276
蓄熱　→ヒートポンプ ………………… 280
地象　→気候・気象 …………………… 53
窒素酸化物　→大気汚染 ……………… 76
中国のエネルギー　→エネルギー …… 219
中国の石炭産業　→石炭 ……………… 227
朝鮮半島エネルギー開発機構（KEDO）
　→環境・エネルギー関連機関 …… 23
低公害車　→環境技術 ………………… 190
電化住宅　→電化住宅 ………………… 254
電気
　→電気 ……………………………… 238
　→送電 ……………………………… 274
電気（規格）　→電気（規格）………… 250
電気事業法　→電気事業法 …………… 251
電気自動車　→環境技術 ……………… 190
電気設備（規格）　→電気設備（規格）… 251
電気設備技術基準　→電気 …………… 238
電源開発　→電気 ……………………… 238
電池　→電池 …………………………… 276
天然ガス　→天然ガス ………………… 237
天然ガスコージェネレーション　→天然ガス ………………………………… 237
電力　→電気 …………………………… 238
電力会社　→電気 ……………………… 238
電力系統技術　→電気 ………………… 238
電力需給　→電気 ……………………… 238
電力小六法　→電気 …………………… 238
電力発電設備　→電気 ………………… 238
電力ビジネス　→電気 ………………… 238

都市環境
　→環境問題 ………………………… 25
　→環境計画 ………………………… 197
都市計画　→環境計画 ………………… 197
土壌汚染　→土壌・地下水汚染 ……… 84
都道府県別エネルギー消費　→石油 … 228

【な】

長良川河口堰　→河川・湖沼 ………… 61
雪崩　→河川・湖沼 …………………… 61
ナチュラルガーデニング　→環境配慮型製品 ……………………………………… 195
二酸化炭素　→CO2排出 ……………… 74
日本下水道事業団
　→河川・湖沼 ……………………… 61
　→下水道 …………………………… 96
熱ポンプ　→ヒートポンプ …………… 280
燃料潤滑油用語　→エネルギー ……… 219
燃料電池
　→電池 ……………………………… 276
　→新エネルギー …………………… 277
農業
　→農業 ……………………………… 129
　→食糧問題 ………………………… 153
農業法　→農林水産 …………………… 126
農産物流通　→農業 …………………… 129
農薬　→農薬・肥料 …………………… 138
農林水産　→農林水産 ………………… 126

【は】

バイオエネルギー
　→新エネルギー …………………… 277
　→バイオエネルギー ……………… 279
バイオディーゼル燃料　→バイオエネルギー ……………………………………… 279
バイオテクノロジー
　→農業 ……………………………… 129
　→食糧問題 ………………………… 153

事項名索引

バイオマス
　→農林水産 ………………………………… 126
　→環境政策 ………………………………… 173
　→環境計画 ………………………………… 197
　→バイオエネルギー ……………………… 279
　→バイオマス ……………………………… 279
廃棄物　→廃棄物 …………………………… 105
廃棄物処理
　→廃棄物 …………………………………… 105
　→一般廃棄物 ……………………………… 112
　→産業廃棄物 ……………………………… 113
　→不法投棄 ………………………………… 119
　→環境計画 ………………………………… 197
　→循環型社会 ……………………………… 207
　→リサイクル ……………………………… 208
廃棄物処理法
　→廃棄物 …………………………………… 105
　→廃棄物処理法 …………………………… 115
排出権取引　→排出権取引 …………………… 74
ばいじん
　→大気汚染 …………………………………… 76
　→一般廃棄物 ……………………………… 112
排水
　→水質汚濁 …………………………………… 78
　→廃棄物 …………………………………… 105
　→農業 ……………………………………… 129
排熱　→新エネルギー ……………………… 277
ハイブリッド自動車　→環境技術 ………… 190
発がん物質　→化学物質 …………………… 85
発電　→発電 ………………………………… 255
発展途上国の環境保全　→環境政策 ……… 173
万国郵便連合（UPU）　→環境・エネルギー関連機関 ……………………………… 23
ビオトープ
　→環境保全 ………………………………… 184
　→自然保護 ………………………………… 185
微生物工学　→環境工学 …………………… 187
ヒートポンプ　→ヒートポンプ …………… 280
肥料　→農薬・肥料 ………………………… 138
風力発電
　→発電 ……………………………………… 255
　→新エネルギー …………………………… 277
フェニックス計画　→廃棄物 ……………… 105
物流　→物流・包装 ………………………… 157

物流エネルギー　→物流エネルギー ……… 219
物流（規格）　→物流・包装（規格）……… 165
不法投棄　→不法投棄 ……………………… 119
プラスチック
　→化学物質 ………………………………… 85
　→環境対策 ………………………………… 191
　→リサイクル ……………………………… 208
粉じん
　→大気汚染 ………………………………… 76
　→アスベスト ……………………………… 172
放射性廃棄物
　→廃棄物 …………………………………… 105
　→原子力発電 ……………………………… 257
放射線　→原子力発電 ……………………… 257
放射線（規格）　→放射線（規格）………… 274
放射線計測　→放射線計測 ………………… 273
放射線障害防止法　→放射線防護 ………… 271
放射線防護　→放射線防護 ………………… 271
放射能汚染　→原子力発電 ………………… 257
包装　→物流・包装 ………………………… 157
包装（規格）　→物流・包装（規格）……… 165

【ま】

水　→水 ……………………………………… 87
水資源
　→河川・湖沼 ……………………………… 61
　→水 ………………………………………… 87
水資源開発公団　→河川・湖沼 …………… 61
水循環　→水 ………………………………… 87
水処理　→水 ………………………………… 87
港　→港湾 …………………………………… 202
未利用エネルギー　→新エネルギー ……… 277
メタンハイドレート　→エネルギー ……… 219
木質バイオマス　→バイオマス …………… 279

【や】

有害物質　→化学物質 ……………………… 85
有機農業　→環境保全型農業 ……………… 136
有機廃棄物　→環境保全型農業 …………… 136

環境・エネルギー問題 レファレンスブック　371

容器包装リサイクル法　→リサイクル …… 208

【ら】

酪農　→環境保全型農業 ……………… 136
ラムサール条約
　→環境・エネルギー関連機関 ………… 23
　→自然保護 ………………………… 185
リサイクル
　→廃棄物 …………………………… 105
　→廃棄物処理法 …………………… 115
　→建設リサイクル ………………… 167
　→環境政策 ………………………… 173
　→環境技術 ………………………… 190
　→循環型社会 ……………………… 207
　→リサイクル ……………………… 208
リサイクル（規格）　→リサイクル（規格）‥ 211
リサイクルショップ　→リサイクル ……… 208
REACH規制
　→化学物質 ………………………… 85
　→環境技術 ………………………… 190
リデュース　→循環型社会 …………… 207
リユース
　→循環型社会 ……………………… 207
　→リサイクル ……………………… 208
緑化　→緑化 ………………………… 200
緑地計画　→緑化 …………………… 200
林業　→林業 ………………………… 145
労働衛生　→アスベスト …………… 172

【わ】

ワシントン条約
　→環境・エネルギー関連機関 ……… 23
　→自然保護 ………………………… 185
湾　→港湾 …………………………… 202

環境・エネルギー問題レファレンスブック

2012年8月25日　第1刷発行

発　行　者／大高利夫
編集・発行／日外アソシエーツ株式会社
　　　　　　〒143-8550 東京都大田区大森北1-23-8 第3下川ビル
　　　　　　電話(03)3763-5241(代表)　FAX(03)3764-0845
　　　　　　URL http://www.nichigai.co.jp/
発　売　元／株式会社紀伊國屋書店
　　　　　　〒163-8636 東京都新宿区新宿3-17-7
　　　　　　電話(03)3354-0131(代表)
　　　　　　ホールセール部(営業)　電話(03)6910-0519

電算漢字処理／日外アソシエーツ株式会社
印刷・製本／株式会社平河工業社

不許複製・禁無断転載　　　　　　《中性紙三菱クリームエレガ使用》
<落丁・乱丁本はお取り替えいたします>
ISBN978-4-8169-2374-6　　Printed in Japan,2012

本書はディジタルデータでご利用いただくことができます。詳細はお問い合わせください。

動植物・ペット・園芸 レファレンスブック
A5・470頁　定価9,240円（本体8,800円）　2011.10刊
1990～2010年に刊行された、「動物」「植物」に関する参考図書を網羅した図書目録。統計集、ハンドブック、年鑑・白書、名簿、事典、法令集、辞典、カタログ・目録、書誌、図鑑など2,832点を収録。全てに内容情報を記載。

「食」と農業 レファレンスブック
A5・440頁　定価9,240円（本体8,800円）　2010.11刊
1990～2009年に刊行された、「食」と農業・畜産業・水産業に関する参考図書を網羅した図書目録。統計集、ハンドブック、年鑑・白書、名簿、事典、法令集、辞典、カタログ・目録、書誌、図鑑など2,598点を収録。全てに内容情報を記載。

福祉・介護 レファレンスブック
A5・340頁　定価8,400円（本体8,000円）　2010.10刊
1990～2009年に刊行された、福祉・介護に関する参考図書を網羅した図書目録。ハンドブック、年鑑・白書、法令集、名簿、事典、辞典、雑誌目次総覧、統計集など1,815点を収録。全てに目次・内容情報を記載。

原子力問題図書・雑誌記事全情報 2000-2011
A5・660頁　定価24,150円（本体23,000円）　2011.10刊
2000～2011年に国内で刊行された原子力問題に関する図書3,057点、雑誌記事10,551点をテーマ別に分類。原子力政策、原発事故、核兵器、放射能汚染など、平和利用、軍事利用の両面にわたり幅広く収録。

富士山を知る事典
富士学会 企画　渡邊定元・佐野充 編
A5・620頁　定価8,800円（本体8,381円）　2012.5刊
世界に知られる日本のシンボル・富士山を知る「読む事典」。火山、富士五湖、動植物、富士信仰、絵画、環境保全など100のテーマ別に、自然・文化両面から専門家が広く深く解説。桜の名所、地域グルメ、駅伝、全国の〇〇富士ほか身近な話題も紹介。

データベースカンパニー
日外アソシエーツ　〒143-8550　東京都大田区大森北1-23-8
TEL. (03)3763-5241　FAX. (03)3764-0845　http://www.nichigai.co.jp/